作業研究(I) 第四版

Operation Research
Applications & Algorithms

Wayne L. Winston 著

許晉雄 譯

THOMSON

```
作業研究 / Wayne L. Winston 著 ; 許晉雄譯.
  -- 初版. -- 臺北市 : 湯姆生, 2007[民 96]
    冊 ; 公分
    譯自 : Operations Research : Applications
and Algorithms, 4th ed.
    ISBN 978-986-6885-92-1(第 1 冊 :平裝附光碟片).
-- ISBN 978-986-6885-95-2(第 2 冊 :平裝)

  1. 作業研究

494.54                    96006607
```

作業研究（Ⅰ）第四版

©2007 年，新加坡商亞洲湯姆生國際出版有限公司著作權所有。本書所有內容，未經本公司事前書面授權，不得以任何方式（包括儲存於資料庫或任何存取系統內）作全部或局部之翻印、仿製或轉載。

Original: Operations Research: Applications & Algorithms 4e
　　　　By Winston, Wayne L.
　　　　ISBN: 0534380581
　　　　Copyright ©2004 by Brooks/Cole, a division of Thomson Learning, Inc.
　　　　Thomson Learning ™ is a trademark used herein under license.
　　　　All rights reserved.

　　　　1 2 3 4 5 6 7 8 9 0 PHW 2 0 0 9 8 7

出 版 商　新加坡商湯姆生亞洲私人有限公司台灣分公司
　　　　　10349 臺北市鄭州路 87 號 9 樓之 1
　　　　　http://www.thomsonlearning.com.tw
　　　　　電話：(02)2558-0569　　傳眞：(02)2558-0360
原　　著　Wayne L. Winston
譯　　者　許晉雄
總 經 銷　台灣東華書局股份有限公司
　　　　　台北市重慶南路 1 段 147 號 3 樓
　　　　　電話：02-2311-4027　傳眞：02-2311-6615
　　　　　郵撥：00064813
定　　價　700 元
出版日期　2007 年 4 月　初版一刷

ISBN 978-986-6885-92-1

序 言

近年來，作業研究的軟體已被廣泛地使用，在本書將陳述它的用法。然而，就像大部份的工具一樣，除非你了解它的功能與目的，否則它的價值是有限的。其次，使用者必須能夠確定數學模式的輸入是正確的，因此其結果才能更精確地應用並解決實務的問題，因此本書強調的是模式的陳述、模式建立以及電腦結論的解釋。

預先條件

本書的目的主要是針對作業研究或管理科學的進階課程的入門，或者作為中間的課程，下列的讀者可以從中得到一些受益。

- 在商學作業研究、管理科學、工業工程、數學或農業/資源經濟領域的大學部學生主修資訊系統或決策分析的課程。
- 攻讀以應用為導向的作業研究或管理科學課程的 MBA 學生或公共行政管理的碩士生。
- 想要了解作業研究或管理科學主要主題的研究所學生。
- 需要更進一步參考資料的實務界人士。

針對確定型或機率模式，或想要了解在作業研究的精選方法，出版商提供不同的範圍的版本。

數學規劃概述 (Introduction to Mathematical Programming) 包含作業研究的第 1 章到第 10 章、11 及 15 章以及在數學規劃中最新發展的三章，其中包含啟發式方法、人工智慧、基因演算法、模擬演算法、Tabu 尋求法以及類神經網路。

應用機率模式概述 (Introduction to Probability Models) 包含作業研究的第 12、13 及第 15 至 21 章，再加上三章財務工程的主題。主題包含選擇權定價、實質選擇權、投資組合最佳化的情境法、隨機微機分及隨機控制。

作業研究 (Operation Research) 的設計主要是針對有修過微積分、矩陣代數及基礎統計課程，其中，較正式的機率理論並不需要。在第 2 章會回顧矩陣代數，及第 10 章介紹了本書其他需要的機率及微積分概念。

特 色

下列特色可幫助讀者更輕鬆地閱讀本書。

- 本書是非常完備的,其中所需要的數學背景在第 2 及 10 章都有複習,而每一章的設計都可隨意組合,所以本書可以就某一課程的需求加以編製。另外,本書中的每一個章節儘量寫的完備,講師可以非常有彈性地設計一個課程,在講師註記中說明在每個章節前,那一個部份是為必備的知識。
- 為了提供學生即時的回饋,在每章節後都放有習題,且每章最後大部份也有複習習題。本書大約有 1,500 個問題,分為不同的困難程度: A 組為一般基本技巧的練習, B 組為對概念的了解,及 C 組為精通定理的問題。
- 本書避免極端理論的習題,而較喜歡用一些實務的問題。很多問題都是用已經發表過的應用做為基礎,藉由在每章中的許多例子來引導學生一步一步地學習即使是相當複習的習題。
- 為了協助學生複習考試,大部份的章節都有觀念及公式總結。有些選擇問題的答案列在附錄。
- 本書所附 CD 包含 LINDO、LINGO、Promium Solver、Process Model,及 @Risk 的特殊版。
- 本書尚含介紹使用 CD 的軟體說明、所有例題及習題所需要的檔案都包含在此 CD 中。

範圍與組織

在本書中線性規劃部份是非常完整的,其中所需要的數學背景放在第 2 章,學生若能熟悉矩陣運算,在第 2－11 章就比較沒有問題,剩下來的章節就需要更進一步的微積分與機率知識,這些知識可從一個學期的微積分與一個學期的機率課程中獲得。在第 13－21 章所需要的微積分與機率主題則放在第 10 章。

因為並不是所有學生需要完整的敏感度分析理論,所以本書將此部份分成二章,第 5 章為敏感度分析應用的部份,強調電腦輸出的解釋,第 11 章包含完整地介紹敏感度分析,對偶及對偶簡捷法,講師可以介紹第 5 章或第 11 章,不需要兩章都介紹,第 5 章強調模式建立與形成技巧,對於必需更進一步了解數學規劃運算法的學生必須研讀第 11 章,若只介紹第 5 章,則第 2 章可以省略。

第四版的改變

作業研究第四版包含很多的改變,主要改變包含:

- 增加超過 200 個新的問題。
- 加入 Microsoft Excel，在前一個版本的 Lotus 表格已經轉換為 Excel。
- 更多的表格最佳化問題的討論，解決最佳化問題的表格由 What's Best 轉成 Excel。
- 討論一些重要的 Excel 函數如 MMULT、OFFSET、MINVERSE，及 NPV。
- 第 4 章包含更廣 LINDO 及 LINGO 的使用介紹。
- 第 4 章包含討論更多的 LP 幾何特性的介紹。
- 第 9 章包含在定價問題的非線性規劃的應用。
- 有十一個新的個案，其中包含數學規劃。
- 第 10 章包含討論 Excel's 常態分配及 z-轉換。
- 第 14 章包含決策分析的期望理論與結構性效果。
- 第 16 章討論二個非常有效的存貨理論及多階段產品的 EOQ 模式。
- 第 20 章包含利用 Excel 計算布阿松及指數機率分配，對於封閉式等候網路問題則提出 Buze 方法，近似 $G/G/s$ 等候理論問題，使用等候最佳化問題中的資料表格，以及在等候系統中計算短暫變換機率。

電腦的使用

　　為了順應全球化使用 Excel 的趨勢，這個軟體會在本書中適時地介紹，當 Excel 的基本能力被限制時，本書將討論輔助軟體來補強 Excel 的能力，或者使用沒有特殊支援的軟體。

　　本書的 CD 包含許多有價值的套裝軟體。

- **LINDO 及 LINGO**：由 Lindo 公司所提供的套裝軟體，可以簡單地應用在線性規劃與非線性規劃問題。
- **Premium Solver for Education**：由 Frontline 系統 (微軟 Excel's Solver 發展者) 所提供。Premium Solver 可以提供有效的解決方法，可以運用在非線性的最佳化問題。
- **@Risk**：由 Palisade 公司所提供，是在 Execl 中一個非常專業的蒙地卡羅方法。
- **Process Model**：是針對離散型事件模擬軟體的一個容易學習與使用的軟體。Process Model 是由 Process Model 公司所提供。

　　上述所示的軟體，都有指引的步驟，呈現在每一章節之後，提供想要在自己的學科中運用不同套裝軟體來解決問題更大的彈性。

譯　序

　　作業研究是以科學計量方法以及數學求解技巧來分析複雜的作業情況，進而建立科學模式，並且研究系統中各種資源的經濟調配和有效運用，以提供具體的數據或可行的方案，使決策主管能據以從事客觀的判斷和合理決策的一種管理科學。

　　本書原著爲 Wayne L. Winston 所寫 Operations Research 第四版，原著自從發行初版以來，資訊科技的發展及應用層面不斷地推陳出新，使該版本更加地完整。本書內容主要介紹數量方法的應用，以及說明管理者如何藉由數量方法的輔助來制定決策，全書重點在教導學生如何應用作業研究的概念，建立各種數量模型。

　　本書避免過多的理論公式，每章儘量採用一些例子進行說明，指導學生逐步深入複雜課題，爲了檢驗學生學習成效每節後面附有習題，每章章末亦有複習題。習題按照難易程度分爲三組：A 組爲基本方法練習；B 組爲概念的理解；C 組讓學生能獨立掌握理論的練習。本書還有指導學生對於軟體 LINDO，LINDO 及 Excel 的使用，協助讀者能夠更容易地處理較複雜的問題。

　　本書翻譯基於忠於原著的精神，內容及涵意均力求與原意一致。但由於本書內容十分豐富，譯者以戰戰競競的態度，審慎地翻譯這本巨作，疏漏之處，敬請先進不吝指正。

許晉雄
中華民國九十六年二月
於東吳大學商用數學系

目 次

序　言 iii
譯　序 vii

1 建模簡介 1

1.1　建模簡介 1
1.2　模式建立過程的七個步驟 5
1.3　CITGO 石油 7
1.4　舊金山警察排程問題 8
1.5　GE 資金公司 10

2 基本線性代數 13

2.1　矩陣與向量 13
2.2　矩陣與線性等式的系統 24
2.3　解線性等式系統的高斯-喬登方法 27
2.4　線性獨立與線性相依 39
2.5　矩陣的反矩陣 43
2.6　行列式 50

3 線性規劃序論 59

3.1　什麼是線性規劃問題？ 59
3.2　二個變數線性規劃問題的圖解法 66
3.3　特殊例子 75
3.4　一個飲食問題 80

- 3.5 工作排程問題 84
- 3.6 資金預算問題 89
- 3.7 短期財務規劃 96
- 3.8 混合問題 100
- 3.9 生產製程模式 111
- 3.10 利用線性規劃解多階段的決策問題：一個存貨問題 119
- 3.11 多階段的財務模式 125
- 3.12 多階段工作排程問題 130

4 簡捷法與目標規劃 155

- 4.1 如何將線性規劃轉換成標準型 155
- 4.2 簡捷法的預習 158
- 4.3 無窮界的方向 162
- 4.4 為什麼 LP 會有一個最佳的 bfs？ 165
- 4.5 簡捷法 169
- 4.6 利用簡捷法求解極小問題 180
- 4.7 多重最佳解 183
- 4.8 無界 LP 186
- 4.9 LINDO 電腦軟體 191
- 4.10 矩陣的生成 LINGO，及 LP 的尺度化 196
- 4.11 退化及簡捷法的收斂問題 202
- 4.12 大 M 法 207
- 4.13 二階段簡捷法 214
- 4.14 沒有限制符號變數問題 220
- 4.15 Karmarkar 法解線性規劃問題 226
- 4.16 在確定情況下，多屬性決策變數：目標規劃 227
- 4.17 利用 Excel Solver 求解 LP 243

5 敏感度分析：應用方面 271

- 5.1 敏感度分析的圖解法 271
- 5.2 敏感度分析與電腦分析 277
- 5.3 影價格在管理上的使用 293
- 5.4 若目前的基底不再是最佳，對於最佳 z 值的影響為何？ 296

6 運輸，指派，及轉運問題 315

- 6.1 建立運輸問題 315
- 6.2 針對運輸問題求基本可行解 330
- 6.3 運輸簡捷法 339
- 6.4 運輸問題的敏感度分析 347
- 6.5 指派問題 351
- 6.6 轉運問題 360

7 網路模式 377

- 7.1 基本定義 377
- 7.2 最短路徑問題 378
- 7.3 最大流量問題 384
- 7.4 CPM 及 PERT 396
- 7.5 最小成本網路流量問題 416
- 7.6 最小展樹問題 424
- 7.7 網路簡捷法 428

8 整數規劃 445

- 8.1 整數規劃的簡介 445
- 8.2 建立整數規劃模式的問題 448
- 8.3 解純整數規劃問題的分枝界限法 488
- 8.4 利用分枝界限法求解混合整數規劃問題 500
- 8.5 利用分枝界限法求解背包問題 502
- 8.6 利用分枝界限法求解組合的最佳化問題 505
- 8.7 隱數列舉法 519
- 8.8 切割平面演算法 526

9 非線性規劃 547

- 9.1 微分的複習 547
- 9.2 基本觀念 553
- 9.3 凸函數與凹函數 568

9.4 求解一個變數的 NLP 576
9.5 黃金分割搜索法 590
9.6 無條件限制的極大及極小多變數問題 597
9.7 最陡上升法 603
9.8 Lagrange 乘數 607
9.9 Kuhn-Tucker 條件 616
9.10 二次規劃 627
9.11 可分離規劃 637
9.12 可行方向法 642
9.13 Pareto 最佳與取捨曲線 646

10 確定型的動態規劃 659

10.1 二個難題 659
10.2 網路問題 661
10.3 存貨問題 668
10.4 資源分配問題 674
10.5 設備更換的問題 688
10.6 建立動態規劃的遞迴關係 692
10.7 Wagner-Whitin 演算法 和 Silver-Meal 啟發法 706
10.8 利用 Excel 求解動態規劃問題 712

11 敏感度分析與對偶問題 723 (CD)

11.1 敏感度分析圖解法的介紹 723
11.2 重要的公式 729
11.3 敏感度分析 738
11.4 超過一個參數改變時的敏感度分析：100% 公式 756
11.5 找一個 LP 的對偶 762
11.6 對偶問題的經濟上解釋 770
11.7 對偶定理及其結論 773
11.8 影價格 783
11.9 對偶及敏感度分析 794
11.10 互補差額 797
11.11 對偶簡捷法 801

12 線性規劃的進階主題 833 (CD)

12.1 修正簡捷法 833
11.2 反矩陣的相乘型態 839
12.3 利用生成行求解大型的 LP 問題 842
12.4 Dantzig-Wolfe 分解演算法 849
12.5 有上界變數的簡捷法 868
12.6 Karmarkar 方法求解 LP 872

13 微積分和機率的複習 889 (CD)

13.1 積分學複習 889
13.2 積分的微分 892
13.3 機率的基本法則 893
13.4 貝氏定理 896
13.5 隨機變數、平均數、變異數和共變異數 898
13.6 常態分配 907
13.7 z 轉換 916

1 建模簡介

1.1 建模簡介

作業研究 [(operation research)，或**管理科學** (management science)] 為一科學方法，主要是幫助決策者在有限的資源下來分配稀少的資源，以協助作決策及運作系統。

系統 (system)，代表的是一個組成要素互相依賴的組織，它們工作在一起以完成系統的目標。例如，福特汽車公司 (Ford Motor Company) 本身就是一個系統，他們的主要目標就是如何生產有品質的車輛讓公司的利潤達到最大。

作業研究一詞是出現在第二次世界大戰時，當英國軍隊的領導者要求科學家與工程師分析許多軍隊的問題，如雷達的佈置及護衛、爆炸、反潛艇的管理及佈置水雷的操作等問題。

在做決策的科學方法中，通常需要一個或一個以上的**數學模式** (mathematical models)。一個數學模式是以數學的陳述來表示實際的情況，它能夠讓使用者做出更好的決策，以及更容易且更好地去理解實際的情況，下列的例子可以更清楚地認清用來描述數學模式的重要項目。

例題 1　極大化 Wozac 的生產問題

Eli Daisy 公司在一個壓力容器下，利用熱能所產生的化學混合來生產大批的 Wozac，在每一批的生產過程中，可以生產出 Wozac 不同的量，生產出來的量稱為製程產量 (以磅作為測量單位)。Daisy 有興趣的是了解哪些因素影響 Wozac 生產過程的產量。在此情況下，如何利用模式建立來描述此問題。

解：　首先，Daisy 有興趣的是先決定影響生產過程的因素，這個過程可利用描述性模式來處理，因為它主要描述的是真正生產是許多不同因素的函數，Daisy 決定下列因素會影響生產：

- 容器的容量 (以公升 (V) 為測量單位)
- 容器的壓力 (以毫米 (P) 為測量單位)
- 容器的溫度 (以攝氏 (T) 為測量單位)
- 製程中化學的混合物

假設 A、B、C 代表由化學物質 A、B、C 所構成的混合物百分比，則 Daisy 公司的生產量如下：

(1) 產量 $= 300 + .8V + .01P + .06T + .001T*P - .01T^2 - .001P^2$
$+ 11.7A + 9.4B + 16.4C + 19A*B + 11.4A*C - 9.6B*C$

為決定此關係，製程中產量的測量為前列許多因素所構成，當容量壓力、溫度及化學組成物為已知時，Daisy 就可利用此等式描述產品製程的產量。

指定性或最佳化模式

在本書中，大部分的模式為**指定性** (prescriptive) 或**最佳化** (optimization models)。一個指定性模式"限制"組織中的行為來讓目標達到最佳化，在一個指定性模式中包含下列元素：

- 目標函數
- 決策變數
- 限制條件

簡單來講，一個最佳化的模式是在決策變數滿足給定的條件下，尋找目標函數的最佳化 (極大或極小)。

目標函數

自然地，Daisy 想要讓製程的產量達到最大。在大部分的模式中，通常有一個函數是我們要極大化或極小化的函數。這個函數稱為目標函數。所以，在生產製程中我們需要找到 V、P、T、A、B 及 C 的值讓產量 (1) 式愈大愈好。

在許多情況下，一個組織可能超過一個以上的目標。例如，在印第安那州 Bloomington 有二所高中，Monroe Country 高中公佈，指派學生到各個學校有下列幾個目標：

- 二所高中的學生人數一致。
- 學生到各校的平均距離最小。
- 在二所學校中都有不同地區的學生。

多目標決策問題將在 4.14 及 9.13 節討論。

決策變數

某些變數在我們的控制下且會影響整個系統的表現稱為決策變數 (decision variables)。在我們的例子中，V、P、T、A、B 及 C 為決策變數。本書大部份所談的都是如何來決定決策變數使得目標函數達到最大或最小。

限制條件

在大部份的應用中，僅有特定的某些決策變數值是允許的。例如，特定的體積、壓力與溫度的組合是不安全的。其次，A、B 及 C 值必須為非負且加起來為 1 的數字。限制這些變數的值的條件，我們稱它為限制條件。假設：

- 體積必須在 1 至 5 升之間。
- 壓力必須在 200 至 400 毫米之間。
- 氣溫必須在 100 至 200 攝氏度之間。
- 混合物必須完全由 A、B，及 C 組成。
- 基於藥劑能正常運作，至多一半的混合物是產品 A。

這些條件可由下列數學式表示：

$$V \leq 5$$
$$V \geq 1$$
$$P \leq 400$$
$$P \geq 200$$
$$T \leq 200$$
$$T \geq 100$$
$$A \geq 0$$
$$B \geq 0$$
$$A + B + C = 1$$
$$A \leq 5$$

完整的最佳模式

令 z 代表目標函數的值，整個完整的模式可寫成如下：

極大化 $z = 300 + .08V + .01P + .06T + .001T*P - .01T^2 - .001P^2$
$\qquad + 11.7A + 9.4B + 16.4C + 19A*B + 11.4A*C - 9.6B*C$

受限制於 (s.t.)

$$V \leq 5$$
$$V \geq 1$$
$$P \leq 400$$
$$P \geq 200$$
$$T \leq 200$$
$$T \geq 100$$
$$A \geq 0$$
$$B \geq 0$$
$$A + B + C = 1$$
$$A \leq 5$$

滿足所有模式中條件的任何特定決策變數稱為**可行區域** (feasible region)。例如，V=2，P=300，T=150，A=.4，B=.3，及 C=.1 是在可行區內。在一個最佳化模式中，**最佳解** (optimal solution) 是在可行區域中，最佳化 (本例中，極大) 目標函數。利用接下來本書中的 LINGO 套裝軟體，能夠決定本模式的最佳解為 V=5，P=200，T=100，A=.294，B=0，C=.706，及 Z=183.38。因此，最大產量為 183.38 磅，可由 5 升的容器，200 升的壓力，100 攝氏度的溫度，29% 的 A 及 71% 的 C 構成，這表示沒有任何一種可能的決策組合能生產出超過 183.38 磅。

穩定及動態模式

穩定性模式 (static model) 是在多階段期間中，決策變數不包含一序列決策的模式。一個**動態模式** (dynamic model) 是一個在多階段期間中，決策變數包含一序列決策的模式。基本上，在穩定模式中，我們解決的是"一次"的問題，主要是及時找到滿足限制條件的最佳解。例題 1 即為穩定性模式，其最佳解將告訴 Daisy 如何去找出在一次時間中產量的最佳解。

針對動態模式的例子，考慮一家公司 (稱它 Sailco) 想要決定在下一個年度中，如何在滿足需求下，使成本達到最小，很明顯地，Sailco 必須決定在接下來的四季中，生產多少的帆船而使得成本達到最小。Sailco 的決策變數包含多個時期的決策，因此 Sailco 問題的模式為動態模式 (見 3.10 節)。

線性及非線性模式

假設在一個最佳化模式中，目標函數與條件的決策變數都是乘以一個常數，並且把它加起來，此模式稱為**線性模式** (linear model)。一個最佳化模式如果不是線性，稱為**非線性模式** (nonlinear model)。在例題 1 的條件中，決策變數都是乘上一個常數並且把它加起來。因此，例題 1 的條件滿足線性模式，然而，在例題 1 的目標函數中，0.001T*P，－0.01T2，19A*B，11.4A*C 及－9.6B*C 為非線性的模式。通常，非線性比線性模式更難解題。我們將在第 2 至第 8 章及第 11 至第 12 章介紹線性模式，第 9 章將討論非線性模式。

整數及非整數模式

如果一個或一個以上的決策變數必須為整數，則我們稱此最佳化模式為**整數模式** (integer model)。如果所有的決策變數都必須為分數，則此最佳化模式為**非整數解** (noninteger) 模式。清楚地，體積、溫度、壓力、及輸入物組成的百分比均可假設為分數。因此，例題 1 為非整數模式。如果決策變數代表在一速食店中，在每一個時段的工作人數，則此模式明顯為整數模式。整數模式比非整數模式還來得難解，整數模式將在第 8 章介紹。

確定及隨機模式

假設任何決策變數值中，目標函數的值及條件是否能夠滿足都是確定已知的，這個模式稱為**確定性模式** (deterministic model)，如果不是這種模式，我們稱為**隨機模式** (stochastic models)，隨機模式將在第 14、17、18 及 19 章討論。

如果我們視例題 1 為確定性模式，則我們假設給定 V、P、T、A、B 及 C 的值，在製程中的產出都一樣，這是高度不合適的。在決定決策變數值下，我們可視 (1) 代表平均產量 (不太合理)。則我們的目標是在找出決策變數能夠讓製程的平均產量達大極大化。

我們可以透過確定性模式的最佳決策得到隨機性模式的有用洞察。考慮 Sailco 問題，目標為滿足帆船的需求下，成本達到最小化。針對帆船未來需求的不確定性，使得在一個給定的生產排程下，我們不知道需求是否能及時需求，這會造成我們必須使用隨機模式才能建立 Sailco's 公司的狀況，然而，我們將在 3.10 節看到，如何建立一個確定性模式能夠幫忙 Sailco 產生最好的決策。

1.2 模式建立過程的七個步驟

當利用作業研究來解決組織問題時，必須依照下列七個模式建立的步驟：

步驟 1：建立問題　作業研究人員先定義組織的問題，定義問題包含確立組織目標函數以及研究在解決問題前必須先研究組織中的部份問題，在例題 1，問題是決定從 Wozac 公司中，如何最大化生產量。

步驟 2：觀察系統　其次，作業研究人員收集資料來估計影響整個組織中的參數值，這個估計值將被用來發展 (步驟 3) 及評估 (步驟 4) 在組織問題中的數學模式。例如，在例題 1，資料的收集可決定會影響製程產量的 T、P、V、A、B 及 C 的值。

步驟 3：建立問題的數學模式　在此步驟，作業研究人員推導問題的一個數學模式。在本書，我們將介紹許多數學技巧可用來建立系統中的模式，在例題 1，我們的最佳模式均來自於步驟 3。

步驟 4：驗證模式並利用此模式去預測　如果步驟 3 所發展出來的模式，作業研究人員可藉由本步驟嘗試去決定是否能真確地表示實際的問題。例如，在評估模式中，我們必須檢查某些決策變數未被用來估計 (1) 式的值是否能夠利用 (1) 式來正確地表示產量。即使一個模式能夠正確地表示目前狀況，但我們必須小心不能盲目地使用。例如，如果政府對 Wozac 多設幾個新的條件，則我們必須加上新的條件在模式中，因此造成製程產量的改變。

步驟 5：選擇一個適合的方案　給一個模式及一個可行方案的集合，作業研究人員必須選擇某個方案能夠使組織的目標達到最佳化 (有可能超過一個以上的目標)。例如，在模式中，我們能決定最佳產能為 V=5，P=200，T=100，A=0.294，B=0，C=0.706 及 Z=183.38。

步驟 6：將研究的結論回報給組織　在本步驟，作業研究人員將步驟 5 的模式與建議呈現給個人或群體的決策者。在某些狀況下，有可能呈現出多個選擇方案並讓組織從中選擇一個適合需求的最佳解。在呈現作業研究的結論後，分析者必須找出在組織中，未被證實過的建議，在這可能來自於組織問題中錯誤的定義或來自於一開始就有不適當的決策人員加入這個專案，在這個狀況下，作業研究人員就必須回到步驟 1、2 或 3。

步驟 7：執行及評估建議　如果組織接受了這個研究，則分析者必須幫助執行這個建議，這個系統必須持續地被監控 (及當環境改變時，動態地去及時更新) 去保證這個建議能夠讓組織達到目標。

　　接下來，我們將討論三個成功的管理科學應用。我們將詳細地 (但非量化) 描述每一個應用。我們將利用 1.2 節建立模式的七個步驟來限制上述的應用。

1.3 CITGO 石油

　　Klingman 等人 (1987) 應用管理科學的手法來解決 CITGO 石油的問題，這件研究幫公司節省了大約每年 $70 百萬。 CITGO 是一家被 Southland 公司 (7-11 公司所擁有) 所購買的煉油及油品行銷公司。我們將焦點放在 CITGO 團隊研究的二個方面：

1. 最佳化 CITGO 煉油的數學模式。
2. 一個數學模式──供應分佈行銷 (supply distribution marketing, SDM) 系統──此系統被用來發展 7-11 的整個企業供應分佈與市場行銷的計畫。

最佳化煉油運作

步驟 1　Klingman 等人希望 CITGO 的煉油成本達到最小。

步驟 2　在路易斯安那州 Lake Charles 的煉油廠開始密切地觀察以嘗試估計主要的關係如下：

1. 在 CITGO 的產品中，如何決定每一項產品的成本與輸入的原料。
2. 生產每一個產品所需要能源的量，這個資訊必須在裝上一個新的測量系統。
3. 在輸入與輸出間的組合，找出產量的相關資訊。例如， 1 加侖的原油生產出 0.52 加侖的汽油，則產量為 52%。
4. 為降低維修成本，必須收集零件存貨與設備的明細。為了獲得更精確的數據需要安裝一套新的資料管理系統及整合維修資訊系統。一套製程控制系統的安裝使得能夠正確地監控用來製造產品的輸入與資源。

步驟 3　利用線性規劃 (linear programming, LP)，建立一個模式以最佳化煉油的運作，針對混合輸入原料去產出需要的產品，此模式可決定出最小成本，模式包含某些條件保證輸入原料可以混合出夠水準的輸出品質，混合條件問題將在 3.8 節探討。本模式保證工廠不能超過容量且允許在每一個生產周期後，每一個工廠允許有存貨的存在， 3.10 及 4.12 節將討論此存貨條件。

步驟 4　為了確認模式，將在 Lake Charles 煉油公司的輸入與輸出的資料中收集 1 個月，確定這一個月的煉油實際輸入資料中，比較實際的輸出與利用此模式所做的預測相互比較。在推廣的改變之後，利用模式的預測與實際的資料相去不遠。

步驟 5　利用線性規劃每天所執行出來的產能策略來執行實際煉油廠策略。例如，從模式中，可得生產 400,000 加侖的渦輪燃油，必須使用到 300,000 加侖的原油 1 及 200,000 加侖的原油 2。

步驟 6 與 7　當資料庫與製程控制就定位後，模式就可被使用來做每一天的煉油運作引導，CITGO 預估這個煉油系統每年大約有平均超過 $50 百萬的營收。

供應分佈行銷 (SDM) 系統

步驟 1　CITGO 希望利用數學模式來做供應，配銷與市場決策如下：

1. 哪裡可以購買原油？
2. 哪裡可以銷售產品？
3. 產品的價格多少？
4. 每種產品能夠有多少存貨？

當然，目標為在此些決策中，利潤能夠達到最大。

步驟 2　資料庫必須持續地追蹤銷售、存貨、交易及所有提煉產品儲存之間的互換。並且，迴歸分析 (第 24 章) 可被用來預測在 CITGO 產品中批發價格與批發需求。

步驟 3 及 5　極小成本網路流量模式 (minimun-cost network flow model, MCNFP) (參考 7.4 節) 可被用來決定 11 週的供應，行銷與配銷策略。可從步驟 1 所得的模式而來，一個包含 3,000 等式與 15,000 決策變數的典型模式可以利用 IBM 4381 求解，過程僅需要 30 秒即可完成。

步驟 4　這個預測模式還需要持續地評估，以保證它能繼續給予正確的預測值。

步驟 6 及 7　執行 SDM 需要很多組織的改變。指派一名新的副總裁去協商整個 SDM 的運作與煉油的線性規劃模式。產品供應與產品生產流程部門結合一起來改變溝通與資訊系統的問題。

1.4　舊金山警察排程問題

Taylor 及 Huxley (1989) 提出警察巡邏排程系統 (police patrol scheduling

system, PPSS)。所有的舊金山區域警察利用 PPSS 來為警官排班,利用 PPSS 大約估計每一年可幫舊金山警察節省超過 $5 百萬,其他的城市,如維吉尼亞、里奇蒙、加州都已採用 PPSS。根據模式建立的七個步驟,在此稍為描述一下 PPSS。

步驟 1　舊金山警察局希望在每一個區域內,協助巡邏警官排班,盡可能快速 (少於一個小時) 地排一個時程及利用圖形去表示它,這個計畫首先必須決定每週每一個小時所需要的需求,例如。在星期天的 1 A.M. 至 2 A.M.,需要 38 名警官,而 4 A.M. 到 5 A.M. 需要 14 名警官。在每一週、每個小時可能有短缺或過剩的警官下,希望能讓警官人數達到最小。例如,若在星期六的午夜至 8 A.M. 時段要指派 20 位警官,則在 1 A.M. 至 2 A.M. 會有短缺 38 － 20 ＝ 18 個警官,而在 4 A.M. 至 5 A.M. 會有 20 － 14 ＝ 6 個警官過剩,因為在一個時段內缺少 10 個警官比起在 10 個不同時段內各缺乏一個來的嚴重,故第二個標準即是讓最大的短缺達到最小化。 SFPD 也希望能夠有一個排程系統能夠讓他們很快地能安排最佳的排程。

步驟 2　SFPD 擁有一套非常高級的電腦輔助派遣 (computer-aided dispatch, CAD) 系統,能夠協助追蹤所有求助的電話,警察行進的時間,警察回應時間等。 SFPD 的管理者認為警官在某種比例的時間是忙碌的,利用 CAD,能夠較簡單地決定每個小時需要幾個人。例如,假設一位警官必須忙碌 80% 的時間,則 CAD 會顯示星期六從 4 A.M. 到 5 A.M. 必須有 30.4 工作小時,所以我們從星期天 4 A.M. 至 5 A.M. 必須要有 38 位警官 [0.8 ×(38)＝ 30.4 小時]。

步驟 3　一個 LP 模式可以建立 (在 3.5 節介紹一個排程模式) 就如同在步驟一討論的主要目標為極小化每個小時的缺少與超過人數。首先,排流程者假設每個警官必須連續工作五天,每天工作八個小時以及三段開始時間 (6 A.M.、2 P.M.,及 10 P.M.)。在 PPSS 的模式中反應出可用的警官人數以及在每一個小時短缺及過剩警官的關係,因此 PPSS 將提出一個有用的排程能告訴該區域的隊長在每一個時段內需要多少警官,例如, PPSS 建議從星期一 6 A.M. 開始工作者需要 20 人 (從星期一至星期五 6 A.M. 至 2 P.M.) 及從星期六 2 P.M. 工作者需要 30 人 (從星期六至星期三 2 P.M. 至 10 P.M.),由於指派警官的問題必須要是整數,因此造成在解最佳化排程時就顯得相當地困難。 (關於決策變數必須為整數的問題將在第 8 章介紹。)

步驟 4　在執行 PPSS 之前, SFPD 透過 PPSS 排程系統與人工所做出來的排程比較。 PPSS 所提出的建議節省了將近 50% 的過剩及缺乏警官的人數,因此,說服了警察部門使用 PPSS 系統。

步驟 5 在給定每個時段的開始時間及不同的工作排程形態 [每天 10 個小時連續工作四天 (4/10 排程) 或每天工作八小時連續工作五天 (5/8 排程)]，PPSS 能夠提出一個最小化缺乏及過剩警官人數的排程。更重要的是，PPSS 系統能夠用來實驗不同工作時段及工作準則。利用 PPSS，發現只要三班制即可，而又以 4/10 的排程最佳，這個發現對於有意將排程制度轉移至 4/10 的警察單位十分的重要。本來此城市要抗拒使用 4/10 的排程方式因為此方式會降低生產力，而 PPSS 證明 4/10 的排程卻不會降低生產力，經過 PPSS 的引進，SFPD 選擇 4/10 排程且改善生產力！PPSS 亦可用來做單一警官與二位警官巡邏車的實驗。

步驟 6 及 7 根據估計，PPSS 大約每年可增加額外 170,000 有生產力的時間，因而節省舊金山城市每年 $5.2 百萬相對於利用人工的排班，將近有 96% 的工作者喜歡 PPSS 所排出來的班。PPSS 使 SFPD 做了策略上的改變 (如採取 4/10 的排程方式)。因此讓這些警官在工作上較快樂且更有生產力，在採用 PPSS 後，在回應時間上改善了 20%。

PPSS 主要成功的原因是此系統可讓該區域的隊長微調電腦產生的排程方式而且在短短的一分鐘內即可得到一個新的排程。例如，隊長可以簡單地加或減少警官的人數及加或減少時段的次數並且很快地看到修正主要排程所造成的影響。

1.5 GE 資金公司

GE 資金公司提供 50 百萬單位的信用卡服務，平均總收益超過 $120 億。GE 公司請 Makuch 等人 (1989)，發展一套 PAYMENT 系統減少逾期未付款的帳號及從此些未付款的金額。

步驟 1 在一段時間內，GE 資金公司超過 10 億個未付款帳戶，公司每年將近花 100 個百萬追蹤這些帳戶，每天，工作人員透過書信、訊息及親自打電話接觸超過二十萬個未付款的信用卡用戶，公司的目標希望降低未付款之客戶及追蹤此些帳戶的成本，為了做到此點，GE 公司需要一套方法去指派少許的勞工去做這些事情，例如，PAYMENT 系統決定哪些未付款帳戶需要立即打電話以及哪些未付款的帳戶不需要再聯絡。

步驟 2 在建立未付款帳戶模式的關鍵是**未付款移動矩陣** (delinquency movement matrix, DMM)，DMM 決定在這個月中未付款帳戶會付錢的機率跟下列因素有關：未付帳戶的大小 (<$300 或 ≥$300)，採取行動的方式 (沒有行動，

表 1-1　DMM 中樣本的輸入

事件	機率
完全付款的帳戶	0.3
付一個月的帳戶	0.4
完全沒有付的帳戶	0.3

及時電話、訊息及信件)，及表現的分數 (高、中或低) 一個未付款的帳號有較高的表現分數，代表愈有被徵收的機會，表格一列出有 $250 在二個內未付款帳戶的機率，表現分數愈高，愈有可能用電話訊息聯絡。

因為 GE 資金公司擁有百萬個未付款的帳戶，因此擁有充分的資料去正確地估計 DMM。例如，假設有 10,000 個二個月未付款的帳戶未付款金額低於 $300，則其表現的分數就很高，因此必須用電話聯絡的方式。如果有 3000 個這樣的客戶在本月中完全付清，則我們估計在本月份完全付清的機率為 3000/10000 = .30。

步驟 3　GE 資金公司發展一個線性模式，目標函數為在接下來的六個月透過 PAYMENT 模式讓期望的未付款帳戶達到最大。決策變數代表每種不同型態的未付款帳的比例 (帳戶分為已付金額、表現分數，及每月未付款帳戶)，且經過不同的連繫方式 (無連繫者，透過電話連繫、傳訊息或信件)。條件為在 PAYMENT 模式保證可用資源沒有被過度使用，條件還包含在一月份未付款帳戶型態個數與下一個月份 (二月) 未付款帳戶型態之間的關係，對於 PAYMENT 模式中，**動態** (dynamic) 部份是其是否成功的重點。如果沒有考慮這方面的問題，則此模式僅能算是在每個月中簡單地略過未付款帳戶，這會造成在下幾個月，只得到少數的資訊。

步驟 4　PAYMENT 首先針對單一部門，收集 $62 百萬的投資組合，GE 投資的經理在分配資源上 (稱為 CHAMPION) 提出自己的策略。在此部門收集到的未付款帳戶可隨機指派到 CHAMPION 及 PAYMENT 策略，PAYMENT 比 CHAMPION 使用更多立即電話以及比較多的無連繫者，因此 PAYMENT 收集到每月 $180,000，比起 CHAMPION 策略改善了 5% 至 7%。從上述觀察，利用更多無連繫者的策略在長期上確定能夠增加顧客信譽。

步驟 5　在步驟 3，針對每一種不同的帳戶，PAYMENT 能夠提供信用卡經理每一種不同連繫方式的百分比。例如，在三個月未付小額貸款 (<$300) 及高表現分數的未付帳戶中，PAYMENT 規定採取有 30% 的不連繫，20% 用書信聯繫，30% 用電話留訊息，及 20% 的用戶直接電話連絡。

步驟 6 及 7　PAYMENT 最後將此應用於在 $46 億 Montgomery-Ward 部門裡 18 百萬單位的帳戶中，比起同年早期所收集的資料發現到 PAYMENT 每個月增加了 $1.6 百萬 (超過每年 $19 百萬)。這個結果事實上是個保守的估計，因為收集資料時剛好碰到 Montgomery-Ward 投資組合的蕭條時期，造成收集上的困難。

總體而言，GE 資金公司估計 PAYMENT 系統比起過去的策略，能夠為公司每年多收取 $37 佰萬及使用更少的資源。

參考文獻

Klingman, D., N. Phillips, D. Steiger, and W. Young, "The Successful Deployment of Management Science Throughout Citgo Corporation," *Interfaces* 17 (1987, no. 1):4–25.

Makuch, W., J. Dodge, J. Ecker, D. Granfors, and G. Hahn, "Managing Consumer Credit Delinquency in the US Economy: A Multi-Billion Dollar Management Science Application," *Interfaces* 22 (1992, no. 1):90–109.

Taylor, P., and S. Huxley, "A Break from Tradition for the San Francisco Police: Patrol Officer Scheduling Using an Optimization-Based Decision Support Tool," *Interfaces* 19 (1989, no. 1):4–24.

2 基本線性代數

在本章，我們會學習到本書其他章節所需的線性代數主題。首先，我們討論二個線性代數的主題：矩陣與向量。然後我們利用矩陣與向量來發展解線性等式系統的過程，接下來用它來找反矩陣。本章最後，我們將介紹行列式。

在本章所提之內容將來會用到線性及非線性規劃。

2.1 矩陣與向量

矩　陣

定義 ■ **矩陣** (matrix) 代表一些數字的任一種矩陣排例。■

例如，

$$\begin{bmatrix} 1 & 2 \\ 3 & 4 \end{bmatrix}, \quad \begin{bmatrix} 1 & 2 & 3 \\ 4 & 5 & 6 \end{bmatrix}, \quad \begin{bmatrix} 1 \\ -2 \end{bmatrix}, \quad \begin{bmatrix} 2 & 1 \end{bmatrix}$$

都是矩陣。

如果一個矩陣有 m 個列及 n 個行，我們稱 A 為一個 $m \times n$ 矩陣。我們稱 $m \times n$ 為矩陣的**次方** (order)。一個典型的 $m \times n$ 矩陣 A 可以寫成

$$A = \begin{bmatrix} a_{11} & a_{12} & \cdots & a_{1n} \\ a_{21} & a_{22} & \cdots & a_{2n} \\ \vdots & \vdots & & \vdots \\ a_{m1} & a_{m2} & \cdots & a_{mn} \end{bmatrix}$$

定義 ■ 在矩陣 A 中的第 i 列及第 j 行，稱為 A 的**第 ij 個元素** (ijth element)，可寫成 a_{ij}。■

例如，

$$A = \begin{bmatrix} 1 & 2 & 3 \\ 4 & 5 & 6 \\ 7 & 8 & 9 \end{bmatrix}$$

則 $a_{11} = 1$，$a_{23} = 6$，及 $a_{31} = 7$。

有時，我們將利用符號 $A = [a_{ij}]$ 代表在 A 的矩陣中的第 ij 個元素為 a_{ij}。

定義 ■ 二個矩陣 $A = [a_{ij}]$ 與 $B = [b_{ij}]$ 為**相等** (equal) 若且唯若 A 與 B 有相同的階且對於所有的 i 及 j，$a_{ij} = b_{ij}$。■

例如，

$$A = \begin{bmatrix} 1 & 2 \\ 3 & 4 \end{bmatrix} \quad \text{及} \quad B = \begin{bmatrix} x & y \\ w & z \end{bmatrix}$$

如果 $A = B$ 若且唯若 $x = 1$，$y = 2$，$w = 3$ 及 $z = 4$。

向 量

任何矩陣中，若只有一行 (亦即，任何 $m \times 1$ 矩陣) 可被定義為**行向量** (column vector)，在行向量中，列的個數稱為**行向量的維度** (dimension)。因此，

$$\begin{bmatrix} 1 \\ 2 \end{bmatrix}$$

稱為 2×1 矩陣或一個二維行向量，R^m 稱為 m-維度行向量所構成的集合。

以相似方式，我們可以設定任何只有一列的向量 (一個 $1 \times n$ 矩陣) 為**列向量** (row vector)。列向量的維度為在一個向量中行的個數。因此，[9 2 3] 可被視為 1×3 矩陣或 3-維的列向量，在本書，向量以粗體字出現。例如，向量 **v**。一個 m-維的向量 (不論列或行) 其所有的元素為零稱為零向量 (zero vector，寫成 **0**)。因此，

$$[0 \quad 0] \quad \text{及} \quad \begin{bmatrix} 0 \\ 0 \end{bmatrix}$$

為 2-維的零向量。

任何一個 m-維的向量對應於一個在 m 維平面中有方向性的線段。例如，在 2-維的平面中，向量

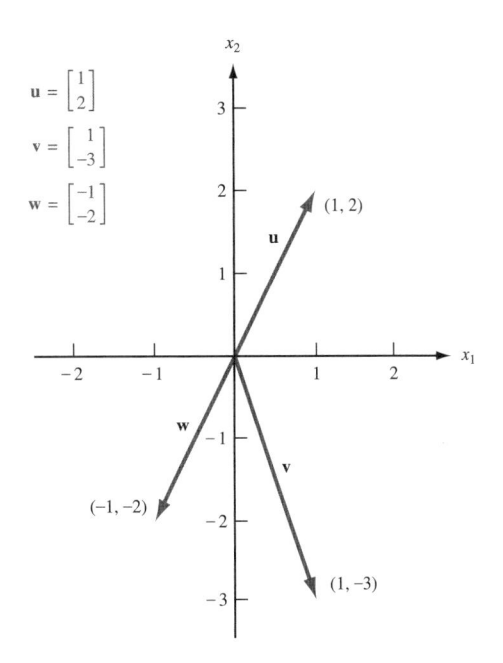

圖 2-1
有方向線段的向量

$$\mathbf{u} = \begin{bmatrix} 1 \\ 2 \end{bmatrix}$$

所對應的線段連接點

$$\begin{bmatrix} 0 \\ 0 \end{bmatrix}$$

及點

$$\begin{bmatrix} 1 \\ 2 \end{bmatrix}$$

有方向的線段對應於

$$\mathbf{u} = \begin{bmatrix} 1 \\ 2 \end{bmatrix}, \quad \mathbf{v} = \begin{bmatrix} 1 \\ -3 \end{bmatrix}, \quad \mathbf{w} = \begin{bmatrix} -1 \\ -2 \end{bmatrix}$$

畫在圖 2-1。

二向量的相乘

二個向量相乘的一個重要結果為常數乘積 (scalar product)，為了定義二個向量的常數乘積，假設有一個列向量 $\mathbf{u} = [u_1\ u_2\ \cdots\ u_n]$ 以及一個行向量

$$\mathbf{v} = \begin{bmatrix} v_1 \\ v_2 \\ \vdots \\ v_n \end{bmatrix}$$

擁有相同的維度。一個 $\mathbf{u}$ 及 $\mathbf{v}$ 的**常數乘積** (scale product) (寫成 $\mathbf{u} \cdot \mathbf{v}$) 為 $u_1v_1 + u_2v_2 + \cdots + u_nv_n$。

為了讓二個向量的常數乘積有意義，其中第一個向量必須為列向量且第二個向量必須為行向量。例如，如果

$$\mathbf{u} = \begin{bmatrix} 1 & 2 & 3 \end{bmatrix} \quad \text{及} \quad \mathbf{v} = \begin{bmatrix} 2 \\ 1 \\ 2 \end{bmatrix}$$

則 $\mathbf{u} \cdot \mathbf{v} = 1(2) + 2(1) + 3(2) = 10$，透過這些計算常數乘積的公式，如果

$$\mathbf{u} = \begin{bmatrix} 1 \\ 2 \end{bmatrix} \quad \text{及} \quad \mathbf{v} = \begin{bmatrix} 2 & 3 \end{bmatrix}$$

則 $\mathbf{u} \cdot \mathbf{v}$ 是沒有定義的，同樣地，若

$$\mathbf{u} = \begin{bmatrix} 1 & 2 & 3 \end{bmatrix} \quad \text{及} \quad \mathbf{v} = \begin{bmatrix} 3 \\ 4 \end{bmatrix}$$

則 $\mathbf{u} \cdot \mathbf{v}$ 是沒有定義的，因為此二向量的維度是不同的。

二個向量若為互相垂直若且唯若它們的常數乘積為 0。因此，向量 $[1\ -1]$ 及 $[1\ 1]$ 為垂直。

$\mathbf{u} \cdot \mathbf{v} = \|\mathbf{u}\|\|\mathbf{v}\|\cos\theta$，其中 $\|\mathbf{u}\|$ 為向量 $\mathbf{u}$ 的長度，而 θ 為向量 $\mathbf{u}$ 及 $\mathbf{v}$ 所夾的角度。

矩陣運算

我們現在描述在本書以後會用到的矩陣代數運算。

矩陣乘以常數

給一個矩陣 A 及任一個數字 c (一個數字有時被稱為常數)，矩陣 cA 可以在矩陣 A 中，透過將常數乘以在 A 中的每一個元素。例如，

若 $A = \begin{bmatrix} 1 & 2 \\ -1 & 0 \end{bmatrix}$, 則 $3A = \begin{bmatrix} 3 & 6 \\ -3 & 0 \end{bmatrix}$

如果 $c = -1$，則此常數乘以一個矩陣 A 有時被寫成 $-A$。

二個矩陣相加

令 $A = [a_{ij}]$ 及 $B = [b_{ij}]$ 為二個有相同階 (如，$m \times n$) 的矩陣，則矩陣 $C = A + B$ 被定義為 $m \times n$ 矩陣，其第 ij 個元素為 $a_{ij} + b_{ij}$。因此，為了得到二個矩陣 A 及 B 的和，則我們可以將相對元素的 A 及 B 加起來。例如，如

$$A = \begin{bmatrix} 1 & 2 & 3 \\ 0 & -1 & 1 \end{bmatrix} \quad 及 \quad B = \begin{bmatrix} -1 & -2 & -3 \\ 2 & 1 & -1 \end{bmatrix}$$

則

$$A + B = \begin{bmatrix} 1-1 & 2-2 & 3-3 \\ 0+2 & -1+1 & 1-1 \end{bmatrix} = \begin{bmatrix} 0 & 0 & 0 \\ 2 & 0 & 0 \end{bmatrix}.$$

矩陣相加的公式可用來在同樣維度的向量相加上。例如，$\mathbf{u} = [1\ 2]$ 及 $\mathbf{v} = [1\ 2]$，則 $\mathbf{u} + \mathbf{v} = [1 + 2\ 2 + 1] = [3\ 3]$。在幾何上，向量可利用平行四邊形法則相加（見圖 2-2）。

我們可以利用常數乘積與矩陣相加去定義線段的觀念。透過圖 2-2 能夠說明在 m 維空間裡，任何一點 u 與原點的連接可以形成向量 $\mathbf{u}$。在 m 維空間中對於任意二個點 u 及 v，可連接 u 及 v 的**線段** (line segment) (稱此線段為 uv)，可寫成向量 $c\mathbf{u} + (1 - c)\mathbf{v}$，其中 $0 \leq c \leq 1$ 的所有點所形成的集合 (圖 2-3)。例如，如果 $u = (1, 2)$ 及 $v = (2, 1)$，則線段 uv 包含對應於向量 $c[1\ 2] + (1 - c)[2\ 1] = [2 - c\ 1 + c]$，其中 $0 \leq c \leq 1$ 所構成的點集合。如果 $c = 0$ 及 $c = 1$，則我們可得線段 uv 的端點；當 $c = \frac{1}{2}$，我們可得線段 uv 的中間點 $(0.5\mathbf{u} + 0.5\mathbf{v})$。

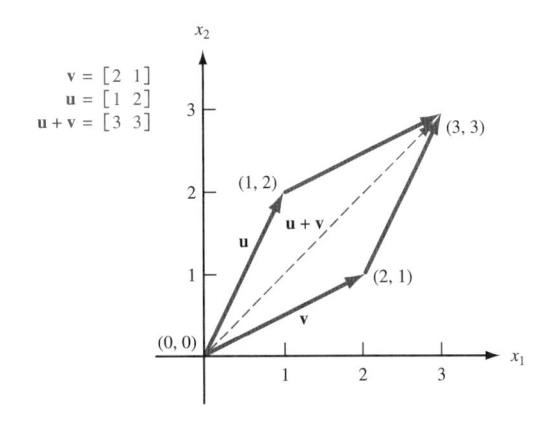

圖 2-2　維度相加

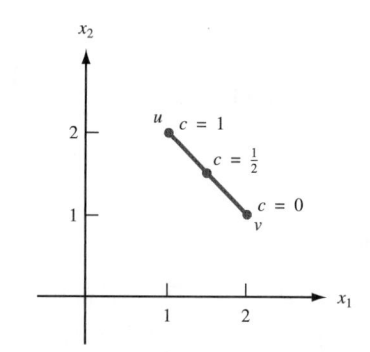

圖 2-3 連接 $u = (1, 2)$ 及 $v(2, 1)$ 的線段

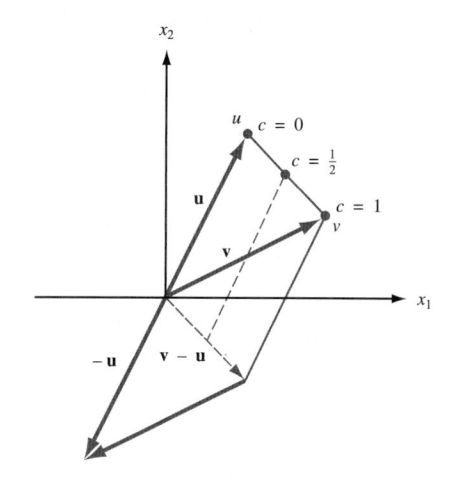

圖 2-4 線段 uv 的表示方式

　　利用平行四邊形法則，線段 uv 可被視為對應於向量 $\mathbf{u} + c(\mathbf{v} - \mathbf{u})$，其中 $0 \leq c \leq 1$ 所構成的點集合 (圖 2-4)。當 $c = 0$ 時，可觀察到向量 $\mathbf{u}$ (對應於點 u)，而當 $c = 1$，我們可得向量 $\mathbf{v}$ (對應於點 v)。

矩陣的轉置

給定任一個 $m \times n$ 矩陣

$$A = \begin{bmatrix} a_{11} & a_{12} & \cdots & a_{1n} \\ a_{21} & a_{22} & \cdots & a_{2n} \\ \vdots & \vdots & & \vdots \\ a_{m1} & a_{m2} & \cdots & a_{mn} \end{bmatrix}$$

則 A 的**轉置** (寫成 A^T) 為 $n \times m$ 矩陣

$$A^T = \begin{bmatrix} a_{11} & a_{21} & \cdots & a_{m1} \\ a_{12} & a_{22} & \cdots & a_{m2} \\ \vdots & \vdots & & \vdots \\ a_{1m} & a_{2n} & \cdots & a_{mn} \end{bmatrix}$$

第 2 章 基本線性代數

因此，A^T 的獲得是從 A 中，令 A 的第 1 列為 A^T 的第 1 行，令 A 的第 2 列為 A^T 的第 2 行，依此類推，例如，

若 $$A = \begin{bmatrix} 1 & 2 & 3 \\ 4 & 5 & 6 \end{bmatrix}, \quad \text{則} \quad A^T = \begin{bmatrix} 1 & 4 \\ 2 & 5 \\ 3 & 6 \end{bmatrix}$$

我們可觀察到 $(A^T)^T = A$，令 $B = [1\ 2]$；則

$$B^T = \begin{bmatrix} 1 \\ 2 \end{bmatrix} \quad \text{及} \quad (B^T)^T = [1\ \ 2] = B$$

透過在二個例題，對於任何矩陣 A，$(A^T)^T = A$。

矩陣相乘

給定二個矩陣 A 及 B，矩陣 A 及 B 的相乘 (寫成 AB) 為有定義若且唯若

$$A \text{ 中行的個數} = B \text{ 中列的個數} \tag{1}$$

假設 r 為正的整數，A 有 r 行及 B 有 r 列。針對某些 m 及 n，A 為一個 $m \times r$ 的矩陣及 B 為一個 $r \times n$ 的矩陣。

定義 ■ 矩陣相乘 $C = AB$ 為 $m \times n$ 矩陣，C 中第 ij 個元素可被下列決定：
C 中第 ij 個元素 $= A$ 中第 i 列的元素 $\times$ B 中第 j 行的元素。 ■ (2)

若等式 (1) 成立，則 A 的每一列跟 B 的每一個行有相同的個數。亦即，等式 (1) 成立，則在等式 (2) 的矩陣相乘是有意義，相乘矩陣 $C = AB$ 的列與 A 一樣及與 B 的行個數一樣。

例題 1　矩陣相乘

計算 $C = AB$，其中

$$A = \begin{bmatrix} 1 & 1 & 2 \\ 2 & 1 & 3 \end{bmatrix} \quad \text{及} \quad B = \begin{bmatrix} 1 & 1 \\ 2 & 3 \\ 1 & 2 \end{bmatrix}$$

解 因為 A 為 2×3 矩陣及 B 為 3×2 矩陣，所以 AB 有定義，及 C 為 2×2 的矩陣，從 (2) 式，

$$c_{11} = [1\ \ 1\ \ 2] \begin{bmatrix} 1 \\ 2 \\ 1 \end{bmatrix} = 1(1) + 1(2) + 2(1) = 5$$

$$c_{12} = \begin{bmatrix} 1 & 1 & 2 \end{bmatrix} \begin{bmatrix} 1 \\ 3 \\ 2 \end{bmatrix} = 1(1) + 1(3) + 2(2) = 8$$

$$c_{21} = \begin{bmatrix} 2 & 1 & 3 \end{bmatrix} \begin{bmatrix} 1 \\ 2 \\ 1 \end{bmatrix} = 2(1) + 1(2) + 3(1) = 7$$

$$c_{22} = \begin{bmatrix} 2 & 1 & 3 \end{bmatrix} \begin{bmatrix} 1 \\ 3 \\ 2 \end{bmatrix} = 2(1) + 1(3) + 3(2) = 11$$

$$C = AB = \begin{bmatrix} 5 & 8 \\ 7 & 11 \end{bmatrix}$$

例題 2　行向量乘以列向量

找 AB，其中

$$A = \begin{bmatrix} 3 \\ 4 \end{bmatrix} \quad 及 \quad B = \begin{bmatrix} 1 & 2 \end{bmatrix}$$

解　　因為 A 有一行且 B 有一列，則 $C = AB$ 存在，從式 (2)，我們可知 C 為 2×2 矩陣

$$\begin{array}{ll} c_{11} = 3(1) = 3 & c_{21} = 4(1) = 4 \\ c_{12} = 3(2) = 6 & c_{22} = 4(2) = 8 \end{array}$$

因此，

$$C = \begin{bmatrix} 3 & 6 \\ 4 & 8 \end{bmatrix}$$

例題 3　列向量乘以行向量

從例題 2 中的 A 及 B，計算 $D = BA$

解　　在本例中，D 為 1×1 矩陣 (或一個常數)。從式 (2)，

$$d_{11} = \begin{bmatrix} 1 & 2 \end{bmatrix} \begin{bmatrix} 3 \\ 4 \end{bmatrix} = 1(3) + 2(4) = 11$$

因此，$D = [11]$。在本例，矩陣相乘等於一列與一行的常數乘積。

如果您乘二個實數 a 及 b，則 $ab = ba$，這叫做相乘的交換性。例題 2 及 3 可證明矩陣相乘，$AB \neq BA$。矩陣相乘不見得可交換。(在某些例子，

$AB = BA$)

例題 4 沒有定義的矩陣相乘

證明 AB 沒有定義，如果

$$A = \begin{bmatrix} 1 & 2 \\ 3 & 4 \end{bmatrix} \quad 及 \quad B = \begin{bmatrix} 1 & 1 \\ 0 & 1 \\ 1 & 2 \end{bmatrix}$$

解 因為 A 為二行及 B 有三列，因此，等式 (1) 無法滿足。

在作業研究 (及其他數學的分析) 的許多計算上，可以完整地用矩陣相乘來表示。舉例來說，假設一家石油公司要製造三種汽油：高級無鉛汽油，普通無鉛汽油及普通加鉛汽油。這些汽油透過二種原油混合而成：原油 1 及原油 2，製造 1 加侖汽油所需要的原油量列於表 2-1。

從這個訊息，我們可以找到製造一定量的汽油所需要的每一種原油的量，例如，公司需要生產 10 加侖的高級無鉛汽油，6 加侖的普通無鉛汽油，及 5 加侖的普通加鉛汽油，則公司的原油需要

$$原油 1 = (\tfrac{3}{4})(10) + (2/3)(6) + (\tfrac{1}{4})5 = 12.75 \text{ 加侖}$$

$$原油 2 = (\tfrac{1}{4})(10) + (\tfrac{1}{3})(6) + (\tfrac{3}{4})5 = 8.25 \text{ 加侖}$$

更廣泛地，我們定義

$p_U =$ 高級無鉛汽油生產的加侖數
$r_U =$ 普通無鉛汽油生產的加侖數
$r_L =$ 普通加鉛汽油生產的加侖數
$c_1 =$ 需要原油 1 的加侖數
$c_2 =$ 需要原油 2 的加侖數

則這些變數之間的關係可表示為

表 2-1 生產 1 加侖的汽油需要的 1 加侖的原油

原油	高級 無鉛汽油	普通 無鉛汽油	普通 加鉛汽油
1	$\tfrac{3}{4}$	$\tfrac{2}{3}$	$\tfrac{1}{4}$
2	$\tfrac{1}{4}$	$\tfrac{1}{3}$	$\tfrac{3}{4}$

$$c_1 = (\tfrac{3}{4}) p_U + (\tfrac{2}{3}) r_U + (\tfrac{1}{4}) r_L$$
$$c_2 = (\tfrac{1}{4}) p_U + (\tfrac{1}{3}) r_U + (\tfrac{3}{4}) r_L$$

利用矩陣相乘,這些關係可以表示成

$$\begin{bmatrix} c_1 \\ c_2 \end{bmatrix} = \begin{bmatrix} \tfrac{3}{4} & \tfrac{2}{3} & \tfrac{1}{4} \\ \tfrac{1}{4} & \tfrac{1}{3} & \tfrac{3}{4} \end{bmatrix} \begin{bmatrix} p_U \\ r_U \\ r_L \end{bmatrix}$$

矩陣相乘的特性

在結束本節之前,我們討論一些矩陣相乘的一些特性。接下來,我們假設所有的矩陣相乘均有定義。

1. AB 的第 i 列 $=(A$ 的第 i 列$) B$。為了陳述這個特性,令

$$A = \begin{bmatrix} 1 & 1 & 2 \\ 2 & 1 & 3 \end{bmatrix} \quad 及 \quad B = \begin{bmatrix} 1 & 1 \\ 2 & 3 \\ 1 & 2 \end{bmatrix}$$

則 2×2 矩陣 AB 的第 2 列為

$$\begin{bmatrix} 2 & 1 & 3 \end{bmatrix} \begin{bmatrix} 1 & 1 \\ 2 & 3 \\ 1 & 2 \end{bmatrix} = \begin{bmatrix} 7 & 11 \end{bmatrix}$$

答案與例題 1 相同

2. AB 的第 j 行 $= A (B$ 的第 j 行$)$。因此,若 A 及 B 給定,則 AB 的第 1 行為

$$\begin{bmatrix} 1 & 1 & 2 \\ 2 & 1 & 3 \end{bmatrix} \begin{bmatrix} 1 \\ 2 \\ 1 \end{bmatrix} = \begin{bmatrix} 5 \\ 7 \end{bmatrix}$$

當您需要計算 AB 的某一部份,則性質 1 與 2 是有幫助的。

3. 矩陣相乘是有結合性。亦即,$A(BC)=(AB)C$。為了舉例,令

$$A = \begin{bmatrix} 1 & 2 \end{bmatrix}, \quad B = \begin{bmatrix} 2 & 3 \\ 4 & 5 \end{bmatrix}, \quad C = \begin{bmatrix} 2 \\ 1 \end{bmatrix}$$

則 $AB = [10 \ 13]$ 及 $(AB)C = 10(2) + 13(1) = [33]$。
另外

	A	B	C	D	E	F
1	MatrixMultiplication					
2				1	1	2
3			A	2	1	3
4						
5			B	1	1	
6				2	3	
7				1	2	
8						
9				5	8	
10			C	7	11	
11						

圖 2-5

$$BC = \begin{bmatrix} 7 \\ 13 \end{bmatrix}$$

故 $A(BC) = 1(7) + 2(13) = [33]$。在本例中，$A(BC) = (AB)C$ 成立。

4. 矩陣相乘具有分配性。亦即，$A(B + C) = AB + AC$ 及 $(B + C)D = BD + CD$

利用 Excel 做矩陣相乘

利用 Excel 的 MMULT 函數，能夠很容易地計算出矩陣相乘。為了表示此觀點，我們利用 Excel 求出例題 1 矩陣 AB 的相乘 (圖形 2-5)。計算過程如下：

步驟 1 分別輸入矩陣 A 及 B 在 D2:F3 及 D5:E7。

步驟 2 選擇範圍 (D9:E10) 以利計算 AB。

步驟 3 在選擇的範圍中的左上角 (D9)，輸入下列公式

$$= \text{MMULT(D2:F3,D5:E7)}$$

再輸入 **Control Shift Enter** (不能只輸入 Enter)，則欲求之相乘矩陣即可得之。注意 MMULT 是一個列 (array) 函數並不是一般的表格 (spreadsheet) 函數。這可解釋為何我們必須事先選擇 AB 的範圍及利用 Control Shift Enter。

問　題

問題組 A

1. 設 $A = \begin{bmatrix} 1 & 2 & 3 \\ 4 & 5 & 6 \\ 7 & 8 & 9 \end{bmatrix}$ 及 $B = \begin{bmatrix} 1 & 2 \\ 0 & -1 \\ 1 & 2 \end{bmatrix}$，求

  a. $-A$ **b.** $3A$ **c.** $A + 2B$ **d.** A^T **e.** B^T **f.** AB **g.** BA

2. 在大都會，只有販賣三種品牌的啤酒 (啤酒 1，啤酒 2，啤酒 3)。時常，人們嘗試一種或多種品牌，假設在每個月的開始，人們根據下列規則改變他們所喝的啤酒：

有 30% 喜歡啤酒 1 的人轉而喜歡啤酒 2
有 20% 喜歡啤酒 1 的人轉而喜歡啤酒 3
有 30% 喜歡啤酒 2 的人轉而喜歡啤酒 3
有 30% 喜歡啤酒 3 的人轉而喜歡啤酒 2
有 10% 喜歡啤酒 3 的人轉而喜歡啤酒 1

針對 $i = 1，2，3$，令 x_i 代表在每個月一開始喜歡啤酒 i 的人數，且 y_i 代表在下一個月開始喜歡啤酒 i 的人數，利用矩陣相乘表示下列關係：

$$\begin{bmatrix} y_1 \\ y_2 \\ y_3 \end{bmatrix} \quad \begin{bmatrix} x_1 \\ x_2 \\ x_3 \end{bmatrix}$$

問題組 B

3. 證明矩陣相乘具有結合性。

4. 證明對於任何二個矩陣 A 及 B，$(AB)^T = B^T A^T$。

5. 如果 $A = A^T$，則一個 $n \times n$ 階的矩陣 A 稱為對稱。

  a. 證明：對於任何一個 $n \times n$ 階矩陣，AA^T 為對稱矩陣。

  b. 證明：對於任何一個 $n \times n$ 階矩陣 A，$(A + A^T)$ 亦為對稱矩陣。

6. 假設 A 及 B 均為 $n \times n$ 階矩陣，證明計算 AB 的相乘需要 n^3 次的乘法及 $n^3 - n^2$ 的加法。

7. 一個矩陣的對角元素的和稱為**矩陣的軌跡**。

  a. 對於任何矩陣 A 及 B，證明 trace $(A + B) =$ trace $A +$ trace B。

  b. 對於任何矩陣 A 及 B，它們的相乘 AB 及 BA 均有定義，證明 trace $AB =$ trace BA。

2.2 矩陣與線性等式的系統

考慮一個線性方程式的系統如下：

$$\begin{aligned} a_{11}x_1 + a_{12}x_2 + \cdots + a_{1n}x_n &= b_1 \\ a_{21}x_1 + a_{22}x_2 + \cdots + a_{2n}x_n &= b_2 \\ \vdots \qquad \vdots \qquad \vdots & \\ a_{m1}x_1 + a_{m2}x_2 + \cdots + a_{mn}x_n &= b_m \end{aligned} \quad (3)$$

在式 (3)，$x_1, x_2, \cdots x_n$ 稱為**變數** (variables)，或未知數，a_{ij} 及 b_i 為**常數** (constants)。像式 (3) 的等式構成集合稱為有 m 個等式及 n 個變數所構成的線性系統。

定義 ■ 一個 m 個等式與 n 個未知數所構成線性系統的**解** (solution) 為此些未知數滿足 m 個等式所構成的集合。 ■

為了解線性規劃的問題,我們必須了解許多有關於線性方程式系統解的特性。關於這點,我們將花許多心思在研討此系統。

將等式 (3) 的可能解記為 n-維行向量 $\mathbf{x}$,在 $\mathbf{x}$ 的第 i 個元素為 x_i,在下一個例子說明線性系統解的特性。

例題 5　線性系統的解

證明

$$\mathbf{x} = \begin{bmatrix} 1 \\ 2 \end{bmatrix}$$

為下列線性系統的一組解

$$\begin{aligned} x_1 + 2x_2 &= 5 \\ 2x_1 - x_2 &= 0 \end{aligned} \tag{4}$$

且

$$\mathbf{x} = \begin{bmatrix} 3 \\ 1 \end{bmatrix}$$

不為線性系統 (4) 的解。

解　為了證明

$$\mathbf{x} = \begin{bmatrix} 1 \\ 2 \end{bmatrix}$$

為式 (4) 的解,我們將 $x_1 = 1$ 及 $x_2 = 2$ 代入二個等式中,再檢查它們滿足:$1 + 2(2) = 5$ 及 $2(1) - 2 = 0$。

向量

$$\mathbf{x} = \begin{bmatrix} 3 \\ 1 \end{bmatrix}$$

不是式 (4) 的解,因為 $x_1 = 3$ 及 $x_2 = 1$ 不滿 $2x_1 - x_2 = 0$。

利用矩陣能夠簡化線性等式系統的陳述與解答。為了說明矩陣如何被用來完整地表示等式 (3),令

$$A = \begin{bmatrix} a_{11} & a_{12} & \cdots & a_{1n} \\ a_{21} & a_{22} & \cdots & a_{2n} \\ \vdots & \vdots & & \vdots \\ a_{m1} & a_{m2} & \cdots & a_{mn} \end{bmatrix}, \quad \mathbf{x} = \begin{bmatrix} x_1 \\ x_2 \\ \vdots \\ x_n \end{bmatrix}, \quad \mathbf{b} = \begin{bmatrix} b_1 \\ b_2 \\ \vdots \\ b_m \end{bmatrix}$$

則式 (3) 可被寫成

$$A\mathbf{x} = \mathbf{b} \tag{5}$$

我們可以看出式 (5) 的二邊均為 $(m \times 1)$ 矩陣 (或 $m \times 1$ 行向量)。關於矩陣 $A\mathbf{x}$ 與矩陣 $\mathbf{b}$ 相等 (或向量 $A\mathbf{x}$ 與向量 $\mathbf{b}$ 相等)，則它們相對的元素也會一致，$A\mathbf{x}$ 的第 1 個元素為 A 的第 1 列乘以 $\mathbf{x}$。這可被寫成

$$[a_{11} \quad a_{12} \quad \cdots \quad a_{1n}] \begin{bmatrix} x_1 \\ x_2 \\ \vdots \\ x_n \end{bmatrix} = a_{11}x_1 + a_{12}x_2 + \cdots + a_{1n}x_n$$

上式等於 $\mathbf{b}$ 的第一個元素 (b_1)。因此，式 (5) 得到 $a_{11}x_1 + a_{12}x_2 + \cdots + a_{1n}x_n = b_1$，這是式 (3) 的第一個式子。相同地，式 (5) 可得一個常數乘以 A 的第 i 列等於 b_i，這會等於式 (3) 的第 i 個等式。這個討論證明式 (3) 與式 (5) 為同一個線性系統不同的寫法，我們稱式 (5) 為式 (3) 的**矩陣表示法** (matrix representation)。例如，式 (4) 的矩陣表示法為

$$\begin{bmatrix} 1 & 2 \\ 2 & -1 \end{bmatrix} \begin{bmatrix} x_1 \\ x_2 \end{bmatrix} = \begin{bmatrix} 5 \\ 0 \end{bmatrix}$$

有時候，我們化簡式 (5) 為

$$A|\mathbf{b} \qquad (6)$$

如果 A 為 $m \times n$ 矩陣，在式 (6) 假設變數為 x_1，x_2，$\cdots$，x_n，則式 (6) 為式 (3) 的另外表示方法。例如，矩陣

$$\begin{bmatrix} 1 & 2 & 3 & | & 2 \\ 0 & 1 & 2 & | & 3 \\ 1 & 1 & 1 & | & 1 \end{bmatrix}$$

代表等式的系統為

$$x_1 + 2x_2 + 3x_3 = 2$$
$$x_2 + 2x_3 = 3$$
$$x_1 + x_2 + x_3 = 1$$

問 題

問題組 A

1. 利用矩陣寫出下列等式系統的二種不同表示方法：

$$x_1 - x_2 = 4$$
$$2x_1 + x_2 = 6$$
$$x_1 + 3x_2 = 8$$

2.3 解線性等式系統的高斯-喬登方法

在本節，我們將發展一套有效的方法 [高斯-喬登 (Gauss-Jordan) 方法] 來解線性等式的系統。利用高斯喬登方法，我們證明在任一線性等式系統必須符合下列三種情況中的一種：

情況 1　此系統無解
情況 2　此系統僅有唯一解
情況 3　此系統有無窮多組解

高斯-喬登方法在解決線性規劃問題的簡捷法 (第 4 章) 非常的重要。

基本運算

在研讀高斯-喬登法之前，我們必須定義**基本列運算** (elementary row operation; ERO)。ERO 經由下列的運算，可將矩陣 A 轉成新的矩陣 A'。

型 1 ERO

從 A 中的任一列乘以一個常數可得 A'。例如，如果

$$A = \begin{bmatrix} 1 & 2 & 3 & 4 \\ 1 & 3 & 5 & 6 \\ 0 & 1 & 2 & 3 \end{bmatrix}$$

則型 1 ERO 將第 2 列乘以 3 可得

$$A' = \begin{bmatrix} 1 & 2 & 3 & 4 \\ 3 & 9 & 15 & 18 \\ 0 & 1 & 2 & 3 \end{bmatrix}$$

型 2 ERO

首先，在 A 的任何一列 (如第 i 列) 乘以一個非 0 的常數 c。針對某些 $j \neq i$，令 A' 的第 j 列 $= c$ (A 的第 i 列) $+$ A 的第 j 列，再令 A' 的其他列與 A 的列相同。

例如，將 A 的第二列乘以 4 及 A 的第三列用 4 (A 的第二列) $+$ A 的第三列取代，則 A' 的第三列變成

$$4 \begin{bmatrix} 1 & 3 & 5 & 6 \end{bmatrix} + \begin{bmatrix} 0 & 1 & 2 & 3 \end{bmatrix} = \begin{bmatrix} 4 & 13 & 22 & 27 \end{bmatrix}$$

而且

$$A' = \begin{bmatrix} 1 & 2 & 3 & 4 \\ 1 & 3 & 5 & 6 \\ 4 & 13 & 22 & 27 \end{bmatrix}$$

型 3 ERO

A 中的任兩列互換。例如，如果我們交換 A 中的第 1 及第 3 列可得

$$A' = \begin{bmatrix} 0 & 1 & 2 & 3 \\ 1 & 3 & 5 & 6 \\ 1 & 2 & 3 & 4 \end{bmatrix}$$

型 1 與型 2 ERO 可格式化運算以求解線性等式系統，為了求下列等式系統

$$\begin{aligned} x_1 + x_2 &= 2 \\ 2x_1 + 4x_2 &= 7 \end{aligned} \tag{7}$$

我們可以透過下列步驟。首先，將式 (7) 的第二個等式用 $-$ 2 (式 (7) 的第一個等式)＋式 (7) 的第二個等式。就可以得下列線性系統：

$$\begin{aligned} x_1 + x_2 &= 2 \\ 2x_2 &= 3 \end{aligned} \tag{7.1}$$

式 (7.1) 的第二式乘以 $\frac{1}{2}$，可得

$$\begin{aligned} x_1 + x_2 &= 2 \\ x_2 &= \tfrac{3}{2} \end{aligned} \tag{7.2}$$

最後，將式 (7.2) 的第一式換式 $-$ 1 (式 (7.2) 的第二式))＋式 (7.2) 的第一式可得

$$\begin{aligned} x_1 &= \tfrac{1}{2} \\ x_2 &= \tfrac{3}{2} \end{aligned} \tag{7.3}$$

式 (7.3) 有唯一解 $x_1 = \tfrac{1}{2}$ 及 $x_2 = \tfrac{3}{2}$。系統式 (7)，式 (7.1)，式 (7.2)，及 (7.3) 稱為相等 (equivalent)，是因為它們有共同的解。這表示 $x_1 = \tfrac{1}{2}$ 及 $x_2 = \tfrac{3}{2}$ 為原先系統 (7) 的唯一解。

如果我們將式 (7) 視為擴大的矩陣型態 $(A|\mathbf{b})$。我們可解式 (7) 的步驟當做將型 1 與型 2 ERO 應用至解 $A|\mathbf{b}$，從解擴大矩陣式 (7) 開始：

$$\begin{bmatrix} 1 & 1 & | & 2 \\ 2 & 4 & | & 7 \end{bmatrix} \tag{7'}$$

現在執行型 2 ERO，將式 (7′) 的第 2 列用－2 (式 (7′) 的第 1 列)＋式 (7′) 的第 2 列取代，結果可得

$$\begin{bmatrix} 1 & 1 & | & 2 \\ 0 & 2 & | & 3 \end{bmatrix} \tag{7.1′}$$

此式對應於式 (7.1)，其次，將式 (7.1′) 的第 2 列乘以 $\frac{1}{2}$ (型 1 ERO 的一種類型)，可得下列結果

$$\begin{bmatrix} 1 & 1 & | & 2 \\ 0 & 1 & | & \frac{3}{2} \end{bmatrix} \tag{7.2′}$$

此式相對應於式 (7.2)，最後，執行型 2 ERO 透過－1 (式 (7.2′) 的第 2 列)－式 (7.2′) 的第 1 列來取代式 (7.2′)，結果為

$$\begin{bmatrix} 1 & 0 & | & \frac{1}{2} \\ 0 & 1 & | & \frac{3}{2} \end{bmatrix} \tag{7.3′}$$

此式相對於式式 (7.3)，將式 (7.3′) 轉化成線性系統，我們可得 $x_1 = \frac{1}{2}$ 及 $x_2 = \frac{3}{2}$，此結果與式 (7.3) 相同。

透過高斯-高登方法求解

在前一節的討論中，顯現出若矩陣 $A'|\mathbf{b}'$ 可從 $A|\mathbf{b}$ 的 ERO 得之，則系統 $A\mathbf{x} = \mathbf{b}$ 與 $A'\mathbf{x} = \mathbf{b}'$ 相等。因此，任何一個系統 $A\mathbf{x} = \mathbf{b}$ 經過一序列的 ERO 得到的擴大矩陣 $A|\mathbf{b}$ 擁有相同的線性系統。

高斯-喬登方法是利用 ERO 的一個有系統方法用來求解。我們介紹利用此法求解下列線性系統的問題。

$$\begin{aligned} 2x_1 + 2x_2 + x_3 &= 9 \\ 2x_1 - x_2 + 2x_3 &= 6 \\ x_1 - x_2 + 2x_3 &= 5 \end{aligned} \tag{8}$$

它的擴大矩陣表示為

$$A|\mathbf{b} = \begin{bmatrix} 2 & 2 & 1 & | & 9 \\ 2 & -1 & 2 & | & 6 \\ 1 & -1 & 2 & | & 5 \end{bmatrix} \tag{8′}$$

假設透過一系列的 ERO 運算，用到式 (8′) 上，我們可將式 (8′) 轉化成

$$\begin{bmatrix} 1 & 0 & 0 & | & 1 \\ 0 & 1 & 0 & | & 2 \\ 0 & 0 & 1 & | & 3 \end{bmatrix} \tag{9′}$$

在一個等式系統中，透過 ERO 的運算所得的結果亦可由等式矩陣的二邊同時乘上一個特殊的矩陣而得。由此可解釋為什麼透過 ERO 的運算並不會改變一個線性系統的解。

式 (9′) 相對於下列線性系統

$$\begin{aligned} x_1 &= 1 \\ x_2 &= 2 \\ x_3 &= 3 \end{aligned} \quad (9)$$

式 (9) 擁有唯一解 $x_1 = 1$，$x_2 = 2$，$x_3 = 3$。因為式 (9′) 是從式 (8′) 透過一序列的 ERO 而來，我們知道式 (8) 及 (9) 為相等的線性系統。因此，$x_1 = 1$，$x_2 = 2$，$x_3 = 3$ 一定是式 (8) 的唯一解。我們現在說明如何透過 ERO 將一個相對複雜的系統如式 (8) 一樣轉化成相對簡單的系統，如式 (9)，這是高斯-喬登的精髓。

我們開始利用 ERO 轉化式 (8′) 的第一行為

$$\begin{bmatrix} 1 \\ 0 \\ 0 \end{bmatrix}$$

然後，再利用 ERO 轉化第二行得到

$$\begin{bmatrix} 0 \\ 1 \\ 0 \end{bmatrix}$$

最後，我們再利用 ERO 將第三行轉成

$$\begin{bmatrix} 0 \\ 0 \\ 1 \end{bmatrix}$$

從最後的結論，我們將得到式 (9′)，現在我們利用高斯-喬登方法求解式 (8)。首先，我們利用型 1 ERO 將式 (8′) 的第一列，第一行的元素轉成 1。然後我們將第 1 列乘以常數加上第 2 列，然後將第 1 列再乘以常數加上第 3 列 (此為型 2 ERO)。型 2 ERO 主要的目的為把第一行的剩下來的元素變成 0，下列的 ERO 可完成這個目標。

步驟 1 將式 (8′) 的第 1 列乘以 $\frac{1}{2}$，這個型 1 ERO 可得

$$A_1|\mathbf{b}_1 = \begin{bmatrix} 1 & 1 & \frac{1}{2} & | & \frac{9}{2} \\ 2 & -1 & 2 & | & 6 \\ 1 & -1 & 2 & | & 5 \end{bmatrix}$$

步驟 2 將 $A_1|\mathbf{b}_1$ 的第二列轉成 -2 ($A_1|\mathbf{b}_1$ 的第 1 列)$+ A_1|\mathbf{b}_1$ 的第 2 列,這個型 2 ERO 的結果為

$$A_2|\mathbf{b}_2 = \begin{bmatrix} 1 & 1 & \frac{1}{2} & | & \frac{9}{2} \\ 0 & -3 & 1 & | & -3 \\ 1 & -1 & 2 & | & 5 \end{bmatrix}$$

步驟 3 將 $A_2|\mathbf{b}_2$ 的第 3 列轉化成 -1 ($A_2|\mathbf{b}_2$ 的第 1 列)$+ A_2|\mathbf{b}_2$ 的第 3 列。這個型 2 ERO 可得下列結果

$$A_3|\mathbf{b}_3 = \begin{bmatrix} 1 & 1 & \frac{1}{2} & | & \frac{9}{2} \\ 0 & -3 & 1 & | & -3 \\ 0 & -2 & \frac{3}{2} & | & \frac{1}{2} \end{bmatrix}$$

式 (8′) 的第一行可轉成

$$\begin{bmatrix} 1 \\ 0 \\ 0 \end{bmatrix}$$

透過這個過程,我們可以確定變數 x_1 只出現在一個等式中且在此等式中的係數為 1。現在我們轉化 $A_3|\mathbf{b}_3$ 的第二行為

$$\begin{bmatrix} 0 \\ 1 \\ 0 \end{bmatrix}$$

我們開始利用型 1 ERO 將 $A_3|\mathbf{b}_3$ 的第 2 列第 2 行轉成 1,再利用第 2 列所得到的結果去執行型 2 EROs,將第 2 行的其他元素化為 0。步驟 4 到步驟 6 可完成此目標。

步驟 4 將 $A_3|\mathbf{b}_3$ 的第 2 列乘以 $-\frac{1}{32}$,這個型 1 ERO 可得下列結果

$$A_4|\mathbf{b}_4 = \begin{bmatrix} 1 & 1 & \frac{1}{2} & | & \frac{9}{2} \\ 0 & 1 & -\frac{1}{3} & | & 1 \\ 0 & -2 & \frac{3}{2} & | & \frac{1}{2} \end{bmatrix}$$

步驟 5 將 $A_4|\mathbf{b}_4$ 的第 1 列用 -1 ($A_4|\mathbf{b}_4$ 的第二列)$+(A_4|\mathbf{b}_4)$ 的第 1 列取代,此型 2 ERO 可得下列結果

$$A_5|\mathbf{b}_5 = \begin{bmatrix} 1 & 0 & \frac{5}{6} & | & \frac{7}{2} \\ 0 & 1 & -\frac{1}{3} & | & 1 \\ 0 & -2 & \frac{3}{2} & | & \frac{1}{2} \end{bmatrix}$$

步驟 6 將 $A_5|\mathbf{b}_5$ 的第三列用 $2\,(A_5|\mathbf{b}_5$ 的第二列$) + A_5|\mathbf{b}_5$ 的第三列取代。此型 2 ERO 的結果為

$$A_6|\mathbf{b}_6 = \begin{bmatrix} 1 & 0 & \frac{5}{6} & | & \frac{7}{2} \\ 0 & 1 & -\frac{1}{3} & | & 1 \\ 0 & 0 & \frac{5}{6} & | & \frac{5}{2} \end{bmatrix}$$

第二行已轉化為

$$\begin{bmatrix} 0 \\ 1 \\ 0 \end{bmatrix}$$

對於第 2 行的改變不會改變第 1 行。

為完成高斯-喬登的計算過程,我們必須轉換 $A_6|\mathbf{b}_6$ 的第三行為

$$\begin{bmatrix} 0 \\ 0 \\ 1 \end{bmatrix}$$

我們首先透過型 1 ERO 將 $A_6|\mathbf{b}_6$ 的第三行第三列變成 1,然後再利用型 2 ERO 把第 3 行剩下來的值變成 0,步驟 7 到步驟 9 可完成此項目標。

步驟 7 將 $A_6|\mathbf{b}_6$ 的第 3 列乘以 $\frac{6}{5}$,型 1 ERO 的結果為

$$A_7|\mathbf{b}_7 = \begin{bmatrix} 1 & 0 & \frac{5}{6} & | & \frac{7}{2} \\ 0 & 1 & -\frac{1}{3} & | & 1 \\ 0 & 0 & 3 & | & 3 \end{bmatrix}$$

步驟 8 將 $A_7|\mathbf{b}_7$ 的第 1 列轉換成 $-\frac{5}{6}\,(A_7|\mathbf{b}_7$ 的第 3 列$) + A_7|\mathbf{b}_7$ 的第 1 列。型 2 ERO 的結果為

$$A_8|\mathbf{b}_8 = \begin{bmatrix} 1 & 0 & 0 & | & 1 \\ 0 & 1 & -\frac{1}{3} & | & 1 \\ 0 & 0 & 1 & | & 3 \end{bmatrix}$$

步驟 9 將 $A_8|\mathbf{b}_8$ 的第 2 列轉化成 $\frac{1}{3}\,(A_8|\mathbf{b}_8$ 的第 3 列$) + A_8|\mathbf{b}_8$ 的第 2 列,型 2 ERO 的結果為

$$A_9|\mathbf{b}_9 = \begin{bmatrix} 1 & 0 & 0 & | & 1 \\ 0 & 1 & 0 & | & 2 \\ 0 & 0 & 1 & | & 3 \end{bmatrix}$$

$A_9|\mathbf{b}_9$ 可由下列等式系統來表示

$$\begin{aligned} x_1 &= 1 \\ x_2 &= 2 \\ x_3 &= 3 \end{aligned} \quad (9)$$

因此，(9) 式有唯一組解 $x_1 = 1$，$x_2 = 2$，$x_3 = 3$。因為式 (9) 是由式 (8) 經過 ERO 而得，所以式 (8) 也只有一組解 $x_1 = 1$，$x_2 = 2$，$x_3 = 3$。

讀者可以思考一下，為什麼我們要定義型 3 EROs (交換二列)，為了了解為什麼型 3 ERO 有效，假設要解下列問題

$$\begin{aligned} 2x_2 + x_3 &= 6 \\ x_1 + x_2 - x_3 &= 2 \\ 2x_1 + x_2 + x_3 &= 4 \end{aligned} \quad (10)$$

為了解式 (10)，利用高斯-喬登方法，首先寫下擴大矩陣。

$$A|\mathbf{b} = \begin{bmatrix} 0 & 2 & 1 & | & 6 \\ 1 & 1 & -1 & | & 2 \\ 2 & 1 & 1 & | & 4 \end{bmatrix}$$

由於第 1 列第 1 行為 0 代表型 1 ERO 無法在此第 1 列第 1 行變成 1。然而，如果我們可以交換第 1 及第 2 列 (型 3 ERO)，可得

$$\begin{bmatrix} 1 & 1 & -1 & | & 2 \\ 0 & 2 & 1 & | & 6 \\ 2 & 1 & 1 & | & 4 \end{bmatrix} \quad (10')$$

接下來我們就可以利用高斯-喬登方法進行了。

特例：無解或無窮多組解

有些線性系統無解，且有些問題有無窮多組解，下面二個例子說明高斯-喬登方法如何來確認這些情況。

例題 6　無解的線性系統

找出下列線性系統的所有的解：

$$\begin{aligned} x_1 + 2x_2 &= 3 \\ 2x_1 + 4x_2 &= 4 \end{aligned} \quad (11)$$

解　　我們利用高斯-喬登方法解下列矩陣

$$A|\mathbf{b} = \begin{bmatrix} 1 & 2 & | & 3 \\ 2 & 4 & | & 4 \end{bmatrix}$$

34 作業研究 I

首先，我們將 $A|\mathbf{b}$ 的第 2 列由 -2 ($A|\mathbf{b}$ 的第 1 列) $+$ $A|\mathbf{b}$ 的第 2 列取代，型 2 ERO 的結果為

$$\begin{bmatrix} 1 & 2 & | & 3 \\ 0 & 0 & | & -2 \end{bmatrix} \tag{12}$$

我們想要將式 (12) 第 2 行轉化成

$$\begin{bmatrix} 0 \\ 1 \end{bmatrix}$$

但這是不可能的。方程組 (12) 等於下列等式的方程組

$$\begin{aligned} x_1 + 2x_2 &= 3 \\ 0x_1 + 0x_2 &= -2 \end{aligned} \tag{12'}$$

不論給定 x_1 及 x_2 怎樣的值，式 (12′) 的第二式不可能滿足。因此，式 (12′) 為無解。因為式 (12′) 是從式 (11) 利用 ERO 得到，故式 (11) 為無解。

例題 6 說明下列想法：如果您利用高斯-喬登求解一個線性系統且得到一列的型態為 $[0\ 0\ \cdots\ 0|c](c \neq 0)$，則原來的線性系統無解。

例題 7　無窮多組解的線性系統

利用高斯-喬登解下列線性系統：

$$\begin{aligned} x_1 + x_2 \phantom{{}+x_3} &= 1 \\ x_2 + x_3 &= 3 \\ x_1 + 2x_2 + x_3 &= 4 \end{aligned} \tag{13}$$

解　式 (13) 的擴大矩陣為

$$A|\mathbf{b} = \begin{bmatrix} 1 & 1 & 0 & | & 1 \\ 0 & 1 & 1 & | & 3 \\ 1 & 2 & 1 & | & 4 \end{bmatrix}$$

首先，我們將第 3 列 $A|\mathbf{b}$ 由 -1 ($A|\mathbf{b}$ 的第 1 列) $+$ $A|\mathbf{b}$ 的第 3 列取代 (因為第 2 列第 1 行已經為 0)。型 2 ERO 的結果為

$$A_1|\mathbf{b}_1 = \begin{bmatrix} 1 & 1 & 0 & | & 1 \\ 0 & 1 & 1 & | & 3 \\ 0 & 1 & 1 & | & 3 \end{bmatrix} \tag{14}$$

其次，$A_1|\mathbf{b}_1$ 的第 1 列由 -1 ($A_1|\mathbf{b}_1$) $+$ $A_1|\mathbf{b}_1$ 的第 1 列取代。此型 2 ERO 的結果為

$$A_2|\mathbf{b}_2 = \begin{bmatrix} 1 & 0 & -1 & | & -2 \\ 0 & 1 & 1 & | & 3 \\ 0 & 1 & 1 & | & 3 \end{bmatrix}$$

現在我們將 $A_2|\mathbf{b}_2$ 的第 3 列由 -1 ($A_2|\mathbf{b}_2$ 的第 2 列) $+$ $A_2|\mathbf{b}_2$ 的第 3 列取代，則型 2 ERO

的結果

$$A_3|\mathbf{b}_3 = \begin{bmatrix} 1 & 0 & -1 & | & -2 \\ 0 & 1 & 1 & | & 3 \\ 0 & 0 & 0 & | & 0 \end{bmatrix}$$

我們將 $A_3|\mathbf{b}_3$ 的第三行轉化為

$$\begin{bmatrix} 0 \\ 0 \\ 1 \end{bmatrix}$$

但這是不可能。$A_3|\mathbf{b}_3$ 所對應的線性系統為

$$x_1 \quad\quad - \ x_3 = -2 \tag{14.1}$$
$$x_2 + \ x_3 = 3 \tag{14.2}$$
$$0x_1 + 0x_2 + 0x_3 = 0 \tag{14.3}$$

假設我們設 x_3 為任意值 k,則 (14.1) 式得知 $x_1 - k = -2$,或 $x_1 = k - 2$。同樣地,(14.2) 式得知 $x_2 + k = 3$ 或 $x_2 = 3 - k$,當我們任意設 x_1,x_2 及 x_3,(14.3) 式即被滿足。因此,對於任何值 k,$x_1 = k - 2$,$x_2 = 3 - k$,$x_3 = k$ 為 (14) 式的一組解。因此,(14) 式有無窮多組解 (對於每個 k 就有一組解),因為 (14) 式是從 (13) 式經由 ERO 而來,(13) 式亦有多重解。在高斯-喬登方法的總結之後,我們將正式定義一個線性系統的無窮多組解。

高斯-喬登法總結

步驟 1 為解 $A\mathbf{x} = \mathbf{b}$,寫下擴大矩陣 $A|\mathbf{b}$。

步驟 2 在任何階段,定義一個目前列,目前行,及目前元素 (在目前列與行的元素)。從第 1 列為目前列,第 1 行為目前行,a_{11} 為目前元素開始。**(a)** 如果 a_{11} (目前元素) 為非零的數,則利用 ERO 轉化第 1 行 (目前行) 為

$$\begin{bmatrix} 1 \\ 0 \\ \vdots \\ 0 \end{bmatrix}$$

然後得到新的目前列,行及元素透過移動第 1 列第 1 行到右邊,再到步驟 3。**(b)** 如果 a_{11} (目前元素) 為 0,則執行型 3 ERO 包含在目前列與任何一列且此列在目前行中有非零的數字,利用 ERO 將第 1 行轉成

$$\begin{bmatrix} 1 \\ 0 \\ \vdots \\ 0 \end{bmatrix}$$

為獲得新的行,列與元素,將一列往下移且一行往右移,進行步驟 3。**(c)** 如果第 1 行沒有非零數字,則透過移動一行到右邊可得一個新的目前行與元素,然後進行步驟 3。

步驟 3 **(a)** 如果目前新的元素為非零,則利用 ERO 將它轉化為 1 且在目前行中剩下的轉為 0。完成時,得到新的列,行及元素,如果這是不可能,則停止。否則,重覆步驟 3。**(b)** 如果目前的元素為 0,則將目前列與任何列在目前行中包含非零數字執行型 3 ERO。然後利用 ERO 轉化目前元素為 1 且在目前行中其他元素為 0。當完成,得到一個新的列,行及元素。如果這是不可能的,則停止。否則,重覆步驟 3。**(c)** 如果目前行有非零數字在目前列之下,則得到新的目前行與元素,且重覆步驟 3。若這是不可能,則停止。

這個過程有可能需要"跳過"一或多行不需要轉化它們 (參考問題 8)。

步驟 4 寫下等式系統 $A'\mathbf{x} = \mathbf{b}'$ 其對應的矩陣 $A'|\mathbf{b}'$ 可從步驟 3 完成後得之,則 $A'\mathbf{x} = \mathbf{b}'$ 會與 $A\mathbf{x} = \mathbf{b}$ 有同樣的解集合。

基本變數與線性等式系統的解

為描述 $A'\mathbf{x} = \mathbf{b}'$ (及 $A\mathbf{x} = \mathbf{b}$) 的解集合,我們必須定義基本及非基本變數。

定義 ■ 在利用高斯-喬登的方法來解決任一個線性系統時,一個變數在單一等式中出現的係數為 1 及其他等式的係數為 0,則此變數稱為**基本變數** (basic variable, BV)。 ■

任何變數不是基本變數稱為**非基本變數** (nonbasic variable, NBV)。 ■

令 BV 為 $A'\mathbf{x} = \mathbf{b}'$ 的基本變數集合及 NBV 為 $A'\mathbf{x} = \mathbf{b}'$ 的非基本變數,$A'\mathbf{x} = \mathbf{b}'$ 解的特徵依據下列情況而定。

情況 1 $A'\mathbf{x} = \mathbf{b}'$ 至少有一列 $[0\ 0\ \cdots\ 0|c](c \neq 0)$,則 $A\mathbf{x} = \mathbf{b}$ 為無解 (例題 6)。在情況 1,假設透過高斯-喬登方法解 $A\mathbf{x} = \mathbf{b}$ 的問題,可得如下矩陣:

$$A'|\mathbf{b}' = \begin{bmatrix} 1 & 0 & 0 & 1 & | & 1 \\ 0 & 1 & 0 & 2 & | & 1 \\ 0 & 0 & 1 & 3 & | & -1 \\ 0 & 0 & 0 & 0 & | & 0 \\ 0 & 0 & 0 & 0 & | & 2 \end{bmatrix}$$

在本例，$A'\mathbf{x} = \mathbf{b}'$ (及 $A\mathbf{x} = \mathbf{b}$) 無解。

情況 2 假設情況 1 不適用，非基本變數 NBV 的集合為空集合。則 $A'\mathbf{x} = \mathbf{b}'$ (及 $A\mathbf{x} = \mathbf{b}$) 有唯一解，為了說明這點，我們重新解下列問題：

$$2x_1 + 2x_2 + x_3 = 9$$
$$2x_1 - x_2 + 2x_3 = 6$$
$$x_1 - x_2 + 2x_3 = 5$$

高斯-喬登法會出現

$$A'|\mathbf{b}' = \begin{bmatrix} 1 & 0 & 0 & | & 1 \\ 0 & 1 & 0 & | & 2 \\ 0 & 0 & 1 & | & 3 \end{bmatrix}$$

在本例，BV = $\{x_1, x_2, x_3\}$ 及非基本變數為空集合，則 $A'\mathbf{x} = \mathbf{b}'$ (及 $A\mathbf{x} = \mathbf{b}$) 的唯一解為 $x_1 = 1$，$x_2 = 2$，$x_3 = 3$。

情況 3 假設情況 1 不適用及 NBV 為非空集合，則 $A'\mathbf{x} = \mathbf{b}'$ (及 $A\mathbf{x} = \mathbf{b}$) 會有無窮多組解。為得到這些結論，首先給每一個非基本變數為任何值，則利用非基本變數求解每一個基本變數的值。例如，假設

$$A'|\mathbf{b}' = \begin{bmatrix} 1 & 0 & 0 & 1 & 1 & | & 3 \\ 0 & 1 & 0 & 2 & 0 & | & 2 \\ 0 & 0 & 1 & 0 & 1 & | & 1 \\ 0 & 0 & 0 & 0 & 0 & | & 0 \end{bmatrix} \quad \textbf{(15)}$$

因為情況 1 不能適用，且 BV = $\{x_1, x_2, x_3\}$ 及 NBV = $\{x_4, x_5\}$，則得情況 3 的一個例子：$A'\mathbf{x} = \mathbf{b}'$ (及 $A\mathbf{x} = \mathbf{b}$) 將有無窮多組解。為了看清這些解的樣子，寫成 $A'\mathbf{x} = \mathbf{b}'$：

$$x_1 \qquad\qquad + x_4 + x_5 = 3 \quad \textbf{(15.1)}$$
$$x_2 \qquad 2x_4 \qquad = 2 \quad \textbf{(15.2)}$$
$$x_3 \qquad + x_5 = 1 \quad \textbf{(15.3)}$$
$$0x_1 + 0x_2 + 0x_3 + 0x_4 + 0x_5 = 0 \quad \textbf{(15.4)}$$

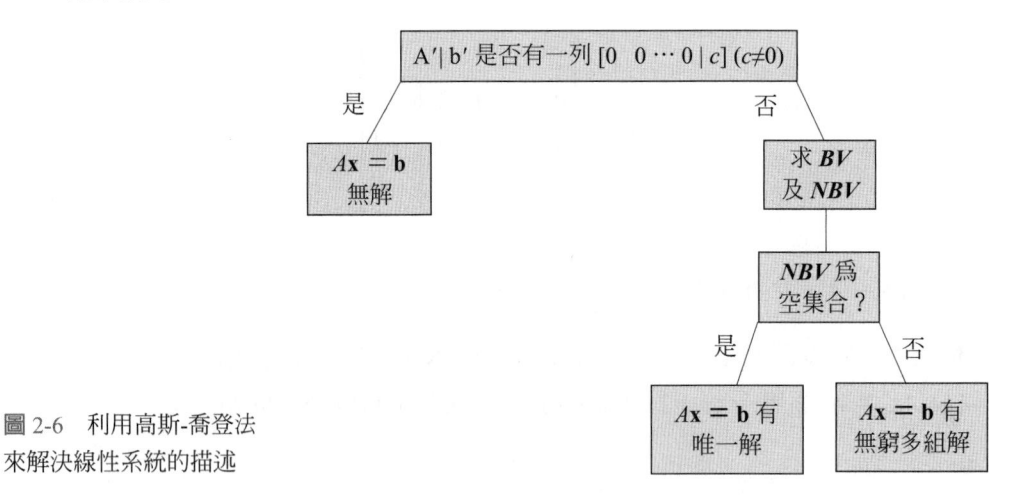

圖 2-6 利用高斯-喬登法來解決線性系統的描述

現在給非基本變數 (x_4 及 x_5) 任意值 c 及 k，即 $x_4 = c$ 及 $x_5 = k$，從式 (15.1) 我們求得 $x_1 = 3 - c - k$，從式 (15.2)，我們求得 $x_2 = 2 - 2c$。從式 (15.3)，我們求得 $x_3 = 1 - k$，對於所有的值，式 (15.4) 均能滿足，$x_1 = 3 - c - k$，$x_2 = 2 - 2c$，$x_3 = 1 - k$，$x_4 = c$ 及 $x_5 = k$，對於任何的 c 與 k，均為 $A'\mathbf{x} = \mathbf{b}'$ (及 $A\mathbf{x} = \mathbf{b}$) 的解。

高斯-喬登方法的總結在圖 2-6，我們花很多時間來討論高斯-喬登方法，因為在線性規劃的研究中，情況 3 的例子 (無窮多組解的線性系統) 會重覆地發生。因為在高斯-喬登方法的結論必須是情況 1 至 3 中的一種，我們將證明任何線性系統可能無解，唯一解，或無窮多組解。

問 題

問題組 A

利用高斯-喬登方法解下列問題，哪些線性系統為無解，唯一解，或無窮多組解找出解 (如果存在)。

1. $x_1 + x_2 + x_4 = 3$
$\quad x_2 + x_3 = 4$
$\quad x_1 + 2x_2 + x_3 + x_4 = 8$

2. $x_1 + x_2 + x_3 = 4$
$\quad x_1 + 2x_2 = 6$

3. $x_1 + x_2 = 1$
$\quad 2x_1 + x_2 = 3$
$\quad 3x_1 + 2x_2 = 4$

4. $2x_1 - x_2 + x_3 + x_4 = 6$
$\quad x_1 + x_2 + x_3 = 4$

5. $x_1 + x_4 = 5$
$\quad x_2 + 2x_4 = 5$
$\quad x_3 + 0.5x_4 = 1$
$\quad 2x_3 + x_4 = 3$

6. $2x_2 + 2x_3 = 4$
$\quad x_1 + 2x_2 + x_3 = 4$
$\quad x_2 - x_3 = 0$

7. $x_1 + x_2 = 2$
$\quad -x_2 + 2x_3 = 3$
$\quad x_2 + x_3 = 3$

8. $x_1 + x_2 + x_3 = 1$
$\quad x_2 + 2x_3 + x_4 = 2$
$\quad x_4 = 3$

問題組 B

9. 假設線性系統 $A\mathbf{x} = \mathbf{b}$ 變數的個數多於等式的數量，證明此 $A\mathbf{x} = \mathbf{b}$ 不可能只有一組解。

2.4 線性獨立與線性相依 †

在本節，我們討論向量集合的線性獨立特性，線性相依的向量集合，及矩陣的秩，這些觀念將有用於找矩陣的反矩陣。

在定義線性獨立的向量集合之前，我們必須定義一個向量集合的線性組合。令 $V = \{\mathbf{v}_1, \mathbf{v}_2, \cdots, \mathbf{v}_k\}$ 為一個列向量集合，其維度均相同。

定義 ■ 在 V 中，向量的**線性組合** (linear combination) 是型態為 $c_1\mathbf{v}_1 + c_2\mathbf{v}_2 + \cdots + c_k\mathbf{v}_k$ 的任何向量，其中 c_1，c_2，$\cdots$，c_k 為任何一個常數。 ■

例如，如果 $V = \{[1\ 2]，[2\ 1]\}$，則

$$2\mathbf{v}_1 - \mathbf{v}_2 = 2([1\ \ 2]) - [2\ \ 1] = [0\ \ 3]$$
$$\mathbf{v}_1 + 3\mathbf{v}_2 = [1\ \ 2] + 3([2\ \ 1]) = [7\ \ 5]$$
$$0\mathbf{v}_1 + 3\mathbf{v}_2 = [0\ \ 0] + 3([2\ \ 1]) = [6\ \ 3]$$

為在 V 中向量的線性組合，前面的定義可以用到行向量的集合。

假設給定一個集合 $V = \{\mathbf{v}_1，\mathbf{v}_2 \cdots \mathbf{v}_k\}$ 為 m 維的列向量。令 $\mathbf{0} = [0\ 0 \cdots 0]$ 為 m 個維度 $\mathbf{0}$ 向量，為決定 V 是否為線性獨立的向量集合，我們試著找出在 V 中向量的線性組合加起來為 $\mathbf{0}$。顯然，$0\mathbf{v}_1 + 0\mathbf{v}_2 + \cdots + 0\mathbf{v}_k$ 是 V 中向量的一個線性組合，加起來為 $\mathbf{0}$。我們稱 V 中的線性組合，當 $c_1 = c_2 = \cdots = c_k = 0$ 為在 V 中明顯 (trivial) 的向量線性組合。我們現在可以定義向量集合中線性獨立與線性相依。

定義 ■ 一個 m 維向量的集合 V 稱為**線性獨立** (linear independent)，如果在 V 中的線性組合為 $\mathbf{0}$ 的僅有明顯的線性組合。 ■

一個 m 維向量的集合 V 稱為**線性相依** (linear dependent)，如果在 V 中的線性組合加起來為 $\mathbf{0}$ 的非明顯線性組合。 ■

下面的例子可以釐清這些定義。

例題 8　0 向量使得集合為線性相依

證明包含 **0** 向量的任何向量集合為線性相依集合。

解　為了說明此點，我們證明若 $V = \{[0\ 0]，[1\ 0]，[0\ 1]\}$，則 V 為線性相依，因

---
† 這個章節所討論的主題可以省略不影響學習的連續性。

爲，若 $c_1 \neq 0$，則 c_1 ([0 0])+ 0([1 0])+ 0([0 1])=[0 0]。因此，這是一個在 V 中有一個加起來爲 **0** 的非明顯線性組合。

例題 9　線性獨立的向量集合

證明向量集合 $V = \{[1\ 0], [0\ 1]\}$ 爲線性獨立的向量集合。

解　我們試著找出在 V 中的非明顯線性組合且相加爲 0 的集合。這需要找出二個常數 c_1 與 c_2 (至少一個爲非零) 滿足 $c_1([1\ 0])+ c_2([0\ 1]) =[0\ 0]$。因此，$c_1$ 與 c_2 必須滿足 $[c_1\ c_2]=[0\ \ 0]$。由此可得 $c_1 = c_2 = 0$，在 V 中，唯一的線性組合相加爲 0 的是明顯的線性組合。因此，V 爲線性獨立的集合。

例題 10　線性相依的向量集合

證明 $V = \{[1\ 2], [2\ 4]\}$ 爲線性相依的向量集合。

解　因爲 $2([1\ 2])- 1([2\ 4])=[0\ 0]$，這是一個非明顯的線性組合 $c_1 = 2$ 及 $c_2 = -1$ 會產生相加值 0。因此，V 爲線性相依的向量集合。

直覺上，一個向量集合爲線性相依的意義爲何？爲了理解線性相依的觀念，觀察向量集合 V 爲線性相依 (只要 **0** 不在 V 中) 若且唯若在 V 中的某些向量可以被寫成在 V 中其他向量的非明顯線性組合 (參考在本節最後的習題 9)。例如，在例題 10，$[2\ \ 4]= 2([1\ \ 2])$。因此，如果向量集合 V 爲線性相依，在 V 的向量中，在某方面，並不是完全"不同"的向量，"不同"是代表在 V 中的向量中任何向量的方向不能被表示成另外的向量乘以常數加在一起。例如，在二度空間，能夠證明二個向量爲線性相依若且唯若它們落在同一條直線上 (參考圖 2-7)。

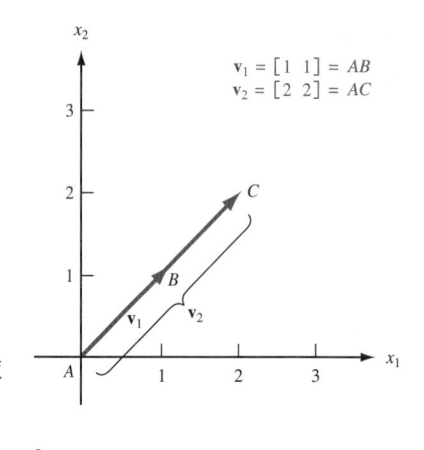

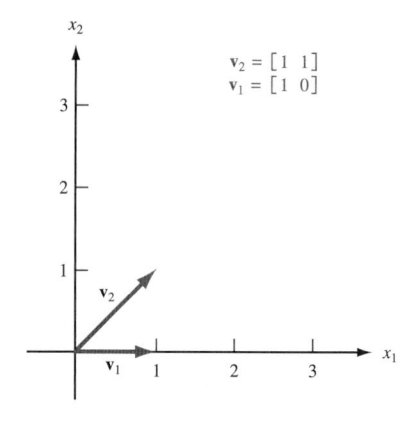

圖 2-7
(a) 二個線性相依的向量 (b) 二個線性獨立的向量

a　　　　　　　　　　　b

矩陣的秩

高斯-喬登方法可以用來決定向量的集合是否為線性獨立或線性相依。在描述如何做之前，我們定義矩陣秩的觀念。

令 A 為任一 $m \times n$ 矩陣，且 A 的列記為 $\mathbf{r}_1$，$\mathbf{r}_2$，$\cdots$，$\mathbf{r}_m$，其次定義 $R = \{\mathbf{r}_1, \mathbf{r}_2, \cdots, \mathbf{r}_m\}$。

定義 ■ A 的**秩** (rank) 為在 R 的子集合中，最大線性獨立的向量個數。 ■

下列三個例子來說明秩的觀念。

例題 11　秩為 0 的矩陣

說明下列矩陣 A 的秩為 0：

$$A = \begin{bmatrix} 0 & 0 \\ 0 & 0 \end{bmatrix}$$

解　對於向量集合 $R = \{[0\ 0], [0\ 0]\}$ 而言，要選擇 R 的子集合為線性獨立是不可能的 (回顧例題 8)。

例題 12　秩為 1 的矩陣

說明下列矩陣 A 的秩為 1：

$$A = \begin{bmatrix} 1 & 1 \\ 2 & 2 \end{bmatrix}$$

解　$R = \{[1\ 1], [2\ 2]\}$，集合 $[1\ 1]$ 為 R 中的線性獨立子集合，所以 A 的秩至少為 1。如果我們嘗試去找在 R 中二個線性獨立的向量，則我們會失敗，因為 $2([1\ 1]) - [2\ 2] = [0\ 0]$，這代表 A 的秩不能為 2。所以，A 的秩必為 1。

例題 13　秩為 2 的矩陣

說明下列矩陣 A 的秩為 2：

$$A = \begin{bmatrix} 1 & 0 \\ 0 & 1 \end{bmatrix}$$

解　$R = \{[1\ 0], [0\ 1]\}$。從例題 9，我們知道 R 為一個線性獨立的向量集合。因此，A 的秩為 2。

為了求出一個給定矩陣 A 的秩，簡單地利用高斯-喬登方法去找矩陣 A 的秩，令最後的結果為矩陣 $\overline{A}$。我們能夠證明在一個矩陣中執行一序列的 ERO 不會改變矩陣的秩，這可得 A 的秩 $= \overline{A}$ 的秩，顯然地，$\overline{A}$ 的秩為 $\overline{A}$ 中非零列的個數。結合這些事實，我們發現 A 的秩 $=\overline{A}$ 的秩 $=\overline{A}$ 中非零列的個數。

例題 14　利用高斯-喬登方法去找矩陣的秩)

求

$$\text{rank } A = \begin{bmatrix} 1 & 0 & 0 \\ 0 & 2 & 1 \\ 0 & 2 & 3 \end{bmatrix}$$

解　利用高斯-喬登法會得到以下序列的矩陣。

$$A = \begin{bmatrix} 1 & 0 & 0 \\ 0 & 2 & 1 \\ 0 & 2 & 3 \end{bmatrix} \to \begin{bmatrix} 1 & 0 & 0 \\ 0 & 1 & \frac{1}{2} \\ 0 & 2 & 3 \end{bmatrix} \to \begin{bmatrix} 1 & 0 & 0 \\ 0 & 1 & \frac{1}{2} \\ 0 & 0 & 2 \end{bmatrix} \to \begin{bmatrix} 1 & 0 & 0 \\ 0 & 1 & \frac{1}{2} \\ 0 & 0 & 1 \end{bmatrix} \to \begin{bmatrix} 1 & 0 & 0 \\ 0 & 1 & 0 \\ 0 & 0 & 1 \end{bmatrix}$$
$$= \overline{A}$$

因此，$\text{ran } \overline{A} = \text{rank } \overline{A} = 3$

如何說明一個向量集合為線性獨立

現在我們描述一個方法去決定向量集合 $V = \{\mathbf{v}_1,\mathbf{v}_2,\cdots,\mathbf{v}_m\}$ 是否為線性獨立。

矩陣 A 的第 i 列為 $\mathbf{v}_i$。A 有 m 列，若 $\text{rank } A = m$，則 V 為一線性獨立的向量集合，若 $\text{rank } A < m$，則 V 為一線性相依的向量集合。

例題 15　一個線性相依的向量集合

決定 $V = \{[1\ 0\ 0], [0\ 1\ 0], [1\ 1\ 0]\}$ 是否為線性獨立的向量集合。

解　高斯-喬登方法產生下列矩陣的序列

$$A = \begin{bmatrix} 1 & 0 & 0 \\ 0 & 1 & 0 \\ 0 & 1 & 0 \end{bmatrix} \to \begin{bmatrix} 1 & 0 & 0 \\ 0 & 1 & 0 \\ 0 & 1 & 0 \end{bmatrix} \to \begin{bmatrix} 1 & 0 & 0 \\ 0 & 1 & 0 \\ 0 & 0 & 0 \end{bmatrix} = \overline{A}$$

因此，$\text{rank } A = \text{rank } \overline{A} = 2 < 3$，這表示 V 為線性相依的向量集合。事實上，利用 ERO 轉化 A 至 $\overline{A}$ 可用來說明 $[1\ 1\ 0]=[1\ 0\ 0]+[0\ 1\ 0]$，這個等式說明 V 是一個線性相依的向量集合。

問　題

問題組 A

決定下列的向量集合為線性獨立或線性相依

1. $V = \{[1 \quad 0 \quad 1], [1 \quad 2 \quad 1], [2 \quad 2 \quad 2]\}$
2. $V = \{[2 \quad 1 \quad 0], [1 \quad 2 \quad 0], [3 \quad 3 \quad 1]\}$
3. $V = \{[2 \quad 1], [1 \quad 2]\}$
4. $V = \{[2 \quad 0], [3 \quad 0]\}$
5. $V = \left\{ \begin{bmatrix} 1 \\ 2 \\ 3 \end{bmatrix}, \begin{bmatrix} 4 \\ 5 \\ 6 \end{bmatrix}, \begin{bmatrix} 5 \\ 7 \\ 9 \end{bmatrix} \right\}$
6. $V = \left\{ \begin{bmatrix} 1 \\ 0 \\ 0 \end{bmatrix}, \begin{bmatrix} 0 \\ 2 \\ 1 \end{bmatrix}, \begin{bmatrix} 1 \\ 0 \\ 1 \end{bmatrix} \right\}$

問題組 B

7. 證明線性系統 $A\mathbf{x} = \mathbf{b}$ 有解，若且唯若 $\mathbf{b}$ 能夠寫成 A 的行的一個線性組合。
8. 假設有一個集合包含三個或以上的二維向量，提出一個討論說明這些集合為線性相依。
9. 證明一個向量集合 V (不包含 $\mathbf{0}$ 向量) 為線心生相依，若且唯若存在一些向量在 V 中，能夠表示成其它向量在 V 中非明顯的線性組合。

2.5 矩陣的反矩陣

解一個單一的線性等式如 $4x = 3$，我們簡單地將二邊乘以 4 的倒數，4^{-1}，或 $\frac{1}{4}$，這會得到 $4^{-1}(4x) = (4^{-1})3$，或 $x = \frac{3}{4}$ (當然，這個方法會失敗當解等式 $0x = 3$，因為 0 沒有倒數)。在本節，我們將此技巧推廣至解"方陣" (等式的個數＝未知的個數) 線性系統，首先由幾個基本的定義開始。

定義 ■　**方陣** (square matrix) 為任一矩陣有相同的列與行。■

在一個方陣中的**對角元素** (diagonal elements) 為元素 a_{ij}，其中 $i = j$。■

一個方陣的所有對角元素均為 1 及所有的非對角元素均為 0 稱為**單位矩陣** (identity matrix)。■

$m \times m$ 單位矩陣寫成 I_m，因此

$$I_2 = \begin{bmatrix} 1 & 0 \\ 0 & 1 \end{bmatrix}, \quad I_3 = \begin{bmatrix} 1 & 0 & 0 \\ 0 & 1 & 0 \\ 0 & 0 & 1 \end{bmatrix}, \quad \cdots$$

如果相乘 $I_m A$ 及 AI_m 是有定義的，則可以簡單地證明 $I_m A = AI_m = A$。因此，就如同數字 1 扮演單位元素乘以實數一樣，I_m 扮演單位元素乘上矩陣。

$\frac{1}{4}$ 是 4 的倒數，這是因為 $4(\frac{1}{4}) = (\frac{1}{4})4 = 1$，這個特性我們定義以下矩陣的反矩陣。

定義 ■ 對於一個 $m \times m$ 矩陣 A，$m \times m$ 矩陣 B 為 A 的反矩陣 (inverse) 若

$$BA = AB = I_m \tag{16}$$

(我們可以證明若 $BA = I_m$ 或 $AB = I_m$，則另外一個數量也會是 I_m。) ■

某些方陣沒有反矩陣。若存在一個 $m \times m$ 矩陣 B 滿足式 (16)，則 $B = A^{-1}$。例如，若

$$A = \begin{bmatrix} 2 & 0 & -1 \\ 3 & 1 & 2 \\ -1 & 0 & 1 \end{bmatrix}$$

則讀者可以證明

$$\begin{bmatrix} 2 & 0 & -1 \\ 3 & 1 & 2 \\ -1 & 0 & 1 \end{bmatrix} \begin{bmatrix} 1 & 0 & 1 \\ -5 & 1 & -7 \\ 1 & 0 & 2 \end{bmatrix} = \begin{bmatrix} 1 & 0 & 0 \\ 0 & 1 & 0 \\ 0 & 0 & 1 \end{bmatrix}$$

及

$$\begin{bmatrix} 1 & 0 & 1 \\ -5 & 1 & -7 \\ 1 & 0 & 2 \end{bmatrix} \begin{bmatrix} 2 & 0 & -1 \\ 3 & 1 & 2 \\ -1 & 0 & 1 \end{bmatrix} = \begin{bmatrix} 1 & 0 & 0 \\ 0 & 1 & 0 \\ 0 & 0 & 1 \end{bmatrix}$$

因此，

$$A^{-1} = \begin{bmatrix} 1 & 0 & 1 \\ -5 & 1 & -7 \\ 1 & 0 & 2 \end{bmatrix}$$

為了了解為什麼我們對反矩陣有興趣，假設我們想解一個線性系統 $A\mathbf{x} = \mathbf{b}$ 有 m 個等式及 m 個未知數。假設 A^{-1} 存在，將 A^{-1} 乘上 $A\mathbf{x} = \mathbf{b}$ 的二邊，可發現 $A\mathbf{x} = \mathbf{b}$ 的任何答案必須滿足 $A^{-1}(A\mathbf{x}) = A^{-1}\mathbf{b}$，利用結合法則及反矩陣的定義，可得

$$(A^{-1}A)\mathbf{x} = A^{-1}\mathbf{b}$$
或
$$I_m\mathbf{x} = A^{-1}\mathbf{b}$$
或
$$\mathbf{x} = A^{-1}\mathbf{b}$$

這證明只要知道 A^{-1} 就能夠讓我們找到方陣線性系統的唯一解，這與解 $4x = 3$ 二邊乘以 4^{-1} 相似。

高斯-喬登方法可以被用來找 A^{-1} (或去證明 A^{-1} 不存在)。為了說明如何利用高斯-喬登方法去找反矩陣，假設我們要找 A^{-1}，其中

$$A = \begin{bmatrix} 2 & 5 \\ 1 & 3 \end{bmatrix}$$

這需要找矩陣

$$\begin{bmatrix} a & b \\ c & d \end{bmatrix} = A^{-1}$$

滿足

$$\begin{bmatrix} 2 & 5 \\ 1 & 3 \end{bmatrix}\begin{bmatrix} a & b \\ c & d \end{bmatrix} = \begin{bmatrix} 1 & 0 \\ 0 & 1 \end{bmatrix} \quad \textbf{(17)}$$

從式 (17)，我們得到下列一對等式，其中 a，b，c，及 d 必需滿足

$$\begin{bmatrix} 2 & 5 \\ 1 & 3 \end{bmatrix}\begin{bmatrix} a \\ c \end{bmatrix} = \begin{bmatrix} 1 \\ 0 \end{bmatrix}; \quad \begin{bmatrix} 2 & 5 \\ 1 & 3 \end{bmatrix}\begin{bmatrix} b \\ d \end{bmatrix} = \begin{bmatrix} 0 \\ 1 \end{bmatrix}$$

因此，為了找

$$\begin{bmatrix} a \\ c \end{bmatrix}$$

(A^{-1} 的第一行)，我們必須利用高斯-喬登法求出擴大矩陣

$$\begin{bmatrix} 2 & 5 & | & 1 \\ 1 & 3 & | & 0 \end{bmatrix}$$

當 ERO 已經轉化

$$\begin{bmatrix} 2 & 5 \\ 1 & 3 \end{bmatrix}$$

為 I_2，

$$\begin{bmatrix} 1 \\ 0 \end{bmatrix}$$

將被轉化為 A^{-1} 的第一行。為決定

$$\begin{bmatrix} b \\ d \end{bmatrix}$$

46 作業研究 I

(A^{-1} 的第二行)，我們利用 ERO 去找擴大矩陣

$$\begin{bmatrix} 2 & 5 & | & 0 \\ 1 & 3 & | & 1 \end{bmatrix}$$

當

$$\begin{bmatrix} 2 & 5 \\ 1 & 3 \end{bmatrix}$$

已經轉化為 I_2，

$$\begin{bmatrix} 0 \\ 1 \end{bmatrix}$$

將被轉化成 A^{-1} 的第二行。因此，為了找 A^{-1} 的每一行，我們必須進行一序列的 ERO，將

$$\begin{bmatrix} 2 & 5 \\ 1 & 3 \end{bmatrix}$$

轉化為 I_2，這建議我們可以利用 EROs 到 2×4 矩陣去找 A^{-1}。

$$A|I_2 = \begin{bmatrix} 2 & 5 & | & 1 & 0 \\ 1 & 3 & | & 0 & 1 \end{bmatrix}$$

當

$$\begin{bmatrix} 2 & 5 \\ 1 & 3 \end{bmatrix}$$

已經轉成 I_2

$$\begin{bmatrix} 1 \\ 0 \end{bmatrix}$$

將轉成 A^{-1} 的第一行，及

$$\begin{bmatrix} 0 \\ 1 \end{bmatrix}$$

將轉成 A^{-1} 的第二行。因此，當 A 轉成 I_2，I_2 就轉成 A^{-1}。決定 A^{-1} 的計算如下：

步驟 1 $A|I_2$ 第 1 列乘以 $\frac{1}{2}$ 可得

$$A'|I_2' = \begin{bmatrix} 1 & \frac{5}{2} & | & \frac{1}{2} & 0 \\ 1 & 3 & | & 0 & 1 \end{bmatrix}$$

步驟 2 將 $A'|I_2'$ 的第 2 列取代為 -1 ($A'|I_2'$ 的第 1 列) + $A'|I_2'$ 的第 2 列，則可得

$$A''|I_2'' = \begin{bmatrix} 1 & \frac{5}{2} & | & \frac{1}{2} & 0 \\ 0 & \frac{1}{2} & | & -\frac{1}{2} & 1 \end{bmatrix}$$

步驟 3 $A''|I_2''$ 的第 2 列乘以 2，可得

$$A'''|I_2''' = \begin{bmatrix} 1 & \frac{5}{2} & | & \frac{1}{2} & 0 \\ 0 & 1 & | & -1 & 2 \end{bmatrix}$$

步驟 4 將 $A'''|I_3'''$ 的第 2 列換成 $-\frac{5}{2}$ ($A'''|I_2'''$ 的第 2 列) + $A'''|I_2''$ 的第 1 列，則可得

$$\begin{bmatrix} 1 & 0 & | & 3 & -5 \\ 0 & 1 & | & -1 & 2 \end{bmatrix}$$

因爲 A 已經轉成 I_2，I_2 將變成 A^{-1}，因此

$$A^{-1} = \begin{bmatrix} 3 & -5 \\ -1 & 2 \end{bmatrix}$$

讀者可以自己證明 $AA^{-1} = A^{-1}A = I_2$。

矩陣可能沒有反矩陣

有些矩陣沒有反矩陣，爲了說明此點，令

$$A = \begin{bmatrix} 1 & 2 \\ 2 & 4 \end{bmatrix} \quad 及 \quad A^{-1} = \begin{bmatrix} e & f \\ g & h \end{bmatrix} \tag{18}$$

爲了找 A^{-1}，我們必須解下列成對的等式

$$\begin{bmatrix} 1 & 2 \\ 2 & 4 \end{bmatrix} \begin{bmatrix} e \\ g \end{bmatrix} = \begin{bmatrix} 1 \\ 0 \end{bmatrix} \tag{18.1}$$

$$\begin{bmatrix} 1 & 2 \\ 2 & 4 \end{bmatrix} \begin{bmatrix} f \\ h \end{bmatrix} = \begin{bmatrix} 0 \\ 1 \end{bmatrix} \tag{18.2}$$

當我們嘗試透過高斯-喬登方法解式 (18.1)

$$\begin{bmatrix} 1 & 2 & | & 1 \\ 2 & 4 & | & 0 \end{bmatrix}$$

轉化成

$$\begin{bmatrix} 1 & 2 & | & 1 \\ 0 & 0 & | & -2 \end{bmatrix}$$

這表示式 (18.1) 無解，且 A^{-1} 不存在。

觀察到式 (18.1) 無解，這是因爲高斯-喬登法將 A 轉成一個在最後一列全

為 0 的矩陣，這會發生在 rank $A < 2$。如果 $m \times m$ 矩陣 A 其 rank $A < m$，則 A^{-1} 將不存在。

高斯-喬登法找 $m \times m$ 矩陣 A 的反矩陣

步驟1 寫下 $m \times 2m$ 矩陣 $A|I_m$。

步驟2 利用 EROs 去轉化 $A|I_m$ 成為 $I_m|B$，這只有在 rank $A = m$ 時發生。在此狀況下，$B = A^{-1}$。若 rank $A < m$，則 A 沒有反矩陣。

利用反矩陣解線性系統

就如前述，反矩陣可被用來解線性系統 $A\mathbf{x} = \mathbf{b}$，當變數的個數與等式的個數相等時，$A\mathbf{x} = \mathbf{b}$ 的二邊簡單地乘以 A^{-1} 可得解 $\mathbf{x} = A^{-1}\mathbf{b}$。例如，解

$$\begin{aligned} 2x_1 + 5x_2 &= 7 \\ x_1 + 3x_2 &= 4 \end{aligned} \tag{19}$$

將式 (19) 寫成矩陣型態：

$$\begin{bmatrix} 2 & 5 \\ 1 & 3 \end{bmatrix} \begin{bmatrix} x_1 \\ x_2 \end{bmatrix} = \begin{bmatrix} 7 \\ 4 \end{bmatrix} \tag{20}$$

令

$$A = \begin{bmatrix} 2 & 5 \\ 1 & 3 \end{bmatrix}$$

在前面我們已找到

$$A^{-1} = \begin{bmatrix} 3 & -5 \\ -1 & 2 \end{bmatrix}$$

將式 (20) 二邊乘以 A^{-1}，可得

$$\begin{bmatrix} 3 & -5 \\ -1 & 2 \end{bmatrix} \begin{bmatrix} 2 & 5 \\ 1 & 3 \end{bmatrix} \begin{bmatrix} x_1 \\ x_2 \end{bmatrix} = \begin{bmatrix} 3 & -5 \\ -1 & 2 \end{bmatrix} \begin{bmatrix} 7 \\ 4 \end{bmatrix}$$

$$\begin{bmatrix} x_1 \\ x_2 \end{bmatrix} = \begin{bmatrix} 1 \\ 1 \end{bmatrix}$$

	A	B	C	D	E	F	G	H
1		Inverting						
2		a						
3		Matrix			2	0	-1	
4				A	3	1	2	
5					-1	0	1	
6								
7					1	0	1	
8				A^{-1}	-5	1	-7	
9					1	0	2	

圖 2-8

因此，$x_1 = 1$，$x_2 = 1$ 為式 (19) 的唯一解。

利用 Excel 求反矩陣

Excel = MINVERSE 的指令可以很簡單地找到反矩陣，參考圖 2-8 及檔案 Minverse.xls。假設我們想要找反矩陣

$$A = \begin{bmatrix} 2 & 0 & -1 \\ 3 & 1 & 2 \\ -1 & 0 & 1 \end{bmatrix}$$

為了要計算的 A^{-1}，在 E3:G5 簡單輸入矩陣及選擇範圍 (我們選擇 E7:G9)。在範圍 E7:G9 (E7 格) 的左上方角落，輸入公式

$$= \text{MINVERSE (E3:G5)}$$

及選擇 **Control Shift Enter**。這個輸入的陣列函數可以在範圍 E7:G9 計算 A^{-1}，因為你不能只編輯陣列函數的一部份，因此如果你想要刪除 A^{-1}，你必須刪除 A^{-1} 的整個範圍。

問 題

問題組 A

針對下列矩陣，找 A^{-1} (如果它存在)。

1. $\begin{bmatrix} 1 & 3 \\ 2 & 5 \end{bmatrix}$ 2. $\begin{bmatrix} 1 & 0 & 1 \\ 4 & 1 & -2 \\ 3 & 1 & -1 \end{bmatrix}$ 3. $\begin{bmatrix} 1 & 0 & 1 \\ 1 & 1 & 1 \\ 2 & 1 & 2 \end{bmatrix}$ 4. $\begin{bmatrix} 1 & 2 & 1 \\ 1 & 2 & 0 \\ 2 & 4 & 1 \end{bmatrix}$

5. 利用問題 1 的答案解下列線性系統：

$$\begin{aligned} x_1 + 3x_2 &= 4 \\ 2x_1 + 5x_2 &= 7 \end{aligned}$$

6. 利用問題 2 的答案解下列線性系統：

$$\begin{aligned} x_1 \phantom{{}+x_2} + x_3 &= 4 \\ 4x_1 + x_2 - 2x_3 &= 0 \\ 3x_1 + x_2 - x_3 &= 2 \end{aligned}$$

問題組 B

7. 證明方陣有反矩陣若且唯若它的列為一線性獨立的向量集合。
8. 考慮一個方陣 B 的反矩陣為 B^{-1}。
   a. 利用 B^{-1} 表示，$100B$ 的反矩陣為何？

b. 令 B' 為矩陣 B 的第 1 列每一個元素乘以 2 倍所得的矩陣，解釋如何從 B^{-1} 得到 B' 的反矩陣。

c. 令 B' 為矩陣 B 的第 1 行每一個元素乘以 2 倍所得的矩陣，解釋如何從 B^{-1} 得到 B' 的反矩陣。

9. 假設 A 及 B 都有反矩陣，求矩陣 AB 的反矩陣。
10. 假設 A 有反矩陣，證明 $(A^T)^{-1} = (A^{-1})^T$。(提示：利用 $AA^{-1} = I$，及二邊取轉置。)
11. 一個方陣 A 稱為直交 (orthogonal) 若 $AA^T = I$，在此直交矩陣的行所擁有的特性為何？

2.6 行列式

伴隨著任何一個方陣 A 的一個數字，稱為 A 的**行列式** (determinant) (經常簡寫成 det A 或 $|A|$)，知道如何計算一個方陣的行列式對於研讀非線性規劃有非常大的幫助。

對於一個 1×1 的矩陣 $A = [a_{11}]$

$$\det A = a_{11} \tag{21}$$

對於一個 2×2 的矩陣

$$A = \begin{bmatrix} a_{11} & a_{12} \\ a_{21} & a_{22} \end{bmatrix} \tag{22}$$
$$\det A = a_{11}a_{22} - a_{21}a_{12}$$

例如，

$$\det \begin{bmatrix} 2 & 4 \\ 3 & 5 \end{bmatrix} = 2(5) - 3(4) = -2$$

在我們學習如何計算較大方陣的 det A 之前，我們需要定義一個矩陣的子式觀念。

定義 ■ 若 A 為 $m \times m$ 矩陣，對於任何值的 i 與 j，A 的第 ij 個**子式** (minor，寫成 A_{ij}) 是從 A 中刪除第 i 列與第 j 行而得的 $(m-1) \times (m-1)$ 子矩陣。 ■

例如，

若 $A = \begin{bmatrix} 1 & 2 & 3 \\ 4 & 5 & 6 \\ 7 & 8 & 9 \end{bmatrix}$，則 $A_{12} = \begin{bmatrix} 4 & 6 \\ 7 & 9 \end{bmatrix}$ 及 $A_{32} = \begin{bmatrix} 1 & 3 \\ 4 & 6 \end{bmatrix}$

令 A 為任一 $m \times m$ 矩陣，我們可將 A 寫成

$$A = \begin{bmatrix} a_{11} & a_{12} & \cdots & a_{1n} \\ a_{21} & a_{22} & \cdots & a_{2n} \\ \vdots & \vdots & & \vdots \\ a_{m1} & a_{m2} & \cdots & a_{mn} \end{bmatrix}$$

為計算 det A，選擇任一值 i ($i = 1$，2，$\cdots$，m) 並計算 det A：

$$\det A = (-1)^{i+1}a_{i1}(\det A_{i1}) + (-1)^{i+2}a_{i2}(\det A_{i2}) + \cdots + (-1)^{i+m}a_{im}(\det A_{im}) \quad (23)$$

式 (23) 稱為 det A 透過第 i 列的共同因子的展開，式 (23) 的好處是降低 det A 的計算，從 $m \times m$ 矩陣的計算降為僅有 $(m-1) \times (m-1)$ 矩陣的計算。因此，利用式 (23) 直到以 2×2 矩陣的表示即可，然後再利用等式 (22) 找相關的 2×2 矩陣的行列式

為了說明使用式 (23)，我們找下列 A 的行列式 det A

$$A = \begin{bmatrix} 1 & 2 & 3 \\ 4 & 5 & 6 \\ 7 & 8 & 9 \end{bmatrix}$$

我們擴展 det A 利用第一列的共同因子，註解 $a_{11} = 1$，$a_{12} = 2$ 及 $a_{13} = 3$。因此

$$A_{11} = \begin{bmatrix} 5 & 6 \\ 8 & 9 \end{bmatrix}$$

所以利用式 (22)，det $A_{11} = 5(9) - 8(6) = -3$，

$$A_{12} = \begin{bmatrix} 4 & 6 \\ 7 & 9 \end{bmatrix}$$

所以利用式 (22)，det $A_{12} = 4(9) - 7(6) = -6$，及

$$A_{13} = \begin{bmatrix} 4 & 5 \\ 7 & 8 \end{bmatrix}$$

所以利用式 (22)，det $A_{13} = 4(8) - 7(5) = -3$，然後利用式 (23)，

$$\det A = (-1)^{1+1}a_{11}(\det A_{11}) + (-1)^{1+2}a_{12}(\det A_{12}) + (-1)^{1+3}a_{13}(\det A_{13})$$
$$= (1)(1)(-3) + (-1)(2)(-6) + (1)(3)(-3) = -3 + 12 - 9 = 0$$

有興趣的讀者可以證實 det A 的展開是利用第 2 列或第 3 列共同因子，也可產生 det $A = 0$。

在結束討論之前，我們指出：行列式可被用來找反矩陣，並且用來解線性系統的問題。因為我們已經學會如何利用高斯-喬登方法來找反矩陣與解線性系統，因此我們將不再探討行列式的應用。

問 題

問題組 A

1. 證明 $\det \begin{bmatrix} 1 & 2 & 3 \\ 4 & 5 & 6 \\ 7 & 8 & 9 \end{bmatrix} = 0$,利用第二列與第三列的共同因子的展開式來驗證。

2. 找 $\det \begin{bmatrix} 1 & 0 & 0 & 0 \\ 0 & 2 & 0 & 0 \\ 0 & 0 & 3 & 0 \\ 0 & 0 & 0 & 5 \end{bmatrix}$

3. 一個矩陣稱為上三角矩陣若 $a_{ij} = 0$,當 $i > j$,證明 3×3 的上三角矩陣的行列式等於矩陣對角元素的相乘 (這個結果適用所有的上三角矩陣)。

問題組 B

4. a. 證明任一個 1×1 及 3×3 的矩陣, $\det(-A) = -\det A$
   b. 證明任一個 2×2 及 4×4 的矩陣 $\det(-A) = \det A$
   c. 推廣 (a) 及 (b) 的結果

總 結

矩 陣

一個**矩陣** (matrix) 是數字構成的矩形陣列,對一個矩陣 A,令 a_{ij} 代表 A 中的第 i 列與第 j 行的元素。

一個矩陣只有一列或一行可被視為一個**向量** (vector),向量以粗體字 (**v**) 表示,已知一個列向量 $\mathbf{u} = [u_1 \ u_2 \ + \ u_n]$ 及一個行向量

$$\mathbf{v} = \begin{bmatrix} v_1 \\ v_2 \\ \vdots \\ v_n \end{bmatrix}$$

有相同的維度, **u** 與 **v** 的**純量乘積** (scalar product,寫成 **u** · **v**) 為一個數字 $u_1v_1 + u_2v_2 + \cdots + u_nv_n$。

給定二個矩陣 A 及 B, A 與 B 的**矩陣相乘** (matrix product,寫成 AB) 有定義,若且唯若 A 的行個數 $= B$ 的列個數。假設在此狀況下 A 有 m 列且 B 有 n 行,則針對 A 及 B 矩陣的相乘 $C = AB$ 是一個 $m \times n$ 的矩陣 C,其第 ij 個元素可由下列決定:C 的元素 $ij = A$ 的第 i 列與 B 的第 j 行相乘而得的常數。

矩陣與線性等式

線性等式系統

$$a_{11}x_1 + a_{12}x_2 + \cdots + a_{1n}x_n = b_1$$
$$a_{21}x_1 + a_{22}x_2 + \cdots + a_{2n}x_n = b_2$$
$$\vdots \qquad \vdots \qquad \vdots = \vdots$$
$$a_{m1}x_1 + a_{m2}x_2 + \cdots + a_{mn}x_n = b_m$$

可寫成 $A\mathbf{x} = \mathbf{b}$ 或 $A|\mathbf{b}$，其中

$$A = \begin{bmatrix} a_{11} & a_{12} & \cdots & a_{1n} \\ a_{21} & a_{22} & \cdots & a_{2n} \\ \vdots & \vdots & & \vdots \\ a_{m1} & a_{m2} & \ldots & a_{mn} \end{bmatrix}, \quad \mathbf{x} = \begin{bmatrix} x_1 \\ x_2 \\ \vdots \\ x_n \end{bmatrix}, \quad \mathbf{b} = \begin{bmatrix} b_1 \\ b_2 \\ \vdots \\ b_m \end{bmatrix}$$

高斯-喬登法

利用**基本運算** (elementary row operation, EROs)，我們可以解任何的線性等式系統，從一個矩陣 A，ERO 可經由下列三個過程中的一個生成一個新的矩陣 A'。

型 1 ERO

從 A 中的任一列乘以一個非零的常數而得 A'。

型 2 ERO

將 A 中的任一列乘以一個非零的常數 c，對於一些 $j \neq i$，令 A' 的第 j 列 $= c$ (A 的第 i 列) $+ A$ 的第 j 列，且令 A' 的其餘幾列與 A 的列相同。

型 3 ERO

交換 A 的任二列。

高斯-喬登方法利用 ERO 求解線性等式系統，其步驟如下。

步驟 1 為求解 $A\mathbf{x} = \mathbf{b}$，寫下擴大矩陣 $A|\mathbf{b}$。

步驟 2 將目前的第 1 列當做開始，第 1 行為目前行，且 a_{11} 為目前的元素。(**a**) 若 a_{11} (目前的元素) 為非零，則利用 ERO 轉化第 1 行 (目前行) 為

$$\begin{bmatrix} 1 \\ 0 \\ \vdots \\ 0 \end{bmatrix}$$

透過一列往下移動且一行往右移動，則可得新的目前列，行及元素，則到步驟 3。**(b)** 若 a_{11} (目前元素) 為 0，則執行型 3 ERO 轉化任何一列非零值在同一行。利用 EROs 去轉化第 1 行為

$$\begin{bmatrix} 1 \\ 0 \\ \vdots \\ 0 \end{bmatrix}$$

經由移動新的一列，行，及元素且進行步驟 3。**(c)** 若在第 1 行有非零的數字，則進行此行為新的一行與元素，則進行步驟 3。

步驟 3 **(a)** 如果目前的元素為非零，利用 ERO 去轉化它為 1 及剩下來的目前行元素為 0，可得新的列，行，及元素，如果這是不可能的，則停止，否則，重覆步驟 3。**(b)** 如果目前的元素為 0，則執行型 3 ERO，在同一行中轉換任何一列非零元素，利用 ERO 轉換行且移至下一個元素，如果此法不可行，則停止。否則，重覆步驟 3。**(c)** 若目前的行沒有非零數字在列中，則可得新的行與元素，重覆步驟 3，如果不可能，則停止。

這個過程可以"跳過"一或多行，可以不需要轉換它們。

步驟 4 當步驟 3 完成後，寫下相對於矩陣 $A'\,|\mathbf{b}'$ 的等式系統 $A'\mathbf{x} = \mathbf{b}'$，則 $A'\mathbf{x} = \mathbf{b}'$ 會與 $A\mathbf{x} = \mathbf{b}$ 有相同的解集合。

為了描述 $A'\mathbf{x} = \mathbf{b}'$ (及 $A\mathbf{x} = \mathbf{b}$) 的解集合，我們必須定義基本變數與非基本變數的觀念，透過高斯-喬登方法應用於任何一個線性系統，一個變數出現在單一等式的係數為 1，且其他等式的係數為 0，稱為**基本變數** (basic variable)，不為基本變數的任何一個變數稱為**非基本變數** (nonbasic variable)。

令 BV 為 $A'\mathbf{x} = \mathbf{b}'$ 基本變數的集合，且 NBV 為 $A'\mathbf{x} = \mathbf{b}'$ 的非基本變數集合。

情況 1 $A'\mathbf{x} = \mathbf{b}'$ 包含至少一列的 $[0\ 0\ \cdots\ 0|c](c \neq 0)$。在此狀況下，$A\mathbf{x} = \mathbf{b}$ 無解。

情況 2 如果情況 1 不適用，且非基本變數集合 NBV 為空集合，則 $A\mathbf{x} = \mathbf{b}$ 有唯一解。

情況 3 如果情況 1 不適用，且 NBV 為非空集合，則 $A\mathbf{x} = \mathbf{b}$ 將有無窮多組解。

線性獨立，線性相依，及矩陣的秩

若在 V 中唯一的向量線性組合為 **0** 的只有顯而易見的線性組合，則集合 V 為 m-維**線性獨立** (linear independent) 的向量集合。若在 V 中有非顯而易見的**線性組合** (nontrivial linear combination) 加起來為 **0**，則集合 V 為 m-維**線性相依** (linear dependent)。

令 A 代表任一個 $m \times n$ 階的矩陣，且矩陣 A 的列記為 $\mathbf{r}_1$，$\mathbf{r}_2$，$\cdots$，$\mathbf{r}_m$。並定義 $R = \{\mathbf{r}_1$，$\mathbf{r}_2$，$\cdots$，$\mathbf{r}_m\}$。A 的**秩** (rank) 為在 R 的子集合中最大線性獨立的向量個

數。為了找矩陣 A 的秩,可利用高斯-喬登法,令最後的結果為 $\overline{A}$,則 rank A = rank $\overline{A}$ = A 中非零列的個數。

為決定是否 $V = \{\mathbf{v}_1, \mathbf{v}_2, \cdots, \mathbf{v}_m\}$ 的向量集合是否為線性相依,A 的第 i 列為 $\mathbf{v}_i$,且 A 共有 m 列。若 rank $A = m$,則 V 為線性獨立的向量集合;若 rank $A < m$ 則 V 為線性相依的向量集合。

反矩陣

給定一個 $(m \times m)$ 階的方陣 A,若 $AB = BA = I_m$,則 B 為 A 的**反矩陣** (inverse) (寫成 $B = A^{-1}$),則利用高斯喬登方法找出 $m \times m$ 階 A 的反矩陣 A^{-1} 如下:

步驟 1 寫下 $m \times 2m$ 矩陣 $A|I_m$。

步驟 2 利用 EROs 去轉換 $A|I_m$ 為 $I_m|B$,這只有在 rank $A = m$ 的情況下才會發生,在此狀況下,$B = A^{-1}$。若 rank $A < m$,則 A 沒有反矩陣。

行列式

伴隨任何一個 $(m \times m)$ 階的方陣 A 的一個數字稱為 A 的**行列式** (determinant) (寫成 $\det A$ 或 $|A|$)。對於一個 1×1 階的矩陣,$\det A = a_{11}$,對於一個 2×2 階的矩陣,$\det A = a_{11}a_{22} - a_{21}a_{12}$。針對一個一般的 $m \times m$ 階矩陣,透過下列的重覆過程的公式我們可以找到 $\det A$ (本方程式對於 $i = 1, 2, \cdots, m$ 均有效):

$$\det A = (-1)^{i+1}a_{i1}(\det A_{i1}) + (-1)^{i+2}a_{i2}(\det A_{i2}) + \cdots + (-1)^{i+m}a_{im}(\det A_{im})$$

此處 A_{ij} 為第 ij 個**子式** (minor) 的矩陣,它是從 A 中刪除第 i 列與第 j 行而得的 $(m-1) \times (m-1)$ 矩陣。

複習題

問題組 A

1. 求出下列線性系統的所有解

$$\begin{aligned} x_1 + x_2 &= 2 \\ x_2 + x_3 &= 3 \\ x_1 + 2x_2 + x_3 &= 5 \end{aligned}$$

2. 求 $\begin{bmatrix} 0 & 3 \\ 2 & 1 \end{bmatrix}$ 的反矩陣。

3. 每年,美國的大學中所有未長期聘僱的員工有 20% 變成長期聘僱,5% 離職,75% 仍保留未長期聘僱員工。每年,在 S.U.大學所有長期聘僱的員工有 90% 仍保留為長期聘僱,而有 10%

離職。令 U_t 代表第 t 年開始時,在 S.U.未被長期聘僱的員工人數及 T_t 為長期聘僱的員工人數,利用矩陣運算的方法來表示向量 $\begin{bmatrix} U_{t+1} \\ T_{t+1} \end{bmatrix}$ 與向量 $\begin{bmatrix} U_t \\ T_t \end{bmatrix}$ 的關係。

4. 利用高斯-喬登法決定下列線性系統的所有解:

$$2x_1 + 3x_2 = 3$$
$$x_1 + x_2 = 1$$
$$x_1 + 2x_2 = 2$$

5. 求 $\begin{bmatrix} 0 & 2 \\ 1 & 3 \end{bmatrix}$ 的反矩陣。

6. 在 S.U.二個學生的上學期的成績列在表 2-2。

第一科與第二科為 4 學分的課程,且第三科與第四科為 3 學分的課程,令 GPA_i 為第 i 個學生學期平均分數,利用矩陣運算的方法與題目所給的訊息,將向量 $\begin{bmatrix} GPA_1 \\ GPA_2 \end{bmatrix}$ 表示出來。

表 2-2

學生	科目 1	2	3	4
1	3.6	3.8	2.6	3.4
2	2.7	3.1	2.9	3.6

7. 利用高斯-喬登法求出下列線性系統的解。

$$2x_1 + x_2 = 3$$
$$3x_1 + x_2 = 4$$
$$x_1 - x_2 = 0$$

8. 求矩陣 $\begin{bmatrix} 2 & 3 \\ 3 & 5 \end{bmatrix}$ 的反矩陣。

9. 令 C_t 代表在 t 年開始時,印地安那州小孩的人數,而 A_t 代表在 t 年開始時,印地安那州成人的人數,在過去的某一年中,有 5% 的小孩會變成成人及 1% 的小孩會死亡。同時,在這一年中,有 3% 的成人會死亡,利用矩陣的運算,將向量 $\begin{bmatrix} C_{t+1} \\ A_{t+1} \end{bmatrix}$ 以 $\begin{bmatrix} C_t \\ A_t \end{bmatrix}$ 表示。

10. 利用高斯喬登法找出下列線性等式的所有解。

$$x_1 \quad\quad - x_3 = 4$$
$$\quad x_2 + x_3 = 2$$
$$x_1 + x_2 \quad\quad = 5$$

11. 利用高斯喬登法找出 $\begin{bmatrix} 1 & 0 & 2 \\ 0 & 1 & 0 \\ 0 & 1 & 1 \end{bmatrix}$ 的反矩陣。

12. 在一年中,鄉村的所有居民中有 10% 的人口會移往城市,而有 20% 的城市居民移居鄉村 (剩下來的留在原地!)。令 R_t 代表在第 t 年開始時的鄉村居民人數,且 C_t 代表在第 t 年開始時的城市居民人數，利用矩陣的運算來表示 $\begin{bmatrix} R_{t+1} \\ C_{t+1} \end{bmatrix}$ 與 $\begin{bmatrix} R_t \\ C_t \end{bmatrix}$ 的關係。

13. 決定集合 $V = \{[1\ 2\ 1], [2\ 0\ 0]\}$ 是否為線性獨立的向量集合。
14. 決定集合 $V = \{[1\ 0\ 0], [0\ 1\ 0], [-1\ -1\ 0]\}$ 是否為線性獨立的向量集合。
15. 令 $A = \begin{bmatrix} a & 0 & 0 & 0 \\ 0 & b & 0 & 0 \\ 0 & 0 & c & 0 \\ 0 & 0 & 0 & d \end{bmatrix}$

    a. 若 A^{-1} 存在，a, b, c, d 的值為何？
    b. 若 A^{-1} 存在，則求之。
16. 證明下列線性系統有無窮多組解。

$$\begin{bmatrix} 1 & 1 & 0 & 0 \\ 0 & 0 & 1 & 1 \\ 1 & 0 & 1 & 0 \\ 0 & 1 & 0 & 1 \end{bmatrix} \begin{bmatrix} x_1 \\ x_2 \\ x_3 \\ x_4 \end{bmatrix} = \begin{bmatrix} 2 \\ 3 \\ 4 \\ 1 \end{bmatrix}$$

17. 在未付給員工紅利與州政府及聯邦稅前，某公司所賺的利潤為 \$60,000。公司付給員工稅後利潤的 5% 當作紅利，州政府的稅為利潤的 5% (在給員工紅利後)。最後，聯邦稅為利潤的 40% (在給紅利與州政府稅後)，決定一個線性系統來求出要支付的紅利，州政府稅，以及聯邦稅的值。
18. 求出 $A = \begin{bmatrix} 2 & 4 & 6 \\ 1 & 0 & 0 \\ 0 & 0 & 1 \end{bmatrix}$ 的行列式
19. 證明任何一個 2×2 的矩陣 A 沒有反矩陣會有 $\det A = 0$。

問題組 B

20. 令 A 為一個 $m \times m$ 階矩陣。
    a. 證明若 $\operatorname{rank} A = m$，則 $A\mathbf{x} = 0$ 有唯一解，此唯一解為何？
    b. 證明若 $\operatorname{rank} A < m$，則 $A\mathbf{x} = 0$ 有無窮多組解。
21. 考慮下列線性系統：

$$[x_1\ x_2\ \cdots\ x_n] = [x_1\ x_2\ \cdots\ x_n]P$$

其中

$$P = \begin{bmatrix} p_{11} & p_{12} & \cdots & p_{1n} \\ p_{21} & p_{22} & \cdots & p_{2n} \\ \vdots & \vdots & & \vdots \\ p_{n1} & p_{n2} & \cdots & p_{nn} \end{bmatrix}$$

若在 P 每一列的和為 1，則利用問題 20 的結果證明這個線性系統有無窮多組解。
22. Seriland 國際經濟公司製造三種產品：鋼鐵，汽車及機具。(1) 生產 \$1 的鋼鐵產品需要 30¢ 的鋼鐵，15¢ 的汽車原料及 40¢ 的機具。(2) 生產 \$1 的汽車產品需要 45¢ 的鋼鐵，20¢ 的汽車原料及 10¢ 的機具。(3) 生產 \$1 的機具產品需要 40¢ 的鋼鐵，10¢ 的汽車原料及 45¢ 的機具，在接下來的這一年，Seriland 想要花費 d_s 元的鋼鐵，d_c 元的汽車原料及 d_m 元的工具。對於接下來的這一年，令

  s ＝生產鋼鐵所花費的錢
  c ＝生產汽車所花費的錢
  m ＝生產機具所花費的錢

定義 A 為 3×3 階的矩陣，其中元素 ij 為生產 \$1 第 j 個產品所需要的產品 i 的價值 (鋼鐵＝產品 1，汽車＝產品 2，機具＝產品 3)。

a. 決定 A。

b. 證明

$$\begin{bmatrix} s \\ c \\ m \end{bmatrix} = A \begin{bmatrix} s \\ c \\ m \end{bmatrix} + \begin{bmatrix} d_s \\ d_c \\ d_m \end{bmatrix} \tag{24}$$

(提示：下一年度鋼鐵產品的價值＝(下一年度消費者鋼鐵的需求)＋(下一年度製造鋼鐵產品所需要的鋼鐵量)＋(下一年度製造汽車產品所需要的鋼鐵量)＋(下一年度製造機具產品所需要的鋼鐵量))

c. 證明式 (24) 可以寫成

$$(I - A) \begin{bmatrix} s \\ c \\ m \end{bmatrix} = \begin{bmatrix} d_s \\ d_c \\ d_m \end{bmatrix}$$

d. 給定 d_s，d_c 及 d_m 的值，描述如何利用 $(I - A)^{-1}$ 的值來決定 Seriland 是否能夠滿足消費者下一年的需求。

e. 假設下一個年度對於鋼鐵產品的需求增加 \$1，這會增加鋼鐵，汽車及機具在下一年度所需要生產的值，利用 $(I - A)^{-1}$ 決定在下一個年度產品需求的改變。

參考文獻

The following references contain more advanced discussions of linear algebra. To understand the theory of linear and nonlinear programming, master at least one of these books:

Dantzig, G. *Linear Programming and Extensions.* Princeton, N.J.: Princeton University Press, 1963.

Hadley, G. *Linear Algebra.* Reading, Mass.: Addison-Wesley, 1961.

Strang, G. *Linear Algebra and Its Applications,* 3d ed. Orlando, Fla.: Academic Press, 1988.

Leontief, W. *Input–Output Economics.* New York: Oxford University Press, 1966.

Teichroew, D. *An Introduction to Management Science: Deterministic Models.* New York: Wiley, 1964. A more extensive discussion of linear algebra than this chapter gives (at a comparable level of difficulty).

3 線性規劃序論

　　線性規劃 (linear programming, LP) 是解決最佳化問題的一個工具。在 1947 年，George Dantzig 發展一個有效的方法，簡捷法 (simplex algorithm) 來解決線性規劃問題。因為在簡捷法的發展過程中，線性規劃已經被用來解決許多最佳化的問題，如銀行業、教育、森林、石油業及運輸業等問題。在財星五百大公司的調查中，有 85% 的回應者已經用過線性規劃。由於線性規劃在作業研究中扮演非常重要的角色，本書大約有 70% 的內容與線性規劃或相關的最佳化問題有關。

　　在 3.1 節，首先介紹線性規劃的一般特性。在 3.2 及 3.3 節，我們將學到如何透過圖解法來解決二個變數的線性規劃問題。解決這些簡單的問題，能夠讓我們更仔細地了解如何解決更複雜的 LP 問題。本章的其他章節，則探討如何在實際生活的情況中建立線性模式。

3.1　什麼是線性規劃問題？

　　在本節，我們將介紹線性規劃並定義一些與線性規劃有關的重要名詞。

例題 1　Giapetto 木雕公司

　　Giapetto 木雕公司生產二種木製玩具：士兵與火車。一個士兵可賣 $27，且使用 $10 的原料，生產士兵時會用到 Giapetto 公司的變動成本及經常性開銷成本 $14。一輛火車可賣 $21，且使用 $9 的原料，而每輛火車的製造會用到變動成本與經常性開銷成本 $10。生產木製的士兵及火車需要用到二種勞工技術：木工與完工技術。一個士兵需要完工時間 2 小時與木工時間 1 小時。一輛火車需要完工時間 1 小時與木工時間 1 小時。每週，Giapetto 公司可獲得所有的原料，但工時只有 100 個完工工時與 80 個木工工時可用，其中火車的需求是無限的，但士兵最多一週賣出 40 個。Giapetto 想要極大化每週的利潤 (收益－成本)，請建立一個 Giapetto 公司所面臨到問題的極大化利潤數學模式。

解　在建立 Giapetto 模式前，我們將先探討所有線性規劃問題的特徵。

決策變數　首先，我們先定義相關**決策變數** (decision variables)，在任何一個線性規劃模式中，決策模式可以完整地描述必須下的決定。很清楚地，Giapetto 必須要決定每週要生產多少個士兵與火車。因此，我們定義：

x_1 ＝每週生產士兵的量
x_2 ＝每週生產火車的量

目標函數 在任一個線性模式中，決策者希望極大 (通常是收益或利潤) 或極小 (通常是成本) 某些決策變數所構成的函數，這個極大或極小的函數稱為**目標函數** (objective function)。在 Giapetto 問題中，固定成本 (如租金與保險金) 與 x_1 及 x_2 無關。因此，Giapetto 將焦點放在極大化 (每週收益)－(原料購買成本)－(其他變動成本)。

Giapetto 每週的收益與成本能夠用決策變數 x_1 與 x_2 來表示。對於 Giapetto 公司一定不會生產超過可賣士兵的量，所以我們假設所有生產的玩具均可賣出，則

$$\text{每週收益} = \text{每週士兵的收益} + \text{每週火車的收益}$$
$$= \left(\frac{元}{士兵}\right)\left(\frac{士兵}{每週}\right) + \left(\frac{元}{火車}\right)\left(\frac{火車}{每週}\right)$$
$$= 27x_1 + 21x_2$$

並且，

$$\text{每週原料的成本} = 10x_1 + 9x_2$$
$$\text{其他每週變動成本} = 14x_1 + 10x_2$$

Giapetto 公司希望極大化

$$(27x_1 + 21x_2) - (10x_1 + 9x_2) - (14x_1 + 10x_2) = 3x_1 + 2x_2$$

以另外的方法看 Giapetto 公司希望極大化 $3x_1 + 2x_2$ 如下：

$$\text{每週收益} = \text{每週從士兵來的利潤} - \text{每週不固定成本}$$
$$+ \text{每週從火車來的利潤}$$
$$= \left(\frac{利潤的貢獻}{士兵}\right)\left(\frac{士兵}{每週}\right) + \left(\frac{利潤的貢獻}{火車}\right)\left(\frac{火車}{每週}\right)$$

並且，

$$\frac{利潤的貢獻}{士兵} = 27 - 10 - 14 = 3$$
$$\frac{利潤的貢獻}{火車} = 21 - 9 - 10 = 2$$

則我們可得

$$\text{每週收益} - \text{每週非固成本} = 3x_1 + 2x_2$$

因此，Giapetto 的目標是決定 x_1 及 x_2 使 $3x_1 + 2x_2$ 極大化。我們用 z 代表任何一個線性規劃的目標函數值，Giapetto 的目標即為

$$\text{極大化} \quad z = 3x_1 + 2x_2 \tag{1}$$

(在未來，我們將 "maximize" 簡寫為 max 及 "minimize" 為 min。) 在目標函數上變數前的係數稱為該變數的**目標函數係數** (objective function coefficient)。例如，x_1 的目標函數係數為 3，x_2 的目標函數係數為 2。在本例 (及其他很多的問題)，目標函數的係數為該變數對於公司利潤的貢獻。

條件　當 x_1 及 x_2 增加時，Giapetto 目標函數值慢慢地增加，這表示說如果我們可以任意地選擇 x_1 及 x_2 值，則公司可以選擇 x_1 及 x_2 值愈來愈大使利潤會愈來愈大。不幸地，x_1 及 x_2 受到下列三個**條件** (constraints) 的限制：

條件 1　每週，可使用的完工時間不可超過 100 小時。
條件 2　每週，可以使用的木工時間不超過 80 小時。
條件 3　因為需求量受到限制，每週至多生產 40 個士兵。

可用的原料假設沒有限制，故原料的限制並沒有放在條件上。

下一個步驟就是將條件 1 至 3 化成決策變數 x_1 及 x_2 的數學模式，為了將條件表示成 x_1 及 x_2 的變數，則

$$\frac{總完工時間}{每週}=\left(\frac{完工時間}{士兵}\right)\left(\frac{士兵的量}{每週}\right)+\left(\frac{完工時間}{火車}\right)\left(\frac{火車的量}{每週}\right)$$
$$= 2x_1 + 1x_2 = 2x_1 + x_2$$

所以條件 1 可表示成

$$2x_1 + x_2 \leq 100 \quad \quad (2)$$

在式 (2) 的單位為每週的完工時間。對於一個合理的條件，在條件中所有的項目都必須有同一個單位，否則就像把蘋果與橘子相加，這個條件就沒什麼意義。

條件 2 以 x_1 與 x_2 表示，可寫成

$$\frac{總木工時間}{每週}=\left(\frac{木工時間}{士兵}\right)\left(\frac{士兵}{每週}\right)+\left(\frac{木工時間}{火車}\right)\left(\frac{火車}{每週}\right)$$
$$= 1\,(x_1) + 1\,(x_2) = x_1 + x_2$$

所以條件 2 可表示成

$$x_1 + x_2 \leq 80 \quad \quad (3)$$

一樣地，在式 (3) 的條件必須是共同的條件 (在本例，為每週的木工時間)。

最後，因為每週至多可以賣出 40 個士兵，因此會限制士兵的每週生產量至多 40 個士兵，這會得到下列條件

$$x_1 \leq 40 \quad \quad (4)$$

因此 (2)－(4) 式將條件 1－3 用決策變數來表示，他們稱為 Giapetto 線性規劃問

題的條件。在條件中，決策變數前面的係數稱為**技術性係數** (technological coefficients)， 這是因為技術性係數通常反應出要生產不同產品所需要的技術。例如，在 (3) 式 x_2 的技術性係數為 1，表示一個士兵需要木工 1 小時，每項條件的右端值數字稱為條件的**右端值** (right-hand side, rhs)，通常條件的 rhs 代表資源的可用量。

符號限制　為了完成線性規劃問題的建立，對於每一個決策變數必須回答下列問題：決策變數是否只能假設非負值，或決策變數是否可允許同時正及負值？

如果決策變數 x_i 只能假設為非負值，則我們加上**符號限制** (sign restriction) $x_i \geq 0$。若一個變數 x_i 能夠假設正、負 (或零)，則我們稱 x_i 為**沒有限制符號** (unrestricted in sign; urs)。對於 Giapetto 問題非常清楚地 $x_1 \geq 0$ 及 $x_2 \geq 0$。然而，在其他的問題，某些變數可能為 urs。例如，若 x_i 代表公司的現金差額，如果 x_i 為負，代表公司的負債多於手邊所擁有的金錢，在此例， x_i 適合視為為 urs， urs 另外的使用在第 4.12 節會討論。

將符號的限制 $x_1 \geq 0$ 及 $x_2 \geq 0$ 與目標函數 (1) 及條件 (2)−(4) 組合起來可得下列最佳模式：

$$\max z = 3x_1 + 2x_2 \quad \text{(目標函數)} \tag{1}$$

受限制於 (條件, s.t.)

$$2x_1 + x_2 \leq 100 \quad \text{(完工條件)} \tag{2}$$
$$x_1 + x_2 \leq 80 \quad \text{(木工條件)} \tag{3}$$
$$x_1 \leq 40 \quad \text{(士兵需求條件)} \tag{4}$$
$$x_1 \geq 0 \quad \text{(符號限制)}^\dagger \tag{5}$$
$$x_2 \geq 0 \quad \text{(符號限制)} \tag{6}$$

"受限制於" (s.t.) 代表決策變數 x_1 及 x_2 的值必須滿足所有條件與所有符號限制。

在正式定義線性規劃問題前，我們先定義線性函數與線性不等式的觀念。

定義 ■　一個 $x_1, x_2, \cdots, x_n$ 的函數 $f(x_1, x_2, \cdots, x_n)$ 為**線性函數** (linear function) 若且唯若對於某些常數集合 $c_1, c_2, \cdots, c_n f(x_1, x_2, \cdots, x_n) = c_1x_1 + c_2x_2 + \cdots, x_n + c_nx_n$。■

例如， $f(x_1, x_2) = 2x_1 + x_2$ 為 x_1 與 x_2 的線性函數，但 $f(x_1, x_2) = x_1^2 x_2$ 不為 x_1 及 x_2 的線性函數。

定義 ■　對於任一個線性函數 $f(x_1, x_2, \cdots, x_n)$ 及任何一個數字 b，不等式 $f(x_1, x_2, \cdots, x_n) \leq b$ 及 $f(x_1, x_2, \cdots, x_n) \geq b$ 稱為**線性不等式** (linear inequalitions)。■

因此， $2x_1 + 3x_2 \leq 3$ 及 $2x_1 + x_2 \geq 3$ 為線性不等式，但 $x_1^2 x_2 \geq 3$ 不為線性不等式。

---

† 符號限制沒有限制決策變數的值，但我們考慮將符號限制與條件分離原因是在研究第 4 章簡捷法後會變得更清楚。

定義 ■ 一個**線性規劃問題** (linear programming problem, LP) 為一最佳化問題，包含下列因素：

1. 我們想要極大化 (或極小化) 一個決策變數的線性函數，這個我們想要極大或極小化的函數，稱為目標函數。
2. 決策變數的值必須滿足一些條件，每一項條件必須為線性等式或線性不等式。
3. 每一個變數都會伴隨一個符號限制，對於任何一個變數 x_i，符號限制限定 x_i 必須為非負 ($x_i \geq 0$) 或沒有限制符號 (urs)。 ■

因為 Giapetto 的目標函數為 x_1 及 x_2 的線性函數，且所有條件為線性不等式，所以 Giapetto 的問題為一線性規劃問題。Giapetto 問題為一典型的線性規劃問題，其中決策者的目標為極大化利潤且受限制於有限資源。

成比例性及可加性假設

事實上，LP 的目標函數必須為決策變數的線性函數有下列二個含意：

1. 每一個決策變數對於目標函數的貢獻與決策變數的值成比例。例如，製造四個士兵對於目標函數的貢獻 (4 × 3 = $12) 為製造一個士兵的目標函數貢獻 ($3) 的四倍。
2. 任何變數對於目標函數貢獻與其他決策變數的值相互獨立。例如，不論 x_2 的值為多少，製造 x_1 的士兵對於目標的貢獻永遠 $3x_1$。

相似地，事實上每一個 LP 條件一定為線性不等式或線性等式有下列二個含意：

1. 每一項條件的左邊，每一個變數的貢獻與變數值成比例。例如，製造三個士兵所用的完工時間 (2 × 3 = 6) 為製造一個士兵 (2 個完工時間) 的三倍。
2. 每一項條件的左邊，每一個變數的貢獻與其他變數的值相互獨立，例如，不論 x_1 的值是多少，製造 x_2 個火車需要 x_2 的完工時間及 x_2 的木工時間。

在上述討論的第一個含意稱為**線性規劃的成比例假設** (proportionality assumption of linear programming)。上述第一項討論的含意 2 代表目標函數的值為每一個個別變數的貢獻和，且第二項討論的含意 2 代表每個條件的左邊為每一個變數貢獻的和。根據這個理由，含意 2 稱為**線性規劃的可加性** (additivity assumption of linear programming)。

利用 LP 來代表現實生活的情況，決策變數必須滿足成比例性及可加性的假設，在利用 LP 來適當地表示實際情況，另外二個假設必須先被滿足：可分性與確定性假設。

可分性

可分性 (divisibility assumption) 允許每個決策變數允許爲分數。例如，在 Giapetto 問題中，可分性的假設允許生產 1.5 個士兵與 1.63 部火車，若 Giapetto 不能生產分數個火車或士兵，則在 Giapetto 問題中可分性的假設就不能滿足。一個線性規劃問題，某些或是所有的變數必定爲非負的整數，則稱此問題爲**整數規劃問題** (integer programming problem)，整數規劃問題的解將在第 8 章討論。

在許多情況，可分性不能被滿足時，將最佳解四捨五入得到整數解，可能產生一個合理的解。假設一個 LP 的最佳解表示爲每年生產 150000.4 部車。在此例，您可以告訴汽車製造公司生產 150,000 或 150,001 部車子，並且相信這是一個非常接近原來的最佳解。另一方面，若美國想要利用 LP 的變數來決定設置火箭的位置，且此 LP 的最佳解決定要建 0.4 個，則將火箭位置的個數四捨五入至 0 或 1 時，會造成較大的誤差。在此狀況下，因爲火箭位置的個數爲不可分時，就可以利用第 8 章的整數規劃問題。

確定性

確定性 (certainty assumption) 爲每一個參數 (目標函數的係數，右端值及技術性係數) 爲確定已知。如果我們不能確定建造一輛火車所需的正確木工及完工時數，就會違反確定性的假設。

可行區域及最佳解

在線性規劃的問題中，二個基本的觀念爲可行區域及最佳解，爲了定義這些觀念，我們利用點代表每一個決策變數的特定值。

定義 ■ 一個 LP 的**可行區域** (feasible region) 爲滿足所有 LP 的條件及符號限制的所有點。■

例如，在 Giapetto 問題中，點 ($x_1 = 40, x_2 = 20$) 在可行區域內，因爲 $x_1 = 40$ 及 $x_2 = 20$ 滿足條件 (2)－(4) 及符號限制 (5)－(6)：

條件 (2)，$2x_1 + x_2 \leq 100$ 滿足，因爲 $2(40) + 20 \leq 100$。
條件 (3)，$x_1 + x_2 \leq 80$ 滿足，因爲 $40 + 20 \leq 80$。
條件 (4)，$x_1 \leq 40$ 滿足，因爲 $40 \leq 40$。

限制 (5)，$x_1 \geq 0$ 滿足，因為 $40 \geq 0$。

限制 (6)，$x_2 \geq 0$ 滿足，因為 $20 \geq 0$。

另一方面，點 ($x_1 = 15$, $x_2 = 70$) 不在可行區域內，因為即使 $x_1 = 15$ 及 $x_2 = 70$ 滿足 (2)、(4)、(5) 及 (6)，但卻不滿足 (3)：$15 + 70$ 不會小於或等於 80，任何點不在 LP 的可行區域內稱為**不可行點** (infeasible point)。另外一個不可行點，考慮 ($x_1 = 40$, $x_2 = -20$)，雖然這個點滿足所有的條件及符號限制 (5)，它仍然為不可行因為它不滿足符號限制 (6)，$x_2 \geq 0$。在 Giapetto 問題中，可行區域代表一個可能生產計畫的集合，Giapetto 從這些計畫中找尋最佳的生產計畫。

定義 ■ 針對一個極大化問題，一個 LP 的最佳解為在可行區域裏擁有最大目標函數值的點。相似地，針對一個極小化問題，最佳解為在可行區域中擁有最小目標函數值的點。■

大部份的 LP 僅有一個最佳解。然而，某些 LP 沒有最佳解，且某些 LP 可能有無窮多組解 (這種狀況會在 3.3 節討論)。在 3.2 節，我們證明 Giapetto 問題擁有唯一一組最佳解 ($x_1 = 20$, $x_2 = 60$)，這個解會產生目標函數值為

$$z = 3x_1 + 2x_2 = 3(20) + 2(60) = \$180$$

當我們說 ($x_1 = 20$, $x_2 = 60$) 為 Giapetto 問題的最佳解，亦即在可行區域內，沒有一個點的目標函數值超過 180。Giapetto 公司製造 20 個士兵及 60 輛火車以達到利潤最大，每週的利潤為 180 減掉每週的固定成本。例如，若 Giapetto 公司的固定成本為 \$100 的租金，則每週的利潤為每週 $180 - 100 = \$80$。

問 題

問題組 A

1. 農夫 Jones 必須決定要種多少英畝的玉米與小麥。一英畝種植小麥的田地可以生產 25 斗小麥且每週需要工時 10 小時。一英畝種植玉米的田地可以生產 10 斗玉米且每週需要工時 4 小時。所有的小麥一斗可以賣 4 元，而所有的玉米一斗可以賣 3 元。現有田地七英畝且每週可用工時為 40 小時。政府規定今年至少生產玉米 30 斗。令 $x_1 =$ 種植玉米田地的英畝數，$x_2 =$ 種植小麥田地的英畝數。利用這些決策變數，建立一 LP 其答案可以告訴農夫 Jones 如何極大化來自玉米與小麥的利潤。
2. 回答關於問題 1 的問題。

a. $(x_1 = 2,x_2 = 3)$ 在可行區域裡嗎？
b. $(x_1 = 4,x_2 = 3)$ 在可行區域裡嗎？
c. $(x_1 = 2,x_2 = -1)$ 在可行區域裡嗎？
d. $(x_1 = 3,x_2 = 2)$ 在可行區域裡嗎？

3. 利用變數 x_1 =生產玉米的斗數，x_2 =生產小麥的斗數，重新架構農夫 Jones 的 LP。

4. Turckco 製造兩種卡車：卡車 1 與卡車 2。每一輛卡車必須透過烤漆部門與組裝部門。如果烤漆部門全部用來烤漆卡車 1，則每天可以烤漆 800 輛。如果烤漆部門全部用來烤漆卡車 2，則每天可以烤漆 700 輛。如果組裝部門全部用來組裝卡車 1 的引擎，則每天可以組裝 1,500 輛。如果組裝部門全部用來組裝卡車 2 的引擎，則每天可以組裝 1,200 輛。每輛卡車 1 有 300 元的利潤；每輛卡車 2 有 500 元的利潤。建立一個 LP 來極大化 Truckco 的利潤。

問題組 B

5. 為什麼我們不允許一個 LP 有 < 或 > 的限制式？

3.2 二個變數線性規劃問題的圖解法

一個只有二個變數的 LP 問題可以用圖解法求解，我們通常以變數 x_1 及 x_2 做為變數名稱且 x_1 及 x_2 代表平面座標軸。假設我們想要畫滿足

$$2x_1 + 3x_2 \leq 6 \tag{7}$$

條件的解集合，同樣地集合點 (x_1, x_2) 滿足下列

$$3x_2 \leq 6 - 2x_1$$

這個不等式可被寫成

$$x_2 \leq \tfrac{1}{3}(6 - 2x_1) = 2 - \tfrac{2}{3}x_1 \tag{8}$$

當我們降低 x_2 時，圖形會往下移動 (參考圖 3-1)，滿足式 (8) 及 (7) 的點集合會在 $x_2 = 2 - \tfrac{2}{3}x_1$ 的線上或線的下方，這些點的集合以圖 3-1 的黑色陰影部份代表。然而，$x_2 = 2 - \tfrac{2}{3}x_1$，$3x_2 = 6 - 2x_1$，及 $2x_1 + 3x_2 = 6$ 為同一條直線，這代表滿足式 (7) 的真集合會在直線 $2x_1 + 3x_2 = 6$ 的線上或線的下方。同樣地，滿足 $2x_1 + 3x_2 \geq 6$ 的點集合會落在 $2x_1 + 3x_1 = 6$ 的線上或線的上方 (這些點在圖 3-1 以較淺的陰影表示)。

考慮一個線性不等式條件，型態為 $f(x_1, x_2) \geq b$ 或 $f(x_1, x_2) \leq b$，通常在二度空間，能夠證明滿足線性不等式的點集合包含在直線 $f(x_1, x_2) = b$ 上的點，在加上在不等式某一邊的點。

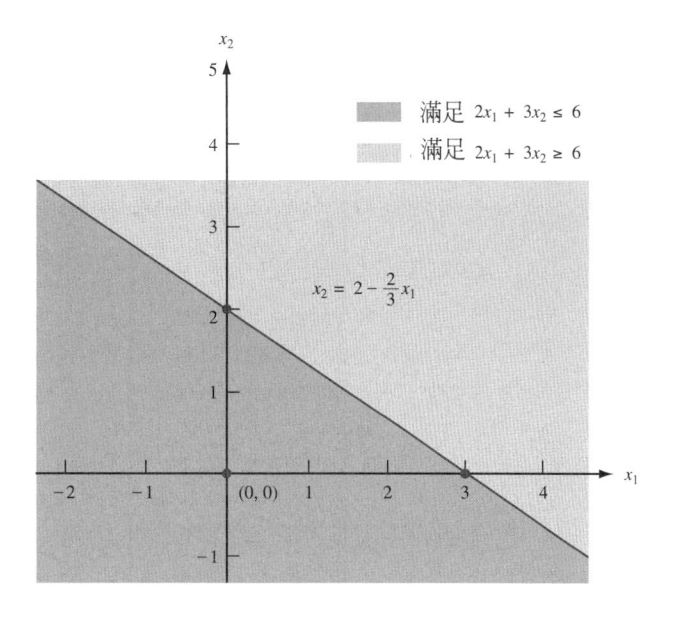

圖 3-1
畫線性不等式

有一個非常簡單的方法可以決定一個不等式如 $f(x_1, x_2) \leq b$ 或 $f(x_1, x_2) \geq b$ 落在哪一方,開始先選擇任一個點 P 不滿足 $f(x_1, x_2) = b$ 的式子,決定是否 P 滿足不等式。若是,所有點在 P 的同一邊會滿足不等式。若 P 不滿足不等式,則不包含 P 點的 $f(x_1, x_2, \ldots x_n) = b$ 另外一邊的所有點滿足不等式。例如,決定 $2x_1 + 3x_2 \geq 6$ 是否被滿足,透過在 $2x_1 + 3x_2 = 6$ 線上或下的點來判斷,$(0, 0)$ 不能滿足 $2x_1 + 3x_2 \geq 6$。因為 $(0, 0)$ 在直線 $2x_1 + 3x_2 = 6$ 的下方,滿足 $2x_1 + 3x_2 \geq 6$ 的點集合包含直線 $2x_1 + 3x_2 = 6$ 及在直線 $2x_1 + 3x_2 = 6$ 的上方。這與圖 3-1 結論一致。

尋找可行解

現在,我們說明如何利用二個變數的 LP 圖解法求解 Giapetto 問題。首先,我們要決定 Giapetto 問題的可行區域,Giapetto 問題可行區域的點為滿足下列 (x_1, x_2) 的點集合。

$$
\begin{align}
2x_1 + x_2 &\leq 100 \quad \text{(條件)} \tag{2}\\
x_1 + x_2 &\leq 80 \tag{3}\\
x_1 &\leq 40 \tag{4}\\
x_1 &\geq 0 \quad \text{(符號限制)} \tag{5}\\
x_2 &\geq 0 \tag{6}
\end{align}
$$

針對在可行區域上的點 (x_1, x_2),(x_1, x_2) 必須滿足所有不等式 (2)-(6),滿足式 (5) 及 (6) 的點必須落在 $x_1 - x_2$ 平面的第一象限。在圖 3-2,以 x_2 軸的右邊箭頭與 x_1 軸的上方表示。因此,任何在第一象限以外的點都不可能是在可行

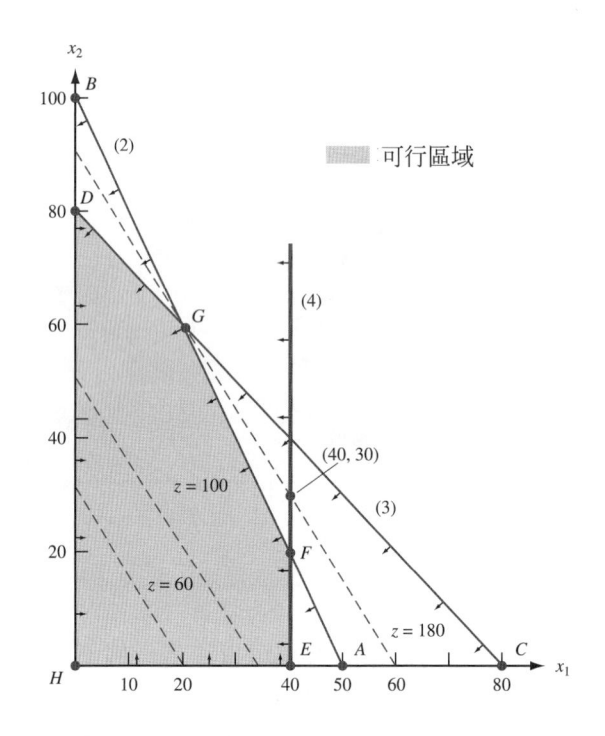

圖 3-2
Giapetto 問題的圖解法

區域內，這代表可行區域必須是在第一象限與滿足 (2)－(4) 式所構成的點集合。

在我們決定滿足線性不等式的點集合方法中，必須要點出滿足式 (2)－(4)，從圖形 3-2，我們發現式 (2) 被滿足的點會落在 AB 的線上或下方 (AB 的線為 $2x_1 + x_2 = 100$)，不等式 (3) 被滿足的點會落在 CD 線上或下方 (CD 的線為 $x_1 + x_2 = 80$)。最後，式 (4) 被滿足的點會落在 EF 線上或左方 (EF 的線為 $x_1 = 40$)，以圖 3-2 的箭頭方向表示滿足不等式條件線的某一邊。

從圖 3-2，我們發現在第一象限滿足式 (2)、(3) 及 (4) 的點集合是由有五邊的多邊形 DGFEH 所構成，在多邊形上或其中的點為可行區域，其他的點表示至少不滿足不等式 (2)－(6) 其中一式。例如，點 (40, 30) 落在 DGFEH 的外面因為它在線段 AB 的上方，因此，(40, 30) 為不可行解，因為它不滿足式 (2)。

一個求可行區域的簡單方法是決定不可行點的集合，在線段 AB 上方的所有點均為不可行解，因為它不滿足式 (2)。同樣地，所有在 CD 上方的點也是不可行，因為它不滿足式 (3)。同時，在垂直線 EF 的右邊亦為不可行解，因為它違反式 (4)，經過刪除此些點，只剩下可行區域 (DGFEH)。

找尋最佳解

在確立 Giapetto 問題的可行區域後，我們現在可以求最佳解，此最佳解在可行區域中有最大 z 值，$z = 3x_1 + 2x_2$。為了要求最佳解，我們需要畫一條線，此線上的所有點有同樣的 z 值。在極大問題，此條線稱為**等利潤線** (isoprofit line)。在極小問題，此線稱為**等成本線** (isocost line)。為了要畫等利潤線，選擇在可行區域內的任何一點，計算其 z 值，假設我們選擇 (20, 0)，針對 (20, 0)，$z = 3(20) + 2(0) = 60$。因此 (20, 0) 在等利潤線 $z = 3x_1 + 2x_2 = 60$ 上，重新改寫 $3x_1 + 2x_2 = 60$ 為 $x_2 = 30 - \frac{3}{2}x_1$，我們發現等利潤線 $3x_1 + 2x_2 = 60$ 的斜率為 $-\frac{3}{2}$。因為所有等利潤線的形態為 $3x_1 + 2x_2 =$ 常數的斜率都相同。這表示當我們畫一條等利潤線時，我們可以藉由平行移動我們畫過的等利潤線而找到其他所有的等利潤線。

現在已經很清楚知道如何去找二個變數 LP 問題的最佳解。當你畫一條等利潤線時，可以利用平行於剛畫的等利潤線，往增加 z 的方向移動 (針對極大問題)，到某一個等利潤線不再與可行區域有交集為止。最後一條等利潤線交到 (或接觸) 可行區域可定義為在可行區域中任何一點擁有最大的 z 值且可顯示出此 LP 的最佳解。在我們的問題中，若我們往增加 x_1 及 x_2 方向移動，就會增加目標函數 $z = 3x_1 + 2x_2$。因此，我們可以建立另外的等利潤線，經由平行移動 $3x_1 + 2x_2 = 60$ 往西北的方向 (向右上角)。從圖 3-2，我們發現通過 G 點的等利潤線為最後與可行區域交集的等利潤線。因此，G 為在可行區域中擁有最大 z 值的點，所以 G 為 Giapetto 問題的最佳解，且 G 點為直線 $2x_1 + x_2 = 100$ 與 $x_1 + x_2 = 80$ 的交點，同時解這二條等式我們可得 ($x_1 = 20$, $x_2 = 60$) 為 Giapetto 問題的最佳解。最佳解的 z 值可以經由 x_1 與 x_2 的值代入目標函數而得。因此，最佳 z 值為 $z = 3(20) + 2(60) = 180$。

綁住與非綁住的條件

當一個 LP 的最佳解被找到時，對於判斷每個條件為綁住或非綁住的條件非常有用 (參考第 5 及第 11 章)。

定義 ■ 一個條件稱為**綁住條件** (binding)，是將決策函數的最佳值代入到左邊，會使得條件左、右二邊相同。 ■

因此，(2) 及 (3) 式為綁住條件。

定義 ■ 一個條件稱為非綁住條件是當將決策變數的最佳值代入條件的左邊時，左右二邊不相等。 ■

因為 $x_1 = 20$ 小於 40，式 (4) 為非綁住條件。

凸集合、極端點、及 LP

Giapetto 問題的可行區域為凸集合的例子。

定義 ■ 一個集合 S 稱為**凸集合** (convex set)，若聯結在 S 中的任何一對點的線段仍然全部落在 S 內。 ■

圖 3-3 給這個定義的四個例子，在圖 3-3a 及 3-3b，連接在 S 的二個點的線段均包含於 S。因此，此二圖中，S 為凸集合，在圖 3-3c 及 3-3d，S 不是凸集合。在此二圖中，點 A 及 B 在 S 中，但線段 AB 的某些點不包含在 S 內。在我們的線性規劃中，凸集合中的某一特點 (稱為極端點) 是我們所感興趣的點。

定義 ■ 針對凸集合 S，在 S 中的點 P 稱為**極端點** (extreme point)，若每一個線段完整地落在 S 且包含 P 點，P 點為此線段的端點。 ■

例如，在圖 3-3a，圓的每一個周圍的點為圓的極端點。在圖 3-3b，點 A、B、C 及 D 為 S 的極端點，雖然 E 點是在圖 3-3b 的 S 的邊際點上，E 並不是 S 的極端點。這是因為 E 落在線段 AB 上 (AB 完全落在 S 上)，且 E 點不是線段 AB 的端點。極端點有時稱為**角點** (corner point)，因為若 S 為多面體，S 的極端點為多面體的頂點或角點。

Giapetto 問題的可行區域為凸集合。我們可以證明任何 LP 的可行區域為凸集合。從圖 3-2，可發現可行區域的極端點為簡單的點 D、F、E、G 及 H。我們亦可證明任何一點 LP 的可行區域的極端點為有限個。針對 Giapetto 問題的最佳解 (點 G) 亦為可行區域的極端點，這表示任何一個有最佳解的 LP 問題有極端點的最佳解。這個結論非常重要，因為它會將在整個可行區域產生最佳解 (通常為無窮多個點) 減少為極端點的集合 (有限個點)。

針對 Giapetto 問題，非常容易看出最佳解必須為可行區域的極端點。我們可以移動等利潤線往東北的方向移動，所以在可行區域中，最大的 z 值會

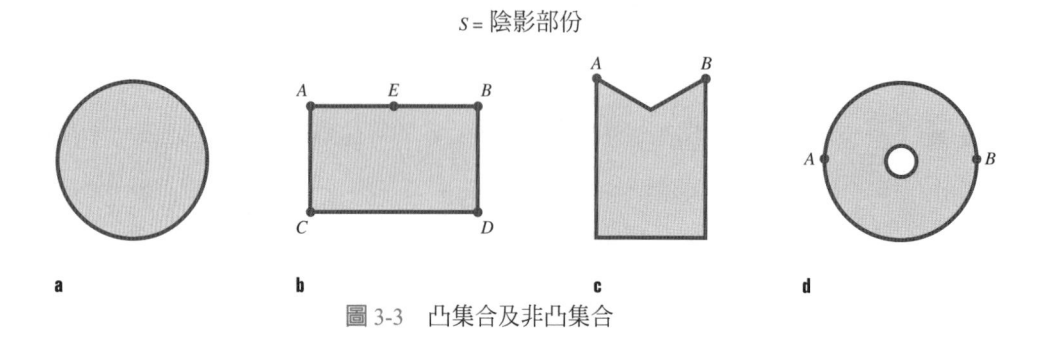

S = 陰影部份

a　　b　　c　　d

圖 3-3　凸集合及非凸集合

發生在某個 P 點，在 P 點的東北方向並無可行點，這表示最佳解必定落在可行區域 DGFEH 的邊界點，這個 LP 問題有極端點為最佳解，因為在可行區域邊界點上的任何一個線段，在線段中的最大 z 值會發生在線段上的其中一個端點。

為了說明這個觀念，觀察圖 3-2 的線段 FG，FG 為直線 $2x_1 + x_2 = 100$ 的一部份且其斜率為 -2。若我們沿著 FG 且減少 x_1 一個單位，則 x_2 會增加 2 個單位，則 z 值的改變如下：$3x_1$ 下降 $3(1) = 3$，及 $2x_2$ 上升 $2(2) = 4$。因此，z 其增加 $4 - 3 = 1$，這表示沿著 FG，讓 x_1 減少，則 z 會增加。因此，在 G 的 z 值一定會超過在線段 FG 上其他點的 z 值。

一個類似的討論可以證明，針對任何一個目標函數，在一個給定的線段中最大的 z 值必定發生在線段的端點。因此，針對任何一個 LP，在可行區域中的最大 z 值必定發生在可行區域的邊界上的線段端點。簡單地說，極端點的某一個點必定為最佳解。(為了測試是否了解，讀者可以證明若 Giapetto 的目標函數為 $z = 6x_1 + x_2$，則 F 點必定為最佳解。而當 Giapetto 的目標函數為 $z = x_1 + 6x_2$，則 D 點為最佳解。)

我們證明一個 LP 擁有最佳極端點，最主要是因為目標函數與條件均為線性。在第 9 章，我們將證明，針對目標函數或某些條件不是線性的最佳化問題，其最佳解不見得會發生在極端點。

極小問題的圖解法

例題 2　Dorian Auto 公司

Dorian Auto 公司製造豪華汽車及貨車。公司相信最有可能的顧客群為高收入的男女。為了能接近這個客戶群，Dorian Auto 公司著手一項雄心勃勃的 TV 廣告競爭且決定購買二種型態的 1 分鐘商業廣告：喜劇表演及足球比賽。每一則喜劇的廣告將有 7 百萬的高收入女性及 2 百萬的高收入男性收看。每一場足球比賽將有 2 百萬高收入的女性及 12 百萬高收入的男性收看。一個 1 分鐘喜劇廣告收費 $50,000，且 1 分鐘的足球廣告收費 $100,000。Dorian 希望廣告至少有 28 百萬高收入女性及 24 百萬高收入男性的收視戶，利用線性規劃決定 Dorian 公司如何以最小的成本來達到廣告收視的需求。

解　　Dorian 必須決定多少的喜劇及足球廣告被購買，所以決策變數為

$x_1 = 1$ 分鐘的喜劇廣告購買單位數
$x_2 = 1$ 分鐘的足球廣告購買單位數

Dorian 公司必須極小化總廣告成本 (以千元計算)。

總廣告成本 ＝喜劇廣告成本＋足球廣告成本

$$= \left(\frac{\text{成本}}{\text{喜劇廣告}}\right)\left(\text{總喜劇廣告}\right) + \left(\frac{\text{成本}}{\text{足球廣告}}\right)\left(\text{總足球廣告}\right)$$

$$= 50x_1 + 100x_2$$

因此，Dorian 的目標函數為

$$\min z = 50x_1 + 100x_2 \tag{9}$$

Dorian 面對下列條件：

條件 1 廣告必須達到至少吸引 28 百萬的高收入女性人數。
條件 2 廣告必須達到至少吸引 24 百萬的高收入男性人數。

為了將條件 1 及 2 以 x_1 及 x_2 表示，令 HIW 代表高收入女性收視戶及 HIM 代表高收入男性收視戶 (以百萬計)。

$$\text{HIW} = \left(\frac{\text{HIW}}{\text{喜劇廣告}}\right)\left(\text{總喜劇廣告}\right) + \left(\frac{\text{HIW}}{\text{足球廣告}}\right)\left(\text{總足球廣告}\right)$$

$$= 7x_1 + 2x_2$$

$$\text{HIM} = \left(\frac{\text{HIM}}{\text{喜劇廣告}}\right)\left(\text{總喜劇廣告}\right) + \left(\frac{\text{HIM}}{\text{足球廣告}}\right)\left(\text{總足球廣告}\right)$$

$$= 2x_1 + 12x_2$$

條件 1 可以表示為

$$7x_1 + 2x_2 \geq 28 \tag{10}$$

且條件 2 可以表示為

$$2x_1 + 12x_2 \geq 24 \tag{11}$$

必須加上符號限制 $x_1 \geq 0$ 及 $x_2 \geq 0$，所以 Dorian 的 LP 為：

$$\begin{aligned} \min z = {}& 50x_1 + 100x_2 \\ \text{s.t.} \quad & 7x_1 + 2x_2 \geq 28 \quad \text{(HIW)} \\ & 2x_1 + 12x_2 \geq 24 \quad \text{(HIM)} \\ & x_1, x_2 \geq 0 \end{aligned}$$

這個問題為典型的 LP 應用，其為決策者想要極小化成本來達到一些條件的需求。為了解 LP 的圖解法，首先先畫可行區域 (圖 3-4)。式 (10) 滿足為在 AB 線上或上方 (AB 為 $7x_1 + 2x_2 = 28$ 線的一部份)，且式 (11) 滿足為在 CD 線上或上方的點 (CD 為 $2x_1 + 12x_2 = 24$ 線的一部份)。從圖 3-4，我們發現只有在第一象限滿足式 (10) 及式 (11) 為由 x_1 軸，CEB 及 x_2 軸所圍成的陰影部份。

第 3 章 線性規劃序論 **73**

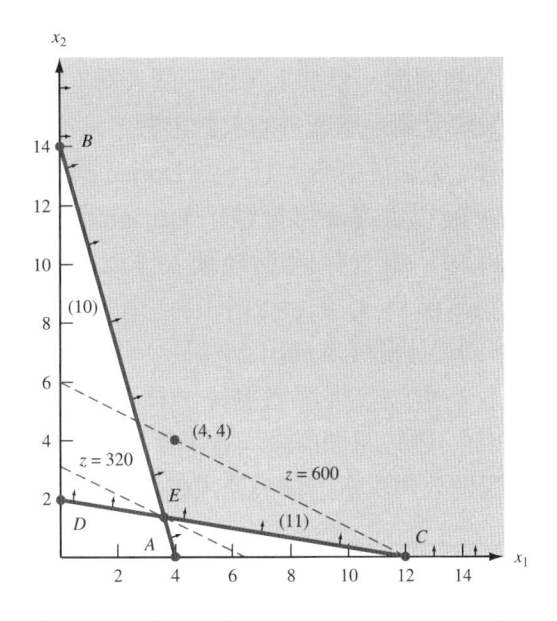

圖 3-4
Dorian 問題的圖解法

　　就像 Giapetto 問題，Dorian 問題為凸集合，不像 Giapetto 問題，Dorian 可行區域，包含某些點的值到可以讓一個變數任意地增大，這類的可行區域稱為**無界的可行區域** (unbounded feasible region)

　　因為 Dorian 想要極小化總廣告成本，這個問題的最佳解為在可行區域中擁有最小 z 值。為了要找最佳解，我們需要畫一條等成本線交集到可行區域，一條等成本線為任何一條線所有的點有相同的 z 值 (或相等成本)，我們任何選擇等成本線通過點 ($x_1 = 4$, $x_2 = 4$)。針對這些點，$z = 50(4) + 100(4) = 600$，且我們畫等成本線 $z = 50x_1 + 100x_2 = 600$。

　　我們考慮直線平行等成本線 $50x_1 + 100x_2 = 600$ 往降低 z 的方向移動 (西南方)。在等成本線將交可行區域的最後一點擁有最小 z 值。從圖 3-4，我們發現 E 點是在可行區域中有最小的 z 值的點，這是 Dorian 問題的最佳解。E 點為線 $7x_1 + 2x_2 = 28$ 與 $2x_1 + 12x_2 = 24$ 交集而成，同時解決這些等式會產生最佳解 ($x_1 = 3.6$, $x_2 = 1.4$)，最佳 z 值可由 x_1 及 x_2 代入目標函數而得。因此，最佳 z 值為 $z = 50 (3.6) + 100 (1.4) = 320 = \$320,000$。因為在 E 點，使 HIW 與 HIM 條件為等式，二個條件為綁住的條件。

　　在 Dorian 模式，是否滿足在 3.1 節所描述的線性規劃四個假設？

　　針對成比例性成立，每一個增加的喜劇廣告必須加上 7 百萬 HIW 及 2 百萬 HIM，這與實際的現象會產生矛盾，因為經過一個特定的廣告所產生的回收效果會遞減。經過 500 次廣告播放，大部份的人可能已經看過一遍，所以再多播廣告的效果已經不大。因此，成比例性會違反。

　　我們利用可加性將 (所有 HIW 收視戶)＝(HIW 從喜劇廣告的收視戶)＋(HIW 從足球賽的收視戶)。實際上，同一個人很多均看過 Dorian 喜劇廣告與

Dorian 足球廣告。我們會將這些人重覆計算二次,這樣會錯誤計算總收看過 Dorian 廣告的次數。事實上,同一個人看過一個以上的廣告,表示看過喜劇廣告的效果會受到足球廣告的次數影響,這違反了可加性。

若僅有 1 分鐘的廣告允許,則 Dorian 購買 3.6 喜劇廣告及 1.4 足球廣告是不合理的,所以會違反可分性,Dorian 問題被視為整數規劃問題。在 8.3 節,我們將說明如何利用整數規劃求解 Dorian 問題,其最小成本為選擇 ($x_1 = 6$, $x_2 = 1$) 或 ($x_1 = 4$, $x_2 = 2$) 而得,這二個解,最小成本為 \$400,000,這個解會比 LP 的最佳解成本高出 25%。

因為有多少位收視戶看過每一種廣告無法確知,確定性也會違反。因此,Dorian 問題的四個假設均會違反。除了這些缺點,分析者可以利用相似的模式來幫助公司決定這種最佳媒體的混合問題。

問　題

問題組 A

1. 利用圖解法求解 3.1 節問題 1。
2. 利用圖解法求解 3.1 節問題 4。
3. Leary 化學公司製造三種化學品:A,B,及 C。製造這些化學品需要透過兩種生產過程:過程 1 與過程 2。透過過程 1 每小時需要成本 4 元且產生 3 單位的 A,1 單位的 B,與 1 單位的 C。透過過程 2 每小時需要成本 1 元且產生 1 單位的 A 與 1 單位的 B。為了達到客戶的需求,每天必須製造至少 10 單位的 A,5 單位的 B,與 3 單位的 C。使用圖解法決定在達成 Leary 化學公司每日的需求下,極小化成本的每日生產計畫。
4. 對下列每個方程式,決定可以使目標函數遞增的方面:
   a. $z = 4x_1 - x_2$
   b. $z = -x_1 + 2x_2$
   c. $z = -x_1 - 3x$
5. Furnco 製造桌子與椅子。每一張桌子用到木頭 4 單位,且每一張椅子用到木頭 3 單位。一張桌子貢獻 \$40 的利潤,且一張椅子貢獻 \$25。市場的限制要求椅子生產數量至少必須是桌子生產數量的的兩倍。如果有 20 單位的木頭可以利用,建立一 LP 來極大化 Furnco 的利潤,再利用圖解法求解這個 LP。
6. 農夫 Jane 有田地 45 英畝,她計畫在那些田地種植小麥與玉米。種植小麥每一英畝可產生利潤 200 元;種植玉米每一英畝可產生利潤 \$300。每英畝所需的勞工數與肥料量列在表 3-1。現有一百位工人與 120 噸的肥料可以利用。利用線性規劃決定 Jane 如何自其田地得到極大化的利潤。

表 3-1

	小麥	玉米
勞工	3 個工人	2 個工人
肥料	2 噸	4 噸

3.3 特殊例子

Giapetto 與 Dorian 問題都只有唯一一組最佳解。在本節，我們考慮三個 LP 沒有唯一最佳解的問題。

1. 某些 LP 問題有無窮多組最佳解 (多重解)。
2. 某些 LP 沒有可行解 (不可行 LP)。
3. 某些 LP 為無界解 (unbounded)：在可行區域中有無窮大的 z 值 (極大問題)。

多重最佳解

例題 3　多重最佳解

有一家公司製造汽車及貨車，每部車必須經由噴漆及組裝部門。若噴漆部門只為貨車噴漆，則每天可以噴漆 40 部貨車。若噴漆部門只噴漆汽車，則每天可以噴漆 60 部汽車，若組裝部門只生產汽車，則一天可以生產 50 部汽車。如果組裝部門只生產卡車，則每天可以生產 50 部。每部貨車貢獻 $300 利潤，而每部汽車每天貢獻 $200，利用線性規劃決定每天生產計畫能讓公司的利潤達到最大。

解　公司必須決定每天要生產多少汽車及卡車，需要定義下列決策變數：

$x_1 =$ 每天生產車的數量
$x_2 =$ 每天生產汽車的數量

每天公司的利潤 (以千元為單位) 為 $3x_1 + 2x_2$，故公司的目標函數可以寫成

$$\max Z = 3x_1 + 2x_2 \tag{12}$$

公司的二個條件如下：

條件 1　在噴漆部門，每天忙碌的比率為小於或等於 1。
條件 2　在組裝部門，每天忙碌的比率為小於或等於 1。

我們可得

每天噴漆部門在噴漆貨車工作的比率 $= \left(\dfrac{\text{每天比率}}{\text{貨車}}\right)\left(\dfrac{\text{貨車}}{\text{每天}}\right) = \dfrac{1}{40} x_1$

每天噴漆部門在噴漆汽車工作的比率 $= \dfrac{1}{60} x_2$
每天組裝部門在組裝貨車工作的比率 $= \dfrac{1}{50} x_1$
每天組裝部門在組裝汽車工作的比率 $= \dfrac{1}{50} x_2$

因此，條件 1 可以表示為

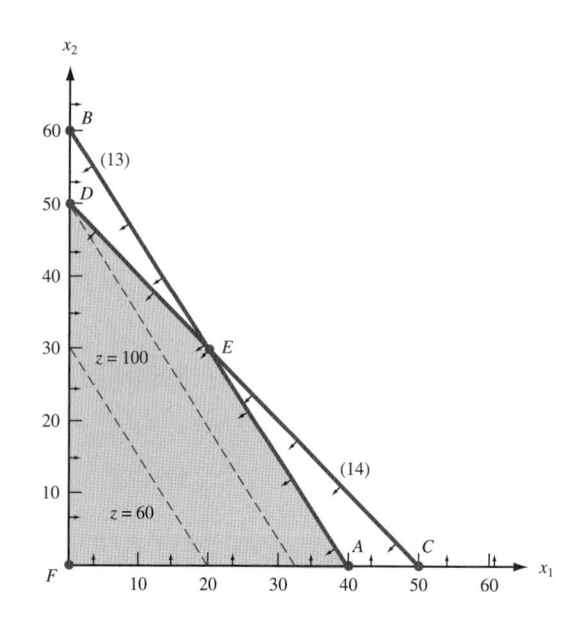

圖 3-5
例題 3 的圖解法

$$\frac{1}{40} x_1 + \frac{1}{60} x_2 \leq 1 \quad \text{(噴漆部門條件)} \tag{13}$$

且條件 2 可以表示為

$$\frac{1}{50} x_1 + \frac{1}{50} x_2 \leq 1 \quad \text{(組裝部門條件)} \tag{14}$$

因為 $x_1 \geq 0$ 且 $x_2 \geq 0$ 必須滿足，所以相對應的 LP 為

$$\max z = 3x_1 + 2x_2 \tag{12}$$

$$\text{s.t.} \quad \frac{1}{40} x_1 + \frac{1}{60} x_2 \leq 1 \tag{13}$$

$$\frac{1}{50} x_1 + \frac{1}{50} x_2 \leq 1 \tag{14}$$

$$x_1, x_2 \geq 0$$

這個 LP 的可行區域在圖 3-5 的陰影部份以 AEDF 為界。†

對於等利潤線，我們選擇通過點 (20, 0) 的直線，因為 (20, 0) 的 z 值為 3 (20)＋ 2(0)＝ 60，這會產生等利潤線 $z = 3x_1 + 2x_2 = 60$，檢驗平行這條直線，往增加 z 值的方向移動 (東北方向)，我們找到在可行區域的最後 "點" 交集到等利潤線在整條線段 AE，這代表在線段 AE 上任何一點均為最佳解。我們可以用 AE 上的任何一點來決定最佳 z 值，例如，點 A (40, 0)，可得 z = 3(40)＝ 120。

總結，這家汽車公司的 LP 有無窮多個最佳解，或多重解，這表示等利潤線離開可行區域時，會與對應於綁住條件 (在本例，AE) 的整條線交集。

†條件 (13) 為 AB (AB 為 $\frac{1}{40}x_1 + \frac{1}{60}x_2 = 1$) 的線上與線下面的所有點，且條件 (14) 為 CD (CD 為 $\frac{1}{50}x_1 + \frac{1}{50}x_2 = 1$) 的線上與線下面所有的點。

從目前的例子,若二點 (A 及 E) 為最佳解,則任何連接此二點的線段亦為最佳解,似乎也很合理 (能夠證明此為真的)。

如果多重解發生時,則決策者可以利用次要準則在多重解中做選擇。這家汽車公司管理者可能較喜歡 A,因為他喜歡簡化商業 (同樣可以允許極大利潤) 透過生產單一個產品 (貨車)。

目標規劃 (goal programming) (參考 4.14 節) 的技巧通常可以用在多重解中做選擇。

不可行 LP

在 LP 中有可能可行區域為空集合 (不包含任何點),這會產生不可行的 *LP* (infeasible LP)。因為 LP 的最佳解中為可行區域中的最佳點,一個不可行 LP 亦沒有最佳解。

例題 4　不可行 LP

假設在例題 3,汽車供應商需要至少生產 30 部貨車及 20 部汽車,試求這一個新 LP 的最佳解。

解　將例題 3 加上條件 $x_1 \geq 30$ 及 $x_2 \geq 20$ 後,可得下列 LP:

$$\max z = 3x_1 + 2x_2$$
$$\text{s.t.} \quad \frac{1}{40}x_1 + \frac{1}{60}x_2 \leq 1 \quad \textbf{(15)}$$
$$\frac{1}{50}x_1 + \frac{1}{50}x_2 \leq 1 \quad \textbf{(16)}$$

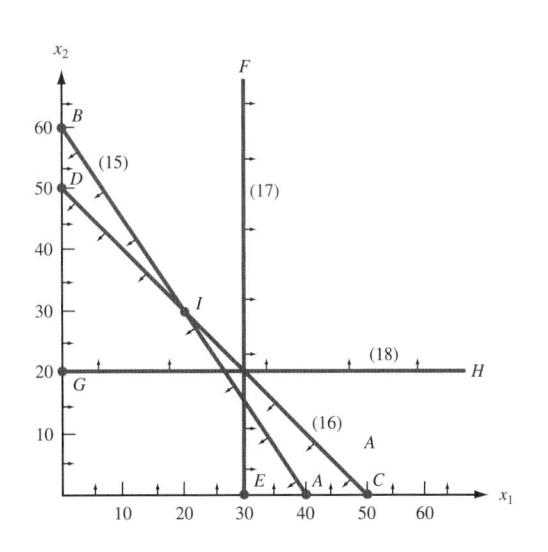

圖 3-6
一個空集合的可行區域

$$x_1 \geq 30$$
$$x_2 \geq 20$$
$$x_1, x_2 \geq 0$$

這個 LP 的可行區域圖形如圖 3-6。

條件 (15) 為滿足在 AB 線上或以下的所有點 (AB 為 $\frac{1}{40} x_1 + \frac{1}{60} x_2 = 1$)
條件 (16) 為滿足在 CD 線上或以下的所有點 (CD 為 $\frac{1}{50} x_1 + \frac{1}{50} x_2 = 1$)
條件 (17) 為滿足在 EF 線上或右邊的所有點 (EF 為 $x_1 = 30$)
條件 (18) 為滿足在 GH 線上或上方的所有點 (GH 為 $x_2 = 20$)

從圖 3-6，非常清楚沒有任何點滿足所有條件 (15)–(18)，這表示例題 4 為空集合的可行區域，因此為一個不可行的 LP。

在例題 4，這個 LP 為不可行，因為生產 30 部貨車及 20 部汽車需要比可用的噴漆還要更多的時間。

無界 LP

下一個 LP 的特例為無界 (unbounded) LP，針對一個極大問題，一個無界 LP 的發生是因為可能在可行區域內找到某些點擁有任意大的 z 值，這代表一個決策者可以賺到任意大的收益或利潤。這就表示一個無窮界的最佳解不可能發生在正常的 LP 模式建立上。因此，若讀者曾經在電腦上解過 LP 問題且發現這個 LP 為無窮界的狀況，則表示有可能在建立模式上產生錯誤或是在輸入 LP 模式到電腦上產生的錯誤。

針對一個極小問題，若在可行區域中有任意小的 z 值，則一個 LP 為無界。當圖解 LP 問題時，我們可以透過以下來檢查無界的 LP：一個極大問題為無界，若我們平行移動原來的等利潤線往增加 z 的方向，不會完全離開可行區域的範圍。一個極小問題為無界，若我們平行移動等利潤線往減少 z 的方向，亦不會遠離可行區域的範圍。

例題 5　無界 LP

圖解下列 LP：

$$\max z = 2x_1 - x_2$$
$$\text{s.t.} \quad x_1 - x_2 \leq 1 \tag{19}$$
$$2x_1 + x_2 \geq 6 \tag{20}$$
$$x_1, x_2 \geq 0$$

解　從圖 3-7，在 AB 線上或上方的所有點 (AB 為 $x_1 - x_2 = 1$ 的線) 都滿足式 (19)，

第 3 章 線性規劃序論 **79**

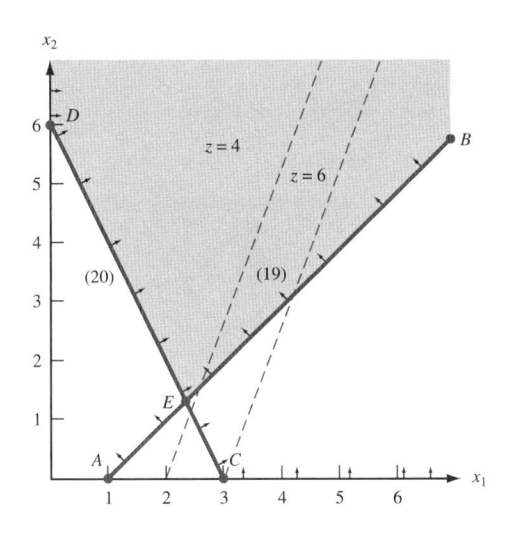

圖 3-7 無界 LP

在 CD 線上或上方的所有點 (CD 為 $2x_1 + x_2 = 6$) 亦滿足式 (20)。因此，在例題 5 的可行區域為圖 3-7 中陰影無界的區域，圖形只有以 x_2 軸，線段 DE，以及以 E 為起點的線段 AB 為界。為了找尋最佳解，我們畫通過 (2, 0) 的等利潤線，這條等利潤線有 $z = 2x_1 - x_2 = 2(2) - 0 = 4$，這個增加 z 值的方向為東南方向 (讓 x_1 加大且 x_2 縮小)，將 $z = 2x_1 - x_2$ 往東南方向平行移動，我們發現任何一條等利潤線均會交集到可行區域 (這是因為任何一條等利潤線均會比 $x_1 - x_2 = 1$ 的線更陡)。

從最後二節的討論，我們發現每一個二個變數的 LP 問題一定會是下列四個狀況之一：

情況 1 LP 有唯一最佳解。

情況 2 LP 有多重最佳解：二個或以上的極端點為最佳解，且此 LP 有無窮多個最佳解。

情況 3 LP 為不可行：這個可行區域沒有任何點。

情況 4 LP 為無界：在可行區域的某些點有任意大的 Z 值 (極大問題) 或任意小的 Z 值 (極小問題)。

在第 4 章，我們說明每一個 LP (不只二個變數的 LP) 一定會屬於情況 1 到情況 4 的其中一種。

在本章其他的內容，我們將介紹許多更複雜的線性規劃模式。在建立一個 LP 問題的最重要步驟為適當地選擇決策變數，如果決策變數能夠適當的選擇，則目標函數與條件也就能迎刃而解了，當 LP 的目標函數與條件難以被決定時，通常都是因為錯誤的選擇決策變數。

問 題

問題組 A

確認下列 LP 那些為情況 1 – 4。

1. max $z = x_1 + x_2$
   s.t. $x_1 + x_2 \leq 4$
   $x_1 - x_2 \geq 5$
   $x_1, x_2 \geq 0$

2. max $z = 4x_1 + x_2$
   s.t. $8x_1 + 2x_2 \leq 16$
   $5x_1 + 2x_2 \leq 12$
   $x_1, x_2 \geq 0$

3. max $z = -x_1 + 3x_2$
   s.t. $x_1 - x_2 \leq 4$
   $x_1 + 2x_2 \geq 4$
   $x_1, x_2 \geq 0$

4. max $z = 3x_1 + x_2$
   s.t. $2x_1 + x_2 \leq 6$
   $x_1 + 3x_2 \leq 9$
   $x_1, x_2 \geq 0$

5. 對或錯：對一個 LP 的解為無界限解，它的可行解區域一定也是無界限。
6. 對或錯：對每一個無界限可行區域的 LP 都有一個無界限的最佳解。
7. 如果一個 LP 的可行解區域不是無界限的，我們稱這個 LP 的可行解區域是有界限的。假設一 LP 的可行解區域為有界的，試解釋為什麼你能找到這個 LP 的最佳解 (無等利潤線與等成本線)，只要透過簡單的檢視可行解區域中極值點的 z 值。如果 LP 的可行解區域為無界限為何這個方法可能會失敗？
8. 利用圖解法求出下列 LP 所有的最佳解：

   min $z = x_1 - x_2$
   s.t. $x_1 + x_2 \leq 6$
   $x_1 - x_2 \geq 0$
   $x_2 - x_1 \geq 3$
   $x_1, x_2 \geq 0$

9. 利用圖解法決定下列 LP 的兩個最佳解：

   min $z = 3x_1 + 5x_2$
   s.t. $3x_1 + 2x_2 \geq 36$
   $3x_1 + 5x_2 \geq 45$
   $x_1, x_2 \geq 0$

問題組 B

10. 貨幣管理人 Boris Milkem 處理法國貨幣 (法郎) 與美國貨幣 (美元)。在午夜 12 點，它可以用 0.25 美元買入 1 法郎與用 3 法郎買入 1 美元。設 x_1 ＝買入美元的金額 (透過支付法郎)，x_2 ＝買入法郎的金額 (透過支付美元)。假設兩種形式的交易同時進行，且唯一的限制為在 12:01 A.M. Boris 持有的美元與法郎必須是非負數的金額。

    a. 建立一個 LP 可以在 Boris 完成所有的交易後，能夠極大化持有美元的金額。
    b. 利用圖解法解 LP 並註釋其答案。

3.4 一個飲食問題

很多 LP 模式建立問題來自於決策者想要以極小成本來達到滿足一些條件需求的情況。

例題 6　飲食問題

我的飲食需要來自於四種"基本食物群"之一 (巧克力蛋糕、冰淇淋、蘇丁、及起士蛋糕)。現在，有下列四種食物可以消費：小餅干、巧克力冰淇淋、可樂、及鳳梨起士蛋糕。每一個小餅干需要 50¢，每一個巧克力冰淇淋需要 20¢，每一瓶可樂需要 30¢，每一個鳳梨起士蛋糕需要 80¢，每一天，我必須攝取至少 500 單位的卡路里，6 盎司的巧克力，10 盎司的糖，及 8 盎司的脂肪，每一種食物群的營養含量在表 3-2，試建立一個線性模式能夠以最小的成本來滿足每一天的營養需求。

解　　就如往常，我們必須先決定決策者所必須下定的決策：每一天需要吃每一種食物多少量。因此，我們定義決策變數如下：

x_1 ＝每天吃的小餅干量
x_2 ＝每天吃的巧克力冰淇淋的量
x_3 ＝每天喝的可樂瓶數
x_4 ＝每天吃的鳳梨起司蛋糕個數

我的目標為飲食問題的成本最小。任何飲食問題的總成本可以由下列關係式來決定：飲食的總成本＝(小餅干的成本)＋(冰淇淋的成本)＋(可樂的成本) ＋ (起士的成本)。為了評估飲食問題的總成本，例如：

$$可樂的成本 = \left(\frac{成本}{每瓶可樂}\right)\left(\begin{matrix}飲用可\\樂瓶數\end{matrix}\right) = 30x_3$$

將此運用到其他三種食物，可得

$$飲食的總成本 = 50x_1 + 20x_2 + 30x_3 + 80x_4$$

因此，目標函數為

$$\min z = 50x_1 + 20x_2 + 30x_3 + 80x_4$$

決策變數必須滿足下列四個條件：

條件 1　每天卡路里的攝取至少必須有 500 卡路里。
條件 2　每天巧克力的攝取至少必須 6 盎司。
條件 3　每天糖的攝取至少必須 10 盎司。
條件 4　每天脂肪的攝取至少必須 8 盎司。

表 3-2　節食問題的營養值

食物種類	卡路里	巧克力 (盎司)	糖 (盎司)	脂肪 (盎司)
小餅干	400	3	2	2
巧克力冰淇淋 (1 勺)	200	2	2	4
可樂 (1 瓶)	150	0	4	1
鳳梨起士蛋糕 (1 塊)	500	0	4	5

將條件 1 表示成決策變數，每天攝取的卡路里＝(小餅干的卡路里)＋(巧克力冰淇淋的卡路里)＋(可樂的卡路里)＋(鳳梨起士蛋糕的卡路里)。

小餅干卡路里的消耗可以用下式決定

$$\text{小餅干卡路里} = \left(\frac{\text{卡路里}}{\text{小餅干}}\right)(\text{食用小餅干}) = 400x_1$$

利用相似的理由到其他三種食物可得

$$\text{每天攝取的卡路里} = 400x_1 + 200x_2 + 150x_3 + 500x_4 \text{。}$$

條件 1 可以表示為

$$400x_1 + 200x_2 + 150x_3 + 500x_4 \geqq 500 \text{ (卡路里條件)} \quad \textbf{(21)}$$

條件 2 可以表示為

$$3x_1 + 2x_2 \geqq 6 \text{ (巧克力條件)} \quad \textbf{(22)}$$

條件 3 可以表示為

$$2x_1 + 2x_2 + 4x_3 + 4x_4 \geqq 10 \text{ (糖條件)} \quad \textbf{(23)}$$

條件 4 可以表示為

$$2x_1 + 4x_2 + x_3 + 5x_4 \geqq 8 \text{ (脂肪條件)} \quad \textbf{(24)}$$

最後，符號限制 $x_i \geqq 0$ ($i = 1 \cdot 2 \cdot 3 \cdot 4$) 必須滿足。

組合這個目標函數，條件 (21)－(24)，以及符號限制可得：

$$
\begin{aligned}
\min z = {} & 50x_1 + 20x_2 + 30x_3 + 80x_4 \\
\text{s.t.} \quad & 400x_1 + 200x_2 + 150x_3 + 500x_4 \geqq 500 & \text{(卡路里條件)} & \quad \textbf{(21)} \\
& 3x_1 + 2x_2 \geqq 6 & \text{(巧克力條件)} & \quad \textbf{(22)} \\
& 2x_1 + 2x_2 + 4x_3 + 4x_4 \geqq 10 & \text{(糖條件)} & \quad \textbf{(23)} \\
& 2x_1 + 4x_2 + x_3 + 5x_4 \geqq 8 & \text{(脂肪條件)} & \quad \textbf{(24)} \\
& x_i \geqq 0 \ (i = 1, 2, 3, 4) & \text{(符號限制)} &
\end{aligned}
$$

這個 LP 的最佳解為 $x_1 = x_4 = 0$，$x_2 = 3$，$x_3 = 1$，$z = 90$。因此，最小成本的飲食問題，每天必須發 90¢ 吃 3 球巧克力冰淇淋及喝一瓶可樂，這個最佳 z 值可由最佳決策變數值代入目標函數而得，這會產生總成本 $z = 3(2)) + 1(30) = 90¢$。這個最佳飲食問題產生

$$200(3) + 150(1) = 750 \text{ 卡路里}$$
$$2(3) = 6 \text{ oz 巧克力}$$
$$2(3) + 4(1) = 10 \text{ oz 糖}$$
$$4(3) + 1(1) = 13 \text{ oz 脂肪}$$

因此，巧克力及糖的條件為綁住條件，但卡路里與脂肪條件為非綁住條件。

飲食問題的另一個版本有更多更實際的食物項目及營養的需求問題可以由電腦求最佳解。Stigler (1945) 提出一個有 77 種食物與 10 個營養需求 (維他命 A、維他命 C，等等) 必須滿足的飲食問題。當我們利用電腦求解時，在飲食中的最佳解，包含穀類食物、小麥麵粉、煉乳、花生油、豬油、牛肉、肝臟、蕃茄、菠菜、甘藍菜，雖然這個飲食問題是高營養價值，但沒有多少人會滿意這一個方案，因為它似乎不符合最低限度的美味標準 (且 Stigler 的文章要求每天所吃的飲食都一樣)。這個 LP 的最佳解顯示出只有某些現實的部份目標及條件被滿足。Stigler (及我們) 的飲食問題不能反映人們對於飲食美味及不同飲食的滿足，整數規劃可以用來建立一週或一個月的飲食菜單，菜單計畫模式反映美味及不同需求的條件。

問　題

問題組 A

1. 在 Momiss 河上有三家工廠 (1，2，與 3)，每一家排放兩種污染物 (1 與 2) 到河中。如果每種排放的廢料經過處理，就可以減少到水中的污染物。處理 1 噸工廠 1 的廢料成本為 15 元，且每處理 1 噸的廢料可以減少 0.1 噸的污染物 1 與 0.45 噸的污染物 2。處理 1 噸工廠 2 的廢料成本為 10 元，且每處理 1 噸的廢料可以減少 0.2 噸的污染物 1 與 0.25 噸的污染物 2。處理 1 噸工廠 3 的廢料成本為 20 元，且每處理 1 噸的廢料可以減少 0.4 噸的污染物 1 與 0.3 噸的污染物 2。州政府要求排放至河中的污染物 1 至少減少 30 噸與污染物 2 至少要減少 40 噸。建立一 LP 來極小化減少污染物的成本且達到其要求。你認為對這各問題 LP 的假設(成比例性，相加性，可分性，與確定性) 是否合理？

2. 美國實驗室用豬的心臟瓣膜製造機器心臟瓣膜。不同的心臟手術需要不同大小的瓣膜。美國實驗室由三個不同的供應商購買豬的瓣膜。向每個供應商購買瓣膜的成本與大小的相關資料在表 3-3。每個月，美國實驗室都向這幾家供應商購買且必須至少購買 500 個大尺寸，300 個中尺寸，與 300 個小尺寸的瓣膜。因為可得的豬瓣膜數量限制，每月最多只有 700 個瓣膜可以自每個供應商購買到。架構一 LP 可以極小化買到所需瓣膜數量的成本。

表 3-3

供應商	每個價值的成本 ($)	百分比最大	百分比中間	百分比最小
1	5	40	40	20
2	4	30	35	35
3	3	20	20	60

3. Peg 與 AL Fundy 有食物預算的限制，所以 Peg 打算養活他家的伙食盡可能便宜。然而，他也希望確保可達到他家人每日的營養需求。 Peg 可以購買兩種食物。食物 1 每磅售價 7 元且每磅含有 3 單位的維他命 A 與 1 單位的維他命 C。食物 2 每磅售價 1 元且每單位個含有 1 單位的維他命 A 與維他命 C。每天全家至少需要 12 單位的維他命 A 與 6 單位的維他命 C。
   a. 試驗證 Peg 每天應購買 12 單位的食物 2 且維他命 C 會超過需求 6 個單位。
   b. AL 減低食物的需求且 Peg 滿足家庭每天的需求透過剛好攝取 12 單位的維他命 A 與 6 單位的維他命 C。這個新問題的最佳解將會攝取比較少的維他命 C，但會花更多的錢，為什麼？
4. Goldilocks 必須挖掘至少 12 磅的金礦與至少 18 磅的銀礦才可以應付每月的房租。Goldilocks 有兩個礦坑可以找到金礦與銀礦。Goldilocks 每天在礦坑 1 可以挖到金礦 2 磅與銀礦 2 磅，而在礦坑 2 每天可以挖到金礦 1 磅與銀礦 3 磅。建立一 LP 可以幫助 Goldilocks 達到它的需求，同時可以花費盡可能少的時間在礦坑中挖礦。並利用圖解法求解此 LP。

3.5　工作排程問題

在線性規劃的應用中，包含許多滿足工作需求的最小成本方法。下面的例子說明許多應用的基本共同特徵。

例題 7　郵局問題

有一家郵局在每週不同的日子需要不同的全職員工，將每天所需要的全職員工列在表 3-4。聯邦法規定每一個全職員工必須連續工作五天然後休息二天。例如，某位員工從星期一工作至星期五，且在星期六及日休息二天。郵局想要全部都是全職員工且達到每天的需求，針對這家郵局的 LP 模式，讓郵局僱用全職員工人數達到最小。

解　在給一個正確的模式之前，讓我們先討論不正確的解。很多學生先定義 x_i 為在第 i 天 (第 1 天＝星期一，第 2 天＝星期二，依此類推) 工作的人數。合理地推得 (全職僱員的人數)＝(在星期一工作的僱員人數)＋(在星期二工作的僱員人數)＋…＋(在星天工作的僱員人數)，基於這個理由可推導下列目標函數：

表 3-4　郵局的需求

天	全職員工的需求量
1＝星期一	17
2＝星期二	13
3＝星期三	15
4＝星期四	19
5＝星期五	14
6＝星期六	16
7＝星期日	11

第 3 章　線性規劃序論　**85**

$$\min z = x_1 + x_2 + \cdots + x_6 + x_7$$

為了保證在每一天有足夠的全職員工人數，必須加上條件 $x_i \geq$ (在第 i 天僱員的人數)。例如，針對星期一，加上條件 $x_1 \geq 17$，再加上符號條件 $x_i \geq 0$ ($i = 1, 2, \cdots, 7$) 可得下列 LP。

$$\min z = x_1 + x_2 + x_3 + x_4 + x_5 + x_6 + x_7$$
$$\text{s.t.} \quad x_1 \geq 17$$
$$x_2 \geq 13$$
$$x_3 \geq 15$$
$$x_4 \geq 19$$
$$x_5 \geq 14$$
$$x_6 \geq 16$$
$$x_7 \geq 11$$
$$x_i \geq 0 \quad (i = 1, 2, \ldots, 7)$$

在這個模式建構下，至少有二個缺點。第一，目標函數並不是真正全職郵局員工的人數，因為上述的目標函數計算每位員工五次，並非一次。例如，每位員工從星期一開始工作到星期五且包含在 x_1, x_2, x_3, x_4 及 x_5 之中。第二，變數 $x_1, x_2, \cdots, x_7$ 為相關，從目前的條件無法顯示此相關性。例如，某些人在星期一工作 (x_1 個人) 將會在星期二工作，這表示 x_1 與 x_2 為相互相關，但目前的條件無法顯示出 x_1 的值有影響到 x_2 的值。

正確建立此模式的關鍵在理解郵局的原來決策變數不在有多少人在每一天工作的人數，而是有多少人在每週的每一天開始工作。記得這點，我們定義

$$x_i = \text{在第 } i \text{ 天開始工作的員工人數}$$

例如，x_1 代表在星期一開始工作的人數 (這些人從星期一至星期五工作)，透過適當的變數定義，可以簡單地決定正確的目標函數與條件，為了決定目標函數，由於(全職員工的人數)＝(星期一開始工作的人數)＋(星期二開始工作的人數)＋…＋(星期天開始工作的人數)，且因為每一位員工真正在一個禮拜的某一天開始工作，這個表示不會重複地計算員工二次，因此，當我們正確地定義變數，目標函數為

$$\min z = x_1 + x_2 + x_3 + x_4 + x_5 + x_6 + x_7$$

郵局必須確定在每星期的每一天都要有足夠的人員工作。例如，至少要有 17 名員工在星期一工作，我們要思考誰會在星期一工作？除了星期二開始工作或星期三開始工作 (他們分別在星期天及星期一、星期一及星期二休息)，每一位都會在星期一工作，這表示在星期一工作的有 $x_1 + x_4 + x_5 + x_6 + x_7$，為了至少有 17 位員工在星期一工作，我們需要條件

$$x_1 + x_4 + x_5 + x_6 + x_7 \geq 17$$

被滿足。加上相似的其他六天的條件及符號限制 $x_i \geq 0$ ($i = 1, 2, \cdots, 7$) 可得以下郵局的模式:

$$\min z = x_1 + x_2 + x_3 + x_4 + x_5 + x_6 + x_7$$
$$\text{s.t.} \quad x_1 \qquad\qquad\qquad + x_4 + x_5 + x_6 + x_7 \geq 17 \quad \text{(星期一條件)}$$
$$x_1 + x_2 \qquad\qquad + x_5 + x_6 + x_7 \geq 13 \quad \text{(星期二條件)}$$
$$x_1 + x_2 + x_3 \qquad\qquad + x_6 + x_7 \geq 15 \quad \text{(星期三條件)}$$
$$x_1 + x_2 + x_3 + x_4 \qquad\qquad + x_7 \geq 19 \quad \text{(星期四條件)}$$
$$x_1 + x_2 + x_3 + x_4 + x_5 \qquad\qquad \geq 14 \quad \text{(星期五條件)}$$
$$x_2 + x_3 + x_4 + x_5 + x_6 \qquad \geq 16 \quad \text{(星期六條件)}$$
$$x_3 + x_4 + x_5 + x_6 + x_7 \geq 11 \quad \text{(星期日條件)}$$
$$x_i \geq 0 \quad (i = 1, 2, \ldots, 7) \quad \text{(符號限制)}$$

這個 LP 的最佳解為 $z = \frac{67}{3}$, $x_1 = \frac{4}{3}$, $x_2 = \frac{10}{3}$, $x_3 = 2$, $x_4 = \frac{22}{3}$, $x_5 = 0$, $x_6 = \frac{10}{3}$, $x_7 = 5$。然而,因為我們只能允許全職的員工,變數必須為整數,因此可分數就會不滿足。為了找所有變數都是整數的合理答案,我們可以嘗試將分數近似大一點的一個整數,由此產生可行解 $z = 25$, $x_1 = 2$, $x_2 = 4$, $x_3 = 2$, $x_4 = 8$, $x_5 = 0$, $x_6 = 4$, $x_7 = 5$。但是,利用整數規劃可以求得郵局問題的最佳解為 $z = 23$, $x_1 = 4$, $x_2 = 4$, $x_3 = 2$, $x_4 = 6$, $x_5 = 0$, $x_6 = 4$, $x_7 = 3$。注意這表示利用線性規劃的最佳解,將其值取近似的整數不見得會是整數規劃的最佳解。

Baker (1974) 已經發展一個有效的技巧 (不是利用線性規劃的方法) 決定當每週有二個連續休息的最小需求員工人數。

如果你利用 LINDO, LINGO 或 Excel Solver 的軟體求解這個問題,你可能會得到不同工作排程都是 23 名工作人員,這個說明例題 7 有多重解。

產生一個公平的僱用員工排程

從最佳解我們發現在星期一開始需要 4 人、星期二 4 人、星期三 2 人、星期四 6 人、星期六 4 人、及星期天 3 人。此解中,從星期六開始的僱員將會很不高興,因為他們都沒有在假日休息。利用在 23 週間輪流排僱員的流程,可以得到一個較公平的排程。為了了解如何得到,考慮以下的排程:

- 第 1 週-第 4 週:從星期一開始
- 第 5 週-第 8 週:從星期二開始
- 第 9 週-第 10 週:從星期三開始
- 第 11 週-第 16 週:從星期四開始
- 第 17 週-第 20 週:從星期六開始

■ 第 21 週－第 23 週：從星期日開始

　　第 1 個員工遵照這個 23 週的排程，第 2 個員工從這個排程的第 2 週開始 (有 3 週是從星期一開始，然後星期二開始的有 4 週，且最後 3 週從星期天開始及最後一週在星期一)，繼續這種方式，對於每一位員工排 23 週的行程。例如，第 13 個員工依照下面的排程：

■ 第 1 週－第 4 週：從星期四開始
■ 第 5 週－第 8 週：從星期六開始
■ 第 9 週－第 11 週：從星期日開始
■ 第 12 週－第 15 週：從星期一開始
■ 第 16 週－第 19 週：從星期二開始
■ 第 20 週－第 21 週：從星期三開始
■ 第 22 週－第 23 週：從星期四開始

這個排程的方式能公平地安排每一位員工。

模式問題

1. 這個例子是**穩定的排程問題** (static scheduling problem)，因為我們假設每週郵局所面對的問題都是相同的排程問題。事實上，需求是會隨著時間改變，例如工作者會在暑假放假等等，所以郵局並非每週面對的都是同樣的情況，此類**動態的排程問題** (dynamic scheduling problem) 將在第 3.12 節討論。
2. 如果你想設計一個超市或速食店一週的排程問題，可能會因為變數的個數太多，而利用電腦求完整的解非常地困難。在這種狀況下，**啟發式方法** (heuristic method) 可以用來找出問題的一個較好的解，參考 Love 及 Hoey (1990) 關於速食店的排程問題。
3. 我們的模式可以簡單地推廣至處理兼職的員工問題，加班問題，以及不同的目標函數，如極大化每個假日休息的人數等問題。
4. 如何決定每一天需求的工作人數？也許郵局需要足夠的僱員來確定所有信件的 95% 都能在一小時內被排到服務。為了決定能夠提供適當的服務的工作人數。郵局必須使用等候理論，這個主題會在本書的第 15 章作業研究隨機模式：應用與演算法 (Stochaslic Models in Operations Resroch: Applications and Algorithms) 中討論。

實例應用

Krajewski、Ritzman、及 Mckenzie (1980) 利用 LP 安排在 Ohio National Bank 的處理支票的辦事員，他們的模式是決定組合兼職員工，全職員工，及必需要在每天完工之後 (10 P.M) 處理支票問題的加班員工的最小化成本問題，在這個模式的主要輸入為每一小時到達銀行的支票估計值，這個預測可利用複迴歸得之 (參考作業研究之隨機模式：應用與演算法)，這個 LP 的主要輸出為工作排程。例如，這個 LP 模式建議 2 名全職員工每天工作從 11 A.M 到 8 P.M，33 個兼差員工每天工作從 6 P.M 到 10 P.M 以及 27 個兼職員工工作在星期一、星期二、及星期五從 6 P.M 到 10 P.M。

問　題

問題組 A

1. 在郵局的例子中，假設每一位全職員工一天工作 8 小時。因此，週一需求的 17 位員工可以視為需要 8(17)＝ 136 小時。郵局可以達到其每日勞工需求量透過全職與兼職的員工。每一週，一位全職員工連續工作五天且每天工作 8 小時，而兼職員工連續工作五天且每天工作 4 小時。郵局的一位全職員工成本為一小時 15 元，兼職員工每小時成本為 10 元 (已扣除外部利潤)。工會限制兼職勞工需求量每星期最多只能 25%。建立一 LP 來極小化郵局每週僱用勞工的成本。

2. 在每 4 小時為單位時段中，Smalltown 警察局面臨到下列需要值班警察的數量：午夜 12 點到 4 A.M.──8；4 到 8 A.M.──7；8 A.M.到正午 12 點──6；正午 12 點到 4 P.M.──6；4 P.M.到 8 P.M.──5；8 P.M.到午夜 12 點──4。每位員警工作兩個連續的 4 小時時段，試建立一 LP 可以用來極小化 Smalltown 每日員警的需求。

問題組 B

3. 假設郵局每週可以要求員工工作加班。例如，一位員工正常工作自週一至週五也可以被要求在週六加班。每位員工每週在前五天一天發 50 元且在加班的當天發 62 元 (如果他有加班)。建立一個 LP，其解將能夠讓郵局極小化達到每週員工需求的成本。

4. 假設郵局有 25 位全職的員工且不允許在僱用或解僱任何員工。建立一個 LP 可以規劃員工的行事曆以極大化每週休假的員工數。

5. 每天，在紐約市警局工作的員工可以選擇工作兩個 6 小時的時段：12 A.M 到 6 A.M，6 A.M 到 12 P.M，12 P.M 到 6 P.M，6 P.M 到 12 A.M。以下為每個時段所需的員工數：12 A.M 到 6 A.M──15 人，6 A.M 到 12 P.M──5 人，12 P.M 到 6 P.M──12 人，6 P.M 到 12 A.M──6 人。員工工作連續兩個時段每小時領 12 元；工作的兩個時段不連續則時薪為 18 元。建立一個 LP 可以用來極小化達到紐約市警局每日員工需求的成本。

6. 一天中以 6 小時為一時段，表 3-5 列示 Bloomington 警局需要至少的警察數量。警察能被僱用不是連續 12 個小時就是連續 18 個小時。警察每天在前 12 個小時時薪為 4 元且後 6 個小時每小時可領到 6 元。建立一個 LP 可以用來極小化達到 Bloomington 每日員警需求數的成本。

表 3-5

時間期間	警察需求人數
12 A.M. — 6 A.M.	12
6 A.M. — 12 P.M.	8
12 P.M. — 6 P.M.	6
6 P.M. — 12 A.M.	15

表 3-6

時間	收到的支票
10 A.M.	5,000
11 A.M.	4,000
正午	3,000
1 P.M.	4,000
2 P.M.	2,500
3 P.M.	3,000
4 P.M.	4,000
5 P.M.	4,500
6 P.M.	3,500
7 P.M.	3,000

7. 從 10 A.M.到 7 P.M. 的每個小時，第一銀行會收到支票且必須處理它們。它的目標是處理完當天收到的所有支票。該銀行有 13 部支票處理機，每一部每小時最多處理 500 張支票，且每部機器都需要一位員工來操作。第一銀行僱用全職與兼職兩種員工。全職員工的工作從 10 A.M 到 6 P.M.，11 A.M 到 7 P.M.或正午到 8 P.M.且一天領 160 元。兼職的員工工作 2 P.M.到 7 P.M.或 3P.M.到 8 P.M.且每天領 75 元的薪水。每小時收到的支票數量在表 6。為了維持銀行連續營業的利益，第一銀行相信在營業的員工至少必須有 3 位是全職的。建立一成本極小化的工作排程可以在 8 P.M 前處理完所有的支票。

3.6 資金預算問題

在本節 (及 3.7 與 3.11 節)，我們討論如何利用線性規劃來決定最佳財務決策，本節將討論的是一個簡單的資金預算模式。

我們先解釋簡單的淨現值 (NPV) 的觀念，它可用來比較不同的投資方案，時間 0 代表現在。

假設投資方案 1 在時間 0 需要 \$10,000 的現金支出，且從現在起二年後需要現金支出 \$14,000，且會獲得從現在起一年後現金流量 \$24,000。投資方案 2 在時間 0，需要現金支出 \$6,000 及從現在起二年後的現金支出 \$1,000，且可獲得從現在起一年後的現金流量 \$8,000。你比較喜歡哪一個投資案？

投資方案 1 有淨現金流量

$$-10,000 + 24,000 - 14,000 = \$0$$

及投資方案 2 有淨現金流量

$$-6{,}000 + 8{,}000 - 1{,}000 = \$1{,}000$$

以這個淨現金流量爲基礎,投資 2 會優於投資 1。當我們以此淨現金流量爲基礎來比較投資方案,我們會假設在任何時間點所收到的一塊錢都有同樣的價值,這不是正確的,假設我在一給定時間存 \$1 (如現金市場資金) 一年以後將會產生 (確定) \$ $(1 + r)$,我們稱 r 爲年利率,因爲現在的 \$1 可轉換成 1 年以後 \$ $(1 + r)$,我們可以寫

$$\text{現在的 \$1} = \text{從現在起一年後 \$} (1 + r)$$

利用這個理由從現在起一年後可得 \$ $(1 + r)$,可得出

$$\text{現在 \$1} = \text{從現在起一年後 \$} (1 + r) = \text{從現在起二年後 \$} (1 + r)^2$$

及

$$\text{現在 \$1} = \text{從現在起 } k \text{ 年後 \$} (1 + r)^k$$

將等式的二邊除以 $(1 + r)^k$ 可得

$$\text{從現在起 } k \text{ 年後的 \$1} = \text{現在的 } (1 + r)^{-k}$$

換言之,從現在起 k 年後的一塊錢等於現在可得 \$ $(1 + r)^{-k}$。

我們可以用這個觀念推廣至所有的現金流以目前時間 0 的錢來表示 (這個過程稱爲對於時間 0 的折扣現金流 (discount cash flows))。利用折扣的觀念,我們可以決定任何一個投資方案的現金流總值 (以時間 0 的錢爲基準)。這個任何投資方案的現金流總值 (以時間 0 的錢爲基準) 稱爲投資方案的淨值 (net present value,或 NPV),這個投資方案的 NPV 表示該投資案將增加公司價值的數量 (以時間 0 作爲表示)。

假設 $r = 0.20$,我們可以計算投資方案 1 及 2 的 NPV:

$$\text{投資方案 1 的 NPV} = -10{,}000 + \frac{24{,}000}{1 + 0.20} - \frac{14{,}000}{(1 + 0.20)^2}$$
$$= \$277.78$$

這表示一個公司投資方案 1,公司的價值 (以時間 0 的錢爲基準) 將會增加 \$277.78。針對方案 2 的投資,

$$\text{投資方案 2 的 NPV} = -6{,}000 + \frac{8{,}000}{1 + 0.20} - \frac{1{,}000}{(1 + 0.20)^2}$$
$$= -\$27.78$$

若一家公司投資方案 2,則公司的價值 (以時間 0 的錢爲基準) 將會減少

27.78。

因此，從 NPV 的觀念可得方案 1 比方案 2 好，這個結論與比較二個投資方案的現金流的結果剛好相反。注意比較方案通常依賴 r 值的大小。例如，讀者可從本節末的問題 1，若 $r = 0.02$，投資方案 2 比方案 1 有更高的 NPV 值。當然，在我們的分析中假設一個投資方案的未來現金流是確定已知的。

利用 Excel 計算 NPV 值

從現在起的 t 年後，若我們收到現金流 C_t ($t = 1, 2, \cdots, T$) 且現金流的折扣利率為 r，則我們的現金流 NPV 為

$$\sum_{t=1}^{t=T} \frac{c_t}{(1+r)^t}$$

利用現在的 $1 等於從現在起一年後的 $(1 + r)$，故

$$現在的 \frac{1}{1+r} = 從現在起一年後的 \$1$$

利用 EXCEL 中＝NPV 函數可以簡單地算出，Syntax 為

$$= \text{NPV} (r，現金流的範圍)$$

公式假設現金流發生在一年末。

擁有 NPV>0 的專案會增加公司的價值，而擁有負 NPV 的專案會減少公司的值。

我們以 VPN.xls 檔案的資料來計算 NPV 做為說明。

例題 8　計算 NPV

針對折扣率為 15%，考慮一個專案的現金流，如圖 3-8 所示。

a. 若現金流是在每一年的結束，計算專案的 NPV。
b. 若現金流是在每一年的開始，計算專案的 NPV。
c. 若現金流是在每一年的中間，計算專案的 NPV。

	A	B	C	D	E	F	G	H	I
1		dr	0.15						
2									
3		Time	1	2	3	4	5	6	7
4			-400	200	600	-900	1000	250	230
5									
6									
7	end of year	end of yr.	$375.06						
8	beginning of yr.	beg. of yr.	$431.32	$431.32					
9	middle of year	middle of yr.	$402.21						

圖 3-8

解 a. 當我們輸入 C7 欄公式

$$= \text{NPV}(C1, C4:I4)$$

可得 $375.06。

b. 因為所有的現金流在一年的開始即可得，我們乘以 (1 + 1.15) 到每一個現金流，所以答案可以在 C8 上得到，利用公式

$$= (1 + C1) \cdot C7$$

NPV 值已變大：$431.32。我們利用在 D8 欄的公式

$$= 4 + \text{NPV}(C1, D4:I4)$$

c. 因為所有的現金流可以在六個月後得到，我們乘以每個現金流的值 $\sqrt{1.15}$。現在 NPV 值可以利用 C9 欄的公式

$$= (1.15)\wedge 0.5 \cdot C7$$

現在 NPV 為 $402.21。

XNPV 函數

通常現金流會發生在不規則的區間，這會造成在計算這些現金流的 NPV 更加困難。幸運地是，在 Excel 的 XNPV 函數可以計算這種不規則現金流的 NPV 值。利用 XNPV 函數，你必須先加入分析的 Analysis Toolpak。為了執行這個計算，選擇 Tools Add-Ins 並檢查 Analysis Toolpak 及 Analysis Toolpak VBA，以下是一個 XNPV 例子。

例題 9 找尋非週期性現金流的 NPV 值。

假設 2001 年四月八日，我們付出 $900。然後收到

- $300 在 8/15/01。
- $400 在 1/15/02。
- $200 在 6/25/02。
- $100 在 7/03/03。

若每年的折扣率為 10%，這個現金流的 NPV 是多少？

解 我們進入日期 (在 Excel 的 date 格式) 在 D3：D7 及 E3：E7 的現金流 (參考圖 3-9)。輸入公式

$$= \text{XNPV}(A9, E3:E7, D3:D7)$$

在 D11 欄，利用 2001 年 4 月 8 日計算專案的 NPV 值，因為它是月曆上最早的一

第 3 章 線性規劃序論 **93**

	A	B	C	D	E	F	G
1							
2	XNPV Function		Code	Date	Cash Flow	Time	df
3			36989.00	4/8/01	-900		1
4			37118.00	8/15/01	300	0.353425	0.966876
5			37271.00	1/15/02	400	0.772603	0.929009
6			37432.00	6/25/02	200	1.213699	0.890762
7			37805.00	7/3/03	100	2.235616	0.808094
8	Rate						
9		0.1					
10					XNPV	Direct	
11					20.62822	20.628217	
12							
13					XIRR		
14					12.97%		

圖 3-9
XNPV 函數的例子

天。如何在 Excel 作業如下：

1. 針對不同天的發生時間，計算自 2001 年 4 月 8 日以來的天數 (在下行計算)。例如，在 4 月 8 日後，8 月 15 日共有 0.3534 年。

2. 然後計算每一個現金流折扣率 $\left(\dfrac{1}{1+利率}\right)^{數年後}$。例如，2001 年 4 月 8 日現金流的折扣率為 $\left(\dfrac{1}{1+.1}\right)^{0.3534} = 0.967$。

3. 利用建立更廣的模式，我們可得 Excel 的序別號碼日期。

若你想要利用 XNPV 函數來決定以現在的錢為基準的專案 NPV，輸入 \$0 的現金流在今天的日子且在 XNPV 的計算中加入此列，Excel 將會回到以今日算出專案的 NPV 值。

利用這些基礎資訊，我們已經解釋如何利用線性規劃求解有限制投資資金的分配專案投資案，這些問題稱為**資金預算問題** (capital budgeting problems)。

例題 10　專案的選擇

Star 石油公司現在考慮五個不同的投資機會，它們的現金流及淨現值 (以千元為單位) 列於表 3-7。Star 石油公司現在有 \$40 百萬可以作為投資 (時間 0)；它估計從現在 1 年後 (時間 1) 有 \$20 百萬可以用來投資。Star 石油公司希望購買任何百分比的投資方案。在本例，現金流與 NPV 要一起修正。例如，若 Star 石油公司購買五分之一的投資案 3，則在時間 0 需要現金流為 $\frac{1}{5}(5) =$ \$1 百萬，且在時間 1 也需現金流 $\frac{1}{5}(5) =$ \$1 百萬，這五分之一的投資方案 3 將會產生 $\frac{1}{5}(16) =$ \$3.2 百萬的 NPV。Star 石油公司想要在投資方案 1 − 5 能夠極大化 NPV，建立一個 LP 能夠達到這個目標。假設任何在時間 0 剩下的資金不能留給時間 1 使用。

解　　Star 石油公司必須決定到底有多少比率的投資案必須購買，我們定義

$x_i =$ Star 石油公司購買投資方案 i 的比例　　($i = 1, 2, 3, 4, 5$)

Star 石油公司的目標想要從這些投資方案中去極大化 NPV，現在 (總 NPV)=(方案 1

表 3-7 在資金預算投資案下現金流與淨值。

	投資 ($)				
	1	2	3	4	5
時間 0 現金流	11	53	5	5	29
時間 1 現金流	3	6	5	1	34
NPV	13	16	16	14	39

賺到的 NPV)＋(方案 2 賺到的 NPV)＋…＋(方案 5 賺到的 NPV)。注意

　　從投資方案 1 得利的 NPV ＝(投資方案 1 的 NPV) (購買方案 1 的比例)＝ $13x_1$

利用這些相似的理由到投資方案 2 － 5 可證明 Star 石油公司想要極大化

$$z = 13x_1 + 16x_2 + 16x_3 + 14x_4 + 39x_5 \qquad (25)$$

Star 石油公司的條件可表示如下：

條件 1　在時間 0 時，Star 公司不能投資超過 $40 百萬。
條件 2　在時間 1 時，Star 公司不能投資超過 $20 百萬。
條件 3　Star 公司購買投資案 i 不能超過 100%。($i = 1, 2, 3, 4, 5$)

　　為了利用數學式來表示條件 1，(在時間 0 的投資金額)＝(在時間 0 投資在方案 1 的金額)＋(在時間 0 投資在方案 2 的金額)＋…＋(在時間 0 投資在方案 5 的金額)。同樣地，以百萬元為單位。

$$\begin{pmatrix}\text{在時間 0，投資}\\\text{在方案 1 的金額}\end{pmatrix} = \begin{pmatrix}\text{在時間 0，投資在方}\\\text{案 1 所需要的金額}\end{pmatrix}\begin{pmatrix}\text{購買投資案 1}\\\text{的百分比}\end{pmatrix}$$
$$= 11x_1$$

同樣地，從方案 2 至 5，

$$\text{在時間 0 投資的金額} = 11x_1 + 53x_2 + 5x_3 + 5x_4 + 29x_5$$

則條件 1 可寫成

$$11x_1 + 53x_2 + 5x_3 + 5x_4 + 29x_5 \leq 40 \text{ (時間 0 的條件)} \qquad (26)$$

條件 2 可寫成

$$3x_1 + 6x_2 + 5x_3 + x_4 + 34x_5 \leq 20 \text{ (時間 1 的條件)} \qquad (27)$$

條件 3 － 7 可由下列表示

$$x_i \leq 1 \quad (i = 1, 2, 3, 4, 5) \qquad (28\text{-}32)$$

綜合式 (26)－(32) 及符號條件 $x_i \geq 0$ ($i = 1, 2, 3, 4, 5$) 可得下列 LP：

第 3 章　線性規劃序論　**95**

$$\max z = 13x_1 + 16x_2 + 16x_3 + 14x_4 + 39x_5$$
$$\text{s.t.} \quad 11x_1 + 53x_2 + 5x_3 + 5x_4 + 29x_5 \leq 40 \quad \text{(時間 0 的條件)}$$
$$3x_1 + 6x_2 + 5x_3 + x_4 + 34x_5 \leq 20 \quad \text{(時間 1 的條件)}$$
$$x_1 \leq 1$$
$$x_2 \leq 1$$
$$x_3 \leq 1$$
$$x_4 \leq 1$$
$$x_5 \leq 1$$
$$x_i \geq 0 \quad (i = 1, 2, 3, 4, 5)$$

此 LP 的最佳解為 $x_1 = x_3 = x_4 = 1$，$x_2 = 0.201$，$x_5 = 0.288$，$z = 57.499$，Star 石油公司可以購買 100% 的方案 1、3 及 4；20.1% 的方案 2；及 28.8% 的方案 5。從這些投資案中可得總 NPV 為 $57,449,000。

通常不可能只有購買一部份的投資案而不犧牲某些較喜歡的現金流。假設必需花 $12 百萬開鑿一口深的油井，必需要設置一個 $30 百萬的噴油井。若在專案中，只有一個單一投資者，他投資 $6 百萬進行一半專案，則他或她將損失前個投資方案且無法收到正的現金流。在本例，因為投資金額到 50% 會降低超過 50% 的回收，這種情況會違反成比例性的假設。

在許多資金預算問題，允許 x_i 為分數似乎不合理：每一個 x_i 必須限制為 0 (不投資所有方案 i) 或 1 (購買所有投資方案 i)。因此，許多資金預算問題會破壞可分性。

一個預算投資方案只能允許每一個 x_i 為 0 或 1 將在 8.2 節討論。

問　題

問題組 A

1. 證明若 $r = 0.02$，投資 2 會比投資 1 有更大的淨現值(NPV)。
2. 現有變額現金流量 (以千元為單位) 的兩個投資案，如表 3-8 所示。在時間 0，有 $10,000 可以用來投資，且在時間 1，有 $7,000 可用。假設 $r = 0.10$，是建立一個 LP 其解可以在這些投資案極大化 NPV。利用圖解法求這個 LP 的最佳解。(假設可以購買非整數的投資案。)

表 3-8

投資案	在各個時間的現金流量 ($, 千元)			
	0	1	2	3
1	−6	−5	7	9
2	−8	−3	9	7

96 作業研究 I

3. 假設年利率 r 為 0.20 且在銀行所有的錢每年可以賺 20% 的利息(即放在銀行一年，1 元將可以增加成為 \$1.2)，如果我們將 100 元放在銀行一年，此交易的 NPV 為多少？

4. 公司有九個方案在考慮中，每個方案附加的 NPV 與下兩年需要的資本額列在表 3-9，所有的數字以百萬計算。例如，方案 1 將會有 14 個百萬元附加的 NPV 且第一年需要支出 12 個百萬元，而第二年支出 3 個百萬元。現有 50 個百萬元可以用在第一年的投資案且 20 個百萬元可以在第二年用。假設每個投資案我們可以接受分數的形式，我們應該如何來極大化 NPV？

表 3-9

	投資案								
	1	2	3	4	5	6	7	8	9
第 1 年現金流	12	54	6	6	30	6	48	36	18
第 2 年現金流	3	7	6	2	35	6	4	3	3
NPV	14	17	17	15	40	12	14	10	12

問題組 B

5.† Finco 公司必須決定在下一年要接受多少的投資與貸款。每一元的投資減少公司的 NPV 為 10¢，且每一元的貸款將增加公司的 NPV 為 50¢ (因為利息支付產生的保險扣除條款)。Finco 在下一年最多可以投資 \$1 百萬，貸款金額最多為投資金額的 40%，Finco 現在有現金 \$800,000。所有的投資必須用現有的現金或貸款來支付。建立一個 LP 其解將可以告知 Finco 如何極大化其 NPV，然後利用圖解法解出 LP 的解。

3.7 短期財務規劃‡

LP 模式經常可以用來幫助公司做短期或長期財務規劃 (亦可參考 3.11 節)，這裡我們可以考慮一個簡單的例子來說明如何利用線性規劃來幫助企業的短期財務規劃。§

例題 11 短期財務規劃

Semicond 是一家小型電子公司，專門生產錄音機及收音機。其單位勞工成本，原料成本及每項產品的銷售價格列於表 3-10。2002 年 12 月 1 日，Semicond 公司有可用原料足夠製造 100 個錄音機及 100 部收音機，公司亦列同一天的平衡表於表 3-11，而 Semicond 的資產-負債的比值 (稱為現金流動比率) 為 20,000/10,000 = 2。

Semicond 公司必須決定在 12 月必須生產多少錄音機及收音機。由於需求量很大，足夠保證所有的生產貨品均可銷售出去，所有的銷售均以信用卡付款。因此，對

---

† 應收帳款是顧客以前購買 Semicond 產品應付給 Semicond 的欠款。2002 年 12 月 1 日存貨值 = 30(100) + 40(100) = \$7,000。
‡ 這個單元所介紹的內容可以省略而不影響內容的連續性。
§ 這個單位是以 Neave 及 Wiginton (1981)的例子為基礎。

表 3-10　Semicond 公司的成本訊息

	錄音機	收音機
售價	$100	$90
勞工成本	$50	$35
原料成本	$30	$40

表 3-11　Semicond 公司的平衡表格

	資金	負債
現金	$10,000	
可收帳戶	$3,000	
存貨	$7,000	
銀行貸款		$10,000

於在 12 月生產貨品的付款直到 2003 年 2 月 1 日尚未收到。在 12 月份，Semicond 公司的帳戶將收到 $2,000，且 Semicond 必須付貨款 $1,000 及一個月的租金 $1,000。在 2003 年 1 月 1 日，Semicond 公司會收到一船貨品原料價值 $2,000，必須在 2003 年 2 月 1 日付款。Semicond 公司的管理階層決定在 2003 年 1 月 1 日現金必須平衡，至少 $4,000。此外，Semicond 的銀行要求現金流動比率在 1 月份的開始必須至少為 2，為了讓 12 月份的產量利潤達到極大，(取到的收益)－(變動生產成本)，Semicond 公司在 12 月必須生產多少產品？

解　　Semicond 公司必須決定在 12 月生產多少錄音機及收音機，因此，我們定義

$x_1 =$ 在 12 月份錄音機的生產量
$x_2 =$ 在 12 月份收音機的生產量

為了表示 Semicond 公司的目標函數，

$$\frac{貢獻的利潤}{錄音機} = 100 - 50 - 30 = \$20$$

$$\frac{貢獻的利潤}{收音機} = 90 - 35 - 40 = \$15$$

如同在 Giapetto 的例子，可以得到目標函數

$$\max z = 20x_1 + 15x_2 \tag{33}$$

Semicond 公司面臨下列條件：

條件 1　因為原料可用量有限，在 12 月份至多生產 100 部錄音機。
條件 2　因為原料可用量有限，在 12 月份至多生產 100 部收音機。
條件 3　在 2002 年 1 月 1 日，手邊有的現金至少 $4,000。

條件 4 (1 月份的資金)/(1 月份的貸款) ≥ 2 必須滿足。

條件 1 可以用下式描述

$$x_1 \leq 100 \tag{34}$$

條件 2 可以用下式描述

$$x_2 \leq 100 \tag{35}$$

為了表示條件 3，注意

$$\begin{aligned}
\text{在 1 月 1 日的手邊現金} &= \text{12 月 1 日手邊的現金} + \text{在 12 月份收到的應收帳款} \\
&\quad - \text{在 12 月份應付部份貸款} - \text{12 月份租金} \\
&\quad - \text{12 月份勞工成本} \\
&= 10{,}000 + 2{,}000 - 1{,}000 - 1{,}000 - 50x_1 - 35x_2 \\
&= 10{,}000 - 50x_1 - 35x_2
\end{aligned}$$

現在條件 3 可寫成

$$10{,}000 - 50x_1 - 35x_2 \geq 4{,}000 \tag{36'}$$

大部份的電腦編碼需要 LP 條件表示成所有的變數均在左邊及常數在右邊。因此，為了電腦的解，我們必須將式 (36′) 寫成

$$50x_1 + 35x_2 \leq 6{,}000 \tag{36}$$

為了表示條件 4，我們必須決定 Semicond 公司 1 月 1 日的現金狀況，應收帳款存貨水準及負債與 x_1 及 x_2 的關係，我們已經證明

$$\begin{aligned}
\text{1 月 1 日的應收帳款} &= \text{12 月 1 日的應收帳款} + \text{從 12 月銷售的應收帳款} \\
&\quad - \text{12 月份收集到的應收帳款} \\
&= 3{,}000 + 100x_1 + 90x_2 - 2{,}000 \\
&= 1{,}000 + 100x_1 + 90x_2
\end{aligned}$$

接下來，

$$\begin{aligned}
\text{1 月 1 日的存貨價值} &= \text{12 月 1 日的存貨價值} - \text{12 月份使用的存貨價值} \\
&\quad + \text{1 月 1 日收到的存貨價值} \\
&= 7{,}000 - (30x_1 + 40x_2) + 2{,}000 \\
&= 9{,}000 - 30x_1 - 40x_2
\end{aligned}$$

現在我們可以計算 1 月 1 日的資金水準：

$$\begin{aligned}
\text{1 月 1 日的資金水準} &= \text{1 月 1 日的現金狀況} + \text{1 月 1 日的應收帳款} \\
&\quad + \text{1 月 1 日的存貨水準} \\
&= (10{,}000 - 50x_1 - 35x_2) + (1{,}000 + 100x_1 + 90x_2)
\end{aligned}$$

$$+(9{,}000 - 30x_1 - 40x_2)$$
$$= 20{,}000 + 20x_1 + 15x_2$$

最後，1 月 1 日的負債 = 12 月 1 日的負債－12 月份貸款的償付
　　　　　　　　　　＋1 月 1 日的存貨量運送所引起的負債
　　　　　　　　　　= 10,000 － 1,000 ＋ 2,000
　　　　　　　　　　= \$11,000

條件 4 可寫成

$$\frac{20{,}000 + 20x_1 + 15x_2}{11{,}000} \geq 2$$

不等式的二邊乘以 11,000 可得

$$20{,}000 + 20x_1 + 15x_2 \geq 22{,}000$$

將此式改寫成適合電腦的輸入，可得

$$20x_1 + 15x_2 \geq 2{,}000 \tag{37}$$

將式 (33)－(37) 結合符號限制 $x_1 \geq 0$ 及 $x_2 \geq 0$ 可得以下 LP：

$$\begin{aligned}
\max z = {} & 20x_1 + 15x_2 \\
\text{s.t.} \quad & x_1 \leq 100 && \text{(錄音機條件)} \\
& x_2 \leq 100 && \text{(收音機條件)} \\
& 50x_1 + 35x_2 \leq 6{,}000 && \text{(現金水準條件)} \\
& 20x_1 + 15x_2 \geq 2{,}000 && \text{(流動比率條件)} \\
& x_1, x_2 \geq 0 && \text{(符號限制)}
\end{aligned}$$

當我們利用圖解法 (或利用電腦)，可得下列的最佳解：$z = 2{,}500$，$x_1 = 50$，$x_2 = 100$。因此，Semicond 生產 50 部錄音機及 100 部收音機可讓 12 月份的產量最大化，這會對於利潤貢獻 $20(50) + 15(100) = \$2{,}500$。

問　題

問題組 A

1. 利用圖解法解 Semicond 問題。

2. 假設一月一日存貨貨物的價值為 7,000 元。證明 Semicond 的 LP 現在為無可行解。

3.8 混合問題

在某些情況，不同的輸入可以混合成某些適宜的比率來生產貨品而得以銷售，這類的問題可由線性規劃來分析，這種問題稱為**混合問題** (blending problems)。下列所列出某些情況，可經由線性模式來解混合問題。

1. 混合不同型態的原油生產不同型態的汽油及其他的輸出 (如暖氣用油)。
2. 混合不同的化學物生產其他化學製品。
3. 混合不同型態的金屬合成物生產不同的鋼鐵。
4. 混合不同的家畜飼料，以期生產最小成本的牛隻混合飼料。
5. 混合不同的礦石得到一種特殊品質的礦石。
6. 混合不同的成份 (肉、裝填物、水等等) 生產一種香腸。
7. 混合不同的紙張生產不同品質的回收紙張。

下面的例題在說明建立混合問題 LP 模式的主要概念。

例題 12　石油混合問題

Sunco 石油公司製造三種汽油 (汽油 1、汽油 2、及汽油 3)，每一種汽油是由混合三種不同的原油所生產，每單位桶的汽油銷售價格及購買單位桶的原油價格列於表 3-12，Sunco 可以每天購買不同種的汽油 5,000 桶。

三種汽油的不同在辛烷值與硫磺成份的比例。原油合成汽油 1 必須有平均辛烷值比例至少超過 10 且至多包含 1% 的硫磺，原油合成汽油 2 必須有平均辛烷值至少 8 且包含至多 1% 的辛烷值，原油混成汽油 3 必須有平均值比例至少 6 且至多 1% 的硫磺。辛烷值與硫磺在三種汽油的含量列於表 3-13。從一桶油轉化成一桶汽油需要 $4 的成本，且 Sunco 煉油廠每天可生產量最多 14,000 桶。

表 3-12　汽油及原油用來混合的價格

汽油	每桶銷售價格 ($)	原油	購買每桶原油價格 ($)
1	70	1	45
2	60	2	35
3	50	3	25

表 3-13　混合所需要的辛烷值比例及硫磺含量 (10%)

原油	辛烷值比例	硫磺含量 (%)
1	12	0.5
2	6	2.0
3	8	3.0

Sunco 的顧客需要下面的石油量：石油 1 ── 每天 3,000 桶；石油 2 ── 每天 2,000 桶；石油 3 ── 每天 1,000 桶。公司考慮必須義務地滿足需求，Sunco 亦可選擇利用廣告來刺激產品的需求量。每天每花一塊錢在不同型態的汽油廣告上，可增加該汽油的每日需求量 10 桶。例如，若 Sunco 決定每天要花 \$20 在汽油 2 上，則每天的汽油 2 需求量會增加到 20(10) = 200 桶，建立一個 LP 模式能夠讓 Sunco 極大化每天利潤 (利潤＝收益－成本)。

解 Sunco 必須做二種的決策：第一，每種型態的汽油需要花多少錢去做廣告，及第二，從可用的原油要如何合成每一種汽油。例如，Sunco 必須決定多少桶的原油 1 生產汽油 1，我們定義決策變數：

a_i ＝每天花在汽油 i 的廣告費用 (i = 1, 2, 3)。
x_{ij} ＝原油 i 桶數，用來生產汽油 j (i = 1, 2, 3； j = 1, 2, 3)。

例如，x_{21} 表示原油 2 用來生產石油 1 的桶數。

知道這些變數能夠充分地決定 Sunco 公司的目標函數及條件，但在我們開始解問題前，由這個決策變數的定義可推得

$$
\begin{aligned}
x_{11} + x_{12} + x_{13} &= 原油 1 的每天使用桶數 \\
x_{21} + x_{22} + x_{23} &= 原油 2 的每天使用桶數 \\
x_{31} + x_{32} + x_{33} &= 原油 3 的每天使用桶數
\end{aligned}
\tag{38}
$$

$$
\begin{aligned}
x_{11} + x_{12} + x_{13} &= 汽油 1 的每天生產桶數 \\
x_{21} + x_{22} + x_{23} &= 汽油 2 的每天生產桶數 \\
x_{31} + x_{32} + x_{33} &= 汽油 3 的每天生產桶數
\end{aligned}
\tag{39}
$$

為了簡化問題，讓我們假設汽油不能夠儲存，所以它必須在生產時即被售出，這表示汽油 i 每天的產量必須等於汽油 i 的每天需求量，i = 1, 2, 3。假設每天汽油 i 的產量超過每天的需求量，則我們會引起不必要的購買及生產成本。另一方面，如果汽油 i 的每天產量小於汽油 i 每天的需求量，則我們無法達到必須要的需求或引起不必要的廣告成本。

現在，我們可以決定 Sunco 的目標函數及條件。我們先從目標函數開始，從 (39) 式，

從汽油賣出的每日收益 = $70(x_{11} + x_{21} + x_{31}) + 60(x_{12} + x_{22} + x_{32})$
$\qquad\qquad\qquad\qquad\quad + 50(x_{13} + x_{23} + x_{33})$

從式 (38)，

由原油購買的每日成本 = $45(x_{11} + x_{12} + x_{13}) + 35(x_{21} + x_{22} + x_{23})$
$\qquad\qquad\qquad\qquad\quad + 25(x_{31} + x_{32} + x_{33})$

此外，

每日廣告成本 = $a_1 + a_2 + a_3$
每日生產成本 = $4(x_{11} + x_{12} + x_{13} + x_{21} + x_{22} + x_{23} + x_{31} + x_{32} + x_{33})$

則，

每日利潤 ＝石油賣出的每日收益－購買原油的每日成本
　　　　　－每日廣告成本－每日生產成本

$$\begin{aligned}
=\ & (70-45-4)x_{11} + (60-45-4)x_{12} + (50-45-4)x_{13} \\
& + (70-35-4)x_{21} + (60-35-4)x_{22} + (50-35-4)x_{23} \\
& + (70-25-4)x_{31} + (60-25-4)x_{32} \\
& + (50-25-4)x_{33} - a_1 - a_2 - a_3
\end{aligned}$$

因此，Sunco 公司的目標為極大化

$$z = 21x_{11} + 11x_{12} + x_{13} + 31x_{21} + 21x_{22} + 11x_{23} + 41x_{31} \\ + 31x_{32} + 21x_{33} - a_1 - a_2 - a_3 \tag{40}$$

關於 Sunco 公司的條件，我們發現下列 13 個條件必需被滿足：

條件 1　汽油 1 的每日產量必須等於每日需求。
條件 2　汽油 2 的每日產量必須等於每日需求。
條件 3　汽油 3 的每日產量必須等於每日需求。
條件 4　每天必須生產至多有 5,000 桶原油 1。
條件 5　每天必須生產至多有 5,000 桶原油 2。
條件 6　每天必須生產至多有 5,000 桶原油 3。
條件 7　因為工廠容量有限，每天最多只可以生產 14,000 桶汽油。
條件 8　原油合成的汽油 1 必須至少有平均辛烷值 10 以上。
條件 9　原油合成的汽油 2 必須至少有平均辛烷值 8 以上。
條件 10　原油合成的汽油 3 必須至少有平均辛烷值 6 以上。
條件 11　原油合而成的汽油 1 至多必須含硫磺 1%。
條件 12　原油合而成的汽油 2 至多必須含硫磺 2%。
條件 13　原油合而成的汽油 3 至多必須含硫磺 1%。

為了將條件 1 用決策變數表示，注意

$$\text{石油 1 的每天需求量} = 3000 + \text{由廣告來的汽油 1 需求量}$$

$$\text{由廣告來的汽油 1 需求量} = \left(\frac{\text{汽油 1 需求量}}{\text{花費的錢}}\right)(\text{花費的錢})$$

$$= 10a_1{}^\dagger$$

因此，汽油 1 的每天需求量 ＝ 3,000 ＋ $10a_1$，條件 1 現在可寫成

$$x_{11} + x_{21} + x_{31} = 3,000 + 10a_1 \tag{41'}$$

它亦可寫成

---

†許多學生以為廣告後增加汽油 1 的需求量寫成 $\frac{1}{10}a_1$。分析該項單位可看出這是不對的，$\frac{1}{10}$ 是增加每桶需求所花的美元數，且 a_1 為所花的美元數。因此，$\frac{1}{10}a_1$ 這一項的單位為每桶需求 (所花美元)^2。這是不對的！

$$x_{11} + x_{21} + x_{31} - 10a_1 = 3,000 \quad (41)$$

條件 2 可表示為

$$x_{12} + x_{22} + x_{32} - 10a_2 = 2,000 \quad (42)$$

條件 3 可表示為

$$x_{13} + x_{23} + x_{33} - 10a_3 = 1,000 \quad (43)$$

從式 (38)，條件 4 可改寫成

$$x_{11} + x_{12} + x_{13} \leq 5,000 \quad (44)$$

條件 5 可改寫成

$$x_{21} + x_{22} + x_{23} \leq 5,000 \quad (45)$$

條件 6 可改寫成

$$x_{31} + x_{32} + x_{33} \leq 5,000 \quad (46)$$

注意

汽油總生產量 ＝汽油 1 生產量＋汽油 2 生產量＋汽油 3 生產量
$$= (x_{11} + x_{21} + x_{31}) + (x_{12} + x_{22} + x_{32}) + (x_{13} + x_{23} + x_{33})$$

則條件 7 變成

$$x_{11} + x_{21} + x_{31} + x_{12} + x_{22} + x_{32} + x_{13} + x_{23} + x_{33} \leq 14,000 \quad (47)$$

為了表示條件 8－10，我們必須決定在不同種類原油合成物中的"平均"辛烷值。我們假設不同種類原油的辛烷值水準為線性組合。例如，若我們混合二桶原油 1，三桶原油 2 及一桶原油 3，則混合物中的平均辛烷值水準為：

$$\frac{合成物中的所有辛烷值}{合成物的桶數} = \frac{12(2) + 6(3) + 8(1)}{2 + 3 + 1} = \frac{50}{6} = 8\frac{1}{3}$$

推廣後，我們可以把條件 8 表示成

$$\frac{汽油1的所有辛烷值}{混合汽油1的指數} = \frac{12x_{11} + 6x_{21} + 8x_{31}}{x_{11} + x_{21} + x_{31}} \geq 10 \quad (48')$$

不幸地，式 (48') 不是一個線性不等式，為了轉化式 (48') 為線性不等式，我們可以做的是將不等式的二邊乘以左式的分母，所得到的不等式為

$$12x_{11} + 6x_{21} + 8x_{31} \geq 10(x_{11} + x_{21} + x_{31})$$

此式可以改寫成

$$2x_{11} - 4x_{21} - 2x_{31} \geq 0 \tag{48}$$

相似地，條件 9 為

$$\frac{12x_{11} + 6x_{22} + 8x_{32}}{x_{12} + x_{22} + x_{32}} \geq 8$$

不等式二邊乘以 $x_{12} + x_{22} + x_{32}$ 且簡化後可得

$$6x_{12} - 2x_{22} \geq 0 \tag{49}$$

因為每種原油種類必須有辛烷值為 6 或以上，當我們合成製造汽油 3 時，會有平均辛烷值至多為 6，這表示任何的變數值會滿足條件 10，為了證明這個觀念，我們可將條件 10 表示為

$$\frac{12x_{13} + 6x_{23} + 8x_{33}}{x_{13} + x_{23} + x_{33}} \geq 6$$

不等式二邊乘以 $x_{13} + x_{23} + x_{33}$ 且簡化後，可得

$$6x_{13} + 2x_{33} \geq 0 \tag{50}$$

因為 $x_{13} \geq 0$ 且 $x_{33} \geq 0$ 永遠滿足，式 (50) 將會自動滿足，因此不需要將此條件加入模式中。如同式 (50)，可以從不同條件推導而成，這些條件稱為此模式的**多餘條件** (redundant constraint)，因此它就不需要放入模式中。

條件 11 可以寫成

$$\frac{汽油\,1\,合成物的總硫磺值}{汽油\,1\,合成物桶數} \leq 0.01$$

因此，利用在每種原油的硫磺百分比，我們可以看到

汽油 1 合成物的總硫磺量 ＝原油 1 用在汽油 1 的硫磺量
　　　　　　　　　　＋原油 2 用在汽油 1 的硫磺量
　　　　　　　　　　＋原油 3 用在汽油 1 的硫磺量
　　　　　　　　　　$= 0.005x_{11} + 0.02x_{21} + 0.03x_{31}$

條件 11 可以寫成

$$\frac{0.005x_{11} + 0.02x_{21} + 0.03x_{31}}{x_{11} + x_{21} + x_{31}} \leq 0.01$$

同樣地，這個方程式不是線性不等式，但我們可以將不等式的二邊乘出 $x_{11} + x_{21} + x_{31}$ 且簡化可得

$$-0.005x_{11} + 0.01x_{21} + 0.02x_{31} \leq 0 \tag{51}$$

第 3 章　線性規劃序論　**105**

同樣地，條件 12 相等於

$$\frac{0.005x_{12} + 0.02x_{22} + 0.03x_{32}}{x_{12} + x_{22} + x_{32}} \leq 0.02$$

將不等式的二邊乘以 $x_{12} + x_{22} + x_{32}$ 且簡化後可得

$$-0.015x_{12} + 0.01x_{32} \leq 0 \tag{52}$$

最後，條件 13 相等於

$$\frac{0.005x_{13} + 0.02x_{23} + 0.03x_{33}}{x_{13} + x_{23} + x_{33}} \leq 0.01$$

將不等式二邊乘以 $x_{13} + x_{23} + x_{33}$ 且簡化後可得 LP 條件

$$-0.005x_{13} + 0.01x_{23} + 0.02x_{33} \leq 0 \tag{53}$$

除了多餘條件 (50) 式，整理 (40)−(53) 式，以及符號限制 $x_{ij} \geq 0$ 及 $a_i \geq 0$ 可得一個 LP 模式，我們可以利用表格型態 (參考表 3-14) 來表示。在表 3-14，第一列 (極大問題) 代表目標函數，第 2 列代表條件 1，依此類推。當我們利用電腦求解時，Sunco 公司 LP 的最佳解可得如下：

$$z = 287{,}500$$
$$x_{11} = 2222.22 \quad x_{12} = 2111.11 \quad x_{13} = 666.67$$
$$x_{21} = 444.44 \quad x_{22} = 4222.22 \quad x_{23} = 333.34$$
$$x_{31} = 333.33 \quad x_{32} = 3166.67 \quad x_{33} = 0$$
$$a_1 = 0 \quad a_2 = 750 \quad a_3 = 0$$

表 3-14　混合問題的目標函數與條件

x_{11}	x_{12}	x_{13}	x_{21}	x_{22}	x_{23}	x_{31}	x_{32}	x_{33}	a_1	a_2	a_3	
21	11	1	31	21	11	41	0	21	−1	−1	−1	(極大)
1	0	0	1	0	0	1	1	0	−10	0	0	= 3,000
0	1	0	0	1	1	0	0	0	0	−10	0	= 2,000
0	0	1	0	0	0	0	0	1	0	0	−10	= 1,000
1	1	1	0	0	0	0	0	0	0	0	0	≥ 5,000
0	0	0	1	1	1	0	1	0	0	0	0	≥ 5,000
0	0	0	0	0	0	1	1	1	0	0	0	≥ 5,000
1	1	1	1	1	1	1	0	1	0	0	0	≥ 14,000
2	0	0	−4	0	0	−2	0	0	0	0	0	≥ 0
0	4	0	0	−2	0	0	0	0	0	0	0	≥ 0
−0.005	0	0	0.01	0	0	0.02	0	0	0	0	0	≤ 0
0	−0.015	0	0	0	0	0	0.01	0	0	0	0	≥ 0
0	0	−0.005	0	0	0.01	0	0	0.02	0	0	1	≤ 0

因此，Sunco 公司必須生產 $x_{11} + x_{21} + x_{31} = 3000$ 桶汽油 1，利用 2222.22 桶的原油 1，444.44 桶的原油 2 及 333.33 桶的原油 3。公司將生產 $x_{12} + x_{22} + x_{32} = 9,500$ 桶汽油 2，利用 2,111.11 桶原油 1，4222.22 桶原油 2 及 3,166.67 桶原油 3。Sunco 將生產 $x_{13} + x_{23} + x_{33} = 1,000$ 桶汽油 3，利用 666.67 桶原油 1 及 333.34 桶原油 2，公司必須在汽油 2 的廣告上花 \$750，Sunco 公司賺利潤 \$287,500。

觀察到雖然汽油 1 顯現利潤比較高，我們利用汽油 2 來刺激需求，而不是汽油 1，這個原因是在給定的可用原油的品質下 (有關於辛烷值水準與硫磺含量)，汽油 1 較難生產。因此，Sunco 公司可以借由花費更多金錢來生產較多的低品質汽油 2 取代汽油 1。

模式的問題

1. 我們假設合成物的品質水準為在合成物中的每一個輸入的**線性** (linear) 函數。例如，我們假設汽油 3 可以由 $\frac{2}{3}$ 原油 1 及 $\frac{1}{3}$ 原油 2 合成，則汽油 3 的辛烷值 $= \frac{1}{3}$ (原油 1 的辛烷值) $+ \frac{1}{3}$ (原油 2 的辛烷值)。若某種汽油的辛烷值水準不為每種使用的輸入去生產汽油的線性函數，則我們不再有一個線性規劃問題；我們會有一個**非線性規劃問題** (nonlinear programming problem)。例如，令 $g_{i3} =$ 製造汽油 3 的原油 i 比例。假設汽油 3 的辛烷值水準可以由汽油 3 辛烷值 $= g_{13}^{0.5}$ (原油 1 的辛烷值水準) $+ g_{23}^{0.4}$ (原油 2 的辛烷值水準) $+ g_{33}^{0.3}$ (原油 3 的辛烷值水準) 而得，則我們無法得到 LP 問題，這個原因是因為汽油 3 的辛烷值水準並不是 g_{13}、g_{23} 及 g_{33} 的線性函數，我們將在第 10 章討論非線性規劃問題。
2. 實務上，一家公司可以利用混合問題在週期性的模式 (如每天)，並假設產量必須建立在目前存貨水準的輸入與預測的需求上。因此，這個預測水準及輸入水準需要作更新，且這個模式必須一再被用來決定次日的生產量。

現實世界的應用

Texaco 公司的混合問題

Texaco 公司 (參考 Dewitt 等人，1980 年) 利用非線性規劃模式 (OMEGA) 計畫及排序混合問題的應用，此公司的模式為非線性問題，因為其揮發性物質與辛烷值為每一個輸入的非線性比例生產一個特殊的石油。

鋼鐵公司的混合問題

Fabian (1958) 描述一個複雜的 LP 模式,可以被用來最佳化生產鐵及鋼製品。每種產品要生產時,會有許多混合的條件,例如,基本金屬塊的鐵必須包含至多 1.5% 的矽,至多 0.05% 的硫磺,介於 0.11% 及 0.90% 的磷,介於 0.4% 及 2% 的錳,及介於 4.1% 及 4.4% 的碳,參考問題 6 (在本章複習問題) 的一個簡單的鋼鐵公司混合問題。

原油公司的混合問題

很多原油公司利用 LP 來最佳化他們的提煉石油問題,問題 14 即包含一個例子 (利用 Magoulas 及 Marinos-Kouris [1988] 為基礎),來介紹一個極大化煉油廠利潤的混合模式。

問 題

問題組 A

1. 你已決定進入糖果市場且你考慮生產兩種糖果:Slugger 糖果與 Easy Out 糖果,這兩種糖果都只有包含糖,花生與巧克力。現在你有庫存糖 100 盎司,花生 20 盎司與巧克力 30 盎司。混合製造 Easy Out 糖果必須含有至少花生 20%。混合製造 Slugger 糖果必須至少含有花生 10% 與巧克力 10%。Easy Out 糖果每盎司可以賣 25¢,且 Slugger 糖果每盎司可以賣 20¢。建立一個 LP 可以使你極大化你的銷售糖果收入。

2. O.J. 飲料公司出售袋裝柳橙與盒裝的柳橙汁。O.J. 把柳橙分為 1 (差) 到 10 (極優) 十個等級,O.J. 手上現有 100,000 磅的等級 9 柳橙與 120,000 磅的等級 6 柳橙。拿來販賣的袋裝柳橙平均品質的等級必須至少為 7,且用來生產柳橙汁的柳橙平均等級必須至少為 8。每一磅的柳橙用來生產柳橙汁產生收入 1.5 元且會產生變動成本 1.05 元 (包括勞工成本,經營變動成本,存貨成本及其他相關成本),每一磅用做袋裝柳橙出售的柳橙產生收入 50¢ 與產生變動成本 20¢,建立一個 LP 可以用來幫助 O.J. 極大化其利潤。

3. 銀行想要決定今年其資產要投資在什麼地方。現在有 $500,000 可以投資在債券,家庭貸款,自動貸款,與個人信貸。每一種投資的年度報酬為:債券,10%;家庭貸款,16%;自動貸款,13%;個人信貸,20%。為了確保銀行的投資組合不會過於風險,銀行的投資經理規定以下投資組合的限制:
   a. 投資在個人信貸的金額不能超過投資在債券的金額。
   b. 投資在家庭貸款的金額不能超過投資在自動貸款的金額。
   c. 投資在個人信貸的金額不能超過總金額的 25%。

   銀行的目標為極大化投資組合的年度報酬,建立一個 LP 可以使銀行達到它的目標。

4. 年輕的 MBA Erica Cudahy 最多可以投資 $1,000,她可以把她的錢投資在股票與貸款上。每一元投資在股票可以有利潤 10¢，且每一元投資在貸款可以有利潤 15¢。所有的錢至少有 30% 必須投資在股票，且至少 $400 必須投資在貸款。建立一個 LP 可以極大化 Erica 的投資利潤，然後利用圖解法求解此 LP 問題。

5. Chandler 石油公司有 5,000 桶的原油 1 與 10,000 桶的原油 2。這家公司販賣兩種產品：汽油與燃油，兩種產品皆由原油 1 與原油 2 混合製造。每種原油的品質等級如下：原油 1 － 10；原油 2 － 5，汽油平均品質必須至少 8，且燃油至少 6。每種產品的需求量必須借由廣告。每花一元在汽油的廣告可以增加 5 桶的需求量，每花一元在燃油的廣告可以增加 10 桶的需求量。汽油每桶賣 $25，且燃油每桶賣 $20。建立一個 LP 來幫助 Chandler 極大化它的利潤，假設沒有任何原油可以買到。

6. Bullco 混合矽與氮來生產兩種肥料。肥料 1 必須含有至少 40% 的氮且每磅賣 $70，肥料 2 必須含有至少 70% 的矽且每磅賣 $40。Bullco 可以以每磅 $15 的價錢買最多到 80 磅的氮且以每磅 $10 的價錢買最多到 100 磅的矽。假設生產的肥料都可以售出，建立一個 LP 來幫助 Bullco 極大化它的利潤。

7. Eli Daisy 利用化學物 1 與化學物 2 生產兩種藥品。藥品 1 必須至少 70% 的化學物 1，且藥品 2 必須至少 60% 的化學物 2。藥品 1 最多可以賣 40 盎司以每盎司 6 元來出售，藥品 2 最多可以賣 30 盎司以每盎司 5 元來出售。化學品 1 最多可以以每盎司 6 元購買 45 盎司，化學品 2 最多可以以每盎司 4 元購買 40 盎司。建立一個 LP 模式可以用來極大化 Daisy 的利潤。

8. Highland 電器商店必須決定要持有多少存貨的電視機與收音機。一部電視需要 10 立方呎的空間，而收音機需要 4 立方呎；可用的空間為 200 立方呎。一部電視可以為 Highland 帶來 60 元的利潤，收音機將可賺 20 元。商店的存貨只有電視與收音機，市場的需要指出所有的庫存至少要有 60% 為收音機。最後，一部電視的成本限制為 200 元且收音機為 50 元。Highland 電器商店在任何時候最多的預算為 3,000 元，建立一個 LP 可以極大化 Highland 的利潤。

9. 華爾街用到許多線性規劃的模型來選擇需要的債券投資組合，以下是一個簡化版的一個模型。Solodrex 考慮投資四種債券；共有 1,000,000 可以用來投資。每一種債券期望的年報酬率，較差的報酬率與存續期間表示在表 3-15。一個債券的存續期間為測量債券對利率的敏感度。Solodrex 想要極大化在投資債券上的期望報酬，有下列三項限制。

限制 1 債券投資組合較差的報酬率至少要有 8%。

限制 2 投資組合的平均存續期間最多為 6。例如，投資 600,000 元在債券 1 與 400,000 元在債券 4 的投資組合有平均存續期間為：

表 3-15

債券	期望回收 (%)	最差狀況回收 (%)	期間
1	13	6%	3
2	8	8%	4
3	12	10%	7
4	14	9%	9

$$\frac{600{,}000(3) + 400{,}000(9)}{1{,}000{,}000} = 5.4$$

限制 3 依照多樣化投資的需要，單一債券最多只能投資 40%。

建立一個 LP 可以讓 Solodrex 極大化它的儲蓄期望回收。

10. Coalco 公司在三個礦坑生產煤炭並運送到四位客戶手中。生產一噸煤炭的成本，每噸煤炭含有的灰與硫磺與每個礦坑的產量上限 (噸) 示於表 3-16，每位客戶需要的煤炭噸數示於表 3-17。

    運送一噸煤炭自礦坑到每位客戶手上的成本 (元) 示於表 3-18。運送的所有煤炭要求只能包含最多 5% 的灰與 4% 的硫磺。建立一個 LP 可以極小化成本且達到客戶需求。

表 3-16

礦坑	生產成本 ($)	容量	灰的含量 (噸)	硫磺含量 (噸)
1	50	120	.08	.05
2	55	100	.06	.04
3	62	140	.04	.03

表 3-17

顧客 1	顧客 2	顧客 3	顧客 4
80	70	60	40

表 3-18

礦坑	顧客 1	2	3	4
1	4	6	8	12
2	9	6	7	11
3	8	12	3	5

表 3-19

化學品	成本 ($ 每磅)	A	B	C
1	8	.03	.02	.01
2	10	.06	.04	.01
3	11	.10	.03	.04
4	14	.12	.09	.04

11. Eli Daisy 公司由四種化學品製造 Rozac 藥品。今天他們必須生產 1,000 磅的藥品。Rozac 中三種有活性成分為 A，B 與 C。以重量看，Rozac 至少含有 8% 的 A，至少 4% 的 B 與只少 2% 的 C。每種化學品每磅的成本與一磅中含有活性成分的量示於表 3-19。

    他需要用到至少 100 磅的化學品 2。架構一 LP 其解可以以最便宜的方法生產今日所需的 Rozac。

12. (利用表格可以幫助解決這個問題) 投資的風險指標可以從投資報酬率 (ROI) 得到，由投資每年的價格變動百分比 (絕對值) 與他們平均而得。

    假設你嘗試決定資金要放多少百分比在國庫券，黃金與股票。這些投資在 1936 年到 1988 年的報酬 (價格變動) 列示於表 3-20。讓投資組合的風險指標為每項投資的風險指標的加權平均(依照每項投資分配的金額)。假設每項投資的金額都必須在全部金額的 20% 到 50%。你希望投資組合的風險指標爲 0.15，且你的目標爲極大化投資組合的期望報酬。建立一個 LP 按給定限制條件下，其解可以極大化投資組合的期望報酬率，利用在 1968 到 1988 年每項投資的平均報酬作爲你的期望報酬估計。

表 3-20

年份	股票	黃金	國庫券
1968	11	11	5
1969	－9	8	7
1970	4	－14	7
1971	14	14	4
1972	19	44	4
1973	－15	66	7
1974	－27	64	8
1975	37	0	6
1976	24	－22	5
1977	－7	18	5
1978	7	31	7
1979	19	59	10
1980	33	99	11
1981	－5	－25	15
1982	22	4	11
1983	23	－11	9
1984	6	－15	10
1985	32	－12	8
1986	19	16	6
1987	5	22	5
1988	17	－2	6

問題組 B

13. Sunco 公司的擁有人不相信我們 LP 的最佳解可以極大化每日的利潤。他的理由：我們每天可以提煉的數量爲 14,000 桶，但你們最佳解只能生產 13,500 桶，所以他不可能極大化利潤，你要如何回應？

14. Oilco 公司生產兩種產品：一般汽油與高級汽油。每種產品每公升含有 0.15 克的鉛。兩種產品含有六種原料：重整油，流體催化煉解油 (FCG)，捕捉劑，聚合物 (POL)，MTBE (MTB) 與丁烷 (BUT)，每一種輸入都有四種屬性：

屬性 1　達到辛烷值 (RON)
屬性 2　RVP
屬性 3　ASTM 在 70 ℃ 揮發
屬性 4　ASTM 在 130 ℃ 揮發

表 3-21

	可用量	RON	RVP	ASTM (70)	ASTM (130)
重整油	15,572	98.9	7.66	－5	46
FCG	15,434	93.2	9.78	57	103
ISO	6,709	86.1	29.52	107	100
POL	1,190	97	14.51	7	73
MTB	748	117	13.45	98	100
BUT	無限量	98	166.99	130	100

表 3-22

	需求	RON	RVP	ASTM (70)	ASTM (130)
一般	9.8	90	21.18	10	50
高級	30	96	21.18	10	50

每種原料 (公升) 的屬性與每天可得的量列在表 3-21。

每種產品的需求示於表 3-22。

每種產品每天的需求 (以一千公升計算) 必須滿足，但若有需要，則可以生產多一些。RON 與 ASTM 的需求為最小。一般汽油每公升賣 29.49¢，高級汽油每公升賣 31.43¢。在可以銷售之前，每種產品必須移除每公升裡的鉛 0.15 克。每公升移除 0.1 克鉛的成本為 8.5¢，每種汽油只能含有最多 38% 的 FCG。建立並解此 LP，其答案可以讓 Oilco 極大化其每日的利潤。

3.9 生產製程模式

現在我們解釋如何建立一個簡單的生產製程的模式，主要的步驟為決定下一個階段的輸出與前一個階段的輸出關係為何。

例題 13　Brute 生產製程問題

Rylon 有限公司製造 Brute 及 Chanelle 香水，製造每一種香水所需的原料可以每磅 $3 購買，製造 1 lb 的原料需要實驗時間 1 小時，每磅原料可以產生 3 盎司的普通 Brute 香水及 4 盎司的普通 Chanelle 香水。普通 Brute 香水可賣每盎司 $7 及普通的 Chanelle 香水可賣每盎司 $6。Rylon 公司可以選擇生產更豪華的 Brute 香水，每盎司賣 $18 及更豪華的 Chanelle 香水，每盎司 $14，生產 1 oz 豪華 Brute 香水需要比生產每盎司普通 Brute 香水多出實驗時間 3 小時與製程成本 $4。生產豪華 Chanelle 香水 1oz 需要比生產每盎司普通 Chanelle 香水多出實驗時間 2 小時與製程成本 $4。每年 Rylon 公司有實驗時間 6,000 小時且可購買原料至多 4,000 磅。建立一個 LP 模式可以決定 Rylon 公司如何最大化利潤，假設實驗小時的成本為一個固定成本。

解　Rylon 公司必須決定購買多少原料及每一種香水要生產多少數量。因此，我們定義決策變數為

x_1 ＝每年普通 Brute 賣出的盎司數
x_2 ＝每年豪華 Brute 賣出的盎司數
x_3 ＝每年普通 Chanelle 賣出的盎司數
x_4 ＝每年豪華 Chanelle 賣出的盎司數
x_5 ＝每年購買原料的磅數

Rylon 想要極大化

利潤的貢獻 ＝賣出香水的收益－製程成本－購買原料成本
$= 7x_1 + 18x_2 + 6x_3 + 14x_4 - (4x_2 + 4x_4) - 3x_5$
$= 7x_1 + 14x_2 + 6x_3 + 10x_4 - 3x_5$

因此，Rylon 的目標函數可寫成

$$\max z = 7x_1 + 14x_2 + 6x_3 + 10x_4 - 3x_5 \tag{54}$$

Rylon 面對以下條件：

條件 1 每年購買不超過 4,000 磅的原料。
條件 2 每年可使用的實驗室時間不超過 6,000 小時。

條件 1 可表示成

$$x_5 \le 4,000 \tag{55}$$

為了表示條件 2，注意

$$\begin{aligned}\text{每年使用的總實驗室時間} &= \text{每年製造原料所使用的時間}\\ &\quad + \text{每年生產豪華 Brute 香水的時間}\\ &\quad + \text{每年生產豪華 Chanelle 香水的時間}\\ &= x_5 + 3x_2 + 2x_4\end{aligned}$$

則條件 2 變成

$$3x_2 + 2x_4 + x_5 \le 6,000 \tag{56}$$

在加上符號限制 $x_i \ge 0$ $(i = 1, 2, 3, 4, 5)$ 之後，許多學生會宣稱 Rylon 公司必須解下列 LP 問題：

$$\begin{aligned}\max z = 7x_1 &+ 14x_2 + 6x_3 + 10x_4 - 3x_5\\ \text{s.t.} \quad & x_5 \le 4,000\\ & 3x_2 + 2x_4 + x_5 \le 6,000\\ & x_i \ge 0 \quad (i = 1, 2, 3, 4, 5)\end{aligned}$$

這個模式是錯誤的，我們觀察到變數 x_1 及 x_3 並沒有在任何一個條件中，這表示任何點只要 $x_2 = x_4 = x_5 = 0$ 且 x_1 及 x_3 可以非常大，都會在可行區域中，x_1 及 x_3 非常大的點可使利潤非常大。因此，此 LP 為無界的，我們的錯誤是因為現在的模式建立沒有指出購買的原料量將決定 Brute 及 Chanelle 可以銷售的量或做為下一個階段的生產量。特別地是，從圖 3-10 (事實上，1 盎司的 Brute 可生產整整 1 盎司的豪華 Brute 香水)，可得

$$\begin{aligned}\text{普通 Brute 賣出的盎司} &\\ +\text{豪華 Brute 賣出的盎司} &= \left(\frac{\text{Brute 的生產盎司數}}{\text{原料磅數}}\right)\left(\begin{array}{c}\text{購買的}\\ \text{原料磅數}\end{array}\right)\\ &= 3x_5\end{aligned}$$

這個關係反應以下條件

$$x_1 + x_2 = 3x_5 \quad \text{或} \quad x_1 + x_2 - 3x_5 = 0 \tag{57}$$

相似地，從圖 3-10，非常清楚地

第 3 章　線性規劃序論　113

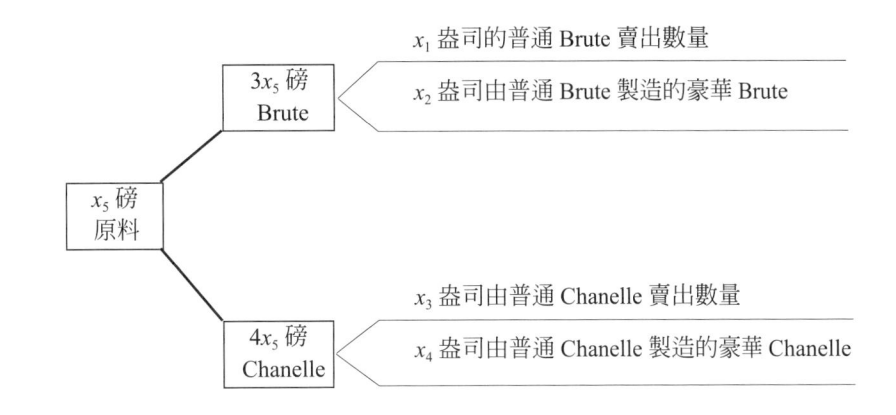

圖 3-10
Brute 與 Chanelle
的生產製程問題

普通 Chanelle 香水賣出的盎司數＋豪華 Chanelle 香水賣出的盎司數＝ $4x_5$

這個關係可得以下條件

$$x_3 + x_4 = 4x_5 \quad \text{或} \quad x_3 + x_4 - 4x_5 = 0 \tag{58}$$

條件 (57) 及 (58) 就與許多決策變數有關，學生經常會省略這些條件，就像這個問題所顯現出漏掉一個條件可能會造成一個非常不能接受的答案 (如一個無界的 LP)。若我們整合式 (53)－(58) 與一般的符號限制，可得以下正確的 LP 模式。

$$\begin{aligned}
\max z = 7x_1 + 14x_2 &+ 6x_3 + 10x_4 - 3x_5 \\
\text{s.t.} \quad x_5 &\leq 4{,}000 \\
3x_2 + 2x_4 + x_5 &\leq 6{,}000 \\
x_1 + x_2 - 3x_5 &= 0 \\
x_3 + x_4 - 4x_5 &= 0 \\
x_i \geq 0 \quad (i = 1, 2, 3, 4, 5)
\end{aligned}$$

這個最佳解為 $z = 172{,}666.667$，$x_1 = 11{,}333.333$ 盎司，$x_2 = 666.667$ 盎司，$x_3 = 16{,}000$ 盎司，$x_4 = 0$ 及 $x_5 = 4{,}000$ 磅。因此，Rylon 將購買所有的 4,000 磅引用原料及生產 11,333.333 盎司的普通 Brute 香水，666.667 盎司的豪華 Brute 及 16,000 盎司的普通 Chanelle，這個生產計算將會為 Rylon 公司的利潤貢獻 $172,666.667。在這個問題，一個分數的盎司似乎是合理的，所以可分性假設是存在的。

在結束討論 Rylon 問題前，討論一個很多學生會犯的錯誤，他們認為

1 lb 的原料＝ 3 盎司 Brute 香水＋ 4 盎司 Chanelle 香水

因為 $x_1 + x_2$＝所有 Brute 生產盎司量，且 $x_3 + x_4$＝所有 Chanelle 生產盎司量。學生的結論為

$$x_5 = 3(x_1 + x_2) + 4(x_3 + x_4) \tag{59}$$

這個等式對於一個電腦的程式的敘述似乎很合理；亦即，x_5 可以利用式 (59) 的右邊來表示。然而，對於一個 LP 的條件，式 (59) 為不合理的。為了了解它，左邊的單位是"原料的磅數"，且 $3x_1$ 在右邊的單位為

$$\left(\frac{\text{Brute 盎司數}}{\text{原料磅數}}\right)(\text{Brute 的盎司數})$$

因為某些項目的單位不同，式 (59) 即為不正確。若懷疑某一個條件，先確定所有條件的單位是否相同，這個會避免許多建立模式的錯誤 (當然，即使在條件二邊的單位相同，條件也可能有錯)。

問　題

問題組 A

1. Sunco 石油公司有三種不同的製程製造不同的汽油。每種製程包含公司的催化煉解爐混合原油。運轉製程 1 一小時需要成本 5 元且需要 2 桶原油 1 與 3 桶原油 2。運轉製程 1 一小時可產生 2 桶汽油 1 與 1 桶汽油 2。製程 2 一小時需要成本 4 元且需要 1 桶原油 1 與 3 桶原油 2。製程 2 運轉一小時可產生 3 桶汽油 2。製程 3 一小時需要成本 1 元且需要 2 桶原油 2 與 3 桶汽油 2，運轉製程 3 一小時可產生 2 桶汽油 3。每週可以購買 200 桶原油 1，每桶 2 元；300 桶原油 2，每桶 3 元。所有汽油每桶可以用下價格賣出：汽油 1，9 元；汽油 2，10 元；以及汽油 3，24 元。建立一 LP 其解可以極大化收入扣除成本，假設每週可以使用煉解催化爐的時間只有 100 小時。

2. Furnco 公司製造桌子與椅子，一張桌子需要原木 40 平方呎，一張椅子需要原木 30 平方呎。購買一平方呎原木的成本為 1 元且可以購買原木 40,000 平方呎。技術勞工製造一張未完成的桌子或一張未完成的椅子需要 2 小時。技術勞工需要再 3 小時的時間把一張未完成的桌子變為完成的桌子，需要再 2 小時的時間把一張未完成的椅子變為完成的椅子。目前可用的技術勞工小時數共有 6,000 小時 (且已付工資)。所有家具每單位可用以下的價格來銷售：未完成桌子，$70；完成桌子，$140；未完成椅子，$60；完成椅子，$110。建立一個 LP 可以極大化製造桌子與椅子所得到的利潤。

3. 假設在例題 11，1 磅的原料可以用來生產 3 盎司的 Brute 或 4 盎司的 Chanelle，這些會如何改變模式的建立。

4. Chemco 公司生產三樣產品：1，2 與 3。每磅的原料成本為 $25，且經過處理可產生 3 盎司的產品 1 與 1 盎司的產品 2。每磅的原料它需要成本 $1 與勞工 2 小時去處理，每盎司的產品 1 可以作為以下三種用途：
   a. 可以每盎司 $10 出售。
   b. 經過處理可產生 1 盎司的產品 2 且需要成本 1 元與勞工時間 2 小時。
   c. 經過處理可產生 1 盎司的產品 3 且需要成本 2 元與勞工時間 3 小時。

每盎司的產品 2 可以作為以下兩種用途：
a. 可以每盎司 $20 出售。
b. 經過處理可以產生 1 盎司的產品 3 且需要成本 6 元與勞工時間 1 小時。

表 3-23

產品	盎司
1	5,000
2	5,000
3	3,000

產品 3 每盎司賣 $30，每樣產品可以售出的最大盎司數列在表 3-23。可用的最大勞工時間為 25,000 小時，決定如何極大化 Chemco 的利潤。

問題組 B

5. 一家公司生產三種產品 A，B 與 C 且可以無限量的出售，這些產品每單位價格如下：A，10 元；B，56 元；C，100 元。生產一單位的 A 需要勞工 1 小時；一單位的 B 要勞工 2 小時加上 2 單位的 A；而一單位的 C 需要勞工 3 小時加上 1 單位的 B。任何的產品 A 用來生產產品 B 就不允許出售，同樣的任何產品 B 用來生產 C 產品就不允許出售。可用的勞工時數為 40 小時，建立一個 LP 可以極大化該公司的收益。

6. Daisy 藥品公司製造兩種藥品：藥品 1 與藥品 2。藥品的製造為結合兩種化學品：藥品 1 與藥品 2。依重量看，藥品 1 必須含有至少 65% 的化學品 1，藥品 2 必須含有至少 55% 的化學品 1。藥品 1 每盎司售價 6 元且藥品 2 每盎司售價 4 元。化學品 1 與 2 可由兩種生產過程中的一種來製造。透過過程 1 製造一小時需要原料 3 盎司與有技術勞工 2 小時來生產，且可生產每種化學品 3 盎司。透過過程 2 製造一小時需要原料 2 盎司與有技術勞工 3 小時來生產，且可生產 3 盎司的化學品 1 與 1 盎司的化學品 2。現在可用的有技術勞工小時數共有 120 小時與原料 100 盎司。建立一個 LP 可以用來極大化 Daisy 的銷售收入。

7. Lizzie 酪農場生產奶油起司與白乾酪，我們使用牛奶與奶油兩樣原料生產這兩樣產品，可以用來生產的牛奶有高脂與低脂。高脂有 60% 的脂肪，低脂有 30% 的脂肪。用來生產奶油起司的牛奶平均必須至少有 50% 的脂肪，白乾酪至少 35%。奶油起司中至少 40%(依重量) 且白乾酪中至少 20% 必須要是奶油。白乾酪與奶油起司二種產品都是將牛奶與奶油置入機器。他處理一磅原料變為一磅奶油起司的成本需要 40¢，生產一磅的白乾酪需要 40¢，但每磅製做白乾酪的原料會產生白乾酪 0.9 磅與廢料 0.1 磅。可以透過蒸餾高脂與低脂的牛奶製造奶油，蒸餾 1 磅的高脂牛奶需要 40¢，每一磅的高脂牛奶可蒸餾出奶油 0.6 磅。蒸餾 1 磅的低脂牛奶需要 40¢，每一磅的低脂牛奶可蒸餾出奶油 0.3 磅。每天最多 3,000 磅的原料可以送到機器，且每天必須至少生產 1,000 磅的白乾酪與 1,000 磅的奶油起司。每天可售出的奶油起司為 1,500 磅而白乾酪為 2,000 磅。白乾酪每磅賣 1.2 元且奶油起司每磅賣 1.5 元，購買高脂牛奶每磅要 80¢ 且低脂牛奶每磅要 40¢。蒸餾機每天最多可蒸餾 2,000 磅的牛奶，建立一個 LP 可以用來極大化 Lizzie 每日的利潤。

8. 一家公司生產六樣產品，購買每單位的原料可以產出四單位的產品 1，二單位的產品 2，與一單位的產品 3。最多可售的產品 1 為 1,200 單位，最多可售出的產品 2 為 300 單位。每一個產品 1 可以出售也可以再加工。每一單位的產品 1 加工後可產生一單位的產品 4，產品 3 與產品 4 的需求沒有上限。每一單位的產品 2 可以拿來賣也可以再加工。每一個單位的產品 2 加工後可以產生 0.8 單位的產品 5 與 0.3 單位的產品 6，最多可售出的產品 5 為 1,000 單

表 3-24

產品	銷售價格 ($)	生產成本 ($)
1	7	4
2	6	4
3	4	2
4	3	1
5	20	5
6	35	5

位,且最多可售出 800 個單位的產品 6。最多 3,000 個原料可以以每單位 6 元購買,剩餘的產品 5 與產品 6 必須銷毀。銷毀一單位剩餘的產品 5 需要成本 4 元,而銷毀產品 6 每單位需要 3 元。忽略原料的購買成本,每個產品每單位的售價與生產成本在表 3-24。建立一個 LP 其解將可極大化此生產計畫的利潤。

9. Chemco 公司每週可以以每磅 6 元的價格購買沒有上限數量的原料。每磅購買的原料可以用來生產輸入物 1 或輸入物 2。每磅的原料可以生產 2 盎司的輸入物 1,且需要製造時間 2 小時與製造成本 2 元。每磅的原料可以生產 3 盎司的輸入物 2,且需要製造時間 2 小時與製造成本 4 元。

現有兩種製程可用,它操作製程 1 的時間需要 2 小時,且需要 2 盎司的輸入物 1 與 1 盎司的輸入物 2。製程 1 需要的成本為 $1,每次操作製程 1 產生 1 盎司的產品 A 與 1 盎司的液態廢棄物。每運轉製程 2 需要製程時間 3 小時,2 盎司的輸入物 2 與 1 盎司的輸入物 1。製程 2 會產生 1 盎司的產品 B 與 0.8 盎司的液態廢棄物,製程 2 需要的成本為 $8。

Chemco 公司可以處理液態廢棄物排放於 Port Charles 河或用廢棄物生產產品 C 與產品 D。政府機關限制 Chemco 每週可以排放到河中的廢棄物為 1,000 盎司。每一個產品 C 生產成本為 $4 且售價為 $11。它需要製程時間 1 小時,2 盎司的輸入物 1,與 0.8 盎司的液態廢棄物製造 1 盎司的產品 C。生產每單位的 D 成本為 $5 且售價為 $7。它需要製程時間為 1 小時,2 盎司的輸入物 2,與 1.2 盎司的液態廢棄物來製造 1 盎司的產品 D。

每週最多可賣出 5,000 盎司的產品 A 與 5,000 盎司的產品 B,但每週產品 C 與產品 D 的需求是無限的。產品 A 每盎司售價 $18 產品 B 每盎司售價 $24。每週可以使用的製程時間為 6,000 小時,建立一個 LP 其解將可以告訴 Chemco 如何能極大化每週的利潤。

10. LIMECO 有一個石灰工廠並且賣六個等級的石灰 (等級 1 到等級 6),每磅售價列在表 3-25。石灰可用窯來生產。若運轉窯 8 個小時,生產每個等級的石灰量 (磅) 示於表 3-26。運轉窯 8 小時的成本為 $150,工廠相信每天他能賣出石灰的數量 (磅) 列於表 3-27。

石灰也可以透過五種製程中一種用窯再生產,如表 3-28 所示。

表 3-25

等級	1	2	3	4	5	6
價格 ($)	12	14	10	18	20	25

表 3-26

等級	1	2	3	4	5	6
產量	2	3	1	1.5	2	3

表 3-27

等級	1	2	3	4	5	6
最大需求量	20	30	40	35	25	50

表 3-28

輸入物 (1 磅)	輸出	成本 (輸入物每磅 $)
等級 1	0.3 磅等級 3	
	0.2 磅等級 4	2
	0.3 磅等級 5	
	0.2 磅等級 6	
等級 2	0.1 磅等級 6	1
等級 3	0.8 磅等級 4	1
等級 4	0.5 磅等級 5	1
	0.5 磅等級 6	
等級 5	0.9 磅等級 6	2

表 3-29

等級	1	2	3	4	5	6
處理成本 ($)	3	2	3	2	4	2

例如，以每磅成本 $1，一磅等級 4 的石灰可以轉換為 0.5 磅等級 5 與 0.5 磅等級 6 的石灰。

每天最後任何殘餘的石灰必須要處理，每磅處理的成本列在表 3-29。

建立一個 LP 其解將可告訴 LIMECO 公司如何極大化他們每日的利潤。

11. Chemco 公司生產三種產品：A，B 與 C。每樣產品他們可以用下列價錢：產品 A，$10；產品 B，$12；產品 C，$20，賣出最多 30 磅。Chemco 以每磅 $5 購買原料，每一磅的原料可以用來生產一磅的 A 或一磅的 B。以每磅 $3 的成本製造，產品 A 可以轉換為 0.6 磅的產品 B 與 0.4 磅的產品 C。以每磅 $2 的成本製造，產品 B 可以轉換為 0.8 磅的產品 C。建立一個 LP，其解將可告訴 Chemco 如何去極大化他們的利潤。

12. Chemco 公司生產 3 種化學品：B，C 與 D。他們開始以每 100 公升 $6 的成本購買化學品 A。用額外的成本 $3 與技術勞工 3 小時製造，100 公升的 A 可以轉換為 40 公升的 C 與 60 公升的 B。它需要成本 $1 與技術勞工 1 小時的員工去加工 100 公升的 C 轉換為 60 公升的 D 與 40 公升的 B。每一種化學品每 100 公升的售價與最大可賣出的數量 (100 公升計算) 列在

表 3-30

	B	C	D
價格 ($)	12	16	26
最大需求	30	60	40

表 3-30。

最多可用的勞工小時數為 200 小時，建立一個 LP，其解將可告訴 Chemco 如何能極大化他們的利潤。

13. Carrington 石油公司生產二種汽油：汽油 1 及汽油 2，從二種原油而來，原油 1 及原油 2。汽油 1 允許含有雜質最多 4%，且汽油 2 允許含有雜質最多 3%。汽油 1 每桶售價為 $8，而汽油 2 每桶售價為 $12。可以賣出汽油 1 最多有 4,200 桶及汽油 2 最多有 4,300 桶。每桶原油的成本，可用量，及雜質水準列在表 3-31。在混合原油到汽油之前，每桶原油的淨化成本為 $0.50。在原油中，淨化的動作可以去除一半的雜質。

表 3-31

原油	每桶成本 ($)	雜質水準 (%)	可用量 (桶)
原油 1	6	10%	5,000
原油 2	8	2%	4,500

表 3-32

方法	等級 6	等級 8	等級 10	成本
1	0.2	0.2	0.6	3.40
2	0.3	0.3	0.4	3.00
3	0.4	0.4	0.2	2.60

14. 你現在負責 Melrose 石油煉油廠。煉油廠可以由原油來生產汽油及燃油。石油每桶可以賣 $8 且必須要有平均"等級水準"至少為 9。燃油每桶可以賣 $6 且必須要有平均等級水準至少為 7。至多有 2,000 桶汽油及 600 桶燃油可以賣出。輸入的原油可以用三種製程方法生產。每一種製程方法可以得到的生產桶數及每桶成本列在表 3-32。例如，若我們使用方法 1 提煉 1 桶輸入原油，需要成本 $3.40 及生產 0.2 桶的等級 6 石油，0.2 桶的等級 8 石油，及 0.6 桶的等級 10 石油。

在進入製成石油及燃油之前，等級 6 及等級 8 可以送到觸煤破碎機來改善它們的品質。每桶 $1.30，一桶等級 8 的石油可以提升到等級 8 的石油，每桶 $2，一桶等級 8 的石油可以提升至等級 10 的石油。任何剩餘製程或破碎過的原油無法變成燃油或石油，因此必須丟棄的成本為每桶 $0.20，以決定如何極大化煉油廠利潤。

3.10 利用線性規劃解多階段的決策問題：一個存貨問題

到目前為止，所有的我們討論過的 LP 模式建立都是穩定 (static)，或一階段 (one-period) 模式。在穩定性模式中，我們假設所有決策在同一時間只做一個決策，接下來在本章所有的例子要說明如何利用線性規劃來決定**多階段** (multiperiod) 或**動態** (dynamic) 模式的最佳決策問題。動態規劃模式的產生是當決策者做決策問題的時間點超過一個以上時，在動態規劃問題中，這個階段所作的決策將會影響未來階段的決策。例如，考慮一家公司必須決定在每一個月要生產多少單位的產品，這是會降低在未來幾個月產量的個數。這個例子會在第 3.10 – 3.12 節討論早期決策如何影響未來的決策，我們將在第 14 章動態規劃來討論動態決策問題。

例題 14　Sailco 存貨問題

Sailco 公司必須決定在下四個季節 (一季＝三個月) 將生產多艘遊艇，接下來四季的需求量分別為：第一季：40 艘遊艇；第二季：60 艘遊艇；第三季，75 艘遊艇；第四季：25 艘遊艇。Sailco 公司必須及時滿足需求，在第一季開始，Sailco 公司有 10 艘的存貨遊艇，在每一季的開始，Sailco 公司必須決定在這個階段必需生產多少艘遊艇。為簡化起見，我們假設在每一季所製造的遊艇必須滿足該季的需求，在每一季，正常時間下的勞工，可以製造至多 40 艘遊艇，而每艘遊艇的總成本為 $400。如果有員工在每一季加班，Sailco 公司可以利用加班員工多製造一些遊艇，每艘遊艇的總成本為 $450。

在每一季結束後 (在生產之後且已經滿足每一季的需求量)，每一部會產生保存成本 $20。利用線性規劃決定一個生產排程計畫極小化在未來四季的總生產與存貨成本。

解　對於每一季，Sailco 公司必須決定在正常時間與加班的勞工要生產遊艇的數量。因此，我們可以定義下列決策變數：

$x_t =$ 在第 t 季，正常時間勞工生產的遊艇數量 ($400/艘) ($t = 1,2,3,4$)
$y_t =$ 在第 t 季，加班勞工生產的遊艇數量 ($450/艘) ($t = 1,2,3,4$)

對於在每一季結束，可以簡單地定義存貨水準的變數 (在手邊的遊艇量)

$i_t =$ 在第 t 季，手邊有的遊艇數 ($t = 1, 2, 3, 4$)

Sailco 公司的總成本可以由下式決定

總成本 ＝正常時間生產遊艇的成本＋加班情況下生產遊艇的成本＋存貨成本
$= 400(x_1 + x_2 + x_3 + x_4) + 450(y_1 + y_2 + y_3 + y_4)$
$+ 20(i_1 + i_2 + i_3 + i_4)$

因此，Sunco 公司的利潤函數為

$$\min z = 400x_1 + 400x_2 + 400x_3 + 400x_4 + 450y_1 + 450y_2 \\ + 450y_3 + 450y_4 + 20i_1 + 20i_2 + 20i_3 + 20i_4 \quad \quad (60)$$

在決定 Sailco 公司的條件之前，我們有二個觀察可以用來幫助建立多階段生產排程模式。

針對第 t 季

第 t 季結束後的存貨＝第 $(t-1)$ 季結束後的存貨＋第 t 季的生產－第 t 季的需求

這個關係幾乎在建立所有多階段生產排程模式扮演一個非常重要的角色，若我們令 d_t 表在期間 t 的需求量 (因此，$d_1 = 40, d_2 = 60, d_3 = 75$，及 $d_4 = 25$)，我們觀察到可以利用下列完整型態來表示：

$$i_t = i_{t-1} + (x_t + y_t) - d_t \quad \quad (t = 1, 2, 3, 4) \quad \quad (61)$$

在式 (61)，$i_0 =$ 在第 0 季結束後的存貨＝第 1 季開始的存貨＝ 10。例如，若我們在第 2 季結束後，手上有 20 艘遊艇 ($i_2 = 20$) 及在第 3 季生產 65 艘遊艇 (這表示 $x_3 + y_3 = 65$)，則在第三季的存貨有多少？簡單地說，在第 2 季結束後手邊有的遊艇數量加上第 3 季的生產量，減掉第 3 季的需求 75，在本例，$i_3 = 20 + 65 - 75 = 10$，與式 (61) 相同。式 (61) 表示不同階段變數之間的關係，在建立任何一個多階段的 LP 模式，最難的一個步驟通常是在找不同階段決策變數之間的關係 (如同式 (61))。

我們知道第 t 季的需求必須及時滿足若且唯若 (通常寫成 *iff*) $i_t \geq 0$，為了解這個觀念，觀察 $i_{t-1} + (x_t + y_t)$ 可以滿足第 t 季的需求，故第 t 季的需求會被滿足若且唯若

$$i_{t-1} + (x_t + y_t) \geq d_t \quad \text{或} \quad i_t = i_{t-1} + (x_t + y_t) - d_t \geq 0$$

這表示符號限制 $i_t \geq 0$ ($t = 1, 2, 3, 4$) 保證每一季的需求都會及時被滿足。

現在我們可以決定 Sailco 的條件。首先，我們利用下面四個條件來保證每個正常時間的生產量不會超過 40：$x_1, x_2, x_3, x_4 \leq 40$，則我們在每個階段 ($t = 1, 2, 3, 4$) 加上如式 (61) 的條件，這會產生下面四個條件：

$$i_1 = 10 + x_1 + y_1 - 40 \quad \quad i_2 = i_1 + x_2 + y_2 - 60$$
$$i_3 = i_2 + x_3 + y_3 - 75 \quad \quad i_4 = i_3 + x_4 + y_4 - 25$$

加上符號條件 $x_t \geq 0$ (刪除負的生產水準) 且 $i_t \geq 0$ (保證每一個階段的需求都可以及時被滿足)，將會得到下列模式：

$$\min z = 400x_1 + 400x_2 + 400x_3 + 400x_4 + 450y_1 + 450y_2 + 450y_3 + 450y_4 \\ + 20i_1 + 20i_2 + 20i_3 + 20i_4$$
$$\text{s.t.} \quad x_1 \leq 40, \quad x_2 \leq 40, \quad x_3 \leq 40, \quad x_4 \leq 40$$
$$i_1 = 10 + x_1 + y_1 - 40, \quad i_2 = i_1 + x_2 + y_2 - 60$$
$$i_3 = i_2 + x_3 + y_3 - 75, \quad i_4 = i_3 + x_4 + y_4 - 25$$
$$i_t \geq 0, \quad y_t \geq 0, \quad 及 \quad x_t \geq 0 \quad (t = 1, 2, 3, 4)$$

這個問題的最佳解：$z = 78,450$；$x_1 = x_2 = x_3 = 40$；$x_4 = 25$；$y_1 = 0$；$y_2 = 10$；$y_3 = 35$；$y_4 = 0$；$i_1 = 10$；$i_2 = i_3 = i_4 = 0$。因此，Sailco 公司的最小總成本為 \$78,450。造成這個成本是因為 Sailco 在第 1 − 3 季的正常時間下，生產 40 艘遊艇及第 4 季正常時間下，生產 25 艘遊艇，Sailco 公司在第 2 季加班勞工下，生產 10 艘遊艇及第 3 季加班勞工下，生產 35 艘遊艇，存貨成本只有在第 1 季產生。

部份讀者可能會懷疑我們的模式允許 Sailco 公司在第 t 季利用加班時間生產，即使第 t 季的正常時間的產量小於 40。事實上，我們的模式建立不會造成不可行的排程，但任何一個生產計畫 $y_t > 0$ 且 $x_t < 40$ 不可能為最佳。例如，考慮下面二個生產排程：

生產排程 A = $x_1 = x_2 = x_3 = 40$；　$x_4 = 25$；
　　　　　　$y_2 = 10$；　$y_3 = 25$；　$y_4 = 0$
生產排程 B = $x_1 = 40$；　$x_2 = 30$；　$x_3 = 30$；　$x_4 = 25$；
　　　　　　$y_2 = 20$；　$y_3 = 35$；　$y_4 = 0$

生產排程 A 及 B 在每一個階段有相同的生產水準，這表示二個排程有相同的存貨成本。同樣地，二個排程都是可行，但排程 B 會比排程 A 有更多的加班成本。因此，在極小化成本下，排程 B (或任何排程有 $y_t > 0$ 及 $x_t < 40$) 從來不會被選擇。

事實上，一個像例題 14 的 LP 問題可以利用**旋轉水平法** (rolling horizon) 來解決如下面情況的問題。在解例題 14 之後，Sailco 公司將只執行第 1 季的生產策略 (在正常時間下生產 40 艘)，則公司將觀察第 1 季的真正需求。假設第 1 季真正的需求為 35 艘，則第 2 季開始存貨水準為 10 + 40 − 35 = 15 艘，現在我們可以做第 5 季的預測需求 (假設預測為 36)。接下來透過解一個 LP 問題決定第 2 季的產量，其第 2 季當做第一季，而第 5 季當作最後一季，且開始的存貨為 15 艘，則第 2 季的產量可由下列 LP 解之：

min $z = 400(x_2 + x_3 + x_4 + x_5) + 450(y_2 + y_3 + y_4 + y_5) + 20(i_2 + i_3 + i_4 + i_5)$
s.t.　　$x_2 \leq 40$,　　$x_3 \leq 40$,　　$x_4 \leq 40$,　　$x_5 \leq 40$
　　　　$i_2 = 15 + x_2 + y_2 − 60$,　　$i_3 = i_2 + x_3 + y_3 − 75$
　　　　$i_4 = i_3 + x_4 + y_4 − 25$,　　$i_5 = i_4 + x_5 + y_5 − 36$
　　　　$i_t \geq 0$,　$y_t \geq 0$,　　及　　$x_t \geq 0$　　($t = 2, 3, 4, 5$)

其中，$x_5 =$ 第 5 季正常時間下的產量，$y_5 =$ 第 5 季加班的產量及 $i_5 =$ 第 5 季結束後的存貨，則這個 LP 的最佳值 x_2 及 y_2 可以決定第二季的產量，因此，在每一季，一個 LP (有四季的計畫水平) 可用來決定目標的季產量。目前需求已被觀測到此需求可以用來預測下四季的需求量，且這個方法可再重覆下去，這個技巧稱為 "旋轉計畫水平" 可用來處理大部份動態或多階段 LP 模式的實務應用。

我們建立的模式有許多其它的限制。

1. 生產成本可能不可生產量的線性函數，這會違反成比例假設，我們將會在第 8 章與第 14 章討論這個問題。
2. 未來的需求可能不會事先確定，在這種情況下，確定性的假設會被違反。
3. 我們假設 Sailco 必須及時滿足需求，通常公司可能在以後的階段才滿足需求，但對於不滿足的需求必需給予懲罰成本。例如，若需求不能被及時滿足，則顧客因為此結果而不滿，因而失去未來的收益。若需求在未來期間被滿足，則我們稱此需求能夠被**延後滿足** (backlogged) 需求，我們目前的 LP 模式建立可以修正為伴隨延後滿足的問題 (參考 4.12 節問題 1)。
4. 我們忽略季與季的產量變異的事實，這會引起多餘的成本 (稱為**生產平滑成本** (production-smoothing cost))。例如，若我們從這一季到下一季的產量增加許多，這將可能需要訓練新的工人。另一方面，若從這一季到下一季的產量減少很多時，則解僱員工會造成額外的成本，在第 4.12 節，我們修正現在的模式以計算平滑成本。
5. 若在最後一季結束後，遊艇沒有賣出，我們給這些值為 0，這明顯的不合理。在任何存貨模式的有限時間軸問題上，最後一期的結束後，留下來的存貨會給予**殘餘價值** (salvage value) 表示最後階段存貨的價值。例如，若 Sailco 公司覺得每艘剩下來的遊艇在第 4 季結束後的價值 $400，則一項 $-400i_4$ (測量第 4 季存貨的價值) 必須加到目標函數。

問　題

問題組 A

1. 有一位顧客對某商品未來四個月的需求分別為 50，65，100，70 個 (不允許延後滿足)。在這四個月中每個商品的生產成本是 $5，$8，$4 和 $7。從一個月到下個月的儲存成本(按照期末存貨計)每個商品為 $2，預計第四個月末每個商品可賣 $6。試建立一個 LP 模式來滿足未來四個月需求情況下，成本為最小。
2. 某家公司在未來三個時期將面臨以下需求：時期 1 為 20 個商品；時期 2 為 10 個商品；時期 3 為 15 個商品。各個時期每個商品生產成本如下：時期 1 $13；時期 2 $14；時期 3 $15。每個時期期末的存貨計，儲存成本為每個商品 $2，在第一個時期開始，公司有 5 個商品。

實際上，一個月的生產商品不可能都用來滿足當月的需求，為了建立這個事實的模型，我們假設一個時期生產的商品只有一半可以用來滿足本時期的需求，試建立一個能滿未來三個時期需求而使成本最低的 LP。(提示：例如 $i_1 = x_1 + 5 - 20$ 的條件確定一定要滿足，但不像上面討論的例子，條件 $i \geq 0$ 並不能保證可以滿足第一時期的需求。例如，若 $x_1 = 20$，則 $i \geq 0$ 會成立，但是由於你只能使用第一個時期生產的 $\frac{1}{2}(20) = 10$ 個商品滿足第一時期的需求，所以 $x_1 = 20$ 是不可行的，試建立一種條件，可以來滿足每個時期需求至少和該時期的需求一樣多。

問題組 B

3. James Beerd 烤製乳酪蛋糕和黑森林蛋糕，一個月最多能烘烤 60 個蛋糕。每個蛋糕的成本與對蛋糕的需求列在表 3-33，這些需求是必須及時滿足的。他儲存一個乳酪蛋糕必須花費 50¢，試建立一個能滿足未來三個月的需求，而使總成本達到最少的 LP。

表 3-33

項目	第 1 個月 需求	第 1 個月 每個成本($)	第 2 個月 需求	第 2 個月 每個成本($)	第 3 個月 需求	第 3 個月 每個成本($)
乳酪蛋糕	40	3.00	30	3.40	20	3.80
黑森林蛋糕	20	2.50	30	2.80	10	3.40

4. 某家工業公司生產二種商品：A 和 B。公司同意按照表 3-34 所述的時間表示交付產品。該公司有二條裝配線：裝配線 1 與 2。表 3-35 列出的每條裝配線和產品組合的生產率 (以每個產品小時表示)。表 3-36 在裝配線 1 上生產一個產品 A 要花費 0.15 小時等。裝配線上生產任何產品一小時要花費 $5，每一個產品一個月的倉庫儲存成本為 20¢ (每個月末存貨所花的費用)。目前，有 500 個單位的庫存 A 和 750 個單位的 B。管理人員想要在四月末每個產品庫存至少 1000 個。試建立一個 LP，以確定及時滿足需求而花總成本最少的生產計畫。

表 3-34

日期	A	B
3 月 31 日	5,000	2,000
4 月 30 日	8,000	4,000

表 3-35

	可用生產小時 裝配線 1	可用生產小時 裝配線 2
三月	800	2,000
四月	400	1,200

表 3-36

	生產率 裝配線 1	生產率 裝配線 2
A	0.15	0.16
B	0.12	0.14

5. 在接下來的二個月，通用汽車必須滿足 (及時) 下面卡車與汽車的需求：第 1 個月── 400 輛貨車，800 輛汽車；第 2 個月── 300 輛貨車，300 輛汽車。在每一個月，至多能生產 1000 輛。每一部卡車需要使用鋼鐵 20 噸，而每一部汽車需要使用鋼鐵 1 噸。在第 1 個月，每噸鋼鐵需要 $400，在第 2 個月，每噸鋼鐵需要 $600。每個月至多有 1,500 噸鋼鐵可買 (鋼鐵只能在該月購買時才可使用)。在第 1 個月的開始，有 100 部卡車與 200 部汽車的存貨。在每個月結束後，每輛汽車需要 $150 的持有成本。每一部汽車會得到 20 mpg，且每部卡車會得到 10 mpg。在每一個月，公司生產汽車平均至少要 16mpg。建立一個可以在達到需求與公里數的

需求下,使成本達到最小 (包含鋼鐵成本與持有成本)。

6. Gandhi 服飾公司生產襯衫與短褲。每一件襯衫需要布料 2 平方碼,而每件褲子需要 3 平方碼。在未來的二個月,針對襯衫與短褲有下列的需求必需及時滿足:第 1 個月──10 件襯衫,15 件短褲;第 2 個月──12 件襯衫,14 件短褲。在每一個月,有下列資源可用:第 1 個月──布料 90 平方碼;第 2 個月──布料 60 平方碼 (在第 1 個月可用的布料若沒有用完可以在第 2 個月份使用)。

在每一個月,製作一件衣服,必須用到一般時間勞工 $4 及加班勞工 $8。在每一個月,利用一般時間勞工所生產出來的衣物至多 25 件,而利用加班勞工所生產出來的衣物並無上限。在每個月結束,一件衣服的持有成本為 $3。建立一個 LP 模式可以用來滿足接下來二個月 (及時滿足) 的需求下,使成本達到最小。假設在第一個月的開始,有 1 件襯衫及 2 件褲子可用。

7. 每一年,Paynothing Shoes 商店面臨鞋子的需求 (必須及時滿足) 如表 3-37 所示。該公司員工必須連續工作三季而得到一季的休息。例如,有一位員工可能從一年的第 3 及 4 季及下一年的第 1 季工作。在員工工作的那一季裡,他或她可以生產至多 50 雙鞋子。每季每位員工必須付 $500。在每季結束後,每雙鞋子必須付 $50 的持有成本。建立一個 LP 模式可以用在滿足鞋子的需求下,極小化每年的成本 (勞工成本+持有成本)。為了簡化,假設在每一年底,最後的存貨為 0。(提示:假設允許一個員工能夠在每一年同一季休息。)

表 3-37

第一季	第二季	第四季	第四季
600	300	800	100

8. 一家公司必須及時滿足下列需求:第 1 季──30 單位;第 2 季──20 單位;第 3 季──40 單位。每一季,一般時間勞工至多可以生產 27 個單位,每單位成本為 $40。每一季,加班勞工可以生產無限個單位,每單位成本為 $60。在所有的生產產品中,會有 20% 不適用,因此不能用來滿足需求。其次,在每一季結束後,所有手邊擁有的產品會有 10% 會耗損,亦不能滿足未來的需求。在每一季需求被滿足後,損壞的產品可以評估為需要每單位 $5 的期末存貨。試建立一個 LP 模式可以用來在滿足接下來的三季需求,總成本達到最小。假設第 1 季開始有 20 個單位可以使用。

9. Donovan 企業生產電子混合器。在接下來的四季,下面混合器的需求必須及時滿足:第 1 季──4,000;第 2 季──2,000;第 3 季──3,000;第 4 季──10,000。每一位 Donovan 的員工每年工作三季而休息一季。因此,有一位員工可以選擇在第 1,2 及 4 季工作而在第 3 季休息。每年每位員工必須付 $30,000 且在一季中至多可以生產到 500 個混合器。在每一季結束後,Donovan 每一個的混合器必須承擔持有成本 $30。建立一個 LP 模式在滿足下一個年度的需求 (及時) 下,極小化成本 (勞工及存貨)。假設在第一季的開始,有 1,600 個混合器可以用。

3.11 多階段的財務模式

下面的例子說明如何利用線性規劃建立多階段現金管理問題，主要的觀念是決定手邊現金在不同階段的關係。

例題 15 Finco 多階段投資問題

Finco 投資公司必須決定公司在未來三年的投資策略，目前 (時間 0)，有 $100,000 作為投資。投資案 A、B、C、D、E 可以用來投資，投資每個投資標的物 $1 的現金流列在表 3-38。

例如，$1 投資在投資案 B 在時間 1 需要 $1 的現金流量，在時間 2 回收 $50 及時間 3 回收 $1。為了保證公司投資組合適多變化的，Finco 公司至多在每個投資方案 $75,000，除了投資方案 A − E，Finco 公司可以將未投資的現金投資在每年賺取 8% 的現金市場基金，投資所得的回收即可馬上再投資。例如，在時間 1，從投資方案 C 所得的正的現金流量可以立刻再投資方案 B。Finco 公司不能借貸資金，所以在任何時間可用來投資的可用現金係受限於手上擁有的現金。建立在時間 3 手邊現金極大化的 LP 模式。

解 Finco 必須決定在每一個投資方案 (包括現金市場資金) 必須投資多少現金。因此，我們定義決策變數如下：

$A =$ 投資方案 A 的投資金額
$B =$ 投資方案 B 的投資金額
$C =$ 投資方案 C 的投資金額
$D =$ 投資方案 D 的投資金額
$E =$ 投資方案 E 的投資金額
$S_t =$ 在時間 t，投資在現金市場資金的金額 $(t = 0, 1, 2)$

Finco 公司希望在時間 3 極大化手上的現金，在時間 3，Finco 的手邊現金為在

表 3-38

	在時間點的現金流 ($)			
	0	1	2	3
A	− 1	+ 0.50	+ 1	0
B	0	− 1	+ 0.50	+ 1
C	− 1	+ 1.2	0	0
D	− 1	0	0	+ 1.9
E	0	0	− 1	+ 1.5

註：時間 0 =現在；時間 1 =從現在起 1 年後；時間 2 =從現在起 2 年後；時間 3 =從現在起 4 年後。

時間 3 所有的現金流之和。從投資方案 A － E 的描述及時間 2 到時間 3 的事實，S_2 將會增加至 $1.08S_2$，

$$時間 3 手邊擁有的現金 = B + 1.9D + 1.5E + 1.08S_2$$

因此，Finco 公司的目標函數為

$$\max z = B + 1.9D + 1.5E + 1.08S_2 \tag{62}$$

在多階段的財務模式中，下面條件的型態可以用來在不同階段決策變數的關係：

時間 t 可用的現金 ＝時間 t 的投資現金
　　　　　　　　　＋在時間 t 沒有投資一直保存到時間 $t + 1$

如果我們將現金市場基金當做投資，我們可得

$$在時間 t 的可用現金 = 在時間 t 的投資現金 \tag{63}$$

因為投資方案 A、C、D 及在時間 0 的可用金額為 S_0，且在時間 0 有 \$100,000 可用，式 (63) 在時間 0 變成

$$100{,}000 = A + C + D + S_0 \tag{64}$$

在時間 1，$0.5A + 1.2C + 1.08S_0$ 可用作投資，且投資案 B 與 S_1 為可用，則針對 $t = 1$，式 (63) 變成

$$0.5A + 1.2C + 1.08S_0 = B + S_1 \tag{65}$$

在時間 2，$A + 0.5B + 1.08S_1$ 可以用來投資，且投資 E 與 S_2 可用，因此針對 $t = 2$，式 (63) 可變成

$$A + 0.5B + 1.08S_1 = E + S_2 \tag{66}$$

在任何投資 A － E 中至多有 \$75,000 可用，為了考慮這個限制，我們加上條件

$$A \leq 75{,}000 \tag{67}$$
$$B \leq 75{,}000 \tag{68}$$
$$C \leq 75{,}000 \tag{69}$$
$$D \leq 75{,}000 \tag{70}$$
$$E \leq 75{,}000 \tag{71}$$

結合式 (62) 及 (64)－(71) 與符號限制 (所有的變數 ≥ 0) 可得到下列 LP：

$$\max z = B + 1.9D + 1.5E + 1.08S_2$$
$$\text{s.t.} \quad A + C + D + S_0 = 100{,}000$$
$$0.5A + 1.2C + 1.08S_0 = B + S_1$$
$$A + 0.5B + 1.08S_1 = E + S_2$$

$$A \le 75{,}000$$
$$B \le 75{,}000$$
$$C \le 75{,}000$$
$$D \le 75{,}000$$
$$E \le 75{,}000$$
$$A, B, C, D, E, S_0, S_1, S_2 \ge 0$$

我們找到最佳解為 $z = 218{,}500$，$A = 60{,}000$，$B = 30{,}000$，$D = 40{,}000$，$E = 75{,}000$，$C = S_0 = S_1 = S_2 = 0$。因此，Finco 公司不投資在現金市場資金，在時間 0，Finco 將投資 \$60,000 在 A 及 \$40,000 在 D。此外，在時間 1，從 A 的現金流入 \$30,000 可以用來投資方案 B。最後，在時間 2，有 \$60,000 現金流入從方案 A 及有 \$15,000 現金流入從方案 B 將可投資於 E。在時間 3，Finco 公司的 \$100,000 將成長到 \$218,500。

你可能會驚訝到為什麼我們的模式能夠保證 Finco 公司在任何時間的投資都不會超過公司的可用量，這是因為每一個變數 S_i 必定為非負的原因。例如，$S_0 \ge 0$ 相等於 $100{,}000 - A - C - D \ge 0$，保證在時間 0 的投資至多 \$100,000。

實際世界的應用

利用 LP 求最佳化證券投資組合

在很多華爾街公司買賣證券問題中，Rohn (1987) 討論一個證券選擇模式，可以從證券的購買及銷售求最大化利潤，而受限制於一些條件讓公司的風險極小。參考問題 4，一個簡化這個模式的版本。

問　題

問題組 A

1. Finco 公司有一位顧問宣稱，該公司在第 3 期手頭的現金為所有投資所得的現金流入之和，而不只是得到第 3 期現金流入的那些投資。因此，他主張 Finco 的目標函數應是試解釋為什麼顧客是不對的。

$$\max z = 1.5A + 1.5B + 1.2C + 1.9D + 1.5E \\ + 1.08S_0 + 1.08S_1 + 1.08S_2$$

2. 試證明，Finco 目標函數還可以寫成

128 作業研究 I

$$\max z = 100{,}000 + 0.5A + 0.5B + 0.2C + 0.9D + 0.5E \\ + 0.08S_0 + 0.08S_1 + 0.08S_2$$

3. 在第 0 期，我有現金 $10,000 可以投資 A 或 B；他們的現金流量列於表 3-39。假設不投資 A 或 B 的資金將不會獲利。試建立一個 LP 可以使第 3 期的手上現金最多，你能猜出這個問題的最佳解嗎？

問題組 B

4. Steve Johnson 券商目前正想在債券市場極大化他的利潤。目前有四種債券可以購買及銷售，每種債券的出價與詢問價列在表 3-40。Steve 可以在詢問價時，每種債券可以買到 1,000 單位，且在出價時，每種債券可以賣出 1,000 個單位。在接下來的三年的每一年間，每一位要買債券的人必需付給債券擁有者現金支出如表 3-41。

　　Steve 的目標是要極大化由債券銷售價格減掉他購買債券必須付錢後的收益，受限制於每一年後所收到的錢，他的目前現金 (僅是從債券所得的現金支付而非購買或銷售債券) 為非負。假設現金支付有折扣，從現在一年後支付 $1 等於現在付出 90¢。建立一個 LP 模式可以用來極大化買及賣債券的淨利潤，且受限於前面所描述的套利交易的條件。試想為什麼我們要限制每一種債券買或賣的量？

表 3-39

時間	A	B
0	−$1	$0
1	$0.2	−$1
2	$1.5	$0
3	$0	$1.0

表 3-40

債券	出價	詢問價
1	980	990
2	970	985
3	960	972
4	940	954

表 3-41

年份	債券 1	債券 2	債券 3	債券 4
1	100	80	70	60
2	110	90	80	50
3	1,100	1,120	1,090	1,110

表 3-42

月份	現金流	月份	現金流
一月	−12	七月	−7
二月	−10	八月	−2
三月	−8	九月	15
四月	−10	十月	12
五月	−4	十一月	−7
六月	5	十二月	45

5. 有一家小型的玩具商店 Toyco 公司製做一個專案有關於 2003 年的每月現金流 (千元計)，如表 3-42 。一個負的現金流代表現金流出大於現金流入。為了付帳單， Toyco 公司將在該年初需要借現金。預借現金有二種方式：

   a. 在 1 月份，借用一個單期一年的貸款，每個月收取 1% 的利息，且在 12 月份底要付清貸款。

   b. 每個月現金可以向銀行貸款短期的信用貸款利率為 1.5%，所有短期貸款必須在 12 月份底付清。在每一個月結束，超出的現金可以賺到利息 0.4%，建立一個 LP，其解可以幫助 Toyco 極大化在 2004 年 1 月初的現金水準。

6. 考慮問題 5 ，做以下修正：每一個月， Toyco 公司可延遲一部份或全部這個月必須付的款項，這種付款方式稱為 "拉長付款"。假設付款僅能延長一個月，且必須各付拉長付款金額的 1% 懲罰。因此，若是延長一月份要付的現金付款 $10,000 ，則在二個月他必須付 $10,000 (1.01) = $10,100 。利用這個修正問題，建立一個 LP 可以幫助 Toyco 極大化在 2004 年 1 月 1 日開始手邊擁有的現金。

7. 假設我們以年利率 12% 為期 60 個月的現金借款 $1000 。假設在第 1 個月月底，第 2 個月月底，…，第 60 個月月底必須付相同的現金。我們知道只要在 Excel 輸入函數

$$= \text{PMT} (.01, 60, 1,000)$$

就會產生每個月必須付 ($22.24)。

我們亦可推導至 LP 模式來決定每個月的付款，令 P 代表(未知)的每個月付款金額。每個月我們必須付 0.01 。(目前沒有付的金額)在利息上。每個月付款後所剩金額可以用來減少未付金額。例如，假設我們每個月付 $30 。在第 1 個月月初，我們未付金額為 $1,000 。因此，在第 1 個月付款有 $10 會到利息及 $20 到未付的金額，則我們在第 2 個月月初未付的現金即為 $980 。這個技巧可以應用在 LP 模式中，來決定每個月必須付的款項，且在第 60 個月將貸款付清。

8. 你是一位 CFA (特許財務分析師)。 Madonna 找你同為她需要協助支付信用款帳單。她利用信用卡借貸金額如表 3-43 。 Madonna 願意每個月支付信用卡上限為 $5000 。假設所有信用卡的貸款必須要在 36 個月付清。 Madonna 的目標是極小化她所有付款金額。為了解這個問題，你必須了解如何計算貸款的利息。為了說明，假設 Madonna 在第 1 個月期間付給 Saks $5,000 ，則在第 2 個月月初，她在 Saks 的差額

$$20,000 - (5,000 - 0.005 (20,000))$$

這是因為在第 1 個月， Madonna 必須付給 Saks 信用卡的利息金額為 0.005 (20,000) 請協助 Madonna 求解這個問題。

表 3-43

信用卡	差額	每個月利息 (%)
Saks fifth Avenue	20,000	.5
Bloomingdale's	50,000	1
Macys	40,000	1.5

表 3-44

時間 (年)	現金流		
	專案 1	專案 2	專案 3
0	－3	－2	－2
0.5	－1	－5	－2
1	＋1.8	1.5	－1.8
1.5	1.4	1.5	1
2	1.8	1.5	1
2.5	1.8	.2	1
3	5.5	－1	6

9. Winstonco 公司正考慮投資三個專案。若全部投資在某一個專案，它會得到的現金流 (百萬元) 列在表 3-44。例如，專案 1 今天需要 $3 百萬的現金流出且從現在到 3 年後會回收 $5.5 百萬。今天我有現金 $2 百萬。在任何時間點(從今天開始 0, 0.5, 1, 1.5, 2 及 2.5 年)，若有需要，可以用利率 3.5% (每 6 個月)借款，至多到 $2 百萬。例如，若在借款之後且在時間 0 投資，1 百萬的現金將在 0.5 年後會有 $30,000 的利息。 Winstonco 公司的目標，是極大化在期間 3 時的手邊現金量。可以使用什麼樣的投資與借款策略？請記得我們可以投資分數個專案。例如，若我們在專案 3 投資 0.5 單位，則在時間 0 及 0.5。我們會有現金流出－ $1 百萬。

3.12 多階段工作排程問題

在 3.5 節，我們看到線性規劃可以解決在穩定環境下，亦即為員工排班，需求不會隨著時間改變。下面這個例子 (Wagner (1975) 的修正版本) 證明如何利用 LP 來處理當需求隨著時間改變時，為員工安排訓練課程。

例題 16　多階段工作排程問題

CSL 為一個電腦服務的連鎖店，在接下來的 5 個月，CLS 所需要的技術小時為：

月份 1 (一月)：6,000 小時
月份 2 (二月)：7,000 小時
月份 3 (三月)：8,000 小時
月份 4 (四月)：9,500 小時
月份 5 (五月)：11,000 小時

在一月的開始，有 50 個技工為 CLS 工作，每一位技術員工工作每個月至多 160 小時。為了滿足未來的需求，新的技術工人必須受訓，訓練員工需要 1 個月，在這個月的訓練中，每位受訓者必須接受有經驗的技工監督 50 個小時，每個月有經驗的技工必須支付 $2,000 (即使他或她沒有做滿 160 個小時)，在每個月的訓練，要支付受訓

者一個月 $1,000。在每個月結束後，CLS 的有經驗員工中有 5% 會離職加入 Plum 電腦公司，建立一個 LP 模式，它的解能夠讓 CLS 極小工作成本，但必須滿足接下來五個月的需求。

解　　CLS 必須決定有多少技術工人將在第 t 個月受訓 ($t = 1, 2, 3, 4, 5$)。因此，我們定義

$$x_t = \text{在第 } t \text{ 個月受訓的技術工人數 } (t = 1, 2, 3, 4, 5)$$

CLS 想要在未來五個月的極小化總勞工成本，其中

$$\text{總勞工成本} = \text{付給受訓者的成本} + \text{付給有經驗技工的成本}$$

為了表示要付給有經驗技工的成本，我們需要定義，針對 $t = 1, 2, 3, 4, 5$

$$y_t = \text{在第 } t \text{ 個月開始有經驗的技工人數}$$

則

$$\begin{aligned}\text{總勞工成本} =\ & (1{,}000x_1 + 1{,}000x_2 + 1{,}000x_3 + 1{,}000x_4 + 1{,}000x_5) \\ & + (2{,}000y_1 + 2000y_2 + 2{,}000y_3 + 2{,}000y_4 + 2{,}000y_5)\end{aligned}$$

因此，CLS 的目標函數為

$$\begin{aligned}\min z =\ & 1{,}000x_1 + 1{,}000x_2 + 1{,}000x_3 + 1{,}000x_4 + 1{,}000x_5 \\ & + 2{,}000y_1 + 2{,}000y_2 + 2{,}000y_3 + 2{,}000y_4 + 2{,}000y_5\end{aligned}$$

CLS 會面臨什麼條件？我們已經給 $y_1 = 50$，且對於 $t = 1, 2, 3, 4, 5$，CLS 必須

$$\text{保證在第 } t \text{ 月的可用技工工時} \geq \text{在第 } t \text{ 月需要的技工工時} \tag{72}$$

因為每名受訓員工需要 50 小時的技術工作時間，而每名技術技工每個月有 160 小時可用，

$$\text{第 } t \text{ 月可用技工工時} = 160y_t - 50x_t$$

現在式 (72) 可得下面五個條件：

$$\begin{array}{ll}160y_1 - 50x_1 \geq 6{,}000 & (\text{月份 1 條件}) \\ 160y_2 - 50x_2 \geq 7{,}000 & (\text{月份 2 條件}) \\ 160y_3 - 50x_3 \geq 8{,}000 & (\text{月份 3 條件}) \\ 160y_4 - 50x_4 \geq 9{,}500 & (\text{月份 4 條件}) \\ 160y_5 - 50x_5 \geq 11{,}000 & (\text{月份 5 條件})\end{array}$$

在另外一個多階段模式建立，我們需要不同期間相關變數的條件。在 CLS 問題中，了解在每 t 月開始的可用技術工人，決定在前一個月可用技術工人的人數及在前一個

月有訓練的工人數是非常的重要：

在第 t 個月開始的有訓練技工 = 在第 $(t-1)$ 個月的開始有經驗的技工
　　　　　　　　　　　　　　 + 在 $(t-1)$ 個月期間有訓練的技工
　　　　　　　　　　　　　　 − 在 $(t-1)$ 個月離職的有經驗技工

例如，在二月份，式 (73) 可得

$$y_2 = y_1 + x_1 - 0.05y_1 \text{ 或 } y_2 = 0.95y_1 + x_1$$

同樣地，針對三月份，式 (73) 可得

$$y_3 = 0.95y_2 + x_2$$

及四月份，

$$y_4 = 0.95y_3 + x_3$$

及五月份，

$$y_5 = 0.95y_4 + x_4$$

加上符號條件 $x_t \geq 0$ 及 $y_t \geq 0$ ($t = 1, 2, 3, 4, 5$)，我們可得下列 LP：

$$\begin{aligned}
\min z = &\ 1{,}000x_1 + 1{,}000x_2 + 1{,}000x_3 + 1{,}000x_4 + 1{,}000x_5 \\
&+ 2{,}000y_1 + 2{,}000y_2 + 2{,}000y_3 + 2{,}000y_4 + 2{,}000y_5
\end{aligned}$$

$$\begin{aligned}
\text{s.t.} \quad & 160y_1 - 50x_1 \geq 6{,}000 & y_1 = 50 \\
& 160y_2 - 50x_2 \geq 7{,}000 & 0.95y_1 + x_1 = y_2 \\
& 160y_3 - 50x_3 \geq 8{,}000 & 0.95y_2 + x_2 = y_3 \\
& 160y_4 - 50x_4 \geq 9{,}500 & 0.95y_3 + x_3 = y_4 \\
& 160y_5 - 50x_5 \geq 11{,}000 & 0.95y_4 + x_4 = y_5 \\
& x_t, y_t \geq 0 \quad (t = 1, 2, 3, 4, 5)
\end{aligned}$$

最佳解為 $z = 593{,}777$；$x_1 = 0$；$x_2 = 8.45$；$x_3 = 11.45$；$x_4 = 9.52$；$x_5 = 0$；$y_1 = 50$；$y_2 = 47.5$；$y_3 = 53.58$；$y_4 = 62.34$；及 $y_5 = 68.75$。

事實上，y_t 必須為整數，所以我們的答案很難解釋。這個問題是在我們的模式建立中，假設有 5% 的受僱者在每個月都會離職，因此造成將這個月的整數解變成下個月的分數，我們可以假設受僱員工在每個月的離職為靠近 5% 的整數，但這會造成這個問題不再是線性規劃問題！

問　題

問題組 A

1. 如果 $y_1 = 38$，CSL 問題的最佳解是什麼？

表 3-45

月份	電腦需求
1	800
2	1,000
3	600
4	500
5	1,200
6	400
7	800
8	600
9	400
10	500
11	800
12	600

表 3-46

月份	銷售價格($)	購買價格($)
1	3	8
2	6	8
3	7	2
4	1	3
5	4	4
6	5	3
7	5	3
8	1	2
9	3	5
10	2	5

2. 某保險公司認為未來的六個月需要以下數量的個人電腦：1月，9台；2月，5台；3月，7台；4月，9台；5月，10台；6月，5台。電腦可以用下列期間租用：一個月，二個月或三個月，每台電腦的出租費率為：租一個月 $2000，租二個月 $350；租三個月 $450。試建立一個 LP，可用來租用所需要的電腦而花費最少。你可以假設，如果一台電腦租用期超過六個月，應該按比例計算租金。例如，如果一台電腦在五月初開始租用三個月，則目標函數中應計算其租金為 $\frac{2}{3}$(450)＝$300，而不是 $450。

3. JRS 公司已經決定接下的的 12 個月，它們需要的超級電腦量列於表 3-45。為了滿足這些需求，JRS 可以以一個月，二個月或三個月租用這些超級電腦，且必須花費 $100 租用一個月的超級電腦，針對二個月的超級電腦必須花 $180，而三個月的超級電腦必須花 $250。在第一個月初，JRS 沒有任何一台超級電腦。試決定在滿足接下來的 12 個月需求下，達到最小成本的租用計畫。注意你可以假設分數的租用部數，所以若你的答案為一個月需要 140.6 部電腦，我們可以向上或向下化為近似整數 (為 141 或 140)。將對總成本影響不大。

問題組 B

4. 你擁有一間小麥的倉庫，其容量為 20,000 蒲耳式。在每一個月份的開始，你有 6,000 蒲耳式的小麥，每一個月份，小麥可以買及賣，以每 1,000 蒲耳式計，價格列在表 3-46，每個月，發生事件序列如下：

   a. 你會先觀察期初的小麥存量。
   b. 以該月份的賣出價格來銷售不超過目前存貨的任何量。
   c. 你可以儘可能購買你想要的量 (以該月的買入價格)，只要不超過倉庫大小的限制。

   你的目標是建立一個 LP 模式可以用來決定在未來的 10 個月內，如何讓賺得的利潤極大化。

總 結

線性規劃的定

一個線性規劃問題 (LP) 包含三個部份:

1. 一些決策變數 (如, x_1, x_2, $\cdots$, x_n) 的線性函數 (目標函數),目標為極大或極小。
2. 一些條件的集合 (每個條件必須為線性等式或線性不等式),可來限制決策變數的值。
3. 符號限制來指明每一個決策變數 x_j 為 (1) 變數 x_j 並定為負 —— $x_j \geq 0$;或 (2) 變數可能為正、零或負 —— x_j 為沒有限制符號 (urs)。

在目標函數的變數係數稱為變數的**目標函數係數** (objective function coefficient)。在條件上的變數係數稱為**技術性係數** (technological coeffiued),每一個條件的右邊的值稱為**右端值** (right-hand side, rhs)。

一個點簡單地為每個決策變數的特定值,一個 LP 的**可行區域** (feasible region) 包含滿足 LP 條件及符號限制的所有點。在可行區域的所有點中,擁有最大 z 值 (針對極大問題) 的任意點稱為此 LP 的**最佳解** (optimal solution)。一個 LP 可能沒有最佳解,一個最佳解,或無窮多個最佳解。

在一個 LP 的條件為**綁住條件** (binding) 若將最佳解的變數值帶入條件內,左邊值與右邊值會相等。

線性規劃問題的圖解法

任何 LP 的可行區域為**凸集合** (convex set)。若一個 LP 有最佳解,一定存在可行區域的端點 (或角點) 為此 LP 的最佳解。

我們可以利用圖解法解此有二個決策變數的 LP (極大問題) 如下:

步驟 1 圖解可行區域。

步驟 2 畫一條等利潤線。

步驟 3 平行移動此等利潤線往增加 z 的方向,在可行區域中與等利潤線交到的最後一個點即為此 LP 的最佳解。

LP 解:四種狀況

當一個 LP 被解時,下面四種狀況有一種會發生:

狀況 1 這個 LP 有唯一解。

狀況 2 這個 LP 有超過一個 (事實上有無限多個) 最佳解。這種狀況稱為**多重解**

(alternative optimal solution)。圖解法中，我們會發現當等利潤線在離開可行區域時，會整個線段會整個線段交集。

狀況 3 這個 LP 無解 (Infeasible) (它沒有可行解)。這代表可行區域不包括任意點。

狀況 4 這個 LP 為無界。這代表 (在極大問題) 在可行區域中，存在某些點有任意大的 z 值。圖形法中，我們發現一個事實，當我們移動等利潤線往增加 z 的方向移動，我們不會遺失與可行區域的交集。

建立 LP

在建立大部分的 LP 重要的步驟為正確地決定決策變數。

在任何條件，每一項必須有相同的單位。例如，當有一個符號為"原料的盎司"，而另外一個的單位不能為"原料的磅數"。

複習題

問題組 A

1. Bloomington 啤酒廠生產啤酒與小麥酒，啤酒一桶賣 \$5，小麥酒一桶賣 \$2。每生產一桶啤酒需要小麥 5 磅與啤酒花 2 磅，而生產一桶小麥酒需要小麥 2 磅與啤酒花 1 磅。總共可用的原料有小麥 60 磅與啤酒花 25 磅，試建立一個線性規劃模型來極大化公司的收益，並用圖解法求最佳解。

2. 農夫 Jones 烘培兩種蛋糕 (巧克力與香草) 作為他的收入來源。每一塊巧克力蛋糕可以賣 \$1，每一塊香草蛋糕可以賣 50¢。每一塊巧克力蛋糕需要烘培時間 20 分鐘與 4 顆蛋。每一塊香草蛋糕需要烘培時間 40 分鐘與 1 顆蛋。現共有烘培時間 8 小時與 30 顆蛋，試建立一線性規劃模型來極大化農夫 Jones 的收益，然後利用圖解法求得最佳解 (蛋糕的數量可以是分數)。

3. 我現有 \$100，以下為未來三年可選的投資案：

   投資案 A 現在每投資 \$1 可得到一年後 \$0.1 與 3 年後 \$1.3。
   投資案 B 現在每投資 \$1 可得到一年後 \$0.2 與 2 年後 \$1.1。
   投資案 C 一年後投資 \$1 可在 3 年後得到 \$1.5。

   每一年，未投資的錢可以放在市場上的基金，可以有每年 6% 的利息，每個投資案最多只能投資 \$50。請建立出一線性規劃模型來極大化我三年後手上持有的現金。

4. Sunco 公司用原油生產航空用油與燃油。每 1000 桶原油需要 \$40，然後可以蒸餾產生航空用油 500 桶與燃油 500 桶。蒸餾出來的產品可以直接販售，或更進一步的催化煉解，如果沒有更進一步的催化煉解，航空用油每 1000 桶可出售 \$60，而燃油每 1000 桶可出售 \$40。航空用油進一步的催化煉解時間每 1000 桶需要一小時且每 1000 桶可以出售 \$130，燃油進一步的催化煉解時間每 1000 桶需要 45 分鐘且每 1000 桶可以出售 \$90。每天最多只能購買原油 20,000 桶，還有每天可以用來煉解的時間只有 8 小時。請建立一個線性規劃的模型來極大化

Sunco 的利潤。

5. Finco 公司有以下可投資的投資案：

投資案 A 在時間點 0，每投資一元，我們可在時間點 1 收到 $0.1 與時間點 2 收到 $1.3 (時間點 0 ＝現在；時間點 1 ＝一年後；依此類推)。

投資案 B 在時間點 1 每投資一元，我們可在時間點 2 收到 $1.6。

投資案 C 在時間點 2 每投資一元，我們可在時間點 3 收到 $1.2。

任何時間多餘的現金可以投資在每年有 10% 利潤短期票券上。在時間點 0 我們有 $100，而在三個投資案 A，B，與 C 每個最多只能投資 $50，請建立一線性規劃模型可用來極大化 Finco 在時間點 3 的手上現金。

6. 由 Steelco 公司生產的所有鋼鐵必須達到下列規格：碳 3.2 － 3.5%；矽 1.8 － 2.5%；鎳 0.9 － 1.2%；張力強度每平方吋至少 45,000 磅，而 Steelco 生產的鋼鐵由兩種合金組成，其成本與合金的特性列於表 3-47。假設兩合金混合的鋼鐵張力強度可用兩合金混合的平均值來決定。例如，一噸的混合成的鋼鐵用 40% 合金 1 與 60% 合金 2 則其張力強度為 0.4 (42,000)＋0.6 (50,000)。利用線性規劃模型決定如何極小化生產一噸鋼鐵的成本。

7. Steelco 公司在 3 處不同的工廠製造 2 種鋼鐵。在給定的一個月中，每一個鋼鐵工廠有 200 小

表 3-47

	合金 1	合金 2
每噸成本 ($)	7	4
含矽百分比	6	4
含鎳百分比	4	2
含碳百分比	3	1
抗張強度 (psi)	20	5

表 3-48 生產一噸的鋼鐵

煉鋼廠	鋼鐵 1 成本	時間 (分)	鋼鐵 2 成本	時間 (分)
1	$10	20	$11	22
2	$12	24	$ 9	18
3	$14	28	$10	30

表 3-49

	農場 1	農場 2
玉米產量/英畝 (蒲式耳)	500	650
成本/一英畝玉米	100	120
小麥產量/英畝 (蒲式耳)	400	350
成本/一英畝小麥	90	80

時的時間可以使用高爐。因為每個工廠的高爐不同，所以生產 1 噸鋼鐵所需的時間與成本也不同，相關的成本與時間如表 3-48 所示。每個月，Steelco 必須生產至少 500 噸的鋼鐵 1 與 600 噸的鋼鐵 2。請建立一個線性規劃模型以極小化生產需要鋼鐵的成本。

8. Walnut Orchard 有兩塊田地用來種植小麥與玉米。因為土壤的條件不一樣，所以兩種田地可收成時的收益與成本也有所不同，收益與成本列在表 3-49。每一種田地有 100 英畝可以用來耕種；必須種植小麥 11,000 斗及玉米 7,000 斗。試決定一種符合這些需求而成本最低的種植計畫。如何推廣這個模型來有效地分配國家的收成品。

9. Candy Kane 化妝品公司 (CKC) 生產 Leslie 香水需要化學原料與勞工。有兩種的生產過程可以用來生產：過程 1 轉換 1 單位的勞工與 2 單位的化學原料變成 3 盎司的香水。過程 2 轉換 2 單位的勞工與 3 單位的化學原料變成 5 盎司的香水。CKC 的購買成本為 1 單位的勞工要 3 元，1 單位的化學原料要 $2。每一年，最多購買勞工 20,000 單位，化學原料 35,000 單位。在沒有廣告下，CKC 相信他們可以賣出香水 1,000 盎司，為了模擬 Leslie 香水的需求，CKC 可以僱用受人歡迎的模特兒 Jenny Nelson，Jenny 一小時要 $100，Jenny 為公司每工作一小時估計可增加 200 盎司 Leslie 香水的需求。每盎司的 Leslie 香水售價為 $5，利用線性規劃模型來決定如何極大化 CKC 的利潤。

10. Carco 公司有廣告預算 $150,000。為了增加汽車的銷售，公司考慮利用報紙與電視兩種廣告的方式。Carco 用愈多的廣告則每一增加廣告的效用就愈少，表 3-50 表示每個廣告數量所增加的新客戶數。每一個報紙廣告成本要 $1,000，每一個電視廣告成本要 $10,000，且報紙廣告最多 30 次與電視廣告最多有 15 次可用。Carco 如何能極大化靠廣告增加的新客戶數。

11. Sunco 石油公司在洛杉磯與芝加哥設有煉油廠，洛杉磯精煉廠每年可以提煉油品最多到 2 百萬桶，而芝加哥精煉廠每年最多可提煉油品 3 百萬桶。油品一旦被提煉後會被送到兩個運送點：休士頓與紐約。Sunco 估計每個運送點每年最多可以銷售 5 百萬桶。由於運送與提煉成本的不同，每百萬桶油可賺的利潤 (元) 決定於在哪個精煉廠提煉與哪個運送點售出 (見表 3-

表 3-50

	廣告次數	新客戶
報紙	1-10	900
	11-20	600
	21-30	300
電視	1-5	10,000
	6-10	5,000
	11-15	2,000

表 3-51

從	每百萬桶的利潤 ($)	
	到休士頓	到紐約
洛杉磯	20,000	15,000
芝加哥	18,000	17,000

51)，Sunco 考慮擴大每個精煉廠的提煉量，每年每增加百萬桶提煉量對洛杉磯精煉廠要花成本 $120,000，對芝加哥精煉廠要成本 150,000。利用線性規劃模型來決定如何在十年的期間極大化 Sunco 的利潤減去增產的成本值。

12. 根據一項電話調查，一市場研究團體需要接觸至少 150 位已婚女士，120 位已婚男士，100 位單身成年男士，與 110 位單身成年女士。白天打一通電話需要 $2，晚上一通電話需要 $5 (因為要較高的勞工成本)，表 3-52 列出電訪的結果。因為員工的限制，所有撥出的電話屬於晚上打的最多只能有一半。建立一個線性規劃模型來極小化完成這項調查的成本。

表 3-52

回答人員	日間電話百分比	夜間電話百分比
已婚女性	30	30
已婚男性	10	30
單身男性	10	15
單身女性	10	20
無人	40	5

13. Feedco 公司生產兩種牛的飼料，兩種飼料都完全由小麥與苜蓿組成。飼料 1 必須至少包含小麥 80%，飼料 2 必須至少包含苜蓿 60%。飼料 1 每磅賣 1.5 元，飼料 2 每磅賣 1.3 元。Feedco 能購買每磅 50¢ 的小麥至多 1,000 磅，購買每磅 40¢ 的苜蓿至多 800 磅。牛飼料的需求是沒有限制的，請建立一個線性規劃模型來極大化 Feedco 的利潤。

14. Feedco 公司 (見問題 13) 決定給予其客戶數量上的折扣 (假設他只有一個客戶)。如果客戶購買飼料 1 超過 300 磅，超過 300 磅的部分每磅只賣 $1.25。同樣地，如果客戶購買飼料 2 超過 300 磅，超過 300 磅的部分每磅只賣 $1。請修改問題 13 的線性規劃模型來建立數量折扣的狀況。(提示：為每一個飼料售價來定義其變數。)

15. Chemco 生產兩種化學藥品：A 與 B，這些化學藥品是透過兩種生產程序。程序 1 需要勞動力 2 小時與原料 1 磅來生產 2 盎司的 A 與 1 盎司的 B。程序 2 需要勞動力 3 小時與原料 2 磅來生產 3 盎司的 A 與 2 盎司的 B。現有勞動力 60 小時與原料 40 磅。A 的需求沒有限制，但是 B 只能銷售 20 盎司。A 的售價為每盎司 $16，B 的售價為每盎司 $14。任何未售出的 B 其處理成本為每盎司 $2，請建立一個線性規劃模型來極大化 Chemco 的收入減去處理成本。

16. 假設在本章 3.12 節的 CSL 電腦例子，它需要兩個月的時間來訓練一位技師，並在訓練的第二個月時每個受訓技師需要 10 小時有經驗的技師來指導。修改課本的方程式以配合這些改變。

17. Furnco 公司製造桌子與椅子。每一張桌子或椅子必須完全使用橡木或完全使用松木製作，現共有橡木 150 呎與松木 210 呎可用。生產一張桌子需要橡木 17 呎或松木 30 呎，製作一張椅子需要橡木 5 呎或松木 13 呎。每一張桌子可以賣 $40，每一張椅子可以賣 $15，請建立一個線性規劃模型以極大化收益。

18. 城市 Busville 包含三個學區，每個學區少數民族與非少數民族的學生數在表 3-53。所有的學生中，25% ($\frac{200}{800}$) 為少數民族的學生。地方法院決定該城鎮的兩所高中 (Cooley 高中與 Walt 高中) 必須要有與全鎮大約相同的非少數民族學生比例 (5%)，學區與高中之間的距離 (哩) 如表

表 3-53

校區	少數民族學生	非少數民族學生
1	50	200
2	50	250
3	100	150

表 3-54

校區	Cooley 高中	Walt Whitman 高中
1	1	2
2	2	1
3	1	1

3-54 所示。每個高中登記入學的學生必須在 300 － 500 人之間，請用線性規劃模型決定指派到各學校的學生數，以極小化學生們到學校的總距離。

19. Brady 公司生產櫃子，每週生產需要 90,000 立方呎的木材，這家公司有兩種方法取得木材。第一種方法，它可直接向外部的木材供應商購買，然後在供應商的烘乾爐烘乾。第二種方法，它可以在他的土地上砍伐原木再利用自己的鋸木廠把原木鋸成所需的木材，最後在用自己的烘乾爐烘乾木材。Brady 可以直接購買等級 1 或等級 2 的木材。等級 1 的木材成本每立方呎要 \$3 且烘乾後的可用木材為 0.7 立方呎，等級 2 的木材成本每立方呎要 \$7 且烘乾後的可用木材為 0.9 立方呎。公司砍一棵原木需要 \$3，且在砍完與烘乾完後，一棵原木的可用木材為 0.8 立方呎。Brady 自己烘乾木材的成本為每立方呎 \$4，在鋸木廠砍原木每立方呎的成本要 \$2.5。每週，鋸木廠最多能生產木材 35,000 立方呎，每週最多能購買等級 1 的木材 40,000 立方呎與等級 2 的木材 60,000 立方呎，而每週可用來烘乾木材只有 40 個小時。而烘乾 1 立方呎等級 1、等級 2 或原木所需的時間如下：等級 1 — 2 秒；等級 2 — 0.8 秒；原木 — 1.3 秒。請建立一個線性規劃模型來幫助 Brady 公司極小化每週能滿足他所需木材的成本。

20. 加拿大公園委員會控管兩大片的土地，土地 1 有 300 英畝，土地 2 有 2,100 英畝。每英畝的土地 1 可以用來種植雪松或用來打獵，或兩者共用。每英畝的土地 2 可用來種雪松或露營或兩者共用。每塊地每英畝都需要資本(以百元為單位)與勞力 (以工作天為單位) 來維持，且每種可能土地的使用利潤 (以千元為單位) 列於表 3-55，現有資本 \$150,000 與 200 個工作天的勞

表 3-55

工地	資金	勞力	利潤
1 雪松	3	0.1	0.2
1 打獵	3	0.2	0.4
1 兩者	4	0.2	0.5
2 雪松	1	0.05	0.06
2 露營	30	5	0.009
2 兩者	10	1.01	1.1

表 3-56

	團體 1 顧客	團體 2 顧客
產品 A 價值	$10	$12
產品 B 價值	$8	$15

表 3-57

產品	機器 1	機器 2
1	4	3
2	7	4

工。在不同的使用方法中，如何去配置土地才能自這兩塊土地中獲的最大的利潤。

21. Chandler 公司生產兩種競爭的產品；A 與 B。公司要把這兩樣產品賣給兩個團體的客戶：團體 1 與團體 2。每單位的 A 與 B，每個客戶給予它的價值列在表 3-56，每個客戶不是買產品 A 就是產品 B，不會同時購買兩者，一個客戶願意購買產品 A，如果他相信以下條件：

產品 A 價值－產品 A 價格 ≥ 產品 B 價值－產品 B 價格

且

產品 A 的價值－產品 A 的價格 ≥ 0

一個客戶願意去買產品 B，如果他相信以下條件：

產品 B 價值－產品 B 價格 ≥ 產品 A 價值－產品 A 價格

且

產品 B 的價值－產品 B 的價格 ≥ 0

團體 1 有 1,000 個會員，團體 2 有 1,500 個會員。Chandler 要設定每個產品的價格以確保團體 1 的會員會購買產品 A，團體 2 的會員會購買產品 B，建立一個線性規劃模型來幫助 Chandler 極大化其收益。

22. Alden 公司生產兩種產品，每種產品能由兩樣機器其中的一種來生產。每種機器生產每個產品的時間長度 (小時) 如表 3-57。每個月，每台機器可用來生產的時間有 500 小時。表 3-58 列出每個月，客戶在不同價格下願意購買每種產品的數量，公司的目標為在接下來兩個月的銷售中極大化收益。建立一個線性規劃模型來幫助達成它的目標。

表 3-58

產品	需求 第 1 個月	需求 第 2 個月	價格 第 1 個月	價格 第 2 個月
1	100	190	$55	$12
2	140	130	$65	$32

23. Kiriakis 電子公司生產三種產品，每樣產品必須在經過三種機器處理。當使用機器時，它必須由一位工人操作。在表 3-59 顯示每樣產品在每部機器上處理的時間與每項產品的利潤。現在有五部機器 1，三部機器 2 與四部機器 3 可以使用。現在公司有 10 個工人且必須決定每部機器必須配置多少工人。工廠每週開工 40 小時，且每位工人每週工作 35 個小時。請建立一個線性規劃模型讓 Kiriakis 可以指派適當的工人數去操作機器以極大化每週的利潤。(注意：工人不需要花整個星期的工作時間在單一的機器上。)

表 3-59

	產品 1	產品 2	產品 3
機器 1	2	3	4
機器 2	3	5	6
機器 3	4	7	9
利潤 ($)	6	8	10

表 3-60

DRG	利潤	診斷服務	床位一天	使用的護士	藥品
1	2,000	7	5	30	800
2	1,500	4	2	10	500
3	500	2	1	5	150
4	300	1	0	1	50

24. 紐約市立醫院處理四種門診的相關醫療 (DRG)，個別的貢獻利潤，門診服務使用 (小時)，床位使用 (天)，看護使用 (小時)，與藥品使用 (元) 都列在表 3-60，現在醫院每週可用的門診服務為 570 小時，1,000 個床位，50,000 小時的看護，與 $50,000 價值的藥品。為符合社區最低健康照顧的需求，每週必須處理至少有 10 項 DRG1，15 項 DRG2，40 項 DRG3，160 項 DRG4。用線性規劃模型來決定最佳的 DRG 組合。

25. Oliver Winery 在印第安那的 Bloomington 生產四種得獎酒品。表 3-61 顯示它們提供的利潤，所需的勞工時間，與每種酒每加侖使用貯酒槽的時間 (小時)。法律規定，每年最多只能生產 100,000 加侖的酒，現在每年最多只有 12,000 小時的勞工與 32,000 小時的貯酒槽時間可用。酒 1 每加侖平均 $\frac{1}{3}$ 年的時間放在倉庫保存；酒 2，平均為 1 年；酒 3，平均為 2 年；酒 4，平均為 3.333 年。 Winery 的倉庫能夠處理的存貨水準平均為 50,000 加侖。試決定每種酒每年要生產多少才能極大化 Oliver Winery 的利潤。

表 3-61

酒	利用 ($)	勞工 (小時)	貯酒槽 (小時)
1	6	.2	.5
2	12	.3	.5
3	20	.3	1
4	30	.5	1.5

26. 利用圖解法求下列 LP 的答案：

$$\begin{aligned} \min z = 5x_1 + &\ x_2 \\ \text{s.t.} \quad 2x_1 + &\ x_2 \geq 6 \\ x_1 + &\ x_2 \geq 4 \\ 2x_1 + 10x_2 &\geq 20 \\ x_1, x_2 &\geq 0 \end{aligned}$$

27. Grummins 引擎公司生產柴油卡車。新政府的排放標準命令三年內所製造的卡車平均每輛污染排放量不能超過 10 克。 Grummins 公司生產兩種卡車。每一輛卡車 1 可以賣 $20,000，製造成本要 $15,000，且會排放 15 克的污染。每一輛卡車 2 可以賣 $17,000，製造成本要 $14,000，且會排放 5 克的污染。生產卡車的總數量每年產量最多為 320 輛。 Grummins 知道在接下來的三年裡每年每種卡車最多能夠出售的數量列於表 3-62。

因此，第三年最多只有 300 輛的卡車 1 能被賣掉，需求可能由之前的生產或當年的生產

表 3-62　對卡車的最大需求

年份	卡車型 1	卡車型 2
1	100	200
2	200	100
3	300	150

來達成。持有每輛卡車的存貨成本每年為 $2,000，請建立一個線性規劃模型來幫助 Grummins 極大化這三年裡的利潤。

28. 請描述下列 LP 的所有最佳解：

$$\min z = 4x_1 + x_2$$
$$\text{s.t.} \quad 3x_1 + x_2 \geq 6$$
$$4x_1 + x_2 \geq 12$$
$$x_1 \geq 2$$
$$x_1, x_2 \geq 0$$

29. Juiceco 製造兩樣產品：高價柳橙汁與一般柳橙汁，兩種產品皆由兩種等級的柳橙組合製成：等級 6 與等級 3。高價柳橙汁的等級平均至少要有 5，而一般柳橙汁至少要有 4。在接下來的兩個月，Juiceco 每個月最多可以賣出高級柳橙汁 1,000 加侖與一般柳橙汁 2,000 加侖。高級柳橙汁每加侖售價為 $1，而一般柳橙汁每加侖售價為 80¢。在第一個月月初，Juiceco 有等級 6 的柳橙 3,000 加侖與等級 3 的柳橙 2,000 加侖。在第二個月月初，Juiceco 可以以每加侖 40¢ 的價格購買額外的等級 3 柳橙，每加侖 60¢ 的價格購買額外等級 6 的柳橙。柳橙汁會在月底腐壞，所以不會在第一個月製造額外的柳橙汁來配合第二個月的需求，而第一個月剩餘的柳橙可用來生產第二個月的柳橙汁。第一個月底保鮮剩餘等級 3 的柳橙每加侖需要 5¢，而等級 6 每加侖需要 10¢。不論生產高價或一般的柳橙汁，柳橙的成本為每加侖要 10¢。建立一個線性規劃模型來極大化 Juiceco 在下兩個月的利潤 (收入－成本)。

30. 利用圖解法求下列線性規劃問題的解：

$$\max z = 5x_1 - x_2$$
$$\text{s.t.} \quad 2x_1 + 3x_2 \geq 12$$
$$x_1 - 3x_2 \geq 0$$
$$x_1 \geq 0, x_2 \geq 0$$

31. 利用圖解法求出下列 LP 所有的解：

$$\min z = x_1 - 2x_2$$
$$\text{s.t.} \quad x_1 \geq 4$$
$$x_1 + x_2 \geq 8$$
$$x_1 - x_2 \leq 6$$
$$x_1, x_2 \geq 0$$

32. Eastinghouse 每天再下列三種時段生產電容器：8 A.M.－4 P.M.，4 P.M.－午夜，午夜－8 A.M.。表 3-63 列有每個時段付給工人的時薪，每個時段每個電容器製造的價格，與每個時段裡製壞的電容器數量。公司 25 名工人每位都可指派到三個時段中的任一個。一位工人可在一個時段裡生產 10 個電容器，但因為機器上的限制，每個時段最多不能超過 10 位工人。每天最多可賣出的電容器數量為 250 個且每天平均製壞的電容器數量不能超過 3 個。請架構一線

表 3-63

時段	每小時薪水	缺點 (每個電容器)	價格
8 A.M.－4 P.M.	$12	4	$18
4 P.M.－午夜	$16	3	$22
午夜－8 A.M.	$20	2	$24

性規劃模型來極大化 Eastinghouse 每天的利潤 (銷售收入－勞工成本)。

33. 利用圖解法求出下列 LP 所有的解：

$$\max z = 4x_1 + x_2$$
$$\text{s.t.} \quad 8x_1 + 2x_2 \leq 16$$
$$x_1 + x_2 \leq 12$$
$$x_1, x_2 \geq 0$$

34. Airco 公司在接下來的三個月裡必須準時滿足下列冷氣機的需求：第一個月，300；第二個月，400；第三個月，500。冷氣機可在紐約或洛杉磯製造。在洛杉磯製造一台冷氣機需要有技術勞工 1.5 小時，在紐約則需要 2 小時。在洛杉磯製造一台冷氣機成本為 $400，在紐約則需要 $350。每個月中每個城市可用有技術勞工時間有 420 小時，持有一台冷氣機的存貨每月的成本需要 $100。在第一個月初，Airco 有 200 台冷氣機庫存，請建立一個線性規劃模型，其解答能告訴 Airco 在下面三個月中，能極小化成本且能達到冷氣機的需求數量下。

35. 將以下問題建立一個為線性規劃的問題：一位溫室的技工計畫競標一項可以為城市公園提供花卉的工作。他將在三種設計中使用鬱金香，水仙與有花矮樹。第一種設計使用鬱金香 30 株，水仙 20 株與有花矮樹 10 棵。第二種設計使用鬱金香 10 株，水仙 40 株與有花矮樹 3 棵。第三種設計使用鬱金香 20 株，水仙 50 株與有花矮樹 2 棵。第一種設計每株有 $50 的淨利，第二種設計每株有 $30，第三種設計的淨利每株有 $60。現在他有鬱金香 1000 株，水仙 800 株，與有花矮樹 100 棵，每項設計各要有多少才能有最大的利潤。

36. 如果加上下列兩項條件，試解釋在問題 35 你建立的模型會有什麼改變：
 a. 第一種設計的數量不能超過第二種設計的數量。
 b. 每一項設計都必須至少要五個。

37. 利用圖解法求解下列 LP：

$$\min z = 6x_1 + 2x_2$$
$$\text{s.t.} \quad 3x_1 + 2x_2 \geq 12$$
$$2x_1 + 4x_2 \geq 12$$
$$x_2 \geq 1$$
$$x_1, x_2 \geq 0$$

38. 我們生產兩種產品：產品 1 與產品 2 (在機器 1 與機器 2 上生產)。使用機器與勞工的時間 (小時) 與機器與產品有關，它們的關係列在表 3-64。每生產一單位產品的成本列在表 3-65。可用的勞工時數與機器時數在表 3-66。

在這個月中至少會生產有 200 單位的產品 1 與 240 單位的產品 2。且機器 1 至少會生產一半的產品 1，機器 2 至少會生產一半的產品 2。決定如何才能達到我們每月的需求且能極小化成本。

表 3-64

	產品1 機器1	產品2 機器1	產品1 機器2	產品2 機器2
機器時間	0.7	0.75	0.8	0.9
勞工	0.75	0.75	1.2	1

表 3-65

產品1 機器1	產品2 機器1	產品1 機器2	產品2 機器2
$1.50	$0.40	$2.20	$4.00

表 3-66

資源	可用小時
機器1	200
機器2	200
勞工	400

表 3-67

	產品1	產品2
機器1	0.6	0.4
機器2	0.4	0.3
原料1	2	1
原料2	1	2

39. Carrotco 公司製造兩種產品：產品 1 與產品 2。每單位的產品都必須透過機器 1 與機器 2 的製造且都需要用到原料 1 與原料 2，所有資源的使用列在表 3-67。

　　因此，生產一單位的產品 1 用到 0.6 單位的機器 1 時間，0.4 單位的機器 2 時間，2 單位的原料 1 與 1 單位的原料 2。每個產品每單位的售價與每個產品的需求量如表 3-68 所示。

　　購買每單位的原料 1 的成本為 $4 且製造每單位的原料 2 為 $5，原料購買的數量沒有限制。現在有 200 單位機器 1 的時間與 300 單位機器 2 的時間可用，試決定如何能極大化 Carrotco 的利潤。

40. 有一公司組裝兩種產品：A 與 B。產品 A 每單位售價 $11，而產品 B 每單位售價 $23。一個單位的產品 A 需要組裝線 1 花兩個小時與需要 1 單位的原料。每單位的產品 B 需要 2 單位的原料，1 單位的產品 A，與 2 小時的組裝線 2。組裝線 1 現有可用時間 1,300 小時，組裝線 2 有可用時間 500 小時。原料每單位可以用 $5 購買或用 2 小時的組裝線 1 來生產 (不用任

表 3-68

	產品1	產品2
需求	400	300
售價	30	35

表 3-69

	合約	
項目	Ann	Ben
退休帳戶	50	40
房屋	20	30
避暑別墅	15	10
投資	10	10
雜項資產	5	10

第 3 章 線性規劃序論 145

何金錢)，決定如何極大化利潤。

41. Ann 與 Ben 準備要離婚且要決定如何分配他們共有的資產：退休帳戶，房屋，避暑別墅，投資，與雜項資產。初期，Ann 與 Ben 被告知的分配有 100 項的資產，他們資產分配表如表 3-69。

    假設所有的資產是可分割的 (即每項資產可以以分數的形式給每個人)，則這些資產要如何分配？有兩項準則規範資產的分配：

    準則 1 每個人必須以同樣多項的資產結束分配。以避免任何一人忌妒另一方。
    準則 2 Ann 與 Ben 收到的總資產數目必須能極大化。

    如果資產不能在人們之間分割，會產生什麼問題？

42. Eli Daisy 公司在洛杉磯與印地安那波里製造兩種藥品。製造每一種藥品每一磅的成本列在表 3-70，每種藥品在每個城市所需機器製造的時間 (小時) 示於表 3-71。

    Daisy 每週必須生產至少 1,000 磅的藥品 1 與 2,000 磅的藥品 2。公司現在印地安那波里的機器使用時間每週有 500 小時與在洛杉磯的機器使用時間為每週 400 小時，決定如何才能極小化生產所需的藥品的成本。

    表 3-70

城市	藥物 1 成本 ($)	藥物 2 成本 ($)
印地安那波里	4.10	4.50
洛杉磯	4.00	5.20

    表 3-71

城市	藥物 1 成本 ($)	藥物 2 成本 ($)
印地安那波里	.2	.3
洛杉磯	.24	.33

43. Daisy 公司也在紐約與芝加哥生產 Wozac。每個月在紐約最多可生產 30 單位且在芝加哥最多可生產 35 單位。表 3-72 顯示每月在每個地點生產一個單位的成本，表 3-73 顯示的客戶需求量必須滿足。

    持有一個單位存貨的成本表示在表 3-74 (以期末存貨計算)。

    在第一個月月初，我們有 Wozac 存貨 10 單位。試決定接下來三個月成本極小化的計畫表。

    表 3-72

	成本 ($)	
月份	紐約	洛山磯
1	8.62	8.40
2	8.70	8.75
3	8.90	9.00

    表 3-73

月份	需求量 (單位)
1	50
2	60
3	40

    表 3-74

月份	持有成本 ($)
17	0.26
2	0.12
3	0.12

44. 你現在在管理 Dawson Creed 煉油廠，此煉油廠從原油中提煉汽油與熱油。汽油每桶售價 $11 且平均必須至少要有等級 9 以上。熱油每桶售價 $6 且平均必須至少要有等級 7 以上。汽油能被銷售的最多為 2,000 桶且能被銷售的熱油最多為 600 桶。

要煉解的原油能利用三種方法中的一種來煉解，每種煉解方法煉解每桶油的成本與每桶油產生的相關資料如表 3-75 所示。

例如，如果我們用方法 1 來煉解一桶原油，它需要成本 $3.4 且會產生等級 6 的油品 0.2 桶，等級 8 的油品 0.2 桶，與等級 10 的油品 0.6 桶，這些成本都包含購買的成本。

在生產成為汽油或熱油之前，等級 6 與等級 8 的油品必須再經過催化精煉提昇其品質。每一桶等級 6 的油品精煉變為一桶等級 8 的油品需要 $1，每一桶等級 8 的油品精煉變為一桶等級 10 的油品要 $1.5，試決定如何極大化此煉解廠的利潤。

表 3-75

方法	6	8	10	成本 (每桶 $)
1	.2	.3	.5	3.40
2	.3	.4	.3	3.00
3	.4	.4	.2	2.60

等級

45. 現在我們擁有 100 股的股票 1 到股票 10，我們以前買入股票的原始價格，現在股票的價格，與已後期望的價格列示在表 3-76。

我們今天需要一些錢且準備賣出一些持有的股票。資本利得的稅率為 30%。如果我們賣出 50 股的股票 1，則必須要支付稅金 0.3*50 (30 − 20)= $150，每次交易我們也必須支付手續費 1%。因此我們賣出 50 股的股票 1 會產生手續費 0.01*50*30 = $15。在扣除稅金與手

表 3-76

股票	持有股分	購買時	目前	一年後
1	100	20	30	36
2	100	25	34	39
3	100	30	43	42
4	100	35	47	45
5	100	40	49	51
6	100	45	53	55
7	100	50	60	63
8	100	55	62	64
9	100	60	64	66
10	100	65	66	70
稅率 (%)	0.3			
交易成本 (%)	0.01			

價格

續費後，我們必須在賣出我的股票後手上保留 $30,000。我的們目標為極大化一年後手中持有股票的期望市值 (稅前)，我們應該賣出什麼股票？假設可以賣出分數股的股票。

問題組 B

46. 紐約國家銀行營業時間為週一至週五的 9 A.M 至 5 P.M。依過去的經驗，銀行了解到它需要的出納員數量如表 3-77。銀行目前僱用兩種出納員，全職出納員工作週一至週五的 9 A.M 到 5 P.M，除了午餐時間休息一小時。(銀行決定全職員工午餐時間一定要在中午 1 P.M 至 2 P.M。全職員工資為 $8/小時 (包括額外福利與午餐時間)。銀行也可僱用兼職的出納員，每位兼職出納員每天必須連續工作 3 小時，且工資為 $5/小時 (且不會收到額外的福利)。為維持適當的服務品質，銀行決定最多僱用五位兼職出納員。請建立一線性規劃模型用來最小化的成本且必須達到出納員數量的需求。用 LP 解出的答案來試驗如何接近決定僱用勞工的最小成本政策。

47. 紐約的警察局有 30 位警察，每位警察一週工作五天。在一週中犯罪率每天都會波動，所以警察值班需求的數目決定於一週中不同的日子：週六，28；週日，18；週一，18；週二，24；週三，25；週四，16；週五，21。警察局想要規劃使不連續休假的警察數達到極小。試建立一個線性規劃模型來達成這個目標。(提示：每天都有一個限制式會用來確保適當的員警數不會在當天工作。)

48. Alexis Cornby 做她平日買賣玉米的日子。在一月一日，她有玉米 50 噸與 $1,000。在每個月的第一天 Alexis 每噸可以以下價錢購買玉米：一月，$300；二月，$350；三月，$400；四月，$500。每個月的最後一天，Alexis 每噸可以用下列價錢出售玉米一月，$250；二月，$400；三月，$350；四月，$550。Alexis 最多在倉庫儲存她的玉米 100 噸，她在購買玉米時必須全部以現金支付。利用線性規劃決定如何使 Alexis 能極大化她在四月底手上的現金。

49. 在第一個月初，Finco 有現金 400 元。在第 1，2，3，與 4 個月初，Finco 在支付帳單之後會收到確定的收入 (見表 3-78)。任何剩下來的錢能以每月 0.1% 的利率投資一個月；每月 0.5% 的利率投資兩個月；每月 1% 的利率投資三個月；或每月 2% 的利率投資四個月。利用線性規劃決定投資的策略以極大化第五個月月初手上的現金。

表 3-77

時間期間	需要的出納員數
9 － 11	4
10 － 1	3
11 －正午	4
正午－ 1	6
1 － 2	5
2 － 3	6
3 － 4	8
4 － 5	8

表 3-78

月份	收益 ($)	帳單 ($)
1	400	600
2	800	500
3	300	500
4	300	250

50. 城市 1 一天產生 500 噸的垃圾，城市 2 每天產生 400 噸的垃圾。垃圾必須在焚化爐 1 或焚化爐 2 燃燒，且每個焚化爐每天最多能處理垃圾 500 噸。焚燒垃圾的成本在焚化爐 1 為每噸 $40，焚化爐 2 為每噸 $30。焚燒可使每噸垃圾減少為殘渣 0.2 噸，這些殘渣必須傾倒在兩座掩埋廠中的一座。每座掩埋廠每天最多收殘渣 200 噸，運送一噸物品 (不論殘渣或垃圾) 每哩成本要 $3。每個點之間的距離列在表 3-79。建立一個線性規劃模型可以用來極小化處理兩座城市垃圾的總成本。

表 3-79

城市	焚化爐 1	焚化爐 2
1	30	5
2	36	42

焚化爐	掩埋廠 1	掩埋廠 2
1	5	8
2	9	6

51. Silicon Valley 公司 (Silvco) 製造電晶體，而製造電晶體的重要步驟為在鎔爐融化鍺 (電晶體的主要成分)。不幸地，融化的過程產生品質變異性很大的鍺。

有兩種方法可以用來融化鍺；方法 1 生產一個電晶體的成本為 $50，方法 2 生產一個電晶體的成本為 $70。用方法 1 與方法 2 生產鍺的品質列在表 3-80。Silvco 可以再融化鍺來改進它的品質。每再融化一個電晶體的鍺成本為 $25，再融化過程的結果示於表 3-81。Silvco 有足夠的鎔爐量來融化或再融化鍺但每月最多 20,000 個電晶體。Silvco 每月等級 4 的電晶體

表 3-80

融化鍺等級	方法 1	方法 2
缺點	30	20
1	30	20
2	20	25
3	15	20
4	5	15

表 3-81

融化鍺等級	缺點	等級 1	等級 2	等級 3
缺點	30	0	0	0
1	25	30	0	0
2	15	30	40	0
3	20	20	30	50
4	10	20	30	50

為 1,000 個，等級 3 要 2,000 個，等級 2 要 3,000 個，等級 1 要 3,000 個。利用線性規劃模型來極小化所需電晶體生產的成本。

52. 一個紙類回收的工廠處理紙箱，面紙，新聞用紙，與書籍用紙，使這些變為紙漿來生產三種等級的回收紙 (等級 1，等級 2，等級 3)。每噸的價格與與四種回收物紙漿的含量在表 3-82。有兩種方法，除油墨與瀝青分解，都能用來處理四種回收物變為紙漿。任何回收物使用除油墨方法的成本每噸要 $20。除油墨過程移除了回收物 10% 的紙漿，留下 90% 原紙漿。使用瀝青分解一噸原料的成本需要 $15，瀝青分解過程移除回收物 20% 的紙漿。透過除油墨或瀝青分解方法最多處理 3,000 噸的回收物。等級 1 的再生紙只能使用新聞用紙或書籍用紙的紙漿；等級 2 的回收紙只能使用書籍用紙，面紙，或紙箱的紙漿；等級 3 的再生紙只能使用新聞用紙，面紙，或紙箱的紙漿。為達到現在的需求，公司需要 500 噸的紙漿生產等級 1 回收紙，500 噸的紙漿生產等級 2 回收紙，與 600 噸的紙將生產等級 3 的回收紙，建立一個 LP 來極小化達到紙漿需求的成本。

表 3-82

輸入	成本 ($)	紙漿含量 (%)
紙箱	5	15
面紙	6	20
新聞用紙	8	30
書用紙	10	40

53. Turkeyco 公司生產兩種火雞肉片賣給速食餐廳。每種肉片含有白肉與黑肉，肉片 1 每磅售價 $4 且包含至少 70% 白肉。肉片 2 每磅售價 $3 且必須含有至少 60% 白肉，最多只能賣 50 磅的肉片 1 與 30 磅的肉片 2。從 GobbleGobble 火雞舍購買兩種用來生產肉片的火雞，每一隻火雞 1 的成本為 $10 且可以產出白肉 5 磅與黑肉 2 磅。每一隻火雞 2 的成本為 $8 且可以產出白肉 3 磅與黑肉 3 磅。建立一個 LP 來極大化 Turkeyco 的利潤。

54. Priceler 製造轎車與貨車。接下來三個月能賣出的車輛數示於表 3-83。每輛轎車賣 $8,000 且每輛貨車賣 $9,000。製造一輛轎車的成本為 $6,000 而製造貨車一輛要成本 $7,500。持有一個月的車輛存貨為每輛轎車 $150 而貨車 $200。一個月中，最多只能生產 1,500 輛車，生產線的限制規定在第一個月所有生產車輛的三分之二必須是轎車。在第一個月月初，有轎車 200 輛與貨車 100 輛。建立一個 LP 能夠極大化 Priceler 接下來三個月的利潤。

表 3-83

月份	轎車	貨車
1	1,100	600
2	1,500	700
3	1,200	50

55. Grummins 引擎公司生產線的員工一週工作四天，一天工作 10 小時。一周裡的每一天，至少需要下列數量的員工在一條生產線上：週一至週五，7 位；週六與週日，3 位。Grummins

有 11 條的生產線需要員工，建立一個 LP 能夠極大化員工連續休假的天數。例如，一員工在週日，週一，與週三休假則它有兩天連續休假的天數。

56. 24 銀行每天營業 24 小時，出納員輪班工作兩個連續的 6 小時且每小時 $10。以下為可能的輪班表：午夜－6 A.M.，6 A.M.－正午，正午－6 P.M.，6 P.M.－午夜，在且每個輪班中進入銀行的客戶數為：午夜－6 A.M.，100；6 A.M.－正午，200；正午－6 P.M.，300；6 P.M.－午夜，200。每次輪班中每位出納員最多可服務 50 位客戶，為處理客戶不耐煩等候所需的成本，我們假設在輪班的最後被服務時銀行成本為 $5。我們假設每天到午夜時所有的客戶皆必須被服務到，所以銀行在午夜－6 A.M.開始時的客戶數為 0。建立一個 LP 可以用來極小化銀行出納員的數量的總和與客戶不耐等候的成本。

57. Transeast 航空公司飛行以下路線：L.A.－休士頓－N.Y.－邁阿密－L.A，以下為每一段航程的距離(哩)：L.A.－休士頓，1,500 哩；休士頓－N.Y.，1,700 哩；N.Y.－邁阿密，1,300 哩；邁阿密－L.A，2,700 哩。在每個站降落實，飛機可以購買最多 10,000 加侖的油。油在每個城市的價格如下：L.A.，88¢；休士頓，15¢；N.Y.，$1.05；邁阿密，95¢。飛機的油箱最多能載 12,000 加侖的油，為允許飛行所有的飛行點，我們需要每個飛行點最後的油量水平至少要有 600 加侖，每一段航程每哩要用油的加侖數為

1 + (飛行航程中的平均油量水平/2000)

為簡化問題，假設平均油量水平在每個飛行航程為：

$$\frac{(油量水平在航程起點)+(油量水平在航程終點)}{2}$$

建立一個 LP 能極小化油量的成本以完成既定行程。

58. 為處理所得稅表格，IRS 第一步送表格到資料準備部門 (DP)，用來把資訊編碼成為電腦項目。然後再送到資料分項 (DE)，用來輸入電腦。在接下來的三個月，會有以下數目的表格要處理：第一週，40,000；第二週 30,000；第三週，60,000。IRS 處理這些資料透過一週工作 40 個小時且每週支付薪水 $200。資料準備一個表格需要 15 分鐘，且資料分項一個表格需要 10 分鐘。每一週，指派到資料分項就是指派到資料準備部門。IRS 在第五週結束時必須處理完成所有的表格且要完成此目標的成本極小化。建立一個 LP 可以用來決定每週要多少員工且在接下來的五週如何來指派員工。

59. 圖 3-11 的電路圖，$I_t =$ 流過電阻器 t 的電流 (安培)，$V_t =$ 過電阻器 t 的電壓 (伏特)，且 $R_t =$ 電阻器 t 的電阻 (歐姆)。kirchoff 電壓與電流法則指出 $V_1 = V_2 = V_3$ 且 $I_1 + I_2 + I_3 = I_4$，電流流過電阻器 t 消耗能量為 $I_t^2 I_t$。歐姆法則指出 $V_t = I_t R_t$，有兩部分問題要獨立解決。

a. 假設你被告知需要 $I_1 = 4$，$I_2 = 6$，$I_3 = 8$，且 $I_4 = 18$，且電壓過每個電阻器必須介於 2 伏特與 10 伏特之間。選擇極小化所有消耗的能量。建立一個 LP 其解答可以解答你的問題。

b. 假設你被告知需要 $V_1 = 6$，$V_2 = 6$，$V_3 = 6$，與 $V_4 = 4$，且電流通過每個電阻器必須介於 2 到 6 安培，選擇極小化所有消耗的能量。建立一個 LP 其解答可以解答你的問題。(提示：用 $\frac{1}{R_t}$ 為你的決策變數。)

圖 3-11

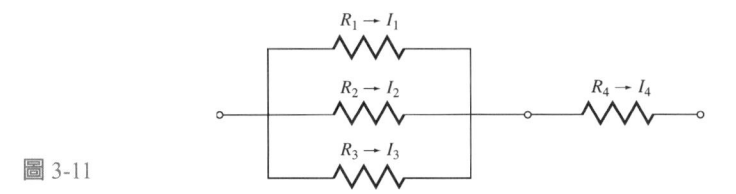

60. Llanview 的市長嘗試要決定處理法律案件需要的法官人數，當年每個月需要處理案件的數量列在表 3-84。

a. 每位法官工作所有 12 個月且每月能處理 120 個小時的案件。為避免產生積壓未處理的案件，所有案件必須在 12 月底處理完畢，建立一個 LP 其答案可以決定 Llanview 需要多少位法官。

b. 如果每位法官每年有一個月的假期，你的答案會改為如何？

表 3-84

月份	小時
一月	400
二月	300
三月	200
四月	600
五月	800
六月	300
七月	200
八月	400
九月	300
十月	200
十一月	100
十二月	300

表 3-85

月份	收入 ($)	帳單 ($)
七月	1,000	5,000
八月	2,000	5,000
九月	2,000	6,000
十月	4,000	2,000
十一月	7,000	2,000
十二月	9,000	1,000

問題組 C

61. E.J. Korvair 百貨公司有現金 $1,000，在接下來的六個月，E.J. 將會收到與支付的收入與帳單如表 3-85 所示。直到從耶誕節購買旺季時收到收入為止。很清楚地 E.J. 將會有短期現金流量的問題為了解決這個問題，E.J. 必須借款。

在七月初，E.J. 可以借出六個月的貸款。任何借六個月期的貸款必須以 9% 的利率計算且要在 12 月底還款 (提早還款不會減少任何貸款的利息成本)。E.J. 也可以達成資金的需求透過一個接一個月的借貸，任何借一個月期的貸款每月要 4% 的利息成本。利用線性規劃模型決定 E.J. 如何極小化即時付款的成本。

62. Ole 石油公司生產三種產品：燃油，汽油，飛機用油。平均辛烷值燃油至少 4.5，汽油至少 8.5，飛機用油至少 7.0。Ole 為了生產這些產品購買兩種原油：原油 1 (每桶 $12) 原油 2 (每桶 $10)，每種原油每天最多只能購買 10,000 桶。

在原油能夠用來生產製造成本前，它必須先蒸餾，每天蒸餾的原油最多 15,000 桶，蒸餾每桶原油成本要 10¢。蒸餾後的結果如下：(1) 每一桶原油 1 蒸餾出 0.6 桶揮發油，0.3 桶蒸餾油 1，與 0.1 桶蒸餾油 2。(2) 每一桶原油 2 蒸餾出 0.4 桶揮發油，0.2 桶蒸餾油 1，與 0.4 桶蒸餾油 2。蒸餾出來的揮發油只能用作生產汽油與飛機用油，而蒸餾油可以用來生產燃油或送到煉解爐 (每桶成本 15¢)。每天最多 5,000 桶蒸餾油可以送到煉解爐，每一桶蒸餾油 1 送到煉解爐後可產生 0.8 桶的煉解油 1 與 0.2 桶的煉解油 2。煉解油可以用來生產汽油與飛機用油但不能用來生產燃油。

以下為每一種油的辛烷值：揮發油，8；蒸餾油 1，4；蒸餾油 2，5；煉解油 1，9；煉解油 2，6。

所有燃油可以每桶 $14 的售價賣出；所有的汽油每桶 $18；且所有的飛機用油每桶 $16。市場考量決定每天每種油至少製造 3,000 桶。建立一個 LP 以極大化 Ole 每天的利潤。

63. Donald Rump 為 Countribank 銀行的國際貨幣基金經理人。每天 Donald 的工作就是決定銀行現行持有的美元，英鎊，馬克，與日圓以迎合每天貨幣的需求。今天各種不同貨幣的匯率在表 3-86，例如，一美元可以兌換 0.58928 英鎊，或一英鎊可以兌換 1.697 美元。

在這一天開始時，Countribank 持有的貨幣在表 3-87。

在這一天結束時，Countribank 必須持有每種貨幣的金額如表 3-88 所示。

Donald 的目標為轉換這些基金使持有的貨幣可以滿足前面的限制的最小值，且極大化當天結束時持有的美金。

計算出一英鎊的美元價值要使用兩種轉換的匯率。因此，一英鎊的價值近似於：

$$\frac{1.697 + (1/0.58928)}{2} = 1.696993 \text{ 美元}$$

表 3-86

從	到			
	美元	英鎊	馬克	日圓
美元	1	.58928	1.743	138.3
英鎊	1.697	1	2.9579	234.7
馬克	.57372	.33808	1	79.346
日圓	.007233	.00426	.0126	1

表 3-87

目前	單位 (十億)
美元	8
英鎊	1
馬克	8
日圓	0

表 3-88

目前	單位 (十億)
美元	6
英鎊	3
馬克	1
日圓	10

參考文獻

Each of the following seven books is a cornucopia of interesting LP formulations:

Bradley, S., A. Hax, and T. Magnanti. *Applied Mathematical Programming.* Reading, Mass.: Addison-Wesley, 1977.

Lawrence, K., and S. Zanakis. *Production Planning and Scheduling: Mathematical Programming Applications.* Atlanta, Ga: Industrial Engineering and Management Press, 1984.

Murty, K. *Operations Research: Deterministic Optimization Models.* Saddle River, N.J.: Prentice-Hall, 1995.

Schrage, L. *Linear Integer and Quadratic Programming With LINDO.* Palo Alto, Calif.: Scientific Press, 1986.

Shapiro, J. *Optimization Models for Planning and Allocation: Text and Cases in Mathematical Programming.* New York: Wiley, 1984.

Wagner, H. *Principles of Operations Research,* 2d ed. Englewood Cliffs, N.J.: Prentice Hall, 1975.

Williams, H. *Model Building in Mathematical Programming,* 2d ed. New York: Wiley, 1985.

Baker, K. "Scheduling a Full-Time Work Force to Meet Cyclic Staffing Requirements," *Management Science* 20(1974):1561–1568. Presents a method (other than LP) for scheduling personnel to meet cyclic workforce requirements.

Balintfy, J. "A Mathematical Programming System for Food Management Applications," *Interfaces* 6(no. 1, pt 2, 1976):13–31. Discusses menu planning models.

Carino, H., and C. Lenoir. "Optimizing Wood Procurement in Cabinet Manufacturing," *Interfaces* 18(no. 2, 1988):11–19.

Chandy, K. "Pricing in the Government Bond Market," *Interfaces* 16(1986):65–71.

Charnes, A., and W. Cooper. "Generalization of the Warehousing Model," *Operational Research Quarterly* 6(1955):131–172.

Cheung, H., and J. Auger. "Linear Programming and Land Use Allocation," *Socio-Economic Planning Science* 10(1976):43–45.

Darnell, W., and C. Loflin. "National Airlines Fuel Management and Allocation Model," *Interfaces* 7(no. 3, 1977):1–15.

Dobson, G., and S. Kalish. "Positioning and Pricing a Product Line," *Marketing Science* 7(1988):107–126.

Fabian, T. "A Linear Programming Model of Integrated Iron and Steel Production," *Management Science,* 4(1958):415–449.

Rothstein, M. "Hospital Manpower Shift Scheduling by Mathematical Programming," *Health Services Research* (1973).

Smith, S. "Planning Transistor Production by Linear Programming," *Operations Research* 13(1965):132–139.

Stigler, G. "The Cost of Subsistence," *Journal of Farm Economics* 27(1945). Discusses the diet problem.

Forgionne, G. "Corporate MS Activities: An Update," *Interfaces* 13(1983):20–23. Concerns the fraction of large firms using linear programming (and other operations research techniques).

Franklin, A., and E. Koenigsberg. "Computed School Assignments in a Large District," *Operations Research* 21(1973):413–426.

Garvin, W., et al. "Applications of Linear Programming in the Oil Industry," *Management Science* 3(1957):407–430.

Glassey, R., and V. Gupta. "An LP Analysis of Paper Recycling." In *Studies in Linear Programming,* ed. H. Salkin and J. Saha. New York: North-Holland, 1975.

Hartley, R. "Decision Making When Joint Products Are Involved," *Accounting Review* (1971):746–755.

Heady, E., and A. Egbert. "Regional Planning of Efficient Agricultural Patterns," *Econometrica* 32(1964):374–386.

Hilal, S., and W. Erickson. "Matching Supplies to Save Lives: Linear Programming the Production of Heart Valves," *Interfaces* 11(1981):48–56.

Jain, S., K. Stott, and E. Vasold. "Orderbook Balancing Using a Combination of LP and Heuristic Techniques," *Interfaces* 9(no. 1, 1978):55–67.

Krajewski, L., L. Ritzman, and P. McKenzie. "Shift Scheduling in Banking Operations: A Case Application," *Interfaces,* 10(no. 2, 1980):1–8.

Love, R., and J. Hoey, "Management Science Improves Fast Food Operations," *Interfaces,* 20(no. 2, 1990): 21–29.

Magoulas, K., and D. Marinos-Kouris. "Gasoline Blending LP," *Oil and Gas Journal* (July 18, 1988):44–48.

Moondra, S. "An LP Model for Workforce Scheduling in Banks," *Journal of Bank Research* (1976).

Myers, S., and C. Pogue. "A Programming Approach to Corporate Financial Management," *Journal of Finance* 29(1974):579–599.

Neave, E., and J. Wiginton. *Financial Management: Theory and Strategies.* Englewood Cliffs, N.J.: Prentice Hall, 1981.

Robbins, W., and N. Tuntiwonpiboon. "Linear Programming a Useful Tool in Case-Mix Management," *HealthCare Financial Management* (1989):114–117.

Robichek, A., D. Teichroew, and M. Jones. "Optimal Short-Term Financing Decisions," *Management Science* 12(1965):1–36.

Rohn, E. "A New LP Approach to Bond Portfolio Management," *Journal of Financial and Quantitative Analysis* 22(1987):439–467.

Sullivan, R., and S. Secrest. "A Simple Optimization DSS for Production Planning at Dairyman's Cooperative Creamery Association," *Interfaces* 15(no. 5, 1985):46–54.

Weingartner, H. *Mathematical Programming and the Analysis of Capital Budgeting.* Englewood Cliffs, N.J.: Prentice Hall, 1963.

4 簡捷法與目標規劃

在第 3 章,我們看到如何利用圖解法求解二個變數的線性規劃問題。不幸地是,大部份實務的線性規劃問題 (LP) 都有許多的變數,所以必需要有一個方法來解決超過二個變數的線性規劃問題。在本章,我們將用大部份的時間來探討簡捷法,此法已被用來解決較大的 LP,在許多工業上的應用,簡捷法已被用來解決上千個條件與變數的 LP。

在本章,我們解釋如何利用簡捷法找出 LP 的最佳解,我們將詳細地說明如何利用二個有用的電腦軟體 (LINDO 及 LINGO) 來解決 LP。我們也簡單地說明如何利用 Karmcrkar 方法求解 LP。在本章結束,我們會簡述目標規劃,它能讓決策者考慮多個目標函數的問題。

4.1 如何將線性規劃轉換成標準型

我們已經看到一個線性規劃問題會有等式及不等式的條件。它也有可能允許為非負的變數,且某些變數允許為沒有限制符號。在利用簡捷法求解 LP 之前,LP 必須先轉成相同的問題,其條件都是等式且所有變數都是非負的,這種型態的 LP 稱為**標準型** (standard form)。[†]

為了將 LP 轉化為標準型,每一個不等式都必須用等式來取代,我們利用下列問題來說明此一過程。

例題 1 有限制的皮革問題

皮革公司限量生產二款皮帶:豪華型與一般型,每種款式需要 1 平方碼的皮革。一般型的皮帶需要技術勞工 1 小時,而豪華型需要工時 2 小時。每週,可使用皮革 40 平方碼及工時 60 小時,每條一般型的皮帶可為公司帶來 $3 的利潤,而豪華型可賺 $4。如果我們定義

x_1 = 每週要生產豪華型皮帶的個數
x_2 = 每週要生產一般型皮帶的個數

則對應的 LP 模式為

[†] 在每章的第一部份,我們假設所有的變數都是非負的 (≥ 0),關於 urs 的問題將於 4.12 節討論。

$$\max z = 4x_1 + 3x_2 \qquad \textbf{(LP1)}$$
$$\text{s.t.} \quad x_1 + x_2 \le 40 \quad (\text{皮革條件}) \qquad \textbf{(1)}$$
$$2x_1 + x_2 \le 60 \quad (\text{工時條件}) \qquad \textbf{(2)}$$
$$x_1, x_2 \ge 0$$

我們如何將式 (1) 及 (2) 轉化成等式？針對 ≤ 條件，我們定義一個**惰變數** (slack variable) s_i (s_i = 條件 i 的惰變數)，代表條件 i 沒有被用完的量。因為會用掉 $x_1 + x_2$ 平方碼的皮革，而資源有 40 平方碼可用，我們定義 s_1 為

$$s_1 = 40 - x_1 - x_2 \quad \text{或} \quad x_1 + x_2 + s_1 = 40$$

相似地，我們定義 s_2 為

$$s_2 = 60 - 2x_1 - x_2 \quad \text{或} \quad 2x_1 + x_2 + s_2 = 60$$

可觀察到一個點 (x_1, x_2) 滿足條件 i，若且唯若 $s_i \ge 0$。例如，$x_1 = 15$，$x_2 = 20$ 滿足式 (1)，因為 $s_1 = 40 - 15 - 20 = 5 \ge 0$。

直覺地，當點 (15, 20) 時，式 (1) 被滿足，因為 $s_1 = 5$ 平方碼的皮革沒有被用完。相似地，(15, 20) 滿足式 (2)，因為 $s_2 = 60 - 2(15) - 20 = 10$ 工時沒有被用完。最後，$x_1 = x_2 = 25$ 不滿足式 (2)，因為 $s_2 = 60 - 2(25) - 25 = -15$ 表示 (15, 25) 用量超過可用工時。

總之，將式 (1) 轉為等式，我們用 $s_1 = 40 - x_1 - x_2$ (或 $x_1 + x_2 + s_1 = 40$) 取代式 (1) 且 $s_1 \ge 0$，為了將式 (2) 轉為等式，我們用 $s_2 = 60 - 2x_1 - x_2$ (或 $2x_1 + x_2 + s_2 = 60$) 取代式 (2) 且 $s_2 \ge 0$，這些可以轉化 LP 1 為

$$\max z = 4x_1 + 3x_2$$
$$\text{s.t.} \quad x_1 + x_2 + s_1 \qquad = 40 \qquad \textbf{(LP1}')$$
$$2x_1 + x_2 \qquad + s_2 = 60$$
$$x_1, x_2, s_1, s_2 \ge 0$$

LP 1′ 已是標準型了。總之，若 LP 的條件 i 為 ≤ 條件，則我們透過一個惰變數 s_i 加到條件 i 來轉化成等式，且再加上符號限制 $s_i \ge 0$。

為了說明 ≥ 條件如何轉化成等式，試考慮在 3.4 節的節食問題。

$$\min z = 50x_1 + 20x_2 + 30x_3 + 80x_4$$
$$\text{s.t.} \quad 400x_1 + 200x_2 + 150x_3 + 500x_4 \ge 500 \quad (\text{卡路里條件}) \qquad \textbf{(3)}$$
$$3x_1 + 2x_2 \qquad\qquad\qquad\qquad \ge 6 \quad (\text{巧克力條件}) \qquad \textbf{(4)}$$
$$2x_1 + 2x_2 + 4x_3 + 4x_4 \ge 10 \quad (\text{糖條件}) \qquad \textbf{(5)}$$
$$2x_1 + 4x_2 + x_3 + 5x_4 \ge 8 \quad (\text{脂肪條件}) \qquad \textbf{(6)}$$
$$x_1, x_2, x_3, x_4 \ge 0$$

為了將 ≥ 條件 i 轉化為等式，我們定義一個**超過變數** (excess variable)（有時稱為**過剩變數** (surplus variable)）e_i（e_i 通常為條件 i 的超過變數）。我們定義 e_i 為條件 i 過度滿足的量。因此，對於節食問題，

$$e_1 = 400x_1 + 200x_2 + 150x_3 + 500x_4 - 500, \quad \text{或} \tag{3$'$}$$
$$400x_1 + 200x_2 + 150x_3 + 500x_4 - e_1 = 500$$
$$e_2 = 3x_1 + 2x_2 - 6, \quad \text{或} \quad 3x_1 + 2x_2 - e_2 = 6 \tag{4$'$}$$
$$e_3 = 2x_1 + 2x_2 + 4x_3 + 4x_4 - 10, \quad \text{或} \quad 2x_1 + 2x_2 + 4x_3 + 4x_4 - e_3 = 10 \tag{5$'$}$$
$$e_4 = 2x_1 + 4x_2 + x_3 + 5x_4 - 8, \quad \text{或} \quad 2x_1 + 4x_2 + x_3 + 5x_4 - e_4 = 8 \tag{6$'$}$$

一個點 (x_1, x_2, x_3, x_4) 滿足 ≥ 條件 i 若且唯若 e_i 為非負的。例如，對於 (4$'$)，$e_2 \geq 0$ 若且唯若 $3x_1 + 2x_2 \geq 6$。舉一個數值上的例子，考慮點 $x_1 = 2$，$x_3 = 4$，$x_2 = x_4 = 0$，會滿足節食問題的四個條件。對於這個點，

$$e_1 = 400(2) + 150(4) - 500 = 900 \geq 0$$
$$e_2 = 3(2) - 6 = 0 \geq 0$$
$$e_3 = 2(2) + 4(4) - 10 = 10 \geq 0$$
$$e_4 = 2(2) + 4 - 8 = 0 \geq 0$$

考慮另一個例子，$x_1 = x_2 = 1$，$x_3 = x_4 = 0$。這個點為不可行，它違反巧克力、糖、及脂肪條件，這個點不可行是因為

$$e_2 = 3(1) + 2(1) - 6 = -1 < 0$$
$$e_3 = 2(1) + 2(1) - 10 = -6 < 0$$
$$e_4 = 2(1) + 4(1) - 8 = -2 < 0$$

因此，轉化節食問題到標準型，(3$'$) 取代 (3)；(4$'$) 取代 (4)；(5$'$) 取代 (5)；且 (6$'$) 取代 (6)，我們必須再加符號條件 $e_i \geq 0$ ($i = 1, 2, 3, 4$)。這個 LP 已經為標準型且可寫成下列模式。

$$\begin{aligned}
\min z = 50x_1 + \;& 20x_2 + 30x_3 + 80x_4 \\
\text{s.t.} \quad 400x_1 + \;& 200x_2 + 150x_3 + 500x_4 - e_1 \qquad\qquad\qquad\quad = 500 \\
3x_1 + \;& 2x_2 \qquad\qquad\qquad\quad - e_2 \qquad\qquad\quad = 6 \\
2x_1 + \;& 2x_2 + 4x_3 + 4x_4 \qquad\quad - e_3 \qquad\; = 10 \\
2x_1 + \;& 4x_2 + x_3 + 5x_4 \qquad\qquad\qquad\quad - e_4 = 8 \\
& x_i, e_i \geq 0 \quad (i = 1, 2, 3, 4)
\end{aligned}$$

總之，如果 LP 的條件 i 為 ≥ 條件，透過從條件 i 減掉一個過剩變數 e_i，再加上一個條件 $e_i \geq 0$，則它可轉化為等式。

若一個 LP 問題有 ≤ 及 ≥ 條件，則可簡單應用前述方法到每一個條件上。例如，考慮在 3.7 節，轉化短期財務規劃模式為標準型，原先的 LP 模式為

158　作業研究 I

$$\begin{aligned}
\max z = 20x_1 &+ 15x_2 \\
\text{s.t.} \quad x_1 \quad &\leq 100 \\
x_2 &\leq 100 \\
50x_1 + 35x_2 &\leq 6{,}000 \\
20x_1 + 15x_2 &\geq 2{,}000 \\
x_1, x_2 &\geq 0
\end{aligned}$$

根據上述描述過程，我們轉化 LP 為標準型將前面三個條件個別加上惰變數 s_1、s_2 及 s_3，且將條件 4 減掉過剩變數 e_4，然後再加上符號限制 $s_1 \geq 0$，$s_2 \geq 0$，$s_3 \geq 0$，且 $e_4 \geq 0$。這可得到下列 LP 的標準型：

$$\begin{aligned}
\max z = 20x_1 &+ 15x_2 \\
\text{s.t.} \quad x_1 \quad + s_1 \qquad\qquad &= 100 \\
x_2 \quad + s_2 \qquad &= 100 \\
50x_1 + 35x_2 \quad + s_3 \quad &= 6{,}000 \\
20x_1 + 15x_2 \qquad\qquad - e_4 &= 2{,}000 \\
x_i \geq 0 \ (i=1,2); \quad s_i \geq 0 \ (i=1,2,3); &\quad e_4 \geq 0
\end{aligned}$$

當然，我們可以簡單地將第四個條件的過剩變數寫成 e_1 (因為它為第一個過剩變數)，我們選擇以 e_4 取代 e_1，主要是因為 e_4 代表第四個條件的過剩變數。

問　題

問題組 A

1. 將 Giapetto 問題 (第 3 章例題 1) 轉化為標準型。
2. 將 Dorian 問題 (第 3 章例題 2) 轉化為標準型。
3. 轉化下列 LP 為標準型：

$$\begin{aligned}
\min z = 3x_1 &+ x_2 \\
\text{s.t.} \quad x_1 &\geq 3 \\
x_1 + x_2 &\leq 4 \\
2x_1 - x_2 &= 3 \\
x_1, x_2 &\geq 0
\end{aligned}$$

4.2　簡捷法的預習

假設我們已經將一個 m 個條件的 LP 問題化成標準型，假設它的標準型有 n 個變數 (為方便起見標記為 $x_1, x_2, \cdots, x_n$)，則此 LP 的標準型為：

$$\max z = c_1x_1 + c_2x_2 + \cdots + c_nx_n$$
(或 min)
$$\text{s.t.} \quad a_{11}x_1 + a_{12}x_2 + \cdots + a_{1n}x_n = b_1 \tag{7}$$
$$a_{21}x_1 + a_{22}x_2 + \cdots + a_{2n}x_n = b_2$$
$$\vdots \qquad \vdots \qquad \qquad \vdots$$
$$a_{m1}x_1 + a_{m2}x_2 + \cdots + a_{mn}x_n = b_m$$
$$x_i \geq 0 \quad (i = 1, 2, \ldots, n)$$

如果我們定義

$$A = \begin{bmatrix} a_{11} & a_{12} & \cdots & a_{1n} \\ a_{12} & a_{22} & \cdots & a_{2n} \\ \vdots & \vdots & & \vdots \\ a_{1n} & a_{m2} & \cdots & a_{mn} \end{bmatrix}$$

且

$$\mathbf{x} = \begin{bmatrix} x_1 \\ x_2 \\ \vdots \\ x_n \end{bmatrix}, \quad \mathbf{b} = \begin{bmatrix} b_1 \\ b_2 \\ \vdots \\ b_m \end{bmatrix}$$

式 (7) 的條件可寫成等式系統 $A\mathbf{x} = \mathbf{b}$。在我們繼續探討接下來的簡捷法前，我們必需先定義一個線性系統基本解的觀念。

基本及非基本變數

考慮一個 $A\mathbf{x} = \mathbf{b}$ 的系統有 m 個線性等式及 n 個變數 (假設 $n \geq m$)。

定義 ■ 一個 $A\mathbf{x} = \mathbf{b}$ 的基本解可以設定 $(n - m)$ 個變數為 0 且 m 個變數由等式求解而得，這個假設設定 $(n - m)$ 個變數為 0 可產生剩下來 m 個變數唯一的值，或對等地，此剩下來的 m 個變數為線性獨立。 ■

為了找 $A\mathbf{x} = \mathbf{b}$ 的基本解，我們選擇 $(n - m)$ 個變數的集合 [即**非基本變數** (nonbasic variables)，或 NBV] 且設這些變數為 0，則我們可解剩下來的 $n - (n - m) = m$ 個變數 [**基本變數** (basic variables)，或 BV] 滿足 $A\mathbf{x} = \mathbf{b}$。

當然，選擇不同的非基本變數會產生不同的基本解。為了說明，我們找下列二個等式及三個變數系統的所有基本解。

$$\begin{aligned} x_1 + x_2 &= 3 \\ -x_2 + x_3 &= -1 \end{aligned} \tag{8}$$

我們首先選擇一個 $3 - 2 = 1$ (3 個變數，2 個等式) 個非基本變數的集合。例如，如果 NBV = {x_3}，則 BV = {x_1, x_2}，我們透過設定 $x_3 = 0$ 可得基本變數的值，解

$$x_1 + x_2 = 3$$
$$-x_2 = -1$$

我們找到 $x_1 = 2$，$x_2 = 1$。因此，$x_1 = 2$，$x_2 = 1$，$x_3 = 0$ 為式 (8) 的基本解。然而，如果我們選擇 NBV = {x_1}，則 BV = {x_2, x_3}，可得 $x_1 = 0$，$x_2 = 3$，$x_3 = 2$。如果我們選擇 NBV = {x_2}，則可得基本解 $x_1 = 3$，$x_2 = 0$，$x_3 = -1$，讀者可自行檢查這個結果。

某些 m 個變數的集合不會產生基本解。例如，考慮下列線性系統

$$x_1 + 2x_2 + x_3 = 1$$
$$2x_1 + 4x_2 + x_3 = 3$$

若我們選擇 NBV = {x_3} 及 BV = {x_1, x_2}，則對應的基本解可由下列獲得

$$x_1 + 2x_2 = 1$$
$$2x_1 + 4x_2 = 3$$

因為這個系統沒有解，當 BV = {x_1, x_2} 時，則此系統無基本解。

可行解

對於 LP 中 $A\mathbf{x} = \mathbf{b}$ 條件，一個基本解的集合在線性規劃的理論中扮演非常重要的角色。

定義 ■ 式 (7) 中任一個基本變數，若所有的變數均為非負，稱為**基本可行解** (basic feasible solution，或 bfs)。 ■

因此，在式 (8) 的 LP 條件，基本解 $x_1 = 2$，$x_2 = 1$，$x_3 = 0$ 及 $x_1 = 0$，$x_2 = 3$，$x_3 = 2$ 為基本可行解，但基本解 $x_1 = 3$，$x_2 = 0$，$x_3 = -1$ 不為基本可行解 (因為 $x_3 < 0$)。

在本節接下來的內容，我們假設所有的 LP 為標準型。在 3.2 節，我們曾提任何一個 LP 的可行區域為凸集合，令 S 為標準型 LP 的可行區域，若所有包含 P 點的線段全部包含在 S 中且 P 為端點，則 P 稱為 S 的極端點，從此可知，一個 LP 可行區域的極端點及 LP 的基本可行解為唯一且相同，更正式地：

定理 1

一個在線性規劃可行區域上的點稱為極端點若且唯若它是此線性規劃的基本可行解。

證明定理 1 可參考 Luenburger (1984)。

為了說明極端點與基本可行解在定理 1 所敘述的關係，我們考慮在 4.1 節關於皮革有限公司的例子。在該例，LP 模式為：

$$\max z = 4x_1 + 3x_2$$
$$\text{s.t.} \quad x_1 + x_2 \leq 40 \quad \textbf{(LP 1)}$$
$$2x_1 + x_2 \leq 60 \quad \textbf{(1)}$$
$$x_1, x_2 \geq 0 \quad \textbf{(2)}$$

加上個別的惰變數 s_1 及 s_2 到式 (1) 及 (2)，我們可得 LP 的標準型：

$$\max z = 4x_1 + 3x_2$$
$$\text{s.t.} \quad x_1 + x_2 + s_1 \quad = 40$$
$$2x_1 + x_2 \quad + s_2 = 60 \quad \textbf{(LP 1}'\textbf{)}$$
$$x_1, x_2, s_1, s_2 \geq 0$$

在皮革例題中，可行區域畫在圖 4-1。二個不等式皆能滿足：(1) 在線 AB ($x_1 + x_2 = 40$) 上或下面所有的點，及 (2) 在線 CD ($2x_1 + x_2 = 60$) 上或下面所有的點。因此，LP 的可行區域為 $BECF$ 的陰影區域，在可行區域上的極端點為 $B = (0, 40)$，$C = (30, 0)$，$E = (20, 20)$，及 $F = (0, 0)$。

表 4-1 說明 LP 1' 的基本可行解與 LP 1 可行區域上極端點的對應關係，這個例子可以更清楚的說明 LP 標準型的基本可行解與 LP 極端點的自然特性。

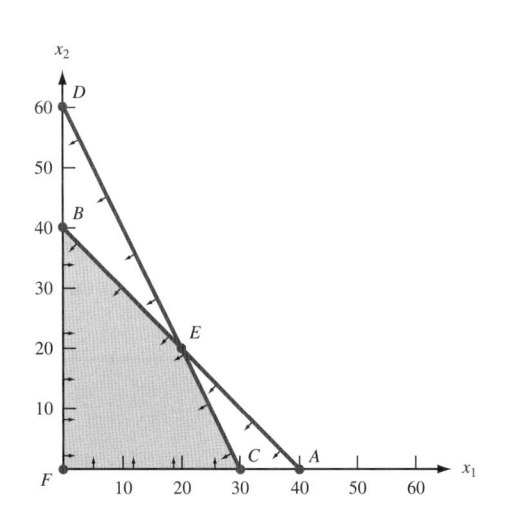

圖 4-1
皮革有限公司的可行區域

表 4-1　皮革有限公司基本可行解與角點之間的對應

基本變數	非基本變數	基本可行解	對應的角點
x_1, x_2	s_1, s_2	$s_1 = s_2 = 0, x_1 = x_2 = 20$	E
x_1, s_1	x_2, s_2	$x_2 = s_2 = 0, x_1 = 30, s_1 = 10$	C
x_1, s_2	x_2, s_1	$x_2 = s_1 = 0, x_1 = 40, s_2 = -20$	不是 bfs，因爲 $s_2 < 0$
x_2, s_1	x_1, s_2	$x_1 = s_2 = 0, s_1 = -20, x_2 = 60$	不是 bfs，因爲 $s_1 < 0$
x_2, s_2	x_1, s_1	$x_1 = s_1 = 0, x_2 = 40, s_2 = 20$	B
s_1, s_2	x_1, x_2	$x_1 = x_2 = 0, s_1 = 40, s_2 = 60$	F

在皮革有限 (LL) 公司的例子，可以很簡單地證明任何一個基本可行解 (bfs) 爲一個極端點，但反過來證明就難得多。我們現在證明對於 LL 問題，任何一個 bfs 爲極端點。在 LL 的可行區域中，任何一點可被定爲四個維度的行向量，其包含四個元素的向量，分別記爲 x_1，x_2，s_1 及 s_2，考慮一個 bfs B 其 BV $= \{x_2, s_2\}$。若 B 不是一個極端點，則必定存在二個不同的可行解 v_1 及 v_2 以及非負的常數 σ_1 及 σ_2 滿足 $0 < \sigma_i < 1$ 及 $\sigma_1 + \sigma_2 = 1$，使得

$$\begin{bmatrix} 0 \\ 40 \\ 0 \\ 20 \end{bmatrix} = \sigma_1 v_1 + \sigma_2 v_2$$

很清楚地，v_1 及 v_2 均有 $x_1 = s_1 = 0$，但因爲 v_1 及 v_2 爲可行解，在 v_1 及 v_2 中，x_2 與 s_2 的值可由 $x_2 = 40$ 及 $x_2 + s_2 = 60$ 來決定。這些等式有唯一解 (因爲對應基本變數 x_2 及 s_2 的行向量爲線性獨立)，這可證明 $v_1 = v_2$，因此 B 必定爲極端點。

在一個給定的極端點有可能超過一個以上的基本變數與其對應，若發生此種狀況，我們稱這個 LP 爲**退化** (degenerate)，參考 4.11 節，討論退化解對於簡捷法所造成的影響。

我們會很快地看到如果一個 LP 有最佳解，則一定是 bfs 爲最佳，這是非常重要的，因爲 LP 僅有有限個 bfs。因此我們找 LP 的最佳解，僅要找有限個點。因爲在任何一個 LP 的可行區域中包含無窮多個點，這對於我們有極大的幫助！

在解釋爲什麼任何一個 LP 有最佳解一定有最佳 bfs 之前，我們必須定義**無窮界限的方向** (direction of unbounded) 的觀念。

4.3　無窮界的方向

考慮一個標準型的 LP 問題，其可行區域爲 S 且條件爲 $A\mathbf{x} = \mathbf{b}$ 及 $\mathbf{x} \geq$

第 4 章 簡捷法與目標規劃 **163**

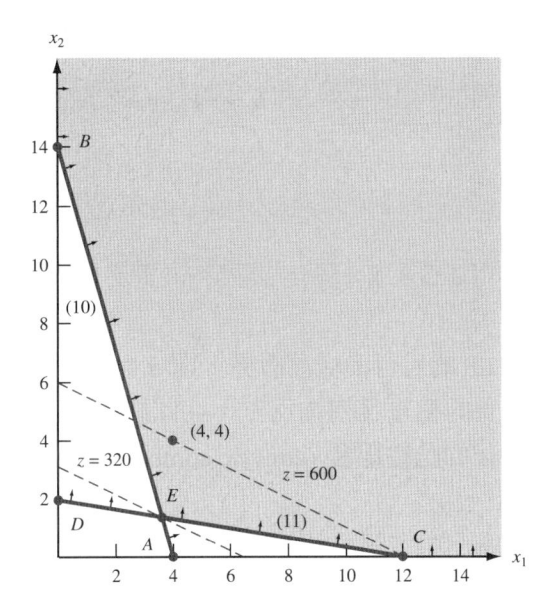

圖 4-2
Dorian 問題的圖解

0。假設 LP 模式有 n 個變數，**0** 代表 n 維向量集合所有的元素為 0 的行向量，一個非零向量 **d** 為**無界的方向向量** (direction of unboundedness)，若所有 **x** $\in S$ 及任何一個 $c \geq 0$，$\mathbf{x} + c\mathbf{d} \in S$。簡單地說，假設在 LP 可行區域內，只要我們想要往方向 **d** 任意的移動多遠都會在可行區域中。圖 4-2 顯現出在 Dorian Auto 例子中的可行區域 (第 3 章例題 2)，在標準型態 Dorian 的例題為

$$\min z = 50x_1 + 100x_2$$
$$7x_1 + 2x_2 - e_1 = 28$$
$$2x_1 + 12x_2 - e_2 = 24$$
$$x_1, x_2, e_1, e_2 \geq 0$$

在圖 4-2，如果我們從任何一個可行點開始且向右上方以 45 度方向移動，非常清楚地仍然在可行區域，這個表示

$$d = \begin{bmatrix} 1 \\ 1 \\ 9 \\ 14 \end{bmatrix}$$

為這個 LP 的無界的方向向量，它很容易證明 (見問題 6) **d** 為無界的方向向量若且唯若 $A\mathbf{d} = \mathbf{0}$ 且 $\mathbf{d} \geq \mathbf{0}$。

為了說明為什麼 LP 有最佳解為最佳的 bfs，下列代表性定理 [證明參考 Nash 及 Sofer (1996)] 是重要的觀察。

164 作業研究 I

> **定理 2**
>
> 考慮一個標準型的 LP，有 bfs $b_1, b_2, \cdots, b_k$，任何在 LP 可行區域中的點 x 可被寫成下列的型態
>
> $$x = d + \sum_{i=1}^{i=k} \sigma_i b_i$$
>
> 其中 d 為 0 或一個無界的方向向量及 $\sum_{i=1}^{i=k} \sigma_i = 1$ 且 $\sigma_i \geq 0$。

若 LP 的可行區域為有界，則 $d = 0$，且我們可以寫 $x = \sum_{i=1}^{i=k} \sigma_i b_i$，其中 σ_i 為非負的權重且相加為 1。在此狀況下，我們看到任意可行點 x 可以寫成 LP 的 bfs 的**凸性組合** (convex combination)，現在我們給有關於定理 2 的二個說明。

考慮皮革有限公司的例子，其可行區域為有界的。為說明定理 2，我們可以寫點 $G = (20, 10)$ (G 不是一個 bfs！) 在圖 4-3 為 LP 中 bfs 的凸性組合。圖 4-3 中，點 G 可以被寫成 $\frac{1}{6}F + \frac{5}{6}H$ (其中 $H = (24, 12)$)，則 H 可寫成 $0.6E + 0.4C$，把這二個關係放在一起，我們可以將 G 寫成 $\frac{1}{6}F + \frac{5}{6}(0.6E + 0.4C) = \frac{1}{6}F + \frac{1}{2}E + \frac{1}{3}C$，這表示點 G 為 LP 極端點的凸性組合。

針對一個無界的 LP，為說明定理 2，讓我們考慮第 3 章例題 2 (Dorian 的例子，見圖 4-4) 且試著表示點 $F = (14, 4)$ 透過定理 2 的表示法，考慮在 Dorian 例題中標準型態的條件為

$$7x_1 + 2x_2 - e_1 = 28$$
$$2x_1 + 12x_2 - e_2 = 24$$

從圖 4-4，我們看到將 bfs 從 C 移到點 F，我們需要往上且往右移動沿

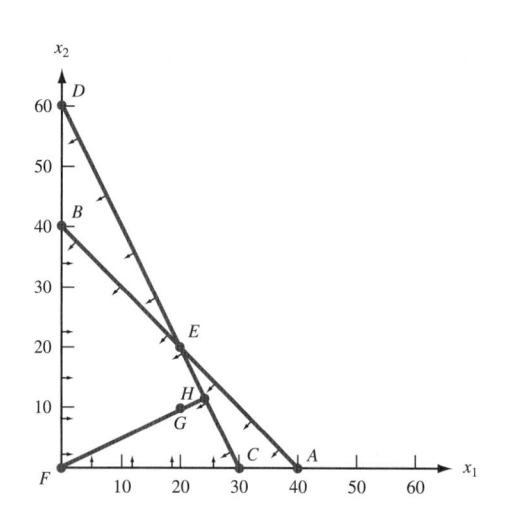

圖 4-3
(20, 10) 寫成 bfs 的凸性組合

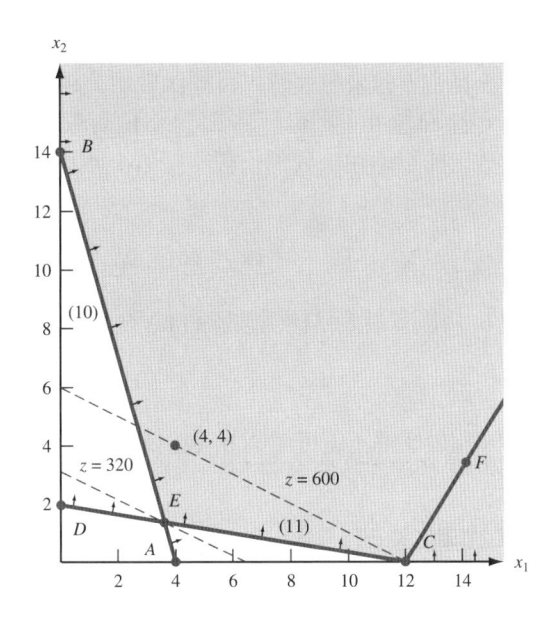

圖 4-4
$F = (14, 4)$ 利用定理 2 來表示

著線的斜率 $\frac{4-0}{14-12} = 2$，這條件相對於無界的方向。

$$\mathbf{d} = \begin{bmatrix} 2 \\ 4 \\ 22 \\ 52 \end{bmatrix}$$

令

$$\mathbf{b}_1 = \begin{bmatrix} 12 \\ 0 \\ 56 \\ 0 \end{bmatrix} \quad \text{及} \quad \mathbf{x} = \begin{bmatrix} 14 \\ 4 \\ 78 \\ 52 \end{bmatrix}$$

我們可寫 $\mathbf{x} = \mathbf{d} + \mathbf{b}$，這是一個合適的表示法。

4.4 為什麼 LP 會有一個最佳的 bfs？

考慮一個 LP 其目標函數為 $\mathbf{cx}$ 及條件 $A\mathbf{x} = \mathbf{b}$。假設這個 LP 有最佳解。我們現在描述一個事實的證明：線性規劃有最佳的 bfs。

定理 3

一個 LP 有最佳解，一定是最佳 bfs。

證明 令 $\mathbf{x}$ 為我們 LP 問題的最佳解，因為 $\mathbf{x}$ 為可行解，定理 2 告訴我們可以寫 $\mathbf{x} = \mathbf{d} + \sum_{i=1}^{i=k} \sigma_i \mathbf{b}_i$，其中 $\mathbf{d}$ 為 $\mathbf{0}$ 或無窮界的方向且 $\mathbf{b}_1, \mathbf{b}_2, \cdots, \mathbf{b}_k$ 為 LP 的 bfs

及 $\Sigma_{i=1}^{i=k} \sigma_i = 1$ 且 $\sigma_i \geq 0$。如果 $\mathbf{cd} > 0$，則對於任一個 $k > 0$，$k\mathbf{d} + \Sigma_{i=1}^{i=k} \sigma_i \mathbf{b}_i$ 為可行，且當 k 愈來愈大時，目標函數值會趨近於無窮大，這會與 LP 有最佳解相互矛盾。若 $\mathbf{cd} < 0$，則可行點 $\Sigma_{i=1}^{i=k} \sigma_i \mathbf{b}_i$ 有較大的目標函數值，這會與 $\mathbf{x}$ 為最佳解相互矛盾。簡單地說，我們已經證明若 $\mathbf{x}$ 為最佳解，則 $\mathbf{cd} = 0$。現在 $\mathbf{x}$ 的目標函數值為

$$\mathbf{cx} = \mathbf{cd} + \Sigma_{i=1}^{i=k} \sigma_i \mathbf{cb}_i = \Sigma_{i=1}^{i=k} \sigma_i \mathbf{cb}_i$$

假設 $\mathbf{b}_1$ 為擁有最大目標函數值的 bfs，因為 $\Sigma_{i=1}^{i=k} \sigma_i \mathbf{cb}_i = 1$ 且 $\sigma_i \geq 0$，

$$\mathbf{cb}_1 \geq \mathbf{cx}$$

因為 $\mathbf{x}$ 為最佳解，這可證明 $\mathbf{b}_1$ 也為最佳解，因此這個 LP 擁有最佳的 bfs。

相鄰的基本可行解

在描述較廣的簡捷法之前，我們必需定義相鄰基本可行解的觀念。

定義 ■ 對於任何一個 LP 問題有 m 個條件，二個基本可行解稱為**相鄰** (adjacent) 若其基本變數的集合有 $m - 1$ 個共同的基本變數。 ■

例如，在圖 4-3，二個基本可行解為相鄰若他們有 $2 - 1 = 1$ 個基本變數為共同的。因此，在圖 4-3 相對於點 E 的 bfs 與相對於點 C 的 bfs 相鄰。然而，點 E 與 bfs 點 F 不相鄰，直覺上，二個基本可行解為相鄰若它們在可行區域邊界的同一邊上。

我們現在給一個廣泛的描述如何利用簡捷法求解極大化的 LP 問題。

步驟 1 找 LP 的 bfs，我們稱此 bfs 為起始的基本可行解。通常，最近的 bfs 稱為目前的 bfs，所以在問題的開始，此起始的 bfs 為目前的 bfs。

步驟 2 決定此 LP 的目前 bfs 是否為最佳解。如果不是，則找擁有較大 z 值的相鄰 bfs。

步驟 3 返回步驟 2，利用新的 bfs 為目前的 bfs。

若一個標準型的 bfs 有 m 個條件及 n 個變數，則每一個非基本變數的選擇可能就是一個基本解。從 n 個變數中，選擇 $n - m$ 個非基本變數 (或 m 個基本變數)，共有

$$\binom{n}{m} = \frac{n!}{(n-m)!m!}$$

不同的方法。因此，一個 LP 至多有

$$\binom{n}{m}$$

個基本解。因為某些基本解可能不是可行解，一個 LP 至多有

$$\binom{n}{m}$$

個基本可行解，若我們從目前的 bfs 到下一個較好的 bfs (沒有重覆同一個 bfs)，則我們確定經過檢驗至多

$$\binom{n}{m}$$

個基本可行解即可找到最佳 bfs。這表示 (假設沒有 bfs 重覆) 經過有限次的計算，即可利用簡捷法找到最佳解，最後將在 4.11 節探討。

原則上，我們可以列舉所有 LP 的基本可行解且從中找到擁有最大 z 值的 bfs，問題是利用此種方法即使是很小的 LP 都可能會有很多的基本可行解。例如，一個標準的 LP 問題有 20 個變數及 10 個條件可能至多有 (若每個基本解都是可行)。

$$\binom{20}{10} = 184{,}756$$

個基本可行解。幸運地是，大部份的經驗顯示利用簡捷法求解 n 個變數，m 個條件的標準 LP 問題，一個最佳解經過檢查少於 $3m$ 個基本可行解即可找到。因此，對於一個 20 個變數，10 個條件的標準 LP 問題，簡捷法通常經過少於 $3(10) = 30$ 次即可找到最佳解，比較檢查 184,756 個基本解，簡捷法是十分有效的。

三維 LP 的幾何解釋

考慮下列 LP：

$$\begin{aligned}
\max z = \ & x_1 + 2x_2 + 2x_3 \\
\text{s.t.} \quad & 2x_1 + x_2 \le 8 \\
& x_3 \le 10 \\
& x_1, x_2, x_3 \ge 0
\end{aligned}$$

在三度空間，滿足線性不等式的點集合為**半空間** (half-space)。例如，在三度空間中滿足 $2x_1 + x_2 \le 8$ 的點集合為半空間。因此，在我們的 LP 的可行區域為下列五個半空間的交集：$2x_1 + x_2 \le 8$，$x_3 \le 10$，$x_1 \ge 0$，$x_2 \ge 0$ 及 $x_3 \ge 0$，半空間的交集稱為**多面體** (polyhedron)，在我們的 LP 可行區域為圖 4-5 的

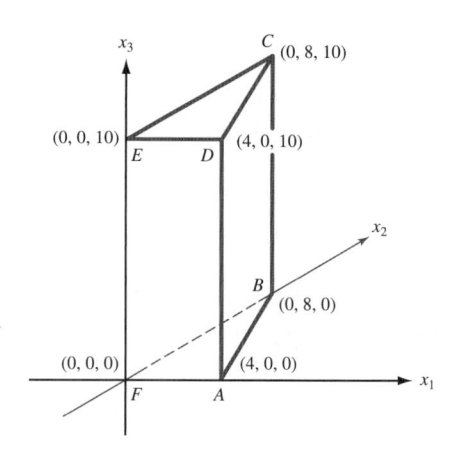

圖 4-5
3 維的可行區域

表 4-2　bfs 與角點的對應關係

基本變數	基本可行解	相對應的角點
x_1, x_3	$x_1 = 4, x_3 = 10, x_2 = s_1 = s_2 = 0$	D
s_1, s_2	$s_1 = 8, s_2 = 10, x_1 = x_2 = x_3 = 0$	F
s_1, x_3	$s_1 = 8, x_3 = 10, x_1 = x_2 = s_2 = 0$	E
x_2, x_3	$x_2 = 8, x_3 = 10, x_1 = s_1 = s_2 = 0$	C
x_2, s_2	$x_2 = 8, s_2 = 10, x_1 = x_3 = s_1 = 0$	B
x_1, s_2	$x_1 = 4, s_2 = 10, x_2 = x_3 = s_1 = 0$	A

稜柱體。

　　在可行區域的每一面代表條件 (或符號限制) 限制在每一個面上的點。例如，條件 $2x_1 + x_2 \leq 8$ 限制的點在面 $ABCD$ 上，$x_3 \geq 0$ 限制面 ABF；$x_3 \leq 10$ 限制面 DEC；$x_2 \geq 0$ 限制面 $ADEF$；$x_1 \geq 0$ 限制面 $CBFE$。

　　很明顯地，角點 (或極端點) 在 LP 的可行區域為 A、B、C、D、E 及 F。在本例，角點與 bfs 的對應列在表 4-2。

　　為了說明相鄰基本可行解的觀念，角點 A、E 及 B 為角點 F 的相鄰點。因此，如果簡捷法是從點 F 開始，則我們可以確認下一個 bfs 可能為 A、E 或 B。

問　題

問題組 A

1. 針對 Giapetto 問題 (第 3 章例題 1)，說明在標準的 LP 中，基本可行解如何對應可行區域的極端點。

2. 針對 Dorian 問題 (第 3 章例題 2)，說明在標準的 LP 中，基本可行解如何對應可行區域的極端點。

3. Widgetco 生產 2 種產品：1 及 2。每項產品需要的原料及勞力以及出售價格分別列於表 4-3。原料最多有 350 個單位，購買價格每單位為 $2，勞工最多有 400 個小時可用，購買價格每單位小時 $1.50，為了極大化利潤，Widgetco 必須解下列 LP 問題。

$$\max z = 2x_1 + 2.5x_2$$
$$\text{s.t.} \quad x_1 + 2x_2 \leq 350 \quad (\text{原料})$$
$$2x_1 + x_2 \leq 400 \quad (\text{勞工})$$
$$x_1, x_2 \geq 0$$

此處 $x_i =$ 產品 i 生產的數量，請說明角點與基本可行解對應的關係。

表 4-3

	產品 1	產品 2
原料	1 單位	2 單位
勞工	2 小時	1 小時
銷售價格	$7	$8

4. 在 Leather 有限公司的例子，將 (10, 20) 表示成 $\mathbf{cd} + \Sigma_{i=1}^{i=k} \sigma_i \mathbf{b}_i$ 的型態。

5. 在 Dorian 的例子，將 (10, 40) 表示成 $\mathbf{cd} + \Sigma_{i=1}^{i=k} \sigma_i \mathbf{b}_i$ 的型態。

問題組 B

6. 針對 LP 的標準型，條件為 $A\mathbf{x} = \mathbf{b}$ 及 $\mathbf{x} \geq \mathbf{0}$，說明 $\mathbf{d}$ 為一個無窮界的方向向量若且唯若 $A\mathbf{d} = \mathbf{0}$ 且 $\mathbf{d} \geq \mathbf{0}$。

7. 在第 3 章例題 5 為無界的 LP，找出讓目標函數可以愈來愈大的無窮界方向向量。

4.5 簡捷法

我們現在描述如何利用簡捷法求解極大化目標函數的 LP 問題。極小問題的解法將在 4.6 節討論。

簡捷法描述如下：

步驟 1 將 LP 問題化為標準型 (參考 4.1 節)。

步驟 2 從標準型中得到 bfs (如果可能)。

步驟 3 決定目前 bfs 是否為最佳解。

步驟 4 若目前不是最佳解，則決定哪些非基本變數會變成基本變數，哪些基本變數會變成非基本變數，並找出下一個新的 bfs 其擁有較佳的目標函數值。

步驟 5 利用 ERO 找出有較佳目標函數的新 bfs，回到步驟 3。

在執行簡捷法中，將目標函數

$$z = c_1x_1 + c_2x_2 + \cdots + c_nx_n$$

改寫成

$$z - c_1x_1 - c_2x_2 - \cdots - c_nx_n = 0$$

我們稱這種型態為目標函數的**第 0 列版本** (row 0 version)。

例題 2　Dakota 家具公司

Dakota 家具公司製造書桌、餐桌及椅子，製造每一種家具需要木材及二種技術工時：完工及木工，製造每種家具所需要的資源量列在表 4-4。

目前，有木材 48 呎，完工工時 20 小時以及木工工時 8 小時可用。一張書桌賣 \$60，一張餐桌賣 \$30，以及一張椅子賣 \$20。Dakota 相信書桌與椅子的需求是無限的，但至多只有 5 張書桌可賣。因為可用資源都已經購買，Dakota 想要極大總收益，定義決策變數為

$x_1 =$ 書桌的生產量
$x_2 =$ 餐桌的生產量
$x_3 =$ 椅子的生產量

Dakota 想要解決的 LP 問題如下：

$$\begin{aligned}
\max z = &\ 60x_1 + 30x_2 + 20x_3 \\
\text{s.t.} \quad &\ 8x_1 + 6x_2 + x_3 \leq 48 \quad \text{(材料條件)} \\
&\ 4x_1 + 2x_2 + 1.5x_3 \leq 20 \quad \text{(完工條件)} \\
&\ 2x_1 + 1.5x_2 + 0.5x_3 \leq 8 \quad \text{(木工條件)} \\
&\ x_2 \leq 5 \quad \text{(餐桌需求的限制)} \\
&\ x_1, x_2, x_3 \geq 0
\end{aligned}$$

表 4-4　Dakota 家具公司可用資源

資源	書桌	餐桌	椅子
木材 (呎)	8	6	1
完工工時	4	2	1.5
木工工時	2	1.5	0.5

轉化 LP 為標準型

在開始簡捷法之前，利用 4.1 節的方法將 LP 的條件化為標準型，將 LP 的目標函數轉化成第 0 列的型態。為了將條件化為標準型，我們分別在每個

第 4 章　簡捷法與目標規劃　　171

表 4-5　典型型態 0

列			基本變數
0	$z - 60x_1 - 30x_2 - 20x_3$	$= 0$	$z = 0$
1	$8x_1 + 6x_2 + x_3 + s_1$	$= 48$	$s_1 = 48$
2	$4x_1 + 2x_2 + 1.5x_3 + s_2$	$= 20$	$s_2 = 20$
3	$2x_1 + 1.5x_2 + 0.5x_3 + s_3$	$= 8$	$s_3 = 8$
4	$x_2 + s_4$	$= 5$	$s_4 = 5$

條件加上惰變數 s_1、s_2、s_3 及 s_4。我們將這些條件寫成第 1 列、第 2 列、第 3 列及第 4 列，並加上符號條件 $s_i \geq 0$ ($i = 1, 2, 3, 4$)，注意目標函數第 0 列為

$$z - 60x_1 - 30x_2 - 20x_3 = 0$$

將 1－4 列與第 0 列放在一起及符號限制形成等式與基本變數列於表 4-5。一個線性等式系統 (如同典型型態 0，列於表 4-5)，其中每一個等式有一個變數的係數為 1 在該等式 (且其他等式的係數為 0) 稱為典型型態 (canonical form)，我們很快地會看到在每個典型型態的每個條件的右端值為非負值，一個基本可行解即可目視得之。[†]

從 4.2 節，我們知道簡捷法開始於一個起始可行解且嘗試求一個好一點的解。當得到一個典型的型態後，我們可得一個起始 bfs。透過檢視，如果我們設定 $x_1 = x_2 = x_3 = 0$，可以解得 s_1、s_2、s_3 及 s_4 的值，透過假設 s_i 等於第 i 列的右端值。

$$\text{BV} = \{s_1, s_2, s_3, s_4\} \quad 及 \quad \text{NBV} = \{x_1, x_2, x_3\}$$

針對此組基本變數集合的基本可行解為 $s_1 = 48$，$s_2 = 20$，$s_3 = 8$，$s_4 = 5$，$x_1 = x_2 = x_3 = 0$。在典型型態的每一列的基本變數的係數為 1。因此，對典型型態 0，s_1 可視為第 1 列的基本變數，第 2 列為 s_2，第 3 列為 s_3 及第 4 列為 s_4。

為進行簡捷法，針對第 0 列。我們也需要一個基本變數 (雖然視得非負)。因為 z 在第 0 列的係數為 1 且 z 在其他任何列不會出現，我們將 z 視為基本變數，形式上，我們的起始典型型態的基本可行解為

$$\text{BV} = \{z, s_1, s_2, s_3, s_4\} \quad 且 \quad \text{NBV} = \{x_1, x_2, x_3\}$$

此基本可行解為 $z = 0$，$s_1 = 48$，$s_2 = 20$，$s_3 = 8$，$s_4 = 5$，$x_1 = x_2 = x_3 = 0$。

這個例子指出，若條件的右端值為非負，則惰變數可視為每一個等式的基本變數。

[†] 若一個典型型態有非負的右端值無法馬上得到，則在 4.12 及 4.13 節所敘述的技巧可以用來找出一個典型型態與一個基本可行解。

目前的基本可行解是否為最佳解？

當我們得到一個基本可行解時，我們必需決定它是否為最佳解；如果 bfs 不是最佳解，則我們必須找到起始 bfs 的一個擁有較大 z 值的相鄰 bfs。為了執行這個過程，我們必需決定是否 z 值能夠增加，當我們選擇一個非基本變數由目前的 0 增加而其他的非基本變數還是保持目前的 0 值，若我們要解 z 值時，重新安排第 0 列，則我們得到

$$z = 60x_1 + 30x_2 + 20x_3 \tag{9}$$

對於每一個非基本變數，我們利用式 (9) 來決定是否增加一個非基本變數 (且其他的非基本變數為 0) 能增加 z 值。例如，假設 x_1 增加 1 單位 (x_2 及 x_3 保持為 0)，則式 (9) 告訴我們 z 將會增加 60。相似地，若我們選擇 x_2 增加 1 單位 (x_1 與 x_3 保持為 0)，則式 (9) 告訴我們 z 會增加 30。最後，若 x_3 增加 1 單位 (x_1 與 x_2 保持為 0)，則式 (9) 告訴我們 z 會增加 20。因此，增加任何的非基本變數會增加 z 值。因為增加一單位的 x_1 會增加 z 的比例最大，我們選擇增加 x_1 從目前的零開始。若 x_1 從目前的零開始增加，則它會變成基本變數，因為這個原因，我們稱 x_1 為**進入變數** (entering variable)。由此觀察到 x_1 在第 0 列擁有最負的係數。

決定進來變數

在極大問題中，我們選擇進來變數為在第 0 列擁有最負係數的非基本變數 (當產生相同時，可隨意選擇)。因為選擇 x_1 一個單位會增加 z 值 60 單位，我們將儘可能讓 x_1 增加，什麼樣的限制會影響 x_1 增加多大？當 x_1 增加時，目前的基本變數 (s_1, s_2, s_3 及 s_4) 將會改變，這表示增加 x_1 時會造成基本變數變為負。因為這個原因，我們現在考慮增加 x_1 ($x_2 = x_3 = 0$) 如何改變目前基本變數的值。從第 1 列，我們看到 $s_1 = 48 - 8x_1$ (記得 $x_2 = x_3 = 0$)，因為符號限制 $s_1 \geq 0$ 必須滿足，我們只能增加 x_1 而一直保持 $s_1 \geq 0$，或 $48 - 8x_1 \geq 0$，或 $x_1 \leq \frac{48}{8} = 6$。從第 2 列，$s_2 = 20 - 4x_1$，我們只能增加 x_1 而一直保持 $s_2 \geq 0$，所以 x_1 必須滿足 $20 - 4x_1 \geq 0$ 或 $x_1 \leq \frac{20}{4} = 5$。從第 3 列，$s_3 = 8 - 2x_1$ 故 $x_1 \leq \frac{8}{2} = 4$。相同地，我們從第 4 列，$s_4 = 5$，因此，不管 x_1 的值是多少，s_4 永遠為非負。總之，

$$s_1 \geq 0 \quad \text{針對} \quad x_1 \leq \frac{48}{8} = 6$$

$$s_2 \geq 0 \quad \text{針對} \quad x_1 \leq \frac{20}{4} = 5$$

$$s_3 \geq 0 \quad 針對 \quad x_1 \leq \frac{8}{2} = 4$$

$$s_4 \geq 0 \quad 針對所有 x_1$$

這表示保持所有的基本變數為非負，x_1 可以增加的最大值 $x_1 = \min\{\frac{48}{8}, \frac{20}{4}, \frac{8}{2}\} = 4$。如果令 $x_1 > 4$，則 s_3 為負值，因此我們不再擁有一個基本可行解。每一列中，進來變數有正的係數限制進來變數增加的量。因此，對於每一列，進來的變數有正的係數，列的基本變數變為負當進入變數超過

$$\frac{列的右端值}{進入該列變數的係數} \tag{10}$$

在某一列中，若進來變數有非正的係數 (如 x_1 在第 4 列)，對於進來變數任何值，利用式 (10)，我們很快地可以計算出在基本變數變成負之前 x_1 的最大值。

列 1 限制 $x_1 = \dfrac{48}{8} = 6$

列 2 限制 $x_1 = \dfrac{20}{4} = 5$

列 3 限制 $x_1 = \dfrac{8}{2} = 4$

列 4 限制 $x_1 = $ 沒有限制 (圖為在第 4 列 x_1 的係數為非正)

我們可以敘述下面法則來決定進入變數能夠增加的數量。

比值法

當一個變數進入基底時，對於每個條件，當進入變數有正的係數利用式 (10) 來計算比值。有最小比值的條件稱為**比值法的贏者** (winner of the ratio test)。這個最小比值為進入變數能夠增加的最大值，它會讓目前所有基本變數保持非負。在本例，當 x_1 進入基底時，第 3 列為比值法的贏者。

求新的基本可行解：進入變數的軸運算

回到我們的例子，我們知道 x_1 最多增加為 4。當 x_1 為 4，它變成一個基本變數。從第 1 至第 4 列，若我們讓 x_1 為基本變數，則第 1 列，x_1 等於 $\frac{48}{8} = 6$；第 2 列，x_1 等於 $\frac{20}{4} = 5$；第 3 列，x_1 等於 $\frac{8}{2} = 4$。因為 x_1 沒有出現在第 4 列，x_1 不可能成為第 4 列的基本變數。因此，若我們讓 $x_1 = 4$，則它會變成第 3 列的基本變數，第 3 列為比值法的贏者說明下列法則。

進入變數當作哪一列的基本變數?

我們讓進入變數當作基本變數當該列為比值法的贏者 (有相同值時可以任意選擇)。

讓 x_1 當作第 3 列的基本變數,我們利用基本列運算讓第 3 列 x_1 的係數為 1 且其他列的係數為 0,這個過程稱為將第 3 列做**軸計算** (pivoting);且第 3 列稱為**軸列** (pivot row)。最後,x_1 取代 s_3 當第 3 列的基本變數,在軸列中包含進入基本變數的元素稱為**軸項** (pivot term),接下來的過程如第 2 章所介紹的高斯-喬登法,利用下列的 ERO 來讓 x_1 為第 3 列的基本變數。

ERO 1 利用將第 3 列乘以 $\frac{1}{2}$ 產生 x_1 在第 3 列的係數為 1,這列變成

$$x_1 + 0.75x_2 + 0.25x_3 + 0.5s_4 = 4 \tag{列 3′}$$

ERO 2 為了讓 x_1 在第 0 列的係數為 0,利用 60 (列 3′) + 列 0 取代列 0

$$z + 15x_2 - 5x_3 + 30s_3 = 240 \tag{列 0′}$$

ERO 3 為了讓 x_1 在第 1 列的係數為 0,利用 -8 (列 3′) + 列 1 取代列 1

$$-x_3 + s_1 - 4s_3 = 16 \tag{列 1′}$$

ERO 4 為了讓 x_1 在第 2 列的係數為 0,利用 -4 (列 3′) + 列 2 取代列 2

$$-x_2 + 0.5x_3 + s_2 - 2s_3 = 4 \tag{列 2′}$$

因為 x_1 沒有出現在第 4 列,我們不需要進行任何的 ERO 從第 4 列刪掉 x_1。因此,我們可以寫"新"的第 4 列 (稱它為列 4′)

$$x_2 + x_4 = 5 \tag{列 4′}$$

將第 0′ 至 4′ 列放在一起,我們得到如表 4-6 的典型型態。

從目前典型型態的每一列,可得到基本變數為

$$\text{BV} = \{z, s_1, s_2, x_1, s_4\} \quad \text{及} \quad \text{NBV} = \{s_3, x_2, x_3\}$$

因此,典型型態 1 可得到基本可行解 $z = 240$,$s_1 = 16$,$s_2 = 4$,$x_1 = 4$,$s_4 = 5$,$x_2 = x_3 = s_3 = 0$。從增加 x_1 一個單位可以增加 z 值 60 單位。我們可以從典型型態 1 預測到 z 可以增加至 240,因為 x_1 可以增 4 單位 (從 $x_1 = 0$ 至 $x_1 = 4$),我們預期

$$\begin{aligned}\text{典型型態 1 的 } z \text{ 值} &= 起始 z \text{ 值} + 4\,(60) \\ &= 0 + 240 = 240\end{aligned}$$

為了從目前的典型型態得到典型型態 1,我們必須從一個 bfs 到一個較好的 bfs (較大的 z 值),注意起始 bfs 與有改善的 bfs 為相鄰點。因為二個基本可

表 4-6 典型型態 1

列		基本變數
列 0′	$z\ +\ 15x_2\ -\ 5x_3\qquad\qquad\ +\ 30s_3\ =\ 240$	$z = 240$
列 1′	$\qquad\qquad\qquad -\ x_3\ +\ s_1\qquad -\ 4s_3\ =\ 16$	$s_1 = 16$
列 2′	$\qquad -\ x_2\ +\ 0.5x_3\qquad +\ s_2\ -\ 2s_3\ =\ 4$	$s_2 = 4$
列 3′	$x_1\ +\ 0.75x_2\ +\ 0.25x_3\qquad\qquad +\ 0.5s_3\ =\ 4$	$x_1 = 4$
列 4′	$\qquad\qquad x_2\qquad\qquad\qquad +\ s_4\ =\ 5$	$s_4 = 5$

行解有 4 − 1 = 3 個基本變數為共同的 (s_1, s_2 及 s_4)。因此，我們可以看出從一個典型型態到下一個，亦即從一個 bfs 進行至下一個更好的相鄰 bfs，這從一個 bfs 到下一個較佳相鄰 bfs 的過程稱為**簡捷法反覆** (iteration) (或有時稱為軸計算)。

我們現在試著求出一個較大的 bfs，我們開始檢查典型型態 1 (表 4-6) 看增加某些非基本變數是否增加 z 值 (另外一些非基本變數保持為 0)，重新安排列 0′ 去解 z 值得到

$$z = 240 - 15x_2 + 5x_3 - 30s_3 \tag{11}$$

從式 (11)，我們可以看出增加非基本變數 x_2 一單位 (保持 $x_3 = s_3 = 0$) 會減少 z 值 15 單位，我們不想這麼做！增加非基本變數 s_3 一個單位 (保持 $x_2 = x_3 = 0$) 會降低 z 值 30 單位，我們仍然不想這麼做！在另一方面，增加 x_3 一單位 (保持 $x_2 = s_3 = 0$) 會增加 z 值 5 單位。因此，我們選擇 x_3 進入基底是因為法則中決定進入變數為在目前第 0 列有最負的係數，因為 x_3 為在列 0′ 唯一一個有負係數的變數，所以它進入基底。

增加 x_3 一個單位將會增加 z 值 5 單位，所以我們盡可能地增加 x_3，只要讓 (s_1, s_2, x_1, 及 s_4) 保持非負，x_3 就可儘量能增加。為了決定 x_3 可增加多少，我們必須解目前的基本變數由 x_3 表示 (保持 $x_2 = s_3 = 0$)，我們得到

從列 1′：$s_1 = 16 + x_3$
從列 2′：$s_2 = 4 - 0.5x_3$
從列 3′：$x_1 = 4 - 0.25x_3$
從列 4′：$s_4 = 5$

這些等式告訴我們不管 x_3 為任何值，$s_1 \geq 0$ 及 $s_4 \geq 0$ 都能滿足，從列 2′，我們看到 $s_2 \geq 0$ 保持若 $4 - 0.5x_3 \geq 0$，或 $x_3 \leq \frac{4}{0.5} = 8$，從列 3′，$x_1 \geq 0$ 保持若 $4 - 0.25x_3 \geq 0$，或 $x_3 \leq \frac{4}{0.25} = 16$，這個說明 x_3 的最大值為 $\min\{\frac{4}{0.5}, \frac{4}{0.25}\} = 8$，這個事實仍可利用式 (10) 的討論及比值法如下：

列 1′：沒有比值 (x_3 在第 1 列的係數為負)

列 2′：$\frac{4}{0.5} = 8$

列 3′：$\dfrac{4}{0.25} = 16$

列 4′：沒有比值 (x_3 在第 4 列的係數為非正)

因此，最小比值發生在列 2′，因此列 2′ 為比值法的贏者，這代表我們可以利用 ERO 讓 x_3 為列 2′ 的基本變數。

ERO 1 產生在列 2′ 的 x_3 係數為 1，透過 2 (列 2′) 取代列 2′：

$$-2x_2 + x_3 + 2s_2 - 4s_3 = 8 \tag{列 2″}$$

ERO 2 產生在列 0′ 的 x_3 係數為 0，透過 5 (列 2)″ +列 0′ 取代列 0′

$$z + 5x_2 + 10s_2 + 10s_3 = 280 \tag{列 0″}$$

ERO 3 產生在列 1′的 x_3 係數為 0，透過列 2″ +列 1′ 取代列 1′：

$$-2x_2 + s_1 + 2s_2 - 8s_3 = 24 \tag{列 1″}$$

ERO 4 產生在列 3 的 x_3 係數為 0，透過 $-\dfrac{1}{4}$(列 2″) +列 3′ 取代列 3′

$$x_1 + 1.25x_2 - 0.5s_2 + 1.5s_3 = 2 \tag{列 3″}$$

因為 x_3 在第 4′ 列的係數已經為 0，我們可以寫成

$$x_2 + s_4 = 5 \tag{列 4″}$$

將第 0″ 至 4″ 列結合在一起列於表 4-7 的典型型態。

在典型型態 2 每一列中找尋基本變數，我們找到

$$\text{BV} = \{z, s_1, x_3, x_1, s_4\} \quad \text{且} \quad \text{NBV} = \{s_2, s_3, x_2\}$$

典型型態 2 產生下列 bfs：$z = 280$，$s_1 = 24$，$x_3 = 8$，$x_1 = 2$，$s_4 = 5$，$s_2 = s_3 = x_2 = 0$，我們能夠從增加進入變數 x_3 一單位來增加 z 值 5 單位，來預測在典型型態 2 的 $z = 280$ 且 x_3 可增加 8 單位。因此

$$\text{典型型態 2 的 } z \text{ 值} = \text{典型型態 1 的 } z \text{ 值} + 8 (5)$$
$$= 240 + 40 = 280$$

表 4-7　典型型態 2

列		基本變數
0″	$z + 5x_2 + 10s_2 + 10s_3 = 280$	$z = 280$
1″	$-2x_2 + s_1 + 2s_2 - 8s_3 = 24$	$s_1 = 24$
2″	$-2x_2 + x_3 + 2s_2 - 4s_3 = 8$	$x_3 = 8$
3″	$x_1 + 1.25x_2 - 0.5s_2 + 1.5s_3 = 2$	$x_1 = 2$
4″	$x_2 + s_4 = 5$	$s_4 = 5$

因爲典型型態 1 及 2 的 bfs 有 (除 z 外) 4 − 1 = 3 個共同基本變數 (s_1, s_4, x_1)，因此它們是相鄰的基本可行解。

現在簡捷法的第二個反覆 (或軸運算) 已完成，我們檢查典型型態 2 判斷是否還有更好的 bfs，若我們重新安排列 0″ 求解 z 值，可得

$$z = 280 − 5x_2 − 10s_2 − 10s_3 \tag{12}$$

從式 (12)，我們看到增加 x_2 一個單位 (保持 $s_2 = s_3 = 0$) 會降低 z 值 5 個單位，增加 s_2 一個單位 (保持 $s_3 = x_2 = 0$) 會降低 z 值 10 個單位；增加 s_3 一單位 (保持 $x_2 = s_2 = 0$) 會降低 z 值 10 個單位。因此，增加任何一個非基本變數都會降低 z 值。這讓我們相信從典型型態 2 目前的 bfs 爲最佳解，這事實上是正確的。爲了瞭解爲什麼，從式 (12)，我們知道在 Dakota 家具公司任何一個基本可行解必須要 $x_2 \geq 0$，$s_2 \geq 0$ 及 $s_3 \geq 0$ 且 $−5x_2 \leq 0$，$−10s_2 \leq 0$ 及 $−10s_3 \leq 0$，把這些不等式結合於式 (12)，非常清楚地任何一個基本可行解的 $z = 280 + \leq 0$ 的項次，且 $z \leq 280$，我們從典型型態 2 目前 bfs 的 z 值 = 280，所以它爲最佳解。

這表示我們可以利用下列簡單的法則來決定是否一個典型型態 bfs 爲最佳解。

目前的典型型態是否爲最佳解(極大問題)？

一個典型型態爲最佳解 (對於一個極大問題)，若每一個非基本變數在典型型態的第 0 列有非負的係數。

註解 1. 在第 0 列的決策變數係數通常稱爲變數的**降低成本** (reduced cost)。因此，在最佳解的典型型態，x_1 及 x_3 的降低成本爲 0，而 x_2 的降低成本爲 5，非基本變數的降低成本爲若我們增加非基本變數 1 單位造成 z 值降低的量 (保持其他非基本變數爲 0)。例如，變數"餐桌" (x_2) 在典型型態 2 的降低成本爲 5，從式 (12)，我們看到增加 x_2 一單位會降低 z 值 5 個單位。因爲在第 0 列，所有的基本變數 (除 z 值外) 均爲 0，所有的基本變數的降低成本爲 0，在第 5 及 6 章，我們詳細討論降低成本。

　　這一個註解只有在將非基本變數增加 1 個單位後，所有的基本變數仍然爲非負的情況下才是正確的，增加 x_2 到 1，會讓 x_1，x_3 及 s_1 均爲非負，所以我們的註解是有效的。

2. 從典型型態 2，我們看到 Dakota 家具公司問題的最佳解爲製造 2 張書桌 ($x_1 = 2$) 及 8 張椅子 ($x_3 = 8$)。因爲 $x_2 = 0$，沒有餐桌要製造，$s_1 = 24$ 是合理的，因爲僅使用 8 + 8(2) = 24 平方呎的木材。因此，有 48 − 24 = 24 平方呎沒有用完。相似地，$s_4 = 5$ 是合理的，因爲雖然最多可以生產有 5 張餐桌，但最後僅有 0 張餐桌被生產。因此，條件 4 的惰變數爲 5 − 0 = 5，因爲 $s_2 = s_3 = 0$，所有可用的完工與木工時間都用完，所以完工與木工條件爲綁住條件。

3. 我們已經選擇在第 0 列中擁有負的最小變數為進入變數，但是並不見得能夠最快速地找到最佳 bfs (參考複習題 11)。事實上，即使我們挑選最小 (絕對值) 負的係數，簡捷法最後還是會找到 LP 的最佳解。

4. 雖然任何在第 0 列係數為負的變數都可選擇進入基底，但轉軸的選擇只能透過比值測試法。為了正式地說明這個觀念，假設我們選擇 x_i 進入基底且在目前表中 x_i 為第 k 列的基本變數，則第 k 列即可寫成

$$\overline{a}_{ki}x_i + \cdots = \overline{b}_k$$

考慮在典型型態中，任何其他條件 (稱為第 j 列)，在目前典型型態的第 j 列可寫成

$$\overline{a}_{ji}x_i + \cdots = \overline{b}_j$$

如果我們將第 k 列做轉軸，則第 k 列變成

$$x_i + \cdots = \frac{\overline{b}_k}{\overline{a}_{ki}}$$

經過第 j 列轉軸後，新的第 j 列可以透過最後一個方程式乘以 $-\overline{a}_{ji}$ 加到第 j 列上，可得到一個新的第 j 列為

$$0x_i + \cdots = \overline{b}_j - \frac{\overline{b}_k \overline{a}_{ji}}{\overline{a}_{ki}}$$

我們知道經過轉軸後，每個條件的右端值必須為非負的。因此，$\overline{a}_{ki} > 0$ 必須滿足以保證第 k 列經過轉軸計算後的右端值仍為非負。假設 $\overline{a}_{ji} > 0$，則經過轉軸計算後為保證第 j 列有非負的右端值，必須有下列條件

$$\frac{\overline{b}_j - \overline{b}_k \overline{a}_{ji}}{\overline{a}_{ki}} \geq 0$$

或 (因為 $\overline{a}_{ji} > 0$)

$$\frac{\overline{b}_j}{\overline{a}_{ji}} \geq \frac{\overline{b}_k}{\overline{a}_{ki}}$$

因此，在完成轉軸後，第 k 列必須為比值法的 "贏者"，第 j 列有非負的右端值。
如果 $\overline{a}_{ji} \leq 0$，則經過轉軸後，第 j 列的右端值保證為非負的，這是因為

$$-\frac{\overline{b}_k \overline{a}_{ji}}{\overline{a}_{ki}} \geq 0$$

會成立。

如前所述，我們已經描述從一個 bfs 到另一個較佳 bfs 的過程，當最佳解已找到時這個演算法將停止，關於簡捷法的收斂特性將在第 4.11 節討論。

針對極大問題簡捷法的總結

步驟 1　將 LP 轉化為標準型。

步驟 2　找基本可行解。這個步驟很簡單，當所有的條件為 ≤ 且有非負的右端值，則在第 i 列加上惰變數 s_i 可以找出基本變數，如果 bfs 並不是很明顯可以獲得，則利用第 4.12 及 4.13 節的技巧求 bfs。

步驟 3　如果在第 0 列，所有的非基本變數的係數皆為非負，則目前的 bfs 為最佳解。若任一個變數在第 0 列的係數為負，則我們選擇負的最小進入基底，我們稱這個變數為進入變數。

步驟 4　若某一列為比值法的贏者時，利用 ERO 將此進入變數化為基本變數 (若有相同的比值，則任意選一個)，經過 ERO 後產生新的典型型態，回到步驟 3，再利用目前的典型型態。

當利用簡捷法求解問題時，每項條件的右端不可能為負 (第 0 列的右端值可為負，參考第 4.6 節)，若某項條件有負的右端值，通常是比值法的結果有誤，或是在執行 ERO 上有錯，若是一個 (或多個) 條件的右端值為負，則它不再是一個 bfs，而且利用簡捷法法則所產生的不是一個較佳的 bfs。

用簡捷法表格表示

除了將每一個變數寫在條件上，我們通常利用一個較簡單的表示法稱為**簡捷法表格** (simplex tableau)。例如，典型型態

$$
\begin{aligned}
z + 3x_1 + x_2 &= 6 \\
x_1 \qquad + s_1 &= 4 \\
2x_1 + x_2 \qquad + s_2 &= 3
\end{aligned}
$$

可以簡單地寫成表 4-8 (rhs 代表右端值)，這個格式能夠很簡單地看出基本變數：只要看在某一行中有一個元素為 1 且其他的元素為 0 (s_1 及 s_2)。當我們使用簡捷表時，可以將轉軸項圈起且將比值法的贏者用 * 表示。

表 4-8　簡捷表

z	x_1	x_2	s_1	s_2	rhs	基本變數
1	3	1	0	0	6	$z = 6$
0	1	0	1	0	4	$s_1 = 4$
0	2	1	0	1	3	$s_2 = 3$

問 題

問題組 A

1. 利用簡捷法求解 Giapetto 問題 (第 3 章例題 1)。

2. 利用簡捷法求解下列 LP：

$$\max z = 2x_1 + 3x_2$$
$$\text{s.t.} \quad x_1 + 2x_2 \leq 6$$
$$2x_1 + x_2 \leq 8$$
$$x_1, x_2 \geq 0$$

3. 利用簡捷法求解下列問題：

$$\max z = 2x_1 - x_2 + x_3$$
$$\text{s.t.} \quad 3x_1 + x_2 + x_3 \leq 60$$
$$x_1 - x_2 + 2x_3 \leq 10$$
$$x_1 + x_2 - x_3 \leq 20$$
$$x_1, x_2, x_3 \geq 0$$

4. 假設您想用簡捷法求解 Dorian 問題 (第 3 章例題 2)，會有什麼困難？

5. 利用簡捷法解下列 LP：

$$\max z = x_1 + x_2$$
$$\text{s.t.} \quad 4x_1 + x_2 \leq 100$$
$$x_1 + x_2 \leq 80$$
$$x_2 \leq 40$$
$$x_1, x_2 \geq 0$$

6. 利用簡捷法解下列 LP：

$$\max z = x_1 + x_2 + x_3$$
$$\text{s.t.} \quad x_1 + 2x_2 + 2x_3 \leq 20$$
$$2x_1 + x_2 + 2x_3 \leq 20$$
$$2x_1 + 2x_2 + x_3 \leq 20$$
$$x_1, x_2, x_3 \geq 0$$

問題組 B

7. 在簡捷法中，每一個反覆動作，建議選擇進入變數 (在極大問題) 為讓目標函數增加最大的變數。雖然這種方法通常比在第 0 列選擇負的最小當做進入變數的轉軸計算來得少，但這個會增加最大的法則通常非常難使用，為什麼？

4.6 利用簡捷法求解極小問題

利用簡捷法解極小問題，通常有二種方法。我們利用這些方法求解下列

LP：

$$\min z = 2x_1 - 3x_2$$
$$\text{s.t.} \quad x_1 + x_2 \leq 4$$
$$x_1 - x_2 \leq 6$$
$$x_1, x_2 \geq 0$$
(LP 2)

方法 1

LP 2 的最佳解為在 LP 2 的可行區域能讓 $z = 2x_1 - 3x_2$ 為最小的點 (x_1, x_2)。相同地，我們可以說 LP 2 的最佳解為在可行區域中讓 $-z = -2x_1 + 3x_2$ 達到最大的點，這代表我們可以透過解 LP 2′ 得到 LP 2 的最佳解：

$$\max -z = -2x_1 + 3x_2$$
$$\text{s.t.} \quad x_1 + x_2 \leq 4$$
$$x_1 - x_2 \leq 6$$
$$x_1, x_2 \geq 0$$
(LP 2′)

在解 LP 2′ 時，我們利用 $-z$ 作為第 0 列的基本變數，在加上惰變數 s_1 及 s_2 於二個條件後，我們得到表 4-9 的起始表。因為 x_2 為第 0 列中唯一係數為負的變數，我們讓 x_2 進入基底，比值法得到 x_2 進入第一個條件 (列 1) 的基底中，得到的表格列於表 4-10。因為在第 0 列每一個變數的係數為非負，因此這個是最佳解。因此，LP2′ 的最佳解為 $-z = 12$，$x_2 = 4$，$s_2 = 10$，$x_1 = s_1 = 0$，則 LP2 的最佳解為 $z = -12$，$x_2 = 4$，$s_2 = 10$，$x_1 = s_1 = 0$，將 x_1 與 x_2 的值代入 LP 2 的目標函數，我們得到

$$z = 2x_1 - 3x_2 = 2(0) - 3(4) = -12$$

表 4-9　LP2 的起始表──方法 1

$-z$	x_1	x_2	s_1	s_2	rhs	基本變數	比值
1	2	−3	0	0	0	$-z = 0$	
0	1	①	1	0	4	$s_1 = 4$	$\frac{4}{1} = 4^*$
0	1	−1	0	1	6	$s_2 = 6$	無

表 4-10　LP2 的最佳表──方法 1

$-z$	x_1	x_2	s_1	s_2	rhs	基本變數
1	5	0	3	0	12	$-z = 12$
0	1	1	1	0	4	$x_2 = 4$
0	2	0	1	1	10	$s_2 = 10$

表 4-11　LP2 的起始表——方法 2

z	x_1	x_2	s_1	s_2	rhs	基本變數	比值
1	−2	3	0	0	0	$z = 0$	
0	1	①	1	0	4	$s_1 = 4$	$\frac{4}{1} = 4*$
0	1	−1	0	1	6	$s_2 = 6$	無

表 4-12　LP2 的最佳表——方法 2

z	x_1	x_2	s_1	s_2	rhs	基本變數
1	−5	0	−3	0	−12	$z = -12$
0	1	1	1	0	4	$x_2 = 4$
0	2	0	1	1	10	$s_2 = 10$

總結，對於極小問題的目標函數乘以−1且將這個問題視為極大問題來解，其目標函數為−z，極大問題的最佳解即可得到極小問題的最佳解，記住(極小問題的最佳z值)＝−(極大問題的最佳目標函數值)。

方法 2

一個簡單的簡捷法修正就可以用來直接解極小問題，簡捷法的步驟 3 修正如下：如果第 0 列的所有非基本變數的係數為非正，則目前的 bfs 為最佳解。如果第 0 列中任一個非基本變數有正的係數，選擇第 0 列中"正的最大"係數的變數進入基底。

這個簡捷法的修正為可行是因為增加在第 0 列正係數的變數會降低 z 值。若我們利用這個方法來解 LP 2，則起始表列於表 4-11。因為 x_2 在第 0 列的係數為正，我們讓 x_2 進入基底，由此值法可以得到 x_2 進入基底中的第 1 列，結果列於表 4-12，因為在第 0 列變數的係數均為非正，這張表即為最佳解†。因此，LP 2 的最佳解為 $z = -12$，$x_2 = 4$，$s_2 = 10$，$x_1 = s_1 = 0$。

問　題

問題組 A

1. 利用簡捷法找出下列 LP 的最佳解：

---

† 為了看此表是否為最佳解，從第 0 列，$z = -12 + 5x_1 + 3s_1$，因為 $x_1 \geq 0$ 及 $s_1 \geq 0$，這表示 $z \geq -12$，因此，目前的 bfs ($z = -12$) 一定為最佳解。

$$\begin{aligned}\min z &= 4x_1 - x_2\\ \text{s.t.}\quad 2x_1 + x_2 &\le 8\\ x_2 &\le 5\\ x_1 - x_2 &\le 4\\ x_1, x_2 &\ge 0\end{aligned}$$

2. 利用簡捷法找出下列 LP 的最佳解：

$$\begin{aligned}\min z &= -x_1 - x_2\\ \text{s.t.}\quad x_1 - x_2 &\le 1\\ x_1 + x_2 &\le 2\\ x_1, x_2 &\ge 0\end{aligned}$$

3. 利用簡捷法找出下列問題的最佳解：

$$\begin{aligned}\min z &= 2x_1 - 5x_2\\ \text{s.t.}\quad 3x_1 + 8x_2 &\le 12\\ 2x_1 + 3x_2 &\le 6\\ x_1, x_2 &\ge 0\end{aligned}$$

4. 利用簡捷法找出下列問題的最佳解：

$$\begin{aligned}\min z &= -3x_1 + 8x_2\\ \text{s.t.}\quad 4x_1 + 2x_2 &\le 12\\ 2x_1 + 3x_2 &\le 6\\ x_1, x_2 &\ge 0\end{aligned}$$

4.7 多重最佳解

在第 3.3 節例題 3，對於某些 LP，超過一個以上的極端點為最佳解。若一個 LP 有超過一個以上的最佳解，則我們稱它為**多重最佳解** (multiple or alternative optimal solutions)，現在說明如何利用簡捷法來決定是否一個 LP 有多重最佳解。

再考慮 4.3 節的 Dakota 家具公司例子，修正桌子的售價為 $35 (參考表 4-13)。因為 x_1 的第 0 列係數為負的最小，我們選擇 x_1 進入基底，在比值法顯示 x_1 將進入第 3 列。現在僅有 x_3 在第 0 列有負的係數，所以 x_3 進入基底 (參考表 4-14)。比值法顯示 x_3 進入基底中的第 2 列，最佳表格列於表 4-15。在第 4.3 節，這張表顯示出 Dakota 家具問題的最佳解為 $s_1 = 24$，$x_3 = 8$，$x_1 = 2$，$s_4 = 5$ 及 $x_2 = s_2 = s_3 = 0$。

所有的基本變數在第 0 列的係數為 0。然而，在我們的最佳表格中，有一個非基本變數 x_2 的第 0 列係數為 0。當 x_2 進入基底時，讓我們看看會發生什麼事，比值法顯示出 x_2 將進入基底的第 3 列，得到的表格列於表 4-16。這

表 4-13　Dakota 家具公司的起始表 ($35/桌)

z	x_1	x_2	x_3	s_1	s_2	s_3	s_4	rhs	基本變數	比值
1	−60	−35	−20	0	0	0	0	0	$z = 0$	
0	8	6	1	1	0	0	0	48	$s_1 = 48$	$\frac{48}{8} = 6$
0	4	2	1.5	0	1	0	0	20	$s_2 = 20$	$\frac{20}{4} = 5$
0	②	1.5	0.5	0	0	1	0	8	$s_3 = 8$	$\frac{8}{2} = 4*$
0	0	1	0	0	0	0	1	5	$s_4 = 5$	無

表 4-14　Dakota 家具公司的第 1 張表格 ($35/桌)

z	x_1	x_2	x_3	s_1	s_2	s_3	s_4	rhs	基本變數	比值
1	0	10	−5	0	0	30	0	240	$z = 240$	
0	0	0	−1	1	0	−4	0	16	$s_1 = 16$	無
0	0	−1	⓪.5	0	1	−2	0	4	$s_2 = 4$	$\frac{4}{0.5} = 8*$
0	1	0.75	0.25	0	0	0.5	0	4	$x_1 = 4$	$\frac{4}{0.25} = 16$
0	0	1	0	0	0	0	1	5	$s_4 = 5$	無

表 4-15　Dakota 家具公司的第 2 張 (最佳解) 表格 ($35/桌)

z	x_1	x_2	x_3	s_1	s_2	s_3	s_4	rhs	基本變數
1	0	0	0	0	10	10	0	280	$z = 280$
0	0	−2	0	1	2	−8	0	24	$s_1 = 24$
0	0	−2	1	0	2	−4	0	8	$x_3 = 8$
0	1	①.25	0	0	−0.5	1.5	0	2	$x_1 = 2*$
0	0	1	0	0	0	0	1	5	$s_4 = 5$

表 4-16　Dakota 家具公司另一個最佳解表格 ($35/桌)

z	x_1	x_2	x_3	s_1	s_2	s_3	s_4	rhs	基本變數
1	0	0	0	0	10	10	0	280	$z = 280$
0	1.6	0	0	1	1.2	−5.6	0	27.2	$s_1 = 27.2$
0	1.6	0	1	0	1.2	−1.6	0	11.2	$x_3 = 11.2$
0	0.8	1	0	0	−0.4	1.2	0	1.6	$x_2 = 1.6$
0	−0.8	0	0	0	0.4	−1.2	1	3.4	$s_4 = 3.4$

個重要的事指出因為 x_2 在最佳表格的第 0 列係數為 0，讓 x_2 進入基底不會改變第 0 列，這表示在新的第 0 列所有變數都有非負的係數。因此，我們新表格仍為最佳解。因為在轉軸過程中並無改變 z 值，另一個 Dakota 事例的多重最佳解為 $z = 280$，$s_1 = 27.2$，$x_3 = 11.2$，$x_2 = 1.6$，$s_4 = 3.4$，及 $x_1 = s_3 = s_2 = 0$。

總結來說，如果桌子賣 $35，Dakota 透過生產 2 張書桌及 8 張椅子或生產 1.6 張桌子及 11.2 張椅子，能夠從銷售上獲得 $280 的收益。因此，Dakota 有多重最佳極點。

在第 3 章曾經提到，能夠證明說連接二個最佳極點的線段仍是最佳解。為說明此例，寫下二個最佳極點：

$$\text{最佳極點 1} = \begin{bmatrix} x_1 \\ x_2 \\ x_3 \end{bmatrix} = \begin{bmatrix} 2 \\ 0 \\ 8 \end{bmatrix}$$

$$\text{最佳極點 2} = \begin{bmatrix} x_1 \\ x_2 \\ x_3 \end{bmatrix} = \begin{bmatrix} 0 \\ 1.6 \\ 11.2 \end{bmatrix}$$

因此，當 $0 \leq c \leq 1$，

$$\begin{bmatrix} x_1 \\ x_2 \\ x_3 \end{bmatrix} = c \begin{bmatrix} 2 \\ 0 \\ 8 \end{bmatrix} + (1-c) \begin{bmatrix} 0 \\ 1.6 \\ 11.2 \end{bmatrix} = \begin{bmatrix} 2c \\ 1.6 - 1.6c \\ 11.2 - 3.2c \end{bmatrix}$$

為最佳解，這個說明雖然 Dakota 家具公司例子只有二個最佳極端點，它會有無窮多個最佳解。例如，選 $c = 0.5$，可得最佳解為 $x_1 = 1$，$x_2 = 0.8$，$x_3 = 9.6$。

如果在最佳解表格的第 0 列沒有非基本變數的係數為 0，則 LP 只有一組最佳解 (參考問題 3)。即使在最佳表的第 0 列有非基本變數的係數為 0，此 LP 有可能沒有多重解 (參考複習題 28)。

問　題

問題組 A

1. 證明如果玩具士兵售價 $28，則 Giapetto 問題會有多重解。

2. 證明下列 LP 有多重最佳解，找出三個最佳解。

$$\begin{aligned} \max z &= -3x_1 + 6x_2 \\ \text{s.t.} \quad 5x_1 + 7x_2 &\leq 35 \\ -x_1 + 2x_2 &\leq 2 \\ x_1, x_2 &\geq 0 \end{aligned}$$

3. 找下列 LP 的多重最佳解。

$$\max z = x_1 + x_2$$
$$\text{s.t.} \quad x_1 + x_2 + x_3 \leq 1$$
$$x_1 \qquad + 2x_3 \leq 1$$
$$\text{所有 } x_i \geq 0$$

4. 找出下列 LP 的所有最佳解。

$$\max z = 3x_1 + 3x_2$$
$$\text{s.t.} \quad x_1 + x_2 \leq 1$$
$$\text{所有 } x_i \geq 0$$

5. 下列 LP 有多少個最佳基本可行解。

$$\max z = 2x_1 + 2x_2$$
$$\text{s.t.} \quad x_1 + x_2 \leq 6$$
$$2x_1 + x_2 \leq 13$$
$$\text{所有 } x_i \geq 0$$

問題組 B

6. 假設一個極大問題，你已經找到一個最佳表格 (表 4-17)。若每一個非基本變數在第 0 列的係數都是正，利用這個事實證明 $x_1 = 4$，$x_2 = 3$，$s_1 = s_2 = 0$，為此 LP 的唯一解。(提示：一個極端點，其 $s_1 > 0$ 或 $s_2 > 0$ 是否會有 $z = 10$？)

7. 解釋為什麼一個 LP 的最佳解集合為凸集合。

8. 考慮一個 LP 的最佳表格如表 4-18。

  a. 這個 LP 是否有超過一個以上的 bfs 為最佳解？
  b. 這個 LP 有多少個最佳解？
  (提示：若 x_3 的值增加，則基本變數的值改變多少且 z 值會改變多少？)

9. 寫出下列 LP 的所有最佳解：

$$\max z = -8x_5$$
$$\text{s.t.} \quad x_1 + \quad x_3 + 3x_4 + 2x_5 = 2$$
$$x_2 + 2x_3 + 4x_4 + 5x_5 = 5$$
$$\text{所有 } x_i \geq 0$$

表 4-17

z	x_1	x_2	s_1	s_2	rhs
1	0	0	2	3	10
0	1	0	3	2	4
0	0	1	1	1	3

表 4-18

z	x_1	x_2	x_3	x_4	rhs
1	0	0	0	2	2
0	1	0	-1	1	2
0	0	1	-2	3	3

4.8 無界 LP

從 3.3 節，對於某些 LP 問題，存在某一些可行區域內的點可以讓 z 值任

意地增加 (極大問題) 或任意地減少 (極小問題)，當這種情況發生時，我們稱此 LP 為無界。在本節，我們將說明如何利用簡捷法來決定 LP 是否為無界。

例題 3　Breadco 麵包公司：無界 LP

Breadco 麵包公司生產兩種麵包：French 及 Sourdough，每一個 French 可賣 36¢，每一個 Sourdough 可賣 30¢，一條 French 麵包需要一包發酵粉及 6 盎司麵粉，Sourdough 需要一包發酵粉及 5 盎司麵粉。現在，Breadco 麵包公司有 5 包麵粉及 10 盎司麵粉，每多買一包發酵粉需要 3¢，每增加一包麵粉需要 4¢。建立 Breadco 公司最大利潤的 LP 模式並求解之。

解　定義

$x_1 =$ French 麵包的烘焙數量。
$x_2 =$ Sourdough 麵包的烘焙數量。
$x_3 =$ 發酵粉購買的數量。
$x_4 =$ 麵粉購買的盎司數。

則 Breadco 的目標為極大 $z =$ 收益－成本，其中

$$\text{收益} = 36x_1 + 30x_2 \quad \text{及} \quad \text{成本} = 3x_3 + 4x_4$$

因此，Breadco 的目標函數為

$$\max z = 36x_1 + 30x_2 - 3x_3 - 4x_4$$

Breadco 面臨下列二個條件：

條件 1　烤麵包所需要的發酵粉包數不能超過現有包數加上購買的包數。
條件 2　烤麵包所需要的麵粉盎司不能超過現有盎司數加上購買的盎司數。

因為

$$\text{現有的發酵粉}＋\text{購買的發酵粉} = 5 + x_3$$
$$\text{現有的麵粉}＋\text{購買的麵粉} = 10 + x_4$$

條件 1 可寫成

$$x_1 + x_2 \leq 5 + x_3 \quad \text{或} \quad x_1 + x_2 - x_3 \leq 5$$

及條件 2 可寫成

$$6x_1 + 5x_2 \leq 10 + x_4 \quad \text{或} \quad 6x_1 + 5x_2 - x_4 \leq 10$$

加上符號條件 $x_i \geq 0$ ($i = 1, 2, 3, 4$) 可得下列 LP：

表 4-19　Breadco 的起始表

z	x_1	x_2	x_3	x_4	s_1	s_2	rhs	基本變數	比值
1	-36	-30	3	4	0	0	0	$z = 0$	
0	1	1	-1	0	1	0	5	$s_1 = 5$	$\frac{5}{1} = 5$
0	⑥	5	0	-1	0	1	10	$s_2 = 10$	$\frac{10}{6} = \frac{5}{3}*$

$$\max z = 36x_1 + 30x_2 - 3x_3 - 4x_4$$
$$\text{s.t.} \quad x_1 + x_2 - x_3 \leq 5 \quad \text{(發酵粉條件)}$$
$$6x_1 + 5x_2 - x_4 \leq 10 \quad \text{(麵粉條件)}$$
$$x_1, x_2, x_3, x_4 \geq 0$$

加上惰變數 s_1 及 s_2 到此二條件上，可得表 4-19。

因為 $-36 < -30$，我們讓 x_1 進入基底，比值法顯示出 x_1 將進入基底的第 2 列，將 x_1 進入基底的第 2 列可得表 4-20。因為在第 0 列只有 x_4 的係數為負，故讓 x_4 進入基底，比值法顯示出 x_4 將進入基底的第 1 列，可得表 4-21。因為在第 0 列 x_3 的係數為負的最小，則讓 x_3 進入基底。然而，比值法顯示出 x_3 進入基底失敗，發生什麼事？回到基本的比值法概念，我們發現 x_3 增加 (保持其他非基本變數為 0)，目前的基本變數 x_4 及 x_1 改變如下：

$$x_4 = 20 + 6x_3 \tag{13}$$
$$x_1 = 5 + x_3 \tag{14}$$

當 x_3 增加時，x_4 及 x_1 均增加，這表示不論我們讓 x_3 增加多少，不等式 $x_4 \geq 0$ 及 $x_1 \geq 0$ 均為事實。因為增加 x_3 一單位將會增加 z 值 9 單位，我們可以在可行區域中找到讓 z 任意增加的點。例如，我們是否能夠找到讓 $z \geq 1000$ 的可行點？我們必須讓 z 增加 $1000 - 100 = 900$ 才能做到此點。每增加 x_3 一單位可增加 z 值 9 單位，所以 x_3 增加 $\frac{900}{9} = 100$ 將讓 $z = 1000$。如果我們設 $x_3 = 100$ (且其他非基本變數為 0)，則 (13) 及 (14) 式說明 x_4 及 x_1 必須為

表 4-20　Breadco 的第一張表

z	x_1	x_2	x_3	x_4	s_1	s_2	rhs	基本變數	比值
1	0	0	3	-2	0	6	60	$z = 60$	
0	0	$\frac{1}{6}$	-1	⑥$\frac{1}{6}$	1	$-\frac{1}{6}$	$\frac{10}{3}$	$s_1 = \frac{10}{3}$	$(\frac{10}{3})/(\frac{1}{6}) = 20*$
0	1	$\frac{5}{6}$	0	$-\frac{1}{6}$	0	$\frac{1}{6}$	$\frac{5}{3}$	$s_2 = \frac{5}{3}$	無

表 4-21　Breadco 的第二張表

z	x_1	x_2	x_3	x_4	s_1	s_2	rhs	基本變數	比值
1	0	2	-9	0	12	4	100	$z = 100$	
0	0	1	-6	1	6	-1	20	$x_4 = 20$	無
0	1	1	-1	0	1	0	5	$x_1 = 5$	無

$$x_4 = 20 + 6(100) = 620$$
$$x_1 = 5 + (100) = 105$$

因此，$x_1 = 105$，$x_3 = 100$，$x_4 = 620$，$x_2 = 0$ 為讓 $z = 1000$ 的可行點。同樣的情況，我們可以找到在可行區域的點便得 z 值可以任意的增大，這表示 Breadco 的問題為無界的 LP。

從 Breadco 的案例，我們發現在極大問題中，一個無界 LP 係若存在一個非基本變數在第 0 列的係數為負且沒有一個條件限制非基本變數的大小，這種情況發生在非基本變數 (如 x_3) 在第 0 列的係數為負且在每一項條件的係數為非正。總結，一個極大問題的 LP 發生無界是當第 0 列有一變數的係數為負且在每一個條件的係數為非正。

若一個 LP 無界，表格最後變成有一個變數 (如 x_3) 進入基底，但比值法會失敗，這可能是檢驗無界 LP 最簡單的方法。

如第 3 章所述，一個無界 LP 通常是因為不正確的模式建立所引起。在 Breadco 的例子，我們得到一個無界 LP 是因為允許 Breadco 公司付 $3 + 6(4) = 27¢$ 得到 French 麵包的組成物且販售的價格為 $36¢$。因此，每一個 French 麵包賺得利潤 $9¢$。因為購買麵粉與發酵粉是無限量的，非常清楚地我們的模式允許 Breadco 公司生產 French 麵包儘可能達到需要，因此可賺取無限大的利潤，這是發生無界 LP 的原因。

當然，在 Breadco 例題我們忽略許多現實的因素。第一，假設對於 Breadco 的產品需求無限。第二，我們忽略製造麵包的特定資源 (如烤箱與勞工) 為限制的資源。最後，我們做了一個不符合實際的假設：麵粉與發酵粉可以無限購買。

無界 LP 與無界的方向

考慮一個 LP 的目標函數為 $c_1 x_1 + c_2 x_2 + \cdots + c_n x_n$，令 $\mathbf{c} = [c_1, c_2, \cdots, c_n]$。若 LP 為一極大問題，則 LP 為無界若且唯若它有一個無界的方向 $\mathbf{d}$ 滿足 $\mathbf{cd} > 0$。若 LP 為一個極小問題，則 LP 為無界若且唯若它有一個無界的方向 $\mathbf{d}$ 滿足 $\mathbf{cd} < 0$。在例題 3 中，最後一張表證明：若我們從點

$$\begin{bmatrix} 5 \\ 0 \\ 0 \\ 20 \\ 0 \\ 0 \end{bmatrix}$$

開始,我們可以找到一個無界的方向如下。若我們增加 x_1 一個單位及 x_4 增加六個單位讓 x_2,s_1 及 s_2 不變,x_3 增加每個單位仍保持可行解。因為我們可以增加 x_3 沒有界限,這表示

$$\mathbf{d} = \begin{bmatrix} 1 \\ 0 \\ 1 \\ 6 \\ 0 \\ 0 \end{bmatrix}$$

為一個無界的方向。因為

$$\mathbf{cd} = \begin{bmatrix} 36 & 30 & -3 & -4 & 0 & 0 \end{bmatrix} \begin{bmatrix} 1 \\ 0 \\ 1 \\ 6 \\ 0 \\ 0 \end{bmatrix} = 9$$

我們知道這個 LP 為無界,這是因為每次我們沿方向 $\mathbf{d}$,x_3 增加一單位,z 會增加 9 單位,我們可以沿方向 $\mathbf{d}$ 儘可能地移動多少就有多少。

問 題

問題組 A

1. 證明下列 LP 為無界。

$$\begin{aligned} \max\ z &= 2x_2 \\ \text{s.t.}\quad x_1 - x_2 &\leq 4 \\ -x_1 + x_2 &\leq 1 \\ x_1, x_2 &\geq 0 \end{aligned}$$

找尋在可行區域的一個點,其 $z \geq 10000$。

2. 說明一個法則可以決定在極小問題中有無界最佳解 (即 z 可以讓它任意小),利用這個法則說明

$$\begin{aligned} \min\ z &= -2x_1 - 3x_2 \\ \text{s.t.}\quad x_1 - x_2 &\leq 1 \\ x_1 - 2x_2 &\leq 2 \\ x_1, x_2 &\geq 0 \end{aligned}$$

為無界 LP。

3. 假設在解 LP 問題時,我們得到表 4-22。雖然 x_1 能夠進入基底,這個 LP 為無界,為什麼?

4. 利用簡捷法求解 3.3 節問題 10。

5. 證明下列 LP 為無界。

$$\max z = x_1 + 2x_2$$
$$\text{s.t.} \quad -x_1 + x_2 \leq 2$$
$$\quad -2x_1 + x_2 \leq 1$$
$$\quad x_1, x_2 \geq 0$$

6. 證明下列 LP 為無界。

$$\min z = -x_1 - 3x_2$$
$$\text{s.t.} \quad x_1 - 2x_2 \leq 4$$
$$\quad -x_1 + x_2 \leq 3$$
$$\quad x_1, x_2 \geq 0$$

表 4-22

z	x_1	x_2	x_3	x_4	rhs
1	3	2	0	0	0
0	1	1	1	0	3
0	2	0	0	1	4

4.9　LINDO 電腦軟體

　　LINDO (Linear Interactive and Discrete Optimizer) 為 Zinus Schrage (1986) 所發展出來的軟體，它是易於操作的電腦套裝語言，可用來解決線性、整數及二次規劃問題。[†] 在本章附錄 A 對於如何利用 LINDO 解決 LPs 有簡要的說明。在本節，我們解釋在 LINDO 列印出來的資料與前述簡捷法的相關度。

　　我們先討論在 Dakota 家具公司例題的 LINDO 輸出結果 (參考圖 5-6)。使用者可以在 LINDO 以名字對變數命名，所以我們定義

$$\text{DESKS} = 書桌的生產量$$
$$\text{TABLES} = 餐桌的生產量$$
$$\text{CHAIRS} = 椅子的生產量$$

則 Dakota 的模式建立在圖 4-6 的第一區塊為

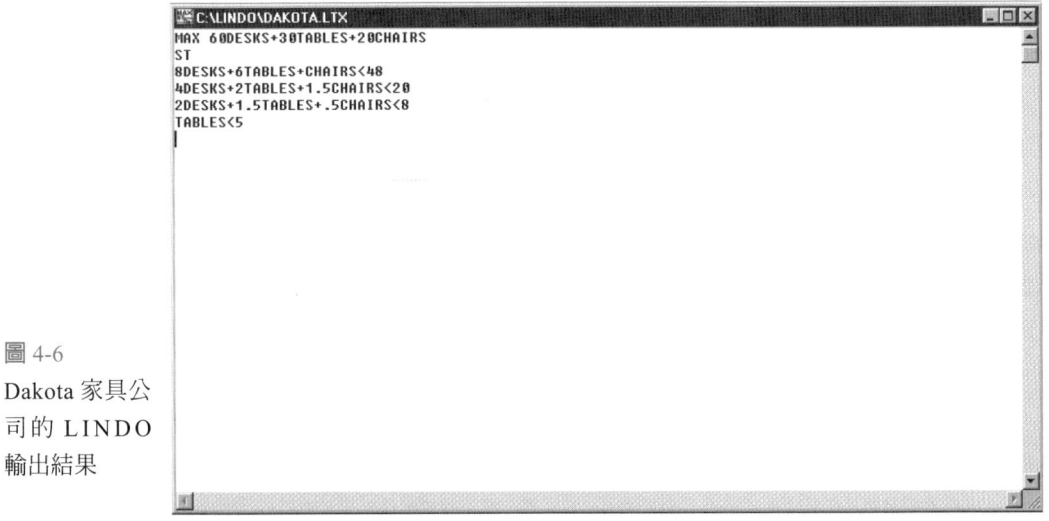

```
MAX 60DESKS+30TABLES+20CHAIRS
ST
8DESKS+6TABLES+CHAIRS<48
4DESKS+2TABLES+1.5CHAIRS<20
2DESKS+1.5TABLES+.5CHAIRS<8
TABLES<5
```

圖 4-6
Dakota 家具公司的 LINDO 輸出結果

[†] 參考第 7 章討論整數規劃及第 8 章討論二次規劃。

192 作業研究 I

$$\max 60 \text{ DESKS} + 30 \text{ TABLES} + 20 \text{ CHAIRS} \quad (\text{列 1})$$
$$\text{s.t.} \quad 8 \text{ DESKS} + 6 \text{ TABLES} + \text{CHAIRS} \leq 48 \ (\text{列 2}) \quad (\text{木材條件})$$
$$4 \text{ DESKS} + 2 \text{ TABLES} + 1.5 \text{ CHAIRS} \leq 20 \ (\text{列 3}) \quad (\text{完工條件})$$
$$2 \text{ DESKS} + 1.5 \text{ TABLES} + 0.5 \text{ CHAIRS} \leq 8 \ (\text{列 4}) \quad (\text{木工條件})$$
$$\text{TABLES} \leq 5 \ (\text{列 5})$$
$$\text{DESKS, TABLES, CHAIRS} \geq 0$$

（LINDO 假設所有變數都是非負，所以非負條件不需要輸入電腦。）為了與 LINDO 有一致性，我們將目標函數寫在第 1 列而條件列出第 2－5 列。

將這個問題輸入 LINDO 前，確定在螢幕上有一個空白視窗，或工作區域，此塊工作區域的上方有 "Untitled"。若是必需開一個新的視窗，可以選擇在檔案選項選擇新的視窗或在新檔案的選項上按下選項。

在 LINDO 模式的陣示中，最開始初為目標函數，進入目標函數，您必須輸入下列等式：

$$\text{MAX} \quad 60 \text{ DESKS} + 30 \text{ TABLES} + 20 \text{ CHAIRS}$$

這個程式主要告訴 LINDO 去極大化目標，接下來再輸入條件：

```
SUBJECT TO (OR s.t.)
8 DESKS +   6 TABLES +    CHAIRS < 48
4 DESKS +   2 TABLES + 1.5 CHAIRS < 20
2 DESKS + 1.5 TABLES +  .5 CHAIRS < 8
                        TABLES < 5
```

您的螢幕將會出現如圖 4-6 的畫面，LINDO 會主動假設所有的決策變數為非負的。

為了儲存這個檔案做為未來使用，從 File menu 選擇 "儲存"（save）且要求為檔案命名取代自己選擇的符號 *，不需要輸入 .LTX 的字母。現在，你必須利用在 File Open 指令提取您的問題。

為了解這個模式，進行下列問題：

1. 從 Solve menu，選擇 Solve 這個指令。
2. 當被問到您是否要執行敏感度分析，請選擇 No，我們會在第 11 章解釋如何做範圍或敏感度分析。
3. 當您完成找解的過程，利用 Solve command 可以呈現出解的狀態，在看完呈現出的訊息後，選擇 Close。
4. 您現在可以在 "Reports Window" 看到您的輸入資料，在 Report 視窗中，

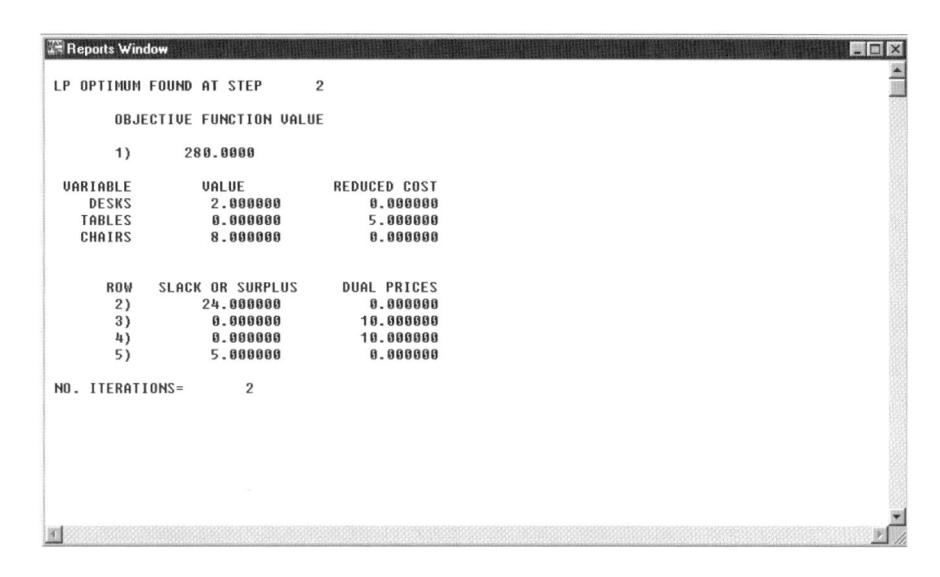

```
Reports Window
LP OPTIMUM FOUND AT STEP    2

        OBJECTIVE FUNCTION VALUE

        1)      280.0000

 VARIABLE        VALUE          REDUCED COST
    DESKS       2.000000          0.000000
   TABLES       0.000000          5.000000
   CHAIRS       8.000000          0.000000

      ROW    SLACK OR SURPLUS    DUAL PRICES
       2)      24.000000          0.000000
       3)       0.000000         10.000000
       4)       0.000000         10.000000
       5)       5.000000          0.000000

 NO. ITERATIONS=     2
```

圖 4-7

任何一個地方點一下，您輸入的資料將被移除，利用在螢幕右上方的單一箭頭可將螢幕移至上方，螢幕如同圖 4-7。

在圖 4-7，可看到 LINDO 的 output 如：

LP OPTIMUM FOUND AT STEP 2

指出 LINDO 經過簡捷法的二個反覆動作 (或轉軸) 可找到最佳解

OBJECTIVE FUNCTION VALUE 280.000000

指出最佳 z 值為 280。

VALUE

部份給的是在最佳 LP 解中的變數值，因此，Dakota 問題的最佳解為生產 2 張書桌，0 張餐桌及 8 張椅子。

SLACK OR SURPLUS

給定在最佳解的惰變數 (slack) 或超出變數 (excess) 的值 ("surplus variable" 為 excess variable 的另一個名稱)。因此，

s_1 ＝在 LINDO 輸出中，列 2 的惰變數值＝ 24
s_2 ＝在 LINDO 輸出中，列 3 的惰變數值＝ 0
s_3 ＝在 LINDO 輸出中，列 4 的惰變數值＝ 0
s_4 ＝在 LINDO 輸出中，列 5 的惰變數值＝ 5

REDUCED COST

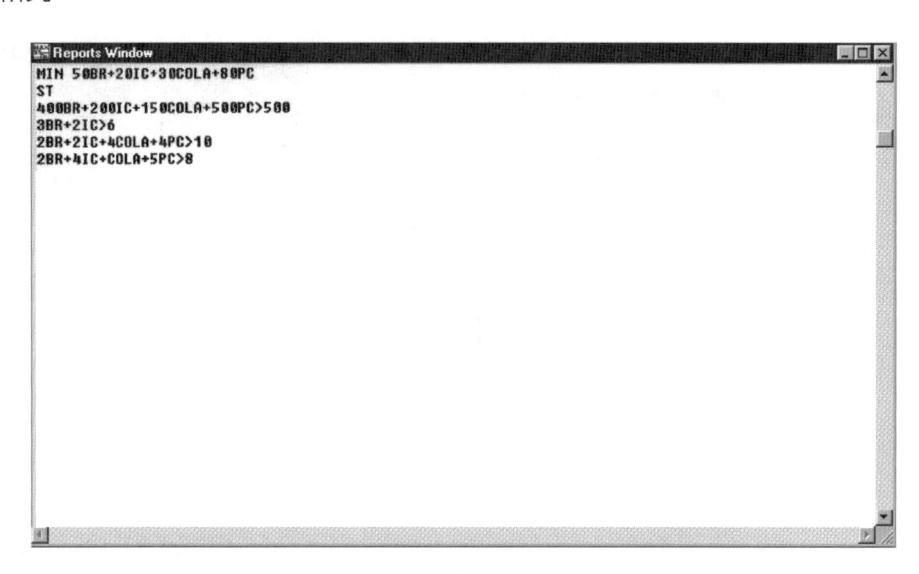

```
Reports Window
MIN 50BR+20IC+30COLA+80PC
ST
400BR+200IC+150COLA+500PC>500
3BR+2IC>6
2BR+2IC+4COLA+4PC>10
2BR+4IC+COLA+5PC>8
```

圖 4-8

給定在最佳解中,第 0 列變數的係數值 (在極大問題) 就如同 4.3 節中,每一個基本變數的降低成本必定為 0。針對每一個基本變數 x_j,降低成本為當增加 x_j 一個單位時,最佳 z 值降低的量 (所有其他非基本變數的值仍保持為 0),在 Dakota 問題 LINDO 的輸出中,對於每一個基本變數 (DESK 及 CHAIRS) 的降低成本為 0,而 TABLES 的降低成本為 5,這代表當 Dakota 若將生產桌子時,收益將會降低 \$5。

針對極小問題,LP 的問題,目標函數值,惰變數及過剩變數的解釋相似。但某一變數的降低成本為－ (最佳第 0 列變數的係數)。因此,在極小問題,對於基本變數的降低成本仍然為 0,但對於非基本變數 x_j 的降低成本為當 x_j 增加 1 單位 (且其他非基本變數的值仍然保持為 0),最佳 z 值增加的量。

為了說明極小問題 LINDO 的輸出結果,讓我們討論第 3.4 節的節食問題 (參考圖 4-9),若我們令

BR＝每天吃的布朗寧蛋糕量。
IC＝每天吃的巧克力冰淇淋量 (以勺為單位)。
COLA＝每天喝的汽水量 (以瓶做單位)。
PC＝每天吃的鳳梨起士蛋糕量 (以塊為單位)。

則節食問題可以以下列模式表示:

$$\begin{aligned}
\min \quad & 50\,BR + 20\,IC + 30\,COLA + 80\,PC \\
\text{s.t.} \quad & 400\,BR + 200\,IC + 150\,COLA + 500\,PC \geq 500 \quad \text{(卡路里條件)} \\
& 3\,BR + 2\,IC \geq 6 \quad \text{(巧克力條件)} \\
& 2\,BR + 2\,IC + 4\,COLA + 4\,PC \geq 10 \quad \text{(糖條件)} \\
& 2\,BR + 4\,IC + COLA + 5\,PC \geq 8 \quad \text{(脂肪條件)} \\
& BR, IC, COLA, PC \geq 0
\end{aligned}$$

第 4 章 簡捷法與目標規劃 195

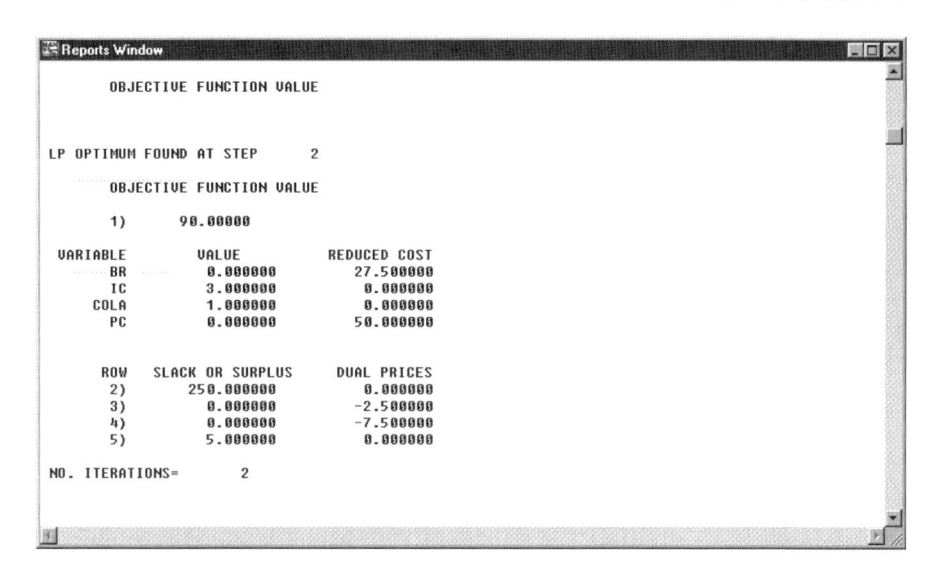

```
 Reports Window
           OBJECTIVE FUNCTION VALUE

 LP OPTIMUM FOUND AT STEP    2
           OBJECTIVE FUNCTION VALUE

       1)     90.00000

  VARIABLE        VALUE          REDUCED COST
        BR        0.000000          27.500000
        IC        3.000000           0.000000
      COLA        1.000000           0.000000
        PC        0.000000          50.000000

       ROW    SLACK OR SURPLUS    DUAL PRICES
        2)      250.000000         0.000000
        3)        0.000000        -2.500000
        4)        0.000000        -7.500000
        5)        5.000000         0.000000

 NO. ITERATIONS=    2
```

圖 4-9

從 LINDO 的 Value 行可看出，最佳解每天吃三勺巧克力冰淇淋以及喝一瓶汽水，最佳解的目標函數值指出節食成本為 90¢， Slack 或 Surplus 行顯示出第一個條件 (卡路里) 會超過 250 單位的卡路里及第四個條件 (脂肪) 會超過 5 oz 。因此，卡路里及脂肪條件為非綁住條件，巧克力及糖條件沒有超過的值，因此其為綁住條件。

從 Reduce Cost 行可看出，我們發現若我們要強行吃一塊布朗寧蛋糕 (當 PC = 0) 時，每日節食的最小成本將會增加 27.5¢，且當我們強行要吃一塊鳳梨起士蛋糕 (當 BR = 0) 時，每日節食的最小成本將會增加 50¢。

表格指令

當您得到 Dakota 家具公司問題的最佳解時，您可關上報告的視窗且選擇 Tableau 指令 (在 Reports menu 之下)，LINDO 將會呈現最佳解表格 (參考圖 4-10)。條件 1 列在 LINDO 的第 2 列，我們可得 BV = {s_1, CHAIRS, DESKS, s_4}。因此，SLK5 在 LINDO output 中相對於 s_4，人工變數 (ART) 列在第 1 列

```
 THE TABLEAU
   ROW   (BASIS)      DESKS      TABLES     CHAIRS    SLK    2     SLK    3
    1    ART           .000       5.000      .000       .000        10.000
    2    SLK    2      .000      -2.000      .000      1.000         2.000
    3    CHAIRS        .000      -2.000     1.000       .000         2.000
    4    DESKS        1.000       1.250      .000       .000         -.500
    5    SLK    5      .000       1.000      .000       .000          .000

   ROW   SLK    4    SLK    5
    1    10.000        .000     280.000
    2    -8.000        .000      24.000
    3    -4.000        .000       8.000
    4     1.500        .000       2.000
    5      .000       1.000       5.000
```

圖 4-10
TABLEAU 指令的例子

的基本變數為 z；因此，最佳解的第 0 列為 $z + 5$ TABLES $+ 10s_2 + 10s_3 = 280$。

當您已經將 LINDO 的軟體儲存在硬碟，則 Dakota 及 Diet 問題的模式會儲存在 C:\WINSTON\LINDO\SAMPLES。

參考第 4 章附錄 A 將做 LINDO 的進一步探討。

4.10 矩陣的生成 LINGO，及 LP 的尺度化

很多的實際 LP 的例子必須解上千個條件與決策變數。當要利用 LP 求解決這類問題，少數的線性規劃使用者想要輸入條件與目標函數求解此問題。基於這個原因，多數 LP 的實際應用利用矩陣生成器 (matrix generator) 來簡化 LP 的輸入。一個矩陣生成器允許使用者輸入相關的參數來決定 LP 的目標函數與條件；然後從這些資訊生成 LP 的模式。例如，讓我們考慮在 3.10 節的 Sailco 例子。若我們要處理 200 個期間問題，則這個問題就包含 400 個條件及 600 個決策變數——很明顯地這個輸入是非常地不方便。針對這個問題，矩陣生成器針對每一個區間，僅需要使用者輸入下列資訊：在正常時間勞工下，生產帆船的成本，加班勞工的成本、需求量及持有成本。從這個資訊，矩陣生成器產生 LP 的目標函數及條件，形成 LP 套裝軟體 (如 LINDO) 來解決問題。最後，分析者可以用較方便使用的方式寫入及呈現輸出。

LINGO 套裝軟體

套裝軟體 LINGO 為一個非常精密的矩陣生成器，LINGO 為一個最佳化模式語言，能夠讓使用者利用每一行來產生很多 (也許上千個) 條件或目標函數。為了說明 LINGO 如何運作，我們將解 Sailco 問題 (第 3 章例題 12)。

解 Sailco 問題

LINGO 模式如下 (在 Sailo.lng 檔案)

```
MODEL:
 1] SETS:
 2] QUARTERS/Q1,Q2,Q3,Q4/:TIME,DEM,RP,OP,INV;
 3] ENDSETS
 4] MIN=@SUM(QUARTERS:400*RP+450*OP+20*INV);
 5] @FOR(QUARTERS(I):RP(I)<40);
 6] @FOR(QUARTERS(I)|TIME(I)#GT#1:
 7] INV(I)=INV(I-1)+RP(I)+OP(I)-DEM(I););
 8] INV(1)=10+RP(1)+OP(1)-DEM(1);
 9] DATA:
10] DEM=40,60,75,25;
11] TIME=1,2,3,4;
12] ENDDATA
END
```

為了利用 LINGO 開始設定模式，思考物件或集合來定義問題。針對 Sailco，有四季 (Q1, Q2, Q3 及 Q4) 來幫助定義問題。對於每一季，我們必須知道要決定哪些物件而找出最佳生產排程——需求 (DEM)，正常時間的生產量 (RP)，加班時間的生產量 (OP)，及每季結束後的存貨 (INV)。Sailco 問題的前面三行來定義這些物件 **SETS**：開始集合的定義以建立問題的模式而 **END-SETS** 做為結束。第 2 行的效果是定義四季：Q1、Q2、Q3 及 Q4。針對每季，第 2 行為產生時間 (指示這個季為第一，第二，第三或第四季)；帆船的需求量，正常時間及加班時間的生產水準；最後以存貨做為結束。現在這些集合與物件已經被定義，我們可以使用它來建立模式 (包含目標函數與條件)。LINGO 將解出 RP、OP 及 INV，當我們輸入需求及季節的個數 (在程式中的 DATA 節)。

第 4 行產生目標函數；**MIN** ＝代表我們要極小化，@**SUM** (QUARTERS: 400*RP ＋ 450*OP ＋ 20*INV 表示將所有四季的 400*RP ＋ 450*OP ＋ 20*INV 加總。因此針對每一季，我們計算 400* (正常時間的產量)＋450* (加班的產量)＋20* (最後存貨)，第 4 行可產生適當的目標函數可為 4，40，400 或 4,000 個季節！

第 5 行說明每一季，RP 不能超過 40，假設有 400 季在計畫列，則此陳述必須有 400 個條件。

第 6 行及第 7 行產生所有季節 (除第一季外) 的條件來保證

第 i 季的最終存貨 ＝(第 $i－1$ 個最終存貨)＋(第 i 季的產量)
－(第 i 季的需求)

不像 LINGO，變數允許出現在一個條件的右端值 (且數字允許在條件的左邊)。

第 8 行產生的條件保證

第 1 季最終存貨 ＝(第 1 季開始的存貨)＋(第 1 季的生產量)
－(第 1 季的需求)

第 9－12 行輸入需求資料 (季節的量及每季的需求量)，DATA 段落必需以 **DATA** 開始：陳述或結束以 **END-DATA** 表示，如同 LINDO，一個 LINGO 程式結束以 **END** 作陳述。

當我們產生 LINGO 模式求解 Sailco 例子時，我們必須編輯模式求解 n 個階段生產排程的問題。如果我們要解一個 12 季的問題，我們會簡單地編輯 (參考註解 3) 第 2 行 QUARTERS/1..12/: TIME，DEM，RP，OP，INV；然後在 10 第行輸入 12 季的需求，及在第 11 行改為 TIME ＝ 1，2，3，4，5，

6，7，8，9，10，11，12；為了找最佳解可以選擇在 LINGO menu 的 Solve 指令。

在本例，我們將再探討如何利用某些 LINGO 的編輯能力。輸入這個模式的前面四行就如同一般情況下的方式，這將定義集合部份及目標函數，呈現如下：

```
SETS:
  QUARTERS/Q1,Q2,Q3,Q4/:TIME,DEM,RP,OP,INV;
ENDSETS
MIN = @SUM(QUARTERS:400*RP+450*OP+20*INV);
```

下面一行需要 @FOR 的陳述來限制正常時間的生產值 (RP) 少於 40，取代輸入所有的陳述，利用 LINGO 的 Paste 函數指令如下：

1. 從 Edit menu，選擇 Paste 函數。您不需要按它，只要標示它，然後會出現一個子目錄。
2. 從子目錄，選擇 Set，然後另一個子目錄呈現不同的 @ 函數。
3. 選擇 @FOR 函數，一個 @FOR 的一般式即會出現於螢幕上。
4. 取代一般函數的型態，利用您的特殊參數，這個陳述將出現如下：

```
@FOR(QUARTERS(I):RP(I)<40);
```

因為另一個 @FOR 敘述必需用來定義所有季節的條件，您必需輸入它或是再使用 Paste 函數指令。然而，利用附加的 Edit 指令，能夠讓您複製及貼上前面的 @FOR 敘述一部份，用來取代再重新輸入一次。處理方式如下：

1. 將游標放於 @FOR 陳述的開始。
2. 按住滑鼠的左鍵，再利用滑鼠將要再利用的陳述標記起來：

```
@FOR(QUARTERS(I):RP(I)<40);
```

3. 從編輯 Edit menu，選擇 Copy (或利用 Ctrl ＋ C) 複製標記部份。
4. 將游標放於下列空白列的開始並按下 Ctrl ＋ V 貼上欲複製的部份。

現在您可以輸入這一行剩下的部份，則下面行為：

```
@FOR(QUARTERS(I)|TIME(I) #GT#1:
INV(I)=INV(I-1)+RP(I)+OP(I)-DEM(I););
INV(1)=10+RP(1)+OP(1)-DEM(1);
DATA:
  DEM=40,60,75,25;
  TIME=1,2,3,4;
ENDDATA
END
```

當 Copy 指令儲存一部份在本例的按鍵，它會儲存非常多的步驟。當您在一個模式中，不斷地重覆使用。透過這樣的方式，Cut 指令可以移除在模式

```
MODEL:
SETS:
QUARTERS/Q1,Q2,Q3,Q4/:TIME,DEM,RP,OP,INV;
ENDSETS
MIN=@SUM(QUARTERS:400*RP+450*OP+20*INV);
@FOR(QUARTERS(I):RP(I)<40);
@FOR(QUARTERS(I)|TIME(I)#GT#1:
INV(I)=INV(I-1)+RP(I)+OP(I)-DEM(I););
INV(1)=10+RP(1)+OP(1)-DEM(1);
DATA:
DEM=40,60,75,25;
TIME=1,2,3,4;
ENDDATA
 END

MIN    400 RP( Q1) + 450 OP( Q1) + 20 INV( Q1) + 400 RP( Q2)
      + 450 OP( Q2) + 20 INV( Q2) + 400 RP( Q3) + 450 OP( Q3)
      + 20 INV( Q3) + 400 RP( Q4) + 450 OP( Q4) + 20 INV( Q4)
  SUBJECT TO
 2]   RP( Q1) <=    40
 3]   RP( Q2) <=    40
 4]   RP( Q3) <=    40
 5]   RP( Q4) <=    40
 6]- INV( Q1) - RP( Q2) - OP( Q2) + INV( Q2) =  - 60
 7]- INV( Q2) - RP( Q3) - OP( Q3) + INV( Q3) =  - 75
 8]- INV( Q3) - RP( Q4) - OP( Q4) + INV( Q4) =  - 25
 9]- RP( Q1) - OP( Q1) + INV( Q1) =  - 30
  END

 Global optimal solution found at step:            7
   Objective value:                         78450.00

                        Variable         Value        Reduced Cost
                        TIME( Q1)      1.000000         0.0000000
                        TIME( Q2)      2.000000         0.0000000
                        TIME( Q3)      3.000000         0.0000000
                        TIME( Q4)      4.000000         0.0000000
                         DEM( Q1)      40.00000         0.0000000
                         DEM( Q2)      60.00000         0.0000000
                         DEM( Q3)      75.00000         0.0000000
                         DEM( Q4)      25.00000         0.0000000
                          RP( Q1)      40.00000         0.0000000
                          RP( Q2)      40.00000         0.0000000
                          RP( Q3)      40.00000         0.0000000
                          RP( Q4)      25.00000         0.0000000
                          OP( Q1)      0.0000000        20.00000
                          OP( Q2)      10.00000         0.0000000
                          OP( Q3)      35.00000         0.0000000
                          OP( Q4)      0.0000000        50.00000
                         INV( Q1)      10.00000         0.0000000
                         INV( Q2)      0.0000000        20.00000
                         INV( Q3)      0.0000000        70.00000
                         INV( Q4)      0.0000000        420.0000

                            Row    Slack or Surplus     Dual Price
                             1         78450.00         1.000000
                             2         0.0000000        30.00000
                             3         0.0000000        50.00000
                             4         0.0000000        50.00000
                             5         15.00000         0.0000000
                             6         0.0000000        450.0000
                             7         0.0000000        450.0000
                             8         0.0000000        400.0000
                             9         0.0000000        430.0000
```

圖 4-11

中標示部份，這個例子的輸入會儲存在 Sail.lng 檔案中。

　　當解這個模式後，在 Reports 視窗的第一部份顯示一個目標函數值 $78,450，如同圖 4-11 的輸出螢幕。

LINGO 及郵局的例子

現在我們說明如何利用 LINGO 求解第 3 章郵局的排程問題 (例題 7)。下面的 LINGO 模式 (Post.lng 檔案) 可以用來解這個問題。

```
MODEL:
 1] SETS:
 2] DAYS/1..7/:RQMT,START;
 3] ENDSETS
 4] MIN=@SUM(DAYS:START);
 5] @FOR(DAYS(I):@SUM(DAYS(J)|
 6] (J#GT#I+2)#OR#(J#LE#I#AND#J#GT#I-5):
 7] START(J))>RQMT(I););
 8] DATA:
 9] RQMT=17,13,15,19,14,16,11;
10] ENDDATA
END
```

第 1 行定義需要解這個問題的集合，第 2 行定義每週天數 (星期一，星期二，…，星期天) 及其相對的二個量，需要的工作者人數 (RQMT) 及每週每天開始需要工作的人數 (START)，第 3 行結束集合的定義。

在第 4 行，我們產生一個目標函數，利用將每天開始的工作人數加總，第 5 行至第 7 行產生每天的條件，保證在每天的工作人數必需至少比每天的需求量更大或一樣。針對 DAY (I)，第 5 及第 6 行加總每次開始工作的人數 J，J 必需滿足 J > I + 2 或 J ≤ I 及 J > I − 5。例如，I = 1，產生 START (1)＋ START (4)＋ START (5)＋ START (6) ＋ START (7) 的和，代表在第 1 天 (星期一) 所需要的工作人數。第 7 行保證在第 I 天工作的人數至少要大於 (或一樣) 第 I 天需要的人數 [RQMT (I)]。第 8 行開始程式的 DATA 部份。在第 9 行，我們輸入每週每天的需求量。

在第 4 章附錄 B 對 LINGO 有進一步的討論。第 7、8、9、11 及 14 章包含許多例子必需利用 LINGO 求解。

LP 的尺度問題

在結束電腦套裝軟體的討論前，說明當某些非零係數，可能絕對值很小或很大時，LP 軟體有些在解 LP 問題所碰到的困擾。若這些係數存在時，則 LINDO 將反應出一些訊息來表示此 LP 有較差的尺度問題。LINDO 操作手冊上建議使用者在定義目標函數，右端值及決策變數的單位時，不要有非零變數的係數，其絕對值大於 100,000 或小於 0.0001。

問　題

問題組 A

1. 一個公司生產三種產品，每單位產品所產生的單位利潤，使用的勞工及產生的污染列在表 4-23。這家公司至多有 3 百萬個勞工小時可用來生產三種產品，而政府法令上規定每家公司至多生產 2 磅的污染。若令 x_i 代表生產產品 i 的生產量，則適合的 LP 如下：

$$\max z = 6x_1 + 4x_2 + 3x_3$$
$$\text{s.t.} \quad 4x_1 + 3x_2 + 2x_3 \leq 3,000,000$$
$$0.000003x_1 + 0.000002x_2 + 0.000001x_3 \leq 2$$
$$x_1, x_2, x_3 \geq 0$$

a. 解釋為何此 LP 模式是不好的尺度。
b. 刪除這個尺度問題，重新定義此目標函數，決策變數及右端值。

表 4-23

產品	利潤 ($)	使用實驗室時間 (小時)	污染量 (磅)
1	6	4	0.000003 lb
2	4	3	0.000002 lb
3	3	2	0.000001 lb

2. 利用 LINGO 求解 3.5 節問題 1。

3. 利用 LINGO 求解第 3 章例題 14。

4. 產品混合問題發生於我們製造 N 種產品。給定每一個產品，每生產一單位的產品需要 M 種資源。每生產一單位的產品 j 賺取利潤 p_j，資源 i 的量 r_i 可用。在此狀況下，建立一個 LINGO 模式能夠極大化利潤，然後利用它求解在表 4-24 及 4-25 資料的產品混合問題，假設分數值是允許的。

表 4-24

	汽車	卡車	火車
鋼鐵使用量 (噸)	2	3	5
橡膠使用量 (噸)	.3	.7	.2
勞工使用量 (小時)	10	12	20
單位利潤 ($)	800	1,500	2,500

表 4-25

資源	可使用量
鋼鐵	50 噸
橡膠	10 噸
實驗室	150 小時

5. 媒體混合問題為當一個公司可以選擇 N 個媒體作廣告。這家公司希望有 K 群人能收看廣告，族群 i 至少看到廣告的次數為 e_i 次。媒體 j 的每則廣告成本 c_j 元且族群 i 將有 a_{ij} 人看廣告，目標主要保證每群人中有適當的人數看過廣告下，成本達到最小。設定 LINGO 模式能夠用來解決任何一個媒體混合問題，然後利用表 4-26 及 4-27 的資料求解決媒體混合問題，假設分數個廣告是允許的。

表 4-26

族群	曝光需求 (百萬)
小孩	15
男人	40
女人	50

表 4-27

| 觀看人數 (百萬) | 節目 | | |
	Sponge Bob	Friends	Dawson's Creek
小孩	3	1	0
男人	1	15	4
女人	2	20	4
單位成本 ($)	30,000	360,000	80,000

表 4-28

| | 行政區 | | | | | | | | | |
	1	2	3	4	5	6	7	8	9	10
白人	400	200	150	300	400	100	200	300	250	150
黑人	200	150	150	100	120	80	90	160	100	60

| | 行政區 (哩) | | | | | | | | | |
	1	2	3	4	5	6	7	8	9	10
高中 1	1	2	3	2	3	4	2	3	1	2
高中 2	2	1	3	3	4	2	1	2	2	3
高中 3	3	3	2	1	2	3	2	2	3	1

6. 考慮下列**學校分區問題**。假設在這個城市現有 I 個行政區及 J 所高中，在行政區 i 與高中 j 的距離為 d_{ij} 哩。行政區 i 有 w_i 個白人及 b_i 個黑人，每所高中必須有 L 到 U 名學生。為了考慮種族和諧的問題，在每所高中黑人的百分比必須為全市黑人學生百分比的 80% 到 120%。
   a. 設定 LINGO 模式，在達到種族平衡的條件下，讓學生到學校的總距離達到最小。
   b. 利用表 4-28 的資料，透過模式求解此問題。
   c. 在此狀況下，還有哪些其他的多重目標函數。
   d. 您是否看到在此模式中的另外一些問題？

4.11 退化及簡捷法的收斂問題

理論上，簡捷法在找一個 LP 問題的最佳解可能會失敗。然而，在實際情況下的 LP 問題很少發生這種不喜歡的情況。為了完整性，我們說明簡捷法會失效的狀態。我們現在討論會造成簡捷法失效的情況，討論這種狀況最主要是因為下列的關係 (針對極大問題)：目前 bfs 的 z 值與新 bfs 的 z 值 (亦即，經過下次轉軸的 bfs)：

新 bfs 的 z 值＝目前 bfs 的 z 值
－(在新 bfs 中，進入變數的值)
(目前 bfs 第 0 列，進入 bfs 的係數) **(15)**

式 (15) 的由來是因為每增加進入變數一個單位將會增加 z 的－(目前 bfs 第 0 列，進入 bfs 的係數) 個單位，由於 (進入變數在第 0 列的係數) < 0 且 (在新 bfs 進入變數的值) ≥ 0，將此些事實與式 (15) 結合，我們可以推導下列事實：

1. 若 (在新 bfs 中進入變數的值) > 0，則 (新 bfs 的 z 值) > (目前 bfs 的 z 值)。
2. 若 (在新 bfs 中進入變數的值)＝0，則 (新 bfs 的 z 值)＝(目前 bfs 的 z 值)。

若假設我們所解的 LP 有下列特性：每一個 LP 的基本可行解，所有的基本變數均為正 (正代表 > 0)，有此特性的 LP 問題稱為**非退化 LP** (nondegenerate LP)。

若我們利用簡捷法求解一個非退化的 LP 問題，在前述的事實 1 中告訴我們，利用每次簡捷法中的反覆計算均會增加 z。這表示當簡捷法被用來解非退化的 LP 問題時，不可能重覆計算同一個 bfs 兩次。為了了解這種情況，假設我們從一個基本可行解開始 (稱為 bfs 1) 其 $z = 20$。從事實 1 說明下一個轉軸可以得到一個 $z > 20$ 的 bfs (稱為 bfs 2)。因為未來沒有任何一個轉軸會降低 z，所以不會再回到某一個 $z = 20$ 的 bfs。因此，我們不會再回到 bfs 1。現在我們回憶到每一個 LP 僅有有限個基本可行解，因為我們不會重覆到某一個 bfs，這個討論說明當我們利用簡捷法去解一個非退化的 LP 時，我們保證利用有限個反覆動作，即可找到最佳解。例如，假設我們去解一個非退化的 LP 有 10 個變數及 5 個條件，這一個 LP 最多有

$$\binom{10}{5} = 252$$

個基本可行解。我們不會重覆其一個 bfs，所以針對這個問題，簡捷法保證至多需要 252 個轉軸計算即可找到最佳解。

然而，簡捷法可能在一個退化的 LP 會失敗。

定義 ■ 一個 LP 稱為**退化** (degenerate) 若至少有一個 bfs 的基本變數為 0。 ■

下列 LP 即為退化

$$\begin{aligned} \max\ z &= 5x_1 + 2x_2 \\ \text{s.t.}\quad x_1 + x_2 &\leq 6 \\ x_1 - x_2 &\leq 0 \\ x_1, x_2 &\geq 0 \end{aligned}$$ **(16)**

表 4-29　退化 LP

z	x_1	x_2	s_1	s_2	rhs	基本變數	比值
1	−5	−2	0	0	0	$z = 0$	
0	1	1	1	0	6	$s_1 = 6$	6
0	①	−1	0	1	0	$s_2 = 0$	0*

表 4-30　(16) 式的起始表

z	x_1	x_2	s_1	s_2	rhs	基本變數	比值
1	0	−7	0	5	0	$z = 0$	
0	0	②	1	−1	6	$s_1 = 6$	$\frac{6}{2} = 3^*$
0	1	−1	0	1	0	$x_1 = 0$	無

表 4-31　(16) 式的最佳表

z	x_1	x_2	s_1	s_2	rhs	基本變數
1	0	0	3.5	1.5	21	$z = 21$
0	0	1	0.5	−0.5	3	$x_2 = 3$
0	1	0	0.5	0.5	3	$x_1 = 3$

在解式 (16) 問題時，簡捷法會發生什麼事？當加入惰變數 s_1 及 s_2 到二個條件，所得的結果放在表 4-29。在此 bfs，基本變數 $s_2 = 0$。因此，式 (16) 為一退化的 LP。任何一個 bfs 有至少一個基本變數為 0 (或同等地，至少有一個條件的右端值為 0) 即稱為**退化** (degenerate)。因為 −5 < −2，x_1 將進入基底，且比值法的贏者為 0，這表示當 x_1 進入基底後，x_1 在新的 bfs 即為 0。經過計算轉軸後，我們得到表 4-30。一個新的 bfs 與舊的 bfs 有相同的 z 值。

這與事實 2 一致，在新的 bfs 中，所有變數的值與做轉軸前的變數有相同的值！因此，新的 bfs 亦為退化解。繼續這個簡捷法，讓 x_2 進入第 1 列，得到的結果放於表 4-31，這是最佳表，所以式 (16) 的最佳解為 $z = 21$，$x_2 = 3$，$x_1 = 3$，$s_1 = s_2 = 0$。

現在，我們可以解釋為什麼簡捷法在解退化 LP 時會產生一些問題。假設我們在解一個最佳解 $z = 30$ 的退化 LP，如果我們從某一個 bfs 開始其 $z = 20$，我們知道有可能在做一個轉軸時，z 值還是沒有改變 (參考剛解過的問題)。這表示說有可能經過一序列的轉軸計算，如同下列情況會發生：

起始 bfs (bfs 1)：$z = 20$
經過第一次轉軸 (bfs 2)：$z = 20$
經過第二次轉軸 (bfs 3)：$z = 20$
經過第三次轉軸 (bfs 4)：$z = 20$

經過第四次轉軸 (bfs 1)：$z = 20$

在此情況下，我們重覆計算同一個 bfs 兩次，這種情況稱為**迴圈** (cycling)。若迴圈發生，則會在一些基本可行解的集合內來回移動而無法到達最佳解 (在本例，$z = 30$)，迴圈是會發生的 (參考本節末問題 3)。幸運地是，簡捷法可透過修正避免迴圈的發生 [參考 Bland (1977) 或 Dantzing (1963)]†，針對實例中的迴圈，參考 Kotian 及 Slater (1973)。

如果 LP 有很多個退化基本可行解 (或有一個 bfs 有很多個基本變數為 0)，則簡捷法通常很沒有效果。為了解為什麼，在圖 4-12 中式 (16) 的可行區域，有陰影的三角形 BCD，其極端點為 B、C 及 D。利用 4.2 節所提到的過程看出式 (16) 的基本可行解與表 4-32 可行區域的極端點對應關係，有三個基本變數的集合對應極端點 C。若一個 LP 有 n 個決策變數為退化，則可證明有 $n + 1$ 或更多的 LP 條件必須綁在某一極端點。

在式 (16)，條件 $x_1 - x_2 \leq 0$，$x_1 \geq 0$，$x_2 \geq 0$ 綁住 C 點，由三個或更多條件所綁住的極端點對應於超過一個以上的基本變數集合。例如，在 C 點，s_1 必需為基本變數之一，但另一個基本變數可能為 x_2，x_1 或 s_2。

我們現在可以討論為什麼簡捷法通常在解退化解時非常沒有效果。假設 LP 是退化，則會有非常多個基本變數集合 (通常上千個) 對應一些非最佳解的極端點。此簡捷法可能會在找到最佳解之前必須經過這幾個基本變數的集合。這個問題可以在解式 (16) 問題來說明：簡捷法經過二個的轉軸才發現 C 點為非最佳解。幸運地，部份的退化 LP 有一個特殊結構能夠讓我們求解時

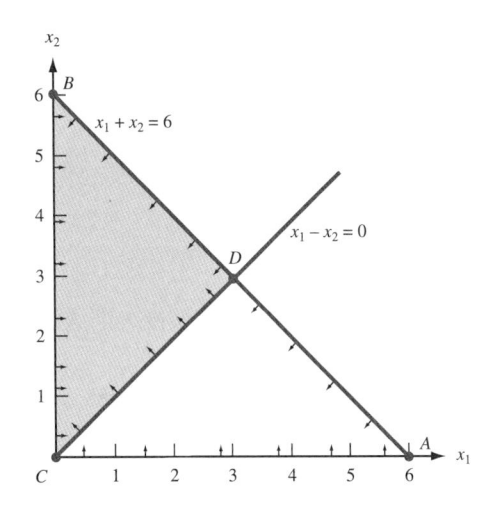

圖 4-12
LP (16) 的可行區域

---

† Bland 證明過當利用下列法則時，迴圈可以避免 (假設惰變數與超過變數為 $x_n + 1$，$x_n + 2$，…)：
 1. 在極大問題中，選擇第 0 列為負的係數，且其下標為最小，當做進入變數。
 2. 若在比值法中產生結 (tie)，透過在比值法的贏者中，選擇下標最小者為離開基底的變數將此結破壞掉。

表 4-32　對應於 C 點的三個基本變數集合

基本變數	基本可行解	對應的極端點
x_1, x_2	$x_1 = x_2 = 3, s_1 = s_2 = 0$	D
x_1, s_1	$x_1 = 0, s_1 = 6, x_2 = s_2 = 0$	C
x_1, s_2	$x_1 = 6, s_2 = -6, x_2 = s_1 = 0$	不可行
x_2, s_1	$x_2 = 0, s_1 = 6, x_1 = s_2 = 0$	C
x_2, s_2	$x_2 = 6, s_2 = 6, s_1 = x_1 = 0$	B
s_1, s_2	$s_1 = 6, s_2 = 0, x_1 = x_2 = 0$	C

利用其他的方法 (參考在第 6 章所討論的指派問題)。

問　題

問題組 A

1. 即使在 LP 的起始表為非退化，但在接下來的表格中有可能會是退化。退化的情況通常會發生在比值法中產生結。為了說明這種狀況，求解下列 LP：

$$\max z = 5x_1 + 3x_2$$
$$\text{s.t.} \quad 4x_1 + 2x_2 \leq 12$$
$$4x_1 + x_2 \leq 10$$
$$x_1 + x_2 \leq 4$$
$$x_1, x_2 \geq 0$$

另外再畫出可行區域並說明哪些極端點對應超過一個以上的基本變數集合。

2. 找下列 LP 的最佳解：

$$\min z = -x_1 - x_2$$
$$\text{s.t.} \quad x_1 + x_2 \leq 1$$
$$-x_1 + x_2 \leq 0$$
$$x_1, x_2 \geq 0$$

問題組 B

3. 證明當選擇列 1 取代列 2 將比值法的結破壞後，則透過簡捷法解下列 LP 時會產生迴圈：

$$\max z = 2x_1 + 3x_2 - x_3 - 12x_4$$
$$\text{s.t} \quad -2x_1 - 9x_2 + x_3 + 9x_4 \leq 0$$
$$\tfrac{x_1}{3} + x_2 - \tfrac{x_3}{3} - 2x_4 \leq 0$$
$$x_i \geq 0 \quad (i = 1, 2, 3, 4)$$

4. 證明當選擇編號較小的列破壞掉比值法的結，求解下列 LP 時會產生迴圈。

$$\max z = -3x_1 + x_2 - 6x_3$$
$$\text{s.t. } 9x_1 + x_2 - 9x_3 - 2x_4 \leq 0$$
$$x_1 + \frac{x_2}{3} - 2x_3 - \frac{x_4}{3} \leq 0$$
$$-9x_1 - x_2 + 9x_3 + 2x_4 \leq 1$$
$$x_i \geq 0 \quad (i = 1, 2, 3, 4)$$

5. 證明利用 Bland 法則解問題 4，則迴圈就不會發生。
6. 考慮一個極大問題的 LP 其基本可行解為非退化。假設在目前的表格中 x_i 為唯一一個第 0 列的係數為負，證明此 LP 的任何一個最佳解有 $x_i > 0$。

4.12 大 M 法

在簡捷法中需要一個開始的 bfs，到目前為止，我們所解的問題只要透過加上惰變數當作基本變數就可找到開始的 bfs，若一個 LP 有 ≥ 或等式條件，一個開始的 bfs 就可能不是那麼明顯。例題 4 將說明 bfs 可能很難找出來，當一個 bfs 不是明顯地得到，大 M 法 (或在第 4.13 節的二階段法) 可用來解這類的問題。在本節，我們討論**大 M 法** (Big M method)，為簡捷法的一種版本，透過加上"人工"變數去找一個起始 bfs，原先 LP 的目標函數必須修正以保證在簡捷法的結束時所有的人工變數都為 0，下面的例子將說明大 M 法。

例題 4　Bevco

Bevco 公司製造一個橘子口味的飲料稱為 Oranj，係透過混合橘子蘇打與橘子汁，每盎司的橘子蘇打含糖 0.5 盎司及 1 毫克維他命 C，每盎司的橘子汁含糖 0.25 盎司及 3 毫克維他命 C。Bevco 公司必須花 2¢ 生產一盎司的橘子蘇打及 3¢ 生產一盎司的橘子汁。Bevco 市場調查部門決定每瓶 10 盎司的 Oranj 必須至少含 20 毫克維他命 C 及至多糖 4 盎司，利用線性規劃決定 Bevco 在達到市場調查部門的需求下，如何達到最小成本。

解　令

$x_1 =$ 在每瓶 Oranj 橘子蘇打的盎司量
$x_2 =$ 在每瓶 Oranj 橘子汁的盎司量

則 LP 為

$$\min z = 2x_1 + 3x_2$$
$$\text{s.t. } \tfrac{1}{2}x_1 + \tfrac{1}{4}x_2 \leq 4 \quad \text{(糖的條件)}$$
$$x_1 + 3x_2 \geq 20 \quad \text{(維他命 C 的條件)}$$
$$x_1 + x_2 = 10 \quad \text{(每瓶 10 盎司的 Oranj)}$$
$$x_1, x_2 \geq 0$$

(這個解將會在本節後面得到)

將式 (17) 轉為標準式，我們在糖的條件加上惰變數 s_1 及在維他命 C 的條件減去一個超過變數 e_2，將目標函數寫成 $z - 2x_1 - 3x_2 = 0$ 後，我們得到下列標準式：

列 0: $\quad z - 2x_1 - 3x_2 \qquad\qquad\qquad = 0$
列 1: $\qquad\quad \frac{1}{2}x_1 + \frac{1}{4}x_2 + s_1 \qquad\quad = 4$
列 2: $\qquad\quad x_1 + 3x_2 \qquad\quad - e_2 = 20$ (18)
列 3: $\qquad\quad x_1 + x_2 \qquad\qquad\quad = 10$
所有變數為非負

在找尋一個 bfs，我們看到 $s_1 = 4$ 可以為第 1 列的基本 (及可行) 變數。若我們將第 2 列乘以 -1，可得 $e_2 = -20$ 可作為第 2 列的基本變數。不幸地，$e_2 = -20$ 違反符號限制 $e_2 \geq 0$。最後，在第 3 列沒有明顯的基本變數。因此，為了利用簡捷法求解式 (17)，第 2 列及第 3 列需要一個基本 (及可行) 的變數。為了彌補這個問題，對於要得到一個基本可行解，我們可以對需要的條件虛擬一個基本變數。因為這些變數是我們創造的且不是真的變數，我們稱為**人工變數** (artificial variables)，如果將人工變數加到第 i 列，我們記為 a_i。在目前的問題，我們必須在第 2 列加一個人工變數 a_2 及第 3 列的人工變數 a_3，所得到的等式集合為

$$\begin{aligned} z - 2x_1 - 3x_2 \qquad\qquad\qquad\qquad &= 0 \\ \tfrac{1}{2}x_1 + \tfrac{1}{4}x_2 + s_1 \qquad\qquad\qquad &= 4 \\ x_1 + 3x_2 \qquad - e_2 + a_2 \qquad &= 20 \\ x_1 + x_2 \qquad\qquad\qquad + a_3 &= 10 \end{aligned} \qquad (18)$$

現在我們得到一個 bfs：$z = 0$，$s_1 = 4$，$a_2 = 20$，$a_3 = 10$。不幸地是，無法保證式 (18) 的最佳解與式 (17) 的最佳解相同。在解式 (18) 時，可能得到最佳解且其中一個或多個人工變數為正，這個解不是原先問題 (17) 的可行解。例如，在解式 (18)，最佳解可很簡單地證明為 $z = 0$，$s_1 = 4$，$a_2 = 20$，$a_3 = 10$，$x_1 = x_2 = 0$，這個"解"不包含維他命 C 及放入瓶中的 0 盎司蘇打，所以它不能是原來問題的解。如果式 (18) 的最佳解為式 (17) 的最佳解，則我們必須確定在式 (18) 的最佳解，其中所有的人工變數為 0。在極小問題中，對於每一個人工變數 a_i，在目標函數加上 Ma_i 以確定所有的人工變數會為 0 (在極大問題中，則在目標函數加上一項 $-Ma_i$)。這裡 M 代表"極大"正數。因此，在式 (18) 中，我們將目標函數改成

$$\min z = 2x_1 + 3x_2 + Ma_2 + Ma_3$$

則第 0 列變成

$$z - 2x_1 - 3x_2 - Ma_2 - Ma_3 = 0$$

以這個方法修正這些目標函數,當人工變數為正時,會造成極端成本。經過這個修正,式 (18) 的最佳解會讓 $a_2 = a_3 = 0$。在本例,式 (18) 的最佳解將是解原先問題 (17)。然而,有時會發生在解式 (18) 時,某些人工變數在最佳解中會時正的,這種情況發生,原來的問題無解。

從上述原因,我們所介紹的方法通常稱為大 M 法,現在我們正式對大 M 法做一描述。

大 M 法的描述

步驟 1　修正條件讓每個條件的右端值為非負。如果某個條件的右端值為負,二邊乘以 -1。若你在任何一個不等式二邊乘以一個負值,記得不等式的方向要反過來。例如,將不等式 $x_1 + x_2 \geq -1$ 轉成 $-x_1 - x_2 \leq 1$,將 $x_1 - x_2 \leq 2$ 轉成 $-x_1 + x_2 \geq 2$。

步驟 1′　分辨出 = 或 ≥ 的條件,在步驟 3,我們將在這些條件加上人工變數。

步驟 2　將每一個不等式轉化成標準型,這表示若條件 i,加上惰變數 s_i,且若條件 i 為 ≥,則我們減掉一個超過變數 e_i。

步驟 3　若條件 i 為 ≥ 或 = 條件 (步驟 1 完成),加上人工變數 a_i,以及符號限制 $a_i \geq 0$。

步驟 4　令 M 代表一個非常大的正數,若 LP 為極小問題,加上 (對於每一個人工變數) Ma_i 到目標函數,若 LP 為極大問題,加上 (對於每一個人工變數) $-Ma_i$ 到目標函數。

步驟 5　因為每一個人工變數會在開始基底,在進行簡捷法前必須在第 0 列刪掉所有人工變數,這保證我們從典型型態開始。在選擇進入變數,M 是一個非常大的正數。例如,$4M - 2$ 比 $3M + 900$ 大,及 $-6M - 5$ 比 $-5M - 40$ 小。現在即可利用簡捷法求解此轉化過的問題,如果在最佳解所有的人工變數全部為 0,則我們找到原來問題的最佳解。如果在最佳解時,某一人工變數為正者,則原來的問題無解。†

---

† 我們忽略當 LP (有人工變數) 在解時,最後的表為無界解的可能性。如果最後一張表顯示 LP 為無界且所有的人工變數為 0,則原來的 LP 為無界,如果最後一張表顯示 LP 為無界且至少有一個人工變數為正,則原來的 LP 為無解。

210 作業研究 I

當人工變數離開基底時，因為人工變數的目的只是找到開始的基本可行解，所以可以刪除人工變數的行。當人工變數離開基底時，我們不再需要它。除了這種情況，我們經常將人工變數留在所有的表格，這個理由在第 11.7 節會更清楚。

解　例題 4 (續)

步驟 1　因為沒有任何一個條件有負的右端值，我們不需要將任何一個條件乘以 -1。

步驟 1'　條件 2 及 3 需要人工變數。

步驟 2　在第 1 列加上惰變數 s_1 及在第 2 列減掉超過變數 e_2，結果為

$$\min z = 2x_1 + 3x_2$$
$$\text{列 1:} \quad \tfrac{1}{2}x_1 + \tfrac{1}{4}x_2 + s_1 \quad\quad\quad = 4$$
$$\text{列 2:} \quad x_1 + 3x_2 \quad\quad - e_2 \quad\quad = 20$$
$$\text{列 3:} \quad x_1 + x_2 \quad\quad\quad\quad\quad = 10$$

步驟 3　第 2 列加上人工變數 a_2 及第 3 列加上人工變數 a_3，結果為

$$\min z = 2x_1 + 3x_2$$
$$\text{列 1:} \quad \tfrac{1}{2}x_1 + \tfrac{1}{4}x_2 + s_1 \quad\quad\quad\quad\quad = 4$$
$$\text{列 2:} \quad x_1 + 3x_2 \quad\quad - e_2 + a_2 \quad\quad = 20$$
$$\text{列 3:} \quad x_1 + x_2 \quad\quad\quad\quad\quad + a_3 = 10$$

從這張表，我們找到起始 bfs 為 $s_1 = 4$，$a_2 = 20$ 及 $a_3 = 10$。

步驟 4　因為我們解極小問題，在目標函數加上 $Ma_2 + Ma_3$ (若我們解極大問題，則加上 $-Ma_2 - Ma_3$)。這個步驟會讓 a_2 及 a_3 變得非常不受歡迎，且極小化 z 會讓 a_2 及 a_3 變為 0，目標函數變為

表 4-33　Bevco 的起始表

z	x_1	x_2	s_1	e_2	a_2	a_3	rhs	基本變數	比值
1	$2M-2$	$4M-3$	0	$-M$	0	0	$30M$	$z = 30M$	
0	$\tfrac{1}{2}$	$\tfrac{1}{4}$	1	0	0	0	4	$s_1 = 4$	16
0	1	③	0	-1	1	0	20	$a_2 = 20$	$\tfrac{20}{3}$*
0	1	1	0	0	0	1	10	$a_3 = 10$	10

表 4-34　Bevco 的第一張表

z	x_1	x_2	s_1	e_2	a_2	a_3	rhs	基本變數	比值
1	$\tfrac{2M-3}{3}$	0	0	$\tfrac{M-3}{3}$	$\tfrac{3-4M}{3}$	0	$\tfrac{60+10M}{3}$	$z = \tfrac{60+10M}{3}$	
0	$\tfrac{5}{12}$	0	1	$\tfrac{1}{12}$	$-\tfrac{1}{12}$	0	$\tfrac{7}{3}$	$s_1 = \tfrac{7}{3}$	$\tfrac{28}{5}$
0	$\tfrac{1}{3}$	1	0	$-\tfrac{1}{3}$	$\tfrac{1}{3}$	0	$\tfrac{20}{3}$	$x_2 = \tfrac{20}{3}$	20
0	②⁄③	0	0	$\tfrac{1}{3}$	$-\tfrac{1}{3}$	1	$\tfrac{10}{3}$	$a_3 = \tfrac{10}{3}$	5*

第 4 章　簡捷法與目標規劃　**211**

$$\min z = 2x_1 + 3x_2 + Ma_2 + Ma_3$$

步驟 5　第 0 列為

$$z - 2x_1 - 3x_2 - Ma_2 - Ma_3 = 0$$

因為 a_2 及 a_3 為我們開始的 bfs，必須從第 0 列將其刪除，為從第 0 列將 a_2 及 a_3 刪除掉，簡單地將第 0 列以第 0 列＋M(第 2 列)＋M(第 3 列)，可得到

$$
\begin{aligned}
\text{列 0:} \quad & z - 2x_1 - 3x_2 - Ma_2 - Ma_3 = 0 \\
M(\text{列 2}): \quad & Mx_1 + 3Mx_2 - Me_2 + Ma_2 = 20M \\
M(\text{列 3}): \quad & Mx_1 + Mx_2 + Ma_3 = 10M \\
\text{新列 0:} \quad & z + (2M-2)x_1 + (4M-3)x_2 - Me_2 = 30M
\end{aligned}
$$

將新列 0 結合第 1 至第 3 列產生起始表格列於表 4-33。

當我們解極小問題時，在第 0 列擁有正的最大係數的變數進入基底。因為 $4M - 3 > 2M - 2$，x_2 將進入基底，最小比值法顯示出 x_2 將進入基底的第 2 列，這代表人工變數 a_2 將離開基底，在做轉軸計算最困難的部份為從第 0 列刪除變數 x_2。首先，利用 $\frac{1}{3}$(列 2) 取代第 2 列，因此，新列 2 為

$$\tfrac{1}{3}x_1 + x_2 - \tfrac{1}{3}e_2 + \tfrac{1}{3}a_2 = \tfrac{20}{3}$$

現在我們可以從第 0 列加上－$(4M - 3)$ (新列 2) 到第 0 列或 $(3 - 4M)$ (新列 2)＋第 0 列將 x_2 刪掉，現在

$$
\begin{aligned}
(3-4M)(\text{新列 2}) = & \\
\frac{(3-4M)x_1}{3} + (3-4M)x_2 - \frac{(3-4M)e_2}{3} &+ \frac{(3-4M)a_2}{3} = \frac{20(3-4M)}{3} \\
\text{列 0:} \quad z + (2M-2)x_1 + (4M-3)x_2 - Me_2 &= 30M \\
\text{新列 0:}\; z + \frac{(2M-3)x_1}{3} + \frac{(M-3)e_2}{3} &+ \frac{(3-4M)a_2}{3} = \frac{60+10M}{3}
\end{aligned}
$$

透過 ERO 將 x_2 從第 1 列及第 3 列刪除，可得列表 4-34。因為 $\frac{2M-3}{3} > \frac{M-3}{3}$，將 x_1 進入基底，比值法顯示 x_1 將進入目前表格的第 3 列當做基本變數。a_3 將離開基底，接下來的表格 $a_2 = a_3 = 0$，為了 x_1 進入第 3 列的基底，首先將第 3 列以 $\frac{3}{2}$ (列 3) 來取代，因此，新的第 3 列為

$$x_1 + \frac{e_2}{2} - \frac{a_2}{2} + \frac{3a_3}{2} = 5$$

從第 0 列將 x_1 刪除，我們利用列 0 ＋$(3 - 2M)$ (新列 3)/3 取代第 0 列。

$$
\begin{aligned}
\text{列 0:} \quad & z + \frac{(2M-3)x_1}{3} + \frac{(M-3)e_2}{3} + \frac{(3-4M)a_2}{3} = \frac{60+10M}{3} \\
\frac{(3-2M)(\text{新列 3})}{3} : \quad & \frac{(3-2M)x_1}{3} + \frac{(3-2M)e_2}{6} + \frac{(2M-3)a_2}{6} \\
& \qquad\qquad\qquad\qquad + \frac{(3-2M)a_3}{2} = \frac{15-10M}{3}
\end{aligned}
$$

表 4-35　Bevco 的最佳解

z	x_1	x_2	s_1	e_2	a_2	a_3	rhs	基本變數
1	0	0	0	$-\frac{1}{2}$	$\frac{1-2M}{2}$	$\frac{3-2M}{2}$	25	$z = 25$
0	0	0	1	$-\frac{1}{8}$	$\frac{1}{8}$	$-\frac{5}{8}$	$\frac{1}{4}$	$s_1 = \frac{1}{4}$
0	0	1	0	$-\frac{1}{2}$	$\frac{1}{2}$	$-\frac{1}{2}$	5	$x_2 = 5$
0	1	0	0	$\frac{1}{2}$	$-\frac{1}{2}$	$\frac{3}{2}$	5	$x_1 = 5$

新列 0：
$$z - \frac{e_2}{2} + \frac{(1 - 2M)a_2}{2} + \frac{(3 - 2M)a_3}{2} = 25$$

一樣的計算新列 1 與新列 2 可得表 4-35。因為在第 0 列的所有變數均為非正的係數，此為最佳表格。在本表所有的人工變數均為 0，所以我們找到 Bevco 問題的最佳解，$z = 25$，$x_1 = x_2 = 5$，$s_1 = \frac{1}{4}$，$e_2 = 0$。這表示 Bevco 公司生產 25¢ 一瓶的 10 盎司 Oranj，是混合橘子蘇打 5 盎司及橘子汁 5 盎司，a_2 行在 a_2 離開基底時即可刪除 (第一次轉軸的結論)，及 a_3 行在 a_3 離開基底時即可刪除 (在第二次轉軸的結論)。

如何觀察不可行 LP

現在我們修正 Bevco 問題，10 盎司瓶裝的 Oranj 包含維他命 C 至少 36 毫克，即使 10 盎司的橘子汁僅包含維他命 C 3(10) = 30 毫克，所以我們知道 Bevco 不可能達到新維他命 C 的要求，這表示 Bevco 的 LP 會沒有解。讓我們來看大 M 法如何顯示 LP 無解，我們改變 Bevco LP 為

$$\begin{aligned} \min z &= 2x_1 + 3x_2 \\ \text{s.t.}\quad \tfrac{1}{2}x_1 + \tfrac{1}{4}x_2 &\leq 4 \quad \text{(糖的條件)} \\ x_1 + 3x_2 &\geq 36 \quad \text{(維他命 C 的條件)} \\ x_1 + x_2 &= 10 \quad \text{(10 盎司條件)} \\ x_1, x_2 &\geq 0 \end{aligned}$$

透過大 M 法的步驟 1 至 5，我們得到表 4-36 的起始表。因為 $4M - 3 > 2M - 2$，將 x_2 進入基底，比值法顯示出 x_2 進入基底的第 3 列，造成 a_3 離開基底。在 x_2 進入基底後，可得表 4-37。因為在第 0 列每一個變數的係數為非

表 4-36　Bevco 的起始表 (無解)

z	x_1	x_2	s_1	e_2	a_2	a_3	rhs	基本變數	比值
1	$2M - 2$	$4M - 3$	0	$-M$	0	0	$46M$	$z = 46M$	
0	$\frac{1}{2}$	$\frac{1}{4}$	1	0	0	0	4	$s_1 = 4$	16
0	1	3	0	-1	1	0	36	$a_2 = 36$	12
0	1	①	0	0	0	1	10	$a_3 = 10$	10*

表 4-37　顯示出 Bevco 無解的表格

z	x_1	s_2	s_1	e_2	a_2	a_3	rhs	基本變數
1	$1-2M$	0	0	$-M$	0	$3-4M$	$30+6M$	$z=6M+30$
0	$\frac{1}{4}$	0	1	0	0	$-\frac{1}{4}$	$\frac{3}{2}$	$s_1=\frac{3}{2}$
0	-2	0	0	-1	1	-3	6	$a_2=6$
0	1	1	0	0	0	1	10	$x_2=10$

正，這是最佳解。這個最佳解為 $z=30+6M$，$s_1=\frac{3}{2}$，$a_2=6$，$x_2=10$，$a_3=e_2=x_1=0$。人工變數 (a_2) 在最佳解為正，所以步驟 5 顯示原來 LP 為無解。[†] 總結，若在大 M 法的最佳表格中任一個人工變數為正，則原來的 LP 無解。

當大 M 法被使用時，對於決定 M 到底多大是相當困難的。一般而言，M 的選擇至少為原來目標函數中係數最大的 100 倍以上，問題中引進這個很大的數字會產生四捨五入的誤差及計算上的困難。因為這個理由，大部份解 LP 的電腦編碼均是利用二階段法 (4.13 節敘述)。

問　題

問題組 A

利用大 M 法求解下列 LP 問題：

1. min $z = 4x_1 + 4x_2 + x_3$
　　s.t.　$x_1 + x_2 + x_3 \leq 2$
　　　　$2x_1 + x_2 \leq 3$
　　　　$2x_1 + x_2 + 3x_3 \geq 3$
　　　　$x_1, x_2, x_3 \geq 0$

2. min $z = 2x_1 + 3x_2$
　　s.t.　$2x_1 + x_2 \geq 4$
　　　　$x_1 - x_2 \geq -1$
　　　　$x_1, x_2 \geq 0$

3. max $z = 3x_1 + x_2$
　　s.t.　$x_1 + x_2 \geq 3$
　　　　$2x_1 + x_2 \leq 4$
　　　　$x_1 + x_2 = 3$
　　　　$x_1, x_2 \geq 0$

4. min $z = 3x_1$
　　s.t.　$2x_1 + x_2 \geq 6$
　　　　$3x_1 + 2x_2 = 4$
　　　　$x_1, x_2 \geq 0$

5. min $z = x_1 + x_2$
　　s.t.　$2x_1 + x_2 + x_3 = 4$
　　　　$x_1 + x_2 + 2x_3 = 2$
　　　　$x_1, x_2, x_3 \geq 0$

6. min $z = x_1 + x_2$
　　s.t.　$x_1 + x_2 = 2$
　　　　$2x_1 + 2x_2 = 4$
　　　　$x_1, x_2 \geq 0$

[†] 為解釋 (19) 無解，假設其解為 ($\bar{x}_1, \bar{x}_2$)，很清楚，若我們令 $a_3 = a_2 = 0$，($\bar{x}_1, \bar{x}_2$) 為修正後 LP 的可行解 (有人工變數的 LP)。若我們將 ($\bar{x}_1, \bar{x}_2$) 代入修正的目標函數 ($z = 2\bar{x}_1 + 3\bar{x}_2 + Ma_2 + Ma_3$)，可得到 $z = 2\bar{x}_1 + 3\bar{x}_2$ (因為 $a_2 = a_3 = 0$)。因為 M 為很大的值，這個值當然小於 $6M + 30$，這與修正問題後的最佳 z 值 $6M + 30$ 矛盾，這代表原先 LP 的 (19) 必須為無解。

4.13 二階段簡捷法

當一個基本可行解並不是馬上可以得到,二階段簡捷法可以用取代大 M 法的使用。在二階段簡捷法,我們在條件上加上人工變數如同在大 M 法一樣,接下來透過解第 I 階段 LP 找到原來問題的 bfs。在第 I 階段 LP 中,目標函數爲極小人工變數的和,在完成第 I 階段後,我們再引入原來 LP 的目標函數及解原來 LP 的最佳解。

下列幾個步驟在描述二階段簡捷法。在二階段簡捷法,步驟 1 至 3 與大 M 法的步驟 1 至 3 相同。

步驟 1 修正條件讓每個條件的右端值爲非負,當某個條件的右端值爲負時必須要乘以 -1。

步驟 1' 找出現在每個條件 (經過步驟 1) 爲＝或 $\geq$ 的條件。在步驟 3,我們在每個條件加上人工變數。

步驟 2 將每個不等式的條件化爲標準型,若條件 i 爲 $\leq$ 條件,則加上一個惰變數 s_i,若條件 i 爲 $\geq$ 條件,減掉一個過剩變數 e_i。

步驟 3 若 (經過步驟 1' 後) 條件 i 爲 $\geq$ 或＝條件,加上人工變數 a_i,且加上符號限制 $a_i \geq 0$。

步驟 4 現在,先忽略原來 LP 的目標函數,解 LP 的問題其目標函數爲極小 $w' =$ (所有人工變數的和),這個稱爲**第 I 階段 LP (Phase I LP)**,在解第 I 階段時會強迫人工變數爲 0。

因爲 $a_i \geq 0$,在解第 I 階段的 LP 問題時會產生下列三種狀況之一:

狀況 1 w' 的最佳解爲大於 0。這個狀況,原來的 LP 無可行解。

狀況 2 w' 的最佳解爲 0,且在最佳第 I 階段的基底沒有人工變數,在這個狀況,我們刪除在最佳第 I 階段表格中的人工變數的所有行。現在,我們將原來的目標函數與第 I 階段最佳解的表格條件放在一起。這會形成**第 II 階段 LP (Phase II LP)** 的最佳解爲原來 LP 的最佳解。

狀況 3 w' 的最佳解爲 0 且至少有一個人工變數還在第 I 階段的最佳基底,在此狀況下,當在第 I 階段最後將第 I 階段的最佳表格的所有非基本人工變數去除及在原來問題任何一個在第 0 列擁有負的係數,即可找出原來 LP 的最佳解。

第 I 及 II 階段的可行解

假設原來的 LP 無解，則唯一方法為第 I 階段 LP 的可行解且會至少有一個人工變數為正，在這種狀況，$w' > 0$ (狀況 1) 產生。另一方面，若原來 LP 有一可行解，則這個可行解 (所有的 $a_i = 0$) 為第 I 階段 LP 的可行解且產生 $w' = 0$，這表示若原來的 LP 有可行解，最佳第 I 階段的解會使得 $w' = 0$。現在我們開始做二階段簡捷法的狀況 1 及 2 的例子。

例題 5　二階段簡捷法：第二種狀況

首先，我們利用二階段簡捷法求解 4.12 節的 Bevco 問題。在 Bevco 問題中，模式為

$$\min z = 2x_1 + 3x_2$$
$$\text{s.t.} \quad \tfrac{1}{2}x_1 + \tfrac{1}{4}x_2 \leq 4$$
$$x_1 + 3x_2 \geq 20$$
$$x_1 + x_2 = 10$$
$$x_1, x_2 \geq 0$$

解　就如同大 M 法，步驟 1 − 3 轉化條件為

$$\tfrac{1}{2}x_1 + \tfrac{1}{4}x_2 + s_1 \qquad\qquad\qquad = 4$$
$$x_1 + 3x_2 \qquad - e_2 + a_2 \qquad = 20$$
$$x_1 + x_2 \qquad\qquad\qquad + a_3 = 10$$

步驟 4 產生下列第 I 階段的 LP：

$$\min w' = a_2 + a_3$$
$$\text{s.t.} \quad \tfrac{1}{2}x_1 + \tfrac{1}{4}x_2 + s_1 \qquad\qquad\qquad = 4$$
$$x_1 + 3x_2 \qquad - e_2 + a_2 \qquad = 20$$
$$x_1 + x_2 \qquad\qquad\qquad + a_3 = 10$$

這些等式的集合產生第 I 階段一個新開始 bfs ($s_1 = 4, a_2 = 20, a_3 = 10$)。

然而，在這張的第 0 列 ($w' - a_2 - a_3 = 0$) 包含基本變數 a_2 及 a_3，就像大 M 法，在我們解第 I 階段之前，a_2 及 a_3 必須從第 0 列刪除。從第 0 列刪除 a_2 及 a_3，簡單地將第 2 列及第 3 列加到第 0 列：

$$\begin{aligned}
\text{列 0：}\quad & w' \qquad\qquad\qquad\qquad - a_2 - a_3 = 0 \\
\text{+列 2：}\quad & x_1 + 3x_2 - e_2 + a_2 \qquad = 20 \\
\text{+列 3：}\quad & x_1 + x_2 \qquad\qquad + a_3 = 10 \\
\text{=新列 0：}\quad & w' + 2x_1 + 4x_2 - e_2 \qquad\qquad = 30
\end{aligned}$$

將新列 0 與第 I 階段的條件結合可以產生第 I 階段在起始表格列於表 4-38。因為第 I 階段永遠是極小問題 (即使原來的 LP 為極大問題)，我們讓 x_2 進入基底。最小比值法顯示 x_2 將進入基底的第 2 列，而 a_2 離開基底，經過必要的 ERO，我們得到表 4-39。因為 $5 < 20$ 及 $5 < \frac{28}{5}$，x_1 進入基底的第 3 列，因此，a_3 將離開基底。因為在完成目前的轉軸後，a_2 及 a_3 會變成非基本變數。我們可以知道下一張表為第 I 階段的最佳解，在表 4-40 證實這個結果。

因為 $w' = 0$，第 I 階段可以做結論，基本可行解 $s_1 = \frac{1}{4}$，$x_2 = 5$，$x_1 = 5$ 即可找到，在第 I 階段的最佳表格中，沒有人工變數，所以此問題為狀況 2 的例題。現在去除人工變數 a_2 及 a_3 的行且再加入原來的目標函數

$$\min \ z = 2x_1 + 3x_2 \quad \text{或} \quad z - 2x_1 - 3x_2 = 0$$

因為 x_1 及 x_2 在最佳第 I 階段基底中，他們必須在第 II 階段第 0 列中刪除，我們加上 $3(列 2) + 2(列 3)$ 於第 I 階段的第 0 列。

$$
\begin{array}{lll}
\text{階段 II 列 0:} & z - 2x_1 - 3x_2 & = 0 \\
+ 3(列 2): & 3x_2 - \frac{3}{2}e_2 & = 15 \\
+ 2(列 3): & 2x_1 + e_2 & = 10 \\
= \text{新階段 II 列 0:} & z - \frac{1}{2}e_2 & = 25
\end{array}
$$

表 4-38　Bevco 的第 I 階段起始表

w	x_1	x_2	s_1	e_2	a_2	a_3	rhs	基本變數	比值
1	2	4	0	-1	0	0	30	$w' = 30$	
0	$\frac{1}{2}$	$\frac{1}{4}$	1	0	0	0	4	$s_1 = 4$	16
0	1	③	0	-1	1	0	20	$a_2 = 20$	$\frac{20}{3}*$
0	1	1	0	0	0	1	10	$a_3 = 10$	10

表 4-39　經過第 I 次反覆計算所得第 I 階段表格

w	x_1	x_2	s_1	e_2	a_2	a_3	rhs	基本變數	比值
1	$\frac{2}{3}$	0	0	$\frac{1}{3}$	$-\frac{4}{3}$	0	$\frac{10}{3}$	$w' = \frac{10}{3}$	
0	$\frac{5}{12}$	0	1	$\frac{1}{12}$	$-\frac{1}{12}$	0	$\frac{7}{3}$	$s_1 = \frac{7}{3}$	$\frac{28}{5}$
0	$\frac{1}{3}$	1	0	$-\frac{1}{3}$	$\frac{1}{3}$	0	$\frac{20}{3}$	$x_2 = \frac{20}{3}$	20
0	$\circled{\frac{2}{3}}$	0	0	$\frac{1}{3}$	$-\frac{1}{3}$	1	$\frac{10}{3}$	$a_3 = \frac{10}{3}$	$5*$

表 4-40　Bevco 的第 I 階段最佳解

w	x_1	x_2	s_1	e_2	a_2	a_3	rhs	基本變數
1	0	0	0	0	-1	-1	0	$w' = 0$
0	0	0	1	$-\frac{1}{8}$	$\frac{1}{8}$	$-\frac{5}{8}$	$\frac{1}{4}$	$s_1 = \frac{1}{4}$
0	0	1	0	$-\frac{1}{2}$	$\frac{1}{2}$	$-\frac{1}{2}$	5	$x_2 = 5$
0	1	0	0	$\frac{1}{2}$	$-\frac{1}{2}$	$\frac{3}{2}$	5	$x_1 = 5$

我從下列第 II 階段的等式開始

$$\min z - \tfrac{1}{2}e_2 = 25$$
$$s_1 - \tfrac{1}{8}e_2 = \tfrac{1}{4}$$
$$x_2 - \tfrac{1}{2}e_2 = 5$$
$$x_1 + \tfrac{1}{2}e_2 = 5$$

這是最佳解。因此，在本題，第 II 階段不需要任何的運算求最佳解。若第 II 階段的第 0 列並不是最佳解表格，必需經過簡單地運用簡捷法直到最佳解第 0 列得到爲止。總而言之，最佳第 II 階段表格顯示 Bevco 問題的最佳解爲 $z = 25$，$x_1 = 5$，$x_2 = 5$，$s_1 = \tfrac{1}{4}$ 及 $e_2 = 0$，這個結果當然與 4.12 節大 M 法的最佳解相同。

例題 6　二階段簡捷法：狀況 1

爲說明狀況 2，我們現在修正 Bevco 問題，需要 36 毫克維他命 C。從 4.12 節，我們知道這個問題是不可行的。這表示最佳第 I 階段解將會 $w' > 0$ (狀況 1)，爲說明這是對的，我們從下列原來問題開始：

$$\min z = 2x_1 + 3x_2$$
$$\text{s.t.} \quad \tfrac{1}{2}x_1 + \tfrac{1}{4}x_2 \le 4$$
$$x_1 + 3x_2 \ge 36$$
$$x_1 + x_2 = 10$$
$$x_1, x_2 \ge 0$$

解　經過完成二階段簡捷法的步驟 1－4，我們得到下列階段 I 問題：

$$\min w' = a_2 + a_3$$
$$\text{s.t.} \quad \tfrac{1}{2}x_1 + \tfrac{1}{4}x_2 + s_1 = 4$$
$$x_1 + 3x_2 - e_2 + a_2 = 36$$
$$x_1 + x_2 + a_3 = 10$$

從這些等式集合中，我們看到起始第 I 階段 bfs 爲 $s_1 = 4$，$a_2 = 36$ 及 $a_3 = 10$，因爲基本變數 a_2 及 a_3 出現在第 I 階段目標函數，它們必須從第 I 階段第 0 列刪除掉，爲了這些，我們將第 2 列與第 3 列加上第 0 列：

$$\begin{aligned}
\text{列 0：} \quad & w' \qquad\qquad\qquad\qquad - a_2 - a_3 = 0 \\
+\text{列 2：} \quad & \qquad x_1 + 3x_2 - e_2 + a_2 \qquad = 36 \\
+\text{列 3：} \quad & \qquad x_1 + x_2 \qquad\qquad + a_3 = 10 \\
=\text{新列 0：} \quad & w' + 2x_1 + 4x_2 - e_2 \qquad\qquad = 46
\end{aligned}$$

在這新列 0，第 I 階段的起始表列於表 4-41，因爲 4 > 2，我們將 x_2 進入基底，最小比值法顯示出 x_2 將進入基底的第 3 列，而使 a_3 離開基底，這個結果列於表 4-42。在

表 4-41　Bevco 的起始第 I 階段表格 (不可行)

w	x_1	x_2	s_1	e_2	a_2	a_3	rhs	基本變數	比值
1	2	4	0	-1	0	0	46	$w' = 46$	
0	$\frac{1}{2}$	$\frac{1}{4}$	1	0	0	0	4	$s_1 = 4$	16
0	1	3	0	-1	1	0	36	$a_2 = 36$	12
0	1	①	0	0	0	1	10	$a_3 = 0$	10*

表 4-42　Bevco 的不可行表格 (不可行)

w	x_1	x_2	s_1	e_2	a_2	a_3	rhs	基本變數
1	-2	0	0	-1	0	-4	6	$w' = 6$
0	$\frac{1}{4}$	0	1	0	0	$-\frac{1}{4}$	$\frac{3}{2}$	$s_1 = \frac{3}{2}$
0	-2	0	0	-1	1	-3	6	$a_2 = 6$
0	1	1	0	0	0	1	10	$x_2 = 10$

第 0 列，沒有變數擁有正的係數，所以這是最佳第 I 階段表格，且因為最佳 w' 的值為 $6 > 0$，這表示原來 LP 為無解。這是合理的，因為若原來的 LP 有可行解，則在第 I 階段的 LP 必須有解 (經過設 $a_2 = a_3 = 0$)，這個可行解會讓 $w' = 0$。因為簡捷法無法找到第 I 階段的解為 $w' = 0$，代表原來的 LP 必定為無解。

註解　1. 在大 M 法，當人工變數離開基底後，人工變數所對應的行即可從表格中刪除。因此，當解 Bevco 問題時，經過第 I 階段的運算後，a_2 的行即可被刪除，且 a_3 行亦可從第 I 階段的第二次運算後刪除。
2. 我們可以證明在大 M 法與二階段法的第 I 階段的一序列運算是相同的。除了這點相同外，大部份電腦的編碼是利用二階段法求 bfs。這是因為 M 為一個很大的正數，會造成四捨五入的誤差與其他計算上的困難，因為二階段的方法並不需要引進任何大的數字到目標函數中，所以可以避到這個問題。

例題 7　二階段簡捷法：狀況 3

利用二階段簡捷法求解下列 LP 問題：

$$\begin{aligned}
\max\ z = &\ 40x_1 + 10x_2 + 7x_5 + 14x_6 \\
\text{s.t.}\quad &\ x_1 - x_2 + 2x_5 = 0 \\
&\ -2x_1 + x_2 - 2x_5 = 0 \\
&\ x_1 + x_3 + x_5 - x_6 = 3 \\
&\ 2x_2 + x_3 + x_4 + 2x_5 + x_6 = 4 \\
&\ \text{所有 } x_i \geq 0
\end{aligned}$$

解　我們可以利用 x_4 當作第四個條件的基本變數，及利用人工變數 a_1、a_2 及 a_3 當作前三個條件的基本變數，我們第 I 階段的目標為 $\min w = a_1 + a_2 + a_3$。經過加上前

三個條件到 $w_1 - a_1 - a_2 - a_3 = 0$，我們可得開始起始表 4-43。

即使 x_5 在第 0 列為正的最大係數，我們選擇 x_3 進入基底 (當作第 3 列的基本變數)，我們可以很快地得到 $w = 0$，最後的最佳第 I 階段的表 4-44。

因為 $w = 0$。我們現在有一個最佳第 I 階段的表，二個人工變數仍然留在基底 (a_1 及 a_2) 其值為 0，我們現在去掉人工變數 a_3 從第 II 階段的起始表，在第 I 階段的最佳表格中，原來變數中有負的係數只有 x_1，所以我們將 x_1 從未來的表格去除。這是因為從最佳的第 I 階段表格中，我們發現 $w = x_1$，這代表 x_1 不會在第 II 階段變成正，所以從未來的表格將 x_1 去除。因為 $z - 40x_1 - 10x_2 - 7x_5 - 14x_6 = 0$ 沒有包含基本變數，可得第 II 階段的起始表如表 4-45。

我們現在讓 x_6 進入基底的第 4 列且可得表 4-46 的最佳表格。

原來 LP 的最佳解為 $z = 7$，$x_3 = 7/2$，$x_4 = \frac{1}{2}$，$x_2 = x_5 = x_6 = x_3 = 0$。

表 4-43

w	x_1	x_2	x_3	x_4	x_5	x_6	a_1	a_2	a_3	rhs	基本變數
1	0	0	1	0	1	−1	0	0	0	3	$w = 3$
0	1	−1	0	0	2	0	1	0	0	0	$a_1 = 0$
0	−2	1	0	0	−2	0	0	1	0	0	$a_2 = 0$
0	1	0	①	0	1	−1	0	0	1	3	$a_3 = 3$
0	0	2	1	1	2	1	0	0	0	4	$x_4 = 4$

表 4-44

w	x_1	x_2	x_3	x_4	x_5	x_6	a_1	a_2	a_3	rhs	基本變數
1	−1	0	0	0	0	0	0	0	−1	0	$w = 0$
0	1	−1	0	0	2	0	1	0	0	0	$a_1 = 0$
0	−2	1	0	0	−2	0	0	1	0	0	$a_2 = 0$
0	1	0	1	0	1	−1	0	0	1	3	$x_3 = 3$
0	−1	2	0	1	1	2	0	0	−1	1	$x_4 = 1$

表 4-45

w	x_2	x_3	x_4	x_5	x_6	a_1	a_2	rhs	基本變數
1	−10	0	0	−7	−14	0	0	0	$z = 0$
0	−1	0	0	2	0	1	0	0	$a_1 = 0$
0	1	0	0	−2	0	0	1	0	$a_2 = 0$
0	0	1	0	1	−1	0	0	3	$x_3 = 3$
0	2	0	1	1	②	0	0	1	$x_4 = 1$

表 4-46

w	x_2	x_3	x_4	x_5	x_6	a_1	a_2	rhs	基本變數
1	4	0	7	0	0	0	0	7	$z = 7$
0	0	0	0	2	0	1	0	0	$a_1 = 0$
0	1	0	0	0	0	0	1	0	$a_2 = 0$
0	1	1	$\frac{1}{2}$	$\frac{3}{2}$	0	0	0	$\frac{7}{2}$	$x_3 = \frac{7}{2}$
0	0	0	$\frac{1}{2}$	$\frac{1}{2}$	1	0	0	$\frac{1}{2}$	$x_4 = \frac{1}{2}$

問題

問題組 A

1. 利用二階段簡捷法求解求 4.12 節的問題。
2. 解釋為什麼第 I 階段 LP 經常會有多重最佳解。

4.14 沒有限制符號變數問題

透過簡捷法解 LP 問題時，我們利用比值法決定哪一列進來變數作為基本變數，因為比值法主要是依據任何一個可行解的變數，必須所有的變數為非負的。因此，如果某些變數允許為無限制符號 (urs)，在簡捷法中的比值法不再能使用。在本節，我們說明一個無限制符號的 LP 問題如何轉化為一個所有變數為非負的 LP。

對於每一個非限制變數 x_i，我們開始定義二個新的變數 x'_i 及 x''_i。然後在每個條件及目標函數以 $x'_i - x''_i$ 取代 x_i，然後再加上符號限制 $x'_i \geq 0$ 及 $x''_i \geq 0$，這是將 x_i 以二個非負的變數 x'_i 及 x''_i 相減而得之。因為所有變數都必須要是非負的，我們就可進行簡捷法。我們會很快地看到，沒有基本變數的解同時 $x'_i > 0$ 及 $x''_i > 0$，這表示對於任何一個基本可行解，每個沒有限制符號的變數 x_i 必須是下列三種狀況的其中一種狀況：

狀況 1 $x'_i > 0$ 及 $x''_i = 0$，這個狀況發生若一個 bfs $x_i > 0$，則 $x_i = x'_i - x''_i = x'_i$。因此，$x_i = x'_i$。例如，在一個 bfs 中 $x_i = 3$，這表示 $x'_i = 3$ 及 $x''_i = 0$。

狀況 2 $x'_i = 0$ 及 $x''_i > 0$，這個狀況發生若 $x_i < 0$，因為 $x_i = x'_i - x''_i$，我們可得 $x_i = -x''_i$。例如，在一個 bfs 中 $x_i = -5$，代表 $x'_i = 0$ 及 $x''_i = 5$，則 $x_i = 0 - 5 = -5$。

狀況 3 $x'_i = x''_i = 0$，在此例，$x_i = 0 - 0 = 0$。

在解下列例子，我們將會學到為什麼 bfs 不會有同時 $x'_i > 0$ 及 $x''_i > 0$。

例題 8　利用 urs 變數

一位麵包師父有 30 盎司的麵粉及 5 包酵粉，烤一條麵包需要麵粉 5 盎司及一包酵粉。每一條麵包可賣 30¢，麵包師父可以花 4¢/盎司多購買麵粉或剩餘的麵粉可賣相同的價格，建立及解 LP 問題來幫助麵包師父能極大化利潤 (收益－成本)。

第 4 章 簡捷法與目標規劃 221

解　　定義

$x_1 = $ 麵包的烘焙數量
$x_2 = $ 額外增加麵粉供應的盎司數

因此，$x_2 > 0$ 表購買的麵粉 x_2 盎司，及 $x_2 < 0$ 表賣出 $-x_2$ 盎司 ($x_2 = 0$ 為沒有買或賣麵粉)。所以 $x_1 \geq 0$ 及 x_2 為 urs 及適合的 LP 為

$$\max z = 30x_1 - 4x_2$$
$$\text{s.t.} \quad 5x_1 \leq 30 + x_2 \quad \text{(麵粉條件)}$$
$$\quad x_1 \leq 5 \quad \text{(酸粉條件)}$$
$$\quad x_1 \geq 0, x_2 \text{ urs}$$

因為 x_2 為 urs，我們用 $x_2' - x_2''$ 取代 x_2 在目標函數及條件上，這會得到

$$\max z = 30x_1 - 4x_2' + 4x_2''$$
$$\text{s.t.} \quad 5x_1 \leq 30 + x_2' - x_2''$$
$$\quad x_1 \leq 5$$
$$\quad x_1, x_2', x_2'' \geq 0$$

經過轉換目標函數到第 0 列及條件 2 加上惰變數 s_1 及 s_2，我們可以得到表 4-47 的起始表，x_2' 的這一行為 x_2'' 這一行乘以負號。我們將可看到不論經過多少次的轉軸，x_2' 的行永遠為 x_2'' 這一行乘以負號。

因為 x_1 在第 0 列有負的最小係數，將 x_1 進入基底的第 2 列，得到的表格列於表 4-48，x_2' 的行係數仍為 x_2'' 行係數乘以負號。

因為 x_2'' 現在在第 0 列有負的最小係數，將 x_2'' 進入基底的第 1 列，可得到表 4-49，x_2' 行的係數仍為 x_2'' 行係數的負號。這是一張最佳解的表，所以在麵包師問題的最佳解為 $z = 170$，$x_1 = 5$，$x_2'' = 5$，$x_2' = 0$，$s_1 = s_2 = 0$。因此，麵包師父能夠經過烤 5 條麵包賺取 170¢ 的利潤。因為 $x_2 = x_2' - x_2'' = 0 - 5 = -5$，表示麵包師父將賣 5 盎司的麵粉。針對麵包師父將賣麵粉為最佳解是因為 5 包的酸粉限制麵包師

表 4-47　urs LP 的起始表

z	x_1	x_2'	x_2''	s_1	s_2	rhs	基本變數	比值
1	-30	4	-4	0	0	0	$z = 0$	
0	5	-1	1	1	0	30	$s_1 = 30$	6
0	①	0	0	0	1	5	$s_2 = 5$	5*

表 4-48　urs LP 的第一張表

z	x_1	x_2'	x_2''	s_1	s_2	rhs	基本變數	比值
1	0	4	-4	0	30	150	$z = 150$	
0	0	-1	①	1	-5	5	$s_1 = 5$	5*
0	1	0	0	0	1	5	$x_1 = 5$	無

表 4-49　urs LP 的最佳表格

z	x_1	x_2'	x_2''	s_1	s_2	rhs	基本變數
1	0	0	0	4	10	170	$z = 170$
0	0	−1	1	1	−5	5	$x_2'' = 5$
0	1	0	0	0	1	5	$x_1 = 5$

父至多生產 5 條麵包。這 5 條麵包使用 5(5)＝25 盎司的麵粉，所以剩下 30 − 25 = 5 盎司的麵粉出售。

變數 x_2' 及 x_2'' 不會同時在同一張表上為基本變數。為了說明為什麼，假設 x_2'' 為基本變數 (如同在最佳表格中)，則在 x_2'' 的行中，包含一個 1 及其他的元素為 0，因為 x_2' 的行永遠為 x_2'' 的行乘以一個負號，故 x_2' 行包含一個 −1 及其他的元素為 0，這樣的表不可能讓 x_2' 為基本變數。這個原因就可說明若 x_i 為 urs，則 x_i' 及 x_i'' 不可能在同一張表上同時為基本變數。這表示在任何一張表中，x_2'、x_i''，或二個同時為 0 及狀況 1 至 3 可能只有一種狀況發生。

下面的例子說明如何利用 urs 建立在 3.10 節 Sailco 例子所討論生產平滑成本的模式。

例題 9　建立生產平滑成本

Mondo 汽車公司決定下四季的生產排程計畫，下四季的汽車需求為：第一季：40；第二季：70；第三季：50；第四季：20。對於 Mondo 公司會產生四種成本：

1. 每生產一部汽車需要成本 $400。
2. 在每一季結束，每一部汽車會產生 $100 的持有成本。
3. 從一季到下一季，若要增加產量必須增加訓練員工成本，大約估計若從本季到下一季生產一部車子需要 $700。
4. 從這一季到下一季，若減少產量會發生遣散費，士氣降低等等。大約估計，若從本季到下季，每生產一部車子會需要 $600。

所有的需求必需及時的滿足且每一季的產能必須滿足當期的需求。在第一季一開始，馬上可以生產 50 部汽車。假設在第一季開始時，沒有存貨，建立 LP 模式以讓 Mondo 在下四季的總成本達到最小。

解　為了表示存貨及生產成本，我們定義 $t = 1, 2, 3, 4$。

$$p_t = \text{在第 } t \text{ 季生產汽車的量}$$
$$i_t = \text{在第 } t \text{ 季結束存貨量}$$

為了決定平滑成本 (成本 3 和 4)，我們定義

$$x_t = 第\ t\ 季超過\ (t-1)\ 季產品產量的量$$

因為 x_t 為沒有限制符號，我們可以寫成 $x_t = x_t' - x_t''$，其中 $x_t' \geq 0$ 及 $x_t'' \geq 0$，我們知道若 $x_t \geq 0$，則 $x_t = x_t'$ 且 $x_t'' = 0$。一樣地，若 $x_t \leq 0$，則 $x_t = -x_t''$ 且 $x_t' = 0$。這代表

$x_t' = 第\ t\ 季比第\ t-1\ 季量增加的量$
($x_t' = 0$，若第 t 期的產量小於第 $(t-1)$ 期的產量)
$x_t'' = 第\ t\ 季比第\ t-1\ 季產量減少的量$
($x_t'' = 0$，若第 t 期的產量多於第 $(t-1)$ 期的產量)

例如，若 $p_1 = 30$ 且 $p_2 = 50$，則 $x_2 = 50 - 30 = 20$，$x_2' = 20$，$x_2'' = 0$。相似地，若 $p_1 = 30$ 且 $p_2 = 15$，則 $x_2 = 15 - 30 = -15$，$x_2' = 0$ 且 $x_2'' = 15$。因此變數 x_t' 及 x_t'' 就可用來表示第 t 季的平滑成本。

我們可以將 Mondo 總成本表示成：

$$\begin{aligned}總成本 &= 生產成本 + 存貨成本 + 因為增加產量的平滑成本 \\ &\quad + 因為減少產量的平滑成本 \\ &= 400(p_1 + p_2 + p_3 + p_4) + 100(i_1 + i_2 + i_3 + i_4) \\ &\quad + 700(x_1' + x_2' + x_3' + x_4') + 600(x_1'' + x_2'' + x_3'' + x_4'')\end{aligned}$$

為了完成模式的建立，我們加上二種型態的條件。第一，我們必須要有存貨條件 (如 3.10 節 Sailco 問題)，將目前的存貨與過去幾季的存貨及本季產量連接在一起。對於第 t 季，存貨條件的型態：

$$第\ t\ 季存貨 = (第\ t-1\ 季存貨) + (第\ t\ 季產量) - (第\ t\ 季需求)$$

對於 $t = 1, 2, 3, 4$，可得下列四個條件

$$i_1 = 0 + p_1 - 40 \qquad i_2 = i_1 + p_2 - 70$$
$$i_3 = i_2 + p_3 - 50 \qquad i_4 = i_3 + p_4 - 20$$

符號條件 $i_t \geq 0$ ($t = 1, 2, 3, 4$) 保證每季的需求均能及時地被滿足。

第二種型態的條件反應出 p_t，p_{t-1}，x_t' 及 x_t'' 相關的事實，這個關係可由下式得之

$$(第\ t\ 季產量) - (第\ t-1\ 季產量) = x_t = x_t' - x_t''$$

針對 $t = 1, 2, 3, 4$，這個關係可得下列四個條件：

$$p_1 - 50 = x_1' - x_1'' \qquad p_2 - p_1 = x_2' - x_2''$$
$$p_3 - p_2 = x_3' - x_3'' \qquad p_4 - p_3 = x_4' - x_4''$$

結合目標函數，四個存貨條件，最後四個條件及符號條件 (i_t, p_t, x_t', $x_t'' \geq 0$, $t = 1, 2, 3, 4$)，可得下列 LP：

$$\min z = 400p_1 + 400p_2 + 400p_3 + 400p_4 + 100i_1 + 100i_2 + 100i_3 + 100i_4$$
$$+ 700x_1' + 700x_2' + 700x_3' + 700x_4' + 600x_1'' + 600x_2'' + 600x_3'' + 600x_4''$$

s.t.
$$i_1 = 0 + p_1 - 40$$
$$i_2 = i_1 + p_2 - 70$$
$$i_3 = i_2 + p_3 - 50$$
$$i_4 = i_3 + p_4 - 20$$
$$p_1 - 50 = x_1' - x_1''$$
$$p_2 - p_1 = x_2' - x_2''$$
$$p_3 - p_2 = x_3' - x_3''$$
$$p_4 - p_3 = x_4' - x_4''$$
$$i_t, p_t, x_t', x_t'' \geq 0 \quad (t = 1, 2, 3, 4)$$

在例題 7，在條件 x_t' 行是 x_t'' 的行乘以一個負號。因此，在例題 7，Mondo LP 的 bfs 中沒有同時 $x_t' > 0$ 及 $x_t'' > 0$，這代表 x_t' 實際上表示在第 t 季的產量增加量，以及 x_t'' 實際上代表在第 t 季減少的量。

這裡有另一種方法可以證明最佳解不會同時 $x_t' > 0$ 及 $x_t'' > 0$。例如，假設 $p_2 = 70$ 及 $p_1 = 60$，則條件

$$p_2 - p_1 = 70 - 60 = x_2' - x_2'' \tag{20}$$

能夠被很多不同的 x_2' 及 x_2'' 來滿足。例如，$x_2' = 10$ 及 $x_2'' = 0$ 會滿足式 (20)，$x_2' = 20$，且 $x_2'' = 10$；$x_2' = 40$ 及 $x_2'' = 30$ 等等均會滿足。若 $p_2 - p_1 = 10$，則最佳解 LP 永遠選擇 $x_2' = 10$ 及 $x_2'' = 0$。為了解為什麼，可從 Mondo 目標函數來看，若 $x_2' = 10$ 及 $x_2'' = 0$，則 x_2' 及 x_2'' 可貢獻平滑成本 10 (700) = \$7,000。另一方面，選擇任意的 x_2' 及 x_2'' 滿足式 (20)，對於平滑成本的貢獻會超過 \$7,000。例如，$x_2' = 20$ 及 $x_2'' = 10$ 對平滑成本貢獻 20(700)＋10(600)＝\$20,000。因為我們想極小總成本，所以簡捷法從來不會選擇 $x_t' > 0$ 及 $x_t'' > 0$ 均成立的解。

對於 Mondo 問題的最佳解為 $p_1 = 55$，$p_2 = 55$，$p_3 = 50$，$p_4 = 50$，這個解會產生總成本 \$95,000，這個最佳解規劃生產總共 210 部 Mondo 汽車。因為四季的總需求量只有 180 部 Mondo 汽車，最後的存貨變成 210 － 180 = 30 部 Mondo 汽車。這可以對照第 3.10 節的 Sailco 存貨模式，其最終存貨為 0，這個 Mondo 問題的最佳解在第 4 季為非零的存貨。因為第 4 季的存貨為 0，第 4 季的產量會少於第 3 季的產量。這個策略會產生最大的平滑成本，在第 4 季的最佳解，會產生 30 部 Mondo 汽車的存貨。

問　題

問題組 A

1. 假設 Mondo 不再需要及時滿足需求。當每一季汽車的需求量未被滿足，每部車子的懲罰或短缺成本估計需要 $110。因此，需求可被延後滿足。然而，在第 4 季末，所有的需求都必需被滿足，修正 Mondo 問題的模式建立以允許延後滿足需求。(提示：對於 $i_t \leq 0$ 的未被滿足需求。因此，i_t 現在為沒有限制符號，我們用 $i_t = i_t' - i_t''$ 來取代 i_t。現在，i_t'' 為在第 t 季末，未被需求的量。)

2. 利用簡捷法解下列 LP 問題：

$$\max z = 2x_1 + x_2$$
$$\text{s.t.} \quad 3x_1 + x_2 \leq 6$$
$$x_1 + x_2 \leq 4$$
$$x_1 \geq 0, x_2 \text{ urs}$$

問題組 B

3. 在接下來三個月內，Steelco 公司面對下列鋼鐵的需求：100 噸 (第 1 個月)；200 噸 (第 2 個月)；50 噸 (第 3 個月)。在每個月，一名工人可生產至多 15 噸的鋼鐵，每個工人每月的薪資為 $5,000，工人可以僱用或解僱 (只要需要，工人可以馬上僱用到)。一個工人的僱用費為 $3,000，解僱費為 $4,000。庫存一噸鋼鐵一個月的持有成本為 $100。需求可以延後滿足，但缺一噸一個月要花 $70。亦即，如果第 1 個月 1 噸需求到第 3 個月才滿足，就得花 $140 的延後費用。在第 1 個月月初，Steelco 公司有 8 名工人，一個月至多能僱二名工人。所有的需求必須在第 3 個月月底滿足，用於生產一噸鋼鐵的原料成本為 $300，試建立一個 LP 可以讓 Steelco 公司的成本達到最小。

4. 說明怎麼利用線性規劃求解下列問題：

$$\max z = |2x_1 - 3x_2|$$
$$\text{s.t.} \quad 4x_1 + x_2 \leq 4$$
$$2x_1 - x_2 \leq 0.5$$
$$x_1, x_2 \geq 0$$

5. 目前 Steelco 公司主要的工廠有鋼鐵製造區域與運送區域如圖 4-13 (距離以呎為單位)。公司必須決定是否設置一個鑄造廠房，組裝廠房及儲存廠房來極小化每元從工廠運送原料的成本。每元製造的船隻數量列在表 4-50。

　　假設所有的旅程只允許東-西或南-北方向，建立一個 LP 模式可以用來決定是否設置鑄造廠房，組裝廠房及儲存廠房以讓每元的運送成本達到最小。

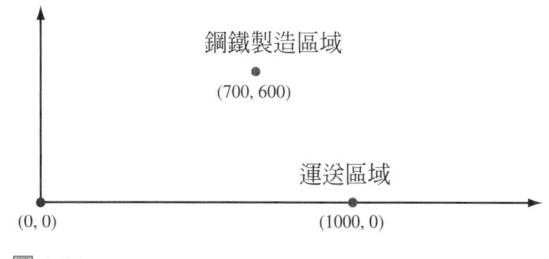

圖 4-13

表 4-50

從	到	旅程需要的天數	每運送 100 呎的成本 ($)
鑄造	組裝到儲存	40	10
鋼鐵製造	鑄造	8	10
鋼鐵製造	組裝到儲存	8	10
運送	組裝到儲存	2	20

(提示：若鑄造廠房的座標 (c1, c2)，如何解釋條件 $c_1 - 700 = e_1 - w_1$？)

6. 證明在簡捷法表格中，經過任何次數的轉軸計算，每一列 x'_i 的係數等於 x''_i 在相同列的係數乘以一個負號。

7. Clotgco 公司製造短褲，在接下來的六個月，他們可以銷售的短褲數量如表 4-51。

表 4-51

月	最大需求量
1	500
2	600
3	300
4	400
5	300
6	800

在一個月的需求若是不能滿足將會遺失。因此，例如 Clothco 可以在第一個月銷售 500 件褲子，每一件褲子可以賣 $40，需要二個小時的勞工，且利用 $10 的原料。在第一個月的開始，Clothco 有四位員工，一個員工每個月可以製造短褲 200 件，且必須付他每個月 $2,000 (不管他工作了多少小時)。在每個月的開始，員工可以被僱用或解僱，僱用員工需要 $1,500 且解僱員工需要 $1,000。每個月最後的存貨評估需要每件 $5 的持有成本。

決定 Clothco 公司如何來極大化接下來六個月的最大利潤，忽略每個月僱用或解僱員工必需要整數的假設。

4.15 Karmarkar 法解線性規劃問題

我們現在簡單地描述 Karmarkar 法求解 LP，進一步詳細的解釋參考 10.6 節，Karmarkar 法必須將 LP 問題寫成下列型態：

$$\min z = \mathbf{cx}$$
$$\text{s.t.} \quad K\mathbf{x} = 0$$
$$x_1 + x_2 + \cdots x_n = 1$$
$$x_i \geq 0$$

即

1. 點 $\mathbf{x}_0 = [\frac{1}{n} \quad \frac{1}{n} \quad \cdots \quad \frac{1}{n}]$ 必須為 LP 的可行解。
2. LP 最佳的 z 值為 0。

驚訝的是，任何一個 LP 都可以寫成此型態，Karmarkar 法利用投射幾何的轉化，產生一個轉化變數的集合 $y_1, y_2, \cdots, y_n$，這個轉化 (稱它為 f) 會使轉化目前的點至轉換變數所構成的可行區域的中心點。如果將點 **x** 轉化為 **y**，記為 $f(\mathbf{x}) = \mathbf{y}$，這個演算法從轉化空間 $f(\mathbf{x}^0)$ 開始移動到一個好方向 (一個方向可以增加 z 值且保持可行)。這會產生在轉化空間中的一個點 $\mathbf{y}^1$，此點靠近可行區域的邊界點，這可得一個新的點 $\mathbf{x}^1$，滿足 $f(\mathbf{x}^1) = \mathbf{y}^1$，這個過程一直重覆 (現在 $\mathbf{x}^1$ 取代 $\mathbf{x}^0$) 直到對於 $\mathbf{x}^k$ 的 z 值充分地靠近 0。

假設目前的點為 $\mathbf{x}^k$，則目前的轉化有 $f(\mathbf{x}^k) = [\frac{1}{n} \quad \frac{1}{n} \quad \cdots \quad \frac{1}{n}]$ 的特性。因此，在轉化的空間裡，將會從可行區域的"中心點"移開。

Karmarkar 法已經證明為一個**多項式時間演算法** (polynomial time algorithm)。這表示一個大小為 n 的 LP 問題，利用 Karmarkar 方法求解，則存在正數 a 及 b 使對於任何一個 n，一個大小為 n 的 LP 問題可被解開至多有 an^b 次。

相對於 Karmarkar 法，簡捷法為一個**指數時間演算法** (exponential time algorithm) 求解 LP。如果一個大小為 n 的 LP 問題，利用簡捷法來解則存在一個正數 c 使得對於任何一個 n，簡捷法找到最佳解的次數最多 $c2^n$。對於足夠大的 n (任何正的 a、b 及 c)，$c2^n > an^b$。在理論上，這意味一個多項式時間演算法優於指數時間演算法。初步的測試 Karmarkar 法已經證明在真正的應用上，對於一個大的 LP 問題，這個方法約比簡捷法快 50 倍。幸運地，Karmarkar 法能夠讓研究者解決很多且很大的 LP 問題，而這些問題利用簡捷法會需要很多的計算時間。

最近國軍空運司令部利用 Karmarkar 法來解決不同航運路線的頻率，並決定會用到哪些飛機。這個 LP 問題包含 150,000 變數及 12,000 條件且利用 Karmarkar 方法求解此問題需要 1 個小時的計算時間，利用簡捷法，一個 LP 有相似架構其中包含 36,000 變數及 10,000 條件，需要 4 個小時的計算時間。Delta 航空公司已利用 Karmarkar 法發展一個月包含 7000 名飛航人員及超過 400 飛機的排程問題。當整個專案結束，Delta 期望可節省百萬元。

4.16 在確定情況下，多屬性決策變數：目標規劃

在某些情況下，一個決策者可能面臨到多目標，而在 LP 的可行區域中，可能沒有任何一點滿足所有的目標，在這種情況下，決策者如何決定一個合適的方案？**目標規劃** (goal programming) 能夠用來解決此一情況的一種方法，下面的例子可用來說明目標規劃的主要想法。

例題 10　Burnit 公司的目標規劃問題

Leon Burnit 廣告代理商目前正在為 Priceler Auto 公司嘗試決定一個 TV 的廣告排程問題，Priceler 公司有三個目標：

228 作業研究 I

目標 1 至少有 40 百萬個高收入男士看過廣告 (HIM)。
目標 2 至少有 60 百萬個低收入者看過廣告 (LIP)。
目標 3 至少有 35 百萬個高收入女士看過廣告 (HIW)。

Leon Burnit 能夠購買二種廣告：在足球賽的中場表演時段與在肥皂劇的廣告，公司花在廣告上至多有 $600,000 的費用。每一種廣告，一分鐘的廣告的成本與潛在客戶的資料列在表 4-52，Leon Burnit 必須決定針對 Priceler 公司購買多少的足球廣告與肥皂劇廣告。

解　　令

$$x_1 = 在足球賽廣告的分鐘數$$
$$x_2 = 在肥皂劇廣告的分鐘數$$

則下列 LP 的可行解可以滿足 Priceler 的目標：

$$\begin{aligned}
\min (\text{或 max}) \ z &= 0x_1 + 0x_2 & &(\text{或任何其它目標}) \\
\text{s.t.} \quad 7x_1 + 3x_2 &\geq 40 & &(\text{HIM 條件}) \\
10x_1 + 5x_2 &\geq 60 & &(\text{HIW 條件}) \\
5x_1 + 4x_2 &\geq 35 & &(\text{HIW 條件}) \\
100x_1 + 60x_2 &\leq 600 & &(\text{預算條件}) \\
x_1, x_2 &\geq 0
\end{aligned}$$

(21)

表 4-52　Priceler 公司，不同看廣告的人數與成本

| | 百萬觀眾 | | | |
廣告	HIM	LIP	HIW	成本 ($)
足球	7	10	5	100,000
肥皂劇	3	5	4	60,000

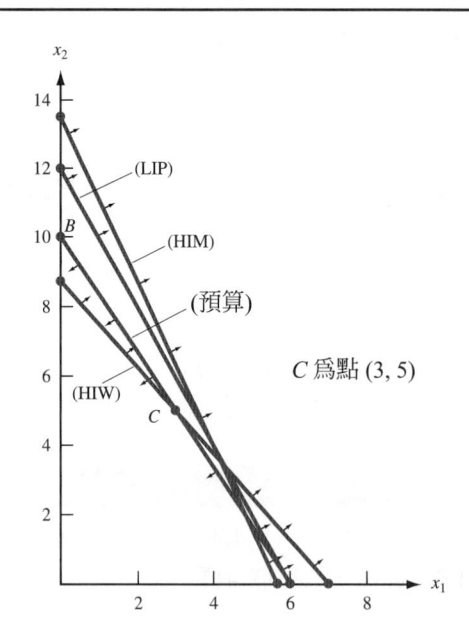

圖 4-14　Priceler 的條件

從圖 4-14，我們無法找到能夠滿足所有 Priceler 目標的預算條件。因此，(21) 式沒有可行解。針對 Priceler 的目標無法被滿足，所以 Burnit 公司必須再請求 Priceler 公司確認，針對每一個目標，為無法滿足目標所發生的成本。假設 Priceler 公司決定

沒有達到 HIM 的目標，每百萬曝光人數，Priceler 公司必須接受 $200,000 的懲罰，因為這是銷售的損失。

沒有達到 LIP 的目標，每百萬曝光人數，Priceler 公司必須接受 $100,000 的懲罰，因為這是銷售的損失。

沒有達到 HIW 的目標，每百萬曝光人數，Priceler 公司必須接受 $50,000 的懲罰，因為這是銷售的損失。

Burnit 能夠建立一個因為沒有達到 Priceler 三個目標所造成損失的最小成本 LP 模式，這個技巧是將式 (21) 不等式的條件轉化成包含每一個 Priceler 目標的等式，因為我們不知是否最小成本的解會不足或超過一個給定的目標，我們必須定義下列變數：

$$s_i^+ = 超過目標 i 的量$$
$$s_i^- = 不足目標 i 的量$$

s_i^+ 及 s_i^- 可稱為**遠離變數** (deviational variables)。針對 Priceler 問題，我們假設 s_i^+ 及 s_i^- 是以百萬個曝光人數為測量單位。利用遠離變數，我們可以重寫式 (21) 的前三個條件為：

$$7x_1 + 3x_2 + s_1^- - s_1^+ = 40 \quad \text{(HIM 條件)}$$
$$10x_1 + 5x_2 + s_2^- - s_2^+ = 60 \quad \text{(LIP 條件)}$$
$$5x_1 + 4x_2 + s_3^- - s_3^+ = 35 \quad \text{(HIW 條件)}$$

例如，假設 $x_1 = 5$ 及 $x_2 = 2$，這個廣告的安排會有 $7(5) + 3(2) = 41$ 百萬個 HIM 曝光人數，這會超過 HIM 的目標 $41 - 40 = 1$ 百萬曝光人數，所以 $s_1^- = 0$ 且 $s_1^+ = 1$。同樣地，這個安排會有 $10(5) + 5(2) = 60$ 百萬個 LIP 曝光人數，這剛好滿足 LIP 的需求，且 $s_2^- = s_2^+ = 0$。最後，這個安排會產生 $5(5) + 4(2) = 33$ 百萬曝光人數，這個數量會低於 HIM 的目標 $35 - 33 = 2$ 百萬個曝光人數，因此 $s_3^- = 2$ 且 $s_3^+ = 0$。

假設 Priceler 想要讓因為銷售上損失所造成的總懲罰達到最小。利用遠離變數，因此變數所造成的銷售損失 (以千元計) 總成本為 $200s_1^- + 100s_2^- + 50s_3^-$，相對於目標 i 的目標函數係數可稱為目標 i 的**權重** (weight)，最重要的目標有最大的比重，依此類推。因此，在 Priceler 例子，目標 1(HIM) 為最重要，目標 2(LIP) 為次要，而目標 3(HIW) 最不重要。

Burnit 可透過下列 LP 求解因 Priceler 銷售損失最小總懲罰問題：

$$\min z = 200s_1^- + 100s_2^- + 50s_3^-$$
$$\text{s.t.} \quad 7x_1 + 3x_2 + s_1^- - s_1^+ = 40 \quad \text{(HIM 條件)}$$
$$10x_1 + 5x_2 + s_2^- - s_2^+ = 60 \quad \text{(LIP 條件)}$$
$$5x_1 + 4x_2 + s_3^- - s_3^+ = 35 \quad \text{(HIW 條件)}$$

(22)

$$100x_1 + 60x_2 \le 600 \quad \text{(預算條件)}$$
$$\text{所有變數為非負}$$

這個 LP 的最佳解為 $z = 250$，$x_1 = 6$，$x_2 = 0$，$s_1^+ = 2$，$s_2^+ = 0$，$s_3^+ = 0$，$s_1^- = 0$、$s_2^- = 0$、$s_3^- = 5$，這個解可滿足目標 1 及目標 2 (即因為不達到目標而造成的單位偏差費用為最高的兩個目標) 但卻不滿足最不重要的目標 (目標 3)。

註解　當無法達到目標 i 是因為某一屬性的數字小於目標 i 的合適值，則目標函數中將會出現含有 s_i^- 的項目。當無法達目標 i 是因為某一屬性的數字大於目標 i 的合適值，則目標函數將會含有 s_i^+ 的項目。同樣地，如果我們想精確地達到目標，且高於或低於目標就會產生懲罰，則包含 s_i^- 及 s_i^+ 均會出現在目標函數。

假設我們修正 Priceler 例子為預算限制 $600,000 亦為目標，若決定沒有達到目標所產生的懲罰為 $1，則一個適合的目標函數模式為

$$\min z = 200s_1^- + 100s_2^- + 50s_3^- + s_4^+$$
$$\text{s.t.} \quad 7x_1 + 3x_2 + s_1^- - s_1^+ = 40 \quad \text{(HIM 條件)}$$
$$10x_1 + 5x_2 + s_2^- - s_2^+ = 60 \quad \text{(LIP 條件)}$$
$$5x_1 + 4x_2 + s_3^- - s_3^+ = 35 \quad \text{(HIW 條件)}$$
$$100x_1 + 60x_2 + s_4^- - s_4^+ = 600 \quad \text{(預算條件)}$$
$$\text{所有變數為非負}$$

相對於前面的最佳解，這個 LP 的最佳解為 $z = 33\frac{1}{3}$，$x_1 = 4\frac{1}{3}$，$x_2 = 3\frac{1}{3}$，$s_1^+ = \frac{1}{3}$，$s_2^+ = 0$，$s_3^+ = 0$，$s_4^+ = 33\frac{1}{3}$，$s_1^- = 0$，$s_2^- = 0$，$s_3^- = 0$，$s_4^- = 0$。因此，當我們定義預算條件為目標，則此最佳解將滿足三個廣告目標，但預算將會超過 $33\frac{1}{3}$ 千元。

有優先順序的目標規劃

在 Burnit 例題的 LP 建立中，我們假設 Priceler 能夠正確地決定三個目標間的相對重要性，例如，Priceler 決定 HIM 的目標為 LIP 目標重要性的 $\frac{200}{100} = 2$ 倍，LIP 目標為 HIW 目標重要性的 $\frac{100}{50} = 2$ 倍。然而，在實務上，一個決策者可能無法決定真正目標間的重要性。當在此狀況下，有優先順序的目標規劃 (preemptive goal programming) 被驗證為一個有效的方法。為了利用有優先順序的目標規劃方法，一個決策者必須排序他或她的目標，從最重要 (目標 1) 到最不重要 (目標 n)。對於目標 i 的目標函數係數為 P_i。我們假設

$$P_1 \ggg P_2 \ggg P_3 \ggg \cdots \ggg P_n$$

因此，目標 1 的權重比目標 2 的權重明顯來得大，目標 2 的目標權重比目標 3 的權重大很多，依此類推。P_1，P_2，$\cdots$，P_n 的定義保證決策者首先想要滿足最重要的目標 (目標 1)。然後，在滿足目標 1 的所有點中，決策者盡可能

嘗試滿足目標 2，依此類推，持續這個情況直到我們可以愈來愈接近目標。

針對 Priceler 問題，優先順序的目標函數模式建立可以從 (22) 式將 (22) 式的目標函數以 $P_1 s_1^- + P_2 s_2^- + P_3 s_3^-$ 來取代。因此，Priceler 問題的優先順序目標規劃的模式建立為

$$\begin{aligned}
\min z = &\; P_1 s_1^- + P_2 s_2^- + P_3 s_3^- \\
\text{s.t.} \quad & 7x_1 + 3x_2 + s_1^- - s_1^+ = 40 \quad \text{(HIM 條件)} \\
& 10x_1 + 5x_2 + s_2^- - s_2^+ = 60 \quad \text{(LIP 條件)} \\
& 5x_1 + 4x_2 + s_3^- - s_3^+ = 35 \quad \text{(HIW 條件)} \\
& 100x_1 + 60x_2 \leq 600 \quad \text{(預算條件)} \\
& \text{所有變數為非負}
\end{aligned} \quad (23)$$

假設決策者有 n 個目標。利用優先順序的目標規劃，我們必須將目標函數切割成 n 個部份，其中部份 i 包含目標函數的目標 i。我們定義

$$z_i = \text{包含目標 } i \text{ 的目標函數}$$

針對 Priceler 例子，$z_1 = P_1 s_1^-$，$z_2 = P_2 s_2^-$，且 $z_3 = P_3 s_3^-$，優先順序的目標規劃問題能夠利用簡捷法的推廣，稱為**目標規劃簡捷法** (goal programming simplex) 求解。利用目標規劃簡捷法，為了準備得到問題的一組解，我們必須計算 n 個第 0 列，其中第 i 個第 0 列對應於目標 i。因此，針對 Priceler 問題，我們得到

$$\begin{aligned}
&\text{列 0 (目標 1)：} z_1 - P_1 s_1^- = 0 \\
&\text{列 0 (目標 2)：} z_2 - P_2 s_2^- = 0 \\
&\text{列 0 (目標 3)：} z_3 - P_3 s_3^- = 0
\end{aligned}$$

從式 (23)，我們找到 $BV = \{s_1^-, s_2^-, s_3^-, s_4\}$ (s_4 為第四個條件的惰變數) 為開始的基本可行解能夠讓我們利用簡捷法 (或目標規劃簡捷法) 求解式 (23)。當使用一般的簡捷法，我們必須先從每一個第 0 列，將在開始基底的每一個變數刪除。在第 0 列 (目標 1) 加上 P_1 (HIM 條件) 產生

$$\text{列 0 (目標 1)：} z_1 + 7P_1 x_1 + 3P_1 x_2 - P_1 s_1^+ = 40 P_1 \quad \text{(HIM)}$$

加 P_2 (LIP 條件) 到第 0 列 (目標 2) 得到

$$\text{列 0 (目標 2)：} z_2 + 10P_2 x_1 + 5P_2 x_2 - P_2 s_2^+ = 60 P_2 \quad \text{(LIP)}$$

加 P_3 (HIW 條件) 到第 0 列 (目標 3) 可得

$$\text{列 0 (目標 3)：} z_3 + 5P_3 x_1 + 4P_3 x_2 - P_3 s_3^+ = 35 P_3 \quad \text{(HIW)}$$

現在即可利用目標規劃簡捷法求解 Priceler 問題。

232 作業研究 I

目標規劃簡捷法與一般簡捷法差異如下：

1. 傳統簡捷法只有單一列 0，而目標規劃簡捷法有 n 個第 0 列 (每個目標一個)。
2. 在目標規劃簡捷法，下面方法可以用來決定進入變數：找出尚未被滿足的最高優先目標 (目標 i') (或找尋擁有 $z_{i'} > 0$ 的最高優先目標 i')。找尋在列 0 中 (目標 i') 擁有最大正係數的變數為進入基底的變數，這會降低 $z_{i'}$ 且保證會愈來愈靠近目標 i'。然而，若在第 0 列某一變數擁有負的第 0 列而其目標擁有比目標 i' 更高的順序，則此變數不能夠進入基底。將此變數進入基底會造成愈遠離某些更高順序的目標。在第 0 列 (目標 i') 若某一擁有最大正數的係數不能進入基底，則嘗試找尋另外一些在第 0 列 (目標 i') 擁有正的係數變數，如果在第 0 列 (目標 i') 沒有變數進入基底，則我們就無法更接近目標 i'。在此種狀況下，移動第 0 列 (目標 $i' + 1$) 嘗試更靠近目標 $i' + 1$。
3. 當有執行轉軸，第 0 列的每一個目標必須更新。
4. 若所有目標都被滿足 (亦即，$z_1 = z_2 = \cdots = z_n = 0$)，或如果能進入基底，並使一個未被滿足的目標 i' 的 z'_i 值減少的每個變數都將使某個優先比 i' 更高的目標 i 的偏離增加，則簡捷表將會給出最佳解。

我們現在利用目標簡捷法求解 Priceler 例題。在每一張表中，每一個第 0 列都列出目標優先順序的排序 (從最高的順序排至最低)，起始表格如表 4-53。目前的 bfs 為 $s_1^- = 40$，$s_2^- = 60$，$s_3^- = 35$，$s_4 = 600$，因為 $z_1 = 40P_1$，所以目標 1 未被滿足，為了降低未滿足目標 1 的懲罰，我們讓第 0 列中擁有正的最大係數變數當做進來的變數 (HIM)，透過比值法顯示出 x_1 將進入 HIM 條件的基底。

當 x_1 進入基底後，我們得到表 4-54。目前的基本可行解為 $x_1 = \frac{40}{7}$，$s_2^- = \frac{20}{7}$，$s_3^- = \frac{45}{7}$，$s_4 = \frac{200}{7}$。因為 $s_1^- = 0$ 及 $z_1 = 0$，則第一個目標現在已經滿足。現在，我們嘗試滿足第二個目標 (保證較高順序的第一個目標仍被滿

表 4-53　針對 Priceler 公司，有優先順序目標規劃的起始表

		x_1	x_2	s_1^+	s_2^+	s_3^+	s_1^-	s_2^-	s_3^-	s_4	rhs
列 0	(HIM)	$7P_1$	$3P_1$	$-P_1$	0	0	0	0	0	0	$z_1 = 40P_1$
列 0	(LIP)	$10P_2$	$5P_2$	0	$-P_2$	0	0	0	0	0	$z_2 = 60P_2$
列 0	(HIW)	$5P_3$	$4P_3$	0	0	$-P_3$	0	0	0	0	$z_3 = 35P_3$
HIM		⑦	3	-1	0	0	1	0	0	0	40
LIP		10	5	0	-1	0	0	1	0	0	60
HIW		5	4	0	0	-1	0	0	1	0	35
預算		100	60	0	0	0	0	0	0	1	600

足)。在第 0 列，擁有最大的正的係數 (LIP) 為 s_1^+，當 s_1^+ 進入基底不會增加 z_1〔因為在第 0 列 (HIM)，s_1^+ 的係數為 0〕。因此，當 s_1^+ 進入基底後，目標 1 仍然被滿足，比值法顯示出 s_1^+ 可以進入到 LIP 或預算條件中當做基底，我們任意選擇將 s_1^+ 進入預算條件當做基底。

當 s_1^+ 進入基底後，可得到表 4-55。因為 $z_1 = z_2 = 0$，所以目標 1 與目標 2 均可被滿足，因為 $z_3 = 5P_3$，目標 3 無法被滿足。目前的 bfs 為 $x_1 = 6$，$s_2^- = 0$，$s_3^- = 5$，$s_1^+ = 2$。現在我們嘗試去靠近滿足目標 3 (不違反目標 1 或目標 2)。因為 x_2 為唯一一個在第 0 列正的係數 (HIW)，所以只有讓 x_2 進入基底才會愈來愈接近目標 3 (HIW)。然而，我們觀察到在目標 2 (LIP) 的第 0 列的係數為負。因此，唯一可以靠近目標 3 (HIW) 的方法會違反到較高順序，目標 2 (LIP)，所以，這張表即為最佳解。這個優先順序的目標規劃最佳解為購買 6 分鐘的足球廣告及不購買肥皂劇廣告，目標 1 及 2 (HIM 及 LIP) 被滿足，而 Priceler 公司對目標 3 (HIW) 不能滿足 (比目標少 500 萬)。

若一個分析者想進行目標管理的電腦編碼，則利用目標的重要順序重排序後，會產生很多的解，從這些解中，決策者可以選擇其中一個她覺得喜歡的。表 4-56 列出透過有優先順序目標規劃法針對每種可能的順序所找出的

表 4-54　針對 Priceler 公司，有優先順序目標規劃的第一張表

		x_1	x_2	s_1^+	s_2^+	s_3^+	s_1^-	s_2^-	s_3^-	s_4	rhs
列 0	(HIM)	0	0	0	0	0	$-P_1$	0	0	0	$z_1 = 0$
列 0	(LIP)	0	$\frac{5P_2}{7}$	$\frac{10P_2}{7}$	$-P_2$	0	$-\frac{10P_2}{7}$	0	0	0	$z_2 = \frac{20P_2}{7}$
列 0	(HIW)	0	$\frac{13P_3}{7}$	$\frac{5P_3}{7}$	0	$-P_3$	$-\frac{5P_3}{7}$	0	0	0	$z_3 = \frac{45P_3}{7}$
HIM		1	$\frac{3}{7}$	$-\frac{1}{7}$	0	0	$\frac{1}{7}$	0	0	0	$\frac{40}{7}$
LIP		0	$\frac{5}{7}$	$\frac{10}{7}$	-1	0	$-\frac{10}{7}$	1	0	0	$\frac{20}{7}$
HIW		0	$\frac{13}{7}$	$\frac{5}{7}$	0	-1	$-\frac{5}{7}$	0	1	0	$\frac{45}{7}$
預算		0	$\frac{120}{7}$	$\left(\frac{100}{7}\right)$	0	0	$-\frac{100}{7}$	0	0	1	$\frac{200}{7}$

表 4-55　針對 Priceler 公司，有優先順序目標規劃的最佳表格

		x_1	x_2	s_1^+	s_2^+	s_3^+	s_1^-	s_2^-	s_3^-	s_4	rhs
列 0	(HIM)	0	0	0	0	0	$-P_1$	0	0	0	$z_1 = 0$
列 0	(LIP)	0	$-P_2$	0	$-P_2$	0	0	0	0	$-\frac{P_2}{10}$	$z_2 = 0$
列 0	(HIW)	0	P_3	0	0	$-P_3$	0	0	0	$-\frac{P_3}{20}$	$z_3 = 5P_3$
HIM		1	$\frac{3}{5}$	0	0	0	0	0	0	$\frac{1}{100}$	6
LIP		0	-1	0	-1	0	0	1	0	$-\frac{1}{10}$	0
HIW		0	1	0	0	-1	0	0	1	$-\frac{1}{20}$	5
預算		0	$\frac{6}{5}$	1	0	0	-1	0	0	$\frac{7}{100}$	2

表 4-56　透過優先順序目標規劃，針對 Priceler 公司所求出的最佳解

優先順序			最佳解				
					\multicolumn{3}{c}{偏差}
最高	次高	最低	x_1 值	x_2 值	HIM	LIP	HIW
HIM	LIP	HIW	6	0	0	0	5
HIM	HIW	LIP	5	$\frac{5}{3}$	0	$\frac{5}{3}$	$\frac{10}{3}$
LIP	HIM	HIW	6	0	0	0	5
LIP	HIW	HIM	6	0	0	0	5
HIW	HIM	LIP	3	5	4	5	0
HIW	LIP	HIM	3	5	4	5	0

解。因此，不同順序的組合可產生不同的廣告策略。

當一個有優先順序的目標規劃問題儘包含二個決策變數，最佳解可以利用圖解法找出。例如，假設 HIW 為最高順序目標，LIP 為次要目標，而 HIM 為最不重要的目標。從圖 4-14，我們可發現在滿足最高順序目標 (HIW) 與預算條件所構成的點集合形成三角形 ABC。在這些點中，我們嘗試愈來愈接近第二高順位的目標 (LIP)。不幸地是，在三角形 ABC，沒有哪一個點滿足 LIP 目標。然而，在圖形中，我們發現在所有點中，C 點滿足最高順位的目標 (C 點滿足 HIW 的目標及預算條件為綁住的條件) 且是唯一愈來愈靠近 LIP 目標的一點，同時解下列等式

$$5x_1 + 4x_2 = 35 \quad \text{(HIM 目標剛好被滿足)}$$
$$100x_1 + 60x_2 = 600 \quad \text{(預算條件綁住)}$$

我們可得 C 點＝(3, 5)。因此，從此順序的集合，優先順序目標規劃的解為購買 3 單位的足球賽廣告及 5 單位的肥皂劇廣告。

在確定性的多目標決策問題下，目標規劃不是唯一解題方法。Steuer (1985) 及 Zionts 和 Wallenius (1976) 針對在確定型多目標決策問題，提出其他的方法。

利用 LINDO 或 LINGO 求解有優先順序的目標規劃問題

如果在電腦程式中無法來解優先順序的目標規劃，仍可以利用 LINDO (或其他 LP 的套裝軟體) 來解決它。為了說明如何用 LINDO 求解優先順序的目標規劃問題，讓我們再看 Priceler 例題其優先順序與原先的一致 (HIM 的優先順序最高，LIP 次之，HIW 最低)。

我們首先用 LINDO 求解下列 LP 的問題，其目標為極小化遠離最高順序 (HIM)：

第 4 章　簡捷法與目標規劃　**235**

$$\min z = s_1^-$$
$$\text{s.t.} \quad 7x_1 + 3x_2 + s_1^- - s_1^+ = 40 \quad \text{(HIM 條件)}$$
$$\qquad\quad 10x_1 + 5x_2 + s_2^- - s_2^+ = 60 \quad \text{(LIP 條件)}$$
$$\qquad\quad 5x_1 + 4x_2 + s_3^- - s_3^+ = 35 \quad \text{(HIW 條件)}$$
$$\qquad\quad 100x_1 + 60x_2 \leq 600 \quad \text{(預算條件)}$$
$$\text{所有變數為非負}$$

目標 1 (HIM) 能夠被滿足，所以 LINDO 得到的最佳化 z 值為 0。接下來，我們希望愈來愈靠近目標 2 且保證遠離目標 1 的值仍保持目前的水準 (0)。利用 s_2^- 的目標函數 (極小化目標 2)，並加上條件 $s_1^- = 0$ (保證目標 1 仍會被滿足) 及利用 LINDO 求解

$$\min z = s_2^-$$
$$\text{s.t.} \quad 7x_1 + 3x_2 + s_1^- - s_1^+ = 40 \quad \text{(HIM 條件)}$$
$$\qquad\quad 10x_1 + 5x_2 + s_2^- - s_2^+ = 60 \quad \text{(LIP 條件)}$$
$$\qquad\quad 5x_1 + 4x_2 + s_3^- - s_3^+ = 35 \quad \text{(HIW 條件)}$$
$$\qquad\quad 100x_1 + 60x_2 \leq 600 \quad \text{(預算條件)}$$
$$\qquad\quad s_1^- = 0$$
$$\text{所有變數為非負}$$

因為目標 1 與目標 2 可以同時被滿足，這個 LP 仍然產生最佳 z 值 0。當在目前的水準下，保持目標 1 與目標 2 得到滿足同時，我們愈來愈接近目標 3 (HIW)，這需要 LINDO 解決下列 LP 問題。

$$\min z = s_3^-$$
$$\text{s.t.} \quad 7x_1 + 3x_2 + s_1^- - s_1^+ = 40 \quad \text{(HIM 條件)}$$
$$\qquad\quad 10x_1 + 5x_2 + s_2^- - s_2^+ = 60 \quad \text{(LIP 條件)}$$
$$\qquad\quad 5x_1 + 4x_2 + s_3^- - s_3^+ = 35 \quad \text{(HIW 條件)}$$
$$\qquad\quad 100x_1 + 60x_2 + s_3^- - s_3^+ \leq 600 \quad \text{(預算條件)}$$
$$\qquad\quad s_1^- = 0$$
$$\qquad\quad s_2^- = 0$$
$$\text{所有變數為非負}$$

當然，LINDO (或 LINGO) 的全螢幕編輯，能夠讓使用者非常簡單地利用目標規劃的某一步驟移至下一個步驟，從步驟 i 到步驟 $i + 1$，簡單地修正目標函數去極小化遠離第 $(i + 1)$ 高的順序目標，且加上一個條件遠離第 i 高的目標仍然保持目前的水準。

註解　1. 這個 LP 的最佳解為 $z = 5$，$x_1 = 6$，$x_2 = 0$，$s_1^- = 0$，$s_2^- = 0$，$s_3^- = 5$，$s_1^+ = 2$，$s_2^+ = 0$，$s_3^+ = 0$，這個答案與有優先順序的目標函數方法所得的答案一致。目標函數值 $z = 5$ 表示目標 1 及目標 2 均滿足，而對於 Priceler 公司的最佳狀

況為在 5 百萬內的曝光率可達目標 3。
2. 其次，假設我們能夠有二個單位來滿足目標 1，當解決第二個 LP 問題時，我們可以加上條件 $s_1^- = 2$ (代替 $s_1^- = 0$)。
3. 本節目標規劃的方法可被應用於當多個或所有的決策變數被限制在整數或 0－1 的變數，而不需做任何的改變 (參考問題 11，12 及 14)。
4. 利用 LINGO，本節的目標規劃方法能夠被應用於當目標函數或某些條件為非線性時，亦不需做任何改變。

問 題

問題組 A

1. 對於下列優先順序，試用圖解法來決定 Priceler 例題中有優先順序的目標規劃解。
   a. LIP 是最高優先目標，其次為 HIW，再次為 HIM。
   b. LIM 是最高優先目標，其次為 LIP，再次為 HIW。
   c. HIM 是最高優先目標，其次為 HIW，再次為 LIP。
   d. HIW 是最高優先目標，其次為 HIM，再次為 LIP。

2. Fruit 電腦公司每年都要購買電腦晶片。Fruit 公司可以向三家供應商訂購晶片 (以 100 片為單位) 每片晶片的品質可定為優等、良好或中等。在接下來的一年，Fruit 公司需要 5000 片優等晶片，3000 片良好晶片和 1000 片中等晶片。表 4-57 所示為向每家供應商訂購晶片的質量情況。每年 Fruit 公司撥出預算經費 $28,000 用於購買晶片。如果該公司購買指定質量的晶片不夠，它可以透過特別的訂單得到額外的晶片，其價格為優等晶片每片 $10，良好晶片每片 $6，中等晶片每片 $4。Fruit 公司認為，如果付給供應商 1－3 的總額額超過每年預算經費，則每超過 $1 將使公司承受 $1 的代價，請列出滿足每年晶片需求量所需承擔代價達到最小的 LP，並解出此 LP 然後運用有優先順序目標規劃的方法來確定採購策略。令預算經費的條件為最高優先，其後依次為優等晶片，良好晶片與中等晶片的限制。

3. Highland 器具公司必須確定應採購多少台彩色電視機和錄影機。Highland 公司購買一部彩色電視機的成本是 $300，而購買一部錄影機的成本為 $200。一部彩色電視機的庫存面積需要 3 平方碼，而一部錄音機的庫存面積需要 1 平方碼。出售一部彩色電視機可使公司賺得 $150 的利潤，出售一部錄影機可賺得利潤 $100，Highland 設下以下目標 (按照優先次序排列)。

表 4-57

供應商	一批晶片 (100 片) 的晶片特性 優良	良好	中等	每 100 片晶片的價格
1	60	20	20	400
2	50	35	15	300
3	40	20	40	250

目標 1 最多有 $20,000 可用在採購彩色電視機和錄影機。
目標 2 公司從出售彩色電視機和錄影機應該至少賺得 $11,000 的利潤。
目標 3 彩色電視機和錄影機佔用庫存面積不能超過 200 平方碼。

試建立一個有優先順序目標規劃模式以確定該公司應訂購多少台彩色電視機和錄影機。如果公司的目標剛好獲得 $11,000 的利潤,應如何修改有優先順序的目標規劃方程式?

4. 一家公司生產二種產品,表 4-58 列出每種產品的有關數據,公司的目標是要獲得 $48 的利潤,且如果沒有達到目標,則每少 $1,公司得承擔 $1 的代價。公司總共有 32 小時勞力可以使用如果需要加班 (即使用超過 32 小時的勞力),則每小時加班會使公司承擔 $2 的代價。另一方面,如果可用的勞力未充分利用,則未能利用的勞力每小時會使公司承受 $1 的代價。根據銷售量的需求,產品 2 至少應生產 10 件。如果任何一件產品的產量未能滿足需求,則每短缺一件將會使公司承擔 $5 的代價。
   a. 建立一個 LP 模式,可以用來極小化公司的總代價。
   b. 如果公司設定 (按照優先順序排列) 如以下目標。

   目標 1 避色未充分使用勞力。
   目標 2 滿足對產品 1 的需求。
   目標 3 滿足對產品 2 的需求。
   目標 4 不使用加班勞力。

   試建立並求解有優先順序的目標規劃模式

表 4-58

	產品 1	產品 2
所需勞力	4 小時	2 小時
提供利潤	$4	$2

表 4-59

	前頭	切塊	羊肉	水
脂肪 (每磅)	.05	.24	.11	0
蛋白質 (每磅)	.20	.26	.08	0
成本 (¢)	.12	9	8	0

5. Deancorp 公司混合牛肉前頭,豬肉切塊,羊肉和水混合而生產成香腸,表 4-59 列出這些成份的每磅成本,每磅含的脂肪及每磅的蛋白質。 Deancorp 公司必須生產 100 磅的香腸且它含以下目標,以下列優先順序:

   目標 1 香腸必須包含至少 15% 的蛋白質。
   目標 2 香腸至多包含 8% 的脂肪。
   目標 3 每磅香腸的成本不能超過 8。

   針對 Deancorp 公司,建立一個有優先順序的目標規劃模式。

6. Touche Young 會計公司必須在下一個月完成三項工作工作 1 需要 500 個工作小時,工作 2 需要 300 個工作小時,且工作 3 需要 100 個工作小時。目前,公司裡有 5 位合作伙伴,5 位資深員,及 5 位年輕員工。上述每位工作每個月至多 40 個小時列示於表 4-60,公司可以付給這些員的薪水金額 (每小時) 與哪一種會計人員指派到哪一個工作有關。(X 代表一位年輕員工

表 4-60

	工作 1	工作 2	工作 3
伙伴	160	120	110
資深員工	120	90	70
年輕員工	X	50	40

表 4-61

老師	行銷	財務	生產	統計
1	7	5	8	2
2	7	8	9	4
3	3	5	7	9
4	5	5	6	7

沒有足夠的經驗執行工作 1。) 所有工作必須全部完成。 Touche Young 有下列目標，以優先順序列出：

目標 1　每個月付出的薪資不會超過 $68,000。
目標 2　至多只有僱用 1 個合作伙伴。
目標 3　至多只有僱用 3 位資深員工。
目標 4　至多只有僱用 5 位年輕員。

針對這種情況，建立一個優先順序的目標規劃。

7. 在 Faber College 商學院裡有四位教師，每一個學期，有 200 位學生要修下列課程：行銷、財務、生產及統計每位教師、教授每門課的"效益"如表 4-61 所示。每位老師可以在一個學期中教到這 200 名學生學系主任已經設定一個目標，即每位老師每一門課的平均教書效益水準必須達到 6 。任何課程遠離目標的重要程度視為相同。建立一個目標規劃模式可以用來決定每個學期如何指派教師。

問題組 B

8. Faber 學院將招收 2008 年的學生班級。針對這個班級，它建立四個目標，以下列的優先順序列出：

目標 1　開學時，該班至少有 5000 位學生。
目標 2　開學時，該班的平均 SAT 成績至少為 640。
目標 3　開學時，該班至少應包含 25% 的外籍學生。
目標 4　開學時，該班至少應有 2000 位學生不是平民。

表 4-62 分別列出 Faber 學院所收到的報名申請，建立一個可以用來決定應招收每種類型報名者各多少人的優先順序規劃模式。假設所有的報名者被錄取後，一定會到該學院就讀。

表 4-62

籍貫	SAT 成績	平民數量	非平民數量
本州籍	700	1500	400
本州籍	600	1300	700
本州籍	500	500	500
外籍	700	350	50
外籍	600	400	400
外籍	500	400	600

9. 在接下來的四季，Wirto 公司必須面對下列 globot 的需求：第 1 季── 13 個 globots，第 2 季── 14 個 globots，第 3 季── 12 個 globots；第 4 季── 15 個 globots。Globots 必須用到正常時間的勞力或加班時間的勞力。表 4-63 列出接下來的四季期間的生產容量 (globots 個數) 和生產成本。Wirco 已經確定了如下優先順序目標：

目標 1 及時滿足每季的需求。
目標 2 在每季末的存貨不能超過 3 件。
目標 3 總生產成本應該保持在 $250 以下。

試建立用來決定 Wirco 公司在接下來四季生產計畫的優先目標規劃模式。假設每一季開始時的庫存只有 1 個 globot。

表 4-63

	正常時間		加班時間	
季	生產容量	成本/單位	生產容量	成本/單位
1	9	$4	5	$6
2	10	$4	5	$7
3	11	$5	5	$8
4	12	$6	5	$9

10. Ricky 唱片商店目前僱用 5 名全職員工及 3 位兼職員工。全職制員工每週工作 40 個小時，兼職制員工每週工作 20 個小時。當全職制員工的每週工作總時數不超過 40 個小時時，其工資為每小時 $6，且每小時能夠賣出 5 張唱片。如果全職員工加班，加班費為每小時 $10。兼職制員工的工資為每小時 $3，且每小時能夠賣出 3 張唱片。Ricky 購買 1 張唱片的成本為 $6。並以每張 $9 價格出售。每週固定開支為 $500 他確定下列每週目標，以優先順序列出。

目標 1 每週至少銷售 1600 張唱片。
目標 2 每週至少賺得 $2200 的利潤。
目標 3 全職員工的加班時間至多為 100 小時。
目標 4 為提高全職制員工的職業責任概念，應使每個全職員工未達到工作 40 個小時的小時數減至最小。

試建立一個有優先順序的目標規劃模式可以用來決定每週每位員工應工作多少個小時。

11. 紐約市正在決定在下一個世紀娛樂設施的形態及位置現在有四種設施正在考慮：高爾夫球場游泳池, 體育場及網球場, 且目前有六個位置正在考慮。若是要興建高爾夫球場, 它必須設在位置 1 或位置 6。另外位置可以設置在位置 2 − 5 在每個位置可用的土地 (千平方呎) 列在表 4-64。

針對每個設備, 興建每個設備的成本 (千元), 年度的維修成本 (千元), 及所需要的土地 (千平方呎) 列在表 4-65。

每種型態的設備所使用的天數 (千為單位) 與其在當地興建有關這個關係列在表 4-66。

a. 考慮以下優先順序的集合：

順序 1 在每一個位置限制土地最多只能用到可用土地量。
順序 2 建構成本不會超過 $1.2 百萬。
順序 3 使用天數不能超過 200,000。
順序 4 每年維修成本不會超過 $200,000。

針對這個優先順序的集合, 利用有優先順序的目標規劃來決定紐約市娛樂型態與設置位置。

b. 考慮下列優先順序的集合：

順序 1 在每一個位置限制土地最多只能用到可用土地量。
順序 2 使用天數不能超過 200,000。

表 4-64

	位置			
	2	3	4	5
土地	70	80	95	120

表 4-65

位置	建構成本	維修成本	土地需求
高爾夫球	340	80	無關
游泳池	300	36	29
體育場	840	50	38
網球場	85	17	45

表 4-66

位置	1	2	3	4	5	6
高爾夫球	31	X	X	X	X	27
游泳池	X	25	21	32	32	X
體育場	X	37	29	28	38	X
網球場	X	20	23	22	20	X

順序 3 建構成本不會超過 $1.2 百萬。

順序 4 每年維修成本不會超過 $200,000。

針對這個優先順序的集合，利用有優先順序的目標規劃來決定紐約市娛樂型態與設置位置。

12. 一個小型的太空船公司正考慮八個專案：

專案 1 發展一個自動測試設備
專案 2 對所有公司的存貨與設備都需設條碼
專案 3 引進一套 CAD/CAM 系統
專案 4 購買一套新的車床系統
專案 5 建立一套彈性製造系統 (FMS)
專案 6 儲存一套區域網路 (LAN)
專案 7 發展一套人工智慧模擬系統 (AIS)
專案 8 設立一套全面品質管理 (JQM) 系統。

每個專案以五個屬性來給定等級：投資回收，成本，產品改善，勞工需求，及技術性風險程度。這些等級列在表 4-67。

公司已經設立下列五個目標 (以優先順序排列)：

目標 1 投資回收至少 $3,250
目標 2 限制成本為 $1,300。
目標 3 達到產品改善至少為 6。
目標 4 人力使用限制為 108。
目標 5 總技術性風險限制為 4。

試利用有優先順序目標規劃來決定哪些專案必須被採納。

表 4-67

	專案							
	1	2	3	4	5	6	7	8
ROI ($)	2,070	456	670	350	495	380	1,500	480
成本 ($)	900	240	335	700	410	190	500	160
產量改善	3	2	2	0	1	0	3	2
人力需求	18	18	27	36	42	6	48	24
風險程度	3	2	4	1	1	0	2	3

13. 一位新的總統剛被選出且設下以下經濟目標 (順序為由高重要性到低重要性)：

目標 1 平衡預算 (這代表收益至少要與成本一樣大)。
目標 2 砍掉花費至多 $1500 億。
目標 3 從有錢人增加稅收至多 $5500 億。

表 4-68

	低收入	高收入
汽油稅	G	.5G
$30,000 以下收入的稅收	20LTR	5LTR
$30,000 以上收入的稅收	0	15HTR

目標 4 從窮人增加稅收至多 $3500 億。

目前，政府每年需要花 $1 千億。收益的增加可以從二個方面而來：經由汽油稅及收入所得稅，你必須決定

　　　G＝每加侖稅率
　LTR＝在開始收入前 $30,000 的收取 % 稅率
HTR＝超過 $30,000 收入的收取 % 稅率。
　　　C＝砍掉花費金額 (百萬)

若政府選擇 G，LTR，及 HTR，則在表 4-68 中的收益 (百萬) 將會增加。當然，在超過 $30,000 收入所收取的稅率百分比必須至少比在開始收入前 $30,000 所收取的稅率百分比大。建立一個有優先順序目標函數模式來幫助總統能達到他的目標。

14. HAL 電腦必須決定七個研究發展專案 (R&D) 哪些必須採納。針對每一個專案有四個有興趣的數量：
a. 每一個專案的淨現值 (NPV 以百萬元為單位)
b. 每項專案所產生銷售的年度成長率。
c. 專案成功的機率。
d. 每個專案的成本 (百萬元)
相關的訊息列在表 4-69。HAL 有下列四個目標：

目標 1 所有選擇專案總 NPV 至少有 $200 百萬。
目標 2 所有選擇專案成功的平均機率至少為 0.75。
目標 3 所有選擇專案平均成長率至少有 15%。

表 4-69

專案	NPV (百萬)	年度成長率	成功機率	成本 (百萬)
1	40	20	.73	220
2	30	16	.70	140
3	60	12	.75	280
4	45	8	.90	240
5	55	18	.65	300
6	40	18	.60	200
7	90	19	.65	440

目標 4 所有選擇專案總成本至多為 $10 億。

針對以下優先順序雙合，利用有優先順序 (整數) 目標規劃來決斷要選擇什麼專案。

優先順序集合 1　2 >>> 4 >>> 1 >>> 3
優先順序集合 2　1 >>> 3 >>> 4 >>> 2

4.17 利用 Excel Solver 求解 LP

Excel 有能力求解線性 (且通常非線性) 規劃問題。在本節，我們說明如何利用 Excel Solver 求出在 3.4 節的節食問題與 3.10 節的存貨例題的最佳解。

利用表格求解一個 LP 的主要關鍵為設置一張表格可以用來追蹤有興趣的某些值 (成本或利潤，可使用資源等等)。其次，確認一些可以改變的格子，這些格子稱為**改變格** (changing cells)。在定義這些改變格之後，確認包含目標函數的格子，稱為**目標格** (forget cell)。其次，我們再確認條件且告訴 Solver 求解這一個問題。此時，我們問題的最佳解將置於表格上。

利用 Excel Solver 求解節食問題

在檔案 Dietl.xls，我們設置節食問題的表格模式 (第 3 章例題 6)。一開始 (參考圖 4-15)，我們在 B3:E3 輸入每一種食物的開頭字。在範圍 B4:E4，我們輸入每種食物食用量的測試值。例如，圖 4-15 顯示出我們考慮食用 3 塊巧克力餅，四桶巧克力冰淇淋，五瓶可樂，及六塊鳳梨起士蛋糕。為了了解在圖 4-15 是節食問題的最佳解，我們必須決定當提供卡路里，巧克力，糖及脂肪的值後所得的成本。在範圍 B5:E5，我們輸入每一種可用食物的單位成本。然後在 F5 格計算這個節食成本。

我們在 F5 格計算節食成本利用方程式

$$= B4 \cdot B5 + C4 \cdot C5 + D4 \cdot D5 + E4 \cdot E5$$

但亦可簡單地輸入方程式

$$= \text{SUPRODUCT}(B\$4:E\$4, B5:E5)$$

這個 =SUMPRODUCT 函數需要二個範圍當作輸入值。第一個範圍的第一格

	A	B	C	D	E	F	G	H
1			Feasible					
2			solution to Diet Problem					
3		Brownie	Choc IC	Cola	Pine Cheese	Totals		Required
4	Eaten	3	4	5	6			
5	Cost	50	20	30	80	860		
6	Calories	400	200	150	500	5750	>=	500
7	Chocolate	3	2	0	0	17	>=	6
8	Sugar	2	2	4	4	58	>=	10
9	Fat	2	4	1	5	57	>=	8

圖 4-15

將乘以第二個範圍的第一格；而第一個範圍的第二格將乘以第二個範圍的第二格；依此類推然後將所有相乘加總起來。基本上，這個＝SUMPRODUCT 函數複製第 2.1 節向量相乘的符號。因此，在 F5 格＝SUMPRODUCT 函數計算總成本為 (3) (50)＋ 4 (20)＋ 5 (30) ＋ 6 (80)＝ 860 美分。

在範圍 B6:E6，我們輸入每一種食物的卡路里；在 B7:E7，巧克力含量；在 B8:E8，糖的含量；且在 B9:E9，脂肪含量，將 F5 中的方程式複製到格子範圍 F6:F9，現在可以計算在節食問題中定義在 B4:E4 值的卡路里，巧克力，糖，與脂肪含量。注意函數＝SUMPRODUCT 可以很容地利用輸入一個方程式與複製的指令來產生許多條件。

在格子範圍 H6:H9，我們已經列出每一個營養成分的最小每日需求。從圖 4-15，我們發現目前的節食是可行的 (可以滿足每日每種營養的需求) 且成本為 $8.70。現在，我們敘述如何利用 Solver 求出節食問題的最佳解。

步驟 1 從 Tools 的選項中，選擇 Solver 對話框列在表 4-16。

步驟 2 移動滑鼠到對話框的 Set Target 欄並按下目標格 (在 F5 格的總成本)，且選擇 Min.。這個告訴 Solver 去極小化總成本。

步驟 3 移動滑鼠到對話框的 By Changing Cells 並按下改變格 (B4:E4) 這個動作會告訴 Solver 可以更改每一種食物的食用量。

步驟 4 按下 Add 項增加條件，則圖 4-17 就會出現移動到 Add Constraint 對話框的 Cell Reference 及選擇 F6:F9。然後移動到箭頭向下欄及選擇最後，按下對話框的條件欄且選擇 H6:H9。選擇 OK 因為已經沒有條件了。若還要加上更多的條件，可以選擇 Add。從這個主要的 Solver 對話框，你也可以利用選擇 Change 更改一個條件或選擇 Delete 刪掉一個條件。

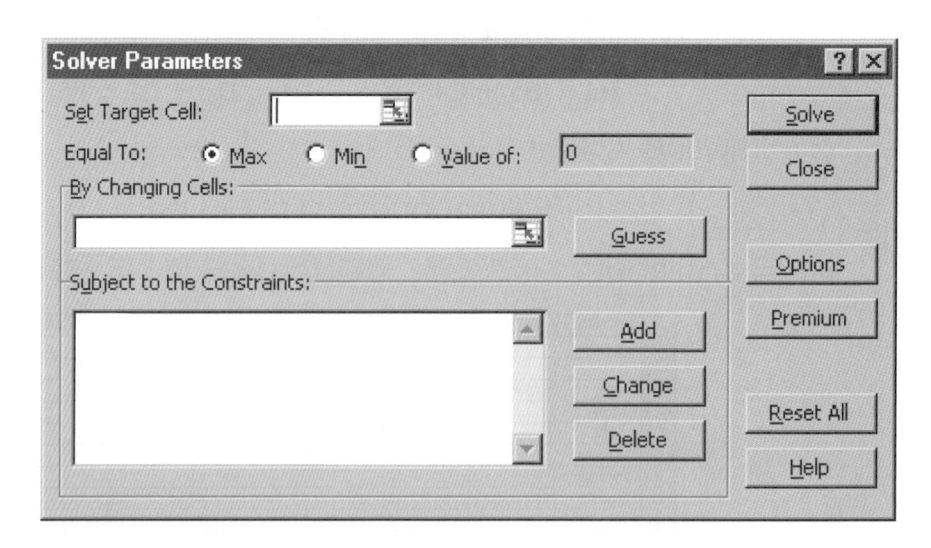

圖 4-16

圖 4-17

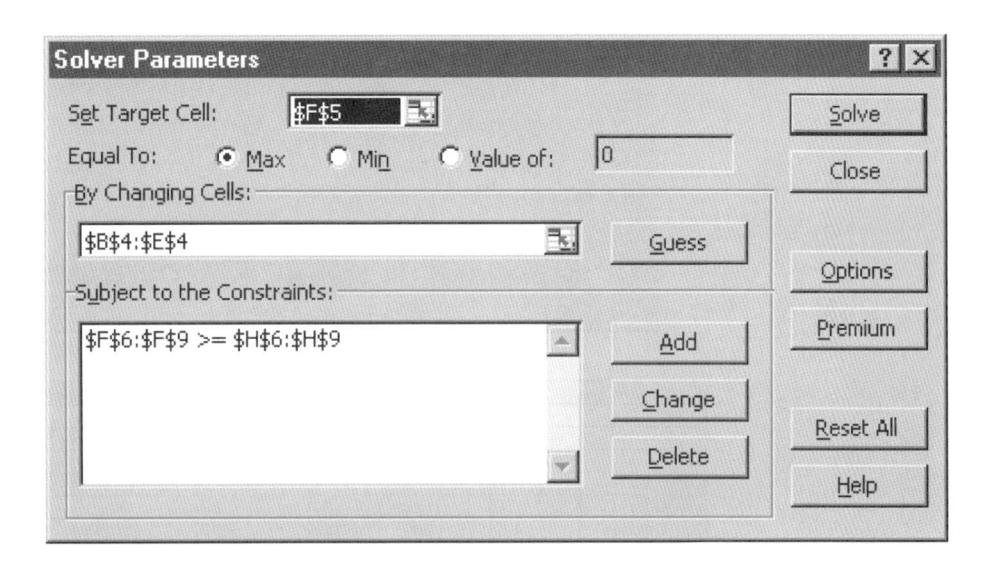

圖 4-18

現在我們已經產生四個條件。Solver 將會保證改變格會選擇 F6>=H6，F7>=H7，F8>=H8，且 F9>=H9。簡單而言，節食問題將會選擇食用足夠的卡路里，巧克力，糖，及脂肪。

現在我們的 Solver 視窗如同圖 4-18。

步驟 5 在解問題之前，我們需要告訴 Solver 所有的改變格必須為非負。我們必須告訴 Solver 我們有一個線性模式。若我們沒有告訴 Solver 模式為線性，則 Solver 會不知道要採取簡捷法求解這個問題，Solver 有可能得到錯誤的答案。我們可以利用選擇 option 來完成這二個目標。這會出現圖 4-19，檢查 Assume Non-Negalive 對話框，保證所有的改變格為非負值。檢查 Assume Linear Model 對話框，保證 Solver 會使用簡捷法求解我們的 LP。有時候在一個有較差尺度的 LP 中 (在目標函數，右立尚值，或條件中同時有很大及很小的值)，則 Solver 有可能不把 LP 當做線性模式。檢查 Use Autonatic Scaling 對話框，極小化一個較差尺度 LP 被解釋為非線性模式的機會。順道一提，Max Time 代表 Solver 在結束解題過程前所執行的最大時間。反覆次數代表在利用 Solver 時，事先詢問使用者解決問題是否持續的最大簡捷轉軸次數。Precision 的設定敘述在決定一個條件是否滿足前可以容忍的"誤差"。例如，一個精確

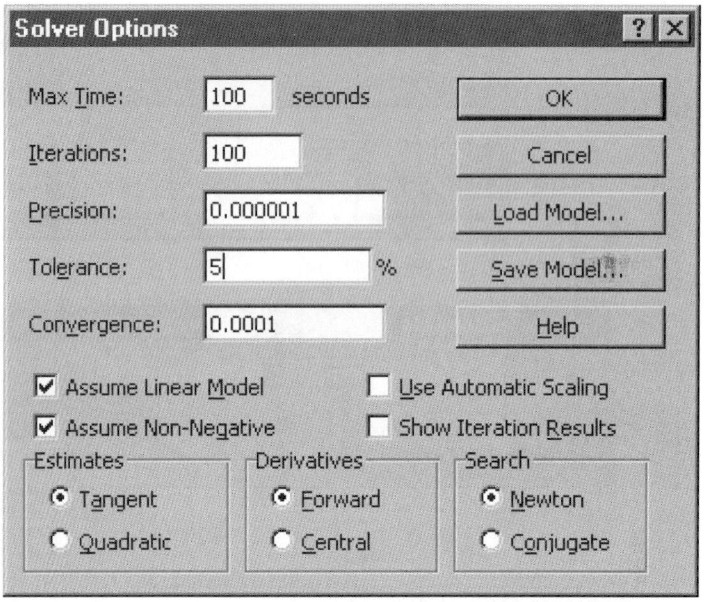

圖 4-19

圖 4-20

	A	B	C	D	E	F	G	H
1			Optimal Solution					
2			to the Diet Problem					
3		Brownie	Choc IC	Cola	Pine Cheese	Totals		Required
4	Eaten	0	3	1	0			
5	Cost	50	20	30	80	90		
6	Calories	400	200	150	500	750	>=	500
7	Chocolate	3	2	0	0	6	>=	6
8	Sugar	2	2	4	4	10	>=	10
9	Fat	2	4	1	5	13	>=	8

值 0.001，一個有－0.0009 值的改變格被視為滿足非負的條件 Tolerance 及 Convergence 的設定將在第 7 章討論。

步驟 6 在 Solver Options 對話框選擇 OK 後，我們再選擇 Solve. Solver 會產生如圖 4-20 的最佳解。

如同 LINDO，Solver 說明最小成本為 90 美分，最小成本發生在不吃巧克力小餅干，3 盎司巧克力冰淇淋，1 瓶可樂，及不吃任何鳳梨起士蛋糕。

利用 Solver 求解 Sailco 例題

現在我們設置一個表格求解 Sailco 例題 (第 3 章例題 12)。參考圖 4-21。針對每一個月，我們需要追蹤我們開始的存貨，最後的存貨，及成本。注意針對每一個月

$$每個月的成本 = 400 \,(正常時間的產量) + 450 \,(加班的產量) + 20 \,(單位持有成本)$$

第 4 章　簡捷法與目標規劃　**247**

	A	B	C	D	E	F	G	H	I	J	K
1			Optimal solution					RT unit cost	$ 400.00		
2			to Sailco problem					OT unit cost	$ 450.00		
3								Unit Holding cost	$ 20.00		
4	Month	Beg Inventory	OT Production	RT Production		RT Capacity	Demand	Ending Inventory			Monthly Cost
5	1	10	0	40	<=	40	40	10	>=	0	$ 16,200.00
6	2	10	10	40	<=	40	60	0	>=	0	$ 20,500.00
7	3	0	35	40	<=	40	75	0	>=	0	$ 31,750.00
8	4	0	0	25	<=	40	25	0	>=	0	$ 10,000.00
9										Total Cost	$ 78,450.00

圖 4-21

$$最後存貨 ＝開始存貨＋每月產量－每月需求$$

步驟 1　在 I1:I3 輸入單位成本，在 F5:F8 輸入正常時間每月容量，在 G5:G8 輸入需求，及在 B5 輸入第 1 個月開始時的存貨。

步驟 2　在 C5:D8 輸入每一個月加班與正常時間產量的測試值。

步驟 3　在 H5 利用方程式

$$= B5 + C5 + D5 - G5$$

來決定第 1 個月月底的存貨。這可以推得以下關係：

$$最後存貨＝最開始存貨＋每個月產量－每個月需求$$

步驟 4　在 B6 格，輸入公式來設定第 1 個月月底到第 2 個月月初的存貨

$$= H5$$

步驟 5　複製方程式從 B5 到 B6:B8 計算 2 － 4 月的起始存貨複製方程式從 H5 到 H6，H8 計算 0 － 4 月的最終存貨。

步驟 6　在 K5 格，利用下面方程式計算第 1 個月的成本

$$= \$I\$1*D5 + C5*\$I\$2 + \$I\$3*H5$$

這會得到每個月的成本為

$$每個月成本 = 400 (正常時間的產量)＋ 450 (加班的產量)$$
$$+ 20 (單位持有成本)$$

從 K5 到 K6:K8 複製方程式計算第 2 － 4 月的成本。我們在 K9 格計算總成本，利用方程式

$$= SUM(K5:K8)$$

步驟 7　現在我們填寫 Solver 對話框，如圖 4-22。我們的目標是要極小化總成本 (K9 格)。我們的改變格為超時及正常時間的產量 (D5:D8)，我們必須保證每個月的正常時間產量至多為 40 (D5:D8 > = FS:F8)。最後，限制每個月的

248 作業研究 I

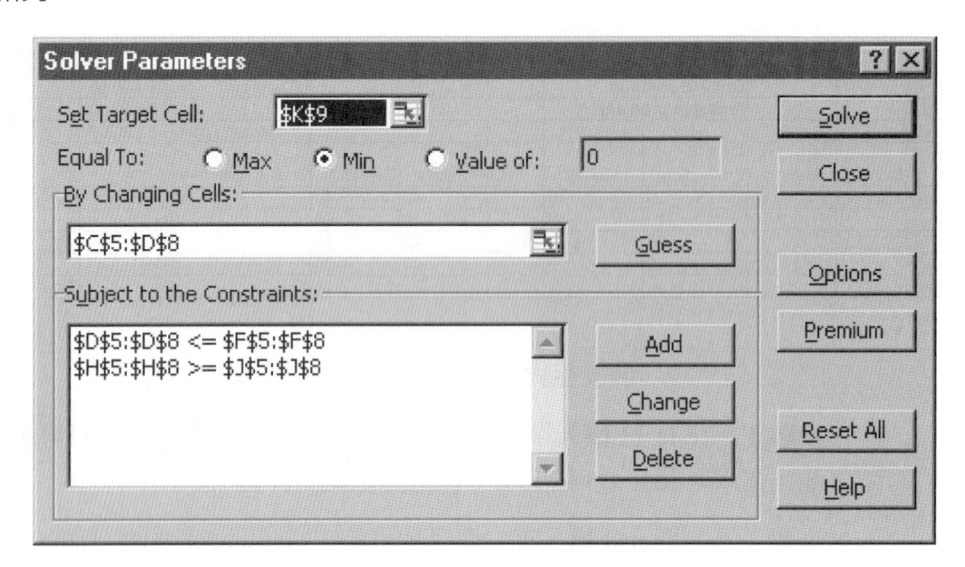

圖 4-22

最終存貨必須為非負 (H5:H8 >＝ J5:J8) 保證每個月的需求必須及時滿足。在 Options，我們檢查 Assume Linear Model，Assume Non-Negative，及 Use Automatic Scaling。在選擇 Solve 之後，我們求出最佳解如圖 4-21 所示。透過在第 1－3 個月的正常時間產量為生產 40 個單位，在第 4 個月正常時間產量為 25 個單位，在第 2 個月加班時間的產量為 10 個單位，及第 3 個月加班的產量為 35 個單位來達到最小成 $78,450。

利用 Option 的值

在 Sailco 問題中，最小成本為 $78,450。假設我們想要求出產生一個真正成本 $90,000 的解。我們可以利用 Solver 的 Value of Pption。簡單地在 Solver 對話框中填上數字如圖 4-23。

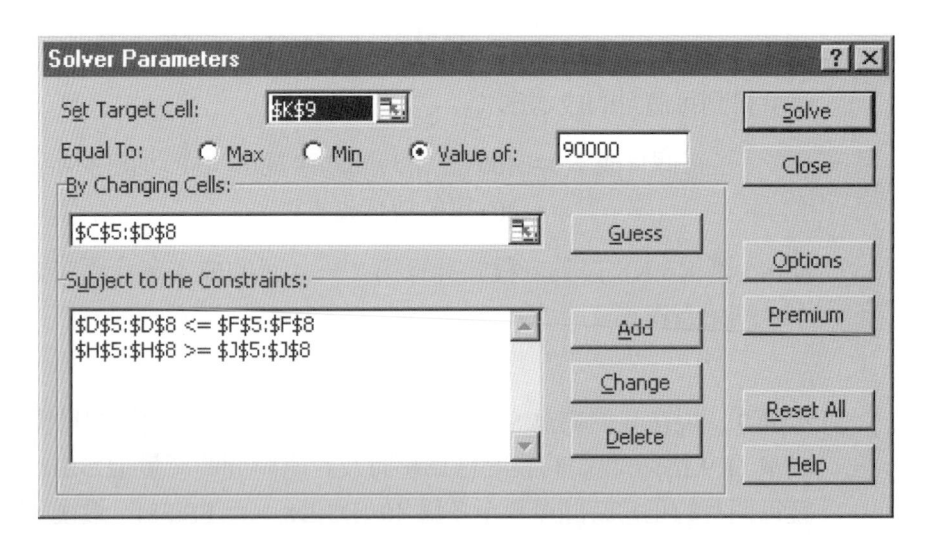

圖 4-23

第 4 章　簡捷法與目標規劃　**249**

	A	B	C	D	E	F	G	H	I	J	K
1			Optimal solution					RT unit cost	$ 400.00		
2			to Sailco problem					OT unit cost	$ 450.00		
3								Unit Holding cost	$ 20.00		
4	Month	Beg Inventory	OT Production	RT Production		RT Capacity	Demand	Ending Inventory			Monthly Cost
5	1	10	179.090909	0	<=	40	40	149.0909091	>=	0	$ 83,572.73
6	2	149.0909	0	0	<=	40	60	89.09090909	>=	0	$ 1,781.82
7	3	89.09091	0	0	<=	40	75	14.09090909	>=	0	$ 281.82
8	4	14.09091	0	10.909091	<=	40	25	0	>=	0	$ 4,363.64
9										Total Cost	$ 90,000.00

圖 4-24

	A	B	C	D	E	F
1						
2	Infeasible LP					
3						
4					Total Cost	
5		Soda	Juice		3 0	
6	Amount	0	10			
7	Unit cost	2	3			
8				Available		Needed
9	Sugar	0.5	0.25	2.5	>=	4
10	Vitamin C	1	3	30	>=	36
11	Total oz.	1	1	10	=	10

圖 4-25

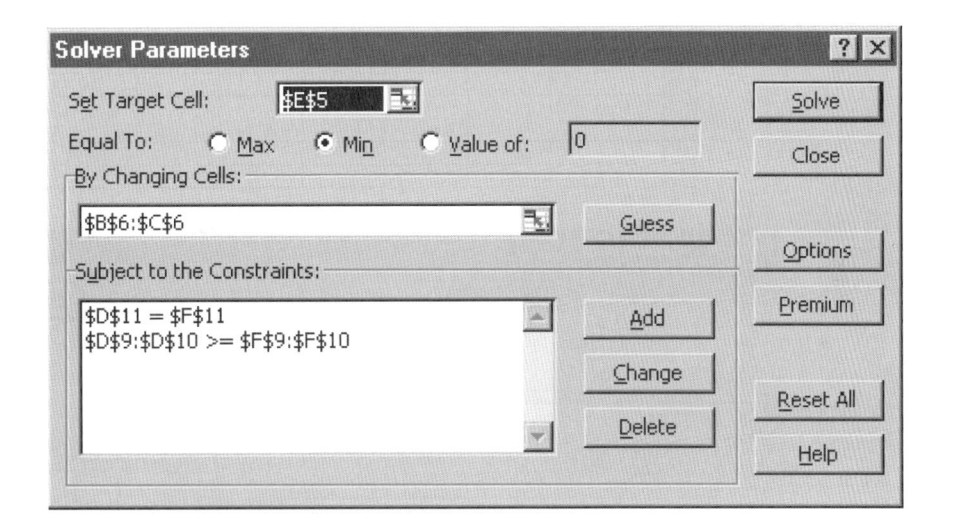

圖 4-26

Solver 可以得到如圖 4-24 的解。注意 Solver 找出真正總成本 $90,000 的解。

Solver 及不可行的 LP

若是至少必須要有 36 毫克的維他命 C，則 Bevco 例題 (本章例題 4) 將為無解。圖 4-25 所示為此問題的 Bevco.xls 檔案表格，且圖 4-26 所示為 Solver 的視窗。

當我們選擇 Solver 時，我們可以得到如圖 4-27 的訊息。這顯示此 LP 為無解。

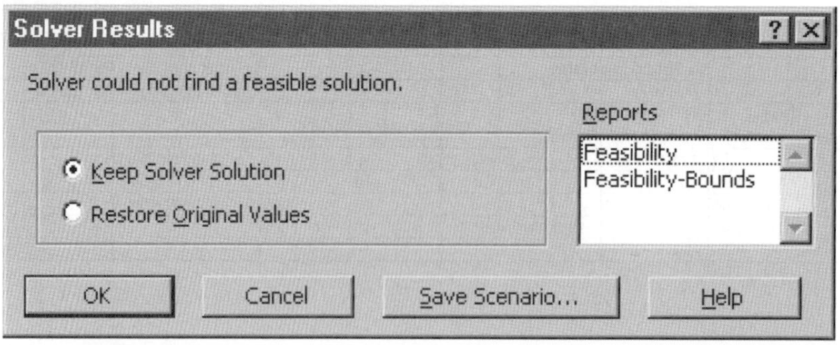

圖 4-27

	A	B	C	D	E	F	G	H
1	Unbounded LP							
2								
3			FB Baked	SD Baked	Yeast bought	Flour bought		Originally we have
4			5	0	0	20		
5		Price or cost	36	30	3	4		
6		Yeast needed	1	1				5
7		Flour needed	6	5				10
8								
9		Profit	100					
10								
11			Used		Available			
12		Yeast	5	<=	5			
13		Flour	30	<=	30			

圖 4-28

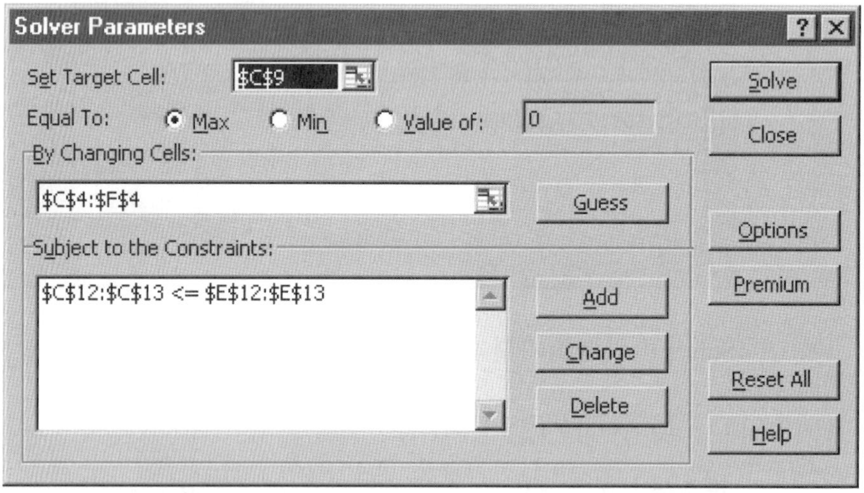

圖 4-29

Solver 及無界的 LP

在本章的例題 3 是一個無界的 LP，圖 4-28 包含這個 LP 的 Solver 模式，針對 Breadco 例題，圖 4-29 包含 Solver 的視窗。當我們選擇 Solver，則可得的訊息如圖 4-30 所示。

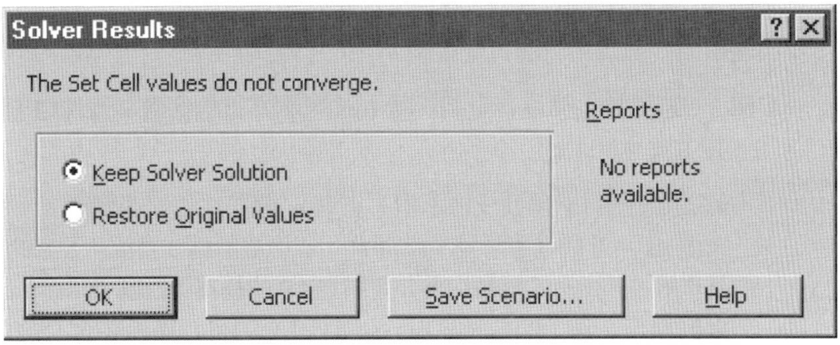

圖 4-30

訊息"Set Cell values do not converge"表示這是一個無界的 LP；亦即，在改變格上的值滿足所有的條件且會產生任意大的利潤。

問　題

問題組 A

利用 Excel 求解下列問題的最佳解。

1. 3.4 節問題 2。
2. 第 3 章例題 7。
3. 第 3 章例題 11。
4. 3.10 節問題 3。
5. 3.12 節例題 4。

問題組 B

6. 3.11 節問題 4。
7. 3.11 節問題 5。
8. 3.12 節問題 3。
9. 3.12 節問題 5。

總　結

利用簡捷法準備解一個 LP 問題

一個 LP 為標準型 (standard form)，如果其中所有的條件都是等式條件且所有的變數均為非負為了將一個 LP 變成標準型，則我們需要做以下幾個步驟：

步驟 1 若條件 i 是一個 ≤ 條件，則將其轉換成一個等式的條件，辦法是加上一個惰變數 s_i 及符號限制 $s_i \geq 0$。

步驟 2 若條件 i 是一個 ≥ 條件，則將其轉換成一個等式的條件，辦法是減去一個超出變數 e_i，並加上一個符號限制 $d_i \geq 0$。

步驟 3 若變數 x_i 為沒有限制符號 (urs)，則在目標函數與條件中，將 x_i 以 $x_i' - x_i''$ 取代，其中 $x_i' \geq 0$ 且 $x_i'' \geq 0$。

假設當一個 LP 轉換成標準型，它有 m 個條件和 n 個變數。

一個 $A\mathbf{x} = \mathbf{b}$ 的基本解是由設定 $n - m$ 個變數為 0 且解剩下來的 m 個變數值。任何一個基本解，其所有的變數均為非負稱為 LP 的**基本可行解** (basic-feasible solution; bfs)。

針對任何一個 LP 的每個 bfs，在該 LP 的可行區域中都存在唯一的極點與其對應。同時，對可行區域的每個極值點，都至少存有一個 bfs 與其對應。

如果有一個 LP 有一個最佳解，則存在一個最佳的極值點。因此，在尋找一個 LP 的最佳解時，只需搜尋 LP 的 bfs 即可。

簡捷演算法

若 LP 是一個極準型，很容易找出一個 bfs，則簡捷法 (極元問題) 進行如下：

步驟 1 如果所有的非基本變數在第 0 列中都是非負係數，則目前 bfs 為最佳如果第 0 列中某些變數係數為負，則選取第 0 列中係數為負的最小的變數進入基底。

步驟 2 對於進入變數有正係數的每個條件，計算下列比值：

$$\frac{條件的右端值}{進入變數在條件中的係數}$$

達到這個比值最小的任何條件是**比值測試法** (ratio test) 的贏者利用 ERO 運算，使進入變數成為比值測試法贏者的任何條件的基變數，回到步驟 1。

如果 LP (一個極大化問題) 是無界的，則最後會得到一個表格，其中非基本變數在第 0 列中有負的係數，而在每個條件中有非正式係數。否則 (除了很難出現的迴圈)，簡捷法將可以求出 LP 的最佳解。

如果一個 bfs 不容易求得，則必須利用大 M 法或二階段簡捷法求得一個 bfs。

大 M 法

步驟 1 修改條件使每個條件的右端值為非負。

步驟 1' 確認每個條件 (在步驟 1 後)，現在它是一個＝或 ≥ 的條件，步驟 3 是對每一個條件加上一個人工變數。

步驟 2 將每一個不等條件轉換為標準型。

步驟 3 (完成步驟 1 後) 如果條件 i 是一個 ≥ 或＝的條件，則將一個人工變數 a_i 加到條件 i 上，還加上符號限制 $a_i \geq 0$。

步驟 4 令 M 是一個很大的正數如果 LP 是一個極小化問題，就將 Ma_i (對每個人工變數) 加到目標函數上。如果 LP 是一個極大化問題，則將一 Ma_i (對於每個人工變數) 加到目標函數上。

步驟 5　由於每個人工變數都在起始基底中，所以在開始運用簡捷法之前，必須從第 0 列中消去所有的人工變數。如果最佳解中所有人工變數都等於 0，我們就找到原來問題的最佳解。如果最佳解中某個人工變數為正，則原問題是不可行的。

二階段法

步驟 1　修改條件，使每一個條件的右端值為非負。

步驟 1′　確認每一個條件 (在步驟 1 以後)，現在它是一個＝或 ≥ 條件，在步驟 3，對每一個條件加上一個人工變數。

步驟 2　將每一個不等式條件轉換為標準型。

步驟 3　(步驟 1′ 之後) 如果條件 i 是一個 ≥ 或＝的條件，則將一個人工變數 a_i 加到條件 i 上，還要加上符號限制 $a_i \geq 0$。

步驟 4　現在，暫時忽略原 LP 的目標函數，而求解另外一個 LP，其目標函數為 min w' =(所有人工變數之和)，這稱為**第 I 階段 LP**。

因為每一個 $a_i \geq 0$，所以解第 I 個階段 LP，將會得到下列三種情況的其中一種：

情況 1　w' 的最佳值大於 0，在此情況下，原 LP 是沒有可行解。

情況 2　w' 的最佳值大於 0，且在第 I 階段的最佳基底中沒有人工變數。在此情況下，去掉第 I 階段最佳表中對應於人工變數的所有行，並得原目標函數與第 I 階段最佳表中的條件互相結合，就得到**第 II 階段 LP**。第 II 階段 LP 的最佳解即為原 LP 的最佳解。

情況 3　w' 的最佳值大於 0，且在第 I 階段的最佳基底中至少有一個人工變數在此情況下，在第 I 階段結束後，我們去掉第 I 階段最佳表格中所有非基本人工變數及在最佳第 I 階段的原來問題中，所有擁有第 0 列負的係數的任何變數，即可得到原來 LP 的最佳解。

解極小化問題

為了利用簡捷法求解極小化問題，只需要將第 0 列中係數正值最大者的非基本變數選作進入變數。如果第 0 列中每一個變數都有非正的係數值，則這一張表或典型的形式即為最佳解。

多重最佳解

若一個最佳表的第 0 列中有一個非基本變數的係數為 0，且該非基本變數可以利用轉軸而進入基底，則該 LP 有**多重最佳解** (alternative optimal solutions)。如果有二個 bfs 為最佳解，則連接二個最佳 bfs 的線段上任何點也是這個 LP 的最佳解。

符號不受限制的變數

如果將一個 urs 的變數 x_i 以 $x_i' - x_i''$ 來取代，則 LP 的最佳解將有 x_i'，x_i'' 或 x_i' 與 x_i'' 兩者都等於 0。

複習題

問題組 A

1. 利用簡捷法求出下列 LP 的二個最佳解。

$$\begin{aligned}
\max z = &\ 5x_1 + 3x_2 + x_3 \\
\text{s.t.} \quad &\ x_1 + x_2 + 3x_3 \leq 6 \\
&\ 5x_1 + 3x_2 + 6x_3 \leq 15 \\
&\ x_3, x_1, x_2 \geq 0
\end{aligned}$$

2. 利用簡捷法求出下列 LP 的最佳解。

$$\begin{aligned}
\min z = &\ -4x_1 + x_2 \\
\text{s.t.} \quad &\ 3x_1 + x_2 \leq 6 \\
\text{s.t.} \quad &\ -x_1 + 2x_2 \leq 0 \\
&\ x_1, x_2 \geq 0
\end{aligned}$$

3. 利用大 M 法和二階段法求出下列 LP 的最佳解。

$$\begin{aligned}
\max z = &\ 5x_1 - x_2 \\
\text{s.t.} \quad &\ 2x_1 + x_2 = 6 \\
&\ x_1 + x_2 \leq 4 \\
&\ x_1 + 2x_2 \leq 5 \\
&\ x_1, x_2 \geq 0
\end{aligned}$$

4. 利用簡捷法求出下列 LP 的最佳解。

$$\begin{aligned}
\max z = &\ 5x_1 - x_2 \\
\text{s.t.} \quad &\ x_1 - 3x_2 \leq 1 \\
&\ x_1 - 4x_2 \leq 3 \\
&\ x_1, x_2 \geq 0
\end{aligned}$$

5. 利用簡捷法求出下列 LP 的最佳解。

$$\begin{aligned}
\min z = &\ -x_1 - 2x_2 \\
\text{s.t.} \quad &\ 2x_1 + x_2 \leq 5 \\
&\ x_1 + x_2 \leq 3 \\
&\ x_1, x_2 \geq 0
\end{aligned}$$

6. 利用大 M 法和二階段求下列 LP 的最佳解。

$$\begin{aligned}
\max z = &\ x_1 + x_2 \\
\text{s.t.} \quad &\ 2x_1 + x_2 \geq 3 \\
&\ 3x_1 + x_2 \leq 3.5 \\
&\ x_1 + x_2 \leq 1 \\
&\ x_1, x_2 \geq 0
\end{aligned}$$

7. 試利用簡捷法求出下列 LP 的二個最佳解，這個 LP 有多少個最佳解？請找出第三個最佳解。

$$\max z = 4x_1 + x_2$$
$$\text{s.t.} \quad 2x_1 + 3x_2 \leq 4$$
$$x_1 + x_2 \leq 1$$
$$4x_1 + x_2 \leq 2$$
$$x_1, x_2 \geq 0$$

8. 利用簡捷法求出下列 LP 的最佳解。

$$\max z = 5x_1 + x_2$$
$$\text{s.t.} \quad 2x_1 + x_2 \leq 6$$
$$x_1 - x_2 \leq 0$$
$$x_1, x_2 \geq 0$$

9. 利用大 M 法及二階段法求出下列 LP 的最佳解。

$$\min z = -3x_1 + x_2$$
$$\text{s.t.} \quad x_1 - 2x_2 \geq 2$$
$$-x_1 + x_2 \geq 3$$
$$x_1, x_2 \geq 0$$

10. 假設在 Dakota 家具公司問題中，可以生產 10 種家具，為了得到最佳解，(至多) 應生產多少種家具？

11. 考慮下列 LP

$$\max z = 10x_1 + x_2$$
$$\text{s.t.} \quad x_1 \leq 1$$
$$20x_1 + x_2 \leq 100$$
$$x_1, x_2 \geq 0$$

a. 求出這個 LP 的所有基本可行解。

b. 證明當利用簡捷法求解這個 LP 時，在求最佳解之前必須考慮到所有的基本可行解。

　　Klee 與 Minty (1972) 推廣這個例子，建構一個有 n 個決策變數和 n 個條件的 LP (針對 $n = 2, 3, \cdots,$)，在利用簡捷法求出最佳解之前必須檢驗 $2^n - 1$ 個基本可行解。因此，存在一個有 10 個變和和 10 個條件的 LP，為了利用簡捷法求最佳解，需要 $2^{10} - 1 = 1,023$ 次轉軸計算。幸運地是，這個"病態" LP 在實際應用中是很難出現的。

12. Productco 公司生產三種產品每一個產品需要勞力，木材及油漆這些資源的需求，單位價格，及變動成本 (除原料外) 均列在表 4-70。目前，有 900 個勞力小時，油漆 1,550 加侖，及木材 1,600 平方呎可用。每增加一個小時的勞力需要用 $6 購買，每增加一加侖的油漆需要 $2，每增加一平方呎的木材需要 $3。針對下列二個優先順序的集合，利用有優先順序的目標規劃求解最佳生產排程針對集合 1：

表 4-70

產品	勞力	木材	油漆	價格 ($)	變動成本 ($)
1	1.5	2	3	26	10
2	3	3	2	28	6
3	2	4	2	31	7

優先順序 1　至少得到利潤 $10,500。
優先順序 2　不多購買勞力
優先順序 3　不多購買油漆
優先順序 4　不多購買木材

針對集合 2：

優先順序 1　不多購買勞力
優先順序 2　不多購買油漆
優先順序 4　不多購買木材

13. 在 Indiana 大學 (IU) 的工作以下列因素來排列：

因素 1　工作的複雜性
因素 2　教育要求
因素 3　心智及/或願景需求

　　在 IU 的每一個工作，每個因素的需求已經給了一個尺度 1-4，在因素 1 給一個分數 4 表示工作的高度複雜性，在因素 2 給一個分數 4 表示高度的教育要求，且給因素 3 分數 4 代表高度的心智及/或願景需求。

　　IU 想要決定一個工作的等級公式。為了完成這件事，必須給一個工作需求的每一個因素分數。例如，假設因素 1 的第二層得到一個總分 10，因素 2 的第三層得到總分 20，因素 3 的第三層給一個總分 30，則這一個工作的需求，總分為 10 + 20 + 30。一個工作的每小時薪水等於這個總分的一半。

　　IU 在設定給每一個工作因素的每一個水準的分數有以下二個目標：

目標 1　當增加每一個因素的水準一單位時，分數至少需要增加 10 例如，因素 1 的水準 2 至少要比因素 1 的水準 1 分數至少多個 10 分目標 1 為極小化遠離這個需求的總和。

目標 2　針對表 4-71 的標的工作，每個工作的實際總分儘量與在表格中所列出來的總分愈接近愈好目標 2 遠離這些合適值的總分數絕對值達到最小。

　　利用有優先順序的目標規劃來達到此總分數試問技術水準 3 工作中每一個因素必須付出多少薪水？

表 4-71

工作	因素水準 1	因素水準 2	因素水準 3	合適分數
1	4	4	4	105
2	3	3	2	93
3	2	2	2	75
4	1	1	2	68

14. 有一家醫院的外科部門執行四種手術。表 4-72 列出每個手術的利潤，使用 X-光線的時間及所使用的實驗室時間。外科部門有 500 間個人房及 500 間集中照顧房。手術 1 及 2 需要在集

表 4-72

	手術種類			
	1	2	3	4
利潤 ($)	200	150	100	80
X-光線時間 (分鐘)	6	5	4	3
實驗室時間 (分鐘)	5	4	3	2

中照顧房中待上一天，而手術 3 及第 4 需要在個人房待上一天。每天，這家醫院每一種手術至少要完成 100 件以。上醫院已經設立下列目標：

目標 1　每天所賺利潤至少要 $100,000。
目標 2　每天 X-光線所使用的時間至多 50 個小時。
目標 3　每天實驗室時間至多 40 個小時。

遠離每一個目標每個單位需要的成本如下：

目標 1　如果利潤目標未能滿足，每一元需要成本為 $1。
目標 2　如果 X-光線目標未能滿足，每一小時需要成本為 $10。
目標 3　如果實驗室目標未能滿每一小時需要成本為 $8。

建立一個目標規劃模式可以用來極小化沒有達到醫院目標所造成的成本。

問題組 B

15. 考慮一個極大化問題，其最佳表如表 4-73，這個 LP 的最佳解為 $z = 10$，$x_3 = 3$，$x_4 = 5$，$x_1 = x_2 = 0$ 決定此 LP 的次佳 bfs？(提示：證明次佳解應是一個從最佳解中遠離該表做一次轉軸，得到的 bfs。)

16. 有一個野營車隊準備在旅途上帶二種物品。物品 1 重量為 a_1 磅，而物品 2 重 a_2 磅每個物品 1 會使野營者獲得 c_1 單位的好處，而每個物品 2 會使野營者獲得 c_2 單位的好處，背包最多只能裝 b 磅的物品。

   a. 假設野營者在旅途上能帶分數個物品，試建立一個使其獲得最大好處的 LP 模式。
   b. 證明若則背包裝上 b/a_2 個物品 2，野營者就可獲得最大好處。
   c. 野營者問題的模式違反了那些線性規劃的假設？

17. 針對一個極大化問題，已經給定一張表 4-74。試繪出一些未知線 a_1，a_2，a_3，b，c 的條件，使下列命題成立：

表 4-73

z	x_1	x_2	x_3	x_4	rhs
1	2	1	0	0	10
0	3	2	1	0	3
0	4	3	0	1	5

表 4-74

z	x_1	x_2	x_3	x_4	x_5	rhs
1	$-c$	2	0	0	0	10
0	-1	a_1	1	0	0	4
0	a_2	-4	0	1	0	1
0	a_3	3	0	0	1	b

a. 目前解為最佳解。
b. 目前為最佳解，且有多重最佳解。
c. 這個 LP 為無界的 (這個部分，假設 $b \geq 0$)。

18. 針對一個極大化問題，我們已經得到的表格如表 4-75。試陳述 a_1，a_2，a_3，b，c 和 c_2 的條件，使下列的命題為真：
   a. 目前解為最佳解，且有多重最佳解。
   b. 目前基本解不是一個基本可行解。
   c. 目前基本解為一個退化 bfs。
   d. 目前基本解為可行的，但該 LP 為無界的。
   e. 目前基本解是可行的，但利用 x_1 來取代 x_6 作為基本變數可以改善目標函數值。

   表 4-75

z	x_1	x_2	x_3	x_4	x_5	x_6	rhs
1	c_1	c_2	0	0	0	0	10
0	4	a_1	1	0	a_2	0	b
0	-1	-5	0	1	-1	0	2
0	a_3	-3	0	0	-4	1	3

19. 假設我們在解一個極大化問題，且 x_r 即將離開基底。
   a. x_r 在目前第 0 列的係數為多少？
   b. 證明完成目前的轉軸之後，x_r 在第 0 列的係數不可能小於 0。
   c. 解釋一下為什麼一個變數在一次轉軸中，已經離開基底不可能在下次轉軸進入基底。

20. 一家公車公司認為在接下來五年，每年需要以下數量的汽車司機：第 1 年 — 60 位；第 2 年 — 70 位；第 3 年 — 50 位；第 4 年 — 65 位；第 5 年 — 75 位。在每年年初該公司必須決定應該僱用或解僱多少司機。僱用一名司機要花費 \$4,000，而解僱一名司機要 \$2000。司機年薪為 \$10,000，在第一年年初，公司已有 50 名司機，年初僱用的司機可以用來滿足當年的需求，並支付當年的全薪。試建立一個 LP 模式，使該公車公司在未來五年內支付的司機薪水，僱用費和解僱費為最少？

21. 美國製鞋廠預測未來六個月，每月的需求如下：第 1 個月 — 5,000 雙；第 2 個月 — 6,000 雙；第 3 個月 — 5,000 雙；第 4 個月 — 9,000 雙；第 5 個月 — 6,000 雙；第 6 個月 — 5,000 雙。一名鞋匠製造一雙鞋必須花 15 分鐘，一名鞋匠正常月薪 \$2000，加班費另加每小時 \$50。每月月初，鞋廠可以僱用或解僱員工，僱用一名鞋匠鞋廠需要花 \$1500，而解僱一位工人要花 \$1,900。每雙鞋的月庫存成本是正常時間生產一雙鞋成本的 3% (每雙鞋的原料成本為 \$10)。試建立一個 LP，以求出 (及時) 滿足未來六個月需求的最低成本。在第 1 個月初，鞋廠有 13 位工人。

22. Monroe 郡想要確定郡消防站應設在何處，該郡有四個重鎮，其佈局如圖 4-31 所示。重鎮 1 在 (10, 20) 處；重鎮 2 在 (60, 20) 處；重鎮 3 在 (40, 30) 處；重鎮 4 在 (80, 60) 處。重鎮 1 年平均失火 20 次，重鎮 2 年平均失火 30 次，重鎮 3 年平均失火 40 次，重鎮 4 年平均失火 25

第 4 章　簡捷法與目標規劃　**259**

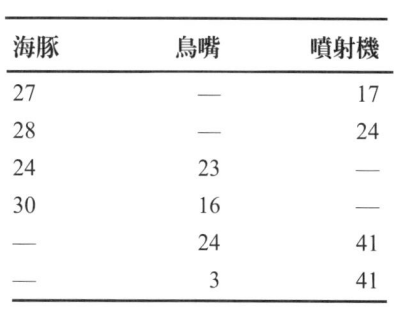

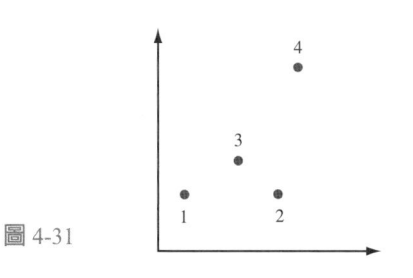

表 4-76

海豚	鳥嘴	噴射機
27	—	17
28	—	24
24	23	—
30	16	—
—	24	41
—	3	41

圖 4-31

次。該郡想把消防站設在最恰當的地方，使救火車到失火地點應走的平均距離為最短。由於該郡大多數通路走向是往東西方向，或為南北方向，所以假設救火車總是走南北方向或東西方向。因此，如果消防站設在 (30, 40) 處，而火災發生在重鎮 4，則救火車到失火處必須走 (80 − 30)+(60 − 40) = 70 哩。試利用線性規劃來決定消防站應設在何處？(提示：若消防站設在 (x, y) 處，且在 (a, b) 點上有一重鎮，你就得定義變數 e, w, n, s (東，西，北，南) 滿足等式 $x - a = w - e$ 和 $y - b = n - s$，現在就容易求出 LP 的正確的模式了。)

23. 在 1972 年足球季節期間，邁阿密海豚隊、水牛城鳥嘴隊和紐約噴射機隊所進行的比賽列於表 4-76。假設你想根據這些比賽來評價這三支球隊。令 M =海豚隊的級等，J =噴射機隊的級等，和 B =鳥嘴隊的級等。給定 M，J 和 B 的值，就可以預測，例如，當鳥嘴隊與海豚隊比賽時，可以預測，海豚隊勝 $M - B$ 分等。因此，對海豚-鳥嘴的第一次比賽，你的誤差是 $|M - B - 1|$ 分。證明線性規劃如何用於決定各隊等級，使所有比賽的預測誤差之和為最小。

　　這個方法在該季末並用來決定該學院足球和學院籃球的等級。如果該法用在季初評價球隊，你會預見什麼問題？

24. Dorian 汽車公司在未來四季必須 (及時) 滿足市場對小汽車的需求：第 1 季 —— 4,000 輛；第 2 季 —— 2,000 輛；第 3 季 —— 4,000 輛；第 4 季 —— 1,000 輛。第 1 季初的庫存為 300 輛汽車，且公司的生產能力一季最多 3,000 輛汽車。在每一季初公司可以改變生產能力，一季的生產能力每增加一噸必須花 $100，一季維持一噸生產能力必須花費 $50 (即使本季不用)。生產一輛汽車的變動成本為 $2000。對於每季末的庫存，每輛汽車的儲存成本預計為 $150。若是我們需要在第 4 季末，工廠生產能力至少需要 4,000 輛汽車。試建立一個 LP，求出未來四季所花費的最低總成本。

25. 魔鬼剋星公司從事驅魔行業。在未來三個月的各個月，他們會收到需要驅魔用戶打來的電話如下：1 月份，100 次；2 月份，300 次；3 月份，200 次。魔鬼剋星公司在用戶電話要求的當月，驅魔一次收入 $800。用戶來電時，當月不一定指派人去驅魔，若是來電一個月後才派人前往驅魔，公司會為了未來的商譽，必須少收 $100，來電二個月後再前往，則少收 $200。魔鬼剋星公司每個員工一個月可以驅魔 10 次，每個員工月薪 $4000。一月初公司有 8 名驅魔人員，可以增加驅魔員工，每個驅魔員工的訓練費用 (第 0 期) 為 $5,000，解僱一名驅魔人員得花 $4,000。試建立一個 LP 模式，可以求出魔鬼剋星公司未來三個月間的最大利潤 (收益−成本)。假設所有的電話必須在三月底處理完畢。

26. Carco 公司利用機器人生產汽車，對汽車的下列需求必須滿足 (不一定及時滿足，但所有的需求必須在第 4 季滿足)：第 1 季── 600 輛；第 2 季── 800 輛；第 3 季── 500 輛；第 4 季── 400 輛。在第 1 季初，公司有二台機器人，每個季初可以增購機器人，不過每季最多只能購進二台機器人，每台機器人一季可以生產 200 輛汽車，購買一台機器人要花 $5000，一台機器人每季維修費用為 $500 (即使不用來生產汽車)。每季初機器人也可以用 $3000 的價格售出，在每一季末汽車的儲存成本為 $200，如果需求可以延後滿足，由於需求延後滿足，一輛汽車每季花費 $300 的成本。

在第 4 季末，Carco 公司至少必須要有二台機器人，試建立一個 LP 模式，求出滿足汽車未來四季需求的最低總成本。

27. 假設我們已經找到一個 LP 的最佳表，且這個表的基本可行解為退化其次，亦假設在第 0 列有一個非基本變數的係數為 0，證明這個 LP 有超過一個以上的最佳解。

28. 假設一個最佳表格中的基本可行解為退化，且在第 0 列有一非基本變數的係數為 0。利用例子證明下面二者情況，其中一種可能成立：

情況 1 這個 LP 有超過一個以上的最佳解。

情況 2 這個 LP 有唯一最佳解。

29. 你是紐約市的市長，且你必須決定這個城市的稅收策略。有五種型態的稅可以用來增加收入：

a. 財產稅收，令 p = 財產稅收百分率。
b. 除了食物，藥物，及可攜帶物品之外的銷售稅收。令 s = 銷售稅收百分率。
c. 可攜帶物品的銷售稅收，令 d = 可攜帶物品銷售稅收百分率。
d. 石油銷售銷售稅收，令 g = 石油銷售稅收百分率。
e. 食物與藥物銷售稅收，令 f = 食物與藥物銷售稅收百分率。

這個城市包含三種類型的民眾：低收入 (LI)，中等收入 (MI)，及高收入 (HI)。針對每一種民眾，設定一個特殊稅率為 1%。所得到的收益總額列於表 4-77。

例如，在可攜帶貨物銷售上 3% 的稅率對於低收入民眾會造成 $360 百萬，你的稅收策略必須滿足下列限制：

限制 1 MI 民眾的稅收負擔不能超過 $28 億。
限制 2 HI 民眾的稅收負擔不能超過 $24 億。
限制 3 總收益的增加必須超過目前水準的 $65 億。
限制 4 s 必須介於 1% 與 3% 之間。

給定上述限制，市長有下列三個目標：

表 4-77

	p	s	d	g	f
LI	900	300	120	30	90
MI	1,200	400	100	20	60
HI	1,000	250	60	10	40

目標 P　　保時收入稅率少於 3%。

目標 LI　　限制 LI 民眾的稅收負擔為 20 億。

目標 Suburbs　　若是稅收負擔變得太高，有 20% 的 LI 民眾，20% 的 MI 民眾，及 40% 的 HI 民眾會考慮搬到郊區。假設這種情況會發生是當總稅收負擔超過 $15 億時，為了不鼓勵這種成群外出的情況，上述 suburbs 目標將保持這些民眾的總稅收負擔必須低於 $15 億。

試利用目標規劃的方法決定最佳稅收策略，當市場的目標有下列的優先順序：

$$LI >>> P >>> Suburbs$$

附錄 A　LINDO 手冊指令及相關敘述

手冊指令

　　LINDO 的指令可以從一個與其它相似的視窗程式簡便手冊一樣被接受。這本主要的手冊包含六個子手冊，沿著螢幕的上方，列出一些不同的指令。當你按下其中一個子手冊 —— File，Edit，Solve，Reports，Window，或 Help —— 利用一個往下拉的選項欄即可出現不同的指令。你可以選擇一些指令就如同你在 Window 方程式所做的，你可以用滑鼠按下你的指令或在適當的子目錄下輸入指令的名稱。許多指令亦可利用較短的一些鍵指派給這個指令 (F2，Ctrl + Z 等等)。另外還附加的一些便利性功能，我們可以在螢幕上方有一個工具的對話框選項來選擇某些操作指令。下面這個小節主要簡述不同的手冊指令及列出合適的捷徑及圖像。

存檔手冊

　　存檔手冊指令可以用來利用不同的方式操作你的 LINDO 資料檔案，你可以利用這個手冊打開，關閉，儲存，及列印檔案，以及執行在 LINDO 中不同的工作任務。敘述 File 指令如下。

指令		敘述
New　F2	🗋	給輸入的資料產生一個新的視窗。
Open　F3	📂	打開一個存在的檔案。對話框可以讓你選擇不同的檔案型態及其位置。
View　F4	📇	開啓一個存在的檔案，只能做為觀看用。在這個檔案，無法做任何的改變。
Save　F5	💾	儲存視窗。你可以儲存輸入的資料 (一個模式)，一個報告的視窗，或是一個指令的視窗。資料可以以下列格式儲存：*.LTX，一個 text 格式可以用 word 編輯軟體來修正；*.LPK，針對儲存在 "packde" 格式中的編輯模式，但是沒有任何的特殊模式化或指令；且 *.MPS，為將 LP 問題轉化成介於 LINDO 及其它 LP 軟體的機器-獨立工業標準格式。
Save As...　F6		以一個特殊的檔案名稱儲存目前的視窗。這對於重新命名一個修正檔案非常有用，而且可以保持原有的檔案。
Close　F7		關閉目前正在進行的視窗。若是視窗包含新的輸入資料，則你會被問到是否要

		儲存這一個改變。
Print F8		將目前進行中的視窗送到印表機。
Print Setup F9		選擇印表機及其它印表機格式的不同選項。
Log Output F10		將所有接下來螢幕的項目送到 Reports 視窗，以 text 方式存檔。當你有一個特別的 log 檔案位置時，一個檢查將會放在 File 手冊裡的 Log 輸出上。若是要中斷 Log 輸出，簡單地再選擇這個指令。
Take Commands F11		"採取"一個 LINDO 成批檔案及自動操作的 text 檔案一個模式會儲存，解題，且其解將會放在 Reports 視窗上及儲存在檔案上。若是你在模式成為 text 之前，利用 Batch 指令，則在此檔案中儲存的模式及指令，及其解，將可以在 Reports 的視窗看到結果。
Basis Read F12		提出利用 Basis Save 指令所儲存的模式解。
Basis Save Shift+F2		將目前模式中的解儲存到硬碟上，以一個特殊的檔案名稱儲存。
Title Shift+F3		呈現出目前這個模式的名稱，若你已經在運作此模式中利用 Tifle 敘述。
Date Shift+F4		打開一個視窗且呈現出在電腦時鐘的目前日期與時間。
Elapsed Time Shift+F5		打開一個報告的視窗且呈現出在目前 LINDO 部分所使用的總時間。
Exit Shift+F6		結束 LINDO。

編輯手冊

Edit 手冊指令可以讓你進行基本的編輯工作，與大部份 windows 應用相同，以及針對 LIND 進行一些工作描述 Edit 指令如下。

指令		敘述
Undo Ctrl+Z		回到上一個動作。
Cut Ctrl+X		移除任何選擇的範圍且貼在版面上。
Copy Ctrl+C		複製選擇範圍且貼在版面上。
Poste Ctrl+V		在欲切入點，叉入或貼上版面的內容。
Clear Delete		刪除任一個範圍而又將它儲存版面上。
Find/Replace		搜尋目前的視窗為了找尋欲選的內容且利用在"Replace with"對話框中的項目來取代它。
Options Alt+O		允許改變在 LINDO 部份中所用的不同參數。
Go To Line ... Ctrl+T		允許你移動在目前的視窗中浮標到任何一特定行。
Paste Symbol Ctrl+P		允許你貼上變動名稱與儲存符號到目前的視窗內。
Select All Ctrl+A		選擇所有目前想要切割及複製的視窗。
Clear All		刪除目前視窗中整個內容。
Choose New Font		在目前的視窗中，選擇某一內容的新型式。

解答手冊

在你已經輸入資料後，Solve 手冊的一些指令可以用來得到一個解。Solve 的指令敘述如下。

指令	敘述
Solve Ctrl+S	在目前的視窗中，將模式送到 LINDO 解答工具來獲得一個解。
Compile Model Ctrl+E	轉換模式成為 LINDO 解答工具所要求的格式。當你使用 Solve 指令，模式也會自動地編輯。
Debug Ctrl+D	幫助決完此問題是否為不可行及無界的模式。充分及必要的集合 (列) 可以被指出來，亦可辨認出若是將它從模式中去除到會變成不可行模式的重要條件。
Pivot Ctrl+N	在解答過程中，令 LIDO 執行下一個步驟，可以使線性規劃問題能夠一步一步的解。
Preemptive Goal Crtl+G	執行某一模式的 Lexico 最佳化 (一個目標規劃的型式)。

報告手冊

Report 手冊的一些指令可以使你確定你想 LINDO 如何產生你的報告。敘述 Peport 的指令如下：

指令	敘述
Solution Alt+0	打開 Solution Report Option 的對話框，能夠讓你確認你想要呈現的報告型式。
Range Alt+1	產生一個目前模式視窗的範圍報告，或敏感度分析。
Parametrics Alt+2	執行一個條件右端值的參數分析。
Statistics Alt+3	呈現出在目前視窗模式中的主要統計量。
Peruse Alt+4	在目前模式解或架構中，用來瀏覽所選擇部份的報告。
Picture Alt+5	以矩陣型態來呈現目前的模式矩陣中非零的係數可以用文字或圖形方式呈現。
Basis Picture Alt+6	在目前基底的"圖象"中，以文字型式做報告，根據 Solver 的最近轉置或三角化執行的動作排列及行。然後 Basis Picture 報告就送到 Reports 視窗。
Tableau Alt+7	針對目前模式，呈現出簡捷表格這可以觀察出每一個步驟的簡捷演算法。
Formulation Alt+8	在 Reports 視窗中，呈現出所有或選擇一部份的模式。
Show Column Alt+9	呈現出所選擇的特定行，而不呈現模式中其它未選擇部份。
Positive Definite	在二次方模式中，檢查是否保證為全部最佳化。

視窗手冊

Window 手冊的一些指令可以讓你用來修正目前指令與狀態的視窗，以及重新組織多元視窗的呈現方式 Window 指令呈現方式如下：

指令	敘述
Open Command Window Alt+C	產生一個 LINDO 指令線的介面，其中你可以輸入在冒號提醒一些指令。
Open Status Window	打開 LINDO 的 Solver 狀態視窗，其呈現出有關於最佳化處理器的訊息，如反覆計算次數及執行使用的時間。這個視窗亦會在選擇 Solve 手冊中的 Solve 出現。
Send to Back Ctrl+B	將前端視窗送到後端。
Cascade Alt+A	將所有打開的視窗以階式連接方式排列，從左上角排到右下角，最新的視窗在上方。
Tile Alt+T	將所有打開的視窗排列以使得它們所佔的空間相等於在程式視窗一樣的空間。
Close All Alt+X	關掉所有的現用視窗。
Arrange Icons Alt+1	移動圖像來極小化視窗，以使得它們能夠在螢幕下方依序排列。
List of Windows	在 Window 手冊的下方，列出已開視窗目錄，檢查目前已開視窗。

協助手冊

Help 手冊的指令可以提供 LINDO 線上的幫助 Help 指令的描述如下。

指令	敘述
Contents F1	呈現出 help 的內容第二個圖形 (有箭號及問號) 可以內容敏感救助其指標指示將改變問號，且求助符號將提供一些特殊的選擇指令。
Search for Help on ... Alt+F1	搜尋在 help 內容中一個字或主題。
How to Use Help Ctrl+F1	提供學習如何利用線上求助系統的協助。
About LINDO ...	呈現出最初的設定螢幕提供有關於 LINDO 的一般計息。

選擇模式化敘述

除了基本模式的項目，LINDO 可以認出在 END 敘述之後的一些選項敘述，這些額外的敘述提供模式的附外能力，例如加上變數的附加限制這些敘述描述如下。

敘述	敘述
FREE<Variable>	移掉所有變數上的界限，允許任何實數值─正的或負的。
GIN<Variable>	限制一個變數為一般的整數 (即，非負整數的集合)。
INT<Variable>	限制一個變數為二元整數 (即，0 或 1)。
SLB<Variable><Value>	設一個變數的下界 (即，SLB X 10 將要求變數 X 必須大於或等於 10)。
SUB<Variable><Value>	設一個變數的上界 (即，SUB X 10 將要求變數 X 必須小於或等於 10)。
QCP<Constraint>	表示在二次規劃模式中第一條"實數"條件。
TITLE<Title>	允許在你的模式中附上一個標題這個標題可以在 File 手冊中利用 Title 指令呈現出來。

附錄 B　開始使用 LINGO

歡迎到 LINGO 這一個部份。這則附錄將給你有關於 LINGO 一些簡單的基礎訊息，且可以協助你儲存這個軟體。接下來的部份會敘述軟體的特性及說明如何利用這個軟體來處理某些樣本例題。

什麼是 LINGO？

LINGO 是一個交互式的電腦套裝軟體，它可以用來解線性，整數及非線性規劃問題。它的使用方式與 LINGO 相似，但它提供在模式表述上更為彈性。不像 LINGO，LINGO 允許在等式的右端值為括弧與變數。條件可以用原來的型態寫出而不需要重新修改或常數放於右邊。LINGO 亦可利用極少輸入行來產生極大的模式這個程式亦提供了巨大的數學，統計，及機率函數的資料庫且可以讀出外部檔案與工作清單的資料。

LINGO 基礎

與 LINDO 十分相似，LINGO 可以從鍵盤交互地來解問題或任何地方產生的檔案求解問題——可以是自己建立或某些包含在客製化的整合程式及 LINGO 最佳化的資料庫。本附錄主要討論第一種方法，可以用來交互地解決問題。有關於其他方法的訊息可以從 LINDO 系統有限公司獲得。

在 LINGO 視窗版本輸入模式與 Windows word 模式的輸入法相似：你可以簡單地輸入模式資料如你想要用手算解決問題一樣。這個內存的視窗開始標記"無標題"將提供給接受輸入的資料。LINGO 亦包含基本的編輯指令如切割，複製，及貼上文件。這些工具，及其它的特性將在附錄 C 可以找到視窗指令。

在 LINGO 中所需要的元素與在 LINDO 中所需要者相似：LINGO 也需要一個目標，一個或更多的變數，及一個或更多的條件。然而，不像 LINDO，LINGO 條件中，不需要任何如 SUBJECT TO 或 SUCH THAT 的型式。

LINGO 的句子結構與 LINDO 相似，只有以下的不同：

- LINGO 敘述結束是使用分號。
- LINGO 包含額外的數學運算，在附錄 C 討論，一個星號代表相乘。
- 括弧可以包含定義數學運算的順序。
- 變數的名字可以到 32 個字的長度。

附錄 C　LINGO 手冊指令及函數

手冊指令

LINGO 的指令可以與其它相似的視窗程式簡便手冊一樣地被接受。這本主要的手冊包含6個子手冊,沿著螢幕的上方,列出一些不同的指令。當你按下其中一個子手冊——File,Edit,LINGO,Window,或 Help——利用一個往下拉的選項欄即可出現不同的指令,如同你在 Window 程式所做的動作——你可以利用滑鼠按下你的指令或在適當的子目錄輸入指令的名稱。許多指令亦可利用較短的鍵來指派給這個指令(F2,Ctrl + Z 等等)。另外還有附加一些便利性的功能,我們可以在螢幕上方的工具對話框選項來選擇某些操作指令。

存檔手冊

存檔手冊指令可以用來利用不同方式的操作你的 LINGO 資料檔案。你可以利用這個手冊打開,關閉,儲存及列印檔案,以及執行在 LINGO 中不同的工作任務,敘述 File 指令如下。

指令	敘述
New F2	給輸入資料產生一個新的視窗。
Open F3	打開一個已存在的檔案對話框可以讓你選擇不同的檔案型態及其位置。
Save F4	儲存目前的視窗你可以儲存輸入的資料(一個模式),一個報告視窗,或一個指令視窗。
Save As F5	以一個特殊檔案名稱來儲存目前的視窗。這對於重新命名一個修正檔案非常有用,且可以保持原有的檔案。
Close F6	關閉目前正在進行的視窗。若是視窗內已包含新的輸入資料,則你會被問到是否要儲存這個改變。
Print F7	將目前進行中的視窗送到印表機。
Print Setup ... F8	選擇印表機及其它印表機格式不同的選項。
Log Output ... F9	將所有接下來螢幕的項目送到 Reports 視窗,以 text 方式存檔。當你有一個特別的 log 檔案位置時,一個檢查將會放在 File 手冊裡的 Log 輸出上。若是要中斷 Log 輸出,簡單地再選擇這個指令。
Take Commands F11	"採取"一個 LINDO 成批檔案及自動操作的 text 檔。一個模式會儲存,解題,且其解將會放在 Reports 視窗上及儲存在檔案上若是你在模式成為 text 之前,利用 Batch 指令,則在此檔案中儲存的模式及指令,及其解,將可以在 Reports 的視窗看到結果。
Import LINDO file F12	開一個包含 LINDO 模式的檔案,以 LINDO TAKE 格式將此模式轉化成可接受的 LINGO 檔式。
Exit F10	結束 LINGO。

編輯手冊

Edit 手冊指令可以讓你進行基本的編輯工作,與大部份 windows 應用相同,以及針對 LIND 來進行一些工作敘述 Edit 指令如下。

指令	敘述
Undo Ctrl+Z	回到上一個動作。

指令		敘述
Cut Ctrl+X		移除任何選擇的範圍且貼在版面上。
Copy Ctrl+C		複製選擇範圍且貼在版面上。
Poste Ctrl+V		在欲切入點，叉入或貼上版面的內容。
Clear Delete		刪除任一個範圍而又將它儲存版面上。
Find/Replace ... Ctrl+F		搜尋目前的視窗為了找尋欲選取內容且利用在"Replace with"對話框中的項目來取代它。
Go To Line Ctrl+T		允許你移動在目前的視窗中浮標到任何一特定行。
Match Parenthesis Ctrl+P		找出相對於選擇開括弧的閉括弧。
Paste Function		在目前切入點，貼上任何在 LINGO 已建立的函數在選擇這個指令之後，另一個子手冊將會以不同函數類別呈現出來。
Select All Ctrl+A		選擇所有目前想要切割及複製的視窗。
Choose New Font		在目前的視窗中，選擇某一內容的新型式。

LINGO 手冊

在你已經輸入資料後，LINGO 手冊的一些指令可以用來得到一個解，LINGO 的指令敘述如下。

指令		敘述
Solve Ctrl+S		在目前的視窗中，將模式送到 LINGO 的解答工具上。
Solvtion ... Ctrl+O		打開 Solution Report Options 的對話框，能讓你確認你想要呈現的報告型式。
Range Ctrl+R		產生一個範圍報告其中呈現出不會改變最佳值改變係數的範圍。
Look... Ctrl+L		呈現出一個完整或選擇行的模式。
Generate... Ctrl+S		以代數，LINDO，或 MPS 模式來產生目前模式的另一種版本。可以用來給每一列數字及呈現出更容易讀取的格式 GEN 指令所提供與指令視窗相似的功能。
Export to Spreadsheet Ctrl+E		在表格中，選擇輸出變數的值到範圍的名稱上。首先，表格必須產生範圍的大小以伴隨輸出值這個範圍必須包含數字，選擇這個指令將會產生一個對話框需要工作清單的樣版及輸出 (表格檔案名稱)，輸出的變數，及欲輸出值的範圍變數與範圍是以成對輸入且利用按下 add 鍵加入變數與範圍的項目。
Options Alt+O		允許在 LINGO 單元，看及修改不同的參數。
Workspace Limit Ctrl+S		分配記憶體到 LINGO 若你輸入"None,"LINGO 將利用所有可用的記憶體。

視窗手冊

Window 手冊的一些指令可以讓你用來修正目前指令與狀態的視窗，以及重新組織多元視窗的呈現方式，Window 指令呈現方式如下：

指令	敘述
Open Command Window Alt+C	產生一個 LINGO 指令線的介面，其中你可以輸入在冒號提醒一些指令。
Open Status Window	打開 LINGO 的 Solver 狀態視窗，其呈現出有關於最佳化處理器的訊息，如反覆計算次數及執行使用的時間這個視窗亦會在選擇 Solve 手冊中的 Solve 出現。
Send to Back Ctrl+B	將前端視窗送到後端。
Close All Alt+X	關掉所有的現用視窗。
Cascade Alt+A	將所有打開的視窗以階式連接方式排列，從左上角排到右下角，最新的視窗在上方。
Tile Alt+T	將所有打開的視窗排列以使得它們所佔的空間相等於在程式視窗一樣的空間。
Arrange Icons Alt+1	移動圖像極小化視窗，使它們能夠在螢幕下方依序排列。
List of Windows	在 Window 手冊的下方，列出已開視窗目錄，檢查目前已開視窗。

協助手冊

Help 手冊的指令可以提供 LINGO 線上的幫助 Help 指令的敘述如下。

指令	敘述
Contents F1	呈現出 help 的內容第二個圖形 (有箭號及問號) 可以內容敏感救助其指標指示將改變問號，且求助符號將提供一些特殊的選擇指令。
Search for Help on … Alt+F1	搜尋在 help 內容中一個字或主題。
How to Use Help Ctrl+F1	提供學習如何利用線上求助系統的協助。
About LINGO …	呈現出最初的設定螢幕提供有關於 LINGO 的一般計息。

函數

LINGO 有 7 個主要的函數──標準的運算，輸入的檔案，財務，數學，集合-迴圈，變數-定義域，及機率，及其它函數的分類。在手冊指令中，大部份的函數都可以使用在 LINGO 軟體，在線上協助螢幕中包含這些函數詳細的描述；因此，在此只有提供一部份主要 LINGO 函數。

標準操作

標準的操作包含數學運算 (即 ^，*，/，+，及 −)，邏輯運算 (# EQ # ，# NE # ，# GT # ，# GE # ，# LT # ，及 # L3 #) 針對決定集合成員，及等式一不等式運送 (< , = , > , < = , 及 > =) 來決定一個表示式子的左邊將會小於，等於，或大於右端值。這些運算建立大部份在 LINGO 許多基本函數。注意這個"大於"及"小於"符號 (> 及 <) 解釋成"輕鬆"的不等式 [亦即，大於或等於 (≥) 及小於或等於 (≤)]。你可以直接從鍵盤上輸這些運算以取代從視窗的指令來獲得。

檔案輸入函數

檔案輸乙函數可以讓你輸入文件及外部資源的資料. FILE 函數可以讓你輸入文件或從 ASCII 檔中的資料，且 IMPORT 函數只能讓你輸入表格內的資料。

財務函數

財務函數包含 @FPA (I, N) 函數，它代表將年金轉換成現值，及 @FPL (I, N) 函數，代表從目前算起 N 階段，若利率每期為 I，一次付清 $1 的現值 I 不但是百分比而且為一個非負的數字。

數學函數

數字函數包含下列一般及三角函數：@ABS (X)，@COS (X)，@EXP (X)，@LGM (X)，@LOG (X)，@SIGN (X)，@SIN (X)，@SMAX (X)，@SMIN (X)，@TAN (X) 將三個基本的三角函數 (sin，cosine，及 tangent) 可以用來得到其它三角函數。

集合-迴圈函數

集合-迴圈函數包含 @FOR (set_name：constraint-expressions)，@MAX (set_name：expressions)，@MIN (set_name：expressions) 及 @SUM (set_name：expressions) 這些函數可以在整個集合做運算，在所有情況下產生單一結果，除了 @FOR 函數，可以產生集合中每個元素的獨立條件。

變數定義域函數

變數定義域函數加上變數及屬性的特殊限制它們包含下列函數：@BND (L, X, U)，@BIN (X)，@FREE (X)，及 @GIN (X)。

機率函數

LINGO 經由它的機率函數提供一些共同的統計能力：@PSN (X)，@PSL (X)，@PPS (A, X)，@PPL (A, X)，@PBN (P, N, X)，@PHG (POP, N, X)，@PEL (A, X)，@PEB (A, X)，@PES (A, X, C)，@PFD (N, D, X)，@PFD (N, D, X)，@PCX (N, X)，@PTD (N, X)，@RAND (X)。

其他函數

LINGO 所提供的其它函數包含 @IN (set_name, set_element)，@SIZE (set_name)，WARN ('text', condition)，@WARP (I, N)，@USER。這些函數提供除上述分類之外的不同能力。

參考文獻

There are many fine linear programming texts, including the following books:

Bazaraa, M., and J. Jarvis. *Linear Programming and Network Flows.* New York: Wiley, 1990.

Bersitmas, D., and J. Tsitsiklis. *Introduction to Linear Optimization.* Belmont, Mass.: Athena Publishing, 1997.

Bradley, S., A. Hax, and T. Magnanti. *Applied Mathematical Programming.* Reading, Mass.: Addison-Wesley, 1977.

Chvàtal, V. *Linear Programming.* San Francisco: Freeman, 1983.

Dantzig, G. *Linear Programming and Extensions.* Princeton, N.J.: Princeton University Press, 1963.

Gass, S. *Linear Programming: Methods and Applications,* 5th ed. New York: McGraw-Hill, 1985.

Luenberger, D. *Linear and Nonlinear Programming,* 2d ed. Reading, Mass.: Addison-Wesley, 1984.

Murty, K. *Linear Programming.* New York: Wiley, 1983.

Nash, S., and A. Sofer. *Linear and Nonlinear Programming.* New York: McGraw-Hill, 1995.

Nering, E., and A. Tucker. *Linear Programs and Related Problems.* New York: Academic Press, 1993.

Simmons, D. *Linear Programming for Operations Research.* Englewood Cliffs, N.J.: Prentice Hall, 1972.

Simonnard, M. *Linear Programming.* Englewood Cliffs, N.J.: Prentice Hall, 1966.

Wu, N., and R. Coppins. *Linear Programming and Extensions.* New York: McGraw-Hill, 1981.

Bland, R. "New Finite Pivoting Rules for the Simplex Method," *Mathematics of Operations Research* 2(1977):103–107. Describes simple, elegant approach to prevent cycling.

Dantzig, G., and N. Thapa. *Linear Programming.* New York: Springer-Verlag, 1997.

Karmarkar, N. "A New Polynomial Time Algorithm for Linear Programming," *Combinatorica* 4(1984):373–395. Karmarkar's method for solving LPs.

Klee, V., and G. Minty. "How Good Is the Simplex Algorithm?" In *Inequalities—III.* New York: Academic Press, 1972. Describes LPs for which the simplex method examines every basic feasible solution before finding the optimal solution.

Kotiah, T., and N. Slater. "On Two-Server Poisson Queues with Two Types of Customers," *Operations Research* 21(1973):597–603. Describes an actual application that led to an LP in which cycling occurred.

Love, R., and L. Yerex. "An Application of a Facilities Location Model in the Prestressed Concrete Industry," *Interfaces* 6(no.4, 1976):45–49.

Papadimitriou, C., and K. Steiglitz. *Combinatorial Optimization: Algorithms and Complexity.* Englewood Cliffs, N.J.: Prentice Hall, 1982. More discussion of polynomial time and exponential time algorithms.

Schrage, L. *User's Manual for LINDO.* Palo Alto, Calif.: Scientific Press, 1990. Gives complete details of LINDO.

Schrage, L. *User's Manual for LINGO.* Chicago, Ill.: LINDO Systems Inc., 1991. Gives complete details of LINGO.

Schrage, L. *User's Manual for What's Best.* Chicago, Ill.: LINDO Systems Inc., 1993. Gives complete details of What's Best.

Wagner, H. "Linear Programming Techniques for Regression Analysis," *Journal of the American Statistical Association* 54(1954):206–212.

5 敏感度分析：應用方面

在本章，我們將討論 LP 的參數的改變如何影響最佳解，這個主題稱為敏感度分析。我們會解釋如何利用 LINDO 的輸出來回答某些問題如："一家公司最多願意支付多出一個小時的勞工多少金額？"首先，我們先利用圖解法來解釋敏感度分析。

5.1 敏感度分析的圖解法

敏感度分析 (sensitivity analysis) 考慮的是 LP 參數改變時，對於最佳解改變了多少。

再考慮 3.1 節 Giapetto 問題：

$$\begin{aligned}
\max z = 3x_1 + 2x_2 & \\
\text{s.t.} \quad 2x_1 + x_2 &\leq 100 \quad \text{(完工條件)} \\
x_1 + x_2 &\leq 80 \quad \text{(木工條件)} \\
x_1 &\leq 40 \quad \text{(需求條件)}
\end{aligned}$$

其中

$$x_1 = 每週生產的士兵數量$$
$$x_2 = 每週生產的火車數量$$

這個問題的最佳解為 $z = 180$，$x_1 = 20$，$x_2 = 60$ (圖 5-1 的 B 點)，且 x_1、x_2 及 s_3 (需求條件的惰變數) 為基本變數。在問題中目標函數係數或右端值的改變將會如何影響最佳解？

目標函數係數改變造成影響的圖解分析

如果對於士兵的利潤貢獻有明顯地增加時，合理地，Giapetto 公司將會生產更多的士兵 (亦即，s_3 將變成非基本變數)。相似地，如果士兵利潤的貢獻明顯地減少，則會造成 Giapetto 公司的最佳解為只有生產火車 (x_1 將變成非基本變數)。我們現在將討論士兵的利潤貢獻的值為多少時，目前的最佳基底不變。

令 c_1 為每一個士兵所貢獻的利潤，c_1 的值為多少時，目前的最佳基底保

271

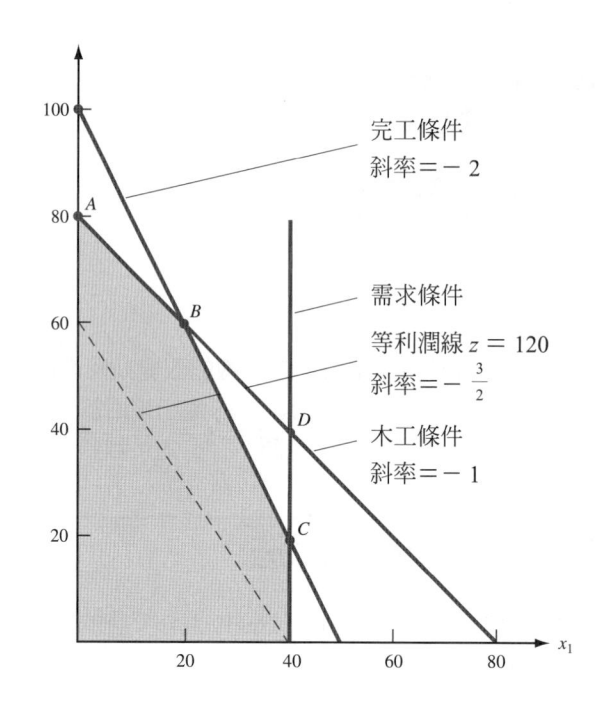

圖 5-1
在 Giapetto 問題中 c_1 範圍的分析，使得最佳基底不變

持不變？

目前，$c_1 = 3$，且每一條等利潤線的型態為 $3x_1 + 2x_2 =$ 常數，或

$$x_2 = -\frac{3x_1}{2} + \frac{常數}{2}$$

且每一條等利潤線的斜率為 $-\frac{3}{2}$。從圖 5-1，我們發現當 c_1 值改變時，造成等利潤線會比木工條件更為平坦，則最佳解會從目前的最佳解 (B 點) 改變成一個新的最佳解 (A 點)。若每一個士兵的利潤為 c_1，則等利潤線的斜率將為 $-\frac{c_1}{2}$。因為木工條件的斜率為 -1，則等利潤線將比木工條件更為平坦。若 $-\frac{c_1}{2} > -1$ 或 $c_1 < 2$，則目前的基底就不再是最佳者，新的最佳解將為 (0, 80)，在圖 5-1 的 A 點。

若等利潤線比完工條件為陡，則最佳解將從 B 點改變到 C 點。完工的斜率為 -2。若 $-\frac{c_1}{2} < -2$ 或 $c_1 > 4$，則目前的最佳基底已不再是最佳，而點 C (40, 20) 將會是最佳解。總結，當 $2 \leq c_1 \leq 4$，我們可以證明 (若其他的參數保持不變下) 目前的基底保持最佳解，且 Giapetto 將生產 20 個士兵及 60 部火車。當然，即使 $2 \leq c_1 \leq 4$，Giapetto 的利潤將會改變。例如，$c_1 = 4$，則 Giapetto 的利潤將會變成 $4(20) + 2(60) = \$200$ 取代 $\$180$。

右端值改變造成 LP 最佳解影響的圖解法分析

一個圖解分析可以用來決定條件右端值的改變，是不會讓目前的基底不

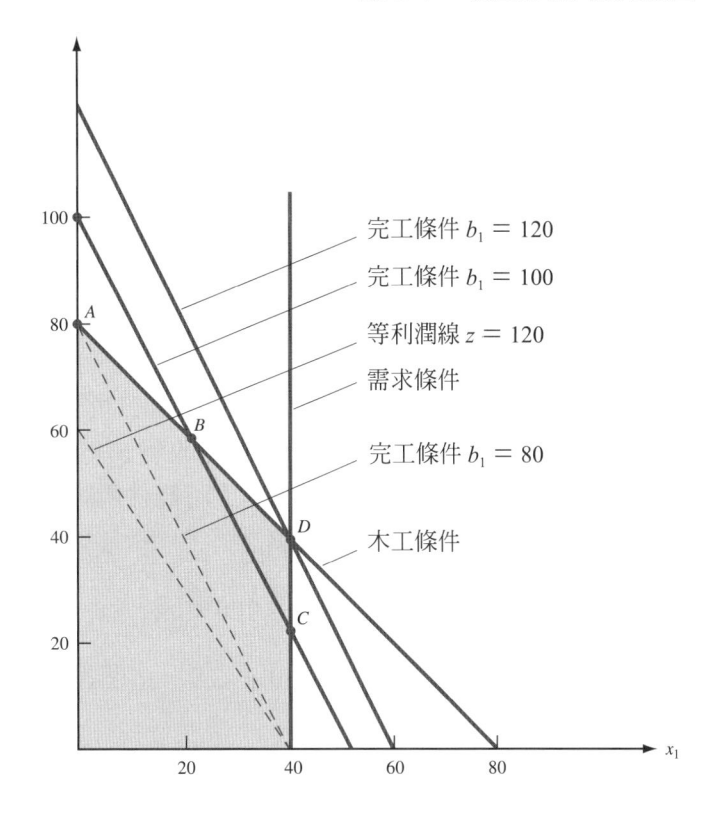

圖 5-2
在 Giapetto 問題中，讓目前基底保持最佳解的完工工時值範圍

再是最佳解。令 b_1 代表可用完工工時的量，目前，$b_1 = 100$，b_1 的值為多少時，最佳基底仍保持不變？從圖 5-2，我們發現改變 b_1，會讓完工工時條件從目前的位置平行移動。目前的最佳解 (在圖 5-2 的 B 點) 為木工工時與完工工時條件為綁住條件，若我們改變 b_1 的值，當只要完工條件與木工條件所綁住的解仍為可行，最佳解仍是由完工與木工條件交集而成。從圖 5-2，我們發現若 $b_1 > 120$，則由完工與木工所綁住的解將位於木工條件 D 點以下的區域。在 D 點，$2(40) + 40 = 120$，完工時間被使用，在這個區域，$x_1 > 40$，且士兵的需求條件不被滿足。因此，當 $b_1 > 120$，則目前的基底不再是最佳解。相似地，若 $b_1 < 80$，則木工與完工條件綁住的點會在不可行區域 $x_1 < 0$。注意目前的基底不再是最佳基底 A 點，$0 + 80 = 80$ 個完工工時被使用。因此 (如果其他所有的參數保持不變)，若 $80 \leq b_1 \leq 120$ 時，目前的基底仍為最佳解。

雖然 $80 \leq b_1 \leq 120$，目前的最佳基底保持不變，但決策變數的值及目標函數的值會改變。例如，若 $80 \leq b_1 \leq 100$，則最佳解將會從 B 點移至線段 AB 上的其他點。相似地，若 $100 \leq b_1 \leq 120$，則最佳解會從 B 點移至線段 BD 上的其他點。

只要目前的基底保持最佳，我們必須決定右端值的改變如何改變決策變數的值。為了說明這個想法,令 b_1 = 可用的完工工時,若我們改變 b_1 到 100 + Δ,則當 $-20 \leq \Delta \leq 20$ 間,最佳基底保持不變。若 b_1 改變 (只要 $-20 \leq \Delta \leq 20$),這個 LP 的最佳解仍為完工工時與木工工時條件所綁住。因此,若 b_1 = 100 + Δ,我們可得最新的決策變數值透過下列二式解之:

$$2x_1 + x_2 = 100 + \Delta \quad 及 \quad x_1 + x_2 = 80$$

這可得 $x_1 = 20 + \Delta$ 及 $x_2 = 60 - \Delta$,因此,增加可用完工工時會造成士兵的產量增加及火車的產量減少。

若 b_2 (木工可用工時) 為 80 + Δ,則它可證明 (參考習題 2),當 $-20 \leq \Delta \leq 20$ 間,最佳基底保持不變,若我們改變 b_2 的值 (保持 $-20 \leq \Delta \leq 20$),則此 LP 的最佳解仍由完工工時與木工工時條件所綁住。因此若 b_2 = 80 + Δ,則此 LP 問題的最佳解為下二列解之:

$$2x_1 + x_2 = 100 \quad 及 \quad x_1 + x_2 = 80 + \Delta$$

這可得 $x_1 = 20 - \Delta$ 及 $x_2 = 60 + 2\Delta$,這個說明增加可用木工工時會減少士兵的產量及增加火車的產量。

假設士兵的需求量 b_3 改變至 40 + Δ。則可證明 (參考問題 3),當 $\Delta \geq -20$ 時,目前的基底保持不變。當 Δ 在此範圍內,則此 LP 的最佳解仍由完工工時與木工工時所綁住。因此,最佳解為下列二式解之:

$$2x_1 + x_2 = 100 \quad 及 \quad x_1 + x_2 = 80$$

當然,這可得 $x_1 = 20$ 及 $x_2 = 60$,這說明一個非常重要的事實:考慮在最佳解中,一個擁有正的惰變數 (或正的超出變數) 的條件;若我們改變這個條件的右端值仍在範圍內,則最佳基底保持不變,且此 LP 的最佳解亦不變。

影價格

我們會在 5.2 節與 5.3 節看到,對於管理者而言,非常重要的是決定改變條件的右端值會如何來改變 LP 的最佳 z 值。基於此點,我們定義此 LP 的條件 i 的**影價格** (shadow price) 為最佳 z 值改善的量——極大問題增加量及極小問題減少的量——若將條件 i 的右端值增加 1 單位,這個定義只能用到當我們將條件 i 增加且最佳基底保持不變時。

針對任何二個變數的 LP 問題,決定每個條件的影價格是一件容易的事。例如,若我們知道若有 100 + Δ 個完工工時可用 (假設目前的基底保持最佳),則 LP 的最佳解為 $x_1 = 20 + \Delta$ 及 $x_2 = 60 - \Delta$,最佳 z 值為 $3x_1 + 2x_2$ = $3(20 + \Delta) + 2(60 - \Delta)$ = 180 + Δ。因此,只要目前的基底保持最佳,可用完工工時增加一個單位將會增加 z 值 \$1，所以第一個條件 (完工工時) 的影價值為 \$1。

針對第二個條件 (木工工時)，若我們知道有 $80 + \Delta$ 木工工時可用 (且目前的基底仍為最佳解)，則此 LP 的最佳解為 $x_1 = 20 - \Delta$ 及 $x_2 = 60 + 2\Delta$。新的最佳 z 值為 $3x_1 + 2x_2 = 3(20 - \Delta) + 2(60 + 2\Delta) = 180 + \Delta$，所以木工工時增加一單位則會增加 z 值 \$1 (只要目前的基底保持不變)。因此，第二個條件 (木工工時) 的影價值為 \$1。

現在，我們找第三個條件 (需求) 的影價格。若右端值為 $40 + \Delta$，則決策變數的最佳值保持不變 (只要目前的基底保持最佳)，則最佳 z 值亦保持不變，這說明第三個條件 (需求) 的影價格為 0。這顯示出在一個 LP 的最佳解中，當某一條件的惰變數或超過變數為正，這個條件會有零的影價格。

假設當我們增加一個 LP 中條件 i 的 Δb_i 時，目前的最佳基底保持最佳 ($\Delta b_i < 0$ 代表減少條件 i 的右端值)，則條件 i 的右端值增加一個單位會增加最佳 z 值 (極大問題) 影價格單位，因此，新的最佳 z 值為

$$(\text{新的最佳 } z \text{ 值}) = (\text{原最佳 } z \text{ 值}) + (\text{條件 } i \text{ 的影價格}) \Delta b_1 \quad \textbf{(1)}$$

針對極小問題，

$$(\text{新的最佳 } z \text{ 值}) = (\text{原最佳 } z \text{ 值}) - (\text{條件 } i \text{ 的影價值}) \Delta b_i \quad \textbf{(2)}$$

例如，若有 95 個木工工時可用，則 $\Delta b_2 = 15$，且新 z 值為

$$\text{新的最佳 } z \text{ 值} = 180 + 15(1) = \$195$$

我們將在 5.2 節及 5.3 節繼續討論影價格。

敏感度的分析的重要性

敏感度分析的重要有很多原因。在很多的應用中，LP 的參數可能會改變。例如，士兵與火車的售價或木工及完工工時會變。若一個參數改變，則敏感度分析可以讓我們不再需要重新解這個問題。例如，若士兵的利潤貢獻增加至 \$3.50，我們可以不用再解 Giapetto 問題，因為目前的解仍是最佳解。當然，解 Giapetto 問題不需要很多的工作，但解一個上千個變數及條件的 LP 問題是一件非常繁瑣的事，能夠了解敏感度分析可以讓分析者決定原來的最佳解如何受到 LP 參數改變的影響。

有時候，我們可能不確定一個 LP 問題參數的值。例如，我們不能確定每週的士兵需求量。利用圖解法，可以證明當每週至少需要 20 個單位時，則 Giapetto 問題的最佳解仍為 (20, 60) (參考本節末問題 3)。因此，即使 Giapetto

不能確定士兵的需求量,公司可以有信心地確認最佳解仍爲生產 20 個士兵及 60 輛火車。

問　題

問題組 A

1. 證明若火車的利潤貢獻介在 $1.50 及 $3 之間,目前的基底仍然爲最佳。若火車的利潤貢獻爲 $2.50,則最佳解的値爲多少?
2. 證明若木工工時可用量介在 60 及 100 之間,目前的基底仍爲最佳。若可用木工工時介於 60 及 100,則生產 20 個士兵與 60 部火車,對 Giapetto 造成的影響爲何?
3. 證明若每個週的士兵需求量爲至少 20 個,則目前的基底仍然爲最佳,且 Giapetto 必需生產 20 個士兵及 60 部火車。
4. 針對 Dorian 汽車問題 (第 3 章例題 2),
    a. 求喜劇廣告成本的範圍,使目前基底仍然最佳?
    b. 求足球賽廣告成本的範圍,使得目前基底仍然最佳?
    c. 求 HIW 曝光時間的範圍,使得目前基底仍爲最佳,試決定當有 $28 + \Delta$ 百萬單位的曝光時間,最佳解爲何?
    d. 求 HIM 曝光時間的範圍,使得目前基底仍爲最佳,試決定當有 $24 + \Delta$ 百萬單位的曝光時間,最佳解爲何?
    e. 求每個條件的影價格。
    f. 若需要 26 百萬 HIW 曝光時間,決定新的最佳 z 值。
5. Radioco 公司製造二款收音機,對於生產收音機只有一種稀少資源:勞工,目前公司有二種勞工。勞工 1 每週願意工作至多 40 個小時而每小時 $5,勞工 2 每週願意工作至多 50 個小時而每小時 $6,製造每種型態收音機的價格及所需資源列於表 5-1。

表 5-1

收音機 1		收音機 2	
價格 ($)	所需資源	價格 ($)	所需資源
25	勞工 1: 1 小時 勞工 2: 2 小時 原料成本: $5	22	勞工 1: 2 小時 勞工 2: 2 小時 原料成本: $4

令 x_i 表示第 i 種收音機每週的製造量,Radioco 公司必需解下列 LP 問題:

$$\max z = 3x_1 + 2x_2$$
$$\text{s.t.} \quad x_1 + 2x_2 \leq 40$$
$$2x_1 + x_2 \leq 50$$
$$x_1, x_2 \geq 0$$

a. 收音機 1 價格為多少時,目前的基底仍是最佳解?
b. 收音機 2 價格為多少時,目前的基底仍是最佳解?
c. 若勞工 1 每週只願意工作至多 30 個小時,則目前的基底是否還是最佳?
d. 若勞工 2 每週願意工作至 60 小時,則目前的基底是否還是最佳?求此 LP 的新最佳解?
e. 試求每一個條件的影價格?

5.2 敏感度分析與電腦分析

若一個 LP 問題有超過 2 個以上決策變數,保持目前基底仍為最佳的右端值 (或目標函數係數) 的範圍值不能用圖解法來決定。這個範圍可以利用手算法 (參考 11.3 節),但它會非常冗長,所以它們必須用電腦程式的套裝軟體來決定。在本節,我們要討論在 LINDO 的輸出訊息的敏感度分析解釋。

為了得到在 LINDO 的敏感度報告 (在解 LP 之後),回答是否要做範圍分析,選擇 Yes。為了在 LINDO 得到敏感度的報告,到選擇 (Options) 處選擇範圍 (Range) (在解完 LP 之後)。若這無法執行,則到選擇處而且選擇一般解鍵 (General Solver tab),然後到對偶計算 (Dual Computations) 並選擇範圍及值 (Ranges and Values) 的選項。

例題 1 Winco 生產產品 1

Winco 販賣四種的產品。每生產一單位產品所需要的資源及售出的價格列在表 5-2。目前,有 4,600 單位原料及 5,000 名勞工小時可用。為了滿足顧客需求,必須生產 950 個單位,顧客需要產品 4 至少 400 個單位。建立一個 LP 模式能極大化 Winco 公司的銷售收益。

解 令 x_i 為 Winco 公司每個產品 i 的產量

$$\max z = 4x_1 + 6x_2 + 7x_3 + 8x_4$$
$$\text{s.t.} \quad x_1 + x_2 + x_3 + x_4 = 950$$
$$x_4 \geq 400$$
$$2x_1 + 3x_2 + 4x_3 + 7x_4 \leq 4,600$$
$$3x_1 + 4x_2 + 5x_3 + 6x_4 \leq 5,000$$
$$x_1, x_2, x_3, x_4 \geq 0$$

表 5-2 Winco 公司所需要的資源與成本

資源	產品 1	產品 2	產品 3	產品 4
原料	2	3	4	7
勞工工作小時	3	4	5	6
銷售價格 ($)	4	6	7	8

```
MAX     4 X1 + 6 X2 + 7 X3 + 8 X4
SUBJECT TO
    2)   X1 + X2 + X3 + X4 =        950
    3)   X4 >=    400
    4)   2 X1 + 3 X2 + 4 X3 + 7 X4 <=   4600
    5)   3 X1 + 4 X2 + 5 X3 + 6 X4 <=   5000
END

LP OPTIMUM FOUND AT STEP     4
        OBJECTIVE FUNCTION VALUE
    1)   6650.00000

 VARIABLE        VALUE         REDUCED COST
    X1         .000000          1.000000
    X2      400.000000           .000000
    X3      150.000000           .000000
    X4      400.000000           .000000

    ROW    SLACK OR SURPLUS    DUAL PRICES
    2)         .000000          3.000000
    3)         .000000         -2.000000
    4)         .000000          1.000000
    5)       250.000000          .000000

NO. ITERATIONS=     4

RANGES IN WHICH THE BASIS IS UNCHANGED:
                  OBJ COEFFICIENT RANGES
 VARIABLE   CURRENT      ALLOWABLE       ALLOWABLE
            COEF         INCREASE        DECREASE
    X1    4.000000       1.000000        INFINITY
    X2    6.000000        .666667         .500000
    X3    7.000000       1.000000         .500000
    X4    8.000000       2.000000        INFINITY
                  RIGHTHAND SIDE RANGES
    ROW    CURRENT      ALLOWABLE       ALLOWABLE
            RHS         INCREASE        DECREASE
    2     950.000000    50.000000      100.000000
    3     400.000000    37.000000      125.000000
    4    4600.000000   250.000000      150.000000
    5    5000.000000   INFINITY        250.000000
```

圖 5-3
Winco 公司的 LINDO 輸出

此 LP 的 LINDO 輸出如圖 5-3 所示。

當我們要討論極小問題的 LINDO 輸出解釋時，我們將討論下列例題。

例題 2　Tucker 無限公司

Tucker 無限公司必須生產 Tucker 汽車 1,000 部。公司有四個生產工廠，在每個工廠生產一部 Tucker 的成本及原料，勞工的需求量列在表 5-3。

表 5-3　生產一部 Tucker 所需的成本與原料

工廠	成本 (千元)	勞工	原料
1	15	2	3
2	10	3	4
3	9	4	5
4	7	5	6

```
MIN      15 X1 + 10 X2 + 9 X3 + 7 X4
SUBJECT TO
    2)    X1 +  X2 +  X3 +  X4  =      1000
    3)          X3        >=      400
    4)   2 X1 + 3 X2 + 4 X3 + 5 X4  <=  3300
    5)   3 X1 + 4 X2 + 5 X3 + 6 X4  <=  4000
END

LP OPTIMUM FOUND AT STEP        3
        OBJECTIVE FUNCTION VALUE
        1)    11600.0000

VARIABLE        VALUE           REDUCED COST
   X1        400.000000            .000000
   X2        200.000000            .000000
   X3        400.000000            .000000
   X4          .000000           7.000000

   ROW     SLACK OR SURPLUS     DUAL PRICES
   2)          .000000         -30.000000
   3)          .000000          -4.000000
   4)        300.000000           .000000
   5)          .000000           5.000000

NO. ITERATIONS=        3

RANGES IN WHICH THE BASIS IS UNCHANGED:
                     OBJ COEFFICIENT RANGES
VARIABLE    CURRENT      ALLOWABLE      ALLOWABLE
             COEF         INCREASE       DECREASE
   X1     15.000000        INFINITY      3.500000
   X2     10.000000        2.000000      INFINITY
   X3      9.000000        INFINITY      4.000000
   X4      7.000000        INFINITY      7.000000

                     RIGHTHAND SIDE RANGES
   ROW     CURRENT       ALLOWABLE      ALLOWABLE
             RHS          INCREASE       DECREASE
    2    1000.000000     66.666660     100.000000
    3     400.000000    100.000000     400.000000
    4    3300.000000       INFINITY    300.000000
    5    4000.000000    300.000000     200.000000
```

圖 5-4
Tucker 公司的 LINDO 輸出

汽車勞工聯盟需要至少 400 輛汽車在工廠 3 生產；在公司共有 3,300 個勞工工時及 4,000 單位的原料可分配到四家工廠。建立一個 LP 模式可以讓 Tucker 公司在生產 1,000 部汽車且成本達到最小。

解　　令 x_i 為工廠 i 的生產量，以千元為單位表示目標函數，則適當的 LP 為：

$$\min z = 15x_1 + 10x_2 + 9x_3 + 7x_4$$
$$\text{s.t.} \quad x_1 + x_2 + x_3 + x_4 = 1000$$
$$x_3 \geq 400$$
$$2x_1 + 3x_2 + 4x_3 + 5x_4 \leq 3300$$
$$3x_1 + 4x_2 + 5x_3 + 6x_4 \leq 4000$$
$$x_1, x_2, x_3, x_4 \geq 0$$

此 LP 的 LINDO 輸出列在圖 5-4。

目標函數係數範圍

從 5.1 節 (二個變數的問題)，我們可以決定目標函數係數值的範圍讓目前的基底保持最佳。對於每一個目標函數係數的值，範圍列於 LINOD 輸出的某一部份 OBJECTIVE COEFFICIENT RANGES。ALLOWABLE INCREASE (AI) 部份表示目標函數係數可以增加的量而仍保持目前的基底為最佳。相似地，ALLOWABLE DECRASE (AD) 部份表示目標函數係數可以減少的量而仍保持目前的基底為最佳。為了說明這些概念，令 c_i 為例題 1 中 x_i 的目標函數係數。若 c_1 改變，則目前的基底仍為最佳，若

$$-\infty = 4 - \infty \leq c_1 \leq 4 + 1 = 5$$

若 c_2 改變，則目前的基底保持最佳者

$$5.5 = 6 - 0.5 \leq c_2 \leq 6 + 0.666667 = 6.666667$$

我們稱保持最佳基底不變的 c_i 變數值的範圍為**允許範圍** (allowable range)。如同在 5.1 節所討論的，若 c_i 值在其允許範圍內，則最佳決策變數保持不變，雖然最佳 z 值可能會變。以下面例子來說明這個概念。

例題 3　解釋目標函數係數的敏感度分析

a. 假設 Winco 公司要漲產品 2 每單位的價格 50¢，這個 LP 新的最佳解為多少？
b. 假設 Winco 公司要漲產品 1 每單位的價格 60¢，這個 LP 新的最佳解為多少？
c. 假設產品 3 的售價要減少 60¢，這個 LP 新的最佳解為多少？

解　a. 因為 c_2 的 AI 為 0.666667，且我們增加 c_2 只有 $0.5，這個最佳基底保持不變。最佳決策變數值亦保持不變 ($x_1 = 0$，$x_2 = 400$，$x_3 = 150$ 及 $x_4 = 400$ 仍為最佳)。新的最佳 z 值可以由二種方式決定。第一，我們可以簡單地將決策變數的最佳值代入新的目標函數，可得

$$\text{新最佳 } z \text{ 值} = 4(0) + 6.5(400) + 7(150) + 8(400) = \$6,850$$

另一個可以看出新最佳 z 值為 \$6,850 是觀察銷售收益的差：每生產一單位的產品 2 會增加 50¢ 的收益。因此，總收益會增加 400(0.5) = \$200，所以

$$\text{新 } z \text{ 值} = \text{原 } z \text{ 值} + 200 = \$6,850$$

b. c_1 的 AI 值為 1，所以目前的基底仍是最佳，且最佳的決策變數值亦不變。因為在最佳解的 x_1 值為 0，產品 1 的銷售值改變並不會改變最佳 z 值——它仍保持 \$6,650。

c. 針對 c_3，AD = 0.50，所以目前的基底不再是最佳解。如果沒有重新透過手算或

用電腦重算，我們無法決定新的最佳解。

降低成本與敏感度分析

在 LINDO 輸出的 REDUCED COST 部份能夠告訴我們改變非基本變數的目標函數係數會如何改變 LP 最佳解的訊息。為簡單起見，假設目前的最佳基本可行解為非退化 (亦即，若一個 LP 有 m 個條件，則目前的最佳解有 m 個變數假設為正的值)。對於任何非基本變數 x_k，降低成本為在一個 LP 以 x_k 為基本變數的最佳解之前，x_k 的目標函數係數必需改善的量。若非基本變數 x_k 的目標函數係數改善的量為降低成本，則 LP 將會有多重最佳解——至少有一個其 x_k 為基本變數，且至少有一個其 x_k 不為基本變數。若一個非基本變數 x_k 的目標函數係數改善超過其降低成本，則此 LP 的最佳解將有 x_k 為基本變數且 $x_k > 0$。為了說明這個觀念，在例題 1，最佳解的基本變數為 x_2，x_3，x_4 及 s_4 (勞工條件的寬鬆變數)。非基本變數 x_1 的降低成本為 \$1，這表示當增加 x_1 的目標函數係數 (在本例，x_1 的單位為售價)，則它會產生多重最佳解，其中至少有一個其 x_1 為基本變數。若我們將 x_1 的目標函數係數超過 \$1，則 (因為目前的最佳解是非退化) 任何 LP 的最佳解將會有 x_1 為基本變數 ($x_1 > 0$)。因此，x_1 的降低成本即為 x_1 "錯失最佳基底的量"。我們必須更清楚地觀察 x_1 的銷售價格，因為一點點的增加將會改變 LP 的最佳解。

現在，我們考慮例題 2 的極小問題，這個問題的最佳解基底為 x_1，x_2，x_3 及 s_3 (勞工條件的惰變數)，這個最佳 bfs 為非退化。非基本變數 x_4 的降低成本為 7 (\$7,000)，所以我們知道，若 x_4 產品的價格降低 7，則會產生多重最佳解。在至少有一個以上的最佳解，x_4 將會是基本變數。若生產 x_4 的成本降低超過 7，則 (因為目前的最佳解為非退化) 任何 LP 的最佳解會有 x_4 為基本變數 ($x_4 > 0$)。

右端值範圍

在 5.1 節，我們已經判斷 (至少針對二個變數的問題) 右端值的範圍落在什麼範圍內，最佳基底保持不變，這個資訊在 LINDO 輸出的 RIGHTHAND SIDE RANGES 部份可得。為了說明，考慮例題 1 的第一個條件，目前這個條件的右端值 (稱為 b_1) 為 950。這個基底保持最佳解若 b_1 降低至多 100 (針對 b_1 的允許降低，或 AD) 或增加至多 50 (針對 b_1 的允許增加，或 AI)。因此，目前基底保持最佳若

$$850 = 950 - 100 \leq b_1 \leq 950 + 50 = 1{,}000$$

282 作業研究 I

我們稱這個為 b_1 的可允許範圍,即使改變條件的右端值讓目前的基底仍為最佳,LINDO 的輸出並沒有提供足夠的訊息來決定決策變數新的值。然而,LINDO 輸出可以允許我們求 LP 新的 z 值。

影價格及對隅價格

在 5.1 節,我們定義 LP 的條件 i 的影價格為當右端值增加一個單位時,改善 LP 問題最佳 z 值的量 (假設這個改變保持目前基底還是最佳基底)。若經過改變條件的右端值,造成目前的基底不再是最佳基底,則所有條件的影價格可能就會改變。我們將會在 5.4 節討論,對於每個條件的影價格可以在 LINDO 輸出的 DUAL PRICES 上找到。若我們增加條件 i 的右端值的數量 Δb_i——降低 b_i 表示 $\Delta b_i < 0$——且條件 i 的新右端值落在輸出的 RIGHTHAND SIDE RANGES 部份的右端值可允許範圍,則式 (1) 及 (2) 可以用來決定經過右端值改變時的最佳 z 值。下面的例子可以說明如何利用影價格來決定右端值的改變如何影響最佳 z 值。

例題 4　RHS 敏感度分析的解釋

a. 在例題 1,假設共有 980 單位必須生產,決定最佳 z 值。
b. 在例題 1,假設有 4,500 單位的原料可以使用,新的最佳 z 值為何?若只有 4,400 單位的原料可用,狀況又是如何?
c. 在例題 2,假設有 4,100 單位的原料可以使用,求尋新的最佳 z 值。
d. 在例題 2,假設有 4,100 單位的原料可以使用,新的最佳 z 值為何?

解 a. $\Delta b_1 = 30$,因為允許可以增加的量為 50,目前的基底仍為最佳,且其影價格 \$3 仍可使用,則式 (1) 可得

$$\text{新的最佳 } z \text{ 值} = 6,650 + 30(3) = \$6,740$$

這裡我們可以看到 (只要目前的基底保持最佳),每增加一單位的需求增加收益為 \$3。

b. $\Delta b_3 = -100$,因為可以減少的量為 150,所以影價格 \$1 仍然可用,則式 (1) 可得

$$\text{新的最佳 } z \text{ 值} = 6,650 - 100(1) = \$6,550$$

因此 (只要目前基底還是最佳),降低一單位的可用原料會降低收益 \$1。若只要 4,400 單位原料可用,則 $\Delta b_3 = -200$。因為可允許減少的值為 150,因此我們無法決定新的最佳 z 值。

c. $\Delta b_4 = 100$,對隅價格 (或影價格) 為 5 (千元),目前的基底仍保持最佳,所以式 (2) 可得

$$\text{新的最佳 } z \text{ 值} = 11,600 - 100(5) = 11,100(\$11,100,000)$$

因此，只要目前的基底還是最佳，每增加一單位的原料會低成本 $5,000。

d. $\Delta b_1 = -50$，可允許減少的值為 100，所以影價格為 -30 (千元) 且式 (2) 可得

新的最佳 z 值 $= 11,600 - (-50)(-30) = 10,100 = \$10,100,000$

因此，每單位的需求量降低 (只要目前基底仍保持最佳)，將會降低成本 $30,000。

現在我們解釋在例題 1 及 2 每一個條件的影價格，所有的討論仍假設在可允許的範圍內，保持目前基底仍然為最佳。在例題 1 中條件 1 的影價格為 $3，表示當我們增加總需求量 1 單位，將會增加銷售收益 $3。對於條件 2 的影價格為 $-\$2$，表示當增加產品 4 的需求量一單位將會減少收益 $2，條件 3 的影價格為 $1，表示增加給 Winco 的原料一單位會增加總收益 $1。最後，條件 4 的影價格為 $0，表示增加給 Winco 一單位的勞工將無法增加總收益。這個理由是：在現在 5,000 個勞工工時中有 250 個未用到，所以這就是為何我們不期望增加勞工工時去增加收益的原因。

在例題 2，條件 1 的影價格為 $-\$30$ (千元) 表示每部額外增加生產的汽車會降低成本 $-\$30,000$ (或增加成本 $30,000)。對於條件 2 的影價格為 $-\$4$ (千元) 表示在工廠 3 多生產一部汽車將會降低成本 $-\$4,000$ (或增加成本 $4,000)。條件 3 的影價格為 0 表示給 Tucker 一個小時的勞工小時將會降低成本 $0。因此，若給 Tucker 增加一小時的勞工小時，則成本不變。這個原因是：有 300 小時的可用勞工沒有被用到。條件 4 的影價格為 $5 (千元)，表示若多給 Tucker 一個單位的原料，成本會降低 $5,000。

影價格的符號

一個 $\geq$ 的條件會有非正的影價格；一個 $\leq$ 條件會有非負的影價格；且一個等式條件可能會有正、負或零的影價格。為了解為什麼這是真的，觀察在 LP 的可行區域中所增加的點將只有改善最佳 z 值或保持不變。刪除 LP 可行區域上的點只會讓最佳 z 值變得更差或不變。例如，讓我們看到在例題 1，原料條件 ($\leq$) 的影價格。為什麼這個影價格為非負？這個原料的影價格表示若有 4,601 個單位可用 (取代 4,600)，則最佳 z 值將會改善。增加一個單位的原料將會增加可行區域的點——那些 Winco 利用 > 4,600 但 $\leq$ 4,601 原料的那些點——所以我們可知最佳 z 值一定增加或保持不變。因此，$\leq$ 條件的影價格一定是非負。

相似地，讓我們考慮在例題 1 中 $x_4 \geq 400$ 的影價格。增加條件的右端值到 401 將會刪掉可行區域的點 (那些 Winco 生產產品 4 會 $\geq$ 400 但 < 401 單位的點)。因此，最佳 z 值一定減少或保持不變，這表示這個條件的影價格必定是

非正的。相似地理由也可用來說明極小化問題，一個 ≥ 的條件會有一個非正的影價格，且一個 ≤ 條件會有一個非負的影價格。

一個等式條件的影價格可能為正、負、或零，為了看為什麼，可考慮以下二個 LP：

$$\max z = x_1 + x_2$$
$$\text{s.t.} \quad x_1 + x_2 = 1 \quad \textbf{(LP 1)}$$
$$x_1, x_2 \geq 0$$

$$\max z = x_1 + x_2$$
$$\text{s.t.} \quad -x_1 - x_2 = -1 \quad \textbf{(LP 2)}$$
$$x_1, x_2 \geq 0$$

二個 LP 有相同的可行區域及最佳解的集合 ($x_1 + x_2 = 1$ 在第一象限的部份直線線段)。然而，LP 1 的條件有 +1 的影價格，而 LP 2 的條件有 -1 的影價格。因此，對於一個等式條件的影價格符號可能為正、負、或零。

敏感度分析與惰及超出變數

對於一個不等式的條件，可證明 (參考 11.10 節) 將條件的惰或超出變數的值乘以條件的影價格必定為 0。這表示任何條件的惰或超出變數 > 0，則會有 0 影價格。這也可推廣任何一個條件的影價格為非零，此條件必定為綁住的條件 (惰或超出變數為 0)。為了說明這個概念，考慮在例題 1 的勞工條件，這個條件有正的惰變數，所以它的影價格為 0。這是合理的，因為這個條件的寬鬆為 250 表示目前的可用資源有 250 小時未用完。因此，一個多出來的勞工小時不會增加利潤。現在考慮例題 1 的原料條件。因為這些條件有一個非零的影價格，它的寬鬆為 0。這是合理的；這個非零的影價格代表每增加一個原料將會增加收益。若目前所有的可用原料都被用掉就屬於這種例子。

若條件的惰或超出變數為非 0，則惰或超出變數的值在 LINDO 輸出的 RIGHTHAND SIDE RANGES 部份的 ALLOWABLE INCREASE 及 ALLOWABLE DECREASE，這個關係詳列於表 5-4。

對於任何一個條件有正的惰或超出的值，在右端值可允許的範圍內，最

表 5-4 對於非零惰或超出變數的可允許的增加及減少

條件型態	rhs 的 AI	rhs 的 AD
≤	∞	= 惰變數的值
≥	= 超出變數的值	= ∞

佳 z 值與決策變數均不變。為了說明這些概念，考慮例題 1 的勞工條件，因為寬鬆為 250，從表 5-4 可看出 AI $=\infty$ 及 AD $= 250$。因此，當 $4,750 \leq$ 可用勞工 $\leq \infty$，目前的基底保持最佳。在此範圍內，最佳 z 值與決策變數值保持不變。

退化及敏感度分析

當一個 LP 的最佳解為退化時，在解釋 LINDO 的輸出時就必須小心。從 4.11 節，一個 bfs 為退化是當在最佳解中至少有一個基本變數為 0。針對一個 m 個條件的 LP，若 LINDO 的輸出有小於 m 個變數的值為正，則此最佳解為一個退化解。為了說明，考慮以下 LP：

$$\begin{aligned}
\max z = 6x_1 + 4x_2 + 3x_3 + 2x_4 \\
\text{s.t.} \quad 2x_1 + 3x_2 + x_3 + 2x_4 \leq 400 \\
x_1 + x_2 + 2x_3 + x_4 \leq 150 \\
2x_1 + x_2 + x_3 + .5x_4 \leq 200 \\
3x_1 + x_2 + x_4 \leq 250 \\
x_1, x_2, x_3, x_4 \geq 0
\end{aligned}$$

這個 LP 的 LINDO 的輸出在圖 5-5。這個 LP 有四個條件且在最佳解中只有二個變數為正，所以這個最佳解為退化的 bfs，順便一提，利用 **TABLEAU** 的指令可顯示出最佳基底 BV $= \{x_2, x_3, s_3, x_1\}$。

現在我們討論三個"怪異現象"，可能發生在利用 LINDO 找出的最佳解為退化的情況中。

怪異現象 1 在 RANGES IN WHICH THE BASIS IS UNCHANGED，至少有一個條件有一個 0 的 AI 或 AD。這表示至少有一個條件，針對右端值的增加或減少，不會同時出現二種情況，DUAL PRICE 告訴我們有關於新的 z 值。

為了了解怪異現象 1，考慮第一個條件，其 AI 為 0。這表示第一個條件的 DUAL PRICE 為 0.5 不能用來決定因為第一個條件右端值任何增加量所產生的新 z 值。

怪異現象 2 對於一個非基本變數為正時，其目標函數係數可能增加超過它的 REDUCED COST。

為了解怪異現象 2，考慮非基本變數 x_4；其 REDUCED COST 為 1.5。然而，若我們增加目標函數係數為 2，我們還是發現新的最佳解 $x_4 = 0$，這個怪異現象的發生是因為我們增加的是基本變數集合的值而不是增加 LP 的最佳值。

```
MAX        6 X1 +  4  X2  +  3  X3  +  2  X4
SUBJECT TO
       2)    2  X1  +  3 X2  +  X3  +  2  X4  <= 400
       3)       X1  +    X2  + 2 X3  +    X4  <=     150
       4)    2  X1  +    X2  +  X3  + 0.5 X4  <=     200
       5)    3  X1  +    X2  +       +    X4  <=  250
END

LP OPTIMUM FOUND AT STEP             3
              OBJECTIVE FUNCTION VALUE
           1)    700.00000

  VARIABLE         VALUE           REDUCED COST
     X1          50.000000           .000000
     X2         100.000000           .000000
     X3            .000000           .000000
     X4            .000000          1.500000

      ROW    SLACK OR SURPLUS     DUAL PRICES
       2)          .000000           .500000
       3)          .000000          1.250000
       4)          .000000           .000000
       5)          .000000          1.250000

NO. ITERATIONS=             3

RANGES IN WHICH THE BASIS IS UNCHANGED:
                    OBJ COEFFICIENT RANGES
 VARIABLE     CURRENT        ALLOWABLE         ALLOWABLE
               COEF          INCREASE          DECREASE
     X1      6.000000        3.000000          3.000000
     X2      4.000000        5.000000          1.000000
     X3      3.000000        3.000000          2.142857
     X4      2.000000        1.500000          INFINITY
                     RIGHTHAND SIDE RANGES
     ROW     CURRENT         ALLOWABLE         ALLOWABLE
              RHS            INCREASE          DECREASE
      2     400.000000        .000000         200.000000
      3     150.000000        .000000           .000000
      4     200.000000        INFINITY          .000000
      5     250.000000        .000000         120.000000
THE TABLEAU
    ROW   (BASIS)     X1         X2        X3        X4       SLK 2
     1     ART       .000       .000      .000     1.500       .500
     2     X2        .000      1.000      .000      .500       .500
     3     X3        .000       .000     1.000      .167      -.167
     4     SLK  4    .000       .000      .000     -.500       .000
     5     X1       1.000       .000      .000      .167      -.167

    ROW    SLK   3      SLK   4      SLK   5
     1     1.250         .000       1.250       700.000
     2     -.250         .000       -.250       100.000
     3      .583         .000       -.083          .000
     4     -.500        1.000       -.500          .000
     5      .083         .000        .417        50.000
```

圖 5-5

怪異現象 3 增加一個變數的目標函數係數超過 AI 的值或是減少其值超過 AD 的值，這個 LP 的最佳解可能還是相同。

怪異現象 3 與怪異現象 2 相似，為了解它，考慮非基本變數 x_4，其 AI 為 1.5。然而，若我們增加目標函數值係數為 2，新的最佳解仍沒有改變。這個怪異現象仍是因為增加改變基本變數的集合但卻無改變 LP 的最佳解。

結束本節前，在我們的討論僅適用於一個目標函數係數或一個右端值的改變。若超過一個以上的目標函數係數或右端值改變，它有時仍可利用 LINDO 輸出來決定是否目前的基底仍是最佳解，詳細內容參考 11.4 節。

問　題

問題組 A

1. 農夫 Leary 栽植小麥及玉蜀黍，他至多可以出售小麥 140 蒲式耳及玉蜀黍 120 蒲式耳。每英畝土地可栽種小麥 5 蒲式耳，而每英畝土地可栽種玉蜀黍 4 蒲式耳，為了灌溉一英畝的小麥需要 6 小時的勞工工時；灌溉一英畝的玉蜀黍需要 10 個小時。目前為止，350 小時的勞工可以購買且每小時 $10。令 A1 ＝種植小麥英畝數；A2 ＝種植玉蜀黍英畝數；且 L ＝欲購買的勞工小時。為了極大化利潤，Leary 必須解以下 LP 問題：

$$\begin{aligned}
\max z = {} & 150A1 + 200A2 - 10L \\
\text{s.t.} \quad & A1 + A2 \leq 45 \\
& 6A1 + 10A2 - L \leq 0 \\
& L \leq 350 \\
& 5A1 \leq 140 \\
& 4A2 \leq 120 \\
& A1, A2, L \geq 0
\end{aligned}$$

利用在圖 5-6 的 LINDO 輸出，回答以下問題：
   a. 若僅有 40 英畝的土地可用，Leary 的利潤為何？
   b. 若小麥的價格下降到 $6，Leary 的新最佳解為何？
   c. 利用輸出的 SLACK 部份來決定小麥可出售數量的可允許增加與減少範圍。若僅有 130 蒲耳式的小麥可出售，則這個問題的解會如何改變？

2. CarCo 公司製造汽車與貨車，每部汽車的利潤貢獻為 $300，且每部貨車利潤貢獻為 $400。製造一部汽車與貨車的可用資源列在表 5-5。每天，CarCo 能夠租用至多 98 部的機器 1，每部機器的成本為 $50，公司目前有 73 部機器 2 及 260 噸的鋼鐵可用。市場調查的考慮指出至少有 88 部汽車及至少有 26 部貨車必須生產。令 x_1 ＝每天汽車生產的數量；x_2 ＝每天貨車生產的數量；m_1 ＝每天租用機器 1 的數量。

    為了要極大化利潤，Carco 公司必須解下列 LP 模式如圖 5-7，利用 LINDO 的輸出回答以下問題：
   a. 如果每部汽車的貢獻為利潤 $310，這個問題的新的最佳解為何？

表 5-5

車輛	使用機器 1 的天數	使用機器 2 的天數	鋼鐵噸數
汽車	0.8	0.6	2
貨車	1	0.7	3

```
MAX      150 A1 + 200 A2 -  10 L
SUBJECT TO
       2)   A1 + A2 <=    45
       3)   6 A1 + 10 A2 - L <=  0
       4)   L <= 350
       5)   5 A1 <= 140
       6)   4 A2 <= 120
END
LP OPTIMUM FOUND AT STEP         4

           OBJECTIVE FUNCTION VALUE

           1)     4250.00000

 VARIABLE        VALUE         REDUCED COST
     A1        25.000000          .000000
     A2        20.000000          .000000
     L        350.000000          .000000

      ROW     SLACK OR SURPLUS    DUAL PRICES
       2)          .000000        75.000000
       3)          .000000        12.500000
       4)          .000000         2.500000
       5)        15.000000          .000000
       6)        40.000000          .000000

 NO. ITERATIONS=      4

 RANGES IN WHICH THE BASIS IS UNCHANGED:
               OBJ COEFFICIENT RANGES
 VARIABLE     CURRENT      ALLOWABLE      ALLOWABLE
               COEF        INCREASE       DECREASE
     A1     150.000000     10.000000     30.000000
     A2     200.000000     50.000000     10.000000
     L      -10.000000     INFINITY       2.500000
                 RIGHTHAND SIDE RANGES
      ROW    CURRENT       ALLOWABLE      ALLOWABLE
               RHS         INCREASE       DECREASE
       2    45.000000      1.200000       6.666667
       3      .000000     40.000000      12.000000
       4   350.000000     40.000000      12.000000
       5   140.000000     INFINITY      15.000000
       6   120.000000     INFINITY      40.000000
```

圖 5-6
小麥及玉蜀黍的 LINDO 輸出

```
MAX      300 X1 + 400 X2 -  50 M1
SUBJECT TO
       2)   0.8 X1 + X2 - M1 <=   0
       3)   M1 <=   98
       4)   0.6 X1 + 0.7 X2 <=  73
       5)   2 X1 + 3 X2 <=  260
       6)   X1 >=  88
       7)   X2 >=  26
END
LP OPTIMUM FOUND AT STEP         4

           OBJECTIVE FUNCTION VALUE

           1)     32540.0000

 VARIABLE        VALUE         REDUCED COST
     X1        88.000000          .000000
     X2        27.600000          .000000
     M1        98.000000          .000000

      ROW     SLACK OR SURPLUS    DUAL PRICES
       2)          .000000       400.000000
       3)          .000000       350.000000
       4)          .879999          .000000
       5)         1.200003          .000000
       6)          .000000       -20.000000
       7)         1.599999          .000000

 NO. ITERATIONS=      4

 RANGES IN WHICH THE BASIS IS UNCHANGED:
               OBJ COEFFICIENT RANGES
 VARIABLE     CURRENT      ALLOWABLE      ALLOWABLE
               COEF        INCREASE       DECREASE
     X1     300.000000     20.000000     INFINITY
     X2     400.000000     INFINITY      25.000000
     M1     -50.000000     INFINITY     350.000000
                 RIGHTHAND SIDE RANGES
      ROW    CURRENT       ALLOWABLE      ALLOWABLE
               RHS         INCREASE       DECREASE
       2      .000000       .400001       1.599999
       3    98.000000       .400001       1.599999
       4    73.000000     INFINITY         .879999
       5   260.000000     INFINITY        1.200003
       6    88.000000      1.999999       3.000008
       7    26.000000      1.599999      INFINITY
```

圖 5-7
Carco 公司的 LINDO 輸出

    b. 若 Carco 公司需要生產至少 86 部汽車，則 Carco 公司的利潤為何？
3. 考慮在 3.4 節討論的飲食問題，利用圖 5-8 的 LINDO 輸出來回答以下問題：
    a. 若布朗寧蛋糕的價格為 30¢，則這個問題的新最佳解為何？
    b. 若一瓶可口可樂的價格為 5¢，則這個問題的新最佳解為何？
    c. 若至少需要 8 盎司的巧克力，則最佳飲食問題的成本為多少？
    d. 若至少需要 600 單位的卡路里，則最佳飲食問題的成本為多少？
    e. 若至少需要 9 盎司的糖，則最佳飲食問題的成本為多少？
    f. 在最佳解為吃起士蛋糕之前，鳳梨起士蛋糕的價錢應為多少？

```
MAX     50 BR + 20 IC + 30 COLA + 80 PC
SUBJECT TO
        2)   400 BR + 200 IC + 150 COLA
                    + 500 PC >=   500
        3)    3 BR  +  2 IC  >=   6
        4)    2 BR  +  2 IC  +  4 COLA
                    +  4 PC  >=  10
        5)    2 BR  +  4 IC  +    COLA
                    +  5 PC  >=   8
END

LP OPTIMUM FOUND AT STEP            2

            OBJECTIVE FUNCTION VALUE

        1)     90.0000000

   VARIABLE        VALUE         REDUCED COST
         BR      .000000           27.500000
         IC     3.000000             .000000
       COLA     1.000000             .000000
         PC      .000000           50.000000

       ROW    SLACK OR SURPLUS    DUAL PRICES
        2)      250.000000           .000000
        3)        .000000          -2.500000
        4)        .000000          -7.500000
        5)       5.000000           .000000

NO. ITERATIONS=           2

RANGES IN WHICH THE BASIS IS UNCHANGED:
                  OBJ COEFFICIENT RANGES
 VARIABLE    CURRENT       ALLOWABLE      ALLOWABLE
              COEF         INCREASE       DECREASE
       BR   50.000000      INFINITY       27.500000
       IC   20.000000      18.333330       5.000000
     COLA   30.000000      10.000000      30.000000
       PC   80.000000      INFINITY       50.000000
                  RIGHTHAND SIDE RANGES
      ROW   CURRENT       ALLOWABLE      ALLOWABLE
              RHS          INCREASE       DECREASE
        2  500.000000     250.000000      INFINITY
        3    6.000000       4.000000       2.857143
        4   10.000000      INFINITY        4.000000
        5    8.000000       5.000000      INFINITY
```

圖 5-8
飲食問題的 LINDO 輸出

g. 在最佳解為吃布朗寧蛋糕之前,布朗寧蛋糕的價錢應為多少?

h. 利用 LINDO 輸出的 SLACK 或 SURPLUS 部份決定脂肪條件的可允許增加及可允許減少為多少。若需要 10 盎司的脂肪,則這個改變後問題的最佳解為何?

4. Gepbab 公司在二家不同的工廠生產三種產品。在每個工廠生產每單位產品的成本列在表 5-6。每家工廠能夠生產 10,000 個產品,至少必須要生產 6,000 單位的產品 1,至少 8,000 單位的產品 2,及至少 5,000 單位的產品 3。在滿足需求下,為了要極小化成本,下面的 LP 模式必須解:

$$\min z = 5x_{11} + 6x_{12} + 8x_{13} + 8x_{21} + 7x_{22} + 10x_{23}$$
$$\text{s.t.} \quad x_{11} + x_{12} + x_{13} \leq 10{,}000$$
$$\quad x_{21} + x_{22} + x_{23} \leq 10{,}000$$
$$\quad x_{11} \quad\quad + x_{21} \quad\quad \geq 6{,}000$$

表 5-6

工廠	產品 ($)		
	1	2	3
1	5	6	8
2	8	7	10

$$x_{12} + x_{22} \geq 8,000$$
$$x_{13} + x_{23} \geq 5,000$$
$$\text{所有變數} \geq 0$$

這裡 x_{ij} = 在工廠 i 生產產品 j 的單位數，利用圖 5-9 的 LINDO 輸出回答以下問題：

a. 當公司要做在工廠 1 生產產品 2 的決策前，其成本應為多少？
b. 若工廠 1 有 9,000 單位的容量時，總成本為多少？
c. 若工廠 1 生產產品 3 的單位成本為 $9，則新的最佳解為何？

5. Mondo 在三間工廠生產摩托車。在每個工廠、勞工、原料及生產成本 (不含勞工成本) 在生產一部摩托車的資料列在表 5-7。每間工廠有足夠的機器容量，每週可以生產到 750 部摩托車。每一位 Mondo 公司的員工能夠每週工作到 40 個小時且每個工作小時要付 $12.50，Mondo 公司總共有 525 位員工且現在擁有 9,400 單位的原料。每週至少要生產 14,000 部 Mondo，令 x_1 = 在工廠 1 生產的摩托車數量；x_2 = 在工廠 2 生產的摩托車數量；且 x_3 = 在工廠 3 生產的摩托車數量。

利用圖 5-10 的 LINDO 輸出，在滿足需求下，極小化變動成本 (勞工＋生產)，利用輸出回答以下問題：

a. 若工廠 1 的生產成本只有 $40，則這個問題的最佳解為何？
b. 若工廠 3 的容量增加 100 部機車，則 Mondo 可以節省多少錢？
c. 若 Mondo 要多生產一部機車，Mondo 的成本要增加多少？

6. Steelco 公司利用煤，鐵，及勞工生產三種的鋼鐵，每一種鋼鐵生產一單位的輸入 (及出售的價格) 列在表 5-8。現在，有 200 噸的煤可以購買，其價格每噸 $10。有 60 噸的鐵可以購買，每噸 $8，及有 100 個勞工小時可以購買，其價格為每小時 $5。令 x_1 = 鋼鐵 1 的生產噸數；x_2 = 鋼鐵 2 的生產噸數；且 x_3 = 鋼鐵 3 的生產噸數。

LINDO 所輸出的結果可得公司的最大利潤列於圖 5-11，利用輸出回答以下問題。

a. 若只有 40 噸的鐵可以購買，公司的利潤為多少？
b. 鋼鐵 3 的每噸價格最少為多少時才值得生產？
c. 若鋼鐵 1 每噸可賣 $55，請求出最佳解？

表 5-7

工廠	需要勞工 (小時)	所需原料 (單位)	生產成本
1	20	5	50
2	16	8	80
3	10	7	100

```
MAX     5 X11 + 6 X12 + 8 X13 + 8 X21
              + 7 X22 + 10 X23
SUBJECT TO
    2)  X11 + X12 + X13 <=  10000
    3)  X21 + X22 + X23 <=  10000
    4)  X11 + X21       >=   6000
    5)  X12 + X22       >=   8000
    6)  X13 + X23       >=   5000
END

LP OPTIMUM FOUND AT STEP        5

        OBJECTIVE FUNCTION VALUE

        1)    128000.000

VARIABLE      VALUE          REDUCED COST
  X11       6000.000000        .000000
  X12          .000000        1.000000
  X13       4000.000000        .000000
  X21          .000000        1.000000
  X22       8000.000000        .000000
  X23       1000.000000        .000000

  ROW    SLACK OR SURPLUS     DUAL PRICES
   2)         .000000         2.000000
   3)       1000.000000        .000000
   4)         .000000        -7.000000
   5)         .000000        -7.000000
   6)         .000000       -10.000000

NO. ITERATIONS=        5

RANGES IN WHICH THE BASIS IS UNCHANGED:

              OBJ COEFFICIENT RANGES
VARIABLE    CURRENT      ALLOWABLE      ALLOWABLE
             COEF        INCREASE       DECREASE
  X11      5.000000      1.000000       7.000000
  X12      6.000000      INFINITY       1.000000
  X13      8.000000      1.000000       1.000000
  X21      8.000000      INFINITY       1.000000
  X22      7.000000      1.000000       7.000000
  X23     10.000000      1.000000       1.000000

              RIGHTHAND SIDE RANGES
  ROW     CURRENT       ALLOWABLE     ALLOWABLE
            RHS         INCREASE      DECREASE
    2    10000.000000  1000.000000   1000.000000
    3    10000.000000  INFINITY      1000.000000
    4     6000.000000  1000.000000   1000.000000
    5     8000.000000  1000.000000   8000.000000
    6     5000.000000  1000.000000   1000.000000
```

圖 5-9 Gepbab 的 LINDO 輸出

```
MAX     300 X1 + 280 X2 + 225 X3
SUBJECT TO
    2)  20 X1 + 16 X2 + 10 X3 <=  21000
    3)   5 X1 +  8 X2 +  7 X3 <=   9400
    4)  X1  <=   750
    5)  X2  <=   750
    6)  X3  <=   750
    7)  X1 + X2 + X3  >=  1400
END

LP OPTIMUM FOUND AT STEP        3

        OBJECTIVE FUNCTION VALUE

        1)    357750.000

VARIABLE      VALUE          REDUCED COST
  X1        350.000000        .000000
  X2        300.000000        .000000
  X3        750.000000        .000000

  ROW    SLACK OR SURPLUS     DUAL PRICES
   2)      1700.000000         .000000
   3)         .000000         6.666668
   4)       400.000000         .000000
   5)       450.000000         .000000
   6)         .000000        61.666660
   7)         .000000      -333.333300

NO. ITERATIONS=        3

RANGES IN WHICH THE BASIS IS UNCHANGED:

              OBJ COEFFICIENT RANGES
VARIABLE    CURRENT      ALLOWABLE      ALLOWABLE
             COEF        INCREASE       DECREASE
  X1      300.000000    INFINITY       20.000000
  X2      280.000000     20.000010     92.499990
  X3      225.000000     61.666660     INFINITY

              RIGHTHAND SIDE RANGES
  ROW     CURRENT       ALLOWABLE     ALLOWABLE
            RHS         INCREASE      DECREASE
    2   21000.000000   INFINITY      1700.000000
    3    9400.000000  1050.000000    900.000000
    4     750.000000   INFINITY      400.000000
    5     750.000000   INFINITY      450.000000
    6     750.000000   450.000000    231.818200
    7    1400.000000    63.750000    131.250000
```

圖 5-10 Mondo 的 LINDO 輸出

表 5-8

鋼鐵	煤的需求 (噸)	鐵的需求 (噸)	勞工需求 (小時)	售價 ($)
1	3	1	1	51
2	2	0	1	30
3	1	1	1	25

```
MAX        8 X1 + 5 X2 + 2 X3
SUBJECT TO
       2)   3 X1 + 2 X2 + X3 <=   200
       3)     X1 + X3       <=    60
       4)     X1 + X2 + X3  <=   100
END

LP OPTIMUM FOUND AT STEP            2

              OBJECTIVE FUNCTION VALUE

       1)    530.000000

   VARIABLE        VALUE         REDUCED COST
       X1        60.000000         .000000
       X2        10.000000         .000000
       X3          .000000        1.000000

       ROW    SLACK OR SURPLUS    DUAL PRICES
        2)         .000000         2.500000
        3)         .000000          .500000
        4)       30.000000          .000000

   NO. ITERATIONS=            2

RANGES IN WHICH THE BASIS IS UNCHANGED:
                      OBJ COEFFICIENT RANGES
   VARIABLE     CURRENT      ALLOWABLE        ALLOWABLE
                COEF         INCREASE         DECREASE
       X1     8.000000       INFINITY          .500000
       X2     5.000000        .333333         5.000000
       X3     2.000000       1.000000         INFINITY

                       RIGHTHAND SIDE RANGES
       ROW    CURRENT       ALLOWABLE       ALLOWABLE
              RHS           INCREASE        DECREASE
        2   200.000000     60.000000       20.000000
        3    60.000000      6.666667       60.000000
        4   100.000000      INFINITY       30.000000
```

圖 5-11
Steelco 公司的 LINDO 輸出

問題組 B

7. Shoeco 公司必須及時滿足下列每雙鞋的需求：月份 1 —— 300；月份 2 —— 500；月份 3 —— 100；及月份 4 —— 100。在月份 1 的開始，在手邊有 50 雙鞋子，且 Shoeco 有三名工人，每個工人每月付 $1,500。在加班之前，每位員工每月可工作至 160 小時。在每個月期間，每名工人可以加班至 20 小時；加班的工時每小時 $25，生產每一雙鞋需要勞工 4 小時與原料 $5。在每個月的開始，員工可以解僱或僱用，每位僱用的員工需要成本 $1,600，而每一位解僱員工需要 $2,000。在每個月的結束，每雙鞋子的持有成本為 $30。建立一個 LP 模式在滿足下四個月的需求下，極小總成本，然後利用 LINDO 求解這個 LP 問題。最後，利用 LINDO 輸出的結果回答以下問題，並利用下面的提示 (可以幫助模式建立)，令

x_t ＝在非加班的勞工時間下，第 t 個月生產的鞋子數量。
o_t ＝在加班的勞工時間下，第 t 個月生產的鞋子數量。
i_t ＝在第 t 個月結束後，鞋子的存貨數。
h_t ＝在第 t 個月開始時，僱用的員工人數。
f_t ＝在第 t 個月開始時，解僱的員工人數。
w_t ＝在第 t 個月可用的員工人數 (經過第 t 個月的僱用與解僱)。

我們需要下列四種條件：

型 1 存貨等式。例如，在第 1 個月，$i_1 = 50 + x_1 + o_1 - 300$。

型 2 僱用、解僱與可用員工的關係。例如，針對月份 1，下面條件必須滿足：$w_1 = 3 + h_1 - f_1$。

型 3 在每個月，非加班時間所生產的鞋子數量必須受限制於員工的人數。例如，針對月份 1，下面條件必需被滿足：$4x_1 \leq 160w_1$。

型 4 在每個月，加班員工的小時數量必須受限制於員工的人數。例如，針對月份 1，下面的條件必需被滿足：$4(o_1) \leq 20w_1$。

針對目標函數，必須考慮下列成本：

1. 員工的薪水
2. 僱用的成本
3. 解僱的成本
4. 持有的成本
5. 加班的成本
6. 原料的成本

a. 描述公司的最佳生產計畫，僱用政策及解僱政策。假設這裡允許分數的勞工人數，僱用或解僱員工人數。

b. 若在月份 1 的加班工時需要一小時 $16，是否需要加班的勞工？

c. 若在月份 3 的解僱員工成本為 $1,800，則這個問題的最佳解為何？

d. 若在月份 1 的僱用員工成本為 $1,700，則這個問題的新最佳解為何？

e. 如果月份 1 的需求為 100 雙，則總成本會降低多少？

f. 在月份 1 的開始，若公司有 5 名員工，則總成本會變成多少？(在月份 1 僱用或解僱發生之前)

g. 若月份 2 的需求增加 100 雙鞋子，則成本會增加多少？

8. 考慮以下 LP：

$$\begin{aligned}
\max \quad & 9x_1 + 8x_2 + 5x_3 + 4x_4 \\
\text{s.t.} \quad & x_1 \qquad\qquad\quad + x_4 \leq 200 \\
& \quad\;\; x_2 + x_3 \qquad\;\; \leq 150 \\
& x_1 + x_2 + x_3 \qquad\;\; \leq 350 \\
& 2x_1 + x_2 + x_3 + x_4 \leq 550 \\
& x_1, x_2, x_3, x_4 \geq 0
\end{aligned}$$

a. 利用 LINDO 解這個 LP 問題並利用輸出來說明這個最佳解為退化。

b. 利用您的 LINDO 輸出找出怪異現象 1－3 的例子。

5.3 影價格在管理上的使用

在本節，我們將討論影價格在管理上顯著的地方。特別是我們將學習如何利用影價格回答以下問題：對於增加一單位的資產，一名管理者願意支付

例題 5　Winco 公司的產品 2

在例題 1，對於增加一單位的原料，Winco 公司願意付的最大金額為多少？多一個小時的勞工又如何？

解　因為此可用原料條件的影價格為 1，多一個單位的原料將會增加總收益 $1。因此，Winco 公司多付 $1 給多出來的原料，而可用勞工條件的影價格為 0，這表示多一小時的勞工將不會增加收益，所以 Winco 公司將不會願意多付勞工薪水。(注意，這個討論是正確的是因為對於勞工及原料條件的 AI 均超過 1。)

例題 6　Winco 公司的產品 3

讓我們考慮下面改變的問題 1，假設原料有 4,600 單位可用，但每個單位的購買成本為 $4。而且，有 5,000 小時的勞工可用，但他們必須以成本 $6 購買。每個產品的單位銷售價格如下：產品 1 － $30；產品 2 － $42；產品 3 － $35；產品 4 － $72。總共有 950 個單位要生產，其中產品 4 至少必須要 400 個單位，決定公司願意支付額外的一單位原料與一單位勞工的最大金額。

解　對於每一個產品的每一個單位的利潤貢獻可由下列計算而得：

$$\text{產品 1：} 30 - 4(2) - 6(3) = \$4$$
$$\text{產品 2：} 42 - 4(3) - 6(4) = \$6$$
$$\text{產品 3：} 53 - 4(4) - 6(5) = \$7$$
$$\text{產品 4：} 72 - 4(7) - 6(6) = \$8$$

因此，Winco 公司的利潤為 $4x_1 + 6x_2 + 7x_3 + 8x_4$。為了極大化利潤，Winco 公司必須解如例題 1 相同的 LP 問題，且其相關的 LINDO 輸出列在圖 5-3，為了決定 Winco 公司願意支付多一單位原料的最大金額，注意原料條件的影價格可以解釋如下：若 Winco 公司有權利多購買一單位的原料 (每單位 $4)，則利潤會增加 $1。因此，付 $4 + $1 = $5 給多一單位的原料將增加利潤 $1 － $1 = $0。所以對於 Winco 公司可以至多付 $5 給多一單位的原料。對於原料條件，$1 的影價格表示超出目前 Winco 公司願意多付一單位原料的獎賞 (premium)。

可用勞工條件的影價格為 $0，這表示以 $4 來增加一小時的勞工將不會增加任何利潤。不幸地是，這個告訴我們目前的價格為每小時為 $4，Winco 將不會多購買額外的勞力。

例題 7　Leary 農夫的影價格

考慮以下 Leary 農夫問題 (5.2 節問題 1)

a. 增加一小時的勞工，Leary 最多要付出多少錢？

b. 增加一英畝土地，Leary 最多要付出多少錢？

解 a. 從 $L \leq 350$ 條件影價格為 2.5，我們發現若 351 小時的勞工可用，則 (在付 $10 給多出來的勞工小時) 利潤將增加 $2.50，所以若 Leary 付 $10 + $2.50 = $12.50 給多出來的工時，利潤將增加 $2.50 − $2.50 = $0，這代表 Leary 願意付最高至 $12.50 給多一個小時的勞工。

從另一方面看，$6A1 + 10A2 − L \leq 0$ 條件的影價格為 12.5，這代表若條件 $6A1 + 10A2 \leq L$ 被 $6A1 + 10A2 \leq L + 1$ 取代，利潤將會增加 $12.50，所以若多了一個勞工小時"給" Leary (成本為 0)，利潤則會增加 $12.5，因此，Leary 會願意付至多 $12.5 給多出一個勞工工作小時。

b. 若有 46 英畝的土地可用，利潤將會增加 $75 (條件 $A1 + A2 \leq 45$ 的影價格)，這包含購買一英畝地的成本 ($0)，因此，Leary 願意付給多出的一英畝土地至多 $75。

現在，我們說明透過分析極小問題的影價格來獲得另一些管理上的觀察。

例題 8　Tucker 公司的影價格

下面的問題是有關於例題 2。

a. Tucker 願意支付多一個勞工小時的最大金額是多少？
b. Tucker 願意付出多一單位原料的最大金額是多少？
c. 一個新顧客願意用一部車 $25,000 的價格購買 20 部，Tucker 是否會接下此訂購？

解 a. 因為可用勞工條件 (第 4 列) 的影價格為 0，多出一個勞工小時會降低的成本為 $0。因此，Tucker 不願意付任何的費用給多出來的勞工小時。

b. 因為可用原料條件 (第 5 列) 的影價格為 5，增加的一單位原料將降低成本為 $5,000。因此，Tucker 願意多付 $5,000 給多出的一單位原料。

c. 對於條件 $x_1 + x_2 + x_3 + x_4 = 1,000$ 允許增加的值為 66.666660，因為這個條件的影價格為 − 30 (千元)，我們知道若 Tucker 完成這筆訂單，他的成本會增加 − 20 (− 30,000) = $600,000，所以 Tucker 將不願意完成此筆訂單。

在例題 8，機敏的讀者可能會注意到每部汽車的成本至多為 $15,000，為何可能增加一單位的汽車會增加生產成本到 $30,000？為了看為什麼會發生這個狀況，我們重解 Tucker 的 LP 問題，將汽車的數量增加到生產 1,001 部，這個新的最佳解為 $z = 11,630$，$x_1 = 404$，$x_2 = 197$，$x_3 = 400$，$x_4 = 0$。現在我們已經看到為什麼增加一單位的車子會增加 $30,000，為了多生產一部汽車，Tucker 必須多生產型 1 汽車 4 部及減少 3 部型 2 的汽車。這會保證 Tucker 仍使用原料 4,400 單位，但它會增加總成本為 4(15,000) − 3(10,000) = $30,000！

問 題

問題組 A

1. 在 5.2 節問題 2，Carco 公司願意付多一單位鋼鐵的金額最大值為多少？
2. 在 5.2 節問題 2，Carco 公司願意付每天多租一部型 1 機器的金額最大值為多少？
3. 在 5.2 節問題 3，一個人願意付多一盎司巧克力的金額最大值為多少？
4. 在 5.2 節問題 4，Gepbab 公司願意付在工廠 1 多一單位容量的金額最大值為多少？
5. 在 5.2 節問題 5，Mondo 可以用成本 $6 購買一單位的原料，這家公司會這樣做嗎？請解釋。
6. 在 5.2 節問題 6，Steelco 公司願意多付一噸煤的最大金額為多少？
7. 在 5.2 節問題 6，Steelco 公司願意多付一噸鐵的最大金額為多少？
8. 在 5.2 節問題 6，Steelco 公司願意多付一小時的勞工最大金額為多少？
9. 在 5.2 節問題 7，在第一個月，若新顧客願意花 $70 買一雙鞋，Shoeco 公司是否願意賣給他？
10. 在 5.2 節問題 7，在多一個月的開始，公司願意多一個員工所付的最大金額為多少？
11. 在解例題 8(c) 時，有位經理人有個理由如下：以一部車平均成本 $11,600 購買 1,000 部。因此，若一位顧客願意付 $25,000 買一部車時，我當然會接下這個訂單，這個理由是錯的，原因為何？

5.4 若目前的基底不再是最佳，對於最佳 z 值的影響為何？

在 5.2 節，我們在條件右端值改變但仍在範圍內，最佳基底保持不變下，決定新的最佳 z 值。假設我們改變條件的右端值而使目前的基底不再是最佳基底。在這種情況下，利用 LINDO Parametrics 能夠決定一個條件的影價格及最佳 z 值如何改變。

我們將利用在例題 1 改變可用原料數量，來說明如何利用 Parametrics 處理這個問題。假設可用原料的量的改變介於 0 及 10,000 單位之間，我們想決定最佳 z 值及影價格如何改變。首先，我們了解如果只有少量的原料可以使用，則 LP 將為不可行問題。首先，我們改變可用原料的量為 0，我們從 Range and Sensitivity Analysis 的第 4 列，得到可以減少的量為－3,900。這表示說至少需要 3,900 可用的原料，這個問題才會是可行解。因此我們改變原料條件的右端值為 3,900，再解這個 LP 問題。在找到最佳解後，選擇 Reports Parametrics。從對話框中，選擇第 4 列且設值為 10,000，再選擇 Text 輸出，我們可得如圖 5-12 的輸出結果。

```
RIGHTHANDSIDE PARAMETRICS REPORT FOR ROW: 4

        VAR     VAR    PIVOT    RHS      DUAL PRICE      OBJ
        OUT     IN     ROW      VAL      BEFORE PIVOT    VAL
                                3900.00   2.00000         5400.00
        X1      X3     2        4450.00   2.00000         6500.00
   SLK  5       SLK    3        4850.00   1.00000         6900.00
        X3      SLK    4        5250.00  -0.333067E-15    6900.00
                                10000.0   0.555112E-16    6900.00
```

圖 5-12

從圖 5-12，我們發現原料的可用量為 3,900，則對於這個原料的影價格 (或對隅價格) 現在為 \$2，且最佳 z 值為 5,400。目前基底保持最佳解直到 rm ＝ 4,450；介於 rm ＝ 3,900 及 rm ＝ 4,450 之間，每個單位增加在 rm 上將會增加最佳 z 值的影價格的值 \$2。因此，當 rm ＝ 4,450 時，最佳 z 值將轉為

$$5,400 + 2(4,450 - 3,900) = \$6,500$$

從圖 5-12，我們看到當 rm ＝ 4,450，x_3 進入基底且 x_1 離開，rm 的影價格為 \$1，且每增加一個單位的 rm (到下一個基底改變之前)，將增加最佳 z 值為 \$1。下一個基底的改變當 rm ＝ 4,850，在這個點，新的最佳 z 值可由 (最佳 z 值當 rm ＝ 6,500)＋(4,850 － 4,450) (\$1)＝ \$6,900 計算而得。當 rm ＝ 4,850，我們讓 SLACK3 (第 3 列或條件 2 的惰變數) 進入，而 SLACK5 離開，新的影價格為 \$0。因此當 rm ＞ 4,850 時，我們發現到 rm 增加一單位，不會增加最佳 z 值，這個討論以圖 5-13 做總結，其說明最佳 z 值為可用原料量的函數。

對於任何一個 LP，畫一個最佳目標函數為右端值的函數，會包含很多可能不同斜率的直線線段，(這個函數稱為階段性線性函數)，每個直線線段的斜率等於條件的影價格。在最佳基底改變的點 (圖 5-13 的 B 點、C 點及點 D)，圖形的斜率就可能會變。對於極大問題的 ≤ 條件，每一條線段的斜率必須為非負，在極大問題中，對於連續 ≤ 線段的條件斜率為非遞增。這表示減少的

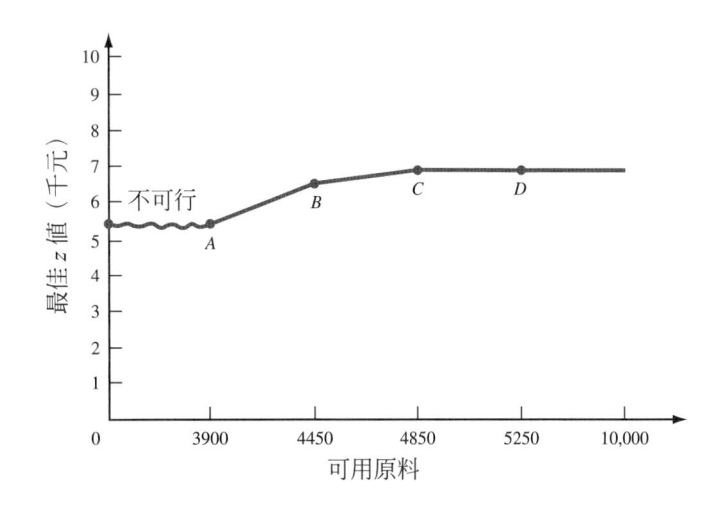

圖 5-13
最佳 z 值及原料

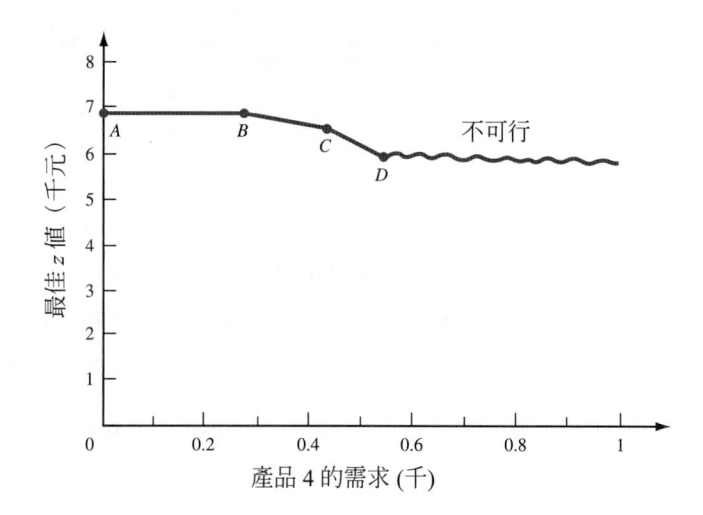

圖 5-14
最佳 z 值及產品 4 的需求

回收結果，亦即當我們得到更多的資源時 (其他可用資源保持不變)，每增加一單位的可用資源將不會增加回收。

在極大問題中，針對一個 ≥ 條件，最佳 z 值的圖形對於右端值的函數仍為一個階段性線性函數。每一個線段的斜率均為非正 (相對於 ≥ 條件有非正的影價格) 連續線段的斜率為非遞增。在例題 1 的 $x_4 \geq 400$ 條件，將最佳 z 值當做此條件右端值的函數可得圖 5-14。

在極大問題中，針對一個等式條件，最佳 z 值的圖形對於右端值的函數依然為階段性線性函數。每一條線段的斜率可正亦可負，但連續線段的斜率亦是非遞增，如例題 1 的條件 $x_1 + x_2 + x_3 + x_4 = 950$，我們得到圖 5-15。

針對極小問題，最佳 z 值的圖形對於右端值的函數亦為階段性線性函數，對於所有的極小問題，連續線段的斜率為非遞減。對於 ≤ 條件，每條線段斜率為非正。對於 ≥ 條件，斜率為非負，且對於等式條件，斜率可正亦可負。

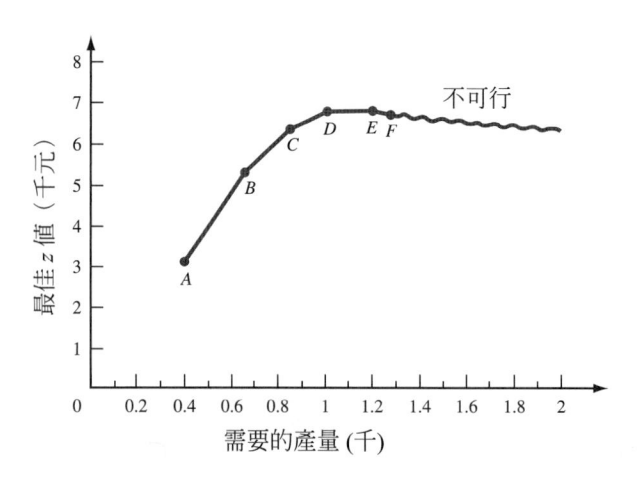

圖 5-15
最佳 z 值及生產需求

改變目標函數係數對於最佳 z 值的影響

現在我們討論如何找出最佳目標函數為變數的目標函數係數函數圖形。為了了解如何做，考慮 Giapetto 問題。

$$\max z = 3x_1 + 2x_2$$
$$\text{s.t.} \quad 2x_1 + x_2 \leq 100$$
$$x_1 + x_2 \leq 80$$
$$x_1 \leq 40$$
$$x_1, x_2 \geq 0$$

令 $c_1 = x_1$ 的目標函數係數。目前，我們得到 $c_1 = 3$，我們想要決定最佳 z 值如何受到 c_1 的影響，為了決定這個關係，我們必須找到對每一個 c_1 的最佳決策變數值。從圖 5-1，若等利潤線比木工條件平坦，A 點＝(0, 80) 為最佳解。相同地，若等利潤線比木工工時條件陡且比完工工時條件平坦，B 點＝(20, 60) 為最佳解。最後，若等利潤線的斜率比完工工時的斜率陡，C 點＝(40, 20) 為最佳解。一個典型的等利潤線為 $c_1x_1 + 2x_2 = k$，所以我們知道這個等利潤線的斜率為 $-\frac{c_1}{2}$，這代表點 A 為最佳，若 $-\frac{c_1}{2} \geq -1$ (或 $c_1 \leq 2$)。我們亦可找到 B 點為最佳，若 $-2 \leq -\frac{c_1}{2} \leq -1$ (或 $2 \leq c_1 \leq 4$)。最後，C 點為最佳，若 $-\frac{c_1}{2} \leq -2$ (或 $c_1 \geq 4$)。將最佳決策變數值代入目標函數 ($c_1x_1 + 2x_2$)，我們可以得到下列訊息：

c_1 值	最佳 z 值
$0 \leq c_1 \leq 2$	$c_1(0) + 2(80) = \$160$
$2 \leq c_1 \leq 4$	$c_1(20) + 2(60) = 120 + 20c_1$
$c_1 \geq 4$	$c_1(40) + 2(20) = 40 + 40c_1$

c_1 與最佳 z 值的關係描繪在圖 5-16，如同在圖形上所見，最佳 z 值為 c_1 的一個函數，其圖形為階段線性函數，在圖中的每一條線段斜率為在最佳解中 x_1 的值。在極大問題中，可以證明 (參考問題 5) 當目標函數係數增加時，在 LP 最佳解的變數值不會減少。因此，最佳函數 z 值的斜率為目標函數值係數的函數且其為非遞減。

相似地，在極小問題中，最佳 z 值為變數 x_i 的目標函數係數 c_i 的一個函數，且其圖形為階段性線性函數。相同地，每個線段的斜率等於相對於線段之 bfs 的最佳 x_i 值。我們也可以證明 (參考問題 6) 最佳 x_i 值為 c_i 的非遞增函數。因此，在極小問題中，最佳 z 值為 c_i 函數，且其圖形為有非遞增斜率的階段函數。

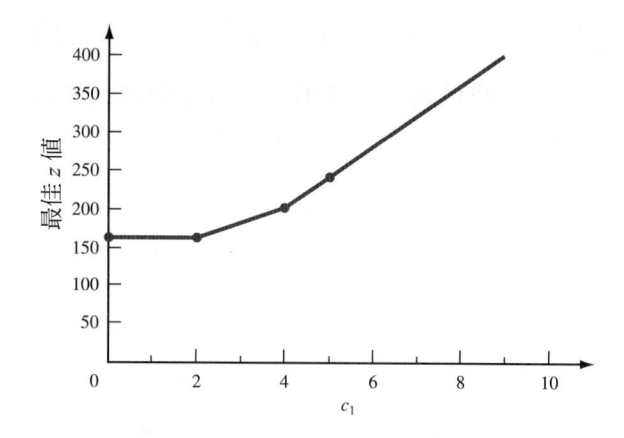

圖 5-16
最佳 z 值及 c_1

問 題

問題組 A

在下面的問題，b_i 代表一個 LP 的條件 i 的右端值。

1. 利用 LINDO **PARA** 的指令畫出例題 1 的最佳 z 值為 b_4 函數圖形。
2. 利用 **PARA** 的指令畫出例題 2 的最佳 z 值為 b_1 函數圖形，然後分別回答 b_2、b_3 及 b_4 相同的問題。
3. 在 3.1 節，針對 Giapetto 問題，畫出最佳 z 值為 x_2 目標函數係數的圖形。同樣地，畫出最佳 z 值為 b_1、b_2 及 b_3 的圖形。
4. 針對 Dorian Auto 案例 (第 3 章例題 2)，令 c_1 代表 x_1 的目標函數係數，決定最佳 z 值為 c_1 的函數為何。

問題組 B

5. 針對例題 1，假設我們增加一個產品的銷售價格。證明在新的最佳解中，每個產品的生產量不會減少。
6. 針對例題 2，假設我們增加某種汽車的生產成本。證明在此 LP 的新的最佳解中，該種汽車的生產個數不會是增加。
7. 考慮 Sailco 問題 (第 3 章例題 12)，假設我們考慮在正常時間的勞工下，當我們改變每個月遊艇的生產量，利潤會受到如何的影響。我們如何利用 **PARA** 的指令來回答此題？(提示：令 c 代表勞工在正常時間下，每個月遊艇生產量的改變，改變某個條件的右端值為 $40 + c$ 並在這個問題加入其它條件。)

總　結

圖解敏感度分析

　　為了決定改變目標函數係數後，目前的基底是否為最佳解，注意：改變一個變數的目標函數係數會改變等利潤線的斜率。目前的基底仍然是最佳解只要目前的最佳解是由移動等利潤線往增加 z 的方向 (針對極大問題) 與可行區域接觸到的最後一個點。若這個基底保持最佳，決策變數值保持不變，但最佳 z 值會改變。

　　為了決定在改變一個條件的右端值後，目前的基底是否為最佳解，先找出一些條件 (有可能包含符號限制)，它們綁住目前的最佳解，當我們改變一個條件的右端值時，目前的基底保持最佳只要這些條件綁住的點仍保持為可行即可，即使目前的基底保持為最佳，決策變數及最佳 z 值均會改變。

影價格

　　在一個線性規劃問題中，條件 i 的**影價格** (shadow price) 為條件 i 的右端值增加一單位對於最佳 z 值的改善的量 (假設目前基底保持最佳)，條件 i 的影價格在 LINDO 輸出中第 $i+1$ 列的對隅價格。

　　若條件 i 的右端值增加 Δb_i 單位，則對於一個極大問題 (假設目前的基底保持最佳，新的最佳 z 值可以由下列公式得之：

$$(新最佳\ z\ 值)=(原最佳\ z\ 值)+(條件\ i\ 的影價格)\ \Delta b_i \tag{1}$$

針對極小問題，新的最佳 z 值可以由下列方程式得之：

$$(新最佳\ z\ 值)=(原最佳\ z\ 值)-(條件\ i\ 的影價格)\ \Delta b_i \tag{2}$$

目標函數係數範圍

　　在 LINDO 的輸出中，OBJ COEFFICIENT RANGE 提供讓目前基底仍然保持最佳的目標函數係數範圍。在這個範圍中，最佳決策變數係數不變，但最佳 z 值可能會變或不會變。

降低成本

　　對於任何非基本變數，某一變數的降低成本為在該變數將進入 LP 中某些最佳解的基本變數前，這個非基本變數的目標函數必須改善的量。

右端值範圍

　　在給定的 LINDO 輸出中，若某個條件的右端值保持在 RIGHTHAND SIDE RANGES，則目前的基底保持最佳，且對隅價格可以用來決定右端值的改變如何改變

表 5-9

LP 型態	條件型態	每一個階段線段的斜率
極大	≤	非負且非遞增
極大	≥	非正且非遞增
極大	=	沒有限制符號且非遞增
極小	≤	非正且非遞減
極小	≥	非負且非遞減
極小	=	沒有限制符號且非遞減

最佳 z 值,即使在一個 LINDO 輸出中,一個條件的右端值保持在 RIGHTHAND SIDE RANGE 內,則決策變數的值可能會變。

影價格的符號

一個 ≥ 條件會有非正的影價格;一個 ≤ 條件會有一個非負的影價格;且一個等式條件可能會有正、負或零的影價格。

最佳 z 值為一個條件右端值的函數

在所有狀況下,最佳 z 值為一個條件右端值的階段線性函數,真正的函數型態列在表 5-9。

最佳 z 值為目標函數係數的函數

在極大問題中,最佳 z 值將為目標函數係數的非遞減階段線性函數,這個斜率為目標函數係數的非遞減函數。

在極小問題中,最佳 z 值將為目標函數係數的非遞減階段線性函數,這個斜率為目標函數係數的非遞增函數。

複習題

問題組 A

1. HAL 生產二種電腦:PC 及 VAX,電腦的生產可以在二個地點:紐約及洛杉磯,其中紐約可以產至多 800 部而洛杉磯可至多 1,000 部電腦,HAL 可銷售至 900PC 及 900 部 VAX。不同的生產地點與電腦銷售的利潤如下:紐約──PC,$600;VAX,$800;洛杉磯──PC,$1,000;VAX,$1,300。在每一個地點製造每一種 PC 所需要的勞工工時如下:紐約──PC,2 小時;VAX,2 小時;洛杉磯──PC,3 小時;VAX,4 小時,目前總共有 4,000 勞工工時可用,每個勞工需要以每個小時 $20 購買。令

XNP =在紐約製造的 PC 產量
XLP =在洛杉磯製造的 PC 產量

```
MAX      600 XNP + 1000 XLP + 800 XNV
                    + 1300 XLV - 20 L
SUBJECT TO
    2)    2 XNP + 3 XLP + 2 XNV
                  + 4 XLV - L  <=     0
    3)    XNP  +  XNV   <=   800
    4)    XLP  +  XLV   <=  1000
    5)    XNP  +  XLP   <=   900
    6)    XNV  +  XLV   <=   900
    7)    L    <=   4000
END
LP OPTIMUM FOUND AT STEP          3
           OBJECTIVE FUNCTION VALUE
           1)   1360000.00

VARIABLE         VALUE          REDUCED COST
   XNP          .000000           200.000000
   XLP       800.000000             .000000
   XNV       800.000000             .000000
   XLV          .000000            33.333370
    L       4000.000000             .000000

    ROW    SLACK OR SURPLUS      DUAL PRICES
     2)         .000000          333.333300
     3)         .000000          133.333300
     4)       200.000000            .000000
     5)       100.000000            .000000
     6)       100.000000            .000000
     7)         .000000          313.333300

NO. ITERATIONS=         3
RANGES IN WHICH THE BASIS IS UNCHANGED:
              OBJ COEFFICIENT RANGES
VARIABLE    CURRENT     ALLOWABLE      ALLOWABLE
             COEF       INCREASE        DECREASE
  XNP     600.000000   200.000000       INFINITY
  XLP    1000.000000   200.000000      25.000030
  XNV     800.000000    INFINITY      133.333300
  XLV    1300.000000    33.333370       INFINITY
   L      -20.000000    INFINITY      313.333300

              RIGHTHAND SIDE RANGES
 ROW     CURRENT      ALLOWABLE      ALLOWABLE
          RHS          INCREASE       DECREASE
  2       .000000     300.000000    2400.000000
  3     800.000000    100.000000     150.000000
  4    1000.000000     INFINITY     200.000000
  5     900.000000     INFINITY     100.000000
  6     900.000000     INFINITY     100.000000
  7    4000.000000    300.000000    2400.000000
```

圖 5-17
HAL 的 LINDO 輸出

```
MAX      5 X1 + 2 X2
SUBJECT TO
    2)    2 X1 +  X2 <=  30
    3)    4 X1 +  X2 <=  50
    4)      X1       >=  11
END
LP OPTIMUM FOUND AT STEP          2
           OBJECTIVE FUNCTION VALUE
           1)   67.0000000

VARIABLE         VALUE          REDUCED COST
   X1        11.000000             .000000
   X2         6.000000             .000000

    ROW    SLACK OR SURPLUS      DUAL PRICES
     2)       2.000000             0.000000
     3)         .000000            2.000000
     4)         .000000           -3.000000

NO. ITERATIONS=         2
RANGES IN WHICH THE BASIS IS UNCHANGED:
              OBJ COEFFICIENT RANGES
VARIABLE    CURRENT     ALLOWABLE      ALLOWABLE
             COEF       INCREASE        DECREASE
   X1      5.000000     3.000000       INFINITY
   X2      2.000000     INFINITY        .750000

              RIGHTHAND SIDE RANGES
 ROW     CURRENT      ALLOWABLE      ALLOWABLE
          RHS          INCREASE       DECREASE
  2      30.000000     INFINITY       2.000000
  3      50.000000     2.000000       6.000000
  4      11.000000     1.500000       1.000000
```

圖 5-18
Vivian 珠寶的 LINDO 輸出

XNV ＝在紐約製造的 VAX 產量
XLV ＝在洛杉磯製造的 VAX 產量

利用在圖 5-17 的 LINDO 輸出，回答以下問題：

a. 若有 3,000 個勞工工時可用，HAL 的利潤如何？

b. 假設有一個顧客的訂單增加紐約的生產量至 850 部電腦，每部的成本為 $5,000，HAL 是否需要這個訂單？

c. 在 HAL 想要在洛杉磯生產 VAX 之前，在洛杉磯的 VAX 利潤必需增加到多少才會生產？

d. 若要多一個工作小時，HAL 至多願意付多少錢？

2. Vivian 珠寶公司製造二種珠寶：型 1 與型 2。每一個珠寶 1 包含 2 顆紅寶石與 4 顆鑽石，每一件珠寶 1 可賣 $10 且需要生產成本 $5，每一個珠寶 2 包含 1 顆紅寶石與 1 顆鑽石，每個珠寶 2 可賣 $6 且需要生產成本 $4。現在總共有 30 顆紅寶石與 50 顆鑽石可用。每一個珠寶只要生產一定可以賣出去，但市場考量顯示出至少要有 11 型珠寶 1 必須生產。令 x_1 表珠寶 1 生產量且 x_2 表珠寶 2 生產量。假設 Vivian 想要極大化利潤，利用圖 5-18 的 LINDO 輸出回答以下問題：

a. 若有 46 顆鑽石可用，Vivian 公司的利潤為多少？
b. 若珠寶 2 只能賣 $5.50，這個問題新的最佳解為何？
c. 若至少需要 12 個珠寶 1，Vivian 公司的利潤為何？

3. Wivco 公司透過原料製程生產二種產品：產品 1 及產品 2，目前有 90 磅的原料可以購買，其購買成本為 $10/磅，一磅的原料可以用來製造 1 磅的產品 1 或 0.33 磅的產品 2。利用 1 磅的原料用來生產產品 1 需要 2 個小時的勞工或 3 個小時的勞工來生產 0.33 磅的產品 2。公司總共有 200 個工作小時可用，且至多只有 40 磅的產品 2 可賣，產品 1 的售價為 $13/磅且產品 2 為 $40/磅。令

　　　　　　　RM ＝用來製造的原料磅數
　　　　　　　P1 ＝用來生產產品 1 的原料磅數
　　　　　　　P2 ＝用來生產產品 2 的原料磅數

為了極大化利潤，Wivco 必須解以下 LP 問題：

$$\begin{aligned}
\max z = &\ 13P1 + 40(0.33)P2 - 10RM \\
\text{s.t.} \quad RM \geq &\ P1 + P2 \\
&\ 2P1 + 3P2 \leq 200 \\
RM \leq &\ 90 \\
&\ 0.33P2 \leq 40 \\
&\ P1, P2, RM \geq 0
\end{aligned}$$

利用圖 5-19 的 LINDO 輸出回答以下問題：

a. 若只有 87 磅的原料可購買，Wivco 的利潤為多少？
b. 若每個產品 2 可賣 $39.50/磅，Wivco 公司的新最佳解為何？
c. 若是要多一個單位的原料，Wivco 公司最多要付多少錢？
d. 若是要多一小時的勞工工時，Wivco 公司最多要付多少錢？

4. Zales 珠寶公司利用紅寶石與藍寶石生產二種特殊款式的戒子。戒子 1 需要 2 顆紅寶石，3 顆藍寶石及珠寶勞工工時 1 小時。戒子 2 需要 3 顆紅寶石，2 顆藍寶石及珠寶勞工工時 2 小時。每一個寶石 1 售價 $400；寶石 2 售價 $500，在 Zales 公司所製造的所有戒子均可售出。現在，Zales 公司有 100 顆紅寶石，120 顆藍寶石，及 70 小時的珠寶勞工工時。若要多購買一顆紅寶石需要成本 $100，市場上的需求，需要公司生產至少 20 個戒子 1 及至少 25 個戒子 2。為了極大化利潤，Zales 必須求解以下 LP：

　　X1 ＝戒子 1 的生產量
　　X2 ＝戒子 2 的生產量
　　 R ＝購買紅寶石的數量

```
MAX      13 P1 + 13.2 P2 - 10 RM
SUBJECT TO
    2)  - P1 - P2 + RM >=  0
    3)    2 P1 + 3 P2  <= 200
    4)         RM      <=  90
    5)       0.33 P2   <=  40
END

        LP OPTIMUM FOUND AT STEP     3
              OBJECTIVE FUNCTION VALUE

  1)            274.000000

 VARIABLE        VALUE         REDUCED COST
    P1        70.000000           0.000000
    P2        20.000000           0.000000
    RM        90.000000           0.000000

    ROW    SLACK OR SURPLUS     DUAL PRICES
    2)         0.000000          -12.600000
    3)         0.000000            0.200000
    4)         0.000000            2.600000
    5)        33.400002            0.000000

NO. ITERATIONS=         3

RANGES IN WHICH THE BASIS IS UNCHANGED:
              OBJ COEFFICIENT RANGES
VARIABLE   CURRENT     ALLOWABLE     ALLOWABLE
            COEF       INCREASE      DECREASE
   P1    13.000000     0.200000      0.866667
   P2    13.200000     1.300000      0.200000
   RM   -10.000000     INFINITY      2.600000

              RIGHTHAND SIDE RANGES
  ROW    CURRENT      ALLOWABLE     ALLOWABLE
          RHS         INCREASE      DECREASE
   2      0.000000    23.333334     10.000000
   3    200.000000    70.000000     20.000000
   4     90.000000    10.000000     23.333334
   5     40.000000    INFINITY      33.400002
```

```
MAX     400 X1 + 500 X2 - 100 R
SUBJECT TO
    2)    2 X1 +  3 X2 -  R <=  100
    3)    3 X1 +  2 X2       <= 120
    4)      X1 +  2 X2       <=  70
    5)      X1              >=   20
    6)      X2              >=   25
END

        LP OPTIMUM FOUND AT STEP     2
              OBJECTIVE FUNCTION VALUE

         1)    19000.0000

 VARIABLE        VALUE         REDUCED COST
    X1        20.000000           0.000000
    X2        25.000000           0.000000
    R         15.000000           0.000000

    ROW    SLACK OR SURPLUS     DUAL PRICES
    2)         0.000000          100.000000
    3)        10.000000            0.000000
    4)         0.000000          200.000000
    5)         0.000000            0.000000
    6)         0.000000         -200.000000

NO. ITERATIONS=         2

RANGES IN WHICH THE BASIS IS UNCHANGED:
              OBJ COEFFICIENT RANGES
VARIABLE   CURRENT     ALLOWABLE     ALLOWABLE
            COEF       INCREASE      DECREASE
   X1    400.000000    INFINITY     100.000000
   X2    500.000000    200.000000    INFINITY
   R    -100.000000    100.000000   100.000000

              RIGHTHAND SIDE RANGES
  ROW    CURRENT      ALLOWABLE     ALLOWABLE
          RHS         INCREASE      DECREASE
   2    100.000000    15.000000     INFINITY
   3    120.000000    INFINITY      10.000000
   4     70.000000     3.333333      0.000000
   5     20.000000     0.000000     INFINITY
   6     25.000000     0.000000      2.500000
```

圖 5-19　Wivco 的 LINDO 輸出　　　　　圖 5-20　Zales 的 LINDO 輸出

$$\max z = 400X1 + 500X2 - 100R$$
$$\text{s.t.} \quad 2X1 + 3X2 - R \leq 100$$
$$3X1 + 2X2 \leq 120$$
$$X1 + 2X2 \leq 70$$
$$X1 \geq 20$$
$$X2 \geq 25$$
$$X1, X2 \geq 0$$

利用圖 5-20 的 LINDO 輸出來回答以下問題：

a. 假設每顆紅寶石為 $190，取代原來的 $100，Zales 是否會購買紅寶石？這個問題新的最佳解為何？

b. 假設 Zales 公司至少需要生產至少 23 個戒子 2，現在 Zales 公司的利潤為何？

c. 若是要多一個小時的珠寶工時，Zales 公司最多願意付多少錢？

d. 若要多一顆藍寶石，Zales 公司最多願意付多少錢？

5. Beerco 製造麥酒與啤酒，利用穀類、啤酒花、及麥芽生產。目前，有 40 磅的穀類、30 磅的啤酒花、及 40 磅的麥芽可用。一桶麥酒可賣 $40 且生產需要穀類 1 磅、啤酒花 1 磅、以及麥芽 2 磅。一桶啤酒可賣 $50 且生產需要穀類 2 磅、啤酒花 1 磅、以及麥芽 1 磅。 Beerco 所生產的麥酒與啤酒均可售出。假設 Beerco 公司的目標為極大化總銷售利潤且解下列 LP：

$$\max z = 40\text{ALE} + 50\text{BEER}$$
$$\text{s.t.} \quad \text{ALE} + 2\text{BEER} \le 40 \quad (穀類條件)$$
$$\text{ALE} + \text{BEER} \le 30 \quad (酒花條件)$$
$$2\text{ALE} + \text{BEER} \le 40 \quad (麥芽條件)$$
$$\text{ALE, BEER} \ge 0$$

ALE＝麥酒生產桶數，且 BEER＝啤酒生產桶數。

a. 利用圖解法求出麥酒價格的範圍，使目前的基底仍為最佳。
b. 利用圖解法求出啤酒價格的範圍，使目前的基底仍為最佳。
c. 利用圖解法求出穀類可用量的範圍，使目前的基底仍為最佳，穀類的影價格如何？
d. 利用圖解法求出酒花可用量的範圍，使目前的基底仍為最佳，酒花的影價格如何？
e. 利用圖解法求出麥芽可用量的範圍，使目前的基底仍為最佳，麥芽的影價格如何？
f. 若將每一個條件以盎司取代磅表示，試求每一個條件的影價格。
g. 利用最佳 z 值為麥酒價格的函數，畫出其圖形。
h. 利用最佳 z 值為酒花可用量的函數，畫出其圖形。
i. 利用最佳 z 值為麥芽可用量的函數，畫出其圖形。

6. Gepbab 產品公司利用勞工與原料生產三種產品，三種產品所需要的原料與銷售價格列在表 5-10。目前，共有 60 單位的原料可用，而最多有 90 個小時的勞工可用，其一個小時以 $1 購買。為了極大化 Gepbab 利潤，解下列 LP：

$$\max z = 6X1 + 8X2 + 13X3 - L$$
$$\text{s.t.} \quad 3X1 + 4X2 + 6X3 - L \le 0$$
$$2X1 + 2X2 + 5X3 \le 60$$
$$L \le 90$$
$$X1, X2, X3, L \ge 0$$

在此，X_i 代產品 i 的產品，且 L 表示勞工工時的購買單位。利用圖 5-21 回答以下問題：

a. 多購買一個單位的原料，公司願意付出的最大金額為多少？
b. 多購買一個單位的勞工，公司願意付出的最大金額為多少？
c. 產品 1 的售價為多少時，公司願意來生產它？
d. 若有 100 個勞工工時可購買，公司的利潤為何？
e. 若產品 3 的售價為 $15，新的最佳解為何？

表 5-10

資源	產品 1	產品 2	產品 3
勞工 (小時)	3	4	6
原料 (單位)	2	2	5
售價 ($)	6	8	13

```
MAX      6 X1 + 8 X2 + 13 X3 - L
SUBJECT TO
    2)   3 X1 + 4 X2 + 6 X3 - L <=   0
    3)   2 X1 + 2 X2 + 5 X3     <=  60
    4)   L                      <=  90
END

LP OPTIMUM FOUND AT STEP         3

        OBJECTIVE FUNCTION VALUE

    1)     97.5000000

VARIABLE        VALUE       REDUCED COST
    X1        .000000           .250000
    X2      11.250000           .000000
    X3       7.500000           .000000
    L       90.000000           .000000

    ROW   SLACK OR SURPLUS    DUAL PRICES
    2)       .000000           1.750000
    3)       .000000            .500000
    4)       .000000            .750000

NO. ITERATIONS=        3

RANGES IN WHICH THE BASIS IS UNCHANGED:
               OBJ COEFFICIENT RANGES
VARIABLE   CURRENT      ALLOWABLE     ALLOWABLE
            COEF         INCREASE      DECREASE
   X1     6.000000        .250000       INFINITY
   X2     8.000000        .666667        .666667
   X3    13.000000       3.000000       1.000000
   L     -1.000000        INFINITY       .750000

               RIGHTHAND SIDE RANGES
   ROW    CURRENT       ALLOWABLE     ALLOWABLE
            RHS          INCREASE      DECREASE
    2      .000000      30.000000      18.000000
    3    60.000000      15.000000      15.000000
    4    90.000000      30.000000      18.000000
```

圖 5-21　Gepbab 的 LINDO 輸出

```
MAX    32 SM + 55 TM + 5 SB + 5 TB
SUBJECT TO
    2)   3 SM + 5 TM          <=  145
    3)   2 SM + 4 TM          <=   90
    4)   SM + SB              <=   50
    5)   TM + TB              <=   50
END

LP OPTIMUM FOUND AT STEP         4

        OBJECTIVE FUNCTION VALUE

    1)     1715.00000

VARIABLE        VALUE       REDUCED COST
   SM       45.000000           .000000
   TM        .000000           4.000000
   SB        5.000000           .000000
   TB       50.000000           .000000

    ROW   SLACK OR SURPLUS    DUAL PRICES
    2)     10.000000            .000000
    3)       .000000          13.500000
    4)       .000000           5.000000
    5)       .000000           5.000000

NO. ITERATIONS=        4

RANGES IN WHICH THE BASIS IS UNCHANGED:
               OBJ COEFFICIENT RANGES
VARIABLE   CURRENT      ALLOWABLE     ALLOWABLE
            COEF         INCREASE      DECREASE
   SM    32.000000        INFINITY     2.000000
   TM    55.000000       4.000000       INFINITY
   SB     5.000000       2.000000      5.000000
   TB     5.000000        INFINITY     4.000000

               RIGHTHAND SIDE RANGES
   ROW    CURRENT       ALLOWABLE     ALLOWABLE
            RHS          INCREASE      DECREASE
    2   145.000000        INFINITY    10.000000
    3    90.000000       6.666667     90.000000
    4    50.000000        INFINITY     5.000000
    5    50.000000        INFINITY    50.000000
```

圖 5-22　Giapetto 的 LINDO 輸出

7. Giapetto 公司銷售二種產品：木製士兵與木製火車。製造士兵與火車所需要的資源列在表 5-11，目前公司有木材 145,000 平方呎及 90,000 個勞工工時可用。目前有士兵 50,000 個及火車 50,000 輛可賣，每輛火車可賣 \$55 及士兵可賣 \$32。除了生產火車與士兵，Giapetto 可以購買 (從外部供應商) 以每個 \$27 購得額外的士兵及以 \$50 購得額外的火車。令

SM＝製造士兵的數量 (以千個計)
SB ＝以 \$27 購買的士兵數量 (以千個計)
TM＝製造火車的數量 (以千個計)
TB ＝以 \$50 購買的火車數量 (以千個計)

表 5-11

	士兵	火車
木材 (平方呎)	3	5
勞工 (小時)	2	4

則 Giapetto 可以利用圖 5-22 LINDO 輸出的 LP 模式求解極大化利潤問題。(提示：思考目標函數與條件的單位)

a. 若 Giapetto 可以 $48 購得一部火車，則這個 LP 新的最佳解為何？解釋之。

b. Giapetto 公司願意多付木材 100 平方呎的金額是多少？多付 100 個勞工工時的金額又是多少？

c. 若公司共有 60,000 個勞工工時可用，Giapetto 的利潤為何？

d. 若公司只有 40,000 個火車可賣出，Giapetto 的利潤又為何？

8. Wivco 生產二種產品，相關的資料列在表 5-12。每週公司有至多可以購買 400 單位的原料，其單位價錢為 $1.50。公司共僱用四名工人，每週工作 40 小時 (薪水視為固定成本)。若有加班，每個工人每小時付 $6，每週有 320 個機器小時可用。

在無廣告下，每週產品 1 的需求量有 50 個單位而產品 2 有 60 個單位。由於廣告可以刺激每週的需求量，每一塊錢花在廣告產品 1 可增加 10 單位，每一塊錢花在廣告產品 2 可增加 15 單位，公司至多可花 $100 在廣告上，定義

$P1$ ＝每週產品 1 的產量
$P2$ ＝每週產品 2 的產量
OT ＝每週加班的勞工工時
RM ＝每週購買的原料數
$A1$ ＝每週花在產品 1 的廣告費用
$A2$ ＝每週花在產品 2 的廣告費用

則 Wivco 必須解以下 LP：

$$\max z = 15P1 + 8P2 - 6(OT) - 1.5RM - A1 - A2 \quad (1)$$
$$\text{s.t.} \quad P1 - 10A1 \leq 50 \quad (2)$$
$$P2 - 15A2 \leq 60 \quad (3)$$
$$0.75P1 + 0.5P2 \leq 160 + (OT) \quad (4)$$
$$2P1 + P2 \leq RM \quad (5)$$
$$RM \leq 400 \quad (6)$$
$$A1 + A2 \leq 100 \quad (7)$$
$$1.5P1 + 0.8P2 \leq 320$$
所有變數為非負

利用 LINDO 求解這個 LP 問題，然後利用電腦輸出回答問題：

a. 如果加班成本一小時 $4，Wivco 是否需要使用它？

b. 如果每一個產品 1 可賣 $15.50，目前的基底是否仍為最佳？新的最佳解為何？

c. 若要多一個單位的原料，Wivco 需要付的最大金額是多少？

表 5-12

	產品 1	產品 2
銷售價格 ($)	15	8
需要工時 (小時)	0.75	0.50
機器需求時間 (小時)	1.5	0.80
原料需求 (單位)	2	1

d. 若要多一個單位的機器時間，Wivco 需要付多少錢？

e. 如果每一位工作者 (工作正常時間) 必須每週工作 45 小時，公司的利潤為何？

f. 解釋為什麼列 (1) 的影價格為 0.10。(提示：若列 (1) 的右端值從 50 增加至 51，則在不廣告產品 1 的情況下，每週可賣出 51 個單位的產品 1。)

9. 在這個問題中，針對混合問題 (參考 3.8 節)，我們討論如何解釋影價格，為了說明這個觀念，我們討論 3.8 節問題 2。若我們定義

$$x_{6J} = 在果汁中等級 6 橘子磅數$$
$$x_{9J} = 在果汁中等級 9 橘子磅數$$
$$x_{6B} = 在包裝中等級 6 橘子磅數$$
$$x_{9B} = 在包裝中等級 6 橘子磅數$$

則適當的模式為

$$\max z = 0.45(x_{6J} + x_{9J}) + 0.30(x_{6B} + x_{9B})$$

$$\text{s.t.} \quad x_{6J} + x_{6B} \leq 120{,}000 \quad \text{(等級 6 條件)}$$

$$x_{9J} + x_{9B} \leq 100{,}000 \quad \text{(等級 9 條件)}$$

$$\frac{6x_{6J} + 9x_{9J}}{x_{6J} + x_{9J}} \geq 8 \quad \text{(橘子汁條件)} \quad \textbf{(1)}$$

$$\frac{6x_{6B} + 9x_{9B}}{x_{6B} + x_{9B}} \geq 7 \quad \text{(包裝條件)} \quad \textbf{(2)}$$

$$x_{6J}, x_{9J}, x_{6B}, x_{9B} \geq 0$$

條件 (1) 及 (2) 即為混合條件的例子，因為它規定等級 6 及等級 9 橘子混合生產橘子汁及包裝橘子的比例。對於決定一點點橘子汁與包裝橘子的改變如何影響利潤是相當有用的。在本問題的最後，我們解釋如何利用條件 (1) 及 (2) 的影價格來回答問題：

a. 假設橘子汁的平均等級增加至 8.1，假設目前的基底保持最佳，利潤會改變多少？

b. 假設袋裝橘子的平均等級減少至 6.9，假設目前的基底保持最佳，利潤會改變多少？

條件 (1) 與 (2) 的影價格為 -0.51，O.J.問題的最佳解為 $x_{6J} = 26{,}666.67$，$x_{9J} = 53{,}333.33$，$x_{6B} = 93{,}333.33$，$x_{9B} = 46{,}666.67$。為了解釋綁住條件 (1) 及 (2) 的影價格，我們假設改變些微的產品質標準，不會明顯地改變產品生產的產量。

現在條件 (1) 可以寫成

$$6x_{6J} + 9x_{9J} \geq 8(x_{6J} + x_{9J}) \quad \text{或} \quad -2x_{6J} + x_{9J} \geq 0$$

若橘子汁的品質標準改成 $8 + \Delta$，則條件 (1) 可以改成

$$6x_{6J} + 9x_{9J} \geq (8 + \Delta)(x_{6J} + x_{9J}) \quad \text{或} \quad -2x_{6J} + x_{9J} \geq \Delta(x_{6J} + x_{9J})$$

因為我們假設橘子汁的品質從 8 改變 $8 + \Delta$，不會改變橘子汁的產量，$x_{6J} + x_{9J}$ 仍保持等於 80,000 且條件 (1) 變成

$$-2x_{6J} + x_{9J} \geq 80{,}000\Delta$$

10. 利用 LINDO 求解 3.10 節 Sailco 的問題，然後利用這個輸出回答以下問題：
    a. 若月份 1 的需求降低至 35 個帆船，則滿足接下來四個月的需求總成本為多少？
    b. 在月份 1，若在一般時間下，生產帆船的成本為 $420，則 Sailco 公司新的最佳解為何？
    c. 假設有一個新的顧客願意花 $425 購買一艘帆船。若他的需求必須在月份 1 被滿足，Salico 是否要接下這張訂單？若他的需要要在未來 4 個月被滿足，又會如何？

11. Autoco 公司有三間組裝工廠，其位置在某一個國家的三個不同地點。第一間工廠 (在 1937 年建立，位置在 Norwood，Ohio) 需要勞工工時 2 小時及機器時間 1 小時來組裝一部汽車。第二間工廠 (在 1958 年建立，位置在 Bakersfield，Colifornia) 組裝一部汽車需要勞工工時 1.5 小時及機器時間 1.5 小時。第三間工廠 (在 1981 年建立，位置在 Kingsport，Tennessce) 組裝一部汽車需要勞工工時 1.1 小時及機器時間 2.5 小時。

    公司在每個工廠，給每個小時的勞工 $30 且每個小時的機器時間給 $10。工廠 1 的機器時間容量每天有 1,000 小時；工廠 2 有 900 小時；且工廠 3 有 2,000 小時，公司的產量目標為每天 1,800 部汽車。

    生產部門設定每間工廠的排程是利用線性規劃問題求解在三間組裝工廠的成本極小化問題。

    a. 利用 LINDO 解滿足 Autoco 公司的每天產能目標的極小化問題。
    b. 位在 Ohio 的 Norwood，UWA 提出在工廠內薪資的特權以提升僱員的人數，薪資比率至少要降低多少，才能增加工廠的僱員。
    c. 在給定目前輸出的水準 1,800 部汽車，多組裝一部汽車需要多花多少錢？
    d. 有一組生產專家指出在 Bakersfield 工廠若能重新組裝生產線，公司就可以達到其效能。為了達到工廠產能的效果，在工廠內每部汽車的勞工工時，必須從 1.5 小時變成 1 小時。假設公司還是生產 1,800 部汽車，對於這個改變，公司的成本下降多少？
    e. 若必須生產 2,000 部汽車，成本會增加多少？
    f. 若 Bakerfield，California 的勞工工時每小時 $32，新的最佳解為多少？

12. Machinco 公司生產四種產品，需要二部機器的時間及二種勞工工時 (技術及非技術)。每個產品所需要的機器時間及勞工工時 (小時) 及售價列在表 5-13，每個月機器 1 有 700 小時可用且機器 2 有 500 個小時。每個月，Machinco 可以購買 600 個小時的技術勞工，每小時 $8 且可購買 650 個小時的非技術勞工，每小時 $6。建立一個 LP 模式可以讓 Machinco 將每個月的利潤極大化，解這個 LP 且利用輸出回答以下問題：
    a. 若產品 3 的售價增加多少時，其生產會變成最佳解？

表 5-13

產品	機器1	機器2	技術	非技術	銷售量
1	11	4	8	7	300
2	7	6	5	8	260
3	6	5	4	7	220
4	5	4	6	4	180

b. 若產品 1 售價為 $290，則這個問題的最佳解為何？
c. 若要增加每部機器可用時間一小時，Machinco 最多願意付出多少？
d. 若要增加每部機器的個別勞工工時一個小時，Machinco 最多願意付出多少？
e. 若每個月技術員工有 700 個小時可購買，則 Machinco 的每月利潤為多少？

13. 有一家公司生產工具在二個工廠及將它賣給三名顧客，在每個工廠每生產 1,000 個工具及運送給顧客的成本列在表 5-14。顧客 1 及 3 每千部工具需付 $200；顧客 2 每千部工具付 $150。為了在工廠 1 生產 100 部工具，必需要有 200 個勞工工時，在工廠 2 需要 300 個勞工工時，在這二個工廠共有 5,500 個勞工工時可用，每增加一個勞工工時必需要 $20。工廠 1 可以生產至 10,000 工具且工廠 2 可以生產至 12,000 工具。每個顧客的需求是無限的，若 X_{ij} 代表在工廠 i 生產且送到顧客 j 的工具數 (千部)，則公司解此 LP 問題，其 LINDO 的輸出列在圖 5-23，利用這個輸出來解以下問題：
a. 若工廠 1 生產 1,000 部且運送至顧客 1 的成本為 $70，這個問題新的最佳解為何？
b. 若每增加一個小時的勞工工時減少至 $4，是否公司要購買這個勞工工時？
c. 一位顧問建議增加工廠 1 的產能至 5,000 部工具且成本為 $400，是否公司要接受她的建議？
d. 若公司有多 5 個勞工工時，利潤會是多少？

表 5-14

工廠	顧客 ($)		
	1	2	3
1	60	30	160
2	130	70	170

14. 利用第 3 章複習題 24 的 LINDO 輸出來回答以下問題：
a. 哪一種 DRG 是醫院想要增加的需求。
b. 哪一種資源有多出來的供給？哪一種資源是醫院想要擴展的？
c. 若要增加一位護士，醫院願意付的成本為多少？

15. 有一個 200 畝的農場 Old Macdonald 銷售小麥、苜蓿及牛肉，小麥每單位可賣 $30，苜蓿每單位可賣 $200，且牛肉每噸可賣 $300。目前，至多有 1,000 單位的小麥及 1,000 苜蓿可賣，而牛肉的需求無限制。每英畝用來生產小麥、苜蓿及牛肉的產能及勞工工時列在表 5-15。現在有 2,000 個小時可用，購買成本為每小時 $15，每單位英畝給牛肉的需要苜蓿 5 單位。在圖 5-24 的 LINDO 輸出可以用來說明極大利潤，利用這個回答以下問題。

變數為

  W = 給小麥的英畝數
  AS = 苜蓿賣出的單位數
  A = 給苜蓿的英畝數
  B = 給牛肉的英畝數
  AB = 貢獻給牛肉的苜蓿單位數
  L = 購買的勞工工時

```
MAX     140 X11 + 120 X12 + 40 X13
          + 70 X21 + 80 X22 + 30 X23 - 20 L
SUBJECT TO
    2)  X11 + X12 + X13          <=    10
    3)  X21 + X22 + X23          <=    12
    4)  200 X11 + 200 X12 + 200 X13 + 300 X21
          + 300 X22 + 300 X23 - L <= 5500
END

LP OPTIMUM FOUND AT STEP          2

        OBJECTIVE FUNCTION VALUE

        1)    2333.3330

VARIABLE        VALUE         REDUCED COST
   X11        10.000000          .000000
   X12         .000000         20.000000
   X13         .000000        100.000000
   X21         .000000         10.000000
   X22       11.666670          .000000
   X23         .000000         50.000000
   L           .000000         19.733330

  ROW    SLACK OR SURPLUS     DUAL PRICES
   2)          .000000         86.666660
   3)         .333333           .000000
   4)          .000000           .266667

NO. ITERATIONS=       2

RANGES IN WHICH THE BASIS IS UNCHANGED:
              OBJ COEFFICIENT RANGES
VARIABLE   CURRENT      ALLOWABLE      ALLOWABLE
            COEF         INCREASE       DECREASE
  X11    140.000000      INFINITY     20.000000
  X12    120.000000     20.000000      INFINITY
  X13     40.000000    100.000000      INFINITY
  X21     70.000000     10.000000      INFINITY
  X22     80.000000    130.000000     10.000000
  X23     30.000000     50.000000      INFINITY
   L     -20.000000     19.733330      INFINITY

              RIGHTHAND SIDE RANGES
  ROW    CURRENT      ALLOWABLE      ALLOWABLE
           RHS         INCREASE       DECREASE
   2    10.000000     17.500000        .500000
   3    12.000000      INFINITY        .333333
   4  5500.000000    100.000000     3500.000000
```

圖 5-23　問題 13 的 LINDO 輸出

```
MAX     1500 W + 200 AS + 3000 B - 15  L
SUBJECT TO
    2)   50 W            <=   1000
    3)   AS              <=   1000
    4)   AS + AB - 100 A  =    0
    5)  - 5 B + AB        =    0
    6)   W + B + A       <=   200
    7)   L               <=  2000
    8)   30 W + 50 B - L + 20 A  <=    0
END

LP OPTIMUM FOUND AT STEP          1

        OBJECTIVE FUNCTION VALUE

        1)    275882.300

VARIABLE        VALUE         REDUCED COST
    W          .000000        264.705800
   AS       1000.000000          .000000
    B         35.294120          .000000
    L       2000.000000          .000000
   AB        176.470600          .000000
    A         11.764710          .000000

  ROW    SLACK OR SURPLUS     DUAL PRICES
   2)      1000.000000          .000000
   3)          .000000        188.235300
   4)          .000000         11.764710
   5)          .000000        -11.764710
   6)       152.941200          .000000
   7)          .000000         43.823530
   8)          .000000         58.823530

NO. ITERATIONS=       1

RANGES IN WHICH THE BASIS IS UNCHANGED:
              OBJ COEFFICIENT RANGES
VARIABLE   CURRENT      ALLOWABLE      ALLOWABLE
            COEF         INCREASE       DECREASE
    W   1500.000000    264.705800      INFINITY
   AS    200.000000     INFINITY      188.235300
    B   3000.000000  48000.000000     449.999800
    L    -15.000000     INFINITY       43.823530
   AB      .000000    9599.999000      89.999980
    A      .000000    8999.999000    8999.998000

              RIGHTHAND SIDE RANGES
  ROW    CURRENT      ALLOWABLE      ALLOWABLE
           RHS         INCREASE       DECREASE
   2  1000.000000      INFINITY     1000.000000
   3  1000.000000    8999.999000   1000.000000
   4      .000000    1200.000000    8999.999000
   5      .000000    8999.999000     180.000000
   6   200.000000      INFINITY     152.941200
   7  2000.000000    7428.571000   1800.000000
   8      .000000    7428.571000   1800.000000
```

圖 5-24　Old Macdonald 的 LINDO 輸出

表 5-15

作物	產量/畝	勞工/畝 (小時)
小麥	50 蒲式耳	30
苜蓿	100 蒲式耳	20
牛肉	10 噸	50

a. 一單位的小麥價格改變至多少時，農場才會考慮生產它？
   b. 若要多一個小時的勞工工時，Old Macdonald 最多願意付出多少錢？
   c. 若要多出一單位的苜蓿，Old Macdonald 最多願意付出多少錢？
   d. 若一個單位的苜蓿售價為 $20，新的最佳解為何？
16. Cornc 公司生產產品：PS 及 QT。在接下來的三個月，每個月每個產品的售價及每個產品的最大產量列在表 5-16。

　　二個產品必須經過二條組裝線來生產：線 1 及線 2。每條組裝線每個產品所需要的工作時數列在表 5-17。

在每個月每條生產線可用的工作時數列在表 5-18。

　　每個 PS 產品需要原料 4 磅；每個 QT 需要 3 磅，總共有 710 單位原料可購買，單位價格為每磅 $3。在月份 1 月初，10 個單位的 PS 與 5 個單位的 QT 可用，每一種產品在一個月中的持有成本為 $10。利用 LINDO 求解這個問題且利用輸出回答以下問題：
   a. 若在月份 1 月底 PS 的存貨成本，每單位 $11，新的最佳解為何？
   b. 若在月份 1，線 1 有 210 小時可用，新的最佳解為何？
   c. 若在月份 3，線 2 的可用工時為 109 小時，請求出公司新的利潤？
   d. 如果在月份 2，線 1 多一個工時，Cornco 公司最多願意付出多少錢？
   e. 如果原料多一磅，Cornco 公司最多願意付出多少錢？
   f. 在月份 3，線 1 多一個工時，Cornco 公司最多願意付多少錢？
   g. 若月份 2，PS 的售價為 $50，新的最佳解為何？
   h. 若月份 3，QT 的售價為 $50，新的最佳解為何？
   i. 假設在月份 2 要花 $20 廣告 QT 且能增加 5 個單位的需求，公司是否要做這個廣告？

表 5-16

	1 月		2 月		3 月	
產品	價格 ($)	需求	價格 ($)	需求	價格 ($)	需求
PS	40	50	60	45	55	50
QT	35	43	40	50	44	40

表 5-17

	小時	
產品	線 1	線 2
PS	3	2
QT	2	2

表 5-18

	月份		
線	1	2	3
1	1,200	160	190
2	2,140	150	110

6 運輸，指派，及轉運問題

在本章，我們討論三個線性規劃問題的特殊型態：運輸、指派、及轉運問題。上述每一個問題均可利用簡捷法求解，但每一種型態的特殊演算法會更有效果。

6.1 建立運輸問題

我們透過下列情況的線性規劃問題模式來討論運輸問題。

例題 1　Powerco 模式建立

Powerco 公司有三家電力發電廠提供四個城市的需求。每家電力發電廠可以提供下列千瓦-小時 (kwh) 電力：電廠 1 ── 35 百萬；電廠 2 ── 50 百萬；電廠 3 ── 40 百萬 (參考表 6-1)。每個城市的尖峰電力需求都發生在同樣的時間 (2 P.M)，需求量如下 (千瓦，kwh)：城市 1 ── 45 百萬；城市 2 ── 20 百萬；城市 3 ── 30 百萬；城市 4 ── 30 百萬，從電廠到城市輸送 1 百萬千瓦電力的成本與輸送電力的距離有關。在滿足每一個城市尖峰電力需求下，建立一個極小化成本的 LP 模式。

解　為了建立 Powerco 問題為一個 LP 模式，首先我們定義 Powerco 公司必須做的決策變數。因為 Powerco 必須決定有多少電力要從每一座電廠送至每一個城市，我們定義 (針對 $i = 1，2，3$ 及 $j = 1，2，3，4$)：

$X_{ij} =$ 電廠 i 生產送至城市 j 的百萬千瓦數

利用這些變數，在提供城市 1 – 4 的尖峰需求量的總成本可以寫成

$\ 8x_{11} + 6x_{12} + 10x_{13} + 9x_{14}$　(從電廠 1 運送電力的成本)
$+ \ 9x_{21} + 12x_{22} + 13x_{23} + 7x_{24}$　(從電廠 2 運送電力的成本)
$+ 14x_{31} + 9x_{32} + 16x_{33} + 5x_{34}$　(從電廠 3 運送電力的成本)

Powerco 公司面臨下列二種型態的條件。第一，每家電廠可以提供的總供應量不能超過電廠的容量。例如，電廠 1 所送出到四個城市的總電力不能超過 35 百萬 kwh。每個有一個下標為 1 的變數代表是從電廠 1 所輸出的電力，所以我們可以將這個限制以 LP 的條件表示如下：

$$x_{11} + x_{12} + x_{13} + x_{14} \leq 35$$

表 6-1　Powerco 公司的運送成本、供給及需求

從	城市 1	城市 2	城市 3	城市 4	供應 (百萬 kwh)
電廠 1	$8	$6	$10	$9	35
電廠 2	$9	$12	$13	$7	50
電廠 3	$14	$9	$16	$5	40
需求 (百萬 kwh)	45	20	30	30	

相同的方式，我們可以找到反應電廠 2 及電廠 3 的容量條件，因為電力是由發電工廠提供的電力，所以每一個電廠即為**供應點** (supply point)，相似地，有一個條件保證從工廠運送的總量不會超過工廠的容量，此條件稱為**供應條件** (supply constraint)。Powerco 公司的 LP 模式包含下列三個供應條件：

$$x_{11} + x_{12} + x_{13} + x_{14} \leq 35 \quad \text{(電廠 1 供應條件)}$$
$$x_{21} + x_{22} + x_{23} + x_{24} \leq 50 \quad \text{(電廠 2 供應條件)}$$
$$x_{31} + x_{32} + x_{33} + x_{34} \leq 40 \quad \text{(電廠 3 供應條件)}$$

其次，我們需要條件保證每個城市能夠接收到足夠的電力來滿足尖峰需求。因為每個城市需要電力，所以每一個城市為**需求點** (demand point)。例如，城市 1 必須收至少 45 百萬 kwh 的電力。每個變數的第 2 個下標為 1 代表輸送到城市 1 的電力，所以我們可得下列條件：

$$x_{11} + x_{21} + x_{31} \geq 45$$

相似地，我們可以得到城市 2、3 及 4 的條件，一個條件保證每一個位置可以收到其所需要的需求，此條件稱為**需求條件** (demand constraint)。Powerco 公司必須滿足下列四個需求條件：

$$x_{11} + x_{21} + x_{31} \geq 45 \quad \text{(城市 1 需求條件)}$$
$$x_{12} + x_{22} + x_{32} \geq 20 \quad \text{(城市 2 需求條件)}$$
$$x_{13} + x_{23} + x_{33} \geq 30 \quad \text{(城市 3 需求條件)}$$
$$x_{14} + x_{24} + x_{34} \geq 30 \quad \text{(城市 4 需求條件)}$$

因為所有的 x_{ij} 必須為非負，我們必須加上符號限制 $x_{ij} \geq 0$ ($i = 1, 2, 3; j = 1, 2, 3, 4$)，將目標函數、供應條件、需求條件及符號條件結合可得下列 Powerco 問題的 LP 模式：

$$\min z = 8x_{11} + 6x_{12} + 10x_{13} + 9x_{14} + 9x_{21} + 12x_{22} + 13x_{23} + 7x_{24}$$
$$+ 14x_{31} + 9x_{32} + 16x_{33} + 5x_{34}$$
$$\text{s.t.} \quad x_{11} + x_{12} + x_{13} + x_{14} \leq 35 \quad \text{(供應條件)}$$
$$x_{21} + x_{22} + x_{23} + x_{24} \leq 50$$
$$x_{31} + x_{32} + x_{33} + x_{34} \leq 40$$

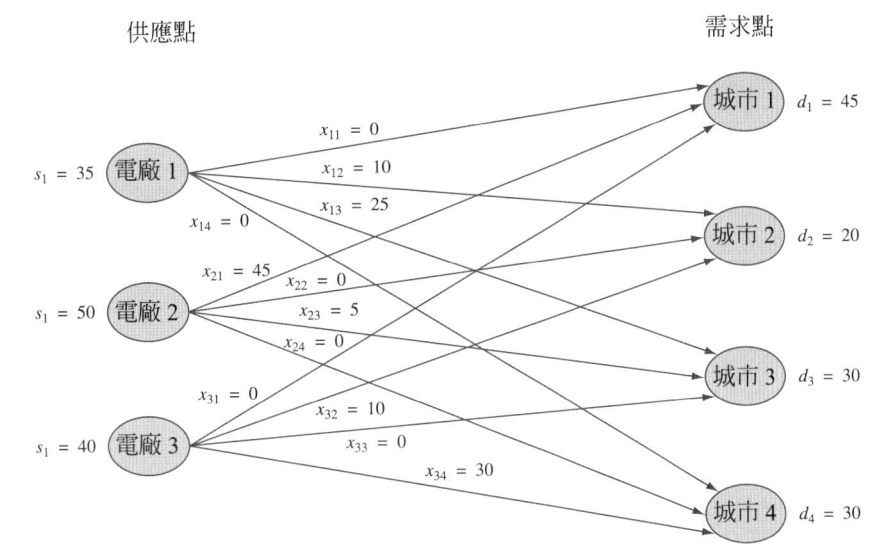

第 6 章　運輸，指派，及轉運問題　**317**

供應點　　　　　　　　　　　　　　　　需求點

圖 6-1
Powerco 問題的圖解表示與其最佳解

$s_1 = 35$ 電廠 1，$s_2 = 50$ 電廠 2，$s_3 = 40$ 電廠 3

城市 1 $d_1 = 45$，城市 2 $d_2 = 20$，城市 3 $d_3 = 30$，城市 4 $d_4 = 30$

$x_{11} = 0$，$x_{12} = 10$，$x_{13} = 25$，$x_{14} = 0$
$x_{21} = 45$，$x_{22} = 0$，$x_{23} = 5$，$x_{24} = 0$
$x_{31} = 0$，$x_{32} = 10$，$x_{33} = 0$，$x_{34} = 30$

$$x_{11} + x_{21} + x_{31} \geq 45 \quad \text{(需求條件)}$$
$$x_{12} + x_{22} + x_{32} \geq 20$$
$$x_{13} + x_{23} + x_{33} \geq 30$$
$$x_{14} + x_{24} + x_{34} \geq 30$$
$$x_{ij} \geq 0 \quad (i = 1, 2, 3; j = 1, 2, 3, 4)$$

在 6.3 節，我們將會找到這個 LP 的最佳解為 $z = 1,020$，$x_{12} = 10$，$x_{13} = 25$，$x_{21} = 45$，$x_{23} = 5$，$x_{32} = 10$，$x_{34} = 30$。圖 6-1 顯示 Powerco 問題及其最佳解，變數 x_{ij} 連接供應點 i (電廠 i) 到需求點 j (城市 j) 的直線或弧線表示。

運輸問題的一般表示

通常，一個運輸問題可以由下列的訊息來確定模式：

1. 有 m 個供應點所構成的集合，代表貨品從該地點運送出，供應點 i 可以供應至多 s_i 個單位。在 Powerco 問題中，$m = 3$，$s_1 = 35$，$s_2 = 50$ 及 $s_3 = 40$。

2. 有 n 個需求點所構成的集合，表示貨品運往的地點。需求點 j 可以接收至少 d_j 個單位的貨品。在 Powerco 問題中，$n = 4$，$d_1 = 45$，$d_2 = 20$，$d_3 = 30$ 及 $d_4 = 30$。

3. 在供應點 i 生產送至需求點 j 的每一個單位產品會產生變動成本 c_{ij}，在 Powerco 例子，$c_{12} = 6$。

令

$$x_{ij} = \text{從供應點 } i \text{ 送貨至需求點 } j \text{ 的運送數量}$$

則運輸問題的一般模式建立為

$$\min \sum_{i=1}^{i=m} \sum_{j=1}^{j=n} c_{ij} x_{ij}$$

$$\text{s.t.} \quad \sum_{j=1}^{j=n} x_{ij} \leq s_i \quad (i = 1, 2, \ldots, m) \quad \text{(供應條件)}$$

$$\sum_{i=1}^{i=m} x_{ij} \geq d_j \quad (j = 1, 2, \ldots, n) \quad \text{(需求條件)} \tag{1}$$

$$x_{ij} \geq 0 \quad (i = 1, 2, \ldots, m; j = 1, 2, \ldots, n)$$

若有一個問題的條件與式 (1) 相同且為極大問題，則它仍然為運輸問題 (參考本章問題 7)。若

$$\sum_{i=1}^{i=m} s_i = \sum_{j=1}^{j=n} d_j$$

則總供應量等於總需求量，這個問題稱為**平衡的運輸問題** (balance transportation problem)。

　　針對 Powerco 問題，總供應量與總需求量都等於 125，所以這是一個平衡的運輸問題。在一個運輸問題中，所有的條件都是綁住條件。例如，在 Powerco 問題中，若任何一個供應條件為非綁住條件，則剩下來可用的電力可能無法提供足夠的需求量來滿足四個城市。針對一個平衡的運輸問題，式 (1) 可寫成

$$\min \sum_{i=1}^{i=m} \sum_{j=1}^{j=n} c_{ij} x_{ij}$$

$$\text{s.t.} \quad \sum_{j=1}^{j=n} x_{ij} = s_i \quad (i = 1, 2, \ldots, m) \quad \text{(供應條件)}$$

$$\sum_{i=1}^{i=m} x_{ij} = d_j \quad (j = 1, 2, \ldots, n) \quad \text{(需求條件)} \tag{2}$$

$$x_{ij} \geq 0 \quad (i = 1, 2, \ldots, m; j = 1, 2, \ldots, n)$$

在本章後面，我們將看到針對一個平衡的運輸問題，找到一個基本可行解是相當簡單的。對於這些問題的簡捷轉軸中，並沒有包含乘而只有加及減。由於這些理由，我們需要將一個運輸問題表示成平衡的運輸問題。

總供給超過總需求的運輸問題化為平衡問題

當總供應超過總需求時，我們可以利用產生一個**虛設需求點** (dummy demand point) 來平衡這個運輸問題，而此虛設需求點的需求量等於超過的需求總量。因為運到虛設需求點的運送量不是真的運送，所以成本設定為 0，運送到虛設需求點的運送量表示沒有被用到的供給容量。為了解虛設需求點的使用方法，假設在 Powerco 問題中，城市 1 的需求減少到 40 百萬 kwh。為了平衡這個 Powerco 問題，我們加上一個虛設的需求點 (點 5)，其需求量為 125 − 120 = 5 百萬 kwh。對於這個電廠，運送 1 百萬 kwh 電力至虛設點的成本為 0。這個平衡運輸問題的最佳解為 $z = 975$，$x_{13} = 20$，$x_{12} = 15$，$x_{21} = 40$，$x_{23} = 10$，$x_{32} = 5$，$x_{34} = 30$ 且 $x_{35} = 5$。因為 $x_{35} = 5$，表示電廠 3 有 5 百萬 kwh 的容量沒有用完 (參考圖 6-2)。

一個運輸問題可以由供應、需求及運輸成本確定下來，所以相關資料可以總結在一張**運輸表** (transportation tableau) (參考表 6-2)。一張運輸表中的第 i 列與第 j 行的四方**格** (cell) 對應的是變數 x_{ij}。若 x_{ij} 為一個基本變數，其值會被放在表中第 i 格的左下角處。例如，平衡的 Powerco 問題及其最佳解呈現在表 6-3。在這張表的格式顯示供應與需求條件，其中第 i 列的變數和為 s_i 且第 j 列的變數和為 d_j。

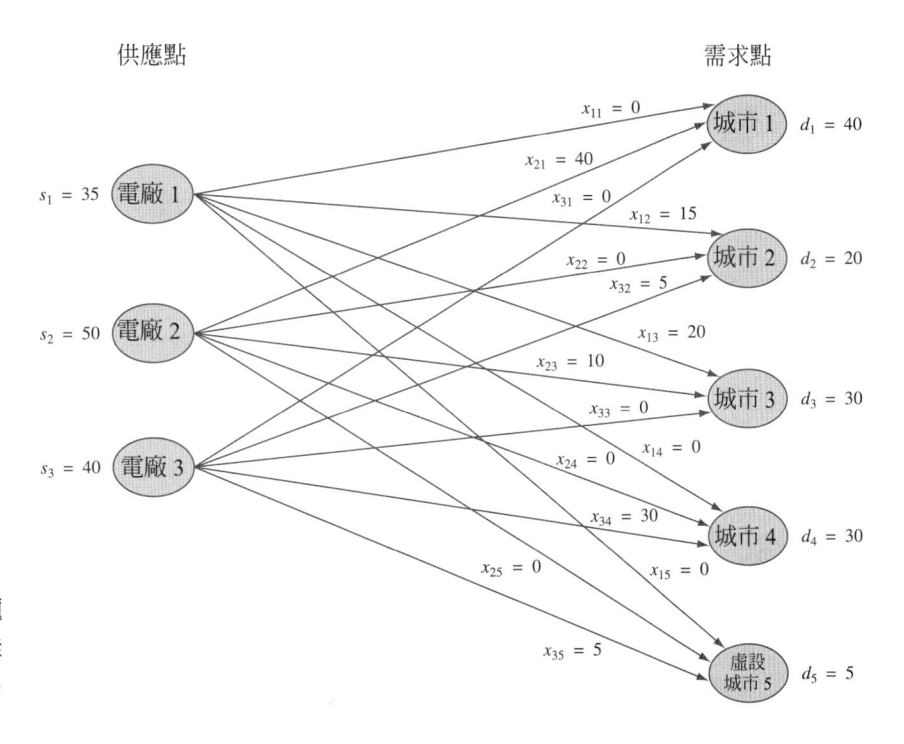

圖 6-2
不平衡 Powerco 問題的圖形表示及其最佳解 (利用虛設需求點)

表 6-2　運輸表

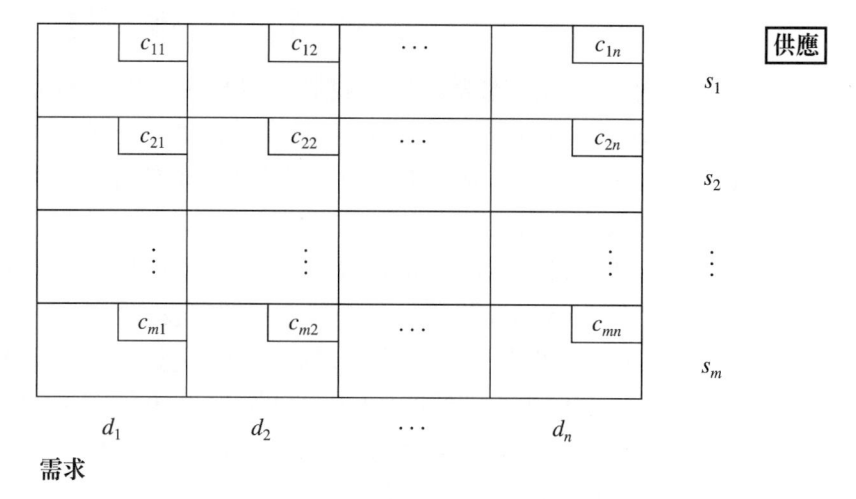

	c_{11}	c_{12}	$\cdots$	c_{1n}	供應
					s_1
	c_{21}	c_{22}	$\cdots$	c_{2n}	s_2
	$\vdots$	$\vdots$	$\vdots$	$\vdots$	
	c_{m1}	c_{m2}	$\cdots$	c_{mn}	s_m
需求	d_1	d_2	$\cdots$	d_n	

表 6-3　Powerco 問題的運輸表

	城市 1	城市 2	城市 3	城市 4	供應
電廠 1	8	6　10	10　25	9	35
電廠 2	9　45	12	13　5	7	50
電廠 3	14	9　10	16	5　30	40
需求	45	20	30	30	

總供給少於總需求的運輸問題化為平衡問題

若一個運輸問題的總供給量少於總需求量，則這個問題無可行解。例如，若電廠 1 只有 30 百萬 kwh 的電力容量，則總共只有 120 百萬電力可用，這個電力無法滿足 125 百萬 kwh 的總需求量，因此 Powerco 問題不再有可行解。

當總供給小於總需求，有時可允許某些需求不滿足。在這種情況下，對於無法達到的需求通常可以給予懲罰例題 2 說明這種情況如何轉化成平衡的運輸問題。

例題 2　處理短缺問題

有二座水庫可以提供三個城市的用水需求。每座水庫可以提供每天 50 百萬加侖的水，而每個城市每天必須收到 40 百萬加侖的水。對於每天每百萬加侖無法滿足的需求，會產生懲罰。在城市 1，懲罰為 $20；城市 2，懲罰為 $22；城市 3，懲罰為 $23。從每座水庫運送 1 百萬加侖的水到每一個城市的成本列在表 6-4。建立一個平

第 6 章　運輸，指派，及轉運問題　**321**

表 6-4
水庫的運送成本

從	至 城市 1	城市 2	城市 3
水庫 1	$7	$8	$10
水庫 2	$9	$7	$8

表 6-5
水庫的運輸表

	城市 1	城市 2	城市 3	供應
水庫 1	20 [7]	30 [8]	[10]	50
水庫 2	[9]	10 [7]	40 [8]	50
虛設 (短缺)	20 [20]	[22]	[23]	20
需求	40	40	40	

衡的運輸問題可以用來極小化短缺及運輸成本。

解　在本例題，

$$\text{每天供應} = 50 + 50 = 100 \text{ 百萬加侖 (每天)}$$
$$\text{每天需求} = 40 + 40 + 40 = 120 \text{ 百萬加侖 (每天)}$$

為了平衡這個問題，我們加上一個虛設 (或短缺) 的供應點，每天有供應量 120 − 100 = 20 百萬加侖，從一個虛設供應點運送 1 百萬加侖到一個城市的運送成本為對於該城市每百萬加侖的短缺成本。表 6-5 呈現其平衡運輸問題及最佳解，水庫 1 每天送水 20 百萬加侖至城市 1 且每天送 30 百萬加侖到城市 2，水庫 2 每天送水 10 百萬加侖至城市 2 且每天送 40 百萬加侖到城市 3，針對城市 1 會有 20 百萬加侖的需求無法滿足。

將存貨問題表示成運輸問題

很多存貨規劃問題可以以平衡運輸問題來表示。為了說明，我們建立 3.10 節 Sailco 問題的平衡運輸模式。

例題 3　將存貨問題設成一個運輸問題

Sailco 有限公司必須決定在未來四季 (三個月一季) 有多少帆船要生產，需求如下：第一季，40 艘；第二季，60 艘；第三季，75 艘；第四季，25 艘，Sailco 必須及時滿足需求。在第一季的開始，Sailco 公司必須決定在該季必須生產多少艘帆船。為了減化問題，我們假設在該季生產的帆船必須滿足該季的需求，在每一季，Sailco 公司可以以成本每艘 $400 來生產，每季可以生產至 40 艘。在每一季，可以有員工加班，每增加生產一艘帆船，Sailco 必須多付出 $450。在每一季結束 (在生產及滿足每一季的需求之後)，每艘帆船會產生持有成本 $20，建立一個平衡的運輸問題能夠在未來的四季裡，極小化生產與存貨成本。

解 我們定義供給及需求點如下：

供應點
- 點 1 = 開始的存貨　　($s_1 = 10$)
- 點 2 = 第 1 季正常時間下 (RT) 的產量　　($s_2 = 40$)
- 點 3 = 第 1 季加班 (OT) 的產量　　($s_3 = 150$)
- 點 4 = 第 2 季 RT 的產量　　($s_4 = 40$)
- 點 5 = 第 2 季 OT 的產量　　($s_5 = 150$)
- 點 6 = 第 3 季 RT 的產量　　($s_6 = 40$)
- 點 7 = 第 3 季 OT 的產量　　($s_7 = 150$)
- 點 8 = 第 4 季 RT 的產量　　($s_8 = 40$)
- 點 9 = 第 4 季 OT 的產量　　($s_9 = 150$)

相對應於每個資源存在一個供應點，能夠滿足帆船的需求：

需求點
- 點 1 = 第 1 季的需求　　($d_1 = 40$)
- 點 2 = 第 2 季的需求　　($d_2 = 60$)
- 點 3 = 第 3 季的需求　　($d_3 = 75$)
- 點 4 = 第 4 季的需求　　($d_4 = 25$)
- 點 5 = 虛設需求點　　($d_5 = 770 - 200 = 570$)

若從第 1 季 RT 到第 3 季需求的運送量代表在第 1 季的正常時間下，生產一個單位可以來滿足第 3 季 1 單位的需求。為了決定 c_{13}，觀察到在第 1 季 RT 下，每生產 1 單位來滿足第 3 季的需求會產生第 1 季 RT 生產 1 個單位的產品加上在 $3 - 1 = 2$ 季存貨的持有成本。因此，$c_{13} = 400 + 2(20) = 440$。

因為在每一季的加班產量沒有設限，因此在每一個加班生產點所造成的價值並不明確。因為總需求量 = 200，所以在每一季至多有 $200 - 10 = 190$ (-10 為開始的存貨) 單位的生產量。每一個沒有被用到的加班容量將被 "運送" 到虛設需求點，為了保證沒有帆船在每一季生產之前即被用來滿足需求，設定一個成本 M (M 為一個很大的正數) 表示利用產量來滿足前一季需求的任意格。

因為總供應量 = 770 且總需求量 = 200，所以我們必須加上一個虛設的點，其需求量為 $770 - 200 = 570$ 去平衡這個問題，從任何一個供應點運送一個單位到這個虛設點的成本為 0。

將這些觀察組合起來可以產生一個平衡的運輸問題及其最佳解列在表 6-6。因此，Sailco 滿足第 1 季的需求必須要有 10 個單位的起始存貨及 30 個單位的第 1 季 RT 產量；滿足第 2 季的需求必須有 10 個單位的第 1 季 RT，40 個單位的第 2 季 RT，及 10 個單位的第 2 季 OT 產量；滿足第 3 季需求，必須有 40 個單位的第 3 季 RT 單位的第 3 季 OT 產量；最後，滿足第 4 季需求，必須有 25 個第 4 季 RT 產量。

表 6-6
Sailco 的運輸表

	1	2	3	4	虛設	供應
起始	0 10	20	40	60	0	10
季 1 RT	400 30	420 10	440	460	0	40
季 1 OT	450	470	490	510	0 150	150
季 2 RT	M	400 40	420	440	0	40
季 2 OT	M	450 10	470	490	0 140	150
季 3 RT	M	M	400 40	420	0	40
季 3 OT	M	M	450 35	470	0 115	150
季 4 RT	M	M	M	400 25	0 15	40
季 4 OT	M	M	M	450	0 150	150
需求	40	60	75	25	570	

在本章末問題 12，我們說明如何利用這個模式，修正為配合其他類型的存貨問題 (接受訂貨的需求，易損壞的存貨等)。

在電腦上解運輸問題

利用 LINDO 求解運輸問題，打上目標函數，供應條件及需求條件。另外一些程式可以接受運輸成本，供應值及需求值，從這些數值，這些程式可以產生目標函數及條件。

LINGO 可以求解任何運輸問題，下面 LINGO 模式可以用來求解 Powerco 例題：

```
MODEL:
  1]SETS:
  2]PLANTS/P1,P2,P3/:CAP;
  3]CITIES/C1,C2,C3,C4/:DEM;
  4]LINKS(PLANTS,CITIES):COST,SHIP;
  5]ENDSETS
  6]MIN=@SUM(LINKS:COST*SHIP);
  7]@FOR(CITIES(J):
  8]@SUM(PLANTS(I):SHIP(I,J))>DEM(J));
  9]@FOR(PLANTS(I):
 10]@SUM(CITIES(J):SHIP(I,J))<CAP(I));
 11]DATA:
 12]CAP=35,50,40;
 13]DEM=45,20,30,30;
 14]COST=8,6,10,9,
 15]9,12,13,7,
 16]14,9,16,5;
 17]ENDDATA
END
```

第 1 – 5 行定義 **SETS**,可以用來產生目標函數及條件。在第 2 行,我們產生三座電廠 (供應點) 及限定每一個有容量上限 (在 **DATA** 部份),在第 3 行,我們產生四個城市 (需求點) 且限定每一個都有需求 (在 **DATA** 部份),在第 4 行的 **LINK** 產生 LINK (I, J),其中 I 代表所有的 PLANTS 及 J 代表所有的 CITIES。因此,目標 LINK (1, 1),LINK (1, 2),LINK (1, 3),LINK (1, 4),LINK (2, 1),LINK (2, 2),LINK (2, 3),LINK (2, 4),LINK (3, 1),LINK (3, 2),LINK (3, 3),及 LINK (3, 4) 產生與儲存都可以順序儲存。對於多個下標屬性的儲存以最右邊的下標最快處理。每一個 LINK 有三個屬性:一個單位的運送成本〔(COST),在 **DATA** 部份給定〕及運送量 (SHIP),LINGO 將會解出。

第 6 行產生目標函數,我們加總所有的連結單位產量成本與運送量。利用 @**FOR** 及 @**SUM** 的運算,第 7 – 8 行產生所有需求條件,它們保證對於所有城市,運送進入城市的總量至少要與城市的需求一樣大。在第 8 行靠近 @**SUM** 運算 SHIP (I, J) 之後插入額外的敘述,且在靠近 @**FOR** 運算 DEM (J) 之後也有額外插入的敘述。利用 @**FOR** 及 @ **SUM** 的運算,第 9 – 10 行產生所有的供應條件,它們保證對於所有的工廠,從工廠運送出去的運送量不會超過工廠的容量。

第 11 – 17 行包含這個問題所需資料,第 12 行定義每個工廠的容量,且第 13 行定義每一個城市的需求,第 14 – 16 行包含從工廠到城市的單位運送成本,相對於每個連接順序的成本之前已有描述。**ENDDATA** 結束整個資料部份,且 **END** 結束整個程式。打上 **GO** 求解此問題。

這個程式可以用來解任何的運輸問題。例如,若我們想要解一個有 15 個供應點及 10 個需求點的問題,我們可改變第 2 行產生 15 個供應點及第 3 行產生 10 個需求點,移動至 12 行,我們必須打上 15 個工廠容量,在第 13 行,我們必須輸入 10 個需求點的需求,則在第 14 行,我們需要輸入 150 個

	A	B	C	D	E	F	G	H
1		OPTIMAL SOLUTION	FOR	POWERCO		COSTS		
2	COSTS		CITY			1020		
3	PLANT	1	2	3	4			
4	1	8	6	10	9			
5	2	9	12	13	7			
6	3	14	9	16	5			
7	SHIPMENTS		CITY			SHIPPED		SUPPLIES
8	PLANT	1	2	3	4			
9	1	0	10	25	0	35	<=	35
10	2	45	0	5	0	50	<=	50
11	3	0	10	0	30	40	<=	40
12	RECEIVED	45	20	30	30			
13		>=	>=	>=	>=			
14	DEMANDS	45	20	30	30			

圖 6-3

運送成本，這個程式的一部份 (第 6 － 10 行) 所產生的目標函數與條件保持不變！在我們的 LINGO 模式建立中不需要將運輸問題平衡。

從 Excel 格式取得 LINGO 的資料

通常，我們可以簡單地從 Excel 格式獲得 LINGO 模式的資料。例如，一個運輸問題的運送成本可以在很多計算之後的結果。試舉一例，假設我們產生 Powerco 模式中的容量，需求，及運送成本在檔案 Powerco.xls (參考圖 6-3)。我們產生容量在格子範圍 F9:F11 且給於範圍 Cap。你也許知道，你可以利用在 Excel 選擇範圍且在表格格式的左上角的命名格子中選擇你的命名。然後鍵入範圍名字且按 Enter 鍵。相同的方式，將城市需求 (在 B12:E12) 格中給一個名字 Demand 及單位運送成本 (在 B4:E6 格) 給上名字 Costs。

利用 @OLE 的敘述，LINGO 可以讀出定義在程式的 Set 部份資料值，LINGO 程式 (參考 Transpspread.lng) 需要讀出在 Powerco.xls 中輸入的資料如下。

```
MODEL:
SETS:
PLANTS/P1,P2,P3/:CAP;
CITIES/C1,C2,C3,C4/:DEM;
LINKS(PLANTS,CITIES):COST,SHIP;
ENDSETS
MIN=@SUM(LINKS:COST*SHIP);
@FOR(CITIES(J):
@SUM(PLANTS(I):SHIP(I,J))>DEM(J));
@FOR(PLANTS(I);
@SUM(CITIES(J):SHIP(I,J))<CAP(I));
DATA:
CAP, DEM, COST=@OLE('C:\MPROG\POWERCO.XLS','Cap','Demand','Costs');
ENDDATA
  END
```

```
The key statement is
CAP, DEM, COST=@OLE('C:\MPROG\POWERCO.XLS','Cap','Demand','Costs');.
```

這個指令會讀出在 Powerco.xls 所定義的資料集 CAP，DEM，及 COSTS。在我們 Excel 檔案中，所有位置都必須在格式範圍名字之後給定，其中包含所需資料。因此，CAP 值可以在範圍 Cap 中找出等等。另外，@**OLE** 的敘述功能很強，因為一個 LINGO 程式當產生資料後，將會非常容易處理。

運輸問題的格式解

在 Powerco.xls 的檔案中，我們已經說明如何簡單地利用 Excel 的 Solver 尋找運輸問題的最佳解。在輸入工廠容量，城市需求量，及單位運送成本之後，我們在範圍 B9:E11，從每一個工廠運送至每一個城市，輸入運送單位的測試值，然後，以下列步驟進行：

步驟 1 從 F9 至 F10:F11 複製方程式

$$= \text{SUM (B9:E9)}$$

計算出從每一個城市運送出去的總量。

步驟 2 從 B12 至 C12:E12 複製方程式

$$= \text{SUM (B9:B11)}$$

計算出每一個城市所接收到的運送量

步驟 3 利用方程式

$$= \text{SUMPRODUCT (B9:E11, Costs)}$$

計算出在 F2 格的總運送成本，
其中＝SUMPRODUCT 函數可在長方形及列或行的數字作運算，我們亦命名單位運送成本 (B4:E6) 的範圍為 COSTS。

步驟 4 我們現在必須在 Solver 視窗 jjomn 入資料如圖 6-4。我們利用改變從工廠至城市 (B9:E11) 的運送單位來極小化總運送成本 (F2)。我們限制從每一個城市接受到的量 (B12:E12) 至少為城市的需求 (範圍名字為 Demand)。我們限制每個工廠 (F9:F11) 所運出去的量至多為工廠的容量 (範圍名字為 Cap)，在檢查假設非互選擇及假設線性模式選擇下，我們可得如圖 6-3 的最佳解。當然，從 Excel 所得到的最佳解目標函數值與利用 LINGO 所得到的目標函數

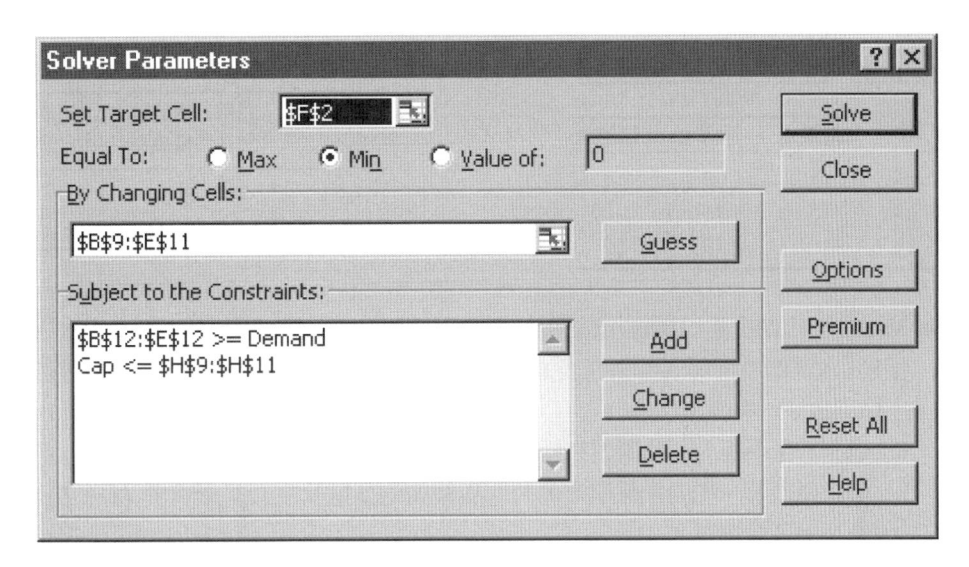

第 6 章　運輸，指派，及轉運問題　**327**

```
Solver Parameters                                    ? X
Set Target Cell:     $F$2
Equal To:    ○ Max   ● Min   ○ Value of:  0          Solve
By Changing Cells:                                   Close
$B$9:$E$11                          Guess
Subject to the Constraints:                          Options
$B$12:$E$12 >= Demand              Add               Premium
Cap <= $H$9:$H$11
                                   Change           Reset All
                                   Delete           Help
```

圖 6-4

值及手算的解一定相同。若這個問題有多重最佳解，則有可能利用 LINGO、Excel 及手算最佳解就會不同。

問　題

問題組 A

1. 一個公司供應貨品給三名顧客，每名顧客需要 30 個單位。這家公司有二個倉庫，倉庫 1 有 40 個可用單位，倉庫 2 有 30 個可用單位。從倉庫運送到客戶的 1 單位運送成本列在表 6-7。若沒有滿足顧客的需求會產生懲罰：顧客 1，懲罰成本為 $90；顧客 2，$80；顧客 3，$110。建立一個平衡的運輸問題來極小化短缺及運送成本。

2. 回到問題 1，假設有多一個單位可以購買且可以運送到倉庫，每個單位成本為 $100，而每一個顧客的需求必須要被滿足，建立一個平衡的運輸問題來極小化購買及運送成本。

3. 一家製鞋公司預測在未來六個月的需求：第一個月——200；第二個月——260；第三個月——240；第四個月——340；第五個月——190；第六個月——150。在正常勞工時間下 (RT)，一雙鞋子的生產成本 $7 而加班勞工 (OT) 的成本為 $11。在每一個月，正常時間的產量限制在 200 雙鞋子，而加班的產量限制在 100 雙。每個月每雙存貨的鞋子必須花 $1。建立一個平衡的運輸問題求極小化總成本且能及時地滿足未來六個月的需求。

表 6-7

從	到 顧客 1	顧客 2	顧客 3
倉庫 1	$15	$35	$25
倉庫 2	$10	$50	$40

表 6-8

工廠	成本 ($) 鋼鐵 1	鋼鐵 2	鋼鐵 3	時間 (分)
1	60	40	28	20
2	50	30	30	16
3	43	20	20	15

表 6-9

工廠	時間 (分)		
	鋼鐵 1	鋼鐵 2	鋼鐵 3
1	15	12	15
2	15	15	20
3	10	10	15

表 6-10

公司	目前月份,每加侖價格 ($)	下個月份,每加侖價格 ($)
Daisy	800	720
Laroach	710	750

4. Steelco 公司在不同工廠製造三種型態的鋼鐵。在每一個工廠,製造每一噸的鋼鐵 (不論何種型態) 所需的時間與成本列在表 6-8。每週,每一種鋼鐵 (1,2 及 3) 的產量為 100 噸,每週工廠開放 40 個小時。
   a. 建立一個平衡的運輸問題來極小化滿足 Steelco 每週需求的成本。
   b. 假設生產每一噸的鋼鐵所需的時間與鋼鐵的型態及生產工廠有關 (表 6-9),這個運輸問題是否仍可以建立?
5. 一家醫院必須在這個月購買的藥品有 3 加侖可能損壞的藥物,下一個月需要 4 加侖的藥品。因為藥品會壞掉,它只能在購買當月使用,現在有二個公司 (Daisy 及 Laroach) 銷售這種藥品,因為這類的藥品供應量有限。因此,在未來二個月,醫院被限制只能至多從各個公司購買 50 加侖,公司所收取的費用列在表 6-10,建立一個平衡的運輸模式來極小化購買藥品的成本。
6. 一家銀行有二個服務據點可以進行支票交易。據點 1 每天可交易 10,000 張支票,據點 2 可交易 6,000 張支票,銀行進行三種支票的交易;銷售,薪資及個人。每種支票所需的交易成本與據點有關 (參考表 6-11),每天每種型態的支票交易量為 5,000。建立一個平衡的運輸問題可以來極小化支票交易的每日成本。
7. 美國政府正在拍賣油田租借地,分別在二個地點:1 及 2。在每一個地點,有 100,000 畝的土地將進行拍賣,Cliff Ewing,Blake Bornes,及 Alexis Pickens 正在出價購買油田。政府的法令規定出價者不得獲得超過 40% 的拍賣地。Cliff 已經出價,位置 1 每畝土地 $1,000 且位置 2 每畝土地 $2,000。Blake 出價,位置 1 每畝土地 $900 且位置 2 每畝土地 $2,200,Alexis 出價,位置 1 每畝土地 $1,100 且位置 2 每畝土地 $1,900。建立一個平衡的運輸問題求極大化政府的收益。
8. Ayatola 石油公司擁有二個油田,油田 1 每天可生產油 40 百萬桶的石油,而油田 2 每天可以生產油 50 百萬桶石油。在油田 1,提煉每桶石油要花 $3;在油田 2,則要花 $2。Ayatola 將油品賣給二個國家:英國與日本,每桶石油的運送成本列在表 6-12。每天,英國願意購買

表 6-11

支票	地點 (¢)	
	1	2
銷售	5	3
薪資	4	4
個人	2	5

表 6-12

從 ($)	到 ($)	
	英國	日本
工廠 1	1	2
工廠 2	2	1

表 6-13

監督	專案 ($)		
	1	2	3
1	120	150	190
2	140	130	120
3	160	140	150

40 百萬桶 (每桶 $6)，而日本願意購買 30 百萬桶 (每桶 $6.5)。建立一個平衡的運輸問題求極大化 Ayatola 的利潤。

9. 在本節的例題及問題中，討論對於目標函數假設為成比例性是否為合理的。

10. Touche Young 有三個查帳員，每個人在下個月可工作 160 個小時，在這段時間必須有三個專案必須完成。專案 1 需要 130 小時；專案 2 需要 140 個小時；專案 3 需要 160 個小時。每個查帳員指派至每一個專案，每個小時可以處理的帳單量列在表 6-13，建立一個平衡的運輸問題求極大化下個月的總帳單量。

問題組 B

11. Paperco 公司循環使用新聞用紙 (NP)，非銅版紙 (UCP) 及銅版紙 (CP)，將它變成再生新聞用紙 (RNP)，再生非銅版紙 (RUP) 及再生銅版紙 (RCP)。再生新聞用紙能夠利用新聞用紙或非再生銅版紙來生產，再生銅版紙可以利用任何一種紙來生產，再生非銅版紙可以利用銅版紙或非銅版紙來生產，用來製造再生新聞紙張會用掉 20% 的輸入紙漿，剩餘 80% 的輸入紙漿製造其它再生紙張。生產再生銅版紙的製程中，會用掉 10% 的輸入紙漿，而生產循再生非銅版紙的製程中，會去掉 15% 的輸入紙漿，每一種可用紙張的購買成本，製程成本及可用量列在表 6-14。為了滿足需求，Powerco 公司必須生產至少 250 噸可再生新聞用紙張，至少 300 噸再生非銅版紙張及至少 150 噸可再生銅版紙張，建立一個平衡的運輸問題可用來在滿足 Paperco 需求下，極小化成本。

12. 解釋下面的問題如何修正 Sailco 問題的模式，變成一個平衡的運輸問題：
    a. 假設需求可以用訂貨方式滿足，成本以 $30/帆船/月 (提示：現在允許第 2 個月的產量來滿足第 1 個月的需求)。
    b. 若帆船的需求不能準時滿足，這個銷售會失去且會造成一個機會成本 $450。
    c. Sailboat 公司有存貨，最多二個月。
    d. Sailco 公司可以從轉承包商購買 10 艘帆船/月，其成本為 $440/艘。

表 6-14

	每噸紙漿採購成本 ($)	每噸輸入加工成本 ($)	可用數量
新聞紙	10		500
銅版紙	9		300
非銅版紙	8		200
新聞用紙用做再生新聞用紙		3	
新聞用紙用做再生銅版紙		4	
非銅版紙用做再生非銅版紙		4	
非銅版紙用做再生非銅版紙		1	
非銅版紙用做再生銅版紙		6	
銅版紙用做再生非銅版紙		5	
銅版紙用做再生銅版紙		3	

6.2 針對運輸問題求基本可行解

考慮一個平衡的運輸問題有 m 個供應點及 n 個需求點。從式 (2)，我們可得一個 $(m+n)$ 等式條件的問題。從過去的經驗，必須使用大 M 法及二階段法的簡捷法，我們知道對於一個所有都是等式條件的 LP 問題，找尋基本可行解相當的困難。幸運地是，平衡的運輸問題有一個特殊的架構可以讓我們簡單的找到 bfs。

在描述常用來找平衡運輸問題的 bfs 之前，我們需要先得到下列重要的觀察。在平衡運輸問題中，若有一組 x_{ij} 的值滿足除了一項條件外的所有條件，則此組 x_{ij} 的值必定會自動滿足這項條件。例如，在 Powerco 問題，假設有一組 x_{ij} 的值知道滿足所有條件，除了第一項供應條件外，這個 x_{ij} 的值必須提供 $d_1 + d_2 + d_3 + d_4 = 125$ 百萬 kwh 給城市 $1-4$ 且從電廠 2 及 3 供給 $s_2 + s_3 = 125 - s_1 = 90$ 百萬 kwh。因此，電廠 1 必須生產 $125 - (125 - s_1) = 35$ 百萬 kwh，所以此組 x_{ij} 必須滿足第一項供應條件。

前面的討論說明了當我們要解決一個平衡運輸問題時，我們可以省略考慮在所有條件中的任何一項且利用 $(m+n-1)$ 個條件求解一個 LP 問題，我們可以假設第一條供應條件被省略。

嘗試在剩下來的 $m+n-1$ 項條件中求一個 bfs，你可能認為任何 $m+n-1$ 個變數的集合均會產生基本解，不幸地是，並非如此。例如，考慮 (3) 式的平衡運輸問題。(我們省略成本因為它們在找一個 bfs 並不需要。)

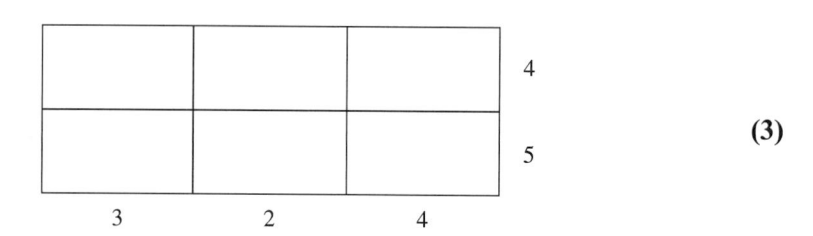

$$\begin{array}{|c|c|c|}\hline & & \\ \hline & & \\ \hline \end{array} \begin{array}{c} 4 \\ 5 \end{array}$$

$$\begin{array}{ccc} 3 & 2 & 4 \end{array}$$

(3)

在矩陣型態中，平衡運輸問題的條件可以寫成

$$\begin{bmatrix} 1 & 1 & 1 & 0 & 0 & 0 \\ 0 & 0 & 0 & 1 & 1 & 1 \\ 1 & 0 & 0 & 1 & 0 & 0 \\ 0 & 1 & 0 & 0 & 1 & 0 \\ 0 & 0 & 1 & 0 & 0 & 1 \end{bmatrix} \begin{bmatrix} x_{11} \\ x_{12} \\ x_{13} \\ x_{21} \\ x_{22} \\ x_{23} \end{bmatrix} = \begin{bmatrix} 4 \\ 5 \\ 3 \\ 2 \\ 4 \end{bmatrix}$$

(3′)

經過去掉第一個供應條件後，我們可得下列線性系統

$$\begin{bmatrix} 0 & 0 & 0 & 1 & 1 & 1 \\ 1 & 0 & 0 & 1 & 0 & 0 \\ 0 & 1 & 0 & 0 & 1 & 0 \\ 0 & 0 & 1 & 0 & 0 & 1 \end{bmatrix} \begin{bmatrix} x_{11} \\ x_{12} \\ x_{13} \\ x_{21} \\ x_{22} \\ x_{23} \end{bmatrix} = \begin{bmatrix} 5 \\ 3 \\ 2 \\ 4 \end{bmatrix} \quad (3'')$$

式 (3″) 的基本解必須有四個基本變數，假設嘗試 BV $= \{x_{11}, x_{12}, x_{21}, x_{22}\}$，則

$$B = \begin{bmatrix} 0 & 0 & 1 & 1 \\ 1 & 0 & 1 & 0 \\ 0 & 1 & 0 & 1 \\ 0 & 0 & 0 & 0 \end{bmatrix}$$

若 $\{x_{11}, x_{12}, x_{21}, x_{22}\}$ 為一個基本解，則一定可以利用 ERO 將 B 轉成 I_4。因為 rank $B = 3$ 且 ERO 不會改變一個矩陣的秩。所以透過 ERO 並無法將 B 轉化成 I_4，因此，BV $= \{x_{11}, x_{12}, x_{21}, x_{22}\}$ 不可能利用式 (3″) 產生基本解。幸運的是，一個簡單的迴圈觀念可以用來決定任何一個平衡運輸問題的基本解。

定義 ■ 一個至少包含四個不同格子的有順序序列稱為**迴圈** (loop) 若

1. 任何二個連續的格子落在同一行或同一列。
2. 沒有連續三個格子落在同一列或行。
3. 在序列中的最後一格與這個序列的第一格有相同的列或行。 ■

在迴圈的定義中，假設第一格可以跟隨在最後一格，所以這個迴圈可以視為封閉的路徑。這裡有幾個關於前面定義的例子：圖 6-5 代表迴圈 (2, 1)－(2, 4)－(4, 4)－(4, 1)。圖 6-6 代表迴圈 (1, 1)－(1, 2)－(2, 2)－(2, 3)－(4, 3)－(4, 5)－(3, 5)－(3, 1)。在圖 6-7，路徑 (1, 1)－(1, 2)－(2, 3)－(2, 1) 不是迴圈，因為 (1, 2) 及 (2, 3) 不在同一列或行。在圖 6-8，路徑 (1, 2)－(1, 3)－(1, 4)－(2, 4)－(2, 2) 不是迴圈，因為 (1, 2)，(1, 3) 及 (1, 4) 均落在同一列。

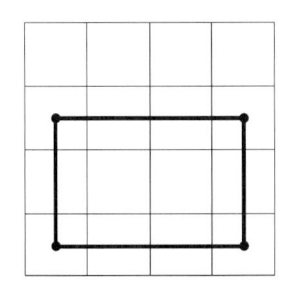

圖 6-5

圖 6-6

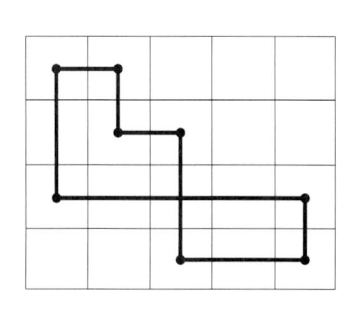

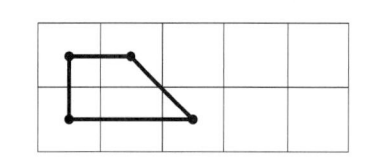

圖 6-7　　　　　　　　　　　　　　　　圖 6-8

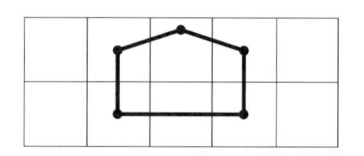

定理 1 (僅敘述無證明) 說明為什麼迴圈的觀念很重要。

> **定理 1**
> 在平衡的運輸問題中，有 m 個供應點及 n 個需求點，相對於一個 $(m + n - 1)$ 個變數的格子沒有形成迴圈若且唯若此 $m + n - 1$ 個變數形成一個基本解。

定理 1 因為下列事實：一個 $m + n - 1$ 格不包含迴圈若且唯若相對應於這些格子的 $m + n - 1$ 行為線性獨立。因為 $(1, 1)-(1, 2)-(2, 2)-(2, 1)$ 為迴圈，定理 1 說明 $\{x_{11}, x_{12}, x_{22}, x_{21}\}$ 不能產生 (3″) 式的基本解。另一方面，$(1, 1)-(1,2)-(1, 3)-(2, 1)$ 格不會形成迴圈，所以 $\{x_{11}, x_{12}, x_{13}, x_{21}\}$ 會產生 (3″) 式的基本解。

現在，我們討論三個方法可以用來求平衡運輸問題的基本可行解：

1. 西北角法
2. 最小成本法
3. Vogel 方法

西北角法求基本可行解

利用西北角法求一個 bfs，我們從運輸表的左上角 (或西北角) 開始且設 x_{11} 愈大愈好。很清楚的，x_{11} 不會大於 s_1 及 d_1 的最小者。若 $x_{11} = s_1$，刪掉運輸表的第一列；這表示從列 1 中不會再有基本變數，然後改變 d_1 為 $d_1 - s_1$。若 $x_{11} = d_1$，刪掉運輸表的行 1，這表示行 1 中不會再有基本變數，然後改變 s_1 為 $s_1 - d_1$，若 $x_{11} = s_1 = d_1$，刪掉列 1 或行 1 (但不是同時刪掉)。若刪掉列 1，改變 d_1 為 0；若刪掉行 1，改變 s_1 為 0。

繼續利用這個過程到表格中的未被刪掉的列或行最西北角的格子。最後，你將到一個唯一一格可以給數字的點。給這個格子的值等於列或行的需求，再同時刪除列及行，一個基本可行解即可被找到。

我們利用西北角法求解表 6-15 平衡運輸問題的 bfs。(我們沒有列上成本因為這個演算法不需要它。) 我們利用取代列的供應量或行的需求量來表示刪掉的列或行。

開始，我們設 $x_{11} = \min\{5, 2\} = 2$。然後刪掉行 1 且改變 s_1 為 $5 - 2 =$

第 6 章　運輸，指派，及轉運問題

表 6-15

				5
				1
				3
2	4	2	1	

表 6-16

2				3
				1
				3
×	4	2	1	

3，產生表 6-16。最西北角剩下變數 x_{12}，我們設 $x_{12} = \min\{3, 4\} = 3$。然後，刪掉列 1 且改變 d_1 為 $4 - 3 = 1$，這可得到表 6-17。現在，最西北角的可用變數為 x_{22}，我們設 $x_{22} = \min\{1, 1\} = 1$，因為對應於格子中的供應與需求為相等，我們可以刪掉列 2 或行 2 (但不可同時)。若沒有特別的原因，我們

表 6-17

2	3			×
				1
				3
×	1	2	1	

表 6-18

2	3			×
	1			×
				3
×	0	2	1	

表 6-19

	2	3			×
		1			×
		0			3
	×	×	2	1	

表 6-20

	2	3			×
		1			×
		0	2		1
	×	×	×	1	

選擇刪掉列 2，然後 d_1 必須改變為 $1 - 1 = 0$，這個表格列於表 6-18。在下個步驟，這會產生退化解 (degenerate) bfs。

現在，最西北角的格子為 x_{32}，所以我們設 $x_{32} = \min\{3, 0\} = 0$，則我們刪掉列 2 且改變 s_3 為 $3 - 0 = 3$，得到的結果列在表 6-19。現在，我們設 $x_{33} = \min\{3, 2\} = 2$，則刪掉行 3 且減少 s_3 為 $3 - 2 = 1$，結果列在表 6-20。剩下唯一的格子為 x_{34}，我們設 $x_{34} = \min\{1, 1\} = 1$，然後刪掉列 3 及行 4。已經沒有格子可用，所以完成計算，我們可得 bfs 為 $x_{11} = 2$，$x_{12} = 3$，$x_{22} = 1$，$x_{32} = 0$，$x_{33} = 2$，$x_{34} = 1$。

為什麼西北角法所得到的解是 bfs？這個方法保證沒有基本變數會被指派為負值 (因為沒有右端值會變成負) 且每一個供應與需求條件會被滿足 (因為每一列及行最後會被刪掉)。因此，西北角法所得到的是一個可行解。

為了完成西北角法，$m + n$ 列與行必須被刪掉。在最後一個變數給了數值後，造成一列及行同時被刪掉，所以西北角法會給 $(m + n - 1)$ 個變數值。利用西北角法所得的變數值不會形成一個迴圈，所以定理 1 可得西北角法必定會得到一個 bfs。

最小成本法求起始解

由於西北角法沒有用到運輸成本，所以它可能會產生一個非常高運輸成本的起始 bfs，則決定最佳解必是需要許多轉軸計算，最小成本法是利用運輸

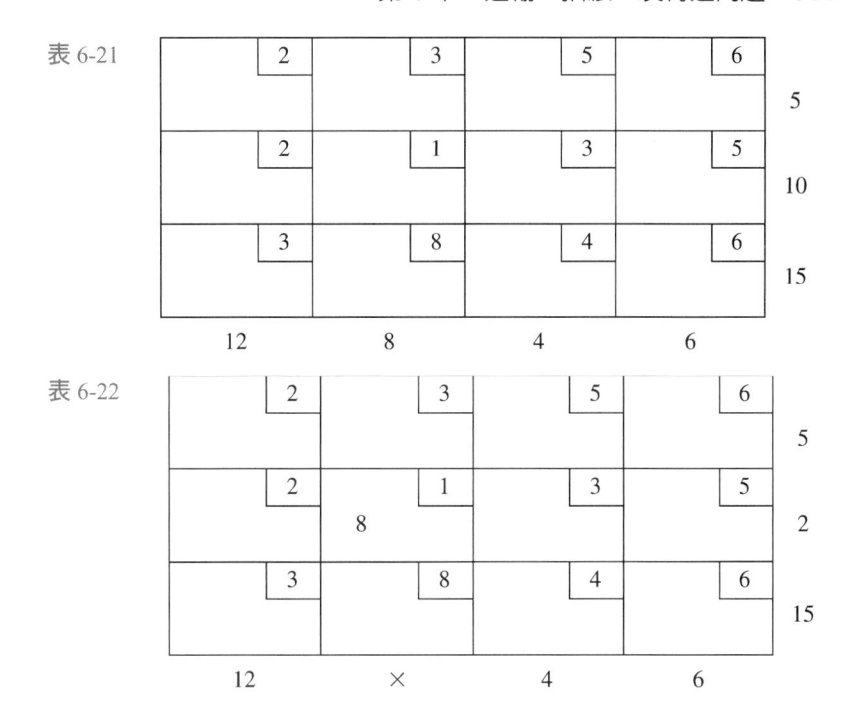

第 6 章　運輸，指派，及轉運問題　**335**

表 6-21

	2	3	5	6	
					5
	2	1	3	5	
					10
	3	8	4	6	
					15
12	8	4	6		

表 6-22

	2	3	5	6	
					5
	2	1	3	5	
		8			2
	3	8	4	6	
					15
12	×	4	6		

成本，想辦法去產生一個較低總成本的 bfs。幸運地，在找問題的最佳解所需要的轉軸計算次數會比較少。

開始利用最小成本法，首先找擁有最小運輸成本的變數 (稱它為 x_{ij})，然後給 x_{ij} 最大可能值，min $\{s_i, d_j\}$，如同西北角法，刪掉第 i 列或第 j 行且減少沒有被刪掉的列或行的供應或需求 x_{ij} 的值。然後，再選擇不在被刪掉的列或行的格子中，有最小運輸成本者且重複這個過程。繼續這個步驟直到只有一格可以選擇，在這種狀況下，同時刪掉列及行。記得 (除了最後一個變數) 若有一個變數同時滿足供應與需求條件，只能刪掉一列或一行，不能同時刪除。

為了說明最小成本法，我們尋找表 6-21 平衡運輸問題的 bfs。有最小運輸成本的變數為 x_{22}，我們設 $x_{22} =$ min $\{10, 8\} = 8$。然後刪掉行 2 且將 s_2 改變為 $10 - 8 = 2$ (表 6-22)。現在，我們可以選擇 x_{11} 或 x_{21} (二者都有運送成本 2)。我們任意選擇 x_{21} 且設 $x_{21} =$ min $\{2, 12\} = 2$，然後刪掉列 2 且改變 d_1 為 $12 - 2 = 10$ (表 6-23)，現在我們設 $x_{11} =$ min $\{5, 10\} = 5$，刪掉列 1，且改變 d_1 為 $10 - 5 = 5$ (表 6-24)。不在被刪掉的列或行的最小成本為 x_{31}，我們設 $x_{31} =$ min $\{15, 5\} = 5$，刪掉行 1，且減少 s_3 為 $15 - 5 = 10$ (表 6-25)，現在設 $x_{33} =$ min $\{10, 4\} = 4$，刪掉行 3 且同時刪掉列 3 及行 4。我們得到 bfs 為 $x_{11} = 5$，$x_{21} = 2$，$x_{22} = 8$，$x_{31} = 5$，$x_{33} = 4$，且 $x_{34} = 6$。

因為最小成本法所選擇的變數擁有最小的運送成本為基本變數，你可以

336 作業研究 I

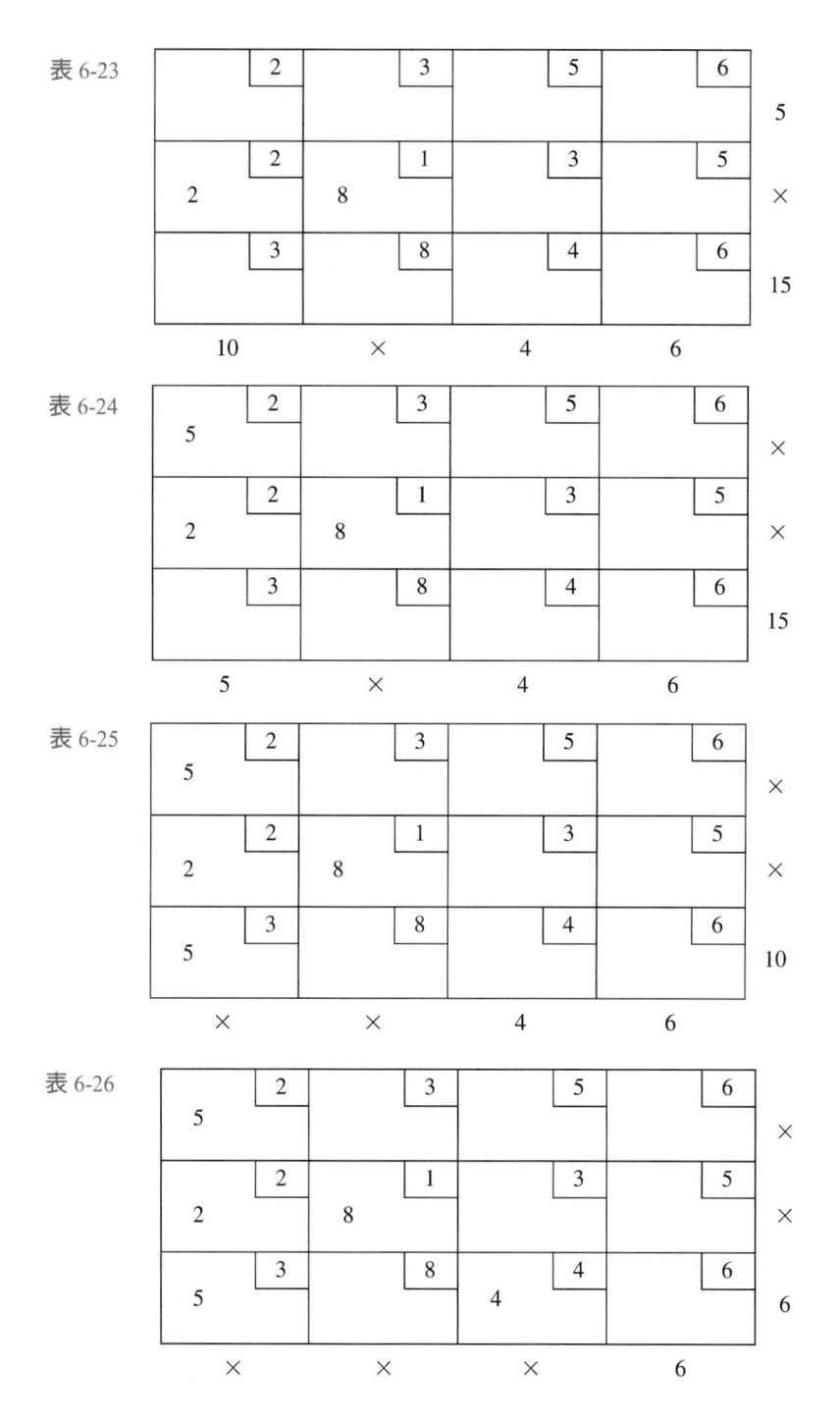

表 6-23

	2	3	5	6	
					5
	2	1	3	5	
2	8				×
	3	8	4	6	
					15
10	×	4	6		

表 6-24

	2	3	5	6	
5					×
	2	1	3	5	
2	8				×
	3	8	4	6	
					15
5	×	4	6		

表 6-25

	2	3	5	6	
5					×
	2	1	3	5	
2	8				×
	3	8	4	6	
5					10
×	×	4	6		

表 6-26

	2	3	5	6	
5					×
	2	1	3	5	
2	8				×
	3	8	4	6	
5		4			6
×	×	×	6		

想像這個方法所求出的 bfs 有一個較低的運輸成本。在下一個問題說明為何最小成本法會陷入選擇相對較高成本 bfs 的陷阱。

若我們利用最小成本法到表 6-27，我們設 $x_{11} = 10$ 且刪掉列 1。這會迫使 x_{22} 及 x_{23} 為基本變數，會造成有較高的運輸成本。因此，最小成本法可能

表 6-27

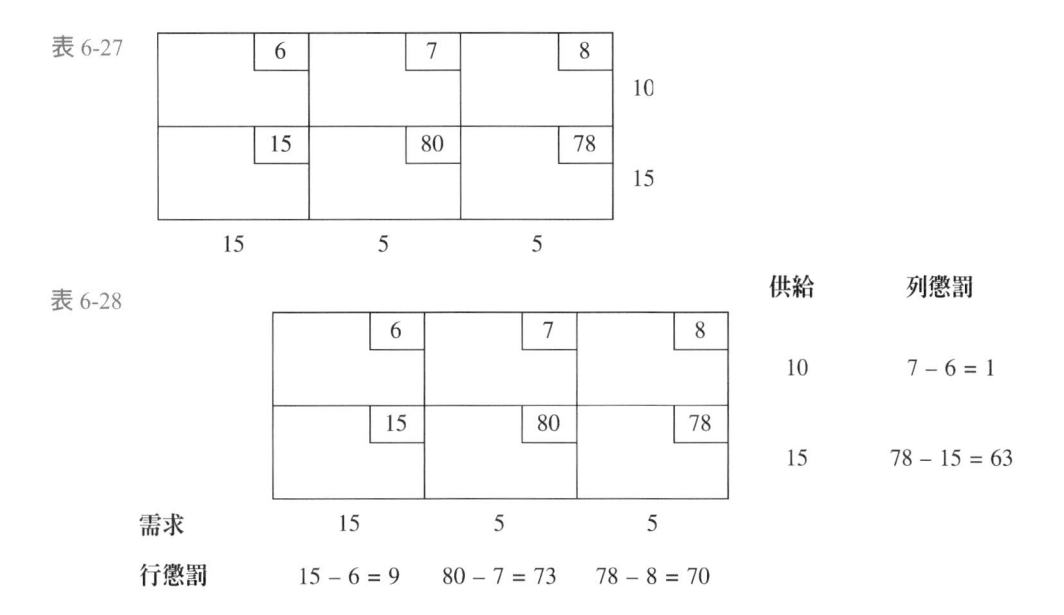

	6		7		8	10
	15		80		78	15
15		5		5		

表 6-28

						供給	列懲罰
	6		7		8	10	7 − 6 = 1
	15		80		78	15	78 − 15 = 63

需求　　　　15　　　　5　　　　5

行懲罰　　15 − 6 = 9　　80 − 7 = 73　　78 − 8 = 70

會產生一個較高成本的 bfs。Vogel 方法即可以被用來找 bfs 且可以避免極高的運輸成本。

Vogel 方法求基本可行解

　　首先，先計算每一列 (及行) 的"懲罰"(penalty) 等於在該列 (行) 的二個最小成本的差。接下來，找到有最大懲罰的列或行，選擇在這列或行有最小運送成本當作第一個基本變數。如同前述的西北角及最小成本法，讓這個變數盡量愈大愈好，刪掉一列或一行，且根據這個基本變數改變供應或需求。現在重新計算新的懲罰 (利用沒有被刪掉的列或行)，並重覆這個過程直到只剩一個尚未被刪掉的格子。設定這個變數等於與該變數所對應的供應或需求的變數值，再刪掉變數的列及行，一個 bfs 即可得到。

　　我們利用表 6-28 來說明如何利用 Vogel 方法求出 bfs。第 2 行有最大的懲罰，所以我們設 $x_{12} = \min \{10, 5\} = 5$，然後我們刪掉行 2 且將 s_1 減少為 $10 - 5 = 5$。經過重新計算新的懲罰 (經過刪除一行後，其他行的懲罰保持不變)，可得到表 6-29。現在最大的懲罰發生在第 3 行，我們可以設 $x_{13} = \min \{5, 5\} = 5$，且刪掉列 1 或行 3。我們任意選擇刪掉行 3，且將 s_1 變成 $5 - 5 = 0$。因爲每一列僅有一個格子未被刪除，所以沒有列的懲罰，結果列在表 6-30。第 1 行有唯一的懲罰 (當然，它是最大的懲罰)，我們設 $x_{11} = \min \{0, 15\} = 0$，刪掉列 1，且將 d_1 改變成 $15 - 0 = 15$，結果列在表 6-31。已經沒有懲罰可以計算，唯一在沒有被刪掉的列或行上的格子爲 x_{21}。因此，我們

表 6-29

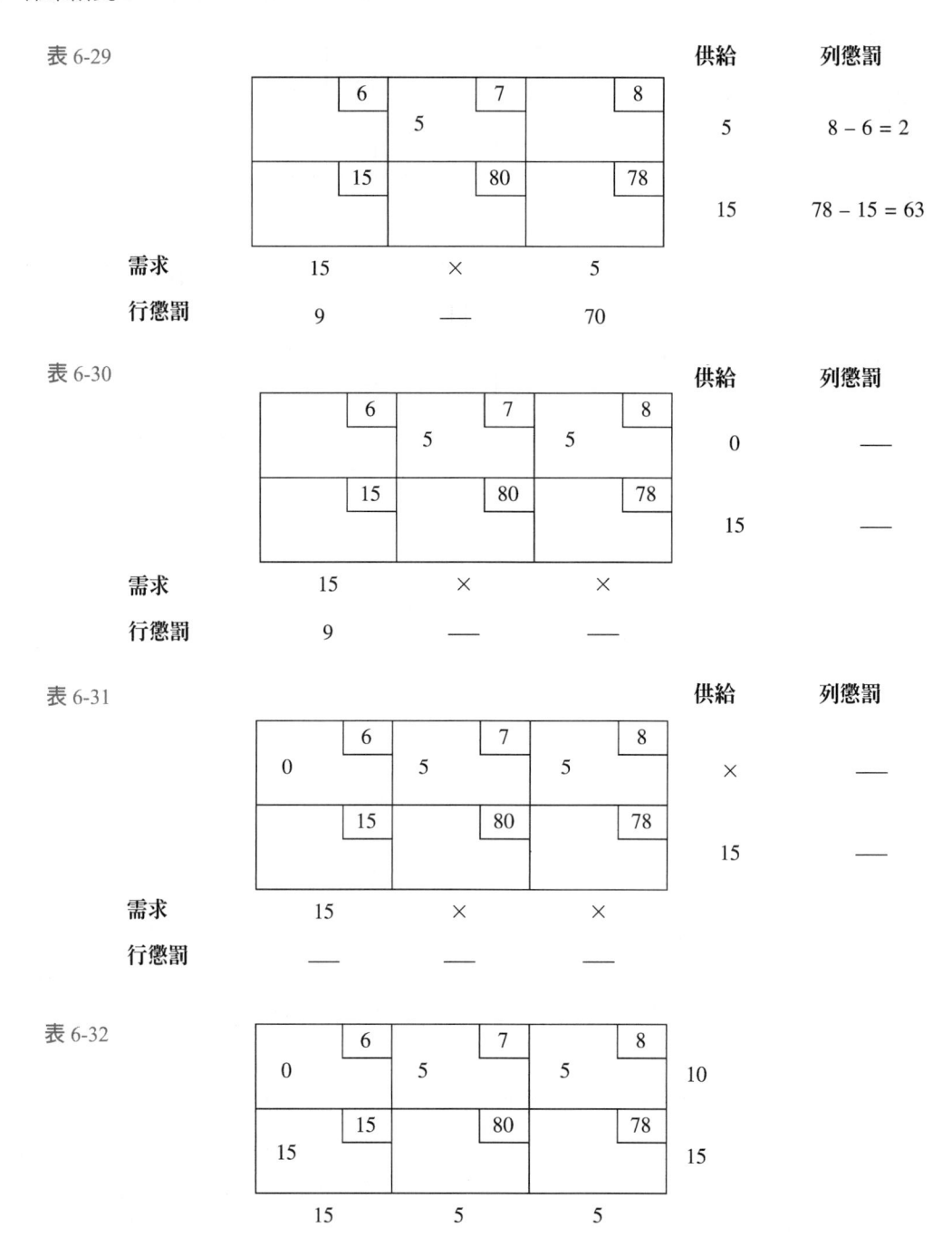

			供給	列懲罰
6	7 5	8	5	8 − 6 = 2
15	80	78	15	78 − 15 = 63

需求　　　　15　　　　×　　　　5
行懲罰　　　9　　　　—　　　　70

表 6-30

			供給	列懲罰
6	7 5	8 5	0	—
15	80	78	15	—

需求　　　　15　　　　×　　　　×
行懲罰　　　9　　　　—　　　　—

表 6-31

			供給	列懲罰
6 0	7 5	8 5	×	—
15	80	78	15	—

需求　　　　15　　　　×　　　　×
行懲罰　　　—　　　　—　　　　—

表 6-32

			供給
6 0	7 5	8 5	10
15 15	80	78	15

　　　　　　15　　　　5　　　　5

設 $x_{21} = 15$ 且同時刪掉行 1 及列 2。Vogel 方法的應用已經完成，且我們已經得到 bfs：$x_{11} = 0$，$x_{12} = 5$，$x_{13} = 5$ 且 $x_{21} = 15$ (參考表 6-32)。

　　我們觀察到 Vogel 方法避免了高運輸成本的變數 x_{22} 及 x_{23}，這是因為高運輸成本會造成較大的懲罰且讓 Vogel 方法去選擇其他變數滿足第二及第三需求條件。

在前面三個我們討論過找 bfs 的方法中,西北角法所需的時間最少,而 Vogel 方法需要最多的時間,但是,有進一步的研究 [Glover et al. (1974)] 證明過,當使用 Vogel 方法求起始解時,它需要的轉軸計算相對地比其他二種方法少得多。由於這些原因,在一個很大的運輸問題中,西北角法與最小成本法就很少用來求 bfs。

問　題

問題組 A

1. 針對 6.1 節問題 1,2 及 3,利用西北角法求 bfs。
2. 針對 6.1 節問題 4,7 及 8,利用最小成本法求 bfs。(提示:針對極大問題,稱極小成本法為最大利潤法或最大收益法。)
3. 針對 6.1 節問題 5 及 6,利用 Vogel 方法求 bfs。
4. Vogel 方法如何修正求解極大問題?

6.3 運輸簡捷法

在本節,我們說明在運輸問題中如何利用簡捷法來求解,首先,我們討論運輸問題的轉軸過程。

在簡捷法中,利用轉軸列,從其他的條件及第 0 列刪除進入基本變數時,通常需要很多的相乘計算。然而,在解決一個運輸問題,轉軸的計算僅需要加及減。

在運輸問題中,如何作轉軸的運算

利用下列的過程,可以在運輸表內進行運輸問題的轉軸:

步驟 1　決定進入基底的變數 (下面會說明標準)。

步驟 2　找到一個包含進入變數及一些基本變數的迴圈 (可證明僅有一個迴圈)。

步驟 3　僅在此迴圈中做計算,在步驟 2 所找出的格子給定標籤,在含進入變數格及遠離其偶數格子給予偶數 (0、2、4 等等),且在遠離進入變數的奇數格給予奇數。

步驟 4　在奇數格的變數值找到最小值,稱為 θ。對應到這個奇數格的變數將離開基底進行轉軸計算,減少每個奇數格 θ 且增加每個偶數格 θ。不在這個迴圈的變數值保持不變,現在這個軸已完成。若 $\theta = 0$,則進入變數為 0,且目前有一個 0 的奇數格變數將離開基底。在本例,轉軸的前後已產生一個退化解,若有超過一個以上的奇數格的值為 θ,你可以任意選擇其中一個奇數格離開基底,這樣又會產生一個退化 bfs。

我們利用 Powerco 例題來說明轉軸過程。當我們利用西北角法求解 Powerco 問題,表 6-33 的 bfs 即可找到。這個 bfs,基本變數為 $x_{11} = 35$,$x_{21} = 10$,$x_{22} = 20$,$x_{23} = 20$,$x_{33} = 10$,且 $x_{34} = 30$。

假設 x_{14} 將進入基底,我們想要找到下一個 bfs。這個包含 x_{14} 及某些基本變數的迴圈為

$$\begin{array}{cccccc} E & O & E & O & E & O \\ (1,4) - (3,4) - (3,3) - (2,3) - (2,1) - (1,1) \end{array}$$

在此迴圈中,(1, 4),(3, 3) 及 (2, 1) 為偶數格,且 (1, 1),(3, 4) 及 (2, 3) 為奇數格,這些奇數格的最小值為 $x_{23} = 20$。因此,經過轉軸後,x_{23} 將離開基底。我們現在在每一個偶數格加上 20 且每一個奇數格減掉 20,可得表 6-34 的 bfs。因為每一列及行有很多個 + 20 及 − 20,新的解將滿足每一個供應條件與需求條件,當選擇最小奇數變數 (x_{23}) 離開基底時,我們保證所有的變數為非負。因此,這個新的解為可行解,格子 (1, 1),(1, 4),(2, 1),(2, 2),(3, 3)

表 6-33
Powerco 的西北角法基本可行解

35				35
10	20	20		50
		10	30	40
45	20	30	30	

表 6-34
在 x_{14} 轉軸進入基底後,新的基本可行解

35 − 20			0 + 20	35
10 + 20	20	20 − 20 (非基本變數)		50
		10 + 20	30 − 20	40
45	20	30	30	

及 (3, 4) 不構成迴圈，所以新的解為一個 bfs 。經過轉軸計算後，新的 bfs 為 $x_{11} = 15$，$x_{14} = 20$，$x_{21} = 30$，$x_{22} = 20$，$x_{33} = 30$ 及 $x_{34} = 10$，而其他的變數為 0。

前面所述的轉軸過程，非常清楚的說明每一個運輸問題的轉軸計算只包含加及減。利用這個事實，我們可以說明對於一個運輸問題的所有供應及需求都是整數時，則運輸問題的最佳解所有的變數亦為整數。從一開始觀察到，利用西北角法，我們可以找到一個 bfs 的每一個變數都是整數，而且每一個轉軸的計算都只有加及減，所以每一個透過簡捷法所得到的 bfs (包含最佳解)，每個變數將會被指定為整數。這個事實表示一個運輸問題有整數的供應及需求有整數的最佳解是非常有用的，這是因為它能保證我們不需要擔心是否可分性的假設是否成立。

計算非基本變數的成本

為了完成運輸簡捷法的討論，現在我們說明如何計算任何 bfs 的第 0 列。我們知道對於一個 bfs 的基本變數集合為 BV ，這些在表格列 0 的變數 x_{ij} 的係數 (稱為 $\bar{c}_{ij}$) 為

$$\bar{c}_{ij} = \mathbf{c}_{BV} B^{-1} \mathbf{a}_{ij} - c_{ij}$$

其中 c_{ij} 為 x_{ij} 的目標函數係數且 $\mathbf{a}_{ij}$ 為在原來 LP 的 x_{ij} 行 (我們假設第一個供應條件已經刪除)。

因為我們在解一個極小問題，目前的 bfs 為最佳解若所有的 $\bar{c}_{ij}$ 均為非正；否則，我們讓這些變數中擁有正的最大 $\bar{c}_{ij}$ 的變數進入基底。

在決定 $\mathbf{c}_{BV} B^{-1}$ 之後，我們可以簡單地決定 $\bar{c}_{ij}$。因為第一個條件已被刪除，$\mathbf{c}_{BV} B^{-1}$ 將有 $m + n - 1$ 個元素。所以，我們寫

$$\mathbf{c}_{BV} B^{-1} = [u_2 \quad u_3 \quad \cdots \quad u_m \quad v_1 \quad v_2 \quad \cdots \quad v_n]$$

其中 $u_2, u_3, \cdots, u_m$ 是在 $\mathbf{c}_{BV} B^{-1}$ 的元素中相對應於 $(m - 1)$ 個供應條件，且 $v_1, v_2, \cdots, v_n$ 為 $\mathbf{c}_{BV} B^{-1}$ 中相對於 n 個需求條件。

為了決定 $\mathbf{c}_{BV} B^{-1}$，我們利用在任何一張表格的事實，每個基本變數 x_{ij} 必定有 $\bar{c}_{ij} = 0$。因此，對於在 BV 中的 $(m + n - 1)$ 個變數，

$$\mathbf{c}_{BV} B^{-1} \mathbf{a}_{ij} - c_{ij} = 0 \qquad \textbf{(4)}$$

對於一個運輸問題，等式 (4) 相當容易解決。為了說明式 (4) 的解，我們利用 Powerco 問題西北角法的 bfs，找到式 (5) 的 $\mathbf{c}_{BV} B^{-1}$。

342 作業研究 I

	8		6		10		9	
35								35
	9		12		13		7	
10		20		20				50
	14		9		16		5	
				10		30		40
45		20		30		30		

(5)

對於這個 bfs，BV $= \{x_{11}, x_{21}, x_{22}, x_{23}, x_{33}, x_{34}\}$。利用式 (4) 我們可得

$$\bar{c}_{11} = [u_2 \quad u_3 \quad v_1 \quad v_2 \quad v_3 \quad v_4] \begin{bmatrix} 0 \\ 0 \\ 1 \\ 0 \\ 0 \\ 0 \end{bmatrix} - 8 = v_1 - 8 = 0$$

$$\bar{c}_{21} = [u_2 \quad u_3 \quad v_1 \quad v_2 \quad v_3 \quad v_4] \begin{bmatrix} 1 \\ 0 \\ 1 \\ 0 \\ 0 \\ 0 \end{bmatrix} - 9 = u_2 + v_1 - 9 = 0$$

$$\bar{c}_{22} = [u_2 \quad u_3 \quad v_1 \quad v_2 \quad v_3 \quad v_4] \begin{bmatrix} 1 \\ 0 \\ 0 \\ 1 \\ 0 \\ 0 \end{bmatrix} - 12 = u_2 + v_2 - 12 = 0$$

$$\bar{c}_{23} = [u_2 \quad u_3 \quad v_1 \quad v_2 \quad v_3 \quad v_4] \begin{bmatrix} 1 \\ 0 \\ 0 \\ 0 \\ 1 \\ 0 \end{bmatrix} - 13 = u_2 + v_3 - 13 = 0$$

$$\bar{c}_{33} = [u_2 \quad u_3 \quad v_1 \quad v_2 \quad v_3 \quad v_4] \begin{bmatrix} 0 \\ 1 \\ 0 \\ 0 \\ 1 \\ 0 \end{bmatrix} - 16 = u_3 + v_3 - 16 = 0$$

$$\bar{c}_{34} = [u_2 \quad u_3 \quad v_1 \quad v_2 \quad v_3 \quad v_4] \begin{bmatrix} 0 \\ 1 \\ 0 \\ 0 \\ 0 \\ 1 \end{bmatrix} - 5 = u_3 + v_4 - 5 = 0$$

對於每一個基本變數 x_{ij} (除了那些 $i = 1$),我們發現式 (4) 可變成 $u_i + v_j = c_{ij}$。若我們定義 $u_1 = 0$,可得式 (4) 變成 $u_i + v_j = c_{ij}$,對於所有的基本變數。因此,為了解 $\mathbf{c}_{BV}B^{-1}$,我們必須解下列 $(m + n)$ 個等式系統:$u_1 = 0$,所有的基本變數 $u_i + v_j = c_{ij}$。

對於式 (5),我們找 $\mathbf{c}_{BV}B^{-1}$ 由下列解之:

$$u_1 = 0 \quad (6)$$
$$u_1 + v_1 = 8 \quad (7)$$
$$u_2 + v_1 = 9 \quad (8)$$
$$u_2 + v_2 = 12 \quad (9)$$
$$u_2 + v_3 = 13 \quad (10)$$
$$u_3 + v_3 = 16 \quad (11)$$
$$u_3 + v_4 = 5 \quad (12)$$

從式 (7),$v_1 = 8$。從式 (8),$u_2 = 1$,則式 (9) 可得 $v_2 = 11$,且式 (10) 可得 $v_3 = 12$。從式 (11),$u_3 = 4$,最後,式 (12) 得到 $v_4 = 1$。對於每一個非基本變數,現在我們計算 $\bar{c}_{ij} = u_i + v_j - c_{ij}$,可得

$$\bar{c}_{12} = 0 + 11 - 6 = 5 \qquad \bar{c}_{13} = 0 + 12 - 10 = 2$$
$$\bar{c}_{14} = 0 + 1 - 9 = -8 \qquad \bar{c}_{24} = 1 + 1 - 7 = -5$$
$$\bar{c}_{31} = 4 + 8 - 14 = -2 \qquad \bar{c}_{32} = 4 + 11 - 9 = 6$$

因為 c_{32} 為正的最大 c_{ij},接下來讓 x_{32} 進入基底。每個單位的 x_{32} 進入基底將減少 Powerco 成本 \$6。

如何決定進入非基本變數 (以第 5 章為基礎)

現在我們討論如何決定是否一個 bfs 為最佳解,且若它不是最佳解,如何決定一個非基本變數將進入基底,令 $-u_i$ ($i = 1,2,\cdots,m$) 為供應條件 i 的影價格,且 $-v_j$ ($j = 1,2,\cdots,n$) 為需求條件 j 的影價格。我們假設第一個供應條件已經刪除,所以我們可以設 $-u_1 = 0$。從影價格的定義,若我們增加供應條件 i 與需求條件 j 的右端值 1 個單位,則最佳 z 值將增加 $-u_i$

344 作業研究 I

$- v_j$。現在假設 x_{ij} 為一個非基本變數，我們是否要讓 x_{ij} 進入基底？我們可觀察到若 x_{ij} 增加一個單位，成本將會增加 c_{ij}。所以，增加 x_{ij} 一個單位代表從供應點 i 所運送出去的將少一個單位且運送到需求點 j 亦會減少一個單位，這與減少供應條件 i 與需求條件 j 右端值一個單位相同。這也會增加 z 的值 $-u_i - v_j$。因此，增加 x_{ij} 一個單位將會增加 z 總共 $c_{ij} - u_i - v_j$。所以若所有的非基本變數 $c_{ij} - u_i - v_j \geq 0$ (或 $u_i + v_j - c_{ij} \leq 0$)，則目前的 bfs 為最佳解。然而，若一個非基本變數 x_{ij} 有 $c_{ij} - u_i - v_j < 0$ (或 $u_i + v_j - c_{ij} > 0$)，則當我們讓 x_{ij} 進入基底時，z 的值將會降低 $u_i + v_j - c_{ij}$。因此，我們可以結論：若對於所有非基本變數，$u_i + v_j - c_{ij} \leq 0$，則目前的 bfs 為最佳解。否則，擁有正的最大 $u_i + v_j - c_{ij}$ 的非基本變數將進入基底。我們如何求 u_i 及 v_j？在任何一張表的列 0，非基本變數 x_{ij} 的係數為增加一個單位的 x_{ij} 將會降低 z 的量。所以，我們可以利用下列等式的系統求解 u_i 及 v_j：$u_1 = 0$ 及對於所有的基本變數 $u_i + v_j - c_{ij} = 0$。

為了說明前述的討論，考慮在 (5) 式 Powerco 問題的 bfs：

	8		6		10		9	
35								35
	9		12		13		7	
10		20		20				50
	14		9		16		5	
				10		30		40
45		20		30		30		

(5)

我們透過解下列方程式求解 u_i 及 v_j：

$$u_1 = 0 \tag{6}$$
$$u_1 + v_1 = 8 \tag{7}$$
$$u_2 + v_1 = 9 \tag{8}$$
$$u_2 + v_2 = 12 \tag{9}$$
$$u_2 + v_3 = 13 \tag{10}$$
$$u_3 + v_3 = 16 \tag{11}$$
$$u_3 + v_4 = 5 \tag{12}$$

從式 (7)，$v_1 = 8$，從式 (8)，$u_2 = 1$，則式 (9) 可得 $v_2 = 11$，且式 (10) 可得 $v_3 = 12$。從式 (11)，$u_3 = 4$。最後，式 (12) 可得 $v_4 = 1$。針對所有的非基本變數，我們計算 $\overline{c}_{ij} = u_i + v_j - c_{ij}$，可得

$$\bar{c}_{12} = 0 + 11 - 6 = 5 \qquad \bar{c}_{13} = 0 + 12 - 10 = 2$$
$$\bar{c}_{14} = 0 + 1 - 9 = -8 \qquad \bar{c}_{24} = 1 + 1 - 7 = -5$$
$$\bar{c}_{31} = 4 + 8 - 14 = -2 \qquad \bar{c}_{32} = 4 + 11 - 9 = 6$$

因為 $\bar{c}_{32}$ 為正的最大 $\bar{c}_{ij}$，我們讓 x_{32} 進入基底，每一個單位的 x_{32} 進入基底，將降低 Powerco 成本 $6。

現在我們總結利用運輸簡捷法解一個運輸問題 (極小問題) 的步驟。

運輸簡捷法的總結與說明

步驟 1 若問題為不平衡的運輸問題，則平衡它。

步驟 2 利用 7.2 節的方法求一個 bfs。

步驟 3 利用 $u_1 = 0$ 的事實及所有基本變數的 $u_i + v_j = c_{ij}$ 求目前 bfs 的 $[u_1\ u_2\ \cdots\ u_m\ v_1\ v_2\ \cdots\ v_m]$。

步驟 4 若所有的非基本變數 $u_i + v_j - c_{ij} \leq 0$，則目前的 bfs 為最佳解。若不是這種狀況，則讓擁有正的最大 $u_i + v_j - c_{ij}$ 的變數進入基底。然後利用轉軸過程得到一個新的 bfs。

步驟 5 利用新的 bfs，回到步驟 3 及 4。

對於一個極大問題，步驟如前述，但步驟 4 以步驟 4'取代。

步驟 4' 若對於所有的非基本變數 $u_i + v_j - c_{ij} \geq 0$，則目前的 bfs 為最佳解。否則，選擇負的最小 $u_i + v_j - c_{ij}$ 進入基底，再利用前述的轉軸過程。

我們透過解 Powerco 問題來說明如何解一個運輸問題的過程。我們從 bfs 式 (5) 開始。我們已經決定 x_{32} 將進入基底，如表 6-35，包含 x_{32} 的迴圈及一些基本變數 (3, 2)–(3, 3)–(2, 3)–(2, 2)。在迴圈中的奇數格為 (3, 3) 及 (2, 2)。因為 $x_{33} = 10$ 及 $x_{22} = 20$，這個轉軸計算將會降低 x_{33} 及 x_{22} 的值 10 個單位且會增加 x_{32} 及 x_{23} 的值 10 個單位，這個可得的 bfs 列於表 6-36。這個新 bfs 的 u_i 與 v_j 可由下列方程式解之：

$$u_1 = 0 \qquad u_2 + v_3 = 13$$
$$u_2 + v_2 = 12 \qquad u_2 + v_1 = 9$$
$$u_3 + v_4 = 5 \qquad u_3 + v_2 = 9$$
$$u_1 + v_1 = 8$$

在解每一個非基本變數 $\bar{c}_{ij} = u_i + v_j - c_{ij}$，我們找到 $\bar{c}_{12} = 5$，$\bar{c}_{24} =$

表 6-35
包含進入變數 x_{32} 的迴圈

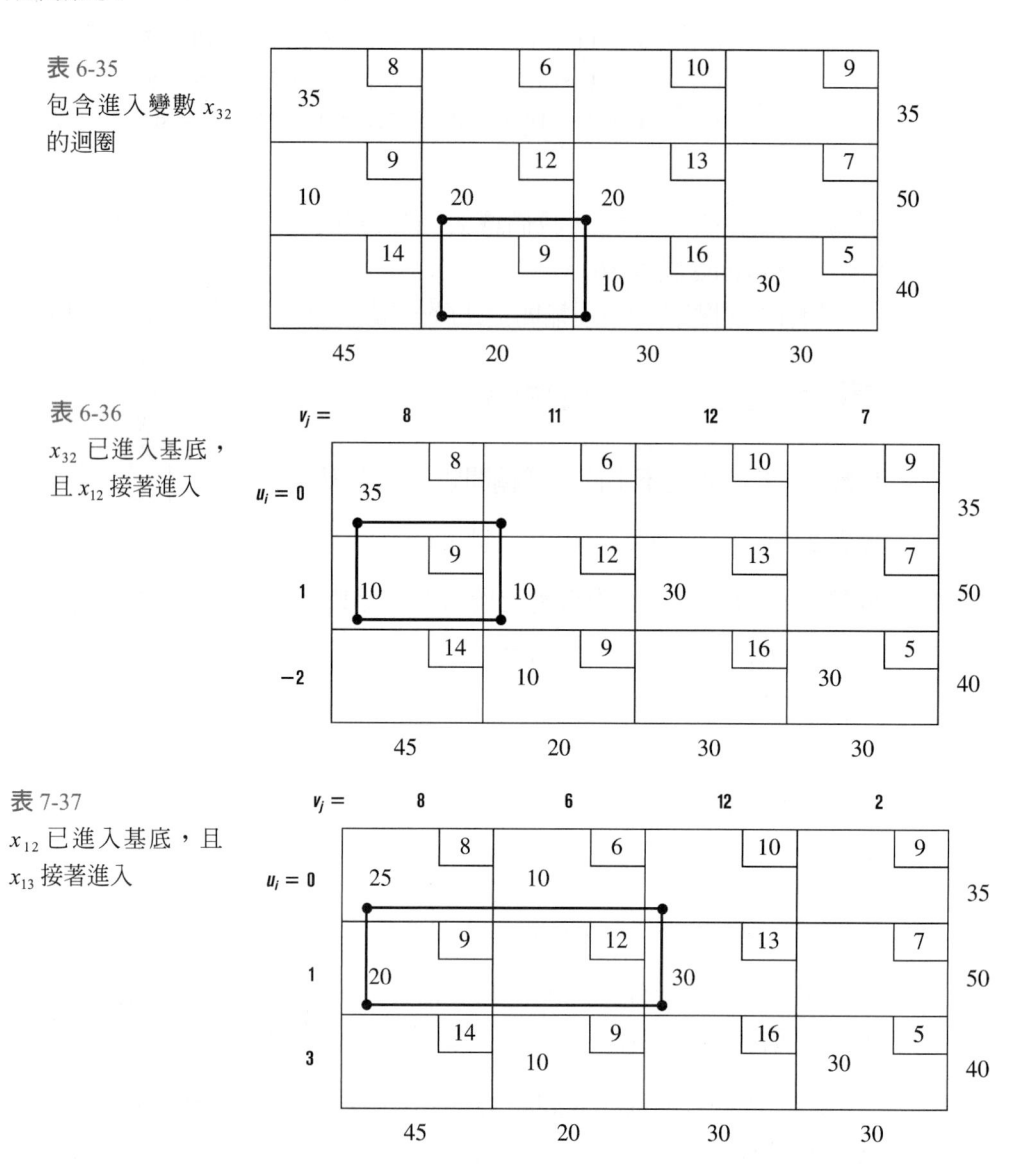

表 6-36
x_{32} 已進入基底，且 x_{12} 接著進入

表 7-37
x_{12} 已進入基底，且 x_{13} 接著進入

1，及 $\bar{c}_{13} = 2$ 為有正的 $\bar{c}_{ij}$ 值。因此，我們讓 x_{12} 進入基底。這個包含 x_{12} 及一些基本變數的迴圈為 (1, 2)–(2, 2)–(2, 1)–(1, 1)，其中奇數格為 (2, 2) 及 (1, 1)。因為 $x_{22} = 10$ 為奇數格中最小的元素，我們降低 x_{22} 及 x_{11} 10 個單位且增加 x_{12} 及 x_{21} 10 個單位。所得結果列在表 6-37。對於這個 bfs，u_i 與 v_j 可由下列來抉定：

$$\begin{aligned}
u_1 &= 0 & u_1 + v_2 &= 6 \\
u_2 + v_1 &= 9 & u_3 + v_2 &= 9 \\
u_1 + v_1 &= 8 & u_3 + v_4 &= 5 \\
u_2 + v_3 &= 13
\end{aligned}$$

表 6-38
Powerco 的最佳表格

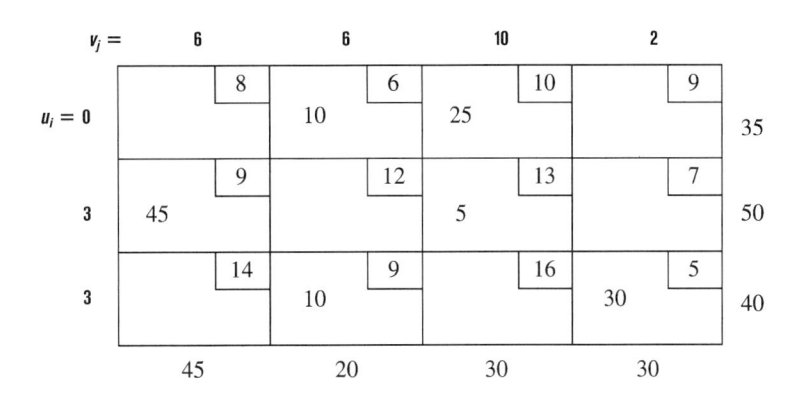

	$v_j = 6$	6	10	2	
$u_i = 0$	8	6 10	10 25	9	35
3	9 45	12	13 5	7	50
3	14	9 10	16	5 30	40
	45	20	30	30	

在決定每一個非基本變數的 $\bar{c}_{ij}$ 時，我們找到唯一一個正的 $\bar{c}_{ij}$ 為 $\bar{c}_{13} = 2$。因此，x_{13} 進入基底，包含 x_{13} 及一些基本變數的迴圈為 $(1, 3)-(2, 3)-(2, 1)-(1, 1)$，其中奇數格為 x_{23} 及 x_{11}，因為 $x_{11} = 25$ 為奇數格中的最小元素，我們降低 x_{23} 及 x_{11} 的值 25 個單位且增加 x_{13} 及 x_{21} 的值 25 個單位，這個結果的 bfs 列在表 6-38。針對這個 bfs，u_i 與 v_j 可由下列方程式得之：

$$u_1 = 0 \qquad u_2 + v_3 = 13$$
$$u_2 + v_1 = 9 \qquad u_1 + v_3 = 10$$
$$u_3 + v_4 = 5 \qquad u_3 + v_2 = 9$$
$$u_1 + v_2 = 6$$

讀者可以檢查這個 bfs，所有的 $\bar{c}_{ij} \geq 0$，所以可得到最佳解。因此，Powerco 問題的最佳解為 $x_{12} = 10$，$x_{13} = 25$，$x_{21} = 45$，$x_{23} = 5$，$x_{32} = 10$，$x_{34} = 30$，且

$$z = 6(10) + 10(25) + 9(45) + 13(5) + 9(10) + 5(30) = \$1,020$$

問 題

問題組 A

利用運輸簡捷法求解 6.1 節問題 1－8，開始可以利用 6.2 節的方法求出 bfs。

6.4 運輸問題的敏感度分析

我們已經看到針對一個運輸問題，決定 bfs 及給定一個基本變數集合的列 0，以及轉軸運算。在本節，我們討論針對運輸問題進行敏感度分析：

改變 1 改變一個非基本變數的目標函數係數
改變 2 改變一個基本變數的目標函數係數
改變 3 增加單一個供應 Δ 單位及一個單一需求 Δ 單位。

我們利用 Powerco 問題來說明此三種改變。從 6.3 節，Powerco 問題的最佳解為 $z = \$1,020$；最佳表格為表 6-39。

改變一個非基本變數的目標函數係數

改變一個非基本變數 x_{ij} 的目標函數係數將會保留最佳表格右端值不變。因此，目前的基底仍是可行。我們沒有改變 $\mathbf{c}_{BV}B^{-1}$，所以 u_i 及 v_j 保持不變。在列 0，僅有 x_{ij} 的係數改變。因此，只要 x_{ij} 的列 0 係數保持為非正，目前的基底仍是最佳。

為了說明這個方法，我們回答以下問題：輸送 1 百萬 kwh 的電力從電廠 1 到城市 1 的成本在什麼範圍內，目前的基底保持最佳？假設我們改變 c_{11} 從 8 到 $8 + \Delta$。Δ 的值在什麼範圍內，仍然保持最佳？現在 $\bar{c}_{11} = u_1 + v_1 - c_{11} = 0 + 6 - (8 + \Delta) = -2 - \Delta$。因此，若 $-2 - \Delta \leq 0$，或 $\Delta \geq -2$，且 $c_{11} \geq 8 - 2 = 6$，目前的基底保持最佳。

改變一個基本變數的目標函數值

因為我們改變 $\mathbf{c}_{BV}B^{-1}$，在列 0 的每一個非基本變數的係數都可能改變，為了要決定目前的基底是否為最佳，我們必須找到新的 u_i 及 v_j 且利用這些值去計算所有非基本變數的 $\bar{c}_{ij}$。目前的基底保持最佳，只要所有的非基本變數的 $\bar{c}_{ij}$ 為非正。為了說明這個概念，我們決定 Powerco 問題中，從電廠 1 到城市 3 運送 1 百萬千瓦電力的成本在什麼範圍內，目前基底仍然保持最佳。

假設我們改變 c_{13} 從 10 到 $10 + \Delta$，則 $\bar{c}_{13} = 0$ 從 $u_1 + v_3 = 10$ 改變至 $u_1 + v_3 = 10 + \Delta$。因此，為求 u_i 及 v_j，我們必須解下列等式：

$$\begin{aligned} u_1 &= 0 & u_3 + v_2 &= 9 \\ u_2 + v_1 &= 9 & u_1 + v_3 &= 10 + \Delta \\ u_1 + v_2 &= 6 & u_3 + v_4 &= 5 \\ u_2 + v_3 &= 13 & & \end{aligned}$$

解這些等式，我們得到 $u_1 = 0$，$v_2 = 6$，$v_3 = 10 + \Delta$，$v_1 = 6 + \Delta$，$u_2 = 3 - \Delta$，$u_3 = 3$ 且 $v_4 = 2$。

現在，我們計算所有非基本變數 $\bar{c}_{ij}$，目前的基底保持最佳只要每一個非基本變數在列 0 的係數為非正。

第 6 章 運輸，指派，及轉運問題 349

$$\bar{c}_{11} = u_1 + v_1 - 8 = \Delta - 2 \leq 0 \quad \text{針對 } \Delta \leq 2$$
$$\bar{c}_{14} = u_1 + v_4 - 9 = -7$$
$$\bar{c}_{22} = u_2 + v_2 - 12 = -3 - \Delta \leq 0 \quad \text{針對 } \Delta \geq -3$$
$$\bar{c}_{24} = u_2 + v_4 - 7 = -2 - \Delta \leq 0 \quad \text{針對 } \Delta \geq -2$$
$$\bar{c}_{31} = u_3 + v_1 - 14 = -5 + \Delta \leq 0 \quad \text{針對 } \Delta \leq 5$$
$$\bar{c}_{33} = u_3 + v_3 - 16 = \Delta - 3 \leq 0 \quad \text{針對 } \Delta \leq 3$$

因此，目前的基底保持最佳當 $-2 \leq \Delta \leq 2$，或 $8 = 10 - 2 \leq c_{13} \leq 10 + 2 = 12$。

供給 s_i 及需求 d_j 同時增加 Δ 單位

這個改變仍然保持為平衡的運輸問題。因為 u_i 及 v_j 可視為每一個條件影價格的負號，若目前的基底保持為最佳，則

$$\text{新 } z \text{ 值} = \text{原 } z \text{ 值} + \Delta u_i + \Delta v_j$$

例如，若我們增加電廠 1 供應及城市 2 的需求 1 個單位，則 (新成本) = \$1,020 + 1(0) + 1(6) = \$1,026。

我們可以找到一個新的決策變數值如下：

1. 若 x_{ij} 為最佳解的基本變數，則 x_{ij} 增加 Δ 單位。
2. 若 x_{ij} 為最佳解的非基本變數，則找包含 x_{ij} 及一些基本變數的迴圈，找到在迴圈中第 i 列的奇數格，增加奇數格的值 Δ 且在此迴圈中，交錯地增加，然後使目前的基本變數減少 Δ 單位。

為了說明第一種情況，假設我們使 s_1 及 d_1 增加二個單位，因為 x_{12} 為最佳表格的基本變數，最佳解為表 6-40，新的最佳 z 值為 $\$1,020 + 2u_1 + 2v_2 =$

表 6-39
Powerco 的最佳表格

		城市 1	城市 2	城市 3	城市 4	供應
	$v_j =$	6	6	10	2	
電廠 1	$u_i = 0$	8	6 / 10	10 / 25	9	35
電廠 2	3	9 / 45	12	13 / 5	7	50
電廠 3	3	14	9 / 10	16	5 / 30	40
需求		45	20	30	30	

表 6-40
若 $s_1 = 35 + 2 = 37$ 及 $d_2 = 20 + 2 = 22$，Powerco 的最佳表格

	城市 1	城市 2	城市 3	城市 4	供應
$v_j =$	6	6	10	2	
電廠 1　$u_i = 0$	8	6 ／ 12	10 ／ 25	9	37
電廠 2　3	9 ／ 45	12	13 ／ 5	7	50
電廠 3　3	14	9 ／ 10	16	5 ／ 30	40
需求	45	22	30	30	

表 6-41
若 $s_1 = 35 + 1 = 36$ 及 $d_1 = 45 + 1 = 46$，Powerco 的最佳表格

	城市 1	城市 2	城市 3	城市 4	供應
$v_j =$	6	6	10	2	
電廠 1　$u_i = 0$	8	6 ／ 10	10 ／ 26	9	36
電廠 2　3	9 ／ 46	12	13 ／ 4	7	50
電廠 3　3	14	9 ／ 10	16	5 ／ 30	40
需求	46	20	30	30	

$1,032。為了說明第二種情況，假設我們同時使 s_1 及 d_1 增加一個單位。因為 x_{11} 為目前最佳表格的非基本變數，我們必須找尋包含 x_{11} 及某些基本變數的迴圈，這個迴圈為 $(1, 1)-(1, 3)-(2, 3)-(2, 1)$。在迴圈中及列 1 的奇數格為 x_{13}，因此，新的最佳解可由同時使 x_{13} 及 x_{21} 增加一個單位且 x_{23} 減少一個單位而得到新的最佳解，這會產生如表 6-41 的最佳解。這個新的最佳解為 (新 z 值) = $1,020 + u_1 + v_1 = $1,026，我們發現到當 s_1 及 d_1 同時增加 6 個單位，目前的基底會變成不可行。(為什麼？)

問　題

問題組 A

下面的問題參考 Powerco 例題。

1. 決定 c_{14} 的範圍，讓目前的基底保持最佳。

表 6-42

從	至 顧客 1	顧客 2	顧客 3	供給
工廠 1	$55	$65	$80	35
工廠 2	$10	$15	$25	50
需求	10	10	10	

2. 決定 c_{34} 的範圍，讓目前的基底保持最佳。
3. 若 s_2 及 d_3 同時增加 3 個單位，新的最佳解為何？
4. 若 s_3 及 d_3 同時減少 2 個單位，新的最佳解為何？
5. 二個工廠提供三個顧客的藥品需求。從每個工廠送貨到顧客的運送成本，以及供給與需求列在表 6-42。
   a. 公司的目標為極小化滿足顧客需求的成本，找出這個運輸問題二個最佳 bfs。
   b. 假設顧客 2 的需求增加一個單位，成本會增加多少？

6.5 指派問題

雖然運輸簡捷法看起來似乎很有效，這裡有一個特殊的運輸問題，稱為指派問題，會使得運輸簡捷法通常變得非常沒有效果。在本節，我們定義指派問題及討論一個有效解決這些指派問題的方法。

例題 4　機器指派問題

Machineco 公司有四部機器及四項工作預計要完成。每部機器必須被指派完成一項工作，每部機器完成每項工作所需的設置時間列在表 6-43。Machineco 公司想要在完成此四項工作下，最小總設置時間，利用線性規劃問題來解這個問題。

解　Machineco 公司想要決定哪一部機器會被指派去完成某一件工作，我們定義 $(i, j = 1, 2, 3, 4)$。

$x_{ij} = 1$　若機器 i 被指派去完成工作 j 的需求
$x_{ij} = 0$　若機器 i 沒有被指派去完成工作 j 的需求

Machineco 問題的模式可建立如下：

表 6-43　Machineco 的設置時間

機器	時間 (小時) 工作 1	工作 2	工作 3	工作 4
1	14	5	8	7
2	2	12	6	5
3	7	8	3	9
4	2	4	6	10

表 6-44
Machineco 的基本可行解

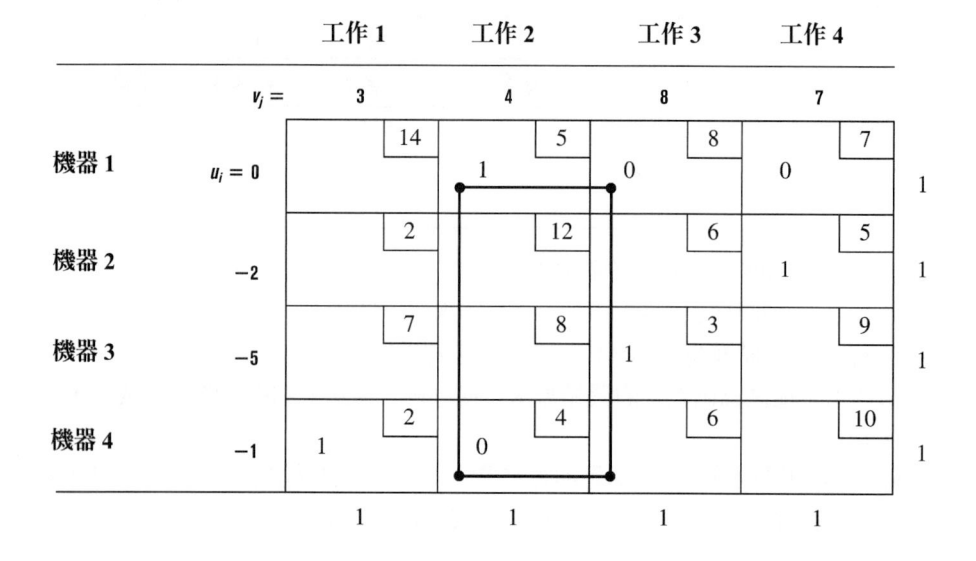

	工作 1	工作 2	工作 3	工作 4	
$v_j =$	3	4	8	7	
機器 1 $u_i = 0$	14	5 1	8 0	7 0	1
機器 2 -2	2	12 1	6	5	1
機器 3 -5	7	8	3 1	9	1
機器 4 -1	1 1	2 0	4	6	10	1
	1	1	1	1	

$$\min z = 14x_{11} + 5x_{12} + 8x_{13} + 7x_{14} + 2x_{21} + 12x_{22} + 6x_{23} + 5x_{24}$$
$$+ 7x_{31} + 8x_{32} + 3x_{33} + 9x_{34} + 2x_{41} + 4x_{42} + 6x_{43} + 10x_{44}$$

$$\begin{aligned}
\text{s.t.} \quad & x_{11} + x_{12} + x_{13} + x_{14} = 1 \quad \text{(機器條件)} \\
& x_{21} + x_{22} + x_{23} + x_{24} = 1 \\
& x_{31} + x_{32} + x_{33} + x_{34} = 1 \\
& x_{41} + x_{42} + x_{43} + x_{44} = 1 \\
& x_{11} + x_{21} + x_{31} + x_{41} = 1 \quad \text{(工作條件)} \\
& x_{12} + x_{22} + x_{32} + x_{42} = 1 \\
& x_{13} + x_{23} + x_{33} + x_{43} = 1 \\
& x_{14} + x_{24} + x_{34} + x_{44} = 1 \\
& x_{ij} = 0 \quad \text{or} \quad x_{ij} = 1
\end{aligned}$$ (13)

式 (13) 的前四個條件保證每部機器被指派給一個工作,而最後四個條件保證每一項工作會被完成。若 $x_{ij} = 1$,則目標函數的值即代表機器 i 給工作 j 的設置時間;若 $x_{ij} = 0$,則目標函數即不含此設置時間。

若忽略 $x_{ij} = 0$ 或 $x_{ij} = 1$ 的限制,我們發現 Machineco 公司面對的是一個平衡的運輸問題,其中每一個供應點有供應量 1 且每一個需求點有一個需求量 1。通常,一個**指派問題** (assignment problem) 即為一個平衡的運輸問題,其中所有的供給與需求均為 1。因此,一個指派問題可以由知道每一個供應點到每一個需求點的成本代表其特性,這個指派問題的矩陣稱為**成本矩陣** (cost matrix)。

Machineco 問題 (任何一個指派問題) 的所有供給及需求都是整數,所以在 6.3 節的討論能夠得到 Machineco 的最佳解的變數均是整數。因為每一個條件的右端值均為 1,每一個變數 x_{ij} 必須有一個不會大於的非負整數,所以每一個 x_{ij} 必須等於 0 或 1。這表示我們可以忽略 $x_{ij} = 0$ 或 1 的限制且解式 (13) 如同平衡運輸問題,利用最小成本法,我們得到表 6-44 的 bfs,這個目前的 bfs 是高度退化。(在任何 $m \times m$ 指派問題的 bfs,都會有 m 個基本變為 1 且 $(m-1)$ 個基本變數為 0。)

表 6-45
x_{43} 已進入基底

	工作 1	工作 2	工作 3	工作 4	
$v_j =$	3	5	7	7	
機器 1 $u_i = 0$	14	5 1	8	7 0	1
機器 2 -2	2	12	6	5 1	1
機器 3 -4	7	8	3 1	9	1
機器 4 -1	2 1	4 0	6 0	10	1
	1	1	1	1	

我們得到 $\bar{c}_{43} = 1$ 為唯一正的 $\bar{c}_{ij}$，所以令 x_{43} 進入基礎，這個包含 x_{43} 及一些基本變數的迴圈為 $(4, 3)-(1, 3)-(1, 2)-(4, 2)$。在這迴圈中的奇數變數為 x_{13} 及 x_{42}。因為 $x_{13} = x_{42} = 0$，x_{31} 或 x_{42} 可以離開基底，我們任意選擇 x_{13} 離開基底，經過轉軸的計算，我們得到表 6-45 的 bfs。現在，所有的 $\bar{c}_{ij}$ 為非正，所以我們得到一個最佳指派：$x_{12} = 1$，$x_{24} = 1$，$x_{33} = 1$，及 $x_{41} = 1$。因此，機器 1 派給工作 2，機器 2 派給工作 4，機器 3 派給工作 3，且機器 4 指派給工作 1，總設置時間為 $5 + 5 + 3 + 2 = 15$ 小時。

匈牙利法

回到前述的起始 bfs，我們發現它是最佳解。然而，我們直到進行一次的運輸簡捷法的反覆計算才知道它是最佳解。這說明在指派問題中，由於高度的退化造成運輸簡捷法在解指派問題非常沒有效果。基於這個理由 (事實上有一個演算法較運輸簡捷法簡單許多)，匈牙利法通常被用來解指派 (極小) 問題：

步驟 1　在 $m \times m$ 成本矩陣中的每一列找出最小元素。將每一列減掉這個最小值得到一張新的矩陣。針對這一張的矩陣，找出每一行的最小成本，再將此張表減掉這一行的最小值得到另一個新矩陣 (稱為簡化成本矩陣)。

步驟 2　畫上最小的直線 (水平、垂直或二者) 將簡化成本矩陣的所有零蓋住。若需要 m 條線，則在此矩陣中，蓋住的零的位置找出最佳解。若少於 m 條線，則到步驟 3。

步驟 3　在簡化成本矩陣中，找出步驟 2 中，未被直線蓋住的數字找出最小非

零元素 (稱為 k)。現在,將此簡化成本矩陣中,未被線蓋住的元素減掉 k 且將 k 加到被二條線蓋住的元素,回到步驟 2。

註解
1. 為了解一個目標為極大化目標的指派問題,將此利潤矩陣的數字乘上 -1 並解此問題如同極小化的問題。
2. 若在成本矩陣中,列與行的個數不同,則此指派問題為不平衡的指派問題。若此問題為平衡,利用匈牙利法所得的解通常會出錯。因此,任何指派問題必須在利用匈牙利法前,先把它化成平衡問題(利用加上一些虛設的點)。
3. 在一個很大的問題中,要去找到在目前的成本矩陣,用最少的線蓋住所有 0 的格子可能不太容易,在 Gillett (1976) 有討論如何找出最少的線。我們亦可證明出如果需要 j 條線,則只有 j 個工作可以被指派到目前矩陣內成本零的格子,這個解釋為什麼整個演算法在找到 m 條線後就停止。

利用匈牙利法找出 Powerco 問題的解

我們說明匈牙利法求解 Machineco 問題 (表 6-46)。

步驟 1 針對每一列,每一個元素減掉該列的最小值,得到表 6-47。現在將第 4 行的每一個成本減掉 2,得到表 6-48。

表 6-46
Machineco 成本矩陣

				列極小值
14	5	8	7	5
2	12	6	5	2
7	8	3	9	3
2	4	6	10	2

表 6-47
列經過減掉最小值的成本矩陣

9	0	3	2
0	10	4	3
4	5	0	6
0	2	4	8
行極小值 0	0	0	2

表 7-48
行經過減掉最小值的成本矩陣

9	0	3	0
0	10	4	1
4	5	0	4
0	2	4	6

表 7-49
需要四條線，最佳解已找到

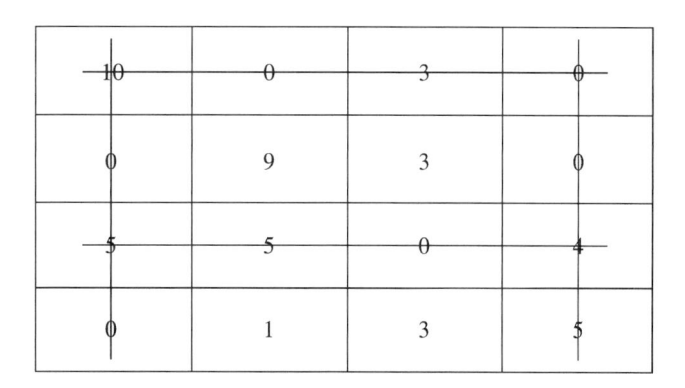

10	0	3	0
0	9	3	0
5	5	0	4
0	1	3	5

步驟 2 如同表所呈現，線會經過列 1，列 3 及列 1，將簡化成本矩陣的零都蓋住。從註解 3，僅有三項工作可以被指派到目前成本矩陣零的位置，蓋住所有零的線少於四條，所以進行步驟 3。

步驟 3 沒有被蓋到的元素最小值為 1，所以我們在這個簡化成本矩陣中，未被線蓋住的元素減掉 1 且將 1 加到每一個被二條線蓋住的元素。得到的矩陣列在表 6-49。現在需要四條線才能把所有零蓋住。因此，最佳解已產生，為了找最佳指派，我們觀察到在行 3，唯一被蓋住的 0 為 x_{33}，所以 $x_{33} = 1$，而且唯一蓋住第二行唯一被蓋的 0 為 x_{12}，所以 $x_{12} = 1$ 且觀察到列 1 及行 2 不能再被指派。現在在行 4 唯一被蓋住的 0 為 x_{24}，因此，我們選擇 $x_{24} = 1$ (現在，排除列 2 及行 4 被使用)。最後，我們選擇 $x_{41} = 1$。

因此，我們已經找到最佳指派 $x_{12} = 1$，$x_{24} = 1$，$x_{33} = 1$，及 $x_{41} = 1$，當然，這與運輸簡捷法所得到的結果一致。

匈牙利直覺的證明

為了給匈牙利法為什麼可以找到最佳解的一個直覺上的解釋，我們必須討論下列結論：若一個常數加到一個平衡的運輸問題的一列 (或行) 的每一個成本，則這個問題的最佳解不會改變。為了說明為什麼這個結論是對的，假設我們將 k 加入 Machineco 問題的第一列成本，則

$$新目標函數＝舊目標函數＋k(x_{11}＋x_{12}＋x_{13}＋x_{14})$$

因為在 Machineco 問題中的任何一個可行解，必定有 $x_{11}＋x_{12}＋x_{13}＋x_{14}＝1$，所以

$$新目標函數＝舊目標函數＋k$$

因此，當我們將 k 加入第一列的每個成本後，Machineco 問題的最佳解保持不變，相似的討論可用到任何一列或行。

匈牙利法的第一個步驟包含 (對每一列或行) 是從列或行中的每一個元素減掉一個常數，因此，步驟 1 產生新的成本矩陣與原來問題的最佳解相同。匈牙利法的步驟 3 與在被蓋住的列成本加上一個 k 值以及在未被任何一條蓋住的行成本減去 k 值的步驟相同 (參考本節末問題 7)。因此，由步驟 3 所得到新成本矩陣會與原來指派問題的最佳解相同。每次執行步驟 3，至少在成本矩陣中會出現一個新的零。

步驟 1 及 3 仍保證所有的成本均為非負。因此，匈牙利法的步驟 1 及 3 產生的效果為產生一連串的指派問題 (非負的成本)，它會與原來指派問題有相同的最佳解。現在考慮一個指派問題所有的成本均為非負，所有成本為 0 的 x_{ij} 值為 1 的可行指派會是這個指派問題的最佳解。因此，當在步驟 2 時，若有 m 條線將所有 0 的值蓋住，這個原先問題的最佳解即可找到。

指派問題的電腦解

在 LINDO 中要解指派問題，輸入目標函數與條件。然而，有許多軟體只要使用者輸入供應與需求點的數目 (如工作與機器) 及成本矩陣，LINDO 可以簡單地用來解指派問題，包含下列模式求解 Machineco 例題。

```
MODEL:
 1]SETS:
 2]MACHINES/1..4/;
 3]JOBS/1..4/;
 4]LINKS(MACHINES,JOBS):COST,ASSIGN;
 5]ENDSETS
 6]MIN=@SUM(LINKS:COST*ASSIGN);
 7]@FOR(MACHINES(I):
 8]@SUM(JOBS(J):ASSIGN(I,J))<1);
 9]@FOR(JOBS(J):
10]@SUM(MACHINES(I):ASSIGN(I,J))>1);
11]DATA:
12]COST = 14,5,8,7,
13]2,12,6,5,
14]7,8,3,9,
15]2,4,6,10;
16]ENDDATA
END
```

行 2 定義四個供應點 (機器)，而行 3 定義四個需求點 (工作)，在行 4，我們定義每一個可行的工作與機器組合 (共有 16 個) 且每種組合伴隨的指派成本 [例如 COST (1,2)= 5] 及一個變數 ASSIGN (I, J)。 ASSIGN (I, J) 等於 1 者機器 i 被指派去執行工作 j；否則其值為 0，行 5 結束集合的定義。

行 6 表示目標函數，透過將所有可能 (I, J) 的指派成本乘以 ASSIGN (I, J) 的組合加總起來。行 7－8 利用強迫 (針對每一部機器) ASSIGN (I, J) 與所有 JOBS 的和至多為 1 來限制每一部機器至多執行一項工作。行 9－10 需要每個 JOB 必須必完成，透過強迫 (每一個工作) ASSIGN (I, J) 與 MACHINES 的和至少為 1，行 12－16 輸入成本矩陣。

觀察每一個 LINGO 程式可以用來解任何的指派問題 (即使為不平衡的問題！)。例如，若你有 10 部機器可以用來執行 8 項工作，你必須在行 2 指定有 10 部機器 (將 1 .. 4 用 1 .. 10 取代)，然後在行 3 指定有 8 項工作。最後，在行 12，你必須輸入成本矩陣有 80 個數值，在 "COST ＝" 之後，你就可以開始執行！

註解 1. 在 Machineco 例題的討論中，不必強迫 ASSIGN (I, J) 為 0 或 1；這自動會產生！

問　題

問題組 A

1. 有五名員工將可用來執行四項工作。每一個人執行每一件工作所需的時間列在表 6-50。決定指派員工執行工作，使得完成四件工作的總時間最小。
2. Doc Councillman 將組成一個 400 公尺的接力賽團隊，每一位游泳者必須游 100 米的蛙式、仰式、蝶式或自由式。 Doc 相信每一位泳者完成每一種游泳方式的時間列在表 6-51，為了要極小化完成比賽的時間，每一位泳者要完成何種游泳？
3. Tom Cruise，Freddy prinze Jr.，Harrison Ford 及 Matt LeBlanc 被孤立於一個沙漠荒島，與 Jennifer Aniston，courteney Cox，Gwyneth Pahrow 及 Julia Roberts 在一起。這個 "相容性的測量" 列於表 6-52，以測出每對花在相處時間上所經歷快樂的指數。這個成對的快樂指數與

表 6-50

員工	工作 1	工作 2	工作 3	工作 4
		時間 (小時)		
1	22	18	30	18
2	18	—	27	22
3	26	20	28	28
4	16	22	—	14
5	21	—	25	28

表 6-51

游泳者	時間 (秒)			
	自由式	蛙式	蝶式	仰式
Gary Hall	54	54	51	53
Mark Spitz	51	57	52	52
Jim Montgomery	50	53	54	56
Chet Jastremski	56	54	55	53

表 6-52

	JA	CC	GP	JR
TC	7	5	8	2
FP	7	8	9	4
HF	3	5	7	9
ML	5	5	6	7

表 6-53

員工	工作			
	1	2	3	4
1	50	46	42	40
2	51	48	44	*
3	*	47	45	45

他們花時間在起的分數時間成比例。例如，若 Freddie 與 Gwyneth 花一半的時間在一起，他們得到的快樂為 $\frac{1}{2}(9) = 4.5$。

a. 令 x_{ij} 代表第 i 個男生花時間與第 j 個女生的比率，目標為八個人極大化在該島上總快樂分數。建立一個 LP 模式，讓它能夠產生 x_{ij} 的最佳解。

b. 解釋為什麼在 (a) 的最佳解中會有四個 $x_{ij} = 1$ 及十二個 $x_{ij} = 0$。這個最佳解為每個人必須花他或她所有的時間與異性在一起，這個結果即為結婚定理。

c. 決定每一個人的結婚拍擋。

d. 你是否認為線性規劃的成比例性，在這種情況還是有用。

4. 一家公司正在命令員工去完成四件工作，現在有三個人可以被命令來完成這些工作，命令完成工作的成本 (千元) 列在表 6-53 (* 代表這個人不能做該工作)。員工 1 只能做第一件工作，但員工 2 及員工 3 可以做到二件工作，決定完成工作的最小成本指派問題。

5. 灰狗巴士公司經營位在波士頓及華盛頓 D.C. 之間的公車。在二個城市中的公車一趟需要 6 小時。聯邦法律要求公車司機必須在四個小時或更多小時的旅程間休息，一位駕駛間的工作包含二個行程：一是從波士頓到華盛頓而另一是從華盛頓到波士頓。表 6-54 列出公車的出發時間，灰狗巴士的目標是要在滿足需求下，最小化總載運時間。提示：允許每一位駕駛的日子是過到午夜。例如，一個以華盛頓為基礎的駕駛者可以被指派到華盛頓－波士頓 3 P.M. 的行程及波士頓－華盛頓 6 A.M. 的行程。

6. 從 Ally McBeal 來的五位男士 (Billie，John，Fish，Glen 及 Larry) 及五位女士 (Allg，Georgia，Jane，Rene 及 Nell) 隔離到一座沙漠荒島。這個問題是要決定每位在島上的女士花了多少百分比的時間與男士們相處。例如，Ally 可以花 100% 時間與 John 相處，或可以各花 20% 的時間與每一位男士相處，表 6-55 說明每對男士與女士的快樂指數。例如，若 Larry 與 Rene 都花費他們所有的時間相處，則在該島上，他們會有 8 個單位的快樂時光。

a. 假設每一對所得的快樂時光的分數及其所花費的時間成比例，則決定每一對男女的分配，讓總快樂分數最大。

b. 解釋為什麼這個問題的最佳解為每一位女士必須花費她所有的時間與一位男士相處。

第 6 章　運輸，指派，及轉運問題　359

表 6-54

旅程	離開時間	旅程	離開時間
波士頓 1	6 A.M.	華盛頓 1	5:30 A.M.
波士頓 2	7:30 A.M.	華盛頓 2	9 A.M.
波士頓 3	11.30 A.M.	華盛頓 3	3 P.M.
波士頓 4	7 P.M.	華盛頓 4	6:30 P.M.
波士頓 5	12:30 A.M.	華盛頓 5	12 午夜

表 6-55

	Ally	Georgia	Jane	Rene	Nell
Billie	8	6	4	7	5
John	5	7	6	4	9
Fish	10	6	5	2	10
Glen	1	0	0	0	0
Larry	5	7	9	8	6

　c. 在結婚定理中，什麼是這個問題必須下的假設。

問題組 B

7. 一個運輸可以轉化成指派問題，為了說明這個想法，決定一個指派問題可以用來決定表 6-56 的運輸問題最佳解。(提示：你將會有五個供應點與五個需求點。)

8. 芝加哥教育版正在公告四所學校的公車路線標價問題，有四家公司有興趣出價競標，如表 6-57。

　a. 假設每一位出價者僅可指派一條路線，利用指派方法，在滿足經營四條公車路線下，最小化芝加哥成本。

　b. 假設每一家公司可以被指派二條路線，利用指派方法，在滿足經營四條公車路線下，最小化芝加哥成本。(提示：每一個公司需要二個供應點。)

9. 證明匈牙利法的步驟 3 與下列運算相同： (1) 在被蓋到線的列成本加上 k，(2) 在沒有被線蓋

表 6-56

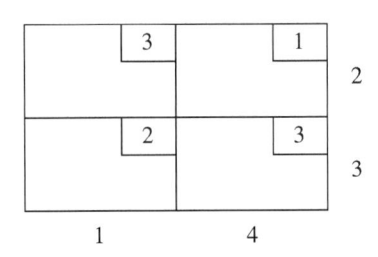

	3	1	
			2
	2	3	
			3
	1	4	

表 6-57

		出價		
公司	道路 1	道路 2	道路 3	道路 4
1	$4,000	$5,000	—	—
2	—	$4,000	—	$4,000
3	$3,000	—	$2,000	—
4	—	—	$4,000	$5,000

住的行成本減掉 k。
10. 假設 c_{ij} 為第 i 列及第 j 行的最小成本,是否在任何的最佳指派必有 $x_{ij} = 1$?

6.6 轉運問題

一個運輸問題僅允許從供應點直接運送貨品到需求點。在許多情況下,運送貨品可以允許在供應點或需求點之間,通常也會有一些點(稱為轉運點)在貨品的運送過程中,可以從供應點運送到該點且從該點再運送給需求點。運送問題如果有這些任何或所有的特徵,稱為轉運問題。幸運地是,轉運問題的最佳解可以利用運輸問題求解。

接下來,我們定義一個**供應點** (supply point) 為僅能送貨品出去而不能接收貨品的點。相似地,一個**需求點** (demand point) 為僅能接收貨品而不能送出貨品的點,一個**轉運點** (transshipment point) 為能同時從其他的點接受貨品而且能送貨品到其他點,下面例子來說明這個定義 ("−" 代表不能運送)。

例題 5 轉 運

Widgetco 公司在二個工廠製造小機器,一個在曼菲斯而一個在丹佛。曼菲斯的工廠每天至多生產 150 部機器,而丹佛工廠每天可以生產至 200 部機器。機器可以藉由空運送至在洛杉磯及波士頓的顧客,在每個城市的顧客每天需要 130 機器。由於空運費用的解除管制,Widgetco 公司相信可能先將一些機器運送至紐約或芝加哥,然後再飛往它們最終目的地會比較便宜,運送機器的成本列在表 6-58。Widgetco 公司想要在運送所需貨品至顧客手上,而使總成本最小。

在本例,曼菲斯及丹佛為供應點,供應量每天分別為 150 及 200 部機器,紐約及芝加哥為轉運點,洛杉磯及波士頓為需求點,每個每天分別需要 130 部機器,一個可能的運送方式圖形表示如圖 6-9。

現在我們描述如何利用解運輸問題的方法求解轉運問題。給一個轉運問題,我們可以利用下列過程產生一個運輸問題(假設總供應量超過總需求量):

表 6-58
轉運問題的運送成本

自	曼菲斯	丹佛	N.Y.	芝加哥	L.A.	波士頓
曼菲斯	0	−	8	13	25	28
丹佛	−	0	15	12	26	25
N.Y.	−	−	0	6	16	17
芝加哥	−	−	6	0	14	16
L.A.	−	−	−	−	0	−
波士頓	−	−	−	−	−	0

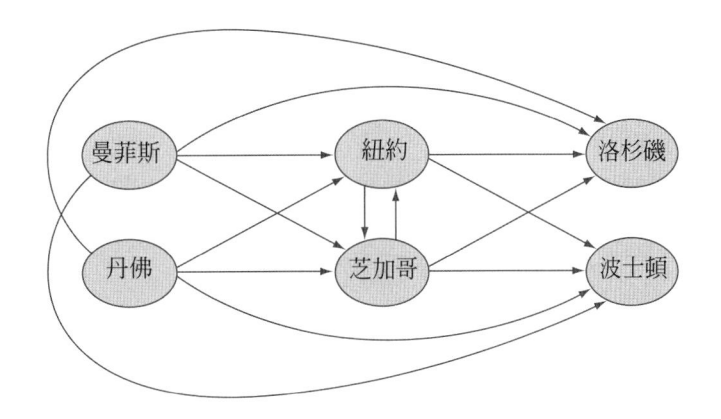

第 6 章 運輸,指派,及轉運問題 361

圖 6-9 轉運問題

步驟 1 (供應量為 0 且需求量為超過的供應量),運送到虛設點及自己運送給自己的運送成本為 0,令 $s=$ 總供給量。

步驟 2 建立一個運輸表格如下:在表格中,一列代表供應點及轉運點,一行代表需求點及轉運點。每個供應點會有一個供應量等於自己原來的供應量,而每一個需求點會有需求量為原先的需求。令 s 代表總供給量,則每一個轉運點將會有供應量 = (原來的供應) + s 且需求量 = (原來的需求) + s。這個保證任何一個轉運點會有一個淨供應的淨流出量為原先的供應量,且相似地,一個淨需求的淨流入量為原先的需求量。雖然我們不知道到底有多少的貨品會運送到這些轉運點,但我們可保證總量不會超過 s,這解釋為什麼我們要在每一個轉運點上,將 s 加上供應量及需求量的原因。利用加上相同的量至供應及需求,我們保證在每一個轉運點的淨輸出量是正確的結果,且保持平衡的運輸表格。

針對 Widgetco 例題,這些步驟可以產生運輸表格及最佳解示於表 6-59。因為 s =(總供應量)= 150 + 200 = 350 且 (總需求量)= 130 + 130 = 260,而虛設的需求點有需求量 350 − 260 = 90。在運輸表格中剩下來的供給與需求可由 $s=350$ 加上

表 6-59 將轉運問題表示成平衡的運輸問題

	紐約	芝加哥	洛杉磯	波士頓	虛設	供應
曼菲斯	8 130	13	25	28	0 20	150
丹佛	15	12	26 130	25 70	0	200
紐約	0 220	6 130	16	17	0	350
芝加哥	6	0 350	14	16	0	350
需求	350	350	130	130	90	

362 作業研究 I

```
曼菲斯 ──130──▶ 紐約 ──130──▶ 洛杉磯
丹佛                芝加哥              波士頓
                        └─────130─────────▶
```

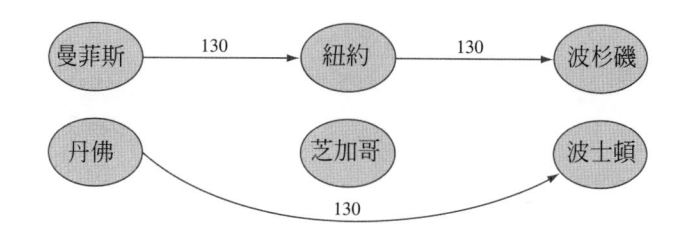

圖 6-10 Widgetco 的最佳解

轉運點的供給與需求而得。

在解釋一個從轉運問題而來的運輸問題解中，我們可以忽略那些運送到虛設點及自己本身運送的那一些點。從表 6-59 中，我們發現 Widgetco 可以在曼菲斯生產的 130 部機器中，運送它們至紐約，再從紐約運送至洛杉磯，而從丹佛生產的 130 部機器可以直接送至波士頓，在每一個城市的淨流出量為

$$
\begin{aligned}
&曼菲斯： & 130 + 20 & = 150 \\
&丹佛： & 130 + 70 & = 200 \\
&紐約： & 220 + 130 - 130 - 220 & = 0 \\
&芝加哥： & 350 - 350 & = 0 \\
&洛杉磯： & -130 & \\
&波士頓： & -130 & \\
&虛設： & -20 - 70 & = -90
\end{aligned}
$$

一個負的淨流出量代表流入值，觀察到每一個轉運點 (紐約及芝加哥) 有一個淨流出量 0；主要因為流入轉運點必須流出該轉運點，Widgetco 例題的最佳解以圖 6-10 來表示。

假設我們修正 Widgetco 例題且允許在曼菲斯及丹佛之間可以運送，這會造成曼菲斯及丹佛為運輸點且必須在表 6-59 加上二行分別為曼菲斯及丹佛。在表格中曼菲斯的列會有供應 150 + 350 = 500，且在丹佛列中會有供應 200 + 350 = 550，新的曼菲斯行必須有需求量為 0 + 350 = 350，且新的丹佛行必須有需求 0 + 350 = 350。最後，若假設在洛杉磯與波士頓之間的運送也允許，這會使洛杉磯與波士頓為轉運點且加列到洛杉磯及波士頓。洛杉磯與波士頓的列供應量均為 0 + 350 = 350，且洛杉磯與波士頓的行需求量為 130 + 350 = 480。

問　題

問題組 A

1. General Ford 公司在洛杉磯及底特律生產汽車且在亞特蘭大有一個倉庫；公司供應汽車到休斯頓及坦帕市的顧客手上，二點間運送汽車的成本列在表 6-60 ("－"代表不能運送。) 洛杉磯可以生產 1,100 部汽車，且底特律可生產至 2,900 部汽車，休斯頓需要 2,400 部，而坦帕市需要有 1,500 部汽車。

表 6-60

自	至 ($) 洛杉磯	底特律	亞特蘭大	休斯頓	坦帕市
洛杉磯	0	140	100	90	225
底特律	145	0	111	110	119
亞特蘭大	105	115	0	113	78
休斯頓	89	109	121	0	—
坦帕市	210	117	82	—	0

表 6-61

自	至 ($) 油井 1	油井 2	摩比港市	加爾維斯頓	N.Y.	L.A.
油井 1	0	—	10	13	25	28
油井 2	—	0	15	12	26	25
摩比港市	—	—	0	6	16	17
加爾維斯頓	—	—	6	0	14	16
紐約	—	—	—	—	0	15
洛杉磯	—	—	—	—	15	0

   a. 建立一個平衡運輸問題可以運送在滿足休斯頓及坦帕市的需求下，極小化的成本。
   b. 當在洛杉磯及底特律不允許運送的情況，請修正 (a) 的答案。
   c. 當運送在休斯頓及坦帕市是被允許的，且成本為 $5，請修正 (a) 的答案。

2. Sunco 石油公司在二個油井生產石油。油井 1 每天可以生產至 150,000 桶油，而油井 2 可以生產至 200,000 桶油。Sunco 公司可以直接送油田油井至 Sunco 在洛杉磯及紐約的顧客。另一方面，Sunco 可以運送油至摩比港市及加爾維斯頓且再送到紐約或洛杉磯。洛杉磯需要每天 160,000 桶，而紐約需要每天 140,000 桶，運送在二點間每 1,000 桶的運送成本列在表 6-61。建立一個轉運模式 (且其對等的運輸模式) 能夠用來在滿足在洛杉磯及紐約需求下，極小化運送成本。

3. 在問題 2，假設在運送至洛杉磯或紐約之前，所有在油井上所生產的油必須在加爾維斯頓或摩比港市提煉。在摩比港市提煉的 1,000 桶油需要成本 $12 且在加爾維斯頓提煉的 1,000 桶需要成本 $10，假設在摩比港市及加爾維斯頓有無窮的提煉石油容量，建立一個轉運問題及平衡運輸模式來極小化每日的運送成本及煉油成本，且能達到洛杉磯及紐約的需求。

4. 重做問題 3，假設加爾維斯頓煉油容量有每天 150,000 桶且摩比港市有每天 180,000 桶的煉油容量。(提示：修正方法用來決定在每一個轉運點的供應及需求量，再配合煉油的容量限制，但確定要保持此問題平衡。)

5. General Ford 有二座工廠，二個倉庫，及三名顧客，所在位置如下：
   工廠：底特律及亞特蘭大
   倉庫：丹佛及紐約
   顧客：洛杉磯，芝加哥及費城
汽車必須在工廠內生產，然後運送到倉庫，且最後才送到顧客手上。底特律每週可以生產至

表 6-62

	至 ($)	
自	丹佛	紐約
底特律	1,253	637
亞特蘭大	1,398	841

	至 ($)		
自	洛杉磯	芝加哥	費城
丹佛	1,059	996	1,691
紐約	2,786	802	100

表 6-63

	每月銷售					
債券	1	2	3	4	5	6
1	$0.21	$0.19	$0.17	$0.13	$0.09	$0.05
2	$0.50	$0.50	$0.50	$0.33	$0	$0
3	$1.00	$1.00	$1.00	$1.00	$1.00	$0

150 部汽車，且亞特蘭大每週可以生產至 100 部汽車。洛杉磯需要每週 80 部汽車，芝加哥，70；以及費城，60 部。在每一個工廠生產汽車成本為每部車 $10,000，且運送至二個城市間的成本列在表 6-62，決定在滿足 General Ford 每週的需求下，求最小成本。

問題組 B

6. 有一家公司必須滿足接下來每 6 個月初的現金需求：第一個月，$200；第二個月，$100；第三個月，$50；第四個月，$80；第五個月，$160；第六個月，$140。在第一個月月初，公司有現金 $150 及價值 $200 的信用債券 1，$100 的信用債券 2，$400 的信用債券 3。公司將來可以賣掉部份的債券來滿足需求，但在第六個月結束前，若有任何債券賣出，則會有相對應的懲罰，對於賣出價值 $1 的債券必須要的懲罰列於表 6-63。

   a. 假設所有的帳單都必須準時給付，建立一個平衡的運輸問題可以用來滿足接下來六個月的現金需求下，成本最小的目標？

   b. 假設在帳單到期後可以再付錢，但必須要每個月 5¢ 的懲罰對於延後一個月後再付的每一塊錢的現金需求。假設所有的帳單必須在第六個月月底後付清，發展一個轉運問題模式求極小化付清接下來六個月的帳單。(提示：需要運輸點，型態為 Ct = 在第 t 個月份債券賣出去後，第 t 個月份開始的可用現金，但第 t 個月前需求是被滿足。從 $Ct-1$ 及債券賣出後，運送到 Ct 會產生。從 Ct 出去到 $Ct+1$ 及第 1，2，…，t 個月會有運送量發生。)

總　結

符號

m ＝供應點的個數

第 6 章　運輸，指派，及轉運問題　**365**

n = 需求點的個數
x_{ij} = 從供應點 i 運送到需求點 j 的量
c_{ij} = 從供應點 i 運送到需求點 j 的一個單位的單位成本
s_i = 供應點 i 的供應量
d_j = 需求點 j 的需求量
$\bar{c}_{ij}$ = 在給定的表格下，x_{ij} 的列 0 係數
$\mathbf{a}_{ij}$ = 在運輸條件中，x_{ij} 的行係數

若總供應量等於總需求量，一個運輸問題稱為**平衡** (balance)。在利用本章方法來解運輸問題前，首先必須利用虛設的供應點或虛設的需求點來平衡問題，一個平衡的運輸問題可以寫成

$$\min \sum_{i=1}^{i=m} \sum_{j=1}^{j=n} c_{ij} x_{ij}$$
$$\text{s.t.} \quad \sum_{j=1}^{j=n} x_{ij} = s_i \quad (i = 1, 2, \ldots, m) \quad \text{(供應條件)}$$
$$\sum_{i=1}^{i=m} x_{ij} = d_j \quad (j = 1, 2, \ldots, n) \quad \text{(需求條件)}$$
$$x_{ij} \geq 0 \quad (i = 1, 2, \ldots, m; j = 1, 2, \ldots, n)$$

針對一個平衡的運輸問題求基本可行解

　　針對一個平衡的運輸問題，我們可以利用西北角法，最小成本法，或 Vogel 方法求起始解。

　　利用西北角法求一個 bfs，我們從運輸表的左上角 (或西北角) 開始且設 x_{11} 愈大愈好。很清楚的，x_{11} 不會大於 s_1 及 d_1 的最小者。若 $x_{11} = s_1$，刪掉運輸表的第一列；這表示從列 1 中不會再有基本變數，然後改變 d_1 為 $d_1 - s_1$。若 $x_{11} = d_1$，刪掉運輸表的行 1，這表示行 1 中不會再有基本變數，然後改變 s_1 為 $s_1 - d_1$，若 $x_{11} = s_1 = d_1$，刪掉列 1 或行 1 (但不是同時刪掉)。若刪掉列 1，改變 d_1 為 0；若刪掉行 1，改變 s_1 為 0。

　　繼續利用這個過程到表格中的未被刪掉的列或行最西北角的格子。最後，你將到一個唯一一格可以給數字的點。給這個格子的值等於列或行的需求，再同時刪除列及行，一個基本可行解即可被找到。

針對運輸問題找最佳解

步驟 1　若問題為不平衡的運輸問題，則平衡它。

步驟 2　利用 7.2 節的方法求一個 bfs。

步驟 3　利用 $u_1 = 0$ 的事實及所有基本變數的 $u_i + v_j = c_{ij}$ 求目前 bfs 的 $[u_1 \quad u_2 \quad \cdots \quad u_m \quad v_1 \quad v_2 \quad \cdots \quad v_m]$。

步驟 4 若所有的非基本變數 $u_i + v_j - c_{ij} \leq 0$，則目前的 bfs 為最佳解。若不是這種狀況，則讓擁有正的最大 $u_i + v_j - c_{ij}$ 的變數進入基底。然後利用轉軸過程得到一個新的 bfs。

步驟 5 利用新的 bfs，回到步驟 3 及 4。

對於一個極大問題，步驟如前述，但步驟 4 以步驟 4'取代。

步驟 4' 若對於所有的非基本變數 $u_i + v_j - c_{ij} \geq 0$，則目前的 bfs 為最佳解。否則，選擇負的最小 $u_i + v_j - c_{ij}$ 進入基底，再利用前述的轉軸過程。

指派問題

指派問題 (assignment problem) 為一個平衡的運輸問題，其所有的供應與需求均為 1，一個 m × m 指派問題可以有效地由匈牙利方法解出：

步驟 1 在 m × m 成本矩陣中的每一列找出最小元素。將每一列減掉這個最小值得到一張新的矩陣。針對這一張的矩陣，找出每一行的最小成本，再將此張表減掉這一行的最小值得到另一個新矩陣 (稱為簡化成本矩陣)。

步驟 2 畫上最小的直線 (水平、垂直或二者) 將簡化成本矩陣的所有零蓋住。若需要 m 條線，則在此矩陣中，蓋住的零的位置找出最佳解。若少於 m 條線，則到步驟 3。

步驟 3 在簡化成本矩陣中，找出步驟 2 中，未被直線蓋住的數字找出最小非零元素 (稱為 k)。現在，將此簡化成本矩陣中，未被線蓋住的元素減掉 k 且將 k 加到被二條線蓋住的元素，回到步驟 2。

註解 1. 為了解一個目標為極大化目標的指派問題，將此利潤矩陣的數字乘上 －1 並解此問題如同極小化的問題。
2. 若在成本矩陣中，列與行的個數不同，則此指派問題為不平衡的指派問題。若此問題為平衡，利用匈牙利法所得的解通常會出錯。因此，任何指派問題必須在利用匈牙利法前，先把它化成平衡問題 (利用加上一些虛設的點)。

轉運問題

一個轉運問題允許介於供應點間與需求點間可以運送貨品，且也允許包含轉運點，讓貨品可以在從供應點與需求點之間運送。利用下列方法，一個轉運問題可以轉化成平衡的運輸問題。

步驟 1 若有需要，可以加上一個虛設的點來平衡問題 (供應量為 0 且需求量為超過的供應量)，運送到虛設點及自己運送給自己的運送成本為 0，令 s = 總供給量。

步驟 2 建立一個運輸表格如下：在表格中，一列代表供應點及轉運點，一行代表需求點及轉運點。每個供應點會有一個供應量等於自己原來的供應量，而每一個需求點會有需求量為原先的需求。令 s 代表總供給量，則每一個轉運點將會有供應量＝ (原

輸問題的敏感度分析

我們分析一個運輸問題的改變如何影響一個問題的最佳解。

改變 1 改變一個非基本變數的目標函數係數，只要在 x_{ij} 在最佳解列 0 係數仍然為非正，目前的基底仍然保持最佳解。

改變 2 改變一個基本變數的目標函數係數。為了判斷目前的基底為最佳解，找到新的 u_i 及 v_j 且利用這些值計算 $\bar{c}_{ij}$ 並決定進入的非基本變數。目前的基底保持最佳只要所有的非基本變數在列 0 的係數為非正。

改變 3 供應量 s_i 及需求量 d_j 同時增加 Δ 個單位。

新 z 值＝原 z 值＋$\Delta u_i + \Delta v_j$

我們可以找到新的決策變數值如下：

1. 若 x_{ij} 是最佳解的基本變數，則 x_{ij} 增加 Δ 個單位。
2. 若 x_{ij} 是最佳解的非基本變數，找包含 x_{ij} 及某些基本變數的迴圈，找到在迴圈第 i 列的奇數格。在奇數格，增加 Δ 值且在迴圈中交錯地增加與減少目前的基本變數 Δ 個單位。

複習題

問題組 A

1. Televco 公司在三家工廠生產 TV 影像管，工廠 1 每週可生產 50 部影像管；工廠 2，每週 100 部影像管；且工廠 3，每週 50 部影像管，影像管會運送到 3 個顧客手上。每個影像管的利潤與生產地點及哪一個顧客購買有關 (見表 6-64)。顧客 1 每週購買 80 部；顧客 2，購買 90 部；且顧客 3，購買 100 部，Televco 想要找一個生產與運送計畫，讓利潤達到最大。

   a. 建立一個平衡的運輸問題，能夠用來極大化利潤。

   b. 利用西北角法求這個問題的可行解。

   c. 利用運輸簡捷法求出這個問題的最佳解。

表 6-64

自	至 ($) 顧客 1	顧客 2	顧客 3
工廠 1	75	60	69
工廠 2	79	73	68
工廠 3	85	76	70

2. 有五名工作者可以被分配執行四件工作,每位工作者做每一件工作的時間列在表 6-65。目標為指派每位工作者給這些工作,而讓總時間達到最小,利用匈牙利法求解這個問題。

3. 一個公司必須滿足下列對於某一產品的需求。一月份,30 個單位;二月份,30 個單位;三月份,20 個單位。需求可以 $5/單位/月預先訂貨,所有的需求必須在三月底前被滿足。因此,若在一月份的一個單位的需求在三月份才被滿足,則會產生預先訂貨成本為 5(2) = $10,每月產品容量與每個月單位生產成本列在表 6-66。在每個月底若有存貨評估會有 $20/每單位的持有成本。

   a. 建立一個平衡的運輸問題能夠在滿足需求下,極小化總成本 (包含預先訂貨,存有成本及生產成本)。

   b. 利用 Vogel 方法求一個基本可行解。

   c. 利用運輸簡捷法決定如何滿足每個月的需求,確定給一個最佳解的解釋。(例如,二月份 20 個單位的需求可以由一月份的產量來滿足。)

4. 蘋果樹清潔公司有五名女僕,為了完成清潔我的房子,他們必須吸塵、清潔廚房、清潔浴室及做一般的整理。每位女僕做每個工作所需要的時間列在表 6-67,每位女僕只能做一件工作。利用匈牙利法決定最佳指派,能夠讓清潔我的房子的總女僕時間達到最小。

5. 目前,州立大學可以在硬碟上收藏 200 個檔案,在電腦的記憶體內 100 個檔案,及 300 個檔

表 6-65

工作者	時間 (小時)			
	工作 1	工作 2	工作 3	工作 4
1	10	15	10	15
2	12	8	20	16
3	12	9	12	18
4	6	12	15	18
5	16	12	8	12

表 6-66

月份	產品容量	單位生產成本
一月	35	$400
二月	30	$420
三月	35	$410

表 6-67

女僕	時間(小時)			
	吸塵	清潔廚房	清潔浴室	一般整理
1	6	5	2	1
2	9	8	7	3
3	8	5	9	4
4	7	7	8	3
5	5	5	6	4

案在磁碟片上。使用者想儲存 300 文字執行檔案，100 個軟體程式檔案及 100 個資料檔。每個月，一個典型的文字執行檔必須使用八次，一個典型的軟體程式檔案四次，一個典型的資料檔二次。當儲存一個檔案時，所需要的時間與檔案的型態及儲存環境有關 (參考表 6-68)。

a. 若目標為每個月讓使用者花在儲存檔案的總時間最小，建立一個平衡的運輸問題，能夠決定檔案要儲存在哪裡？

b. 利用最小成本法求一個 bfs。

c. 利用運輸簡捷法求最佳解。

6. 紐約市警察剛剛接收到三通電話。現在有五部車可用，每部汽車與每通電話的距離 (以城市街道為單位) 列在表 6-69。紐約市想要極小化每部汽車能夠及時反應三通電話需求的總距離，利用匈牙利法決定哪一部車子必須回應哪一通電話。

7. 在 Busville 鎮上有三所學校，在每個不同區域的黑人與白人學生列在表 6-70，最高法院要求在 Busville 的學校，學生的種族必須平衡。因此，每所學校必須有 300 名學生，且每所學校必須有相同人數的黑人學生，在不同的區域的距離列在表 6-70。建立一個平衡的運輸問題可以決定在滿足最高法院的需求，極小化總距離，假設在自己區域的學生不需要搭乘公車。

8. 利用表 6-71，使用西北角法求 bfs，再利用運輸簡捷法求出運輸問題 (極小) 的最佳解。

9. 解下列 LP：

$$\begin{aligned}
\min z = 2x_1 + 3x_2 + 4x_3 + 3x_4 \\
\text{s.t.} \quad x_1 + x_2 \quad\quad\quad\quad &\leq 4 \\
x_3 + x_4 &\leq 5 \\
x_1 \quad\quad + x_3 \quad\quad &\geq 3 \\
x_2 \quad\quad + x_4 &\geq 6 \\
x_j \geq 0 \quad (j = 1, 2, 3, 4)
\end{aligned}$$

表 6-68

	時間 (分)		
儲存媒介	文字執行檔案	軟體程式檔案	資料檔
硬碟	5	4	4
記憶體	2	1	1
磁碟片	10	8	6

表 6-69

	距離 (二條街之間)		
汽車	電話 1	電話 2	電話 3
1	10	11	18
2	6	7	7
3	7	8	5
4	5	6	4
5	9	4	7

表 6-70

	學生人數		距離	
校區	白人	黑人	校區 2	校區 3
1	210	120	3	5
2	210	30	—	4
3	180	150	—	—

表 6-71

12	14	16	60
14	13	19	50
17	15	18	40
40	70	10	

10. 在表 6-72 (極小問題)，找此平衡運輸問題的最佳解。
11. 在問題 10，假設我們增加 s_1 到 16 且 d_3 增加至 11。這個問題仍然平衡，且因為有 31 個單位 (取代 30 個單位) 必須被運送，我們認為總運送成本會增加。然而，證明總運送成本事實上會減少 $2。試解釋為什麼？同時增加供應及需求卻會減少成本，利用影價格理論解釋為什麼 s_1 及 d_3 增加一個單位，卻會減少總成本 $2。
12. 利用西北角法，最小成本法及 Vogel 方法求出表 6-73 運輸問題的基本可行解。
13. 求出問題 12 的最佳解。
14. Oilco 公司在聖地牙哥及洛杉磯有二個油田。聖地牙哥油田每天可以生產 500,000 桶，且洛杉磯油田每天可以生產 400,000 桶。原油會從油田送至一個煉油廠，分別在達拉斯或休斯頓 (假設每一個煉油廠沒有限制容量)。在達拉斯提煉每 100,000 桶石油需要成本 $700，而在休斯頓需要 $900，提煉過的油可以運送至芝加哥及紐約。芝加哥顧客每天需要 400,000 桶的提煉油；紐約顧客需要 300,000 桶。每運送 100,000 桶的石油 (提煉或未提煉) 需要的成本列在表 6-74，建立一個這種情況的平衡運輸模式。
15. 針對 Powerco 問題，找出 c_{24} 的範圍，使目前基底保持最佳。
16. 針對 Powerco 問題，找出 c_{23} 的範圍，使目前基底保持最佳。
17. 一家公司在亞特蘭大，波士頓，芝加哥，及洛杉磯生產汽車。然後，汽車再運送到位於曼菲

表 6-72

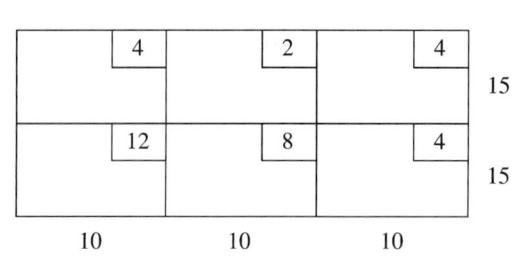

	4	2	4	15
	12	8	4	15
	10	10	10	

表 6-73

	20	11	3	6	5
	5	9	10	2	10
	18	7	4	1	15
	3	3	12	12	

表 6-74

	至 ($)			
自	達拉斯	休斯頓	紐約	芝加哥
洛杉磯	300	110	—	—
聖地牙哥	420	100	—	—
達拉斯	—	—	450	550
休斯頓	—	—	470	530

表 6-75

工廠	可用汽車
亞特蘭大	5,000
波士頓	6,000
芝加哥	4,000
洛杉磯	3,000

表 6-76

倉庫	汽車需求
曼菲斯	5,000
密耳瓦基	6,000
紐約	4,000
丹佛	3,000
舊金山	2,000

表 6-77

	曼菲斯	密瓦內基	紐約	丹佛	舊金山
亞特蘭大	371	761	841	1,398	2,496
波士頓	1,296	1,050	206	1,949	3,095
芝加哥	530	87	802	996	2,142
洛杉磯	1,817	2,012	2,786	1,059	379

斯,密耳瓦基,紐約,丹佛,及舊金山的倉庫,每個工廠可用的汽車量列於表 6-75。
每間倉庫所需要的可用汽車列於表 6-76,在每個城市間的距離 (哩) 列在表 6-77。
   a. 假設運送每一部車子的成本 (元) 等於二個城市的距離,決定最佳運送規劃。
   b. 假設運送每一部車子的成本 (元) 等於二個城市距離的開根號值,決定最佳運送規劃。
18. 在接下來的三季,Airco 公司面對下列空氣調節壓縮器的需求:第一季——200;第二季——300;第三季——100。在每一季有 240 部的壓縮器可以生產,在每一季每部機器的成本列在表 6-78。每季持有一部空氣壓縮器的成本為 $100,需求可以預先訂貨 (只要在第三季內滿足即可),成本為 $60/壓縮器/每季。建立一個平衡的運輸問題,它的解可以來告訴 Airco 公司如何在滿足 1－3 季下,總成本達到最小。
19. 一家公司考慮僱用員工來完成四種不同的工作。每種類型的工作要僱用的員工人數列在表 6-79。

有四種人員公司可以僱用,每種型態可以根據表 6-80 完成二種型態的工作。型 1 者有 20 位,型 2 者有 30,型 3 者有 40,且型 4 者有 20 位來應徵這些工作。建立一個平衡的運輸問題,它的解可以來告訴公司在完成適合的工作下如何來極大化員工的人數。(註:每個人至多被指派一個工作。)
20. 在接下來的二個月,每個月你必須生產 50 個單位的產品,以第一個月成本 $12/每單位,第

表 6-78

第 1 季	第 2 季	第 3 季
$200	$180	$240

表 7-79

	工作			
	1	2	3	4
人數	30	30	40	20

表 6-80

	人員型態			
	1	2	3	4
可擔任工作	1 及 3	2 及 3	3 及 4	1 及 4

二個月成本 $15/每單位。在接下來的二月裏，每個月顧客願意購買 60 個單位/月。第一個月，顧客願意付 $20/每單位，且第二個月，$16/每單位，每個月會有 $1/每單位的持有成本。建立一個平衡的運輸問題，其解能夠告訴你如何極大化利潤。

問題組 B

21. Carter Caterer 公司必須決定在接下來四天的開始清潔毛巾的需求量：第 1 天——15；第 2 天——12；第 3 天——18；第 4 天——6。在使用後，毛巾可以用下列二種方法中的一種來清潔毛巾：快速服務或慢速服務。快速服務以每條毛巾 10¢，且每條經由快速服務的毛巾可以在最後使用的隔天即可使用。慢速服務以每條毛巾 6¢，這些毛巾可以在最後使用的日期二天後再使用，可以用 20¢ 購買新毛巾。試建立一個平衡的運輸問題來滿足接下來四天毛巾需求量下，總成本達到最小。

22. Braneast 航空公司必須提供在紐約及芝加哥往返的每日班機的機員，資料於列於表 6-81。每位 Braneast 公司的僱員住在紐約及芝加哥。每天，一位機員必須飛紐約－芝加哥及芝加哥－紐約班次，且在每一個航班，他必須休息至少 1 個小時。Braneast 希望排定機員，使總休息時間達到最小，設定一個指派問題能夠來完成這個目標。(提示：另 $x_{ij} = 1$ 若機員飛班次 i 再飛班次 j，否則 $x_{ij} = 0$。若 $x_{ij} = 1$，則產生成本 c_{ij}，對應於飛班次 i 與班次 j 的休息時間。) 當然，某些指派是不可能的。找到指派的航班能夠最小化總休息時間，在每一座城市，需要多少名機員？假設每一天結束，每名機員必須在他自己的家鄉。

23. 一家公司在三個工廠生產單一產品且它有四個顧客。三家工廠分別在接下來的時間裡，可以生產 3,000，5,000 及 5,000 個產品。公司已承諾賣 4,000 個單位給顧客 1，3,000 個單位給顧客 2，至少 3,000 個單位給顧客 3。同時，顧客 3 及 4 希望能購買剩下來的產品，從工廠 i 運送一單位的貨品到顧客 j 所需的成本列在表 6-82。建立一個平衡的運輸問題可以用來極大

表 6-81

航班	離開芝加哥	到達紐約	航班	離開紐約	到達芝加哥
1	6 (上午)	10 (上午)	1	7 (上午)	9 (上午)
2	9 (上午)	1 (下午)	2	8 (上午)	10 (上午)
3	12 (中午)	4 (下午)	3	10 (上午)	12 (中午)
4	3 (下午)	7 (下午)	4	12 (中午)	2 (下午)
5	5 (下午)	9 (下午)	5	2 (下午)	4 (下午)
6	7 (下午)	11 (下午)	6	4 (下午)	6 (下午)
7	8 (下午)	12 (夜晚)	7	6 (下午)	8 (下午)

表 6-82

從	到顧客 1	2	3	4
工廠 1	65	63	62	64
工廠 2	68	67	65	62
工廠 3	63	60	59	60

表 6-83

月份	生產成本/單位 ($)	主要需求	次要需求	售價/單位 ($)
1	13	20	15	15
2	12	15	20	14
3	13	25	15	16

化利潤。

24. 一家公司可以生產 35 單位/月，每一個月，重要客戶的需求一定要及時滿足；如果可能，公司每個月亦可賣產品給次要客戶。在每個月結束，存貨會有 $1/單位的持有成本，相關資料列在表 6-83。建立一個平衡的運輸問題能夠極大化接下來三個月的利潤。

25. 我家有四幅有價值的畫可供銷售，四位顧客將對這些畫出價。顧客 1 願意購買二幅畫，但其他顧客至多願意購買一幅畫。每位顧客願意支付的價格列於表 6-84，利用匈牙利法決定賣出畫後所收到的收益最大。

26. Powerhouse 公司在三個地點：洛杉磯，芝加哥，及紐約生產電容器。電容器從這些地點運送到國內五個區域做為公共使用：東北 (NE)，西北 (NW)，中西 (MW)，東南 (SE) 及西南 (SW)，從每個工廠生產及運送至國內的每個區域成本列在表 6-85。每家工廠年產量為 100,000 個電容器。每一年，國內的五個區域必須要有下列的電容器需求量：東北，55,000；西北，50,000；中西，60,000；東南，60,000；西南，45,000。Powerhouse 公司認為運送成本太高，正考慮多建造一或二個生產工廠。可能的位置在亞特蘭大及休斯頓，生產一個電容器及運送到國內的幾個區域的成本列在表 6-86。公司必須花 $3 百萬 (以現值) 建立一個新的工廠，且工廠要能運作會產生一個固定成本，除了變動運送與生產成本，每年 $50,000，在亞特蘭大或休斯頓的工廠每年的產能為 100,000 電容器。

表 6-84

顧客	畫作 1	畫作 2	畫作 3	畫作 4
1	8	11	—	—
2	9	13	12	7
3	9	—	11	—
4	—	—	12	9

表 6-85

自	東北	西北	中西	東南	西南
洛杉磯	27.86	4.00	20.54	21.52	13.87
芝加哥	8.02	20.54	2.00	6.74	10.67
紐約	2.00	27.86	8.02	8.41	15.20

表 6-86

自	東北	西北	中西	東南	西南
亞特蘭大	8.41	21.52	6.74	3.00	7.89
休斯頓	15.20	13.87	10.67	7.89	3.00

表 6-87

離開匹茲堡	離開芝加哥
星期一，7 月 1 日	星期五，7 月 5 日
星期二，7 月 9 日	星期四，7 月 11 日
星期一，7 月 15 日	星期五，7 月 19 日
星期三，7 月 24 日	星期四，7 月 25 日

假設未來的需求型態與生產成本保持不變：若在成本上每年會有折扣率 $11\frac{1}{9}\%$，在滿足現在及未來的需求下，Powerhouse 公司如何極小化所有成本的現值？

27. 在 7 月份，匹茲堡居民 B. Fly 在匹茲堡及芝加哥有四趟來回旅程的飛行，旅程的日子在表 6-87。B. Fly 必須購買四趟旅程的來回機票，因為沒有折扣費用，在匹茲堡及芝加哥來回旅程的票價為 $500，若 Fly 假日留在城內，則它會得到一個來回費用的折扣 20%。若他留在城市內至少 21 天，則會有 35% 的折扣；若他留在城市內超過 10 天，則會有 30% 的折扣。當然，在購買任何的機票只能有一次的折扣。建立並解一個指派問題能夠極小化四趟來回旅程機票的總成本。(提示：令 $x_{ij} = 1$，若購買的機票是為了第 i 次旅程是從匹茲堡出去及第 j 次是從芝加哥出去所使用。例如，$x_{21} = 1$ 表示 Fly 必須購買機票。)

28. 三位教授被指派教授六節財務課程，每一位教授必須教授二節財務課程，且每一位教授已將六個月的財務課程排序如表 6-88。一個排序號碼 10 代表教授想要在那段時間教授課程，而排序 1 代表他或她在那段時間不想教授課程，決定一個教授指派到不同部份課程，能夠來極大化總教授滿意度。

29. 在紐約外剛剛發生三場火災，火災 1 及 2 需要二部消防車，且火災 3 需要三部消防車。每部消防車所對應的"成本"與消防車到達的時間有關。令 t_{ij} 代表當第 j 部消防車到達第 i 個火災地點所需時間 (分)，則對應於每個火災的成本如下：

火災 1：$6t_{11} + 4t_{12}$
火災 2：$7t_{21} + 3t_{22}$
火災 3：$9t_{31} + 8t_{32} + 5t_{33}$

有三個消防公司將負責這三場火災，公司 1 有三部消防車可用，且公司 2 及 3 有二部消防車可用。從每個公司的消防車到每個火災現場所需的時間 (分) 在表 6-89。

a. 建立並解一個運輸問題可以用來極小化指派消防車的成本 (提示：需要有七個需求點。)
b. 若火災 1 的成本為 $4t_{11} + 6t_{12}$，則 (a) 的模式是否還可用？

表 6-88

教授	9 (上午)	10 (上午)	11 (上午)	1 (下午)	2 (下午)	3 (下午)
1	8	7	6	5	7	6
2	9	9	8	8	4	4
3	7	6	9	6	9	9

表 6-89

公司	火災 1	火災 2	火災 3
1	6	7	9
2	5	8	11
3	6	9	10

參考文獻

The following six texts discuss transportation, assignment, and transshipment problems:

Bazaraa, M., and J. Jarvis. *Linear Programming and Network Flows.* New York: Wiley, 1990.
Bradley, S., A. Hax, and T. Magnanti. *Applied Mathematical Programming.* Reading, Mass.: Addison-Wesley, 1977.
Dantzig, G. *Linear Programming and Extensions.* Princeton, N.J.: Princeton University Press, 1963.
Gass, S. *Linear Programming: Methods and Applications,* 5th ed. New York: McGraw-Hill, 1985.
Murty, K. *Linear Programming.* New York: Wiley, 1983.
Wu, N., and R. Coppins. *Linear Programming and Extensions.* New York: McGraw-Hill, 1981.

Aarvik, O., and P. Randolph. "The Application of Linear Programming to the Determination of Transmission Line Fees in an Electrical Power Network," *Interfaces* 6(1975):17–31.
Denardo, E., U. Rothblum, and A. Swersey. "Transportation Problem in Which Costs Depend on Order of Arrival," *Management Science* 34(1988):774–784.
Evans, J. "The Factored Transportation Problem," *Management Science* 30(1984):1021–1024.
Gillett, B. *Introduction to Operations Research: A Computer-Oriented Algorithmic Approach.* New York: McGraw-Hill, 1976.
Glassey, R., and V. Gupta. "A Linear Programming Analysis of Paper Recycling," *Management Science* 21(1974): 392–408.
Glover, F., et al. "A Computational Study on Starting Procedures, Basis Change Criteria and Solution Algorithms for Transportation Problems," *Management Science* 20(1974):793–813. This article discusses the computational efficiency of various methods used to find basic feasible solutions for transportation problems.
Hansen, P., and R. Wendell. "A Note on Airline Commuting," *Interfaces* 11(no. 12, 1982):85–87.
Jackson, B. "Using LP for Crude Oil Sales at Elk Hills: A Case Study," *Interfaces* 10(1980):65–70.
Jacobs, W. "The Caterer Problem," *Naval Logistics Research Quarterly* 1(1954):154–165.
Machol, R. "An Application of the Assignment Problem," *Operations Research* 18(1970):745–746.
Srinivasan, P. "A Transshipment Model for Cash Management Decisions," *Management Science* 20(1974): 1350–1363.
Wagner, H., and D. Rubin. "Shadow Prices: Tips and Traps for Managers and Instructors," *Interfaces* 20(no. 4, 1990):150–157.

7 網路模式

　　許多重要最佳化問題都可以透過圖形或網路來分析。在本章，我們討論四個特殊的網路模式——最短路徑問題、最大流量問題、CPM-PERT 專案排程模式，及最小展樹問題——針對這些問題有效的解答方法已經存在。我們亦將討論最小成本網路流量問題 (MCNFPs)，其中運輸、指派、轉運、最短路徑、最大流量問題，及 CPM 專案排程模式都是它的特例。最後，我們將討論運輸簡捷法的推廣法，網路簡捷法，它可用來求解 MCNFPs。我們從一些描述圖形及網路的基本名詞開始。

7.1 基本定義

　　圖形 (graph) 或**網路** (network) 是利用二種符號來定義：節點及弧線。首先，我們定義一些點的集合 (稱為 V) 或**頂點** (vertices)。這些圖形或網路的頂點稱為**節點** (nodes)。

　　我們定義弧線的集合為 A。

定義 ■ 一個**弧線** (arcs) 包含一對的頂點及代表發生在這二個頂點的可能移動方向。 ■

　　針對這個目的，若一個網路包含一個弧線 (j, k)，則它可能的移動方向為節點 j 到節點 k。假設在圖 7-1 的節點 1、2、3 及 4 代表城市，則每一個弧線代表連接二個城市的 (單行道) 路。在這個網路，$V=\{1, 2, 3, 4\}$ 及 $A=\{(1, 2), (2, 3), (3, 4), (4, 3), (4, 1)\}$。針對這個弧線 (j, k)，節點 j 稱為**起始點** (initial node)，而節點 k 稱為**結束節點** (terminal node)。弧線 (j, k) 稱為從節點 j 到節點 k 的弧線。因此，弧線 $(2, 3)$ 有一個起始節點 2 及結束節點 3，從點 2 到點 3 的弧線。弧線 $(2, 3)$ 可以想像成我們從城市 2 旅行至城市 3 的路 (單行道)。在圖 7-1，弧線顯示出只能允許從城市 3 旅遊至城市 4，及從城市 4 到城市 3，但其他城市的旅遊只能允許單向。

　　接下來，我們將討論一些弧線的集合或群，下一個定義為方便描述弧線的群或集合。

定義 ■ 一序列的弧線中，每一個弧線與前一個弧線擁有一個共同的頂點，稱為**鏈** (chain)。 ■

377

378 作業研究 I

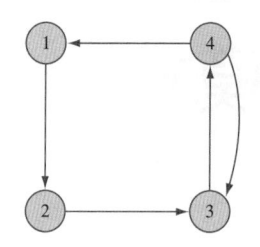

圖 7-1　網路的例子

定義 ■ 一個**路徑** (path) 為一個鏈且每一個弧線的最後一個節點與下一個弧線的前面一個節點相同。■

例如，在圖 7-1，(1, 2)−(2, 3)−(4, 3) 為一個鏈但不是一個路徑；(1, 2)−(2, 3)−(3, 4) 為一個鏈且為一個路徑，這個路徑 (1, 2)−(2, 3)−(3, 4) 代表從節點 1 旅行至節點 4。

7.2　最短路徑問題

在本節，假設在網路中每一個弧線都有一個長度，假設我們從一個特定的點開始 (稱為節點 1)，這個從節點 1 到任何一個節點，找尋最短路徑的問題稱為**最短路徑問題** (shortest-path problem)。例題 1 與例題 2 為最短路徑問題。

例題 1　最短路徑

考慮 Powerco 公司的例題 (圖 7-2)。假設當電力從工廠 1 (節點 1) 送到城市 1 (節點 6)，它必須通過繼電器的中間站 (節點 2-5)。在每個連接的節點，電力可被運送，圖 7-2 顯示在節點中的距離 (哩)。因此，中間站 2 與 4 的距離為 3 哩，而中間站 4 與 5 無法運送電力。Powerco 公司希望從工廠 1 利用最短的距離運送電力到城市 1，所以它必須找在圖 7-2 上連接節點 1 到節點 6 的最短路徑。

如果運送電力的成本與電力經過的距離成比例，則想知道在圖 7-2 上，工廠 1 到城市 1 知道最短路徑 (及在相似的圖中，工廠 i 到城市 j 的最短路徑) 就必須決定在第 8 章所討論 Powerco 問題裡運輸版本的運送成本。

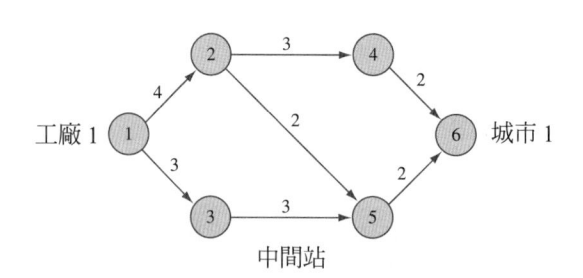

圖 7-2　Powerco 網路圖

例題 2　設備置換問題

我現在 (時間 0) 購買一部新車，價格 $12,000。表 7-1 顯示維修一部車子的成本與車子的車齡有關。針對每一部舊車，為了避免過高的維修成本，可能會賣掉舊車而購買一部新車，每部車子賣出的價格與車子的車齡亦有關係 (參考表 7-2)。為了簡化計算，假設在任何時間購買一部新車需要 $12,000，我的目標是在接下來的五年內最小化淨成本 (購買成本＋維修成本－售出所得)，將此問題建立成最短路徑問題。

表 7-1　汽車維修成本

車齡 (年)	維修成本 ($)
0	2,000
1	4,000
2	5,000
3	9,000
4	12,000

表 7-2　汽車出售價格

車齡 (年)	售出價格
1	7,000
2	6,000
3	2,000
4	1,000
5	0

解　在網路中會有六個點 (1、2、3、4、5 及 6)。點 i 代表第 i 年的開始，針對 $i < j$，弧線 (i, j) 代表在第 i 年的開始購買新車且保留該車到第 j 年的開始。弧線 (i, j) 的長度 (稱為 c_{ij}) 代表擁有及使用該車，從第 i 年的開始到第 j 年的開始所產生的總淨成本，亦即在第 i 年開始的購買成本與第 j 年開始的售出價格，因此，

$c_{ij} =$ 在第 $i, i+1, \cdots, j-1$ 年的維修成本
　　　＋第 i 年開始的購買成本
　　　－在第 j 年開始的售出價格

利用在問題中的訊息，再透過公式 (所有的成本以千為單位)

$c_{12} = 2 + 12 - 7 = 7$
$c_{13} = 2 + 4 + 12 - 6 = 12$
$c_{14} = 2 + 4 + 5 + 12 - 2 = 21$
$c_{15} = 2 + 4 + 5 + 9 + 12 - 1 = 31$
$c_{16} = 2 + 4 + 5 + 9 + 12 + 12 - 0 = 44$
$c_{23} = 2 + 12 - 7 = 7$
$c_{24} = 2 + 4 + 12 - 6 = 12$
$c_{25} = 2 + 4 + 5 + 12 - 2 = 21$

$c_{26} = 2 + 4 + 5 + 9 + 12 - 1 = 31$
$c_{34} = 2 + 12 - 7 = 7$
$c_{35} = 2 + 4 + 12 - 6 = 12$
$c_{36} = 2 + 4 + 5 + 12 - 2 = 21$
$c_{45} = 2 + 12 - 7 = 7$
$c_{46} = 2 + 4 + 12 - 6 = 12$
$c_{56} = 2 + 12 - 7 = 7$

現在我們要決定在接下來的五年，針對某一個特定的交易策略，從節點 1 到節點 6 的路徑中，找到任何一條路徑所產生的淨成本。例如，假設我在第 3 年的開始購買車子而在第 5 年結束將此車賣掉 (即第 6 年的開始)。這個策略相對於圖 7-3 中的路徑 1－3－6，這條路徑的長度 $(c_{13} + c_{36})$ 即代表在接下來的五年裡，我在第 3 年的開始購買且在第 6 年的開始賣出的總淨成本。因此，在圖 7-3，從節點 1 到節點 6 的最短路徑長度即為在接下來的五年裡，使用一部新車所產生的最小成本。

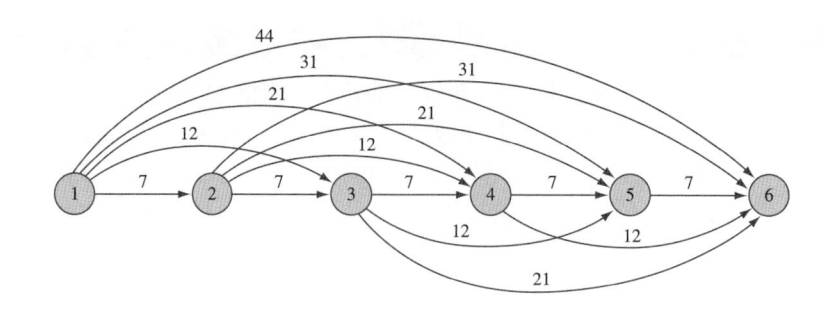

圖 7-3
最小成本網路圖

Dijkstra 演算法

假設所有弧線的長度為非負，接下來的方法稱為 **Dijkstra 演算法** (Dijkstra's algorithm)，能夠利用來找一個點 (稱為節點 1) 到其他節點的最短路徑。一開始我們給節點 1 一個永久標籤 0。然後，將任何一節點 i 利用一條弧線連接到節點 1，此"暫時"標籤等於連接節點 1 到節點 i 的弧線長度。針對每個節點 (當然除了節點 1) 有一個暫時標記 ∞，選擇在這些節點中最小暫時標籤為永久標籤。

現在假設節點 i 剛變成第 $(k + 1)$ 永久標籤的節點，則節點 i 為第 k 個最接近節點 1 的點。針對節點 k，每一個節點 (稱為節點 i') 的暫時標籤為從節點 1 到節點 i' 的最短距離，它會連接到節點 1 的 $(k - 1)$ 個最近點。對於任何節點 j 現在連接節點 i 的暫時標籤為 (取代原來節點 j 的暫時標籤)

極小 $\begin{cases} \text{節點 } j \text{ 的目前暫時標籤} \\ \text{節點 } i \text{ 的永久標籤} + \text{弧線 } (i, j) \text{ 的長度} \end{cases}$

(極小 $\{a, b\}$ 代表 a 與 b 中的最小者)。現在節點 j 的新暫時標籤為節點 1 到節點 j 的最短距離，但必須為僅經過 k 個離節點 1 的最近點，我們現在令此最小暫時標籤為永久標籤，這個擁有新的永久標籤的節點為第 $(k + 1)$ 個離節點 1 最近的點，持續這個步驟到每一節點都是永久標籤。為了求出節點 1 到節點 j 的最短路徑，利用逆向法從節點 j 求出連接此點的弧線中有不同標記點的長度。當然，如果我們想求從節點 1 到節點 j 的最短距離，我們可以在節點 j 已經是永久標籤時，即可停止此過程。

為了說明 Dijkstra 演算法，在圖 7-2 中，我們要求節點 1 到節點 6 的最短距離。我們從下面的標籤開始 (* 代表永久標籤，而數字 i 代表節點 i)：[0* 4 3 ∞ ∞ ∞]，節點 3 有最小的暫時標籤，我們可以將節點 3 記為永久標籤如下：

[0* 4 3* ∞ ∞ ∞]

現在我們知道節點 3 最靠近節點 1，針對每一個點，我們透過與節點 3 只連接一條弧線計算出新的暫時標籤，在圖 7-2 的節點 5。

$$\text{新的節點 5 的暫時標籤} = \min\{\infty, 3 + 3\} = 6$$

節點 2 有最小的暫時標籤；我們將節點 2 記為永久標籤。現在令節點 2 為第二個接近節點 1 的點，新的標籤集合為：

$$[0^* \ 4^* \ 3^* \ \infty \ 6 \ \infty]$$

因為節點 4 與節點 5 可以連接至新的永久標籤節點 2，我們必須改變節點 4 與 5 的暫時標籤。節點 4 的新暫時標籤為 $\min\{\infty, 4 + 3\} = 7$ 及節點 5 的新暫時標籤為 $\min\{6, 4 + 2\} = 6$。節點 5 現在擁有最小的暫時標籤，所以節點 5 為永久標籤。我們令節點 5 為第三個最靠近節點 1 的點，新的標籤變成

$$[0^* \ 4^* \ 3^* \ 7 \ 6^* \ \infty]$$

目前只有節點 6 直接連接至節點 5，所以節點 6 的暫時標籤將變成 $\min\{\infty, 6 + 2\} = 8$。節點 4 有最小暫時標籤，所以令節點 4 為永久標籤。節點 4 為第四個靠近節點 1 的點，新的標籤為

$$[0^* \ 4^* \ 3^* \ 7^* \ 6^* \ 8]$$

因為節點 6 直接連接至新的永久標籤節點 4，我們必須改變節點 6 的暫時標籤為 $\min\{8, 7 + 2\} = 8$。現在我們可以讓節點 6 為永久標籤，所以最後標籤的集合為 $[0^* \ 4^* \ 3^* \ 7^* \ 6^* \ 8^*]$。我們可以利用逆向方法找到從節點 1 到節點 6 的最短距離，節點 6 與節點 5 之間的距離差為 2 =(5, 6) 的弧線長度，所以我們倒回到節點 5。節點 5 與節點 2 的差為 2 =(2, 5) 的弧線長度，所以我們倒回到節點 2。然後我們必須回到節點 1，因此，1 − 2 − 5 − 6 為節點 1 到節點 6 的最短距離 (長度為 8)，另外我們觀察到當我們在節點 5 時，我們可以逆回找到節點 3 而得到最短路徑 1 − 3 − 5 − 6。

最短路徑視為轉運問題

在網路上，找尋節點 i 及節點 j 的最短距離可視為轉運問題。簡單地從節點 i 至節點 j，試著找尋最小成本 (在網路中，其他的節點視為轉運點)，其中若弧線存在，從節點 k 到節點 k' 運送一單位的成本為 (k, k') 弧線的長度，若該弧線不存在則為一個數字 M (非常大的數字)。如同在 6.6 節，運送一個單位從某一點到本身為 0。從 6.6 節所敘述的方法，這個轉運問題即可轉化為平衡的運輸問題。

表 7-3　最短路徑問題的轉運表示方式及其最佳解

節點\節點	2	3	4	5	6	供應
1	4 / 1	3	M	M	M	1
2	0	M	3 / 1	2	M	1
3	M	0 / 1	M	3	M	1
4	M	M	0 / 1	M	2	1
5	M	M	M	0 / 1	2	1
需求	1	1	1	1	1	

　　為了顯示前面的概念，我們從圖 7-2 找尋節點 1 到節點 6 的最短距離，可以建立為一個平衡的運輸問題。我們想從節點 1 送一個單位的東西至節點 6，節點 1 為供應點，節點 6 為需求點，而節點 2、3、4 及 5 為轉運點。利用 $s = 1$，我們得到一個平衡的運輸問題如表 7-3，這個運輸問題有二個最佳解：

1. $z = 4 + 2 + 2 = 8$，$x_{12} = x_{25} = x_{56} = x_{33} = x_{44} = 1$ (其他的變數為 0)，這個解對應的路徑為 $1 - 2 - 5 - 6$。
2. $z = 3 + 3 + 2 = 8$，$x_{13} = x_{35} = x_{56} = x_{22} = x_{44} = 1$ (其他的變數為 0)，這個解對應的路徑為 $1 - 3 - 5 - 6$。

註解　將最短路徑問題轉為轉運問題，這個問題可以簡單地利用 LINGO 或 Excel 表格最佳化來求解，詳細內容查詢 6.1 節。

問　題

問題組 A

1. 在圖 7-3 中，求節點 1 至節點 6 的最短路徑。
2. 在圖 7-4 中，求節點 1 至節點 5 的最短路徑。
3. 將問題 2 改為轉運問題。

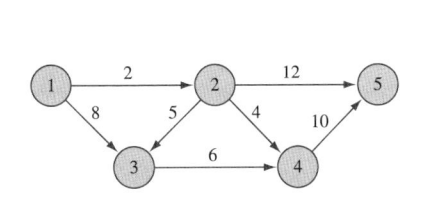

圖 7-4　問題 2 的網路圖　　　　　　　圖 7-5　問題 4 的網路圖

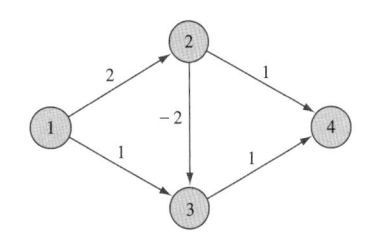

4. 利用 Dijkstra 演算法，求出在圖 7-5 上，節點 1 到節點 4 的最短距離。為什麼 Dijkstra 演算法無法找到正確答案？

5. 假設購買一部新車需要 $10,000 。在表 7-4 ，顯示每年的使用成本及再賣出的價格。假設有個人現在擁有一部新車，決定在未來六年內，讓擁有及使用一部車子成本最小的置換策略。

6. 百貨公司花費 $40 購買一具電話，假設一具電話至多可以使用 5 年，預計每年使用的維修費用如下：第 1 年，$20 ；第 2 年，$30 ；第 3 年，$40 ；第 4 年，$60 ；第 5 年，$70 。現在剛買一具新電話，假設電話沒有殘餘價值，試決定如何使今後六年購買和使用一具電話的總成本達到最小。

7. 在第 1 年的開始，必須購買一部新的機器，一部使用 i 年機器的維修成本列在表 7-5 。

　　在每年開始購買一部機器的成本列表 7-6 。

　　當一部機器被置換時，並無交易價值。你的目標是在未來 5 年內，一部機器的總成本(購買成本加上維修成本)，試決定在哪些年份裡必須購買新機器。

表 7-4

車子的使用年份 (年)	再賣出價格	使用成本 ($)
1	7,000	300 (第 1 年)
2	6,000	500 (第 2 年)
3	4,000	800 (第 3 年)
4	3,000	1,200 (第 4 年)
5	2,000	1,600 (第 5 年)
6	1,000	2,200 (第 6 年)

表 7-5

在一年開始時，所使用的年份	次年的維修成本 ($)
0	38,000
1	50,000
2	97,000
3	182,000
4	304,000

表 7-6

年	購買成本
1	170,000
2	190,000
3	210,000
4	250,000
5	300,000

問題組 B

8. 圖書館必需建造 200 個 4 吋高的書架，100 個 8 吋高的書架及 80 個 12 吋高的書架，每一本書有 0.5 吋厚。圖書館有很多種藏書的方法，例如，一個 8 吋高的書架可以用來放高度小於或等於 8 吋的書，且一個高度 12 吋的書架可以用來放 12 吋的書。另一方面，一個 12 吋的書架可以用來放所有的書本。圖書館相信必須花費 $2,300 建造一個書架且必須花費每平方吋 $5 來存放書本。(假設儲存一本書的面積等於儲存面積的高度乘以書本的厚度。)

　　建立並解一個最短路徑問題，可以用來幫助圖書館決定如何在最小成本下建造書架。(提

9. 一家公司販賣七種尺寸的箱子，體積的大小從 17 到 33 立方呎。每種箱子的大小及需求列在表 7-7。生產每種箱子的變動成本 (元) 等於箱子的體積，生產任何一種特殊的箱子需要固定成本 $1,000。公司期待對於每種箱子的需求，均可用規格較大的箱子來滿足。建立並解這個最短路徑問題，它的解可以在達到箱子需求下，極小化成本。

表 7-7

	\multicolumn{7}{c}{箱子}
	1	2	3	4	5	6	7
大小	33	30	26	24	19	18	17
需求	400	300	500	700	200	400	200

10. 解釋如何透過解一個單一轉運點的問題，你可以找出在網路中，從節點 1 到另外其它幾個節點的最短路徑。

7.3 最大流量問題

在很多情況下可以利用網路來表示，其中每個弧線可以視為有一個容量以限制經過此弧線的運送產品量。在此情況下，經常需要運送一個從開始點 (稱為**起源點** (source)) 至一個終點 (稱為**匯集點** (sink))，這個問題稱為**最大流量問題** (maximum-flow problems)。針對最大流量問題，存在許多特殊的演算法。在本節中，我們開始說明如何利用線性規劃來解這個最大流量問題，然後再討論 Ford-Fulkerson (1962) 方法求解最大流量問題。

最大流量問題的 LP 解

例題 3　最大流量

在圖 7-6，Sunco 石油公司想要運送經由節點 so 到節點 si，透過油管的最大可能流量，在從節點 so 到節點 si 的路徑中，油必須通過一些或全部的運油站 1、2 及 3，不同的弧線量代表不同油管的半徑。在表 7-8，顯示經由不同弧線的最大油桶量 (每小時百萬桶)，每個數字稱為**弧線容量** (arc capacity)。建立一個 LP 模式，可以用來決定從 so 點送油至 si 點的最大油桶個數。

解　節點 so 稱為起源點，因為油能從此點送出但並沒有任何油流入。相似地，節點 si 稱為匯集點，因為油會流入此點，但並沒有任何油會流出。我們會加入一個人工弧線 a_0 從匯集點到起源點。這個理由在接下來會變得更清楚，經過 a_0 的流量並非真正的流量，因此稱為**人工弧線** (artificial arc)。

表 7-8
Sunco 公司弧線容量

弧線	容量
(so, 1)	2
(so, 2)	3
(1, 2)	3
(1, 3)	4
(3, si)	1
(2, si)	2

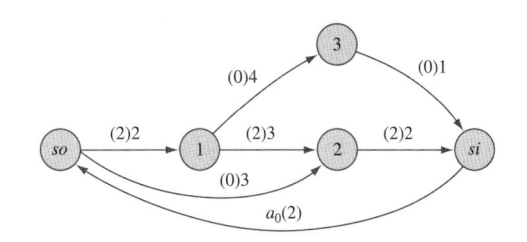

圖 7-6　Sunco 公司網路圖

為了建立從節點 so 到節點 si 最大流量的 LP 問題，我們觀察到 Sunco 公司必須決定到底多少油 (每小時) 必須經過弧線 (i, j)。因此，我們定義

$$x_{ij} = 經過弧線\ (i,\ j)，每一個小時百萬油桶的量$$

舉一個可能的流量 (稱為可行流量 (feasible flow)) 的例子，考慮以下流量，在圖 7-6 括弧內的數字

$$x_{so,1}=2，x_{13}=0，x_{12}=2，x_{3,si}=0，x_{2,si}=2，x_{si,so}=2，x_{so,2}=0$$

針對一個可行的流量，它必須有下列二個特徵：

$$0 \leq 經由弧線的流量 \leq 弧線容量 \tag{1}$$

及

$$流入節點\ i = 流出節點\ i \tag{2}$$

我們假設當流入網路中，並沒有任何的油會流失，因此在每一個節點，一個可行的流量必須滿足式 (2)，此稱為流量守恆 (conservation-of-flow) 條件。當加入人工弧線 a_0 能夠讓起源點到匯集點的流量保持流量守恆條件。

如果讓 x_0 代表經過人工弧線的流量，則流量守恆表示出 $x_0 =$ 進入匯集點的總流量。因此，Sunco 的目標為極大 x_0 受限制於式 (1) 及式 (2)：

$$\max z = x_0$$

s.t.
$$x_{so,1} \leq 2 \quad \text{(弧線容量條件)}$$
$$x_{so,2} \leq 3$$
$$x_{12} \leq 3$$
$$x_{2,si} \leq 2$$
$$x_{13} \leq 4$$
$$x_{3,si} \leq 1$$
$$x_0 = x_{so,1} + x_{so,2} \quad \text{(節點 so 流量條件)}$$
$$x_{so,1} = x_{12} + x_{13} \quad \text{(節點 1 流量條件)}$$
$$x_{so,2} + x_{12} = x_{2,si} \quad \text{(節點 2 流量條件)}$$
$$x_{13} = x_{3,si} \quad \text{(節點 3 流量條件)}$$
$$x_{3,si} + x_{2,si} = x_0 \quad \text{(節點 si 流量條件)}$$
$$x_{ij} \geq 0$$

這個 LP 的一個最佳解為 $z = 3$，$x_{so,1} = 2$，$x_{13} = 1$，$x_{12} = 1$，$x_{so,2} = 1$，$x_{3,si} = 1$，$x_{2,si} = 2$，$x_0 = 3$。因此，從節點 so 到 si 的最大可能流量為每小時 3 百萬桶，經由下列路徑，每條路徑送 1 百萬桶：$so - 1 - 2 - si$，$so - 1 - 3 - si$，及 $so - 2 - si$。

最大流量問題的線性規劃模式為最小成本網路流量問題 (minimum-cost network flow problem, MCNFP)，會在 7.5 節討論。一個運輸簡捷法的推廣 (稱為網路簡捷法) 可以用來解 MCNFP 問題。

在介紹利用 Ford-Fulkerson 方法求解最大流量問題之前，我們介紹二個最大流量問題的例題。

例題 4　航空最大流量問題

Fly-by-Night 航空公司必須決定連接朱諾、阿拉斯加、達拉斯及德州這幾個城市的飛航班別安排，連接航班必須停在西雅圖，然後再停留洛杉磯或丹佛。由於受到停降空間有限的影響，Fly-by-Night 公司必須限制在二個城市往返，航班的限制如表 7-9，試建立一個最大流量問題能夠來決定如何最大化連接朱諾到達拉斯的航班數。

表 7-9　Fly-by-Night 航空公司的弧線容量限制

城市	每天航班的最大流量
朱諾-西雅圖 (J, S)	3
西雅圖-洛杉磯 (S, L)	2
西雅圖-丹佛 (S, De)	3
洛杉磯-達拉斯 (L, D)	1
丹佛-達拉斯 (De, D)	2

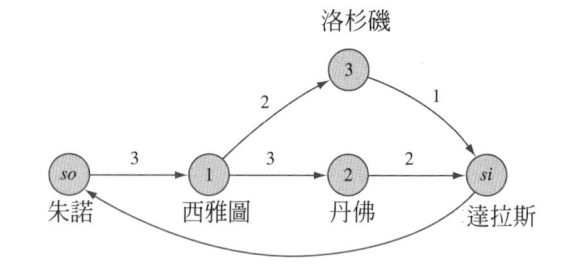

圖 7-7　Fly-by-Night 航空公司網路圖

解　網路圖如圖 7-7，弧線 (i, j) 的容量代表在城市 i 與城市 j 的每天航運最大量，這個最大流量問題的最佳解為 $z = x_0 = 3$，$x_{J,S} = 3$，$x_{S,L} = 1$，$x_{S,De} = 2$，$x_{L,D} = 1$，$x_{De,D} = 2$。因此，Fly-by-Night 在朱諾與達拉斯之間有三個航班，在經由朱諾-西雅圖-洛杉磯-達拉斯之間有一個班次，連接朱諾-西雅圖-丹佛-達拉斯有二個航班。

例題 5　配對問題

在一場舞會中，有五位男士與五位女士，每位女士可以與一位男士配對，這個配對問題的目標為可配對的隊數最大化。表 7-10 代表參加者可搭配情況，將這個配對問題，利用網路圖形儘可能地把它表示成最大流量問題。

解　圖 7-8 為一個適當的網路圖。在圖 7-8 中，從起源點連接至每一位男士，其容量為 1，連接每一個可搭配的配偶，弧線容量為 1，再將這些女士連接至匯集點，在本

表 7-10　配對問題

	Loni Anderson	Meryl Streep	Katharine Hepburn	Linda Evans	Victoria Principal
Kevin Costner	—	C	—	—	—
Burt Reynolds	C	—	—	—	—
Tom Selleck	C	C	—	—	—
Michael Jackson	C	C	—	—	C
Tom Cruise	—	—	C	C	C

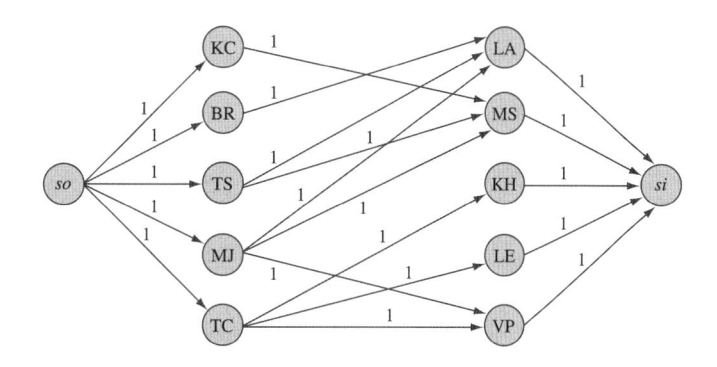

圖 7-8　合適的網路圖

網路圖中的最大流量問題為可配成對的個數最大化。例如，配對的組合為 KC 及 MS，BR 及 LA，MJ 及 VP，TC 及 KH，此從起源點至匯集點的流量為 4。(這看來是該網路的最大流量。)

為了了解為何這個網路問題能正確地代表配對問題，圖為每位女士連接至匯集點，其容量為 1，透過流量守恆能保證每位女士至多搭配 1 位男士。相似地，起源點連接每位男士容量亦為 1，因此每位男士至多也只能搭配 1 位女士。因為在不能配對的組合中並無弧線的存在，我們能夠確定從起源點到匯集點流量為 k 的問題能夠代表將男士指派給女士，共有 k 個配對的產生。

利用 LINGO 求解最大流量問題

最大流量問題可以利用 LINDO 求解，但是利用 LINGO 可以花較小的時間在提供必要的資訊給電腦。下列 LINGO 方程式 (在 Maxflow.lng 的檔案中) 可以被用來處理從資源點到匯集點的最大流量問題，如圖 7-6。

```
MODEL:
 1]SETS:
 2]NODES/1..5/;
 3]ARCS(NODES,NODES)/1,2  1,3  2,3  2,4  3,5  4,5  5,1/
 4]:CAP,FLOW;
 5]ENDSETS
 6]MAX=FLOW (5,1);
 7]@FOR(ARCS(I,J):FLOW(I,J)<CAP(I,J));
 8]@FOR(NODES(I):@SUM(ARCS(J,I):FLOW(J,I))
 9]=@SUM(ARCS(I,J):FLOW(I,J)));
10]DATA:
11]CAP=2,3,3,4,2,1,1000;
12]ENDDATA
END
```

如果某些節點需要透過數字來辨識，則 LINGO 不允許其他的節點上用字母來辨識。因此，在圖 7-6，我們將第 2 行的節點 1 用 so，節點 5 用 si 來辨識。節點 1、2 及 3 相對於節點 2、3 及 4，因此，第 2 行主要是定義流量網路圖的節點。在第 3 行中，透過列出 (它們利用空格分開) 來定義網路中的弧線。例如，在圖 7-6 中 1，2 代表從資源點到節點 1 的弧線，且 5，1 代表虛設的弧線。在第 4 行，顯示出弧線的容量及每條弧線的流量，第 5 行結束相關集合的定義。

在第 6 行，顯示出目標為極大化經過虛設弧線的流量 (等於流入匯集點的流量)，第 7 行限定弧線容量的條件；針對每條弧線，流量不能超過弧線的容量。第 8 行及第 9 行顯示流量守恆條件，針對節點 *I*，此些條件保證流進節點 *I* 等於流出節點 *I*。

第 10 行開始 DATA 階段。第 11 行，輸入弧線容量，我們設定虛設弧線的容量為 1,000，第 12 行結束 DATA 階段且 **END** 代表結束方程式。輸入 GO 代表找解，最大流量為 3，變數的值 FLOW (I, J) 代表經過每一個弧線的流量。

這個方程式可用來找尋任何一個網路問題的最大流量，從第 2 行開始列出網路的節點。網路的弧線列在第 3 行。最後，將每一條弧線的容量列在第 11 行，現在你就可以求出網路中的最大流量。

利用 Ford-Fulkerson 方法解最大流量問題

假設有一條可行流量已經被找到，現在將注意力放在下列幾個重要的問題：

問題 1 給一條可行流量，我們如何判斷這是最佳流量 (亦即，極大化 x_0)？

問題 2 若一條可行流量不是最佳解，我們如何修正此條流量以讓新的流量從源起點到匯集點有較大的流量？

首先，我們回答問題 2，我們必須決定在網路中的弧線到底具備下列哪一種特性：

特性 1 經由弧線 (*i, j*) 的流量少於弧線 (*i, j*) 的容量。在此狀況下，經由弧線 (*i, j*) 的流量可以增加，基於這個理由，我們令 *I* 代表具備這個特性的集合。

特性 2 弧線 (*i, j*) 的流量為正。在此狀況下，經由弧線 (*i, j*) 的流量可以被減少，基於這個理由，我們令 *R* 代表具備這個特性的集合。

為了說明 *I* 及 *R* 的定義，考慮圖 7-9 的網路圖，在圖中的弧線可以分類為：(*so*, 1) 屬於 *I* 及 *R*；(*so*, 2) 屬於 *I*；(1, *si*) 屬於 *R*；(2, *si*) 屬於 *I*，及 (2,

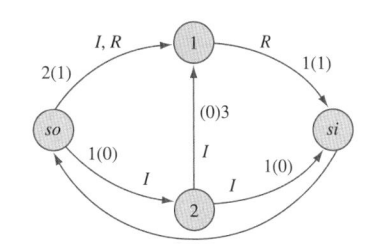

圖 7-9　I 及 R 弧線說明

1) 屬於 I。

現在，我們可以開始描述 Ford-Fulkerson 的標記過程來修正可行流量以增加從起源點至匯集點的流量。

步驟 1　起源點先做標記。

步驟 2　標記每一個節點及弧線 (除了弧線 a_0) 根據以下法則：(1) 若節點 x 被標記，節點 y 未被標記且 (x, y) 屬於 I，則標記節點 y 及弧線 (x, y)。在此狀況，弧線 (x, y) 稱為**順向弧線** (forward arc)。(2) 若節點 y 未被標記，節點 x 被標記且 (y, x) 屬於 R；則標記節點 y 及弧線 (y, x)。在此狀況下，(y, x) 稱為**逆向弧線** (backward arc)。

步驟 3　繼續這個標記過程直到匯集點被標記或沒有任何頂點可被繼續標記為止。

若標記過程使得匯集點被標記，則會存在一個從起源點到匯集點裡，包含被標記弧線的鏈 (稱它為 C)。透過修正在 C 中的弧線流量，我們可以維持一個可行的流量，且可增加從起源點至匯集點的總流量。從此，我們可以觀察到 C 必須包含以下其中一種：

狀況 1　C 包含所有順向弧線。
狀況 2　C 包含順向及逆向弧線。†

在每一種狀況中，我們可以找到從起源點到匯集點比現在可行流量更大的流量。在狀況 1 中，鏈 C 包含所有的順向弧線。在 C 中的任一個順向弧線，令 i (x, y) 代表弧線 (x, y) 可以增加的量但不違反容量的條件。令

$$k = \min_{(x, y) \in C} i(x, y)$$

則 k > 0。為了產生一個新的網路流量，在 C 中的弧線，每個流量增加 k 個單位。因為沒有任一個容量條件被違反，且流量守恆亦滿足，因此，這個淨流量仍為可行，且新的流量比目前可行流量從起源點至匯集點多運送了 k 個單位。

我們利用圖 7-10 來說明第一個狀況。目前，從起源點至匯集點運送了 2

†由於標記過程不包含弧線 a_0，所以從起源點至匯集點的鏈不可能全部由逆向弧線所組成。

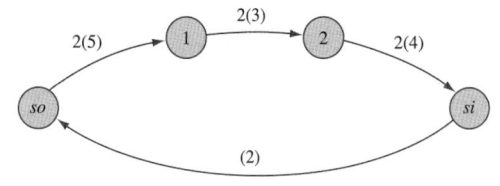

390 作業研究 I

圖 7-10 標記方法的狀況 1 說明　　　　　圖 7-11 從起源點至匯集點可改善的流量：狀況 1

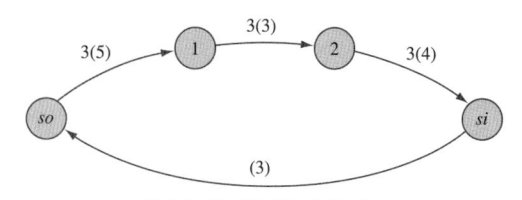

個單位。在標記的過程，所產生至匯集點可被標記為 $C = (so, 1) - (1, 2) - (2, si)$。每個弧線都屬於 I，且 $i(so, 1) = 5 - 2 = 3$；$i(1, 2) = 3 - 2 = 1$；且 $i(2, si) = 4 - 2 = 2$。因此 $k = \min(3, 1, 2) = 1$。所以，一個改善的可行流量可以由每個在 C 的弧線流量增加一個單位而得，這可得到從起源點至匯集點流動 3 個單位 (參考圖 7-11)。

在狀況 2，從起源點至匯集點所引導出來的鏈 C 同時包含逆向與順向的弧線，在 C 中每一個逆向弧線，令 $r(x, y)$ 為經過弧線 (x, y) 可以減少的流動量。所以定義

$$k_1 = \min_{x, y \in C \cap R} r(x, y) \quad \text{及} \quad k_2 = \min_{x, y \in C \cap I} i(x, y)$$

當然，所有 k_1 及 k_2 及 $\min(k_1, k_2)$ 都要大於 0。為了增加從起源點到匯集點的流量 (保持可行流量)；減少所有 C 中的逆向弧線 $\min(k_1, k_2)$ 且增加在 C 中所有順向弧線 $\min(k_1, k_2)$，這仍然會保持流量守恆且保證沒有弧線容量條件被違反，因為在 C 中的最後一條弧線為向前弧線且流入匯集點，我們已經找到一個可行的流量且增加流入匯集點的總流量 $\min(k_1, k_2)$。現在，我們修正在弧線 a_0 的流量且保持流量守恆定理。為了說明狀況 2，假設我們已發現一個可行的流量在圖 7-12，針對這個流量，$(so, 1) \in R$；$(so, 2) \in I$；$(1, 3) \in I$；$(1, 2) \in I$ 及 R；$(2, si) \in R$；且 $(3, si) \in I$。

我們先標記弧線 $(so, 2)$ 及節點 2 (因此 $(so, 2)$ 為向前的弧線)。然後，我們標記弧線 $(1, 2)$ 及節點 1，弧線 $(1, 2)$ 為逆向弧線，因為節點 1 為在我們標記弧線 $(1, 2)$ 前為未標記的節點，且弧線 $(1, 2)$ 在 R 內。節點 so、1 及 2 已被標記，所以我們可以標記弧線 $(1, 3)$ 及節點 3。[弧線 $(1, 3)$ 為順向弧線，因為節點 3 未被標記。] 最後，我們標記弧線 $(3, si)$ 及節點 si，弧線 $(3, si)$ 為順向弧線，因為節點 si 未被標記。現在經由鏈 $C = (so, 2) - (1, 2) - (1, 3) - (3, si)$ 來標記匯集點。除了弧線 $(1, 2)$，所有在鏈中的弧線均為順向弧線，因為 $i(so, 2) = 3$；$i(1, 3) = 4$；$i(3, si) = 1$；且 $r(1, 2) = 2$，可得

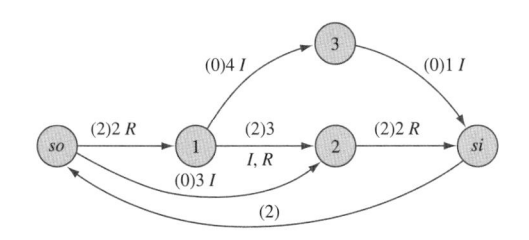

第 7 章　網路模式　**391**

圖 7-12　標記方法的狀況 2 說明

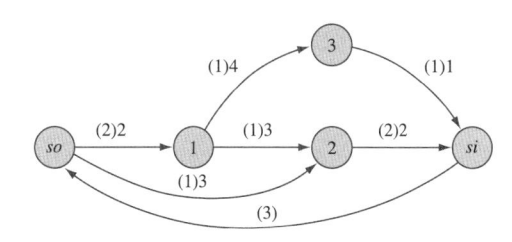

從起源點到匯集點的流量＝2
鏈 (so, 2)－(1, 2)－(1, 3)－(3, si)

圖 7-13
改善從起源點到匯集點的流量：狀況 2

從起源點到匯集點的流量＝3

$$\min_{(x,\ y) \in C \cap R} r(x, y) = 2 \quad 及 \quad \min_{(x,\ y) \in C \cap I} i(x, y) = 1$$

因此，我們可以增加在 C 中所有的順向弧線流量一個單位及減少逆向弧線流量 1 個單位，新得到的結果列在圖 7-13，已經增加從起源點至匯集點一個單位 (從 2 到 3)。我們透過將弧線 (1, 2) 逆轉一個單位給路徑 $1 - 3 - si$，這可以使得多運送一個單位從起源點經由路徑 $so - 2 - si$ 到匯集點，我們可觀察到逆向弧線的觀念使得可以找到一個改善的流量。

若匯集點不能再被標記，則目前的流量為最佳解，這個結論的證明可由網路的切割觀念得之。

定義 ■　選擇包含匯集點的任意節點集合 V'，但不包含起源點，若 i 不在 V' 內，且 j 為 V' 的其中一個元素，則我們稱弧線 (i, j) 的集合為網路的**切割** (cut)。 ■

定義 ■　一個切割的**容量** (capacity) 為在此切割中弧線容量的和。 ■

簡單來說，一個切割即為一些弧線所構成的集合，當其弧線從網路中移除時，起源點便無法到達匯集點。一個網路會有許多切割，例如，圖 7-14 的網路，$V' = \{1, si\}$ 可得包含 $(so, 1)$ 及 $(2, si)$ 的切割，其容量為 $2 + 1 = 3$。集合 $V' = \{1, 2, si\}$ 亦產生包含弧線 $(so, 1)$ 及 $(so, 2)$ 的切割，其容量為 $2 + 8 = 10$。

圖 7-14　切割的例子

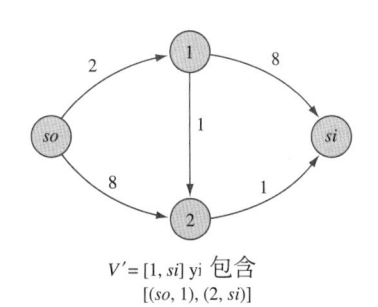

$V' = [1, si]$ yi 包含
$[(so, 1), (2, si)]$

引理 1 及引理 2 說明切割與最大流量的連接關係。

引理 1

對於任何一個可行流量，從起源點至匯集點的流動量會小於或等於任何一個切割的容量。

證明：考慮一個由節點的集合 V，其包含匯集點但不包含起源點，所決定的任意切割，且令 V' 代表在此網路中其它所有的節點，x_{ij} 代表對於任何可行流量在弧線 (i, j) 上的流量，且 f 代表這個可行流量在起源點到匯集點的流量。對於在 V 中的所有節點，把這些流量的平衡等式加總起來 (節點 i 的流出量－節點 i 的流入量＝0)，我們發現包含在弧線 (i, j) 的項均有 i 及 j 均在 V 的元素內將會被刪掉，因此我們可得

$$\sum_{\substack{i \in V; \\ j \in V'}} x_{ij} - \sum_{\substack{i \in V'; \\ j \in V}} x_{ij} = f \tag{3}$$

在 (3) 式的第一項和會小於等於切割的容量，因為每個 x_{ij} 為非負，所以我們可得 $f \leq$ 切割的容量，這就是我們要的結果。

引理 1 與第 6 章所討論的弱對偶結果相似。從引理 1，我們可發現任何切割的容量為從起源點至匯集點最大流量的上限。因此，若我們可以找到一條可行的流量及一個切割，使得從起源點至匯集點的流量等於切割的容量，則我們可以找到從起源點或匯集點的最大流量。

假設我們找到一個可行流量且不能標記匯集點，令 CUT 代表相對於沒有被標記節點的切割。

引理 2

若匯集點不能再被標記，則

CUT 的容量＝從起源點至匯集點的目前流量

證明：令 V' 代表沒有被標記節點的集合及 V 代表被標記節點的集合。考慮一條弧線 (i, j)，使得 i 在 V 內且 j 在 V'，則我們知道 x_{ij} ＝弧線 (i, j) 的容量必須成立；否則，我們能夠標記 j (經過一個順向弧線) 且節點 j 不在 V' 內。現在，考慮一個弧線 (i, j)，其中 i 在 V' 且 j 在 V。然後，$x_{ij} = 0$ 必定成立；否則，我們可以標記節點 i (經由一個逆向弧線) 且節點 i 不在 V' 內。現在 (3) 式說明目前的流量必須滿足

CUT 的容量＝從起源點到匯集點的目前流量

這是我們要的結果。

從引理 1 所得的註解，當匯集點不能再被標記，則從起源點到匯集點最大的流量即可得到。

Ford-Fulkerson 方法的說明與總結

步驟 1 找一個可行的流量 (設每一個弧線流量為 0)。

步驟 2 利用標記過程試著標記至匯集點。若匯集點不能被標記，則目前的可行流量為最大流量；若匯集點可以被標記，則到步驟 3。

步驟 3 利用前面所描述的方法，修正可行流量且增加從起源點至匯集點的流量，再回到步驟 2。

為了說明 Ford-Fulkerson 方法，我們針對例題 7-3 Sunco 石油公司找出從起源點至匯集點的最大流量 (參考圖 7-6)。首先令在每一條弧線上的流量為 0，然後試著標記匯集點──標記起源點，然後弧線 (so, 1) 及節點 1；然後標記弧線 (1, 2) 及節點 2；最後，標記弧線 (2, si) 及節點 si。因此，C = (so, 1)－(1, 2)－(2, si)。每一條在 C 的弧線為順向弧線，所以我們可以增加經由 C 中的每一條弧線的流量 min (2, 3, 2) = 2 單位，這個流量以圖 7-15 表示。

就如同在前面所看到 (圖 7-12)，我們可以透過 C = (so, 2)－(1, 2)－(1, 3)－(3, si) 來標記匯集點。我們可以增加順向弧線 (so, 2)、(1, 3)，及 (3, si) 一個單位且減少逆向弧線 (1, 2) 一個單位，這個結果如圖 7-16，現在不再可能標記到匯集點。任何一個嘗試標記到匯集點均要從弧線 (so, 2) 及節點 2 開始標記，然後我們可以標記弧線 (1, 2) 及 (1, 3)，但無法再標記匯集點。

我們可以透過找到沒有被標記之頂點 (在本例為 si) 的切割容量來證明目前的流量為極大，對應於 si 的切割為弧線 (2, si) 及 (3, si) 的集合，其容量為 2 + 1 = 3。因此，引理 1 可以得到從起源點至匯集點的可行運送流量至多 3 個單位，目前我們的流量為從起源點運送三個單位至匯集點，所以它必定為最佳流量。

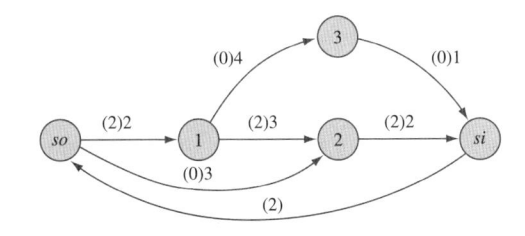

另一個 Ford-Fulkerson 方法的例子列在圖 7-17。如果沒有逆向弧線的觀念，我們無法得到從起源點至匯集點的最大流量 7。對於於節點 1、3 及 si

從起源點到匯集點的流量 = 2
標記匯集點 (so, 2)－(1, 2)－(1, 3)－(3, si)

圖 7-15
Sunco 石油公司的網路圖 (增加流量)

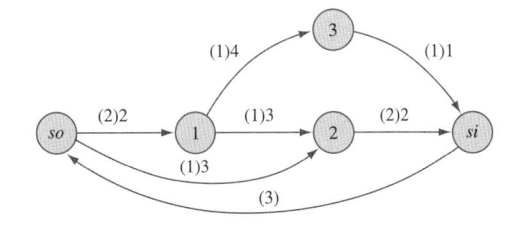

從起源點到匯集點的流量 = 3
因為匯集點不能被標記，這代表是最佳流量

圖 7-16
Sunco 石油公司的網路圖 (最佳流量)

394 作業研究 I

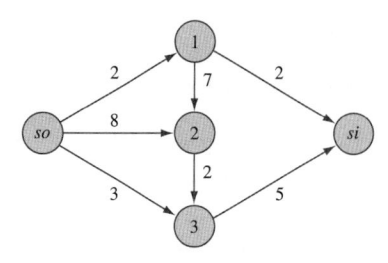

a. 原來的網路

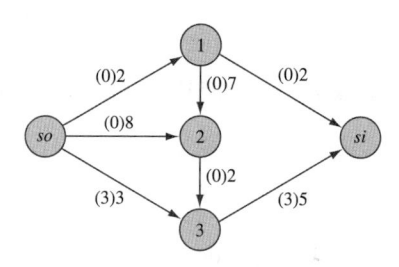

b. 利用 $so - 3 - si$ 來標記匯集點
(僅利用順向弧線增加三個單位)

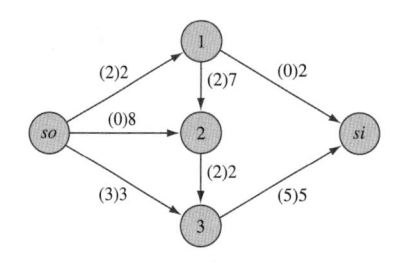

c. 利用 $so - 1 - 2 - 3 - si$ 來標記匯集點 (僅利用順向弧線增加二個單位)

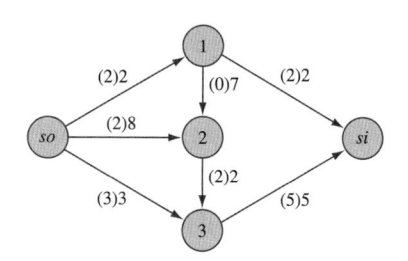

d. 利用 $so - 2 - 1 - si$ 來標記匯集點 (利用逆向弧線 (1,2) 來增加二單位的流量；最大流量七個單位可以得到)

圖 7-17　Ford-Fulkerson 方法的例子

的最小切割 (容量為 7) 且包含弧線 $(so, 1)$、$(so, 3)$ 及 $(2, 3)$。

問　題

問題組 A

1-3. 圖 7-18 至 7-20 說明問題 1 - 3 的網路圖。找出每一個網路圖，從起源點至匯集點的最大流量找到一個網路的切割，其容量等於在網路中最大的流量。然後，設定一個 LP 可以用來決定在網路中的最大流量。

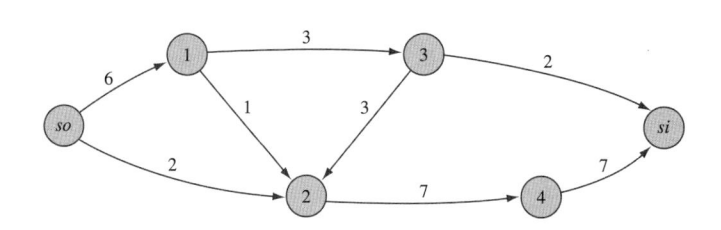

圖 7-18　問題 1 的網路圖

4-5. 針對圖 7-21 及 7-22 的網路，找出從起源點至匯集點的最大流量，然後在網路圖中找出一個切割的容量等於最大流量。

圖 7-19　問題 2 的網路圖

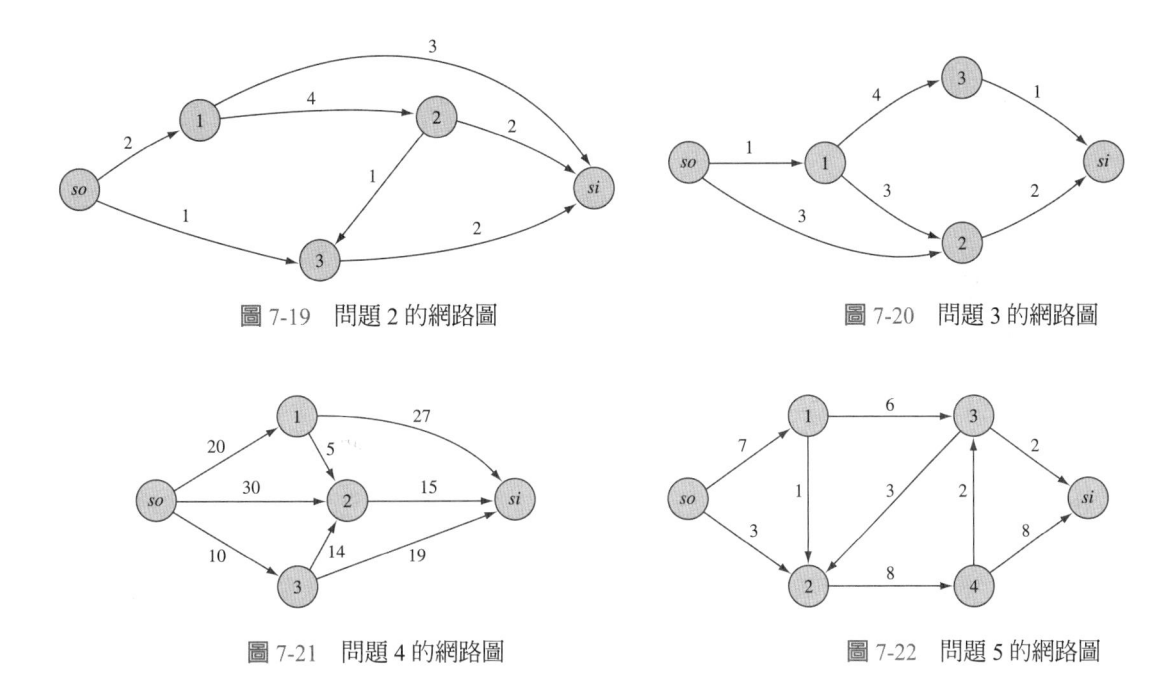

圖 7-20　問題 3 的網路圖

圖 7-21　問題 4 的網路圖

圖 7-22　問題 5 的網路圖

6. 有七種不同型態的包裹可以由五部貨車來運送。每一種型態均有三個包裹，而五部貨車的容量分別為 6、4、5、4 及 3 個包裹。設定一個最大流量問題可以用來決定包裹的安裝方式，其中每部貨車不能載運二個相同的包裹。

7. 有四個工人可以來執行工作 1-4。不幸地是三個工人只能做特定的工作：工人 1 只能做工作 1；工人 2 只能做工作 1 及 2；工人 3 只能做工作 2；工人 4 可做任何一個工作，畫出此最大流量問題的網路圖，用來決定所有的工作可以指派給適當的人。

8. Hatfield、Montagues、McCoys 及 Capulets 將計畫去他們年度的家庭野餐。現在有四部車子可以用來載送這些家庭到野餐地點，每一部車子可以載送下列的人數：汽車 1，4 個人；汽車 2，3 個人；汽車 3，3 個人；汽車 4，4 個人。在每個家庭有 4 個人，且每部汽車無法載運任何一個家庭的二個人，試將載送最大可能的野餐人數表述為一個最大流量問題。

9-10. 針對圖 7-23 及 7-24 的網路問題，找出從起源點至匯集點的最大流量，然後找出一個切割的容量等於網路的最大流量。

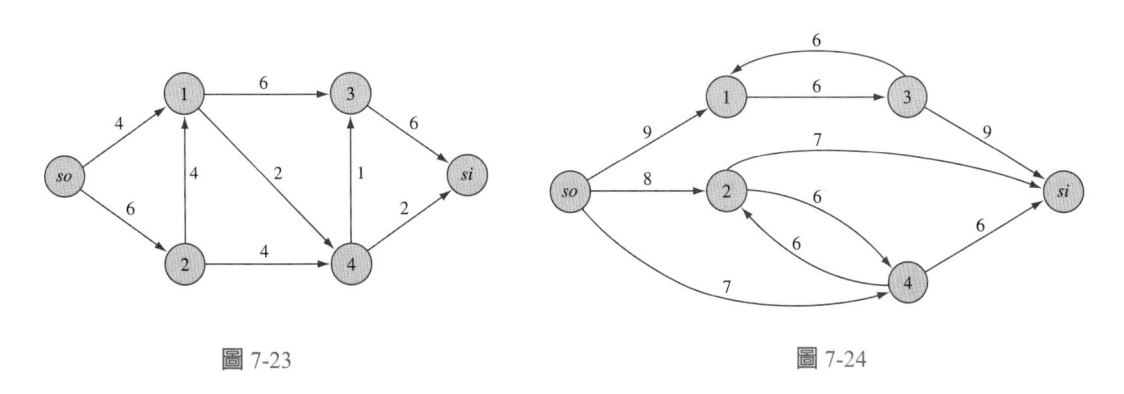

圖 7-23

圖 7-24

問題組 B

11. 假設一個網路包含有限個弧線且在每一個弧線上的容量均為整數，解釋為什麼利用 Ford-Fulkerson 方法所找出的最大流量，只需要有限個步驟，然後證明從起源點至匯集點的最大流量亦為整數。

12. 考慮一個網路流量問題有許多個起源點及許多個匯集點，目標為極大化進入匯集點的流量，然後說明如何將此問題轉化成僅擁有一個起源點與一個匯集點的最大流量問題。

13. 假設流入網路中某一節點的總流量限制於 10 個單位或比 10 個單位更小，我們如何利用容量條件來表示此條件？(這仍允許利用 Ford-Fulkerson 方法去找最大流量。)

14. 假設在城市 1、2、3 及 4 中任何二個城市來往的汽車，每小時至多 300 部。設立一個最大流量問題可以用來決定接下來二個小時，從城市 1 到城市 4 有多少部汽車來往運送。(提示：網路一部份可表示為 $t = 0$、$t = 1$ 及 $t = 2$)。

15. Fly-by-Night 航空公司考慮發三個航班。每一個航班與每個航班所用的航空站所得到的收益列在表 7-11。當 Fly-by-Night 利用一個航空站，公司必須付下列的落地費用 (與利用該航空站的航班次獨立)：航空站 1，$300；航空站 2，$700；航空站 3，$500。因此，若有航班 1 及 3 飛航，利潤為 900 + 800 − 300 − 700 − 500 = $200，說明針對圖 7-25 (極大利潤)＝(所有航班的總收益)−(最小切割的容量)，解釋如何利用這個結果去幫助 Fly-by-Night 極大化利潤 (即使它有上千個可能的航班)。(提示：考慮任何航班 F (航班 1 及 3)。) 考慮對應於匯集點的切割，對應於不在 F 的航班節點，與沒有被 F 所使用的航空站的節點，試證明 (切割的容量)＝(不在 F 的航班收益)＋(被 F 所使用到的航空站的成本)。)

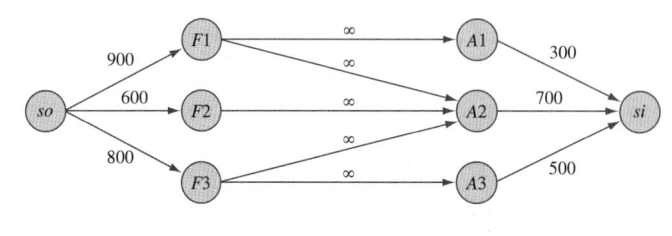

圖 7-25 問題 15 的網路

表 7-11

航班	收益 ($)	使用航空站
1	900	1 及 2
2	600	2
3	800	2 及 3

16. 接下來的四個月，一個建築公司必須完成三個專案。專案 1 必須在三個月內完成且需要八個月的勞工。專案 2 必須在四個內完成且需要十個月的勞工。專案 3 必須在二個內完成且需要十二個月的勞工。每個月，有 8 個工人可用。在每一個月，每一個工作不超過 6 個工人。建立一個最大流量問題可以用來決定是否三個專案可以被準時完成。(提示：若在網路中的最大流量為 30，則所有專案必須準時完成。)

7.4　CPM 及 PERT

網路模式可以用來協助一個極大且複雜的專案 (包含許多活動) 的排程問題。若每一個活動的時間為確定已知，則**要徑法** (critical path method, CPM) 可用來決定完成一個專案所需的時間。CPM 也可以被用來決定每一個在專案內的活動可以被延遲多久而不會延遲整個專案的完成時間。CPM 在 1950 年末期為 DuPont 及 Sperry Rand 的研究學者所發展出來。

若活動的時間為未知的情況下，計畫評核術 (Program Evaluation and Review Technique, PERT) 可以被用來估計專案在一個給定的截止日前完成的機率。PERT 方法是在 1950 年末期由發展中的北極星火箭計畫顧問所發展出來的方法，CPM 及 PERT 方法使得北極星火箭計畫提早二年完成運作。

CPM 及 PERT 方法已經成功地運用到許多實際的問題，其中包含：

1. 例如大樓、高速公路及游泳池的興建專案。
2. 從波特蘭，奧瑞岡搬遷一家有 400 張病床的醫院到郊外的位置。
3. 發展一個太空飛行的降落計畫。
4. 安裝一個新的電腦系統。
5. 設計與行銷一個新的產品。
6. 完成一個公司的併購計畫。
7. 建造一艘船。

為了使用 CPM 及 PERT，我們需要列出一些活動來完成這個專案，這個專案的完成是當所有的活動均已完成。對於每一個活動，會有一些活動的集合 (稱為活動的**前置作業** (predecessors)) 必須在此活動前被完成，一個專案的網路被用來代表每個活動間的關係。在我們的討論中，活動以有方向的弧線來代表，且節點則代表一些活動的完成。(基於這個原因，我們稱在網路上的節點為**事件** (events)。) 這個專案網路的型態稱為 AOA (活動在弧線上 (activity on arc)) 的網路。

為了了解 AOA 網路如何來表示前後關係，假設活動 A 為活動 B 的前置作業，在 AOA 網路中的每一個節點代表完成一個或一些活動。因此，在圖 7-26 的節點 2 代表活動 A 的完成且活動 B 正開始。假設活動 A 及 B 必須在活動 C 開始前完成。在圖 7-27，節點 3 代表活動 A 及 B 完成的事件。圖 7-28 說明活動 A 為活動 B 及 C 的前置作業。

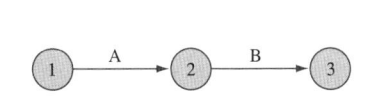

圖 7-26 在活動 B 開始之前，A 活動必須完成

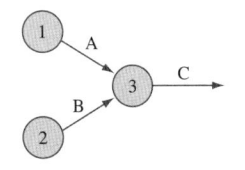

圖 7-27 活動 C 開始之前，活動 A 及 B 必須完成

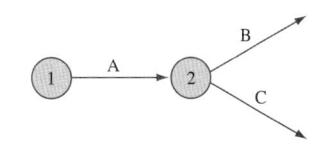

圖 7-28 在活動 B 及 C 開始之前，活動 A 必須完成

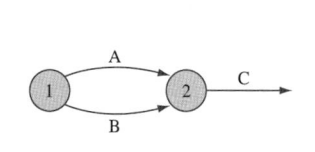

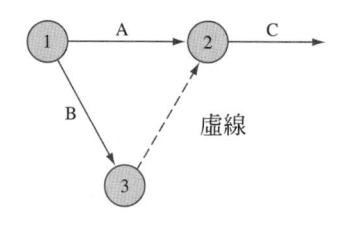

圖 7-29 違反法則 5　　　　　　　**圖 7-30** 利用虛設活動

給定一些活動與前置作業的列表，一個 AOA 的專案表示圖 (稱為**專案網路** (project network) 或**專案圖形** (project diagram)) 可以利用下列法則來建造：

1. 節點 1 代表專案的開始，一個從節點 1 所引出去的弧線代表沒有前置作業的活動。
2. 一個節點 (稱為**完成節點** (finish node)) 代表整個專案的完成。
3. 在網路中，關於給定節點的編號，一個活動完成的節點數字要大於一個活動開始節點的數字 (會有超過一個以上的數字滿足法則 3)。
4. 一個活動不能夠用超過一條弧線來表示。
5. 二個節點至多只有一條弧線來表示。

為了避免違反法則 4 及 5，有時候必須利用到**虛設活動** (dummy activity)，其所花費的時間為 0。例如，假設活動 A 及 B 均為活動 C 的前置作業且可以在同一時間開始。若不考慮法則 5，則我們可以利用圖 7-29 來表示。然而，因為節點 1 及 2 被超過一條以上的弧線連接起來，圖 7-29 違反法則 5。利用一個虛設的活動 (利用虛線代表)，如圖 7-30，我們可以代表 A 及 B 均為 C 的前置作業。圖 7-30 保證活動 C 必須直到 A 及 B 活動完成才能開始，但它並沒有違反法則 5。在本節最後的問題 10 說明如何利用虛設活動來避免違反法則 4。

例題 6 說明一個專案網路的問題。

例題 6　畫一個專案網路

Widgetco 公司將要引進一個新的產品 (產品 3)。一個單位的產品 3 是利用組裝一個單位的產品 1 及一個單位的產品 2 而成。在生產產品 1 或 2 以前，必須先購買原料且工作人員必須先受訓練。在產品 1 及 2 組裝到產品 3 之前，產品 2 的成品必須接受檢驗，活動的列表及其對應的前置作業及每個活動所需時間列在表 7-12，試畫出這個專案的網路圖。

解　　雖然我們只列 C 及 E 為 F 的前置作業，事實上，活動 A、B 及 D 在 F 開始前必須完成。直到 A 及 B 完成前，C 不能夠開始；直到 D 完成前，E 不能夠開始。所以 A、B 及 D 為 F 的前置作業為多餘的。因此，在畫專案網路圖，我們只要考慮每個

第 7 章　網路模式　**399**

表 7-12
Widgetco 公司的前置作業關係及活動的期間

活動	前置作業	期間 (日)
A：訓練員工	—	6
B：購買原料	—	9
C：生產產品 1	A, B	8
D：生產產品 2	A, B	7
E：測試產品 2	D	10
F：組織產品 1 及 2	C, E	12

節點 1 ＝開始節點
節點 6 ＝完工節點

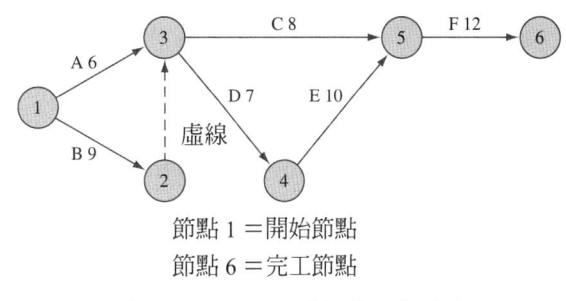

圖 7-31　Widgetco 公司的專案圖形

活動的立即前置作業即可。

　　這個專案的 AOA 網路圖列在圖 7-31。(在每一個弧線上方的數字代表活動所需的天數。) 節點 1 為專案的開始，且節點 6 為完工點代表專案的完成，虛設弧線 (2, 3) 保證法則 5 沒有被違反。

　　CPM 二個主要觀念為最早事件時間 (ET) 及最晚事件時間 (LT)。

定義 ■ 節點 i 的**最早事件時間** (early event time)，以 $ET(i)$ 表示，為第 i 個節點會發生的最早時間。 ■

節點 i 的**最晚事件時間** (late event time)，以 $LT(i)$ 表示，為相對於第 i 個節點最晚會發生的時間，而不會延長專案完成的時間。 ■

計算最早事件時間

　　為了找到專案網路上每一個節點的最早事件時間，我們從節點 1 開始 (代表專案的開始)，$ET(1)=0$。然後再計算 $ET(2)$、$ET(3)$，依此類推，當計算到最後一個節點 ET(完工點) 即停止。為了說明如何計算 $ET(i)$，假設得到專案網路圖的一部份如圖 7-32，我們已經決定 $ET(3)=6$、$ET(4)=8$，且 $ET(5)=10$，為了決定 $ET(6)$，觀察到節點 6 的最早時間為當對應到弧線 (3, 6)、(4, 6) 及 (5, 6) 的一些活動已全部完成。

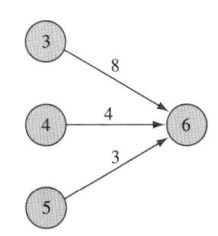

圖 7-32　決定 $ET(6)$

$$ET(6) = \max \begin{cases} ET(3) + 8 = 14 \\ ET(4) + 4 = 12 \\ ET(5) + 3 = 13 \end{cases}$$

因此，節點 6 發生的時間為 14，因此 $ET(6) = 14$。

從這個例子，非常清楚地計算 $ET(i)$ 必須知道一個或多個 $ET(j)$ ($j < i$)，這解釋為什麼我們一開始必須計算前置作業的 ET。通常，若 $ET(1)$、$ET(2)$、…、$ET(i-1)$ 被決定後，我們可以依下列的步驟來計算 $ET(i)$：

步驟 1　找出每一個在節點 i 的前面事件，且有弧線連接到節點 i，這個事件稱為節點 i 的**立即前置作業** (immediate predecessors)。

步驟 2　對於節點 i 的前置作業的 ET 加上連接立即前置作業節點 i 的活動期間。

步驟 3　$ET(i)$ 是在步驟 2 所計算出的和之最大值。

現在我們計算例題 6 的 $ET(i)$。首先，我們找到 $ET(1) = 0$，節點 1 為節點 2 唯一的立即前置作業，所以 $ET(2) = ET(1) + 9 = 9$。節點 3 的立即前置作業為節點 1 及節點 2，因此，

$$ET(3) = \max \begin{cases} ET(1) + 6 = 6 \\ ET(2) + 0 = 9 \end{cases} = 9$$

節點 4 只有一個立即前置作業為節點 3，因此，$ET(4) = ET(3) + 7 = 16$。節點 5 的立即前置作業為節點 3 及 4，因此，

$$ET(5) = \max \begin{cases} ET(3) + 8 = 17 \\ ET(4) + 10 = 26 \end{cases} = 26$$

最後，節點 5 為節點 6 唯一的立即前置作業。因此，$ET(6) = ET(5) + 12 = 38$。因為節點 6 代表整個專案的完成，我們可發現產品 3 的組裝完成最早時間為 38 天。

我們可以證明 $ET(i)$ 為在專案網路上，從節點 1 至節點 i 的最長路徑的長度。

計算最晚事件時間

為了計算 $LT(i)$，我們從完成節點開始且利用逆向 (以數字遞減的順序) 的方法計算到 $LT(1)$。在例題 6，專案可在 38 天內完成，所以我們可得 $LT(6) = 38$。為了說明如何計算其他節點的 $LT(i)$，假設我們進行一個網路問題 (圖 7-33)，其中已經計算出 $LT(5) = 24$，$LT(6) = 26$ 且 $LT(7) = 28$。在這個情況

第 7 章 網路模式　**401**

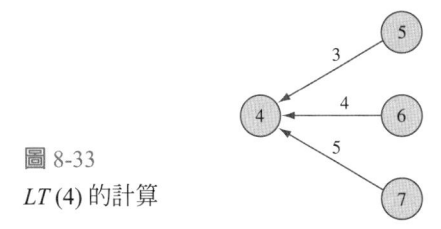

圖 8-33
LT (4) 的計算

下，如何去計算 $LT(4)$？若節點 4 發生的時間在 $LT(5)-3$ 之後，節點 5 的發生將在 $LT(5)$ 之後，因此專案的完成將會延遲。相似地，若節點 4 發生在 $LT(6)-4$ 之後或節點 4 發生在 $LT(7)-5$ 之後，則專案的完成將會延遲。因此，

$$LT(4) = \min \begin{cases} LT(5)-3=21 \\ LT(6)-4=22 \\ LT(7)-5=23 \end{cases} = 21$$

通常，若 $LT(j)$ 已知 (當 $j>i$)，則我們可以利用下列步驟來找 $LT(i)$：

步驟 1　找到在節點 i 之後的每一個節點且利用弧線連接到節點 i，這些事件稱為節點 i 的**立即後續者** (immediate successors)。

步驟 2　從節點 i 的每一個立即後續者的 LT，減掉連接節點 i 的後續者的活動期間。

步驟 3　$LT(i)$ 是在步驟 2 所計算出的差之最小值。

現在，我們計算例題 6 的 $LT(i)$，其中 $LT(6)=38$。因為節點 6 為節點 5 的唯一立即後續者，$LT(5)=LT(6)-12=26$。節點 4 為節點 5 的立即後續者，因此，$LT(4)=LT(5)-10=16$。節點 4 及 5 為節點 3 的立即後續者，因此，

$$LT(3) = \min \begin{cases} LT(4)-7=9 \\ LT(5)-8=18 \end{cases} = 9$$

節點 3 為節點 2 唯一的立即後續者。因此，$LT(2)=LT(3)-0=9$。最後，節點 1 有 2 個立即後續者為節點 2 及 3。因此，

$$LT(1) = \min \begin{cases} LT(3)-6=3 \\ LT(2)-9=0 \end{cases} = 0$$

表 7-13 總結例題 6 的計算值。若 $LT(i)=ET(i)$，節點 i 發生時間延遲將會延長專案的完成時間。例如，$LT(4)=ET(4)$，任何節點 4 發生的時間及延遲將會延遲整個專案的完成時間。

表 7-13　Widgetco 的 ET 及 LT

節點	$ET(i)$	$LT(i)$
1	0	0
2	9	9
3	9	9
4	16	16
5	26	26
6	38	38

總浮時

在專案開始之前，一個活動的期間未知，用來建立專案網路的每個活動的期間為活動完成時間的估計值。每個活動浮時的觀念可以用來測量該活動在不延長專業完成時間下的重要程度。

定義 ■ 對於任何活動 (i, j)，**總浮時** (total float) 表示在不延遲計畫完成的前提下，該活動 (i, j) 的開始時間所能延遲超過最早可能開始時間的數量，以 $TF(i, j)$ 表示。 ■

相同地，一個活動的總浮時為在不會影響到整個專案完成的前提下，該活動可以增加的期間量。

若定義 t_{ij} 代表活動 (i, j) 的期間，則 $TF(i, j)$ 可以很簡單地以 $LT(j)$ 與 $ET(i)$ 表示。因為活動 (i, j) 從節點 i 開始，若發生在節點 i 或活動 (i, j) 的期間延遲 k 個時間單位，則活動 (i, j) 可以在時間 $ET(i) + k + t_{ij}$ 完成。因此，整個專案的完成時間不會被延遲，若

$$ET(i) + k + t_{ij} \leq LT(j) \quad 或 \quad k \leq LT(j) - ET(i) - t_{ij}$$

因此，

$$TF(i, j) = LT(j) - ET(i) - t_{ij}$$

從例題 6，$TF(i, j)$ 如下：

活動 B:　$TF(1, 2) = LT(2) - ET(1) - 9 = 0$
活動 A:　$TF(1, 3) = LT(3) - ET(1) - 6 = 3$
活動 D:　$TF(3, 4) = LT(4) - ET(3) - 7 = 0$
活動 C:　$TF(3, 5) = LT(5) - ET(3) - 8 = 9$
活動 E:　$TF(4, 5) = LT(5) - ET(4) - 10 = 0$
活動 F:　$TF(5, 6) = LT(6) - ET(5) - 12 = 0$
虛設活動:　$TF(2, 3) = LT(3) - ET(2) - 0 = 0$

找尋要徑

若某一個活動有總浮時為 0，則此活動的開始時間往後延遲 (或活動的期間) 會延遲整個專案的完成時間。事實上，增加此活動的期間 Δ 天將會增加專案的完成時間 Δ 天，這個活動對於專案要準時完成相當地重要。

定義 ■ 一個擁有總浮時為 0 的活動稱為**重要的活動** (critical activity)。 ■
一個從節點 1 至最後節點的路徑包含全部的重要活動，稱為**要徑** (critical path)。 ■

在圖 7-31，活動 B、D、E、F 及虛設活動均為重要的活動且路徑 1 － 2 － 3 － 4 － 5 － 6 為要徑 (在一個網路問題，有可能超過一個以上的要徑)。在任何一個專案網路裡，一條要徑即為從開始節點至結束節點的路徑中最長者 (參考 7.5 節問題 2)。

一個重要的活動的期間延遲將會延遲專案完成的時間，所以必須對這些重要的活動的完成嚴格監控。

自由浮時

如前所見，一個活動的總浮時可以用來測量每一個活動期間的彈性。例如，活動 A 可以比原來規劃 6 天多 3 天不會延遲專案完成的時間，另一個測量活動期間的彈性為自由浮時。

定義 ■ 對應於弧線 (i, j) 活動的**自由浮時** (free float)，是在不延遲任何下一個活動開始下，對應於弧線 (i, j) 的活動可以將其延後於其最早可能開始時間所能延遲開始時間的數量，以 $FF(i, j)$ 表示。 ■

假設節點 i 發生的時間，或活動 (i, j) 的期間，可以延遲 k 個單位，然後節點 j 最早發生時間為 $ET(i) + t_{ij} + k$。因此，若 $ET(i) + t_{ij} + k \leq ET(j)$，或 $k \leq ET(j) - ET(i) - t_{ij}$，則節點 j 不會被延遲。若節點 j 個沒有延遲，則沒有任何活動會延遲超過它們的最早可能時間。因此，

$$FF(i, j) = ET(j) - ET(i) - t_{ij}$$

針對例題 6，$FF(i, j)$ 可由下計算而得：

活動 B:　　$FF(1, 2) = 9 - 0 - 9 = 0$
活動 A:　　$FF(1, 3) = 9 - 0 - 6 = 3$
活動 D:　　$FF(3, 4) = 16 - 9 - 7 = 0$
活動 C:　　$FF(3, 5) = 26 - 9 - 8 = 9$
活動 E:　　$FF(4, 5) = 26 - 16 - 10 = 0$
活動 F:　　$FF(5, 6) = 38 - 26 - 12 = 0$

例如，因為活動 C 的自由浮時為 9 天，活動 C 開始延遲 (或節點 3 的開始時間延遲) 或活動 C 的期間延遲超過 9 天將會影響到某些後面活動的開始時間 (本例中，活動 F)。

利用線性規劃找要徑

雖然前面所描述的方法對於在找一個專案網路的要徑，能夠在電腦上很容易地寫成程式，另外，線性規劃方法也可以用來決定一個要徑的長度。定義：

$$x_j：對應於節點 j 發生的時間$$

對於活動 (i, j)，我們知道節點 j 發生之前，節點 i 必須先發生且活動 (i, j) 必須先被完成，這代表對於在專案網路的符號 (i, j)，$x_j \geq x_i + t_{ij}$。令 F 為代表專案完成的節點，我們的目標為極小化完成專案的時間，所以我們使用目標函數 $z = x_F - x_1$。

為了說明利用線性規劃找出要徑的長度，我們利用前面的方法到例題 6，對應的 LP 模式為

$$\begin{align}
\min z = &\, x_6 - x_1 & \text{(弧線 (1, 3) 條件)}\\
\text{s.t.} \quad & x_3 \geq x_1 + 6 & \text{(弧線 (1, 2) 條件)}\\
& x_2 \geq x_1 + 9 & \text{(弧線 (3, 5) 條件)}\\
& x_5 \geq x_3 + 8 & \text{(弧線 (3, 4) 條件)}\\
& x_4 \geq x_3 + 7 & \text{(弧線 (4, 5) 條件)}\\
& x_5 \geq x_4 + 10 & \text{(弧線 (5, 6) 條件)}\\
& x_6 \geq x_5 + 12 & \text{(弧線 (3, 3) 條件)}\\
& x_3 \geq x_2
\end{align}$$

所有變數都是 urs

這個 LP 的最佳解為 $z = 38$，$x_1 = 0$，$x_2 = 9$，$x_3 = 9$，$x_4 = 16$，$x_5 = 26$ 及 $x_6 = 38$，這表示這個專案能在 38 天完成。

這個 LP 有多個多重最佳解。一般而言，x_i 的值在任何最佳解均可假設在 $ET(i)$ 及 $LT(i)$ 之間，這個 LP 的所有最佳解均顯示出任何要徑的長度為 38 天。

在這個專案網路的要徑包含從起始節點至最後節點，其中在此路徑中所對應的每一個弧線，其對偶價格為 -1。從在圖 7-34 的 LINDO 輸出中，我們可發現 $1-2-3-4-5-6$ 為要徑，針對每一個條件的對偶價格 -1，增加該活動的天數 Δ 天，將會延遲專案的期間 Δ 天。例如，活動 B 的期間增加 Δ 天，將會增加專案期間 Δ 天，這裡是假設目前基底保持最佳。

```
       MIN    X6 - X1
      SUBJECT TO
          2) - X1 + X3 >=  6
          3) - X1 + X2 >=  9
          4) - X3 + X5 >=  8
          5) - X3 + X4 >=  7
          6)   X5 - X4 >= 10
          7)   X6 - X5 >= 12
          8)   X3 - X2 >=  0
       END


           LP OPTIMUM FOUND AT STEP      7

               OBJECTIVE FUNCTION VALUE

        1)        38.0000000

       VARIABLE        VALUE         REDUCED COST
           X6         38.000000         0.000000
           X1          0.000000         0.000000
           X3          9.000000         0.000000
           X2          9.000000         0.000000
           X5         26.000000         0.000000
           X4         16.000000         0.000000

         ROW     SLACK OR SURPLUS    DUAL PRICES
          2)         3.000000         0.000000
          3)         0.000000        -1.000000
          4)         9.000000         0.000000
          5)         0.000000        -1.000000
          6)         0.000000        -1.000000
          7)         0.000000        -1.000000
          8)         0.000000        -1.000000

       NO. ITERATIONS=       7

         RANGES IN WHICH THE BASIS IS UNCHANGED

                           OBJ COEFFICIENT RANGES
       VARIABLE       CURRENT       ALLOWABLE      ALLOWABLE
                       COEF         INCREASE       DECREASE
           X6        1.000000       INFINITY       0.000000
           X1       -1.000000       INFINITY       0.000000
           X3        1.000000       INFINITY       0.000000
           X2        1.000000       INFINITY       0.000000
           X5        1.000000       INFINITY       0.000000
           X4        1.000000       INFINITY       0.000000

                           RIGHTHAND SIDE RANGES
         ROW         CURRENT       ALLOWABLE      ALLOWABLE
                       RHS         INCREASE       DECREASE
           2        6.000000       3.000000       INFINITY
           3        9.000000       INFINITY       3.000000
           4        8.000000       9.000000       INFINITY
           5        7.000000       INFINITY       9.000000
           6       10.000000       INFINITY       9.000000
           7       12.000000       INFINITY      38.000000
           8        0.000000       INFINITY       3.000000
```

圖 7-34　Widgetco 公司的 LINDO 輸出

壓縮專案

　　在許多情況，專案經理需要在小於一個要徑的時間長度完成某項專案。例如，假設 Widgetco 相信產品 3 必須在對手產品上市前，先上市銷售，才會有成功的機會。 Widgetco 知道競爭對手的產品會在現在起 26 天上市，所以

表 7-14

A	B	C	D	E	F
$10	$20	$3	$30	$40	$50

Widgetco 必須在 25 天內上市產品 3。因為例題 6 的要徑長度為 38 天，Widgetco 公司將利用額外的資源來達到 25 天的專案截止時間。在此情況下，線性規劃可以用來決定分配資源以極小化達到專案截止時間的成本。

假設分配額外的資源到某一活動，Widgetco 可以減少活動的期間至多 5 天，降低某一活動期間一天的成本列在表 7-14。為了找到在 25 天的截止時間完成專案的極小成本，定義變數 A、B、C、D、E 及 F 如下：

$A = A$ 活動期間降低的天數。
$\vdots$ $\vdots$
$F = F$ 活動期間降低的天數。
$x_j = $ 節點 j 發生的事件時間。

則 Widgetco 公司必須解下列 LP：

$$\min z = 10A + 20B + 3C + 30D + 40E + 50F$$

s.t. $A \leq 5$
$B \leq 5$
$C \leq 5$
$D \leq 5$
$E \leq 5$
$F \leq 5$
$x_2 \geq x_1 + 9 - B$ (弧線 (1, 2) 條件)
$x_3 \geq x_1 + 6 - A$ (弧線 (1, 3) 條件)
$x_5 \geq x_3 + 8 - C$ (弧線 (3, 5) 條件)
$x_4 \geq x_3 + 7 - D$ (弧線 (3, 4) 條件)
$x_5 \geq x_4 + 10 - E$ (弧線 (4, 5) 條件)
$x_6 \geq x_5 + 12 - F$ (弧線 (5, 6) 條件)
$x_3 \geq x_2 + 0$ (弧線 (2, 3) 條件)
$x_6 - x_1 \leq 25$

$A, B, C, D, E, F \geq 0$, $x_j$urs

前面六個條件說明每個活動期間可以降低至多 5 天，如前所述，接下來的七個條件，保證在節點 i 之後及活動 (i, j) 必須完成後，節點 j 才會發生。例如，活動 B (弧線 (1, 2)) 現在有期間 $9 - B$。因此，我們需要條件 $x_2 \geq x_1 + (9 - B)$。條件 $x_6 - x_1 \leq 25$ 保證專案的完成必須在 25 天內完成。這個目標函數為降低活動期間所造成的總成本。這個 LP 的最佳解為 $z = \$390$，$x_1 = 0$，

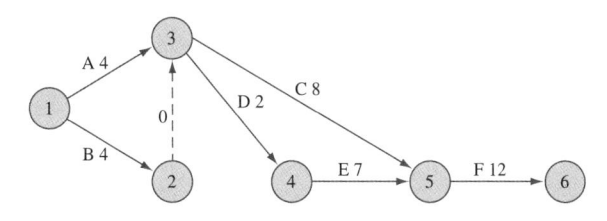

圖 7-35 經過趕工的活動期間

$x_2 = 4$，$x_3 = 4$，$x_4 = 6$，$x_5 = 13$，$x_6 = 25$，$A = 2$，$B = 5$，$C = 0$，$D = 5$，$E = 3$，$F = 0$。經過降低活動 B、A、D 及 E 的活動期間，我們得到圖 7-35 的專案網路圖。讀者可以檢查 A、B、D、E 及 F 為重要的活動且 $1-2-3-4-5-6$ 及 $1-3-4-5-6$ 均為要徑 (每一條路徑長度為 25)。因此，專案的截止時間為 25 可以以成本 \$390 達到。

利用 LINGO 決定要徑

許多電腦套裝軟體 (利用 Microsoft Project) 能夠讓讀者去決定要徑及在專案網路中的重要活動。我們也可以利用 LINDO 來找出要徑及重要的活動，但 LINGO 可以簡單地利用電腦得到必要的訊息。下面的 LINGO 程式 (Widget1.lng 檔) 可以產生目標函數及條件，經由線性規劃找到例題 6 的專案網路要徑。

```
MODEL:
 1]SETS:
 2]NODES/1..6/:TIME;
 3]ARCS(NODES,NODES)/
 4]1,2  1,3  2,3  3,4  3,5  4,5   5,6/:DUR;
 5]ENDSETS
 6]MIN=TIME(6)-TIME(1);
 7]@FOR(ARCS(I,J):TIME(J)>TIME(I)+DUR(I,J));
 8]DATA:
 9]DUR=9,6,0,7,8,10,12;
10]ENDDATA
END
```

第 1 行開始程式的 SETS 部份。在第 2 行，我們定義專案中六個節點及對應每個節點所發生的事件時間。例如，TIME(3) 代表活動 A 與 B 已經完成的時間。在第 3 行，我們產生專案中的弧線 (以空格將它們分開)。例如，弧線 (3, 4) 代表活動 D。在第 4 行，我們給每條弧線一個活動的期間 (DUR)。第 5 行結束這個程式的 SETS 部份。

第 6 行定義目標函數，在達到給定時間下，完成專業的最少時間。針對第 3 行定義的弧線，第 7 行產生一個條件，相似於 $x_j \geq x_i + t_{ij}$。

第 8 行開始程式的 DATA 部份。在第 9 行，我們列出每一個活動的期間。第 10 行結束資料元素且利用 **END** 敘述來結束程式。這個 LINGO 模式的輸出結果列在圖 7-36，對應於條件有 -1 的對偶價格，我們可以找出要徑 1

408 作業研究 I

```
MIN     -ET(1 + ET(6
SUBJECT TO
2) - ET(1 + ET(2 >=   9
3) - ET(1 + ET(3 >=   6
4) - ET(2 + ET(3 >=   0
5) - ET(3 + ET(4 >=   7
6) - ET(3 + ET(5 >=   8
7) - ET(4 + ET(5 >=  10
8) - ET(5 + ET(6 >=  12
END

LP OPTIMUM FOUND AT STEP        6
OBJECTIVE VALUE =    38.0000000

            VARIABLE         VALUE         REDUCED COST
              ET( 1)      0.0000000E+00    0.0000000E+00
              ET( 2)      9.000000         0.0000000E+00
              ET( 3)      9.000000         0.0000000E+00
              ET( 4)     16.00000          0.0000000E+00
              ET( 5)     26.00000          0.0000000E+00
              ET( 6)     38.00000          0.0000000E+00
           DUR( 1, 2)     9.000000         0.0000000E+00
           DUR( 1, 3)     6.000000         0.0000000E+00
           DUR( 2, 3)     0.0000000E+00    0.0000000E+00
           DUR( 3, 4)     7.000000         0.0000000E+00
           DUR( 3, 5)     8.000000         0.0000000E+00
           DUR( 4, 5)    10.00000          0.0000000E+00
           DUR( 5, 6)    12.00000          0.0000000E+00

               ROW    SLACK OR SURPLUS    DUAL PRICE
                1       38.00000           1.000000
                2        0.0000000E+00    -1.000000
                3        3.000000          0.0000000E+00
                4        0.0000000E+00    -1.000000
                5        0.0000000E+00    -1.000000
                6        9.000000          0.0000000E+00
                7        0.0000000E+00    -1.000000
                8        0.0000000E+00    -1.000000
```

圖 7-36

－2－3－4－5－6。

為了找任何一個網路的要徑，我們必須先在程式中列下節點、弧線及活動的期間。然後利用第 6 行修正目標函數去反應在網路中節點的個數。例如，若在專案網路中有 10 個節點，我們可以改變第 6 列為 **MIN = TIME (10) － TIME (1)**。

在下面 LINGO 程式 (Widget2.lng 檔) 可以讓使用者決定例題 6 的要徑及每個節點的總浮時，而不需使用線性規劃。

```
MODEL:
 1]MODEL:
 2]SETS:
 3]NODES/1..6/:ET,LT;
 4]ARCS(NODES,NODES)/1,2  1,3  2,3  3,4  3,5  4,5  5,6/:DUR,TFLOAT;
 5]ENDSETS
 6]DATA:
 7]DUR = 9,6,0,7,8,10,12;
 8]ENDDATA
 9]ET(1)=0;
10]@FOR(NODES(J) | J#GT#1:
11]ET(J) = @MAX(ARCS(I,J): ET(I)+DUR(I,J)););
12]LNODE=@SIZE(NODES);
13]LT(LNODE) = ET(LNODE);
14]@FOR(NODES(I) | I#LT#LNODE:
15]LT(I) = @MIN(ARCS(I,J): LT(J) - DUR(I,J)););
16]@FOR(ARCS(I,J):TFLOAT(I,J)=LT(J)-ET(I)-DUR(I,J));
END
```

在第 3 行，我們定義專案網路的節點及其所對應每個節點的最早事件時間 (ET) 及最晚事件時間 (LT)。在第 4 行，我們定義專案網路的弧線。針對每一個弧線，均跟隨一個活動期間及每個活動的總浮時。在第 7 行，我們輸入每個活動的期間。

為了計算每個節點的 ET(J)，我們在第 9 行設 ET(1) = 0。在第 10 − 11 行，計算所有節點的 ET(J)。針對 J > 1，在網路中，所有 (I, J) 弧線 ET(J) 為 ET(I) + DUR(I, J) 的最大值，利用 @**SIZE** 函數，使得所有元素的數字均回到集合中。在第 12 行，我們確定在網路中的結束節點。因此，第 12 行定義節點 6 為最後一點。在第 13 行，我們設 LT(6) = ET(6)。第 14 − 15 行從節點 6 利用逆向法計算回節點 1 而得 LT(I)。對於除了最後節點 6 之外的節點 I，LT(I) 為 LT(J) − DUR(I, J) 的最小值，此最小值的取法適用在網路專案中所有弧線 (I, J)。

最後，第 16 行計算每一個活動 (I, J) 的總浮時從活動 (I, J) 總浮時 = LT(節點 J) − ET(節點 I) − 期間 (I, J)，所有有總浮時為 0 的活動稱為重要的活動。

在輸入節點、弧線及活動期間之後，我們可以利用這個程式去分析任何一個專案網路問題 (不需要改變第 9 至 16 行的任一行)。我們亦可很簡單地寫一個 LINGO 程式來決定網路中的趕工問題 (參考問題 14)。

計畫評核術

在 CPM 方法中，假設每一個活動的期間是確定已知的，對於許多的專案，這明顯地是不可行的。PERT 就是嘗試修正 CPM 的缺點，透過每個活動期間為隨機變數。對於每一個活動，PERT 需要專案經理估計下列三個量：

a = 在最好的情況下，活動期間的估計值。
b = 在最差的情況下，活動期間的估計值。
m = 每一個活動期間最有可能的值。

令 T_{ij} 代表活動 (i, j) 的期間。PERT 需要假設 T_{ij} 為 beta 分配的變數。我們並不需要精確的 beta 分配定義，但能了解它可近似一個非常大範圍的隨機變數。重要的是我們要了解此分配可適用於正偏、負偏及對稱的隨機變數。若 T_{ij} 為 beta 分配，則可以證明 T_{ij} 的平均數及變異數近似於

$$E(\mathbf{T}_{ij}) = \frac{a + 4m + b}{6} \tag{4}$$

$$\text{var}\mathbf{T}_{ij} = \frac{(b-a)^2}{36} \tag{5}$$

PERT 需要假設所有活動的期間為獨立，則在專案網路中的任一條路徑，在此路徑上完成活動所需時間的平均數及變異數為

$$\sum_{(i,j)\in\text{路徑}} E(\mathbf{T}_{ij}) = \text{在任何路徑上的期望活動時間} \tag{6}$$

$$\sum_{(i,j)\in\text{路徑}} \text{var}\mathbf{T}_{ij} = \text{在任何路徑上活動期間的變異數} \tag{7}$$

令 **CP** 代表利用 CPM 找出路徑總活動期間的隨機變數，PERT 假設利用 CPM 所找出的要徑包含足夠的活動讓我們可以利用中央極限定理且

$$\mathbf{CP} = \sum_{(i,j)\in\text{要徑}} \mathbf{T}_{ij}$$

為常態分配。在這個假設下，式 (4)-(7) 可以用來回答在給定一個截止時間，專案完成的機率。例如，假設在例題 6 中，每個活動的 a、b 及 m 列在表 7-15。現在由式 (4) 及 (5) 可得

$$E(\mathbf{T}_{12}) = \frac{\{5+13+36\}}{6} = 9 \qquad \text{var}\mathbf{T}_{12} = \frac{(13-5)^2}{36} = 1.78$$

$$E(\mathbf{T}_{13}) = \frac{\{2+10+24\}}{6} = 6 \qquad \text{var}\mathbf{T}_{13} = \frac{(10-2)^2}{36} = 1.78$$

$$E(\mathbf{T}_{35}) = \frac{\{3+13+32\}}{6} = 8 \qquad \text{var}\mathbf{T}_{35} = \frac{(13-3)^2}{36} = 2.78$$

$$E(\mathbf{T}_{34}) = \frac{\{1+13+28\}}{6} = 7 \qquad \text{var}\mathbf{T}_{34} = \frac{(13-1)^2}{36} = 4$$

$$E(\mathbf{T}_{45}) = \frac{\{8+12+40\}}{6} = 10 \qquad \text{var}\mathbf{T}_{45} = \frac{(12-8)^2}{36} = 0.44$$

$$E(\mathbf{T}_{56}) = \frac{\{9+15+48\}}{6} = 12 \qquad \text{var}\mathbf{T}_{56} = \frac{(15-9)^2}{36} = 1$$

當然，弧線 (2, 3) 為虛設的弧線，可得

$$E(\mathbf{T}_{23}) = \text{var }\mathbf{T}_{23} = 0$$

表 7-15　Widgetco 活動的 a、b 及 m

活動	a	b	m
(1, 2)	5	13	9
(1, 3)	2	10	6
(3, 5)	3	13	8
(3, 4)	1	13	7
(4, 5)	8	12	10
(5, 6)	9	15	12

在例題 6 中的要徑為 1 − 2 − 3 − 4 − 5 − 6。從 (6) 及 (7) 式，

$$E(\mathbf{CP}) = 9 + 0 + 7 + 10 + 12 = 38$$
$$\text{var}\mathbf{CP} = 1.78 + 0 + 4 + 0.44 + 1 = 7.22$$

因此，**CP** 的標準差為 $(7.22)^{1/2} = 2.69$。

利用 **CP** 假設為常態分配，我們可以回答以下問題：這個專案在 35 天內完成的機率有多少？為了回答這個問題，我們可以再做下列假設：不管每個活動的期間變成什麼值，$1 − 2 − 3 − 4 − 5 − 6$ 均為要徑。這個假設可推導得專案在 35 天內完成的機率為 $P(\mathbf{CP} \leq 35)$。標準化及利用 **CP** 為常態分配的假設下，我們發現 **Z** 為標準常態分配，其平均值為 0 及變異數為 1。常態分配隨機變數的累積分配函數列在表 7-16。例如，$P(\mathbf{Z} \leq -1) = 0.1587$ 且 $P(\mathbf{Z} \leq 2) = 0.9772$。因此，

$$P(\mathbf{CP} \leq 35) = P\left(\frac{\mathbf{CP} - 38}{2.69} \leq \frac{35 - 38}{2.69}\right) = P(\mathbf{Z} \leq -1.12) = 0.13$$

其中 $F(-1.12) = 0.13$ 可以由 Excel 的 NORMSDIST 求得，輸入公式＝NORMSDIST(X) 可得在標準常態隨機變數平均值為 0 及標準差為 1 下，小於或等於 x 的機率，例如＝NORMSDIST (-1.12) 可得 0.1313。

PERT 的困難點

在 PERT 中有許多困難：

1. 假設活動期間為獨立，很難被證實。
2. 活動期間不見得為 beta 分配。
3. 假設利用 CPM 所找出來的要徑通常為專案的要徑，很難被證實。

最後一個困難點最為嚴重。例如，在例題 6 的分析中，我們假設 $1 − 2 − 3 − 4 − 5 − 6$ 為要徑。若活動 A 明顯地延遲且活動 B 超前完成，則要徑可能變成 $1 − 3 − 4 − 5 − 6$。

這裡有一個更完整的例子來說明利用 CPM 所找到的要徑未必決定完成專案的路徑 (因為活動的期間未知)。考慮以圖 7-37 的簡單專案網路圖。假設在表 7-16 的每個活動，a、b、m 發生的機率平均為 $\frac{1}{3}$，若利用 CPM，則我們可得圖 7-38 (利用每個活動的期望值當作活動的期間)。針對這個網路，要徑為 $1 − 2 − 4$。然而，事實上，要徑為 $1 − 3 − 4$。例如，若活動 B 為樂觀期間 (6 天) 發生而所有其他活動期間為 m，則 $1 − 3 − 4$ 即為網路中的要徑。若我們假設四個活動的期間均為獨立的隨機變數，則利用基本的機率 (參

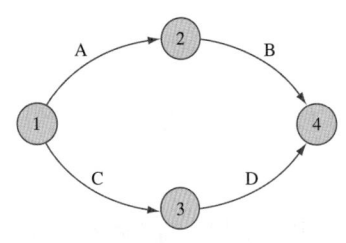

圖 7-37
說明 PERT 困難點的專案網路圖

表 7-16

活動	a	b	m
A	1	9	5
B	6	14	10
C	5	7	6
D	7	9	8

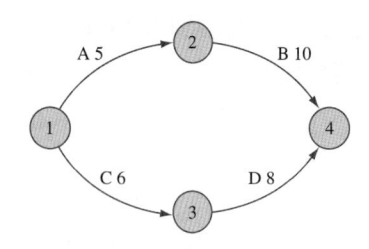

圖 7-38　若每個活動的期間等於 m，利用網路來決定要徑

表 7-17
每條弧線在要徑上的機率

活動	機率
A	$\frac{17}{27}$
B	$\frac{17}{27}$
C	$\frac{12}{27}$
D	$\frac{12}{27}$

考本節末問題 11)，可證明 1－3－4 的機率為 $\frac{10}{27}$，1－2－4 為要徑的機率為 $\frac{15}{27}$，而 1－2－4 及 1－3－4 同時為要徑的機率為 $\frac{2}{27}$。這個例子說明我們必須小心指定一個活動為重要的活動。在這種情況下，每個活動為真正的重要活動的機率列在表 7-17。

當活動的期間不確定時，最好的方法是利用在 Excel 內的蒙地卡羅模擬法來分析一個專案。利用在 Excel 中的 @Risk 來執行蒙地卡羅模擬。利用 @Risk，我們可以簡單地決定一個專案可準時地被完成的機率及決定每個活動為重要活動的機率。

問　題

問題組 A

1. 圖 7-39 為專案網路的一部份，會發生什麼問題？
2. 一家公司正計畫生產一個產品，此產品包含三個部份 (A、B 及 C)。公司預計需要 5 週來設計這三個部份，並決定這三個部份組裝成最後產品的方法。然後，公司估計需要 4 週生產 A 部份、5 週生產 B 部份及 3 週生產 C 部份。公司必須在完成 A 後測試 (需要 2 週)。組裝線將以下列方式生產：組裝 A 及 B 部份 (2 週)，然後再組合 C 部份 (1 週)，然後，最後的產品必須進行 1 週的測試，畫出專案網路圖並決定每一個活動的浮時及自由浮時，然後，建立一個 LP 能夠找出要徑。

第 7 章　網路模式　413

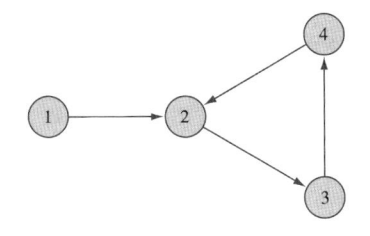

圖 7-39　問題 1 的網路圖

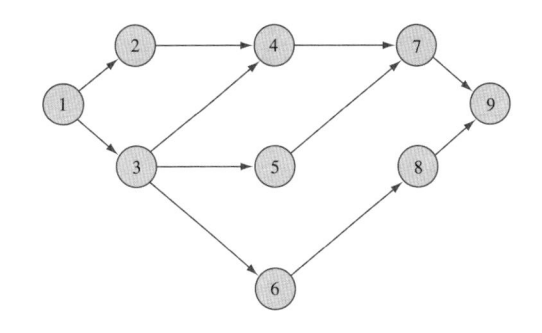

圖 7-40　問題 3 的網路

當我們要決定問題 3 及 4 的要徑時，假設 m ＝活動期間。

3. 考慮圖 7-40 的專案網路圖。針對每一個活動，你已經估計出 a、b 及 m 的值在表 7-18。決定這個網路的要徑，每一個活動的總浮時，每一個活動的自由浮時，及在 40 天內完成專案的機率，然後建立一個 LP 可以用來找要徑。

4. 在 Indianapolis 舉辦音樂會的發起人必須完成如表 7-19 中的任務 (所有期間為天) 後，才能舉行這次音樂會。
   a. 試繪出該計畫網路。
   b. 確定要徑。
   c. 如果發起人要有 99% 的機會在 6 月 30 日前完成所有工作的準備，則尋找音樂會場地在什麼時候開始？
   d. 試建立此問題的 LP，可以用來找出專案的要徑。

5. 考慮一個建造房子的活動與前置作業 (表 7-20)。
   a. 畫一個專案網路，決定要徑，找出每個活動的總浮時，及每個活動的自由浮時。
   b. 假設要多加一位勞工，每一個活動的期間可以被降低。減少每一個活動期間一天的單位成本列在表 7-21，寫下 LP 求解在 20 天內完成專案的最小總成本。

6. 水平電纜有限公司打算要擴展在 Smalltown 的有線電視節目，節目包含 MTV 及其他激烈的頻帶，活動列在表 7-22 必須在推廣服務完成前要完成。

表 7-18

活動	a	b	m
(1, 2)	4	8	6
(1, 3)	2	8	4
(2, 4)	1	7	3
(3, 4)	6	12	9
(3, 5)	5	15	10
(3, 6)	7	18	12
(4, 7)	5	12	9
(5, 7)	1	3	2
(6, 8)	2	6	3
(7, 9)	10	20	15
(8, 9)	6	11	9

表 7-19

活動	內容	立即前置作業	a	b	m
A	找場地	—	2	4	3
B	找工程人員	A	1	3	2
C	租場地	A	2	10	6
D	設置收音機及電影廣告	C	1	3	2
E	設售票點	A	1	5	3
F	安裝音響設備	B	2	4	3
G	印刷廣告	C	3	7	5
H	安排運輸工具	C	0.5	1.5	1
I	預演	F, H	1	2	1.5
J	開幕前細推	I	1	3	2

表 7-20

活動	內容	立即前置作業	期間(天)
A	打基底	—	5
B	起牆及天花板	A	8
C	蓋屋頂	B	10
D	佈電線	B	5
E	安裝窗戶	B	4
F	裝壁板	E	6
G	油漆房子	C, F	3

表 7-21

活動	活動期限每縮短一天的費用($)	活動期限最大可能縮短天數
基底	30	2
牆和天花板	15	3
屋頂	20	1
電線	40	2
窗	20	2
壁板	30	3
油漆	40	1

表 7-22

活動	內容	立即前置作業	期間(天)
A	選擇電台	—	2
B	向鎮議會申請批准擴大服務	A	4
C	訂購擴大服務需要的轉換器	B	3
D	安裝接收新電台的反射器	B	2
E	安裝轉換器	C, D	10
F	改變記帳系統	B	4

表 7-23

活動	內容	立即前置作業	期間(天)
A	決定實施項目	—	3
B	估計查帳風險和具體情況	A	6
C	查明業務類型和可能錯誤	A	14
D	制度規定	C	8
E	制度規定的檢驗	D	4
F	內部控管評估	B,E	8
G	查帳方法的設計	F	9

    a. 畫一個專案網路圖，決定要徑，找出每一個活動的總浮時，及每一個活動的自由浮時。
    b. 設置一個 LP 能夠找出專案的要徑。

7. 當一家會計公司稽核一家公司，稽核的第一個階段包含要獲得"商業的知識"，在這個稽核的階段需要的活動列在表 7-23。
    a. 畫這個專案的網路並決定這個網路的要徑，每一個活動的總浮時，及每一個活動的自由浮時。然後，建立一個 LP 能夠用來決定每個專案的要徑。
    b. 假設專案必須在 30 天內完成，每個活動減少所造成的成本列在表 7-24，建立一個 LP 能夠用來決定達到專案截止時間的最小成本。

8. 圖 7-41 的 LINDO 輸出可以用來決定問題 5 的要徑，利用這個輸出來決定下列問題：
    a. 畫出專案圖形。
    b. 決定要徑的長度及這個專案的重要活動。

9. 解釋為什麼一個活動的自由浮時不會超過活動的總浮時。

10. 一個專案的完成當活動 A-E 全部完成，每一個活動的前置作業列在表 7-25。畫出合適的專案圖形。(提示：不要違反規則 4。)

11. 在圖 7-37，決定 1 — 2 — 4 及 1 — 3 — 4 為要徑的機率。

12. 試為表 7-26 的資料，**(a)** 畫一個合適的專案網路，及 **(b)** 找出要徑。

```
MIN     X6 - X1
SUBJECT TO
       2) - X1 + X2 >=    5
       3) - X2 + X3 >=    8
       4) - X3 + X4 >=    4
       5) - X3 + X5 >=   10
       6) - X4 + X5 >=    6
       7)   X6 - X3 >=    5
       8)   X6 - X5 >=    3
END

        LP OPTIMUM FOUND   AT STEP      6

                OBJECTIVE FUNCTION VALUE

        1)        26.0000000

   VARIABLE         VALUE          REDUCED COST
        X6         26.000000          0.000000
        X1          0.000000          0.000000
        X2          5.000000          0.000000
        X3         13.000000          0.000000
        X4         17.000000          0.000000
        X5         23.000000          0.000000

       ROW     SLACK OR SURPLUS     DUAL PRICES
        2)         0.000000         -1.000000
        3)         0.000000         -1.000000
        4)         0.000000         -1.000000
        5)         0.000000          0.000000
        6)         0.000000         -1.000000
        7)         8.000000          0.000000
        8)         0.000000         -1.000000

    NO. ITERATIONS=      6

 RANGES IN WHICH THE BASIS IS UNCHANGED

                    OBJ COEFFICIENT RANGES
 VARIABLE       CURRENT      ALLOWABLE      ALLOWABLE
                 COEF        INCREASE       DECREASE
       X6      1.000000      INFINITY       0.000000
       X1     -1.000000      INFINITY       0.000000
       X2      0.000000      INFINITY       0.000000
       X3      0.000000      INFINITY       0.000000
       X4      0.000000      INFINITY       0.000000
       X5      0.000000      INFINITY       0.000000

                    RIGHTHAND SIDE RANGES
     ROW       CURRENT       ALLOWABLE      ALLOWABLE
                RHS          INCREASE       DECREASE
        2     5.000000       INFINITY       5.000000
        3     8.000000       INFINITY      13.000000
        4     4.000000       0.000000       8.000000
        5    10.000000       INFINITY       0.000000
        6     6.000000       0.000000       8.000000
        7     5.000000       8.000000       INFINITY
        8     3.000000       INFINITY       8.000000
```

圖 7-41　問題 8 的 LINDO 輸出

表 7-24

活動	每縮短活動一天的成本 ($)	活動期限允許縮短的最多天數 (天)
A	100	3
B	80	4
C	60	5
D	70	2
E	30	4
F	20	4
G	50	4

表 7-25

活動	前置作業
A	—
B	A
C	A
D	B
E	B, C

表 7-26

活動	立即前置作業	期間 (天數)
A	—	3
B	—	3
C	—	1
D	A, B	3
E	A, B	3
F	B, C	2
G	D, E	4
H	E	3

13. 政府想要在德州的奧斯汀建造一部高速電腦。當電腦設計後 (D)，我們可以選擇真正的位置 (S)、建造的合約 (C) 及操作的人 (P)。當位置選擇後，我們可以開始設立建築物 (B)，我們可以開始生產電腦 (COM) 及在契約選擇之後，可以開始準備操作手冊 (M)。當操作手冊及個人選擇完成後，我們可以開始訓練電腦操作員 (T)，當電腦及大樓完成後，電腦就可以開始安

圖 7-42

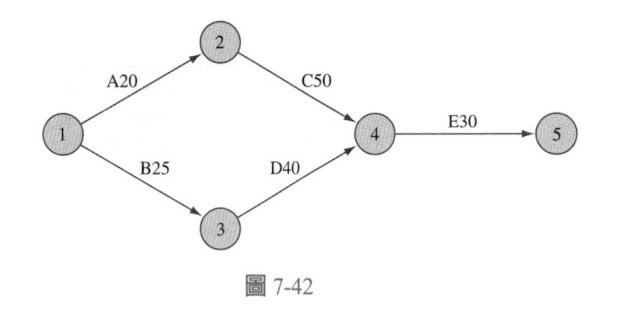

表 7-27

活動	活動減少一天的成本
A	300
B	200
C	350
D	260
E	320

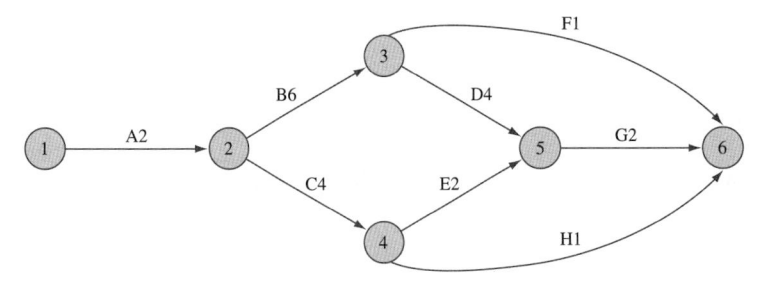

圖 7-43

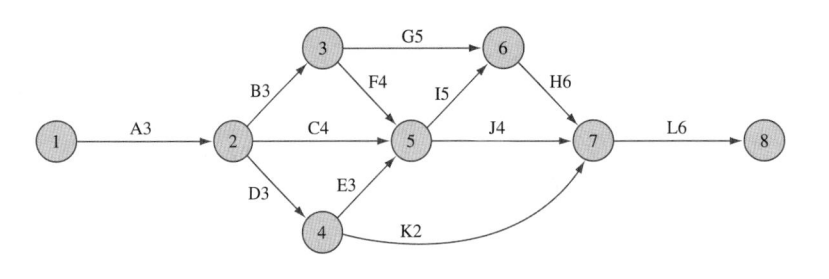

圖 7-44

裝 (I)。然後，電腦可以開始操作，畫一個專案網路圖，能夠用來決定專案的操作。

14. 寫出一個 LINGO 的程式，可以求解例題 6 專案網路的趕工問題，其中趕工成本列在表 7-14。

15. 考慮圖 7-42 的專案圖形，這個專案必須在 90 天內完成。每個活動完成的時間至多可以減少至 5 天，其成本列在表 7-27。

　　建立一個 LP 模式，它的解可以讓專案在 90 天內完成的成本達到最小。

16-17. 在圖 7-43 及 7-44 的網路專案圖中，找出要徑、每一個活動的總浮時及自由浮時。

7.5　最小成本網路流量問題

　　運輸、指派、轉運、最短路徑、最大流量及 CPM 問題均為最小成本網路流量問題 (MCNFP) 的特例。任何一個 MCNFP 可以利用運輸簡捷法的推廣——**網路簡捷法** (network simplex) 求解。

為了定義 MCNFP，令

x_{ij} ＝從節點 i 送出到節點 j，經由弧線 (i, j) 的流量。
b_i ＝節點 i 的淨供應 (流出－流入)。
c_{ij} ＝從節點 i 到節點 j 經由弧線 (i, j)，運送一個單位的成本。
L_{ij} ＝經由弧線 (i, j) 流量的下界 (若沒有下界，令 $L_{ij} = 0$)。
U_{ij} ＝經由弧線 (i, j) 流量的上界 (若沒有上界，令 $U_{ij} = \infty$)。

則 MCNFP 可以寫成：

$$\min \sum_{\text{所有弧線}} c_{ij} x_{ij}$$

$$\text{s.t.} \quad \sum_j x_{ij} - \sum_k x_{ki} = b_i \quad \text{(對網路中的每個節點 } i\text{)} \tag{8}$$

$$L_{ij} \leq x_{ij} \leq U_{ij} \quad \text{(對網路中的每個弧線)} \tag{9}$$

條件 (8) 確定從節點 i 流出去的淨流量為 b_i，條件 (8) 稱為網路的**流量平衡等式** (flow balance equations)，條件 (9) 保證經由每個弧線的流量滿足弧線容量限制。在所有的前面例子，我們假設 $L_{ij} = 0$。

讓我們說明運輸及最大流量問題為最小成本網路流量問題的特例。

利用 MCNFP 建立一個運輸問題

考慮表 7-28 的運輸問題，節點 1 及 2 為二個供應點，及節點 3 及 4 為二

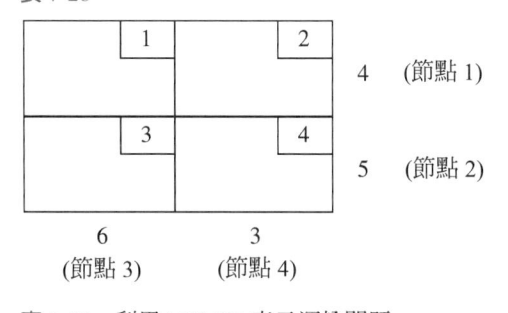

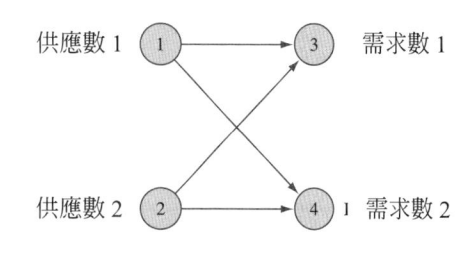

表 7-28

	1	2	
			4 (節點 1)
	3	4	
			5 (節點 2)
6 (節點 3)		3 (節點 4)	

圖 7-45 利用 MCNFP 表示運輸問題圖形

表 7-29 利用 MCNFP 表示運輸問題

		min $z = x_{13} + 2x_{14} + 3x_{23} + 4x_{24}$				
x_{13}	x_{14}	x_{23}	x_{24}		rhs	條件
1	1	0	0	=	4	節點 1
0	0	1	1	=	5	節點 2
−1	0	−1	0	=	−6	節點 3
1	−1	0	−1	=	−3	節點 4
		所有變數非負				

個需求點,而 $b_1 = 4$、$b_2 = 5$、$b_3 = -6$ 且 $b_4 = -3$,這個運輸問題的網路包含弧線 (1, 3)、(1, 4)、(2, 3) 及 (2, 4) (參考圖 7-45),這個運輸問題的 LP 模式可寫成如表 7-29。

前面二個條件為供應條件,且後二個條件為需求條件 (經由乘以 -1),因為這個運輸問題沒有弧線容量限制,流量平衡等式為唯一的條件。若這個問題沒有平衡,我們就無法將此問題建立成 MCNFP,這是因為若總供給量超過總需求量,我們無法確信每一個供應點的淨流量。因此,建立一個運輸 (或轉運) 問題為一個 MCNFP,有可能必須加上一個虛設的點。

利用 MCNFP 表示最大流量問題

為了看一個極大問題可以以一個最小成本網路流量來表示,考慮以下從起源點至匯集點 (圖 7-6 的網路) 的最大流量問題,再加上一個弧線 a_0 將匯集點與起源點連接起來,我們有 $b_{so} = b_1 = b_2 = b_3 = b_{si} = 0$。然後,在圖 7-6 找尋最大流量 LP 條件可以寫成如表 7-30 的型態。

前面五個條件為在網路中每個節點的流量守恆等式,且後面六個條件為弧線容量條件。因為在經由虛設弧線中的流量沒有上限,所以針對 a_0 沒有弧線容量條件。

在任何一個 MCNFP 的流量平衡等式中,具有下列重要特性:每個變數 x_{ij} 在節點 i 的流量平衡等式中的係數為 +1,在節點 j 的流量平衡等式的係數為 -1,且其他平衡等式的係數為 0。例如,在運輸問題中,變數 x_{ij} 的係數,在平衡等式供應點 i 的係數為 +1,而需求點 j 的流量平衡等式的係數為

表 7-30 一個極大流量問題的 MCNFP 表示方式

$x_{so,1}$	$x_{so,2}$	x_{13}	x_{12}	$x_{3,si}$	$x_{2,si}$	x_0		rhs	條件
\multicolumn{9}{c}{min $z = x_0$}	
1	1	0	0	0	0	-1	=	0	節點 so
-1	0	1	1	0	0	0	=	0	節點 1
0	-1	0	-1	0	1	0	=	0	節點 2
0	0	-1	0	1	0	0	=	0	節點 3
0	0	0	0	-1	-1	1	=	0	節點 si
1	0	0	0	0	0	0	≤	2	弧線 $(so, 1)$
0	1	0	0	0	0	0	≤	3	弧線 $(so, 2)$
0	0	1	0	0	0	0	≤	4	弧線 $(1, 3)$
0	0	0	1	0	0	0	≤	3	弧線 $(1, 2)$
0	0	0	0	1	0	0	≤	1	弧線 $(3, si)$
0	0	0	0	0	1	0	≤	2	弧線 $(2, si)$

所有變數非負

－1，且在其他的流量平衡等式的係數為 0，即使一個 LP 的條件沒有呈現出包含一個網路的流量平衡等式，經過一個適當的轉化 LP 條件，通常可以證明一個 LP 相等於一個 MCNFP (在本節末問題 6)。

一個 MCNFP 可以利用一個更廣的運輸簡捷法──網路簡捷法求解它 (參考 7.7 節)。如同運輸簡捷法，在網路簡捷法中只有包含加及減法，這個事實可以用來證明若所有的 b_i 及弧線容量都是整數，則在 MCNFP 的最佳解中，所有的變數都是整數，用在網路簡捷法的電腦編碼可以用來快速解決極大的網路問題。例如，有 5000 個節點及 600,000 弧線的 MCNFP 問題可以在 10 分鐘內被解決。為了利用網路簡捷法的電腦編碼，對於每個弧線的 c_{ij} 及弧線容量，及每個節點的 b_i，使用者只要輸入網路節點及弧線的列表。網路簡捷法為一個有效且容易使用的方法，所以建立一個 LP 模式極為重要，建立一個 MCNFP 模式亦是相當地重要。

為了結束本節，我們建立一個簡單的交通指派問題為一個 MCNFP。

例題 7　交通 MCNFP

每一個小時，平均有 900 部車子進入圖 7-46 的網路圖中的節點 1 且試圖旅行至節點 6，每一部汽車經過每條弧線所需的時間列在表 7-31。在圖 7-46，每條弧線上的數字為每一個小時通過某一個點，在弧線上的最大汽車輛，試建立一個 MCNFP 來極小化所有汽車從節點 1 至節點 6 所需的總時間。

解　令

$$x_{ij} = 從節點\ i\ 到節點\ j\ 弧線上每小時的汽車量$$

然後，我們想要極小化

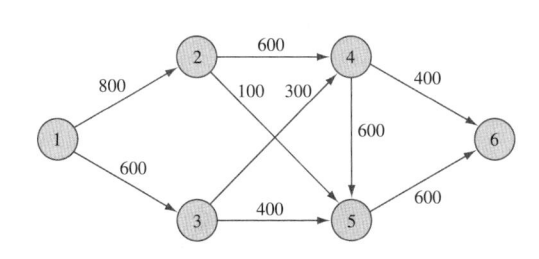

圖 7-46　將交通例題表示成 MCNFP

表 7-31
交通例題的運輸時間

弧線	時間(分)
(1, 2)	10
(1, 3)	50
(2, 5)	70
(2, 4)	30
(5, 6)	30
(4, 5)	30
(4, 6)	60
(3, 5)	60
(3, 4)	10

表 8-32 　交通例題的 MCNFP 表示法

x_{12}	x_{13}	x_{24}	x_{25}	x_{34}	x_{35}	x_{45}	x_{46}	x_{56}		rhs	條件
1	1	0	0	0	0	0	0	0	=	900	節點 1
−1	0	1	1	0	0	0	0	0	=	0	節點 2
0	−1	0	0	1	1	0	0	0	=	0	節點 3
0	0	−1	0	−1	0	1	1	0	=	0	節點 4
0	0	0	−1	0	−1	−1	0	1	=	0	節點 5
0	0	0	0	0	0	0	−1	−1	=	−900	節點 6
1	0	0	0	0	0	0	0	0	≤	800	弧線 (1, 2)
0	1	0	0	0	0	0	0	0	≤	600	弧線 (1, 3)
0	0	1	0	0	0	0	0	0	≤	600	弧線 (2, 4)
0	0	0	1	0	0	0	0	0	≤	100	弧線 (2, 5)
0	0	0	0	1	0	0	0	0	≤	300	弧線 (3, 4)
0	0	0	0	0	1	0	0	0	≤	400	弧線 (3, 5)
0	0	0	0	0	0	1	0	0	≤	600	弧線 (4, 5)
0	0	0	0	0	0	0	1	0	≤	400	弧線 (4, 6)
0	0	0	0	0	0	0	0	1	≤	600	弧線 (5, 6)

所有變數非負

$$z = 10x_{12} + 50x_{13} + 70x_{25} + 30x_{24} + 30x_{56} + 30x_{45} \\ + 60x_{46} + 60x_{35} + 10x_{34}$$

我們已給 $b_1 = 900$，$b_2 = b_3 = b_4 = b_5 = 0$，且 $b_6 = -900$ (我們沒有加入一個從節點 6 至節點 1 連接的虛設弧線)，MCNFP 的條件列在表 7-32。

利用 LINGO 求解 MCNFP

下列的 LINGO 程式 (Traffic.lng 檔案) 可以用來求例題 7 的最佳解 (或任何一個 MCNFP)。

```
MODEL:
1] SETS:
2] NODES/1..6/:SUPP;
3] ARCS(NODES,NODES)/1,2  1,3  2,4  2,5  3,4  3,
4] :CAP,FLOW,COST;
5] ENDSETS
6] MIN=@SUM(ARCS:COST*FLOW);
7] @FOR(ARCS(I,J):FLOW(I,J)<CAP(I,J));
8] @FOR(NODES(I):-@SUM(ARCS)(J,I):FLOW(J,I))
9] +@SUM(ARCS(I,J):FLOW(I,J))=SUPP(I));
10] DATA:
11] COST=10,50,30,70,10,60,30,60,30;
12] SUPP=900,0,0,0,0,-900;
13] CAP=800,600,600,100,300,400,600,400,600;
14] ENDDATA
END
```

在第 2 行，我們定義網路節點及其對應的每個節點淨供應量 (流出−流入)，供應的資料存入第 12 行。在第 3 行，我們定義網路的弧線及在第 4 行

對應其容量 (CAP)、一個流量 (FLOW)，及每一個弧線的單位運送成本 (cost-per-unit-shipped, COST)。每單位的運送成本輸入在第 11 行。第 6 行產生目標函數，利用所有弧線 (每條弧線的單位成本)×(通過弧線的量) 的總和。第 7 行產生每一個弧線容量的條件 (弧線容量的資料輸入第 13 行)。針對每一個節點，第 8－9 行產生流量守恆條件。針對節點 I，－(節點 I 流入量)＋(節點 I 流出量)＝(節點 I 的供應量)。當利用 LINGO 求解問題，我們找到例題 7 的答案為 $z = 95{,}000$ 分鐘，$x_{12} = 700$，$x_{13} = 200$，$x_{24} = 600$，$x_{25} = 100$，$x_{34} = 200$，$x_{45} = 400$，$x_{46} = 400$，$x_{56} = 500$。

我們的 LINGO 程式可以用來解任何一個 MCNFP 只要輸入節點的集合、供應量、弧線及單位運輸成本；再按 GO 鍵就可完成了！

問 題

註：將一個問題建立成為一個 MCNFP，你必須畫一個適當的網路圖並決定 c_{ij}、b_i 及其弧線容量。

問題組 A

1. 在圖 7-2，建立從節點 1 至節點 6 的最短路徑問題的 MCNFP 模式。(提示：想像找最短路徑為送一個單位的流量從節點 1 至節點 6 的總成本達到最小。)

2. **a.** 針對 8.4 節的例題 6，建立一個 LP 的對偶模式可以用來找要徑的長度。
   b. 證明 (a) 的答案為一個 MCNFP 模式。
   c. 解釋為什麼在 (a) 的 LP 最佳函數值為從節點 1 至節點 6，專案網路的最長路徑。這個結論可以說明為何在專案中的要徑為從起始點至完成點的最長路徑。

3. Fordco 公司在底特律及達拉斯生產汽車，底特律工廠能夠生產 6500 部汽車，而達拉斯工廠可以生產至 6000 部汽車，生產一部汽車，在底特律需要成本 $2000 且在達拉斯要有 $1800。汽車可以運送至三個城市，城市 1 需要 5,000 部汽車，城市 2 需要 4,000 部汽車，且城市 3 需要 3,000 部汽車，運送汽車從某一工廠至每一個城市的運送成本列於表 7-33，從某一工廠運送至某一城市至多有 2,200 部汽車。試建立一個 MCNFP 可以用來滿足成本下，達到極小化成本。

4. 每一年，Data Corporal 公司在波士頓公司至多生產 400 部電腦，且在洛利至多生產 300 部電腦。洛杉磯顧客可以收到 400 部電腦，且必須要有 300 部電腦供應給奧斯汀的顧客。生產一部電腦，在波士頓需要 $800，在洛利需要 $900。電腦可以經由飛機的運送且可以經由芝加哥轉運。在每一對城市中，運送電腦所需的成本列在表 7-34。

表 7-33

從	到 ($)		
	城市 1	城市 2	城市 3
底特律	800	600	300
達拉斯	500	200	200

表 7-34

從	到 ($) 芝加哥	奧斯汀	洛杉磯
波士頓	80	220	280
洛利	100	140	170
芝加哥	—	40	50

  a. 建立一個 MCNFP 在滿足 Data Corporal 每年的需求下，可以用來極小化總成本 (生產＋配銷)。
  b. 若至多有 200 單位運送至芝加哥，您如何修正 (a) 的模式建立？[提示：加上一個節點與弧線到 (a) 的網路上。]

5. Oilco 公司在聖地牙哥及洛杉磯有油田。聖地牙哥油田每天可以生產 500,000 桶油，且洛杉磯油田每天可以生產 400,000 桶油。石油會從油田送往煉油廠，地點在達拉斯或休斯頓 (假設每一個煉油廠沒有限制容量)。在達拉斯，每提煉 100,000 桶需要成本 $700，在休斯頓需要 $900，被提煉出來的油會送往在芝加哥及紐約的顧客。芝加哥顧客每天需要 400,000 桶油，且紐約顧客每天需要 300,000 桶油，運送每 100,000 桶石油在二個城市區的運送成本 (提煉或未提煉) 列在表 7-35。

  a. 建立一個 MCNFP 模式可以用來滿足顧客的需求，而使成本達到最少。
  b. 若煉油廠的容量每天 500,000 桶，(a) 的答案要如何修正？

表 7-35

從	到 ($) 達拉斯	休斯頓	紐約	芝加哥
洛杉磯	300	110	—	—
聖地牙哥	420	100	—	—
達拉斯	—	—	450	550
休斯頓	—	—	470	530

問題組 B

6. Workco 公司在接下來的三個月有下列可用員工人數：第 1 個月，20 人；第 2 個月，16 人；第 3 個月，25 人。在第 1 個月開始，Workco 公司沒有員工，Workco 公司必須花 $100 僱用一個員工，而用 $50 解僱一個員工。每個月每一個員工必須支付薪水 $140。我們將證明在決定接下來的三個月 (或下 n 個月) 決定僱用或解僱員工的最小總成本策略可以表述為一個 MCNFP 模式。

  a. 令 x_{ij} ＝在第 i 個月初僱用的員工且在第 $j-1$ 個月後，解僱員工的人數 (若 $j=4$，員工不會被解僱)。解釋為何下列 LP 能夠產生一個僱用與解僱策略的最小成本：

$$\min z = 50(x_{12} + x_{13} + x_{23})$$
$$+ 100(x_{12} + x_{13} + x_{14} + x_{23} + x_{24} + x_{34})$$
$$+ 140(x_{12} + x_{23} + x_{34})$$
$$+ 280(x_{13} + x_{24}) + 420x_{14}$$

s.t. (1) $x_{12} + x_{13} + x_{14} \quad\quad - e_1 = 20$ (第 1 個月條件)

(2) $x_{13} + x_{14} + x_{23} + x_{24} - e_2 = 16$ (第 2 個月條件)

(3) $x_{14} + x_{24} + x_{34} \quad\quad - e_3 = 25$ (第 3 個月條件)

$$x_{ij} \geq 0$$

b. 為了得到 MCNFP，將 (a) 的條件取代為

i 條件 (1)；

ii 條件 (2)－條件 (1)；

iii 條件 (3)－條件 (2)；

iv －(條件 (3))。

解釋為何一個 LP 有 (i)－(iv) 為一個 MCNFP。

c. 畫出 (b) 答案的 MCNFP 網路圖。

7. Braneast 航空公司決定有多少部飛機要服務從波士頓－紐約－華盛頓空中走廊及應設哪些班次，Baneast 必須飛行的航次如表 7-36，運作一架飛機所需固定成本為 $800/天，建立一個 MCNFP 可以用來極大化 Braneast 每天的利潤。(提示：在網路每一個節點代表一個城市及一個時間，而弧線代表航次，允許飛機可以休息一個小時以上。模式中必須包含營運飛機的固定成本，為了包含這個成本，必須在網路上加上三條弧線：從波士頓下午 7 點至波士頓上午 9 點；從紐約下午 7 點至紐約上午 9 點；從華盛頓下午 7 點至華盛頓上午 9 點。

8. Daisymay Van line 載運民眾在紐約、費城及華盛頓特區之間。每一天，有一部行李車往返在二個城市之間。一部行李車滿載且來回運送，公司每天必須花 $1,000；若是空車且來回運送，公司每天必須花 $800；若是滿載且停留在某一城市，公司每天必須花 $700；若是空車且停留在某一城市，公司每天必須花 $400。在一週的每一天，必須運送的載客量在表 7-37。例如，在星期一，二部貨車必須從費城運送到紐約 (星期二到達)。相同的，二部貨車必

表 7-36

離開		到達		飛行成本	飛行變動成本
城市	時間	城市	時間		
N.Y.	9 A.M.	Wash.	10 A.M.	$900	400
N.Y.	2 P.M.	Wash.	3 P.M.	$600	350
N.Y.	10 A.M.	Bos.	11 A.M.	$800	400
N.Y.	4 P.M.	Bos.	5 P.M.	$1,200	450
Wash.	9 A.M.	N.Y.	10 A.M.	$1,100	400
Wash.	3 P.M.	N.Y.	4 P.M.	$900	350
Wash.	10 A.M.	Bos.	12 正午	$1,500	700
Wash.	5 P.M.	Bos.	7 P.M.	$1,800	900
Bos.	10 A.M.	N.Y.	11 A.M.	$900	500
Bos.	2 P.M.	N.Y.	3 P.M.	$800	450
Bos.	11 A.M.	Wash.	1 P.M.	$1,100	600
Bos.	3 P.M.	Wash.	5 P.M.	$1,200	650

424 作業研究 I

表 7-37

行程	星期一	星期二	星期三	星期四	星期五
費城-紐約	2	—	—	—	—
費城-華盛頓	—	2	—	—	2
紐約-費城	3	2	—	—	—
費城-華盛頓	—	—	2	2	—
紐約-費城	1	—	—	—	—
華盛頓-紐約	—	—	1	—	1

須在星期五從費城運送到華盛頓 (假設星期五的運送必須在星期一到達)。建立一個 MCNFP 能夠在達到每一天的需求下，成本達到最小。為了簡化模式建立，假設這個需求每週都會重複，我們可以合理的假設公司的每一部貨車在每週與前一週都可以在同一個城市開始。

7.6 最小展樹問題

假設在網路中的每一個弧線 (i, j) 都伴隨一個長度且弧線 (i, j) 代表連接節點 i 與節點 j 的一種途徑。例如，每一個網路的節點代表州立大學的電腦，則 (i, j) 就代表連接電腦 i 與電腦 j 的地下電腦線。在許多的應用中，我們想要決定在網路中的弧線集合中，連接所有節點的弧線長的總和為最小。明顯地，這個弧線的集合必須不包含迴圈 (一個迴圈通常稱為封閉的路徑或循環。) 例如，在圖 7-47，弧線的序列 (1, 2)−(2, 3)−(3, 1) 為一個迴圈。

定義 ■ 有 n 個節點的網路，一個**展樹** (spanning tree) 為一個包含 $(n − 1)$ 個弧線的集合，它包含所有的網路上的節點但不包含迴圈。 ■

在圖 7-47，會有三個展樹：

1. 弧線 (1, 2) 及 (2, 3)。
2. 弧線 (1, 2) 及 (1, 3)。
3. 弧線 (1, 3) 及 (2, 3)。

在網路中，一個擁有最小長度的展樹稱為**最小展樹** (minimum spanning tree,

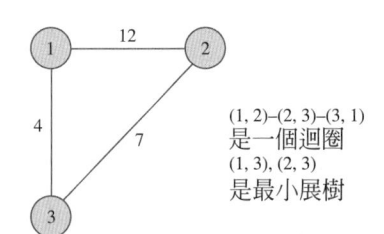

(1, 2)−(2, 3)−(3, 1)
是一個迴圈
(1, 3), (2, 3)
是最小展樹

圖 7-47 迴圈的說明及最小展樹圖

MST)。在圖 7-47，最小展樹包含弧線 (1, 3) 及 (2, 3) 為唯一的最小展樹。

下列的方法 (MST 演算法) 可以用來找尋最小展樹：

步驟 1　從任何一節點 i 開始，將節點 i 連接至網路中最靠近節點 i 的節點 (稱為節點 j)。這二個節點 i 及 j，現成形成一個連接的節點集合 $C = \{i, j\}$，且弧線 (i, j) 將為最小展樹。在網路中，剩下來的節點 (稱為 C') 稱為未連接節點集合。

步驟 2　現在選擇 C' 中的一個點 (稱為 n) 為最靠近 C 中的某一節點，令 m 代表在 C 中最靠近 n 的節點，然後弧線 (m, n) 將為最小展樹。現在更新 C 及 C'，因為現在已連接到 $\{i, j\}$，現在 C 變成 $\{i, j, n\}$ 且我們必須從 C' 中刪除節點 n。

步驟 3　重複這個步驟，直到最小展樹已被找到，在找尋最小展樹中，最近的節點與弧線若是相同時可以任意地選擇而將此結 (ties) 打破。

在每一個階段，每一個演算法選擇能夠推展 C 的最短路徑，所以這個演算法通常稱為一個"貪心的"演算法。值得注意的是，在每一個演算法的步驟中，每一個"貪心的"步驟，不會讓我們在接下來的計算中，找出一個"壞的弧線"。在第 8 章的例題 1，我們將會看到一些型態的問題，貪心的演算法可能不見得找到真正的最佳解！一個修正的 MST 演算法列在本節末的問題 3，下列例題 8 說明這個演算法。

例題 8　MST 演算法

某一州立大學有五台微電腦，每部電腦間的距離 (城市街道) 列在圖 7-48。電腦之間的連接需要用到地下電纜線，需要最少長度的電纜線為多少？注意，若每一對節點中如果沒有弧線，代表二台電腦中沒有電纜線連接。

解　我們想要找圖 7-48 的最小展樹解。

反覆 1　根據 MST 演算法，我們任意選擇從節點 1 開始，最靠近節點 1 的節點為節點 2。現在 $C = \{1, 2\}$，$C' = \{3, 4, 5\}$，且弧線 (1, 2) 為最小展樹 (參考圖 7-49a)。

反覆 2　節點 5 最靠近 C，因為節點 5 從節點 1 及節點 2 有二條街道的距離，我們可以將弧線 (2, 5) 或弧線 (1, 5) 加入最小展樹中。我們任意選擇 (2, 5) 加入，然後 $C = \{1, 2, 5\}$ 且 $C' = \{3, 4\}$ (參考圖 7-49b)。

反覆 3　節點 3 與節點 5 有二條街的距離，所以我們可以將弧線 (5, 3) 加入最小展樹內，現在 $C = \{1, 2, 3, 5\}$ 且 $C' = 4$ (參考圖 7-49c)。

反覆 4　節點 5 為最靠近節點 4，所以將弧線 (5, 4) 加入最小展樹 (參考圖 7-49d)。

現在，我們可以得到包含弧線 (1, 2)、(2, 5)、(5, 3) 及 (5, 4) 的最小展樹，最小展樹的長度為 1 + 2 + 2 + 4 = 9 條街道。

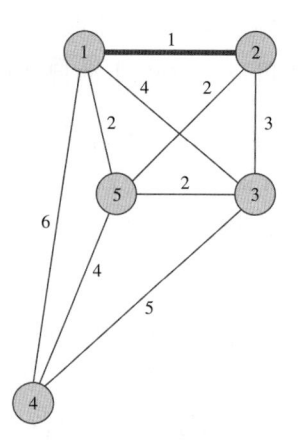

圖 7-48　州立大學電腦的距離

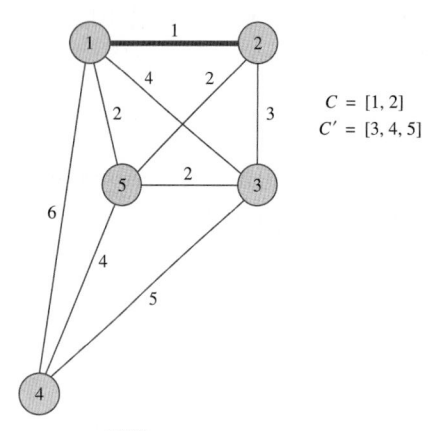

a. 反覆 1

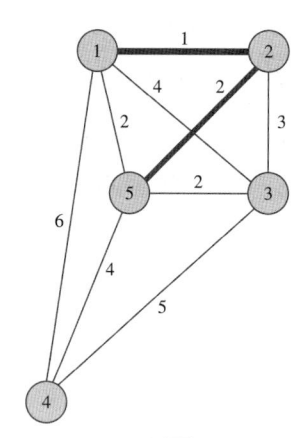

$C = [1, 2]$
$C' = [3, 4, 5]$

b. 反覆 2

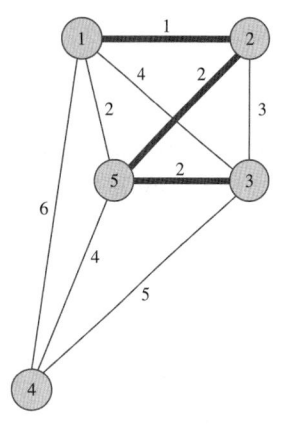

$C = [1, 2, 5]$
$C' = [3, 4]$

c. 反覆 3

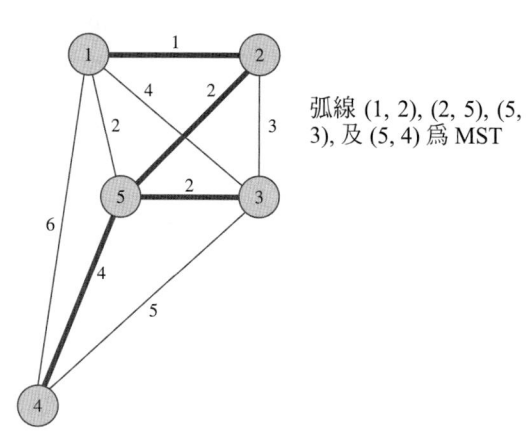

$C = [1, 2, 3, 5]$
$C' = [4]$

d. 反覆 4：MST 已經找到

弧線 (1, 2), (2, 5), (5, 3), 及 (5, 4) 為 MST

圖 7-49　電腦例題的 MST 演算法

問　題

問題組 A

1. 印地安那的城市 Gary、Fort Wayne、Evansville、Terre Haute 及 South Bend 彼此間的距離列在表 7-38。現在，必須在這些城市間，建造一個道路系統，假設由於政治上的因素，在 Gary 及 Ford Wayne、South Bend 及 Evansville 沒有建立道路，最少道路的最少長度為何？
2. Smalltown 城市包含五個地點，市長 John Lion 想要建立電話線保證所有的地點可以互相的連絡，每個地點之間的連接距離列在圖 7-50，最少需要的電話線長度為多少？假設在地點 1 至 4 沒有電話線可以連接。

問題組 B

3. 在本問題中，我們解釋為何 MST 演算法可以運作完成。定義

    S　＝最小展樹。
    C_t　＝在 MST 演算法中，經由第 t 次反覆計算後，連接的節點。
    C'_t　＝在 MST 演算法中，經由第 t 次反覆計算後，還未被連接的節點。
    A_t　＝在 MST 演算法中，經由第 t 次反覆計算後，在最小展樹中，弧線的集合。

    假設一個 MST 演算法不能得到一個最小展樹解，則針對某些 t，可能會發生在 A_{t-1} 的所有弧線會在 S 內，但在第 t 個反覆計算中，MST 演算法所選擇的弧線 (稱為 a_t) 卻不在 S 內。然後，S 必須包含某些從 C_{t-1} 的節點連接至 C'_{t-1} 的節點的弧線 a'_t。證明利用弧線 a_t 取代 a'_t，我們可得一個比 S 更短的最小展樹，這會與所有利用 MST 演算法所選出來的弧線會在 S 中的驗證結果矛盾。因此，MST 演算法一定能找出最小展樹。

4. **a.** 三個城市在一個等邊三角形的三個頂點，有相同的長度，Flying Lion 航空公司必須提供在這三個城市之間的服務，二條路徑能夠提供連接服務的最小長度為何？
   b. 現在假設 Flying Lion 航空公司在等邊三角形的中心加一個點，證明能夠連接三個城市的路徑長度將減少 13%。(註解：我們可以證明不管有多少個"中心"加入，且不管有多少個點要連接；在展開所有的點及中心的總路徑，節省的部份不會超過 13%。)

表 7-38

	Gary	Fort Wayne	Evansville	Terre Haute	South Bend
Gary	—	132	217	164	58
Fort Wayne	132	—	290	201	79
Evansville	217	290	—	113	303
Terre Haute	164	201	113	—	196
South Bend	58	79	303	196	—

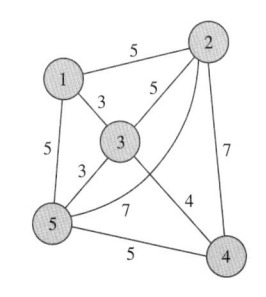

圖 7-50　問題 2 的網路

7.7 網路簡捷法

在本節中,我們描述如何利用簡捷法來簡化 MCNFP。為了簡化我們所展現出來的結果,我們假設針對每一個弧線,$L_{ij} = 0$,則為了描述 MCNFP 的型態 (8)−(9) 所需要的訊息,總結圖示列於圖 7-51。我們將每一個弧線的 c_{ij} 由符號 $ 來表示,且其他在弧線上的數字代表弧線的上界 (U_{ij})。對於任何一節點有非零輸出的 b_i 值將列在括弧內,因此,圖 7-51 代表一個 MCNFP 有 $c_{12} = 5$,$c_{25} = 2$,$c_{13} = 4$,$c_{35} = 8$,$c_{14} = 7$,$c_{34} = 10$,$c_{45} = 5$,$b_1 = 10$,$b_2 = 4$,$b_3 = -3$,$b_4 = -4$,$b_5 = -7$,$U_{12} = 4$,$U_{25} = 10$,$U_{13} = 10$,$U_{35} = 5$,$U_{14} = 4$,$U_{34} = 5$,$U_{45} = 5$。為了讓網路簡捷法可以用,我們必須有 $\Sigma b_i = 0$;通常這個必須加上虛設的節點,才可以做到。

當我們利用簡捷法求解一個運輸問題時,在簡捷法的下述方面可以再簡化:找到一個基本可行解,計算在第 0 列非基本變數的係數及轉軸。現在我們開始描述在解一個 MCNFP,如何來簡化簡捷法。

MCNFP 的基本可行解

我們如何決定在一個 MCNFP 的可行解為一個 bfs?首先先觀察在一個 MCNFP 中,任何一個 bfs 將會包含三種型態的變數:

1. 基本變數:在不發生退化的情況下,每一個基本變數 x_{ij} 會滿足 $L_{ij} < x_{ij} < U_{ij}$;有退化情況下,有可能有一個基本變數 x_{ij} 等於弧線 (i, j) 的上或下界。
2. 非基本變數 x_{ij}:這些會等於弧線 (i, j) 的上界 U_{ij}。
3. 非基本變數 x_{ij}:這些會等於弧線 (i, j) 的下界 L_{ij}。

假設我們在解一個 n 個節點的 MCNFP 問題。我們考慮有 n 條流量守恆條件且忽略條件的上下界。就如在運輸問題中,任何滿足 $(n - 1)$ 條流量守恆

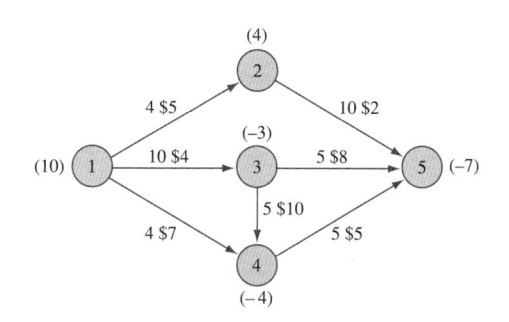

圖 7-51 一個 MCNFP 的圖形表示

第 7 章　網路模式　**429**

圖 7-52　MCNFP 的例子

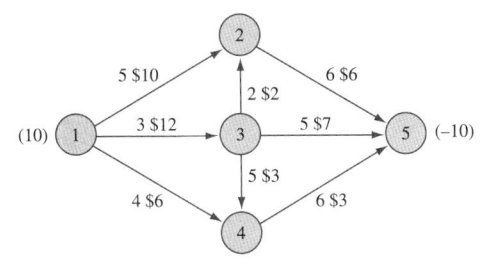

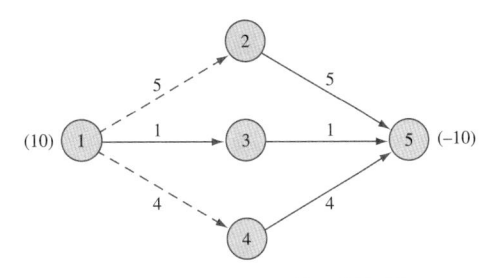

圖 7-53　MCNFP 的可行解例子

條件的解必定會自動滿足最後一條流量守恆條件，所以我們可以刪掉一條條件，這代表一個有 n 個節點 MCNFP 的可行解將會有 $(n-1)$ 個基本變數。假設我們選擇一個 $(n-1)$ 變數 (或弧線) 的集合，我們如何決定是否這個 $(n-1)$ 變數的集合會是一個基本可行解？一個 $(n-1)$ 變數的集合會是一個 bfs 若且唯若這些基本變數形成網路的最小展樹。例如，考慮圖 7-52 的 MCNFP，在圖 7-53 我們得到一個 MCNFP 的 bfs。基本變數為 x_{13}、x_{35}、x_{25} 及 x_{45}，變數 $x_{12}=5$ 及 $x_{14}=4$ 為非基本變數，其值為上界。(這個變數以虛線表示。) 因為弧線 (1, 3)、(3, 5)、(2, 5) 及 (4, 5) 形成一個展樹 (它包含圖形上所有的節點，且不包含任何迴圈)，我們知道這是一個 bfs。接下來會更清楚，一個小問題的 bfs 通常可以利用試誤法來找到。

計算任何 bfs 的第 0 列

在任何給定的 bfs 中，我們如何決定一個非基本變數的目標函數係數？假設針對節點 1，我們任意去掉任何一個流量守恆條件。在給定一個 bfs，令 $c_{\text{BV}}B^{-1}=[y_2\ y_3\ \cdots\ y_n]$。每一個變數 x_{ij} 將會有 $+1$ 係數在節點 i 流量條件及一個 -1 係數在節點 j 流量條件。若我們定義 $y_1=0$，則在給定的一張表中，第 0 列的 x_{ij} 係數可以寫成 $\bar{c}_{ij}=y_i-y_j-c_{ij}$。每一個基本變數的 $\bar{c}_{ij}=0$，所以我們可以找 $y_1, y_2, \cdots, y_n$，利用下列的線性等式系統：

$$y_1=0\text{，}y_i-y_j=c_{ij}\quad \text{對所有的基本變數}$$

對應於一個 bfs 的 $y_1, y_2, \cdots, y_n$ 可以稱為這個 bfs 的**簡捷法乘數** (simplex multipliers)。

如何決定是否一個 bfs 為最佳解？針對一個 bfs 將為最佳解，它必定可以透過改變一個非基本變數的值來改善 (降低) z 值。因此 $\bar{c}_{ij}\le 0$ 若且唯若增加 x_{ij} 不能降低 z 值。相同地，$\bar{c}_{ij}\ge 0$ 若且唯若降低 x_{ij} 不能降低 z 值。這些觀察可以用來證明一個 bfs 為最佳解若且唯若下列條件被滿足：

1. 若一個變數 $x_{ij} = L_{ij}$，則增加 x_{ij} 不能造成降低 z 值。因此，若 $x_{ij} = L_{ij}$ 且 bfs 為最佳解，則 $\bar{c}_{ij} \leq 0$ 必須成立。

2. 若一個變數 $x_{ij} = U_{ij}$，則減少 x_{ij} 不能造成降低 z 值。因此，若 $x_{ij} = U_{ij}$ 且 bfs 為最佳解，則 $\bar{c}_{ij} \geq 0$ 必須成立。

若情況 1 及 2 不能被滿足，則 z 值可以透過讓違反這二個情況其中一個的非基本變數進入基底。為了說明，讓我們決定對應於圖 7-53 的 bfs 簡捷表格，每一個非基本變數的目標函數係數。為了找 y_1、y_2、y_3、y_4 及 y_5，我們解下列等式集合：

$$y_1 = 0，y_1 - y_3 = 12，y_2 - y_5 = 6，y_3 - y_5 = 7，y_4 - y_5 = 3$$

這些等式的解為 $y_1 = 0$，$y_2 = -13$，$y_3 = -12$，$y_4 = -16$，且 $y_5 = -19$。現在，我們計算每一個非基本變數第 0 列的係數，可得

$\bar{c}_{12} = y_1 - y_2 - c_{12} = 0 - (-13) - 10 = 3$ （針對在上界的非基本變數，滿足最佳條件）

$\bar{c}_{14} = y_1 - y_4 - c_{14} = 0 - (-16) - 6 = 10$ （針對在上界的非基本變數，滿足最佳條件）

$\bar{c}_{32} = y_3 - y_2 - c_{32} = -12 - (-13) - 2 = -1$ （針對在下界的非基本變數，滿足最佳條件）

$\bar{c}_{34} = y_3 - y_4 - c_{34} = -12 - (-16) - 3 = 1$ （針對在下界的非基本變數，違反最佳條件）

因為 $\bar{c}_{34} = 1 > 0$，每增加 x_{34} 一個單位 (x_{34} 在其下界，所以可以增加它)，會減少 z 值一個單位。因此，我們可以讓 x_{34} 進入基底而增加 z 值。若一個非基本變數 x_{ij} 在其上界且 $\bar{c}_{ij} < 0$，則我們可以讓 x_{ij} 進入基底且減少 x_{ij} 而讓 z 值減少。現在我們說明當在解 MCNFP 時，轉軸的計算可以用觀察法來進行。

網路簡捷法的轉軸計算

就如同前面所說明的，圖 7-53 的 bfs，我們想讓 x_{34} 進入基底。為了做這個動作，若我們將弧線 (3, 4) 加入目前的基本變數集合中，必須執行一個迴圈讓 x_{34} 進入基底，因為 $x_{34} = 0$ 為其下界，我們想增加 x_{34}。假設我們增加 x_{34} 的值 θ 個單位，當 x_{34} 進入基底後，所有變數的值可以透過流量守恆條件得到。在圖 7-54，我們找到弧線 (3, 4)、(4, 5) 及 (3, 5) 形成一個迴圈。經過轉軸計算，所有不在迴圈上的弧線的變數值將保持不變，但當我們設 $x_{34} = \theta$ 時，在迴圈上的弧線變數值將會改變。設 $x_{34} = \theta$，將增加流入節點 4 的流量

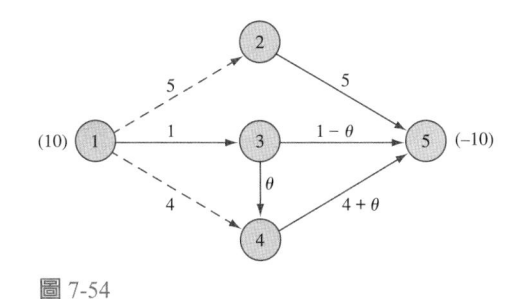

圖 7-54
迴圈 (3, 4)，(4, 5)，(3, 5) 讓 x_{34} 轉軸

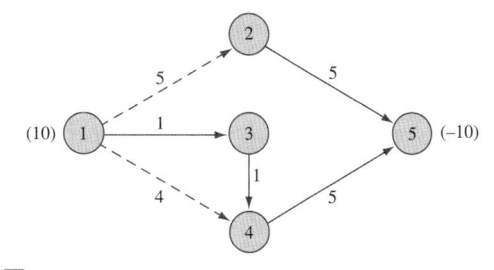

圖 7-55
當 x_{34} 進入且 x_{35} 離開可得新的 bfs ($\theta = 1$)

θ 個單位，所以流出節點 4 的量必須增加 θ，這需要 $x_{45} = 4 + \theta$，因為流入節點 5 現在已經增加 θ，流量守恆使得 $x_{35} = 1 - \theta$，這個轉軸使得所有其他變數不變。為了得到新的變數值，我們必須增加 x_{34} 愈多愈好，我們必須增加 x_{34} 直到某一個基本變數達到它的上界或下界。因此，弧線 (3, 4) 可推得 $\theta \leq 5$；弧線 (3, 5) 需要 $1 - \theta \geq 0$ 或 $\theta \leq 1$；弧線 (4, 5) 需要 $4 + \theta \leq 6$ 或 $\theta \leq 2$，所以，最好的情況取 $\theta = 1$。當 θ 增加時，第一個達到上界或下界的基本變數選擇離開基底 (若發生相同的值，我們選擇任一個離開基底)。現在，x_{35} 離開基底，可得圖 7-55 的新的 bfs。相對於目前基本變數集合的展樹為 (1, 3)、(3, 4)、(4, 5) 及 (2, 5)。現在，我們計算第 0 列非基本變數的係數。首先，我們解下列等式集合：

$$y_1 = 0，y_1 - y_3 = 12，y_3 - y_4 = 3，y_2 - y_5 = 6，y_4 - y_5 = 3$$

這可得 $y_1 = 0$，$y_2 = -12$，$y_3 = -12$，$y_4 = -15$，且 $y_5 = -18$。

目前，這個非基本變數的值等於它的上界，第 0 列的係數為

$$\bar{c}_{12} = 0 - (-12) - 10 = 2 \quad 且 \quad \bar{c}_{14} = 0 - (-15) - 6 = 9$$

目前這個非基本變數的值等於它的下界，而這 0 列係數為

$$\bar{c}_{32} = -12 - (-12) - 2 = -2 \quad 及 \quad \bar{c}_{35} = -12 - (-18) - 7 = -1$$

因為每一個非基本變數的值在它的上界，其 $\bar{c}_{ij} \geq 0$，且每一個非基本變數在它的下界，其 $\bar{c}_{ij} \leq 0$，目前的解為最佳解。因此，這個 MCNFP 的最佳解在圖 7-52 為

上界變數：$x_{12} = 5$，$x_{14} = 4$
下界變數：$x_{32} = x_{35} = 0$
基本變數：$x_{13} = 1$，$x_{34} = 1$，$x_{25} = 5$，$x_{45} = 5$

網路簡捷法總結

步驟 1 決定一個開始的 bfs，且 $(n-1)$ 個基本變數的值對應於一個展樹，將在上界的非基本變數值以虛線代表。

步驟 2 計算 y_1，y_2，$\cdots$，y_n (通常稱為簡捷乘數)，透過解 $y_1 = 0$，針對所有非基本變數 x_{ij} 的 $y_i - y_j = c_{ij}$。針對所有非基本變數，決定第 0 列的係數 $\bar{c}_{ij}$ 從 $\bar{c}_{ij} = y_i - y_j - c_{ij}$ 而得。若針對所有 $x_{ij} = L_{ij}$ 的 $\bar{c}_{ij} \le 0$ 及針對所有 $x_{ij} = U_{ij}$ 的 $\bar{c}_{ij} \ge 0$，則目前的 bfs 為最佳解。若這個 bfs 不是最佳解，選擇一個違反最佳條件最嚴重的非基本變數為進入的基本變數。

步驟 3 確定迴圈 (只會有一個迴圈！) 由加上對應於進入變數的弧線到目前 bfs 的展樹而得，利用流量守恆來決定在此迴圈內的新變數值。離開基底的變數為當將進入基本變數改變時，第一個達到上界或下界的變數。

步驟 4 在步驟 3 找到的迴圈中，改變弧線的流量而得新的 bfs，再到步驟 2。

例題 9 說明網路簡捷法。

例題 9　MCNFP 的網路簡捷法

利用網路簡捷法解圖 7-56 的 MCNFP。

解　一個 bfs 需要我們找到一個展樹 (三個弧線連接節點 1、2、3 及 4 且不形成迴圈)。任何一個不在展樹上的弧線可以設定為它的上界或下界。利用試誤法，我們找到圖 7-57 包含展樹 (1, 2)、(1, 3) 及 (2, 4) 的 bfs。

為了找 y_1、y_2、y_3 及 y_4，我們解

$$y_1 = 0，y_1 - y_2 = 4，y_2 - y_4 = 3，y_1 - y_3 = 3$$

這個可得 $y_1 = 0$、$y_2 = -4$、$y_3 = -3$ 及 $y_4 = -7$，而每一個非基本變數的第 0 列係數為：

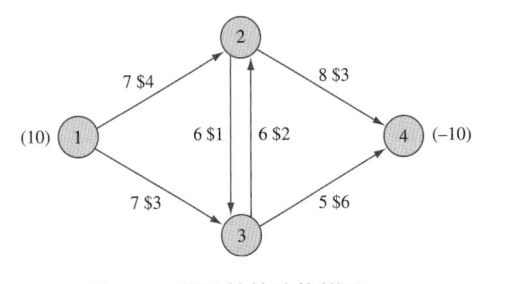

圖 7-56　網路簡捷法的例子

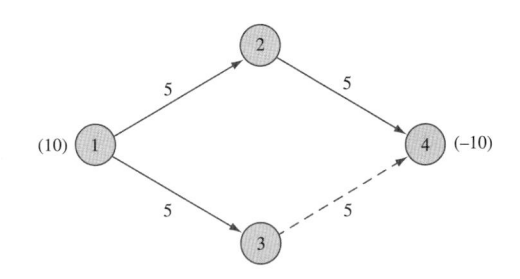

圖 7-57　例題 9 的 bfs

第 7 章　網路模式　**433**

$$\bar{c}_{34} = -3 - (-7) - 6 = -2 \text{ (違反最佳條件)}$$
$$\bar{c}_{23} = -4 - (-3) - 1 = -2 \text{ (滿足最佳條件)}$$
$$\bar{c}_{32} = -3 - (-4) - 2 = -1 \text{ (滿足最佳條件)}$$

因此，x_{34} 進入基底。我們設 $x_{34} = 5 - \theta$ 且得到圖 7-58 的迴圈。從弧線 (1, 2)，我們得到 $5 + \theta \leq 7$ 或 $\theta \leq 2$。從弧線 (1, 3)，可得 $5 - \theta \geq 0$ 或 $\theta \leq 5$。從弧線 (2, 4)，可得 $5 + \theta \leq 8$ 或 $\theta \leq 3$。從弧線 (3, 4)，我們可得 $5 - \theta \geq 0$ 或 $\theta \leq 5$。因此，我們可設 $\theta = 2$。現在，x_{12} 離開基底且其值為上界，且 x_{34} 進入，可得圖 7-59 的 bfs。

這個新的 bfs 對應展樹 (1, 3)、(2, 4) 及 (3, 4)，解新的簡捷乘數的值，可得

$$y_1 = 0，y_1 - y_3 = 3，y_3 - y_4 = 6，y_2 - y_4 = 3$$

這可得 $y_1 = 0$，$y_2 = -6$，$y_3 = -3$，$y_4 = -9$。且第 0 列的每一個非基本變數的係數為：

$$\bar{c}_{12} = 0 - (-6) - 4 = 2 \quad \text{(滿足最佳條件)}$$
$$\bar{c}_{23} = -6 - (-3) - 1 = -4 \quad \text{(滿足最佳條件)}$$
$$\bar{c}_{32} = -3 - (-6) - 2 = 1 \quad \text{(違反最佳條件)}$$

現在 x_{32} 進入基底，可得圖 7-60 的迴圈。從弧線 (2, 4)，可得 $7 + \theta \leq 8$ 或 $\theta \leq 1$；從弧線 (3, 4)，可得 $3 - \theta \geq 0$ 或 $\theta \leq 3$。從弧線 (3, 2)，可得 $\theta \leq 6$。所以現在我們設 $\theta = 1$ 且 x_{24} 離開基底，其值為上界。新的 bfs 在圖 7-61。

目前基本變數的集合對應於展樹 (1, 3)、(3, 2) 及 (3, 4)，新的簡捷乘數的值可以由

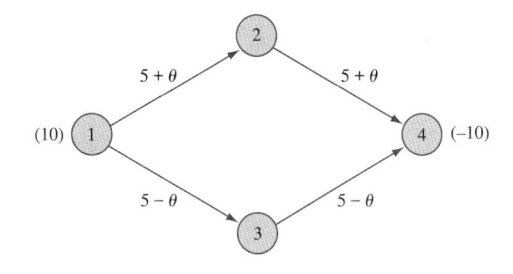

圖 7-58　當 x_{34} 進入基底所產生的迴圈

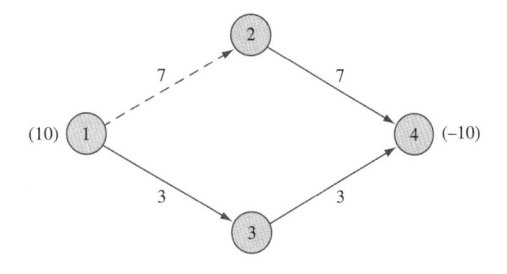

圖 7-59　x_{12} 離開且 x_{34} 進入所得 bfs

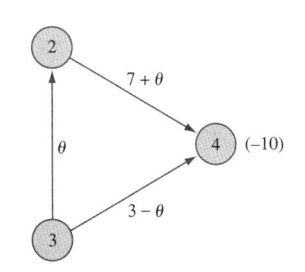

圖 7-60　x_{32} 進入基底，所產生的迴圈

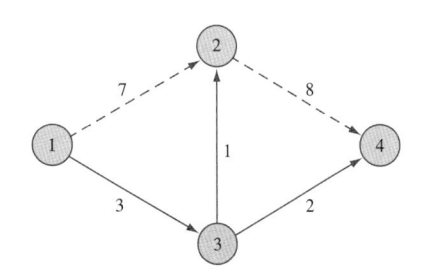

圖 7-61　x_{32} 進入且 x_{24} 離開所得新的 bfs

下列找出

$$y_1 = 0 , y_1 - y_3 = 3 , y_3 - y_2 = 2 , y_3 - y_4 = 6$$

可得 $y_1 = 0$, $y_2 = -5$, $y_3 = -3$, $y_4 = -9$,第 0 列每一個非基本變數的係數為

$$\bar{c}_{23} = -5 - (-3) - 1 = -3 \quad \text{(滿足最佳條件)}$$
$$\bar{c}_{12} = 0 - (-5) - 4 = 1 \quad \text{(滿足最佳條件)}$$
$$\bar{c}_{24} = -5 - (-9) - 3 = 1 \quad \text{(滿足最佳條件)}$$

因此，目前的 bfs 為最佳解。這個 MCNFP 的最佳解為

基本變數：$x_{13} = 3$, $x_{32} = 1$, $x_{34} = 2$
非基本變數，值為上界：$x_{12} = 7$, $x_{24} = 8$
非基本變數，值為下界：$x_{23} = 0$

最佳 z 值可由下式得之

$$z = 7(4) + 3(3) + 1(2) + 8(3) + 2(6) = \$75 \text{ 。}$$

問　題

問題組 A

1. 考慮圖 7-2 找尋節點 1 至節點 6 的最短路徑。
    a. 建立這個問題的 MCNFP。
    b. 試求一個 bfs，其中 x_{12}、x_{24} 及 x_{46} 為正。(提示：將會得到一個退化 bfs。)
    c. 利用網路簡捷法去找出節點 1 至節點 6 的最短路徑。
2. 針對圖 7-62 的 MCNFP，求出一個 bfs。
3. 針對圖 7-63 的 MCNFP，求出最佳解，並利用圖 7-64 的 bfs 當作起始基底。
4. 在圖 7-65 的網路問題中，找出一個 bfs。
5. 求出圖 7-66 的 MCNFP 最佳解，利用在圖 7-67 的 bfs 當作起始基底。

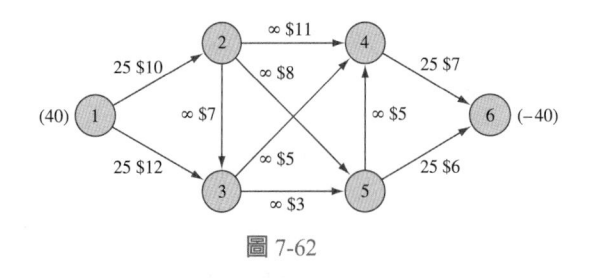

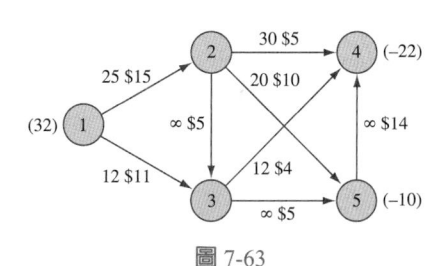

圖 7-62

圖 7-63

圖 7-64

圖 7-65

圖 7-66

圖 7-67

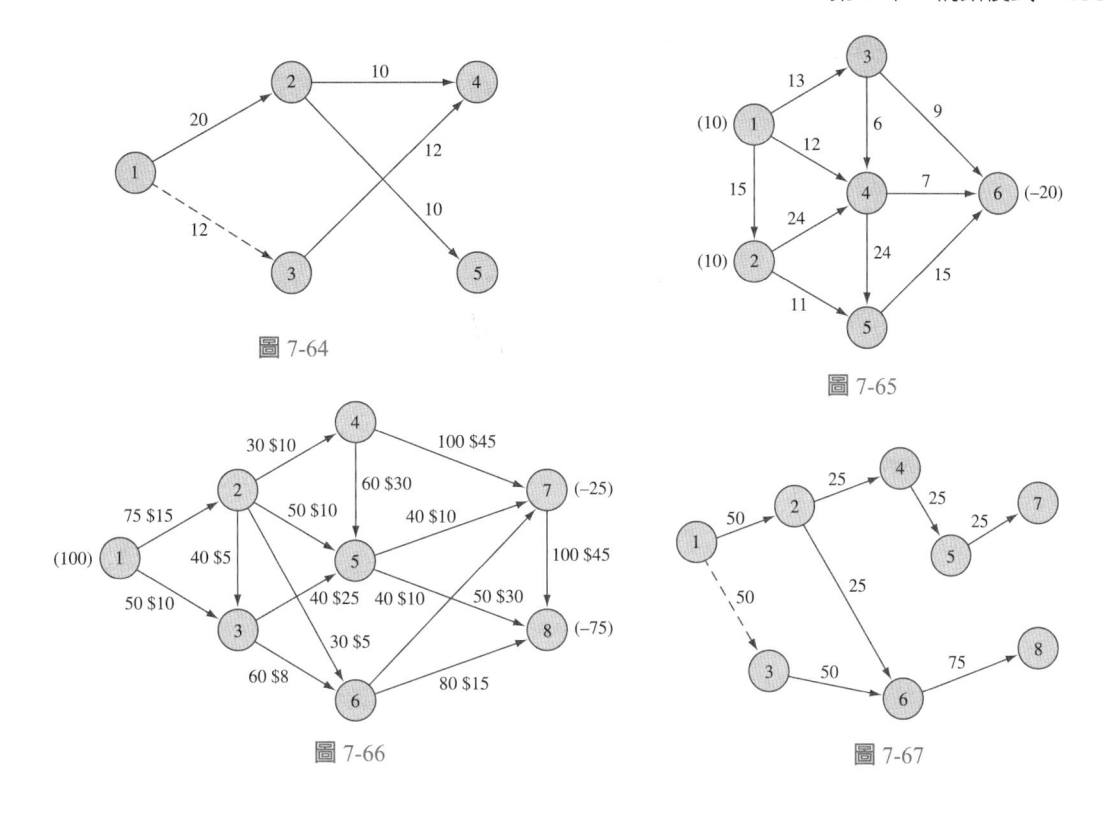

總　結

最短路徑

假設我們想找在網路中，從節點 1 至節點 j 的最短路徑，而其中所有弧線均有非負的長度。

Dijkstra 演算法

1. 一開始我們給節點 1 一個永久標籤 0。然後，將任何一節點 i 利用一條弧線連接到節點 1，針對每個節點 (當然除了節點 1) 有一個暫時標記 ∞。選擇在此些節點中最小暫時標籤為永久標籤。
2. 現在假設節點 i 剛成為第 $(k+1)$ 個永久標籤的節點，針對每一個節點 j，現在已經有一個暫行標籤且可以利用一條弧線與節點 i 連接，利用極小節點 j 目前的暫時標籤，(節點 i 的永久標籤)＋弧線 (i,j) 的長度。將此最小的暫時標籤記為永久標籤，持續這個步驟到每一個節點都是永久標籤。為了尋找從節點 1 到節點 j 的最短路徑，利用逆向方法，從節點 j 找尋連接此點的弧線中不同標記點的長度。如果我們想找到從節點 1 到節點 j 的最短距離。我們可以在節點 j 已經是永久標籤時，即可停止此過程。

最短路徑問題當作一個轉運問題

為了找尋節點 1 至節點 j 的最短路徑，試著極小化運送一個單位的貨品從節點 1 到節點 j (在網路中，其他節點當作轉運點)，其中從節點 k 至節點 k'，運送一個單位的成本為弧線 (k, k') 的長度 (若弧線存在)，若弧線不存在，為一個 M 值 (非常大的數字)，如同 7.6 節，運送一個單位的貨品到自己本身的成本為 0。

極大化流量問題

我們可以找尋在網路中，從起源點到匯集點的最大流量，利用線性規劃或利用 Ford-Fulkerson 方法。

利用線性規劃求最大流量

令

$$x_0 = 從匯集點至起源點虛設弧線的流量$$

則找尋從源點至匯集點最大流量，極大化 x_0 受到下列二個條件集合的限制：

1. 經過每個弧線的流量必須為非負且不能超過弧線的容量。
2. 流入節點 i 的流量＝流出節點 i 的流量 (流量守恆定律)。

利用 Ford-Fulkerson 方法求最大流量

令

$$I = 在弧線中，流量可以增加的集合$$
$$R = 在弧線中，流量可以減少的集合$$

步驟 1 找出一條可行流量 (剛開始，設定每一條弧線流量為 0)。

步驟 2 利用下列過程，試著找尋一條鏈，包含已被標記的弧線與節點，能夠用來標記匯集點。標記起源點，然後利用下列法則來標記節點及弧線 (除了弧線 a_0 外)：(1) 若節點 x 被標記，而節點 y 未被標記且弧線 (x, y) 為 I 中的元素；則標記節點 y 及弧線 (x, y)。此弧線被稱為一條**順向弧線** (forward arc)。(2) 若節點 y 未被標記，然後節點 x 被標記且弧線 (y, x) 為 R 中的元素；則標記節點 y 及弧線 (y, x)。弧線 (y, x) 稱為一條**逆向弧線** (backward arc)。

若匯集點不能被標記，則目前的可行流量為最大流量；若匯集點被標記，則到步驟 3。

步驟 3 若標記至匯集點的鏈包含所有的順向弧線，在此鏈中順向弧線上的流動量可以被增加，接著從起源點至匯集點增加流量。若標記至匯集點的鏈包含有順向及逆向弧線，增加在鏈中每一條順向弧線的流量且降低在鏈中每一條逆向弧線的流量。一樣地，這樣會增加從起源點至匯集點的流量，回到步驟 2。

要徑法

假設每一個活動的期間已知，要徑法 (CPM) 可以用來找專案的完成期間。

建造 AOA 專案圖形的法則

1. 節點 1 代表專案的開始，一個從節點 1 所引出去的弧線代表沒有前置作業的活動。
2. 一個節點 (稱為完成節點) 代表整個專案的完成。
3. 在網路中，給定節點的數字方面，一個活動完成的節點數字要大於一個活動開始節點的數字 (會有超過一個以上的編號滿足法則 3)。
4. 一個活動不能夠用超過一條弧線來表示。
5. 二個節點至多只有一條弧線來表示。

為了避免違反法則 4 及 5，通常必須使用**虛設活動** (dummy activity)，其活動時間為 0。

計算最早事件時間

節點 i 的最早事件時間 $ET(i)$，為對應於節點 i 會發生事件的最早時間，我們計算 $ET(i)$ 如下：

步驟 1 找出每一個在節點 i 前面的事件，且有弧線與節點 i 連接，這個事件稱為節點 i 的**立即前置作業** (immediate predecessors)。

步驟 2 對於節點 i 的前置作業的 ET 加上連接立即前置作業節點 i 的活動期間。

步驟 3 $ET(i)$ 等於在步驟 2 所計算出的和之最大值。

計算最晚事件時間

節點 i 的最晚事件時間 $LT(i)$，為對應於節點 i 會發生事件而不會延遲整個專案完成的最晚時間，我們計算 $LT(i)$ 如下：

步驟 1 找到在節點 i 之後的每一個節點且利用弧線連接到節點 i，這些事件稱為節點 i 的**立即後續者** (immediate successors)。

步驟 2 從節點 i 的每一個立即後續者的 LT，減掉連接節點 i 的後續者的活動期間。

步驟 3 從步驟 2 的值中找出的最小值為 $LT(i)$。

浮時

對於任何活動 (i, j)，總浮時以 $TF(i, j)$ 表示剛開始的時間可以延遲的量，其超過原來的最早可能時間，但不會延遲整個專案的完成：

$$TF(i, j) = LT(j) - ET(i) - t_{ij} \ [t_{ij} = 弧線 (i, j) 所代表的活動時間]$$

任何一個活動，其浮時為 0 稱為**重要的活動** (critical activity)。一個從節點 1 至最後節點，包含所有重要活動的路徑，稱為**要徑** (critical path)。任何一條要徑 (可能有超過一條以上) 為從節點 1 至最後一個節點有最長路徑者。若某一重要活動的開始時間延遲，或若某一重要活動的期間大於期望值，則專案的完成將被延遲。

自由浮時

對應於弧線 (i, j) 活動的自由浮時，以 $FF(i, j)$ 為符號，代表對應於弧線 (i, j) 活動的最早開始時間可以延遲的量，而不會影響後面活動的可能最早開始時間。

$$FF(i, j) = ET(j) - ET(i) - t_{ij}$$

線性規劃可以用來找出要徑及專案的期間。令

$x_j = $ 在專案網路中節點 j 發生的時間
$F = $ 完成專案的節點

為了找一條要徑，極小化 $z = x_F - x_1$，受限制於

$x_j \geq x_i + t_{ij}$ 或 $x_j - x_i \geq t_{ij}$ 對於每一條弧線
x_j urs

目標函數的最佳解為任何一條要徑 (或專案的完成時間) 的長度。為了找尋要徑，可以簡單地找節點 1 至節點 F，其中在路徑中每一條弧線以 (i, j) 表示，它的條件 $(x_j - x_i \geq t_{ij})$ 有對偶價格 -1。

線性規劃亦可來決定在降低活動期間 (趕工) 下，完成專案在一個截止時間以前的最小成本。

PERT

如果專案的活動期間是確定未知的，則利用 PERT 估計此專案規定時間內完成的機率。PERT 針對每一個活動，必須確定以下三個數值：

$a = $ 在最好的情況下，活動期間的估計值
$b = $ 在最差的情況下，活動期間的估計值
$m = $ 每一個活動期間最有可能的值

如果 a，b 和 m 代表弧線 (i, j) 活動的時間估計值，則 $\mathbf{T}_{ij}$ 是隨機變數，它代表弧線 (i, j) 所表示的活動期限，$\mathbf{T}_{ij}$(近似地) 有下列性質：

$$E(\mathbf{T}_{ij}) = \frac{a + 4m + b}{6}$$

$$\mathrm{var}\mathbf{T}_{ij} = \frac{(b - a)^2}{36}$$

則

$$\sum_{(i,\,j)\in 路徑} E(\mathbf{T}_{ij}) = 在任何路徑上的期望活動時間$$

$$\sum_{(i,\,j)\in 路徑} \mathbf{T}_{ij} = 在任何路徑上活動期間的變異數$$

假設 (某些時候不見得對) 要徑為 CPM 所找出的要徑,且假設每一個要徑的期間為常態分配,前面的等式可以用來估計專案在一個給定時間長度的完成機率。

最小成本網路流量問題

運輸、指派、轉運、最短路徑、最大流量、及要徑問題均為最小成本網路流量問題 (MCNFP) 的特例:

x_{ij} = 從節點 i 至節點 j,經由弧線 (i, j) 流動的量。
b_i = 節點 i 的淨供應量 (輸出量−輸入量)。
c_{ij} = 從節點 i 至節點 j,經由弧線 (i, j) 運送一個單位的成本。
L_{ij} = 經由弧線 (i, j) 流量的下界 (若沒有下界,令 $L_{ij} = 0$)。
U_{ij} = 經由弧線 (i, j) 流量的上界 (若沒有上界,令 $U_{ij} = \infty$)。

則一個 MCNFP 可以寫成

$$\min \sum_{所有弧線} c_{ij} x_{ij}$$

s.t $\quad \sum_j x_{ij} - \sum_k x_{ki} = b_i \quad$ (在網路上的每一個節點 i)

$\quad L_{ij} \leq x_{ij} \leq U_{ij} \quad$ (在網路上每一條弧線)

第一個條件集合為**流量平衡等式** (flow balance equations),且第二個條件集合表示弧線容量的限制。

一個 MCNFP 可以利用**網路簡捷法** (network simplex) 所寫的電腦編碼來解決;使用者可以輸入網路中的節點及弧線、c_{ij} 及每一條弧線的容量,及每一個節點 b_i,在建立一個 MCNFP 的模式可能需要在問題中加上虛設的點。

最小展樹問題

下列的方法 (MST 演算法) 可以用來找一個網路的最小展樹:

步驟 1 從任何一節點 i 開始,將節點 i 連接至網路中最靠近節點 i 的節點 (稱為節點 j),這二個節點 i 及 j,現在形成一個連接的節點集合 $C = \{i, j\}$,且弧線 (i, j) 將為最小展樹。在網路中,剩下來的節點 (稱為 C') 稱為未連接點集合。

步驟 2 現在選擇 $C'(n)$ 中的一個點 (稱為 n) 為最靠近 C 中的某一節點。令 m 代表在 C 中最靠近 n 的節點,然後弧線 (m, n) 將為最小展樹。現在更新 C 及 C',因為現在已連接到 $\{i, j\}$,C 現在變成 $\{i, j, n\}$ 且我們必須從 C' 中刪除節點 n。

步驟 3　重複這個步驟，直到最小展樹已被找到。在找尋最小展樹中，最近的節點與弧線若是相同時可以任意地打破這個結 (ties)。

網路簡捷法

步驟 1　決定一個開始的 bfs，且 $(n-1)$ 個基本變數的值對應於一個展樹，非基本變數值為上界者以虛線代表。

步驟 2　計算 y_1，y_2，…，y_n (通常稱為簡捷乘數)，透過解 $y_1 = 0$，針對所有基本變數 x_{ij} 的 $y_i - y_j = c_{ij}$。針對所有非基本變數，決定第 0 列的係數 $\bar{c}_{ij}$ 從 $\bar{c}_{ij} = y_i - y_j - c_{ij}$ 而得。若針對所有 $x_{ij} = L_{ij}$ 的 $\bar{c}_{ij} \leq 0$ 及針對所有 $x_{ij} = U_{ij}$ 的 $\bar{c}_{ij} \geq 0$，則目前的 bfs 為最佳解。若這個 bfs 不是最佳解，選擇一個違反最佳條件最嚴重的非基本變數為進入的基本變數。

步驟 3　確定迴圈 (僅會有一個迴圈！)，此迴圈可由加上對應於進入變數的弧線到目前 bfs 的展樹而得，離開基底的變數為當將進入基本變數改變時，第一個達到上界或下界的變數。

步驟 4　在步驟 3 找到的迴圈中，改變弧線的流量而得新的 bfs，再到步驟 2。

複習題

問題組 A

1. 一部貨車必須從紐約載送貨品至洛杉磯，如圖 7-68 所示。有一些不同可用的路徑，在每一條弧線上的數字代表貨車經由這條弧線所需的燃料加侖數。
   a. 利用 Dijkstra 演算法求從紐約到洛杉磯用最小加侖量的路徑。
   b. 建立一個平衡的運輸問題可以用來找到紐約到洛杉磯的最少加侖汽油量的路徑。
   c. 建立一個 MCNFP 模式求到紐約到洛杉磯的最小加侖汽油量的路徑。

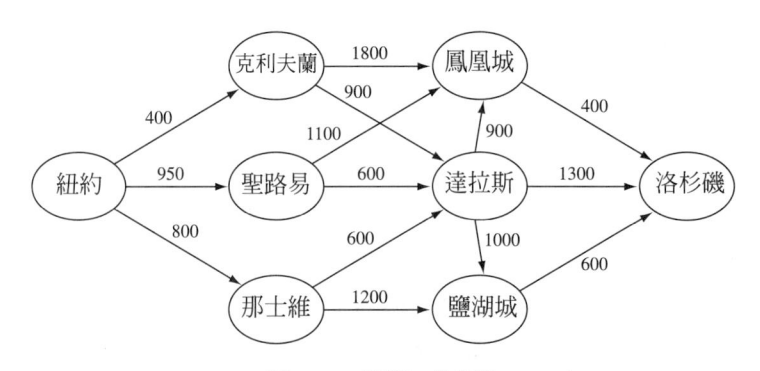

圖 7-68　問題 1 的網路

表 7-39

城市	電話線數
紐約-芝加哥	500
紐約-孟斐斯	400
芝加哥-丹佛	300
芝加哥-達拉斯	250
孟斐斯-丹佛	200
孟斐斯-達拉斯	150
丹佛-洛杉磯	400
丹佛-洛杉磯	350

2. 從紐約到洛杉磯的電話的傳送方式如下：首先電話從芝加哥或孟斐斯，送到丹佛或達拉斯，最後才送到洛杉磯，連接每二個城市的電話線數如表 7-39。
   a. 建立一個 LP 可以用來決定在給定時間下，從紐約到洛杉磯的最大電話線數。
   b. 利用 Ford-Fulkerson 方法來決定在給定時間下，從紐約到洛杉磯的最大電話線數。

3. 在一個新產品上市之前，所有的活動列在表 7-40 均需要完成 (所有的時間以週為主)。
   a. 畫專案網路圖。
   b. 決定所有要徑及重要的活動。
   c. 決定所有活動的浮時及自由浮時。
   d. 寫下一個 LP 可以用來決定要徑。
   e. 建立一個 MCNFP 可以用來找到要徑。
   f. 若現在是耶誕節之前的 12 週，這個產品會在耶誕節之前完成的機率有多少？
   g. 每一個活動可以至多減少 2 週，其每週的成本如下：A，$80；B，$60；C，$30；D，$60；E，$40；F，$30；G，$20。假設每一個活動的期間為確定已知，建立一個 LP 在產品會在耶誕節上市的成本達到最小。

4. 在接下來的三個月，Shoemakers 製鞋公司必須準時滿足下列鞋子的需求：第 1 個月，1,000 雙；第 2 個月，1,500 雙；第 3 個月，1,800 雙；每雙鞋子必須花 1 小時的勞工。在接下來的三個月的每個月，需要下列一般勞工工時：第 1 個月，1,000 小時；第 2 個月，1,200 小時；

表 7-40

活動	描述	前任	期間	a	b	m
A	設計產品	—	6	2	10	6
B	市場調查	—	5	4	6	5
C	訂購原料	A	3	2	4	3
D	收到原料	C	2	1	3	2
E	建立產品的原型	A, D	3	1	5	3
F	發展廣告	B	2	3	5	4
G	設置大量生產的計畫	E	4	2	6	4
H	運送產品到店裡	G, F	2	0	4	2

表 7-41

	每單位生產成本 (s)	容量
工廠 1 (階段 1)	33	7
工廠 1 (階段 2)	43	4
工廠 2 (階段 1)	30	9
工廠 2 (階段 2)	41	9

表 7-42

	階段 1	階段 2
工廠 1 到顧客	$51	$60
工廠 2 到顧客	$42	$71

第 3 個月，1,200 小時。每個月，公司可以有 400 小時的加班工時。勞工可用在工作的時候才需要付費，且在正常工時的每小時 $4 及加班的每小時 $6。在每個月結束後，每雙鞋子會有 $1.50 持有成本。建立一個 MCNFP 模式可以在滿足接下來的三個月的需求，且使成本達到最小。一個模式的建立需要畫適當的網路且決定 c_{ij}、b_i 及弧線的容量，若需求可以延後滿足 (但所有的需求還是要在三個月結束後滿足)，延後滿足成本為 $20/雙/月，您如何修正你的答案？

5. 找尋圖 7-68 網路的最小展樹。

6. 一個公司在二個工廠，工廠 1 及 2 生產產品。在每一個期間，單位生產成本及產能限制列在表 7-41。產品可以瞬間地送到公司的顧客，其單位運送成本列在表 7-42。若在階段 1，一個產品生產且運送可以用來滿足階段 2 的需求，但會產生每個單位有 $13 的存貨成本。在階段 1 結束後，至多只有 6 單位的存貨，需求如下：階段 1，9；階段 2，11。建立一個 MCNFP 模式可以用來滿足需求且成本最小，畫一個網路圖可以用來決定每一個點的淨流量、弧線容量及運送成本。

7. 一個專案的完成當活動 A-F 全部完成，每個活動的期間及前置作業列在表 7-43，LINDO 的輸出列在圖 7-69 可以用來決定這個專案的要徑。

   a. 利用 LINDO 輸出繪出專案網路，每個活動以弧線來代表。
   b. 決定在網路中的要徑，專案最早完成的時間為何？

8. 州立大學有三位教授每年教授四門課程。每一年，必須提供市調、財務、生產四個部份。在每一個學期 (秋或春季)，每一個課程至少有一單元必須開課，每位教授所喜歡的時間與喜歡教的不同課程列在表 7-44。

   每位教授所教授一門課程所得到的總滿足為每學期滿足及課程滿足的總合。因此，每一

表 7-43

活動	期間	立即前置作業
A	2	—
B	3	—
C	1	A
D	5	A, B
E	7	B, C
F	5	D, E

表 7-44

	教授 1	教授 2	教授 3
喜歡秋季開課	3	5	4
喜歡春季開始	4	3	4
市調	6	4	5
財務	5	6	4
生產	4	5	6

位教授可以在秋季獲得教學上的滿足 3 + 6 = 9，建立一個 MCNFP 模式可以指派教授至課程，且極大化三位教授的總滿意量。

問題組 B

9. 在接下來的二個月，Machineco 公司必須 (準時) 地滿足三種型態的產品需求，列於表 7-45。

表 7-45

月份	產品 1	產品 2	產品 3
1	50 單位	70 單位	80 單位
2	60 單位	90 單位	120 單位

表 7-46

產品	生產時間(分)	生產成本 機器 1	生產成本 機器 2	持有成本 ($)
1	30	40	—	15
2	20	45	60	10
3	15	—	55	5

```
MIN     X6 - X1
SUBJECT TO
    2) - X1 + X3 >=    3
    3)   X4 - X2 >=    1
    4) - X3 + X4 >=    0
    5) - X4 + X5 >=    7
    6) - X3 + X5 >=    5
    7)   X6 - X5 >=    5
    8)   X3 - X2 >=    0
    9) - X1 + X2 >=    2
END
        LP OPTIMUM FOUND AT STEP    3

            OBJECTIVE FUNCTION VALUE

    1)      15.0000000

VARIABLE        VALUE         REDUCED COST
      X6       15.000000          0.000000
      X1        0.000000          0.000000
      X3        3.000000          0.000000
      X4        3.000000          0.000000
      X2        2.000000          0.000000
      X5       10.000000          0.000000

    ROW     SLACK OR SURPLUS     DUAL PRICES
     2)         0.000000         -1.000000
     3)         0.000000          0.000000
     4)         0.000000         -1.000000
     5)         0.000000         -1.000000
     6)         2.000000          0.000000
     7)         0.000000         -1.000000
     8)         1.000000          0.000000
     9)         0.000000          0.000000

NO. ITERATIONS=    3
```

圖 7-69

有二部機器可以用來生產這些產品。機器 1 只能生產產品 1 及 2，且機器 2 只能生產產品 2 及 3，每部機器每個月只能使用 40 個小時。表 7-46 顯示出每生產一個單位的某一產品所需的時間 (與每部機器獨立)；每種不同型態的機器生產某一種產品的成本；及每個產品每個月存貨的單位持有成本，建立一個 MCNFP 的模式可以及時地滿足需求且達到最小成本。

參考文獻

Brown, G., A. Geoffrion, and G. Bradley. "Production and Sales Planning with Limited Shared Tooling at the Key Operation," *Management Science* 27(1981):247–259.

Glover, F., et al. "The Passenger-Mix Problem in the Scheduled Airlines," *Interfaces* 12(1982):73–80.

Mulvey, M. "Strategies in Modeling: A Personnel Example," *Interfaces* 9(no. 3, 1979):66–75.

Peterson, I. "Proven Path for Limiting Shortest Shortcut," *Science News* December 22, 1990: 389.

Ravidran, A. "On Compact Book Storage in Libraries," *Opsearch* 8(1971).

The following three texts contain an overview of networks at an elementary level:

Chachra, V., P. Ghare, and J. Moore. *Applications of Graph Theory Algorithms.* New York: North-Holland, 1979.

Mandl, C. *Applied Network Optimization.* Orlando, Fla.: Academic Press, 1979.

Phillips, D., and A. Diaz. *Fundamentals of Network Analysis.* Englewood Cliffs, N.J.: Prentice Hall, 1981.

The two best comprehensive references on network models are:

Ahuja, R., Magnanti, T., and Orlin, J. *Network Flows: Theory Algorithms and Applications.* Englewood-Cliffs, N.J.: Prentice-Hall, 1993.

Bersetkas, D. *Linear Network Optimization: Algorithms and Codes.* Cambridge, Mass.: MIT Press, 1991.

Detailed discussion of methods for solving shortest path problems can be found in the following three texts:

Denardo, E. *Dynamic Programming: Theory and Applications.* Englewood Cliffs, N.J.: Prentice Hall, 1982.

Evans, T., and E. Minieka. *Optimization Algorithms for Networks and Graphs.* New York: Dekker, 1992. Also discusses minimum spanning tree algorithms.

Hu, T. *Combinatorial Algorithms.* Reading, Mass.: Addison-Wesley, 1982. Also discusses minimum spanning tree algorithms.

Evans and Minieka (1992) and Hu (1982) discuss the maximum-flow problem in detail, as do the following three texts:

Ford, L., and D. Fulkerson. *Flows in Networks.* Princeton, N.J.: Princeton University Press, 1962.

Jensen, P., and W. Barnes. *Network Flow Programming.* New York: Wiley, 1980.

Lawler, E. *Combinatorial Optimization: Networks and Matroids.* Chicago: Holt, Rinehart & Winston, 1976.

Excellent discussions of CPM and PERT are contained in:

Hax, A., and D. Candea. *Production and Inventory Management.* Englewood Cliffs, N.J.: Prentice Hall, 1984.

Wiest, J., and F. Levy. *A Management Guide to PERT/CPM*, 2d ed. Englewood Cliffs, N.J.: Prentice Hall, 1977.

Jensen and Barnes (1980) and the following references each contain a detailed discussion of the network simplex method used to solve an MCNFP.

Chvàtal, V. *Linear Programming.* San Francisco: Freeman, 1983.

Shapiro, J. *Mathematical Programming: Structures and Algorithms.* New York: Wiley, 1979.

Wu, N., and R. Coppins. *Linear Programming and Extensions.* New York: McGraw-Hill, 1981.

An excellent discussion of applications of MCNFPs is contained in the following:

Glover, F., D. Klingman, and N. Phillips. *Network Models and Their Applications in Practice.* New York: Wiley, 1992.

8 整數規劃

我們曾經在第 3.1 節，討論過可分性的假設，並定義過整數規劃。簡單地說，一個整數規劃問題 (integer programming problem, IP) 為一個 LP 問題，其中某些或所有的變數均限制為非負的整數。

在本章 (如同第 3 章的 LP)，我們找到許多實例可用 IP 來建立模式。不幸地，我們會看見 IP 通常比解 LP 困難許多。

在 8.1 節，我們開始於一些 IP 的基本定義與建議。在 8.2 節，我們解釋如何建立整數規劃模式，我們亦會討論如何利用 LINDO、LINGO 及 Excel Solver 求解 IP 問題，在第 8.3 － 8.8 節我們討論其他的方法求解 IP。

8.1 整數規劃的簡介

一個 IP 中，所有的變數均需要是整數，稱為**單純的整數規劃問題** (pure inteager programming problem)。例如，

$$\max z = 3x_1 + 2x_2$$
$$\text{s.t.} \quad x_1 + x_2 \leq 6 \tag{1}$$
$$x_1, x_2 \geq 0, x_1, x_2 \text{ 為整數}$$

為一個單純的整數規劃問題。

一個 IP 中，只需要某些變數為整數，稱為**混合的整數規劃問題** (mixed integer programming problem)，例如，

$$\max z = 3x_1 + 2x_2$$
$$\text{s.t.} \quad x_1 + x_2 \leq 6$$
$$x_1, x_2 \geq 0, x_1 \text{ 為整數}$$

為一個混合的整數規劃問題 (x_2 不需要是整數)。

一個整數規劃問題中，所有的變數需要為 0 或 1，稱為 0 － 1 IP。在 8.2 節，我們可以看到 0 － 1 IP 發生在很多情況，下列為一個 0 － 1 IP 的例子：

445

$$\max z = x_1 - x_2$$
$$\text{s.t.} \quad x_1 + 2x_2 \leq 2$$
$$2x_1 - x_2 \leq 1 \qquad (2)$$
$$x_1, x_2 = 0 \text{ 或 } 1$$

0－1 IP 的特殊的解題過程將在 8.7 節討論。

在整數規劃中的線性寬鬆的觀念扮演了解 IP 的一個重要角色。

定義 ■ 刪除所有整數或 0－1 條件所獲得的 LP 問題，稱為 IP 的 **LP 寬鬆** (LP relaxation)。

例如，式 (1) 的 LP 寬鬆為

$$\max z = 3x_1 + 2x_2$$
$$\text{s.t.} \quad x_1 + x_2 \leq 6 \qquad (1')$$
$$x_1, x_2 \geq 0$$

且式 (2) 的 LP 寬鬆為

$$\max z = x_1 - x_2$$
$$\text{s.t.} \quad x_1 + 2x_2 \leq 2$$
$$2x_1 - x_2 \leq 1 \qquad (2')$$
$$x_1, x_2 \geq 0$$

任何一個 IP 視為一個 LP 寬鬆加上附加的條件 (這些條件的變數必須為整數或 0 或 1)。因此，一個 LP 寬鬆擁有較少的條件，或更寬鬆的 IP 版本，這代表任何一個 IP 的可行區域必須包含在相對應的 LP 寬鬆的可行區域內。針對一個極大的問題，這代表

$$\text{LP 寬鬆的最佳 } z \text{ 值} \geq \text{IP 的最佳 } z \text{ 值} \qquad (3)$$

這個結果在討論 IP 的解中扮演一個非常重要的角色。

為了說明整數規劃問題中的更多特性，我們考慮以下一個簡單的 IP：

$$\max z = 21x_1 + 11x_2$$
$$\text{s.t.} \quad 7x_1 + 4x_2 \leq 13 \qquad (4)$$
$$x_1, x_2 \geq 0; x_1, x_2 \text{ 為整數}$$

從圖 8-1 中，我們看到這個問題的可行區域包含下列點集合：$S = \{(0,0), (0, 1), (0, 2), (0, 3), (1, 0), (1, 1)\}$。不同於任何一個 LP 的可行區域中，式 (4) 的可行區域並非凸集合，針對在可行區域的 6 個點，經過簡單的計算與比較 z 值，我們找到式 (4) 的最佳解為 $z = 33$，$x_1 = 0$，$x_2 = 3$。

若一個單純 IP 的 LP 寬鬆的可行區域為有界，如式 (4)，則這個 IP 的可行區域將包含有限個點。在理論上，這個 IP 可以透過計算每一個可行點的 z

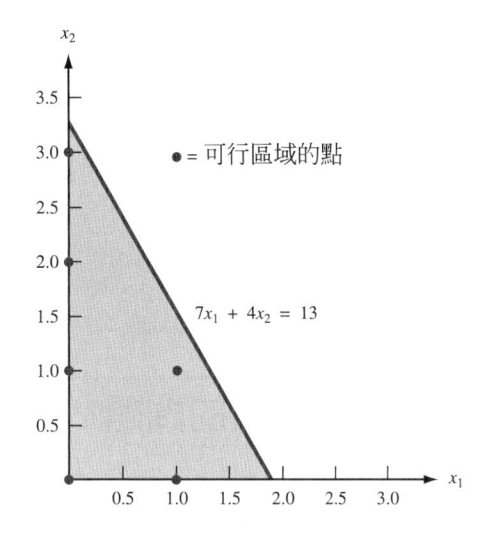

圖 8-1
簡單 IP (4) 的可行區域

值且決定這些可行點中擁有最大 z 值來解決它。若一個實務的 IP 問題，可能可行區域擁有上億個可行點，在這種狀況下，完整列舉所有可行點需有花非常大量的計算時間，在 8.3 節我們會解釋，IP 可以透過巧妙地列舉所有 IP 可行區域上的點來解決。

進一步地研究式 (4)，顯示出一些 IP 有趣的特性，假設一位聰明的分析者建議下列解決 IP 的方法：首先，解決 LP 寬鬆，再取需要為整數的變數到近似的整數 (最靠近的整數) 且假設在 LP 寬鬆的最佳解中有分數的存在。

利用這個方法來處理式 (4)，首先，我們找到這個 LP 寬鬆的最佳解為：$x_1 = \frac{13}{7}$，$x_2 = 0$，將這個解取近似整數可得 $x_1 = 2$，$x_2 = 0$ 可能為式 (4) 的最佳解。但 $x_1 = 2$，$x_2 = 0$ 為式 (4) 的不可行解，所以不可能為式 (4) 的最佳解，即使將 x_1 取小於它的整數 (產生可行解 $x_1 = 1$，$x_2 = 0$)，我們也不會得到最佳解 ($x_1 = 0$，$x_2 = 3$ 為真正的最佳解)。

針對某些 IP，有可能我們將 LP 寬鬆的最佳解取近似的整數後，會變成不可行解，為了了解這個問題，考慮以下 IP：

$$\max z = 4x_1 + x_2$$
$$\text{s.t.} \quad 2x_1 + x_2 \leq 5$$
$$2x_1 + 3x_2 = 5$$
$$x_1, x_2 \geq 0; x_1, x_2 \text{ 為整數}$$

這個 LP 寬鬆的最佳解為 $z = 10$，$x_1 = \frac{5}{2}$，$x_2 = 0$，取這個解的近似整數，我們可得到候選解 $x_1 = 2$，$x_2 = 0$ 或 $x_1 = 3$，$x_2 = 0$，這二個候選解都不是原來 IP 的可行解。

回顧第 4 章，簡捷演算法可以求解 LP，利用一個基本可行解到下一個更好的解。且在大部份的例子中,簡捷演算法在找到最佳解之前,只檢驗一小部份的基本可行解,這個簡捷演算法的特性可以使我們解相當大的 LP,僅要利用極少量的計算。相似地,我們亦可期待一個 IP 問題也可以透過從一個可行的整數解到下一個可行的整數解而找到最佳解。不幸地,並沒有這樣的演算法。

總結,即使 IP 的可行區域為 LP 寬鬆可行區域的子集合,但 IP 通常會比解 IP 的 LP 寬鬆要困難許多。

8.2 建立整數規劃模式的問題

在本節,我們說明如何將實際問題利用 IP 來建立模式,在完成本節以後,讀者可以掌握如何建立整數規劃模式建立的技巧。我們先從一些簡單的問題開始,再慢慢建立較複雜的模式。第一個例子為一個在 3.6 節談過的石油資金預算問題。

例題 1　資金預算 IP

Stockco 公司考慮四個投資案,投資案 1 可以產生一個現值 (NPV) 為 \$16,000;投資案 2,NPV 為 \$22,000;投資案 3,NPV 為 \$12,000;且投資案 4,NPV 為 \$8,000。目前,每個投資案需要一定的現金流量;方案 1,\$5,000;方案 2,\$7,000;方案 3,\$4,000;及方案 4,\$3,000。目前手邊共有 \$14,000 可用來投資,建立一個 IP 的解可以用來告訴 Stockco 公司從方案 1 − 4,極大化 NPV 值。

解　就如同在 LP 模式建立中,首先我們定義 Stockco 公司必須決定的決策變數。這就要定義 0 − 1 變數:

$$x_j = (j = 1, 2, 3, 4) = 1 \begin{cases} \text{若投資方案 } j \\ 0 \quad \text{其他} \end{cases}$$

例如,$x_2 = 1$ 表示投資方案 2,及 $x_2 = 0$ 表示不投資方案 2。

Stockco 公司所得的 NPV 值 (千元) 為

Stockco 公司所得的總 NPV 值 $= 16x_1 + 22x_2 + 12x_3 + 8x_4$ **(5)**

為了了解這個觀念,若 $x_j = 1$,則式 (5) 包含投資案 j 的 NPV 值,且若 $x_j = 0$,(5) 式不包含投資案 j 的 NPV 值。這表示不管是什麼投資案子的組合,式 (5) 表示專案組合的 NPV 值。例如,若 Stockco 公司投資方案 1 及 4,則一個 NPV 值為 16,000 + 8,000 = \$24,000。這個投資組合為 $x_1 = x_4 = 1$,$x_2 = x_3 = 0$,所以式 (5) 表示這個投資組合的 NPV 值為 16 (1) + 22 (0) + 12 (0) + 8 (1) = 24 (千元),這就是 Stockco 公司目標函數

$$\max z = 16x_1 + 22x_2 + 12x_3 + 8x_4 \quad \textbf{(6)}$$

Stockco 公司面對的條件為至多只有 $14,000 可以投資,如同推導式 (5) 的道理,我們可以證得

$$總投資金額 (千元) = 5x_1 + 7x_2 + 4x_3 + 3x_4 \quad (7)$$

例如,若 $x_1 = 0$,$x_2 = x_3 = x_4 = 1$,則 Stockco 公司投資方案 2、3 及 4。在此例中,Stockco 必須投資 $7 + 4 + 3 = \$14$ (千元)。因為至多 $14,000 可以投資,$x_1$,$x_2$,$x_3$ 及 x_4 必須滿足

$$5x_1 + 7x_2 + 4x_3 + 3x_4 \leq 14 \quad (8)$$

綜合 (6) 及 (8) 式,再加上條件 $x_j = 0$ 或 1 ($j = 1, 2, 3, 4$) 可得下列 $0 - 1$ IP:

$$\begin{aligned} \max z &= 16x_1 + 22x_2 + 12x_3 + 8x_4 \\ \text{s.t.} \quad & 5x_1 + 7x_2 + 4x_3 + 3x_4 \leq 14 \\ & x_j = 0 \text{ 或 } 1 \quad (j = 1, 2, 3, 4) \end{aligned} \quad (9)$$

註解

1. 在 8.5 節,我們可證明式 (9) 的最佳解為 $x_1 = 0$,$x_2 = x_3 = x_4 = 1$,$z = \$42,000$。因此,Stockco 決定投資方案 2、3 及 4,但不投資方案 1。但投資方案 1 可得比其他投資案較大的每單位 NPV 值 (投資案 1 可得每元 $3.20;方案 2,$3.14;方案 3,$3;及方案 4,$2.67),所以似乎令人驚訝的是方案 1 卻不投資。為了了解為何式 (9) 的最佳解並非投資 "最佳" 方案,因為任何包含投資方案 1 的投資組合所用的資金不會超過 $12,000,這代表若投資方案 1 會使得 Stockco 放棄 $2,000 的投資。另外,最佳投資組合會將所有 $14,000 預算用光。這保證最佳組合會得到比其他有包含投資方案 1 的組合更高的 NPV。如果,如同在第 3 章,若允許部份分數的投資,式 (9) 的最佳解將會是 $x_1 = x_2 = 1$,$x_3 = 0.5$,$x_4 = 0$,$z = \$44,000$,則方案 1 將會被使用到。這個簡單的例子說明選擇建立一個預算模式為一個線性規劃或為一個整數規劃將會非常明顯地影響到這個問題的最佳解。

2. 任何一個像式 (9) 的 IP 問題,其中只有一個條件,可以稱為**背包問題** (knapsack problem)。假設露營者 Josie 將參加一項過夜的登山活動。在此次旅行中,Josie 可以考慮攜帶四種東西,每一項東西的重量及 Josie 感覺到從每項物品所得的利益,列在表 8-1。

表 8-1 Josie 背包物品的重量及利益

物品	重量 (磅)	利益
1	5	16
2	7	22
3	4	12
4	3	8

假設 Josie 的背包可以放入至多 14 磅的物品，針對 $j = 1$、2、3、4，定義

$$x_j = \begin{cases} 1 & \text{若 Josie 在旅行中攜帶物品 } j \\ 0 & \text{其他} \end{cases}$$

Josie 可以透過解式 (9) 來極大化總利益。

在下面的例子，我們說明如何修正 Stockco 模式來處理加法的條件。

例題 2　資金預算 (續)

由於下列條件，修正 Stockco 公司的模式：

1. 若 Stockco 最多只能投資二個方案。
2. 若 Stockco 投資方案 2，則他們必須投資方案 1。
3. 若 Stockco 投資方案 2，則他們不能投資方案 4。

解　1. 簡單地加上條件

$$x_1 + x_2 + x_3 + x_4 \leq 2 \tag{10}$$

到式 (9)，因為任意選擇三或四個投資將會使得 $x_1 + x_2 + x_3 + x_4 \geq 3$，(10) 式會去除所有超過三或四個投資的組合，因此，式 (10) 會刪除真正不滿足需求 1 的投資組合。

2. 利用 x_1 及 x_2 來表示，這個需求敘述當 $x_2 = 1$ 時，則 x_1 必須等於 1，若我們加上條件

$$x_2 \leq x_1 \quad \text{或} \quad x_2 - x_1 \leq 0 \tag{11}$$

到式 (9)，則我們已考慮第二個需求。為了說明式 (11) 等於需求 2，我們考慮二個可能：$x_2 = 1$ 或 $x_2 = 0$。

狀況 1　$x_2 = 1$，若 $x_1 = 1$，則式 (11) 表示 $x_1 \geq 1$，因為 x_1 必須等於 0 或 1，則表示 $x_1 = 1$，會滿足需求 2。

狀況 2　$x_2 = 0$，在此例，式 (11) 使 $x_1 \geq 0$，代表 $x_1 = 0$ 或 $x_1 = 1$。簡單地說，若 $x_2 = 0$，式 (11) 並不限制 x_1 的值，這與需求 2 一致。

總結，針對任何 x_2 的值，式 (11) 等於需求 2。

3. 簡單地加上條件

$$x_2 + x_4 \leq 1 \tag{12}$$

到式 (9)，現在我們說明針對下面二個狀況 $x_2 = 1$ 及 $x_2 = 0$，式 (12) 等於需求 3。

狀況 1　$x_2 = 1$。在本例中，我們投資方案 2，且需求 3 表示不能再投資方案 4。(亦即，x_4 必須為 0)。當 $x_2 = 1$，則式 (12) 表示 $1 + x_4 \leq 1$ 或 $x_4 \leq 0$。因此，若 $x_2 = 1$，則式 (12) 與需求 3 一致。

狀況 2 $x_2 = 0$。在本例中，需求 3 並不限制 x_4 的值，當 $x_2 = 0$ 時，則 (12) 式變成 $x_4 \leq 1$，這會使得 x_4 可以為 0 或 1。

固定費用的問題

例題 3 說明一個有關於利用 IP 建立許多設置及生產問題的重要技巧。

例題 3　固定費用 IP

Gandhi 衣服公司有能力生產三種服飾：襯衫、短褲、長褲。製造每一種服飾，Gandhi 需要一些特定的機器。製造每一種服飾所需要的機器必須以下列的利率承租：襯衫的機器，每週 \$200；短褲的機器，每週 \$150；長褲的機器，每週 \$100。製造每一種服飾需要的布料及勞工列在表 8-2。每週有 150 小時的勞工可用且有 160 平方碼的布料可用，每一種服飾的每單位變數成本與銷售價格列在表 8-3。建立極大化 Gandhi 每週利潤的 IP 模式。

解　在建立 IP 模式之前，首先我們定義 Gandhi 必須下的決策變數，Gandhi 必須決定每週所生產的衣服數量，所以我們定義

$x_1 =$ 每週襯衫的生產數量
$x_2 =$ 每週短褲的生產數量
$x_3 =$ 每週長褲的生產數量

每種機器的承租成本與生產衣服種類有關，而與某一類服飾的產量無關，這表示我們可以利用下列變數來表示承租機器的成本：

$$y_1 = \begin{cases} 1 & \text{若要製造任何襯衫} \\ 0 & \text{其他} \end{cases}$$

$$y_2 = \begin{cases} 1 & \text{若要製造任何短褲} \\ 0 & \text{其他} \end{cases}$$

$$y_3 = \begin{cases} 1 & \text{若要製造任何長褲} \\ 0 & \text{其他} \end{cases}$$

簡單而言，若 $x_j > 0$，則 $y_j = 1$，且若 $x_j = 0$，則 $y_j = 0$。因此，Gandhi 每週利潤＝(每週銷售收益)－(每週變動成本)－(每週機器承租成本)。

所以，

表 8-2　Gandhi 的資源需求

衣服種類	勞工(小時)	布料(平方碼)
襯衫	3	4
短褲	2	3
長褲	6	4

表 8-3　Gandhi 的收益與成本

衣服種類	售價 (\$)	變動成本 (\$)
襯衫	3	4
短褲	2	3
長褲	6	4

$$\text{每週機器承租成本} = 200y_1 + 150y_2 + 100y_3 \tag{13}$$

為了說明 (13) 式，表示 Gandhi 真正生產時才需要機器的租用成本，例如，假設要生產襯衫與長褲，則 $y_1 = y_3 = 1$ 且 $y_2 = 0$，所以總租金成本為 $200 + 100 = \$300$。

因為襯衫的租金成本與襯衫的生產量無關，因此租每一種機器所需要的成本稱為**固定費用** (fixed change)，每一個活動的固定成本為每一個活動不為 0 時所造成的成本，這個固定費用的產生將會使得 Gandhi 的模式建立變得更加困難。

我們可以將 Gandhi 的每週利潤表示成

$$\begin{aligned}\text{每週利潤} &= (12x_1 + 8x_2 + 15x_3) - (6x_1 + 4x_2 + 8x_3) \\ &\quad - (200y_1 + 150y_2 + 100y_3) \\ &= 6x_1 + 4x_2 + 7x_3 - 200y_1 - 150y_2 - 100y_3\end{aligned}$$

因此，Gandhi 想要極大化

$$z = 6x_1 + 4x_2 + 7x_3 - 200y_1 - 150y_2 - 100y_3$$

因為勞力與布料的供應有限，Gandhi 面對下列二個條件：

條件 1 至多每週只有 150 小時的勞力可用。
條件 2 至多每週只有 160 平方碼的布料可用。

條件 1 可表示成

$$3x_1 + 2x_2 + 16x_3 \leq 150 \quad (\text{勞工條件}) \tag{14}$$

條件 2 可表示成

$$4x_1 + 3x_2 + 4x_3 \leq 160 \quad (\text{布料條件}) \tag{15}$$

觀察到 $x_j > 0$ 且 x_j 為整數 ($j = 1, 2, 3$) 必須成立且加上 $y_j = 0$ 或 1 ($j = 1, 2, 3$)。將 (14) 及 (15) 式放入條件及其目標函數可得下列 IP：

$$\begin{aligned}\max z = &\ 6x_1 + 4x_2 + 7x_3 - 200y_1 - 150y_2 - 100y_3 \\ \text{s.t.} \quad &3x_1 + 2x_2 + 6x_3 \leq 150 \\ &4x_1 + 3x_2 + 4x_3 \leq 160 \\ &x_1, x_2, x_3 \geq 0; x_1, x_2, x_3 \text{ 為整數} \\ &y_1, y_2, y_3 = 0 \text{ 或 } 1\end{aligned} \quad \textbf{(IP 1)}$$

這個問題的最佳解為 $x_1 = 30$，$x_3 = 10$，$x_2 = y_1 = y_2 = y_3 = 0$。這不可能為 Gandhi 的最佳解因為這個解表示 Gandhi 要生產襯衫與長褲，但卻不會產生租機器的租金。目前的模式是錯誤的因為變數 y_1、y_2 及 y_3 並不在現在的條件中，這代表我們設 $y_1 = y_2 = y_3 = 0$ 沒有什麼問題。由於設定 $y_i = 0$ 必定會比設定 $y_i = 1$ 來得成本少，所以 (IP1) 的最少成本解必定設定 $y_i = 0$，所以我們必須修正 (IP 1) 使得 $x_i > 0$，$y_i = 1$ 必定成立。下面的技巧可以用來完成這個目標，令 M_1、M_2 及 M_3 為三個非常大的正數，且將下列條件加入 (IP 1)：

第 8 章　整數規劃　453

$$x_1 \le M_1 y_1 \quad (16)$$
$$x_2 \le M_2 y_2 \quad (17)$$
$$x_3 \le M_3 y_3 \quad (18)$$

將 (16)－(18) 式加入 IP1，能保證若 $x_i > 0$，則 $y_i = 1$。為了說明 (16) 式能保證：若 $x_1 > 0$，則 $y_1 = 1$，若 $x_1 > 0$，則 y_1 不會為 0。若 $y_1 = 0$，則 (16) 式可得 $x_1 \le 0$ 或 $x_1 = 0$。因此，若 $x_1 > 0$，$y_1 = 1$ 必須成立。若有任何的襯衫必須生產 ($x_1 > 0$)，式 (16) 保證 $y_1 = 1$，因此目標函數將包含承租襯衫機器的租金，若 $y_1 = 1$，則式 (16) 變成 $x_1 \le M_1$，這表示不需要限制 x_1 的值。若 M_1 取得不夠大 (例如 $M_1 = 10$)，則式 (16) 將會造成不必要的限制 x_1 的值。一般而言，M_i 必須設定為 x_i 可能達到的最大值。目前的例子而言，至多有 40 件襯衫必須生產 (若 Gandhi 生產超過 40 件襯衫，則公司會將所有的布料用完)，所以我們可以安全地選 $M_1 = 40$。讀者可以自行地證明 $M_2 = 53$ 及 $M_3 = 25$。

若 $x_1 = 0$，(16) 式變成 $0 \le M_1 y_1$，這會使得 $y_1 = 0$ 或 $y_1 = 1$，因為 $y_1 = 0$ 的成本會小於 $y_1 = 1$，所以若 $x_1 = 0$，則最佳解會選擇 $y_1 = 0$。總之，我們已經證明若得 (16)－(18) 式加入 (IP 1)，則 $x_i > 0$ 將會使得 $y_i = 1$，且 $x_i = 0$ 將會使得 $y_i = 0$。

Gandhi 問題的最佳解為 $z = \$75$，$x_3 = 25$，$y_3 = 1$。因此，Gandhi 每週必須生產 25 件長褲。

Gandhi 問題為一個固定費用問題的例子，在一個固定費用的例子，會有一個對應於生產非零活動的成本，它與生產的水準無關。因此，在 Gandhi 問題中，若我們最後生產任何的襯衫 (不管我們生產多少)，我們必須付上 $200 承租一部襯衫機器，決策者必須決定如何來設置工廠通常也是一個固定費用的問題，決策者必須選擇在什麼地方設置廠址 (例如工廠、倉庫、或商業辦公室)，且一個固定費用通常伴隨建立或使用一個廠址。例題 4 為一個典型的設置問題，其中包含固定費用的概念。

例題 4　鎖箱問題

　　J. C. Nickles 收到來自於四個地區 (西部、中西部、東部及南部) 的信用卡帳款，平均從不同區域，每天從顧客所付的費用如下：西部，$70,000；中西部，$50,000；東部，$60,000；南部，$40,000。Nickles 必須決定哪個地方的顧客可以郵寄他們的匯款，因為 Nickles 可以投資他的收益而賺取 20% 的年利息，且通常希望收到他們的匯款是愈快愈好，Nickles 考慮在四個不同的城市設置付款系統 (鎖箱)：洛杉磯，芝加哥，紐約及亞特蘭大。從一張支票付清到 Nickles 可以存入的平均天數與此付款從哪個城市寄出有關，資料列於表 8-4。例如，若支票是從西部寄到亞特蘭大，在 Nickles 可以賺到此張支票的利息，大約平均需要 8 天，在任何城市運作這個系統的一年成本為 $50,000。建立一個 IP 模式可以讓 Nickles 用來極小化損失利息與系統操作的成本和，假設每個區域必須將所有的錢送至一個城市且在每一個操作系統

表 8-4 從寄出支票至支票付清的平均天數

自	至			
	城市 1 (洛杉磯)	城市 2 (芝加哥)	城市 3 (紐約)	城市 4 (亞特蘭大)
地區 1 西部	2	6	8	8
地區 2 中西部	6	2	5	5
地區 3 東部	8	5	2	5
地區 4 南部	8	5	5	2

所處理的錢並沒有上限。

解 Nickles 必須下二種決策，首先，Nickles 必須決定在什麼地方設置鎖箱，針對 $j = 1$、2、3、4，我們定義

$$y_j = \begin{cases} 1 & \text{若這個系統是在城市 } j \text{ 運作} \\ 0 & \text{其他} \end{cases}$$

因此，若此系統在芝加哥設置鎖箱，則 $y_2 = 1$，，且若紐約並沒有設置鎖箱，則 $y_3 = 0$，其次，Nickles 必須決定哪個區域必須寄出支票，我們定義 (針對 $i, j = 1$、2、3、4)。

$$x_{ij} = \begin{cases} 1 & \text{若區域 } i \text{ 寄支票到城市 } j \\ 0 & \text{其他} \end{cases}$$

例如，若西部送支票至芝加哥，則 $x_{12} = 1$，且若中西部沒有送支票至紐約，則 $x_{23} = 0$。

Nickles 想要極小化 (總年成本)＝(年設置鎖箱所需成本)＋(年度遺失利息成本)。為了決定 Nickles 每年會遺失多少利息成本，我們必須決定有多少收益會遺失若從區域 i 送支票至區域 j，例如，若顧客是從西部送出支票到紐約，Nickles 會遺失多少的年利息？在任意固定的日子，會有 8 天的價值，也就是會有 8 (70,000)＝$560,000 的西部支票在郵寄中且無法賺到利息。因為 Nickles 可以每年賺到 20% 的利息，亦即每年西部的基金會造成損失 0.20 (560,000)＝$112,000。類似的計算，對於每一個區域的支票送至一個城市所造成的年度利息列於表 8-5。當 $x_{ij} = 1$，從城市 i 的支票送至城市 j 所引起的利息損失會發生，所以 Nickles 每年損失利息成本 (千元) 為

$$\begin{aligned}
\text{每年利息損失成本} = &\ 28x_{11} + 84x_{12} + 112x_{13} + 112x_{14} \\
&+ 60x_{21} + 20x_{22} + 50x_{23} + 50x_{24} \\
&+ 96x_{31} + 60x_{32} + 24x_{33} + 60x_{34} \\
&+ 64x_{41} + 40x_{42} + 40x_{43} + 16x_{44}
\end{aligned}$$

會在城市 i 產生運作系統的成本若且唯若 $y_i = 1$，故年設置鎖箱成本 (千元) 可給定為

$$\text{總年度設置鎖箱成本} = 50y_1 + 50y_2 + 50y_3 + 50y_4$$

表 8-5　每年遺失利息的計算

指派	損失年利息成本($)
西部至洛杉磯	0.20(70,000)2 = 28,000
西部至芝加哥	0.20(70,000)6 = 84,000
西部至紐約	0.20(70,000)8 = 11,200
西部至亞特蘭大	0.20(70,000)8 = 11,200
中西部至洛杉磯	0.20(50,000)6 = 60,000
中西部至芝加哥	0.20(50,000)2 = 20,000
中西部至紐約	0.20(50,000)5 = 50,000
中西部至亞特蘭大	0.20(50,000)5 = 50,000
東部至洛杉磯	0.20(60,000)8 = 96,000
東部至芝加哥	0.20(60,000)5 = 60,000
東部至紐約	0.20(60,000)2 = 24,000
東部至亞特蘭大	0.20(60,000)5 = 60,000
南部至洛杉磯	0.20(40,000)8 = 64,000
南部至芝加哥	0.20(40,000)5 = 40,000
南部至紐約	0.20(40,000)5 = 40,000
南部至亞特蘭大	0.20(40,000)2 = 16,000

因此，Nickles 目標函數可以寫成

$$\begin{aligned}\min z = \ & 28x_{11} + 84x_{12} + 112x_{13} + 112x_{14} \\ & + 60x_{21} + 20x_{22} + 50x_{23} + 50x_{24} \\ & + 96x_{31} + 60x_{32} + 24x_{33} + 60x_{34} \\ & + 64x_{41} + 40x_{42} + 40x_{43} + 16x_{44} \\ & + 50y_1 + 50y_2 + 50y_3 + 50y_4\end{aligned} \quad (19)$$

Nickles 面臨下列二種條件

型 1 條件　每個區域必須送支票到一個城市。

型 2 條件　若一個區域送支票到一個城市，則該城市必須要有一個鎖箱。

型 1 條件敘述針對任何一個區域 i ($i = 1$、2、3、4)，只能有一個 x_{i1}、x_{i2}、x_{i3} 及 x_{i4} 為 1 且其他為 0，這可以由下列四個條件來完成：

$$\begin{aligned}x_{11} + x_{12} + x_{13} + x_{14} = 1 \quad &\text{(西部地區條件)} & (20)\\ x_{21} + x_{22} + x_{23} + x_{24} = 1 \quad &\text{(中西部地區條件)} & (21)\\ x_{31} + x_{32} + x_{33} + x_{34} = 1 \quad &\text{(東部地區條件)} & (22)\\ x_{41} + x_{42} + x_{43} + x_{44} = 1 \quad &\text{(南部地區條件)} & (23)\end{aligned}$$

型 2 條件敘述若

$$x_{ij} = 1 \text{(亦即，區域 } i \text{ 的顧客必須付支票給城市 } i\text{)} \quad (24)$$

則 y_j 必須為 1。例如，假設 $x_{12} = 1$，則在城市 2 必須要有一個運作系統，所以 $y_2 = 1$ 必須成立，這個條件必須由下列 16 個條件來限定：

$$x_{ij} \leq y_j \ (i = 1 \cdot 2 \cdot 3 \cdot 4 ; j = 1 \cdot 2 \cdot 3 \cdot 4) \tag{25}$$

若 $x_{ij} = 1$，則 (25) 式保證 $y_j = 1$ 必須成立。相同地，若 $x_{ij} = x_{2j} = x_{3j} = x_{4j} = 0$，則 (25) 式會使得 $y_j = 0$ 或 $y_j = 1$，如同在固定費用的例子，為了要極小化成本會造成 $y_j = 0$。總結而言，在 (25) 式的條件保證 Nickles 若在城市 i 使用鎖箱，他必須在城市 i 付出成本。

將 (19)–(23) 式的條件與 4 (4) = 16 個 (25) 式的條件，再加上 0 – 1 限制在變數上，會產生下面模式建立問題：

$$\begin{aligned}
\min z = &\ 28x_{11} + 84x_{12} + 112x_{13} + 112x_{14} + 60x_{21} + 20x_{22} + 50x_{23} + 50x_{24} \\
&+ 96x_{31} + 60x_{32} + 24x_{33} + 60x_{34} + 64x_{41} + 40x_{42} + 40x_{43} + 16x_{44} \\
&+ 50y_1 + 50y_2 + 50y_3 + 50y_4
\end{aligned}$$

s.t.
$$\begin{aligned}
& x_{11} + x_{12} + x_{13} + x_{14} = 1 \\
& x_{21} + x_{22} + x_{23} + x_{24} = 1 \\
& x_{31} + x_{32} + x_{33} + x_{34} = 1 \\
& x_{41} + x_{42} + x_{43} + x_{44} = 1 \\
& x_{11} \leq y_1, x_{21} \leq y_1, x_{31} \leq y_1, x_{41} \leq y_1, x_{12} \leq y_2, x_{22} \leq y_2, x_{32} \leq y_2, x_{42} \leq y_2, \\
& x_{13} \leq y_3, x_{23} \leq y_3, x_{33} \leq y_3, x_{43} \leq y_3, x_{14} \leq y_4, x_{24} \leq y_4, x_{34} \leq y_4, x_{44} \leq y_4
\end{aligned}$$

所有 x_{ij} 及 $y_j = 0$ 或 1

這個問題的最佳解為 $z = 242$，$y_1 = 1$，$y_3 = 1$，$x_{11} = 1$，$x_{23} = 1$，$x_{33} = 1$，$x_{43} = 1$。因此，Nickles 必須在洛杉磯及紐約設置鎖箱，西部顧客必須付支票給洛杉磯，而其他顧客必須付支票給紐約。

條件 2 有另外一種建立模式的方法，取代 16 個條件型態 $x_{ij} \leq y_j$，可以包含下列四種條件：

$$\begin{aligned}
x_{11} + x_{21} + x_{31} + x_{41} &\leq 4y_1 &\text{(洛杉磯條件)} \\
x_{12} + x_{22} + x_{32} + x_{42} &\leq 4y_2 &\text{(芝加哥條件)} \\
x_{13} + x_{23} + x_{33} + x_{43} &\leq 4y_3 &\text{(紐約條件)} \\
x_{14} + x_{24} + x_{34} + x_{44} &\leq 4y_4 &\text{(亞特蘭大條件)}
\end{aligned}$$

在每一個城市，每一個條件保證運作系統必須被使用，然後 Nickles 必須付費給它。例如，考慮 $x_{14} + x_{24} + x_{34} + x_{44} \leq 4y_4$，在亞特蘭大系統會被使用，若 $x_{14} = 1$，$x_{24} = 1$，$x_{34} = 1$ 或 $x_{44} = 1$，若任何這些變數的值為 1，則亞特蘭大條件保證 $y_4 = 1$，因此 Nickles 必須付費來運作系統。若這些值都為 0，則為了極小化成本會使得 $y_4 = 0$，且亞特蘭大運作成本就不會發生，為什麼每一個條件的右端值會為 4？這表示針對每一個城市，有可能四個區域的錢會全部送到這個城市。在 8.3 節，我們討論這二個不同的運作系統模式建立，對電腦而言，哪一個比較好解。這個答案一定讓您感到驚訝！

集合覆蓋問題

下面這個例題為一個典型的集合覆蓋 IP 模式問題。

例題 5　廠址設置集合覆蓋問題

在 Kilroy 郡有六個城市 (城市 1 − 6)。該郡必須決定那一個地方設置消防站，Kilroy 郡想要以最小的消防站個數，保證至少有一個消防站能在 15 分 (駕駛時間) 到每一個城市，在 Kilroy 郡每一個城市的駕駛時間列在表 8-6。建立一個 IP 模式告訴 Kilroy 需要多少個消防站且它們應該蓋在哪裡。

解　對於每一個城市，Kilroy 必須決定在那一個地方要設置消防站，我們定義 0 − 1 變數 x_1，x_2，x_3，x_4，x_5 及 x_6 利用。

$$x_i = \begin{cases} 1 & \text{若在城市 } i \text{ 設置消防站} \\ 0 & \text{其他} \end{cases}$$

則總共需要蓋的消防站為 $x_1 + x_2 + x_3 + x_4 + x_5 + x_6$，且 Kilroy 的目標為極小化

$$z = x_1 + x_2 + x_3 + x_4 + x_5 + x_6$$

Kilroy 的條件是什麼？Kilroy 必須保證一個消防站必須要在 15 分鐘內到達某一個城市：表 8-7 指出哪一個消防站的位置到達某一個城市的時間在 15 分鐘或 15 分鐘以內，為了保證至少有一個消防站會在 15 分鐘內到達城市 1，我們加上條件

$$x_1 + x_2 \geq 1 \quad \text{(城市 1 條件)}$$

這個條件保證 $x_1 = x_2 = 0$ 是不可能的，所以至少會有一個消防站必須在 15 分鐘內到達城市 1，相似地，條件

$$x_1 + x_2 + x_6 \geq 1 \quad \text{(城市 2 條件)}$$

保證至少有一個消防站會在 15 分鐘內到達城市 2。相同的方式，我們可以得到城市

表 8-6　Kilroy 郡之間行車所需時間

自	至						
	城市 1	城市 2	城市 3	城市 4	城市 5	城市 6
城市 1	0	10	20	30	30	20
城市 2	10	0	25	35	20	10
城市 3	20	25	0	15	30	20
城市 4	30	35	15	0	15	25
城市 5	30	20	30	15	0	14
城市 6	20	10	20	25	14	0

表 8-7　給定某一程式，會在 15 分鐘內到達的城市

城市	15 分鐘內
1	1, 2
2	1, 2, 6
3	3, 4
4	3, 4, 5
5	4, 5, 6
6	2, 5, 6

3-6 的條件。綜合這六個條件與目標函數 (且每一個變數必須為 0 或 1)，我們可得下列 0 − 1 IP：

$$\min z = x_1 + x_2 + x_3 + x_4 + x_5 + x_6$$

$$\text{s.t.} \quad x_1 + x_2 \geq 1 \quad \text{(城市 1 條件)}$$
$$x_1 + x_2 + x_6 \geq 1 \quad \text{(城市 2 條件)}$$
$$x_3 + x_4 \geq 1 \quad \text{(城市 3 條件)}$$
$$x_3 + x_4 + x_5 \geq 1 \quad \text{(城市 4 條件)}$$
$$x_4 + x_5 + x_6 \geq 1 \quad \text{(城市 5 條件)}$$
$$x_2 + x_5 + x_6 \geq 1 \quad \text{(城市 6 條件)}$$
$$x_i = 0 \text{ or } 1 \quad (i = 1, 2, 3, 4, 5, 6)$$

這個 IP 的最佳解為 $z = 2$，或 $= x_4 = 1$，$x_1 = x_3 = x_5 = x_6 = 0$。因此，Kilroy 郡必須建立二個消防站：一個在城市 2 且另一個在城市 4。

就如前述，例題 5 代表一個典型的 IP 模式稱為**集合覆蓋的問題** (set-covering problems)。在集合覆蓋問題，每一個在給定集合 (稱為集合 1) 的元素必定被某一集合 (稱為集合 2) 給 "覆蓋"，這個集合覆蓋問題的目標為極小化在集合 2 的元素被集合 1 所有元素蓋住的個數。在例題 5，集合 1 為 Kilroy 郡的城市，集合 2 為消防站的集合，在城市 2 的消防站可以覆蓋城市 1、2 及 6，且在城市 4 的消防站可以覆蓋城市 3、4 及 5。集合覆蓋問題在許多領域有相當多的應用，如航空公司員工排班問題，政治劃分區域，航空排班問題，及卡車路線問題。

其中一個條件成立

下面情況通常會發生在一般的數學規劃問題，我們給二個條件，型態如下：

$$f(x_1, x_2, \ldots, x_n) \leq 0 \qquad (26)$$
$$g(x_1, x_2, \ldots, x_n) \leq 0 \qquad (27)$$

我們必須保證 (26) 及 (27) 式至少一個成立，通常稱為**其中一個條件** (either-or constraints)，加上二個條件 (26') 及 (27') 式到模式建立中，會保證 (26) 及 (27) 式至少一個必須滿足：

$$f(x_1, x_2, \ldots, x_n) \leq My \qquad (26')$$
$$g(x_1, x_2, \ldots, x_n) \leq M(1 - y) \qquad (27')$$

在 (26') 及 (27') 式，y 為 0 − 1 變數，及 M 為一個足夠大的數字，能保證 $f(x_i, \ldots, x_n) \leq M$ 及 $g(x_1, x_2, \ldots, x_n) \leq M$ 均會滿足，對於所有 $x_1, \ldots, x_n$ 也會滿足其他在問題中的條件。

讓我們說明將 (26') 及 (27') 式加入問題中，就等於至少 (26) 及 (27) 式其中一個必定要滿足，不是 $y = 0$ 就是 $y = 1$，若 $y = 0$，則 (26') 及 (27') 式會變成 $f \leq 0$ 及 $g \leq M$。因此，若 $y = 0$，則 (26) 式 (且有可能 (27) 式) 必定會滿足。相似地，$y = 1$，則 (26') 及 (27') 式變成 $f \leq M$ 及 $g = 0$。因此，若 $v = 1$，則 27 (且可能 (26) 式) 必須成立。因此，不管 $y = 0$ 或 $y = 1$，(26') 及 (27') 式保證至少有 (26) 或 (27) 式成立。

下面的例子說明其中一個條件。

例題 6　其中一個條件成立

Dorian 汽車公司考慮生產三種型態的汽車：小型、中型及大型。每一種不同型的所需資源及所產生的利潤列在表 8-8。目前，公司有 6,000 噸的鋼鐵及 60,000 個小時的勞工可用，為了考慮生產一部汽車的經濟效益，每種型的汽車至少要生產 1,000 部，試建立一個 IP 可以用來極大化 Dorian 的利潤。

解　因為 Dorian 公司必須決定每種型態的汽車要生產多少部，我們定義

$x_1 =$ 小型汽車生產數量
$x_2 =$ 中型汽車生產數量
$x_3 =$ 大型汽車生產數量

則利潤的貢獻 (千元) 為 $2x_1 + 3x_2 + 4x_3$，且 Dorian 的目標函數為

$$\max z = 2x_1 + 3x_2 + 4x_3$$

表 8-8　生產 3 種型態汽車所需的資源及利潤

資源	汽車類型		
	小型	中型	大型
鋼的需求	1.5 噸	3 噸	5 噸
人工需求	30 小時	25 小時	40 小時
所得利率 ($)	2,000	3,000	4,000

我們知道，若要生產任何一部汽車，該型汽車至少要生產 1,000 部。因此，針對 $i = 1$、2、3，必須要 $x_i \leq 0$ 或 $x_i \geq 1,000$，因為鋼鐵與勞工是有限，所以 Dorian 必須滿足下列五個條件：

條件 1 $x_1 \leq 0$ 或 $x_1 \geq 1,000$
條件 2 $x_2 \leq 0$ 或 $x_2 \geq 1,000$
條件 3 $x_3 \leq 0$ 或 $x_3 \geq 1,000$
條件 4 汽車的生產至多使用鋼鐵 6,000 噸
條件 5 汽車的生產至多使用勞工 60,000 個小時

從前面的討論，我們可知若我們定義 $f(x_1, x_2, x_3) = x_1$，且 $g(x_1, x_2, x_3) = 1,000 - x_1$，我們可以將條件 1 修正成下列成對的條件：

$$x_1 \leq M_1 y_1$$
$$1,000 - x_1 \leq M_1 (1 - y_1)$$
$$y_1 = 0 \text{ 或 } 1$$

為了保證 x_1 及 $1,000 - x_1$ 不會超過 M_1，M_1 必須選擇足夠大能夠使得 M_1 超過 1,000 而且 x_1 永遠小於 M_1，因為可以建立 $60,000/30 = 2,000$ 部小型汽車而將所有的可用勞工用完 (且可能留下一些鋼鐵)，所以至多有 2,000 部小型汽車可生產。因此，我們可以選擇 $M_1 = 2,000$，相似地，條件 2 可以用下列成對的條件表示：

$$x_2 \leq M_2 y_2$$
$$1,000 - x_2 \leq M_2 (1 - y_2)$$
$$y_2 = 0 \text{ 或 } 1$$

你也可以證明 $M_2 = 2,000$ 也適合。相似地，條件 3 可以取代為

$$x_3 \leq M_3 y_3$$
$$1,000 - x_3 \leq M_3 (1 - y_3)$$
$$y_3 = 0 \text{ 或 } 1$$

相同地，您可證明 $M_3 = 1,200$ 就足夠了。條件 4 為資源條件可改寫成

$$1.5x_1 + 3x_2 + 5x_3 \leq 6,000 \quad \text{(鋼鐵條件)}$$

條件 5 的使用資源條件可改寫成

$$30x_1 + 25x_2 + 40x_3 \leq 60,000 \quad \text{(勞工條件)}$$

最後，$x_i \geq 0$ 且 x_i 必須為整數，我們得到以下 IP：

$$\max z = 2x_1 + 3x_2 + 4x_3$$
$$x_1 \leq 2,000 y_1$$
$$1,000 - x_1 \leq 2,000(1 - y_1)$$
$$x_2 \leq 2,000 y_2$$
$$1,000 - x_2 \leq 2,000(1 - y_2)$$

$$x_3 \leq 1{,}200\, y_3$$
$$1{,}000 - x_3 \leq 1{,}200(1 - y_3)$$
$$1.5x_1 + 3x_2 + 5x_3 \leq 6{,}000 \quad (鋼鐵條件)$$
$$30x_1 + 25x_2 + 40x_3 \leq 60{,}000 \quad (勞工條件)$$
$$x_1, x_2, x_3 \geq 0;\ x_1, x_2, x_3\ 整數$$
$$y_1, y_2, y_3 = 0\ 或\ 1$$

這個 IP 的最佳解為 $z = 6{,}000$，$x_2 = 2{,}000$，$y_2 = 1$，$y_1 = y_3 = x_1 = x_3 = 0$。因此，Dorian 將生產 2,000 部中型的汽車，若 Dorian 不需要生產每種產品至少 1,000 部以上的汽車，則最佳解將會生產 570 部小型及 1,715 部中型汽車。

若-則條件

在許多的應用上，下面的情況可能發生：我們要保證若一個條件 $f(x_1, x_2, \ldots, x_n) > 0$ 滿足，則條件 $g(x_1, x_2, \ldots, x_n) \geq 0$ 必定也要成立，且當 $f(x_1, x_2, \ldots, x_n) > 0$ 不滿足時，則 $g(x_1, x_2, \ldots, x_n) \geq 0$ 可能或可能不滿足。簡單而言，我們想要保證 $f(x_1, x_2, \ldots, x_n) > 0$ 推得 $g(x_1, x_2, \ldots, x_n) \geq 0$。

為了保證這個需求，我們推導出下面條件的型態：

$$-g(x_1, x_2, \ldots, x_n) \leq My \tag{28}$$
$$f(x_1, x_2, \ldots, x_n) \leq M(1 - y) \tag{29}$$
$$y = 0\ 或\ 1$$

一樣地，M 為一個很大的正數。(M 必須選到足夠地讓 $f \leq M$ 且 $-g \leq M$ 都必須成立的於所有 $x_1, x_2, \ldots, x_n$ 必須滿足在問題中其他的條件。) 觀察到若 $f > 0$，則式 (29) 可以被滿足只有在 $y = 0$，然後式 (28) 可推得 $-g \leq 0$，或 $g \geq 0$，這是我們要的結果。因此，若 $f > 0$，則 (28) 及 (29) 式能保證 $g \geq 0$，然而，若 $f > 0$ 不被滿足，則式 (29) 允許 $y = 0$ 或 $y = 1$。若選擇 $y = 1$，(28) 式會自動滿足，因此，若 $f > 0$ 不被滿足，則 $x_1, x_2, \ldots, x_n$ 的值沒有限制且 $g < 0$ 或 $g \geq 0$ 二者均可。

為了說明這個概念，假設我們加上下面條件到 Nickles 鎖箱問題：若顧客在區域 1 且將其付款交到城市 1，則沒有其他顧客會送他們的支出到城市 1，用數學式表示，這個限制可以表示成

$$若\ x_{11} = 1\ \ 則\ \ \ x_{21} = x_{31} = x_{41} = 0 \tag{30}$$

因為所有的 x_{ij} 必須為 0 或 1，式 (30) 可以改寫成：

$$若\ x_{11} > 0,\ 則\ \ x_{21} + x_{31} + x_{41} \leq 0,\ 或\ \ -x_{21} - x_{31} - x_{41} \geq 0 \tag{30'}$$

若我們定義 $f = x_{11}$ 及 $g = -x_{21} - x_{31} - x_{41}$，我們可以利用 (28) 及 (29) 式來表示式 (30') 利用下面二個條件：

$$x_{21} + x_{31} + x_{41} \leq My$$
$$x_{11} \leq M(1-y)$$
$$y = 0 \text{ 或 } 1$$

因為 $-g$ 及 f 不會超過 3，我們選擇 $M = 3$ 且加上下面條件到原來的鎖箱模式中。

$$x_{21} + x_{31} + x_{41} \leq 3y$$
$$x_{11} \leq 3(1-y)$$
$$y = 0 \text{ 或 } 1$$

整段規劃及階段式線性函數

下一個例子說明 0 − 1 的變數可以用來建立包含階段線性函數的最佳化問題。一個**階段性線性函數** (piecewise linear function) 包含許多線性的階段，在圖 8-2 的線性階段函數包含四個直線線段，在每一階段性線性函數斜率改變的點 (或每一個函數定義的範圍端點) 稱為這個函數的**轉折點** (break points)。因此，0、10、30、40 及 50 為在圖 8-2 中函數的轉折點。

為了說明為什麼階段性線性函數為 IP 的一個應用例子，假設我們從石油提煉汽油，從供應商購買原油，我們可得一定的折扣。第一次購買 500 加侖的原油，每加侖 25¢，接下來的 500 加侖，每加侖 20¢；接下來的 500 加侖，每加侖 15¢，至多有 1,500 加侖的原油可以購買。令 x 代表購買原油的加侖數且 $c(x)$ 代表購買 x 加侖原油的成本 (以分為單位)。針對 $x \leq 0$，$c(x) = 0$，然後針對 $0 \leq x \leq 500$，$c(x) = 25x$，針對 $500 \leq x \leq 1,000$，$c(x) =$ (購買前面 500 加侖，每加侖 25¢ 的成本) + (購買接下來 $x - 500$ 加侖，每加侖 20¢ 的成本) $= 25(500) + 20(x - 500) = 20x + 2,500$。針對 $1,000 \leq x \leq 1,500$，$c(x) =$ (購買前面 1,000 加侖) + (購買接下來 $x - 1,000$ 加侖，每加侖 15¢ 的成本) $=$

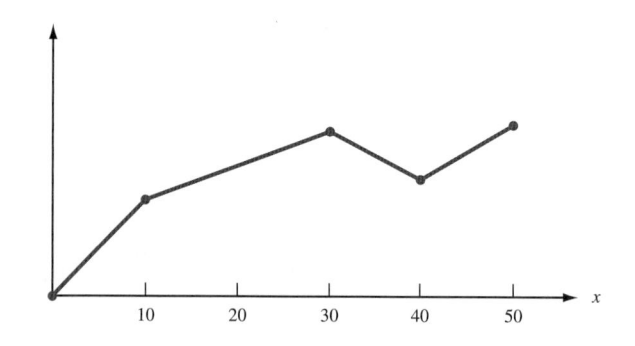

圖 8-2　階段線性函數

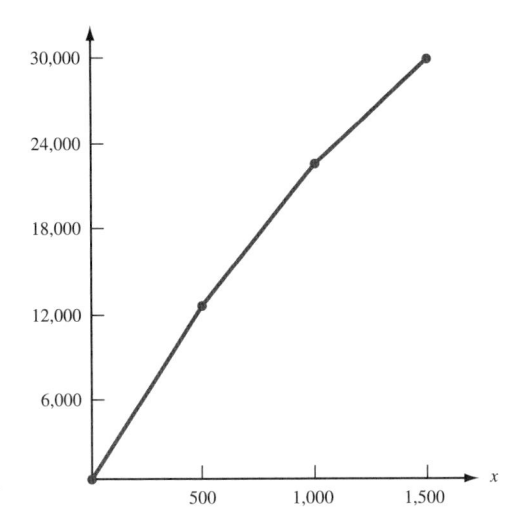

圖 8-3　購買石油的成本

$c(1,000) + 15(x - 1,000) = 7,500 + 15x$。因此，$c(x)$ 會有圖 8-3 所顯示出的轉折點 0、500、1,000 及 1,500。

一個階段性線性函數並非一個線性函數，所以我們可以認為線性規劃不能用來包含這樣函數的最佳化問題。利用 0－1 變數，然而，階段性線性函數可以用線性函數來代表。假設一個階段性線性函數 $f(x)$ 有 b_1，b_2，…，b_n 等轉折點，針對某些 k ($k = 1, 2, …, n - 1$)，$b_k \le x \le b_{k+1}$。然後，針對某些 z_k ($0 \le z_k \le 1$)，x 可以寫成

$$x = z_k b_k + (1 - z_k) b_{k+1}$$

因為 $f(x)$ 在 $b_k \le x \le b_{k+1}$ 為線性，我們可以寫

$$f(x) = z_k f(b_k) + (1 - z_k) f(b_{k+1})$$

為了說明這個概念，在石油的例子中取 $x = 800$，然後，可得 $b_2 = 500 \le 800 \le 1,000 = b_3$，且

$$x = \tfrac{2}{5}(500) + \tfrac{3}{5}(1,000)$$
$$f(x) = f(800) = \tfrac{2}{5}f(500) + \tfrac{3}{5}f(1,000)$$
$$= \tfrac{2}{5}(12,500) + \tfrac{3}{5}(22,500) = 18,500$$

我們現在可以開始來描述如何利用 0－1 變數來表示階段性線性函數：

步驟 1　當 $f(x)$ 發生在最佳化問題時，就可以利用 $z_1 f(b_1) + z_2 f(b_2) + … + z_n f(b_n)$ 來取代 $f(x)$。

步驟 2　加上下面條件至問題中：

464 作業研究 I

$$z_1 \leq y_1, z_2 \leq y_1 + y_2, z_3 \leq y_2 + y_3, \ldots, z_{n-1} \leq y_{n-2} + y_{n-1}, z_n \leq y_{n-1}$$
$$y_1 + y_2 + \cdots + y_{n-1} = 1$$
$$z_1 + z_2 + \cdots + z_n = 1$$
$$x = z_1 b_1 + z_2 b_2 + \cdots + z_n b_n$$
$$y_i = 0 \ \text{或} \ 1 \quad (i = 1, 2, \ldots, n-1); \quad z_i \geq 0 \quad (i = 1, 2, \ldots, n)$$

例題 7　利用 IP 來表示階段性線性函數

Euing 石油公司生產二種汽油 (汽油 1 及汽油 2)，從二種原油 (原油 1 及原油 2)，每一加侖的汽油 1 必須包含至少有 50% 的石油 1，且每一加侖的汽油 2 必須包含至少 60% 的石油 1。每加侖的汽油 1 可以賣出 12¢，且每加侖的汽油 2 可以賣出 14¢。目前，有 500 加侖的原油 1 及 1,000 加侖的原油 2 可以使用，至多有 1,500 的原油 1 可用下列的價格購買：開始的 500 加侖，每加侖 25¢；下一個 500 加侖，每加侖 20¢；再下一個 500 加侖，每加侖 15¢。建立一個 IP 問題可以用來極大化 Euing 利潤 (收益－購買成本)。

解　除了購買額外原油 1 的成本為一個階段性線性函數外，這個問題為一個混合問題。首先，我們定義

$$x = 購買原油 1 的數量$$
$$x_{ij} = 原油 \ i \ 用來生產汽油 \ j \ 的數量 \ (i, j = 1, 2)。$$

然後 (以美分計算)

總收益－購買原油 1 的成本 $= 12(x_{11} + x_{21}) + 14(x_{12} + x_{22}) - c(x)$

如前所看到的

$$c(x) = \begin{cases} 25x & (0 \leq x \leq 500) \\ 20x + 2{,}500 & (500 \leq x \leq 1{,}000) \\ 15x + 7{,}500 & (1{,}000 \leq x \leq 1{,}500) \end{cases}$$

因此，Euing 的目標函數為極大化

$$z = 12x_{11} + 12x_{21} + 14x_{12} + 14x_{22} - c(x)$$

Euing 面臨下列條件：

條件 1　Euing 可以利用至多 $x + 500$ 加侖的石油 1。
條件 2　Euing 可以利用至多 1,000 加侖的石油 2。
條件 3　石油混合製成汽油 1 必須至少 50% 的石油 1。
條件 4　石油混合製成汽油 2 必須至少有 60% 的石油 1。

條件 1 可得

$$x_{11} + x_{12} \leq x + 500$$

條件 2 可得
$$x_{21} + x_{22} \leq 1,000$$
條件 3 可得
$$\frac{x_{11}}{x_{11} + x_{21}} \geq 0.5 \quad 或 \quad 0.5x_{11} - 0.5x_{21} \geq 0$$
條件 4 可得
$$\frac{x_{12}}{x_{12} + x_{22}} \geq 0.6 \quad 或 \quad 0.4x_{12} - 0.6x_{22} \geq 0$$

所有的變數仍然需要非負。因此，Euing 石油公司必須解下列最佳化問題：

$$\begin{aligned}
\max z = 12x_{11} + 12x_{21} &+ 14x_{12} + 14x_{22} - c(x) \\
\text{s.t.} \quad x_{11} \quad\quad + \quad x_{12} \quad\quad &\leq x + 500 \\
x_{21} \quad\quad + \quad x_{22} &\leq 1,000 \\
0.5x_{11} - 0.5x_{21} \quad\quad\quad\quad\quad &\geq 0 \\
0.4x_{12} - 0.6x_{22} &\geq 0 \\
x_{ij} \geq 0,\ 0 \leq x \leq 1,500&
\end{aligned}$$

因為 $c(x)$ 為一個階段性線性函數，所以目標函數不是一個 x 的線性函數，且這個最佳化問題不是一個 LP。但是，為了使用前述的方法，我們可以轉化這個問題為一個 IP 模式。回顧 $c(x)$ 中的轉折點為 0，500，1,000 及 1,500，我們進行步驟如下：

步驟 1 利用 $c(x) = z_1 c(0) + z_2 c(500) + z_3 c(1,000) + z_4(1,500)$ 來取代 $c(x)$。

步驟 2 加上下面條件：

$$\begin{aligned}
x &= 0z_1 + 500z_2 + 1,000z_3 + 1,500z_4 \\
z_1 &\leq y_1, z_2 \leq y_1 + y_2, z_3 \leq y_2 + y_3, z_4 \leq y_3 \\
z_1 + z_2 + z_3 + z_4 &= 1, \quad y_1 + y_2 + y_3 = 1 \\
y_i &= 0 \text{ 或 } 1\ (i = 1, 2, 3); z_i \geq 0\ (i = 1, 2, 3, 4)
\end{aligned}$$

我們新的 IP 如下：

$$\begin{aligned}
\max z = 12x_{11} + 12x_{21} &+ 14x_{12} + 14x_{22} - z_1 c(0) - z_2 c(500) \\
- z_3 c(1,000) &- z_4 c(1,500) \\
\text{s.t.} \quad x_{11} \quad\quad + \quad x_{12} \quad\quad &\leq x + 500 \\
x_{21} \quad\quad + \quad x_{22} &\leq 1,000 \\
0.5x_{11} - 0.5x_{21} \quad\quad\quad\quad\quad &\geq 0 \\
0.4x_{12} - 0.6x_{22} &\geq 0
\end{aligned}$$

$$x = 0z_1 + 500z_2 + 1,000z_3 + 1,500z_4 \tag{31}$$
$$z_1 \leq y_1 \tag{32}$$
$$z_2 \leq y_1 + y_2 \tag{33}$$
$$z_3 \leq y_2 + y_3 \tag{34}$$

466 作業研究 I

$$z_4 \leq y_3 \tag{35}$$
$$y_1 + y_2 + y_3 = 1 \tag{36}$$
$$z_1 + z_2 + z_3 + z_4 = 1 \tag{37}$$
$$y_i = 0 \text{ 或 } 1 \quad (i = 1, 2, 3); z_i \geq 0 \quad (i = 1, 2, 3, 4)$$
$$x_{ij} \geq 0$$

為了了解為何這個模式可用，因為 $y_1 + y_2 + y_3 = 1$ 且 $y_i \geq 0$ 或 1，所以僅有一個 y_i 的值為 1，且其他的值為 0。現在，(32)－(37) 式推導得若 $y_i = 1$，則 z_i 及 z_{i+1} 可能為正，但其它的 z_i 必定為 0。例如，若 $y_2 = 1$，則 $y_1 = y_3 = 0$，然後 (32)－(35) 式變成 $z_1 \leq 0$，$z_2 \leq 1$，$z_3 \leq 1$ 且 $z_4 \leq 0$。這些條件會使得 $z_1 = z_4 = 0$ 且允許 z_2 及 z_3 可以為小於或等於 1 的任何非負數字，現在，我們可以證明 (31)－(37) 式可以完整地表示階段性線性函數 $c(x)$。挑選任何的 x 值，稱為 $x = 800$，因為 $b_2 = 500 \leq 800 \leq 1,000 = b_3$，針對 $x = 800$，在我們的條件中，y_1、y_2 及 y_3 的值為多少？$y_1 = 1$ 不可能，因為 $y_1 = 1$，則 $y_2 = y_3 = 0$，則 (34)－(35) 式會使得 $z_3 = z_4 = 0$。然後 (31) 式會使得 $800 = x = 500z_2$，會讓 $z_2 \leq 1$ 不能滿足。相似地，$y_3 = 1$ 也不可能，若我們嘗試 $y_2 = 1$，(32) 及 (35) 式會使得 $z_1 = z_4 = 0$，然後 (33) 及 (34) 式可得 $z_2 \leq 1$ 且 $z_3 \leq 1$，現在 (31) 式變成 $800 = x = 500z_2 + 1,000z_3$，因為 $z_2 + z_3 = 1$，我們可得 $z_2 = 2/5$ 且 $z_3 = 3/5$。現在目標函數可得

$$12x_{11} + 12x_{21} + 14x_{21} + 14x_{22} - \frac{2c(500)}{5} - \frac{3c(1,000)}{5}$$

因為

$$C(800) = \frac{2c(500)}{5} + \frac{3c(1,000)}{5}$$

我們的目標可得正確的 Euing 利潤值！

Euing 問題的最佳解為 $z = 12,500$，$x = 1,000$，$x_{12} = 1,500$，$x_{22} = 1,000$，$y_3 = z_3 = 1$。因此，Euing 將購買 1,000 加侖的石油 1 且生產 2,500 加侖的石油 2。

一般而言，(31)－(37) 式條件的型態保證 $b_i \leq x \leq b_{i+1}$，則 $y_i = 1$ 且只有 z_i 及 z_{i+1} 可以為正，因為 $c(x)$ 在 $b_i \leq x \leq b_{i+1}$ 為線性，目標函數將給 $c(x)$ 正確的值。

若一個階段性線性函數 $f(x)$ 包含的型態有以下特性：$f(x)$ 的斜率隨著 x 的增加而變得不合決策者的要求，則前述冗長的 IP 模式討論將不需要。

例題 8 利用階段性線性函數來選擇媒體

Dorian 汽車公司有 $20,000 的廣告預算。Dorian 可以購買二本雜誌：*Inside Jacks* (IJ) 及 *Family Square* (FS) 整頁的廣告。當一個人在第一次讀到 Dorian 汽車公司的廣告會產生一次的曝光，在 IJ 的每份廣告所靠生的曝光個數如下：廣告 1－6

次，10,000 個曝光數；廣告 7 － 10 次，3,000 個曝光數；廣告 11 － 15 次，2,500 個曝光數；廣告 16 次以上，0 個曝光數。例如，在 IJ 有 8 個廣告可得 6(10,000)＋2(3,000)＝ 66,000 曝光數。在 FS 的每份廣告所產生的曝光個數如下：廣告 1 － 4 次，8,000 個曝光數；廣告 5 － 12 次，6,000 個曝光數；廣告 13 － 15 次，2,000 個曝光個數；廣告 16 次以上，0 個曝光數。因此，若在 FS 有 13 個廣告，則會產生 4(8,000)＋ 8(6,000)＋ 1(2,000)＝ 82,000 個曝光數。在每份雜誌中，每一份整頁的廣告必須花 \$1,000，假設在二份雜誌的讀者不會重覆。建立一個 IP 模式，可以使 Dorian 公司在廣告資金有限條件下，極大化廣告曝光個數，且在有限的廣告預算內。

解 若我們定義

x_1 ＝ IJ 廣告中可以產生 10,000 個曝光數的廣告數
x_2 ＝ IJ 廣告中可以產生 3,000 個曝光數的廣告數
x_3 ＝ IJ 廣告中可以產生 2,500 個曝光數的廣告數
y_1 ＝ FS 廣告中可以產生 8,000 個曝光數的廣告數
y_2 ＝ FS 廣告中可以產生 6,000 個曝光數的廣告數
y_3 ＝ FS 廣告中可以產生 2,000 個曝光數的廣告數

則總曝光數 (以千為單位) 為

$$10x_1 + 3x_2 + 2.5x_3 + 8y_1 + 6y_2 + 2y_3$$

因此，Dorian 想要極大化

$$z = 10x_1 + 3x_2 + 2.5x_3 + 8y_1 + 6y_2 + 2y_3$$

因為花在二份雜誌的總廣告費的費用 (以千元計)，Dorian 的預算條件可以寫成

$$x_1 + x_2 + x_3 + y_1 + y_2 + y_3 \leq 20$$

這個問題隱含 $x_1 \leq 6$，$x_2 \leq 4$，$x_3 \leq 5$，$y_1 \leq 4$，$y_2 \leq 8$ 且 $y_3 \leq 3$ 必須全部成立。加上每個變數的符號條件且每個變數必須為整數，我們可得如下 IP：

$$\begin{aligned}
\max z = & 10x_1 + 3x_2 + 2.5x_3 + 8y_1 + 6y_2 + 2y_3 \\
\text{s.t.} \quad & x_1 + x_2 + x_3 + y_1 + y_2 + y_3 \leq 20 \\
& x_1 \leq 6 \\
& x_2 \leq 4 \\
& x_3 \leq 5 \\
& y_1 \leq 4 \\
& y_2 \leq 8 \\
& y_3 \leq 3 \\
& x_i, y_i \text{ 為整數} \quad (i = 1, 2, 3) \\
& x_i, y_i \geq 0 \quad (i = 1, 2, 3)
\end{aligned}$$

觀察到這個問題的敘述隱含除非 x_1 假設其最大值為 6，否則 x_2 不可能為正。相似地，除非 x_2 假設為最大值 4，否則 x_3 不可能為正的值。因為 x_1 比 x_2 廣告會產生更多

的曝光次數,然而,極大化的動作只有在 x_1 盡量愈大愈好時,x_2 才會為正。相似地,因為 x_3 廣告所產生的曝光次數比 x_2 廣告少,x_3 只有在 x_2 假設為最大值時才會為正。(相同地,y_2 只有在 $y_1 = 4$ 時才會為正,且只有在 $y_2 = 8$ 時,y_3 才會為正。)

這個 Dorian IP 的最佳解為 $z = 146,000$,$x_1 = 6$,$x_2 = 2$,$y_1 = 4$,$y_2 = 8$,$x_3 = 0$,$y_3 = 0$。因此,Dorian 將在 IJ 中安排 $x_1 + x_2 = 8$ 個廣告且在 FS 中安排 $y_1 + y_2 = 12$ 個廣告。

在例題 8,每多放一個廣告在雜誌上會產生遞減的效果,這表示只有在 x_{i-1} (y_{i-1}) 假設為最大值時,x_i (y_i) 將為正。若每增加一個廣告的回收是遞增的,則這個模式將會產生錯誤的答案。例如,每一則 IJ 的廣告所得的曝光個數為:廣告 1－6 次,2,500 個曝光個數;廣告 7－10 次,3,000 個曝光個數;廣告 11－15 次,10,000 個曝光個數。假設每一個 FS 的廣告所得的曝光個數為:廣告 1－4 次,2,000 個曝光個數;廣告 5－12 次,6,000 個曝光個數;廣告 13－15 次,8,000 個曝光個數。

若我們定義:

x_1 ＝會產生 2,500 個曝光數的 IJ 個數
x_2 ＝會產生 3,000 個曝光數的 IJ 個數
x_3 ＝會產生 10,000 個曝光數的 IJ 個數
y_1 ＝會產生 2,000 個曝光數的 FS 個數
y_2 ＝會產生 6,000 個曝光數的 FS 個數
y_2 ＝會產生 8,000 個曝光數的 FS 個數

將這些放入前述的例子,可得以下模式:

$$\max z = 2.5x_1 + 3x_2 + 10x_3 + 2y_1 + 6y_2 + 8y_3$$
$$\text{s.t.} \quad x_1 + x_2 + x_3 + y_1 + y_2 + y_3 \leq 20$$
$$x_1 \leq 6$$
$$x_2 \leq 4$$
$$x_3 \leq 5$$
$$y_1 \leq 4$$
$$y_2 \leq 8$$
$$y_3 \leq 3$$
$$x_i, y_i \text{ 為整數} \quad (i = 1, 2, 3)$$
$$x_i, y_i \leq 0 \quad (i = 1, 2, 3)$$

這個 IP 的最佳解為 $x_3 = 5$,$y_3 = 3$,$y_2 = 8$,$x_2 = 4$,$x_1 = 0$,$y_1 = 0$,這是不對的結果。根據這個解,$x_1 + x_2 + x_3 = 9$ 個廣告會放在 IJ 中,若

有 9 個廣告放在 IJ，則它必須要是 $x_1 = 6$ 及 $x_2 = 3$，因此，我們發現在 Dorian 汽車例子，模式正確只有在階段性函數中，較小斜率有較大 x 值的情況。在第二個例子，當在雜誌中廣告的個數增加時，效益將會增加，在極大化的狀況下，只有在 x_{i-1} 假設為最大值時，x_i 的值才會為正的值在這種狀況下，Euing 汽油例子所使用的方法才會產生正確的模式 (參考問題 8)。

利用 LINDO 求解 IP

LINDO 可以用來解簡單或混合的 IP，除了最佳解，一個 IP 的 LINDO 輸出亦可以提供影價格及降低成本。不幸地，這個影價格與降低成本提供的是分枝界限法的子題──並不是 IP。不像是線性規劃，對於整數規劃並沒有一個比較的敏感度分析理論。若讀者有興趣在敏感度分析的理論可以參考 Williams (1985)。

利用 LINDO 求解一個 IP 問題，首先先輸入問題就像 LP 一樣，在輸入 **END** 的陳述之後 (限定 LP 條件的結束)，輸入每一個 0－1 變數 x 為下面的敘述：

INTE x

因此，針對一個 IP 模式，其 x 及 y 變數為 0－1 變數，下面的敘述必須輸入在 **END** 敘述之後：

INTE x
INTE y

一個變數 (稱為 w) 可以用來假設任何一個非負的整數，且以 **GIN** 來敘述，因此，若 w 可以假設值為 0, 1, 2, ...，我們可以輸入下列敘述在 **END** 敘述之後：

GIN w

為了告訴 LINDO，前面幾個變數出現在模式中必須為 0－1 變數，可利用指令 **INT** n。

為了告訴 LINDO 前面幾個變數在模式中，可能假設為任意非負整數的值，可以利用指令 **GIN** n。

為了說明如何利用 LINDO 求解 IP，我們說明如何利用 LINDO 求解例題 3，我們輸入以下結果：

```
MAX         6 X1 + 4 X2 + 7 X3 - 200 Y1 - 150 Y2 - 100 Y3
SUBJECT TO
        2)    3 X1 + 2 X2 + 6 X3 <= 150
        3)    4 X1 + 3 X2 + 4 X3 <= 160
        4)    X1 - 40 Y1 <= 0
        5)    X2 - 53 Y2 <= 0
        6)    X3 - 25 Y3 <= 0
END
GIN         X1
GIN         X2
GIN         X3
INTE        Y1
INTE        Y2
INTE        Y3
```

因此我們看到 X1，X2，及 X3 可以為任何非負的整數，當 Y1，Y2，及 Y3 可以為 0 或 1。我們也可以輸入 GIN 3 來保證 X1，X2，及 X3 為非負整數，透過 LINDO 所找出的最佳解列在圖 8-4。

利用 LINGO 求解 IP

LINDO 可以用來解 IP，為了指示一個變數必須為 0 或 1，可以利用 @BIN 運算器 (參考以下例題)。為了指定一個變數必須為非負的整數，利用 @GIN 運算器。現在我們說明如何利用 LINGO 求解例題 4 的 IP (鎖箱問題)，

```
MAX         6 X1 + 4 X2 + 7 X3 - 200 Y1 - 150 Y2 - 100 Y3
SUBJECT TO
        2)    3 X1 + 2 X2 + 6 X3 <=    150
        3)    4 X1 + 3 X2 + 4 X3 <=    160
        4)    X1 - 40 Y1 <=    0
        5)    X2 - 53 Y2 <=    0
        6)    X3 - 25 Y3 <=    0
END
GIN         X1
GIN         X2
GIN         X3
INTE        Y1
INTE        Y2
INTE        Y3

        OBJECTIVE FUNCTION VALUE

    1)      75.000000

    VARIABLE          VALUE           REDUCED COST
       X1            .000000            -6.000000
       X2            .000000            -4.000000
       X3          25.000000            -7.000000
       Y1            .000000           200.000000
       Y2            .000000           150.000000
       Y3           1.000000           100.000000

       ROW     SLACK OR SURPLUS      DUAL PRICES
        2)           .000000            .000000
        3)         60.000000            .000000
        4)           .000000            .000000
        5)           .000000            .000000
        6)           .000000            .000000

NO. ITERATIONS=       11
BRANCHES=      1  DETERM.=  1.000E      0
```

圖 8-4

下面 LINGO 程式可以用求解例題 4。

```
MODEL:
  1]SETS:
  2]REGIONS/W,MW,E,S/:DEMAND;
  3]CITIES/LA,CHIC,NY,ATL/:Y;
  4]LINKS(REGIONS,CITIES):DAYS,COST,ASSIGN;
  5]ENDSETS
  6]MIN=@SUM(CITIES:50000*Y)+@SUM(LINKS:COST*ASSIGN);
  7]@FOR(LINKS(I,J):ASSIGN(I,J) < Y(J));
  8]@FOR(REGIONS(I):
  9]@SUM(CITIES(J):ASSIGN(I,J))=1);
 10]@FOR(CITIES(I):@BIN(Y(I)););
 11]@FOR(LINKS(I,J):@BIN(ASSIGN(I,J)););
 12]@FOR(LINKS(I,J):COST(I,J)=.20*DEMAND(I)*DAYS(I,J));
 13]DATA:
 14]DAYS=2,6,8,8,
 15]6,2,5,5,
 16]8,5,2,5,
 17]8,5,5,2;
 18]DEMAND=70000,50000,60000,40000;
 19]ENDDATA
END
```

在第 2 行，我們定義一個鄉鎮的四個區域以及所對應從每個區域的現金付款的每日需求。第 3 行規定在四個城市中，哪一個建立鎖箱。對於每一個城市 I，我們對於一個 0－1 變數 (Y (I)) 代表 1 若一個鎖箱要建立在該城市或其他為 0。在第 4 行，我們產生一個在每個鄉鎮的各個區域中，利用 "link" (LINK (I, J)) 來連接每個潛在的鎖箱位置，在每個連接的上方，對應下列數字：

1. 平均的天數 (DAYS) 代表從區域 I 到城市 I，一張支票要付清的天數，這個資訊列在 DATA 的部份。
2. 若區域 I 送錢到城市 J 所產生的基金年度損失利息成本。

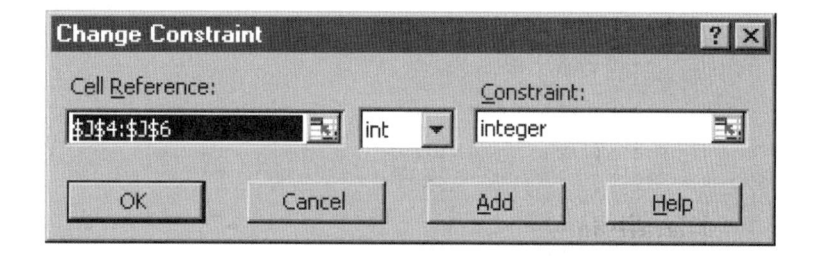

圖 8-5

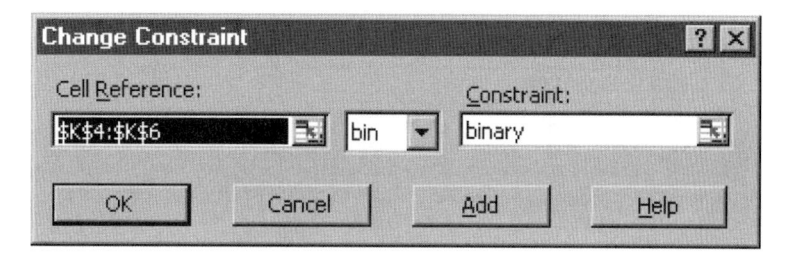

圖 8-6

472　作業研究 I

	A	B	C	D	E	F	G	H	I	J	K
1	Gandhi										
2											
3				Labor hours used	Cloth yards used	Unit price	Unit cost	Unit profit	Fixed Cost	Number Made	Binary variable
4			Shirt	3	4	$ 12.00	$ 6.00	$ 6.00	$ 200.00	0	0
5			Shorts	2	3	$ 8.00	$ 4.00	$ 4.00	$ 150.00	0	0
6			Pants	6	4	$ 15.00	$ 8.00	$ 7.00	$ 100.00	25	1
7		Resource Constraints									
8				Used		Available			Fixed charge	$ 100.00	
9			Labor	150	<=	150			Variable cost	$ 200.00	
10			Cloth	100	<=	160			Revenue	$ 375.00	
11									Profit	$ 75.00	
12		Fixed Charge Constraints	Number Made			Logical Upper Bound	Max possible to make				
13			Shirts	0	<=	0	40				
14			Shorts	0	<=	0	53.33333				
15			Pants	25	<=	25	25				

圖 8-7

```
MIN    50000 Y(ATL + 50000 Y(NY + 50000 Y(CHIC + 50000 Y(LA + 16000 ASSIGNSA
     + 40000 ASSIGNSN + 40000 ASSIGNSC + 64000 ASSIGNSL + 60000 ASSIGNEA
     + 24000 ASSIGNEN + 60000 ASSIGNEC + 96000 ASSIGNEL + 50000 ASSIGNMW
     + 50000 ASSIGNMW + 20000 ASSIGNMW + 60000 ASSIGNMW + 112000 ASSIGNWA
     + 112000 ASSIGNWN + 84000 ASSIGNWC + 28000 ASSIGNWL
SUBJECT TO
2) - Y(LA + ASSIGNWL <=    0
3) - Y(CHIC + ASSIGNWC <=    0
4) - Y(NY + ASSIGNWN <=    0
5) - Y(ATL + ASSIGNWA <=    0
6) - Y(LA + ASSIGNMW <=    0
7) - Y(CHIC + ASSIGNMW <=    0
8) - Y(NY + ASSIGNMW <=    0
9) - Y(ATL + ASSIGNMW <=    0
10) - Y(LA + ASSIGNEL <=    0
11) - Y(CHIC + ASSIGNEC <=    0
12) - Y(NY + ASSIGNEN <=    0
13) - Y(ATL + ASSIGNEA <=    0
14) - Y(LA + ASSIGNSL <=    0
15) - Y(CHIC + ASSIGNSC <=    0
16) - Y(NY + ASSIGNSN <=    0
17) - Y(ATL + ASSIGNSA <=    0
18)   ASSIGNWA + ASSIGNWN + ASSIGNWC + ASSIGNWL =    1
19)   ASSIGNMW + ASSIGNMW + ASSIGNMW + ASSIGNMW =    1
20)   ASSIGNEA + ASSIGNEN + ASSIGNEC + ASSIGNEL =    1
21)   ASSIGNSA + ASSIGNSN + ASSIGNSC + ASSIGNSL =    1
END
INTE    20


[ERROR CODE: 96]
WARNING: SEVERAL LINGO NAMES MAY HAVE BEEN TRANSFORMED INTO A
SINGLE LINDO NAME.

LP OPTIMUM FOUND AT STEP    14
OBJECTIVE VALUE =    242000.000
ENUMERATION COMPLETE. BRANCHES=    0 PIVOTS=    14
```

圖 8-8

```
LAST INTEGER SOLUTION IS THE BEST FOUND
RE-INSTALLING BEST SOLUTION...

              VARIABLE           VALUE         REDUCED COST
            DEMAND( W)         70000.00        0.0000000E+00
           DEMAND( MW)         50000.00        0.0000000E+00
            DEMAND( E)         60000.00        0.0000000E+00
            DEMAND( S)         40000.00        0.0000000E+00
              Y( LA)            1.000000         50000.00
             Y( CHIC)         0.0000000E+00      50000.00
              Y( NY)            1.000000         50000.00
             Y( ATL)          0.0000000E+00      50000.00
          DAYS( W, LA)          2.000000       0.0000000E+00
        DAYS( W, CHIC)          6.000000       0.0000000E+00
          DAYS( W, NY)          8.000000       0.0000000E+00
         DAYS( W, ATL)          8.000000       0.0000000E+00
         DAYS( MW, LA)          6.000000       0.0000000E+00
       DAYS( MW, CHIC)          2.000000       0.0000000E+00
         DAYS( MW, NY)          5.000000       0.0000000E+00
        DAYS( MW, ATL)          5.000000       0.0000000E+00
          DAYS( E, LA)          8.000000       0.0000000E+00
        DAYS( E, CHIC)          5.000000       0.0000000E+00
          DAYS( E, NY)          2.000000       0.0000000E+00
         DAYS( E, ATL)          5.000000       0.0000000E+00
          DAYS( S, LA)          8.000000       0.0000000E+00
        DAYS( S, CHIC)          5.000000       0.0000000E+00
          DAYS( S, NY)          5.000000       0.0000000E+00
         DAYS( S, ATL)          2.000000       0.0000000E+00
          COST( W, LA)         28000.00        0.0000000E+00
        COST( W, CHIC)         84000.00        0.0000000E+00
          COST( W, NY)         112000.0        0.0000000E+00
         COST( W, ATL)         112000.0        0.0000000E+00
         COST( MW, LA)         60000.00        0.0000000E+00
       COST( MW, CHIC)         20000.00        0.0000000E+00
         COST( MW, NY)         50000.00        0.0000000E+00
        COST( MW, ATL)         50000.00        0.0000000E+00
          COST( E, LA)         96000.00        0.0000000E+00
        COST( E, CHIC)         60000.00        0.0000000E+00
          COST( E, NY)         24000.00        0.0000000E+00
         COST( E, ATL)         60000.00        0.0000000E+00
          COST( S, LA)         64000.00        0.0000000E+00
        COST( S, CHIC)         40000.00        0.0000000E+00
          COST( S, NY)         40000.00        0.0000000E+00
         COST( S, ATL)         16000.00        0.0000000E+00
        ASSIGN( W, LA)          1.000000         28000.00
      ASSIGN( W, CHIC)        0.0000000E+00      84000.00
        ASSIGN( W, NY)        0.0000000E+00      112000.0
       ASSIGN( W, ATL)        0.0000000E+00      112000.0
       ASSIGN( MW, LA)        0.0000000E+00      60000.00
     ASSIGN( MW, CHIC)        0.0000000E+00      20000.00
       ASSIGN( MW, NY)          1.000000         50000.00
      ASSIGN( MW, ATL)        0.0000000E+00      50000.00
        ASSIGN( E, LA)        0.0000000E+00      96000.00
      ASSIGN( E, CHIC)        0.0000000E+00      60000.00
        ASSIGN( E, NY)          1.000000         24000.00
       ASSIGN( E, ATL)        0.0000000E+00      60000.00
        ASSIGN( S, LA)        0.0000000E+00      64000.00
      ASSIGN( S, CHIC)        0.0000000E+00      40000.00
        ASSIGN( S, NY)          1.000000         40000.00
       ASSIGN( S, ATL)        0.0000000E+00      16000.00
```

圖 8-8 續

3. 一個 0－1 變數 ASSIGN (I, J) 等於 1，若區域 I 送錢到城市 J，其他為 0。

在第 6 行，我們利用 50000*Y(I) 來計算在所有城市的總成本，這個值是計算在維護鎖箱的總年度成本。然後，我們利用 COST*ASSIGN 來加總所有的連接，這可以得到總年度損失利息成本。第 7 行的條件保證 (針對任何的 I

```
ROW    SLACK OR SURPLUS    DUAL PRICE
 1         242000.0         -1.000000
 2       0.0000000E+00     0.0000000E+00
 3       0.0000000E+00     0.0000000E+00
 4         1.000000         0.0000000E+00
 5       0.0000000E+00     0.0000000E+00
 6         1.000000         0.0000000E+00
 7       0.0000000E+00     0.0000000E+00
 8       0.0000000E+00     0.0000000E+00
 9       0.0000000E+00     0.0000000E+00
10         1.000000         0.0000000E+00
11       0.0000000E+00     0.0000000E+00
12       0.0000000E+00     0.0000000E+00
13       0.0000000E+00     0.0000000E+00
14         1.000000         0.0000000E+00
15       0.0000000E+00     0.0000000E+00
16       0.0000000E+00     0.0000000E+00
17       0.0000000E+00     0.0000000E+00
18       0.0000000E+00     0.0000000E+00
19       0.0000000E+00     0.0000000E+00
20       0.0000000E+00     0.0000000E+00
21       0.0000000E+00     0.0000000E+00
22       0.0000000E+00      -1.000000
23       0.0000000E+00     0.0000000E+00
24       0.0000000E+00     0.0000000E+00
25       0.0000000E+00     0.0000000E+00
26       0.0000000E+00     0.0000000E+00
27       0.0000000E+00     0.0000000E+00
28       0.0000000E+00      -1.000000
29       0.0000000E+00     0.0000000E+00
30       0.0000000E+00     0.0000000E+00
31       0.0000000E+00     0.0000000E+00
32       0.0000000E+00      -1.000000
33       0.0000000E+00     0.0000000E+00
34       0.0000000E+00     0.0000000E+00
35       0.0000000E+00     0.0000000E+00
36       0.0000000E+00      -1.000000
37       0.0000000E+00     0.0000000E+00
```

圖 8-8 續

及 J 的組合)，若區域 I 送錢到城市 J，則 Y(J)＝ 1。這會使得我們當使用鎖箱就必須付費。第 8 － 9 行保證每個鄉鎮的區域必須送錢至某些城市。第 10 行保證每個 Y(I) 必須為 0 或 1。第 11 行保證每個 ASSIGN (I, J) 為 0 或 1。(事實上，我們可以不用這個敘述；參考問題 44)。在第 12 行，我們計算從區域 I 送錢至城市 J 所造成的總年度損失利息成本，整個複製計算在表 8-5。注意 * 保證執行乘的計算。

在 14 － 17 行，我們輸入當區域 I 送錢到城市 J，需要清除一個帳戶的平均天數。在第 18 行，我們輸入每個區域的每天需求。

為了獲得目標函數及條件，我們選擇 Model 視窗，然後選擇 LINDO，Generate 及 Display Model，參考圖 8-8。

利用 Excel Solver 求解 IP 問題

我們可以非常簡單地利用 Excel Solver 求解整數規劃問題，檔案 Gandhi.xls 包含例題 3 的格式解，最佳解參考圖 8-7。在我們的格式型態中，改變 J4:J6 格 (每個產品生產的個數) 必須為整數。為了告訴 Solver，這個改變格必須為整數，可以選 Add Constraint 且點到 J4:J6 格，然後選 int 從中間的 drop-down 箭頭。

在改變 K4:K6 格為二元固定收費變數。為了告訴 Solver 這些改變格必須為二元變數，選擇 Add Constraint 且點到 K4:K6 格，然後再選擇 bin 從 drop-down 箭頭，參考圖 8-6。

從圖 8-7，我們可以找到最佳解 (如同在 LINDO 所找到的一樣) 為製造 25 條短褲。

問　題

問題組 A

1. 教練 Night 想要在籃球隊中選擇先發球員。這個球隊裡面包含已經排序的七名球員 (利用尺度 1：較差到 3：優秀)，根據他們的控球能力，投籃、籃板球、以及防守能力來排序，每位球員均可擔任每一個位置且球員的能力列在表 8-9。這五名先發球員必須滿足下列限制：
    1. 至少有 4 人可以當後衛，至少有 2 個人可以當前鋒，且至少有一個人可以當中鋒。
    2. 先發球員平均的控球，投籃及籃板球的分數至少要 2 分。
    3. 若第 3 位當先發，則第 6 位不能當先發。
    4. 若第 1 位球員當先發，則第 4 位及第 5 位必須擔任先發。
    5. 第 2 位或第 3 位球員中的一位必定擔任先發。

表 8-9

隊員	位置	控球	投籃	籃板	防守
1	後衛	3	3	1	3
2	中鋒	2	1	3	2
3	後衛-前鋒	2	3	2	2
4	前鋒-中鋒	1	3	3	1
5	後衛-前鋒	3	3	3	3
6	前鋒-中鋒	3	1	2	3
7	後衛-前鋒	3	2	2	1

表 8-10

地點	設站成本 ($)	處理 1 噸水的費用 ($)	每噸水排除污染物量 污染物 1	污染物 2
1	100,000	20	0.40	0.30
2	60,000	30	0.25	0.20
3	40,000	40	0.20	0.25

給定這些條件，教練 Night 想要極大化先發球員的整體防守能力，建立一個 IP 能夠幫助他選擇他的先發球隊。

2. 因為在 Momiss 河流上有過多的污染，Momiss 州打算建立一個污染控制站。現在有三個地點 (1、2 且 3) 正在考慮中。Momiss 有興趣控制二種污染物 (1 及 2) 的污染水準，州的法律規定至少要有 80,000 噸的污染物 1 及至少有 50,000 噸的污染物 2 必須從河中被清除。這個問題的相關資料列在表 8-10。建立一個 IP 來極小化滿足州法律規定目標的成本。

3. 有一個製造商可以賣產品 1，每個利潤為 $2 且產品 2 每個利潤為 $5。製造 1 個單位的產品 1 需要 3 個單位的原料，且製造 1 個單位的產品 2 需要 6 個單位的原料。目前總共有 120 個單位的原料可以用，若任何一個單位 1 要生產，必須要有一個設置成本 $10，若任何一個單位 2 必須要生產，則需要一個設置成本 $20，建立一個極大化利潤的 IP 模式。

4. 假設我們加上下面的條件到例題 1 (Stockco)：若投資 2 及 3 選擇，則投資 4 必須選擇，我們必須加上什麼條件到課本中的模式內？

5. 下面的限制如何修正例題 6 (Dorian 汽車大小) 的模式？(每一個部份分開處理。)
   a. 若有中型汽車要生產，則小型車必須生產。
   b. 小型或大型車其中一種必須生產。

6. 為了從 Basketweavers 大學畢業且主修的是作業研究，一個學生必須完成至少二門數學課，至少二門 OR 課程，且至少二門電腦課程。某些課程可以用來完成一個以上的要求，微積分滿足數學的需求；作業研究可以滿足數學及 OR 需求；資料結構可以滿足電腦與數學需求；商用統計可以滿足數學及 OR 的需求；電腦模擬可以滿足 OR 及電腦的需求；電腦程式簡介可以滿足電腦需求；且預測方法可以滿足 OR 及數學需求。某些課程為其他課程的先修課：微積分為統計學的先修課；電腦程式簡介為電腦模擬與資料結構的先修課；且商用統計為預測的先修課。建立一個 IP 模式可以在滿足修課需求的條件下，極小化課程個數。

7. 在例題 7 (Euing Gas)，假設 $x = 300$，y_1、y_2、y_3、z_1、z_2、z_3 及 z_4 的值為多少？若 $x = 1,200$ 又如何？

8. 建立一個 IP 求解 Dorian Auto 問題，廣告資料可以增加的回收當將廣告放在雜誌上。

9. 整數規劃如何利用來保證變數 x，只能為 1、2、3 及 4 其中之一？

10. 若 x 及 y 為整數，如何保證 $x + y \le 3$，$2x + 5y \le 12$，或二者同時滿足？

11. 若 x 及 y 為整數，如何保證當 $x \le 2$，則 $y \le 3$？

12. 一家公司正考慮在四個城市開設倉儲：紐約、洛杉磯、芝加哥及亞特蘭大。每一個倉儲每週可以運送 100 單位的貨品，每週營運每一個倉儲的固定成本為：紐約 $400，洛杉磯 $300，芝加哥 $300，亞特蘭大 $150。城市內的區域 1 每週需要 80 個單位，區域 2 每週需要 70 個單位，區域 3 每週需要 40 個單位，從廠房運送一個單位至區域的成本 (包含生產及運送成本) 列在表 8-11。我們想要在滿足每週的需求下讓成本達到最小，根據上述資訊再加上下列限制：
   1. 若紐約的倉儲開放，則洛杉磯的倉儲也要開放。
   2. 至多開放二個倉儲。
   3. 亞特蘭大或洛杉磯的倉庫其中一個要開放。
   建立一個 IP 能夠在滿足需求下，極小化每週的成本。

表 8-11

自	至 ($)		
	區域 1	區域 2	區域 3
紐約	20	40	50
洛杉磯	48	15	26
大亞特蘭	26	35	18

表 8-12

生產線	膠水		
	1	2	3
1	20	30	40
2	50	35	45

13. Glveco 公司在二條不同的生產線上，生產三種類型的膠水，每條生產線上在同一個時間可以利用到七名勞工。在生產線 1，每名勞工每週必須付費 $500，在生產線 2，每週必須付費 $900，每週生產線 1，必須花 $1,000 設置生產線，生產線 2 必須花 $2,000 設置成本。在每條生產線上，每週每名勞工生產的膠水個數列在表 8-12，每週，至少要生產 120 單位的膠水 1，至少 150 個單位的膠水 2，及至少 200 個單位的膠水 3 必須生產，建立一個 IP 模式可以在滿足每週的需求下，極小化總成本。

14. 州立大學 DED 電腦的管理者希望能夠儲存五個不同的檔案。這些檔案分散在 10 個磁碟上如表 8-13。每一個磁碟可以儲存的量如下：磁碟 1，3K；磁碟 2，5K；磁碟 3，1K；磁碟 4，2K；磁碟 5，1K；磁碟 6，4K；磁碟 7，3K；磁碟 8，1K；磁碟 9，2K；磁碟 10，2K。

   a. 建立一個 IP 模式，能夠用來決定一個磁碟的集合，需要最小的儲存空間，且使得每一個檔案至少在一個磁碟上。針對一個給定的磁碟，我們必須儲存整個磁碟或不儲存任何磁碟；我們不能只儲存一部份的磁碟。

   b. 修正你的模式，若磁碟 3 或磁碟 5 使用，則磁碟 2 必須使用。

15. 水果電腦公司生產二種型態的電腦：水梨電腦及杏仁電腦，相關的資料列在表 8-14。總共有 3,000 Chips 及 1,200 小時的勞工小時可用，試建立一個 IP 幫助水果電腦公司極大化利潤。

16. Lotus Point Condo 建築計畫包含家庭及公寓，某個場地可以提供至多 10,000 居住單位。這個專案必須包含休閒專案：可能是游泳-網球混合場地或一個帆船停泊站，但不能兩者同時。若

表 8-13

檔案	磁碟									
	1	2	3	4	5	6	7	8	9	10
1	x	x		x	x			x	x	
2	x		x							
3		x			x		x			x
4				x		x		x		
5	x	x		x		x	x		x	x

表 8-14

電腦品牌	勞工	切片數	設置成本	售價 ($)
水梨	1 小時	2	5,000	400
杏仁	2 小時	5	7,000	900

表 8-15

機器	固定成本 ($)	每單位的變動成本	容量
1	1,000	20	900
2	920	24	1,000
3	800	16	1,200
4	700	28	1,600

表 8-16

	書本				
	1	2	3	4	5
最大需求	5,000	4,000	3,000	4,000	3,000
變動成本 ($)	25	20	15	18	22
售價 ($)	50	40	38	32	40
固定成本 ($ 千)	80	50	60	30	40

表 8-17

工廠	生產容量	工廠固定成本 ($ 百萬)	每台電腦成本 ($)
1	10,000	9	1,000
2	8,000	5	1,700
3	9,000	3	2,300
4	6,000	1	2,900

船舶已經建立,則在專案中家庭的個數至少比在專案中公寓的三倍。一艘船舶需要成本 $1.2 百萬,且一個游泳-網球混合將需要成本 $2.8 百萬。開始者相信每一個公寓將會得到收益 NPV $48,000,且每個家庭可以得到收益 NPV $46,000。每一個家 (或公寓) 需要成本 40,000 建造,試建立一個 IP 模式來幫助 Lotus Point 極大化利潤。

17. 一個產品可以由四種不同的機器來生產,每一部機器有設置成本;每單位的變動生產成本,及產能列在表 8-15,總共需要生產 2,000 個單位。建立一個 IP,它的解告訴我們如何來極小化總成本。

18. 利用 LINDO、LINGO 或 Excel Solver 求下列 IP 的最佳解:
    Bookco 出版社考慮出版五本教科書,每一本教科書的銷售最大量,生產每本教科書的變動成本,每一本書的銷售價格,及每本書生產的固定成本列在表 8-16。例如,生產書本 2,000 本能夠帶來收益 2,000 (50)= $100,000,但需要成本 80,000 + 25 (2,000)= $130,000,試求 Bookco 公司至多生產 1,000 本下,如何極大化利潤。

19. Comquat 擁有四個生產工廠來生產個人電腦。Comquat 每一年可以銷售 20,000 部電腦,且每部電腦價格為 $3,500,每一個工廠有產能限制,每部電腦的生產成本,及每一年運作一個工廠的固定成本列在表 8-17,決定 Comquat 如何可以從生產電腦來極大化年度利潤。

20. WSP 出版社銷售教科書給大專學生,WSP 有二個銷售代表可以派到 A－G 州區域。每個州

圖 8-9

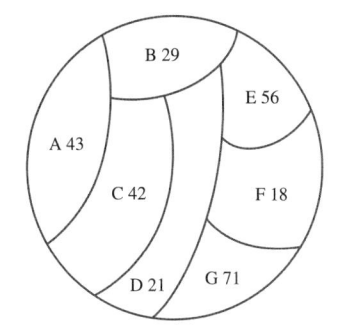

表 8-18

城市	地區價格			
	東	南	中西	西
紐約	206	225	230	290
亞特蘭大	225	206	221	270
芝加哥	230	221	208	262
洛杉磯	290	270	262	215

的大專學生 (千人) 列在圖 8-9，每個銷售代表必定指派給二個相鄰的州，例如，一個銷售代表可以指派給 A 及 B，但不能給 A 及 D。WSP 的目標為指派給銷售代表的州學生人數最大，建立 IP 模式可以告訴你如何指派這些銷售代表，然後利用 LINDO 求解你的 IP。

21. Eastinghouse 公司銷售空氣清淨器。在一個國家的每個區域的年度需求量如下：東，100,000；南，150,000；中西，110,000；西，90,000。Eastinghouse 正考慮在四個不同城市建立空氣清淨器：紐約、亞特蘭大、芝加哥及洛杉磯。在城市中的生產空氣清淨器與將它送至城市的某個區域的成本列在表 8-18。每一個工廠每一年至多生產 150,000 空氣清淨器，在每一個城市運作工廠的每年固定成本列在表 8-19。在中西部的需求至少要有 50,000 部空氣清淨器來自於紐約，或中西部的需求至少要有 50,000 部來自於亞特蘭大。建立一個 IP，它的解可以來告訴 Eastinghouse 如何在滿足空氣清淨器的需求下，使年度成本達到最小。

22. 考慮以下難題。你可以從下面的某些字母中選擇 4 組三個字母的"字"：DBA DEG ADI FFD GHI BCD FDF BAI。針對每個字，你可以得到一個分數等於在三個字母中的第三個字所出現的位置。例如，DBA 可以賺到分數 1 分，DEG 可以賺到分數 7，依此類推。你的目標為選擇四個字可以極大化你的總分，受限於下面的條件：在每一個字前面的字母位置的和必須至少大於或等於在每個選擇字的第二個字母的位置和，建立一個 IP 可以求解這個問題。

23. 在某機器工廠，每天必須完成五個工作，每一個工作完成的時間與所用的機器有關。如果一部機器被使用到，就需要一個設置時間，相關的時間列在表 8-20。公司的目標為極小化設置時間與運作時間的和，且能完成所有的工作。建立及完成這個 IP (利用 LINDO、LINGO、或 Excel Solver)，其解可以來完成這個目標。

表 8-19

城市	每年固定成本 (百萬)
紐約	6
亞特蘭大	5.5
芝加哥	5.8
洛杉磯	6.2

表 8-20

機器	工作					機器設置時間 (分)
	1	2	3	4	5	
1	42	70	93	X	X	30
2	X	85	45	X	X	40
3	58	X	X	37	X	50
4	58	X	55	X	38	60
5	X	60	X	54	X	20

表 8-21

自	至 顧客1	顧客2	顧客3
Evansville	16¢	34¢	26¢
Indianapolis	40¢	30¢	35¢
South Bend	45¢	45¢	23¢

表 8-22

地區	FF	R	PF	B
SE	7	2	6	5
NE	8	4	5	3
FW	4	8	2	11
MW	5	4	7	5

問題組 B

24. 在整個印地安那州，Breadco Bakeries 為一個新的麵包連鎖店，銷售麵包給顧客。Breadco 公司正考慮在三個地方設麵包店：Eransville、Indianapolis 及 South Bend。每一個麵包店每年至多可以烤 900,000 個麵包。在 Evansville 蓋一個麵包店需要 $5 百萬，Indianapolis 需要 $4 百萬，及 Bouth Bend 需要 $4.5 百萬。為了簡化這個問題，我們假設 Breadco 只有三個顧客，每一年的需求 700,000 條 (顧客 1)；400,000 條 (顧客 2)；及 300,000 條 (顧客 3)，烘烤及運送一條麵包給顧客的總成本列在表 8-21。

假設在每一年未來的運送及生產成本會有折扣，折扣率 $11\frac{1}{9}\%$。假設當蓋一個麵包店，這個麵包店即可一直運作，建立一個 IP 可以用來以滿足需求 (現在及未來) 下，讓總成本達到最小。(提示：你需要一個事實，當 $x < 1$，$a + ax + ax_2 + \cdots = a/(1-x)$。) 你如何修正這個模式，當 Evansville 或 South Bend 每年必須生產至少 800,000？

25. Speaker Cleanmghouse 必須支付 Sweeepstakes 支票給贏家在一個國家的四個不同的區域。東南 (SE)，東北 (NE)，西 (FW)，及中西 (MW)。在國家的四個區域中，每天平均簽給贏者的支票數量如下：SE，$40,000；NE，$60,000；FW，$30,000；MW，$50,000。Speaker 必須簽發支票給贏的顧客，他們可以延遲贏者快速的將支票換成現金，可以透過一種不同尋常的銀行 (它可以讓支票的支付慢一點)。現在有四個銀行地點正在考量：Montana 的 Frosbite Falls (FF) 銀行，South Carolina 的 Redville (R) 銀行，Arizona 的 Pointed Forest (PF) 銀行，及 Maine 的 Beanville (B) 銀行。在維持一個帳戶的年成本如下：FF，$50,000；R，$40,000；PF，$30,000；B，$20,000。每個銀行有個限制：平均每天付出的支票不能超過 $90,000，一張支票被清掉的平均天數列在表 8-22。假設 Speaker 所儲蓄的錢每年賺 15%，則公司應該在何處設立帳號，且從哪一家銀行中可以簽支票給顧客？

26. Berry 州的市長 Blue 想要透過州法律重新畫分 Berry 美國國會的區域，這個州包含 10 個城市，且在城市中有登記的共和黨及民主黨員 (千為單位) 列在表 8-23，Berry 有五位國會代表。為了形成國會的區域，市必須根據以下限制區分：

1. 在城市中所有的投票者必須在相同的區域。
2. 每個區域必須包含 150,000 到 250,000 個投票者 (這裡沒有獨立投票)。

市長 Blue 為民主黨員，假設每一位投票者通常投一直政黨票。建立一個 IP 模式以幫助市長 Blue 極大化會贏到國會席次的民主黨員。

27. Father Domino 公司銷售影印機，能夠成交的主要因素為 Domino 的快速服務。Domino 銷售影印機到六個城市：波士頓、紐約、費城、華盛頓、普洛維斯頓、及大西洋城，每年銷售的影印機專案與服務代表處是否可以距離一個城市的 150 哩內。(參考表 8-24) 每部影印機需要

表 8-23

城市	共和黨	民主黨
1	80	34
2	60	44
3	40	44
4	20	24
5	40	114
6	40	64
7	70	14
8	50	44
9	70	54
10	70	64

表 8-24

距離代表處 150 哩內？	銷售					
	波士頓	紐約	費城	華盛頓	普洛維頓斯	大西洋城
是	700	1,000	900	800	400	450
否	500	750	700	450	200	300

表 8-25

	波士頓	紐約	費城	華盛頓
波士頓	0	222	310	441
紐約	222	0	89	241
費城	310	89	0	146
華盛頓	441	241	146	0
普洛維頓斯	47	186	255	376
大西洋城	350	123	82	178

生產成本 $500 且售價為 $1,000。每個代表處的年度成本為 $80,000。Domino 必須決定到底在什麼地方必須設置代表處。目前只有波士頓、紐約、費城及華盛頓正考慮設置服務代表處，每個城市之間的距離列在表 8-25。建立一個 IP 可以用來幫助 Dommo 極大化年度利潤。

28. 泰國正在三個徵募中心徵召海軍入伍軍人，然後這些入伍者必須送到三個海軍基地中的一處做訓練，運送一個入伍者從徵募中心到訓練中心的成本列在表 8-26。每年，在中心 1 有 1,000 位男士徵召入伍；中心 2 有 600 位；中心 3 有 700 位；基地 1 每年可以訓練 1,000 位男士，基地 2，800 位，且基地 3，700 位。在入伍者經過訓練後，他們即被送至泰國主要的海軍基地 (B)，他們可以利用小船或大船運送，它需要用成本 $5,000 加上 $2 (每哩) 來使用小船，一艘小船可以運送至多 200 位男士到主要的基地且可能在運送到主要基底的路程中，報訪至多二個基地。使用大船需要成本 $10,000 加上 $3 (每哩)，一艘大船可以運送 500 位男士且在到主要基地的路上報訪至多三個基地，每種可能型態的船運旅程列在表 8-27。

假設指派入伍到訓練基地的結果可以利用運送方法得到，然後建立一個 IP 模式可以用來極小化送男士從訓練基地至主要基地的總成本。(提示：令 y_{ij} = 在旅程 i，從基地 j 送到主要基地 (B)，在小船上男士人數，x_{ij} = 在旅程 i，從基地 j 送到 B，在大船上男士的人數。S_i

表 8-26

	至 ($)		
自	基地 1	基地 2	基地 3
中心 1	200	200	300
中心 2	300	400	220
中心 3	300	400	250

表 8-27

行程編號	拜訪位置	旅行哩程數
1	B-1-B	370
2	B-1-2-B	515
3	B-2-3-B	665
4	B-2-B	460
5	B-3-B	600
6	B-1-3-B	640
7	B-1-2-3-B	720

表 8-28

歌曲	型態	長度 (分)
1	排行榜	4
2	流行	5
3	排行榜	3
4	流行	2
5	排行榜	4
6	流行	3
7		5
8	排行榜與流行	4

表 8-29

汽油種類	需求	每加侖短缺的成本	可允許最大短缺
高級	2,900	10	500
一般	4,000	8	500
未提煉	4,900	6	500

表 8-30

商店類型	平方呎	最小個數	最大個數
珠寶	500	1	3
鞋子	600	1	3
百貨	1,500	1	3
書籍	700	0	3
衣物	900	1	3

在旅程 i，使用小船的次數，及 L_i 代表旅程 i，使用大船的次數。)

29. 你已被指派去排定 Madonna 最近出的唱片卡帶的曲目，一卷卡帶有二面 (1 及 2)，在卡帶每一面歌曲的總長度介在 14 及 16 分鐘，長度與歌曲的型態列在表 8-28。指派歌曲到卡帶上必須滿足以下條件：

1. 每一面必須有二首為排行榜的歌曲。

2. 第一面必須至少有三首是流行歌曲。

3. 第 5 首或第 6 首其中之一必須在第 1 面。

4. 若第 2 及 4 首在第 1 面，則第 5 首歌曲必定在第 2 面。

試解釋你如何利用整數規劃的模式建立在滿足這些條件下，決定是否存在歌曲的安排。

30. 廣播電台 WABC 的 Cousin Bruzie 正在規劃廣播的 60 秒廣告，在一個小時中，廣播電台正在賣廣告的時間，分別為 15、16、20、25、30、35、40 及 50 秒。建立一個整數規劃模式可以用來安排在目前的一個小時內的需求下，決定最少的 60 秒的廣告數。(提示：當然不會超過八個廣告時段可用，令 $y_i = 1$ 若使用區段 i 且 $y_i = 0$ 其他。)

31. 一家 Sunco 石油運送貨運公司有五部油箱車，分別可以載運 2,700，2,800，1,100，1,800，及 3,400 加侖的石油。這家公司必須運送三種型態的石油 (高級、一般、及未提煉) 給顧客。需求量，每加侖短缺必須付的懲罰成本，及最大允許的短缺列在表 8-29。每部貨車僅能載運一種型態的石油，建立一個 IP，其答案可以告訴 Sunco 如何使用貨車而使得短缺成本達到最小。

32. Simon 購物廣場有 10,000 平方呎的空間打算出租且想要決定那一種型態的店面將進入購物廣場，每一種型態的店面最小個數及最大個數 (伴隨每種型態的平方呎) 列在表 8-30。當然，每種不同型態的店面所賺得的利潤與在這個購物廣場有多少店面有關，這個關係列在表 8-31 (所有利潤的單位為 $10,000)。因此，若有二個百貨公司在購物中心，每一家百貨公司每年賺 $210,000，每一家店面必須付每年賺的利潤 5% 承租 Simon 的店面。建立一個 IP，其答案可

表 8-31

商店類型	商店家數 1	2	3
珠寶	9	8	7
鞋子	10	9	5
百貨	27	21	20
書籍	16	9	7
衣物	17	13	10

表 8-32

資產	售出時間 第 1 年	第 2 年	第 3 年
1	15	20	24
2	16	18	21
3	22	30	36
4	10	20	30
5	17	19	22
6	19	25	29

表 8-33

警報值	二個最近樓梯公司
1	2, 3
2	3, 4
3	1, 5
4	2, 6
5	3, 6
6	4, 7
7	5, 7

表 8-34

鍋爐編號	最小蒸汽數	最大蒸汽數	成本/噸 ($)
1	500	1,000	10
2	300	900	8
3	400	800	6

表 8-35

渦輪編號	最小值	最大值	每噸蒸汽的每小時千瓦數	每噸運作成本 ($)
1	300	600	4	2
2	500	800	5	3
3	600	900	6	4

以告訴 Simon 如何來極大化從購物中心的租金利率。

33. Boris Milkem 財務公司擁有六份資產，每份資產的期望銷售價格 (百萬元) 列在表 8-32。若資產 1 在第 2 年賣掉，公司會賺 $20 百萬，為了保持正常的現金流量，Milkem 至少在第 1 年賣掉 $20 百萬的資金，在第 2 年至少要賣掉 $30 百萬，在第 3 年要賣掉 $35 百萬。設定一個 IP 可以讓 Milkem 決定如何在接下來的三年裡，從賣掉的資產中極大化總收益，在應用這個模式，如何利用計畫水平軸的概念。

34. Smalltown 消防部門目前有七個方便的樓梯公司及七個警報箱，二個最近的樓梯公司到每一個警報箱的資料列在表 8-33。市長想要極大化方便樓梯公司的個數可以用來取代高樓樓梯公司。不幸地是，在政治上的考量指示一家方便公司可以被取代。當經過取代之後，二家最靠近的公司中至少有一家與每一家警報器仍為方便的公司。

   a. 建立一個 IP 可以被用來極大化方便公司可以被高樓公司取代的個數。

   b. 假設 $y_k = 1$ 若方便 k 公司被取代，證明若我們令 $z_k = 1 - y_k$，在 (a) 的答案會與集合覆蓋相同。

35. 一家電力廠有三個鍋爐，當一個鍋爐開始運作時，它會產生適當的蒸汽 (噸) 在表 8-34 的極小與極大值間，表中亦給每個鍋爐生產一噸蒸汽所需要的生產成本，從鍋爐所產生的蒸汽可以用來使用在三個渦輪生產電力。若每一個渦輪開始運作，使用到最小及最大的蒸氣量 (噸) 列在表 8-35。在表中亦給製造過程所使用的最小及最大的蒸汽量 (噸) 及每一個渦輪所生產出電力的數字。建立一個 IP 可以用來極小化成本，並能生產出 8,000 千瓦電力 (每小時)。

36. 在 Ohio 有一家 Clevcinn 公司，它有三家子公司。每一家子公司有個別的平均薪水冊，失業準備基金及估計薪水冊列在表 8-36。(所有均以百萬計。) 在 Ohio 州每位被僱用勞工，他的準備金/平均薪水的比值小於 1，則必須支付其薪水的 20% 給失業者保險基金或比值大於 1 時，必須付出估計薪水的 10%。Clevcinn 公司可以聚集其子公司且重新分配不同的僱員。例如，若子公司 2 與子公司 3 合併，則它們必須付出結合薪水的 20%。給失業保險準備金。試建立一個 IP 可以幫助公司如何合併子公司。

37. 印第安那大學商學院有可以提供 50 位學生座位的房間二間，與可以提供 100 位學生座位的房間一間，以及可以提供 150 位學生的房間一間。現在有四種房間的需求列在表 8-37。商學院必須決定每一種型態的房間需求提供給不同需求的房間型態。每一種指派所得的懲罰放在表 8-38。X 代表一個需求必須由合適大小的房間來滿足。試建立一個 IP，它的解可以告訴商學院如何來指派房間，使得總懲罰達到最小。

38. 一家公司在賣七種不同的箱子，以體積的大小排序從 17 到 33 立方呎，每個箱子的需求與箱子大小列在表 8-39。每生產一個箱子的變動成本 (元) 等於箱子的體積，生產一個特殊的箱

表 8-36

子公司	平均薪水冊	準備金	估計薪水冊
1	300	400	350
2	600	510	400
3	800	600	500

表 8-37

型態	需要房間大小 (座位數)	需要小時數	需求數
1	50	2, 3, 4	3
2	150	1, 2, 3	1
3	100	5	1
4	50	1, 2	2

表 8-38

需求大小	可以滿足需求的大小			懲罰
	50	100	150	
50	0	2	4	100* (需要的小時數)
100	X	0	1	100* (需要的小時數)
150	X	X	0	100* (需要的小時數)

表 8-39

	箱子						
	1	2	3	4	5	6	7
尺寸	33	30	26	24	19	18	17
需求	400	300	500	700	200	400	200

表 8-40

工廠	1	2	3	4	5
噸	300	200	300	200	400

表 8-41

自	至 倉庫	倉庫	倉庫
工廠 1	8	10	12
工廠 2	7	5	7
工廠 3	8	6	5
工廠 4	5	6	7
工廠 5	7	6	5

表 8-42

自	至 顧客 1	顧客 2	顧客 3	顧客 4
倉庫 1	40	80	90	50
倉庫 2	70	70	60	80
倉庫 3	80	30	50	60

表 8-44

設備	固定每年成本 (千元)
工廠 1	35
工廠 2	45
工廠 3	40
工廠 4	42
工廠 5	40
倉庫 1	30
倉庫 2	40
倉庫 3	30

表 8-43

顧客	1	2	3	4
需求	200	300	150	250

子所造成的固定成本為 $1,000。若某一公司有需求，則可以利用一個較大的箱子來滿足它。建立並解一個 IP，它的答案可以在滿足箱子需求下，成本達到最小 (利用 LINDO、LINGO 或 Excel Solver)。

39. Huntco 在五個不同的工廠生產蕃茄醬，每個工廠的產能 (噸) 列在表 8-40。這一些蕃茄醬可存放在三個倉庫中的一個。在每一個工廠生產蕃茄醬的成本 (千元) 及將它運往倉庫所需的成本列在表 8-41。Huntco 有四個顧客，運送一噸的蕃茄醬從倉庫至每一個顧客的成本列在表 8-42。運送到每個顧客的需求量 (噸) 列在表 8-43。

a. 建立一個平衡的運輸問題，其解可以告訴我們如何在滿足顧客的需求下，成本達到最小。

b. 修正這個問題當每年的需求及運作工廠及倉庫所需的年度固定成本，此成本 (千元) 列在表 8-44。

40. 為了滿足接下來 20 年的電訊需求，Telstar 公司估計在美國與德國、法國、瑞士及英國之間往返所需的線圈量列在表 8-45。

二種線圈可以產生：電纜線與無線衛星二種電纜的線圈 (TA7 及 TA8) 可用，生產每一種電纜線的固定成本及每一種型態的線圈產能列在表 8-46。

TA7 及 TA8 的電纜線圈可從美國到英國的海下線圈通過，因此，若要擴展這個線圈到歐洲的其他國家，必須增加一些成本，每個線圈的年度變動成本列在表 8-47。

為了生產及使用衛星線圈，Telstar 必須發射一個衛星，且每一個國家利用衛星必須要有

486　作業研究 I

表 8-45

國家	線圈需求
法國	20,000
德國	60,000
瑞士	16,000
英國	60,000

表 8-46

電纜類別	固定運作成本 (百萬元)	容量
TA7	1.6	8,500
TA8	2.3	37,800

表 8-47

國家	每一單位線圈的變動成本 ($)
法國	0
德國	310
瑞士	290
英國	0

表 8-48

銷售區域	電話區域真正銷售員人數 1	2	3	4
1	1	4	5	7
2	4	1	3	5
3	5	3	1	2
4	7	5	2	1

表 8-49

區域	電話數
1	50
2	80
3	100
4	60

一個地球位置來接收訊號，發射一枚衛星需要 $3 億，每一枚發射上去的衛星可以處理 140,000 個線圈，所有的地球位置有最大容量 190 個線圈及每年需要有 $6,000 去運作。建立一個整數規劃模式幫助決定如何提供所需要的線圈及極小化接下來 20 年所造成的總成本。

然後利用 LINDO (或 LINGO) 找到一個最近的最佳解，經過 300 個轉軸運算後，LINDO 不認為它有一個最佳解。接下來，若不需要一個國家的電纜線或衛星線圈為整數，或你的模式可能永遠無法解下去！然而針對某些變數，整數的需求是重要的。

41. 一家大型藥廠必須決定需要多少個銷售代表被指派到四個銷售區域，在某一個區域如果有 n 個代表的成本為每年 ($88,000 + $80,000n)。某在一個區域有一位代表進駐，他完成一位醫生的電話要求時間列在表 8-48 (小時)。每個月，每一個業務代表可以工作至 160 個小時，在每個月，每個區域電話的個數列在表 8-49。在每個區域分數個代表是不被允許的，決定每個區域應該指派多少位代表。

42. 在這個指派問題中，我們利用整數規劃及債券期間觀念說明華爾街的公司如何選擇最佳債券投資組合，一個債券的期間可定義如下：令 $C(t)$ 代表在時間 t 的債券付款 ($t = 1, 2, \ldots, n$)，令 r ＝市場利率，若債券付款的時間權重平均數可由下式得之：

$$\sum_{t=1}^{t=n} tC(t)/(1+r)^t$$

且債券的市場價格 P 為：

$$\sum_{t=1}^{t=n} C(t)/(1+r)^t$$

則債券 D 的期間為 L

$$D = (1/P) \sum_{t=1}^{n} \frac{tC(t)}{(1+r)^t}$$

因此，債券期間測量隨機選擇 NPV $1 接收到的"平均"時間，假設有一家保險公司需要在

表 8-50

年	可用債券						
	債券 1	債券 2	債券 3	債券 4	債券 5	債券 6
1	50	100	130	20	100	120
2	60	90	130	20	100	100
3	70	80	130	20	100	80
4	80	70	130	20	100	140
5	90	60	130	20	100	100
6	100	50	130	80	100	90
7	110	40	130	40	100	110
8	120	30	130	150	100	130
9	130	20	130	200	100	180
10	1,010	1,040	1,130	1,200	1,100	950

接下來的 10 年，每六個月必須付款 $20,000，如果市場的利率每年為 10%，則這個付款的現金流 NPV 為 $251,780 及期間為 4.47 年。若我們想要極小化債券投資組合與市場利率風險的敏感度並達到我們付款的義務，然後，已經證明出若我們在第 1 年的開始在債券投資組合存 $251,780 的債券期間與付款現金流的期間相同。

假設擁有債券投資組合的唯一成本為購買債券的成本及交易成本，現在假設有六個債券可用，這六種債券的付款現金流列在表 8-50。購買債券 i 任何單位的交易成本等於 $500 + $5 購買債券的數量。因此，購買一單位的債券 1 需要 $505 且購買 10 單位的債券 1 需要 $550。假設購買分數的債券 i 是允許的，但任何債券至多只有 100 單位可以購買國庫券，也可能可以被購買 (沒有交易成本)，一個國庫券需要成本 $980 且有期間 0.25 年 (90 天)。

在計算完每個債券的價格與期間後，利用整數規劃決定免除債券投資組合所造成的交易成本最小。你可以假設你的債券投資組合的期間為包含在債券投資組合的債券期間的加權平均數，其中每一個債券的比重等於存在債券中的錢數。

43. 福特公司有四座汽車工廠，每一個工廠有能力生產 Tourus，Lincoln 或 Escort，但它們也只能一次只能生產其中一種汽車，每一年在每一個工廠運作一個工廠所需的固定成本及生產每一種型態的成本列在表 8-51。

    a. 每一個工廠可以生產一種型態的汽車。

    b. 每一種型態的汽車總產能必須在單一個工廠；亦即，若任何 Tauruses 在工廠 1 生產，然後所有的 Tauruses 必定在那個地方製造。

    c. 若使用工廠 3 及 4，則工廠 1 就必須使用。

表 8-51

工廠	固定成本 ($)	變動成本 ($)		
		Taurus	Lincoln	Escort
1	7 億	12,000	16,000	9,000
2	6 億	15,000	18,000	11,000
3	4 億	17,000	19,000	12,000
4	2 億	19,000	22,000	14,000

表 8-52

投資	專案									
(百萬)	1	2	3	4	5	6	7	8	9	10
第 1 年	6	9	12	15	18	21	24	27	30	35
第 2 年	3	5	7	9	11	13	15	17	19	21
第 3 年	5	7	9	12	12	14	16	11	20	24
NPV	20	30	40	50	60	70	80	90	100	130

表 8-53

資源種類	可用資源
1	40
2	60
3	80

表 8-54

產品	需求	單位利潤貢獻 ($)	固定費用 ($)
1	40	2	30
2	60	5	40
3	65	6	50
4	70	7	60

表 8-55

資源使用	產品			
	1	2	3	4
1	1	2	3.5	4
2	5	6	7	9
3	3	4	5	6

每一年，福特公司必須每種汽車生產 500,000。建立一個 IP，其解可以告訴福特公司如何極小化年度生產成本。

44. Venture 資金公司 JD 正在考慮在 10 個專案中到底要投資那些案子。在接下來的 N 年中，它知道每一年有多少個方案可以投資，每一個案子的 NPV，及接下來的 N 年，每一年可以投資到每一個方案的現金 (參考表 8-52)。

    a. 寫下一個 LINGO 程式決定 JD 要投資多少個專案。
    b. 在接下來三年每一個專案需要現金的投資，在第 1 年，有 $80 百萬可以用來投資，在第 2 年，有 $60 百萬可以用來投資，在第 3 年，有 $70 百萬可以用來投資，利用你的 LINGO 程式決定 10 個專案中哪些專案必須被選擇。(所有都是以百萬為單位。)

45. 寫下 LINGO 程式可以求解例題 3 所敘述的固定費用問題。假設每一個產品的需求是有限的，然後利用你的程式求解一個四個產品，三個資源的固定費用問題，其參數列在表 8-53、54 及 55。

8.3 解純整數規劃問題的分枝界限法

在實務上，大部份的 IP 可以利用分枝界限法求解，分枝界限法是利用有效的列舉在子題可行區域中的點來找出其最佳解。在解釋分枝界限法如何執行之前，我們需要做下列基本但重要的說明：如果你解決一個單純的 IP 問題且得到一個解全部都是整數，則 LP 寬鬆的最佳解仍然是 IP 的最佳解。

為了說明為什麼這個觀察是對的，考慮以下 IP：

$$\max z = 3x_1 + 2x_2$$
$$\text{s.t.} \quad 2x_1 + x_2 \leq 6$$
$$x_1, x_2 \geq 0; x_1, x_2 \text{ 為整數}$$

這個純 IP 問題的線性寬鬆最佳解為 $x_1 = 0$，$x_2 = 6$，$z = 12$。因為這個解給的所有變數都是整數，由前面的觀察可知 $x_1 = 0$，$x_2 = 6$，$z = 12$ 亦是此 IP 的最佳解，觀察到 IP 的可行區域為 LP 寬鬆可行區域的子集合 (參考圖 8-10)，因此，IP 的最佳解 z 不能夠大於 LP 寬鬆的最佳 z 值，這代表此 IP 的最佳 z 值必定 ≤ 12，但點 $x_1 = 0$，$x_2 = 6$，$z = 12$ 為此 IP 的可行解且 $z = 12$。因此，$x_1 = 0$，$x_2 = 6$，$z = 12$ 必定為此 IP 的最佳解。

例題 9　分枝界限法

Telfa 公司製造桌子與椅子。一張桌子需要勞工 1 小時與木材 9 平方呎，一張椅子需要勞工 1 小時與木材 5 平方呎。目前，有 6 個小時的勞工與 45 平方呎的木材可用，每張桌子貢獻 $8 的利潤，每張椅子貢獻 $5 的利潤。建立一個 IP，並求出讓 Telfa 的利潤達到最大。

解　　令

$$x_1 = \text{桌子的製造數量}$$
$$x_2 = \text{椅子的製造數量}$$

因為 x_1 及 x_2 必須為整數，Telfa 希望能解以下 IP：

$$\max z = 8x_1 + 5x_2$$
$$\text{s.t.} \quad x_1 + x_2 \leq 6$$
$$9x_1 + 5x_2 \leq 45$$
$$x_1, x_2 \geq 0; x_1, x_2 \text{ 為整數}$$

分枝界限法開始解一個 IP 的 LP 寬鬆，若是在這個 LP 寬鬆的最佳解中的所有變

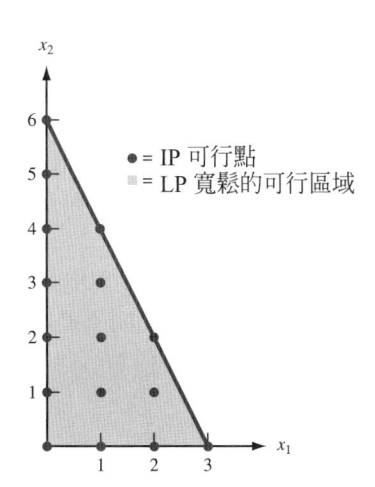

圖 8-10　IP 及 LP 寬鬆的可行區域

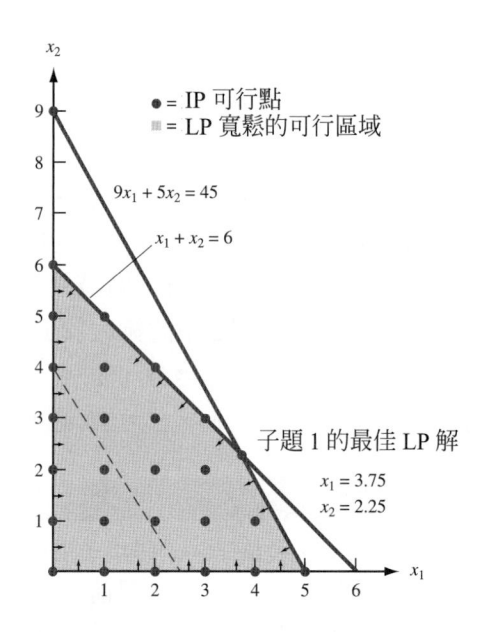

圖 8-11
Telfa 問題的可行區域

數都是整數,則這個 LP 寬鬆的最佳解仍是 IP 的最佳解,我們稱此 LP 寬鬆子題 1。遺憾的是,這個 LP 寬鬆的最佳解為 $z = \frac{165}{4}$,$x_1 = \frac{15}{4}$,$x_2 = \frac{9}{4}$ (參考圖 8-11)。從 8.1 節中,我們知道 (IP 的最佳解 z 值) ≤ (LP 寬鬆的最佳解 z 值)。這代表 IP 的最佳解 z 不會超過 $\frac{165}{4}$。因此,LP 寬鬆的最佳 z 值即為 Telfa 利潤的**上界** (upper bound)。

下一個步驟就是切割 LP 寬鬆的可行區域,為了找到 IP 最佳解的位置,我們任意地選擇在 LP 寬鬆最佳解中為分數的變數,稱為 x_1。現在觀察到在此 IP 的可行區域的任何一定必須為 $x_1 \leq 3$ 或 $x_1 \geq 4$。(為什麼在 IP 的可行解中不會有 $3 < x_1 < 4$?) 由此觀點,我們將以變數 x_1 作為"分枝"且產生下面二個子題:

子題 2　子題 1 ＋條件 $x_1 \geq 4$
子題 3　子題 1 ＋條件 $x_1 \leq 3$

觀察在子題 2 及子題 3 中,不會有包含 $x_1 = \frac{15}{4}$ 的點。這代表當我們解子題 2 或子題 3,LP 寬鬆的最佳解不會再產生。

從圖 8-12,我但可發現在 Telfa IP 的可行區域上的所有點都包含在子題 2 或子題 3 的可行區域內,然而,子題 2 及 3 的可行區域並沒有共同的點,因為子題 2 及 3 已經有加上包含 x_1 的條件,所有我們稱子題 2 及 3 是從 x_1 **分枝** (branching) 出來。

現在我們選擇還未透過 LP 解出來的任何子題,我們任意選擇子題 2 求解。從圖 8-12 中,我們發現子題 2 的最佳解為 $z = 41$,$x_1 = 4$,$x_2 = \frac{9}{5}$ (點 C)。目前為止,將完成的部份總結在圖 8-13。

將已經產生的所有問題呈現出來稱為**樹** (tree),每個子題以樹上的**節點** (node) 來表示,連接在樹上的二點間的直線稱為**弧線** (arc)。在樹上的每一個節點上的條件為 LP 寬鬆的條件加上從子題 1 所引出來弧線上的條件,標籤 t 表示子題被解的時間上順序。

子題 2 的最佳解沒有產生一個所有都是整數的解,所以我們選擇子題 2 產生二個

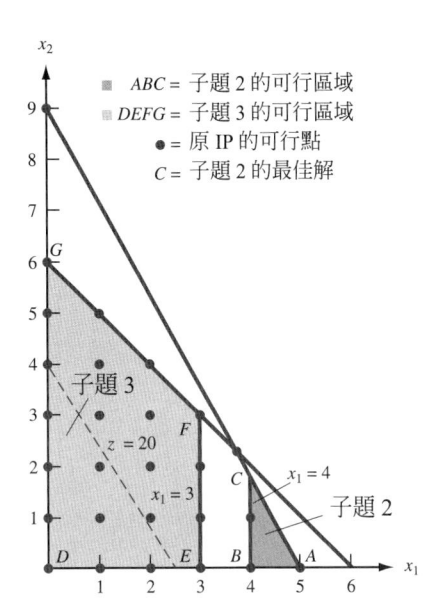

圖 8-12
Telfa 問題中子題 2 及 3 的可行區域

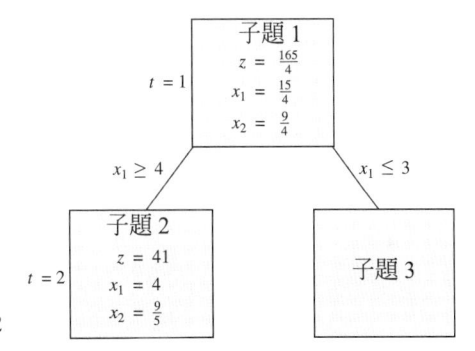

圖 8-13
Telfa 問題中，已解出的子題 1 及子題 2

新的子題。我們選擇在子題的最佳解中一個分數的變數，然後用這個變數來分枝，因為在子題 2 的最佳解中唯一的分數變數為 x_2，我們分枝 x_2，我們將子題 2 的可行區域分割成有 $x_2 \geq 2$ 及 $x_2 \leq 1$ 的點集合，這會產生下面二個子題：

子題 4：子題 1 + 條件 $x_1 \geq 4$ 及 $x_2 \geq 2$ = 子題 2 + 條件 $x_2 \geq 2$
子題 5：子題 1 + 條件 $x_1 \geq 4$ 及 $x_2 \leq 1$ = 子題 2 + 條件 $x_2 \leq 1$

　　子題 4 及 5 的可行區域呈現在圖 8-14，尚未解的子題集合包含子題 3，4，及 5。現在我們選擇其中一個子題求解。根據下面會討論的原因，我們選擇最新產生的子題來解。(這個稱為 LIFO，或後進先出法則 (last-in-first-out rule)。) 這個 LIFO 法則表示接下來我們要解子題 4 或子題 5。我們任意選擇子題 4 求解，從圖 8-14，我們發現子題 4 無解。因此，子題 4 不會產生這個 IP 的最佳解。為了顯示這個結果，我們放上×在子題 4 (參考圖 8-15)。因為任何從子題 4 所引出來的分枝將不再產生有效的訊息，從此產生的分枝將是無效的，當從一個子題產生的分枝不會得到有效的訊息，我們稱這個子題 (或節點) 為**徹底** (fothomed)，到目前所得的結果呈現在圖 8-15。

　　現在只有剩下子題 3 及 5 尚未解決，LIFO 法則表示接下來要解子題 5。從圖 8-

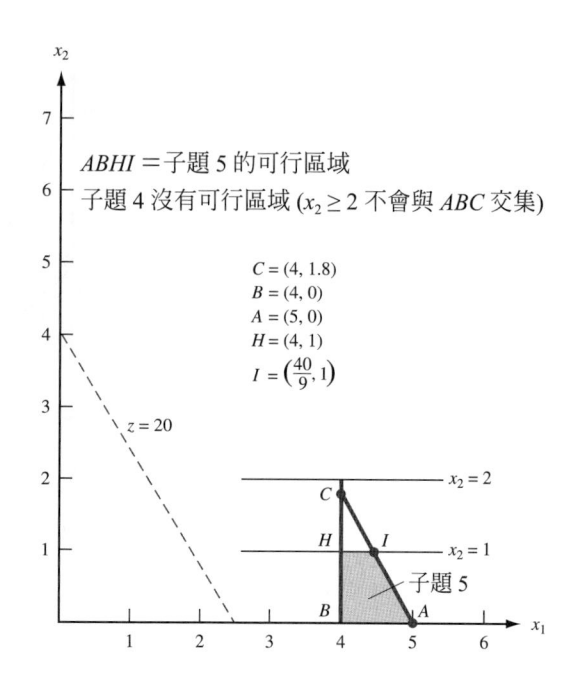

圖 8-14
Telfa 題的子問題 4 及 5 的可行區域

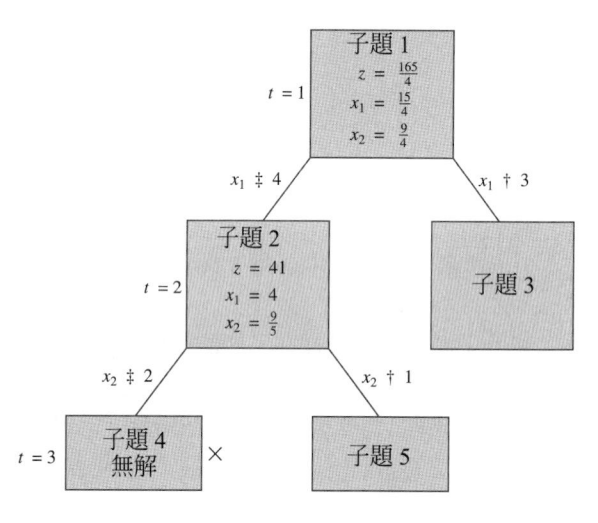

圖中標示：
$ABHI =$ 子題 5 的可行區域
子題 4 沒有可行區域 ($x_2 \geq 2$ 不會與 ABC 交集)

$C = (4, 1.8)$
$B = (4, 0)$
$A = (5, 0)$
$H = (4, 1)$
$I = \left(\frac{40}{9}, 1\right)$

圖 8-15
Telfa 問題中，子題 1、2 及 4 已解決

子題 1：$z = \frac{165}{4}$，$x_1 = \frac{15}{4}$，$x_2 = \frac{9}{4}$，$t = 1$

子題 2：$z = 41$，$x_1 = 4$，$x_2 = \frac{9}{5}$，$t = 2$

子題 4 無解，$t = 3$

分枝條件：$x_1 \leq 4$、$x_1 \geq 3$；$x_2 \leq 2$、$x_2 \geq 1$

14，我們發現子題 5 的最佳解為圖 8-14 的點 I：$z = \frac{365}{9}$，$x_1 = \frac{40}{9}$，$x_2 = 1$。這個解無法產生立即有效的訊息，所以我們選擇切割子題 5 的可行區域，利用分數的變數 x_1 來分枝，這會產生二個子題 (參考圖 8-16)。

子題 6：子題 5 ＋條件 $x_1 \geq 5$
子題 7：子題 5 ＋條件 $x_1 \leq 4$

子題 6 及 7 同時包含所有在子題 5 可行區域中的整數點。其中，沒有哪一個點的 $x_1 = \frac{40}{9}$ 可以在子題 6 或子題 7 的可行區域。因此，當我們解子題 6 及 7 時，子題 5 的最佳解就不會產生。現在，我們的樹看起來如同圖 8-17。

子題 3、6 及 7 目前還未解出。LIFO 法則建議下一個解子題 6 或子題 7，我們

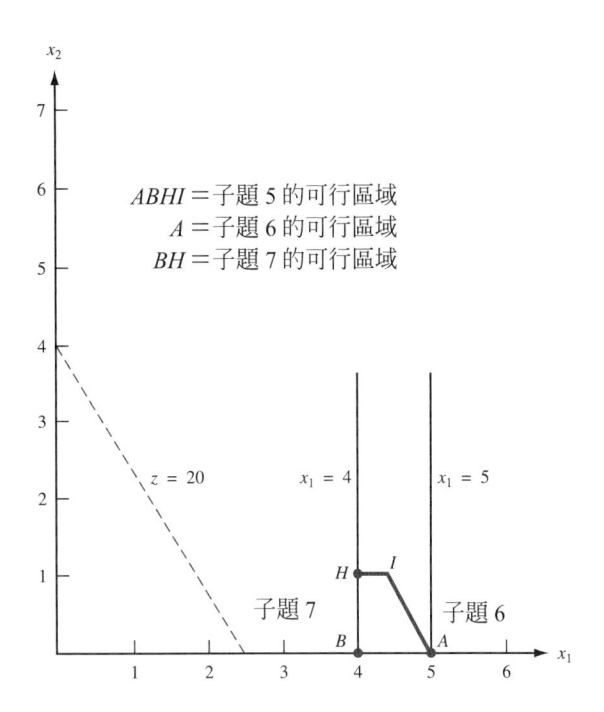

圖 8-16　Telfa 問題的子題 6 及 7 的可行區域

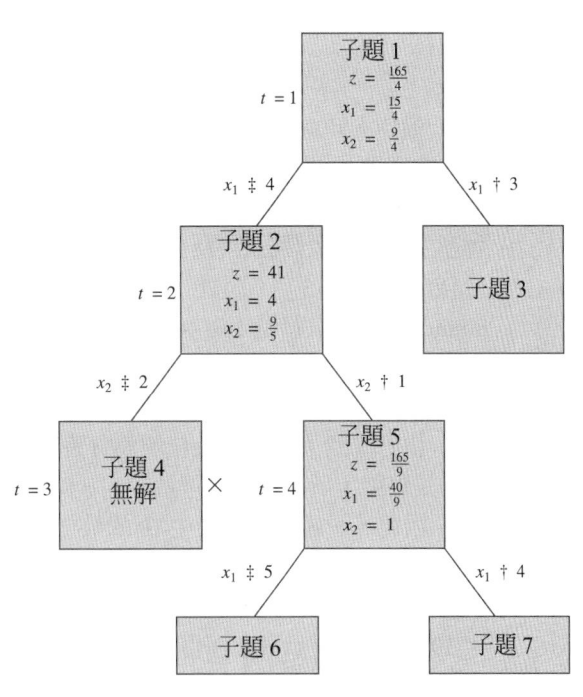

圖 8-17　Telfa 子題中 1、2、4 及 5 已被解出

任意選擇子題 7 來解，從圖 8-16，我們可以找出子題 7 的最佳解為點 H：$z = 37$，$x_1 = 4$，$x_2 = 1$。因為 x_1 及 x_2 都假設必須為整數，所以這個解為原來 IP 的可行解。現在，我們知道子題 7 可以得到一個可行整數解，其 $z = 37$。我們亦可知道子問題 7 不會再產生一個 $z > 37$ 的可行解。因此，進一步地將子題 7 分枝將不會產生任何有關

494 作業研究 I

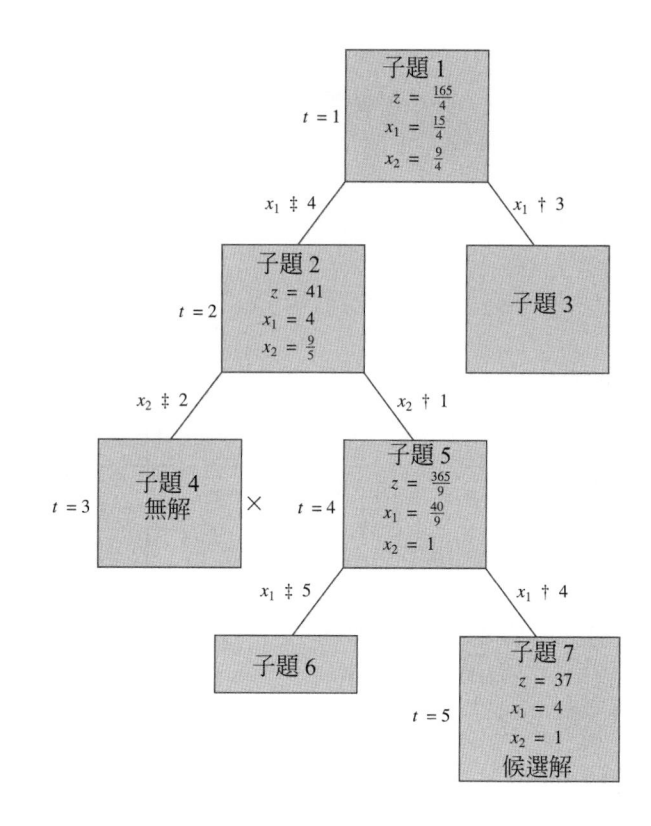

```
                              子題 1
                              z = 165/4
                     t = 1    x₁ = 15/4
                              x₂ = 9/4

                    x₁ ‡ 4          x₁ † 3

              子題 2                      子題 3
              z = 41
     t = 2    x₁ = 4
              x₂ = 9/5

         x₂ ‡ 2        x₂ † 1

      子題 4                子題 5
t = 3  無解     ×    t = 4   z = 365/9
                           x₁ = 40/9
                           x₂ = 1

                      x₁ ‡ 5     x₁ † 4

                   子題 6           子題 7
                                   z = 37
                            t = 5  x₁ = 4
                                   x₂ = 1
                                   候選解
```

圖 8-18　在五個子問題被解出後的分枝界限樹

於 IP 最佳解的新資訊，所以這個子題即可被徹底解決掉，新的樹列在圖 8-18。

當在解一個子題時，所得的解若所有的變數都是整數，稱為**候選解** (candidate solution)，因為一個候選解可能為最佳，我們必須保持這個候選解直到一個 IP 的更好解產生為止。我們已經有一個原來 IP 的可行解其 $z = 37$，所以我們可以確定原來 IP 最佳的 z 值 ≥ 37。因此，這個候選解的 z 值稱為原 IP 最佳 z 值的**下界** (lower bound)，我們以符號 LB = 37 代表，且將它放在接下來要解的子題框內 (參考圖 8-19)。

最後未解的問題只剩下子題 6 及 3。根據 LIFO 法則，接下來解子題 6。從圖 8-16，我們找到子題 6 的最佳解為 A 點：$z = 40$，$x_1 = 5$，$x_2 = 0$，所有的決策變數都是整數，所以它是候選解，其 z 值為 40 大於前面候選的最佳 z 值 (候選 7，$z = 37$)。因此，子題 7 不會產生 IP 的最佳解 (我們利用×放在子題 7 的旁邊)。我們更新 LB 的值為 40，目前的進度總結放於圖 8-20。

子題 3 為目前還未解的問題，從圖 8-12 中，我們找到子題 3 的最佳解為點 F：$z = 39$，$x_1 = x_2 = 3$。子問題 3 無法產生 z 值超過目前的下界 40，所以它不可能產生原來 IP 的最佳解。因此，我們將×放在它的旁邊如圖 8-20。從圖 8-20，我們發現已無剩下未解的問題，且只有子題 6 可以產生 IP 的最佳解。因此，針對 Telfa 問題 IP 的最佳解為製造 5 張桌子及 0 張椅子，這個解會產生 $140 的利潤。

利用分枝界限法求解 Telfa 的問題，我們可以列舉所有在 IP 可行區域的

第 8 章 整數規劃 **495**

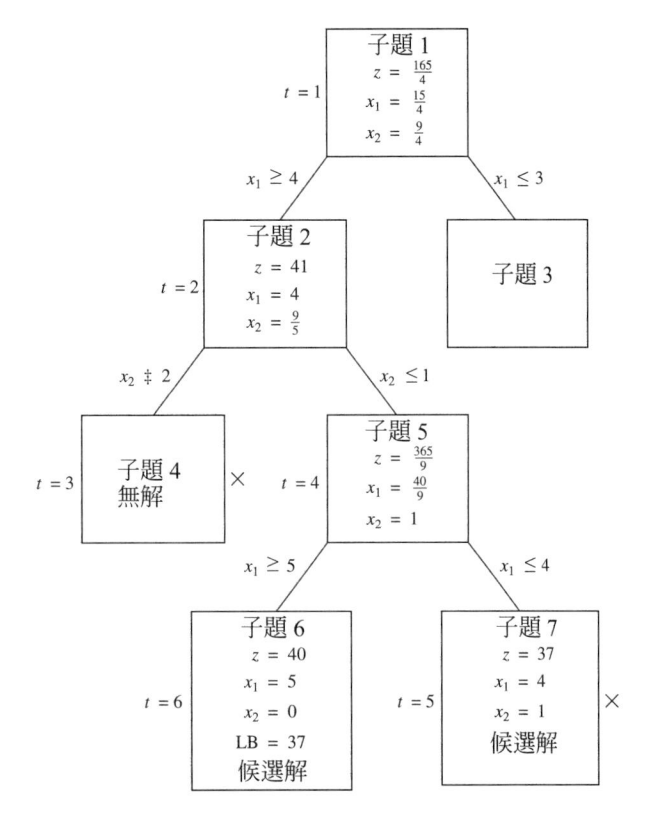

圖 8-19 經過六個子題被解出後的分枝界限樹

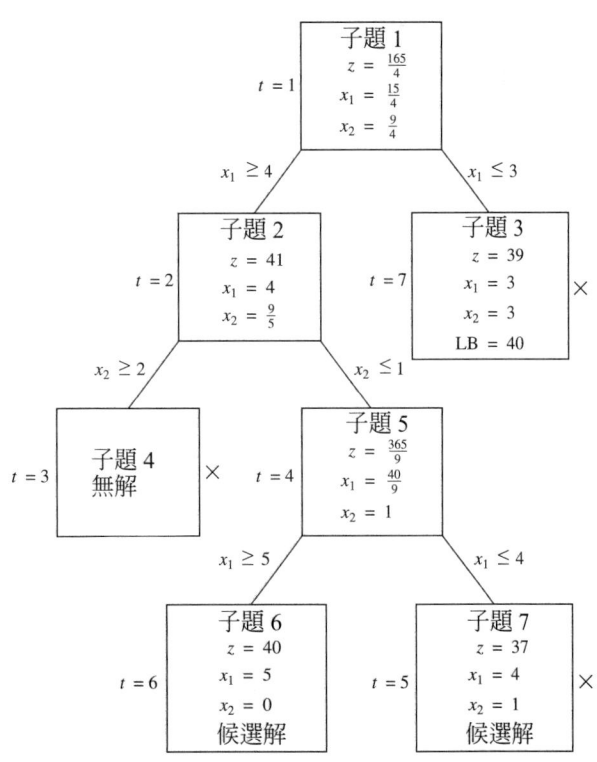

圖 8-20 Telfa 問題的最後分枝界限樹

所有點，最後，所有的點 (除了最佳解) 將會被刪除掉，因此分枝界限法已完成。為了說明分枝界限法真正考慮所有在 IP 的可行區域上的點，我們檢查在 Telfa 問題許多可能的解且證明這個步驟如何說明這些點並非最佳解，例如，我們如何知道 $x_1 = 2$，$x_2 = 3$ 不是最佳解？這個點是在子題 3 的可行區域內，且我們知道在子題 3 可行區域上的所有點 $z \leq 39$，因此，我們對子題 3 的分析，證明 $x_1 = 2$，$x_2 = 3$ 不可能超過 $z = 40$，因此不會是最佳解。下一個例題，為什麼 $x_1 = 4$，$x_2 = 2$ 不是最佳解？根據樹的分枝，我們發現在子題 4 的 $x_1 = 4$，$x_2 = 2$，因為在子題 4，沒有點是可行解，$x_1 = 4$，$x_2 = 2$ 一定不滿足原 IP 的條件，因此不會是 Telfa 問題的最佳解，相同的狀況，分枝界限分析淘汰了所有的 x_1、x_2 點 (除了最佳解)。

為了簡化 Telfa 問題，利用分枝界限法可以想像利用大砲殺掉一隻蒼蠅，但針對一個會有大量整數點的整數 IP 可行區域，這個過程可以有效地刪除一些非最佳解。例如，假設我們利用分枝界限法且目前的 LB = 42，假設我們解一個含有 1 百萬個可行點的 IP 問題，若這個子題的最佳解的 $z < 42$，則我們可以利用解一個 LP 刪掉一百萬個非最佳解！

關於解一個純 IP 問題的分枝界限法 (混合 IP 將在下一節討論) 可以總結如下：

步驟 1 若沒有必要再分枝子題，則它已被徹底解決，在一個子題中，有可能有三種子題被徹底解決：(1) 這個子題為無解；(2) 這個子題產生最佳解且所有的變數都是整數；且 (3) 這個子題的最佳 z 值不會超過目前的 LB (在極大問題中)。

步驟 2 一個子題可能因為下列而被刪除：(1) 這個子題無解 (在 Telfa 問題中，子題 4 因為這個原因而被刪掉)；(2) 這個 LB (代表目前最佳候選的 z 值) 至少比目前子題的 z 值一樣大 (在 Telfa 問題中，子題 3 及 7 因為這個理由而被刪掉)。

在利用分枝界限法來解 Telfa 問題時，我們做了許多相似的任意選擇。例如，當在子題 1 中，x_1 與 x_2 同時為分數時，我們如何決定分枝變數？或我們如何決定哪一個子題接下來要解？這個問題的回答會造成樹的大小很大的差異，且在找最佳解時，計算的時間亦有很大的不同，根據經驗及巧妙，熟悉這個過程的人已經發展出如何有效決策的指南。

有二個常用的方法來決定哪一個子題在接下來會被解，最常用的方法為 LIFO 法則，從最近產生的子題先解，LIFO 會造成從分枝界限樹的某一邊往下解開且很快地找出候選解 (如同 Telfa 問題)。然後倒回去到最上面樹的另外一邊，根據這個理由，LIFO 方法通常被稱為**倒回追蹤法** (backtracking)。

第二個常用的方法稱為**跳躍追蹤法** (jumptracking)，當在一個節點上分枝時，跳躍追蹤法是解所有分枝上的問題，然後再從有最佳 z 值的節點分枝下去，跳躍追蹤法通常是從樹的一端跳躍至另一端。它通常會比倒回追蹤法產生更多的子題且需要更多的計算時間，在跳躍追蹤法的背後理由是移動有好的 z 值子題會比較快找到真正最好的 z 值。

當在一個子題的最佳解中，有二個或二個以上的變數為分數，則哪一個變數必須要分枝？分枝某一個分數值變數，擁有最大經濟重要性通常是最佳策略，在 Nickles 例題中，假設在一個子題最佳解中，y_1 及 x_{12} 為分數，我們的法則選擇 y_1 為分枝變數，因為 y_1 代表一個在城市 1 運作 (或不運作) 的決策變數，這個假設是它比是否在城市 1 付款而送至城市 2 的決策重要，當在一個子題解中，超過一個以上的變數為分數，許多電腦的編碼會先分枝具有最小下標數字的分數變數。因此，若一個整數規劃的電腦編碼需要變數給予數字，它們通常必須以其經濟重要性來排序 (1 ＝最重要)。

註解 1. 針對某些 IP，LP 寬鬆的最佳解仍是 IP 的最佳解，假設一個 IP 的條件寫成 $Ax = b$，若每一個 A 中方陣子矩陣的行列式為＋1，－1，或 0，稱我們稱矩陣 A 為單模矩陣。若 A 為單模矩陣且 **b** 中的每一個元素為整數，則 LP 寬鬆的最佳解將會是所有變數均是整數值。[參考 Shapiro (1979) 的證明]。因此，它即是 IP 的最佳解，我們可以證明任何一個 MCNFP 的條件矩陣為單模矩陣。因此，在第 7 章的討論中，一個 MCNFP 的每一個節點的淨流出量及每一個弧線容量若為常數，將會有一個整數值的解。

2. 一個普通的法則，若一個 IP 看起來愈像 MCNFP，則它愈容易用分枝界限法求解它。因此，在建立 IP 模式時，最好選擇一個模式，其變數前的係數為＋1，－1，及 0 愈多愈好，為了說明這個概念，在 8.2 節的 Nickles (鎖箱) 問題的模式中包含有 16 個條件如下的型態：

模式 1 $\qquad x_{ij} \leq y_j$ $(i = 1, 2, 3, 4; j = 1, 2, 3, 4)$ **(25)**

就如前面在 8.2 節看到的，若在式 (25) 的 16 個條件被下列四個條件取代，則相等模式可得下列結論：

模式 2
$$x_{11} + x_{21} + x_{31} + x_{41} \leq 4y_1$$
$$x_{12} + x_{22} + x_{32} + x_{42} \leq 4y_2$$
$$x_{13} + x_{23} + x_{33} + x_{43} \leq 4y_3$$
$$x_{14} + x_{24} + x_{34} + x_{44} \leq 4y_4$$

因為模式 2 比模式 1 少 16－4＝12 個條件，合理地可以想像模式 2 需要較少的電腦計算時間來找到最佳解。但這非真實，為了了解為什麼，首先，分枝界限法是解一個 IP 的 LP 寬鬆。模式 2 的 LP 寬鬆的可行區域比模式 1 的可行區域包含更多的非整數點，例如，點 $y_1 = y_2 = y_3 = y_4 = 1/4$，$x_{11} = x_{22} = x_{33} = x_{44} = 1$ (其他的

x_{ij}'s 為 0) 在模式 2 的 LP 寬鬆可行區域內，但不在模式 1 的區域上。分枝界限法在找到 IP 的最佳解前必須先刪掉所有非整數點，所以模式 2 合理地需要比模式 1 更多的計算時間。事實上，當 LINDO 套裝軟體用來找模式 1 的最佳解時，LP 寬鬆也會產生最佳解。但在模式 2 找最佳解之前，必須先解 17 個子題。因為在模式 2 中包含 $4y_1$，$4y_2$，$4y_3$，及 $4y_4y_4$。這些項目會"干擾"鎖箱問題的網路結構且會造成分枝界限法變得較無效果。

3. 利用 IP 求解現實的問題時，通常我們會得到近似最佳解而感到喜悅。例如，假設我們在解一個鎖箱問題且 LP 寬鬆得到一個成本 $200,000，這表示鎖箱 IP 的最佳解的成本必定會超過 $200,000。若我們在解分枝界限法的過程中，找到一個候選解，其成本為 $205,000，為什麼它會困擾分枝界限法的過程？因為即使我們已經找到這個 IP 的最佳解，它通常不會比這個候選解的 $z = 205,000$ 節省到超過 $5,000，它可能需要超過 $5,000 的成本求得鎖箱的最佳解，根據這個理由，分枝界限法通常會在找到一個候選解的 z 值非常接近 LP 寬鬆的 z 值時即停止。

4. 分枝界限法解子題時，通常有時會用的隅簡捷法。為了說明這個概念，讓我們回到 Telfa 例題。在 Telfa 問題中，LP 寬鬆的最佳表為

$$z + 1.25s_1 + 0.75s_2 = 41.25$$
$$x_2 + 2.25s_1 - 0.25s_2 = 2.25$$
$$x_1 - 1.25s_1 + 0.25s_2 = 3.75$$

在解 LP 寬鬆之後，我們解子題 2，它為子題 1 加上條件 $x_1 \geq 4$。對隅簡捷法對於一個最佳解得到後再加上一個新的條件至 LP 時新的最佳解，它是一個非常有效的方法，現在已經加上條件 $x_1 \geq 4$ (可以寫成 $x_1 - e_3 = 4$)。為了使用對隅簡捷法，我們必須從這個條件刪除基本變數 x_1，然後利用 $x_1 - e_3 = 4$ 中 e_3 為基本變收，加上 $-$(最佳表的列 2) 到條件 $x_1 - e_3 = 4$，我們可得條件 $1.25s_1 - 0.25s_2 - e_3 = 0.25$，將這個條件乘以 -1，可得 $-1.25s_1 + 0.25s_2 + e_3 = -0.25$，在將這個條件加上子題的最佳表中時，可得到表 8-56。對隅簡捷法建議我們從第 3 列可進入

表 8-56　利用對隅簡捷法求解子題 2 的起始表

			基本變數
z	$+ 1.25s_1 + 0.75s_2$	$= 41.25$	$z = 41.25$
	$x_2 + 2.25s_1 - 0.25s_2$	$= 2.25$	$x_2 = 2.25$
x_1	$- 1.25s_1 + 0.25s_2$	$= 3.75$	$x_1 = 3.75$
	$- 1.25s_1 + 0.25s_2 + e_3$	$= -0.25$	$e_3 = -0.25$

表 8-57　利用對隅簡捷法求解子題 2 的最佳表

			基本變數
z	$+ s_2 + e_3$	$= 41$	$z = 41$
	$x_2 + 0.20s_2 + 1.8e_3$	$= 1.8$	$x_2 = 1.8$
x_1	$- e_3$	$= 4$	$x_1 = 4$
	$s_1 - 0.20s_2 - 0.80e_3$	$= 0.20$	$s_1 = 0.20$

一個基本變數，因為 x_1 為第 3 列中唯一擁有負的係數的變數，s_1 將進入第 3 列的基底，經過轉軸後，我們可得表 8-57 的最佳解。因此，子題 2 的最佳解為 $z = 41$，$x_2 = 1.8$，$x_1 = 4$，$s_1 = 0.20$。

5. 在問題 8，我們說明若我們透過增加條件 $x_k \leq i$ 及 $x_k \geq i + 1$ 產生二個子題，則子題 1 最佳解為 $x_k = i$ 及子題 2 的最佳解為 $x_k = i + 1$。當我們利用圖解法求解這個問題時，這個觀察是非常有幫助的。例如，我們知道在例題 9 中子題 5 最佳解的 $x_2 = 1$，然後我們可以找到 x_1 的值。當解子題 5，利用 $x_2 = 1$ 選擇 x_1 為滿足所有條件的最大整數值。

利用 Excel 解 IP 時，Solver 容忍值的選擇

當利用 Excel Solver 來解整數規劃問題時，你必須到 Options 及設定一個容忍值，一個容忍值為 0.2 會讓 Excel Solver 停止在當一個可行解被找出後其目標函數值與 LP 寬鬆的最佳 z 值在 20% 範圍內。例如，在例題 9，我們找到 LP 寬鬆的最佳解為 41.25，在容忍值 0.20 下，當一個可行整數解的 z 值超過 $(1 - .2)(41.25) = 33$，Solver 會停下來。因此，若我們利用 Excel Solver 來解例題 9 時且發現到有一個整數可行解的 $z = 35$，則 Solver 將會停止，因為這個解落在 LP 寬鬆界的 20% 以內。

為什麼要設一個非零的容忍值？對於許多大的 IP 問題中，它可能必須花一段很長的時間 (數週或數日！) 去找出最佳解，但有可能只需要較少的計算時間去找到一個近似最佳解 (例如，LP 寬鬆的 5% 以內)，在這個例子，我們可以得到一個不錯的近似最佳解，因此利用容忍值的選擇是合適的。

問　題

問題組 A

利用分枝界限法求解以下的 IP：

1. max $z = 5x_1 + 2x_2$
s.t. $3x_1 + x_2 \leq 12$
$x_1 + x_2 \leq 5$
$x_1, x_2 \geq 0; x_1, x_2$ 為整數

2. 第 3.2 節的 Dorian Auto 例題。

3. max $z = 2x_1 + 3x_2$
s.t. $x_1 + 2x_2 \leq 10$
$3x_1 + 4x_2 \leq 25$
$x_1, x_2 \geq 0; x_1, x_2$ 為整數

4. max $z = 4x_1 + 3x_2$
s.t. $4x_1 + 9x_2 \leq 26$
$8x_1 + 5x_2 \leq 17$
$x_1, x_2 \geq 0; x_1, x_2$ 為整數

5. max $z = 4x_1 + 5x_2$
s.t. $x_1 + 4x_2 \geq 5$
$3x_1 + 2x_2 \geq 7$
$x_1, x_2 \geq 0; x_1, x_2$ 為整數

6. max $z = 4x_1 + 5x_2$
   s.t. $3x_1 + 2x_2 \leq 10$
   $x_1 + 4x_2 \leq 11$
   $3x_1 + 3x_2 \leq 13$
   $x_1, x_2 \geq 0; x_1, x_2$ 為整數

7. 利用分枝界限法求出下面 IP 的最佳解：
   max $z = 7x_1 + 3x_2$
   s.t. $2x_1 + x_2 \leq 9$
   $3x_1 + 2x_2 \leq 13$
   $x_1, x_2 \geq 0; x_1, x_2$ 為整數

問題組 B

8. 假設我們分枝一個子題 (稱為子題 0，有最佳解 SOL0) 且得到以下二個子題：

   子題 1 子題 0 +條件 $x_1 \leq i$
   子題 2 子題 0 +條件 $x_1 \geq i + 1$ (i 為某些整數)

   證明在子題 1 及 $x_1 = i$ 中至少存在一個最佳解且在子題 2 及 $x_1 = i + 1$ 中至少也存在一個最佳解。〔提示：假設一個子題 1 的最佳解 (稱為 SOL1) 有 $x_1 = \bar{x}_1$，其中 $\bar{x}_1 < i$，針對某些數字 c ($0 < c < 1$)，$c(\text{SOL0}) + (1 - c)\text{SOL1}$ 將會有以下三個特性：

   a. 在 $c(\text{SOL0}) + (1 - c)\text{SOL1}$ 中，x_1 的值為 c。
   b. $c(\text{SOL0}) + (1 - c)\text{SOL1}$ 為子題 1 的可行解。
   c. $c(\text{SOL0}) + (1 - c)\text{SOL1}$ 的 z 值將至少與 SOL1 的 z 值一樣好。

   解釋如何利用這個結果協助圖解分枝界限問題。〕

9. 在接下來的五個期間，表 8-58 的需求必須被及時地被滿足，在階段 1 的開始，存貨水準為 0，每一個階段，生產必須要有一個設置成本 \$250 且每生產一個產品必須花 \$2。在每一個階段結束後，每一個產品的持有成本為 \$1。

   a. 利用下列決策變數來解這個極小化成本生產排程的問題：x_t = 在第 t 個月生產的數量及 y_t = 1 若在階段 t 要生產產品，$y_t = 0$，其他。
   b. 利用下列變數求解這個極小化成本的生產排程的問題：y_t 如 (a) 的定義且 x_{it} = 期間 i 生產且滿足階段 t 的量需求。
   c. 利用 LINDO 或 LINGO 求解，這二個模式中何者花費的時間較短？
   d. 給一個直覺的解釋為什麼 (b) 的模式會比 (a) 的模式解得更快。

   表 8-58

	期間				
	1	2	3	4	5
需求	220	280	360	140	270

8.4 利用分枝界限法求解混合整數規劃問題

在一個混合的 IP 問題，某些變數需要是整數而其他的變數允許為整數或非整數，為了利用分枝界限法求解混合的 IP 問題，修正在 8.3 節的分枝界限法，只要在需要是整數變數上分枝即可。針對一個子題上的候選解，它只要

求需要整數的變數指定為整數即可，為了說明這個概念，讓我們來解以下混合的 IP：

$$\max z = 2x_1 + x_2$$
$$\text{s.t.} \quad 5x_1 + 2x_2 \leq 8$$
$$x_1 + x_2 \leq 3$$
$$x_1, x_2 \geq 0; x_1 \text{ 為整數}$$

如同前述，我們先解 IP 的 LP 寬鬆，這個 LP 寬鬆的最佳解為 $z = \frac{11}{3}$，$x_1 = \frac{2}{3}$，$x_2 = \frac{7}{3}$，因為 x_2 允許為分數，所以我們不分枝 x_2；若我們不這樣做的話，將會排除掉在 2 及 3 上的可行點，我們並不希望如此做，因此，我們必須分枝 x_1，這會產生圖 8-21 的子題 2 及 3。

接下來選擇解子題 2，子題 2 的最佳解為候選解 $z = 3$，$x_1 = 0$，$x_2 = 3$。現在我們解子題 3，並得出候選解為 $z = \frac{7}{2}$，$x_1 = 1$，$x_2 = \frac{3}{2}$。在子題 3 的候選解 z 值超過子題 2 的候選解 z 值，所以子題 2 可被刪除，且子題 3 的候選解 ($z = \frac{7}{2}$，$x_1 = 1$，$x_2 = \frac{3}{2}$) 為此混合 IP 的最佳解。

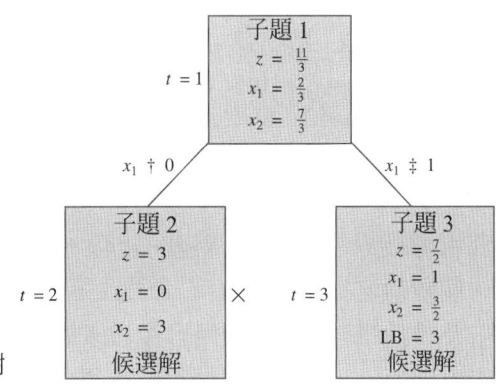

圖 8-21 混合 IP 的分枝界限樹

問　題

問題組 A

利用分枝界限法解以下 IP：

1.　　　　$\max z = 3x_1 + x_2$
　　　　s.t.　$5x_1 + 2x_2 \leq 10$
　　　　　　$4x_1 + x_2 \leq 7$
　　　　　　$x_1, x_2 \geq 0; x_2$ 為整數

2.
$$\min z = 3x_1 + x_2$$
$$\text{s.t.} \quad x_1 + 5x_2 \geq 8$$
$$x_1 + 2x_2 \geq 4$$
$$x_1, x_2 \geq 0; x_1 \text{ 為整數}$$

3.
$$\max z = 4x_1 + 3x_2 + x_3$$
$$\text{s.t.} \quad 3x_1 + 2x_2 + x_3 \leq 7$$
$$2x_1 + x_2 + 2x_3 \leq 11$$
$$x_1, x_2, x_3 \geq 0 \ ; \ x_2, x_3 \text{ 為整數}$$

8.5 利用分枝界限法求解背包問題

在 8.2 節中,我們學到一個背包問題為一個有一個條件的 IP 問題。在本節,我們討論背包問題其變數必須為 0 或 1 (參考在本節末問題 1,解釋為何任何背包問題都可以重新建立成每個變數都是 0 或 1 的問題)。一個背包問題其中變數必須為 0 或 1 可寫成

$$\max z = c_1x_1 + c_2x_2 + \cdots + c_nx_n$$
$$\text{s.t.} \quad a_1x_1 + a_2x_2 + \cdots + a_nx_n \leq b \tag{38}$$
$$x_i = 0 \text{ 或 } 1 \quad (i = 1, 2, \ldots, n)$$

c_i 代表當選擇項目 i 時所得的利潤,b 為可用資源的量,且 a_i 代表項目 i 使用的量。

當利用分枝界限法求解背包問題時,方法中有二個地方可以簡化許多。因為每一個變數必定為 0 或 1,分枝 x_i 可得 $x_i = 0$ 及 $x_i = 1$ 的分枝,然後,LP 寬鬆 (及其他子題) 可以利用目視法求解。為了了解這個觀念,注意 $\frac{c_i}{a_i}$ 可以解釋為使用到項目 i 每一個單位可以贏得的效益。因此,最佳的項目會擁有最大的 $\frac{c_i}{a_i}$ 值,且最差的項目為有最小 $\frac{c_i}{a_i}$ 值。為了解背包問題的子問題,計算所有的比值 $\frac{c_i}{a_i}$,然後放最好的項目到背包內,再放次差的項目到背包內,繼續這個過程直到剩下來最好的物品將滿出背包為止,然後再盡量把背包填滿。

為了說明,我們解 LP 寬鬆:

$$\max z = 40x_1 + 80x_2 + 10x_3 + 10x_4 + 4x_5 + 20x_6 + 60x_7$$
$$\text{s.t.} \quad 40x_1 + 50x_2 + 30x_3 + 10x_4 + 10x_5 + 40x_6 + 30x_7 \leq 100 \tag{39}$$
$$x_i = 0 \text{ 或 } 1 \quad (i = 1, 2, \ldots, 7)$$

首先我們計算 $\frac{c_i}{a_i}$ 比值從最佳排序到最差 (參考表 8-59)。為了解 LP 寬鬆 (39) 式,首先我們挑第 7 項 ($x_7 = 1$),然後只剩下 100 − 30 = 70 個單位的資源,現在再選擇次佳項目 (第 2 項) 在背包內,設 $x_2 = 1$,現在只剩下 70 − 50 = 20。第 4 項與第 1 項有同樣的比值 $\frac{c_i}{a_i}$,所以接下來從二者中選擇其中一項,

表 8-59 在背包問題中,從最好的項目排序到最差的項目

物品	$\frac{c_i}{a_i}$	排序 (1 = 最佳,7 = 最差)
1	1	3.5 (介於第三與第四之間)
2	$\frac{8}{5}$	2
3	$\frac{1}{3}$	7
4	1	3.5
5	$\frac{4}{10}$	6
6	$\frac{1}{2}$	5
7	2	1

我們任意挑 $x_4 = 1$,然後只剩下 $20 - 10 = 10$ 單位的資源,最佳剩下的資源為第 1 項,現在,我們盡量將第 1 項填滿。因為只剩下 10 單位的資源,我們設 $x_1 = \frac{10}{40} = \frac{1}{4}$,因此,(39) 式的 LP 寬鬆最佳解為 $z = 80 + 60 + 10 + \frac{1}{4}$ (40) $= 160$,$x_2 = x_7 = x_4 = 1$,$x_1 = \frac{1}{4}$,$x_3 = x_5 = x_6 = 0$。

為了說明如何利用分枝界限法來解背包問題,讓我們找 Stackco 資金預算問題的最佳解 (例題 1)。這個問題為

$$\max z = 16x_1 + 22x_2 + 12x_3 + 8x_4$$
$$\text{s.t.} \quad 5x_1 + 7x_2 + 4x_3 + 3x_4 \leq 14$$
$$x_j = 0 \text{ 或 } 1$$

這個問題的分枝界限樹畫在圖 8-22。從這個樹,我們找到例題 1 的最佳解為 $z = 42$,$x_1 = 0$,$x_2 = x_3 = x_4 = 1$。因此,我們要投資方案 2、3 及 4 並賺到的 NPV 為 \$42,000,如 8.2 節所討論的,"最好"的方案並沒有投資。

註解 產生圖 8-22 的分枝界限法所使用的方法如下:

1. 首先我們利用 LIFO 方法決定哪一個子題先解。
2. 我們任意選擇先解子題 3 而後解子題 2。為了解子題 3,首先,我們設 $x_3 = 1$ 且解接下來的背包問題,在設 $x_3 = 1$ 之後,還有 $14 - 4 = \$10$ 百萬可用來投資,利用這個技巧求解一個背包問題的 LP 寬鬆可得以下的子題 3 最佳解:$x_3 = 1$,$x_1 = 1$,$x_2 = \frac{5}{7}$,$x_4 = 0$,$z = 16 + (\frac{5}{7})(22) + 12 = \frac{306}{7}$,其他的子題亦相似地解開,當然,若一個子題設 $x_i = 0$,則子題的最佳解不能投資方案 i。
3. 子題 4 可產生候選解 $x_1 = x_3 = x_4 = 1$,$z = 36$,我們設 LB = 36。
4. 子題 6 產生一個候選解,其 $z = 42$,因此,子題 4 將會被刪除且 LB 修正為 42。
5. 子題 7 為不可行因為它需要 $x_1 = x_2 = x_3 = 1$,這個解需要至少 \$16 百萬。
6. 子題 8 被刪掉因為它的 z 值 ($z = 38$) 不會超過目前的 LB = 42。
7. 子題 9 有一個 z 值 $42\frac{6}{7}$,因為對於所有的變數都是整數,所以 z 值也必須是整數,這表示在分枝子題 9 所產生的 z 值不會大於 42,因此子題 9 再分枝下去不會勝過目前 LB = 42,所以子題 9 即被刪除掉。

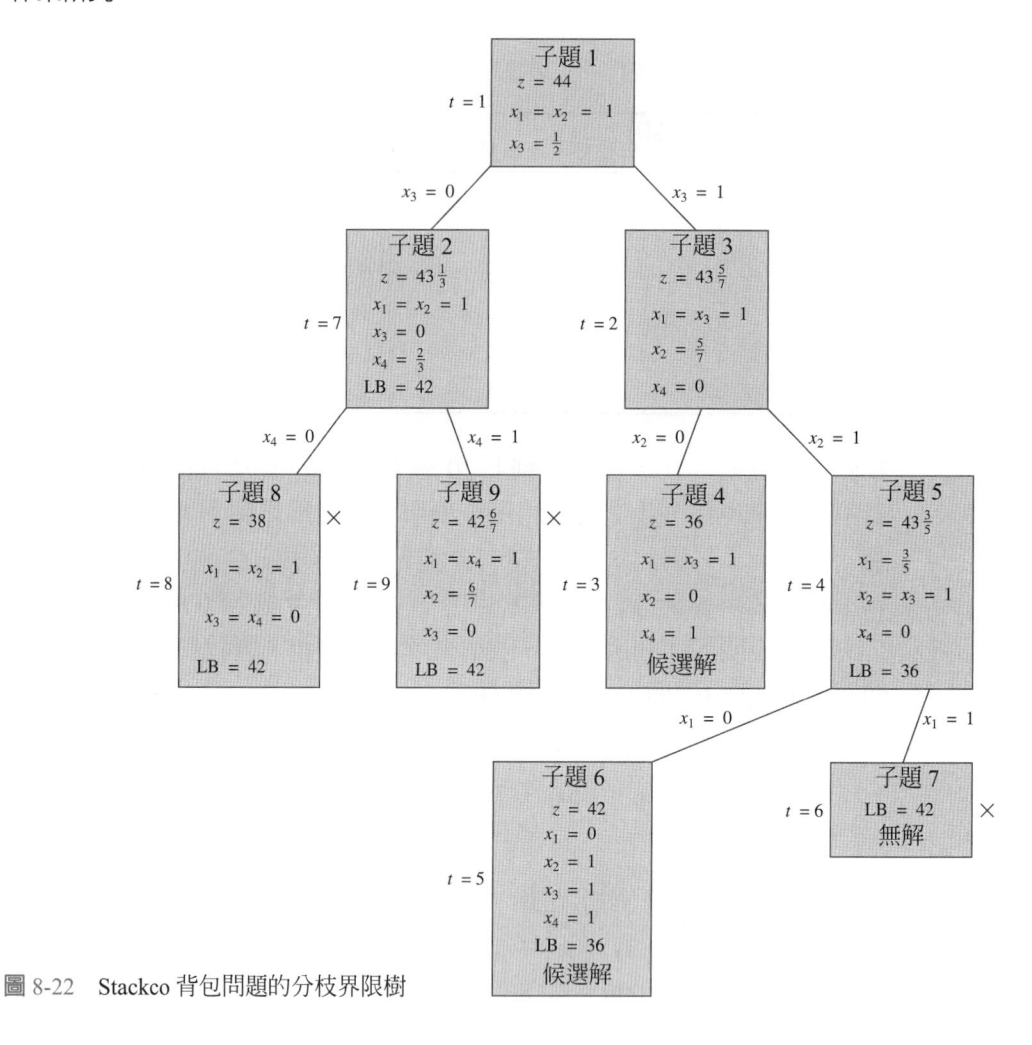

子題 1
$z = 44$
$x_1 = x_2 = 1$
$x_3 = \frac{1}{2}$
$t = 1$

子題 2
$z = 43\frac{1}{3}$
$x_1 = x_2 = 1$
$x_3 = 0$
$x_4 = \frac{2}{3}$
LB = 42
$t = 7$

子題 3
$z = 43\frac{5}{7}$
$x_1 = x_3 = 1$
$x_2 = \frac{5}{7}$
$x_4 = 0$
$t = 2$

子題 8
$z = 38$
$x_1 = x_2 = 1$
$x_3 = x_4 = 0$
LB = 42
$t = 8$

子題 9
$z = 42\frac{6}{7}$
$x_1 = x_4 = 1$
$x_2 = \frac{6}{7}$
$x_3 = 0$
LB = 42
$t = 9$

子題 4
$z = 36$
$x_1 = x_3 = 1$
$x_2 = 0$
$x_4 = 0$
候選解
$t = 3$

子題 5
$z = 43\frac{3}{5}$
$x_1 = \frac{3}{5}$
$x_2 = x_3 = 1$
$x_4 = 0$
LB = 36
$t = 4$

子題 6
$z = 42$
$x_1 = 0$
$x_2 = 1$
$x_3 = 1$
$x_4 = 1$
LB = 36
候選解
$t = 5$

子題 7
LB = 42
無解
$t = 6$

圖 8-22 Stackco 背包問題的分枝界限樹

在第 14 章，我們會說明如何利用動態規劃的方法求解背包問題。

問　題

問題組 A

1. 證明下面的問題可以用背包問題來表示，且其中的變數必須為 0 或 1。NASA 正在決定三個物品中，要載多少數量到太空梭內，每一個項目的重量及利益列在表 8-60。若太空梭載 1 － 3 項目的最大重量為 26 磅，則太空梭需要帶什麼項目？

2. 我將從紐澤西搬家至印地安那且必須租一部貨車，這部貨車可以裝載 1,100 立方呎的家具，在貨車上，可以載送項目的體積與價值列在表 8-61。我應該將哪些項目運到印地安那？為了解這個背包問題，我們必須做什麼不合理的假設？

表 8-60

物品	利益	重量 (磅)
1	10	3
2	15	4
3	17	5

表 8-61

物品	價值 ($)	體積 (立方呎)
臥室陳設	60	800
餐廳陳設	48	600
立體音響設備	14	300
沙發	31	400
電視機	10	200

表 8-62

專案	在時間 0 的現金流 ($)	NPV($)
1	3	5
2	5	8
3	2	3
4	4	7

3. 有四個專案可以用來投資，每一個專案需要的現金流及其產生的淨現值 (NPV) (百萬) 列在表 8-62，若一開始時間 0，有 \$6 百萬可以投資，找出能夠極大化 NPV 的投資方案？

8.6 利用分枝界限法求解組合的最佳化問題

簡單地說，一個組合性的**最佳化問題** (combinatorial optimization problem) 為一個有有限個可行解的最佳化問題。分枝界限法通常是一個非常有效的解決方法，下面有三個組合性最佳化問題的例子：

1. 在一部機器上有 10 件工作要進行，每一件工作的完成時間已知且每一件工作什麼時候必須完成也已知 (工作截止時間)。工作按何種排序才能使 10 件工作的總延遲時間為最小？

2. 有一位業務員在回到自己家之前必須先要拜訪 10 個城市一次。在極小化業務員回家前必須拜訪的總距離下，拜訪的城市順序為何？這個問題可以稱為旅行銷售員問題 (traveling selesperson problem; TSP)。

3. 決定如何在棋盤中，安排 8 位皇后使得沒有皇后會被其他皇后抓住 (參考本節末問題 7)。

在上述的問題中，有許多的解必須考量，例如，在問題 1，第 1 個要完成的工作必定是 10 個中的 1 個，接下來是 9 個工作中的 1 個，依此類推。因此，即使這麼小的一個問題，還是有 10(9) (8)…(1) = 10! = 3,268,000 可能的方法安排這個工作，一個組合性的最佳化問題可能有許多可行解，所以必須要有大量的計算時間來完全地列舉這些可行解。針對這個理由，分枝界限法通常可以用隱含方式 (implicit) 列舉這個組合性最佳化問題的所有可行解，接下來我們會看到：分枝界限法可以利用這個特殊問題架構的好處求解。

為了說明如何利用分枝界限法求解組合性的最佳化問題，我們說明如何的方法可以用來解前述的問題 1 及 2。

機器排程問題的分枝界限法

例題 10 說明如何利用分枝界限法求解一個單一機器的排程問題。參考 Baker (1974) 及 Hax & Candea (1984) 對於一個機器排程問題的其他分枝界限法。

例題 10　機器排程的分枝界限法

有四個工作必須安排在一部機器上，每件工作所須要的時間與每件工作的截止時間列在表 8-63。每件工作的延遲時間為在截止日後完成工作的天數 (若一個工作準時完成或提早完成，則工作延遲時間為 0)，在極小化四個工作的延遲時間下，這四個工作的順序如何？

解　假設工作的安排順序如下：工作 1、工作 2、工作 3 及工作 4，工作的可能延遲時間列在表 8-64。根據這個順序，總延遲時間 = 0 + 6 + 3 + 7 = 16 天。現在，我們描述如何利用分枝界限法求解這個機器排程的問題。

因為這個問題的一個可能的答案必須特定哪件工作必須進行的順序，我們定義

$$x_{ij} = \begin{cases} 1 & \text{若工作 } i \text{ 必須在工作 } j \text{ 之前完成} \\ 0 & \text{其他} \end{cases}$$

分枝界限法首先根據最後一個完成的工作來分割所有的問題，在某些最後完成的工作之前，任何序列的工作必須做完，所以工作的任何序列必須有 $x_{14} = 1$，$x_{24} = 1$，$x_{34} = 1$ 或 $x_{44} = 1$，這會產生節點 1 − 4 的四個分枝如圖 8-23。在我們分枝以後產生一個節點，每個節點都伴隨一個總延遲時間的下界 (D)。例如，若 $x_{44} = 1$，我們知道工作 4 是最後進行的工作，在此列中，工作 4 將會在 6 + 4 + 5 + 8 = 23 日結束後才會完成，而會產生 23 − 16 = 7 天的延遲，因此，任何一個排序有 $x_{44} = 1$ 必定有 $D \geq 7$，因此，我們在圖 8-23 節點 4 內寫上 $D \geq 7$，相似的理由說明任何序列的工作有 $x_{34} = 1$ 會有 $D \geq 11$，$x_{24} = 1$ 會有 $D \geq 19$，且 $x_{14} = 1$ 會有 $D \geq 15$。我們從最佳工作排序的部份來考量，沒有任何一個理由來排除節點 1 − 4 中的任何一個點，

表 8-63

工作	完成工作所需天數	到期日
1	6	第 8 天止
2	4	第 4 天止
3	5	第 12 天止
4	8	第 16 天止

表 8-64

工作	工作完成時間	工作延遲
1	6	0
2	6 + 4 = 10	10 − 4 = 6
3	6 + 4 + 5 = 15	15 − 12 = 3
4	6 + 4 + 5 + 8 = 23	23 − 16 = 7

第 8 章 整數規劃 **507**

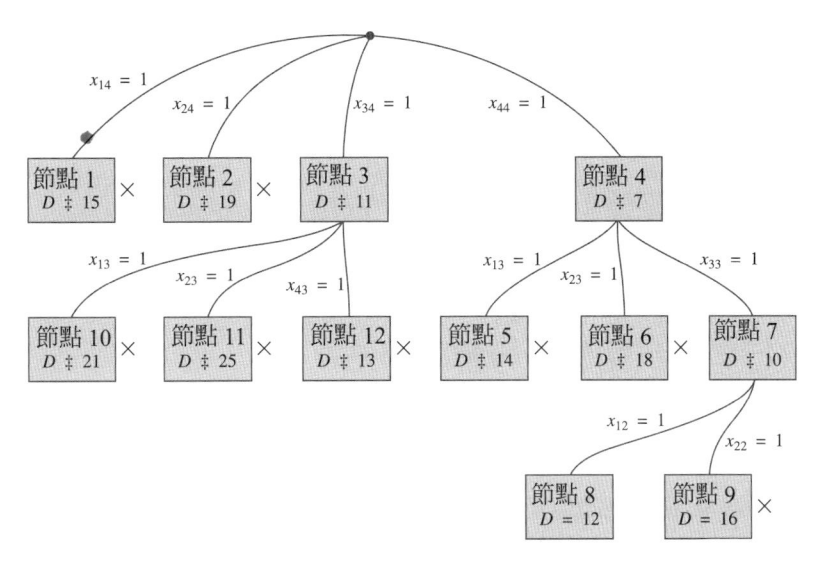

```
                                 ●
            x₁₄=1    x₂₄=1   x₃₄=1      x₄₄=1
        ┌────────┬─────────┬───────┐
    [節點 1]  [節點 2]  [節點 3]        [節點 4]
     D≧15×   D≧19×   D≧11          D≧7
                                 
       x₁₃=1  x₂₃=1  x₄₃=1    x₁₃=1  x₂₃=1   x₃₃=1
     [節點10][節點11][節點12][節點5][節點6][節點7]
     D≧21× D≧25× D≧13× D≧14× D≧18×  D≧10
                                        x₁₂=1  x₂₂=1
                                     [節點8] [節點9]
                                     D=12   D=16×
```

圖 8-23 　分枝界限法求解一個單一機器的排程問題

所以我們任意選擇一個點來分枝。我們利用跳躍追蹤法且分枝擁有最小界限 D 的節點：節點 4，任何跟隨在節點 4 之後的工作序列有 $x_{13} = 1$，$x_{23} = 1$ 或 $x_{33} = 1$。在圖 8-23，分枝節點 4 會產生節點 5 − 7。針對任何一個新的節點，我們需要總延遲的一個下界。例如，在節點 7，我們知道從分析節點 1，其中工作 4 將接下來進行而會造成 7 天的延遲，從節點 7，我們知道工作 3 為第三個進行的工作，因此，經過 6 + 4 + 5 = 15 天以後工作 3 將完成且將會有 15 − 12 = 3 天的延遲，任何跟隨在節點 7 之後會有 $D ≥ 7 + 3 = 10$ 天，相似的理由說明節點 5 會有 $D ≥ 14$，且節點 6 會有 $D ≥ 18$，我們仍然沒有任何理由刪除任何節點 1 − 7 的任一點，所以繼續地分枝節點利用跳躍方法，我們再分枝節點 7。在節點 7 之後的任何工作序列必須會有工作 1 或工作 2 為第二個進行的工作。因此，任何在節點 7 之後的工作序列必須有 $x_{12} = 1$ 或 $x_{22} = 1$，在圖 8-23，分枝節點 7 會得到節點 8 及 9。

　　節點 9 對應於工作的順序為 1 − 2 − 3 − 4，這會產生一個總延遲 7 (工作 4) + 3 (工作 3) + (6 + 4 − 4) (工作 2) + 0 (工作 1) = 16 天，節點 9 為一個可行的序列，它可以視為一個有 D = 16 的候選解。現在我們知道不會有任何節點的總延遲少於 16 天而被刪除的。

　　節點 8 所對應的序列為 2 − 1 − 3 − 4，這個序列的總延遲為 7 (工作 4) + 3 (工作 3) + (4 + 6 − 8) (工作 1) + 0 (工作 2) = 12 天，節點 8 為一個可行的序列且可視為有 D = 12 的候選解，因為節點 8 比節點 9 好，因此節點 9 可被刪除。

　　相似地，節點 5 ($D ≥ 14$)，節點 6 ($D ≥ 18$)，節點 1 ($D ≥ 15$)，及節點 2 ($D ≥ 19$) 可以被刪除掉，目前節點 3 還未被刪除，因為針對節點 3 有可能會有一個 D = 11 的序列，因此，我們分枝節點 3，任何在節點 3 之後的工作序列必定有 $x_{13} = 1$，$x_{23} = 1$ 或 $x_{43} = 1$，所以我們得到節點 10 − 12。

　　針對節點 10，$D ≥$ (接下來進行工作 3 產生的延遲) + (工作 1 為第三進行工作產生的延遲) = 11 + (6 + 4 + 8 − 8) = 21。因為任何伴隨節點 10 的必定會有 $D ≥ 21$

508 作業研究 I

且我們已經有一個候選解 $D = 12$，所以節點 10 必須被刪除。

最後，針對節點 11，$D \geq$ (最後才進行工作 3 產生的延遲) + (工作 4 為第三個進行的工作所造成的延遲) = 11 + (6 + 4 + 8 − 16) = 13，任何包含節點 12 的序列必定 $D \geq 13$，且節點 12 必須被刪除。

除了節點 8，在圖 8-23 的每一點均被刪除，節點 8 產生最小延遲序列 $x_{44} = x_{33} = x_{12} = x_{21} = 1$。因此，工作進行的順序為 2 − 1 − 3 − 4，會造成總延遲 12 天。

旅行銷售員問題的分枝界限法

例題 11　旅行銷售員問題

Job State 住在印地安那的 Gray 市，在 Gray，Fort Wayne，Evansville，Terre Haute 及 South Bend，他擁有幾家保險公司，每一年的 12 月，他會拜訪這一些保險公司，每個代理商公司 (以哩) 的距離列在表 8-65，他拜訪的代理商順序為何，可以來極小化總旅行距離。

解　Joe 必須決定拜訪五個城市的順序以讓旅行的總距離達到最小，例如，Joe 可以選擇拜訪城市的順序為 1 − 3 − 4 − 5 − 2 − 1，則他會旅行的總距離為 217 + 113 + 196 + 79 + 132 = 737 哩。

為了處理旅行銷售員問題，定義

$$x_{ij} = \begin{cases} 1 & \text{若 Joe 離開城市 } i \text{ 且下一個到城市 } j \\ 0 & \text{其他} \end{cases}$$

然而，針對 $i \neq j$。

c_{ij} = 在城市 i 及城市 j 的距離
c_{ii} = M，其中 M 為一個很大的正數

看起來似乎合理地，我們可以透過指派問題，其成本矩陣的位置 ij 為 c_{ij} 求出 Joe 問題的答案，例如，假設我們解這個指派問題且得到下列解 $x_{12} = x_{24} = x_{45} = x_{53} = x_{31} = 1$，然後 Joe 必須從 Gary 到 Fort Wayne，從 Fort Wayne 到 Terre Haute，從 Terre Haute 到 South Bend，從 South Bend 到 Evansville，且從 Evansville 到 Gary，這個解可寫成 1 − 2 − 4 − 5 − 3 − 1，這個旅程的開始與結束為同一個城市且每一個城市

表 8-65　在旅行銷售員問題，每個城市的距離

天數	Gary	Fort Wayne	Evansville	Terre Haute	South Bend
城市 1 Gary	0	132	217	164	58
城市 2 Fort Wayne	132	0	290	201	79
城市 3 Evansville	217	290	0	113	303
城市 4 Terre Haute	164	201	113	0	196
城市 5 South Bend	58	79	303	196	0

第 8 章 整數規劃 **509**

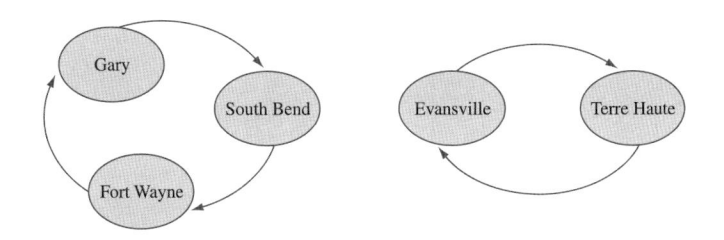

圖 8-24 在旅行銷售員問題的子路徑例子

都拜訪過一次，稱為**旅程** (tour)。

若前面指派問題的解會產生一個旅程，則它即為旅行銷售員的最佳解 (為什麼？)，不幸地，這個指派問題的最佳解並不見得為一個旅程。例如，指派問題的最佳解可能為 $x_{15} = x_{21} = x_{34} = x_{43} = x_{52} = 1$，這個解建議從 Gary 到 South Bend，然後到 Fort Wayne，再回到 Gary。這可解也建議若 Joe 在 Evansville，則他會到 TerreHaute 然後再回到 Evansville (參考圖 8-24)。當然，若 Joe 開始在 Gary，這個解會使得他不會到 Evansville 或 Terre Haute，這是因為這個指派問題的最佳解包含二個子旅程 (subtours)。一個子旅程為一個不包含通過所有城市的旅程，目前的指派包含二個子旅程 1－5－2－1 及 3－4－3。如果我們先排除所有包含子旅程的所有可行解再求解指派問題，我們就可以得到旅行銷售員問題的最佳解，然而，這種做法並不容易做到。在許多的例子中，分枝界限法為解 TSP 的最有效方法。

有許多分枝界限法可以用來解決 TSP〔參考 Wagner (1975)〕，在此，我們描述一個將其子題可以簡化成指派問題的方法。開始，我們解前面的指派問題，其中，針對 $i \neq j$，成本 c_{ij} 代表從城市 i 到城市 j 的距離且 $c_{ii} = M$ (這個可避免在某一城市的人，又走訪同一個城市)，因為這個指派問題沒有防止子路徑的規定，這個為原來旅行銷售員問題的放鬆版 (或較少的條件問題)，因此，若指派問題的最佳解為旅行銷售員的可行解 (也就是，指派解中不包含子路徑)，則它亦為旅行銷售員的最佳解，這個分枝界限法的結果列在圖 8-25。

首先我們解指派問題在表 8-66 (對應於子題 1)，這個最佳解為 $x_{15} = x_{21} = x_{34} = x_{43} = x_{52} = 1$，$z = 495$。這個解包含二個子路徑 (1－5－2－1 及 3－4－3) 且不可能為 Joe 問題的最佳解。

現在我們將子題 1 分枝，方式為避免子題 1 的子路徑在接下來的子題再出現，我們選擇排除子路徑 3－4－3，觀察到 Joe 問題的最佳解必須要 $x_{34} = 0$ 或 $x_{43} = 0$ (若 $x_{34} = x_{43} = 1$，最佳解將會有子路徑 3－4－3)，因此，我們可以加上二個子題來分枝子題 1：

子題 2 子題 1 + ($x_{34} = 0$，或 $c_{34} = M$)
子題 3 子題 1 + ($x_{43} = 0$，或 $c_{43} = M$)

現在，我們任意選擇子題 2 求解，利用匈牙利法到表 8-67 的成本矩陣，這個子題 2 的最佳解為 $z = 652$，$x_{14} = x_{25} = x_{31} = x_{43} = x_{52} = 1$，這個解包含子路徑 1－4－3－1 及 2－5－2，所以這個不可能為 Joe 問題的最佳解。

```
                        ┌─────────────────────┐
                        │      子題 1          │
                        │    z = 495          │
                  t = 1 │ x₁₅ = x₂₁ = x₃₄     │
                        │   = x₄₃ = x₅₂ = 1   │
                        └─────────────────────┘
                      x₃₄ = 0          x₄₃ = 0
              ┌─────────────────┐   ┌─────────────────┐
              │    子題 2        │   │    子題 3        │
              │   z = 652       │   │   z = 652       │
        t = 2 │ x₁₄ = x₂₅ = x₃₁ │   │ x₁₃ = x₂₅ = x₃₄ │ t = 5 ✕
              │   = x₄₃ = x₅₂=1 │   │   = x₄₁ = x₅₂=1 │
              └─────────────────┘   │   UB = 668      │
                                    └─────────────────┘
         x₂₅=0       x₅₂=0                 x₂₅=0     x₅₂=0
   ┌─────────────┐  ┌─────────────────┐
   │   子題 4     │  │    子題 5        │
   │  z = 668    │  │   z = 704       │
t=3│x₁₅=x₂₄=x₃₁  │t=4│ x₁₄ = x₄₃ = x₃₂ │ ✕
   │ =x₄₃=x₅₂=1  │  │   = x₂₅ = x₅₁=1 │
   │  候選解      │  │   UB = 668      │
   └─────────────┘  └─────────────────┘
                              ┌─────────────────┐   ┌─────────────────┐
                              │    子題 6        │   │    子題 7        │
                              │   z = 704       │   │   z = 910       │
                        t = 6 │ x₁₅ = x₃₄       │t=7│ x₁₃ = x₂₅       │ ✕
                              │   = x₂₃ = x₄₁   │   │   = x₃₁ = x₄₂   │
                              │   = x₅₂ = 1     │   │   = x₅₄         │
                              │   UB = 668      │   │   UB = 668      │
                              └─────────────────┘   └─────────────────┘
```

圖 8-25

旅行銷售員問題的分枝界限數

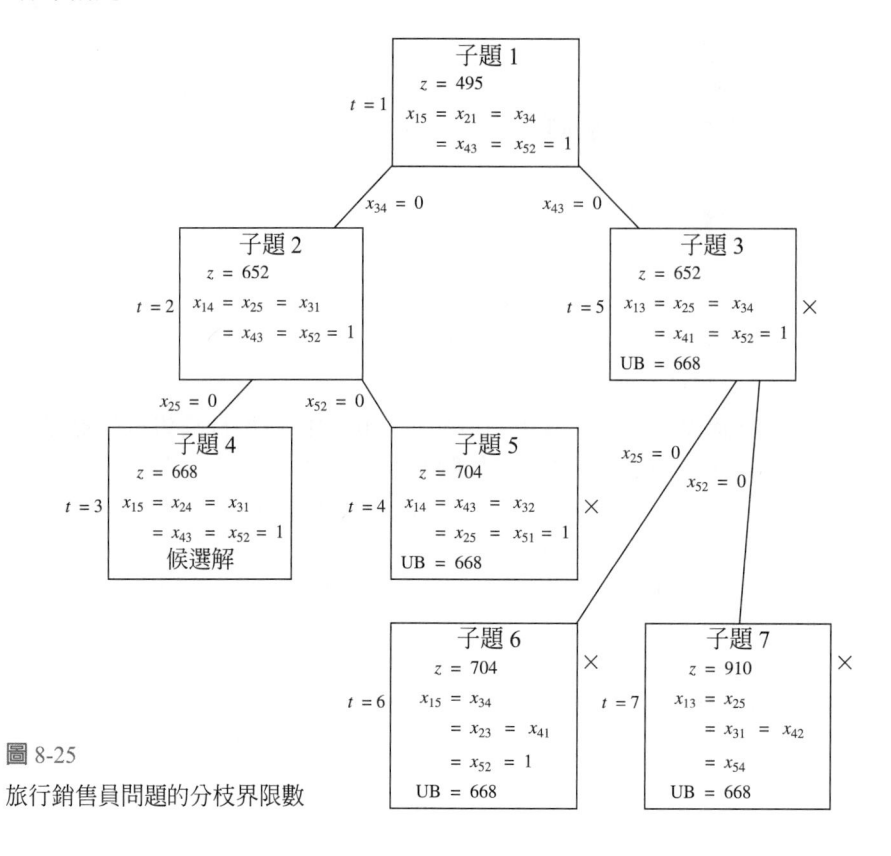

表 8-66　子題 1 的成本矩陣

	城市 1	城市 2	城市 3	城市 4	城市 5
城市 1	M	132	217	164	58
城市 2	132	M	290	201	79
城市 3	217	290	M	113	303
城市 4	164	201	113	M	196
城市 5	58	79	303	196	M

表 8-67　子題 2 的成本矩陣

	城市 1	城市 2	城市 3	城市 4	城市 5
城市 1	M	132	217	164	58
城市 2	132	M	290	201	79
城市 3	217	290	M	M	303
城市 4	164	201	113	M	196
城市 5	58	79	303	196	M

現在，我們分枝子題 2，想辦法排除子路徑 2 − 5 − 2，我們必須保證 x_{25} 或 x_{52} 為 0，因此，我們加上下列二個子問題：

子題 4　子題 2 + ($x_{25} = 0$，或 $c_{25} = M$)

子題 5　子題 2 + ($x_{52} = 0$，或 $c_{52} = M$)

表 8-68　子題 4 的成本矩陣

	城市 1	城市 2	城市 3	城市 4	城市 5
城市 1	M	132	217	164	58
城市 2	132	M	290	201	M
城市 3	217	290	M	M	303
城市 4	164	201	113	M	196
城市 5	58	79	303	196	M

表 8-69　子題 5 的成本矩陣

	城市 1	城市 2	城市 3	城市 4	城市 5
城市 1	M	132	217	164	58
城市 2	132	M	290	201	79
城市 3	217	290	M	M	303
城市 4	164	201	113	M	196
城市 5	58	M	303	196	M

表 8-70　子題 3 的成本矩陣

	城市 1	城市 2	城市 3	城市 4	城市 5
城市 1	M	132	217	164	58
城市 2	132	M	290	201	79
城市 3	217	290	M	113	303
城市 4	164	201	M	M	196
城市 5	58	79	303	196	M

根據 LIFO 法則，接下來我們可以解子題 4 或子題 5，我任意地選擇解子題 4，利用匈牙利法所得的成本矩陣列在表 8-68，我們得到最佳解 $z = 668$，$x_{15} = x_{24} = x_{31} = x_{43} = x_{52} = 1$，這個解不包含子旅程且可得旅程 $1-5-2-4-3-1$，因此，子題 4 可得候選解 $z = 668$，若有任何一個節點不能產生 z 值 < 668，則必須刪除。

根據 LIFO 法則，接下來我們可以解子題 5，利用匈牙利法可得矩陣列在表 8-69，子題 5 的最佳解為 $z = 704$，$x_{14} = x_{43} = x_{32} = x_{25} = x_{51} = 1$，這個解為一個旅程，但 $z = 704$ 不會比子題 4 的 $z = 668$ 好。因此，子題 5 可以被刪除。

現在只剩下子題 3，我們找到此指派問題的最佳解在表 8-70，$x_{13} = x_{25} = x_{34} = x_{41} = x_{52} = 1$，$z = 652$，這個解包含子旅程 $1-3-4-1$ 及 $2-5-2$。然而，因為 $652 < 668$，有可能在子題 3 產生一個沒有子旅程的解會打敗 $z = 668$。因此，現在我們將子題 3 分枝且盡力排除子旅程。從子題 3 分出去的旅行銷售員問題的任何可行解必定有 $x_{25} = 0$ 或 $x_{52} = 0$ (為什麼？)，所以會產生子題 6 及 7：

子題 6　子題 3 + ($x_{25} = 0$，或 $c_{25} = M$)。
子題 7　子題 3 + ($x_{52} = 0$，或 $c_{52} = M$)。

接下來我們選擇解子題 6，子題 6 的最佳解為 $x_{15} = x_{34} = x_{23} = x_{41} = x_{52} = 1$，$z = 704$，這個解沒有包含子路徑，但它的 z 值為 704 比子題 4 的候選解更差，所以子題 6 也不是產生這個問題的最佳解。

剩下來的子題只有子題 7，子題 7 的最佳解為 $x_{13} = x_{25} = x_{31} = x_{42} = x_{54} = 1$， z = 910。一樣地，z = 910 比 z = 668 來得差，所以子題 7 不會產生最佳解。

因此子題 4 為最佳解：Joe 將會旅行經由 Gary 到 South Bend，從 South Bend 到 Fort Wayne，從 Fort Wayne 到 Terre Haute，從 Terre Haute 到 Evansville，且從 Evansville 到 Gary，Joe 將會旅行總距離到 668 哩。

TSP 的啟發式法

當利用分枝界線法去解很多城市的 TSP 問題，需要許多的電腦時間，基於這個理由，**啟發式方法** (heuristic methods 或 heuristics)，能夠很快地找到一個 TSP 好的解 (但不見得是最佳解)，經常被使用。一個啟發式的方法為一個利用試誤法來解問題的方法，當演算方法不合實際的時候，啟發式通常有一個直覺的證實，現在我們討論二個 TSP 的啟發式法：最靠近鄰近啟發式法 及最便宜插入啟發式法。

為了利用最近鄰近啟發法 (NNH)，我們開始在任何一個城市且"拜訪"最近的城市。然後我們再去沒有拜訪的城市且最近我們拜訪過的城市，以這種方式連續下去直到獲得一個旅程。現在，我們利用 NNH 求解例題 11。我們任意選擇從城市 1 開始，城市 5 為最靠近城市 1 的城市，所以現在我們產生弧線 1 − 5，當然在城市 2、3 及 4 中，城市 2 最靠近城市 5，所以現在我們產生弧線 1 − 5 − 2。當然，城市 3 及 4，城市 4 最靠近城市 2，現在我們產生弧線 1 − 5 − 2 − 4。當然，接下來我們必須訪問城市 3 且再回到城市 1；這個會得到旅程 1 − 5 − 2 − 4 − 3 − 1。在本例，NNH 可得一個最佳旅程，若我們從城市 3 開始，然而，讀者可以驗證可得到旅程 3 − 4 − 1 − 5 − 2 − 3，這個旅程的長度為 113 + 164 + 58 + 79 + 290 = 704 哩且它不是最佳解。因此，NNH 不見得會產生最佳解，一個受歡迎的啟發式法利用 NNH，在每一個城市當做開始再從其中找出最佳的旅程。

在最便宜插入啟發式法 (CIH)，首先我們從任何一個城市開始且找到他最近的鄰居，然後我們產生一個包含這二個城市的子旅程。接下來，我們利用二條弧線的組合── (i, k) 及 (k, j) 來取代在子旅程〔稱為弧線 (i, j)〕中的弧線，其中 k 並不在目前的子旅程──他會增加子旅程長度最小 (或最便宜) 的量，令 c_{ij} 代表弧線 (i, j) 的長度，若弧線 (i, j) 被 (i, k) 及 (k, j) 取代，則有一個長度 $c_{ik} + c_{kj} - c_{ij}$ 被加到子旅程，然後我們依照這個過程直到一個旅程產生。假設我們開始一個 CIH 在城市 1，因為城市 5 最靠近城市 1，所以從子旅程 (1, 5)−(5, 1) 開始，然後再將 (1, 5) 利用 (1, 2)−(2, 5)，(1, 3)−(3, 5)，或 (1, 4)−(4, 5) 來取代，且我們可以利用 (5, 2)−(2, 1)，(5, 3)−(3, 1)，或 (5, 4)−(4, 1) 來取代 (5, 1)，這個用來決定 (1, 5)−(5, 1) 將被取代的計算列在表 8-71

表 8-71
決定 (1, 5)−(5, 1) 由哪一個弧線來取代

取代弧線	加到子旅程的弧線	長度相加
(1, 5)*	(1, 2)−(2, 5)	$c_{12} + c_{25} - c_{15} = 153$
(1, 5)	(1, 3)−(3, 5)	$c_{13} + c_{35} - c_{15} = 462$
(1, 5)	(1, 4)−(4, 5)	$c_{14} + c_{45} - c_{15} = 302$
(5, 1)*	(5, 2)−(2, 1)	$c_{52} + c_{21} - c_{51} = 153$
(5, 1)	(5, 3)−(3, 1)	$c_{53} + c_{31} - c_{51} = 462$
(5, 1)	(5, 4)−(4, 1)	$c_{54} + c_{41} - c_{51} = 302$

表 8-72
決定 (1, 2)−(2, 5)−(5, 1) 由那一個弧線來取代

取代弧線	加上的弧線	長度相加
(1, 2)	(1, 3)−(3, 2)	$c_{13} + c_{32} - c_{12} = 375$
(1, 2)*	(1, 4)−(4, 2)	$c_{14} + c_{42} - c_{12} = 233$
(2, 5)	(2, 3)−(3, 5)	$c_{23} + c_{35} - c_{25} = 514$
(2, 5)	(2, 4)−(4, 5)	$c_{24} + c_{45} - c_{25} = 318$
(5, 1)	(5, 3)−(3, 1)	$c_{53} + c_{31} - c_{51} = 462$
(5, 1)	(5, 4)−(4, 1)	$c_{54} + c_{41} - c_{51} = 302$

表 8-73
決定 (1, 4)−(4, 2)−(2, 5)−(5, 1) 由哪一個弧線來取代

取代弧線	加上的弧線	長度相加
(1, 4)*	(1, 3)−(3, 4)	$c_{13} + c_{34} - c_{14} = 166$
(4, 2)	(4, 3)−(3, 2)	$c_{43} + c_{32} - c_{42} = 202$
(2, 5)	(2, 3)−(3, 5)	$c_{23} + c_{35} - c_{25} = 514$
(5, 1)	(5, 3)−(3, 1)	$c_{53} + c_{31} - c_{51} = 462$

(* 代表正確的取代)，就如表中所見，我們可以取代 (1, 5) 或 (5, 1)，我們任意選擇取代 (1, 5) 為 (1, 2) 及 (2, 5)，目前，我們有子旅程 (1, 2)−(2, 5)−(5, 1)。現在，我們必須在此子旅程中弧線 (i, j) 以 (i, k) 與 (k, j) 來取代，其中 $k = 3$ 或 4，這些相關的計算列在表 8-72。

現在，我們利用弧線 (1, 4) 及 (4, 2) 來取代 (1, 2)，這會產生子旅程 (1, 4)−(4, 2)−(2, 5)−(5, 1)，在這個子旅程中，弧線 (i, j) 現在可以用弧線 $(i, 3)$ 及 $(3, j)$ 來取代，這些相關的計算列在表 8-73。現在我們用弧線 (1, 3) 及 (3, 4) 取代 (1, 4)，這得到旅程 (1, 3)−(3, 4)−(4, 2)−(2, 5)−(5, 1)，在這個例中，CIH 可以得到一個最佳旅程——但一般而言，CIH 不見得可以得到一個最佳解。

評估啟發式法

下面有三個方法可以用來評估啟發式法：

1. 表現的保證
2. 機率的分析
3. 經驗的分析

對於一個啟發式方法的表現保證會給一個最差狀況的界限，代表一個利用啟發式法所得的旅程與最佳解之間差多遠。針對 NNH，對於任何數字 r，它可以證明當一個 TSP 可以被建構時，利用 NNH 所產生的一個旅程會是最佳旅程的 r 倍。因此，在最差的情境下，NNH 表現得很差，對於一個對稱的 TSP，在滿足三角不等式下 (亦即，$c_{ij} = c_{ji}$，且 $c_{ik} \leq c_{ij} + c_{jk}$，對於所有的 i，j 及 k)，它可以證明利用 CIH 所得到的旅程長度不會超過最佳旅程長度的二倍。

在機率的分析上，一個啟發式方法的評估可以假設城市的位置會符合某一個已知的機率分配。例如，我們可以假設城市為獨立的隨機變數，它是一個一單位的長、寬及高立方體的一致性分配。然後，針對每一個啟發式方法，我們可以計算以下比值：

$$\frac{\text{利用啟發式方法所找出路徑的期望長度}}{\text{最佳旅程的期望長度}}$$

比值愈靠近 1，表示這個啟發式法愈好。

對於經驗的分析上，是利用某些給定最佳解的問題下，啟發式法與最佳解的比較，例如，對於五個 100 城市的 TSP 問題，Golden、Bodin、Doyle，及 Stewart (1980) 發現 NNH 方法——當一開始 NNH 用在每一個城市，所找出解的最佳的情況下——旅程的長度大概多於最佳長度的 15%，對於同一個集合的問題，也可以發現 CIH 法 (利用 CIH 到所有城市所找出的最佳解) 所產生旅程的長度亦會大於最佳旅程長度的 15%。

附註 1. Golden、Bodin、Doyle 及 Stewart (1980) 曾描述一個啟發式法通常與最佳旅程差在 2 – 3%。
2. 我們亦可以利用電腦執行時間及方便使用性來比較啟發式法。
3. 針對啟發式的進一步討論，參考 Lawler (1985) 的第 5 – 7 章。

TSP 問題的整數規劃的模式建立

現在我們討論如何建立一個 IP，它的解可以來解一個 TSP，然而本節的模式建立在一個大型的 TSP 會變得很難使用且無效果的，假設一個包含城市 1, 2, 3, ... , N 的 TSP 問題，針對 $i \neq j$，令 C_{ij} = 從城市 i 到城市 j 的距離，且令 $c_{ii} = M$，其中 M 為一個很大的數字 (相對於這個問題中的真實距離)。設 $c_{ii} = M$ 保證我們不會馬上離開城市 i 後又到城市 i。所以定義

$$x_{ij} = \begin{cases} 1 & \text{若 TSP 解中，從城市 } i \text{ 走到城市 } j \\ 0 & \text{其他} \end{cases}$$

則 TSP 的最佳解可以由以下得之

$$\min z = \sum_i \sum_j c_{ij} x_{ij} \tag{40}$$

$$\text{s.t.} \quad \sum_{i=1}^{i=N} x_{ij} = 1 \quad (j = 1, 2, \ldots, N) \tag{41}$$

$$\sum_{j=1}^{j=N} x_{ij} = 1 \quad (i = 1, 2, \ldots, N) \tag{42}$$

$$u_i - u_j + N x_{ij} \leq N - 1 \quad (i \neq j; i = 2, 3, \ldots, N; j = 2, 3, \ldots, N) \tag{43}$$

$$\text{所有 } x_{ij} = 0 \text{ 或 } 1, \text{所有} u_j \geq 0$$

(40) 式的目標函數代表在旅程中，弧線的總長度，(41) 式的條件保證每一個城市只會到達一次，條件 (42) 保證每一個程式會離開一次，條件 (43) 為這個模式中的主要條件，它保證：

1. 任何 x_{ij} 的集合包含子旅程為不可行〔即違反 (43) 式〕。
2. 任何 x_{ij} 的集合形成一個旅程為可行〔存在一個 u_j 的集合滿足 (43) 式〕。

為了說明任何 x_{ij} 的集合包含子旅程會違反 (43) 式，考慮在圖 8-24 的子旅程，這裡 $x_{15} = x_{21} = x_{34} = x_{43} = x_{52} = 1$，這個指派包含二個子旅程 1 − 5 − 2 − 1 及 3 − 4 − 3，選擇沒有包含城市 1 (3 − 4 − 3) 的子旅程且寫下在 (43) 式中對應在這個子旅程弧線的條件。我們得到 $u_3 - u_4 + 5x_{34} \leq 4$ 及 $u_4 - u_3 + 5x_{43} \leq 4$，加上這些條件可得 $5 (x_{34} + x_{43}) \leq 8$。很明顯地，這會排除掉 $x_{43} = x_{34} = 1$ 的可能性；所以子旅程 3 − 4 − 3 (及任何一個其他的子旅程) 將會被 (43) 式的條件給排除掉。

現在，我們說明存在 u_j 的值滿足 (43) 式的所有條件下，任何 x_{ij} 的集合不會包含一個子旅程。假設城市 1 為第一個拜訪的城市，(最後所有的城市都會拜訪) 令 $t_i =$ 在旅程中，城市 i 被拜訪的位置，然後，設 $u_i = t_i$ 會滿足 (43) 式所有的條件。為了說明，考慮旅程 1 − 3 − 4 − 5 − 2 − 1，則選擇 $u_1 = 1$，$u_2 = 5$，$u_3 = 2$，$u_4 = 3$，$u_5 = 4$。現在我們說明這個 u_i 的選擇會滿足 (43) 式的條件，首先，考慮對應於有 $x_{ij} = 1$ 弧線的條件，例如，對應於 x_{52} 的條件為 $u_5 - u_2 + 5x_{52} \leq 4$，因為城市 2 僅接著城市 5，所以 $u_5 - u_2 = -1$。所以在 (43) 式條件中，對應 x_{52} 的條件變成 $-1 + 5 \leq 4$，這是正確的，現在我們考慮滿足含有 $x_{ij} = 0$ 的一個條件 (例如，x_{32})。針對 x_{32}，我們可以得到條件 $u_3 - u_2 + 5x_{32} \leq 4$，這會得到 $u_3 - u_2 \leq 4$，因為 $u_3 \leq 5$ 且 $u_2 > 1$，$u_3 - u_2$ 不會超過 $5 - 2$。

這個可以證明從 (40)−(43) 式所定義的模式刪除從城市 1 至城市 N 所有形成一個子旅程的序列，我們也已經證明這個模式不會刪除任何從城市 1 至城市 N 不包含子旅程的序列。因此，(40)－(43) 式將會得到一個 TSP 的最佳解。

利用 LINGO 求解 TSP

在 (40)－(43) 式所描述的 IP 可以很簡單地應用到下列 LINGO 的程式：

```
MODEL:
  1]SETS:
  2]CITY/1..5/:U;
  3]LINK(CITY,CITY):DIST,X;
  4]ENDSETS
  5]DATA:
  6]DIST= 50000 132 217 164 58
  7]132 50000 290 201 79
  8]217 290 50000 113 303
  9]164 201 113 50000 196
 10]58 79 303 196 5000;
 11]ENDDATA
 12]N=@SIZE(CITY);
 13]MIN=@SUM(LINK:DIST*X);
 14]@FOR(CITY(K):@SUM(CITY(I):X(I,K))=1;);
 15]@FOR(CITY(K):@SUM(CITY(J):X(K,J))=1;);
 16]@FOR(CITY(K):@FOR(CITY(J)|J#GT#1#AND#K#GT#1:
 17]U(J)-U(K)+N*X(J,K)<N-1;));
 18]@FOR(LINK:@BIN(X););
END
```

在第 2 行，我們定義五個城市且對應一個 U(J) 給城市 J，在第 3 行，我們產生連接每一個城市組合的弧線。從城市 I 到城市 J 的弧線，我們對應一個位於城市 I 及 J 的距離及一個 0－1 變數 X(I, J)，其中在旅程中，若城市 J 緊跟著城市 I 其值為 1。

在第 6－10 行，我們輸入在例題 11 中，位在二個城市中的距離，位於城市 I 與本身的距離給一個很大的數字，去保證城市 I 不會跟隨在自己之後。

在第 12 行，我們利用 @SIZE 去計算城市的個數 (列在第 17 行)，在第 13 行，我們利用每一個連接 (I, J) 乘以位在 I 及 J 的距離的總合來產生目標函數。第 14 行保證每一個城市我們僅會拜訪一次，第 15 行保證每一個城市我們也只會離開一次，第 16 及 17 行產生 (43) 式的條件，我們只會產生 J, K 組合，其中 J > 1 及 K > 1 的那些條件，與 (43) 式一致。當 J = K，第 17 行產生型態 N*X (J, J) ≤ N－1 的條件，它會造成所有 X(J, J)＝0，在第 18 行，我們保證每一個 X (I, J)＝0 或 1，我會不再需要限制 U(J)，因為 LINGO 假設它們為非負，即使對於一個小的 TSP，這個模式將會超過 LINGO 學生版的容量。

問 題

問題組 A

1. 一部機器必須處理四件工作，完成每一個工作所需要的時間和每一個工作的到期日列在表 8-74。利用分枝界限法確定使延遲工作的總時間最小下，完成作業的順序如何？
2. 每天，Sunco 公司生產四種汽油：無鉛高級汽油 (LFP)、無鉛普通汽油 (LFR)、加鉛高級汽油 (LP)、及加鉛普通汽油 (LR)。由於每一部機器需要清潔處理及重新調節，所以生產一批汽油所需的時間必須視最後生產汽油種類而定，例如，生產無鉛汽油與加鉛汽油之間的轉換所花費時間比生產二種無鉛汽油之間的轉換時間要長。生產每天需求的汽油所需的時間 (以分計) 列在表 8-75，利用分枝界限法確定每天應生產各種汽油的順序。
3. 在網路上有一種 Hamiltonian 路徑為一個封閉路徑，在回到最開始的點時，必須經過這個網路上每一個節點一次，以一個四個城市的 TSP 為例，解釋為什麼解一個 TSP 問題即相等於在網路上最短 Hamiltonian 路徑。
4. 在一個圓上有四根栓，每對栓的距離 (以吋計) 列在表 8-76。

表 8-74

工作	完成工作的時間 (分)	工作的到期日
1	7	第 14 分鐘止
2	5	第 13 分鐘止
3	9	第 18 分鐘止
4	11	第 15 分鐘止

表 8-75

最後生產的汽油	下一次生產的汽油			
	LFR	LFP	LR	LP
LFR	—	50	120	140
LFP	60	—	140	110
LR	90	130	—	60
LP	130	120	80	—

註：假設昨天生產的最後一種汽油優於今天生產的第一種汽油。

表 8-76

	1	2	3	4
1	0	1	2	2
2	1	0	3	2.9
3	2	3	0	3
4	2	2.9	3	0

a. 假設我們想要放三條電線在每對栓上，且連接所有的電線都及需要最少的電線，利用第 7 章所介紹的技巧之一求解這個問題。

b. 現在假設我們仍然想要放三條電線在每對栓上，且連接所有的電線及用最少的電線，假設若有超過二條電線放在一個栓上，將會產生一個小圈圈。現在設置一個旅行銷售員的問題可以用來解這個問題 (提示：加上一個栓 0 使得栓 0 到任何一個栓的距離為 0)。

5. a. 利用 NNH 求在問題 2 的 TSP 解，由 LFR 開始。

b. 利用 CIH 求問題 2 的 TSP 解，由子路徑 LFR － LFP － LFR 開始。

6. LL Pea 服飾公司將衣服存放在五個不同的位置，每一天中有多次的機會在每一個位置有一張"取貨單"領取貨物，然後取貨單必須在回到包裝區域，描述一個 TSP 模式可以用來極小化用於取貨且回到包裝區域所需要的時間。

問題組 B

7. 嘗試利用分枝界限法確定四個皇后在 4 × 4 棋盤上的擺法 (如果有這種擺法)，使得沒有一個皇后能俘獲另一個皇后。(提示：若一個皇后擺在棋盤的第 i 列和第 j 列，則 $x_{ij} = 1$；否則 $x_{ij} = 0$，然後如機器延遲問題一樣做分枝，由於許多節點是不可行的，因此，可以考慮淘汰這些節點。例如，與弧線 $x_{11} = x_{22} = 1$ 相關的節點是不可行的，因為這兩個皇后能彼此俘獲。)

8. 雖然匈牙利法是求解指派問題的有效方法，但也可以利用分枝界限法求解指派問題，假設某公司有五個工廠和五個倉庫，每個工廠的需求必須由一個倉庫來滿足，而每個倉庫也只能分派給一個工廠來使用，分派一個倉庫滿足一個工廠需求 (以千計) 的費用列在表 8-77。

如果倉庫 i 分派給工廠 j，則令 $x_{ij} = 1$，否則 $x_{ij} = 0$。首先在分派給工廠 1 的倉庫處分枝，這可以產生以下五個分枝：$x_{11} = 1$，$x_{21} = 1$，$x_{31} = 1$，$x_{41} = 1$，及 $x_{51} = 1$，我們如何才能得到一個分枝相關總費用的下限？檢查分枝 $x_{21} = 1$，如果 $x_{21} = 1$，則費用矩陣的第 2 列或第 1 行不可能再被分派。在確定將每一個未分派的倉庫 (1、3、4 及 5) 分派給工廠時，最好的辦法就是將每一未分派的倉庫分派給倉庫列中列最小費用者 (去掉工廠 1 的行)。因此，若 $x_{21} = 1$ 的最小分派成本總費用至少應為 10 + 10 + 9 + 5 + 5 = 39。

相似地，在確定將每一個未分派的工廠 (2、3、4、和 5) 分派給倉庫時，最好的辦法是將每一個未分派的工廠分派給工廠行中的最小費用 (去掉倉庫 2 的列)。因此，有 $x_{21} = 1$ 的任何分派的總費用至少應為 max (36, 39)= 39。所以，如果分枝總費用是產生總費用為 39 或更少的一組候選群，則 x_{21} 可以從目前的分枝中去除。試用這個概念，利用分枝界線法去除這個問題。

9. 考慮一捲很長的壁紙，每碼的圖案是可以重複的，我們必須將這捲壁紙裁成四張。根據這捲

表 8-77

倉庫	工廠				
	1	2	3	4	5
1	5	15	20	25	10
2	10	12	5	15	19
3	5	17	18	9	11
4	8	9	10	5	12
5	9	10	5	11	7

表 8-78

紙張	開頭 (碼)	末尾 (碼)
1	0.3	0.7
2	0.4	0.8
3	0.2	0.5
4	0.7	0.9

表 8-79

x	y	洞
1	2	1
3	1	2
5	3	3
7	2	4
8	3	5

表 8-80

洞	時間 (天)	截止時間	懲罰
1	4	第 4 天	4
2	5	第 2 天	5
3	2	第 13 天	7
4	3	第 8 天	2

壁紙的開頭 (稱為 0 點) 來定所裁的每張紙的開頭和末尾，如表 8-78。因此，紙張 1 的開頭是在這捲紙開頭的 0.3 碼處 (且在這捲紙開頭的 1.3 碼處)，而張紙 1 的末尾是在這張捲紙開頭的 0.7 碼處 (且在這捲紙開頭的 1.7 碼處)，假設從這捲紙開始，應該以什麼順序來裁這四張紙，才能使損耗的總紙張量為最小？假設最後的裁剪使此捲紙回到圖案的開始部份。

10. 一家製造列印圓盤面板利用程式化鑽洞機器，在每個面板上鑽六個洞，每一個洞的 x 及 y 座標列在表 8-79。每一部鑽洞機器，每移動從一個洞到另外一個洞的時間 (每秒) 等於在此二洞間的距離，什麼樣的鑽洞順序可以極小化花在移動這些洞的總時間？

11. 在一部機器上，必須完成 4 千個工作，完成每個工作所需的時間，截止時間，及延遲工作所產生的每天懲罰 (元) 列在表 8-80。

利用分枝界法來決定完成工作的順序，可以用來極小化因工作延遲所造成的總懲罰成本。

8.7 隱數列舉法

隱數列舉法經常用來求解 0 − 1 的 IP 問題。隱數列舉法利用以下事實：為了同時簡化分枝與界限過程的分枝與界限部份以及有效確定哪一個節點為不可行，因此每一個變數必定為 0 或 1。

在討論隱數列舉法之前，先說明任何一個純 IP 問題可以表示一個 0 − 1 IP：可以簡單地把任何純 IP 的每個變數以 2 的冪次和來表示。例如，假設變數 x_i 為整數，令 n 是能保證 $x_i < 2^{n+1}$ 的最小整數，則 x_i 可以 (唯一地) 表示成 $2^0, 2^1, \ldots, 2^{n-1}, 2^n$ 的和且

$$x_i = u_n 2^n + u_{n-1} 2^{n-1} + \ldots + u_2 2^2 + 2u_1 + u_0 \tag{44}$$

其中 $u_i = 0$ 或 1 ($i = 0, 1 \ldots, n$)。

為了將原來的 IP 轉化成一個 0 − 1 IP，利用 (44) 式右端取代每個 x_i，則我們如何找出對應於已知 x_i 值的各個 u 值？例如，若已知 $x_i \leq 100$，則 $x_i < 2^{6+1} = 128$。於是 (44) 式可得

$$x_i = 64u_6 + 32u_5 + 16u_4 + 8u_3 + 4u_2 + 2u_1 + u_0 \tag{45}$$

其中 $u_i = 0$ 或 1 ($i = 0, 1, 2, \ldots, 6$)，於是利用 (44) 式的右端來代替每一個出現的 x_i，我們如何求出對應於已知 x_i 值的各個 u 值？假設 $x_i = 93$，於是 u_6 將

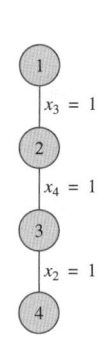

圖 8-26
自由與固定變數的說明

是不會超過 93 的 $2^6 = 64$ 的最大倍數，這就可得到 $u_6 = 1$，此時 (45) 式右邊所剩下部份應等於 $93 - 64 = 29$。於是 u_5 將不會超過 29 的 $2^5 = 32$ 的最大倍數，這就可得到 $u_5 = 0$。此時 u_4 將是不會超過 29 的 $2^4 = 16$ 的最大倍數，這就可得出 $u_4 = 1$。繼續這個方式，得出 $u_3 = 1$，$u_2 = 1$，$u_1 = 0$ 和 $u_0 = 1$，於是 $93 = 2^6 + 2^4 + 2^3 + 2^2 + 2^0$。

現在我們可以發現 0－1 IP 的問題會比純 IP 容易求解，為什麼不要將每個純 IP 變換成 0－1 IP？這是因為將一個純 IP 變換成 0－1 IP 會使變數的數目大大地增加，但在許多實際情況下 (例如鎖箱與背包問題) 都自然會得到 0－1 問題，因此，學習如何求解 0－1 IP 是值得的。

在隱數列舉法中所使用的樹與 8.5 節求解 0－1 背包問題所用的樹相似。對於某個變數 x_i，此樹的每一個分枝將設定 $x_i = 0$ 或 $x_i = 1$。在每一個節點規定了某些變數的值。例如，假設 0－1 問題有變數 x_1、x_2、x_3、x_4、x_5、x_6 且樹的一部份看起來像圖 8-26。在節點 4，x_3、x_4 及 x_2 的值被確定，這些變數稱為**固定變數** (fixed variables)。在一個節點，沒有規定值的所有變數稱為**自由變數** (free variables)，因此，在節點 4，x_1、x_5 及 x_6 為自由變數。針對任何節點，規定所有自由變數的值稱為此節點的**完成** (completion)，因此，$x_1 = 1$，$x_5 = 1$，$x_6 = 0$ 為節點 4 的完成。

現在我們可以來概述所依據的三個主要概念：

1. 假設我們現在在某一個節點。已知在此節點固定變數的值，是否有一種簡易方法可以找出該節點一個好的完成，而此完成是在 0－1 IP 中可行的？為回答此問題，令每個自由變數等於使目標函數達到最大 (在極大化問題中) 或最小 (在極小化問題中) 的值 (0 或 1)，可以使此節點完成，如果此節點的完成是可行的，則它肯定是此節點的最佳可行的完成，且在該節點無進一步的分枝。假設我們現在在解

$$\max z = 4x_1 + 2x_2 - x_3 + 2x_4$$
$$\text{s.t.} \quad x_1 + 3x_2 - x_3 - 2x_4 \geq 1$$
$$x_i = 0 \text{ 或 } 1 \quad (i = 1, 2, 3, 4)$$

若我們在一個節點 (稱為節點 4)，其中 $x_1 = 0$ 且 $x_2 = 1$ 為固定的，則能做到最佳解的辦法是令 $x_3 = 0$ 和 $x_4 = 1$。由於 $x_1 = 0$，$x_2 = 1$，$x_3 = 0$ 和 $x_4 = 1$ 在原來問題中是可行的，所以我們求出節點 4 的最佳可行完成。因此，節點 4 可被徹底解決且 $x_1 = 0$，$x_2 = 1$，$x_3 = 0$，$x_4 = 1$ (其 z 值為 4) 可以當做候選解。

2. 即使一個節點的最佳完成為不可行的，這個最佳完成可以利用經由可行完成而得到最佳目標函數值的一個界限，這一個界限可以用來從考慮的問題中刪除某個節點。例如，假設我們已找到一個候選解的 z 值為 $z = 6$，且我們的目標為極大化。

$$z = 4x_1 + 2x_2 + x_3 - x_4 + 2x_5$$

同時假設在一個節點處，此處固定變數為 $x_1 = 0$，$x_2 = 1$，且 $x_3 = 1$，則此點的最佳完成為 $x_4 = 0$ 且 $x_5 = 1$，這會得到 z 值 $2 + 1 + 2 = 5$。因為 $z = 5$ 不能打敗 $z = 6$ 的候選解，因此我們可以馬上考慮淘汰這一個節點 (完成是否可行是不相關的)。

3. 在任何節點，是否有一種簡易的途徑，可以判斷所有的完成都是不可行的？假設在圖 8-26 的節點 4，其中一個條件為

$$-2x_1 + 3x_2 + 2x_3 - 3x_4 - x_5 + 2x_6 \leq -5 \qquad \textbf{(46)}$$

是否節點 4 的完成能夠滿足這些條件？我們可以指定自由變數的值，使 (46) 式的左端儘可能的小，如果節點 4 的完成不能滿足 (46) 式，則肯定節點 4 的完成不能滿足 (46) 式，則肯定節點 4 無法完成。因此，可設 $x_1 = 1$，$x_5 = 1$，及 $x_6 = 0$。將這些值和固定的變數值代入，可得 $-2 + 3 + 2 - 3 - 1 \leq -5$。由於這一個等式不成立，所以節點 4 沒有一個可以滿足 (46) 式，對於原先的問題，節點 4 沒有一個完備化，所以考慮刪除節點 4。

　　一般而言，注視每一個條件，同時給每一個自由變數一個最佳值，由此來檢驗每一個節點針對滿足條件下，是否有一個可行的完成 (如表 8-81 的描述)。如果即使有一個條件不被其最可行的完成所滿足，則我們知道此節點沒有可行完成。在這種情況下，該節點不能得到原來 IP 的最佳解。

表 8-81　如何確定一個結點是否有一個完成來滿足給定的條件

條件類型	在條件中，自由變數條件的符號	檢驗可行性時，指定自由變數的值
$\leq$	$+$	0
$<$	$-$	1
$\geq$	$+$	1
$\geq$	$-$	0

522 作業研究 I

然而，要注意的是，即使沒有一個節點為可行的完成，上述較粗略的不可行性檢驗，在沿著樹向下移動到有更多固定變數的另一個節點之前，也不能顯示出節點就沒有可行的完成。如果對一個節點得不到任何訊息，就可以在此自由變數 x_i 處分枝，並增加二個新的節點：一個節點具有 $x_i = 1$，且另一個節點為 $x_i = 0$。

例題 12　隱數列舉

利用隱數列舉法求解以下 0 − 1 IP：

$$\max z = -7x_1 - 3x_2 - 2x_3 - x_4 - 2x_5$$
$$\text{s.t.} \quad -4x_1 - 2x_2 + x_3 - 2x_4 - x_5 \leq -3 \quad (47)$$
$$-4x_1 - 2x_2 - 4x_3 + x_4 + 2x_5 \leq -7 \quad (48)$$
$$x_i = 0 \text{ 或 } 1 \quad (i = 1, 2, 3, 4, 5)$$

解　在開始處 (節點 1)，所有的變數都是自由的。首先檢驗節點 1 的最佳完成是否是可行的。節點 1 的最佳完成是 $x_1 = 0$，$x_2 = 0$，$x_3 = 0$，$x_4 = 0$，$x_5 = 0$，它是不可行的 (它違反二個條件)，現在檢驗看看節點 1 是否沒有可行的完成。為檢驗 (47) 式的可行性，設 $x_1 = 1$，$x_2 = 1$，$x_3 = 0$，$x_4 = 1$，$x_5 = 1$，這會滿足 (47) 式(它得出 $-9 \leq -3$)。現在我們檢查 (48) 式的可行性，利用設 $x_1 = 1$，$x_2 = 1$，$x_3 = 1$，$x_4 = 0$，$x_5 = 0$。節點 1 的完成滿足 (48) 式 (它得出 $-10 \leq -7$)。因此，節點 1 有一滿足 (48) 式的可行完成，所以，上述的不可行檢驗，不會讓我們將節點 1 會分類到沒有可行的完成。現在，我們選擇分枝任何自由變數：任意選擇 x_1，這可以得到二個新的節點：節點 2 有條件 $x_1 = 1$ 且節點 3 有條件 $x_1 = 0$ (參考圖 8-27)。

現在我們選擇分析節點 2，節點 2 的最佳完成為 $x_1 = 1$，$x_2 = 0$，$x_3 = 0$，$x_4 = 0$ 且 $x_5 = 0$。不幸地，這個完成也是不可行的。現在我們嘗試決定節點 2 是否有一個可行完成，檢查 $x_1 = 1$，$x_2 = 1$，$x_3 = 0$，$x_4 = 1$，$x_5 = 1$ 是否滿足 (47) 式 (這得出 $-9 \leq -3$)。然後我們再檢驗 $x_1 = 1$，$x_2 = 1$，$x_3 = 1$，$x_4 = 0$，$x_5 = 0$ 是否滿足 (48) 式 (這得出 $-10 \leq -7$)。因此，上述不可行檢驗，無法得出節點 2 是否有可行完成的任何訊息。

現在選擇在節點 2 來分枝，任意選擇在自由變數 x_2 處分枝，這可得在圖 8-28 上的節點 4 及 5。利用 LIFO 法則，我們選擇下一步分析節點 5，節點 5 的最佳完成為

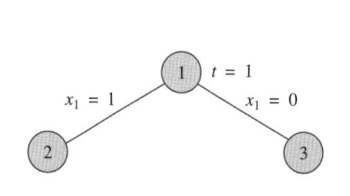

圖 8-27　節點 1 的分枝　　　　　　　　圖 8-28　節點 2 的分枝

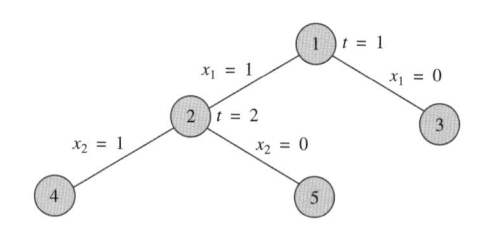

$x_1 = 1$,$x_2 = 0$,$x_3 = 0$,$x_4 = 0$,$x_5 = 0$,這一個完成又是不可行。現在我們對節點 5 進行可行性檢驗,確定 $x_1 = 1$,$x_2 = 0$,$x_3 = 0$,$x_4 = 1$,$x_5 = 1$ 是否滿足 (47) 式 (這得出 $-7 \le -3$),然後檢查 $x_1 = 1$,$x_2 = 0$,$x_3 = 1$,$x_4 = 0$,$x_5 = 0$ 是否滿足 (48) 式 (這可得出 $-8 \le -7$)。上述可行性檢驗又沒有得到任何訊息,因此,在節點 5 分枝,並任意選擇在自由變數 x_3 處分枝,這可以得到圖 8-29 上的節點 6 和 7。

利用 LIFO 法則,接下來我們選擇分析節點 6,節點 6 的最佳完成為 $x_1 = 1$,$x_2 = 0$,$x_3 = 1$,$x_4 = 0$,$x_5 = 0$,$z = -9$。這一點是可行的,所以我們求出 $z = -9$ 的一個候選解。利用 LIFO 法則,下一步分析節點 7,節點 7 的最佳完成為 $x_1 = 1$,$x_2 = 0$,$x_3 = 0$,$x_4 = 0$,$x_5 = 0$,$z = -7$,由於 -7 比 -9 好,因此,節點 7 可能擊敗目前的候選解。因此,我們必須檢驗節點 7,看看它是否有某一個可行的完成;我們看看 $x_1 = 1$,$x_2 = 0$,$x_3 = 0$,$x_4 = 1$,$x_5 = 1$ 是否滿足 (47) 式 (它可以得出 $-7 \le -3$)。然後看 $x_1 = 1$,$x_2 = 0$,$x_3 = 0$,$x_4 = 0$,$x_5 = 0$ 是否滿足 (47) 式 (它得出 $-4 \le -7$),這表示節點 7 沒有完成能滿足 (48) 式。因此表示節點 7 沒有完全能滿足式 (48),所以節點 7 沒有可行完成,而我們可以從考慮中淘汰它 (圖 8-30 以×符號表示)。

利用 LIFO 法則,我們應該分析節點 4,節點 4 的最佳完成是 $x_1 = 1$,$x_2 = 1$,$x_3 = 0$,$x_4 = 0$,$x_5 = 0$,這個解有 $z = -10$。因此節點 4 不能打敗前面節點 6 的候選解 ($z = -9$),所以考慮刪掉節點 4。

現在我們面臨圖 8-31 的樹,其中只剩下節點 3 尚未分析,節點 3 的最佳完成是 $x_1 = 0$,$x_2 = 0$,$x_3 = 0$,$x_4 = 0$,$x_5 = 0$,這一點是不可行的,這個點的 $z = $

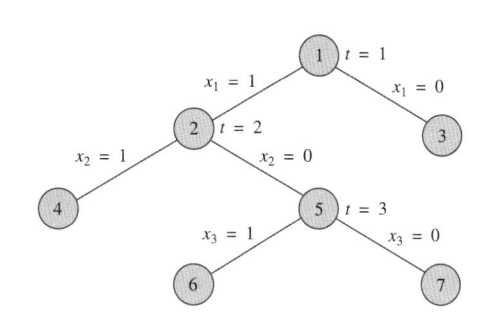

圖 8-29 節點 5 的分枝

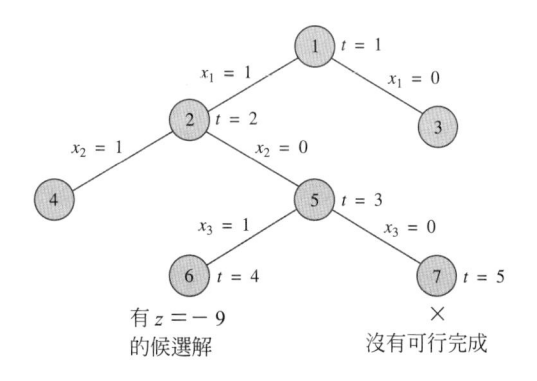

圖 8-30
節點 6 得出一個候選解,
節點 7 沒有可行完成

524 作業研究 I

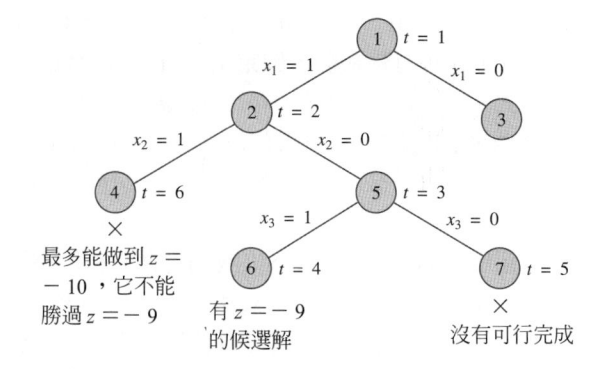

圖 8-31 節點 4 不能打敗節點 6 的候選解

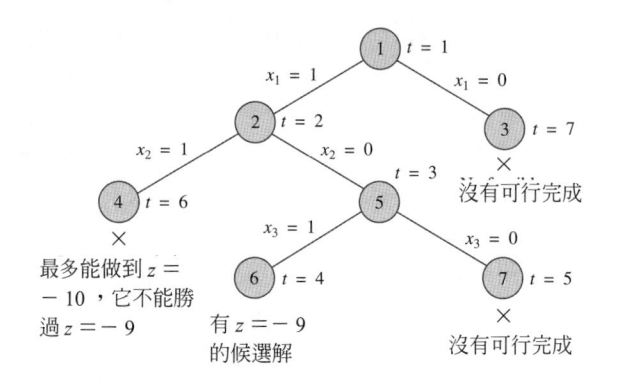

圖 8-32 節點 3 沒有可行完成

0；然而節點 3 有可能得到一可行解，它會比目前的候選解來得好 (其 $z = -9$)，現在檢驗節點 3 是否有任何可行的完成：$x_1 = 0$，$x_2 = 1$，$x_3 = 0$，$x_4 = 1$，$x_5 = 1$ 滿足 (47) 式？這得出 $-5 \leq -3$，所以節點 3 有一個完成滿足 (47) 式。然後再看看節點 3 是否滿足 (48) 式的任何完成：是否 $x_1 = 0$，$x_2 = 1$，$x_3 = 1$，$x_4 = 0$，$x_5 = 0$ 是否滿足 (48) 式？這得出 $-6 \leq -7$，這是不正確的。因此，節點 3 沒有完全滿足 (48) 式，可以從中考慮淘汰節點 3，現在可得圖 8-32 的樹。

因為沒有剩下節點要分析，所以具有 $z = -9$ 的節點 6，候選解必定最佳。因此，$x_1 = 1$，$x_2 = 0$，$x_3 = 1$，$x_4 = 0$，$x_5 = 0$，$z = -9$ 為此 0 − 1 IP 的最佳解，注意，已經隱含考慮過每個可行點 (x_1, x_2, x_3, x_4, x_5)，其中 $x_i = 0$ 或 1，例如，針對點 $x_1 = 1$，$x_2 = 1$，$x_3 = 1$，$x_4 = 1$，$x_5 = 0$，節點 4 的分析說明這個點不可能為最佳，因為它的 z 值不會優於 -9。再如另一個例子，點 $x_1 = 0$，$x_2 = 1$，$x_3 = 1$，$x_4 = 1$，$x_5 = 1$ 不是最佳，因為在我們分析節點 3 時，說明沒有哪一個完成是可行的。

利用更巧妙的不可行性測試 (稱為**代用條件** (surrogate constraints)) 通常能減少在求出最佳解之前所必須檢驗的節點個數，例如，考慮一個 0 − 1 IP 有下列條件：

$$x_1 + x_2 + x_3 + x_4 + x_5 \leq 2 \qquad (49)$$
$$x_1 - x_2 + x_3 - x_4 - x_5 \geq 1 \qquad (50)$$

假設我們現在在某一節點，其 $x_1 = x_2 = 1$，為了檢驗這個點是否有一個可行的完成，首先我們需要觀察是否 $x_1 = 1$，$x_2 = 1$，$x_3 = 0$，$x_4 = 0$，$x_5 = 0$ 是否滿足 (49) 式 (它是滿足的)。在這種情況，上述粗略的不可行檢驗並未指出這一點是不可行的，然而，由於 $x_1 = x_2 = 1$，所以滿足 (49) 式的唯一途徑是選擇 $x_3 = x_4 = x_5 = 0$，但這個具有 $x_1 = x_2 = 1$ 的節點沒有可行的完成，最後上述粗略的不可行檢驗將指出一個事實，但我們可能被強迫要去檢查另外一些節點。在我們發現沒有可行完成之前，在更複雜的是，一個結合二個條件信息更巧妙的不可行性檢驗，也許能使我們檢驗更少的結果。當然，更巧妙的不可行性檢驗需要的計算量比上述粗略的不可行檢驗來得大，所以不得不這樣做，關於代用條件的討論，參考 Salkin (1975)，Taha (1975)，及 Nemhauser 及 Wolsey (1988)。

和任何分枝界限法一樣，隱數列舉法的效率有多種選擇，參考 Salkin、Taha、Nemhauser 及 Wolsey，關於隱數列舉法更進一步地討論。

問　題

問題組 A

利用隱數列舉法來解下列 0 − 1 IP：

1.
$$\max z = 3x_1 + x_2 + 2x_3 - x_4 + x_5$$
$$\text{s.t.} \quad 2x_1 + x_2 \qquad - 3x_4 \qquad \leq 1$$
$$x_1 + 2x_2 - 3x_3 - x_4 + 2x_5 \geq 2$$
$$x_i = 0 \text{ 或 } 1$$

2.
$$\max z = 2x_1 - x_2 + x_3$$
$$\text{s.t.} \quad x_1 + 2x_2 - x_3 \leq 1$$
$$x_1 + x_2 + x_3 \leq 2$$
$$x_i = 0 \text{ 或 } 1$$

3. Finco 公司正考慮投資五個計畫，每個計畫在時間 0 時需要的現金流和所得之 NPV 列在表 8-82 (所有以百萬元計)。在時間 0 時，有 10 百萬元可以用來投資。計畫 1 與 2 相互排斥 (亦即，Finco 不能同時從事這兩項計畫)。同樣地，計畫 3 和 4 互相排斥，同樣地，除非專案 5 被從事，否則不能從事專案 2。試利用隱數列舉法確定應從事哪一個專案，以便讓 NPV 達到最大。

4. 利用隱數列舉法求例題 5 的最佳解 (集合覆蓋問題)。

5. 試用隱數列舉法求解 8.2 節的問題 1。

表 8-82

專案	時間 0 現金流量	NPV
1	4	5
2	6	9
3	5	6
4	4	3
5	3	2

問題組 B

6. 為什麼在 (44) 式中，$u_0, u_1, \ldots, u_n$ 的值為唯一？

8.8 切割平面演算法

在本章的前面部份，我們已經詳細地描述如何利用分枝界限法來解 IPs。在本節，我們討論另外一個方法，**切割平面演算法** (the cutting plane algorithm)。我們說明如何利用切割平面演算法求解 Telfa 公司的問題 (例題 9)。從 8.3 節，這個問題為

$$\begin{align} \max z &= 8x_1 + 5x_2 \\ \text{s.t.} \quad x_1 + x_2 &\leq 6 \\ 9x_1 + 5x_2 &\leq 45 \\ x_1, x_2 &\geq 0; x_1, x_2 \text{ 為整數} \end{align} \tag{51}$$

再加上惰變數 s_1 及 s_2 後，我們找到 Telfa 例子的 LP 寬鬆如表 8-83。

為了利用切割平面法，開始，我們任意選擇在 LP 寬鬆最佳表格中，基本變數為分數的條件，我們任意選擇條件 2，其中

$$x_1 - 1.25s_1 + 0.25s_2 = 3.75 \tag{52}$$

現在，我們定義 $[x]$ 為小於或等於 x 的最大整數。例如，$[3.75] = 3$ 且 $[-1.25] = -2$。任意 x 值可以寫成型態為 $[x] + f$，其中 $0 \leq f < 1$，我們稱 f 為 x 的分數部份。例如，$3.75 = 3 + 0.75$，且 $-1.25 = -2 + 0.75$，在 (51) 式的最佳表中，現在我們將每個變數的係數及條件的右端值寫成型態 $[x] + f$，其中 $0 \leq f < 1$。現在 (52) 式可以寫成

$$x_1 - 2s_1 + 0.75s_1 + 0s_2 + 0.25s_2 = 3 + 0.75 \tag{53}$$

表 8-83
Telfa 的 LP 寬鬆的最佳表格

z	x_1	x_2	s_1	s_2	rhs
1	0	0	1.25	0.75	41.25
0	0	1	2.25	−0.25	2.25
0	1	0	−1.25	0.25	3.75

將所有有整數係數的項次寫在左邊且有分數係數寫在右邊，可得

$$x_1 - 2s_1 + 0s_2 - 3 = 0.75 - 0.75s_1 - 0.25s_2 \tag{54}$$

切割平面法現在建議加上下面條件到 LP 的寬鬆最佳表中：

$$(54) \text{ 式的右端值} \leq 0$$

或
$$0.75 - 0.75s_1 - 0.25s_2 \leq 0 \tag{55}$$

這個條件稱為一個**切割** (cut) (原因會很快地變明顯)。現在我們說明由這個方法所產生的切割有二個特性：

1. 針對這個 IP，任何一個可行點皆滿足這個切割。
2. 在 LP 寬鬆的目前最佳解將不會滿足這個切割。

因此，這個切割會"切掉"LP 寬鬆的目前最佳解，但任何一個 IP 的可行解不會被切掉。當這個 LP 寬鬆的切割加入之後，我們期望將得到一個所有變數都是整數的最佳解。若是，我們已找到原來 IP 的最佳解。若我們新的最佳解 (LP 寬鬆加上切割) 有分數值的變數，則再產生另外一個切割且繼續這個過程，Gomory (1958) 已經證明這個過程在有限的切割次數後，會得到 IP 的最佳解。在找到 IP (51) 式的最佳解之前，我們證明為什麼切割 (55) 式會滿足性質 1 及 2。

現在，我們證明 IP (51) 式的任何可行解會滿足切割 (55) 式，考慮這個 IP 的任何一個可行點。針對這個可行點，x_1 及 x_2 的值為整數，且點必須在 (51)

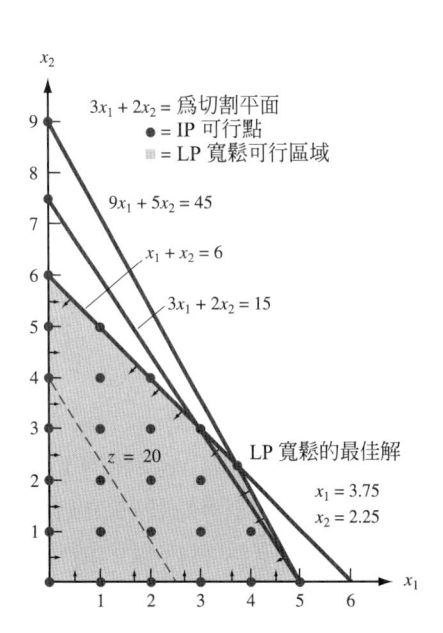

圖 8-33 切割平面的例子

表 8-84　加上切割 (55) 式的切割平面表

z	x_1	x_2	s_1	s_2	s_3	rhs
1	0	0	1.25	0.75	0	41.25
0	0	1	2.25	−0.25	0	2.25
0	1	0	−1.25	0.25	0	3.75
0	0	0	−0.75	−0.25	1	−0.75

表 8-85　切割平面的最佳解

z	x_1	x_2	s_1	s_2	s_3	rhs
1	0	0	0	0.33	1.67	40
0	0	1	0	−1	3	0
0	1	0	0	0.67	−1.67	5
0	0	0	1	0.33	−1.33	1

式的線性寬鬆的可行點，因為 (54) 式只是把最佳表格的條件 2 重新安排，任何這個 IP 的可行點一定滿足 (54) 式。這個 IP 的任何可行點會有 $s_1 \geq 0$ 及 $s_2 \geq 0$，因為 0.75 < 1，這個 IP 的可行解將會把 (54) 式的右端值減少 1。所以針對這個 IP 的任何可行點，右端值必定為整數值減 1，這表示這個 IP 的任何滿足 (55) 式的可行點，所以我們的切割並沒有刪掉任何可行的整數值！

現在我們開始說明目前 LP 寬鬆的最佳解不滿足切割 (55) 式。這個 LP 寬鬆目前的最佳解有 $s_1 = s_2 = 0$，因此，它不滿足 (55) 式，這個討論沒有問題，因為 0.75(條件 2 右端值分數的部份) 大於 0，因此，如果我們選擇在最佳表格中，任何條件的右端值為分數，我們會切掉 LP 寬鬆的最佳解。

這個切割 (55) 式的效果可以從圖 8-33 看到；IP (51) 的所有可行點會滿足切割 (55) 式，但這個 LP 寬鬆的目前最佳解 ($x_1 = 3.75$ 及 $x_2 = 2.25$) 卻不滿足。為了得到切割的圖形，我們用 $6 - x_1 - x_2$ 來取代 s_1 且 $45 - 9x_1 - 5x_2$ 來取代 s_2，這會使得我們將切割寫成 $3x_1 + 2x_2 \leq 15$。

現在我們將 (55) 式加入 LP 寬鬆的最佳表中且利用對偶簡捷法求解這個 LP 問題。切割 (55) 式可以寫成 $-0.75s_1 - 0.25s_2 \leq -0.75$，在加上一個惰變數 s_3 到這個條件，我們可以得到表 8-84。

對偶簡捷比值測試顯示 s_1 將進入基底的條件 3。得到的表格在表 8-85，其中最佳解 $z = 40$，$x_1 = 5$，$x_2 = 0$。

如前所述一個切割不會刪除 IP 中的任何可行點。這代表當我們解一個 IP 中有許多切割當作加入條件的 LP 寬鬆問題且找到的最佳解，且其所有變數都是整數，我們已經解出原來的 IP 問題。因為 x_1 及 x_2 在目前最佳解中為整數解，這個點必定為 (51) 式的最佳解。當然，若第一個切割無法產生 IP 的最佳解，我們必須一直加上切割直到一個最佳表中所有變數都是整數為止。

註解 1. 這個演算法需要在條件中所有變數的係數與所有條件的右端值都必須是整數。這個保證若原來的決策變數是整數,則惰變數及超出變數必須為整數,因此,一個條件如 $x_1 + 0.5x_2 \leq 3.6$ 必須取代為 $10x_1 + 5x_2 \leq 36$。

2. 若在這個演算法的任何一個階段,有二個或二個以上有分數的右端值,則切割的產生是選擇條件右端值分數愈靠近 $\frac{1}{2}$,會得到更好的結果。

切割平面演算法的總結

步驟 1 找 IP 的線性規劃寬鬆的最佳表格,假設在最佳解中所有變數都假設為整數值,則我們已經找到 IP 的最佳解;否則,進行步驟 2。

步驟 2 在 LP 寬鬆的最佳表格中,找到一個條件的右端值有分數且接近 $\frac{1}{2}$ 者,利用這個條件產生一個切割。

步驟 2a 針對在步驟 2 所找出的條件,將右端值及每一個變數的係數寫成 $[x] + f$,其中 $0 \leq f < 1$。

步驟 2b 利用這個產生的切割,重新寫條件如下:

所有項次的整數係數=所有項次有分數的係數

則這個切割為

所有分數係數的項目 ≤ 0

步驟 3 將切割當做新的條件,再利用對偶簡捷法求出這個 LP 寬鬆的最佳解,若在最佳解中,所有的變數都假設是整數,我們已經找到這個 IP 的最佳解。否則,選擇有最大分數右端值的條件且利用它產生另外一個切割,再加入這個表格,我們進行這個過程直到得到所有變數都是整數的解,這會得到這個 IP 的最佳解。

問 題

問題組 A

1. 考慮以下 IP:

$$\max z = 14x_1 + 18x_2$$
$$\text{s.t.} \quad -x_1 + 3x_2 \leq 6$$
$$7x_1 + x_2 \leq 35$$
$$x_1, x_2 \geq 0; x_1, x_2 \text{ 為整數}$$

這個 IP 線性規劃寬鬆的最佳表在表 8-86，利用切割平面演算法求解這個 IP。

2. 考慮以下 IP：

$$\min z = 6x_1 + 8x_2$$
$$\text{s.t.} \quad 3x_1 + x_2 \geq 4$$
$$x_1 + 2x_2 \geq 4$$
$$x_1, x_2 \geq 0; x_1, x_2 \text{ 為整數}$$

表 8-86

z	x_1	x_2	s_1	s_2	rhs
1	0	0	$\frac{56}{11}$	$\frac{30}{11}$	126
0	0	1	$\frac{7}{22}$	$\frac{7}{22}$	$\frac{7}{2}$
0	1	0	$-\frac{1}{22}$	$\frac{3}{22}$	$\frac{9}{2}$

這個 IP 線性規劃寬鬆的最佳表格在表 8-87，利用切割平面演算法去找最佳解。

3. 考慮以下 IP：

$$\max z = 2x_1 - 4x_2$$
$$\text{s.t.} \quad 2x_1 + x_2 \leq 5$$
$$-4x_1 + 4x_2 \leq 5$$
$$x_1, x_2 \geq 0; x_1, x_2 \text{ 為整數}$$

表 8-87

z	x_1	x_2	e_1	e_2	rhs
1	0	0	$-\frac{4}{5}$	$-\frac{18}{5}$	$\frac{88}{5}$
0	1	0	$-\frac{2}{5}$	$\frac{1}{5}$	$\frac{4}{5}$
0	0	1	$\frac{1}{5}$	$-\frac{3}{5}$	$\frac{8}{5}$

這個 IP 線性規劃寬鬆的最佳表格在表 8-88。利用切割平面演算法求最佳解。

表 8-88

z	x_1	x_2	s_1	s_2	rhs
1	0	0	$-\frac{2}{3}$	$-\frac{5}{6}$	$-\frac{15}{2}$
0	1	0	$\frac{1}{3}$	$-\frac{1}{12}$	$\frac{5}{4}$
0	0	1	$\frac{1}{3}$	$\frac{1}{6}$	$\frac{5}{2}$

總 結

求解整數規劃問題 (IP) 通常比求解線性規劃問題困難的許多。

整數規劃模式建立

大多數整數規劃的模式建立包含 **0 − 1 變數**。

固定費用問題

假設在任何正的水準下，活動 i 會產生一個固定的費用。令

$x_i = $ 活動 i 的水準

$$y_i = \begin{cases} 1 & \text{若在正的水準下從事活動 } i \, (x_i > 0) \\ 0 & \text{若 } x_i = 0 \end{cases}$$

則必須將型式 $x_i \leq M_i y_i$ 的條件加入這個模式建立中，此處 M_i 必須足夠大以保證 x_i 必須小於或等於 M_i。

二者擇一條件

假設我們要保證至少滿足下列二個條件之一 (也可能是兩個)：

$$f(x_1, x_2, \ldots, x_n) < 0 \tag{26}$$

$$g(x_1, x_2, \ldots, x_n) \leq 0 \tag{27}$$

在模式建立中加上下列兩個條件將保證 (26) 式及 (27) 式至少有一個會滿足:

$$f(x_1, x_2, \ldots, x_n) \leq My \tag{26'}$$
$$g(x_1, x_2, \ldots, x_n) \leq M(1-y) \tag{27'}$$

在 (26') 式及 (27') 式,y 是 0 − 1 變數,M 是一個足夠大的數足以保證 $f(x_1, x_2, \ldots, x_n) \leq M$ 和 $g(x_1, x_2, \ldots, x_n) \leq M$ 在滿足此問題的條件的 $x_1, x_2, \ldots, x_n$ 的所有值都會成立。

若-則條件

假設想要保證 $f(x_1, x_2, \ldots, x_n) > 0$ 推得 $g(x_1, x_2, \ldots, x_n) \geq 0$,則我們可以將下列條件加入模式中:

$$-g(x_1, x_2, \ldots, x_n) \leq My \tag{28'}$$
$$f(x_1, x_2, \ldots, x_n) \leq M(1-y) \tag{29}$$
$$y = 0 \text{ 或 } 1$$

此處 M 是一個很大的正數,必須選的足夠大,使得 $f \leq M$ 及 $-g \leq M$ 對滿足此問題其他條件的 $x_1, x_2, \ldots, x_n$ 的所有值亦成立。

如何利用 0 − 1 變數來建立階段性線性函數 $f(x)$ 的模型

假設有階段性線性函數 $f(x)$ 有斷點 $b_1, b_2, \ldots, b_n$。

步驟 1 在最佳化問題中只要出現 $f(x)$,就用 $z_1 f(b_1) + z_2 f(b_2) + \ldots + z_n f(b_n)$ 取代 $f(x)$。

步驟 2 在問題中加上以下條件:

$$z_1 \leq y_1, z_2 \leq y_1 + y_2, z_3 \leq y_2 + y_3, \ldots, z_{n-1} \leq y_{n-2} + y_{n-1}, z_n \leq y_{n-1}$$
$$y_1 + y_2 + \cdots + y_{n-1} = 1$$
$$z_1 + z_2 + \cdots + z_n = 1$$
$$x = z_1 b_1 + z_2 b_2 + \cdots + z_n b_n$$
$$y_i = 0 \text{ 或 } 1 \ (i = 1, 2, \ldots, n-1); z_i \geq 0 \ (i = 1, 2, \ldots, n)$$

分枝界限法

通常,IP 問題可以利用某些**分枝界限法**的版本來求解。分枝界限法是利用隱式列舉所有 IP 的可能解,由求解**子題**的方法,許多可能的解可以在考慮的情況下被刪除。

分枝界限法求解純 IP

在一個適當選取的分數值變數 x_i 處分枝,可以產生一些子題。假定在一個給定的子題中(稱為舊子題),x_i 取整數 i 及 $i + 1$ 之間的分數值,則會產生兩個子題是

新子題 1 舊子題＋條件 $x_i \leq i$
新子題 2 舊子題＋條件 $x_i \geq i + 1$

如果不用在一個子題中分枝，就可以說它已經**被徹底處理** (fathomed)。在下面三種情況 (對極大化問題) 會發生在一個子題被徹底處理掉：(1) 這個子題為不可行，因此在這個狀況下，子題不會產生一個最佳解。(2) 這個子題得到所有變數都是整數的最佳解，假設這個最佳解的 z 值比以前的 IP 的可行解都來得好，則它會變成一個**候選解** (candidate solution)，且它的 z 值成為 IP 最佳 z 值目前的下界 (lower bound; LB)。在此狀況下，目前這個子題有可能產生這個 IP 的最佳解。(3) 針對某一子題的最佳 z 值不會超過 (極大問題) 目前的 LB，所以它可以在現在的考量下被刪除。

用分枝界限法求解混合 IP

當在分數變數上分枝時，只要在要求是整數的變數上分枝即可。

用分枝界限法求解背包問題

我們可以先將最佳的物品放進背包 (就每單位重量所得利潤而言)，來求解子題，然後第二最佳的物品等等，直到利用某種物品的部分數量裝滿背包為止。

用分枝界限法求解一台機器的最小延遲時間

分枝首先確定哪一個工作應該最後處理。假設現在有 n 個工作，當固定在處理工作 j 在處理，工作 $(j + 1)$ 在處理，…，工作 n 在處理的節點上；可以得到總延遲時間的下限，可由 (處理工作 j 的延遲)＋(處理工作 $j + 1$ 的延遲)＋…＋ (處理工作 n 的延遲) 得之。

用分枝界限法求解旅行銷售員問題

子題為一個指派問題，若一個子題的最佳解不包含子旅程，則它是一個旅行銷售員的可行解，為了排除子旅程，利用分枝產生一個新的子題。若這個子題的最佳 z 值不如前面所求出的最佳可行解，則可以刪掉這個子題。

TSP 的啟發式法

為了利用最近範圍啟發式法 (nearest-neighbor heurislic, NNH)，我們從任何一個城市開始且再"拜訪"最近的城市，然後再到最靠近我們最近才拜訪的城市且未被拜訪過的城市，進行這個步驟直到得到這個旅程。在每個城市開始，利用這個過程，就可以得到最佳旅程。

在最便宜插入啟發式法 (cheapest-insertion heuristic; CIH)，我們從任何城市開始且找它的最近的範圍城市，然後，可產生連接這二個城市的子旅程。然後，我們產生一個連接這二個城市的子旅程。接下來，我們在子旅程中的弧線 (稱弧線 (i, j)) 以二個弧線來取代──(i, k) 及 (k, j)，其中 k 不在現在的子旅程──這會以最小的量 (或最便宜) 來增加子旅程的長度，我們進行這個過程直到獲得一個旅程。從每一個城市開始，利用這個過程，我們找到最佳旅程。

隱數列舉法

在 0 − 1 IP 中，可以利用隱數列舉法求出最佳解，在一個節點分枝時，利用加上條件 $x_i = 0$ 及 $x_i = 1$ 可以產生二個子問題 (針對某些自由變數 x_i)。假設一個節點的最佳完成是可行的，則不必在該節點處分枝。如果一個節點的最佳完成是可行的且比當前的候選解來得好，則目前的節點產生一個新的 LB (在極大問題) 且可能為最佳解，如果有一個節點的最佳完成是可行的，且不比當前的候選解更好，則可以考慮從中淘汰當前的節點，如果給一個已知的節點處，至少有一個條件使該節點的完成都無法滿足，則此節點就不能得出 IP 的可行解，而此節點也不可能得到 IP 的最佳解。

切割平面演算法

步驟 1 找尋 IP 問題線性規劃寬鬆的最佳解表格。若在這個最佳解中，所有變數假設都是整數，我們已經找到 IP 的最佳解；否則，進行步驟 2。

步驟 2 選擇在 LP 寬鬆最佳表中，某一條件的右端值為分數且最靠近 $\frac{1}{2}$，這個條件將產生一個切割。

步驟 2a 在步驟 2 所找到的條件，將其右端值與每一個變數的係數寫成形態 $[x] + f$，其中 $0 \leq f < 1$。

步驟 2b 重新寫下條件用來產生切割如

$$\text{所有整數係數的項次} = \text{所有分數係數的項次}$$

則這個切割為

$$\text{所有分數係數的項次} \leq 0。$$

步驟 3 利用對偶簡捷法求出 IP 寬鬆的最佳解，且利用切割當做新增的條件，若所有在最佳解中的變數都是整數，則我們已經找到這個 IP 的最佳解，否則，選擇擁有最大分數右端值的條件且利用它產生另一個切割，將它加入表格，進行這個步驟一直到找到一個解，其所有變數都是整數，這將是這個 IP 的最佳解。

複習題

問題組 A

1. 在第 3.10 節的 Sailco 問題，假設在每一季中，進行生產所承擔的固定成本為 $200。試建立一個 IP，能使 Sailco 公司在滿足四季需求下，總成本達到最小。
2. 解釋你如何利用整數規劃及階段性線性函數求解下列最佳問題。(提示：利用階段線性函數來近似 x^2 及 y^2。)

$$\max z = 3x^2 + y^2$$
$$\text{s.t.} \quad x + y \leq 1$$
$$x, y \geq 0$$

3. Transylvania 奧林匹克操隊共有六名隊員，Transylvania 必須決定三位隊員參加平衡木和自由體操運動，在每項比賽，他們還要選出四名隊員參加。在每一項比賽，各體操運動員達到的分數列在表 8-89。建立一個 IP，使該隊的體操運動員所達到的總得分最高。

表 8-89

體操運動員	平衡木	自由體操
1	8.8	7.9
2	9.4	8.3
3	9.2	8.5
4	7.5	8.7
5	8.7	8.1
6	9.1	8.6

表 8-90

校區	白人	黑人
1	80	30
2	70	5
3	90	10
4	50	40
5	60	30

4. 議會決議規定：在大城市中的每一所高等學校的註冊人數至少必須有 20% 的黑人學生，五個校區的每一所高中黑人和白人的人數列在表 8-90。每個校區，學生走到各高等學校的距離 (以哩計) 列在表 8-91。學校的委員會政策要求，在同一個校區內的學生都必須上同一個學校。假設每一個學校的註冊人數至少必須要有 150 人。建立一個 IP 模式，使該大城市的學生到高校應走的總距離最小。

表 8-91

校區	高中 1	高中 2
1	1	2
2	0.5	1.7
3	0.8	0.8
4	1.3	0.4
5	1.5	0.6

表 8-92

投手	聘請投手的費用 (百萬)	可古巴增加勝利的場次
RS	6	6(右)
BS	4	5(右)
DE	3	3(右)
ST	2	3(左)
TS	2	2(右)

5. 古巴隊正在決定應聘請下列哪位職業棒球投手：Rick Sutcliffe (RS)、Bruce Sutter (BS)、Dennis Eckersley (DE)、Steve Trout (ST)、Tim Stoddard (TS)，聘請每位投手的費用及每位投手對於增加古巴的勝利場次列在表 8-92，在下列的限制中，古巴隊想要決定要簽下哪一位選手可以為自己增加最多的勝利。

a. 最多只能花 $12 百萬。
b. 如果聘請 DE 和 ST，就不能請 BS。
c. 最多聘請兩位慣用右手的投手。
d. 古巴隊不能同時簽下 BS 及 RS。

建立一個 IP 能夠幫助古巴隊應聘請哪些人？

6. 州立大學必須從三個廠商處購買 1,100 台電腦。廠商 1 要價每台電腦 $500 加上運送費用 $5,000。廠商 2 要價每台電腦 $350 加上運送費用 $4,000。廠商 3 要價每台電腦 $250 加上運費 $6,000。廠商 1 至多賣給大學 500 台；廠商 2，至多 900 台；及廠商 3，至多 400 台。建立一個 IP 可以用來極小化購買電腦所需的成本。

7. 利用分枝界限法求解以下 IP：

$$\max z = 3x_1 + x_2$$
$$\text{s.t.} \quad 5x_1 + x_2 \leq 12$$
$$2x_1 + x_2 \leq 8$$
$$x_1, x_2 \geq 0; x_1, x_2 \text{ 為整數}$$

8. 利用分枝界限法求解以下 IP：

$$\min z = 3x_1 + x_2$$
$$\text{s.t.} \quad 2x_1 - x_2 \leq 6$$
$$x_1 + x_2 \leq 4$$
$$x_1, x_2 \geq 0; x_1 \text{ 為整數}$$

9. 利用分枝界限法求解以下 IP：

$$\max z = x_1 + 2x_2$$
$$\text{s.t.} \quad x_1 + x_2 \leq 10$$
$$2x_1 + 5x_2 \leq 30$$
$$x_1, x_2 \geq 0; x_1, x_2 \text{ 為整數}$$

10. 某個國家硬幣分為 1¢；5¢；10¢；20¢；25¢ 及 50¢，如果你在工作在 2－12 便利商店且必須找給顧客 91¢。建立一個 IP 能夠在找對零錢下，使運用的銅板數最少。試利用背包問題的知識，由分枝界限法求解這個 IP 問題。(提示：我們只需解 90¢ 的問題。)

11. 利用表 8-93，利用分枝界限法求出旅行銷售員問題的最佳解。

12. 利用隱數列舉法解出問題 5 的最佳解。

13. 利用隱數列舉法解出下列 0－1 IP 的最佳解：

$$\max z = 5x_1 - 7x_2 + 10x_3 + 3x_4 - x_5$$
$$\text{s.t.} \quad -x_1 - 3x_2 + 3x_3 - x_4 - 2x_5 \leq 0$$
$$2x_1 - 5x_2 + 3x_3 - 2x_4 - 2x_5 \leq 3$$
$$- x_2 + x_3 + x_4 - x_5 \geq 2$$
$$\text{所有變數為 0 或 1}$$

14. 一家蘇打運送公司開始於位置 1 且在回到位置 1 前必須運送蘇打到位置 2、3、4 及 5，每

表 8-93

城市	城市				
	1	2	3	4	5
1	—	3	1	7	2
2	3	—	4	4	2
3	1	4	—	4	2
4	7	4	4	—	7
5	2	2	2	7	—

表 8-94

位置	位置				
	1	2	3	4	5
1	0	20	4	10	25
2	20	0	5	30	10
3	4	5	0	6	6
4	10	25	6	0	20
5	35	10	6	20	0

表 8-95

外科醫生	手術 1	2	3	4	5	6
1	x	x		x		
2			x		x	x
3			x		x	
4	x					x
5		x				
6					x	x

一個位置的距離列在表 8-94。蘇打貨運公司想要極小化總運送距離，貨運公司運送的順序為何？

15. 在 Blair General 院區，有六種外科手術必須進行，每一種外科的每一種運作，可以被有品質的醫生執行 (以 X 表示) 列在表 8-95。假設外科醫生 1 及外科醫生 2 不喜歡彼此，因此不能在同一個時間一起執行工作。建立一個 IP 模式，它的答案可以在醫院執行所有的外科手術下，醫生的人數達到最少。

16. Eastinghouse 每個月運送 12,000 電容器到他們的顧客。電容器可以在三個不同工廠生產，每個工廠生產的產能，每個月固定的生產成本，及生產電容器的變動成本列在表 8-96。若每個工廠生產任一個電容器，則工廠即會產生固定成本。建立一個整數規劃模式，它的答案可以告訴 Eastinghouse 如何在滿足他們的顧客需求下，極小化每個月的成本。

17. Newcor 鋼鐵工廠收到一份 25 噸鋼鐵的訂單，在鋼鐵的重量必須含有 5% 的碳及 5% 的鉬。鋼鐵的製造必須結合三種金屬成份；鋼鐵錠、小片鋼鐵及鋁合金，其中有四種鋼鐵錠可以購買，在每種錠的重量 (每噸)，每噸的成本，碳及鉬的含量列在表 8-97。

另外，有三種鋁可以購買，每種鋁的化學組成及每噸成本列在表 8-98。

小片鋼鐵每噸必須以 $100 購買，小片鋼鐵含有碳 3% 及鉬 9%，建立一個混合的整數規劃問題，它的答案可以告訴 Newcor 公司在滿足訂單下，成本達到最小。

表 8-96

工廠	固定成本 (千元)	變動成本 ($)	產能
1	80	20	6,000
2	40	25	7,000
3	30	30	6,000

表 8-97

錠	重量	每噸成本 ($)	碳 %	鉬 %
1	5	350	5	3
2	3	330	4	3
3	4	310	5	4
4	6	280	3	4

表 8-98

鋁合金	每噸成本 ($)	碳 %	鉬 %
1	500	8	6
2	450	7	7
3	400	6	

表 8-99

原子爐	設置	成本 (千元)	磅
1	1	50	80
1	2	80	140
1	3	100	170
2	1	65	100
2	2	90	140
2	3	120	215
3	1	70	112
3	2	90	153
3	3	110	195
4	1	40	65
4	2	60	105
4	3	70	130

18. Monsanto 每年生產 359 百萬磅的化學脫水物，目前共有四種原子爐可以來生產化學脫水物，每個原子爐可以執行三種配置，每個原子爐與每種配置每年所需要的成本 (千元) 和生產磅數 (百萬) 列在表 8-99。在一整年裡，每一個原子爐只能執行一種配置。建立一個 IP，它的答案可以告訴 Monsanto 在達到每年化學脫水物的需求下，成本達到最小。

19. Hallco 執行工作有日班與夜班兩種，不管產量是多少，在二班中，唯一的生產成本為固定成本。執行日班工作需要 $8,000，而執行夜班工作需要 $4,500。在接下來的二天，需求量如下：日班 1，2,000；夜班 1，3,000；日班 2，2,000；夜班 2，3,000。在每班中每個單位的存貨成本為 $1，決定一個生產排程在所有的需求必定要滿足下，可以用來極小化設置與存貨成本。

20. 在聽到一個有關於日本生產理論優點的研討會下，Hallco 公司將區分其白天設置成本每班 $1,000，及夜班設置成本每班 $3,500。決定一個生產排程在所有需求一定滿足下，它能夠最小化設置與存貨成本。證明降低設置成本會增加平均存貨水準！

問題組 B

21. Gotham 城市共分為八區，一輛救護車從一區行駛到另一區所花費的時間 (以分計)，列在表 8-100。每一個地區的人口 (以千計) 如下：第 1 區，40；第 2 區，30；第 3 區，35；第 4 區，20；第 5 區，15；第 6 區，50；第 7 區，45；第 8 區，60。由於該區只有二輛救護

表 8-100

區	區							
	1	2	3	4	5	6	7	8
1	10	3	4	6	8	9	8	10
2	3	0	5	4	8	6	12	9
3	4	5	0	2	2	3	5	7
4	6	4	2	0	3	2	5	4
5	8	8	2	3	0	2	2	4
6	9	6	3	2	2	0	3	2
7	8	12	5	5	2	3	0	2
8	10	9	7	4	4	2	2	0

表 8-101

工作	機器			
	1	2	3	4
1	20	—	25	30
2	15	20	—	18
3	—	35	28	—

車，想把救護車安排在適當的地點，且能夠讓救護車在兩分鐘之內能到達的居民數達到最大，建立一個 IP 以達到這個目標。

22. 一個公司必須完成三個工作，完成各工作所需處理時間 (以分計) 列在表 8-101。除非對所有 $i<j$，否則一個工作在機器 i 上尚未完成加工時，該工作就不能在機器 j 處理。一個工作在機器 i 上開始處理工作，就不能事先佔具機器 j，工作的流動時間是此作業完成時間和作業在第一階段加工開始時間之差。建立一個 IP 模式，其解可用來求三個工作的最小平均流動時間。(提示：必須有二種型態的條件：條件型態 1 保證工作的所有早期階段沒有完成之前，不能在機器上開始加工，這種型態的條件共有 5 條。條件型態 2 保證在任何已知時間，每種工作只能佔具一部機器。例如，在機器 1 上完成工作 1 後，工作 2 才能在機器 1 上開始加工，或在機器 1 上完成工作 2 之後，工作 1 才能在機器 1 上開始加工。)

23. Arthur Ross 公司必須在 2 月 15 日 − 4 月 15 日期間必須完成許多納稅申報書。今年該公司必須在這八週期間開始且完成 5 個工作，列在表 8-102。 Arthur Ross 僱用四個全職的會計人員，每週正常工作 40 小時，但是，若有必要，每週可以加班工作最多 20 個小時，且加班的每小時工資為 $100，利用整數規劃來決定 Arthur Ross 如何才能使到 4 月 15 日完成所有的工作且承擔的加班費最少。

24. PSI 公司認為在今後五年期間需要的發電量列在表 8-103。該公司打算建造發電廠 (然後再運作)，規格如表 8-104。建立一個 IP，使五年後滿足發電要求的總費用最小。

25. 重做習題 24。假設第 1 年初，已經建造好工廠 1 − 4 並開始使用。在每年初， PSI 可以將一個正在使用的電廠停工或重新將一個暫停電廠開工，一個電廠重新開工或停工的費用列在

表 8-102

工作	期間 (週)	會計人員每週需要工作小時數
1	3	120
2	4	160
3	3	80
4	2	80
5	4	100

表 8-103

年	發電能力 (百萬 kwh)
1	80
2	100
3	120
4	140
5	160

表 8-104

工廠	發電能力(百萬 kwh)	建築費用(百萬)	年運作成本
1	70	20	1.5
2	50	16	0.8
3	60	18	1.3
4	40	14	0.6

表 8-105

工廠	重新開工費用(百萬)	停工費用(百萬)
1	1.9	1.7
2	1.5	1.2
3	1.6	1.3
4	1.1	0.8

表 8-105。建立一個 IP，以滿足今後 5 年需求的總費用最少。(提示：令

$X_{it} = 1$，若在第 t 年期間，使用電廠 i

$Y_{it} = 1$，若在第 t 年末，將電廠 i 停工

$Z_{it} = 1$，若在第 t 年初，將電廠 i 重新開工

你必須保證：如果 $X_{it} = 1$ 且 $X_{i, t+1} = 0$，則 $Y_{it} = 1$。你還必須保證：若 $X_{i, t-1} = 0$ 且 $X_{it} = 1$，則 $Z_{it} = 1$。)

26. Houseco 房屋建築公司正考慮建造三幢辦公大樓，建造每幢辦公大樓所需的時間和工作工人數列在表 8-107。當辦公大樓完成後，它會每年獲得租金如下：辦公大樓 1，$50,000；辦公大樓 2，$30,000；辦公大樓 3，$40,000。該公司所面臨到的條件如下：

a. 每年有 60 個工人可用。

b. 一年至多能開工製造一棟辦公大樓。

c. 辦公大樓 2 必須到第 4 年末才能建成。

建立一個 IP，它能夠使該建築公司到第 4 年末所得的總租金為最多。

表 8-106

辦公大樓	專案期限(年)	所需人工數
1	2	30
2	2	20
3	3	20

表 8-107

卡車	載運量(加侖)	每日使用成本 ($)
1	400	45
2	500	50
3	600	55
4	1,100	60

27. 有四輛卡車可以運送牛奶至五家雜貨店，每輛卡車的載運量和每天的費用列在表 8-107。每家食品雜貨店的需求量只能由一輛卡車來供應，而一輛卡車不只運送到家食品雜貨店各家食品雜貨店，每天的需求量如下：雜貨店 1：100 加侖；雜貨店 2：200 加侖；雜貨店 3：300 加侖；雜貨店 4：500 加侖；雜貨店 5：800 加侖。建立一個 IP，可以求出滿足 4 家雜貨店需求的每天最小成本。

28. 德州州政府經常對於在德州經商的公司做稅務稽查，這些公司通常在州以外設有總部，所以稽查員必須到州外設置的位置查稅。每年，稽查員必須有 500 趟的旅程在北東部，有 400 趟在中西部，300 趟在西部及 400 趟在南部。德州政府正在考慮將這些稽查員放在芝加哥、紐約、亞特蘭大，及洛杉磯。每年將稽查員安置的成本為 $100,000。從稽查員從某一城市送到

540　作業研究 I

表 8-108

	稽查員成本 ($)			
	東北	中西	西	南
紐約	1,100	1,400	1,900	1,400
芝加哥	1,200	1,000	1,500	1,200
洛杉磯	1,900	1,700	1,100	1,400
亞特蘭大	1,300	1,400	1,500	1,050

表 8-109

專案	需要僱員	收益
1	1,4,5,8	10,000
2	2,3,7,10	15,000
3	1,6,8,9	6,000
4	2,3,5,10	8,000
5	1,6,7,9	12,000
6	2,4,8,10	9,000

給定的城市區域所需成本列在表 8-108。建立一個 IP，其答案可以極小化送稽查員到州外的成本。

29. 一家顧問公司有 10 位僱員，其中每位至多可以在二個專案團隊工作。現在正有六個專案正在進行，每個專案需要 10 個僱員中的 4 人，每個專案，每個僱員所能賺取的利潤列在表 8-109。

每位僱員被僱用到任一專案，所需要的專案聘僱費列在表 8-110。

最後，每個專案付給僱用的專案費用列在表 8-111。

如何求極大化利潤？

表 8-110

	工作									
	1	2	3	4	5	6	7	8	9	10
專案聘僱費	800	500	600	700	800	600	400	500	400	500

表 8-111

	專案					
	1	2	3	4	5	6
費用 ($)	250	300	250	300	175	180

30. 紐約市有 10 個垃圾區域要收垃圾且正嘗試決定要在何處設置垃圾丟棄廠，搬運一噸的垃圾一哩需要的成本 $1,000。每個區域的位置，每個區域每年所產生的垃圾噸數，每年營運垃圾廠的固定成本 (百萬)，且在每個位置處理每噸垃圾的變動成本 (每噸) 列在表 8-112。

例如，區域 3 位置在座標 (10, 8)，區域 3 每年生產 555 噸的垃圾，且在區域 3 處理垃圾固定成本每年需要 $1 百萬。在區域 3 每噸垃圾處理的變動成本為 $51，每座垃圾廠至多可以處理 1,500 噸的垃圾。每個地區所產生的垃圾只能送往一個垃圾廠，決定如何設置垃圾廠能夠讓每年的總成本達到最少。

31. 你是 Eli Lilly 的銷售經理，你想要在四個城市選擇設立銷售總部列在表 8-113。在每一個城市，必須打的銷售電話 (千) 列在表 8-113。例如，聖安東尼奧需要 2,000 通電話且是來自於 602 哩外的鳳凰城，每一個城市之間的距離列在表 8-114 及 Testl.xls 檔案。總部需要設在何處，能夠使得需要的電話所走的總距離達到最小。

32. Alcoa 公司生產 100，200，及 300 呎長的鋁塊給顧客，每週鋁塊的需求量列在表 8-115。Alcoa 公司有四個熔爐可以生產鋁塊。每週，每座熔爐可以運作 50 個小時，因為每個鋁

第 8 章　整數規劃　**541**

表 8-112

區域	座標 x	座標 y	噸	成本 ($ 百萬) 固定	成本 ($ 百萬) 變動
1	4	3	49	2	310
2	2	5	874	1	40
3	10	8	555	1	51
4	2	8	352	1	341
5	5	3	381	3	131
6	4	5	428	2	182
7	10	5	985	1	20
8	5	1	105	2	40
9	5	8	258	4	177
10	1	7	210	2	75

表 8-113

城市	電話需求量
聖安東尼奧	2
鳳凰城	3
洛杉磯	6
西雅圖	3
底特律	4
明尼阿波里斯	2
芝加哥	7
亞特蘭大	5
紐約	9
波士頓	5
費城	4

表 8-114

	聖安東尼奧	鳳凰城	洛杉磯	西雅圖	底特律	明尼阿波里斯	芝加哥	亞特蘭大	紐約	波士頓	費城
聖安東尼奧	—	602	1,376	1,780	1,262	1,140	1,060	935	1,848	2,000	1,668
鳳凰城	602	—	851	1,193	1,321	1,026	1,127	1,290	2,065	2,201	1,891
洛杉磯	1,376	851	—	971	2,088	1,727	1,914	2,140	2,870	2,995	2,702
西雅圖	1,780	1,193	971	—	1,834	1,432	1,734	2,178	2,620	2,707	2,486
底特律	1,262	1,321	2,088	1,834	—	403	205	655	801	912	654
明尼阿波里斯	1,140	1,026	1,727	1,432	403	—	328	876	1,200	1,304	1,057
芝加哥	1,060	1,127	1,914	1,734	205	328	—	564	957	1,082	794
亞特蘭大	935	1,290	2,140	2,178	655	876	564	—	940	1,096	765
紐約	1,848	2,065	2,870	2,620	801	1,200	957	940	—	156	180

表 8-115

鋁塊	需求
100	700
200	300
300	150

表 8-116

熔爐	鋁塊長度 100'	鋁塊長度 200'	鋁塊長度 300'
1	230	340	350
2	230	260	280
3	240	300	310
4	200	280	300

塊必須切割較長的鋁塊，較長的鋁塊所需的生產時間比較短的鋁塊爲少，若每一個熔爐只能生產某一固定的鋁塊；在每週可以生產的量列在表 8-116。

例如，熔爐 1 每週可以生產 350 個，300 呎的鋁塊。在每個鋁塊所需原料每呎需要 $10，如果一位顧客需要一塊 100 或 200 呎的鋁塊，則她需要接受相同長度或更長的鋁塊。Alcoa 如何在滿足每週的需求，極小化原料的成本？

33. 透過雷射來治療腦瘤，科學家想要利用極大化雷射的量來撞擊在腦瘤上的組織，然而條件是在沒有產生組織危險上，可以正常處理的組織，所用雷射的最大量。科學家必須決定雷射的最大量且能夠撞擊到腦瘤組織而沒有傷及到正常的組織，這種情況的一個簡單例子，假設有

542 作業研究 I

表 8-117

正常			腦瘤			
1	2	3	1	2	3	光束
16	12	8	20	12	6	1
9	8	13	13	10	17	3
4	12	12	6	18	16	4
9	4	11	13	5	14	5
8	7	7	10	10	10	6

六種型態的雷射光束 (光束係因其目的與強度而不同) 可以用來對付一種腦瘤,在腦瘤的區域共分成六個區域:三個區域包含腦瘤及三個區域包含正常的組織,每種光束送到每個區域的雷射量列在表 8-117。

若每個正常組織區域可以被處理至多 60 單位的雷射,則我們要使用何種光束才能極大化腫瘤接受的雷射總數量。

34. 目前是 2003 年的開始,紐約市正嘗試銷售城市債券來支援休閒設施與高速公路的修建,面值與來自債券的本金到期日示於表 8-118。

Gold 及 Silver (GS) 想要投保紐約市的債券,為投保紐約市的提案包含下列:

■ 一個利率 (3%,4%,5%,6% 或 7%) 的債券,利息票必須每年支付。
■ 由 GS 先支付一個前置手續費給紐約市。

GS 針對每種債券已經決定一個公平的價格 (千元) 列在表 8-119。

例如,若 GS 投保債券到 2006 年到期,利率為 5%,則其需要花費紐約市 $444,000 來支付這個債券,GS 被限制至多用 3 種不同的利率,GS 希望能夠獲得利潤至少 $46,000。GS 利潤為

(債券的銷售價格) − (債券的面值) − (手續費)

為了極大化 GS 接到紐約市的企業,GS 必須要極小化由紐約市所開出債券的總成本,由紐約市所發行的債券總成本為

(債券的總利息) − (手續費)

表 8-118

到期日	債券的本金 ($ 千)
2005	700
2006	450
2007	250
2008	600
2009	300

表 8-119

利率	票據到期日 ($ 千)				
	2005	2006	2007	2008	2009
3	695	427	233	504	248
4	701	433	235	522	256
5	715	444	247	548	268
6	731	460	255	575	288
7	750	478	269	605	307

例如，若在 2005 年，債券發行的利率為 4%，則紐約市必須付 2 年的利息票或 2 × (0.04) × ($700,000) = $56,000 的利息。

如何指派利率到每一個債券及前置保險費保證 GS 能夠得到適合的利潤 (若簽下契約) 且極大化 GS 的到紐約市企業的機會？

35. 當你從 AT&T 租 800 個門號為了做電話市場行銷，AT&T 利用 Solver 模式告訴你如何設置電話行銷中心且可以極小化 10 年期的操作成本，為說明這個模式，假設你在考慮 7 個電話行銷中心：波士頓、紐約、夏洛特、達拉斯、芝加哥、洛杉磯及阿哈馬。假設我們知道從一個城市到任何區域的電話行銷的平均成本，我們也知道付給每一個城市工作人員的每小時薪資 (表 8-120)。

我們假設平均電話行銷需要 4 分鐘，每年我們必須打 $250 的電話，及每天平均打到城市每個區域的電話列在表 8-121。

在每個可能設置電話中心的成本列在表 8-122。

每個電話行銷中心每天至多可以打 5000 通電話。給定這個訊息，我們如何在電話行銷 10 年裡極小化折扣成本 (每年 10%)？假設所有薪資及打電話的成本必須在每年年底支付。

36. Cook 郡需要設立二家醫院，現在有九個城市可以興建醫院，每一年每個城市的區民到訪醫院的人數及每個城市的 x、y 座標列在表 8-123。

為了極小化病人到醫院的總距離，我們必須在何處設立醫院？(提示：利用 Lookup 函數產生每一對城市的距離。)

表 8-120

電話成本	新英格蘭	大西洋中部	東南部	西南部	大湖區	平原區	洛磯山	太平洋	每小時薪資($)
波士頓	1.2	1.4	1.1	2.6	2	2.2	2.8	2.2	14
紐約	1.3	1	1.3	2.2	1.8	1.9	2.5	2.8	16
夏洛特	1.5	1.4	0.9	1.9	2.1	2.3	2.6	3.3	11
達加斯	2	1.8	1.2	1	1.7	2.2	1.8	2.7	12
芝加哥	2.1	1.9	2.3	1.5	0.9	1.3	1.2	2.2	13
洛杉磯	2.5	2.1	1.9	1.2	1.7	1.5	1.4	1	18
阿馬哈	2.2	2.1	2	1.3	1.4	0.6	0.9	1.5	10

表 8-121

區域	每天電話數
新英格蘭	1,000
大西洋中部	2,000
東南部	2,000
西南部	2,000
大湖區	3,000
平原區	1,000
洛磯山	2,000
太平洋	4,000

表 8-122

城市	設置成本 ($ 百萬)
波士頓	2.7
紐約	3
夏洛特	2.1
達加斯	2.1
芝加哥	2.4
洛杉磯	3.6
阿哈馬市	2.1

表 8-123

城市	x	y	到訪人數
1	0	0	3,000
2	10	3	4,000
3	12	15	5,000
4	14	13	6,000
5	16	9	4,000
6	18	6	3,000
7	8	12	2,000
8	6	10	4,000
9	4	8	1,200

參考文獻

The following eight texts offer a more advanced discussion of integer programming:

Garfinkel, R., and G. Nemhauser. *Integer Programming.* New York: Wiley, 1972.

Nemhauser, G., and L. Wolsey. *Integer and Combinatorial Optimization.* New York: Wiley, 1999.

Parker, G., and R. Rardin. *Discrete Optimization.* San Diego: Academic Press, 1988.

Salkin, H. *Integer Programming.* Reading, Mass.: Addison-Wesley, 1975.

Schrijver, A. *Theory of Linear and Integer Programming.* New York: Wiley, 1998.

Shapiro, J. *Mathematical Programming: Structures and Algorithms.* New York: Wiley, 1979.

Taha, H. *Integer Programming: Theory, Applications, and Computations.* Orlando, Fla.: Academic Press, 1975. Also details branch-and-bound methods for traveling salesperson problem.

Wolsey, L. *Integer Programming.* New York: Wiley, 1998.

The following three texts contain extensive discussion of the art of formulating integer programming problems:

Plane, D., and C. McMillan. *Discrete Optimization: Integer Programming and Network Analysis for Management Decisions.* Englewood Cliffs, N.J.: Prentice Hall, 1971.

Bean, J., C. Noon, and J. Salton. "Asset Divestiture at Homart Development Company," *Interfaces* 17(no. 1, 1987):48–65.

Bean, J., et al. "Selecting Tenants in a Shopping Mall," *Interfaces* 18(no. 2, 1988):1–10.

Boykin, R. "Optimizing Chemical Production at Monsanto," *Interfaces* 15(no. 1, 1985):88–95.

Brown, G., et al. "Real-Time Wide Area Dispatch of Mobil Tank Trucks," *Interfaces* 17(no. 1, 1987):107–120.

Calloway, R., M. Cummins, and J. Freeland, "Solving Spreadsheet-Based Integer Programming Models: An Example from International Telecommunications," *Decision Sciences* 21(1990):808–824.

Cavalieri, F., A. Roversi, and R. Ruggeri. "Use of Mixed Integer Programming to Investigate Optimal Planning Policy for a Thermal Power Station and Extension to Capacity," *Operational Research Quarterly* 22(1971): 221–236.

Choypeng, P., P. Puakpong, and R. Rosenthal. "Optimal Ship Routing and Personnel Assignment for Naval Recruitment in Thailand," *Interfaces* 16(no. 4, 1986):47–52.

Day, R. "On Optimal Extracting from a Multiple File Data Storage System: An Application of Integer Programming," *Operations Research* 13(1965):482–494.

Eaton, D., et al. "Determining Emergency Medical Service Vehicle Deployment in Austin, Texas," *Interfaces* 15(1985):96–108.

Efroymson, M., and T. Ray. "A Branch-Bound Algorithm for Plant Location," *Operations Research* 14(1966):361–368.

Ellis, P., and R. Corn, "Using Bivalent Integer Programming to Select Teams for Intercollegiate Women's Gymnastics

Wagner, H. *Principles of Operations Research,* 2d ed. Englewood Cliffs, N.J.: Prentice Hall, 1975. Also details branch-and-bound methods for traveling salesperson problem.

Williams, H. *Model Building in Mathematical Programming,* 4th ed. New York: Wiley, 1999.

Recently, the techniques of Lagrangian Relaxation and Benders' Decomposition have been used to solve many large integer programming problems. Discussion of these techniques is beyond the scope of the text. The reader interested in Lagrangian Relaxation should read Shapiro (1979), Nemhauser and Wolsey (1988), or

Fisher, M. "An Applications-Oriented Guide to Lagrangian Relaxation," *Interfaces* 15(no. 2, 1985):10–21.

Geoffrion, A. "Lagrangian Relaxation for Integer Programming," in *Mathematical Programming Study 2: Approaches to Integer Programming,* ed. M. Balinski. New York: North-Holland, 1974, pp. 82–114.

The reader interested in Benders' Decomposition should read Shapiro (1979), Taha (1975), Nemhauser and Wolsey (1988), or the following reference:

Geoffrion, A., and G. Graves. "Multicommodity Distribution System Design by Benders' Decomposition," *Management Science* 20(1974):822–844.

14(1984):87–94.

Golden, B., L. Bodin, T. Doyle, and W. Stewart. "Approximate Traveling Salesmen Algorithms," *Operations Research* 28(1980):694–712. Contains an excellent discussion of heuristics for the TSP.

Gomory, R. "Outline of an Algorithm for Integer Solutions to Linear Programs," *Bulletin of the American Mathematical Society* 64(1958):275–278.

Hax, A., and D. Candea. *Production and Inventory Management.* Englewood Cliffs, N.J.: Prentice Hall, 1984. Branch-and-bound methods for machine-scheduling problems.

Lawler, L., et al. *The Traveling Salesman Problem.* New York: Wiley, 1985. Everything you ever wanted to know about this problem.

Liggett, R. "The Application of an Implicit Enumeration Algorithm to the School Desegregation Problem," *Management Science* 20(1973):159–168.

Magirou, V.F. "The Efficient Drilling of Printed Circuit Boards," *Interfaces* 16(no. 4, 1984):13–23.

Muckstadt, J., and R. Wilson. "An Application of Mixed Integer Programming Duality to Scheduling Thermal Generating Systems," *IEEE Transactions on Power Apparatus and Systems* (1968):1968–1978.

Peiser, R., and S. Andrus. "Phasing of Income-Producing Real Estate," *Interfaces* 13(1983):1–11.

Salkin, H., and C. Lin. "Aggregation of Subsidiary Firms for Minimal Unemployment Compensation Payments via Integer Programming," *Management Science* 25(1979):405–408.

Shanker, R., and A. Zoltners. "The Corporate Payments Problem," *Journal of Bank Research* (1972):47–53.

Competition," *Interfaces* 14(1984):41–46.

Fitzsimmons, J., and L. Allen. "A Warehouse Location Model Helps Texas Comptroller Select Out-of-State Audit Offices," *Interfaces* 13 (no. 5, 1983):40–46.

Garfinkel, R. "Minimizing Wallpaper Waste I: A Class of Traveling Salesperson Problems," *Operations Research* 25(1977):741–751.

Garfinkel, R., and G. Nemhauser. "Optimal Political Districting by Implicit Enumeration Techniques," *Management Science* 16(1970):B495–B508.

Gelb, B., and B. Khumawala. "Reconfiguration of an Insurance Company's Sales Regions," *Interfaces*

Strong, R. "LP Solves Problem: Eases Duration Matching Process," *Pension and Investment Age* 17(no. 26, 1989):21.

Walker, W. "Using the Set Covering Problem to Assign Fire Companies to Firehouses," *Operations Research* 22(1974):275–277.

Westerberg, C., B. Bjorklund, and E. Hultman. "An Application of Mixed Integer Programming in a Swedish Steel Mill," *Interfaces* 7(no. 2, 1977):39–43.

Zangwill, W. "The Limits of Japanese Production Theory," *Interfaces* 22(no. 5, 1992):14–25.

9 非線性規劃

在前面幾章，我們已經研讀了線性規劃問題。針對 LP 問題，我們在線性條件下，目標為一極大或極小的線性函數。但在許多有興趣的極大或極小問題中，目標函數不一定是線性函數，或某些條件也不一定是線性條件。這樣一個最佳化問題稱為非線性規劃問題 (nonlinear programming problem;NLP)。在本章，我們將討論某些解 NLP 問題的技巧。

在我們研究非線性規劃問題之前，先複習一些微分的教材。

9.1 微分的複習

極 限

在微積分中，最基礎的概念就是極限。

定義 ■ 等式

$$\lim_{x \to a} f(x) = c$$

代表當 x 愈來愈靠近 a (但不等於 a)，$f(x)$ 的函數值可以任意地靠近 c。 ■

$\lim_{x \to a} f(x)$ 有可能不存在。

例題 1　極限

1. 說明 $\lim_{x \to 2} x^2 - 2x = 2^2 - 2(2) = 0$。

2. 說明 $\lim_{x \to 0} \frac{1}{x}$ 不存在。

解　1. 為了驗證這個結論，利用靠近 2 但不等於 2 的 x 值來評估 $x^2 - 2x$。

2. 為了驗證這個結論，觀察當 x 靠近 0 時，$\frac{1}{x}$ 為愈來愈大的正值或愈來愈小的負值，因此，當 x 靠近 0，$\frac{1}{x}$ 不會接近任何單一值。

連　續

定義 ■ 一個函數 $f(x)$ 稱為在一個點 a **連續** (continuity) 若

$$\lim_{x \to a} f(x) = f(a)$$

若 $f(x)$ 在 $x = a$ 不是連續，我們稱 $f(x)$ 為在 a 點**不連續** (discontinuous)。■

例題 2　連續函數

Bakeco 公司向 Sugarco 公司訂購糖，每磅糖的購買價格決定於訂購量的大小 (參考表 9-1)。令

$x =$ Backeco 公司購買糖的磅數
$f(x) =$ 購買 x 磅糖的成本

則

$$f(x) = 25x \quad 當 \quad 0 \leq x < 100$$
$$f(x) = 20x \quad 當 \quad 100 \leq x \leq 200$$
$$f(x) = 15x \quad 當 \quad x > 200$$

對所有的 x 值，決定 x 的值使得函數為連續或不連續。

解　從圖 9-1，非常明顯

$$\lim_{x \to 100} f(x) \quad 及 \quad \lim_{x \to 200} f(x)$$

不存在。因此，$f(x)$ 在 $x = 100$ 及 $x = 200$ 不連續，而在其他滿足 $x \geq 0$ 的值均連續。

表 9-1　Bakeco 支付的糖價

訂購的多寡	每磅價格
$0 \leq x < 100$	25
$100 \leq x \leq 200$	20
$x > 200$	15

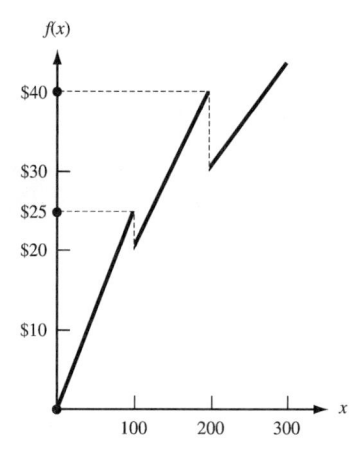

圖 9-1　Bakeco 公司購買糖的成本

表 9-2 求函數微分的方程式

函數	函數的微分
a	0
x	1
$af(x)$	$af'(x)$
$f(x) + g(x)$	$f'(x) + g'(x)$
x^n	nx^{n-1}
e^x	e^x
a^x	$a^x \ln a$
$\ln x$	$\frac{1}{x}$
$[f(x)]^n$	$n[f(x)]^{n-1}f'(x)$
$e^{f(x)}$	$e^{f(x)}f'(x)$
$a^{f(x)}$	$a^{f(x)}f'(x)\ln a$
$\ln f(x)$	$\frac{f'(x)}{f(x)}$
$f(x)g(x)$	$f(x)g'(x) + f'(x)g(x)$
$\frac{f(x)}{g(x)}$	$\frac{g(x)f'(x) - f(x)g'(x)}{g(x)^2}$

微 分

定義 ■ 一個函數 $f(x)$ 在 $x = a$ 的**微分** (derivatrie) (寫成 $f'(a)$) 定義為

$$\lim_{\Delta x \to 0} \frac{f(a + \Delta x) - f(a)}{\Delta x}$$ ■

若這個定義不存在,則稱 $f(x)$ 在 $x = a$ 沒有微分。

我們可以將 $f'(a)$ 視為 $f(x)$ 在 $x = a$ 的斜率。因此,若我們從 $x = a$ 開始且將 x 增加一個小小的量 Δ (Δ 可以為正或負),則 $f(x)$ 將會增加的量為近似量 $\Delta f'(a)$。若 $f'(a) > 0$,則 $f(x)$ 將會在 $x = a$ 點為增加,而當 $f'(a) < 0$,則 $f(x)$ 會在 $x = a$ 為減少,許多函數微分可以經由表 9-2 的方程式找出 (a 代表任何一個常數),例題 3 說明如何利用及解釋微分。

例題 3　產品利潤

若有一個公司針對某一產品的收取價格為 P,則它可以賣出 $3e^{-P}$ 千個單位的產品,則 $f(p) = 3000pe^{-p}$ 為公司收取價格 P 所得的公司利潤。

1. P 的值為多少時, $f(p)$ 為遞減? P 的值為多少時, $f(p)$ 為遞增?
2. 假設目前的價格為 \$4 且公司增加價格為 5¢。公司的收益大約改變多少?

解　我們有

$$f'(p) = -3{,}000pe^{-p} + 3{,}000e^{-p} = 3{,}000e^{-p}(1-p)$$

1. 若 $p < 1$，$f'(p) > 0$ 且 $f(p)$ 爲遞增，當 $p > 1$，$f'(p) < 0$ 且 $f(p)$ 爲遞減。
2. $f'(4)$ 的解釋爲 $f(p)$ 在 $p = 4$ 時的斜率 (其中 $\Delta = 0.05$)，我們可以看到公司的收益將會增加約

$$0.05\,(3{,}000e^{-4})(1-4) = -8.24$$

事實上，公司的收益當然會增加

$$\begin{aligned}f(4.05) - f(4) &= 3{,}000\,(4.05)\,e^{-4.05} - 3{,}000\,(4)\,e^{-4} \\ &= 211.68 - 219.79 = -8.11\end{aligned}$$

高次微分

我們定義 $f^{(2)}(a) = f''(a)$ 爲函數 $f'(x)$ 在 $x = a$ 的微分，相似地，我們可以定義 (若存在) $f^{(n)}(a)$ 爲 $f^{(n-1)}(x)$ 在 $x = a$ 的微分。因此，針對例題 3，

$$f''(p) = 3{,}000e^{-p}(-1) - 3{,}000e^{-p}(1-p)$$

泰勒級數展開

函數 $f(x)$ 的泰勒級數展開是在給定於 $[a, b]$ 區間的每一個點微分 $f^{(n+1)}(x)$ 均存在的情況下，我們可以針對任何一個 h 值，且在滿足 $0 \leq h \leq b - a$ 下，寫下

$$f(a+h) = f(a) + \sum_{i=1}^{i=n} \frac{f^{(i)}(a)}{i!}h^i + \frac{f^{(n+1)}(p)}{(n+1)!}h^{n+1} \tag{1}$$

其中 (1) 式是針對某些 p 介在 a 及 $a + h$ 之間均成立，等式 (1) 爲函數在 a 點的第 n 次順序的**泰勒級數展開** (Taylor series expansion)。

例題 4　泰勒級數展開

在 $x = 0$，對於 e^{-x} 找出其一階泰勒級數展開。

解　因爲 $f'(x) = -e^{-x}$ 且 $f''(x) = e^{-x}$，我們知道 (1) 式能夠在每個區間 $[0, b]$ 都會滿足，而且 $f(0) = 1$，$f'(0) = -1$，且 $f''(x) = e^{-x}$。因此，(1) 式可得下列 e^{-x} 在 $x = 0$ 的一階泰勒展開級數。

$$e^{-h} = f(h) = 1 - h + \frac{h^2 e^{-p}}{2}$$

這個方程式對於某些介於 0 及 h 之間的 p 值均成立。

偏微分

現在我們考慮一個函數有 $(x_1, x_2, \ldots, x_n)$ 個變數,其中 $n > 1$,利用符號 $f(x_1, x_2, \ldots, x_n)$ 代表函數。

定義 ■ 關於變數 $f(x_1, x_2, \ldots, x_n)$ 的 x_i **偏導數** (partial derivative),寫成 $\dfrac{\partial f}{\partial x_i}$,其中

$$\frac{\partial f}{\partial x_i} = \lim_{\Delta x_i \to 0} \frac{f(x_1, \ldots, x_i + \Delta x_i, \ldots, x_n) - f(x_1, \ldots, x_i, \ldots, x_n)}{\Delta x_i}$$ ■

直覺地,若 x_i 增加 Δ (且其他的變數保持常數),則對一個小小的 Δ,$f(x_1, x_2, \ldots, x_n)$ 的值將增加近似 $\Delta \dfrac{\partial f}{\partial x_i}$。在除 x_i 外,我們將所有的變數視為常數,計算 $\dfrac{\partial f}{\partial x_i}$ 且可求 $f(x_1, x_2, \ldots, x_n)$ 的微分。更廣泛地,假設針對每一個們 i,我增加 x_i 一個小小的量 Δx_i,則 f 的值將會近似增加

$$\sum_{i=1}^{i=n} \frac{\partial f}{\partial x_i} \Delta x_i$$

例題 5 什麼時候函數為遞增?

有個產品需求函數 $f(p, a) = 30{,}000 p^{-2} a^{1/6}$ 與 $p =$ 產品的價格 (元) 與 $a =$ 花在廣告產品費用有關,這個函數是價格的遞增或遞減的函數?這個函數是廣告花費的遞增或遞減函數?若 $p = 10$ 且 $a = 1{,}000{,}000$,則當減少價格 1 元時,需求的增加近似多少?

解
$$\frac{\partial f}{\partial p} = 30{,}000(-2p^{-3})a^{1/6} = -60{,}000 p^{-3} a^{1/6} < 0$$
$$\frac{\partial f}{\partial a} = 30{,}000 p^{-2}\left(\frac{a^{-5/6}}{6}\right) = 5{,}000 p^{-2} a^{-5/6} > 0$$

因此,增加一個單位的價格 (廣告費用保持常數) 將會降低需求,當增加廣告花費 (價格保持常數) 將會增加需求,因為

$$\frac{\partial f}{\partial p}(10, 1{,}000{,}000) = -60{,}000\left(\frac{1}{1{,}000}\right)(1{,}000{,}000)^{1/6} = -600$$

將價格減少 \$1,將會增加需求近似 $(-1)(-600)$,或 600 單位。

我們將利用二階偏微分，利用符號 $\dfrac{\partial^2}{\partial x_i \partial x_j}$ 代表二階偏微分。為了找 $\dfrac{\partial^2}{\partial x_i \partial x_j}$，首先我們找 $\dfrac{\partial f}{\partial x_i}$ 且再找關於 x_j 的偏微分，若二階微分存在且在任何地方都連續，則

$$\dfrac{\partial^2 f}{\partial x_i \partial x_j} = \dfrac{\partial^2 f}{\partial x_j \partial x_i}$$

例題 6　二階偏微分

針對 $f(p, a) = 30{,}000 p^{-2} a^{1/6}$，找出所有的二次偏導數。

解

$$\dfrac{\partial^2 f}{\partial p^2} = -60{,}000(-3p^{-4})a^{1/6} = \dfrac{180{,}000 a^{1/6}}{p^4}$$

$$\dfrac{\partial^2 f}{\partial a^2} = 5{,}000 p^{-2}\left(\dfrac{-5 a^{-11/6}}{6}\right) = -\dfrac{25{,}000 p^{-2} a^{-11/6}}{6}$$

$$\dfrac{\partial^2 f}{\partial a \partial p} = 5{,}000(-2 p^{-3}) a^{-5/6} = -10{,}000 p^{-3} a^{-5/6}$$

$$\dfrac{\partial^2 f}{\partial p \partial a} = -60{,}000 p^{-3}\left(\dfrac{a^{-5/6}}{6}\right) = -10{,}000 p^{-3} a^{-5/6}$$

當 $p \neq 0$ 且 $a \neq 0$

$$\dfrac{\partial^2 f}{\partial a \partial p} = \dfrac{\partial^2 f}{\partial p \partial a}$$

問　題

問題組 A

1. 求 $\lim\limits_{h \to 0} \dfrac{3h + h^2}{h}$。
2. Sugarco 公司購買前 100 磅的糖需要 25¢/磅，下一個 100 磅需要 20¢/磅，每增加一磅需要 15¢，令 $f(x)$ 代表購買 x 磅糖的成本，是否 $f(x)$ 在所有的點都是連續？是否有任何一點，$f(x)$ 沒有導數？
3. 針對下述函數，找 $f'(x)$：
   a. xe^{-x}
   b. $\dfrac{x^2}{x^2 + 1}$

c. e^{3x}
  d. $(3x+2)^{-2}$
  e. $\ln x^3$

4. 針對 $f(x_1, x_2) = x_1^2 e x_2$，求出所有的一階及二階偏導數。
5. 針對 $\ln x$ 在 $x = 1$，求出二階泰勒展開式。

問題組 B

6. 令 $q = f(p)$ 為在給定一個價格 p 時，對於產品的需求量，則產品的價格彈性 E 可定義為：

$$E = \frac{\text{需求改變的百分比}}{\text{價格變動的百分比}}$$

若價格的改變 (Δp) 很少時，此方程式可以改寫成

$$E = \frac{\frac{\Delta q}{q}}{\frac{\Delta p}{p}} = \left(\frac{p}{q}\right)\left(\frac{dq}{dp}\right)$$

  a. $f(p)$ 的值為正或為負？
  b. 證明當 $E < -1$，價格降低一點將會增加公司的總收益 (此例，我們稱需求是有彈性的)。
  c. 證明當 $-1 < E < 0$，價格降低一點將會減少公司總收益 (此例，我們稱需求是無彈性的)。

7. 假設在某一年所花的廣告費用為 x 元，將會有 $k(1 - e^{-cx})$ 顧客會購買產品 ($c > 0$)。
  a. 當 x 愈來愈大時，購買產品的顧客會趨近於一個極限值，請找這個極限值。
  b. 您是否能夠解釋 k？
  c. 證明目前一元的廣告所得到的銷售回應與未購買產品的潛在顧客成比例。

8. 令生產 x 單位產品的總成本為 $c(x)$，其中 $c(x) = kx^{1-b}$ ($0 < b < 1$)，這個成本曲線為學習或經驗成本曲線。
  a. 證明生產一個單位所需的成本為已生產的單位數量之遞減函數。
  b. 假設任何時間，生產數量變成二倍，而每個產品的生產成本比先前的價格降低 $r\%$ (因為員工已學會如何把它們的工作做好)，證明 $r = 100(2^{-b})$。

9. 若一個公司有 m 小時的機器時間及 w 小時的勞工時間，它可以生產 $3m^{1/3}w^{2/3}$ 單位的產品，目前，公司有機器時間 216 小時及勞工時間 1,000 小時，多一小時的機器時間需要 \$100，且增加一小時的勞工需要 \$50，若公司有 \$100 投資到購買額外的勞工及機器時間，購買 1 小時的機器時間 1 小時是否會比勞工時間 2 小時更好？

9.2 基本觀念

定義 ■ 一般的**非線性規劃問題** (nonlinear programming problem; NLP) 可以表示成：

找出決策變數的值 $x_1, x_2, \ldots, x_n$，滿足

$$\begin{aligned}
\max \quad & (\text{或 min}) \; z = f(x_1, x_2, \ldots, x_n) \\
\text{s.t.} \quad & g_1(x_1, x_2, \ldots, x_n) \quad (\leq, =, \text{或} \geq) \; b_1 \\
& g_2(x_1, x_2, \ldots, x_n) \quad (\leq, =, \text{或} \geq) \; b_2 \\
& \qquad \vdots \\
& g_m(x_1, x_2, \ldots, x_n) \quad (\leq, =, \text{或} \geq) \; b_m
\end{aligned}$$

(2)

如線性規劃，$f(x_1, x_2, \ldots, x_n)$ 為 NLP 的**目標函數**，且 $g_1(x_1, x_2, \ldots, x_n)$ ($\leq, =,$ 或 $\geq$) b_1，$\ldots$，$g_m(x_1, x_2, \ldots, x_n)$ ($\leq, =,$ 或 $\geq$) b_m 為 NLP 的條件，一個沒有條件的 NLP 為**無條件 NLP** (unconstrained NLP)。

所有點 $(x_1, x_2, \ldots, x_n)$ 的集合，其中 x_i 為 R^n 中的實數，因此，R^1 為所有實數的集合。下列 R^1 的子集合 (稱為區間) 會比較有興趣：

$[a, b]$ = 所有的 x 滿足 $a \leq x \leq b$
$[a, b)$ = 所有的 x 滿足 $a \leq x < b$
$(a, b]$ = 所有的 x 滿足 $a < x \leq b$
(a, b) = 所有的 x 滿足 $a < x < b$
$[a, \infty)$ = 所有的 x 滿足 $x \geq a$
$(-\infty, b]$ = 所有的 x 滿足 $x \leq b$

下列的定義相似於 3.1 節 LP 的定義。

定義 ■ NLP (2) 的**可行區域**為滿足 $(x_1, x_2, \ldots, x_n)$，式 (2) 中的 m 個條件的集合點，在可行區域的點稱為可行點，且不在可行區域的點稱為不可行點。 ■

假設式 (2) 為一個極大問題。

定義 ■ 在可行區域的任意點 $\bar{x}$，針對在可行區域上的所有點，使得 $f(\bar{x}) \geq f(x)$ 成立，則 $\bar{x}$ 稱為此 NLP 的**最佳解** (optimal solution)。[針對一個極小問題，$\bar{x}$ 為最佳解若 $f(\bar{x}) \leq f(x)$，對於所有可行點 x。] ■

當然，若 $f, g_1, g_2, \ldots, g_m$ 都為線性函數，則式 (2) 即為線性規劃問題，且可以利用簡捷法求解。

NLP 的例題

例題 7　最大化利潤

若一個公司必須花 c 元的成本製造一件產品，若公司針對該產品收費 p 元，且顧客需求為 $D(p)$ 單位，為了極大化利潤，公司必須賣多少錢？

解　　　公司的決策變數為 p，因為公司的利潤為 $(p-c)\,D(p)$，則公司想要解下列沒有條件的最大問題：$\max(p-c)\,D(p)$。

例題 8　產量極大化問題

若目前有資本 K 個單位及可用勞工 L 個單位，公司可以生產製成產品 KL 個單位。資本可以用每單位 \$4 購買且勞工每單位可以用 \$1 購買，總共有 \$8 可以用來購買資金與勞力，公司如何來極大化生產的貨品數量？

解　　　令 $K=$ 購買資本的單位數且 $L=$ 購買勞工的單位數，則 K 及 L 必須滿足 $4K+L\leq 8$，$K\geq 0$ 且 $L\geq 0$，因此，公司必須解以下有條件的最大化問題：

$$\begin{aligned}\max\quad & z=KL\\ \text{s.t.}\quad & 4K+L\leq 8\\ & K,L\geq 0\end{aligned}$$

利用 LINGO 求解 NLP

LINGO 可以用來在 PC 上解 NLP 問題，圖 9-2 包含 LINGO 的格式及例題 8 的輸出結果，從 Value 行可以發現 LINGO 所求出的結果為 $K=1$ 及 $L=4$，其目標函數的值為 4，在接下來我們就可以很快地發現，這就是例題 8 的最佳解。然而，一般而言，並不能保證由 LINGO 所求出的一定是最佳解。在本章，我們將詳細地說明在什麼情況下，能夠保證 LINGO 所求出的一定是 NLP 的最佳解。

注意符號 ^ 通常代表次方且 * 代表乘號，LINGO 已經建立一些函數包含

- ABS(X)= X 的絕對值
- ExP(X)= e^x
- LOG(X)= X 的自然對數

在 9.9 及 9.10 節，我們將討論在 LINGO 輸出中 Price 的行，在此，我們將不討論 Reduced Cost 行。

NLP 與 LP 的差異

從第 3 章，任何一個 LP 的可行區域為凸集合 (亦即，若 A 及 B 為一個 LP 的可行解，則連接 A 及 B 的整個線段亦是可行)。其次，若一個 LP 有一個最佳解，則可行區域的極端點即為最佳解，接下來我們會發現：即使一個

556 作業研究 I

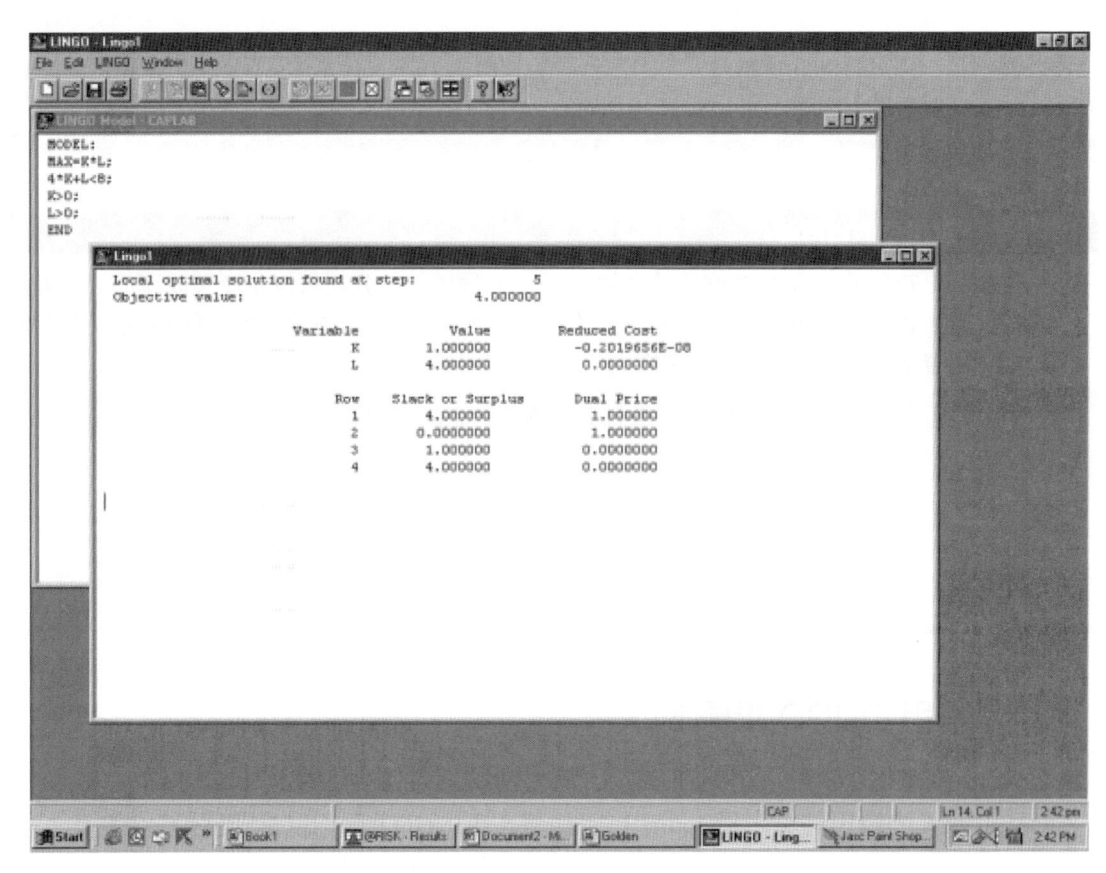

圖 9-2

NLP 的可行區域為一個凸集合，最佳解不一定發生在 NLP 可行區域的極端點 (不像一個 LP 的最佳解一樣)。前面的例子會說明這個概念，圖 9-3 說明這個例子的可行區域 (以三角形 ABC 為界限) 及等利潤區線 $KL = 1$，$KL = 2$ 及 $KL = 4$。我們可以發現這個例子的最佳解會發生在等利潤曲線與可行區域的邊界，因此，這個例子的最佳解為 $z = 4$，$K = 1$，$L = 4$ (D 點)，當然，D 點並不在 NLP 可行區域的端點。從這個例子 (及其他許多的 NLP 問題，條件為線性)，最佳解並不在可行區域的極端點，因為等利潤曲線並非直線。事實上，一個 NLP 的最佳解可能也不在可行區域的邊界上，例如，考慮以下 NLP：

$$\max \quad z = f(x)$$
$$\text{s.t} \quad 0 \leq x \leq 1$$

其中 $f(x)$ 的圖形如圖 9-4，這個 NLP 的最佳解為 $z = 1$，$x = \frac{1}{2}$，當然，$x = \frac{1}{2}$ 並不在可行區域的邊界上。

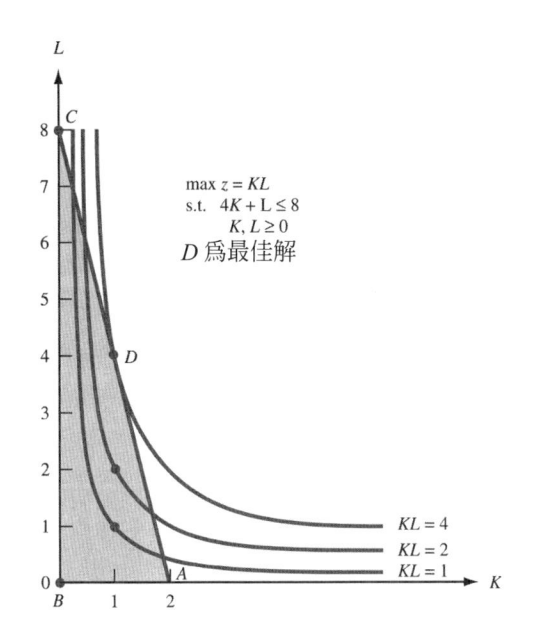

圖 9-3
一個 NLP 的例子，其最佳解不是極端點

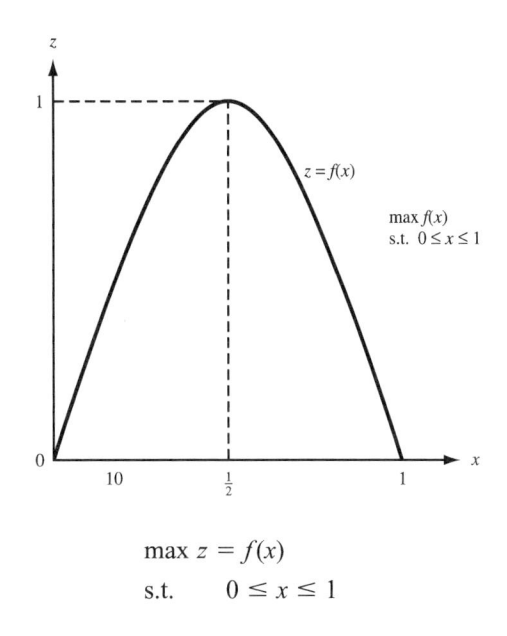

圖 9-4
一個 NLP 的例子，其最佳解不在可行區域的邊界

局部極值

定義 ■ 針對任何一個 NLP (極大化)，一個可行解 $x=(x_1, x_2, ... , x_n)$ 為**局部極大** (local maximum)，若有一個非常小的 ϵ 值，任何一個可行點 $x'=(x'_1, x'_2, ... , x'_n)$，在 $|x_i - x'_i| < \epsilon$ $(i = 1, 2, ... , n)$ 下，滿足 $f(x) \geq f(x')$。 ■

簡短而言，一個點 x 為局部極大若 $f(x) \geq f(x')$，針對所有靠近 x 的所有可行點 x'。相同地，針對一個極小化問題，一個點 x 為局部極小，若 $f(x) \leq f(x')$ 能夠滿足在靠近 x 的所有可行點 x'，一個點為局部極大或局部極小稱為**局部** (local) 或**相對** (relative) **極值** (extremum)。

針對一個 LP (極大問題)，任何一個局部最大即為此 LP 的最佳解 (為什麼？)。然而，針對一般的 NLP，這個並非事實。例如，考慮以下 NLP：

$$\max \quad z = f(x)$$
$$\text{s.t.} \quad 0 \leq x \leq 10$$

其中 $f(x)$ 列於圖 9-5，點 A、B 及 C 為所有的局部極大，但只有點 C 為此 NLP 的唯一最佳解。

不像一個 LP 問題，一個 NLP 可能不滿成比例性及可加性的假設，例如，在例題 8，當增加 L 一個單位將增加 z 值 K 個單位。因此，增加 L 一個單位所產生對 z 的影響與 K 有關，這表示這個例子並不滿足可加性。

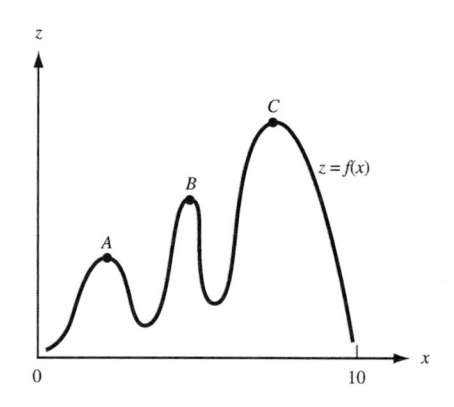

圖 9-5
一個 NLP 例子，其局部極大並非最佳解

一個 NLP

$$\max \quad z = x^{1/3} + y^{1/3}$$
$$\text{s.t.} \quad x + y = 1$$
$$x, y \geq 0$$

並不滿足成比例性，因為將 x 的值增加二倍，對目標函數的貢獻並非二倍。

許多 NLP 模式建立的例子

現在我們給三個非線性規劃模式的例子。

例題 9　石油公司的 NLP 例子

Oilco 公司生產三種汽油：普通，無鉛及高級汽油，三種汽油的生產是混合來自於阿拉斯加及德州的鉛及原油。每種汽油所需的硫磺含量，辛烷值水準，每日最小需求量 (加侖) 及每加侖售價列在表 9-3，來自於阿拉斯加的原油是由二種原油混合而成：Alaska1 及 Alaska2，在阿拉斯加混合的阿拉斯加原油經由油管運送到德州煉油場，每天至多 10,000 加侖的油是由阿拉斯加運送而來，不同種類的阿拉斯加原油，德州原油及鉛所含的硫磺含量，辛烷值水準及最大可用量 (加侖)、購買成本 (加侖) 列在表 9-4，當然無鉛汽油不包含任何的鉛量，建立一個 NLP 來幫助 Oilco 公司極大化從賣出石油的利潤。

解　定義下列決策變數：

R ＝每天生產普通汽油的加侖數
U ＝每天生產無鉛汽油的加侖數
P ＝每天生產高級汽油的加侖數
$A1$ ＝每天購買 Alaska1 原油的加侖數
$A2$ ＝每天購買 Alaska2 原油加侖數
T ＝每天購買德州原油的加侖數

表 9-3

汽油種類	硫磺含量(%)	辛烷值水準	每日最小需求量(加侖)	售價($)
普通汽油	≤ 3	≥ 90	5,000	.86
無鉛汽油	≤ 3	≥ 88	5,000	.93
高級汽油	≤ 2.8	≥ 94	5,000	1.06

表 9-4

輸出種類	硫磺含量(%)	辛烷值水準	最大可用量(加侖)	成本(每加侖)($)
Alaska 1	4	91	0	.78
Alaska 2	1	97	0	.88
德州	2	83	11,000	.75
鉛	0	800	6,000	1.30

L ＝每天購買鉛的加侖數
SA ＝從阿拉斯加購買原油的硫磺含量
OA ＝從阿拉斯加購買原油的辛烷值水準
A ＝從阿拉斯加購買的原油的總加侖數
LP ＝每天用來製造高級汽油所用的鉛加侖數
TP ＝每天用來製造高級汽油所用的德州原油加侖數
AP ＝每天用來製造高級汽油所用的阿拉斯加原油加侖數
TU ＝每天用來製造無鉛汽油所用的德州原油加侖數
AU ＝每天用來製造無鉛汽油所用的阿拉斯加原油加侖數
AR ＝每天用來製造普通汽油所用的阿拉斯加原油加侖數
TR ＝每天用來製造普通汽油所用的德州原油加侖數
LR ＝每天用來製造普通汽油所用的鉛的加侖數

我們可以找到適當的模式建立列在表 9-6 的 LINGO 輸出。

目標函數為極大化每天的收益 (86 * R + 93 * U + 106 * P) 減掉每天購買原油的成本 (78 * A1 + 88 * A2 + 75 * T + 130 * L)，第 2 － 4 列限定每天輸入的量不能超過每天的可用量，第 5 － 7 列保證每種石油每天的需求量必須被滿足。

在第 8 列，定義利用每一種阿拉斯加原油購買量來表示阿拉斯加原油的硫磺百分比含量。相同地，在第 9 列，定義每一種阿拉斯加原油購買量來表示阿拉斯加原油的辛烷值水準。第 10 列定義利用 Alaska1 及 Alaska2 購買量的和來表示阿拉斯加原油購買的總量。相同地，第 11 列表示利用鋁，德州原油及阿拉斯加原油輸入的和來表示高級汽油的產量，第 12 列利用輸入的和來表示無鉛汽油的量。第 13 － 15 列生產所消耗的輸入量-生產高級或普通汽油使用的鉛量；生產高級、無鉛、或普通汽油所使用阿拉斯加原油；生產高級、無鉛或普通汽油所使用德州原油。

第 16 列需要用來生產普通汽油輸入的平均辛烷值水準必須至少 90，注意這不是一個線性條件因為有 AR * OA 這一項，相同地，第 17 列 (一樣不是線性條件) 保證用來生產高級汽油輸入的平均辛烷值水準必須至少 94，且第 18 列 (一樣不是線性條件)

```
MODEL:
  1) MAX= 86 * R + 93 * U + 106 * P - 78 * A1 - 88 * A2 - 75 * T - 130 *
     L ;
  2) A < 10000 ;
  3) T < 11000 ;
  4) L < 6000 ;
  5) R > 5000 ;
  6) U > 5000 ;
  7) P > 5000 ;
  8) SA = ( .04 * A1 + .01 * A2 ) / A ;
  9) OA = ( 91 * A1 + 97 * A2 ) / A ;
 10) A = A1 + A2 ;
 11) P = LP + TP + AP ;
 12) U = TU + AU ;
 13) L = LP + LR ;
 14) A = AP + AU + AR ;
 15) T = TP + TU + TR ;
 16) ( AR * OA + 83 * TR + 800 * LR ) / R > 90 ;
 17) ( AP * OA + 83 * TP + 800 * LP ) / P > 94 ;
 18) ( AU * OA + TU * 83 ) / U > 88 ;
 19) ( SA * AR + .02 * TR ) / R < .03 ;
 20) ( SA * AP + .02 * TP ) / P < .028 ;
 21) ( SA * AU + .02 * TU ) / U < .03 ;
 22) LP > 0 ;
 23) TP > 0 ;
 24) AP > 0 ;
 25) TU > 0 ;
 26) AU > 0 ;
 27) LR > 0 ;
 28) TR > 0 ;
 29) AR > 0 ;
 30) R = TR + AR + LR ;
END

SOLUTION STATUS:  OPTIMAL TO TOLERANCES.  DUAL CONDITIONS:  SATISFIED.

              OBJECTIVE FUNCTION VALUE

        1)      443237.052541

   VARIABLE         VALUE          REDUCED COST
          R       5000.000000          .000000
          U       5000.000000          .000000
          P      11134.965633          .000000
         A1       9047.622772          .000000
         A2        952.377228          .000000
          T      11000.000000          .000000
          L        134.965633          .000000
          A      10000.000000          .000000
         SA           .037143          .000000
         OA         91.571426          .000000
         LP        121.210474          .000000
         TP       6863.136139          .000000
         AP       4150.619020          .000000
         TU       2083.333333          .000000
         AU       2916.666667          .000000
         LR         13.755159          .000000
         AR       2932.714313          .000000
         TR       2053.530528          .000000


    ROW    SLACK OR SURPLUS         PRICE
     2)           .000000          26.965066
     3)           .000000          30.626062
     4)       5865.034367            .000000
     5)           .000000         -19.864023
     6)           .000000         -12.796034
     7)       6134.965633            .000000
     8)           .000000       -2332388.904850
```

圖 9-6　Oilco 問題及解

```
 9)         .000000        5004.725331
10)         .000000          41.786554
11)         .000000         102.804532
12)         .000000         -13.948311
13)         .000000        -130.000000
14)         .000000        -105.917442
15)         .000000        -105.626062
16)        -.000001        -169.971719
17)         .000001        -378.525763
18)        -.000001       -8166.740734
19)         .000000           .000000
20)         .001828           .000000
21)         .000000       3998380.979742
22)      121.210474           .000000
23)     6863.136139           .000000
24)     4150.619020           .000000
25)     2083.333333           .000000
26)     2916.666667           .000000
27)       13.755159           .000000
28)     2053.530528           .000000
29)     2932.714313           .000000
30)         .000000         102.804532
```

圖 9-6　續

表示用來生產無鉛汽油輸入的平均辛烷值必須至少有 88。

第 19 列 (由於 SA * AR 的項，此條件仍為非線性) 保證普通汽油的含量至多有 3% 的硫磺，第 20 列，高級汽油至多含有 2.8% 的硫磺，且第 21 列，無鉛汽油至多含有 3% 的硫磺。

每一個用來生產每一種輸出的輸入量必須為非負，在第 22－29 列要求需要滿足第 30 列規定普通汽油的銷售量必須等於生產普通汽油的輸入總和。

當我們利用 LINGO 求解問題時，我們得到一個解利潤為 $4,432.37 (目標函數是以分計)，可以透過生產 5,000 加侖的普通汽油 (有鉛 13.76 加侖，阿拉斯加原油 2,932.71 加侖，及德州原油 2,053.53 加侖)；5,000 加侖的無鉛汽油 (其中有阿拉斯加原油 2,916.67 加侖及德州原油 2,083.33 加侖)；以及 11,134.97 加侖的高級汽油 (利用鉛 121.21 加侖，德州原油 6,863.14 加侖及阿拉斯加原油 4,150.62 加侖)，10,000 加侖的阿拉斯加原油的混合為 90.48% 的 Alaska1 及 9.52% 的 Alaska2。

在 9.10 節，我們將探討如何保證利用 LINGO 所求出的解即為最佳解。

註解　利用非線性混合模式求最佳化 Texaco 公司生產問題，每年至少可以省下 $30 百萬，參考 Dewitt 等人 (1989) 的詳細說明。

例題 10　倉庫位置

Truckco 正決定究竟要在什麼地方要設一個倉庫，現在有四個顧客位置在 $x-y$ 平面上 (以哩為單位) 且針對每一位顧客每年的運送量列在表 9-5，Truckco 想要蓋一個倉庫能夠極小化從倉庫到四個顧客，每年卡車運送總距離最小。

解　定義

$$X = 倉庫的 x 軸座標$$
$$Y = 倉庫的 y 軸座軸$$
$$D_i = 從顧客 i 到倉庫的距離$$

表 9-5

顧客	座標 x	座標 y	運送量
1	5	10	200
2	10	5	150
3	0	12	200
4	12	0	300

```
MODEL:
  1) MIN= 200 * D1 + 150 * D2 + 200 * D3 + 300 * D4 ;
  2) D1 = ( ( X - 5 ) ^ 2 + ( Y - 10 ) ^ 2 ) ^ .5 ;
  3) D2 = ( ( X - 10 ) ^ 2 + ( Y - 5 ) ^ 2 ) ^ .5 ;
  4) D3 = ( X ^ 2 + ( Y - 12 ) ^ 2 ) ^ .5 ;
  5) D4 = ( ( X - 12 ) ^ 2 + Y ^ 2 ) ^ .5 ;
END

SOLUTION STATUS:  OPTIMAL TO TOLERANCES.  DUAL CONDITIONS:  UNSATISFIED.

          OBJECTIVE FUNCTION VALUE

     1)      5456.539688

    VARIABLE        VALUE         REDUCED COST
         D1       6.582238         .000000
         D2        .686433         .000000
         D3      11.634119         .000000
         D4       5.701011         .000000
          X       9.314167         .000176
          Y       5.028701         .000167

      ROW   SLACK OR SURPLUS         PRICE
       2)       .000000         -200.000000
       3)       .000000         -150.000000
       4)       .000000         -200.000000
       5)       .000000         -300.000000
```

圖 9-7　Truckco 問題及解答

　　一個合適的 NLP 列在 LINGO 輸出如圖 9-7 (檔案 Ware.lng)，目標函數要極小化每年卡車從倉庫到四個顧客的總距離，第 2－5 列定義從每個顧客到倉庫的距離 (以倉庫位置來表示)。LINGO 標示倉庫的位置為 $X = 9.31$ 及 $Y = 5.03$，每一年，卡車旅行，從倉庫至顧客的總距離為 5,456.54 哩。

例題 11　輪胎生產

　　Firerock 生產輪胎用橡膠，它是由三種成份組成：橡膠、油及碳，每一個組成份每磅的成本 (以分計) 列在表 9-6。

　　用來製造輪胎的橡膠其硬度需要介在 25 及 35 之間，彈性至少要 16，且拉力的強度至少要 12。為了製造 4 種汽車輪胎，需要 100 磅的產品，生產四種輪胎所用的橡膠必須包含橡膠 25 至 60 磅及碳至少 50 磅，若我們定義

表 9-6

產品	成本 (分/磅)
橡膠	4
油	1
碳	7

R ＝用來生產四種輪胎混合物中的橡膠磅數
O ＝用來生產四種輪胎混合物中的油磅數
C ＝用來生產四種輪胎混合物中的碳磅數

則在統計分析上已經證明每 100 磅混合物的橡膠，油及碳硬度、彈性、及拉力強度如下：

拉力強度＝ $12.5 - 0.10\,(O) - 0.001\,(O)^2$
彈性＝ $17 + 0.35R - 0.04\,(O) - 0.002\,(R)^2$
硬度＝ $34 + 0.10R + 0.06\,(O) - 0.3\,(C) + 0.001\,(R)(O) + 0.005\,(O)^2 + 0.001C^2$

建立一個 NLP 模式，它的解可以告訴 Firerock 如何極小化生產橡膠產品，且足夠用來生產汽車用輪胎。

解 在定義

TS ＝混合物的拉力
E ＝混合物的彈性
H ＝混合物的硬度

之後，LINGO 程式給一個正確的模式 (圖 9-8)，其中第 1 列為極小化生產所需橡膠產品的成本，第 2－4 列分別對應於混合物的拉力強度、彈性及硬度，以組成元素來表示，可以觀察到拉力強度、彈性及硬度為 R，O，及 C 的非線性函數，第 5 列為需要組合 100 磅的輸入物生產最後橡膠產品。利用 LINGO 找到的最佳解 (圖 9-9) 為橡膠 45.23 磅，油 4.77 磅及碳 50 磅，生產 100 磅混合物的總成本為 $5.36。

在 9.9 節，我們將討論這個解是否為最佳解。

利用 Excel 解 NLP

利用 Excel Solver 求解 NLP 是非常簡單的，你可以依你在線性模式的過程但不要選擇 Linear Model option。為了說明，我們解例題 8 在檔案 Caplabor.xls (參考圖 9-10)。

我們改變格為購買的資金與勞工 (C5 及 D5 格)，我們的目標格為總生產量 (計算在 C8 格)。我們的條件為總花費 (在 B11 格) 小於或等於 $8。當然，購買資金與勞工必須為非負，我們的 Solver Window 列在圖 9-11，可求得最佳解為 $K = 1$，$L = 4$，且 $z = 8$。

圖 9-8

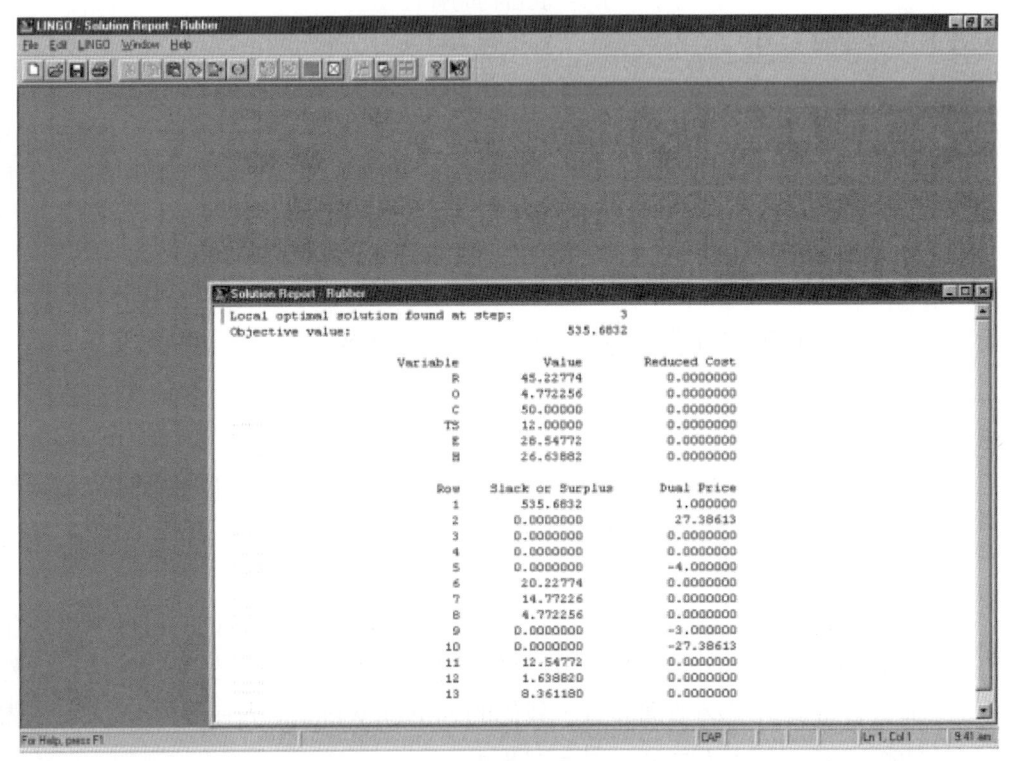

圖 9-9

第 9 章　非線性規劃　**565**

	A	B	C	D
3				
4			Capital	Labor
5		Purchased	1	4
6		Cost	$ 4.00	$ 1.00
7				
8		Units produced	4	
9				
10		Total spent		Available
11		$ 8.00	<=	$ 8.00

圖 9-10

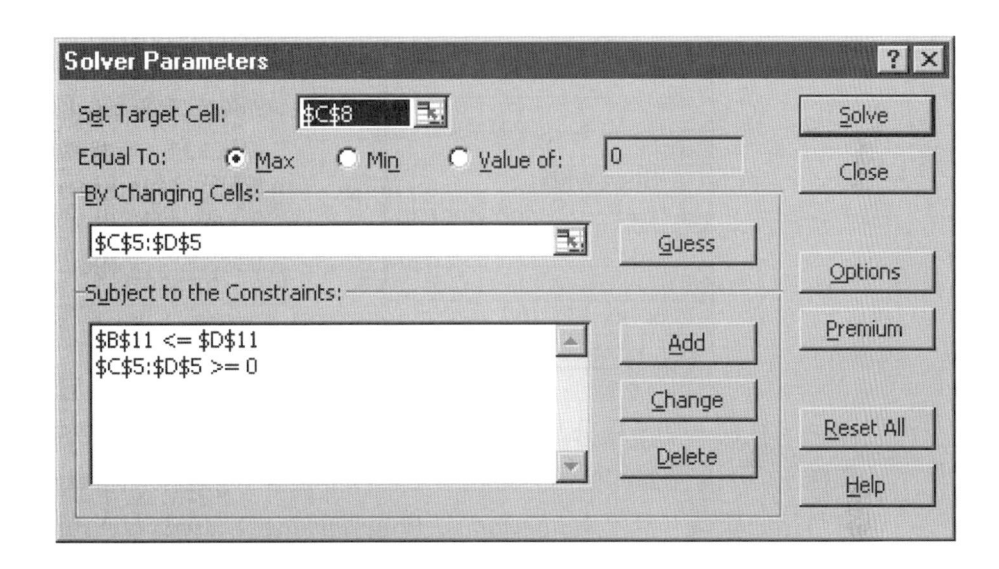

圖 9-11

　　針對 NLP 有多重局部最佳解，Excel Solver 可能會找不到最佳解，因為它可能會挑到一個局部極值但卻不是全面極值，為了說明這個結果，考慮下列 NLP：

$$\max z = (x-1)(x-2)(x-3)(x-4)(x-5)$$
$$\text{s.t.} \quad x \geq 1$$
$$x \leq 5$$

　　這個函數的圖形列在圖 9-12。注意這個問題有二個局部極值。在檔案 Multiple.xls，我們解這個問題兩次。第一次，我們開始在 $x = 2$ 且找到最佳解，其中 $x = 1.36$ 且 $z = 3.63$ (參考圖 9-13)。

　　第二次，我們從 $x = 3.5$ 開始且可以找到局部最大值，$x = 3.54$ 且 $z = 1.42$ (參考圖 9-14)，這個原因係當我們從 $x = 3.5$ 開始時，Solver 會馬上碰到 $x = 3.54$ 且發現目標函數不能因移動兩個方向的小單位而獲得改善，主要是因為 LINGO 及 Solver 都是利用微積分基礎的方法 (在本章後面會討論) 求解

566 作業研究 I

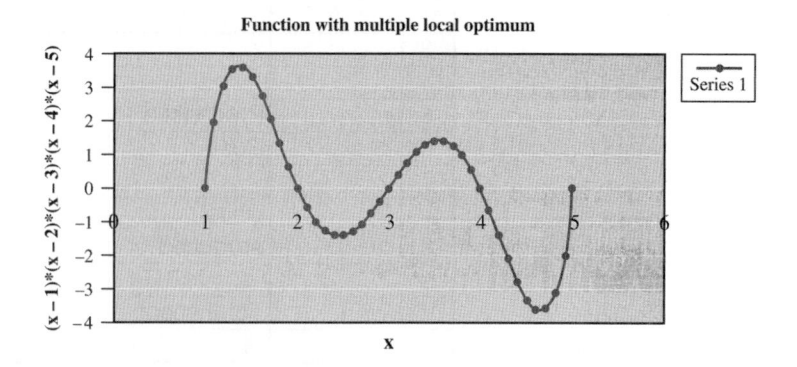

Function with multiple local optimum

圖 9-12

	C	D
1		
2		
3		
4	**Start with** x =2	right answer!
5		
6		
7	x	f(x)
8	1.355567	3.631432208

圖 9-13

	C	D
1		
2		
3		
4	**Start with** x =3.5	Wrong answer!
5		
6		
7	x	f(x)
8	3.543912	1.418696626

圖 9-14

NLP。任何一個微積分基礎的方法來解 NLP 可能會碰到的風險為找到的是局部極值而不是全面的極值。若利用先進的演算法 (evolutionary algorithm) 就不會有這個缺點；參考 *Mathematical Programming*：*Applicatims and Algorithm* 的第 13 及 14 章討論先進的演算法。

問 題

問題組 A

1. Q & H Company 想要在肥皂劇與足球賽上打廣告，每一則肥皂劇廣告費用為 $50,000 且每一則足球賽廣告費為 $100,000，將所有訊息提供給百萬收視戶，若買 S 支肥皂劇廣告，則有 $5\sqrt{S}$ 位男生與 $20\sqrt{S}$ 位女生將會看到這支廣告，若買 F 支足球賽廣告，則有 $17\sqrt{F}$ 位男生與 $7\sqrt{F}$ 位女生會看到這支廣告。Q & H 公司希望至少有 40 百萬的男性與至少有 60 百萬的女性看到它們的廣告。

   a. 建立一個 NLP 可以在達到充分的觀察者下，成本為最小。

   b. 這個 NLP 是否違反成比例性及可加性的假設？

   c. 假設 F 支足球賽廣告及 S 支肥皂劇廣告所達到的女生人數為 $7\sqrt{F} + 20\sqrt{S} - 0.2\sqrt{FS}$。為什麼這個是看到 Q&H 廣告女生人數更具代表性的例子？

2. 一個邊長為 a、b 及 c 的三角形面積為 $\sqrt{s(s-a)(s-b)(s-c)}$ ，其中 s 代表為三邊和的一半。假設我們有 60 呎的籬笆且要圍成一個三角形的區域，建立一個 NLP 可以讓圍成的面積達到最大。

3. 用來充氣的能源 (分為三個階段)，從一開始的壓力 I 到最後的壓力 F 可由下式得之：

$$K\left\{\sqrt{\frac{p_1}{I}} + \sqrt{\frac{p_2}{p_1}} + \sqrt{\frac{F}{p_2}} - 3\right\}$$

建立一個 NLP，它的解可以用來描述如何極小化充氣的能源。

4. 利用 LINGO 求解問題 1。
5. 利用 LINGO 求解問題 2。
6. 令 $I = 64$ 及 $F = 1,000$，利用 LINGO 求解問題 3。
7. 針對第 7 章的例題 6，令 A = 活動 A 可減少的天數，B = 活動 B 可減少的天數，依此類推。假設壓縮每一個活動所需要的成本如下：

A，$5A^2$；B，$20B^2$；C，$2C^2$；D，$20D^2$；E，$10E^2$；F，$15F^2$

且若有需要，每一個活動可以"壓縮"到 0 天。建立一個 NLP 可以在完成專案在 25 天或更少的情況下，成本達到最小。

8. Beerco 現有 $100,000 可以用在四個市場打廣告，在市場 i，每花 x_i 千元可以增加的銷售收益 (千元) 列在表 9-7。為了極大化銷售收益，每一個市場應該花多少錢？

表 9-7

市場	銷售收益
1	$10x_1^4$
2	$8x_2^5$
3	$12x_3^3$
4	$16x_4^6$

9. Widgetco 在工廠 1 及工廠 2 生產小機具，在工廠 1 生產 x 單位需要成本 $20x^{1/2}$ 且在工廠 2 生產 x 單位需要成本 $40x^{1/3}$。每一個工廠最多生產 70 個單位，每單位產品可以賣 $10，至多有 120 小機具可以賣。建立一個 NLP，它的答案可以讓 Widgetco 公司能夠極大化利潤。

10. 有三個城市的位置座落在等邊三角形的三個頂點，有一個飛機場將要設立在極小化到三個城市的總距離的位置。建立一個 NLP 可以告訴我們飛機場的設置位置，然後利用 LINGO 求解這個 NLP 問題。

11. 一個化工製程的產能與製造在進行時間的長度 T (以分計) 及在運作中的溫度 TEMP (以°C計) 有關，這個關係以下列等式表示：

產能 = $87 - 1.4T' + 0.4\text{TEMP}' - 2.2T'^2 - 3.2\text{TEMP}'^2 - 4.9(T')(\text{TEMP}')$

其中 $T' = (T-90)/10$ 及 $\text{TEMP}' = (\text{TEMP} - 150)/5$，$T$ 必須介在 60 到 120 分鐘，而 TEMP 必須介在 100 到 120 度。建立一個 NLP 可以極大化製程產能，並利用 LINGO 求解您的 NLP。

問題組 B

12. 考慮 3.8 節的問題 5，根據以下略作修正：假設可以加上一個化學藥品稱為高品質 (super-quality; SQ) 來改善石油與熱油的品質水準，若在每桶石油加上 x 量的 SQ，可以改善現在的品質水準 $x^{0.5}$，若在每桶熱油 x 量的 SQ，可以改善現在品質水準的 $0.6x^{0.6}$，加到熱油的 SQ

總量不能超過製造熱油的油量 5%。SQ 的購買價格為每磅 $20，建立一個 NLP (且利用 LINGO 求解) 幫助 Adam Chandler 的 CEO 極大化利潤。

表 9-8

銷售量大小	努力水準 低	努力水準 高
0	0.6	0.3
5,000	0.3	0.2
50,000	0.1	0.5

13. Fuller Brush 一位銷售員有三個選擇：辭職，盡較少努力或盡最大努力。為了簡化，每位銷售員可以賣出刷子分別為 $0，$5,000 或 $50,000，每種銷售量的機率及其所花的努力有關，列於表 9-8。

若一位銷售員付給薪水 $w，則他或她可以賺到利潤 $w^{1/2}$，較少努力會花銷售員 0 個利潤單位，而較高努力的會花 50 個利潤單位，若這位銷售員辭掉 Fuller 的工作且到其他地點工作，則他或她會賺到利潤 20。Fuller 希望每位銷售員可以努力執行高努力水準，這個問題為極小化成本。這家公司無法觀察每位銷售員努力的水準，但他們可以觀察的到他或她的銷售量。因此，每個薪資會完全決定於他或她的銷售量，Fuller 必須決定 w_0 = 在 $0 銷售的薪資，$w_{5,000}$ = 在 $5,000 銷售的薪資，及 $w_{50,000}$ = 在 50,000 銷售的薪資。這些薪資的設定必須讓銷售員的期望效益從較高努力得到較高的效益多於辭職及多於較少努力。建立一個 NLP (且利用 LINGO 求解) 能夠讓所有銷售員能夠盡最大的努力，這個問題為代理理論 (agency theory) 的一個例子。

9.3 凸函數與凹函數

凸函數和凹函數在學習非線性規劃問題中扮演一個非常重要的角色，令 $f(x_1, x_2, \ldots, x_n)$ 是對於一個凸集合 S 中所有點 $(x_1, x_2, \ldots, x_n)$ 有定義的函數。

定義 ■ 針對任何 $x' \in S$ 及 $x'' \in S$ 而言，若

$$f(cx' + (1 - c)x'') \leq cf(x') + (1 - c)f(x'') \quad (3)$$

針對 $0 \leq c \leq 1$ 成立，則函數 $f(x_1, x_2, \ldots, x_n)$ 是凸集合上的**凸函數** (convex function)。 ■

定義 ■ 針對任何 $x' \in S$ 及 $x'' \in S$ 而言，若

$$f(cx' + (1 - c)x'') \geq cf(x') + (1 - c)f(x'') \quad (4)$$

針對 $0 \leq c \leq 1$ 成立，則函數 $f(x_1, x_2, \ldots, x_n)$ 是一個在凸集合 S 上的**凹函數** (concave function)。 ■

從式 (3) 及 (4)，我們可以看出 $f(x_1, x_2, \ldots, x_n)$ 為凸函數若且唯若 $-f(x_1, x_2, \ldots, x_n)$ 為凹函數，反之亦然。

為了徹底了解這些定義，令 $f(x)$ 是一個單變數的函數，從圖 9-15 及不等式 (3)，我們可以發現 $f(x)$ 為凸函數若且唯若連接曲線 $y = f(x)$ 上的任何兩點

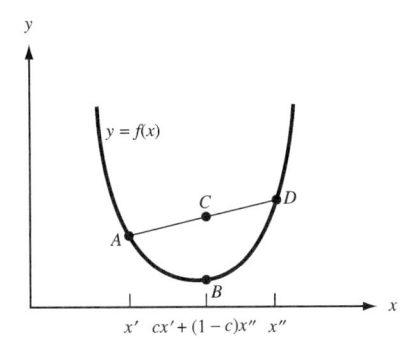

第 9 章 非線性規劃

點 $A = (x', f(x'))$
點 $D = (x'', f(x''))$
點 $C = (cx' + (1-c)x'', cf(x') + (1-c)f(x''))$
點 $B = (cx' + (1-c)x'', f(cx' + (1-c)x''))$
　見圖：$f(cx' + (1-c)x'') \leq cf(x') + (1-c)f(x'')$

圖 9-15　凸函數

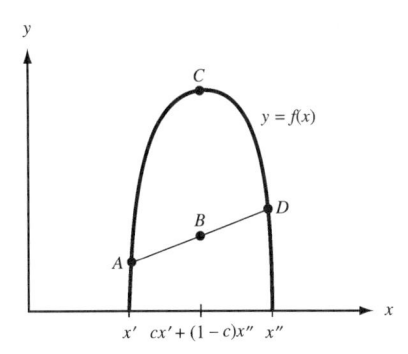

點 $A = (x', f(x'))$
點 $D = (x'', f(x''))$
點 $C = (cx' + (1-c)x'', f(cx' + (1-c)x''))$
點 $B = (cx' + (1-c)x'', cf(x') + (1-c)f(x''))$
　見圖：$f(cx' + (1-c)x'') \geq cf(x') + (1-c)f(x'')$

圖 9-16　凹函數

的線段始終不在曲線 $y = f(x)$ 的下方。同樣地，從圖 9-16 和不等式 (4) 可證明 $f(x)$ 為凹函數若且唯若 $y = f(x)$ 上任何二點的線段始終不在曲線 $y = f(x)$ 的上方。

例題 12　凸及凹函數

針對 $x \geq 0$，$f(x) = x^2$ 和 $f(x) = e^x$ 為凸函數，$f(x) = x^{1/2}$ 是凹函數，這些可從圖 9-17 上可清楚地看出。

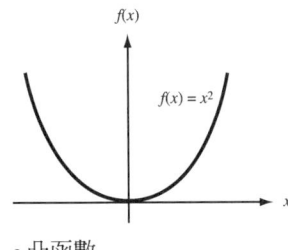

a 凸函數

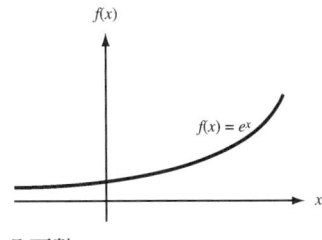

b 凸函數

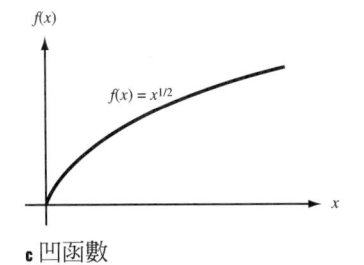

c 凹函數

圖 9-17　凸函數及凹函數

例題 13　凸函數的和

我們可以證明 (參考本節末的問題 12) 二個凸集合的和為凸集合且二個凹集合的和為凹集合。因此，$f(x) = x^2 + e^x$ 為凸函數。

例題 14　不為凸亦不為凹函數

因為線段 AB 位於 $y = f(x)$ 的下方，但 BC 卻位於 $y = f(x)$ 的上方，因此，圖 9-18 不是凸亦不是凹函數。

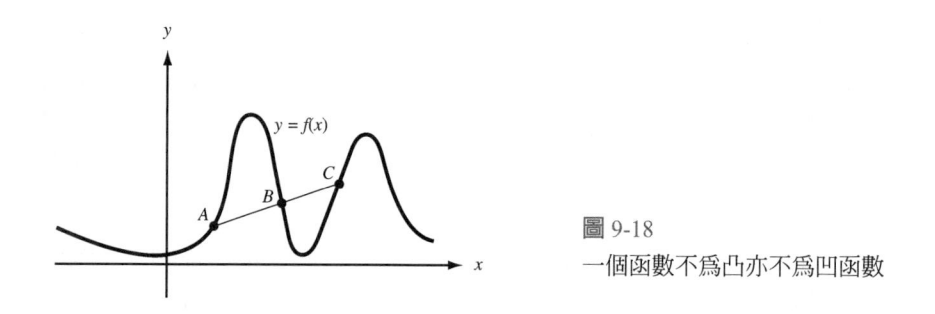

圖 9-18
一個函數不為凸亦不為凹函數

例題 15　同時為凸及凹函數的線性函數

一個型態如 $f(x) = ax + b$ 的線性函數既為凸函數亦為凹函數，這是根據

$$f[cx' + (1-c)x''] = a[cx' + (1-c)x''] + b$$
$$= c(ax' + b) + (1-c)(ax'' + b)$$
$$= cf(x') + (1-c)f(x'')$$

得出，由於 (3) 及 (4) 等式成立，所以 $f(x) = ax + b$ 既為凸函數亦為凹函數。

在討論如何確定一已知函數是否為凸或凹之前，我們可先證明一個結果來說明凸函數和凹函數的重要性。

定理 1

考慮一個 NLP (2) 及假設它是一個極大化問題，假設 NLP (2) 的可行區域 S 為凸集合。若 $f(x)$ 是在 S 上的凹函數，則 NLP (2) 的任意局部極大值都是該 NLP 的最佳解。

證明：若定理 1 不成立，則必定存在一個局部極大值 $\bar{x}$ 不是 NLP (2) 的最佳解。令 S 代表 NLP (2) 的可行區域 (我們已經假設 S 為一個凸集合)，則對於某一個 $x \in S$，$f(x) > f(\bar{x})$。因此由不等式 (4) 可以得出，對於滿足 $0 < c < 1$ 的任何 c 而言，

$$f[c\bar{x} + (1-c)x] \geq cf(\bar{x}) + (1-c)f(x)$$
$$> cf(\bar{x}) + (1-c)f(\bar{x}) \quad [從\ f(x) > f(\bar{x})]$$
$$= f(\bar{x})$$

現在我們觀察到，當 c 任意地接近 1 時，$c\bar{x} + (1-c)x$ 是可行的 (因為 S 是凸的) 且接近 $\bar{x}$，因此，$\bar{x}$ 不可能為局部最大值，這個矛盾可以證明定理 1。

相似推理的方法可以用來證明定理 1′ (參考本節末問題 11)。

定理 1′

考慮 NLP (2) 且假設它為最小化問題，假設這個 NLP (2) 的可行區域為一個凸集合。若 $f(x)$ 為 S 上的凸函數，則 NLP (2) 的任何局部極小點都是 NLP 的最佳解。

定理 1 及 1′ 說明了在一個凸可行區域 S 上，使一個凹函數極大化 (或使一個凸函數極小化)，則任何局部極大值 (或局部極小值) 將是 NLP 的最佳解，我們在解 NLP 問題時，可以重覆地使用定理 1 及 1′。

現在我們來解釋如何確定一個單變數函數 $f(x)$ 為凸性或凹性。前面已經指出，如果 $f(x)$ 是單變數的凸函數，則連接 $y = f(x)$ 上的任何二點的線段始終不會落在曲線 $y = f(x)$ 的下方。從圖 9-9 及 9-10，我們可以看出如果 $f(x)$ 為凸函數，則對於所有 x 的值而言，$f(x)$ 的斜率必定為非遞減的。

定理 2

假設所有 x 在凸集合 S 中，$f''(x)$ 存在，則 $f(x)$ 為 S 上凸函數若且唯若在 S 中所有的 x，$f''(x) \geq 0$。

因為 $f(x)$ 為凸函數若且唯若 $-f(x)$ 為凹集合，所以定理 2′ 一定為真。

定理 2′

針對所有在凸集合 S 中的 x，假設 $f''(x)$ 存在，則 $f(x)$ 為在 S 上的凹函數若且唯若在 S 中所有的 x，$f''(x) \leq 0$。

例題 16　決定一個函數為凸函數或凹函數

1. 證明 $f(x) = x^2$ 是 $S = R^1$ 上的凸函數。
2. 證明 $f(x) = e^x$ 是 $S = R^1$ 上的凸函數。
3. 證明 $f(x) = x^{1/2}$ 是 $S = (0, \infty)$ 上的凹函數。

4. 證明 $f(x) = ax + b$ 是在 $S = R^1$ 上同時為凸及凹函數。

解　**1.** $f''(x) = 2 \geq 0$，所以 $f(x)$ 是在 $S = R^1$ 上的凸函數。
2. $f''(x) = e^x \geq 0$，所以 $f(x)$ 是在 $S = R^1$ 上的凸函數。
3. $f''(x) = -x^{-3/2}/4 \leq 0$，所以 $f(x)$ 是在 $S(0, \infty)$ 上的凹函數。
4. $f''(x) = 0$，所以 $f(x)$ 是在 $S = R^1$ 上的凸與凹函數。

如何能決定有 n 個變數的函數 $f(x_1, x_2, \ldots, x_n)$ 在集合 $S \subset R^n$ 上為凸或凹函數？我們假設 $f(x_1, x_2, \ldots, x_n)$ 有連續二階偏導數，在開始闡述如何確定 $f(x_1, x_2, \ldots, x_n)$ 的凸或凹性判別準則之前，我們需要三個定義：

定義 ■　$f(x_1, x_2, \ldots, x_n)$ 的 $n \times n$ **Hessian 矩陣**，其元素 ij 為

$$\frac{\partial^2 f}{\partial x_i \partial x_j} \quad \blacksquare$$

令 $H(x_1, x_2, \ldots, x_n)$ 代表在 $(x_1, x_2, \ldots, x_n)$ 上的 Hessian 值。例如，若 $f(x_1, x_2) = x_1^3 + 2x_1 x_2 + x_2^2$，則

$$H(x_1, x_2) = \begin{bmatrix} 6x_1 & 2 \\ 2 & 2 \end{bmatrix}$$

定義 ■　一個 $n \times n$ 矩陣的**主子矩陣 i** (ith principal minor) 是由刪掉矩陣的 $n - i$ 列及 $n - i$ 行所得到的 $i \times i$ 矩陣。■

因此，針對矩陣

$$\begin{bmatrix} -2 & -1 \\ -1 & -4 \end{bmatrix}$$

第一主子矩陣為 -2 及 -4，且第二主子矩陣為 $(-2)(-4) - (-1)(-1) = 7$。針對任何矩陣，第一主子矩陣為矩陣中對角的元素。

定義 ■　一個 $n \times n$ 矩陣的**領導主子矩陣 k** (kth leading principal minor) 是由刪除掉矩陣中的最後 $n - k$ 列與行所得到的 $k \times k$ 矩陣。■

令 $H_k(x_1, x_2, \ldots, x_n)$ 為在點 $(x_1, x_2, \ldots, x_n)$ 所計算出來 Hessian 矩陣的領導主子矩陣 k。因此，若 $f(x_1, x_2) = x_1^3 + 2x_1 x_2 + x_2^2$，則 $H_1(x_1, x_2) = 6x_1$，且 $H_2(x_1, x_2) = 6x_1(2) - 2(2) = 12x_1 - 4$。

在利用定理 3 及 3′ (下面敘述，但不證明)，Hessian 矩陣可以用來決定在一個凸集合 $S \subset R^n$，是否 $f(x_1, x_2, \ldots, x_n)$ 為凸函數或凹函數 (或都不是) [證明 3 及 3′ 參考 Bazaraa 及 Shetty (1993) 91－93 頁]。

定理 3

假設 $f(x_1, x_2, \ldots, x_n)$ 在每個點 $x = (x_1, x_2, \ldots, x_n) \in S$ 有連續二次偏導數,則 $f(x_1, x_2, \ldots, x_n)$ 在 S 中為凸性函數若且唯若針對每一個 $x \in S$,所有主子矩陣 H 都是非負。

例題 17 利用 Hessian 確定函數為凸性或凹性 1

證明 $f(x_1, x_2) = x_1^2 + 2x_1 x_2 + x_2^2$ 為在 $S = R^2$ 中的凸性函數。

解 我們發現

$$H(x_1, x_2) = \begin{bmatrix} 2 & 2 \\ 2 & 2 \end{bmatrix}$$

Hessian 第一主子矩陣為對角元素 (因為二者都等於 $2 \geq 0$),第二主子矩陣為 $2(2) - 2(2) = 0 \geq 0$ 對於任何一點,所有 H 的主子矩陣均為非負,所以定理 3 說明 $f(x_1, x_2)$ 是在 R^2 上的凸函數。

定理 3'

假設 $f(x_1, x_2, \ldots, x_n)$ 在每一個點 $x = (x_1, x_2, \ldots, x_n) \in S$ 上有連續的二階偏導數時,則 $f(x_1, x_2, \ldots, x_n)$ 為在 S 上的凹性函數若且唯若對於每一個 $x \in S$ 及 $k = 1, 2, \ldots, n$,所有非零主子矩陣都有相同符號為 $(-1)^k$。

例題 18 利用 Hessian 確定函數為凸性或凹性 2

證明 $f(x_1, x_2) = -x_1^2 - x_1 x_2 - 2x_2^2$ 為在 R^2 上的凹函數。

解 我們可找到

$$H(x_1, x_2) = \begin{bmatrix} -2 & -1 \\ -1 & -4 \end{bmatrix}$$

Hessian 矩陣的對角元素上的第一主子矩陣為 -2 及 -4,這二個均為非正。對於 $H(x_1, x_2)$ 行列式為第二主子矩陣且等於 $-2(-4)-(-1)(-1) = 7 > 0$。因此,$f(x_1, x_2)$ 為在 R^2 上的凹函數。

例題 19 利用 Hessian 確定函數為凸性或凹性 3

證明針對 $S = R^2$,$f(x_1, x_2) = x_1^2 - 3x_1 x_2 + 2x_2^2$ 不是凸函數,亦不是凹函數。

解 我們有

$$H(x_1, x_2) = \begin{bmatrix} 2 & -3 \\ -3 & 4 \end{bmatrix}$$

Hessian 矩陣的第一主子矩陣為 2 及 4。因為二者第一主子矩陣均為正,$f(x_1, x_2)$ 不可能為凹性。第二主子矩陣為 $2(4)-(-3)(-3) = -1 < 0$。因此,$f(x_1, x_2)$ 不可能為凸

574 作業研究 I

性。綜合上述,這個事實可說明 $f(x_1, x_2)$ 不可能為凸或凹性函數。

例題 20　利用 Hessian 確定函數為凸性或凹性 4

證明針對 $S = R^3$,$f(x_1, x_2, x_3) = x_1^2 + x_2^2 + 2x_3^2 - x_1x_2 - x_2x_3 - x_1x_3$ 為凸函數。

解　Hessian 為

$$H(x_1, x_2, x_3) = \begin{bmatrix} 2 & -1 & -1 \\ -1 & 2 & -1 \\ -1 & -1 & 4 \end{bmatrix}$$

從 Hessian 刪掉第 1 及 2 列 (及行),我們得到一次的主子矩陣 $4 > 0$。從 Hessian 刪掉第 1 及 3 列 (及行),我們得到一次的主子矩陣 $2 > 0$。從 Hessian 刪掉第 2 及 3 列 (及行),我們得到一次的主子矩陣 $2 > 0$。

從 Hessian 刪掉第 1 列及第 1 行,我們可以找到二次的主子矩陣

$$\det \begin{bmatrix} 2 & -1 \\ -1 & 4 \end{bmatrix} = 7 > 0.$$

從 Hessian 刪掉第 2 列及第 2 行,我們可找到二次主子矩陣

$$\det \begin{bmatrix} 2 & -1 \\ -1 & 4 \end{bmatrix} = 7 > 0$$

從 Hessian 刪掉第 3 列及第 3 行,我們可找到二次主子矩陣

$$\det \begin{bmatrix} 2 & -1 \\ -1 & 2 \end{bmatrix} = 3 > 0.$$

三次的主子矩陣為 Hessian 本身的行列式值,推展出列 1 共因子,我們可得三次主子矩陣如下:

$$2[(2)(4)-(-1)(-1)]-(-1)[(-1)(4)-(-1)(-1)]$$
$$+(-1)[(-1)(-1)-(-1)(2)] = 14 - 5 - 3 = 6 > 0$$

因為在 Hessian 中所有 (x_1, x_2, x_3) 的所有主子矩陣均為非負,我們已經證明 $f(x_1, x_2, x_3)$ 為在 R^3 上的凸函數。

問　題

問題組 A

在給定集合 S,決定下面的函數是凸函數、凹函數或都不是。

1. $f(x) = x^3$;$S = [0, \infty)$

2. $f(x) = x^3$；$S = R^1$
3. $f(x) = \frac{1}{x}$；$S = (0, \infty)$
4. $f(x) = x^a$ $(0 \leq a \leq 1)$；$S = (0, \infty)$
5. $f(x) = \ln x$；$S = (0, \infty)$
6. $f(x_1, x_2) = x_1^3 + 3x_1x_2 + x_2^2$；$S = R^2$
7. $f(x_1, x_2) = x_1^2 + x_2^2$；$S = R^2$
8. $f(x_1, x_2) = -x_1^2 - x_1x_2 - 2x_2^2$；$S = R^2$
9. $f(x_1, x_2, x_3) = -x_1^2 - x_2^2 - 2x_3^2 + 0.5x_1x_2$；$S = R^3$
10. 當 a、b 和 c 之值為何時，$ax_1^2 + bx_1x_2 + cx_2^2$ 是在 R^2 上為凸函數？而在何值時，在 R^2 上為凹函數？

問題組 B

11. 證明定理 $1'$。
12. 證明若在凸集合 S，$f(x_1, x_2, \ldots, x_n)$ 及 $g(x_1, x_2, \ldots, x_n)$ 為凸函數，則 $h(x_1, x_2, \ldots, x_n) = f(x_1, x_2, \ldots, x_n) + g(x_1, x_2, \ldots, x_n)$ 為在 S 上的凸函數。
13. 若 $f(x_1, x_2, \ldots, x_n)$ 為在凸集合 S 上的凸函數。證明針對 $c \geq 0$，$g(x_1, x_2, \ldots, x_n) = cf(x_1, x_2, \ldots, x_n)$ 為在 S 中為凸函數，且針對 $c \leq 0$，$g(x_1, x_2, \ldots, x_n) = cf(x_1, x_2, \ldots, x_n)$ 為在 S 中為凹函數。
14. 證明若 $y = f(x)$ 為在 R^1 上為凹函數，則 $z = \frac{1}{f(x)}$ 為凸函數 [假設 $f(x) > 0$]。
15. 若 $x' \in S$，$x'' \in S$，及 $0 \leq c \leq 1$ 推得

$$f(cx' + (1-c)x'') \geq \min[f(x'), f(x'')]$$

則函數 $f(x_1, x_2, \ldots, x_n)$ 稱為在凸集合 $S \subset R^n$ 上的虛擬凹性函數 (quasi-concave function)。證明當 f 為 R^1 上的凹函數，則 f 為虛擬凹性。在圖 9-19，哪一個函數為虛擬凹性？是否虛擬凹性函數一定是凹函數？
16. 從問題 12，可得凹性函數的和必定為凹函數，是否虛擬凹性函數一定是虛擬凹性函數。
17. 假設一個函數的 Hessian，其對角線的元素有正的及負的元素，證明這個函數不為凹性亦不為凸性函數。
18. 證明若 $f(x)$ 為一個非負，遞增凹性函數，則 $\ln[f(x)]$ 亦為凹性函數。
19. 證明若一個函數 $f(x_1, x_2, \ldots, x_n)$ 為在凸集合上的虛擬凹性函數，則針對每個數 a，集合 $S_a =$ 滿足 $f(x_1, x_2, \ldots, x_n) \geq a$ 的所有點為一個凸集合。
20. 當 f 為一個虛擬的凹性函數，則證明定理 1 為假的。
21. 假設一個 NLP 的條件為 $g_i(x_1, x_2, \ldots, x_n) \leq b_i$ $(i = 1, 2, \ldots, m)$。證明若每個 g_i 為一凸函數，則

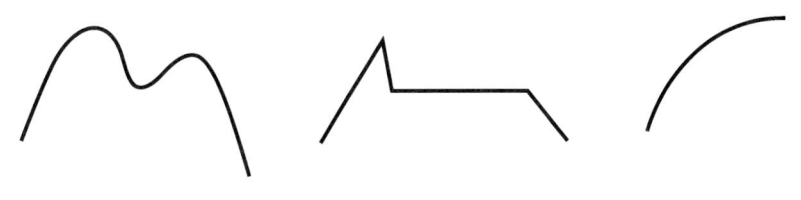

圖 9-19　　a　　　　　　　b　　　　　　c

問題組 C

22. 若 $f(x_1, x_2)$ 為在 R^2 上的凹函數，證明針對任一數值 a，滿足 $f(x_1, x_2) \geq a$ 的 (x_1, x_2) 集合為凸集合。
23. 令 Z 代表為 $N(0,1)$ 的隨機變數，且令 $F(x)$ 代表 Z 的累積分配函數。證明在 $S = (-\infty, 0]$，$F(x)$ 為一個遞增凸函數，而在 $S = [0, \infty)$，$F(x)$ 為一個遞增凹函數。
24. 令 $v(L, FH, CH)$ 是在可用的木材 L 平方呎，FH 完工小時，及 CH 木工小時。
    a. 證明 $v(L, FH, CH)$ 為一個凹函數。
    b. 解釋這個結果為什麼可以證明某種資源，每增加一個可用單位的價值，必須是可用資源的非遞增函數。

9.4 求解一個變數的 NLP

在本節，我們解釋如何解一個 NLP

$$\max (\text{或 } \min) f(x)$$
$$\text{s.t.} \quad x \in [a, b] \tag{5}$$

[若 $b = \infty$，則 NLP (5) 的可行區域是 $x \geq a$，且若 $a = -\infty$ 時，NLP (5) 的可行區域為 $x \leq b$。]

為了求式 (5) 的最佳解，我們求出所有的局部最大值 (或最小值)，(5) 式的局部最大或局部最小稱為局部極值。因此，式 (5) 的最佳解為局部最大 (或最小) 中有最大值 (或最小值)。當然，若 $a = -\infty$ 或 $b = \infty$，則式 (5) 有可能沒有最佳解 (參考圖 9-20)。

在式 (5) 中可能會有三種型態的局部最大值或局部極小值 (通常稱這些點

a max $f(x)$
   s.t. $x \in (-\infty, b]$

b max $f(x)$
   s.t. $x \in [a, \infty)$

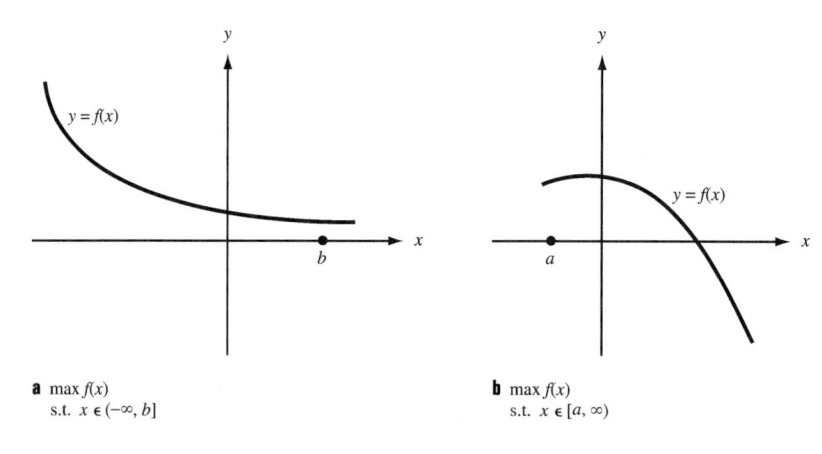

圖 9-20 沒有解的 NLP

為候選極值點 (extremum candidates))：

狀況 1　$a < x < b$ 且 $f'(x) = 0$ 的點 [稱為 $f(x)$ 的穩定點]。
狀況 2　$f'(x)$ 不存在的點。
狀況 3　區間 $[a, b]$ 的端點 a 及 b。

狀況 1　$a < x < b$ 且 $f'(x) = 0$ 的點

假設 $a < x < b$，且 $f'(x_0)$ 存在。若 x_0 為一個局部極大或局部極小，則 $f'(x_0) = 0$。為了了解這個觀念，觀察圖 9-21a 及 9-21b，從圖 9-21a，我們可以知道當 $f'(x_0) > 0$，則存在靠近 x_0 的二個點 x_1 及 x_2，其中 $f(x_1) < f(x_0)$ 及 $f(x_2) > f(x_0)$，因此，若 $f'(x_0) > 0$，x_0 不可能為局部極大值或局部極小值。相似地，由圖 9-21b 可以看出，當 $f'(x_0) < 0$ 時，x_0 不可能為局部極大值或局部極小值。然而，從圖 9-21c 及 9-21d 指出，即使 x_0 即使不為局部極大值，也不是局部極小值，$f'(x_0)$ 也可能等於 0。從圖 9-21c，我們看到，當 $f'(x)$ 的值隨 x 通過 x_0 時，從正變到負，則 x_0 是局部極大點。因此，當 $f''(x_0) < 0$，x_0 為局部極大值。相似地，從圖 9-21d，我們發現當 $f'(x)$ 的值隨著 x 經過 x_0 時，從負變成正，x_0 是局部極小值。因此，若 $f''(x_0) > 0$，則 x_0 是局部極小值。

定理 4

當 $f'(x_0) = 0$ 及 $f''(x_0) < 0$，則 x_0 為局部極大值，若 $f'(x_0) = 0$ 且 $f''(x_0) > 0$，則 x_0 為一個局部極小值。

當 $f'(x_0) = 0$ 及 $f''(x_0) = 0$ 會如何 (圖 9-21e 的情況)？在這種狀況，我們應用定理 5 確定 x_0 是否為局部極大值或局部極小值。

定理 5

若 $f'(x_0) = 0$ 且

1. 當在 x_0 的第一個非零高階導數是一個奇數階導數 [$f^{(3)}(x_0)$, $f^{(5)}(x_0)$ 等等]，則 x_0 即不是局部極大值也不是局部極小值。
2. 當在 x_0 的第一個非零高階導數為正，且是一個偶數階導數，則 x_0 是局部極小值。
3. 當在 x_0 的第一個非零高階導數為負，且是一個偶數階導數，則 x_0 是局部極大值。

我們省略定理 4 及 5 的證明 [將局部最大和局部最小的定義應用到 $f(x)$ 在 x_0 處的泰勒級數展開式，很容易推出這二個定理]。定理 4 為定理 5 的一個特例，在問題 16 及 17，你將證明定理 4 及 5。

a $f'(x_0) > 0$
$f(x_1) < f(x_0)$
$f(x_2) > f(x_0)$
x_0 非局部極值

b $f'(x_0) < 0$
$f(x_1) > f(x_0)$
$f(x_2) < f(x_0)$
x_0 非局部極值

c $f'(x_0) = 0$
當 $x < x_0, f'(x) > 0$
當 $x > x_0, f'(x) < 0$
x_0 是局部極大值

d $f'(x_0) = 0$
當 $x < x_0, f'(x) < 0$
當 $x > x_0, f'(x) > 0$
x_0 是局部極大值

$x_0 = 0$ 非局部極大值
或局部極小值
但 $f'(x_0) = 0$

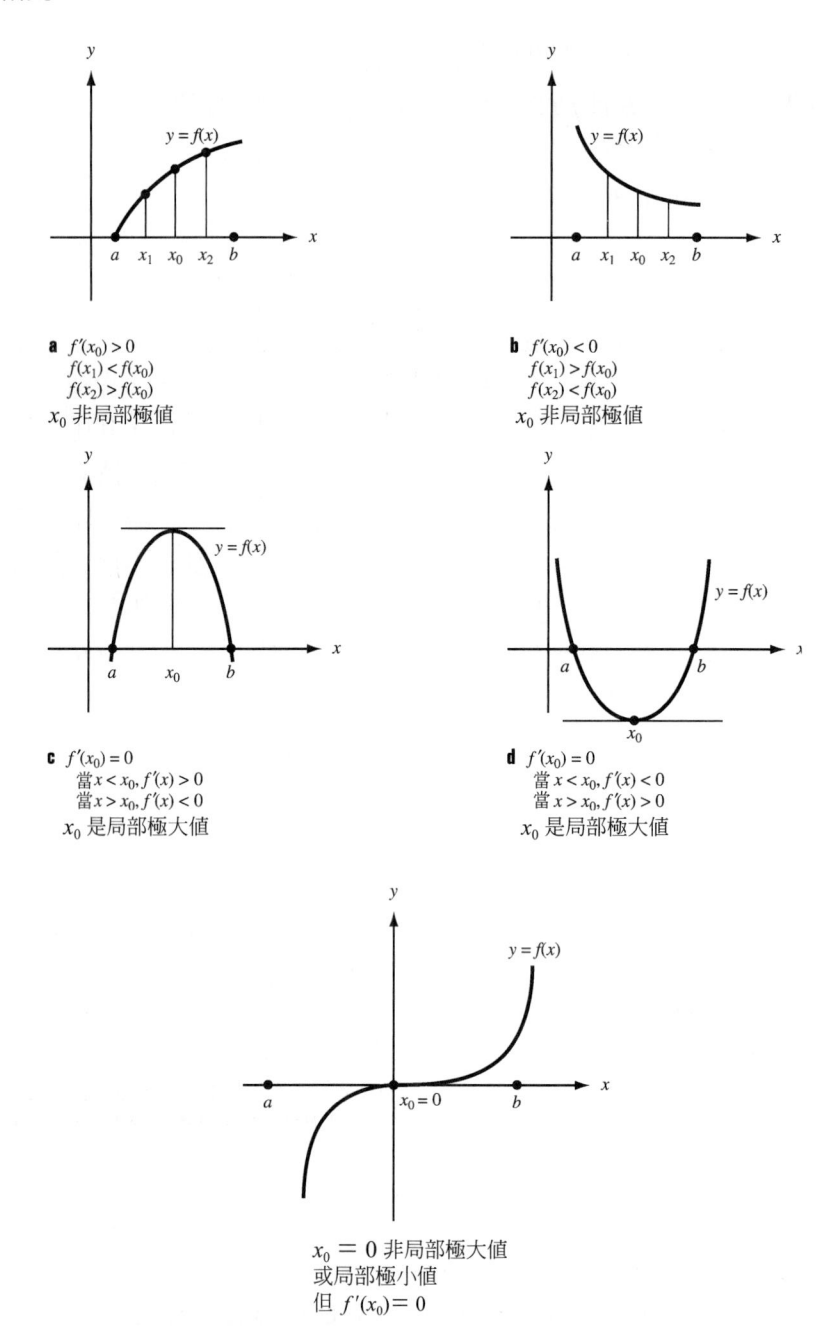

圖 9-21　當 $f'(x_0)$ 存在時，如何決定是否 x_0 為局部極大或局部極小

狀況 2　$f'(x)$ 不存在的點

當 $f(x)$ 在 x_0 上沒有導數時，x_0 可能為局部極大，也可能是局部極小，或兩者都不是 (參考圖 9-22)。在這個狀況下，我們可以透過檢查 $f(x)$ 在靠近 x_0

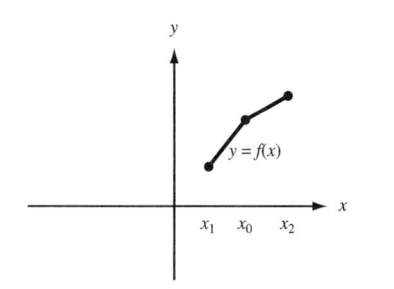

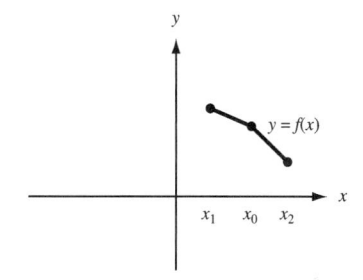

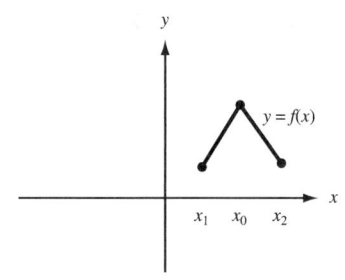

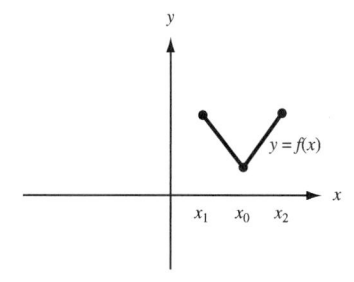

a. x_0 非局部極值　　　　　　　　　b. x_0 非局部極值

c. x_0 是局部極大值　　　　　　　　d. x_0 是局部極小值

圖 9-22　當 $f'(x_0)$ 不存在時,如何確定 x_0 是否為一個局部極大值或局部極小值

表 9-9　如何決定一個 $f'(x)$ 不存在的點,是否是一個局部極大值或局部極小值

$f(x_0)$,$f(x_1)$ 和 $f(x_2)$ 之間的關係	x_0	圖
$f(x_0) > f(x_1)$; $f(x_0) < f(x_2)$	不是局部極值點	16a
$f(x_0) < f(x_1)$; $f(x_0) > f(x_2)$	不是局部極值點	16b
$f(x_0) \geq f(x_1)$; $f(x_0) \geq f(x_2)$	局部極大值	16c
$f(x_0) \leq f(x_1)$; $f(x_0) \leq f(x_2)$	局部極小值	16d

中 $x_1 < x_0$ 及 $x_2 > x_0$ 的值決定 x_0 是否為局部極大值或局部極小值,表 9-9 歸納出四種可能的情況。

狀況 3　[a,b] 的端點 a 和 b

從圖 9-23,我們看到

若 $f'(a) > 0$,則 a 是一個局部極小值。
若 $f'(a) < 0$,則 a 是一個局部極大值。
若 $f'(b) > 0$,則 b 是一個局部極大值。
若 $f'(b) < 0$,則 b 是一個局部極小值。

若 $f'(a) = 0$ 或 $f'(b) = 0$ 時,則可繪出一個如圖 9-23 的圖形來確定是否 a 或 b 為一局部極值。

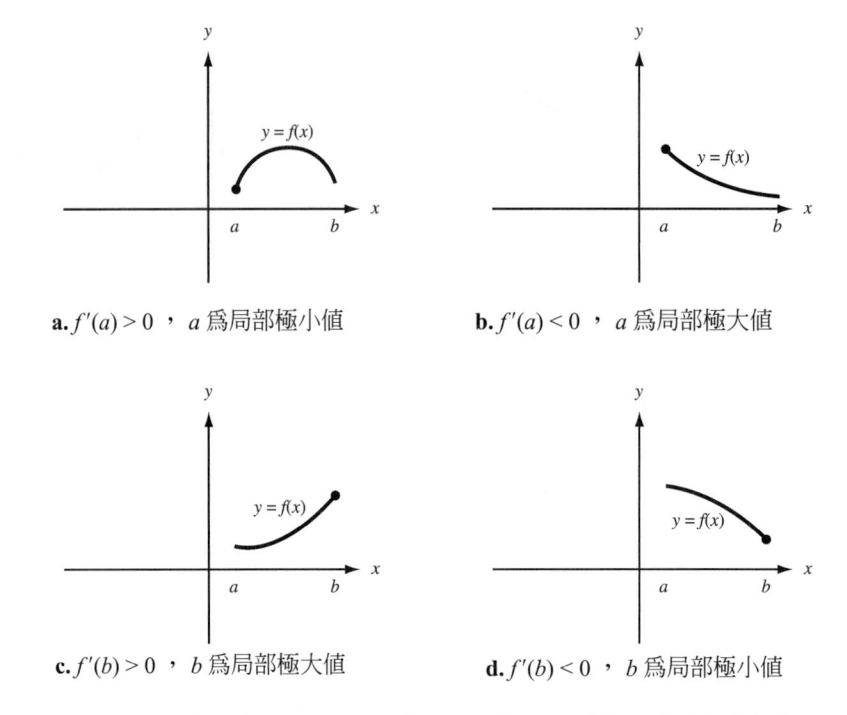

a. $f'(a) > 0$，a 為局部極小值
b. $f'(a) < 0$，a 為局部極大值
c. $f'(b) > 0$，b 為局部極大值
d. $f'(b) < 0$，b 為局部極小值

圖 9-23　當 x_0 為一個端點時，如何決定 x_0 是否為一個局部極大值或局部極小值

下面一個例子說明如何運用這些觀念來求解如 (5) 式的 NLP。

例題 21　獨佔市場者的極大化利潤

一位獨佔市場者生產一種產品，成本為每件 5 元，當他生產 x 件產品時，每件產品的銷售價為 $10 - x$ 元 ($0 \leq x \leq 10$)。為了極大化利潤，獨佔市場者應生產幾件產品？

解　令 $P(x)$ 代表獨佔市場者生產 x 件產品時的利潤，則

$$P(x) = x(10 - x) - 5x = 5x - x^2 \qquad (0 \leq x \leq 10)$$

因此，獨佔市場者想要解以下 NLP：

$$\max P(x)$$
$$\text{s.t.} \quad 0 \leq x \leq 10$$

現在我們把所有的候選極值點分類如下：

狀況 1　由 $P'(x) = 5 - 2x$，得 $P'(2.5) = 0$，因為 $P''(x) = -2$，因此 $x = 2.5$ 是一個獲得利潤 $P(2.5) = 6.25$ 的局部極大點。

狀況 2　對於 [0, 10] 中的所有點，$P'(x)$ 都存在，因此沒有狀況 2 的候選極值點。

狀況 3　由於 $a = 0$ 有 $P'(0) = 5 > 0$，所以 $a = 0$ 是一個局部極小值，由於 $b = 10$ 有 $P'(10) = -15 < 0$，所以 $b = 10$ 是一個局部極小值點。

第 9 章 非線性規劃 **581**

因此，$x = 2.5$ 是唯一的局部極大值點，這代表獨佔者選擇 $x = 2.5$ 可以極大他的利潤。

針對所有的 x 值，可以觀察到 $P''(x) = -2$。這代表 $P(x)$ 為一個凹函數，任何 $P(x)$ 的局部極大值點必定是 NLP 的最佳解。因此，定理 1 隱含當我們確定 $x = 2.5$ 是一個局部極大值點，就可以知道它是 NLP 的最佳解。

例題 22　當終點為極大時，找尋全面極大

令
$$f(x) = 2 - (x-1)^2 \quad \text{當} \quad 0 \leq x < 3$$
$$f(x) = -3 + (x-4)^2 \quad \text{當} \quad 3 \leq x \leq 6$$

求
$$\max f(x)$$
$$\text{s.t.} \quad 0 \leq x \leq 6$$

解　**狀況 1**　當 $0 \leq x < 3$ 時，$f'(x) = -2(x-1)$，且 $f''(x) = -2$，當 $3 < x \leq 6$ 時，$f'(x) = 2(x-4)$，$f''(x) = 2$。因此，$f'(1) = f'(4) = 0$，因為 $f''(1) < 0$，$x = 1$ 是一個局部極大值。由於 $f''(4) > 0$，所以 $x = 4$ 是一個局部極小值點。

狀況 2　從圖 9-24，我們看到 $f(x)$ 在 $x = 3$ 沒有導數 (當 x 從右邊趨近 3 時，$f'(x)$ 趨近 -4，而當 x 從右邊趨近 3 時，$f'(x)$ 趨近 -2)。由於 $f(2.9) = -1.61$，$f(3) = -2$，且 $f(3.1) = -2.19$，所以 $x = 3$ 不是局部極值。

狀況 3　由於 $f'(0) = 2 > 0$，所以 $x = 0$ 是一局部極小值點，由於 $f'(6) = 4 > 0$，所以 $x = 6$ 是一個局部極大值。

因此，在 $[0, 6]$，當 $x = 1$ 和 $x = 6$ 時，$f(x)$ 有一局部極大值。由於 $f(1) = 2$ 和 $f(6) = $

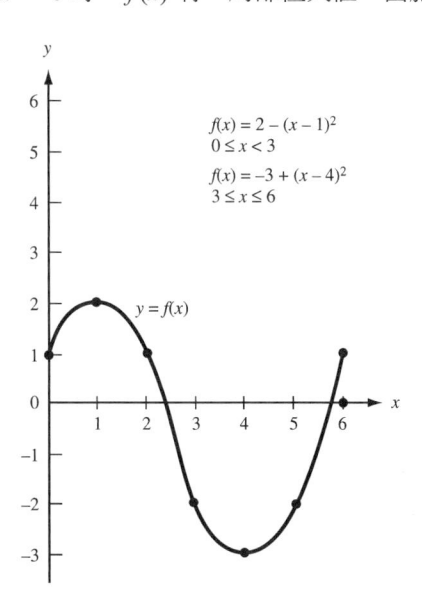

圖 9-24　例題 22 的圖形

1，所以我們可以得到 NLP 的最佳解在 $x = 1$。

定價與非線性最佳化

另外一個重要的商業決策為決定某一個產品的售價可以極大化利潤，一個產品的需求量通常可以表示成價格的線性函數。

$$需求 = a - b(價格)$$

其中 a 及 b 為常數。若線性需求函數是相關的，則一個產品的單位成本為 c，則其利潤可以表示成

$$(價格 - c) \times [a - b(價格)]。$$

這個表示利潤為價格的凹函數，且利用 Solver 可以找到利潤極大的價格。在本節，我們給予二個 Solver 模式 (來自於 Dolan 及 Simon，1977) 可用來決定最佳價格。

第一個模式可處理以下問題：當交換利率波動時，美國公司如何改變其產品全球價格？更特別地，假設 Eli Daisy 正在德國銷售藥品。他的目標為極大化美元的利潤，但他在德國賣藥，收到的為馬克，為了極大化 Daisy 的美元利潤，以馬克為主的價格如何因交換利率而改變？為了說明這個概念，考慮以下例子。

例題 23　當交換利潤改變的定價問題

生產藥品 taxoprol 的價格為 $60，目前，交換利率為 0.677$/馬克，且我們必須花 150 馬克購買 taxoprol，目前對於 taxoprol 的需求為 100 單位，且估計對於 taxoprol 的彈性為 2.5。假設需求為一個線性曲線，決定 taxoprol 的價格如何受到交換利率的影響。

解　　現在我們決定需求與價格 (馬克) 的關係線性需求曲線。目前，需求量為 100，且價格為 150 馬克。從經濟學的理論而言，一個產品的價格彈性為因為增加 1% 的價格而造成銷售量的減少百分比。因為價格彈性為 2.5，所以在價格上增加 1% (到 151.5) 將造成需求量的減少 (到 $100 - 2.5 = 97.5$)，在檔案 Intprice.xls (線性需求的表單中)，我們輸入二個點在 B12:C13，我們可以發現需求曲線的斜率及截距

$$斜率 = \frac{97.5 - 100}{151.5 - 150} = -1.6667$$

(因為需求的絕對值大於 1，所以需求是有彈性的)：

在 D13 斜率的計算可利用下列方程式

$$= (B13 - B12)/(A13 - A12)$$

第 9 章　非線性規劃　583

$$截距 = 100 + (-150)(-1.6667) = 350$$

在 D14 截距的計算，可以利用以下方程式

$$= B12 + (-A12) \times (D13)$$

因此，需求 = 350 − 1.6667 (馬克)(參考圖 9-25)。

現在我們可以計算我們的交換利率的利潤，範圍為 $0.4/馬克到 $1/馬克，然後，我們利用 Solver 求極大化利潤和的價格集合，這可以保證對於不同的交換利率找到最大化利潤的價格。

步驟 1　輸入交換利率的試驗價格 ($/馬克) 在 B4:J4 格。
步驟 2　在 B5 : J5，輸入單位成本以美元計 ($60)。
步驟 3　在 B6 : J6，輸入 taxoprol 的試驗價格 (馬克)。
步驟 4　觀察到每一個交換利率的需求可以由 350 − 1.66667*(馬克價格)。

在 B7:J7 格，我們決定每一個交換利率的需求。在 B7，我們找到對於交換利率為 $0.6667/馬克，可以由公式

$$= \$D\$14 + \$D\$13 * B6$$

將此式複製到範圍 C7:J7，並計算對於所有其他交換利率的需求。

步驟 5　觀察到利潤，以美元可由下式求出

$$[(\$/馬克)* 以馬克為主的價格 - 以美金的成本]*(需求)$$

在 B8:J8 格，我們可以計算針對每一個交換利率的美元利潤，在 B8 中，我們找到目前交換利率 ($0.66667/馬克) 的利潤及目前的價格 (150 馬克)，利用以下方程式

$$= (B4*B6 - B5)*B7$$

將這個方程式複製到 C8 : J8 格來計算所有其他的交換利率。

步驟 6　在 K8 格，我們加上對於所有交換利率的利潤，利用方程式

$$= SUM (C8:J8)$$

	A	B	C	D	E	F	G	H	I	J	K
1	Price dependence										
2	on exchange rate										
3											
4	Current $/DM	0.666667	0.4	0.5	0.6	0.666667	0.7	0.8	0.9	1	
5	Unit Cost US $	60	60	60	60	60	60	60	60	60	
6	Current price DM	149.9999	179.9999	164.9999	154.9999	149.9999	147.8571	142.4999	138.3333	134.9999	
7	Current demand	100.0002	50.00015	75.00014	91.6668	100.0002	103.5716	112.5001	119.4446	125.0001	
8	Current profit US$	4000.005	600	1687.5	3025	4000.005	4505.357	6075	7704.167	9375	Total Profit
9	Elasticity	2.5	2.5	2.5	2.5	2.5	2.5	2.5	2.5	2.5	36972.03
10											
11	Price DM	demand									
12	150	100									
13	151.5	97.5	slope	-1.666667							
14	Demand = 350-(5/3)*price		intercept	350							

圖 9-25

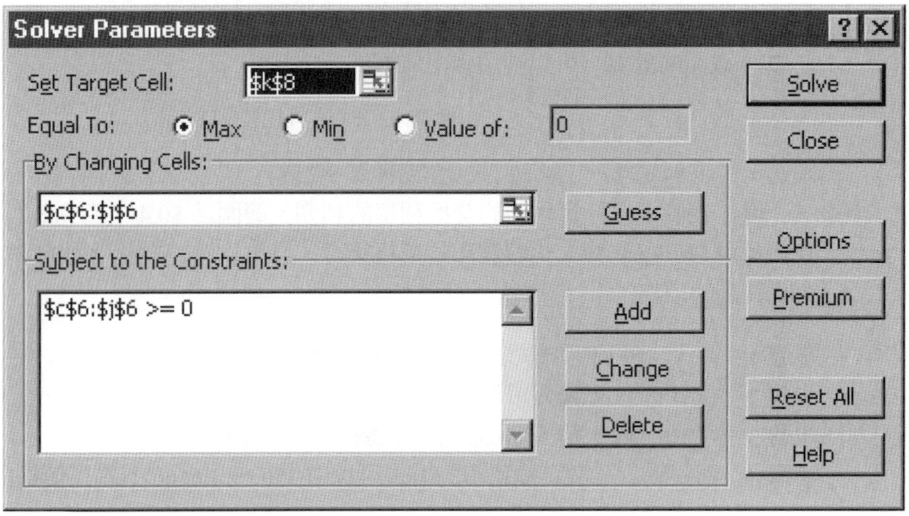

584 作業研究 I

圖 9-26

步驟 7 現在,我們利用 Solver 決定每一個交換利率的最大利潤的價格,在改變每個交換利率 (C6:J6) 的非負價格,我們可以極大化利潤和 (K8)。因為每一個價格只有影響到自己行的交換利率利潤,它保證我們可以找到每個交換利率的利潤最大化價格,例如,針對 $0.66667/馬克,最佳的價格為 150 馬克。注意若馬克下降價值 25% 到 $0.5/馬克,我們只要上升成本 10% ($\frac{165-150}{150} = 0.10$) 馬克。因為彈性需求,利潤極大化不會造成德國的顧客吸收所有因為馬克的萎縮所造成美金上的損失。最後 Solver 的視窗如圖 9-26。

我們如何利用 Solver 決定利潤極大化的價格?一個方法是將市場分割幾個段落且標示為低價位,中價位,及高價位來推導一個需求曲線,針對每個價格及市場段落,可以要求公司的專家估計產品需求,然後我們再利用 Excel 的趨勢曲線適合性功能去適合一個二次曲線,它可以用來估計不同價格的每個段落需求。最後,我們可以加上段落需求曲線推導一個累積需求曲線及利用 Solver 決定利潤極大化價格,這個過程可以用例題 24 說明 (參考 Dolan 及 Simon (1996))。

例題 24　一條糖果的定價問題

一條糖果需要 55¢ 生產,每條糖果的價格,我們考慮售價介在 $1.10 及 $1.50,針對價格 $1.10、$1.30 及 $1.50,市場行銷部門估計在三個可賣出糖果的區域,可估計出糖果的需求量 (參考表 9-10),公司要訂什麼價格利潤才會最大?

解　步驟 1 首先,我們找出一條二次曲線適合表 9-10 的三種需求,參考檔案 Expdemand.xls。例如,針對區域 1,我們利用 X-Y 圖表 Wizard 的選擇畫出 D4:E6,將點輸入圖形內直到它們轉成其他顏色且選擇 Insert Trendline Polynomial (2)

表 9-10

| 價格 ($) | 需求 (以千計) | | |
(單位成本：0.55)	區域 1	區域 2	區域 3
低 (1.10)	35	32	24
中 (1.30)	32	27	17
高 (1.50)	22	16	9

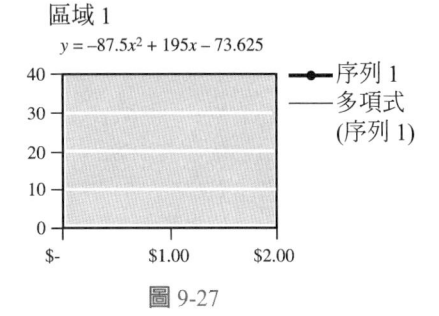

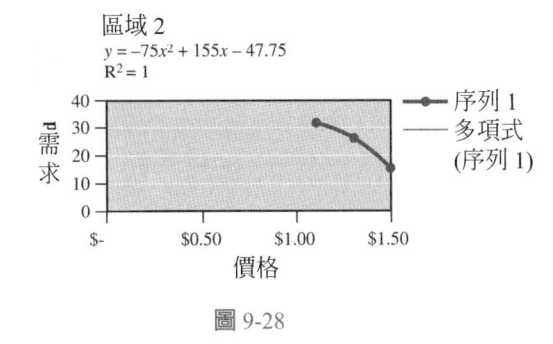

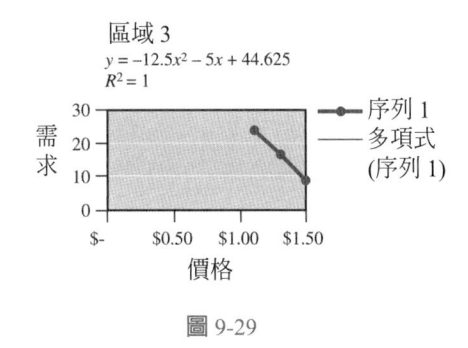

區域 1
$y = -87.5x^2 + 195x - 73.625$

圖 9-27

區域 2
$y = -75x^2 + 155x - 47.75$
$R^2 = 1$

圖 9-28

區域 3
$y = -12.5x^2 - 5x + 44.625$
$R^2 = 1$

圖 9-29

來檢查等式選擇以確定二次曲線等式真正滿足所列出的三點。

因此我們估計區域 1 的需求 (參考圖 9-27)：

$$= -87.5*(價格)^2 + 195*(價格) - 73.625$$

相同地，在區域 2 及 3，我們找到下列的需求等式 (參考圖 9-28 及 9-29)：

區域 2 的需求 $= -75*(價格)^2 + 155*(價格) - 47.75$
區域 3 的需求 $= -12.5*(價格)^2 - 5*(價格) + 44.625$

步驟 2　現在我們輸試驗價格在 H4 格且決定在 I4：K4 格決定每個區域的價格所對應的需求 (單位千個)

區域 1 需求 (I4 格) $= -87.5*H4^2 + 195*H4 - 73.625$
區域 2 需求 (J4 格) $= -75*(H4)^2 + 155*H4 - 47.75$
區域 3 需求 (K4 格) $= -12.5*(H4)^2 - 5*H4 + 44.625$

步驟 3　在 L4 格，計算整個需求 (單位千個) 利用下式

$$= \text{SUM}(I4：K4)$$

步驟 4　在 I6 格，計算我們的利潤 (以千元)：

$$= (H4 - I2)*L4$$

步驟 5　現在，我們已經可以利用 Solver 求出利潤最大的價格，我們簡化最大利潤 (I6 格)，伴隨價格 (H4) 為一個改變的格子。因為在理論上，我們的需求曲線只有在價

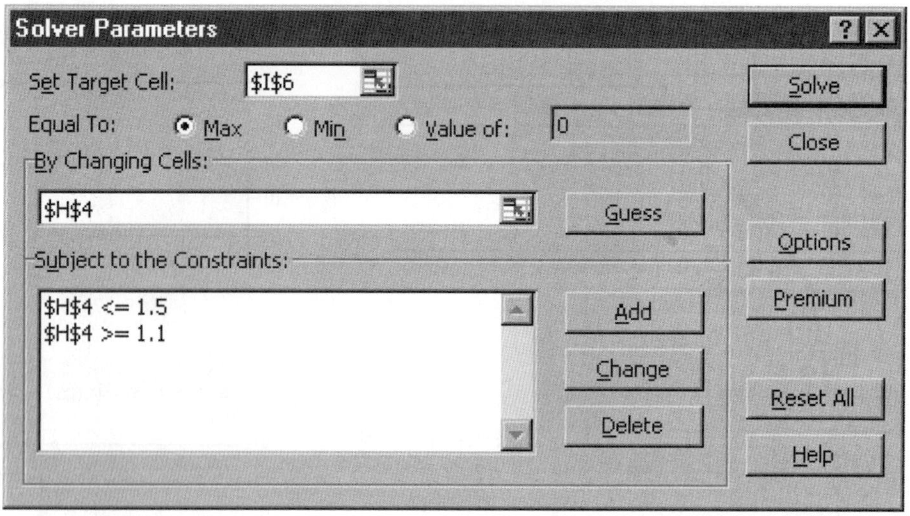

586 作業研究 I

圖 9-30

	H	I	J	K	L
2	Variable cost	0.55			
3	Price	Region 1 demand	Region 2 demand	Region 3 demand	Total demand
4	1.286325018	32.42807	27.53297	17.51047	77.47152
5					
6	Profit	57.04422			
7	(000's)				

圖 9-31

格值介於 $1.10 及 $1.50 內有效，再加上條件 H4 ≥ 1.10 及 H4 ≤ 1.50 (針對 Solver 視窗，參考圖 9-30)。

為什麼模式為非線性？如圖 9-31 所示，我們找到利潤最大化價格為 $1.29。

當我們嘗試要極大化一個很多函數相乘的函數 f，有時候可以簡單地利用極大化 $\ln [f(x)]$，因為 $\ln$ 為一個遞增的函數，我們可以知道任何 x 求解 max $z' = \ln [f(x)]$，受限制於 $x \in S$ 亦同等於解 max $z = f(x)$，受限制於 $x \in S$，例子的應用可以參考問題 4。

利用 LINGO 求解一個變數的 NLP

若你正想極大化的凹目標函數 $f(x)$ (或即使在一個極大化問題目標函數的對數函數亦為凹函數)，你可以確定 LINGO 將找到 NLP 的最佳解。

$$\max z = f(x)$$
$$\text{s.t.} \quad a \leq x \leq b$$

因此，若我們利用 LINGO 求解例題 21，我們可以有信心地找到正確的答案。然而，在例題 22，我們不能確認 LINGO 會在區間 [0,6] 上，找到 $f(x)$ 的最大值。

相似地，若你想極小化一個凸目標函數，則你可以知道 LINGO 將找到 NLP 的最佳解。

$$\min z = f(x)$$
$$\text{s.t.} \quad a \leq x \leq b$$

如果你想嘗試極小化一個單變數非凸函數或極大化一個非凹函數的 NLP 問題，且受限制於 $a \leq x \leq b$，則 LINGO 可能會找到一個局部極值，但它並不能解一個 NLP。在這種情況下，使用者可以影響 LINGO 的求解過程，在其中加入一個開始的 x 值且利用 INIT 的指令。例如，若我們直接利用 LINGO 求解

$$\min z = x \sin (\pi x)$$
$$\text{s.t.} \quad 0 \leq x \leq 6$$

LINGO 可能找到一個局部極小值 $x = 1.564$，這個原因是因為電腦預設值的關係，LINGO 首先會猜測 $x = 0$ 且在 $x = 1.564$ 時，局部極小值的條件會滿足 $[f'(x) = 0$ 且 $f''(x) > 0]$，但在畫函數 $x \sin (\pi x)$ 可以顯示另外一個局部極小會發生在 $x = 5$ 與 $x = 6$ 之間。當利用 INIT 指令時，我們可以直接使用 LINGO 在 $x = 5$ 附近，然後 LINGO 就會找到這個 NLP 的最佳解 ($x = 5.52$)。例如，利用 LINGO 開始在 $x1 = 2$ 及 $x2 = 3$，我們可以將下列部份加在我們的 LINGO 程式裡：

INIT:
$x1 = 2$;
$x2 = 3$;
ENDINIT

問　題

問題組 A

1. 某公司生產一部空調機的變動成本為 \$100，生產空調器的固定成本為 \$500，若公司必須花 x 元做廣告，則能以每部 \$300 的價格銷售 $x^{1/2}$ 部空調器，該公司如何能使其利潤達到最大？如果生產空調器的固定成本為 \$20,000，該公司如何能使利潤達到最大？

2. 如果有一專利生產者生產 q 件產品，則每件售價為 $100 - 4q$ 元，生產的固定成本為 \$50，而每件的變動成本為 \$2。專利者如何使利潤達到最大？如果專利者必須支付每件產品 \$2 的銷

售稅，她會增加或減少產量？

3. 證明：針對所有 x，$e^x \geq x + 1$。(提示：令 $f(x) = e^x - x - 1$，證明當 $x = 0$ 時
$$\min f(x)$$
$$\text{s.t.} \quad x \in R$$
存在。)

4. 假設一棒球選手在 n 次"打擊"時有 x 次會擊中，假設我們想估計選手在每次"打擊"時擊中的機率 (p)。利用最大概似法 p 去估計 $\hat{p}$，其中 $\hat{p}$ 為觀測 n 次的打擊中有 x 次擊中的最大機率，試證明最大概似法將選擇 $\hat{p} = \frac{x}{n}$。

5. 試求
$$\max x^3$$
$$\text{s.t.} \quad -1 \leq x \leq 1$$
的最佳解。

6. 試求
$$\min x^3 - 3x^2 + 2x - 1$$
$$\text{s.t.} \quad -2 \leq x \leq 4$$
的最佳解。

7. 在雷根執政時，經濟學家亞瑟・拉弗 (Arthur Laffer) 因其拉弗曲線而聞名，它可推得增加稅率而造成減少稅收，且同時減少稅率會造成增加稅收，這個問題顯示出在拉弗曲線背後的理念。假設有個人努力的程度為 e，他或她可以賺到收益 $10e^{1/2}$。一樣地，假設一個人的努力程度為 e 會跟隨著一個成本 e。接下來假設利率為 T，這代表一個人可以得到一個比率 $1 - T$ 的稅前收益，試證明 $T = 0.5$ 時可以極大化政府的稅收。因此，若稅率為 60%，則必須減少稅率以增加收益。

8. 經營一家醫院的每天成本為 $200{,}000 + 0.002x^2$ 元，其中 $x = $ 每天服務的病人數，試問醫院規模大小為多少時，才可以極小化經營一家醫院每天病人的成本。

9. 在每天早上尖峰的期間，會有 10,000 人想從紐澤西旅行到紐約。有一個人搭乘地鐵，這段行程持續 40 分鐘，若每天早上有 x 千人開車到紐約，他要花 $20 + 5x$ 分鐘完成他的路程。這個問題顯示出生活的基本事實，若人們想利用自己的交通工具，他們將會造成自己事實發生的壅塞！

   a. 證明若人們利用他們自己的交通工具，平均會有 4,000 人將會從紐澤西到紐約。這裡你必須假設在地鐵與馬路上的分配能夠使得利用道路的平均旅程時間＝利用地鐵的平均旅程時間，當這個"平衡"發生時，沒有人可以隨意地改變利用從馬路到地鐵或地鐵到馬路。

   b. 證明若有 2,000 人是利用馬路通行，則每人的平均旅程時間將是最少。

10. 目前，對換利率為一美元可換 100 日元。在日本，我們可以銷售一個產品，它需要 5 美元生產且賣 700 日元。這個產品有個彈性為 3，針對對換利率每一美元可以從 70 日元改變到 130 日元，決定在日本最佳生產價格及其美元利潤。假設現在為一個線性需求曲線，目前的需求假設為 100。

11. 假設生產 X-Box 要花費 $250，我們嘗試決定每部 X-Box 的銷售價格，價格介在 $200 至 $400 正列入考慮。針對價格 $200、$250、$350 及 $400 的需求列在下表。假設每一個人購

買 X-Box 的每一種遊戲，MSFT 會賺到 $10 的利潤。決定每部 X-Box 平均購買 10 種遊戲的最佳價格及其利潤。

價格 ($)	需求
200	2.00E + 06
250	1.20E + 06
350	6.00E + 05
400	2.00E + 05
單位成本	$250

12. 你為一家新雜誌的出版商，印刷及行銷的雜誌每週需要變動成本 $0.25，你想要收取新雜誌的費用為每週 $0.50 到 $1.30。針對每週雜誌價格為 $0.50、$0.80 及 $1.30 的估計訂購人數 (百萬) 如下：

價格	需求 (百萬)
0.5	2.00
0.8	1.20
1.3	0.30

試問每本雜誌的價格必須訂在多少，才能使每週的利潤達到極大？

問題組 B

13. 某個公司生產 x 件產品，成本為 $c(x)$ 元，曲線 $y = c'(x)$ 稱為公司的邊際成本曲線 (為什麼？)，公司的平均成本曲線為 $z = c(x)/x$。令 x^* 代表能夠極小化公司平均成本的生產水準，試繪出邊際成本曲線與平均成本曲線會交於 x^* 點的條件。

14. 一部機器使用 t 年後，每年可以獲得的收益為 e^{-t} 元。在使用 t 年後，能夠以 $\frac{1}{t+1}$ 元的價格出售。
    a. 為了獲得最大的收益，機器應該在何時出售？
    b. 當收入是連續地折扣時 (亦即，t 年後所得的 $1 收入等於現在得到的收入 e^{-rt} 元)，(a) 的答案有什麼變化？

15. 假設有一家公司必須服務住在一個面積為 A 平方哩，且有 n 間倉庫的顧客。Kolesar 及 Blum 已經證明每一間倉庫與一位顧客的平均距離為

$$\sqrt{\frac{A}{n}}$$

假設公司每年需要花 $60,000 維護一間倉庫及 $400,000 建造一間倉庫。(假設成本 $400,000 等於永遠每年需要花費的成本 $40,000。) 公司每年會接到 160,000 的訂單，且每哩每個訂單需要的運送成本為 $1。若這家公司需要服務一個區域範圍為 100 平方哩，則他們需要設立多少間倉庫？

16. 證明定理 4。
17. 證明定理 5。

9.5 黃金分割搜索法

考慮一個函數 $f(x)$ (對於某一個 x，$f'(x)$ 可能不存在)。假設我們想解以下 NLP：

$$\max f(x)$$
$$\text{s.t.} \quad a \leq x \leq b \tag{6}$$

對於這個問題，$f'(x)$ 可能不存在，或非常難求解等式 $f'(x) = 0$。不論哪一種情況，利用上一節所介紹的方法求解 NLP 都可能比較困難。在本節，我們討論當 $f(x)$ 為某一種型態的特殊函數 (單峰函數)，如何解出式 (6)。

定義 ■ 一個函數 $f(x)$ 在 $[a, b]$ 稱為**單峰的** (unimodal)，若針對在 $[a, b]$ 上的某些點 $\bar{x}$，若 $f(x)$ 在 $[a, \bar{x}]$ 為嚴格遞增，且在 $[\bar{x}, b]$ 為嚴格遞減。 ■

如果 $f(x)$ 在 $[a, b]$ 上是一個單峰的函數，則它在 $[a, b]$ 上僅有唯一的局部極大值 $\bar{x}$ 及此局部極大值為 (6) 式的解 (參考圖 9-32)。令 $\bar{x}$ 代表 (6) 式的最佳解。

在對 $f(x)$ 沒有任何的更多了解的資訊下，我們只能說 (6) 式的最佳解會是區間 $[a, b]$ 上的某一個解。在 $[a, b]$ 上的兩個點 x_1 和 x_2 (假設 $x_1 < x_2$) 上求 $f(x)$ 的值，我們可以縮小式 (6) 解的所在區間範圍，在求出 $f(x_1)$ 和 $f(x_2)$ 之後，必定出現下列三種狀況之一，針對每一種情況，我們都可以證明 (6) 式的最佳解是 $[a, b]$ 上的一個子集合。

情況 1 $f(x_1) < f(x_2)$。因為 $f(x)$ 針對在 $[x_1, x_2]$ 間至少某部分區間是遞增的，因此由 $f(x)$ 的單峰的這個事實，可以證明 (6) 式的最佳解在 $[a, x_1]$ 上不可能出現。因此，在情況 1，$\bar{x} \in [x_1, b]$ (參考圖 9-33)。

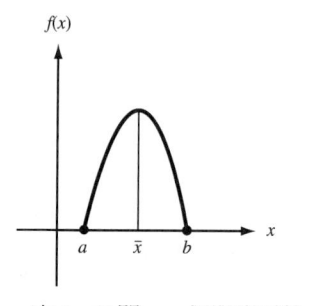

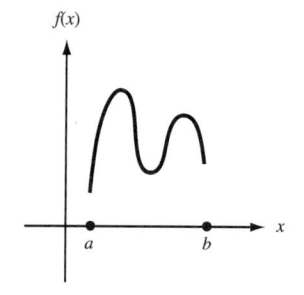

a 在 $[a, b]$ 間，一個單峰函數
$\bar{x}$ = 局部極大且為
$\max f(x)$
s.t. $a \leq x \leq b$

b 在 $[a, b]$ 間，不為單峰的函數

圖 9-32 單峰函數的定義

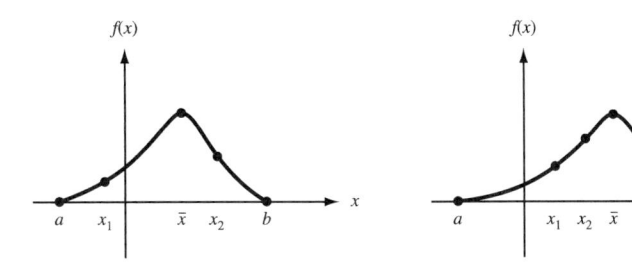

圖 9-33　若 $f(x_1) < f(x_2)$，$\bar{x} \in [x_1, b]$

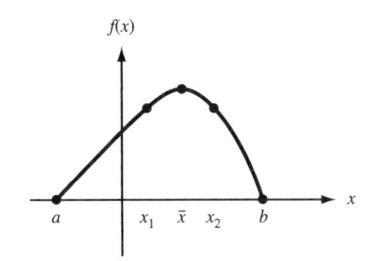

圖 9-34　若 $f(x_1) = f(x_2)$，$\bar{x} \in [a, x_2]$

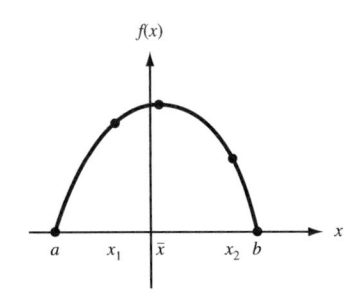

圖 9-35　若 $f(x_1) > f(x_2)$，$\bar{x} \in [a, x_2]$

情況 2　$f(x_1) = f(x_2)$。針對區間 $[x_1, x_2]$ 的某些部份，$f(x)$ 必須為遞減的，且 (6) 式的最佳解必定出現在某個 $\bar{x} < x_2$。因此，在情況 2，$\bar{x} \in [a, x_2]$ (參考圖 9-34)。

情況 3　$f(x_1) > f(x_2)$。在此例，x 達到 x_2 之前，$f(x)$ 開始遞減，因此，$\bar{x} \in [a, x_2]$ (參考圖 9-35)。

$\bar{x}$ 所在的區間必須處於 $[a, x_2)$ 或 $(x_1, b]$ 二者之一的區間內，此稱為**不確定區間** (interval of uncertainty)。

在許多搜尋演算法，利用上述結果來縮小這個未定區間 [參考 Bazaraa 及 Shetty (1993，8.1 節)]。大多數這些演算法的進行過程如下：

步驟 1　開始時，x 的不確定區間為 $[a, b]$，在二個審慎選擇的點 x_1 及 x_2 上求

$f(x)$ 的值。

步驟 2 確定情況 1 – 3 中哪個情況會成立,進而找出一個縮小不確定區間。

步驟 3 在二個新的點上評估 $f(x)$ (演算法確定如何選擇二個新的點),如果不確定區間的範圍還不夠小,則回到步驟 2。

我們將詳細討論一個搜尋演算法:黃金分割搜尋法 (Golden Section Search)。在利用黃金分割搜尋法對一個單峰函數 $f(x)$ 求 (6) 式的解時,我們將看到在步驟 3 選擇二個新的點,其中一個新的點始終和我們之前已經求出 $f(x)$ 的點重合。

令 r 是二次方程式 $r^2 + r = 1$ 的唯一正根,則由二次方程式可得

$$r = \frac{5^{1/2} - 1}{2} = 0.618$$

(為什麼 r 稱為黃金分割,其原因可參考本節末問題 3 。) 黃金分割搜尋法的第一個步驟就是在點 x_1 和 x_2 上求 $f(x)$ 的值,其中 $x_1 = b - r(b - a)$,且 $x_2 = a + r(b - a)$ (參考圖 9-36)。由此圖,我們可以看出,把區間的右端點往左移 $r(b - a)$ 就可以得到 x_1,而把區間的左端點向右移 $r (b - a)$ 就可以得到 x_2。如此,黃金分割搜尋法就可產生二個新的點,在這二個新點上我們再次求得 $f(x)$ 的值,並做以下的移動:

新的左端點 將未確定區間的右端值向左移動一段等於現行未確定區間的長度一個比例 r 的距離。

新的右端點 將未確定區間的左端值向右移動一段等於現行未確定區間的長度一個比例 r 的距離。

根據上述討論的情況 1 – 3 ,我們知道當 $f(x_1) < f(x_2)$, $\bar{x} \in (x_1, b]$。當 $f(x_1) \geq f(x_2)$, $\bar{x} \in [a, x_2)$。當 $f(x_1) < f(x_2)$ 時,縮小後未確定區間的長度為 $b - x_1 = r(b - a)$,且當 $f(x_1) \geq f(x_2)$,縮小後未確定區間的長度為 $b - x_1 = r(b - a)$。當 $f(x_1) \geq f(x_2)$,縮小後未確定區間長度為 $x_2 - a = r(b - a)$。因此,在求出 $f(x_1)$ 和 $f(x_2)$ 的值之後,未確定區間的長度縮小為 $r(b - a)$。

每次在二點上求出 $f(x)$ 的值且縮小未確定區間的範圍,我們稱已完成黃

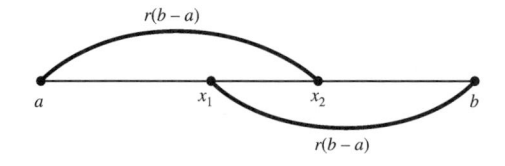

圖 11-36 利用黃金分割搜尋法所得 x_1 與 x_2 的位置

金分割搜尋法的一次反覆計算，定義

L_k＝在完成演算法的 k 次反覆計算後，未確定區間的長度
I_k＝在完成 k 次反覆計算法的未確定區間

則我們可知 $L_1 = r(b - a)$，且 $I_1 = [a, x_2]$ 或 $I_1 = (x_1, b]$。

按照這個順序，我們可得二個新的點 (x_3 與 x_4)，且在二點上計算出 $f(x)$ 的值。

情況 1 $f(x_1) < f(x_2)$。這時新的未確定區間 $(x_1, b]$ 的長度為 $b - x_1 = r(b - a)$，由圖 9-37a 可以看出

x_3＝新的左端點＝$b - r(b - x_1) = b - r^2(b - a)$
x_4＝新的右端點＝$x_1 + r(b - x_1)$

新的左端點 x_3 將等於舊的右端點 x_2。為了了解這個事實，利用 $r^2 = 1 - r$ 的事實，可以推論出 $x_3 = b - r^2(b - a) = b - (1 - r)(b - a) = a + r(b - a) = x_2$。

情況 2 $f(x_1) \geq f(x_2)$。這個新的未確定區間為 $[a, x_2)$，其長度為 $x_2 - a = r(b - a)$，因此 (參考圖 9-37b)

x_3＝新的左端點＝$x_2 - r(x_2 - a)$
x_4＝新的右端點＝$a + r(x_2 - a) = a + r^2(b - a)$

新的右端點 x_4 將等於舊的左端點 x_1，為了清楚這個觀念，利用 $r^2 = 1 - r$ 這個事實，可以推論出 $x_4 = a + r^2(b - a) = a + (1 - r)(b - a) = b - r(b - a) = x_1$。

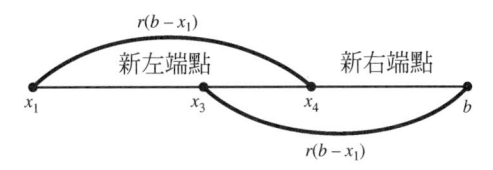

a. 若 $f(x_1) < f(x_2)$ 時，新的未確定區間為 $(x_1, b]$

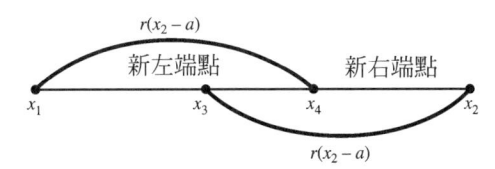

b. 若 $f(x_1) \geq f(x_2)$ 時，新的未確定區間為 $[a, x_2)$

圖 9-37　在黃金分割搜尋法中如何產生新的點

594 作業研究 I

現在可以利用 $f(x_3)$ 和 $f(x_4)$ 的值進一步縮小未確定區間的長度。在這個點上，我們已經完成黃金分割搜尋法的兩次反覆計算。

我們已經證明黃金分割搜尋法的每次反覆計算中，只需要在一個新的點上求 $f(x)$ 的值即可。我們可以簡單地看出 $L_2 = rL_1 = r^2(b - a)$，且更廣地說 $L_k = rL_{k-1}$ 可以得到 $L_k = r^k(b - a)$。因此，若我們希望最後的未確定區間長度 $< \epsilon$，則我們必須完成黃金分割搜尋法的反覆計算次數 k 次，其中可由 $rk(b - a) < \epsilon$ 求出。

例題 25 黃金分割搜尋法

利用黃金分割搜尋法找出下面 NLP 的解，且最後的特定區間長度必須小於 $\frac{1}{4}$：

$$\max -x^2 - 1$$
$$\text{s.t.} \quad -1 \leq x \leq 0.75$$

解 本例中有 $a = -1$，$b = 0.75$ 及 $b - a = 1.75$，為確定必須完成黃金分割搜尋法中的反覆計算次數 k，我們可以根據 $1.75 (0.618^k) < 0.25$，或 $0.618^k < \frac{1}{7}$ 來求出 k，兩邊再取以 e 為底的對數，可得

$$k \ln 0.618 < \ln \tfrac{1}{7}$$
$$k(-0.48) < -1.95$$
$$k > \tfrac{1.95}{0.48} = 4.06$$

因此，必須完成五次的黃金分割搜尋。我們必須先確定 x_1 和 x_2：

$$x_1 = 0.75 - (0.618)(1.75) = -0.3315$$
$$x_2 = -1 + (0.618)(1.75) = 0.0815$$

則 $f(x_1) = -1.1099$ 及 $f(x_2) = -1.0066$。由於 $f(x_1) < f(x_2)$，新的未確定區間為 $I_1 = (x_1, b] = (-0.3315, 0.75]$，且 $x_3 = x_2$。當然，$L_1 = 0.75 + 0.3315 = 1.0815$。現在，我們已經確定二個新的點 x_3 和 x_4：

$$x_3 = x_2 = 0.0815$$
$$x_4 = -0.3315 + 0.618(1.0815) = 0.3369$$

則 $f(x_3) = f(x_2) = -1.0066$ 且 $f(x_4) = -1.1135$，由於 $f(x_3) > f(x_4)$，所以新的未確定區間為 $I_2 = [-0.3315, x_4) = [-0.3315, 0.3369)$，且 x_6 會等於 x_3。此外，$L_2 = 0.3369 + 0.3315 = 0.6684$。然後

$$x_5 = 0.3369 - 0.618(0.6684) = -0.0762$$
$$x_6 = x_3 = 0.0815$$

注意 $f(x_5) = -1.0058$ 且 $f(x_6) = f(x_3) = -1.0066$，因為 $f(x_5) > f(x_6)$，所以新的未確定區間為 $I_3 = [-0.3315, x_6) = [-0.3315, 0.0815)$ 及 $L_3 = 0.0815 + 0.3315 = 0.4130$，由於 $f(x_6) < f(x_5)$，所以有 $x_5 = x_8$ 及 $f(x_8) = -1.0058$。現在

$$x_7 = 0.0815 - 0.618(0.413) = -0.1737$$
$$x_8 = x_5 = -0.0762$$

且 $f(x_7) = -1.0302$，由於 $f(x_8) > f(x_7)$，所以新的未確定區間是 $I_4 = (x_7, 0.0815] = (-0.1737, 0.0815]$ 且 $L_4 = 0.0815 + 0.1737 = 0.2552$。此外，$x_9 = x_8$ 將成立，最後

$$x_9 = x_8 = -0.0762$$
$$x_{10} = -0.1737 + 0.618(0.2552) = -0.016$$

現在 $f(x_9) = f(x_8) = -1.0058$ 且 $f(x_{10}) = -1.0003$，因為 $f(x_{10}) > f(x_9)$，所以新的未確定區間 $I_5 = (x_9, 0.0815] = (-0.0762, 0.0815]$ 且 $L_5 = 0.0815 + 0.0762 = 0.1577 < 0.25$ (L_5 已符合本例的要求)。

因此，我們確定

$$\max -x^2 - 1$$
$$\text{s.t.} \quad -1 \leq x \leq 0.75$$

的最佳解必定落在區間 $(-0.0762, 0.0815]$。(當然，實際的最佳解必定出現在 $\bar{x} = 0$。)

只要將 -1 乘以目標函數，即可把黃金分割搜尋法用於極小問題，這個結果必須假設修正後的目標函數必須是單峰的。

利用表格來執行黃金分割搜尋

圖 9-38 (檔案 Golden.xls) 呈現出在 Lotus 1-2-3 上黃金分割搜尋法的使用。首先我們必須將例題 25 中不確定區間的左端點及右端點 ($a = -1$, $b = 0.75$) 輸入 A2 及 B2 格，我們可透過公式 (5^.5 − 1)/2 輸入 G2 來計算 r。然後，我們將 G2 格命名為全距 R (利用 **INSERT NAME CREATE** 序列的指令)。在所有後續的公式，R 代表全距 R 且假設 r 的值計算置於 G2。我們可以利用在 C2 的公式 = B2 − R*(B2 − A2) 計算起始左端值 x_1，及在 D2 的公式 = A2 + R*(B2 − A2) 計算起始的右端值 x_2。事實上，C2 及 D2 的公式應用置於圖 9-36，我們在 E2 輸入 −(x_2^.2 − 1) 來評估 $f(x_1)$ 及在 F2 輸入 −(D2)^2 − 1 來評估 $f(x_2)$。

在 A3，我們決定新的未確定區間左端點，透過方程式 = IF(E2 < F2, C2, A2)。這會保證若 $f(x_1) < f(x_2)$，則不確定區間的新的左端點等於最後函數在 (x_1) 評估的最後左端點；當 $f(x_1) \geq f(x_2)$，則不確定區間的新的左端點等於舊的左端點 (a)。相似地，在 B3，我們決定不確定區間新的右端點，在 C3，我們計算新的左端點 (x_3)，其中利用方程式 = IF (E2 < F2, D2, D2 − R* (D2 − A2)) 計算函數。若 $f(x_1) < f(x_2)$，則這個方程式保證新的左端點 (x_3) 會等於舊的右

596 作業研究 I

A	A	B	C	D	E	F	G
1	LEFTPTUNC	RIGTPTUNC	LEFTPT	RIGHTPT	F(LEFTPT)	F(RIGHTPT)	R
2	.1	0.75	-0.33156	0.081559	-1.10993169	-1.00665195	0.618034
3	-0.33155948	0.75	0.081559	0.336881	-1.00665195	-1.11348883	
4	-0.33155948	0.336881039	-0.07624	0.081559	-1.00581222	-1.00665195	FIGURE
5	-0.33155948	0.08155948	-0.17376	-0.07624	-1.03019326	-1.00581222	25
6	-0.17376208	0.08155948	-0.07624	-0.01596	-1.00581222	-1.00025487	GOLDEN
7	-0.07623792	0.08155948	-0.01596	0.021286	-1.00025487	-1.0004531	SECTION
8							SEARCH

圖 9-38　例題 25 的黃金分割搜尋法

端點 (x_2)；若 $f(x_1) \geq f(x_2)$，則新的左端點 (x_3) 會等於 $x_2 - r(x_2 - a)$ [這等於 D2 － R*(D2 － A2)]。在 D3，我們計算新的右端點 (x_4)，透過方程式 = **IF**(E2 < F2, C2 + R*(B2 － C2), C2)。若 $f(x_1) < f(x_2)$，則新的右端點 (x_4) 會等於 $x_1 + r(b - x_1)$ [這等於 C2 + R*(B2 － C2)]；若 $f(x_1) \geq f(x_2)$，則新的右端點會等於舊的左端點 (x_1) (等於 C2)。在 E3，我們利用 $-(C4)^2 - 1$ 評估函數在新的左端點，且在 F3，我們利用 $-(D4)^2 - 1$ 評估函數在新的右端點。

現在，我們範圍 A3:F3 到範圍 A3:F7 複製方程式，將會產生四個新的黃金分割搜尋法的反覆計算。

問　題

問題組 A

1. 利用黃金分割搜尋法來確定 (在一個 0.8 的區間內)
$$\max x^2 + 2x$$
$$\text{s.t.} \quad -3 \leq x \leq 5$$
的最佳解。

2. 利用黃金分割搜尋法來確定 (在一個 0.6 的區間內)
$$\max x - e^x$$
$$\text{s.t.} \quad -1 \leq x \leq 3$$
的最佳解。

3. 考慮一線段 [0, 1] 分割成二個部份 (參考圖 9-39)。若

$$\frac{\text{整個線段的長度}}{\text{線段的較長部份的長度}} = \frac{\text{線段較長部份的長度}}{\text{線段較短部份的長度}}$$

則稱該線段是利用黃金分割來畫分。試證明當線段按黃金分割法畫分時，

$$r = \frac{(5^{1/2} - 1)}{2}$$

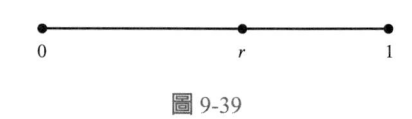

圖 9-39

4. Haghesco 公司有興趣決定如何切割流機噴射機壓力 (p) 影響到一部機器工具 (f) 的有效壽命，資料列在表 9-11，每平方呎 (psi)，壓力 p 限制在 0 到 600 磅，利用黃金分割搜尋估計 p 的值 (在 50 單位內)，極大化機器工具的有效壽命，假設 t 為 p 的單峰函數。

表 9-11

P (每平方呎的磅數)	t (分)
229	39
371	81
458	82
513	79
425	84
404	85
392	84

9.6 無條件限制的極大及極小多變數問題

現在我們討論如何求出下列無條件限制的 NLP

$$\max (\text{或 min}) f(x_1, x_2, \ldots, x_n)$$
$$\text{s.t.} \quad (x_1, x_2, \ldots, x_n) \in R^n \tag{7}$$

的最佳解 (如果它存在) 或局部極值點，我們假設 $f(x_1, x_2, \ldots, x_n)$ 的一階及二階偏導數存在且在所有點都連續，令

$$\frac{\partial f(\bar{x})}{\partial x_i}$$

代表 $f(x_1, x_2, \ldots, x_n)$ 關於 x_i 在 $\bar{x}$ 的偏導數，$\bar{x} = (\bar{x}_1, \bar{x}_2, \ldots, \bar{x}_n)$ 是 NLP (7) 的局部極值點必要條件是由定理 6 給定。

定理 6

如果 $\bar{x}$ 是 (6) 式的一個局部極值點，則 $\dfrac{\partial f(\bar{x})}{\partial x_i} = 0$。

為了了解為什麼定理 6 是成立的，假設 $\bar{x}$ 是 (7) 式的一個局部極值點，例如一個局部極大值。若針對任何一個 i，$\dfrac{\partial f(\bar{x})}{\partial x_i}$ 均成立，則只要稍為增加 x_i (其他變數保持不變)，我們可以找到一個接近 $\bar{x}$ 的點 x'，使得 $f(x') > f(\bar{x})$，這會與 $\bar{x}$ 是一個局部極大值產生矛盾現象。同樣地，如果 $\bar{x}$ 是一個 (7) 式的局部極大值點，且對於 $\dfrac{\partial f(\bar{x})}{\partial x_i} < 0$，則只要稍為減少 x_i (其他的變數保持不變)，則我們可以找到一個接近 x 的點 x''，使 $f(x'') > f(\bar{x})$。因此，若 $\bar{x}$ 為 (7) 式的局部極值點，則針對 $i = 1, 2, \ldots, n$，$\dfrac{\partial f(\bar{x})}{\partial x_i} = 0$ 一定會成立，類似的論證可以證

明當 x 為一個局部極小值點時，則針對 $i = 1, 2, \ldots, n$，$\frac{\partial f(\bar{x})}{\partial x_i} = 0$ 必定成立。

定義 ■ 針對 $i = 1, 2, \ldots, n$，一個有 $\frac{\partial f(\bar{x})}{\partial x_i} = 0$ 的點 x 稱為 f 的**穩定點** (stationary point) ■

下面三個定理給出穩定點是局部極小點，局部極大點，或不是局部極值點的條件 (要使用到 f 的 Hessian 矩陣)。

定理 7

針對 $k = 1, 2, \ldots, n$，若 $H_k(\bar{x}) > 0$，則穩定點 $\bar{x}$ 是 NLP (7) 的一個局部極小值點。

定理 7′

針對 $k = 1, 2, \ldots, n$，若 $H_k(\bar{x})$ 為非零且與 $(-1)^k$ 有相同的符號，則穩定點 $\bar{x}$ 為 NLP (7) 的相對極大值點。

定理 7″

若 $H_n(\bar{x}) \neq 0$ 且定理 7 與 7′ 的條件不成立，則穩定點 $\bar{x}$ 不是一個局部極值點。

當穩定點 $\bar{x}$ 不是一個局部極值時稱為**鞍點** (saddle point)。若針對一個穩定點 $\bar{x}$，$H_n(\bar{x}) = 0$，則 $\bar{x}$ 可能是一個局部極小值點或局部極大值點，也可能是鞍點，且上述的檢定法無法得到任何結論。

從定理 1 及 7′，我們知道若 $f(x_1, x_2, \ldots, x_n)$ 為一個凹函數 (且 NLP (7) 是一個極大問題)，則 (7) 式的任意一個穩定點即為 (7) 式的最佳解。從定理 1′ 及 7，我們可以知道若 $f(x_1, x_2, \ldots, x_7)$ 為一個凸函數 [且 NLP (7) 為一個極小的問題]，則任何一個 (7) 式的穩定點即為 (7) 式的最佳解。

例題 26 多種顧客型態的壟斷價格

一位專賣者正生產一種產品，且他有二個顧客。如果針對顧客 1 生產 q_1 件產品，則顧客 1 願意付 $70 - 4q_1$ 元的價格。如果針對顧客 2 生產 q_2 件產品，則顧客 2 會願意付出 $150 - 15q_2$ 元的價格。當 $q > 0$，生產 q 件產品的成本為 $100 + 15q$ 元。為了利潤達到最大，專利者應賣給每個客戶多少個產品？

解 令 $f(q_1, q_2)$ 是專賣者為顧客 i，生產 q_i 件產品時所得的利潤，則 (假設某樣產品一定會生產)

$$f(q_1, q_2) = q_1(70 - 4q_1) + q_2(150 - 15q_2) - 100 - 15q_1 - 15q_2$$

為求出 $f(q_1, q_2)$ 的穩定點，令

$$\frac{\partial f}{\partial q_1} = 70 - 8q_1 - 15q_2 = 0 \quad (當 q_1 = \tfrac{55}{8})$$

$$\frac{\partial f}{\partial q_2} = 150 - 30q_2 - 15 = 0 \quad (當 q_2 = \tfrac{9}{2})$$

因此，$f(q_1, q_2)$ 的唯一穩定點為 $(\tfrac{55}{8}, \tfrac{9}{2})$。接下來，我們可以找出 $f(q_1, q_2)$ 的 Hessian 矩陣。

$$H(q_1, q_2) = \begin{bmatrix} -8 & 0 \\ 0 & -30 \end{bmatrix}$$

因為 H 的第一個領導主要的最小項為 $-8 < 0$，且 H 第二個領導主要的最小項為 $(-8)(-30) = 240 > 0$，定理 7′ 可以證明 $(\tfrac{55}{8}, \tfrac{9}{2})$ 為相對極大值。又由定理 3′ 可以得出 $f(q_1, q_2)$ 為一個凹函數 [在滿足 $q_1 \geq 0$，$q_2 \geq 0$ 和 $q_1 + q_2 > 0$ 的 S 中的集合點 (q_1, q_2)]。因此，定理 1 可以推得 $(\tfrac{55}{8}, \tfrac{9}{2})$ 可以在所有可能出現的各種生產情況中，使利潤達到最大。然後 $(\tfrac{55}{8}, \tfrac{9}{2})$ 可以得到利潤

$$f(q_1, q_2) = \tfrac{55}{8}(70 - \tfrac{220}{8}) + \tfrac{9}{2}[150 - 15(\tfrac{9}{2})] - 100 - 15(\tfrac{55}{8} + \tfrac{9}{2}) = \$392.81$$

從生產 $(\tfrac{55}{8}, \tfrac{9}{2})$ 獲得的利潤會超過產量為 0 時的 $0，所以 $(\tfrac{55}{8}, \tfrac{9}{2})$ 為 NLP 的解；即專賣者應向顧客 1 銷售 $\tfrac{55}{8}$ 單位，向顧客 2 銷售 $\tfrac{9}{2}$ 個單位。

例題 27　最小平方估計值

假設一個學生的平均等級分數 (GPA) 可以從該生在 GMAT 的分數上精確地預測出來。具體地說，假設所觀察學生 i 的 GPA 為 y_i，而 GMAT 分數為 x_i，你如何用**最小平方法** (least squares method) 估計 x_i 與 y_i 的假設關係 $y_i = a + bx_i$？

解　令 $\hat{a}$ 是 a 的估計值且 $\hat{b}$ 是 b 的估計值，已知對於學生 $i = 1, 2, \ldots, n$，我們觀測到 $(x_1, y_1), (x_2, y_2), \ldots, (x_n, y_n)$，則 $\hat{e}_i = y_i - (\hat{a} + \hat{b}x_i)$ 是對學生 i 的 GPA 估計的誤差。利用最小平方法可以選擇 $\hat{a}$ 與 $\hat{b}$ 使

$$f(a, b) = \sum_{i=1}^{i=n} \hat{e}_i^2 = \sum_{i=1}^{i=n} (y_i - a - bx_i)^2$$

達到最小，由於

$$\frac{\partial f}{\partial a} = -2 \sum_{i=1}^{i=n} (y_i - a - bx_i) \quad 及 \quad \frac{\partial f}{\partial b} = -2 \sum_{i=1}^{i=n} (y_i - a - bx_i)x_i$$

所以滿足 $\dfrac{\partial f}{\partial a} = \dfrac{\partial f}{\partial b} = 0$ 的點 $(\hat{a}, \hat{b})$ 亦滿足

$$\sum_{i=1}^{i=n} (y_i - a - bx_i) = 0 \quad \text{或} \quad \sum_{i=1}^{i=n} y_i = na + b\sum_{i=1}^{i=n} x_i$$

和

$$\sum_{i=1}^{i=n} x_i(y_i - a - bx_i) = 0 \quad \text{或} \quad \sum_{i=1}^{i=n} x_i y_i = a\sum_{i=1}^{i=n} x_i + b\sum_{i=1}^{i=n} x_i^2$$

這二個式子是有名的**正規方程式** (normal equation),是否正規方程式的解 $(\hat{a}, \hat{b})$ 會使 $f(a, b)$ 的值達到最小嗎?為回答這個問題,我們必須計算 $f(a, b)$ 的 Hessian 矩陣:

$$\frac{\partial^2 f}{\partial a^2} = 2n, \quad \frac{\partial^2 f}{\partial b^2} = 2\sum_{i=1}^{i=n} x_i^2, \quad \frac{\partial^2 f}{\partial a \partial b} = \frac{\partial^2 f}{\partial b \partial a} = 2\sum_{i=1}^{i=n} x_i$$

因此,

$$H = \begin{bmatrix} 2n & 2\sum_{i=1}^{i=n} x_i \\ 2\sum_{i=1}^{i=n} x_i & 2\sum_{i=1}^{i=n} x_i^2 \end{bmatrix}$$

因為 $H_1(\hat{a}, \hat{b}) = 2n > 0$,所以 $(\hat{a}, \hat{b})$ 將是一個局部極小值點,若

$$H_2(\hat{a}, \hat{b}) = 4n\sum_{i=1}^{i=n} x_i^2 - 4\left(\sum_{i=1}^{i=n} x_i\right)^2 > 0$$

在 9.8 節的例題 31,我們將證明

$$n\sum_{i=1}^{i=n} x_i^2 \geq \left(\sum_{i=1}^{i=n} x_i\right)^2$$

這個等式成立若且唯若 $x_1 = x_2 = \ldots = x_n$。因此,當至少有二個 x_i 不同時,定理 7′ 可以證明 $(\hat{a}, \hat{b})$ 將是一個局部極小值點,由於 $H(a, b)$ 與 a 及 b 的值無關,因此這個原因 (及定理 3) 可以證明若至少有二個 x_i 不同時,$f(a, b)$ 是一個凸函數,如果至少有二個 x_i 不同時,由定理 1′ 可知 $(\hat{a}, \hat{b})$ 可以使得 $f(a, b)$ 為最小。

例題 28　找尋極大、極小及鞍點

求 $f(x_1, x_2) = x_1^2 x_2 + x_2^3 x_1 - x_1 x_2$ 的所有局部極大值點,局部極小值點及鞍點。

解　我們有

$$\frac{\partial f}{\partial x_1} = 2x_1 x_2 + x_2^3 - x_2, \quad \frac{\partial f}{\partial x_2} = x_1^2 + 3x_2^2 x_1 - x_1$$

因此,$\frac{\partial f}{\partial x_1} = \frac{\partial f}{\partial x_2} = 0$ 需要

$$2x_1x_2 + x_2^3 - x_2 = 0 \quad \text{或} \quad x_2(2x_1 + x_2^2 - 1) = 0 \tag{8}$$
$$x_1^2 + 3x_2^2x_1 - x_1 = 0 \quad \text{或} \quad x_1(x_1 + 3x_2^2 - 1) = 0 \tag{9}$$

要使 (8) 式成立，必須有 (i) $x_2 = 0$ 或 (ii) $2x_1 + x_2^2 - 1 = 0$ 必須成立。針對 (9) 式要成立，則必須有 (iii) $x_1 = 0$ 或 (iv) $x_1^2 + 3x_2^2 - 1 = 0$ 要成立。

因此，當 (x_1, x_2) 是一個穩定點，我們必須有

(i) 及 (iii) 成立，這只在 (0, 0) 點為真。
(i) 及 (iv) 成立，這只在 (1, 0) 點為真。
(ii) 及 (iii) 成立，這只有在 (0, 1) 及 (0, −1) 點為真。
(ii) 及 (iv) 成立，這需要 $x_2^2 = 1 - 2x_1$ 及 $x_1 + 3(1 - 2x_1) - 1 = 0$ 成立。

則

$$x_1 = \frac{2}{5} \text{ 且 } x_2 = \frac{5^{1/2}}{5} \text{ 或 } -\frac{5^{1/2}}{5} \text{。}$$

因此，$f(x_1, x_2)$ 必須有下列穩定點：

$$(0, 0), (1, 0), (0, 1), (0, -1), \left(\frac{2}{5}, \frac{5^{1/2}}{5}\right) \quad \text{及} \quad \left(\frac{2}{5}, -\frac{5^{1/2}}{5}\right)$$

還有，

$$H(x_1, x_2) = \begin{bmatrix} 2x_2 & 2x_1 + 3(x_2)^2 - 1 \\ 2x_1 + 3(x_2)^2 - 1 & 6x_1x_2 \end{bmatrix}$$

$$H(0, 0) = \begin{bmatrix} 0 & -1 \\ -1 & 0 \end{bmatrix}$$

因為 $H_1(0, 0) = 0$，所以定理 7 及 7' 的條件不能滿足。因為 $H_2(0, 0) = -1 \neq 0$。定理 7'' 可以知道 (0, 0) 為一個鞍點。

$$H(1, 0) = \begin{bmatrix} 0 & 1 \\ 1 & 0 \end{bmatrix}$$

則 $H_1(1, 0) = 0$ 及 $H_2(1, 0) = -1$，所以由定理 7''，(1, 0) 亦是一個鞍點。因為

$$H(0, 1) = \begin{bmatrix} 2 & 2 \\ 2 & 0 \end{bmatrix}$$

我們有 $H_1(0, 1) = 2 > 0$ (因此不能滿足定理 7' 的假設) 且 $H_2(0, 1) = -4$ (因此不能滿足定理 7 的假設)，由於 $H_2(0, 1) \neq 0$，所以 (0, 1) 為一個鞍點。

針對 $\left(\frac{2}{5}, -\frac{5^{1/2}}{5}\right)$，我們有

$$H\left(\frac{2}{5}, -\frac{5^{1/2}}{5}\right) = \begin{bmatrix} -\dfrac{2}{5^{1/2}} & \dfrac{2}{5} \\ \dfrac{2}{5} & -\dfrac{12}{5(5)^{1/2}} \end{bmatrix}$$

因此，

$$H_1\left(\frac{2}{5}, -\frac{5^{1/2}}{5}\right) = -\frac{2}{5^{1/2}} < 0 \text{ 及 } H_2\left(\frac{2}{5}, -\frac{5^{1/2}}{5}\right) = \frac{20}{25} > 0$$

因此，定理 7' 可以證明 $\left(\dfrac{2}{5}, -\dfrac{5^{1/2}}{5}\right)$ 為一個局部極大值點。最後，

$$H\left(\frac{2}{5}, \frac{5^{1/2}}{5}\right) = \begin{bmatrix} \dfrac{2}{5^{1/2}} & \dfrac{2}{5} \\ \dfrac{2}{5} & \dfrac{12}{5(5)^{1/2}} \end{bmatrix}$$

因為 $H_1\left(\dfrac{2}{5}, \dfrac{5^{1/2}}{5}\right) = \dfrac{2}{5^{1/2}} > 0$ 且 $H_2\left(\dfrac{2}{5}, \dfrac{5^{1/2}}{5}\right) = \dfrac{20}{25} > 0$，定理 7 可以證明 $\left(\dfrac{2}{5}, \dfrac{5^{1/2}}{5}\right)$ 是一個局部極小值點。

LINGO 何時可以找到沒有限制條件 NLP 的最佳解

如果你想極大化一個凹函數 (沒有條件) 或極小化一個凸函數 (沒有條件)，你可以確定任何經過 LINGO 所找到的最佳解必定為你的問題的最佳解。在例題 27，例如我們的工作是要證明 $f(a, b)$ 為一個凸函數，所以我們知道 LINGO 將會正確地找到適合一個集合點的最小平方線。

問 題

問題組 A

1. 一個公司有 n 間工廠，工廠 i 位於 $x-y$ 平面上的點 (x_i, y_i)，公司希望在點 (x, y) 上設置一間倉庫，使

$$\sum_{i=1}^{i=n} (\text{從工廠 } i \text{ 到倉庫的距離})^2$$

最小，倉庫應設置在哪裡？

2. 一家公司可以用每件 2 元的價格，銷售所有生產的輸出物，此輸出物由二種輸入物組合而成。如果有 q_1 個輸入物 1 及 q_2 個輸入物 2，則公司可以生產 $q_1^{1/3} + q_2^{2/3}$ 個單位的輸出物。若購買一個輸入物 1 的成本是 \$1，購買一個輸入物 2 的成本是 \$1.5，試問該公司如何使其利潤達到最大？

3. (共謀壟斷模型) 有二家公司生產小器具，第一家公司生產 q_1 件小器具的成本是 q_1 元，第二家公司生產 q_2 件小器具的成本是 $0.5q_2^2$ 元。當總共生產 q 件小器具時，客戶將每件小器具支付 $200 - q$ 元。如果二家製造商希望共謀經營，使他們的利潤達到最大，則每一家公司要生產多少件小器具？

4. 某公司生產一種產品的成本是每件 \$6，如果該產品定價 p 元，且產品廣告費為 a 元，則能銷售 $10{,}000p^{-2}a^{1/6}$ 件產品，試求能使公司利潤達到最大化的價格水準及廣告費水準。

5. 一家公司生產二種產品。當它將產品 i 定價為 p_i 時，它能銷售 q_i 個產品 i，其中 $q_1 = 60 - 3p_1 + p_2$ 且 $q_2 = 80 - 2p_2 + p_1$。若生產一件產品 1 的成本為 25 元且生產一件產品 2 的成本為 \$72，為了使利潤達到最大，每件產品應各生產多少件？

6. 試求 $f(x_1, x_2) = x_1^3 - 3x_1x_2^2 + x_2^4$ 的所有局部極大值點，局部極小值點與鞍點。

7. 試求 $f(x_1, x_2) = x_1x_2 + x_2x_3 + x_1x_3$ 的所有局部極大值點，局部極小值點與鞍點。

問題組 B

8. (Cournot 共謀壟斷模式) 讓我們再考慮問題 3，這種情況的 Cournot 解可以由下列獲得：公司 i 將生產 $\bar{q}_i$，其中若公司 1 的產量從 $\bar{q}_1$ 件改變 (公司 2 的產量仍保持為 $\bar{q}_2$) 時，公司 1 的利潤將減少，同樣地，當公司 2 的產量從 $\bar{q}_2$ 件改變時 (公司 1 的產量仍保持 $\bar{q}_1$)，公司的利潤也將減少。如果公司 i 生產 $\bar{q}_i$ 件產品，這個解就穩定，因為如果任何一家公司要改變其產量，其結果會變得更糟，試求 $\bar{q}_1$ 和 $\bar{q}_2$。

9. 在 Bloomington 女子俱樂部籃球聯盟，有下面的比賽已經完成：A 隊贏 B 隊 7 分，C 隊贏 A 隊 8 分，B 隊贏 C 隊 6 分，且 B 隊贏 C 隊 9 分。令 A、B 及 C 代表每一隊的"評比"，亦即，若 A 與 B 比賽，則我們預測 A 隊會贏 B 隊 $A - B$ 分，決定 A、B、及 C 的值能夠適合這個結果 (利用最小平方的觀念)。為了得到唯一的評比的集合，加上條件 $A + B + C = 0$ 是有幫助的，這會保證"平均"每隊的評比為 0。

9.7 最陡上升法

假設我們希望解下列沒有條件的 NLP：

$$\max z = f(x_1 + x_2 + \ldots + x_n)$$
$$\text{s.t.} \quad (x_1 + x_2 + \ldots + x_n) \in R^n \tag{10}$$

在 9.6 節，我們證明了若 $f(x_1, x_2, \ldots, x_n)$ 是一個凹函數，則 (10) 式的最佳解 (如果有) 將會出現在有

$$\frac{\partial f(\bar{x})}{\partial x_1} = \frac{\partial f(\bar{x})}{\partial x_2} = \cdots = \frac{\partial f(\bar{x})}{\partial x_n} = 0$$

的穩定點 $\bar{x}$ 上。在例題 26 及 28，可以容易求出函數有唯一的穩定點，但在許多函數的穩定點可能很難求出。在本節，我們討論**最陡上升法** (method of steepest ascent)，可以用來近似函數的穩定點。

定義 ■ 給定一個向量 $\mathbf{x} = (x_1, x_2, \ldots, x_n) \in R^n$，$\mathbf{x}$ 的**長度** (length) (寫成 $\|\mathbf{x}\|$) 為

$$\|\mathbf{x}\| = (x_1^2 + x_2^2 + \ldots + x_n^2)^{1/2} \quad ■$$

由 2.1 節我們知道，任何一個 n 維向量表示 R^n 中的一個方向。不幸地是，對於任何方向都存在無數多個代表該方向的向量。例如，向量 (1, 1)，(2, 2)，(3, 3) 都代表 R^2 中的相同方向 (即沿著 45° 角移動方向)。對於任何向量，向量 $\mathbf{x}/\|\mathbf{x}\|$ 的長度為 1 且它所定義的方向與 $\mathbf{x}$ 相同 (參考本節末問題 1)。因此，對於任何在 R^n 上的方向，我們可以與一個長度為 1 的向量 (稱為單位向量) 連接。例如，因為 $\mathbf{x} = (1, 1)$ 有 $\|\mathbf{x}\| = 2^{1/2}$，所以 $\mathbf{x} = (1, 1)$ 規定的方向就可以與單位向量 $(1/2^{1/2}, 1/2^{1/2})$ 結合。對於任何向量 $\mathbf{x}$，稱單位向量 $\mathbf{x}/\|\mathbf{x}\|$ 為 $\mathbf{x}$ 的**標準化型** (normalized version)。今後 R^n 的任何方向將由定義該方向的標準化向量來描述。因此，(1, 1), (2, 2), (3, 3), ... 定義的方向將由正規化

$$\left(\frac{1}{2^{1/2}}, \frac{1}{2^{1/2}}\right)$$

來描述。考慮一個函數 $f(x_1, x_2, \ldots, x_n)$，它們的所有偏導數在每個點都存在。

定義 ■ $f(x_1, x_2, \ldots, x_n)$ 的**梯度向量** (gradient vector)，寫成 $\nabla f(\mathbf{x})$，可由

$$\nabla f(\mathbf{x}) = \left[\frac{\partial f(\mathbf{x})}{\partial x_1}, \frac{\partial f(\mathbf{x})}{\partial x_2}, \ldots, \frac{\partial f(\mathbf{x})}{\partial x_n}\right]$$

表示。■

$\nabla f(\mathbf{x})$ 定義方向

$$\frac{\nabla f(\mathbf{x})}{\|\nabla f(\mathbf{x})\|}$$

例如，若 $f(x_1, x_2) = x_1^2 + x_2^2$，則 $\nabla f(\mathbf{x}_1, \mathbf{x}_2) = (2x_1, 2x_2)$。因此，$\nabla f(3, 4) = (6, 8)$。因為 $\|\nabla f(3, 4)\| = 10$，所以 $\nabla f(3, 4)$ 定義了方向 $(\frac{6}{10}, \frac{8}{10}) = (0.6, 0.8)$。

在曲線 $f(x_1, x_2, \ldots, x_n) = f(\bar{\mathbf{x}})$ 的任何點 $\bar{\mathbf{x}}$ 上，向量

$$\frac{\nabla f(\bar{\mathbf{x}})}{\|\nabla f(\bar{\mathbf{x}})\|}$$

將會與曲線 $f(x_1, x_2, \ldots, x_n) = f(\bar{\mathbf{x}})$ 垂直 (見本節末問題 5)。例如，令 $f(x_1, x_2) = x_1^2 + x_2^2$ 上，則在 (3, 4) 上，

$$\frac{\nabla f(3, 4)}{\|\nabla f(3, 4)\|} = (0.6, 0.8)$$

是與 $x_1^2 + x_2^2 = 25$ 垂直 (參考圖 9-40)。

根據 $\frac{\partial f(\mathbf{x})}{\partial x_i}$ 的定義，可以推論如果 x_i 的值增加一個微小的量 δ，則 $f(\mathbf{x})$ 的值將增加近似 $\delta \frac{\partial f(\mathbf{x})}{\partial x_i}$。假設我們從一點 $\mathbf{x}$ 沿著標準化向量 $\mathbf{d}$ 所定義的方向移動一個很小段長度 δ，則 $f(\mathbf{x})$ 會增加多少？這個答案是 $f(\mathbf{x})$ 的增加量等於 δ 乘以 $\frac{\nabla f(\mathbf{x})}{\|\nabla f(\mathbf{x})\|}$ 及 $\mathbf{d}$ $\left(\text{寫成 } \delta \frac{\nabla f(\mathbf{x}) \cdot \mathbf{d}}{\|\nabla f(\mathbf{x})\|}\right)$。因此，若 $\frac{\nabla f(\mathbf{x}) \cdot \mathbf{d}}{\|\nabla f(\mathbf{x})\|} > 0$，則當 $f(\mathbf{x})$ 從 $\mathbf{x}$ 出發沿著方向 $\mathbf{d}$ 移動時，它將會增加 $f(\mathbf{x})$ 的值，且若 $\frac{\nabla f(\mathbf{x}) \cdot \mathbf{d}}{\|\nabla f(\mathbf{x})\|} < 0$，則當 $f(\mathbf{x})$ 從 $\mathbf{x}$ 出發沿著方向 $\mathbf{d}$ 移動時，它的值會減少，例如 $f(x_1, x_2) = x_1^2 + x_2^2$，當從點 (3, 4) 出發，沿著 45° 方向移動一個長度 δ 時，$f(x_1, x_2)$ 的值將變化多少？由於向量 $\left(\frac{1}{2^{1/2}}, \frac{1}{2^{1/2}}\right)$ 代表 45° 的方向，且 $\frac{\nabla f(3, 4)}{\|\nabla f(3, 4)\|} = (0.6, 0.8)$，所以 $f(x_1, x_2)$ 的值將增加近似

$$\delta \begin{bmatrix} 0.6 & 0.8 \end{bmatrix} \begin{bmatrix} \frac{1}{2^{1/2}} \\ \frac{1}{2^{1/2}} \end{bmatrix} = 0.99\delta$$

由 9.6 節我們知道，(10) 式的最佳解 $\bar{\mathbf{v}}$ 必定滿足 $\nabla f(\bar{\mathbf{v}}) = 0$，現在假設我

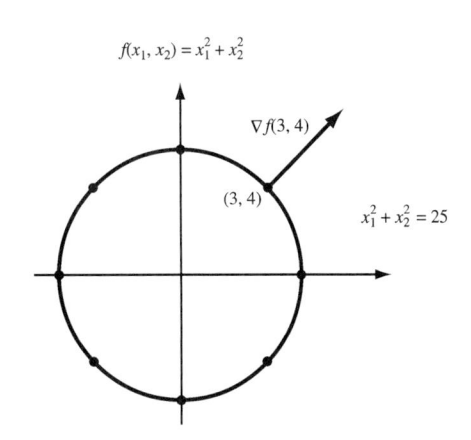

圖 9-40　$\nabla f(3, 4)$ 在 (3, 4) 與 $f(x_1, x_2)$ 垂直

們在一個點 $\mathbf{v}_0$ 且希望找出作為 (10) 式的最佳解點 $\bar{\mathbf{v}}$，為了找出 $\bar{\mathbf{v}}$，從 $\mathbf{v}_0$ 出發沿著使 $f(x_1, x_2, \ldots, x_n)$ 增加最快 (至少局部增加最快) 的方向移動是合理的。引理 1 證明它是有用的 (參考複習問題 22)。

引理 1

假設我們在一個點 $\mathbf{v}$ 且從 $\mathbf{v}$ 出發，沿著方向 $\mathbf{d}$ 移動一個很小的距離 δ，則針對給定的 δ，當我們選擇

$$\mathbf{d} = \frac{\nabla f(\mathbf{x})}{\| \nabla f(\mathbf{x}) \|}$$

時，$f(x_1, x_2, \ldots, x_n)$ 的值增加量為最大。

簡單地說，若我們從 $\mathbf{v}$ 出發移動一個很小的距離，並希望 $f(x_1, x_2, \ldots, x_n)$ 儘可能增加，則我們應該沿著 $\nabla f(\mathbf{v})$ 方向移動。

現在我們可以介紹最陡上升法，從任何一點 $\mathbf{v}_0$ 開始，由於沿著 $\nabla f(\mathbf{v}_0)$ 方向移動會使 f 的值增加最快，所以我們從 $\mathbf{v}_0$ 出發，沿著 $\nabla f(\mathbf{v}_0)$ 方向移動，針對某一個非負值 t 而言，我們移動到點 $\mathbf{v}_1 = \mathbf{v}_0 + t \nabla f(\mathbf{v}_0)$，對於一個極大值而言，從 $\mathbf{v}_0$ 出發沿著 $\nabla f(\mathbf{v}_0)$ 的方向移動，使 f 增加所能達到的最大可能改進值，可以由 $\mathbf{v}_1 = \mathbf{v}_0 + t_0 \nabla f(\mathbf{v}_0)$ 來獲得，其中 t_0 是可以由解以下一維最佳問題而來：

$$\max f(\mathbf{v}_0 + t_0 \nabla f(\mathbf{v}_0)) \qquad (11)$$
$$\text{s.t.} \quad t_0 \geq 0$$

NLP (11) 可以利用 9.4 節的方法求解，或若必要，也可以利用黃金分割搜尋法求解它。

若 $\| \nabla f(\mathbf{v}_1) \|$ 很小 (如小於 0.01)，則我們可以結束這個演算法，因為此時 $\mathbf{v}_1$ 已經很接近一個有 $\nabla f(\bar{\mathbf{v}}) = 0$ 的穩定點 $\bar{\mathbf{v}}$，如果 $\| \nabla f(\mathbf{v}_1) \|$ 不是充分地小，則我們從 $\mathbf{v}_1$ 沿著 $\| \nabla f(\mathbf{v}_1) \|$ 的方向移動一個距離 t_1。如同前述，我們由解

$$\max f(\mathbf{v}_1 + t_1 \nabla f(\mathbf{v}_1))$$
$$\text{s.t.} \quad t_1 \geq 0$$

來選擇 t_1。現在我們在點 $\mathbf{v}_2 = \mathbf{v}_1 + t_1 \nabla f(\mathbf{v}_1)$。若 $\| \nabla f(\mathbf{v}_2) \|$ 充分地小，則我們可以結束演算法且選擇 $\mathbf{v}_2$ 作為 $f(x_1, x_2, \ldots, x_n)$ 的近似穩定點。否則，我們必須將此法繼續地進行，直到獲得一個使 $\| \nabla f(\mathbf{v}_n) \|$ 充分小的點 $\mathbf{v}_n$ 為止，$\mathbf{v}_n$ 就可以當作 $f(x_1, x_2, \ldots, x_n)$ 的近似穩定點。

這個演算法稱為**最陡上升法** (method of steepest ascent)，因為我們總是沿著使 f 增加最快 (至少局部地最快) 的方向移動產生一些點。

例題 29 最陡上升例子

利用最陡上升法來近似

$$\max z = -(x_1 - 3)^2 - (x_2 - 2)^2 = f(x_1, x_2)$$
$$\text{s.t.} \quad (x_1, x_2) \in R^2$$

解 我們任意選擇從點 $\mathbf{v}_0 = (1, 1)$ 開始,由於 $\nabla f(x_1, x_2) = (-2(x_1 - 3), -2(x_2 - 2))$,所以有 $\nabla f(1, 1) = (4, 2)$。因此,我們必須選擇 t_0 使得

$$f(t_0) = f[(1, 1) + t_0(4, 2)] = f(1 + 4t_0, 1 + 2t_0) = -(-2 + 4t_0)^2 - (-1 + 2t_0)^2$$

達到最大,且設定 $f'(t_0) = 0$,我們可得

$$-8(-2 + 4t_0) - 4(-1 + 2t_0) = 0$$
$$20 - 40t_0 = 0$$
$$t_0 = 0.5$$

新的點為 $\mathbf{v}_1 = (1, 1) + 0.5(4, 2) = (3, 2)$。現在 $\nabla f(3, 2) = (0, 0)$,且我們就可以結束這個演算法,因為 $f(x_1, x_2)$ 為一個凹函數,所以我們可以找出這個 NLP 的最佳解。

問 題

問題組 A

1. 針對任何向量 $\mathbf{x}$,證明向量 $\mathbf{x}/\|\mathbf{x}\|$ 為單位長度的向量。
2. 利用最陡上升法來近似 $\max z = -(x_1 - 2)^2 - x_1 - x_2^2$ 的最佳解,可以從點 (2.5, 1.5) 開始。
3. 利用最陡上升法來近似 $\max z = 2x_1x_2 + 2x_2 - x_1^2 - 2x_2^2$ 的最佳解,可以從點 (0.5, 0.5) 開始,注意在後面的反覆計算中,連續的點是非常靠近的,有人提出最陡上升法的一些改進版本來處理這個問題 [參考 Bazaraa 及 Shetty (1993, 8.6 節)]。

問題組 B

4. 如果限制每個變數 x_i 位在區間 $[a_i, b_i]$ 之間,則你將如何修改最陡上升法。

問題組 C

5. 證明在任何點 $\bar{\mathbf{x}} = (x_1, x_2)$,$\nabla f(\bar{\mathbf{x}})$ 與曲線 $f(x_1, x_2) = f(\bar{x}_1, \bar{x}_2)$ 垂直。(提示:若二個向量相乘會等於 0,則二個向量為垂直。)

9.8 Lagrange 乘數

Lagrange 乘數可以用來求解 NLP,其中所有條件均需為等式條件。我們考慮以下類型的 NLP:

$$\max \text{ (或 min) } z = f(x_1, x_2, \ldots, x_n)$$
$$\text{s.t.} \quad g_1(x_1, x_2, \ldots, x_n) = b_1$$
$$g_2(x_1, x_2, \ldots, x_n) = b_2$$
$$\vdots \tag{12}$$
$$g_m(x_1, x_2, \ldots, x_n) = b_m$$

為了求解 (12) 式，我們使 (12) 式的條件 i 結合一個**乘數** (multiplier) λ_i，得到 **Lagrangian 方程式**

$$L(x_1, x_2, \ldots, x_n, \lambda_1, \lambda_2, \ldots, \lambda_m) = f(x_1, x_2, \ldots, x_n) \tag{13}$$
$$+ \sum_{i=1}^{i=m} \lambda_i [b_i - g_i(x_1, x_2, \ldots, x_n)]$$

然後我們設法找出一個使 $L(x_1, x_2, \ldots, x_n, \lambda_1, \lambda_2, \ldots, \lambda_m)$ 達到最大 (或最小) 的點 $(\bar{x}_1, \bar{x}_2, \ldots, \bar{x}_n, \bar{\lambda}_1, \bar{\lambda}_2, \ldots, \bar{\lambda}_m)$。在許多情況下，$(\bar{x}_1, \bar{x}_2, \ldots, \bar{x}_n)$ 將是 (12) 式的解，假設 (12) 式是一個極大問題。若 $(\bar{x}_1, \bar{x}_2, \ldots, \bar{x}_n, \bar{\lambda}_1, \bar{\lambda}_2, \ldots, \bar{\lambda}_m)$ 能夠極大化 L，則在 $(\bar{x}_1, \bar{x}_2, \ldots, \bar{x}_n, \bar{\lambda}_1, \bar{\lambda}_2, \ldots, \bar{\lambda}_m)$ 有

$$\frac{\partial L}{\partial \lambda_i} = b_i - g_i(x_1, x_2, \ldots, x_n) = 0$$

其中，$\frac{\partial L}{\partial \lambda_i}$ 是 L 有關於 λ_i 的偏導數，這證明 $(\bar{x}_1, \bar{x}_2, \ldots, \bar{x}_n)$ 將滿足式 (12) 的條件。為了證明 $(\bar{x}_1, \bar{x}_2, \ldots, \bar{x}_n)$ 為式 (12) 的解，令 $(x_1', x_2', \ldots, x_n')$ 是式 (12) 可行區域的任何點。因為 $(\bar{x}_1, \bar{x}_2, \ldots, \bar{x}_n, \bar{\lambda}_1, \bar{\lambda}_2, \ldots, \bar{\lambda}_m)$ 使 L 達到最大，對於任何數字 $\lambda_1', \lambda_2', \ldots, \lambda_m'$，我們會得到

$$L(\bar{x}_1, \bar{x}_2, \ldots, \bar{x}_n, \bar{\lambda}_1, \bar{\lambda}_2, \ldots, \bar{\lambda}_m) \geq L(x_1', x_2', \ldots, x_n', \lambda_1', \lambda_2', \ldots \lambda_m') \tag{14}$$

因為 $(\bar{x}_1, \bar{x}_2, \ldots, \bar{x}_n)$ 及 $(x_1', x_2', \ldots, x_n')$ 都是 (12) 式的可行解，(13) 式包含 λ 的項目全部都是 0，且 (14) 式變成 $f(\bar{x}_1, \bar{x}_2, \ldots, \bar{x}_n) \geq f(x_1', x_2', \ldots, x_n')$。因此，$(\bar{x}_1, \bar{x}_2, \ldots, \bar{x}_n)$ 為 (12) 式的解，總而言之，若 $(\bar{x}_1, \bar{x}_2, \ldots, \bar{x}_n, \bar{\lambda}_1, \bar{\lambda}_2, \ldots, \bar{\lambda}_m)$ 求解無條件極大問題

$$\max L(x_1, x_2, \ldots, x_n, \lambda_1, \lambda_2, \ldots, \lambda_m) \tag{15}$$

的解，則 $(\bar{x}_1, \bar{x}_2, \ldots, \bar{x}_n)$ 為 (12) 式的解。

從 9.6 節，我們知道 $(\bar{x}_1, \bar{x}_2, \ldots, \bar{x}_n, \bar{\lambda}_1, \bar{\lambda}_2, \ldots, \bar{\lambda}_m)$ 為 (15) 式的解，它必須在點 $(\bar{x}_1, \bar{x}_2, \ldots, \bar{x}_n, \bar{\lambda}_1, \bar{\lambda}_2, \ldots, \bar{\lambda}_m)$，有

$$\frac{\partial L}{\partial x_1} = \frac{\partial L}{\partial x_2} = \cdots = \frac{\partial L}{\partial x_n} = \frac{\partial L}{\partial \lambda_1} = \frac{\partial L}{\partial \lambda_2} = \cdots = \frac{\partial L}{\partial \lambda_m} = 0 \qquad (16)$$

定理 8 給出滿足 (16) 式的任何一點 $(\bar{x}_1, \bar{x}_2, \ldots, \bar{x}_n, \bar{\lambda}_1, \bar{\lambda}_2, \ldots, \bar{\lambda}_m)$ 將產生 (12) 式的一個最佳解 $(\bar{x}_1, \bar{x}_2, \ldots, \bar{x}_n)$ 的條件。

定理 8

假設 (12) 式是一個極大問題,若 $f(x_1, x_2, \ldots, x_n)$ 為一個凹函數且每一個 $g_i(x_1, x_2, \ldots, x_n)$ 為一個線性函數,則任意點 $(\bar{x}_1, \bar{x}_2, \ldots, \bar{x}_n, \bar{\lambda}_1, \bar{\lambda}_2, \ldots, \bar{\lambda}_m)$ 滿足 (16) 式,將會產生 (12) 式的最佳解 $(\bar{x}_1, \bar{x}_2, \ldots, \bar{x}_n)$。

定理 8′

假設 (12) 式是一個極小問題,若 $f(x_1, x_2, \ldots, x_n)$ 為一個凸函數且每一個 $g_i(x_1, x_2, \ldots, x_n)$ 為一個線性函數,則任意點 $(\bar{x}_1, \bar{x}_2, \ldots, \bar{x}_n, \bar{\lambda}_1, \bar{\lambda}_2, \ldots, \bar{\lambda}_m)$ 滿足 (16) 式,將會產生 (12) 式的最佳解 $(\bar{x}_1, \bar{x}_2, \ldots, \bar{x}_n)$。

即使這些定理的假設未能成立,但滿足 (16) 式將解 (12) 式,詳細內容可參考 Henderson 和 Quandt (1980) 附錄。

Lagrange 乘數在幾何上的解釋

從 (16) 式,我們知道 (12) 式的解為點 $\bar{x} = (\bar{x}_1, \bar{x}_2, \ldots, \bar{x}_n)$,它必須在點 x 滿足

$$\frac{\partial L}{\partial x_j} = 0 \quad \text{當} \quad j = 1, 2, \ldots, n$$

這個相等於存在一些數值 $\lambda_1, \lambda_2, \ldots, \lambda_m$ 使得在點 $\bar{x}$

$$\nabla f = \sum_{i=1}^{i=m} \lambda_i \, \nabla g_i \qquad (17)$$

為了了解為什麼會這樣,注意 (17) 式的左端元素 j 為

$$\frac{\partial f}{\partial x_j}$$

且右端值的元素 j 為

$$\sum_{i=1}^{i=m} \lambda_i \frac{\partial g_i}{\partial x_j}$$

因此，(17) 式可推得針對 $j = 1, 2, \ldots, n$

$$\frac{\partial f}{\partial x_j} - \sum_{i=1}^{i=m} \lambda_i \frac{\partial g_i}{\partial x_j} = 0 \quad \text{或} \quad \frac{\partial L}{\partial x_j} = 0$$

另一個看 (17) 式的方式如下：針對 (12) 式的解 $\bar{x}$，在點 x 上必須要 ∇f 為條件方向導數的線性組合。

針對有一個條件的最佳問題，我們可以很簡單地了解為什麼 (17) 式在 (12) 式的一組解上一定會滿足。若 (12) 式有一個條件，則 (17) 式相等於在敘述目標函數的方向導數與條件平行，這個必要條件如圖 9-41。當我們想要極大化 $f(x_1, x_2)$，受限制於 $g(x_1, x_2) = 0$，此處 $z = 3$ 為 z 的最佳解。在圖 9-41 最佳點，$\nabla f = \lambda \nabla g$，其中 $\lambda < 0$。

為了說明為什麼 (12) 式的最佳解在 (17) 式必定滿足，讓我們考慮以下 NLP：

$$\begin{aligned} \max z &= f(x_1, x_2, x_3) \\ \text{s.t.} \quad g_1(x_1, x_2, x_3) &= 0 \\ g_2(x_1, x_2, x_3) &= 0 \end{aligned} \tag{18}$$

假設 $\bar{x} = (\bar{x}_1, \bar{x}_2, \bar{x}_3)$ 為 (18) 式的最佳解，我們說明針對任意 $c \neq 0$，下面的方程式系統會沒有解 (在 $\bar{x}$ 上所有的方向導數)。

$$\begin{bmatrix} \nabla g_1 \\ \nabla g_2 \\ \nabla f \end{bmatrix} \begin{bmatrix} d_1 \\ d_2 \\ d_3 \end{bmatrix} = \begin{bmatrix} 0 \\ 0 \\ c \end{bmatrix} \tag{19}$$

為了了解為什麼 (19) 式沒有解，假設針對某些 $c > 0$，它有一個解〔若在 $c < 0$ 上，(19) 式有解是相同的討論〕。這個解定義一個在 3 維空間上的方向 **d**。若我們沿著方向 **d** 遠離 $\bar{x}$ 移動一個小小的距離 ϵ，我們可以發現一個 (18) 式的可行點 $\bar{x} + \epsilon \mathbf{d}$ 有一個比 $\bar{x}$ 大的 z 值。這個與 $\bar{x}$ 為最佳解互相矛盾。為了

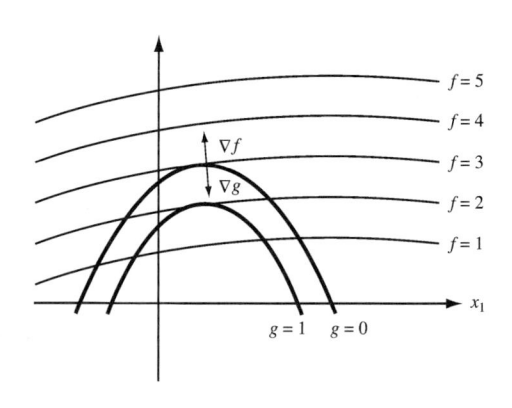

圖 9-41　(17) 式的一個條件的例子

說明 $\bar{x}+\epsilon \mathbf{d}$ 為 (18) 式是可行的，注意針對 $i=1, 2$，(19) 式可推得 $g_i(\bar{x}+\epsilon \mathbf{d})$ 近似等於

$$g_i(\bar{x})+\sum_{j=1}^{j=3}\frac{\partial g_i(\bar{x})}{\partial x_j}\left(\frac{\epsilon d_j}{\|\mathbf{d}\|}\right)=g_i(\bar{x})=0$$

且 $f(\bar{x}+\epsilon \mathbf{d})$ 近似等於

$$f(\bar{x})+\sum_{j=1}^{j=3}\frac{\partial f}{\partial x_j}\left(\frac{\epsilon d_j}{\|\mathbf{d}\|}\right)=f(\bar{x})+c\epsilon/\|\mathbf{d}\|>f(\bar{x})$$

這表示若 (18) 式的解為 x，針對 $c\neq 0$，(19) 式無解。從 2.4 節，我們知道 (19) 式無解若且唯若 (19) 式的左端值矩陣上的秩會小於或等於 2。

這代表 ∇f，∇g_1，∇g_2 在 x 上為線性相依向量。因此，有一個不太明顯的 ∇f，∇g_1 及 ∇g_2 的線性組合加起來必定為 0 向量。若我們假設 ∇g_1 及 ∇g_2 為線性獨立，則 (17) 式必定成立。

Lagrange 乘數及敏感度分析

Lagrange 乘數 λ_i 可以被用來做敏感度分析，若第 i 個條件的右端值增加一個小小的量 Δb_i (不管是極大或極小問題)，則 (12) 式的最佳 z 值將會增加近似 $\sum_{i=1}^{i=m}(\Delta b_i)\lambda_i$。這個結果可以在本節中的例題 9 解釋，特別地，若我們只有在條件 i 的右端值增加 Δb_i 個單位，則 (12) 式的最佳 z 值將會增加 $(\Delta b_i)\lambda_i$ 個單位。

接下來的二個例子可以用來說明 Lagrange 乘數的用法，在大多數的情況下，找出滿足 (16) 式的一個點 $(\bar{x}_1, \bar{x}_2, \ldots, \bar{x}_n, \bar{\lambda}_1, \bar{\lambda}_2, \ldots, \bar{\lambda}_m)$ 的最容易方法是首先利用 $\bar{\lambda}_1, \bar{\lambda}_2, \ldots, \bar{\lambda}_m$ 來解 $\bar{x}_1, \bar{x}_2, \ldots, \bar{x}_n$，然後再把這些關係代入 (12) 式的各個條件內確定 λ_i 的值。最後，再利用 λ_i 的值來確定 $\bar{x}_1, \bar{x}_2, \ldots, \bar{x}_n$。

例題 30　在廣告上的 Lagrange 乘數

一家公司正計畫支付 $10,000 的廣告費，電視廣告費每分鐘 $3,000，無線電廣播廣告費每分鐘為 $1,000。如果該公司購買 x 分鐘的電視廣告和 y 分鐘無線電廣播廣告，則其收入是由 $f(x, y)=-2x^2-y^2+xy+8x+3y$ 給出。該公司如何使其收入達到最大？

解　我們希望求解下列 NLP：

$$\max z=-2x^2-y^2+xy+8x+3y$$
$$\text{s.t.}\quad 3x+y=10$$

則 $L(x, y, \lambda)=-2x^2-y^2+xy+8x+3y+\lambda(10-3x-y)$，我們設定

612 作業研究 I

$$\frac{\partial L}{\partial x} = \frac{\partial L}{\partial y} = \frac{\partial L}{\partial \lambda} = 0$$

這可得

$$\frac{\partial L}{\partial x} = -4x + y + 8 - 3\lambda = 0 \tag{20}$$

$$\frac{\partial L}{\partial y} = -2y + x + 3 - \lambda = 0 \tag{21}$$

$$\frac{\partial L}{\partial \lambda} = 10 - 3x - y = 0 \tag{22}$$

我們可以觀察到 $10 - 3x - y = 0$ 可化為 $3x + y = 10$，(20) 式可得 $y = 3\lambda - 8 + 4x$，且 (21) 式可得 $x = \lambda - 3 + 2y$，因此，$y = 3\lambda - 8 + 4(\lambda - 3 + 2y) = 7\lambda - 20 + 8y$，或

$$y = \frac{20}{7} - \lambda \tag{23}$$
$$x = \lambda - 3 + 2(\frac{20}{7} - \lambda) = \frac{19}{7} - \lambda \tag{24}$$

將式 (23) 及 (24) 代入式 (22) 可得 $10 - 3(\frac{19}{7} - \lambda) - (\frac{20}{7} - \lambda) = 0$，或 $4\lambda - 1 = 0$，或 $\lambda = \frac{1}{4}$，然後式 (23) 及 (24) 可得

$$\bar{y} = \frac{20}{7} - \frac{1}{4} = \frac{73}{28}$$
$$\bar{x} = \frac{19}{7} - \frac{1}{4} = \frac{69}{28}$$

$f(x, y)$ 的 Hessian 為

$$H(x, y) = \begin{bmatrix} -4 & 1 \\ 1 & -2 \end{bmatrix}$$

因為每一個一次主映成為負，且 $H_2(x, y) = 7 > 0$，$f(x, y)$ 為凹函數，因為條件為線性，所以定理 8 可證明 Lagrange 乘數方法可以產生這個 NLP 的最佳解。

因此，這家公司將購買 $\frac{69}{28}$ 分的電視時間及 $\frac{73}{28}$ 分的收音機時間，因為 $\lambda = \frac{1}{4}$，所以支付額外的 Δ (千元) (對於很小的 Δ)，將增加公司的收入約為 0.25Δ (千元)。

一般而言，若該公司有 a 元的支付廣告費，則它可以證明 $\lambda = \frac{11 - a}{4}$ (參考本節末問題 1)。我們可以看出，在把更多的錢用於廣告上時，每次增加廣告費所帶來的收入增加變得愈來愈小。

例題 31　Lagrange 乘數及最佳解

給定數 $x_1, x_2, \ldots, x_n$，證明：

$$n \sum_{i=1}^{i=n} x_i^2 \geq \left(\sum_{i=1}^{i=n} x_i \right)^2$$

等式成立只有在 $x_1 = x_2 = \ldots = x_n$。

解 假設 $x_1 + x_2 + \ldots + x_n = c$，考慮 NLP

$$\min z = \sum_{i=1}^{i=n} x_i^2$$
$$\text{s.t.} \quad \sum_{i=1}^{i=n} x_i = c \tag{25}$$

為了解 (25) 式，令

$$L(x_1, x_2, \ldots, x_n, \lambda) = x_1^2 + x_2^2 + \cdots + x_n^2 + \lambda(c - x_1 - x_2 - \cdots - x_n)$$

我們需要找 $(x_1, x_2, \ldots, x_n, \lambda)$ 滿足

$$\frac{\partial L}{\partial x_i} = 2x_i - \lambda = 0 \quad (i = 1, 2, \ldots, n)$$

及

$$\frac{\partial L}{\partial \lambda} = c - x_1 - x_2 - \cdots - x_n = 0$$

從 $\frac{\partial L}{\partial x_i} = 0$，我們得到 $2\bar{x}_1 = 2\bar{x}_2 = \cdots = 2\bar{x}_n = \bar{\lambda}$，，或 $x_i = \frac{\bar{\lambda}}{2}$。從 $\frac{\partial L}{\partial \lambda} = 0$，我們可得 $c - \frac{n\bar{\lambda}}{2} = 0$，或 $\bar{\lambda} = \frac{2c}{n}$，這個目標函數為凸函數 (它是 n 個凸函數的和)，且條件為線性。因此，定理 8′ 可以證明 Lagrange 乘數法會產生 (25) 式的最佳解，可得

$$\bar{x}_i = \frac{\left(\frac{2c}{n}\right)}{2} = \frac{c}{n} \quad \text{及} \quad z = n\left(\frac{c^2}{n^2}\right) = \frac{c^2}{n}$$

因此，若

$$\sum_{i=1}^{i=n} x_i = c$$

則

$$n \sum_{i=1}^{i=n} x_i^2 \geq n\left(\frac{c^2}{n}\right) = \left(\sum_{i=1}^{i=n} x_i\right)^2$$

等式成立若且唯若 $x_1 = x_2 = \ldots = x_n$。

假設我們想嘗試極大化一個函數 $f(x_1, x_2, \ldots, x_n)$，其為一些函數的相乘，則通常可以利用極大化 $\ln[f(x_1, x_2, \ldots, x_n)]$ 會較為簡單。因為 $\ln$ 為一個遞增函

```
MODEL:
 1) MAX= - 2 * X ^ 2 - Y ^ 2 + X * Y + 8 * X + 3 * Y ;
 2) 3 * X + Y = 10 ;
 3) X > 0 ;
 4) Y > 0 ;
END

SOLUTION STATUS:   OPTIMAL TO TOLERANCES.   DUAL CONDITIONS:   SATISFIED.
            OBJECTIVE FUNCTION VALUE
       1)        15.017855

   VARIABLE         VALUE            REDUCED COST
       X          2.464283             .000000
       Y          2.607140             .000003

    ROW       SLACK OR SURPLUS            PRICE
     2)           -.000010              .249996
     3)           2.464283               .000000
     4)           2.607140               .000000
```

圖 9-42　例題 28 的最佳解

數，我們知道在任何可能的集合 $(x_1, x_2, \ldots, x_n)$，x^* 極大化 $\ln [f(x_1, x_2, \ldots, x_n)]$ 將會在同樣可能的集合 $(x_1, x_2, \ldots, x_n)$ 裡極大化 $f(x_1, x_2, \ldots, x_n)$，參考問題 2 以了解這個概念的應用。

利用 LINGO 的等式條件求解 NLP

若定理 8 或定理 8′ 的假設在一個問題中成立，LINGO 可以找到這個 NLP 的最佳解，你將會收到這個訊息 OPTIMAL TO TOLERANCES 及 DUAL CONDITIONS: SATISFIED。"Optimal to Tolerances" 代表 LINGO 保證這個點必定滿足 (16) 式，圖 9-42 (檔案 Adv.lng) 表含例題 28 的 LINGO 輸出。

解釋 LINGO 的 Price 行

針對一個極大問題，LINGO PRICE 行可以得到每個條件的 Lagrange 乘數。因此，若在極大問題中，條件 i 的右端值增加一個微小量 Δ，則最佳 z 值將增加近似 Δ (條件 i 的 PRICE)。在圖 9-42 的 PRICE 行可得在例題 30，需要花一個額外 Δ 千元在廣告上將會增加收益近似 $0.25Δ (千元)。

針對一個極小問題，LINGO PRICE 行可得到每一個條件的負的 Lagrange 乘數。因此，若在極小問題中，條件 i 的右端值可以增加一個微小量 Δ，則最佳 z 值將會增加近似 Δ (−條件 i 的 PRICE)。

問　題

問題組 A

1. 在例題 30，證明當 a 元可以用來打廣告時，則每增加一元的廣告，將會使收入增加大約為 $\frac{11-a}{4}$。

2. 購買一小時勞力的成本為 2 元，購買一單位資本的成本為 1 元。如果現在有 L 小時的勞工和 K 個單位的資本可用，則可生產 $L^{2/3}K^{1/3}$ 部機器，若我有 \$10 購買勞力及資本時，最多能生產多少部機器？

3. 在問題 2，生產 6 部機器所需要的最小成本為多少？

4. 一家啤酒公司把 Bloomingto 分成二個地區。如果用 x_1 元支付在地區 1 的推銷費用，則地區 1 可以賣到 $6x_1^{1/2}$ 箱啤酒；如果有 x_2 元支付地區 2 的推銷費用，則地區 2 可以銷售 $4x_2^{1/2}$ 箱啤酒，在地區 1 每箱啤酒可以賣 \$10，運輸與生產成本為 \$5。在地區 2 每箱啤酒可以賣 \$9，運輸與生產成本為 \$4。現在總共有 \$100 可作為推銷費用，啤酒公司如何能使利潤達到最大？如果增加推銷費，則每增加一元能使利潤近似增加多少？且收入能夠增加多少？

問題組 B

5. 我們必須投資所有的錢在二種股票上：x 及 y。在一個 x 的股份上的年回收變異為 var x，且在 y 的股份上的年回收變異數為 var y。假設存在年回收中一個股份 x 及一個股份 y 的共變異數為 cov (x, y)，若我們投資現金 a% 在股票 x 及 b% 在股票 y，則我們回收共變異數為 a^2var $x + b^2$var $y + 2ab$ cov (x, y)，若我們想要極小化我們投資現金的回收變異數，則在每一種股票，我們要投資的現金比例為多少？

6. 在問題 5，假設我們必須決定投資在股票 x 及 y 的現金百分比，a 及 b 的選擇稱為有價證券 (portfolio)。若有價證券沒有其他的回收有較高平均回收及較小變異數，或是較高的平均回收及相同的變異數，或是較低的變異數及相同的平均回收。令 $\bar{x}$ 代表在股票 $\bar{x}$ 的平均回收及 $\bar{y}$ 代表在股票 y，考慮以下 NLP：

$$\begin{aligned} \max z = & \, c[a\bar{x} + b\bar{y}] \\ & - (1-c)[a^2\text{var } x + b^2\text{var } y \\ & + 2ab\text{cov}(x, y)] \\ \text{s.t.} \quad & a + b = 1 \\ & a, b \geq 0 \end{aligned}$$

假設 $1 > c > 0$，證明這個 NLP 的任意解為有效的有價證券。

7. 假設產品 i ($i = 1, 2$) 的每單位成本 \$$c_i$，若產品 1 及 2 購買 x_i 單位 ($i = 1, 2$)，則可以收到效用 $x_1^a x_2^{1-a}$ ($0 < a < 1$)。

   a. 若有 \$$d$ 購買產品 1 及 2，每一種產品各要購買多少？
   b. 證明產品 i 的成本增加，則會降低產品 i 的購買量。
   c. 證明產品 i 的成本增加，則不會改變其他產品的購買量。

8. 假設有一個圓狀體的蘇打體積為 26 立方呎，若 Soda 公司想要極小化蘇打罐子的表面積，則罐子的高度與罐子的半徑比例為多少？(提示：一個正圓柱體的體積為 $\pi r^2 h$，一個正圓柱體的表面積為 $2\pi r^2 + 2\pi rh$，其中 r = 圓柱體的半徑且 h 為圓柱體的高。)
9. 證明條件 i 的右端值增加一個微小的量 Δb_i (極大或極小問題)，則 (11) 式的最佳 z 值可以增加近似 $\sum_{i=1}^{i=m}(\Delta b_i)\lambda_i$。

9.9 Kuhn-Tucker 條件

在本節，我們討論對於 $\bar{x}=(\bar{x}_1, \bar{x}_2, \ldots, \bar{x}_n)$ 是下列 NLP 最佳解的主要條件為：

$$\begin{aligned}
\max\ (\text{或 min})\ & f(x_1, x_2, \ldots, x_n) \\
\text{s.t.}\quad & g_1(x_1, x_2, \ldots, x_n) \leq b_1 \\
& g_2(x_1, x_2, \ldots, x_n) \leq b_2 \\
& \vdots \\
& g_m(x_1, x_2, \ldots, x_n) \leq b_m
\end{aligned} \tag{26}$$

為了利用本節的結果，所有 NLP 條件必須為 $\leq$ 條件。若一個條件有下列型態 $h(x_1, x_2, \ldots, x_n) \geq b$ 必須改寫成 $-h(x_1, x_2, \ldots, x_n) \leq -b$。例如，條件 $2x_1 + x_2 \geq 2$ 必須改寫成 $-2x_1 - x_2 \leq -2$，一個條件的型態 $h(x_1, x_2, \ldots, x_n) = b$ 必須用 $h(x_1, x_2, \ldots, x_n) \leq b$ 及 $-h(x_1, x_2, \ldots, x_n) \leq -b$ 來取代，例如，$2x_1 + x_2 = 2$ 必須由 $2x_1 + x_2 \leq 2$ 及 $-2x_1 - x_2 \leq -2$ 來取代。

定理 9 及 9′，給出一點 $\bar{x}=(\bar{x}_1, \bar{x}_2, \ldots, \bar{x}_n)$ 為 (26) 式的**解必要條件** (**Kuhn-Tucker 或 KT 條件**)。函數 f 在點 $\bar{x}$，關於變數 x_i 的偏導數寫成

$$\frac{\partial f(\bar{x})}{\partial x_j}$$

為了要使本節的定理成立，函數 $g_1, g_2, \ldots, g_m$ 必須滿足某些正規條件 (通常又稱為**條件的資格** (constraint qualifications))。在本節末，我們將簡單地討論一個條件的資格。[針對詳細的條件資格討論可以參考 Bazaraa 及 Shetty (1993) 的第 5 章。]

當條件為線性時，這些正規條件一定會滿足，在其他情況 (特別是某些條件是等式條件時)，這個正規條件可能不會被滿足。我們假設在此考慮的問題均會滿足正規條件。

定理 9

假設 (26) 式為一個極大問題，若 $\bar{x}=(\bar{x}_1, \bar{x}_2, \ldots, \bar{x}_n)$ 是 (26) 式的最佳解，則 $\bar{x}=$

$(\bar{x}_1, \bar{x}_2, \ldots, \bar{x}_n)$ 必定滿足 (26) 式的 m 個條件,且一定存在乘數 $\bar{\lambda}_1, \bar{\lambda}_2, \ldots, \bar{\lambda}_m$ 滿足

$$\frac{\partial f(\bar{x})}{\partial x_j} - \sum_{i=1}^{i=m} \bar{\lambda}_i \frac{\partial g_i(\bar{x})}{\partial x_j} = 0 \quad (j = 1, 2, \ldots, n) \quad (27)$$

$$\bar{\lambda}_i [b_i - g_i(\bar{x})] = 0 \quad (i = 1, 2, \ldots, m) \quad (28)$$

$$\bar{\lambda}_i \geq 0 \quad (i = 1, 2, \ldots, m) \quad (29)$$

定理 9′

假設 (26) 式為一個極大問題,若 $\bar{x} = (\bar{x}_1, \bar{x}_2, \ldots, \bar{x}_n)$ 是 (26) 式的最佳解,則 $\bar{x} = (\bar{x}_1, \bar{x}_2, \ldots, \bar{x}_n)$ 必定滿足 (26) 式的 m 個條件,且一定存在乘數 $\bar{\lambda}_1, \bar{\lambda}_2, \ldots, \bar{\lambda}_m$ 滿足

$$\frac{\partial f(\bar{x})}{\partial x_j} + \sum_{i=1}^{i=m} \bar{\lambda}_i \frac{\partial g_i(\bar{x})}{\partial x_j} = 0 \quad (j = 1, 2, \ldots, n)$$

$$\bar{\lambda}_i [b_i - g_i(\bar{x})] = 0 \quad (i = 1, 2, \ldots, m)$$

$$\bar{\lambda}_i \geq 0 \quad (i = 1, 2, \ldots, m)$$

就像前節的 Lagrange 乘數,在 K-T 條件中乘數 $\bar{\lambda}_i$ 可以視為在 (26) 式的條件 i 的影價格。假設 (26) 式為一個極大問題,若 (26) 式條件 i 的右端值從 b_i 增加到 $b_i + \Delta$ (Δ 為一個微小量),則最佳目標函數值將增加近似 $\Delta \bar{\lambda}_i$,再假設 (26) 式為一個極小問題,若條件 i 的右端值由 b_i 增加到 $b_i + \Delta$ (Δ 為一個微小量),則最佳目標函數值將減少 $\Delta \bar{\lambda}_i$。

只要我們記得乘數解釋為影價格,就可以解釋極大化問題的 (27)-(29) 式:假設我們把 (26) 式的每一個條件都可以看成資源使用條件,亦即,在 $\bar{x} = (\bar{x}_1, \bar{x}_2, \ldots, \bar{x}_n)$,我們利用 $g_i(\bar{x}_1, \bar{x}_2, \ldots, \bar{x}_n)$ 單位的資源 i,且可用的資源為 b_i 個單位。假設我們增加 x_j 的值為一個很小的量 Δ,則目標函數的值會增加

$$\frac{\partial f(\bar{x})}{\partial x_j} \Delta$$

改變 x_j 的值到 $\bar{x}_j + \Delta$,使得條件 i 變成

$$g_i(\bar{x}) + \frac{\partial g_i(\bar{x})}{\partial x_j} \Delta \leq b_i \quad \text{或} \quad g_i(\bar{x}) \leq b_i - \frac{\partial g_i(\bar{x})}{\partial x_j} \Delta$$

因此,x_j 增加 Δ,會使條件 i 的右端值增加

$$-\frac{\partial g_i(\bar{x})}{\partial x_j} \Delta$$

在條件右端值的這些改變，使得 z 值增加的值近似

$$-\Delta \sum_{i=1}^{i=m} \bar{\lambda}_i \frac{\partial g_i(\bar{x})}{\partial x_j}$$

總體而言，由於 x_j 增加 Δ，z 的近似變化為

$$\Delta \left[\frac{\partial f(\bar{x})}{\partial x_j} - \sum_{i=1}^{i=m} \bar{\lambda}_i \frac{\partial g_i(\bar{x})}{\partial x_j} \right]$$

如果括號內的項目是大於 0，我們可以選擇 $\Delta > 0$ 來增加 f。另一方面，若這一項是小於 0，則我們可以選擇 $\Delta < 0$ 來增加 f。因此，當 x 為最佳解時，(27) 式必須滿足。

條件 (28) 式是 6.10 節所討論 LP 互補差額條件的推廣，由 (28) 式可得

若 $\bar{\lambda}_i > 0$　則　$g_i(\bar{x}) = b_i$　(條件 i 為綁住條件) **(28′)**

若 $g_i(\bar{x}) < b_i$　則　$\bar{\lambda}_i = 0$ **(28″)**

假設條件 $g_i(x_1, x_2, \ldots, x_n) \leq b_i$ 是代表至多有 b_i 個單位的資源 i 可以使用的條件，則式 (28′) 說明：若條件 i 有關的資源量增加的每一個單位是具有價值的，則當前的最佳解必須使用資源 i 當前可用的全部 b_i 個單位。另一方面，式 (28″) 表示如果資源 i 的當前可用量並沒有全部使用完，則增加資源 i 量是沒有任何價值的。

如果當 $\Delta > 0$，條件 i 的右端值從 b_i 增加到 $b_i + \Delta$，則目標函數的最佳值將增加或保持不變，因為條件右端值的增加可以使問題的可行區域又添加一些新的點。由於條件 i 的右端值增加 Δ，則目標函數就會增加 $\Delta \bar{\lambda}_i$，所以必須要有 $\bar{\lambda}_i \geq 0$，這就是為什麼 (29) 式包含 K-T 條件的原因。

在許多情況下，K-T 條件可用於說明變數必須為非負的 NLP。例如，我們想要利用 K-T 條件求下列的最佳解：

$$\begin{aligned}
\max \text{ (或 min) } z &= f(x_1, x_2, \ldots, x_n) \\
\text{s.t.} \quad g_1(x_1, x_2, \ldots, x_n) &\leq b_1 \\
g_2(x_1, x_2, \ldots, x_n) &\leq b_2 \\
&\vdots \\
g_m(x_1, x_2, \ldots, x_n) &\leq b_m \\
-x_1 &\leq 0 \\
-x_2 &\leq 0 \\
&\vdots \\
-x_n &\leq 0
\end{aligned}$$ **(30)**

若我們將 (30) 式的非負條件與乘式 $\mu_1, \mu_2, \ldots, \mu_n$ 結合，定理 9 及 9′ 可以簡化成定理 10 及 10′。

定理 10

假設 (30) 式為一個極大化的問題，若 $\bar{x} = (\bar{x}_1, \bar{x}_2, \ldots, \bar{x}_n)$ 為 (30) 式的最佳解，則 $\bar{x} = (\bar{x}_1, \bar{x}_2, \ldots, \bar{x}_n)$ 必須滿足 (30) 式的條件且存在乘數 $\bar{\lambda}_1, \bar{\lambda}_2, \ldots, \bar{\lambda}_m, \bar{\mu}_1, \bar{\mu}_2, \ldots, \bar{\mu}_n$ 滿足

$$\frac{\partial f(\bar{x})}{\partial x_j} - \sum_{i=1}^{i=m} \bar{\lambda}_i \frac{\partial g_i(\bar{x})}{\partial x_j} + \mu_j = 0 \qquad (j = 1, 2, \ldots, n) \tag{31}$$

$$\bar{\lambda}_i[b_i - g_i(\bar{x})] = 0 \qquad (i = 1, 2, \ldots, m) \tag{32}$$

$$\left[\frac{\partial f(\bar{x})}{\partial x_j} - \sum_{i=1}^{i=m} \bar{\lambda}_i \frac{\partial g_i(\bar{x})}{\partial x_j}\right] \bar{x}_j = 0 \qquad (j = 1, 2, \ldots, n) \tag{33}$$

$$\bar{\lambda}_i \geq 0 \qquad (i = 1, 2, \ldots, m) \tag{34}$$

$$\bar{\mu}_j \geq 0 \qquad (j = 1, 2, \ldots, n) \tag{35}$$

因為 $\bar{\mu}_j \geq 0$，(31) 式相等於

$$\frac{\partial f(\bar{x})}{\partial x_j} - \sum_{i=1}^{i=m} \bar{\lambda}_i \frac{\partial g_i(\bar{x})}{\partial x_j} \leq 0 \qquad (j = 1, 2, \ldots, n) \tag{31′}$$

則對一個有非負的極大問題的 K-T 條件 (31)－(34) 式可以寫成

$$\frac{\partial f(\bar{x})}{\partial x_j} - \sum_{i=1}^{i=m} \bar{\lambda}_i \frac{\partial g_i(\bar{x})}{\partial x_j} \leq 0 \qquad (j = 1, 2, \ldots, n) \tag{31′}$$

$$\bar{\lambda}_i[b_i - g_i(\bar{x})] = 0 \qquad (i = 1, 2, \ldots, m) \tag{32′}$$

$$\left[\frac{\partial f(\bar{x})}{\partial x_j} - \sum_{i=1}^{i=m} \bar{\lambda}_i \frac{\partial g_i(\bar{x})}{\partial x_j}\right] \bar{x}_j = 0 \qquad (j = 1, 2, \ldots, n) \tag{33′}$$

$$\bar{\lambda}_i \geq 0 \qquad (i = 1, 2, \ldots, m) \tag{34′}$$

定理 10′

假設 (30) 式為一個極小問題，若 $\bar{x} = (\bar{x}_1, \bar{x}_2, \ldots, \bar{x}_n)$ 為 (30) 式的最佳解；則 $\bar{x} = (\bar{x}_1, \bar{x}_2, \ldots, \bar{x}_n)$ 必須滿足 (30) 式的條件且存在乘數 $\bar{\lambda}_1, \bar{\lambda}_2, \ldots, \bar{\lambda}_m, \bar{\mu}_1, \bar{\mu}_2, \ldots, \bar{\mu}_n$ 滿足

$$\frac{\partial f(\bar{x})}{\partial x_j} + \sum_{i=1}^{i=m} \bar{\lambda}_i \frac{\partial g_i(\bar{x})}{\partial x_j} - \mu_j = 0 \qquad (j = 1, 2, \ldots, n) \tag{36}$$

$$\bar{\lambda}_i[b_i - g_i(\bar{x})] = 0 \quad (i = 1, 2, \ldots, m) \tag{37}$$

$$\left[\frac{\partial f(\bar{x})}{\partial x_j} + \sum_{i=1}^{i=m} \bar{\lambda}_i \frac{\partial g_i(\bar{x})}{\partial x_j}\right]\bar{x}_j = 0 \quad (j = 1, 2, \ldots, n) \tag{38}$$

$$\bar{\lambda}_i \geq 0 \quad (i = 1, 2, \ldots, m) \tag{39}$$

$$\bar{\mu}_j \geq 0 \quad (j = 1, 2, \ldots, n) \tag{40}$$

因為 $\bar{\mu}_j \geq 0$，所以 (36) 式可以寫成

$$\frac{\partial f(\bar{x})}{\partial x_j} + \sum_{i=1}^{i=m} \bar{\lambda}_i \frac{\partial g_i(\bar{x})}{\partial x_j} \geq 0 \tag{36'}$$

對於一個有非負的極小問題的 K-T 條件，(36)－(39) 式可以改寫成

$$\frac{\partial f(\bar{x})}{\partial x_j} + \sum_{i=1}^{i=m} \bar{\lambda}_i \frac{\partial g_i(\bar{x})}{\partial x_j} \geq 0 \quad (j = 1, 2, \ldots, n) \tag{36'}$$

$$\bar{\lambda}_i[b_i - g_i(\bar{x})] = 0 \quad (i = 1, 2, \ldots, m) \tag{37'}$$

$$\left[\frac{\partial f(\bar{x})}{\partial x_j} + \sum_{i=1}^{i=m} \bar{\lambda}_i \frac{\partial g_i(\bar{x})}{\partial x_j}\right]\bar{x}_j = 0 \quad (j = 1, 2, \ldots, n) \tag{38'}$$

$$\bar{\lambda}_i \geq 0 \quad (i = 1, 2, \ldots, m) \tag{39'}$$

定理 9、9'、10 及 10'' 給出對於一個點 $\bar{x} = (\bar{x}_1, \bar{x}_2, \ldots, \bar{x}_n)$ 是 (26) 或 (30) 式的最佳解的必要條件。下面二個定理給出一個點 $\bar{x} = (\bar{x}_1, \bar{x}_2, \ldots, \bar{x}_n)$ 是 (26) 或 (30) 式的最佳解的充分條件 (參考 Bazaraa 及 Shetty (1993))。

定理 11

假設式 (26) 為一個極大問題，若 $f(x_1, x_2, \ldots, x_n)$ 是一個凹函數及 $g_1(x_1, x_2, \ldots, x_n)$，…，$g_m(x_1, x_2, \ldots, x_n)$ 為凸函數，則任何一個點 $\bar{x} = (\bar{x}_1, \bar{x}_2, \ldots, \bar{x}_n)$ 滿足定理 9 為 (26) 式的最佳解。此外，若 (30) 式為一個極大問題，$f(x_1, x_2, \ldots, x_n)$ 是凹函數及 $g_1(x_1, x_2, \ldots, x_n)$，…，$g_m(x_1, x_2, \ldots, x_n)$ 為凸函數，則任何一個點 $\bar{x} = (\bar{x}_1, \bar{x}_2, \ldots, \bar{x}_n)$ 滿足定理 10 的假設為 (30) 式的最佳解。

定理 11'

假設 (26) 式為一個極小問題，若 $f(x_1, x_2, \ldots, x_n)$ 為一個凸函數及 $g_1(x_1, x_2, \ldots, x_n)$，…，$g_m(x_1, x_2, \ldots, x_n)$ 為凸函數，則任何一點 $\bar{x} = (\bar{x}_1, \bar{x}_2, \ldots, \bar{x}_n)$ 滿足定理 9' 為 (26) 式的最佳解。此外，若 (30) 式為一個極小問題，$f(x_1, x_2, \ldots, x_n)$ 是凸函數及 $g_1(x_1, x_2, \ldots, x_n)$，…，$g_m(x_1, x_2, \ldots, x_n)$ 為凸函數，則任何一個點 $\bar{x} = (\bar{x}_1, \bar{x}_2, \ldots, \bar{x}_n)$ 滿足定理 10' 的假設為 (30) 式的最佳解。

第 9 章　非線性規劃　**621**

註解　定理 11 及 1′ 的假設需要每個 $g_i(x_1, x_2, \ldots, x_n)$ 為凸函數的原因是這個可以保證式 (26) 或 (30) 的可行區域為凸集合 (參考 9.3 節問題 21)。

Kuhn-Tucker 條件的幾何解釋

我們可以很簡單地證明定理 9 的條件 (27)－(29) 式在 $\bar{x}$ 點會成立若且唯若 ∇f 為 $\nabla g_1, \nabla g_2, \ldots, \nabla g_m$ 的非負的線性組合，若 (26) 式的條件 i 為非綁住條件，且權重乘以 ∇g_i 的線性組合為 0。

簡單地說，(27)－(29) 式相等於存在 $\lambda_i \geq 0$ 使得

$$\nabla f(\bar{x}) = \sum_{i=1}^{i=m} \lambda_i \nabla g_i(\bar{x}) \tag{41}$$

且每一個在 $\bar{x}$ 點，每個條件若為非綁住將會有 $\lambda_i = 0$。

圖 9-43 及 44 說明 (41) 式，在圖 9-43，我們嘗試解 (可行區域的陰影部份)。

$$\min z = f(x_1, x_2)$$
$$\text{s.t.} \quad g_1(x_1, x_2) \leq 0$$
$$g_2(x_1, x_2) \leq 0$$

在 $\bar{x}$，(41) 式成立且有二個綁住條件且我們有 $\lambda_1 > 0$ 及 $\lambda_2 > 0$。在圖 9-44 中，我們再嘗試解 (可行區域一樣是陰影部份)。

$$\min z = f(x_1, x_2)$$
$$\text{s.t.} \quad g_1(x_1, x_2) \leq 0$$
$$g_2(x_1, x_2) \leq 0$$

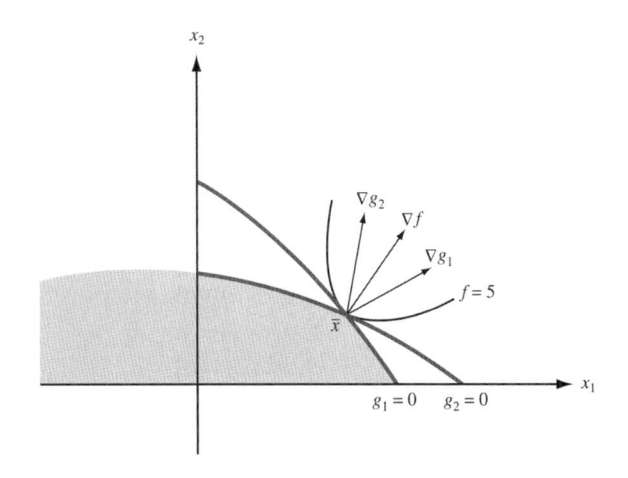

圖 9-43　Kuhn-Tucker 條件的例子：二個條件都是綁住

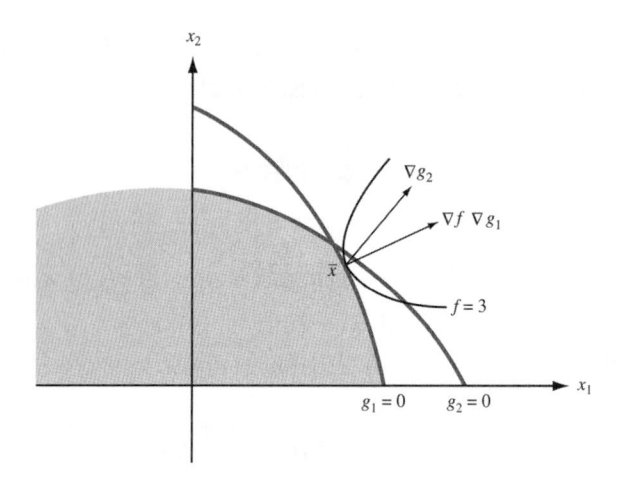

图 9-44　Kuhn-Tucker 條件的例子：一個條件為綁住及另一個條件為非綁住

此處，條件 2 為非綁住，所以 $\lambda_2 = 0$ 時，(41) 式必定滿足

使用下列兩例題圖示滿足 K-T 條件。

例題 32　Kuhn-Tucker 條件的解釋

描述

$$\max f(x)$$
$$\text{s.t.} \quad a \leq x \leq b$$

的最佳解。

解　從 9.4 節，我們知道 {假設對於區間 $[a, b]$ 上所有 x，$f'(x)$ 存在}，本問題的最佳解必定在 a 點 [當 $f'(a) \leq 0$]，在 b 點 [當 $f'(b) \geq 0$]，或使 $f'(x) = 0$ 的點這三者中的一個上，則 K–T 條件如何得到這三種情況？

我們寫 (42) 式為

$$\max f(x)$$
$$\text{s.t.} \quad -x \leq -a$$
$$x \leq b$$

則由 (27)−(29) 式可得

$$f'(x) + \lambda_1 - \lambda_2 = 0 \tag{43}$$
$$\lambda_1(-a + x) = 0 \tag{44}$$
$$\lambda_2(b - x) = 0 \tag{45}$$
$$\lambda_1 \geq 0 \tag{46}$$
$$\lambda_2 \geq 0 \tag{47}$$

在利用 K-T 條件求解 NLP，注意每個乘數 λ_i 必須滿足 $\lambda_i = 0$ 或 $\lambda_i > 0$。因此，在設法求出滿足 (43)−(47) 式的 x，λ_1 和 λ_2 之值時，我們必須考慮如下四種情況：

情況 1 $\lambda_1 = \lambda_2 = 0$。從 (43) 式，我們可得 $f'(\bar{x}) = 0$ 的情況。

情況 2 $\lambda_1 = 0$，$\lambda_2 > 0$。由於 $\lambda_2 > 0$，所以 (45) 式可得 $\bar{x} = b$，然後由 (43) 式可得 $f'(b) = \lambda_2$ 且因為 $\lambda_2 > 0$，我們得到 $f'(b) > 0$ 的情況。

情況 3 $\lambda_1 > 0$，$\lambda_2 = 0$。由於 $\lambda_1 > 0$，(44) 式可得 $\bar{x} = a$，然後 (43) 式可得 $f'(a) = -\lambda_1 < 0$ 的情況。

情況 4 $\lambda_1 > 0$，$\lambda_2 > 0$。從 (44) 及 (45) 式，我們可得 $\bar{x} = a$ 和 $\bar{x} = b$，這一個矛盾的結果說明情況 4 不會發生。

由於條件為線性，所以定理 11 可以證明若 $f(x)$ 是一個凹函數，則 (43)-(47) 式可以得到 (42) 式的最佳解。

例題 33　生產製程

一個專利者可以用一種每盎司 \$10 的價格，購買最多 17.25 盎司的化學用品。該化學用品加工成 1 盎司產品 1 的成本是 \$3；或加工成 1 盎司產品 2 的成本是 \$5。若公司已生產 x_1 盎司的產品 1，則產品 1 的售價為每盎司 \$30 $-$ x_1。若生產 x_2 盎司的產品 2，則產品 2 的售價為每盎司 \$50 $-$ $2x_2$，決定該專利者如何生產能夠讓利潤達到最大。

解　令

$$x_1 = \text{已生產產品 1 的盎司數}$$
$$x_2 = \text{已生產產品 2 的盎司數}$$
$$x_3 = \text{已加工化學用品的盎司數}$$

則我們希望解以下 NLP

$$\max z = x_1(30 - x_1) + x_2(50 - 2x_2) - 3x_1 - 5x_2 - 10x_3$$
$$\text{s.t.} \quad x_1 + x_2 \leq x_3 \quad \text{或} \quad x_1 + x_2 - x_3 \leq 0 \tag{48}$$
$$x_3 \leq 17.25$$

當然，我們必須加上條件 $x_1, x_2, x_3 \geq 0$。然而，(48) 式的最佳解滿足非負的條件，因此它亦是含有非負條件 (48) 式所組成的一個 NLP 的最佳解。

我們可以觀察到 (48) 式的目標函數是凹性函數的和 (所以它也是凹函數)，且其條件為凸性條件 (因為它是線性)。因此，定理 11 可以 K-T 條件是 (x_1, x_2, x_3) 為 (48) 式最佳解的充要條件。從定理 9，K-T 條件變成

$$30 - 2x_1 - 3 - \lambda_1 = 0 \tag{49}$$
$$50 - 4x_2 - 5 - \lambda_1 = 0 \tag{50}$$
$$-10 + \lambda_1 - \lambda_2 = 0 \tag{51}$$
$$\lambda_1(-x_1 - x_2 + x_3) = 0 \tag{52}$$
$$\lambda_2(17.25 - x_3) = 0 \tag{53}$$
$$\lambda_1 \geq 0 \tag{54}$$

$$\lambda_2 \geq 0 \qquad (55)$$

如同前面的例子，本例有四種情況要考慮：

情況 1 $\lambda_1 = \lambda_2 = 0$，這種情況不會發生，因為它會違反 (51) 式。

情況 2 $\lambda_1 = 0$，$\lambda_2 > 0$，若 $\lambda_1 = 0$，則由 (51) 式可以推得 $\lambda_2 = -10$，這會違反 (55) 式。

情況 3 $\lambda_1 > 0$，$\lambda_2 = 0$。從 (51) 式，我們可得 $\lambda_1 = 10$，現在，(49) 式可得 $x_1 = 8.5$，且 (50) 式可得 $x_2 = 8.75$，從 (52) 式，我們可得 $x_1 + x_2 = x_3$，所以 $x_3 = 17.25$。因此，$\bar{x}_1 = 8.5$，$\bar{x}_2 = 8.75$，$\bar{x}_3 = 17.25$，$\bar{\lambda}_1 = 10$，$\bar{\lambda}_2 = 0$ 滿足 K-T 條件。

情況 4 $\lambda_1 > 0$，$\lambda_2 > 0$。情況 3 可以得到最佳解；所以我們不需要考慮情況 4。

因此，(48) 式的最佳解是購買 17.25 盎司的化學用品，生產 8.5 盎司的產品 1 及 8.75 盎司的產品 2。當 Δ 很小時，$\bar{\lambda}_1 = 10$ 表示當在不增加成本的情況下，如果多增加額外的 Δ 盎司化學用品，則利潤會增加 10Δ (你能夠了解為什麼嗎？)。根據 (51) 式，我們求得 $\bar{\lambda}_2 = 0$，這代表購買額外的 Δ 盎司的化學用品，將不會增加利潤 (你能否了解為什麼？)

條件確認

除非在一個最佳解 $\bar{x}$ 上滿足條件確認或正規條件，否則 Kuhn-Tucker 條件可能會不滿足。事實上，存在許多條件確認，但我們只選擇討論線性獨立條件確認：令 $\bar{x}$ 為 NLP (26) 或 (30) 的最佳解。若所有的 g_i 為連續，且在 $\bar{x}$ 所形成的線性獨立向量上，所有的方向導數都是綁住條件 (包含在 $x_1, x_2, \ldots, x_n$ 的任何綁住非負條件)，則 Kuhn-Tucker 條件在 $\bar{x}$ 會成立。

下面的例子說明若線性獨立條件確認不能滿足時，則 Kuhn-Tucker 條件在 NLP 上的最佳解就無法滿足。

例題 34 條件確認的必要性

證明在下列 NLP 的最佳解上，Kuhn-Tucker 的條件不會滿足：

$$\begin{aligned} \max z &= x_1 \\ \text{s.t.} \quad x_2 - (1 - x_1)^3 &\leq 0 \\ x_1 \geq 0, x_2 &\geq 0 \end{aligned} \qquad (56)$$

解 若 $x_1 > 1$，則從 (56) 式的第一個條件可推得 $x_2 < 0$。因此，(56) 式的最佳 z 值不會超過 1。因為 $x_1 = 1$ 且 $x_2 = 0$ 為可行且可得 $z = 1$，(1, 0) 必定為 NLP (56) 的最佳解。

從定理 10，下列二個條件為 (56) 式的 Kuhn-Tucker 條件：

$$1 + 3\lambda_1(1 - x_1)^2 = -\mu_1 \tag{57}$$
$$\mu_1 \geq 0 \tag{58}$$

在最佳解 (1, 0)，(57) 式可推得 $\mu_1 = -1$，這會與 (58) 式產生矛盾。因此，在 (1, 0) 不能滿足 Kuhn-Tucker 條件。現在我們證明在點 (1,0)，線性獨立條件確認會違反。在 (1, 0)，條件 $x_2 - (1 - x_1)^3 \leq 0$ 及 $x_2 \geq 0$ 為綁住條件，然後，

$$\nabla(x_2 - (1 - x_1)^3) = [0, 1]$$
$$\nabla(-x_2) = [0, -1]$$

因為 $[0, 1] + [0, -1] = [0, 0]$，這些方向導數為線性獨立。因此，在 (1,0) 上，這些綁住條件的方向導數為線性獨立，而條件確認不能滿足。

利用 LINGO 求解有不等式條件 (及可能是等式條件) 的 NLP

LINGO 不需要所有的條件像 (26) 式或 (30) 式的型態一樣，條件可以輸入小於或等於，等於，或大於或等於條件。若你的問題滿足定理 11 或定理 11′ 的假設，則你可以知道 LINGO 找到你的問題的最佳解。當你看到訊息 DUAL CONDITIONS: SATISFIED。你將會知道 LINGO 可以找到一個點滿足 Kuhn-Tucker 條件。例如，我們可以確定 LINGO 將找到例題 33 的最佳解。

針對在 9.2 節的例題 9－11 中 LINGO 的輸出結果，我們不能保證 LINGO 可以找出這些問題中任何一個問題的最佳解，例題 9 (圖 9-6) 不滿足定理 11 的假設，因為第 16－18 列的左端值不是凹函數且第 19－21 列的左端值不是凸函數。為了解 LINGO 真正可以找到這個 NLP 的最佳解，我們利用 INIT 的指令到一個較廣類別的開始解 (焦點放在 R、U 及 P 的值)。在圖 9-6，我們無法找到比目前更好的解，所以我們有信心 LINGO 可以找到例題 9 的最佳解。相同地，例題 10 及 11 不滿足定理 11′ 的假設，所以我們不能確定 LINGO 可以找到這些問題的最佳解 (即使是 LINGO 已經找到一個點滿足 Kuhn-Tucker 條件！)。同樣地，我們可以推廣使用 INIT，因無法再找到更好的解，所以我們有信心 LINGO 可以找到例題 10 及 11 的最佳解。

LINGO 輸出中 Price 行的解釋

若在一個 NLP 條件 i 的右端值 (無關條件的型態) 增加一個微小量 Δ，則最佳解 z 值可以增加近似 Δ (條件 i 的價格)。因此，在極大問題中，增加條件 i 的右端值一個微小的量 Δb_i 會造成最佳 z 值增加近似 Δb_i 將會減少一個近似 Δb_i (條件 i 的價格)。

問 題

問題組 A

1. 一家電力公司面臨到尖峰和離峰時間的二種需求，若尖峰時間每度 (千瓦小時) 電費收 p_1 元，則客戶需要 $60 - 0.5p_1$ 度的電力。若非尖峰時間每度收費 p_2 元，則客戶需要 $40 - p_2$ 度的電力。電力公司必須具備足夠的發電力才能滿足在尖峰和離峰時間對電力的需求。維持一度發電力的成本是每天 \$10，確定電力公司扣除營業成本後如何才能使每日收入達到最大。

2. 利用 K-T 條件以求以下 NLP 的最佳解：
$$\max z = x_1 - x_2$$
$$\text{s.t.} \quad x_1^2 + x_2^2 \leq 1$$

3. 考慮 3.1 節 Giapetto 問題：
$$\max z = 3x_1 + 2x_2$$
$$\begin{aligned} \text{s.t.} \quad & 2x_1 + x_2 \leq 100 \\ & x_1 + x_2 \leq 80 \\ & x_1 \leq 40 \\ & x_1 \geq 0 \\ & x_2 \geq 0 \end{aligned}$$

試求這個問題的 K-T 條件，並討論它們與 Giapetto LP 對偶及 LP 互補差額條件的關係。

4. 若 (26) 式的可行區域是有界且包含它的邊界點，則可以證明 (26) 式有最佳解。假設正規條件成立，但定理 11 及 11′ 的假設不成立。如果我們可以證明只有一個點滿足 K-T 條件，則為什麼這個點必定是 NLP 的最佳解？

5. 每週以每小時 \$15 的價格可以得到共有 160 小時的勞力，如果需要購買更多的勞力，則要付出每小時 \$25 的成本。資本可以按每單位 \$5 的價錢無限量地購買。如果每週可以用 K 單位的資本和 L 小時的勞力，則可以生產 $L^{1/2}K^{1/3}$ 部機器。每部機器的售價為 \$270，該公司如何生產能使每週的利潤達到最大？

6. 利用 K-T 條件求下列 NLP 的最佳解：
$$\min z = (x_1 - 1)^2 + (x_2 - 2)^2$$
$$\begin{aligned} \text{s.t.} \quad & -x_1 + x_2 = 1 \\ & x_1 + x_2 \leq 2 \\ & x_1, x_2 \geq 0 \end{aligned}$$

7. 針對例題 31，試解釋為什麼 $\bar{\lambda}_1 = 10$ 及 $\bar{\lambda}_2 = 0$。(提示：考慮每件已生產的產品，邊際收入必須等於邊際成本這個經濟原則。)

8. 利用 K-T 條件求下列 NLP 的最佳解：
$$\max z = -x_1^2 - x_2^2 + 4x_1 + 6x_2$$
$$\begin{aligned} \text{s.t.} \quad & x_1 + x_2 \leq 6 \\ & x_1 \leq 3 \\ & x_2 \leq 4 \\ & x_1, x_2 \geq 0 \end{aligned}$$

9. 利用 K-T 條件求下列 NLP 的最佳解：

$$\min z = e^{-x_1} + e^{-2x_2}$$
$$\text{s.t.} \quad x_1 + x_2 \leq 1$$
$$x_1, x_2 \geq 0$$

10. 利用 K-T 條件求下列 NLP 的最佳解：

$$\min z = (x_1 - 3)^2 + (x_2 - 5)^2$$
$$\text{s.t.} \quad x_1 + x_2 \leq 7$$
$$x_1, x_2 \geq 0$$

針對問題 11–14，利用 LINGO 求解問題，然後解釋為什麼你確定這個程式可以求得最佳解。

11. 解 9.2 節問題 8。
12. 解 9.2 節問題 11。
13. 解 9.2 節問題 15。
14. 解 9.2 節問題 16。

問題組 B

15. 我們必須決定現金的多少百分比要投資股票 x 及 y，令 a = 投資在 x 的現金百分比且 b = 1 − a = 投資在 y 的現金百分比，a 及 b 的選擇稱為有價證券 (portfolio)。一個有價證券稱為有效若存在沒有其他有價證券收益有較高的平均數且較低的變異數，或一個較高的平均收益及相同的變異數，或較低的變異數及相同的平均收益。令 $\bar{x}$ 代表股票 x 的平均收益且 $\bar{y}$ 代表股票 y 的平均收益，在股票 x 的每年股利的變異數為 var x，且股票 y 的每年股利的變異數為 var y。假設每年股票 x 的股利與股票 y 的股利為 cov (x, y)，若我們投資我們手邊錢的 a% 在股票 x 及 b% 的股票 y，則收益的變異數為

$$a^2 \text{var } x + b^2 \text{var } y + 2ab \text{ cov }(x, y)$$

考慮以下 NLP：

$$\max z = a\bar{x} + b\bar{y}$$
$$\text{s.t.} \quad a^2 \text{var } x + b^2 \text{var } y + 2ab \text{ cov }(x, y) \leq v^*,$$
$$a + b = 1$$

其中 v^* 為一個給定的非負常數。

a. 證明這個 NLP 的任何解為一個有效的有價證券。
b. 證明 v^* 的範圍為所有非負的數值，則我們可以得到所有的有效有價證券。

9.10 二次規劃

考慮一個 NLP，其目標函數是型態為 $x_1^{k_1} x_2^{k_2} \ldots x_n^{k_n}$ 的各項之和，$x_1^{k_1} x_2^{k_1} \ldots x_n^{k_n}$ 的次方為 $k_1 + k_2 + \ldots + k_n$。因此，$x_1^2 x_2$ 項的次方為 3，$x_1 x_2$ 項的次方為 2。一個 NLP 的條件若是線性且其目標為形式 $x_1^{k_1} x_2^{k_2} \ldots x_n^{k_n}$ 的項次之和 (每項的

次方為 2，1 或 0)，則它是一個**二次規劃問題** (quadratic programming problem; QPP)。

有許多演算法可以用來解 QPP [參考 Bazaraa 及 Shetty (1993，第 11 章)]。這裡，我們討論二次規劃在有價證券的選擇中的應用，並說明如何利用 LINDO 求解二次規劃問題，我們還將介紹如何利用 Wolfe 法求解 QPP。

二次規劃和有價證券的選擇

考慮一位投資者，他有固定的現金可以用來投資在許多投資上，假設一位投資者希望自己的投資 (有價證券) 的預期收益達到最大，而同時保證其證券投資所冒的風險很小 (可以利用有價證券投資所得收益的變異數來測量)。不幸地是，預期收益高的股票收益通常是較變化無常的。因此，人們常由選擇可接受的極小預期收益並找到能達到可接受預期收益而且變異數最小的有價證券，來達到可接受的預期收益。例如，一個投資者可能想找到預期收益為 20% 的有價證券中，變異數最小的有價證券，經過改變最小可接受的預期收益，投資者可以獲得及比較幾個較適宜的有價證券。

這些概念可以把有價證券的選擇簡化成一個二次規劃問題。為了解這個問題，我們需要觀察到給定一些隨機變數 $\mathbf{X}_1, \mathbf{X}_2, \ldots, \mathbf{X}_n$ 及常數 a、b 及 k。

$$E(\mathbf{X}_1 + \mathbf{X}_2 + \cdots + \mathbf{X}_n) = E(\mathbf{X}_1) + E(\mathbf{X}_2) + \cdots + E(\mathbf{X}_n) \quad (59)$$

$$\text{var}(\mathbf{X}_1 + \mathbf{X}_2 + \cdots + \mathbf{X}_n) = \text{var}\,\mathbf{X}_1 + \text{var}\,\mathbf{X}_2 + \cdots + \text{var}\,\mathbf{X}_n + \sum_{i \neq j} \text{cov}(\mathbf{X}_i, \mathbf{X}_j) \quad (60)$$

$$E(k\mathbf{X}_i) = kE(\mathbf{X}_i) \quad (61)$$

$$\text{var}(k\mathbf{X}_i) = k^2 \text{var}\,\mathbf{X}_i \quad (62)$$

$$\text{cov}(a\mathbf{X}_i, b\mathbf{X}_j) = ab\,\text{cov}(\mathbf{X}_i, \mathbf{X}_j) \quad (63)$$

此處，cov (X, Y) 代表隨機變數 X 及 Y 的共變異數，在接下來的例題，我們將說明如何把有價證券選擇問題簡化成一個二次規劃問題。

例題 35 **有價證券的最佳化問題**

我有 $1000 可以投資三種股票，令 $\mathbf{S}_i$ 代表股票 i 投資 $1 所得年收益的隨機變數。因此，若 $\mathbf{S}_i = 0.12$，則在年初向股票 i 投資 $1，到年終可得 $1.12，已知有以下數據：$E(\mathbf{S}_1) = 0.14$，$E(\mathbf{S}_2) = 0.11$，$E(\mathbf{S}_3) = 0.10$，var $\mathbf{S}_1 = 0.20$，var $\mathbf{S}_2 = 0.08$，var $\mathbf{S}_3 = 0.18$，cov $(\mathbf{S}_1, \mathbf{S}_2) = 0.05$，cov $(\mathbf{S}_1, \mathbf{S}_3) = 0.02$，cov $(\mathbf{S}_2, \mathbf{S}_3) = 0.03$。試建立一個 QQP 能夠用來選擇有價證券，其期望年收益至少為 12% 且能夠最小化證券投資的最小變異數。

解 令 $x_j =$ 股票 j 的投資金額 ($j = 1, 2, 3$)，則證券投資的年收益為 $(x_1\mathbf{S}_1 + x_2\mathbf{S}_2 + x_3\mathbf{S}_3)/1{,}000$，有價證券的期望年收益 [利用 (59) 式及 (61) 式]：

$$\frac{x_1 E(\mathbf{S}_1) + x_2 E(\mathbf{S}_2) + x_3 E(\mathbf{S}_3)}{1,000}$$

為保證有價證券投資的期望收益至少為 12%，我們必須包含以下條件到模式中：

$$\frac{0.14x_1 + 0.11x_2 + 0.10x_3}{1,000} \geq 0.12 = 0.14x_1 + 0.11x_2 + 0.10x_3 \geq 0.12\,(1,000) = 120$$

當然，還必須包含 $x_1 + x_2 + x_3 = 1000$ 的條件。假設投資在某一種股票的金額必須為非負 (亦即，不允許股票賣空交易)，且加上條件 $x_1, x_2, x_3 \geq 0$，我們的目標就是要使證券投資的年收益變異數達到最小。根據 (60) 式，最後價值的變異數為

$$\begin{aligned}
\mathrm{var}\,(x_1\mathbf{S}_1 + x_2\mathbf{S}_2 + x_3\mathbf{S}_3) &= \mathrm{var}\,(x_1\mathbf{S}_1) + \mathrm{var}\,(x_2\mathbf{S}_2) + \mathrm{var}\,(x_3\mathbf{S}_3) \\
&\quad + 2\,\mathrm{cov}(x_1\mathbf{S}_1, x_2\mathbf{S}_2) + 2\,\mathrm{cov}(x_1\mathbf{S}_1, x_3\mathbf{S}_3) \\
&\quad + 2\,\mathrm{cov}(x_2\mathbf{S}_2, x_3\mathbf{S}_3) \\
&= x_1^2\,\mathrm{var}\,\mathbf{S}_1 + x_2^2\,\mathrm{var}\,\mathbf{S}_2 + x_3^2\,\mathrm{var}\,\mathbf{S}_3 + 2x_1 x_2 \mathrm{cov}(\mathbf{S}_1, \mathbf{S}_2) \\
&\quad + 2x_1 x_3 \mathrm{cov}(\mathbf{S}_1, \mathbf{S}_3) + 2x_2 x_3\,\mathrm{cov}(\mathbf{S}_2, \mathbf{S}_3) \\
&\quad \text{[從式 (62) 及 (63)]} \\
&= 0.20 x_1^2 + 0.08 x_2^2 + 0.18 x_3^2 + 0.10 x_1 x_2 \\
&\quad + 0.04 x_1 x_3 + 0.06 x_2 x_3
\end{aligned}$$

我們可觀察到每個有價證券變異數最後表示的次方均為 2。因此，我們會得一個線性條件的 NLP 且其目標函數所包含的次方為 2，為了獲得期望收益至少為 12% 的最小變異數有價證券投資，我們必須解以下 QPP：

$$\begin{aligned}
\min z &= 0.20 x_1^2 + 0.08 x_2^2 + 0.18 x_3^2 + 0.10 x_1 x_2 + 0.04 x_1 x_3 + 0.06 x_2 x_3 \\
\text{s.t.} &\quad 0.14 x_1 + 0.11 x_2 + 0.10 x_3 \geq 120 \\
&\quad x_1 + x_2 + x_3 = 1,000 \\
&\quad x_1, x_2, x_3 \geq 0
\end{aligned} \tag{64}$$

註解 1. 利用二次規劃的概念決定最佳有價證券是來自於 Markowitz (1959), 且一部份的作品使他贏得經濟學的諾貝爾獎。
2. 在問題 9，我們將討論如何利用實際資料估計投資平均收益的平均數及變異數，以及成對投資收益的共變異數。
3. 在問題 10，我們探討 Sharpe (1963) 的單因子模式，它可以有效地簡化有價證券的最佳化問題。
4. 事實上，交易成本的發生是在投資的買及賣之間。在問題 11，我們將探討交易成本如何改變有價證券最佳化模式。

利用 LINGO 求解 NLP

當利用 LINGO 求解非線性規劃問題時，必須假設所有的變數都是非負

的。在下面的 LINGO 模式 (檔案 Port.lng) 可以用來解例題 33 有價證券選擇的問題。

```
MODEL:
 1]SETS:
 2]STOCKS/1..3/:MEAN,AMT;
 3]PAIRS(STOCKS,STOCKS):COV;
 4]ENDSETS
 5]MIN=@SUM(PAIRS(I,J):AMT(I)*AMT(J)*COV(I,J));
 6]@SUM(STOCKS:AMT)=1000;
 7]@SUM(STOCKS:AMT*MEAN)>RQRT;
 8]DATA:
 9]MEAN=  .14,.11,.10;
10]RQRT=120;
11]COV=  .2,.05,.02,
12].05,.08,.03,
13].02,.03,.18;
14]ENDDATA
END
```

第 2 行定義可投資方案的集合,及其所對應每一元投資的平均收益 (MEAN) 及每項投資方案 (AMT) 的總投資量,第 3 行是有關於股票 I 及 J 的量 COV (I, J)= COV ($\mathbf{X}_i$, $\mathbf{X}_j$)。註記 COV (I, I)= VAR $\mathbf{X}_i$。第 5 行極小化有價證券的變異數,我們可利用投資 AMT (I) *AMT (J) *COV (I, J) 的所有成對 (I, J) 的和來計算有價證券 (以元² 計) 的變異數。第 6 及 7 行保證所有投資金額為 $1,000 且分別地每一個有價證券的期望收益均會超過我們需要的收益比率 (RQRT)。(RQRT 輸入在 DATA 部份的第 10 行。)

投資在每個投資方案 $1 的平均年收益定義在第 9 行,第 11－13 行建立共變異數矩陣來完成模式。在選擇求解之後,我們可以得到最佳解: z 值= 75,238 元² , AMT (1)= $380.95 , AMT (2)= $476.19 ,及 AMT (3)= $142.86 ,參考圖 9-45。

在修正 LINGO 模式的資料之後,我們在獲得許多可用股票且達到適宜期望收益的有價證券下,可以簡單地求解變異數極小化的問題。

NLP 的表格解

現在我們說明如何利用 Excel 的 Solver 求解例題 35 ,圖 9-46 (檔案 Port.xls) 呈現出利用 Solver 所得例題 35 的解,可以利用以下過程。

利用 Excel Solver 求解有價證券最佳化問題

現在我們說明如何利用 Excel Solver 求解一個有價證券的最佳化問題,主要的觀念是來自式 (60) 及 (62) 用到隨機變數 $X_1, X_2, ..., X_n$:

變異數 $(c_1X_1 + c_2X_2 + ... + c_nX_n)$ = $[c_1, c_2, ..., c_n]$ (共變異矩陣) $[c_1, c_2, ..., c_n]^T$

現在說明如何進行過程。

```
MODEL:
  1)  MIN= .20 * X1 ^ 2 + .08 * X2 ^ 2 + .18 * X3 ^ 2 + .10 * X1 * X2 +
      .04 * X1 * X3 + .06 * X2 * X3 ;
  2)  .14 * X1 + .11 * X2 + .10 * X3 > 120 ;
  3)  X1 + X2 + X3 = 1000 ;
  4)  X1 > 0 ;
  5)  X2 > 0 ;
  6)  X3 > 0 ;
END

SOLUTION STATUS:  OPTIMAL TO TOLERANCES.  DUAL CONDITIONS:  SATISFIED.
            OBJECTIVE FUNCTION VALUE
        1)       75238.095110

    VARIABLE          VALUE            REDUCED COST
       X1          380.952379             .000000
       X2          476.190470            -.000001
       X3          142.857151             .000000

      ROW      SLACK OR SURPLUS            PRICE
       2)           .000000           -2761.906304
       3)           .000000             180.952513
       4)        380.952379               .000000
       5)        476.190470               .000000
       6)        142.857151               .000000
```

圖 9-45

步驟 1 在 A3:C3，輸入每一個股票投入金額的測試值。

步驟 2 在 D3 格，利用下列公式計算總投入金額

$$= \text{SUM (A3:C3)}$$

步驟 3 在 D5 格，利用下列公式計算有價證券的期望收益金額

$$= \text{SUMPRODUCT (A5:C5, A3:C3)}$$

步驟 4 在 D8 格，利用下列陣列公式計算有價證券的變異數

$$= \text{MMULT (A3:C3，MMULT (A8:C10，TRANSPOSE (A3:C3)))}$$

這個公式是將每個股票投資量的向量乘以共變異數，再乘以投資在每一個股票的投資量的轉置向量。(注意：你必須利用按 Control Shift Enter 來計算這個公式。)

步驟 5 現在已經完成 Solver 對話框如圖 9-46，我們極小化利潤金額的變異數 (D8 格)，我們投資眞正 $1,000 (D3 = F3) 且保證我們可以獲得的期望回收至少 $120 (D5 > = F5)。每個投資方案的投資量的非負限制去除少量的銷售，從圖 9-47，我們找到 LINGO 的相同最佳解。

解二次規劃問題的 Wolfe 方法

Wolfe 方法可以用來求解 QPP，其中所有的變數必定是非負的，我們說明如何利用這個方法求解 QPP：

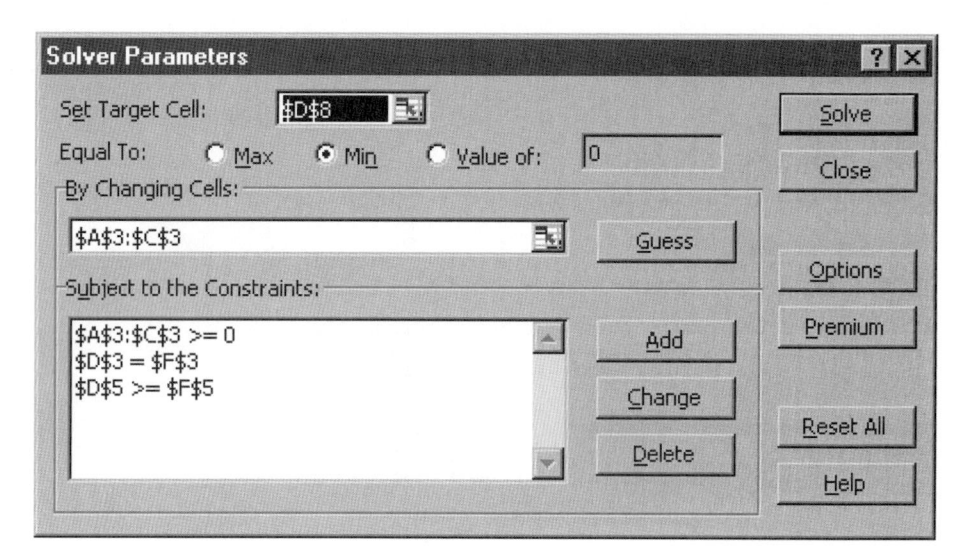

圖 9-46

	A	B	C	D	E	F
1		PORTFOLIO	EXAMPLE			
2	X1	X2	X3	TOTALINV		
3	380.9523849	476.190461	142.8571541	1000	=	1000
4	E(X1)	E(X2)	E(X3)	MEANRET		
5	0.14	0.11	0.1	120	>=	120
6	COVARIANCE					
7	MATRIX			PORTVAR		
8	0.2	0.05	0.02	75238.09525		
9	0.05	0.08	0.03			
10	0.02	0.03	0.18			

圖 9-47

$$\min z = -x_1 - x_2 + (\tfrac{1}{2})x_1^2 + x_2^2 - x_1 x_2$$
$$\text{s.t.} \quad x_1 + x_2 \leq 3$$
$$-2x_1 - 3x_2 \leq -6$$
$$x_1, x_2 \geq 0$$

這個目標函數可以證明為凸函數,所以滿足 Kuhn-Tucker 條件 (36′) — (39′) 的任何點都是這個 QPP 的解。在對 (36′) 式的條件 x_1 利用超出變數 e_1 及條件 x_2 的超出變數 e_2,針對條件 $-2x_1 - 3x_2 \leq -6$ 的 e_2' 和條件 $x_1 + x_2 \leq 3$ 的惰變數 s_1' 之後,K-T 條件可以寫成

$$x_1 - 1 - x_2 + \lambda_1 - 2\lambda_2 - e_1 = 0 \qquad [(36′) \text{式的條件 } x_1]$$
$$2x_2 - 1 - x_1 + \lambda_1 - 3\lambda_2 - e_2 = 0 \qquad [(36′) \text{式的條件 } x_2]$$
$$x_1 + x_2 + s_1' = 3$$

$$2x_1 + 3x_2 - e'_2 = 6$$

所有變數為非負的

$$\lambda_2 e'_2 = 0, \quad \lambda_1 s'_1 = 0, \quad e_1 x_1 = 0, \quad e_2 x_2 = 0$$

我們觀察到除了最後四個等式，K-T 條件均是線性條件或非負條件，最後四個等式為這個 QPP 的互補差額條件，對於一般的 QPP，互補差額條件可以用文字形式表述為

(36') 式的條件 x_i 的 e_i 及 x_i 不能夠同時為正 (65)
條件 i 的惰變數或超出變數及 λ_i 不能夠同時為正

為了找出滿足 K-T 條件的一個點 (除互補差額條件外)，Wolfe 方法簡單地應用二階段簡捷法階段 I 的修正版本。首先，我們把一個人工變數加到沒有明顯基本變數的 K-T 條件的每個條件上，然後設法讓人工變數的和達到最小。為了保證最後的解 (在所有的人工變數均等於 0 的情況下)，滿足 (65) 式的互補差額條件，Wolfe 方法對簡捷法進入變數的選擇過程作如下的修正：

1. 從不進行能夠同時讓 (36') 式條件 i 的 e_i 及 x_i 變成基本變數的轉軸計算。

2. 從不進行能夠同時讓條件 i 的惰 (或超出) 變數及 λ_i 變成基本變數的轉軸計算。

為了利用 Wolfe 方法到我們的例子，我們必須解以下的 LP：

$$\begin{aligned}
\min w &= a_1 + a_2 + a'_2 \\
\text{s.t.} \quad x_1 - x_2 + \lambda_1 - 2\lambda_2 - e_1 + a_1 &= 1 \\
-x_1 + 2x_2 + \lambda_1 - 3\lambda_2 - e_2 + a_2 &= 1 \\
x_1 + x_2 + s'_1 &= 3 \\
2x_1 + 3x_2 - e'_2 + a'_2 &= 6
\end{aligned}$$

所有變數為非負的

在第 0 列消去人工變數之後，我們得到如表 9-12 的表格，目前的基本可行解為 $w = 8$，$a_1 = 1$，$a_2 = 1$，$s'_1 = 3$，$a'_2 = 6$。因為 x_2 在第 0 列有最大的正數係數，我們選擇 x_2 進入基底，這可得到表 9-13。目前的基本可行解為 $w = 6$，$a_1 = \frac{3}{2}$，$x_2 = \frac{1}{2}$，$s'_1 = \frac{5}{2}$，$a'_2 = \frac{9}{2}$。因為 x_1 在第 0 列有最大的係數，現在我們讓 x_1 進入基底，這可得表 9-14。

目前的基本可行解 $w = \frac{6}{7}$，$a_1 = \frac{6}{7}$，$x_2 = \frac{8}{7}$，$s'_1 = \frac{4}{7}$，$x_1 = \frac{9}{7}$，簡捷法建議 λ_1 進入基底。然而，Wolfe 的簡捷法修正版本建議選擇進入變數，不能讓 λ_1 及 s'_1 同時為基本變數。因此，λ_1 不能進入基底。因為 e'_2 為唯一在第 0

表 9-12　Wolfe 方法的起始表

w	x_1	x_2	λ_1	λ_2	e_1	e_2	s'_1	e'_2	a_1	a_2	a'_2	rhs
1	2	4	2	−5	−1	−1	0	−1	0	0	0	8
0	1	−1	1	−2	−1	0	0	0	1	0	0	1
0	−1	②	1	−3	0	−1	0	0	0	1	0	1
0	1	1	0	0	0	0	1	0	0	0	0	3
0	2	3	0	0	0	0	0	−1	0	0	1	6

表 9-13　Wolfe 方法的第一張表

w	x_1	x_2	λ_1	λ_2	e_1	e_2	s'_1	e'_2	a_1	a_2	a'_2	rhs
1	4	0	0	1	−1	1	0	−1	0	−2	0	6
0	$\frac{1}{2}$	0	$\frac{3}{2}$	$-\frac{7}{2}$	−1	$-\frac{1}{2}$	0	0	1	$\frac{1}{2}$	0	$\frac{3}{2}$
0	$-\frac{1}{2}$	1	$\frac{1}{2}$	$-\frac{3}{2}$	0	$-\frac{1}{2}$	0	0	0	$\frac{1}{2}$	0	$\frac{1}{2}$
0	$\frac{3}{2}$	0	$-\frac{1}{2}$	$\frac{3}{2}$	0	$\frac{1}{2}$	1	0	0	$-\frac{1}{2}$	0	$\frac{5}{2}$
0	⑦/₂	0	$-\frac{3}{2}$	$\frac{9}{2}$	0	$\frac{3}{2}$	0	−1	0	$-\frac{3}{2}$	1	$\frac{9}{2}$

表 9-14　Wolfe 方法的第二張表

w	x_1	x_2	λ_1	λ_2	e_1	e_2	s'_1	e'_2	a_1	a_2	a'_2	rhs
1	0	0	$\frac{12}{7}$	$-\frac{29}{7}$	−1	$-\frac{5}{7}$	0	$\frac{1}{7}$	0	$-\frac{2}{7}$	$-\frac{8}{7}$	$\frac{6}{7}$
0	0	0	$\frac{12}{7}$	$-\frac{29}{7}$	−1	$-\frac{5}{7}$	0	$\frac{1}{7}$	1	$\frac{5}{7}$	$-\frac{1}{7}$	$\frac{6}{7}$
0	0	1	$\frac{2}{7}$	$-\frac{6}{7}$	0	$-\frac{2}{7}$	0	$-\frac{1}{7}$	0	$\frac{2}{7}$	$\frac{1}{7}$	$\frac{8}{7}$
0	0	0	$\frac{1}{7}$	$-\frac{3}{7}$	0	$-\frac{1}{7}$	1	③/₇	0	$\frac{1}{7}$	$-\frac{3}{7}$	$\frac{4}{7}$
0	1	0	$-\frac{3}{7}$	$\frac{9}{7}$	0	$\frac{3}{7}$	0	$-\frac{2}{7}$	0	$\frac{3}{7}$	$\frac{2}{7}$	$\frac{9}{7}$

表 9-15　Wolfe 方法的第三張表

w	x_1	x_2	λ_1	λ_2	e_1	e_2	s'_1	e'_2	a_1	a_2	a'_2	rhs
1	0	0	$\frac{5}{3}$	−4	−1	$-\frac{2}{3}$	$-\frac{1}{3}$	0	0	$-\frac{1}{3}$	−1	$\frac{2}{3}$
0	0	0	⑤/₃	−4	−1	$-\frac{2}{3}$	$-\frac{1}{3}$	0	1	$\frac{2}{3}$	0	$\frac{2}{3}$
0	0	1	$\frac{1}{3}$	−1	0	$-\frac{1}{3}$	$\frac{1}{3}$	0	0	$\frac{1}{3}$	0	$\frac{4}{3}$
0	0	0	$\frac{1}{3}$	−1	0	$-\frac{1}{3}$	$\frac{2}{3}$	1	0	$\frac{1}{3}$	−1	$\frac{4}{3}$
0	1	0	$-\frac{1}{3}$	1	0	$\frac{1}{3}$	$\frac{2}{3}$	0	0	$-\frac{1}{3}$	0	$\frac{5}{3}$

表 9-16　Wolfe 方法的最佳表

w	x_1	x_2	λ_1	λ_2	e_1	e_2	s'_1	e'_2	a_1	a_2	a'_2	rhs
1	0	0	0	0	0	0	0	0	−1	−1	−1	0
0	0	0	1	$-\frac{12}{5}$	$-\frac{3}{5}$	$-\frac{2}{5}$	$-\frac{1}{5}$	0	$\frac{3}{5}$	$\frac{2}{5}$	0	$\frac{2}{5}$
0	0	1	0	$-\frac{1}{5}$	$\frac{1}{5}$	$-\frac{1}{5}$	$\frac{2}{5}$	0	$-\frac{1}{5}$	$\frac{1}{5}$	0	$\frac{6}{5}$
0	0	0	0	$-\frac{1}{5}$	$\frac{1}{5}$	$-\frac{1}{5}$	$\frac{12}{5}$	1	$-\frac{1}{5}$	$\frac{1}{5}$	−1	$\frac{6}{5}$
0	1	0	0	0	$\frac{1}{5}$	$-\frac{1}{5}$	$\frac{3}{5}$	0	$\frac{1}{5}$	$-\frac{1}{5}$	0	$\frac{9}{5}$

第 9 章　非線性規劃　**635**

列有正的係數的變數,現在我們讓 e_2' 進入基底,這個結果可得表 9-15。目前的基本可行解為 $w = \frac{2}{3}$,$a_1 = \frac{2}{3}$,$x_2 = \frac{4}{3}$,$e_2' = \frac{4}{3}$,及 $x_1 = \frac{5}{3}$。因為 s_1' 現在為非基本變數,我們可以讓 λ_1 進入基底,這可得表 9-16,這是最後的最佳解。因為 $w = 0$,我們已經找到滿足 Kuhn-Tucker 條件的解且其為 QPP 的最佳解。因此,這個 QPP 的最佳解為 $x_1 = \frac{9}{5}$,$x_2 = \frac{6}{5}$。從最佳表中,我們可以發現 $\lambda_1 = \frac{2}{5}$ 及 $\lambda_2 = 0$ (因為 $e_2' = \frac{6}{5} > 0$,我們可知 $\lambda_2 = 0$ 必定成立)。

Wolfe 方法可以保證若所有的目標函數 Hessian 的所有領導主要子成份均為正,則我們可以得到最佳解。否則,Wolfe 方法無法在有限轉軸計算中收斂。事實上,**互補轉軸** (complementary pivoting) 的方法最常用來求解 QPP。遺憾地是,由於篇幅的限制,本書不討論互補轉軸,有興趣的讀者請參考 Shapiro (1979)。

問　題

問題組 A

1. 我們正投資三種股票。隨機變數 $\mathbf{S}_i$ 代表 i 對股票投資 \$1,一年後所得到的價值。已知 $E(\mathbf{S}_1) = 1.15$,$E(\mathbf{S}_2) = 1.21$,$E(\mathbf{S}_3) = 1.09$,var $\mathbf{S}_1 = 0.09$,var $\mathbf{S}_2 = 0.04$,var $\mathbf{S}_3 = 0.01$,cov $(\mathbf{S}_1, \mathbf{S}_2) = 0.006$,cov $(\mathbf{S}_1, \mathbf{S}_2) = -0.004$,和 cov $(\mathbf{S}_2, \mathbf{S}_3) = 0.005$。現在我們有 \$100 進行投資並希望在接下來的一年至少有 15% 的期望收益,試建立一個 QPP 求出期望收益至少為 15% 最小變異數的有價證券。

2. 試證明例題 35 的目標函數為凸函數 [可以利用任何有價證券的變異數為一個 $(x_1, x_2, \ldots, x_n)$ 的凸函數]。

3. 在圖 9-45,解釋在 PRICE 行的第 2 列與第 3 列的元素。

4. Fruit 電腦公司生產 Pear 及 Apricot 的電腦,若 Pear 電腦每部定價為 p_1 且 Apricot 的電腦定價為 p_2,則公司能銷售 q_1 部 Pear 電腦及 q_2 部 Apricot 電腦,其中 $q_1 = 4{,}000 - 10p_1 + p_2$ 及 $q_2 = 2{,}000 - 9p_2 + 0.8p_1$,製造一部 Pear 電腦需要 2 小時的勞工及 3 塊電腦晶片。一部 Apricot 的電腦需要 3 小時的勞工及 1 塊電腦晶片,目前可用的勞工為 5,000 小時及晶片 4,500 塊,試建立一個 QPP 可以用來極大化 Furit 的收益。利用 K-T 條件 (或 LINGO) 求出 Fruit 公司的最佳定價策略,對額外的每一塊晶片,公司最多願意付出多少錢?

5. 利用 Wolfe 方法解以下 QPP:

$$\begin{aligned} \min z &= 2x_1^2 - x_2 \\ \text{s.t.} \quad & 2x_1 - x_2 \leq 1 \\ & x_1 + x_2 \leq 1 \\ & x_1, x_2 \geq 0 \end{aligned}$$

6. 利用 Wolfe 方法解以下 QPP:

$$\min x_1 + 2x_2^2$$
$$\text{s.t.} \quad x_1 + x_2 \leq 2$$
$$2x_1 + x_2 \leq 3$$
$$x_1, x_2 \geq 0$$

7. 在一個電子網路系統內，會造成電力的流失是因為有 I 安培的電流經過一個電阻 R 歐姆的 I^2R 瓦特。在圖 9-48，710 安培的電流必須從節點 1 送到節點 4，電流經由各節點必須滿足流量守恆。例如，針對節點 1，710 ＝經由 1 歐姆電阻的流量＋經由 4 歐姆電阻的流量，決定經過每一個電阻的電流流量，使得在網路電力流失量達到最小。

a. 建立一個 QPP 使得它的解可以得出經過每個電阻的電流流量。

b. 利用 LINGO 決定每一個電阻的電流流量。

8. 利用 Wolfe 方法決定以下 QPP 的最佳解：

$$\min z = x_1^2 + x_2^2 - 2x_1 - 3x_2 + x_1x_2$$
$$\text{s.t.} \quad x_1 + 2x_2 \leq 2$$
$$x_1, x_2 \geq 0$$

問題組 B

9. (這個問題需要知道一些迴歸的知識) 在表 9-17，已經給定三種不同資產 (T-bills，股票及黃金) 從 1968 － 1988 年收益。(檔案 Invest68.xls) 例如，$1 投資在 T-bill 從 1978 年開始，到 1978 年底會成長到 $1.07。現在你有 $1,000 可以投資到三種不同的投資方

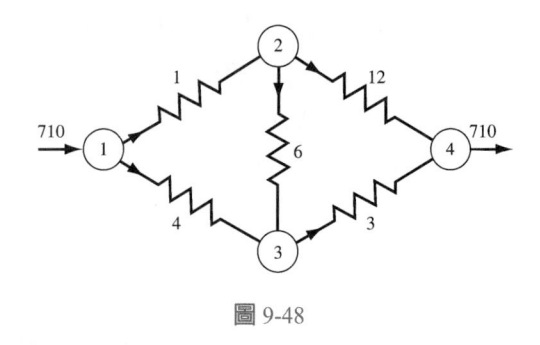

圖 9-48

表 9-17　資產每年的收益

年	股票	黃金	T-Bills
1968	11	11	5
1969	−9	8	7
1970	4	−14	7
1971	14	14	4
1972	19	44	4
1973	−15	66	7
1974	−27	64	8
1975	37	0	6
1976	24	−22	5
1977	−7	18	5
1978	7	31	7
1979	19	59	10
1980	33	99	11
1981	−5	−25	15
1982	22	4	11
1983	23	−11	9
1984	6	−15	10
1985	32	−12	8
1986	19	16	6
1987	5	22	5
1988	17	−2	6

案，你的目標是在條件每年的有價證券的平均收益必須至少 10% 上，使有價證券的每年收益的變異數達到最小，決定如何決資每一個投資案多少錢，利用表格計算平均數，標準差及每一個資產回收的變異數。為了計算每對資產的共變異數，一個 T-bills 與黃金的共變異數的估計為 cov $(T, G) = s_T s_G r_{TG}$ (其中 s_T = T-bills 收益的標準差；s_G ＝黃金收益的標準差)。注意 $r_{TG} = \pm(R^2)^{1/2}$，其中 r 的符號與最小迴歸線的斜率相同。

除了決定每一個資產投資量，請回答以下二個問題。

a. 在接下來的一年，我有 95% 信心能夠增加我的資產的值介在 ＿＿＿ 及 ＿＿＿ 之間。

b. 我有 95% 信心確定我的有價證券年回收的百分比介在 ＿＿＿ 及 ＿＿＿ 之間。

10. (參考問題 9 的資料) 假設資產 i 的收益可以由 $\mu_i + \beta_i M + \epsilon_i$ 來估計，其中 M 為市場的收

第 9 章 非線性規劃 637

益。假設 ϵ_i 為獨立且 ϵ_i 的標準差可以由迴歸線估計值的標準差來估計，此迴歸線中，市場的收益為獨立變數且資產 i 的收益為相依變數，現在你可以不用計算每對投資方案的共變異數表示有價證券的變異數。(提示：市場的變異數將放進等式中。) 利用這條估計的迴歸等式估計資產 i 的平均收益，此等式為市場平均收益的函數。

從問題 9 的資料中，建立一個 NLP 可以在得到至少 10% 的期望回收的情況下，最小化有價證券的變異數，為什麼這個方法適用在有許多潛在投資方案可用的情況？

11. (參考問題 9 的資料) 假設現在您擁有 30% 的投資放在股票，50% 放在 T-bills，且 20% 放在黃金。假設交易會增加成本，每次股票交易需要費用 \$1，每 \$100 的黃金有價證券交易需要費用 \$2，且每一個 \$1 的 T-bills 有價證券交易需要 5¢，找出在加入交易成本後，平均收益必須至少 10% 的最小變異的有價證券。(提示：定義變數為在每個投資案的買或賣的金額。)

9.11 可分離規劃

許多 NLP 有下面型態：

$$\max \text{ (or min) } z = \sum_{j=1}^{j=n} f_j(x_j)$$
$$\text{s.t.} \quad \sum_{j=1}^{j=n} g_{ij}(x_j) \le b_i \quad (i = 1, 2, \ldots, m)$$

由於決策變數出現於目標函數和條件的分離項中，有這種型式的 NLP 稱為**可分離規劃問題** (separable programming problems)。分割規劃問題通常可以將每個 $f_j(x_j)$ 及 $g_{ij}(x_j)$ 利用分斷線性函數來近似，在描述可分離規劃技巧前，我們給一個可分離規劃的例子。

例題 36　分離規劃

Oilco 公司必須決定在今後二年的每一年需要開採多少桶石油。如果在第 1 年要開採 x_1 百萬桶，則每桶以 \$30 $- x_1$ 的價格銷售。如果在第二年開採 x_2 百萬桶，則每桶能以 \$35 $- x_2$ 的價格賣出。在第 1 年開採 x_1 百萬桶的石油成本為 x_1^2 百萬元，在第 2 年開採 x_2 百萬桶石油的成本為 $2x_2^2$ 百萬元。現在共有 20 百萬桶石油可用，且開採的費用至多花 250 百萬元，建立一個 NLP 協助 Oilco 公司能夠在今後兩年的利潤 (收益減掉成本) 達到最大。

解　定義

$x_1 =$ 在第 1 年開採的石油桶數 (單位為百萬桶)
$x_2 =$ 在第 2 年開採的石油桶數 (單位為百萬桶)

則正確的 NLP 為

$$\max z = x_1(30 - x_1) + x_2(35 - x_2) - x_1^2 - 2x_2^2$$
$$= 30x_1 + 35x_2 - 2x_1^2 - 3x_2^2 \qquad (66)$$
$$\text{s.t.} \quad x_1^2 + 2x_2^2 \leq 250$$
$$x_1 + x_2 \leq 20$$
$$x_1, x_2 \geq 0$$

這是一個具有 $f_1(x_1) = 30x_1 - 2x_1^2$，$f_2(x_2) = 35x_2 - 3x_2^2$，$g_{11}(x_1) = x_1^2$，$g_{12}(x_2) = 2x_2^2$，$g_{21}(x_1) = x_1$ 和 $g_{22}(x_2) = x_2$ 的分離規劃問題。

在利用階段性線性函數去近似 f_i 和 g_{ij} 之前，我們必須確定 a_i 和 b_j (對於 $j = 1, 2, \ldots, n$) 以保證最佳解中的 x_j 滿足 $a_j \leq x_j \leq b_j$。針對前面的例子，$a_1 = a_2 = 0$ 和 $b_1 = b_2 = 20$ 可以滿足要求。其次，對於每個變數 x_j，我們選擇格子點 $p_{j1}, p_{j2}, \ldots, p_{jk}$，使 $a_j = p_{j1} \leq p_{j2} \leq \ldots \leq p_{jk} = b_j$ (為了簡化符號，我們假設有相同的格子點)。從前面的例子，我們利用五個格子點：$p_{11} = p_{21} = 0$，$p_{12} = p_{22} = 5$，$p_{13} = p_{23} = 10$，$p_{14} = p_{24} = 15$，$p_{15} = p_{25} = 20$，可分離規劃方法的本質是在每個區間 $[p_{j,r-1}, p_{j,r}]$ 上用線性函數來近似每一個函數 f_j 及 g_{ij}。

更正式地，假設 $p_{j,r} \leq x_j \leq p_{j,r+1}$，對某些 δ ($0 \leq \delta \leq 1$) 而言，$x_j = \delta p_{j,r} + (1 - \delta) p_{j,r+1}$，我們利用下列二式來近似 $f_j(x_j)$ 和 $g_{ij}(x_j)$ (參考圖 9-49)：

$$\hat{f}_j(x_j) = \delta f_j(p_{j,r}) + (1 - \delta) f_j(p_{j,r+1})$$
$$\hat{g}_{ij}(x_j) = \delta g_{ij}(p_{j,r}) + (1 - \delta) g_{ij}(p_{j,r+1})$$

例如，我們將如何來近似 $f_1(12)$？因為 $f_1(10) = 30(10) - 2(10)^2 = 100$，$f_1(15) = 30(15) - 2(15)^2 = 0$，$12 = 0.6(10) + 0.4(15)$，所以我們利用 $\hat{f}_1(12) = 0.6(100) + 0.4(0) = 60$ 來近似 $f_1(12)$ (參考圖 9-50)。

更正式地，為了近似一個可分離規劃問題，我們加上如下條件形式

$$\delta_{j1} + \delta_{j2} + \cdots + \delta_{j,k} = 1 \qquad (j = 1, 2, \ldots, n) \qquad (67)$$

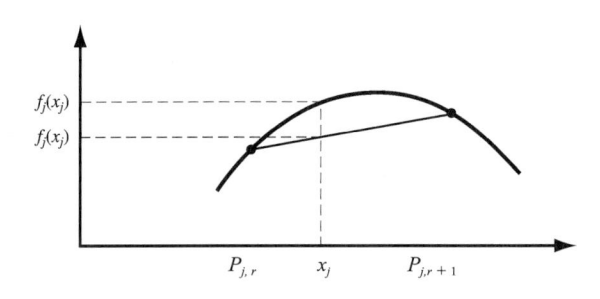

圖 9-49 近似 $f_j(x_j)$ 的分離規劃

第 9 章　非線性規劃　**639**

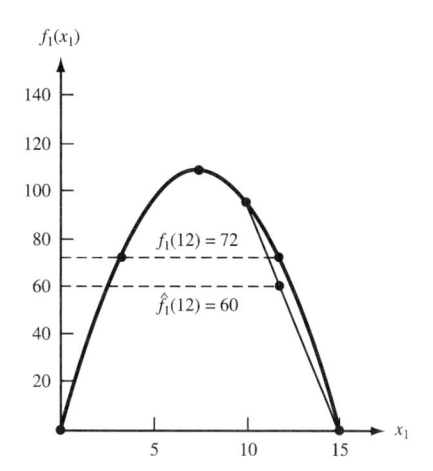

圖 9-50　$f_1(12)$ 的分離規劃

$$x_j = \delta_{j1}p_{j1} + \delta_{j2}p_{j2} + \cdots + \delta_{j,k}p_{j,k} \quad (j = 1, 2, \ldots, n) \tag{68}$$

$$\delta_{j,r} \geq 0 \quad (j = 1, 2, \ldots, n; r = 1, 2, \ldots, k) \tag{69}$$

然後我們用

$$\hat{f}_j(x_j) = \delta_{j1}f_j(p_{j1}) + \delta_{j2}f_j(p_{j2}) + \cdots + \delta_{j,k}f_j(p_{j,k}) \tag{70}$$

替換 $f_j(x_j)$，用

$$\hat{g}_{ij}(x_j) = \delta_{j1}g_{ij}(p_{j1}) + \delta_{j2}g_{ij}(p_{j2}) + \cdots + \delta_{j,k}g_{ij}(p_{j,k}) \tag{71}$$

替換 $g_{ij}(x_j)$，為了保證 (70) 及 (71) 式的近似精確度，我們必須確定式 (71) 對每個 j ($j = 1, 2, \ldots, n$) 至多有二個 $\delta_{j,k}$ 為正。此外，對於一個給定的 j，假設有二個 $\delta_{j,k}$ 為正。若 $\delta_{j,k'}$ 為正，則另一個正的 $\delta_{j,k}$ 必須為 $\delta_{j,k'-1}$ 或 $\delta_{j,k'+1}$ (我們稱 $\delta_{j,k'}$ 相鄰於 $\delta_{j,k'-1}$ 及 $\delta_{j,k'+1}$)。為了要了解這些限制條件，假設我們希望 $x_1 = 12$。於是當 $\delta_{13} = 0.6$ 和 $\delta_{14} = 0.4$ 時，我們的近似將最準確。在這種情況下，應當用 $0.6f_1(10) + 0.4f_1(15)$ 來近似 $f_1(12)$。我們當然不喜歡 $\delta_{11} = 0.4$ 和 $\delta_{15} = 0.6$，這樣可以得出 $x_1 = 0.4(0) + 0.6(20) = 12$，但是它用 $f_1(12) = 0.4f_1(0) + 0.6f_1(20)$ 來近似 $f_1(12)$，而在大多數的情況下，用它作為 $f_1(12)$ 的近似值是非常不理想的 (參考圖 9-51)。因此，為了得到對函數 f_j 和 $\delta_{j,k}$ 的較好近似值，我們必須加上**相鄰假設** (adjacent assumption)：對 $j = 1, 2, \ldots, n$，至多有二個 $\delta_{j,k}$ 為正，如果對一個給定的 j，有二個 $\delta_{j,k}$ 為正，則它們必須為相鄰。

因此，近似問題由 (70) 式得到一個目標函數，且從條件 (67)、(68)、(69) 及 (71) 式得到條件及相鄰假設。事實上，條件 (68) 僅用於將 $\delta_{j,k}$ 的值轉換成原決策變數 (x_j) 的值，在確定 $\delta_{j,k}$ 的最佳值時，並不需要該條件。條件 (68) 不一定是近似問題的一部份，且一個可分離規劃問題的**近似問題** (approximating

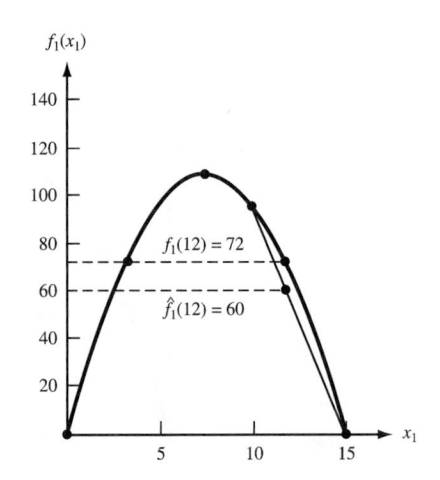

圖 9-51 違反一個相鄰假設，造成 $f_1(12)$ 的一個不理想近似

problem) 可以寫成如下形式：

$$\max \text{ (或 min) } \hat{z} = \sum_{j=1}^{j=n} [\delta_{j1}f_j(p_{j1}) + \delta_{j2}f_j(p_{j2}) + \cdots + \delta_{j,k}f_j(p_{j,k})]$$

$$\text{s.t.} \quad \sum_{j=1}^{j=n} [\delta_{j1}g_{ij}(p_{j1}) + \delta_{j2}g_{ij}(p_{j2}) + \cdots + \delta_{j,k}g_{ij}(p_{jk})] \leq b_i \quad (i = 1, 2, \ldots, m)$$

$$\delta_{j1} + \delta_{j2} + \cdots + \delta_{j,k} = 1 \quad (j = 1, 2, \ldots, n)$$

$$\delta_{j,r} \geq 0 \quad (j = 1, 2, \ldots, n; r = 1, 2, \ldots, k)$$

相鄰假設

從前面的例子，我們有

$$f_1(0) = 0, \quad f_1(5) = 100, \quad f_1(10) = 100, \quad f_1(15) = 0, \quad f_1(20) = -200$$
$$f_2(0) = 0, \quad f_2(5) = 100, \quad f_2(10) = 50, \quad f_2(15) = -150, \quad f_2(20) = -500$$
$$g_{11}(0) = 0, \quad g_{11}(5) = 25, \quad g_{11}(10) = 100, \quad g_{11}(15) = 225, \quad g_{11}(20) = 400$$
$$g_{12}(0) = 0, \quad g_{12}(5) = 50, \quad g_{12}(10) = 200, \quad g_{12}(15) = 450, \quad g_{12}(20) = 800$$
$$g_{21}(0) = 0, \quad g_{21}(5) = 5, \quad g_{21}(10) = 10, \quad g_{21}(15) = 15, \quad g_{21}(20) = 20$$
$$g_{22}(0) = 0, \quad g_{22}(5) = 5, \quad g_{22}(10) = 10, \quad g_{22}(15) = 15, \quad g_{22}(20) = 20$$

利用式 (70) 到 (66) 的目標函數上，可以得到以下近似目標函數：

$$\max \hat{z} = 100\delta_{12} + 100\delta_{13} - 200\delta_{15} + 100\delta_{22} + 50\delta_{23} - 150\delta_{24} - 500\delta_{25}$$

條件 (67) 可得以下二個條件

$$\delta_{11} + \delta_{12} + \delta_{13} + \delta_{14} + \delta_{15} = 1$$
$$\delta_{21} + \delta_{22} + \delta_{23} + \delta_{24} + \delta_{25} = 1$$

條件 (68) 可得以下二個條件

第 9 章 非線性規劃 641

$$x_1 = 5\delta_{12} + 10\delta_{13} + 15\delta_{14} + 20\delta_{15}$$
$$x_2 = 5\delta_{22} + 10\delta_{23} + 15\delta_{24} + 20\delta_{25}$$

利用 (71) 式把 (66) 式的二個條件轉化為

$$25\delta_{12} + 100\delta_{13} + 225\delta_{14} + 400\delta_{15} + 50\delta_{22} + 200\delta_{23} + 450\delta_{24} + 800\delta_{25} \leq 250$$
$$5\delta_{12} + 10\delta_{13} + 15\delta_{14} + 20\delta_{15} + 5\delta_{22} + 10\delta_{23} + 15\delta_{24} + 20\delta_{25} \leq 20$$

在加上符號限制，(68) 式和相鄰假設之後，我們可得

$$\max \hat{z} = 100\delta_{12} + 100\delta_{13} - 200\delta_{15} + 100\delta_{22} + 50\delta_{23} - 150\delta_{24} - 500\delta_{25}$$
$$\text{s.t.} \quad \delta_{11} + \delta_{12} + \delta_{13} + \delta_{14} + \delta_{15} = 1$$
$$\delta_{21} + \delta_{22} + \delta_{23} + \delta_{24} + \delta_{25} = 1$$
$$25\delta_{12} + 100\delta_{13} + 225\delta_{14} + 400\delta_{15} + 50\delta_{22} + 200\delta_{23} + 450\delta_{24} + 800\delta_{25} \leq 250$$
$$5\delta_{12} + 10\delta_{13} + 15\delta_{14} + 20\delta_{15} + 5\delta_{22} + 10\delta_{23} + 15\delta_{24} + 20\delta_{25} \leq 20$$
$$\delta_{j,k} \geq 0 \, (j = 1, 2; k = 1, 2, 3, 4, 5)$$

相鄰假設

在第一眼時，近似問題看起來好像是線性規劃問題。然而，當我們嘗試用簡捷法求解近似問題時，我們就有可能違反相鄰假設，為了避免這個困難，我們利用以下有限制進入規劃的簡捷法求解近似的問題。所謂的限制進入規劃為：如果對給定一個 j，所有的 $\delta_{j,k} = 0$，則 $\delta_{j,k}$ 可以進入基底。如果對一個給定的 j，有單一個 $\delta_{j,k}$ (稱為 $\delta_{j,k'}$) 為正，則 $\delta_{j,k'-1}$ 或 $\delta_{j,k'+1}$ 可以進入基底，但對其他 $\delta_{j,k}$ 均無法進入基底。如果對一個給定的 j，有兩個 $\delta_{j,k}$ 為正，則其他任何的 $\delta_{j,k}$ 均不能進入基底。

在經由一般的簡捷法來解近似問題。有兩種情況可以自動來滿足相鄰假設，如果可分離規劃問題是一個極大化問題，每個 $f_j(x_j)$ 為凹函數，而每個 $g_{ij}(x_j)$ 為凸函數，則由一般的簡捷法所得近似問題的任何解將自動滿足相鄰假設。此外，如果可分離規劃問題是一個極小化問題，每個 $f_j(x_j)$ 為凸函數，而每個 $g_{ij}(x_j)$ 為凸函數，則由一般簡捷法所得近似問題的任何解亦將自動滿足相鄰假設，本節末問題 3 將說明為什麼是這種情況。

在上面二種特殊情況，還可以證明當二個相鄰格子間的距離最大值接近 0 時，近似問題的最佳解接近於可分離規劃問題的最佳解 [參考 Bazaraa 和 Shetty (1993, P.450)]。

針對前面的例子，每個 $f_j(x_j)$ 為凹函數及每個 $g_{ij}(x_j)$ 為凸函數，所以在求近似問題最佳解時，我們可以利用簡捷法，而無需考慮限制進入規則。前面例子的近似問題最佳解 $\delta_{12} = \delta_{22} = 1$，這可以得到 $x_1 = 1(5) = 5$，$x_2 = 1(5) = 5$，$\hat{z} = 200$，比較這個與前面例子實際的最佳解 $x_1 = 7.5$，$x_2 = 5.83$，z

= 214.58。

問 題

問題組 A

為下列可分離問題建立一個近似問題。

1. $\min z = x_1^2 + x_2^2$
   s.t. $x_1^2 + 2x_2^2 \leq 4$
   $x_1^2 + x_2^2 \leq 6$
   $x_1, x_2 \geq 0$

2. $\max z = x_1^2 - 5x_1 + x_2^2 - 5x_2 - x_3$
   s.t. $x_1 + x_2 + x_3 \leq 4$
   $x_1^2 - x_2 \leq 3$
   $x_1, x_2, x_3 \geq 0$

問題組 B

3. 你可以從這個習題了解:當 (針對一個極大化問題) 每個 $f_j(x_j)$ 為一個凹函數,且每個 $g_{ij}(x_j)$ 為一個凸函數,為什麼不需要限制進入規則,考慮 Oilco 公司的例子,當我們利用簡捷法求解近似問題時,證明不可能獲得違背相鄰假設的解。例如,讀者可以考慮這個問題:為什麼簡捷法不能產生 $\delta_{11} = 0.4$ 和 $\delta_{15} = 0.6$ 的解 (x^*)?為了說明這個問題不會發生,找到另一個 z 值比 x^* 更大的近似問題可行解。(提示:證明除了 $\delta_{11} = 0$,$\delta_{15} = 0$,$\delta_{13} = 0.6$ 及 $\delta_{14} = 0.4$,其餘方面都是與 x^* 恆等的解是近似問題的可行解 [這個部份需要 $g_{ij}(x_j)$ 的凸特性] 及其 z 值比 x^* 大 [這個部份要利用 $f_j(x_j)$ 的凹特性]。)

4. 假設某一個 NLP,除了其目標函數或條件含有形式 $x_i x_j$ 的一項,在其他部份呈現為可分離的形式。證明:由 $x_i = \frac{1}{2}(y_i + y_j)$ 和 $x_j = \frac{1}{2}(y_i - y_j)$ 來定義二個新的變數 y_i 和 y_j,可以讓這種類型 NLP 變成可分離規劃問題,試利用這個方法把下列 NLP 變成一個可分離規劃問題:

$$\max z = x_1^2 + 3x_1x_2 - x_2^2$$
$$\text{s.t.} \quad x_1x_2 \leq 4$$
$$x_1^2 + x_2 \leq 6$$
$$x_1, x_2 \geq 0$$

9.12 可行方向法

在 9.7 節,我們利用最陡上升法求解一個無限制條件的 NLP 問題。現在,我們描述另一個修正的方法——**可行方向法** (feasible directions method),它可用來解有線性條件的 NLP,假設我們想要解

第 9 章 非線性規劃 **643**

$$\max z = f(\mathbf{x}) \tag{72}$$
$$\text{s.t.} \quad A\mathbf{x} \leq \mathbf{b}$$
$$\mathbf{x} \geq \mathbf{0}$$

其中 $\mathbf{x} = [x_1, x_2, \ldots, x_n]^T$，$A$ 為一個 $m \times n$ 的矩陣，$\mathbf{0}$ 為一個全部包含 0 的 n 維行向量，$\mathbf{b}$ 為一個 $m \times 1$ 向量，且 $f(x)$ 為一個凹函數。

在開始之前，我們必須找到滿足 $A\mathbf{x} \leq \mathbf{b}$ 的一個可行解 $\mathbf{x}^0$ (也許利用大 M 法或二階段簡捷法)。現在，我們嘗試找出一個從 $\mathbf{x}^0$ 遠離的方向，這個方向會有二個特性：

1. 當我們從 $\mathbf{x}^0$ 遠離，還是要保持可行。
2. 當我們從 $\mathbf{x}^0$ 遠離，我們增加 z 值。

從 9.7 節，我們知道若 $\nabla f(\mathbf{x}^0) \cdot \mathbf{d} > 0$ 且我們從 $\mathbf{x}^0$ 沿著方向 $\mathbf{d}$ 遠離一個較小的距離，則 $f(\mathbf{x})$ 將會增加。當我們選擇從 $\mathbf{x}^0$ 遠離沿著方向 $\mathbf{d}^0 - \mathbf{x}^0$，其中 $\mathbf{d}^0$ 為下列 LP 的最佳解：

$$\max z = \nabla f(\mathbf{x}^0) \cdot \mathbf{d}$$
$$\text{s.t.} \quad A\mathbf{d} \leq \mathbf{b} \tag{73}$$
$$\mathbf{d} \geq \mathbf{0}$$

其中 $\mathbf{d} = [d_1, d_2, \ldots, d_n]^T$。我們可觀察地到若 $\mathbf{d}^0$ 可以求解 (73) 式 (且 $\mathbf{x}^0$ 不是)，則 $\nabla f(\mathbf{x}^0) \cdot \mathbf{d}^0 > \nabla f(\mathbf{x}^0) \cdot \mathbf{x}^0$，或 $\nabla f(\mathbf{x}^0) (\mathbf{d}^0 - \mathbf{x}^0) > 0$。這代表從 $\mathbf{x}^0$ 以方向 $\mathbf{d}^0 - \mathbf{x}^0$ 遠離一個很小的距離將會增加 z。

現在我們選擇新的 $\mathbf{x}^1$ 為 $\mathbf{x}^1 = \mathbf{x}^0 + t_0 (\mathbf{d}^0 - \mathbf{x}^0)$，其中 t_0 解

$$\max f[\mathbf{x}^0 + t_0(\mathbf{d}^0 - \mathbf{x}^0)]$$
$$0 \leq t_0 \leq 1$$

我們可以證明 $f(\mathbf{x}^1) \geq f(\mathbf{x}^0)$ 一定成立，且若 $f(\mathbf{x}^1) = f(\mathbf{x}^0)$，則 $\mathbf{x}^0$ 為式 (72) 的最佳解。因此，除非 $\mathbf{x}^0$ 為最佳，$\mathbf{x}^1$ 將會比 $\mathbf{x}^0$ 的 z 值大，我們可以觀察到

$$A\mathbf{x}^1 = A[\mathbf{x}^0 + t_0(\mathbf{d}^0 - \mathbf{x}^0)] = (1 - t_0)A\mathbf{x}^0 + t_0 A\mathbf{d}^0 \leq (1 - t_0)\mathbf{b} + t_0\mathbf{b} = \mathbf{b}$$

來證明 $\mathbf{x}^1$ 為一個可行點，其中最後一個不等式是由於 $\mathbf{x}^0$ 及 $\mathbf{d}^0$ 是滿足 NLP 條件且 $0 \leq t_0 \leq 1$，$\mathbf{x}^1 \geq \mathbf{0}$ 可以簡單地從 $\mathbf{x}^0 \geq \mathbf{0}$，$\mathbf{d}^0 \geq \mathbf{0}$，且 $0 \leq t_0 \leq 1$。

現在我們選擇從 $\mathbf{x}^1$ 沿方向 $\mathbf{d}^1 - \mathbf{x}^1$ 遠離，其中 $\mathbf{d}^1$ 為下列 LP 的最佳解：

$$\max z = \nabla f(\mathbf{x}^1) \cdot \mathbf{d}$$
$$\text{s.t.} \quad A\mathbf{d} \leq \mathbf{b}$$
$$\mathbf{d} \geq \mathbf{0}$$

然後，我們選擇一個新的點 $\mathbf{x}^2$ 為 $\mathbf{x}^2 = \mathbf{x}^1 + t_1 (\mathbf{d}^1 - \mathbf{x}^1)$，其中 t_1 可從

644 作業研究 I

$$\max f[\mathbf{x}^1 + t_1(\mathbf{d}^1 - \mathbf{x}^1)]$$
$$0 \leq t_1 \leq 1$$

解出。一樣地，$\mathbf{x}^2$ 為可行，且 $f(\mathbf{x}^2) \geq f(\mathbf{x}^1)$ 會成立。然而，若 $f(\mathbf{x}^2) = f(\mathbf{x}^1)$，則 $\mathbf{x}^1$ 為 NLP (72) 的最佳解。

我們依此進行且可以產生移動方向 $\mathbf{d}^2, \mathbf{d}^3, \ldots, \mathbf{d}^{n-1}$ 且新的點 $\mathbf{x}^3, \mathbf{x}^4, \ldots, \mathbf{x}^n$，若 $\mathbf{x}^k = \mathbf{x}^{k-1}$，則結束演算法，這代表 $\mathbf{x}^{k-1}$ 為 NLP (72) 的最佳解。若在這個方法的每一個反覆計算，f 的值是嚴格遞增，則 (如最陡上升法) 當二個連續點是非常靠近，即停止這個方法。

在點 $\mathbf{x}^k$ 決定後，(72) 式最佳解的上界即可獲得。我們亦可證明：若 $f(x_1, x_2, \ldots, x_n)$ 為凹函數，則

$$[(71) \text{ 式的最佳 } z \text{ 值}] \leq f(\mathbf{x}^k) + \nabla f(\mathbf{x}^k) \cdot [\mathbf{d}^k - \mathbf{x}^k]^T \tag{74}$$

因此，若 $f(\mathbf{x}^k)$ 為靠近 (74) 式最佳 z 值的上界，則我們結束這個演算法。

在 Frank 及 Wolfe 發展出來的可行方向內容我們已經討論過，對於其它可行方向法的討論，可以參考 Dazaraa 及 Shetty (1993) 第 11 章。

下面的例子可以用來說明可行方向法。

例題 37　可行方向法

利用可行方向法的二個反覆計算求解下列 NLP：

$$\max z = f(x, y) = 2xy + 4x + 6y - 2x^2 - 2y^2$$
$$\text{s.t.} \quad x + y \leq 2$$
$$x, y \geq 0$$

從 $(0, 0)$ 點開始。

解　$\nabla f(x, y) = [2y - 4x + 4 \quad 6 + 2x - 4y]$，所以 $\nabla f(0, 0) = [4 \ 6]$，我們透過以下解 NLP 找到一個方向可以遠離 $[0 \ 0]$

$$\max z = 4d_1 + 6d_2$$
$$\text{s.t.} \quad d_1 + d_2 \leq 2$$
$$d_1, d_2 \geq 0$$

這個 LP 的最佳解為 $d_1 = 0$ 及 $d_2 = 2$，因此，$\mathbf{d}^0 = [0 \ 2]^T$。因為 $\mathbf{d}^0 - \mathbf{x}^0 = [0 \ 2]^T$，現在我們選擇 $\mathbf{x}^1 = [0 \ 0]^T + t_0 [0 \ 2]^T = [0 \ 2t_0]^T$，其中 t_0 可以由解

$$\max f(0, 2t) = 12t - 8t_2$$
$$0 \leq t \leq 1$$

得之，令 $g(t) = 12t - 8t^2$，我們可以針對 $t = 0.75$，找到 $g'(t) = 12 - 6t = 0$，因為

$g''(t) < 0$，我們知道 $t_0 = 0.75$，因此，$\mathbf{x}^1 = [0, \ 1.5]^T$。在這一點，$z = f(0, 1.5) = 4.5$，現在我們有 NLP 的最佳 z 值的上界 [經由 (74) 式與 $k = 0$]。

$$(\text{最佳 } z \text{ 值}) \leq f(0, 0) + [4 \ 6] \cdot [0 \ 2]^T = 12$$

現在 $\nabla f(x') = f(0, 1.5) = [7 \ 0]$。現在我們找到從 $\mathbf{x}^1$ 遠離，沿著方向 $\mathbf{d}^2$，經過解

$$\max z = 7d_1$$
$$\text{s.t.} \quad d_1 + d_2 \leq 2$$
$$d_1, d_2 \geq 0$$

這個 LP 的最佳解為 $\mathbf{d}^1 = [2 \ 0]^T$。現在我們找到 $x^2 = [0 \ 1.5]^T + t_1\{[2 \ 0]^T - [0 \ 1.5]^T\} = [2t_1 \ 1.5 - 1.5t_1]^T$，其中 t_1 為

$$\max f(2t, \ 1.5 - 1.5t)$$
$$0 \leq t \leq 1$$

的最佳解。現在 $f(2t, \ 1.5 - 1.5t) = 4.5 - 18.5t^2 + 14t$，令 $g(t) = 4.5 - 18.5t^2 + 14t$，我們可以找到針對 $t = \frac{14}{37}$，$g'(t) = 14 - 37t = 0$，因為 $g''(t) = -37 < 0$，我們找到 $t_1 = \frac{14}{37}$。因此，$x_2 = [\frac{28}{37} \ \frac{69}{74}]^T = [0.76 \ 0.93]^T$。現在我們有 $z = f(0.76, 0.93) = 7.15$。從 (74) 式 ($k = 1$)，我們發現到

$$(\text{最佳 } z \text{ 值}) \leq 4.5 + [7 \ 0] \cdot \{[2 \ 0]^T - [0 \ 1.5]^T\} = 18.5$$

因為我們在 (12) 式最佳 z 值的第一個上界比 8.5 更好的上界，我們可以忽略到這個界限。

事實上，這個 NLP 的最佳解 $z = 8.17$，$x = 0.83$ 及 $y = 1.17$。

問 題

問題組 A

針對以下 NLP，進行二次可行方向法的二次反覆計算：

1.
$$\max z = 4x + 6y - 2x^2 - 2xy - 2y^2$$
$$\text{s.t.} \quad x + 2y \leq 2$$
$$x, y \geq 0$$

從點 $(\frac{1}{2}, \frac{1}{2})$ 開始。

2.
$$\max z = 3xy - x^2 - y^2$$
$$\text{s.t.} \quad 3x + y \leq 4$$
$$x, y \geq 0$$

從點 $(1, 0)$ 開始。

9.13 Pareto 最佳與取捨曲線

在多屬性決策分析的情況下，因為缺乏不正確性，我們通常會找尋 Pareto 最佳解。我們將假設一位決策者有二個目標，且在考慮的可行點集合中，必須滿足一個給定的條件集合中。

定義 ■ 一個多目標問題的解 (稱為 A) 為 **Pareto 最佳** (Pareto optimal)，若關於每一個目標，沒有任何其他可行解與 A 一樣好，且在所有目標中，至少沒有一個目標比 A 更嚴格地好。 ■

如果我們定義凌駕解 (dominated solution) 如下，我們可以再預習 Pareto 最佳的定義。

定義 ■ 在一個多目標問題中一個可行解 B **凌駕** (dominates) 一個可行解 A，若關於所有的目標，B 至少比 A 好且至少有一個目標，B 會嚴格優於 A。 ■

因此，Pareto 最佳解為所有非凌駕可行解的集合。

若我們在 x-y 平面上，畫上所有 Pareto 最佳解的"分數"，其中 x 軸分數代表目標 1 的分數且 y 軸代表目標 2 的分數，這個圖形稱為**有效新前緣** (efficient frontier) 或一個**取捨曲線** (trade-off curve)。

為了說明，對於一個多目標問題的可行解的集合為圖 9-52a 位於 AB 曲線與第一象限之間的陰影部份，若我們目標是同時要極大化目標 1 與目標 2，則曲線 AB 為 Pareto 最佳點的集合。

另一個說明，假設有一個多目標問題的可行解集合為在圖 9-52b 曲線 AB 在第一象限下的陰影部份，如果我們的目標是要極大化目標 1 及極小化目標，則曲線 AB 為 Pareto 最佳點的集合。

我們利用下面的例題說明 Pareto 最佳的觀念 (及如何決定 Pareto 最佳解)。

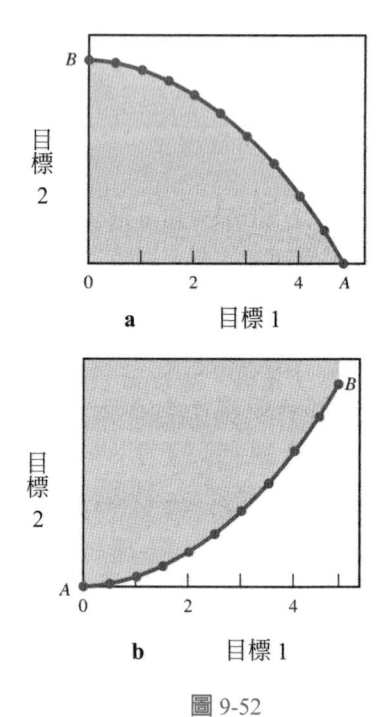

圖 9-52

例題 38　利潤污染取捨曲線

Chemco 公司正考慮生產三種產品，每個單位的利潤貢獻，勞工需求，每單位產品的原料使用，及每單位產品所生產出的污染在表 9-18。目前，公司有 1,300 勞工小時及 1,000 單位的原料。Chemco 公司有二個目標為極大化利潤及極小化污染的產生，試繪出這個問題的曲線。

解　若我們定義 $x_i =$ 產品 i 的生產數量，則 Chemco 的二個目標可以寫成如下：

目標 1　利潤 $= 10x_1 + 9x_2 + 8x_3$
目標 2　污染 $= 10x_1 + 6x_2 + 3x_3$

我們將污染目標畫在 x 軸及利潤目標畫在 y 軸，則決策變數的值必須滿足以下條件：

$$4x_1 + 3x_2 + 2x_3 \leq 1,300 \quad \text{(勞工條件)} \tag{75}$$
$$3x_1 + 2x_2 + 2x_3 \leq 1,000 \quad \text{(原料條件)} \tag{76}$$
$$x_i \geq 0 \quad (i = 1, 2, 3) \tag{77}$$

我們可以利用在滿足 (75)－(77) 式的條件下，選擇最佳化其中一個目標而求得 Pareto 最佳解。首先先極大化利潤，為了解這個問題，我們必須解以下 LP：

$$\begin{aligned}
\max z = &\ 10x_1 + 9x_2 + 8x_3 \\
\text{s.t.} \quad &\ 4x_1 + 3x_2 + 2x_3 \leq 1,300 \quad \text{(勞工條件)} \\
&\ 3x_1 + 2x_2 + 2x_3 \leq 1,000 \quad \text{(原料條件)} \\
&\ x_i \geq 0 \quad (i = 1, 2, 3)
\end{aligned} \tag{78}$$

當我們利用 LINDO 求解這個 LP 時，我們找到唯一最佳解為 (稱為 A) $z = 4,300$，$x_1 = 0$，$x_2 = 300$ 及 $x_3 = 200$。這個解會產生污染水準為 $6(300) + 3(200) = 2,400$ 單位，我們說明這個解為 Pareto 最佳。為了解這個觀念，針對這一個點，假設它不是 Pareto 最佳，則它必須滿足 (75)－(77) 式且可以得到 $z \geq 4,300$ 及污染 $\leq 2,400$，其中至少有一個不等式為嚴格特性。因為 $x_1 = 0$，$x_2 = 300$，$x_3 = 200$ 為 (78) 式的唯一解，所以除了 A 外，沒有哪一個可行解會滿足 (75)－(77) 式且其 $z \geq 4,300$。因此，A 不能被超越。

為了解其他的 Pareto 最佳解，我們選擇任意的污染水準 (稱它為 POLL) 且解以下 LP：

表 9-18　Chemco 公司的資料

	產品 1	產品 2	產品 3
利潤 ($)	10	9	8
勞工 (小時)	4	3	2
原料 (單位)	3	2	2
污染 (單位)	10	6	3

648 作業研究 I

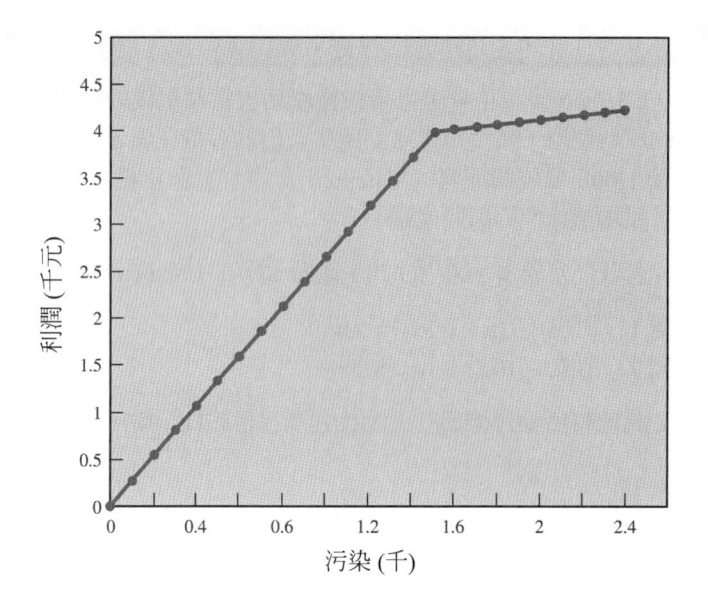

圖 9-53
取捨曲線的例子

$$\max z = 10x_1 + 9x_2 + 8x_3$$
$$\text{s.t.} \quad 4x_1 + 3x_2 + 2x_3 \leq 1{,}300 \quad (勞工條件)$$
$$3x_1 + 2x_2 + 2x_3 \leq 1{,}000 \quad (原料條件) \quad \textbf{(79)}$$
$$x_i \geq 0 \quad (i = 1, 2, 3)$$

令 PROF 為解這個 LP 問題的 (唯一) 最佳 z 值。針對 POLL 的每一個值，點 (POLL，PROF) 將在取捨曲線上。為了了解這一點，假設任意一點 (POLL′，PROF′) 超越 (POLL，PROF)，必須滿足 PROF′ ≥ PROF。事實上，(POLL，PROF) 為 (79) 式的唯一解，由此可以推得所有的可行點 (除了 [POLL，PROF]) 有 PROF′ ≥ PROF 必須有 POLL′ > POLL。

這代表 (POLL，PROF) 不會被超越，所以它必定在取捨曲線，選擇任何 POLL > 2,400 的值將會造成沒有新的點會在取捨曲線上。(為什麼？) 因此，在下一個階段，我們選擇 POLL = 2,300，則 LINDO 可得一個最佳解 z 值 4,266.67 及 $10x_1 + 6x_2 + 3x_3 = 2{,}300$。因此，點 (2,300, 4,266.67) 是在取捨曲線上。接下來，我們改變 POLL 為 2,200 及可得到點 (2,200, 4,233.33) 在取捨曲線上，繼續這個方式，設定 POLL = 2,100、2,000、1,900、…0，我們可以得到在圖 9-53 上介於利潤與污染間的取捨曲線。

在多目標問題中，其條件及目標均為線性函數，則其取捨曲線將是一個階段性線性曲線 (亦即，圖形中包含一些不同斜率的線段)。現在我們給一個目標函數是非線性函數的取捨曲線例子。

例題 39　非線性取捨曲線

　　Proctor 及 Ramble 公司想在足球比賽與肥皂劇打廣告。若足球比賽的一分鐘廣告為 F 及肥皂劇的一分鐘廣告為 S，則所得收視男人與女人的人數 (百萬) 及廣告的成本 (千元) 列於表 9-19。P&R 有 1 百萬元的廣告預算且它的二個目標為極大化男人及女人觀看廣告的人數，對於這種情況，給定一個取捨曲線。

表 9-19　廣告的資料

廣告型態	可收視男人	可收視女人	每個廣告的成本 ($ 千元)
足球	$20\sqrt{F}$	$4\sqrt{F}$	100
肥皂劇	$4\sqrt{S}$	$15\sqrt{S}$	60

解　　在找到在取捨曲線上的第一個點，讓我們先忽略極大化觀看廣告的女性人數，而只要極大化收看廣告的男性人數，這需要解以下的 NLP：

$$\begin{aligned} \max z &= 20\sqrt{F} + 4\sqrt{S} \\ \text{s.t.}\quad & 100F + 60S \leq 1{,}000 \\ & F \geq 0,\ S \geq 0 \end{aligned} \tag{80}$$

　　LINGO 可以得到最佳解 $z = 65.32$，$F = 9.38$，$S = 1.04$，這個解可以有 $4\sqrt{9.38} + 15\sqrt{1.04} = 27.55$ 百萬的女人在看。若我們選擇 x 軸為女性人數而 y 軸為男性人數目標，這可以得到點 (27.55，65.32) 在取捨曲線上，為了獲得在取捨曲線上的其他點，選擇任何值 $W \geq 0$ 及加上條件 $4\sqrt{F} + 15\sqrt{S} \geq W$ 到 (80) 式上。

這會得到 NLP (81)：

$$\begin{aligned} \max z &= 20\sqrt{F} + 4\sqrt{S} \\ \text{s.t.}\quad & 100F + 60S \leq 1{,}000 \\ & 4\sqrt{F} + 15\sqrt{S} \geq W \\ & F \geq 0,\ S \geq 0 \end{aligned} \tag{81}$$

　　假設 (81) 式的最佳解是唯一且可以得到一個 M 的 z 值，則點 (W, M) 在取捨曲線上，為了了解這一點，任何點 (W', M') 超越 (W, M) 必須有 $W' \geq W$。這個事實表示 (W, M) 為 (81) 式的唯一解可以推得所有的可行點 [除了 (W, M)] 會有 $M' < M$。這代表 (W, M) 不能夠被超越；所以它會在取捨曲線，利用 LINGO 求解 (81) 式，其 $W = 30$、35、40、45、50、55、60 及 62.5 可得圖 9-54 的取捨曲線，順道我們在 $W = 62.5$ 將曲線切割，因為預算條件限制女性看廣告的最多人數是 62.5。

取捨曲線過程的總結

　　我們用來建立在二個目標中取捨曲線的過程可以總結如下：

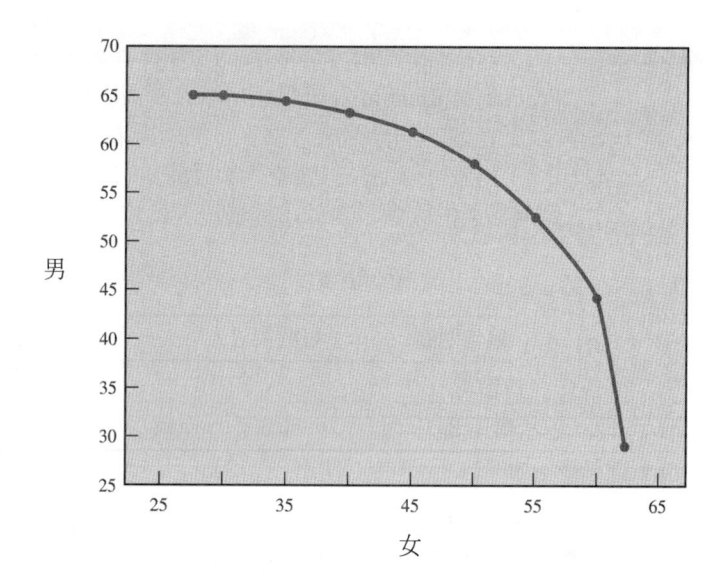

圖 9-54 廣告例子的取捨曲線

步驟 1 選擇一個目標 (稱為目標 1) 及決定這個目標可以達到的最佳值 (稱它為 v_1)。對於達到 v_1 的解，找到目標 2 的值 (稱為 v_2)，則 (v_1, v_2) 是在取捨曲線的一個點。

步驟 2 針對目標 2 優於 v_2 的值，在步驟 1 加上一附加條件求解最佳問題：至少跟 v 一樣好的目標 2 的值，改變 v (在超過 v_2 的 v 值) 將給你另外在取捨曲線的其他點。

步驟 3 在步驟 1，我們得到取捨曲線的一個端點，若我們可以決定目標 2 的最佳值可以獲得，我們可以得到取捨曲線的另外一個端點。

註解 當有超過二個目標的情況，它通常有助於檢查不同成對目標的取捨曲線。

問　題

問題組 A

1. Widgetco 公司生產二種小機器，每一種小機器是由鋼鐵與鋁組成且再利用技術勞工將其組成。每一種小機器的可用資源且每單位利潤的貢獻 (忽略加班勞工的成本) 列在表 9-20。目前，有 200 單位的鋼鐵及 300 單位的鋁及 300 小時的勞工可用，多出來的加班勞工可以用每小時 $10 購買，建立一個在目標為極大化利潤及極小化加班勞工的交換曲線。

2. Plantco 公司生產三種產品。現在有三個工人為 Plantco 公司工作，且公司必須決定每一位工人要生產哪一種產品，若他或她花一整天的時間生產每一種產品，則能夠生產出來的產品量列在表 9-21。

公司有興趣的是極大化員工的快樂指數，每一位員工花一整天去生產某一產品所"賺"

表 9-20

資源	小機器機型 1	小機器機型 2
鋼鐵	6	12
鋁	8	20
工作勞力	11	24
利潤貢獻	500	1,100

表 9-21

工作者	產品 1	產品 2	產品 3
1	20	12	10
2	12	15	9
3	6	5	10

表 9-22

工作者	產品 1	產品 2	產品 3
1	6	8	10
2	6	5	9
3	9	10	8

表 9-23

汽車類型	變動成本 ($ 千)	產能 (每年)
小型	10	2,000
中型	14	1,500
大型	18	1,000

表 9-24

汽車類型	汽車需求
小型	$2{,}500 - 100(PC) + 3(PM)$
中型	$1{,}800 - 30(PM) + 3(PC) + PL$
大型	$1{,}300 - 20(PL) + PM$

到的快樂量列在表 9-22。

建立一個介於極大化每天生產總量及總工作者的快樂指數的取捨曲線。

3. 若一家公司在廣告上花費 $a 且每一個單位的產品要花費 $p，則以 $1{,}000 - 100p + 20a^{1/2}$ 的價格賣出，每單位生產成本為 $6，試建立在利潤與單位售價之間的取捨曲線。

4. GMCO 生產三種類型的汽車：小型、中型、及大型。每部汽車的變動成本 (千元) 及每種汽車的產能列在表 9-23。

每一種型式的汽車年度需求量與三種型態汽車的價格有關，資料列在表 9-24，此處 PC = 小型汽車的價格 (千元)，依此類推。

假設每部小型汽車每加侖汽油行駛哩程數為 30mpg，中型汽車為 25mpg，且每部大型汽車為 18mpg。GMCO 想要維持工廠的免除污染，所以除了要極大化利潤，還想要極大化每一部賣出的汽車每加侖跑的哩程數，利用 LINGO 建立在這些目標的取捨曲線。

5. 考慮在 7.4 節，討論壓縮 Widgetco 專案的時間，從這個例子，建立一個壓縮專案的成本與專案期間的取捨曲線。

6. 在 9.10 節的例題 35，建立一個介在有價證券期望收益與變異數之間的取捨曲線，這個通常稱為有效的新前緣 (efficient-frontier)。

總　結

凸函數及凹函數

對於任何 $x' \in S$ 及 $x'' \in S$，針對 $0 \leq c \leq 1$，

$$f(cx' + (1-c)x'') \leq cf(x') + (1-c)f(x'') \tag{3}$$

成立，一個函數 $f(x_1, x_2, \ldots, x_n)$ 為一個凸集合 S 上的**凸函數**。

對於任何 $x' \in S$ 和 $x'' \in S$，針對 $0 \leq c \leq 1$，

$$f(cx' + (1-c)x'') \geq cf(x') + (1-c)f'(x'') \tag{4}$$

成立，則函數 $f(x_1, x_2, \ldots, x_n)$ 是一個凸集合 S 上的**凹函數**。

考慮一個一般的 NLP，假設 NLP 的可行區域 S 是一個凸集合，如果 $f(x)$ 是 S 上的凹 (凸) 函數，則該 NLP 的任何局部極大點 (或極小點) 是 NLP 的一個最佳解。

針對一個凸集合 S 中所有的 x，$f''(x)$ 都存在，則 $f(x)$ 為 S 上的凸 (凹) 函數若且唯若對於所有在 S 中的 x，有 $f''(x) \geq 0$ (或 $f''(x) \leq 0$)。

假設 $f(x_1, x_2, \ldots, x_n)$ 對於每個點 $x = (x_1, x_2, \ldots, x_n) \in S$ 有連續二階偏導數，則 $f(x_1, x_2, \ldots, x_n)$ 在 S 上為一個凸函數，若且唯若對於每一個 $x \in S$，所有 H 的主子式均為非負。

假設 $f(x_1, x_2, \ldots, x_n)$ 在每個點 $x = (x_1, x_2, \ldots, x_n) \in S$ 有連續二階偏導數，則 $f(x_1, x_2, \ldots, x_n)$ 在 S 上為一個凹函數若且唯若對於每一個 $x \in S$ 及 $k = 1, 2, \ldots, n$，所有非零主子式有相同的符號如 $(-1)^k$。

解單一變數的 NLP

為求

$$\max (或 \min) f(x)$$
$$\text{s.t.} \quad x \in [a, b]$$

的最佳解，我們必須考慮以下三種類型的點：

狀況 1　$f'(x) = 0$ 的點 (稱為 $f(x)$ 的穩定點)。
狀況 2　$f'(x)$ 不存在的點。
狀況 3　在區間 $[a, b]$ 上的端點 a 及 b。

如果 $f'(x_0) = 0$，$f''(x_0) < 0$ 且 $a < x_0 < b$，則 x_0 為局部極大點。若 $f'(x_0) = 0$，$f''(x_0) > 0$，且 $a < x_0 < b$，則 x_0 為局部極小值。

黃金分割搜尋法

為了決定 (在 $\in$ 內)，

第 9 章 非線性規劃 653

$$\max f(x)$$
$$\text{s.t.} \quad a \leq x \leq b$$

的最佳解,我們可以進行黃金分割搜尋法的 k 個反覆計算 (其中 $r^k(b-a) < \epsilon$),新的點可以由以下產生:

新左端點 從不確定區間的右端點向左移動一段等於目前未確定區間長度的 r 倍距離。

新右端點 從不確定區間的左端點向右移動一段等於目前未確定區間長度的 r 倍距離。

在每次的反覆計算中,新點中的一點會等於舊的點。

多個變數的無條件極大化及極小化問題

針對

$$\max (\text{或 min}) f(x_1, x_2, \ldots, x_n)$$
$$\text{s.t.} \quad (x_1, x_2, \ldots, x_n) \in R^n \tag{7}$$

一個局部極點 $\bar{x}$ 必須滿足 $\dfrac{\partial f(\bar{x})}{\partial x_i} = 0$,$i = 1, 2, \ldots n$。

若 $H_k(x) > 0$ ($k = 1, 2, \ldots, n$),則穩定點 $\bar{x}$ 為 (7) 式的局部極小。

若針對 $k = 1, 2, \ldots, n$,$H_k(\bar{x})$ 和 $(-1)^k$ 有相同的符號,則穩定點 $\bar{x}$ 為 (7) 式的局部極大。

如果 $H_n(\bar{x}) \neq 0$ 且定理 7 及 7′ 的條件不能滿足,則穩定點 $\bar{x}$ 不是局部極值點。

最陡上升法

最陡上升法能夠用來解以下類型的問題:

$$\max z = f(x_1, x_2, \ldots, x_n)$$
$$\text{s.t.} \quad (x_1, x_2, \ldots, x_n) \in R^n$$

為了求出一個具有最大 z 值的新點,我們從目前的點 (**v**) 出發沿著 $\nabla f(\mathbf{v})$ 的方向移動遠離 **v** 的距離選擇會使新點的函數值達到最大,當 $\|\nabla f(\mathbf{v})\|$ 充分地接近 0 時,尋找新的過程就可以結束。

Lagrange 乘數

Lagrange 乘數可以用來解以下 NLP 的類型:

$$\max (\text{或 min}) z = f(x_1, x_2, \ldots, x_n)$$
$$\text{s.t.} \quad g_1(x_1, x_2, \ldots, x_n) = b_1$$
$$g_2(x_1, x_2, \ldots, x_n) = b_2$$
$$\vdots$$
$$g_m(x_1, x_2, \ldots, x_n) = b_m$$

(12)

為求解 (12) 式，從 Lagrangian

$$L(x_1, x_2, \ldots, x_n, \lambda_1, \lambda_2, \ldots, \lambda_m) = f(x_1, x_2, \ldots, x_n) + \sum_{i=1}^{i=m} \lambda_i [b_i - g_i(x_1, x_2, \ldots, x_n)]$$

且尋找滿足

$$\frac{\partial L}{\partial x_1} = \frac{\partial L}{\partial x_2} = \cdots = \frac{\partial L}{\partial x_n} = \frac{\partial L}{\partial \lambda_1} = \frac{\partial L}{\partial \lambda_2} = \cdots = \frac{\partial L}{\partial \lambda_m} = 0$$

的點 $(\bar{x}_1, \bar{x}_2, \ldots \bar{x}_n, \bar{\lambda}_1, \bar{\lambda}_2, \ldots, \bar{\lambda}_m)$。

Kuhn-Tucker 條件

Kuhn-Tucker 條件用於解以下 NLP：

$$\begin{aligned}
\max\ (\text{或 min})\ & f(x_1, x_2, \ldots, x_n) \\
\text{s.t.}\quad & g_1(x_1, x_2, \ldots, x_n) \leq b_1 \\
& g_2(x_1, x_2, \ldots, x_n) \leq b_2 \\
& \quad \vdots \\
& g_m(x_1, x_2, \ldots, x_n) \leq b_m
\end{aligned} \tag{26}$$

假設 (26) 式是一個極大化問題，如果 $\bar{x} = (\bar{x}_1, \bar{x}_2, \ldots \bar{x}_n)$ 是 (26) 式的最佳解，則 $\bar{x} = (\bar{x}_1, \bar{x}_2, \ldots, \bar{x}_n)$ 必須滿足 (26) 式的條件 m 並必須存在 $\bar{\lambda}_1, \bar{\lambda}_2, \ldots, \bar{\lambda}_m$ 滿足

$$\begin{aligned}
\frac{\partial f(\bar{x})}{\partial x_j} - \sum_{i=1}^{i=m} \bar{\lambda}_i \frac{\partial g_i(\bar{x})}{\partial x_j} &= 0 \quad (j = 1, 2, \ldots, n) \\
\bar{\lambda}_i [b_i - g_i(\bar{x})] &= 0 \quad (i = 1, 2, \ldots, m) \\
\bar{\lambda}_i &\geq 0 \quad (i = 1, 2, \ldots, m)
\end{aligned}$$

假設 (26) 式是一個極小化問題，如果 $\bar{x} = (\bar{x}_1, \bar{x}_2, \ldots, \bar{x}_n)$ 為 (26) 式的最佳解，則 $\bar{x} = (\bar{x}_1, \bar{x}_2, \ldots, \bar{x}_n)$ 必須滿足 (26) 式的條件 m 並必須存在 $\bar{\lambda}_1, \bar{\lambda}_2, \ldots, \bar{\lambda}_m$ 滿足

$$\begin{aligned}
\frac{\partial f(\bar{x})}{\partial x_j} + \sum_{i=1}^{i=m} \bar{\lambda}_i \frac{\partial g_i(\bar{x})}{\partial x_j} &= 0 \quad (j = 1, 2, \ldots, n) \\
\bar{\lambda}_i [b_i - g_i(\bar{x})] &= 0 \quad (i = 1, 2, \ldots, m) \\
\bar{\lambda}_i &\geq 0 \quad (i = 1, 2, \ldots, m)
\end{aligned}$$

Kuhn-Tucker 條件為求解 (26) 式的一個點的**必要** (necessary) 條件，若 $g_i(x_1, x_2, \ldots, x_n)$ 為凸函數，且目標函數 $f(x_1, x_2, \ldots, x_n)$ 是凹函數 (或凸函數)，則對一個極大 (極小) 問題，滿足 Kuhn-Tucker 條件的任何點是 (26) 式的最佳解。

二次規劃

二次規劃問題 (QPP) 是一個目標函數的各項次數為 2、1 或 0 且所有條件都是線性的 NLP，Wolfe 方法 (一個二階段簡捷法的修正版本) 可以用來解 QPP。

可分離規劃

如果一個 NLP 能寫成以下的型態：

$$\max \text{ (或 min) } z = \sum_{j=1}^{j=n} f_j(x_j)$$
$$\text{s.t.} \quad \sum_{j=1}^{j=n} g_{ij}(x_j) \leq b_i \quad (i = 1, 2, \ldots, m)$$

則它是一個**可分離規劃問題** (separable programming problem)。為了近似分離規劃問題的最佳解，我們解以下**近似問題** (approximating problem)：

$$\max \text{ (或 min) } \hat{z} = \sum_{j=1}^{j=n} [\delta_{j1} f_j(p_{j1}) + \delta_{j2} f_j(p_{j2}) + \cdots + \delta_{j,k} f_j(p_{j,k})]$$
$$\text{s.t.} \quad \sum_{j=1}^{j=n} [\delta_{j1} g_{ij}(p_{j1}) + \delta_{j2} g_{ij}(p_{j2}) + \cdots + \delta_{j,k} g_{ij}(p_{j,k})] \leq b_i \quad (i = 1, 2, \ldots, m)$$
$$\delta_{j1} + \delta_{j2} + \cdots + \delta_{j,k} = 1 \quad (j = 1, 2, \ldots, n)$$
$$\delta_{j,r} \geq 0 \quad (j = 1, 2, \ldots, n; r = 1, 2, \ldots, k)$$

(對於 $j = 1, 2, \ldots, n$，至多有二個 $\delta_{j,k}$ 為正。對於一個給定的 j，如果有二個 $\delta_{j,k}$ 為正，它必定是相鄰點。)

可行方向法

為了解

$$\max z = f(\mathbf{x})$$
$$\text{s.t.} \quad A\mathbf{x} \leq \mathbf{b}$$
$$\mathbf{x} \geq \mathbf{0}$$

我們從一個可行解 $\mathbf{x}^0$ 開始，令 $\mathbf{d}^0$ 為

$$\max z = \nabla f(\mathbf{x}^0) \cdot \mathbf{d}$$
$$\text{s.t.} \quad A\mathbf{d} \leq \mathbf{b}$$
$$\mathbf{d} \geq \mathbf{0}$$

一個解。選擇新的解 $\mathbf{x}^1$ 為 $\mathbf{x}^1 = \mathbf{x}^0 + t_0(\mathbf{d}^0 - \mathbf{x}^0)$，其中 t_0 滿足

$$\max f[\mathbf{x}^0 + t_0(\mathbf{d}^0 - \mathbf{x}^0)]$$
$$0 \leq t_0 \leq 1$$

令 $\mathbf{d}^1$ 為

$$\max z = \nabla f(\mathbf{x}^1) \cdot \mathbf{d}$$
$$\text{s.t.} \quad A\mathbf{d} \leq \mathbf{b}$$
$$\mathbf{d} \geq \mathbf{0}$$

的一個解。選擇我們新的點 $\mathbf{x}^2$ 為 $\mathbf{x}^2 = \mathbf{x}^1 + t_1(\mathbf{d}^1 - \mathbf{x}^1)$，其中 t_1 滿足

$$\max f[\mathbf{x}^1 + t_1(\mathbf{d}^1 - \mathbf{x}^1)]$$
$$0 \leq t_1 \leq 1$$

繼續這種方式產生 $\mathbf{x}^3, \ldots, \mathbf{x}^k$ 直到 $\mathbf{x}^k = \mathbf{x}^{k-1}$ 或連續點為充分地接近。

取捨曲線過程的總結

我們建立二個目標取捨曲線的過程可以總結如下：

步驟 1 選擇目標，新的目標 1——且決定最佳可達到值 v_1。針對可達到解 v_1，找尋目標 2 的值，v_2 則 (v_1, v_2) 是在取捨曲線上的一個點。

步驟 2 找尋優於 v_2 的目標 2 的 v 值，解在步驟 1 加上額外條件 (至少目標 2 優於 v 值) 的最佳化問題，改變 v (在優於 v_2 的 v 中) 將會給你在取捨曲線上的其他點。

步驟 3 在步驟 1，我們得到取捨曲線上的一個端點，若我們決定目標 2 的最佳值，我們可以得到取捨曲線上的另外一個端點。

複習題

問題組 A

1. 證明 $f(x) = e^{-x}$ 是 R^1 上的凸函數。
2. 一家商店有五個顧客的所在位置如圖 9-55。決定店的位置，使每位顧客到店的距離平方和達到最小，你能否將這個結果推廣到 n 個顧客位於點 $x_1, x_2, \ldots, x_n$ 的情況？

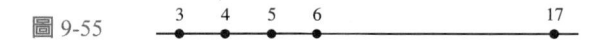

   圖 9-55　　3　4　5　6　　　　17

3. 一家公司利用原料生產兩類的產品。經過加工，每單位原料可生產 2 件產品 1 及 1 件產品 2。如果生產 x_1 件產品 1，則每件售價可為 $49 - x_1$ 元，如果生產 x_2 件產品 2，則每件售價可為 $30 - x_2$ 元，購買和加工的每件原料成本為 \$5。

   a. 利用 Kuhn-Tucker 條件決定如何使公司的利潤達到最大。

   b. 利用 LINDO 或 Wolfe 方法決定如何使公司的利潤達到最大。

   c. 如果公司願意多加一單位額外的原料，則他願意付最大費用是多少？

4. 證明 $f(x) = |x|$ 是 R^1 上的凸函數。
5. 利用黃金分割搜尋法在 0.5 範圍內，求下列問題的最佳解。
$$\max 3x - x^2$$
$$\text{s.t.} \quad 0 \leq x \leq 5$$

6. 進行最陡上升法的兩次反覆計算
$$f(x_1, x_2) = (x_1 + x_2)e^{-(x_1 + x_2)} - x_1$$
   以達到最大化，從 $(0, 1)$ 開始。

7. 在一個月期間內生產 x 件產品的成本為 x^2 元，求出在下三個月以最低成本生產 60 件的方法，你能否把這個結果推廣到一個月內生產 x 件產品的成本為一個遞增凸函數？

8. 解下列 LP：
$$\max z = xyw$$
$$\text{s.t.} \quad 2x + 3y + 4w = 36$$

9. 解下列 LP：
$$\max z = \frac{50}{x} + \frac{20}{y} + xy$$
$$\text{s.t.} \quad x \geq 1, y \geq 1$$

10. 若一家公司以價格 p 賣出產品且花費 \$a 做廣告，若它可以賣出 $10{,}000 + 5\sqrt{a} - 100p$ 單位的產品，若要花費 \$10 生產一個單位的產品，則公司如何極大化利潤。

11. 一家公司有 L 個工時及 M 個機器小時，能夠生產 $L^{1/3}M^{2/3}$ 電腦的磁碟機，每個單位的磁碟機賣價為 \$150。若能夠以 \$50 購買工時且可以用 \$100 購買機器小時，決定你的公司如何極大化利潤。

問題組 B

12. 在時間 t，一棵樹可以成長到大小為 $F(t)$，其中 $F'(t) \geq 0$ 且 $F''(t) < 0$。假設在時間 t，$F'(t)$ 靠近 0，若一棵樹在時間 t 被砍掉，則可以收到收益為 $F(t)$。假設這個收益會連續的折扣，利率為 r，所以在時間收到的 \$1 相當於時間 0，收到 \$$e^{-rt}$。目標為在時間 t^* 砍樹能夠極大化折價後的收益，證明這棵樹必須在時間 t^* 為砍掉，必須滿足以下等式

$$r = \frac{F'(t^*)}{F(t^*)}$$

在這個答案中，解釋為什麼 (若 $\frac{F'(0)}{F(0)} > r$) 這個等式有唯一解，且證明這個答案為最大值而非最小值。[提示：為什麼選擇 t^* 可以極小化 $\ln(e^{-rt}F(t))$？]。

13. 假設我們僱用一位氣象預報員預測下一個暑假將會是下雨或出太陽的機率，接下來建議一個方法可以用來保證這個預測是否正確。假設在下一個暑假下雨的機率為 q，為了簡化，我們假設暑假只能有下雨或出太陽，若氣象預報員宣佈暑假會是下雨的機率是 p，若夏天真正下雨，則她會收到 $1-(1-p)^2$，若夏天為出太陽，則收到 $1-p^2$。證明若宣佈夏天下雨的機率為 q，預報員將會極大化期望利潤。

14. 證明若 $b > a \geq e$，則 $a^b > b^a$，利用這個結果去證明 $e^\pi > \pi^e$。[提示：證明當 $x \geq a$，$\max(\frac{\ln x}{x})$ 會發生在 $x = a$。]

15. 考慮以下幾點 $(0, 0)$，$(1, 1)$ 及 $(2, 3)$，試建立一個 NLP，可以得到包含這三個點的圓使半徑達到最小的解，利用 LINGO 求解 NLP。

16. 在一個月內生產 x 件產品的成本是 $x^{1/2}$ 元，找到在下三個月期間內以最低成本，生產 60 件產品的方法。你能否把這個結果推廣到一個月內生產 x 件產品的成本是一個遞增凸函數？

17. 考慮以下問題：
$$\max z = f(x)$$
$$\text{s.t.} \quad a \leq x \leq b$$

a. 假設 $f(x)$ 是一個對於所有 x，導數都存在的凸函數，證明 $x = a$ 或 $x = b$ 必定為這個 NLP

b. 假設 $f(x)$ 是一個凸函數，而 $f'(x)$ 可能不存在，試證明 $x = a$ 或 $x = b$ 對於 NLP 必定是最佳解 (利用凸函數的定義)。

18. 再考慮問題 2。假設現在要按各個客戶到店的距離之和為最小原則來決定商店的位置，請問商店應設置在哪裡？(提示：利用問題 4 以及對於任何凸函數，一個局部極小值將可以求解這個 NLP；然後再證明店設在某一位顧客所在處可以得到一個局部極小值點。) 這個結果可否被推廣？

19. 一家公司使用原料生產二種產品，可以用 c_1 元購買一單位的原料，並加工成 k_1 件的產品 1 和 k_2 件的產品 2。如果已生產 x_1 件產品 1，則其銷售價格為 $p_1(x_1)$ 元，如果生產 x_2 件產品 2，則的的銷售價格為 $p_2(x_2)$ 元。令 z 代表購買和加工原料的單位數，為達利潤最大 (不考慮非負條件)，則應解以下 NLP：

$$\max w = x_1 p_1(x_1) + x_2 p_2(x_2) - cz$$
$$\text{s.t.} \quad x_1 \leq k_1 z$$
$$x_2 \leq k_2 z$$

a. 寫下這個問題的 Kuhn-Tucker 條件，令 $\bar{x}_1, \bar{x}_2, \bar{\lambda}_1, \bar{\lambda}_2$ 代表這個問題的最佳解。

b. 考慮該問題的修正版本。假設公司可以用每件 $\bar{\lambda}_1$ 元的價格購買產品 1，以每件 $\bar{\lambda}_2$ 元的價格購買產品 2。試證明，如果公司要使利潤達到最大的情況，則在 (a)，它將生產 x_1 件產品 1 和 x_2 件產品 2，此外，試證明利潤和生產成本將保持不變。

c. 給一個 $\bar{\lambda}_1$ 及 $\bar{\lambda}_2$ 解釋，它可以對公司會計師是有用的解釋。

20. 一個邊長為 a、b 及 c 的三角形面積為 $\sqrt{s(s-a)(s-b)(s-c)}$，其中 s 為三角形周長的一半，若現在有 60 呎的圍籬材料且我們想圍成一個三角形的區域，決定如何可以極大化所圍成的區域。

21. 用來壓縮到瓦斯的能量 (三階段)，從開始的壓力 I 到最後的壓力 F 為

$$K \left\{ \sqrt{\frac{p_1}{I}} + \sqrt{\frac{p_2}{p_1}} + \sqrt{\frac{F}{p_2}} - 3 \right\}$$

決定如何使壓縮至瓦斯內的能量達到最小。

22. 證明引理 1 (利用 Lagrange 乘數)。

參考文獻

The following books emphasize the theoretical aspects of nonlinear programming:

Bazaraa, M., H. Sherali, and C. Shetty. *Nonlinear Programming: Theory and Algorithms.* New York: John Wiley, 1993.
Bertsetkas, D. *Nonlinear Programming.* Cambridge, Mass.: Athena Publishing, 1995.
Luenberger, D. *Linear and Nonlinear Programming.* Reading, Mass.: Addison-Wesley, 1984.
Mangasarian, O. *Nonlinear Programming.* New York: McGraw-Hill, 1969.
McCormick, G. *Nonlinear Programming: Theory, Algorithms, and Applications.* New York: Wiley, 1983.
Shapiro, J. *Mathematical Programming: Structures and Algorithms.* New York: Wiley, 1979.
Zangwill, W. *Nonlinear Programming.* Englewood Cliffs, N.J.: Prentice Hall, 1969.

The following book emphasizes various nonlinear programming algorithms:

Rao, S. *Optimization Theory and Applications.* New Delhi: Wiley Eastern Ltd., 1979.

10

確定型的動態規劃

動態規劃是一種可用於求解許多最佳化問題的方法。在大多數應用中,動態規劃求解方法是用逆向方法從問題的最後倒回到問題的開始,因此,此法主要是將一個龐大而不容易處理的問題分解成一系列較小且更容易處理的問題。

我們由求解二個著名的難題利用逆向方法,然後說明如何利用動態規劃來解網路,存貨及資源分配的問題。最後,我們在結束這章前,說明如何利用表格來解動態規劃問題。

10.1 二個難題

在本節,我們說明如何利用逆向方法將一個相當困難的問題化成非常容易處理的問題。

例題 1　火柴難題

假設桌上有 30 根火柴,首先,我可以挑 1 根、2 根或 3 根火柴,然後我的對手也必須挑 1 根、2 根或 3 根火柴。我們按照這種方式繼續進行至挑到最後一根為止,挑到最後 1 根火柴的人為失敗者,我 (第一名玩者) 如何才能把握贏得這場遊戲?

解　若我能使桌上只剩下 1 根火柴時,恰好輪到我的對手挑火柴,則我一定會贏。利用逆向方法向前推一步,若我能使桌上剩下 5 根火柴時,輪到我的對手,我就肯定會贏,其原因是在剩下 5 根火柴時,不管撿到多少根火柴,我都能保證在下次輪到他時,只剩下 1 根火柴。例如,假設剩下 5 根火柴時,輪到我的對手,如果他挑 2 根火柴,我就挑 2 根火柴,於是留下 1 根給他而可以肯定戰勝他。相似地,若在剩下 5、9、13、17、21、25 或 29 根火柴時,恰好輪到對手挑火柴,我肯定勝利,因此,我在第一輪撿起 30 − 29 = 1 根火柴,我就肯定不會輸,因為在以後的各回合,我總可以輪到他挑火柴時,留給他 29、25、21、17、13、9 或 5 根火柴。注意我們是由問題的最後向問題的開始逆向求解這個難題,試試不用逆向方法求解這個問題。

例題 2　牛奶

我有一個 9 盎司的杯子及 4 盎司的杯子，我的媽媽叫我把正好 6 盎司的牛奶帶回家，我如何才能達到這個目標？

表 10-1　杯子與牛奶問題的求解問題

9 盎司杯子的牛奶量	4 盎司杯子的牛奶量
6	0
6	4
9	1
0	1
1	0
1	4
5	0
5	4
9	0
0	0

解　從接近問題結尾開始著手，我們可以清楚地發現，只要我們能夠用某種方法將 1 盎司的牛奶倒入 4 盎司的杯子，就可以很容易地解決這個問題，然後只需要倒滿 9 盎司的杯子且從 9 盎司的杯子中倒出 3 盎司到已裝有 1 盎司牛奶的 4 盎司杯子，就可以得到 6 盎司的牛奶。基於上面的觀察，該問題的解可以用表 10-1 來描述 (初始情況列在表的最下面，且最後結果列在表的開頭)。

問　題

問題組 A

1. 假設桌上有 40 根火柴。首先，我挑起 1、2、3、或 4 根火柴，然後，我的對手必須挑起 1、2、3 或 4 根火柴，我們一直進行到挑到最後一根火柴為止，挑到最後一根火柴的人是失敗者。我能肯定會得勝嗎？如果可以，我應該採取何種策略？

2. 三個玩家玩了三回合的賭博遊戲，每一個回答都有一個輸家和二個贏家，輸家必須付給贏家在一回合開始所擁有的錢數。在三回合結束時，每個玩家都有 $10，若已知各個玩家都贏了一回合由逆向方法，決定三個玩家原有的賭金。[注意：如果你的答案 (例如) 是 5、15、10，不要擔心到底是哪個人有哪一筆賭金，我們不可能真正地確定哪一個玩家最後有多少錢，但我們只能確定原來的賭金是多少。]

第 10 章　確定型的動態規劃　661

問題組 B

3. 我有 21 枚硬幣，且已知其中一枚比其它的硬幣都來得重，在天秤上要秤多少次才能找到那一枚最重的硬幣？(提示：如果已確定最重的硬幣是某三個之中，則只要秤一次就能找出最重的硬幣，然後利用逆向方法來秤二次，依次類推。)
4. 有一個 7 盎司的杯子和 3 盎司的杯子，試解釋如何從水井取出 5 盎司的水。

10.2　網路問題

　　許多動態規劃問題可以用來簡化求出在一個已知的網路中，連接二點的最短的 (或最長的) 路徑，下面的例子可以說明如何利用動態規劃 (逆向法) 來求網路中的最短路徑。

例題 3　最短路徑

　　Joe Cougar 住在紐約市，但他打算駕車旅行到洛杉磯去追求聲譽和幸運。Joe 的資金有限，所以他決定在行程中的每一個晚上住宿在他的朋友家。Joe 在哥倫布市、那什維爾、路易維爾、堪薩斯城、阿哈馬、達拉斯、聖安東尼奧及丹佛都有朋友，Joe 知道，駕駛一天後可以到達哥倫布市、那什維爾或路易維爾，二天之後，可以到達堪薩斯城、阿哈馬或達拉斯，三天之後，可以到達聖安東尼奧或丹佛，最後，經過四天後，他能抵達洛杉磯，為了極小化旅行的哩程數，在行程中的每個晚上，Joe 應住宿在哪裡？各城市之間的實際公路哩程數列在圖 10-1。

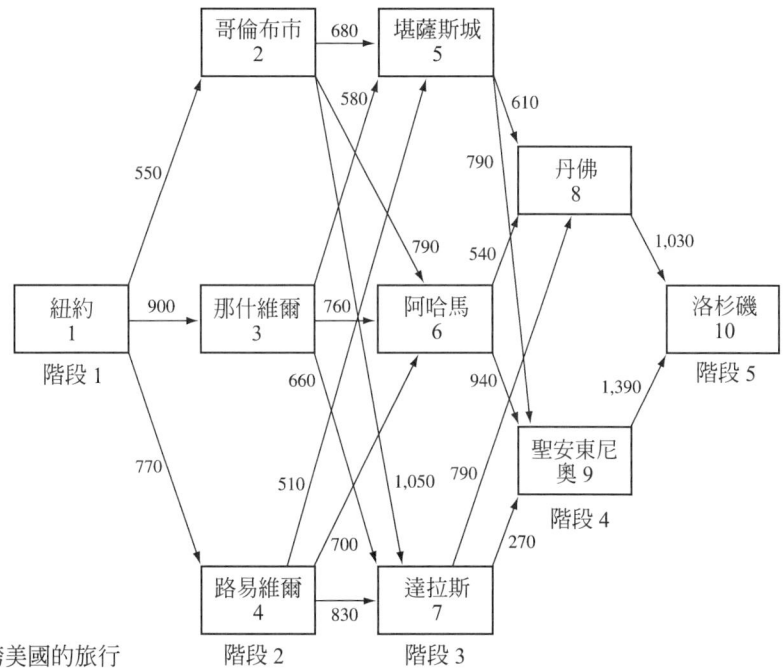

圖 10-1　Joe 橫跨美國的旅行

解 在圖 10-1，Joe 必須找出紐約與洛杉磯的最短路徑，我們用逆向方法找出最短路徑。在圖 10-1，我們將 Joe 在其行程中的第 n 天開始時，他可能在的城市記為階段 n 的城市，例如，由於 Joe 在第四天開始，只能在聖安東尼奧或丹佛 (Joe 離開紐約時第 1 天就算開始)，我們將聖安東尼奧及丹佛當做階段 4 的城市，將城市根據階段來分類，在後面會更加清楚。

逆向方法的概念是我們從一個較簡單的問題開始著手，這一個問題解決後，會有助於我們解決更複雜的問題。因此，當我們首先找到距洛杉磯只有一天行程的每個城市 (階段 4 城市)，到洛杉磯最短的路徑，然後，我們再利用這個資料找出距洛杉磯有二天行程的每個城市 (階段 3 城市)，有了這些資料，我們就能找出距洛杉磯有三天行程的每個城市 (階段 2 城市)。最後，我們求出距洛杉磯有四天行程的每個城市 (這種城市只有一個：紐約) 到洛杉磯的最短距離。

為了簡化說明，我們在圖 10-1 利用數字 1、2、…、10 來標記 10 個城市，我們還定義 c_{ij} 為城市 i 和城市 j 之間的公路哩程數，例如，$c_{35} = 580$ 代表那什維爾及堪薩斯城的公路哩程數，令 $f_t(i)$ 代表 (已知該城市屬於階段 t，) 從城市 i 到洛杉磯的最短距離長度。

階段 4 的計算

首先，我們先決定階段 4 的各城市到洛杉磯的最短路徑。由於階段 4 的每個城市至洛杉磯只有一條通路，我們可以立刻求出 $f_4(8) = 1,030$ (從丹佛到洛杉磯的最短路徑就是丹佛到洛杉磯的唯一路徑)。同樣地，$f_4(9) = 1,390$ (從聖安東尼奧到洛杉磯的最短 (且唯一) 的路徑)。

階段 3 的計算

現在，我們可以根據逆向法的概念來考慮一個階段 (階段 3) 的城市，並求出從階段 3 的各個城市到洛杉磯的最短距離。例如，決定 $f_3(5)$，我們注意到從城市 5 到洛杉磯的最短距離必定是以下路徑之一：

路徑 1 從城市 5 到城市 8，然後取從城市 8 到城市 10 的最短路徑。
路徑 2 從城市 5 到城市 9，然後取從城市 9 到城市 10 的最短路徑。

路徑 1 的長度可以寫成 $c_{58} + f_4(8)$，且路徑 2 的長度可以寫成 $c_{59} + f_4(9)$。因此，從城市 5 到城市 10 的最短距離可以寫成

$$f_3(5) = \min \begin{cases} c_{58} + f_4(8) = 610 + 1,030 = 1,640^* \\ c_{59} + f_4(9) = 790 + 1,390 = 2,180 \end{cases}$$

[* 表示達到 $f_3(5)$ 應選擇的弧]。因此，我們已經證明從城市 5 到城市 10 的最短距離為 5-8-10。注意，為了得到這個結果，我們運用了有關 $f_4(8)$ 及 $f_4(9)$ 的知識。

相似地，為求出 $f_3(6)$，我們注意到從城市 6 到洛杉磯的最短路徑必須先到達城市 8 或城市 9。我們可以寫出下列方程式：

$$f_3(6) = \min \begin{cases} c_{68} + f_4(8) = 540 + 1{,}030 = 1{,}570^* \\ c_{69} + f_4(9) = 940 + 1{,}390 = 2{,}330 \end{cases}$$

因此，$f_3(6) = 1{,}570$，且從城市 6 到城市 10 的最短路徑為 6-8-10。

為了找 $f_3(7)$，我們注意到

$$f_3(7) = \min \begin{cases} c_{78} + f_4(8) = 790 + 1{,}030 = 1{,}820 \\ c_{79} + f_4(9) = 270 + 1{,}390 = 1{,}660^* \end{cases}$$

因此，$f_3(7) = 1{,}660$，且從城市 7 到城市 10 的最短路徑為路徑 7-9-10。

階段 2 的計算

我們已經求出 $f_3(5)$、$f_3(6)$ 和 $f_3(7)$，現在就容易利用逆向方法的概念考慮下一階段的城市，即計算出 $f_2(2)$、$f_2(3)$ 及 $f_2(4)$。為了說明如何進行計算，我們求出從城市 2 到城市 10 的最短路徑 (及其長度)，從城市 2 到城市 10 的最短路徑必須從城市 2 到達城市 5，城市 6 或城市 7，一旦得到城市 5，城市 6 或城市 7 的最短路徑，就必須沿著從那個城市到洛杉磯最短路徑走。這一個推理表示從城市 2 到城市 10 的最短路徑必須為下列三條路徑之一：

路徑 1 從城市 2 到城市 5，沿著最短路徑從城市 5 到城市 10，這類的路徑總長為 $c_{25} + f_3(5)$。

路徑 2 從城市 2 到城市 6，然後沿著最短路徑從城市 6 到城市 10，這種路徑的總長度為 $c_{26} + f_3(6)$。

路徑 3 從城市 2 到城市 7，然後沿著最短路徑從城市 7 到城市 10，這種路徑的總長度為 $c_{27} + f_3(7)$。現在我們可以推斷

$$f_2(2) = \min \begin{cases} c_{25} + f_3(5) = 680 + 1{,}640 = 2{,}320^* \\ c_{26} + f_3(6) = 790 + 1{,}570 = 2{,}360 \\ c_{27} + f_3(7) = 1{,}050 + 1{,}660 = 2{,}710 \end{cases}$$

因此，$f_2(2) = 2{,}320$，且從城市 2 到城市 10 的最短路徑是從城市 2 走到城市 5，然後沿著路徑從城市 5 到城市 10 (5-8-10)。

相似地，

$$f_2(3) = \min \begin{cases} c_{35} + f_3(5) = 580 + 1{,}640 = 2{,}220^* \\ c_{36} + f_3(6) = 760 + 1{,}570 = 2{,}330 \\ c_{37} + f_3(7) = 660 + 1{,}660 = 2{,}320 \end{cases}$$

因此，$f_2(3) = 2{,}220$，且從城市 3 到城市 10 的最短路徑由弧線 3-5 及從城市 5 到城市 10 的最短路徑 (5-8-10)。

在類似的情況下，

664 作業研究 I

$$f_2(4) = \min \begin{cases} c_{45} + f_3(5) = 510 + 1{,}640 = 2{,}150^* \\ c_{46} + f_3(6) = 700 + 1{,}570 = 2{,}270 \\ c_{47} + f_3(7) = 830 + 1{,}660 = 2{,}490 \end{cases}$$

因此，$f_2(4) = 2{,}150$，從城市 4 到城市 10 的最短路徑由弧線 4-5 和從城市 5 到城市 10 的最短路徑 (5-8-10)。

階段 1 計算

現在我們可以利用已知的 $f_2(2)$、$f_2(3)$ 和 $f_2(4)$ 做逆向法來計算下一個階段的 $f_1(1)$ 且從城市 1 至城市 10 的最短路徑。注意，從城市 1 到城市 10 的最短距離必須先到城市 2，城市 3 或城市 4。這表示，從城市 1 到城市 10 的最短路徑必須是下列三條路徑之一：

路徑 1 從城市 1 到城市 2，沿著最短路徑從城市 2 到城市 10，這條路徑的長度為 $c_{12} + f_2(2)$。

路徑 2 從城市 1 到城市 3，沿著最短路徑從城市 3 到城市 10，這條路徑的長度為 $c_{13} + f_2(3)$。

路徑 3 從城市 1 到城市 4，沿著最短路徑從城市 4 到城市 10，這條路徑的長度為 $c_4 + f_2(4)$，於是可得

$$f_1(1) = \min \begin{cases} c_{12} + f_2(2) = 550 + 2{,}320 = 2{,}870^* \\ c_{13} + f_2(3) = 900 + 2{,}220 = 3{,}120 \\ c_{14} + f_2(4) = 770 + 2{,}150 = 2{,}920 \end{cases}$$

決定最佳路徑

因此，$f_1(1) = 2{,}870$，且從城市 1 到城市 10 的最短路徑是城市 1 到城市 2，然後從城市 2 到城市 10。回頭檢查 $f_2(2)$ 的計算，我們知道從城市 2 到城市 10 的最短路徑為 2-5-8-10，把數字標記轉換成實際的城市後，我們得出從紐約到洛杉磯的最短路徑是從紐約出發，經過哥倫布市、堪薩斯城、丹佛及洛杉磯，這條路徑的長度為 $f_1(1) = 2{,}870$ 哩。

動態規劃的計算效率

針對例題 3，由列舉所有可能的路徑來決定從紐約到洛杉磯的最短路徑是一個比較容易的方法 (因為共有 3(3)(2) = 18 條)，因此，在這個問題中，動態規劃的應用並不能真正地顯示出它的功用，但是對於一個較大的網路問題，動態規劃在決定最短路徑的效率比列舉所有路徑的方法效率高許多，為了了解這一點，考慮在圖 10-2 的網路，在這個網路中，可以從階段 k 中的任何一點通到階段 $k+1$ 的任何一個節點，假設節點 i 和節點 j 的距離為 c_{ij}，假

設我們要決定要從節點 1 到節點 27 的最短路徑,求解這個問題的一種方法是列舉所有的路徑,從節點 1 到節點 27 共有 55 條可能的路徑,且每條路徑的長度需要五次加法。因此,列舉所有的路徑長度需要 55(5)= 5⁶ = 15,625 次加法。

假設我們利用動態規劃來決定節點 1 到節點 27 的最短路徑。設 $f_t(i)$ 是從節點 i 到節點 27 的最短路徑,我們從 $f_6(22)$、$f_6(23)$、$f_6(24)$、$f_6(25)$ 及 $f_6(26)$ 開始,這不需要任何加法,然後我們再求出 $f_5(17)$、$f_5(18)$、$f_5(19)$、$f_5(20)$、$f_5(21)$。例如,為了求 $f_5(21)$,我們運用下列等式:

$$f_5(21) = \min_j \{c_{21,j} + f_6(j)\} \qquad (j = 22, 23, 24, 25, 26)$$

利用這種方法決定 $f_5(21)$ 需要五次加法。因此,所有 $f_5(0)$ 的計算需要 5(5)= 25 次的加法。同樣地,$f_4(0)$ 的計算與所有 $f_3(0)$ 的計算各需要 25 次的加法,所有 $f_2(0)$ 的確定也需要 25 次的加法,而決定 $f_1(1)$ 需要 5 次的加法。因此,利用動態規劃總共需要 4(25)+ 5 = 105 次加法來求出節點 1 至節點 27 的最短路徑,因為列舉法需要 15,625 次加法,我們看到動態規劃需要加法的次數僅是顯示列舉法的 0.007 倍。對於較大的網路,由動態規劃所得在計算上的節省更是驚人。

除了加法,決定網路中最短路徑還需要對各條路徑長度做比較,如果使用列舉法,則必須進行 5⁵ − 1 = 3,124 次比較 (即先比較二條路徑的長度,再比較第三條路徑與前面二條路徑中最短路徑的長度等等),如果使用動態規

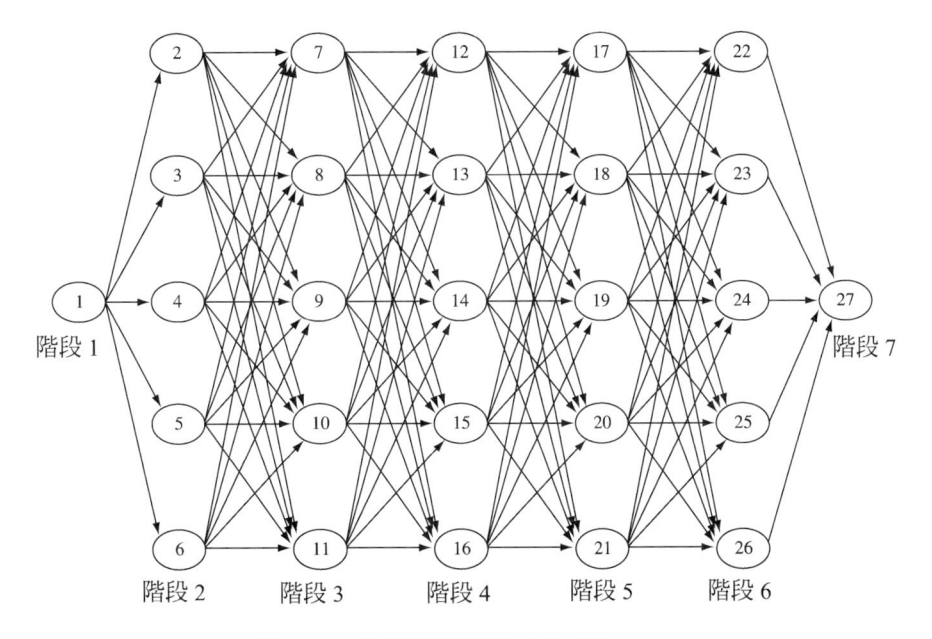

圖 10-2　動態規劃計算效率的說明

劃，則對於 $t = 2$、3、4、5 每一個 $f_t(i)$ 的決定需要 $5 - 1 = 4$ 次的比較，然後為了計算 $f_1(1)$，還需要 $5 - 1 = 4$ 次比較。因此，為了求出從節點 1 到節點 27 的最短路徑，動態規劃需要總共 $20(5 - 1) + 4 = 84$ 次的比較，結果同樣顯示動態規劃遠比列舉法更優越。

動態規劃應用的特徵

在結束本節前，我們對例題 3 中大多數動態規劃應用上所有共同的特徵做一簡短的討論。

特徵 1

這一類的問題可以分成若干個階段，其中每一個階段均需做一個決策，在例 3 中，階段 t 是由 Joe 在他的行程中的第 t 天開始時，可能已經達到的城市而組成。下面我們將看到，在許多動態規劃問題中，一個階段是從問題開始以來所經歷的時間量，我們注意到在某些情形下，並不需要在每個階段都做出決策 (參考 10.5 節)。

特徵 2

每個階段都有與其有關的許多狀態。所謂**狀態** (state)，是指在任何一個階段做出最佳決策所需的資料。在例題 3，階段 t 的狀態就是在第 t 天開始時，Joe 在所的城市。例如，在階段 3，可能的狀態是堪薩斯城、阿哈馬、及達拉斯。在每一個階段都必須做出正確的決策，Joe 不需要知道他是如何到達他目前所在的地方，如果他是在堪薩斯城，則他以後的決策與他如何到達堪薩斯城無關；他未來的決策僅與其目前在堪薩斯城這一事實有關。

特徵 3

在任何一個階段所選擇的決策可以用來描述當前狀態如何轉換成下一個階段的狀態。在例 3，Joe 在任何一個階段的決策就是決定要拜訪那一個城市，明顯地，這就是確定下一個階段的狀態。但是在許多問題中，一個決策並不見得就能肯定下一個階段的狀態，往往當前的決策只能確定下一個階段狀態的機率分配。

特徵 4

在給定目前的狀態，以後各個階段的最佳決策與以前到達的狀態或以前所做的選擇無關，這一個概念稱為**最佳性原理** (principle of optinality)。根據例題 3 的內容，最佳性原理可歸納如下：假設從城市 1 至城市 10 最短路徑 (稱為 R) 已經知道是通過城市 i，於是 R 中的一部份是從城市 i 到城市 10 必定是

從城市 i 到城市 10 的最短路徑,如果不是這樣,我們就能找出一條從城市 1 到城市 10 比 R 更短的路徑,其方法就是在 R 中從城市 1 到城市 i 的那一個部份加上從城市 i 到城市 10 的一條最短路徑。因此,與 R 是從城市 1 到城市 10 的最短路徑這個事實是相互矛盾的。例如,如果已知從城市 1 到城市 10 的一條最短路徑是通過城市 2,於是從城市 1 到城市 10 的最短路徑必須包括從城市 2 到城市 10 的一條最短路 (2-5-8-10)。這是因為從城市 1 到城市 10 的任何路徑,如果通過城市 2 而又不包括從城市 2 到城市 10 的最短路徑,則長度必為 c_{12} + [大於 $f_2(2)$ 的某一個數]。當然,這條路徑不可能是從城市 1 到城市 10 的最短路徑。

特徵 5

如果問題的狀態已經被分類成 T 個階段中的一個階段,則必定存在 $t, t + 1, \cdots, T$ 內所獲得的價值或收益與從 $t + 1, t + 2, \cdots, T$ 所獲得的價值或收益有關聯的遞迴關係。基本上,遞迴關係建立一個逆向過程,在例題 3,遞迴關係可以寫成

$$f_t(i) = \min_j \{c_{ij} + f_{t+1}(j)\}$$

其中 j 必須是階段 $t + 1$ 城市且 $f_5(10) = 0$。

現在我們可以說明如何作出最佳決策。假設在階段 1 的初始階段為 i_1,為了使用遞迴關係,首先找出與最後一個階段有關的每一個狀態的最佳決策,然後使用特徵 5 所描述遞迴以決定階段 $T - 1$ 中每一狀態的 $f_{T-1}(0)$ (同時決定最佳決策),然後再運用遞迴關係確定階段 $T - 2$ 的每一狀態的 $f_{T-2}(0)$ (同時決定最佳決策) 按照這個方式一直計算出 $f_1(i_1)$ 和在階段 1 和狀態 i 下的最佳決策為止。接著就是從達到 $f_1(i_1)$ 的決策集合中找出階段 1 的最佳策略,確定階段 1 的決策後,我們可以把問題推到階段 2,考慮階段 2 的某一個狀態 (稱它為狀態 i_2),然後,在階段 2 處選出達到 $f_2(i_2)$ 的任何決策,按照這種方式一直進行到選出各階段的決策為止。

在本章接下來的各部份,我們將討論動態規劃的許多應用,如果讀者將每一個問題都放入例題 3 所介紹的網路形式中,則本章的內容就容易理解,在接下來的章節,我們開始討論如何利用動態規劃求解庫存問題。

問　題

問題組 A

1. 利用圖 10-3 所呈現的網路,找出節點 1 到節點 10 的最短路徑,同時找出節點 3 到節點 10 的

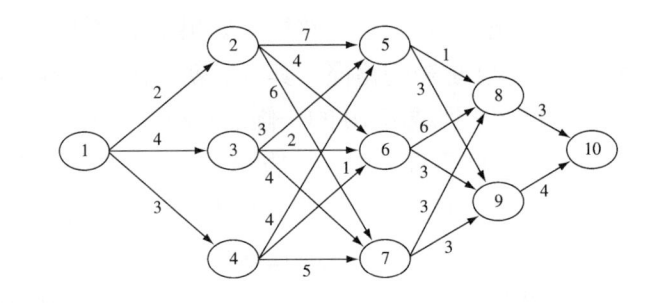

圖 10-3

表 10-2

自	至 印地安那波里	伯明頓	芝加哥
印地安那波里	–	5	2
伯明頓	5	–	7
芝加哥	2	7	–

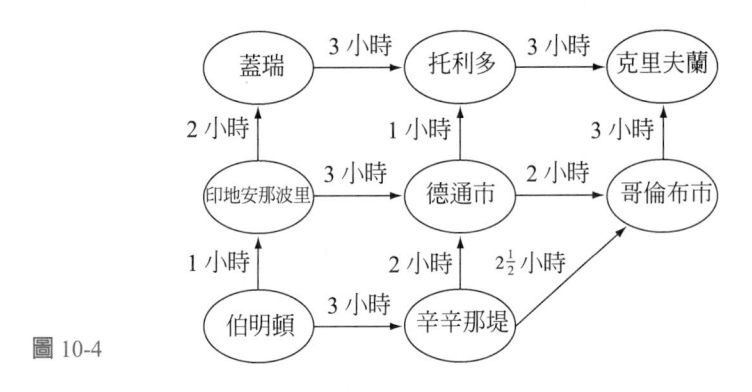

圖 10-4

最短路徑。

2. 一名推銷員住在伯明頓且下星期四必須到印地安那波里。每星期一、星期二和星期三他可以在印地安那波里、伯明頓、或芝加哥，從過去的經驗，他相信在印地安那波里停留一天可以賺得 $12，在伯明頓停留一天可以賺得 $16，而在芝加哥一天可以賺得 $17。為了使銷售收入扣掉旅行費用後最大值，他在每週的前三天和晚上應該留在那裡？表 10-2 代表旅行費用。

問題組 B

3. 我必須從伯明頓開車至克里夫蘭，有 n 條路徑可以走 (參考圖 10-4)，每一條弧線上的數字是行駛在二個城市之間所花費的時間。例如，從伯明頓開車至辛辛那堤需要 3 小時，利用逆向方法決定最短路徑 (用時間表示)。[提示：本題的逆向方法不用考慮到階段，只要考慮狀態即可。]

10.3 存貨問題

在本節，我們將說明如何運用動態規劃求解有以下特徵的存貨問題：

第 10 章　確定型的動態規劃　**669**

1. 時間被分為若干週期，當前週期為週期 1，下一個週期為週期 2，最後一個週期即為週期 T。在週期 1 開始時，每個週期內的需求量是已知的。

2. 在每週開始時，公司必須確定應該生產多少個單位，每週的產能是有限的。

3. 每個週期的需求量必須用存貨產品或目前的產品能及時來滿足，在進行生產的任何個週期內，公司必須承擔固定生產成本和可變的單位成本。

4. 公司的儲存空間是有限的，這一點反應在每個週期結束時的庫存量有一定的上限，對於每一週期的最後庫存，公司必須承擔單位儲存成本。

5. 公司的目標是使及時滿足週期 $1, 2, \cdots, T$ 的需求所付出的總費用最小。

在這個模式中，在每個週期結束時 (例如，在每個月的結束時)，需要檢查公司的存貨水準，然後做出生產的決策，這種模式稱為**定期檢查模式** (periodic review model)，這種模式與連續檢查模式大不相同，在連續檢查模式，公司知道所有時間的庫存水準，且在任何時間可發出訂單或進行生產。

如果除去生產任何單位產品都需要設置成本，則剛才所描述的庫存問題與 3.10 節我們用線性規劃求解的 Sailco 存貨問題類似。本節中，我們將說明如何利用動態規劃以確定符合上述的庫存問題中所造成的總費用成本最小的生產排程。

例題 4　存貨

一家公司已經知道在今後四個月中每一個月內，對產品的需求量如下：第 1 個月，1 單位；第 2 個月，3 單位；第 3 個月，2 單位；第 4 個月，4 單位。每個月初，這個公司必須確定本月內應生產多少單位的產品，在每一個月內，只要生產產品，就必須承擔 \$3 的生產設置成本，此外，生產產品的可變動成本為每單位產品 \$1，在每個月結束時，對庫存的產品承擔每單位 50 美分的持有成本，由於產能的限制，在每一個月最多只能生產 5 單位，因為公司的倉庫容量也是有限的，因此，每個月的最終庫存量至多 4 單位。該公司希望決定一個生產排程可以及時地滿足需求且能夠極小化四個月內的生產成本和持有成本之和最小，假設第一個月初沒有存貨。

解　我們在 3.10 節已經知道，只要限制每個月的最終存貨量為非負即可，就可以保證及時滿足所有的需求，為了利用動態規劃求解這個問題，我們需要決定出適當的狀態，階段和決策。階段的定義應當是使得剩下一個階段時，該問題就容易解出，第 4 個月初，公司將生產產品只要能保證 (第 4 個月的產量)＋(第 3 個月最終庫存量)＝(第 4 個月的需求量)，就可以只用最少的成本來滿足需求。因此，在剩下一個月時，問題就容易解決。因此，我們設時間代表階段，在大多數的動態規劃問題中，階段都與時間有一定關係。

在每一個階段 (或每個月)，該公司必須決定生產多少單位的產品，為了作這個決策，公司僅需知道本月初 (或上一個月末) 的庫存水準。所以，我們設任何階段的狀態是該階段開始時的庫存水準。

在寫出一個遞迴關係,它可以用來"建立"一個最佳生產排程之前,我們必須定義 $f_t(i)$ 為第 t 個月初,現存有 i 個單位產品可以滿足第 t,$t+1$,…,4 個月的需求,所需的成本最小,我們定義 $c(x)$ 是在一個週期內,生產 x 個單位的成本,於是 $c(0) = 0$,而對 $x > 0$,$c(x) = 3 + x$,因為儲存能力有限,且所有的需求必須及時滿足,所以每一個週期的可能狀態是 0,1,2,3 和 4,因此,我們先決定 $f_4(0)$,$f_4(1)$,$f_4(2)$,$f_4(3)$ 和 $f_4(4)$,然後,再利用這個資料決定 $f_3(0)$,$f_3(1)$,$f_3(2)$,$f_3(3)$ 和 $f_3(4)$,然後,再使用這些資料決定 $f_2(0)$,$f_2(1)$,$f_2(2)$,$f_2(3)$ 及 $f_2(4)$,最後再決定 $f_1(0)$。接著我們就可以決定出每個月的最佳生產水準,我們定義 $x_t(i)$ 為第 t 個月初,現存有 i 件產品的條件下,使得第 t,$t+1$,…,4 個月內的總成本為最少的第 t 個月生產水準,現在,我們開始利用逆向方法。

第 4 個月計算

在第 4 個月,該公司將生產剛好可以保證滿足第 4 個月 4 個單位需求量的產品,這就可得到

$f_4(0)$ = 生產 $(4 - 0)$ 個單位的成本 = $c(4) = 3 + 4 = \$7$ 且 $x_4(0) = 4 - 0 = 4$
$f_4(1)$ = 生產 $(4 - 1)$ 個單位的成本 = $c(3) = 3 + 3 = \$6$ 且 $x_4(1) = 4 - 1 = 3$

表 10-3　$f_3(i)$ 的計算

i	x	$(\tfrac{1}{2})(i + x - 2) + c(x)$	$f_4(i + x - 2)$	第 3、4 月的總成本	$f_3(i)$ $x_3(i)$
0	2	$0 + 5 = 5$	7	$5 + 7 = 12$*	$f_3(0) = 12$
0	3	$\tfrac{1}{2} + 6 = \tfrac{13}{2}$	6	$\tfrac{13}{2} + 6 = \tfrac{25}{2}$	$x_3(0) = 2$
0	4	$1 + 7 = 8$	5	$8 + 5 = 13$	
0	5	$\tfrac{3}{2} + 8 = \tfrac{19}{2}$	4	$\tfrac{19}{2} + 4 = \tfrac{27}{2}$	
1	1	$0 + 4 = 4$	7	$4 + 7 = 11$	$f_3(1) = 10$
1	2	$\tfrac{1}{2} + 5 = \tfrac{11}{2}$	6	$\tfrac{11}{2} + 6 = \tfrac{23}{2}$	$x_3(1) = 5$
1	3	$1 + 6 = 7$	5	$7 + 5 = 12$	
1	4	$\tfrac{3}{2} + 7 = \tfrac{17}{2}$	4	$\tfrac{17}{2} + 4 = \tfrac{25}{2}$	
1	5	$2 + 8 = 10$	0	$10 + 0 = 10$*	
2	0	$0 + 0 = 0$	7	$0 + 7 = 7$*	$f_3(2) = 7$
2	1	$\tfrac{1}{2} + 4 = \tfrac{9}{2}$	6	$\tfrac{9}{2} + 6 = \tfrac{21}{2}$	$x_3(2) = 0$
2	2	$1 + 5 = 6$	5	$6 + 5 = 11$	
2	3	$\tfrac{3}{2} + 6 = \tfrac{15}{2}$	4	$\tfrac{15}{2} + 4 = \tfrac{23}{2}$	
2	4	$2 + 7 = 9$	0	$9 + 0 = 9$	
3	0	$\tfrac{1}{2} + 0 = \tfrac{1}{2}$	6	$\tfrac{1}{2} + 6 = \tfrac{13}{2}$*	$f_3(3) = \tfrac{13}{2}$
3	1	$1 + 4 = 5$	5	$5 + 5 = 10$	$x_3(3) = 0$
3	2	$\tfrac{3}{2} + 5 = \tfrac{13}{2}$	4	$\tfrac{13}{2} + 4 = \tfrac{21}{2}$	
3	3	$2 + 6 = 8$	0	$8 + 0 = 8$	
4	0	$1 + 0 = 1$	5	$1 + 5 = 6$*	$f_3(4) = 6$
4	1	$\tfrac{3}{2} + 4 = \tfrac{11}{2}$	4	$\tfrac{11}{2} + 4 = \tfrac{19}{2}$	$x_3(4) = 0$
4	2	$2 + 5 = 7$	0	$7 + 0 = 7$	

$f_4(2)$＝生產 (4 − 2) 個單位的成本＝ $c(2)$＝ 3 + 2 = \$5 且 $x_4(2)$＝ 4 − 2 = 2
$f_4(3)$＝生產 (4 − 3) 個單位的成本＝ $c(1)$＝ 3 + 1 = \$4 且 $x_4(3)$＝ 4 − 3 = 1
$f_4(4)$＝生產 (4 − 4) 個單位的成本＝ $c(0)$＝ \$0 且 $x_4(4)$＝ 4 − 4 = 0

第 3 個月計算

現在，我們如何確定 $f_3(i)$ ($i = 0, 1, 2, 3, 4$)？成本 $f_3(i)$ 是當第 3 個月初的庫存量為條件 i 下，在第 3 個月和第 4 個月內所承擔的最小成本，對第 3 個月，每一個可能的生產水準 x 而言，第 3 個月和第 4 個月的總成本為

$$(\tfrac{1}{2})(i + x - 2) + c(x) + f_4(i + x - 2) \tag{1}$$

這是因為如果在第 3 個月生產 x 單位的產品，則第 3 個月的最終庫存為 $i + x - 2$，於是，第 3 個月的持有成本為 $(\tfrac{1}{2})(i + x - 2)$，且生產成本將是 $c(x)$，因此，第 4 個月初將有 $(i + x - 2)$ 單位的現存產品，由於我們是現在狀態是按照最佳策略向前推進 (記得最佳性原則)，第 4 個月的成本將是 $f_4(i + x - 2)$，由於我們想要選擇使 (1) 最小的第 3 個月的生產水準，所以我們可以得到

$$f_3(i) = \min_x \{(\tfrac{1}{2})(i + x - 2) + c(x) + f_4(i + x - 2)\} \tag{2}$$

在 (2) 式，x 必須為 $\{0, 1, 2, 3, 4, 5\}$ 中的一個元素，且 x 必須滿足 $4 \geq i + x - 2 \geq 0$，這反映本週期的需求量必須滿足 $(i + x - 2) \geq 0$，且最終的庫存量不能超過庫存量 4 ($i + x - 2 \leq 4$)，前面已經指出，$x_3(i)$ 是達到 $f_3(i)$ 的任何值 x。表 10-3 列出 $f_3(0)$，$f_3(1)$，$f_3(2)$，$f_3(3)$，及 $f_3(4)$ 的計算過程。

第 2 個月的計算

現在我們可以決定 $f_2(i)$，假設第 2 個月初現有的庫存量是條件 i 下，第 2、3、及 4 個月內所生產的最小成本，假設第 2 個月的產量＝ x。因為第 2 個月的需求量為 3 個單位，在第 2 個月末所造成的特有成本為 $\tfrac{1}{2}(i + x - 3) + c(x)$，在第 3 個月和第 4 個月內我們將遵循最佳策略行動，由於第 3 個月初的庫存量為 $i - x - 3$。所以在第 3 及第 4 個月所造成的成本為 $f_3(i + x - 3)$ 與 (2) 式相似，我們現在可以寫出：

$$f_2(i) = \min_x \{(\tfrac{1}{2})(i + x - 3) + c(x) + f_3(i + x - 3)\} \tag{3}$$

其中 x 必須為 $\{0, 1, 2, 3, 4, 5\}$ 中的一個元素，且 x 必須滿足 $0 \leq i + x - 3 \leq 4$，在表 10-4 列出 $f_2(0)$，$f_2(1)$，$f_2(2)$，$f_2(3)$，及 $f_2(4)$ 的計算過程。

第 1 個月的計算

讀者現在應當證明 $f_1(i)$ 可以由下列遞迴關係求出：

$$f_1(i) = \min_x \{(\tfrac{1}{2})(i + x - 1) + c(x) + f_2(i + x - 1)\} \tag{4}$$

表 10-4　$f_2(i)$ 的計算

i	x	$(\frac{1}{2})(i+x-3)+c(x)$	$f_3(i+x-3)$	第 2-4 個月的總成本	$f_2(i)$ $x_2(i)$
0	3	$0+6=6$	12	$6+12=18$	$f_2(0)=16$
0	4	$\frac{1}{2}+7=\frac{15}{2}$	10	$\frac{15}{2}+10=\frac{35}{2}$	$x_2(0)=5$
0	5	$1+8=9$	7	$9+7=16^*$	
1	2	$0+5=5$	12	$5+12=17$	$f_2(1)=15$
1	3	$\frac{1}{2}+6=\frac{13}{2}$	10	$\frac{13}{2}+10=\frac{33}{2}$	$x_2(1)=4$
1	4	$1+7=8$	7	$8+7=15^*$	
1	5	$\frac{3}{2}+8=\frac{19}{2}$	$\frac{13}{2}$	$\frac{19}{2}+\frac{13}{2}=16$	
2	1	$0+4=4$	12	$4+12=16$	$f_2(2)=14$
2	2	$\frac{1}{2}+5=\frac{11}{2}$	10	$\frac{11}{2}+10=\frac{31}{2}^*$	$x_2(2)=3$
2	3	$1+6=7$	7	$7+7=14^*$	
2	4	$\frac{3}{2}+7=\frac{17}{2}$	$\frac{13}{2}$	$\frac{17}{2}+\frac{13}{2}=15$	
2	5	$2+8=10$	6	$10+6=16$	
3	0	$0+0=0$	12	$0+12=12^*$	$f_2(3)=12$
3	1	$\frac{1}{2}+4=\frac{9}{2}$	10	$\frac{9}{2}+10=\frac{29}{2}$	$x_2(3)=0$
3	2	$1+5=6$	7	$6+7=13$	
3	3	$\frac{3}{2}+6=\frac{15}{2}$	$\frac{13}{2}$	$\frac{15}{2}+\frac{13}{2}=14$	
3	4	$2+7=9$	6	$9+6=15$	
4	0	$\frac{1}{2}+0=\frac{1}{2}$	10	$\frac{1}{2}+10=\frac{21}{2}^*$	$f_2(4)=\frac{21}{2}$
4	1	$1+4=5$	7	$5+7=12$	$x_2(4)=0$
4	2	$\frac{3}{2}+5=\frac{13}{2}$	$\frac{13}{2}$	$\frac{13}{2}+\frac{13}{2}=13$	
4	3	$2+6=8$	6	$8+6=14$	

表 10-5　$f_1(i)$ 的計算

i	x	$(\frac{1}{2})(i+x-1)+c(x)$	$f_2(i+x-1)$	總成本	$f_1(i)$ $x_1(i)$
0	1	$0+4=4$	16	$4+16=20^*$	$f_1(0)=20$
0	2	$\frac{1}{2}+5=\frac{11}{2}$	15	$\frac{11}{2}+15=\frac{41}{2}$	$x_1(0)=1$
0	3	$1+6=7$	14	$7+14=21$	
0	4	$\frac{3}{2}+7=\frac{17}{2}$	12	$\frac{17}{2}+12=\frac{41}{2}$	
0	5	$2+8=10$	$\frac{21}{2}$	$10+\frac{21}{2}=\frac{41}{2}$	
1	0	$0+0=0$	16	$0+16=16^*$	$f_1(1)=16$
1	1	$\frac{1}{2}+4=\frac{9}{2}$	15	$\frac{9}{2}+15=\frac{39}{2}$	$x_1(1)=0$
1	2	$1+5=6$	14	20	
1	3	$\frac{3}{2}+6=\frac{15}{2}$	12	$\frac{15}{2}+12=\frac{39}{2}$	
1	4	$2+7=9$	$\frac{21}{2}$	$9+\frac{21}{2}=\frac{39}{2}$	
2	0	$\frac{1}{2}+0=\frac{1}{2}$	15	$\frac{1}{2}+15=\frac{31}{2}^*$	$f_1(2)=\frac{31}{2}$
2	1	$1+4=5$	14	$5+14=19$	$x_1(2)=0$
2	2	$\frac{3}{2}+5=\frac{13}{2}$	12	$\frac{13}{2}+12=\frac{37}{2}$	
2	3	$2+6=8$	$\frac{21}{2}$	$8+\frac{21}{2}=\frac{37}{2}$	
3	0	$1+0=1$	14	$1+14=15^*$	$f_1(3)=15$
3	1	$\frac{3}{2}+4=\frac{11}{2}$	12	$\frac{11}{2}+12=\frac{35}{2}$	$x_1(3)=0$
3	2	$2+5=7$	$\frac{21}{2}$	$7+\frac{21}{2}=\frac{35}{2}$	
4	0	$\frac{3}{2}+0=\frac{3}{2}$	12	$\frac{3}{2}+12=\frac{27}{2}^*$	$f_1(4)=\frac{27}{2}$
4	1	$2+4=6$	$\frac{21}{2}$	$6+\frac{21}{2}=\frac{33}{2}$	$x_1(4)=0$

此處 x 必須是 $\{0, 1, 2, 3, 4, 5\}$ 中的一個元素,且必須滿足 $0 \leq i + x - 1 \leq 4$,因為第 1 個月初的庫存量為 0,所以實際上我們只需要決定 $f_1(0)$ 及 $x_1(0)$,為了給讀者更多的練習,表 10-5,列出 $f_1(1)$,$f_1(2)$,$f_1(3)$,及 $f_1(4)$ 的計算。

最佳生產排程的決定

現在我們可以決定一種能夠及時滿足全部 4 個月的需求,所花總成本為最少的生產排程。由於開始的存貨水準為 0,四個月的最少成本為 $f_1(0) = \$20$,為了達到 $f_1(0)$,我們必須在第 1 個月生產 $x_1(0) = 1$ 單位,於是,第二個月初的庫存量為 $0 + 1 - 1 = 0$,因此,在第 2 個月應生產 $x_2(0) = 5$ 單位,這樣第 3 個月初的庫存量將是 $0 + 5 - 3 = 2$ 單位,因此,在第 3 個月,我們需要生產 $x_3(2) = 0$ 單位,於是第 4 個月的庫存量為 $2 - 2 + 0 = 0$ 單位。因此,第 4 個月應生產 $x_4(0) = 4$ 單位。總而言之,最佳生產製程會產生總成本 \$20 且第 1 個月生產 1 單位,第 2 個月生產第 2 單位,第 3 個月 0 單位,第 4 個月 4 單位。

我們已經知道,例題 4 的解相當於在圖 10-5 中連接點 (1, 0) 與節點 (5, 0) 的最短路徑。圖 10-5 的每一個節點相對於一種狀態,而每一行的節點對應於某一個階段有關所有可能的狀態。例如,若節點 (2, 3) 表示第 2 個月開始,且在第 2 個月初的庫存量為 3 單位,網路中的每一條弧線都代表一條途徑,且沿著此途徑都有一種決策 (即本月內生產多少個單位的產品),把當前狀態轉變成下一個月的狀態。例如,連接節點 (1, 0) 和 (2, 2) 的弧線 (稱為弧線 1) 相當於第一個月生產 3 單位。為了了解這一點,我們注意到,如果第一個月生

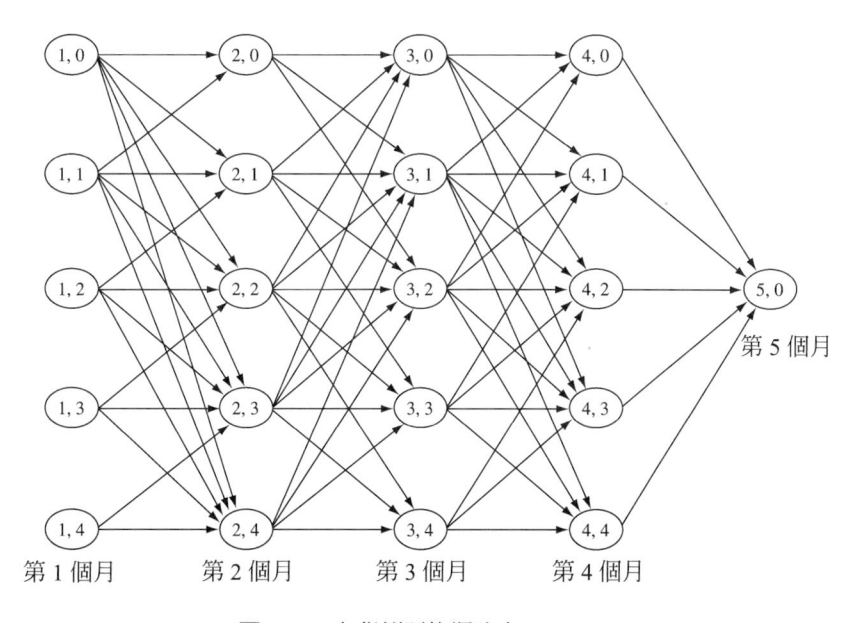

圖 10-5 存貨例題的網路表示

產 3 單位,則在第二個月初的庫存量將為 0 + 3 − 1 = 2 單位產品,而每條弧線的長度只是在對應於某一選擇的弧線中所給定的目前的階段與決策的生產與存貨成本的和。例如,與弧線 1 有關的成本為 $6 + (\frac{1}{2})2 = 7$,應當注意的是相鄰階段中沒有被弧線所連接的某些節點,例如,節點 (2, 4) 沒有連接節點 (3, 0),主要原因在如果在第 2 個月初有 4 單位的庫存,則在第 3 個月初將至少有 4 − 3 = 1 單位庫存,我們還應注意到我們把第 4 個月的所有狀態都用弧線與節點 (5, 0) 聯結,因為在第 4 個月末保持正的庫存量,明顯地是次佳解。

回到例題 4,最小成本的生產排程是對應於連接 (1, 0) 和 (5, 0) 的最短路徑,我們已經知道,這就是對應於生產水準 1, 5, 0 及 4 的路徑,在圖 10-5 中,它所對應的路徑從 (1, 0) 開始,然後轉到 (2, 0 + 1 − 1)=(2, 0),再轉到 (3, 0 + 5 − 3)=(3, 2),再轉到 (4, 2 + 0 − 2)=(4, 0),最後達到 (5, 0 + 4 − 4)=(5, 0)。因此,最佳生產排程為對應於圖 10-5 的路徑 (1, 0)−(2, 0)−(3, 2)−(4, 0)−(5, 0)。

問　題

問題組 A

1. 在例題 4,決定開始庫存量為 3 個單位時的最佳生產排程表。
2. 有一家電子公司得到一份契約,規定今後三個月內的交付收音機的數量如下:第 1 個月 200 台,第 2 個月 300 台,第 3 個月 300 台。在第 1 個月和第 2 個月的生產,每台收音機的變動成本為 \$10,而在第 3 個月的生產,每台收音機的變動成本為 \$12。在每個月結束時,庫存的每台收音機的存貨成本為 \$1.5,每個月的生產設置成本為 \$250。在某個月所製造的收音機可以來滿足該月或以後任何一個月的需求,假設每個月的產量都必須為 100 的倍數,已知開始的庫存水準為 0,試利用動態規劃決定最佳生產的製程。
3. 在圖 10-5,決定下列與每條弧線有關的生產水準與成本:
   a. (2, 3)−(3, 1)
   b. (4, 2)−(5, 0)

10.4　資源分配問題

資源分配問題通常可以用動態規劃求解,它是在有限資源下必須做有效分配到幾個活動,記得在前面我們已經用線性規劃來求解這個問題 (例如,Giapeto 問題),為了使用 LP 做資源的分配,必須做以下三個假設:

假設 1 分配給每一個活動的資源數量可以是任意一個非負的數字。
假設 2 從每一種活動中獲得的收益與分配給每一項活動的資源為正比關係。
假設 3 從一種以上的活動中獲得的收益是從各個活動中得到的收益之和。

即使假設 1 和 2 不成立，且當假設 3 有效且每一項活動的資源是一個有限的集合元素時，同樣可以利用動態規劃求解資源分配問題。

例題 5　資源分配

Finco 公司有 \$6,000 可以投資，若有 d_j 元 (千元) 將投資到投資案 j，可以獲得 $r_j(d_j)$ 的淨現值，此處 $r_j(d_j)$ 可表示如下：

$$r_1(d_1) = 7d_1 + 2 \quad (d_1 > 0)$$
$$r_2(d_2) = 3d_2 + 7 \quad (d_2 > 0)$$
$$r_3(d_3) = 4d_3 + 5 \quad (d_3 > 0)$$
$$r_1(0) = r_2(0) = r_3(0) = 0$$

對一項投資收入的資金必須為 \$1,000 的整數倍，為了使從投資中獲得的淨現值，Finco 應如何分配 \$6,000？

解　每一項投資的收益與投入的資金量不成正比 [例如，$16 = r_1(2) \neq 2r_1(1) = 18$]，因此不可能利用線性規劃求得這個問題的最佳解。

Finco 問題的數學式可表示為：

$$\max\{r_1(d_1) + r_2(d_2) + r_3(d_3)\}$$
$$\text{s.t.} \quad d_1 + d_2 + d_3 = 6$$
$$d_j \text{ 非負整數 } (j = 1, 2, 3)$$

當然，如果 $r_j(d_j)$ 為線性函數，這個問題類似 9.5 節的背包問題。

為了將 Finco 問題當作一個動態規劃問題，首先，我們確定階段與庫存例題和最短路徑問題一樣，階段中的選擇應使下一個階段較容易解決一樣。這樣，在剩下一個階段問題已解出時，則剩下來二個問題也應該比較容易求解，依此類推。明顯地是，如果只有一項投資可用，則此問題就較易解出，所以我們定義階段 t 表示必須把資金分配給投資 $t, t+1, \cdots, 3$ 的情形。

對於某一特定階段，為了確定最佳投資量，我們必須知道什麼？簡單地說，只須知道有多少資金可用於投資 $t, t+1, \cdots, 3$ 即可。因此，我們定義在任何一個階段的狀態為可用於投資 $t, t+1, \cdots, 3$ 的資金量 (千元)。由於可用資金不超過 \$6,000，故在任何階段中，可能狀態為 0，1，2，3，4，5 和 6，我們定義 $f_t(d_t)$ 為在投資 t，$t+1, \cdots, 3$，投資金額為 d_t 千元所得的最大淨現值 (NPV)，相同地，我們又定義 $x_t(d_t)$ 是為了得到 $f_t(d_t)$ 而對於投資 t 應投資的金額數，在進行逆向方法時，我們首先計算 $f_3(0), f_3(1), \cdots, f_3(6)$，然後再確定 $f_2(0), f_2(1), \cdots, f_2(6)$，由於有 \$6,000 可用於投入投資 1、2 和 3，故我們最後計算 $f_1(6)$，然後我們再回頭來確定應分配的每一筆投資的資金數 (這與例題 4，我們再回來確定每個月的最佳生產水準相似)。

表 10-6　計算 $f_2(0)$，$f_2(1)$，…，$f_2(6)$

d_2	x_2	$r_2(x_2)$	$f_3(d_2 - x_2)$	從投資 2、3 得到的 NPV	$f_2(d_2)$ $x_2(d_2)$
0	0	0	0	0*	$f_2(0) = 0$
					$x_2(0) = 0$
1	0	0	9	9	$f_2(1) = 10$
1	1	10	0	10*	$x_2(1) = 1$
2	0	0	13	13	$f_2(2) = 19$
2	1	10	9	19*	$x_2(2) = 1$
2	2	13	0	13	
3	0	0	17	17	$f_2(3) = 23$
3	1	10	13	23*	$x_2(3) = 1$
3	2	13	9	22	
3	3	16	0	16	
4	0	0	21	21	$f_2(4) = 27$
4	1	10	17	27*	$x_2(4) = 1$
4	2	13	13	26	
4	3	16	9	25	
4	4	19	0	19	
5	0	0	25	25	$f_2(5) = 31$
5	1	10	21	31*	$x_2(5) = 1$
5	2	13	17	30	
5	3	16	13	29	
5	4	19	9	28	
5	5	22	0	22	
6	0	0	29	29	$f_2(6) = 35$
6	1	10	25	35*	$x_2(6) = 1$
6	2	13	21	34	
6	3	16	17	33	
6	4	19	13	32	
6	5	22	9	31	
6	6	25	0	25	

階段 3 的計算

首先，我們確定 $f_3(0)$，$f_3(1)$，…，$f_3(6)$，我們知道把全部的資金 (d_3) 投入投資 3，可以獲得 $f_3(d_3)$，因此

$$f_3(0) = 0 \quad x_3(0) = 0$$
$$f_3(1) = 9 \quad x_3(1) = 1$$
$$f_3(2) = 13 \quad x_3(2) = 2$$
$$f_3(3) = 17 \quad x_3(3) = 3$$
$$f_3(4) = 21 \quad x_3(4) = 4$$

表 10-7　$f_1(6)$ 的計算

d_1	x_1	$r_1(x_1)$	$f_2(6-x_1)$	從投資 1－3 所得的 NPV	$f_1(6)$ $x_1(6)$
6	0	0	35	35	$f_1(6)=49$
6	1	9	31	40	$x_1(6)=4$
6	2	16	27	43	
6	3	23	23	46	
6	4	30	19	49*	
6	5	37	10	47	
6	6	44	0	44	

$$f_3(5) = 25 \quad x_3(5) = 5$$
$$f_3(6) = 29 \quad x_3(6) = 6$$

階段 2 的計算

為了決定 $f_2(0)$，$f_2(1)$，$\cdots$，$f_2(6)$，我們考慮能投入投資 2 所有可能的資金數，為了求出 $f_2(d_2)$，設 x_2 為投入投資 2 的資金量，於是從投資 2 中所獲得的 NPV 為 $r_2(x_2)$，而從投資 3 中可獲得的 NPV 為 $f_3(d_2 - x_2)$ (記得最佳性原則)，由於 x_2 的選擇應使得從投資 2 和 3 中獲得最大的 NPV，故我們得

$$f_2(d_2) = \max_{x_2}\{r_2(x_2) + f_3(d_2 - x_2)\} \tag{5}$$

此處 x_2 必須為 $\{0, 1, \cdots, d_2\}$ 的一個元素，在表 10-6 給出 $f_2(0)$，$f_2(1)$，$\cdots$，$f_2(6)$ 和 $x_2(0)$，$x_2(1)$，$\cdots$，$x_2(6)$ 的計算過程。

階段 1 的計算

從 (5) 式，我們得到

$$f_1(6) = \max_{x_1}\{r_1(x_1) + f_2(6-x_1)\}$$

此處 x_1 必須為 $\{0, 1, 2, \cdots, 6\}$ 中的一個元素，在表 10-7 得到 $f_1(6)$ 的計算過程。

最佳資源分配的確定

由於 $x_1(6) = 4$，Finco 公司可以投資 \$4,000 於投資 1，這會留下 \$6,000 － \$4,000 = \$2,000 給投資 2 及 3，因此，Finco 公司可以投資 $x_2(2) = \$1,000$ 於投入投資 2，留下 \$1,000 給投資 3，這樣 Finco 公司可決定將 $x_3(1) = \$1,000$ 投入投資 3。因此，Finco 公司可投入投資 1 \$4,000，投入投資 2 \$1,000，投入投資 3 \$1,000，可以獲得最大淨現值 $f_1(6) = \$49,000$。

資源例題的網路表示

和 10.3 節庫存問題一樣，Finco 公司問題可以利用網路表示，這相當於圖 10-6 找出 (1, 6) 到 (4, 0) 的最長路徑。在該圖，節點 (t, d) 表示有 d 千元可用於投資 t，t + 1，⋯，3 的狀態，連接節點 (t, d) 和 (t + 1, d − x) 的弧線長度 $r_t(x)$，它對應於把 x 千元投入投資 t 所得的淨現值。例如，連接節點 (2, 3) 和 (3, 1) 的弧線長度為 $r_2(3)$ = $16,000，它對應於將 $3,000 投資在投資 2 中所得的 $16,000 淨現值，其中並不是相鄰階段中都是用弧線連結的。例如，沒有連結節點 (2, 4) 和 (3, 5) 的弧線，當你有 $4,000 投入投資 2 和 3 時，又怎麼可能有 $5,000 可以投入投資 3？從我們的計算中可知，從 (1, 6) 到 (4,0) 的最長路徑是路徑 (1, 6)−(2, 2)−(3, 1)−(4, 0)。

推廣的資源分配問題

現在我們考慮例題 5 的推廣版，假設我們有 w 個單位的某種可用資源且將該資源用於分配到 T 項活動。若活動項目 t 的執行為水準 x_t (我們假設 x_t 必須為一個非負的整數)，則活動 t 將使用 $g_t(x_t)$ 個單位的資源並獲得 $r_t(x_t)$ 的收益，在可用資源為有限的條件下，使總收益最大的資源分配問題可以寫成：

$$\max \sum_{t=1}^{t=T} r_t(x_t)$$
$$\text{s.t.} \quad \sum_{t=1}^{t=T} g_t(x_t) \leq w \tag{6}$$

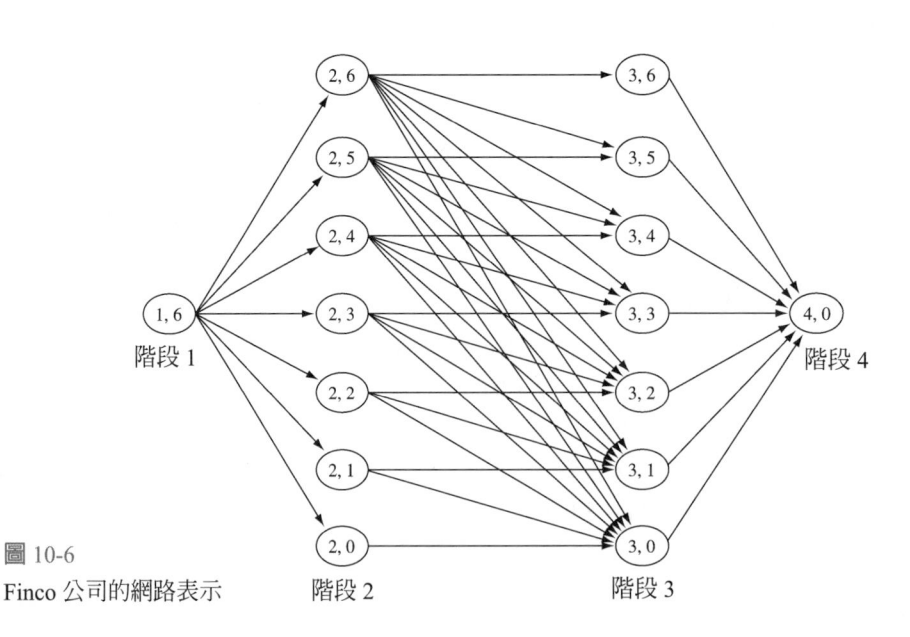

圖 10-6
Finco 公司的網路表示

第 10 章 確定型的動態規劃

表 10-8 推廣資源分配問題的若干例子

$r_t(x_t)$ 的解釋	$g_t(x_t)$ 的解釋	w 的解釋
把 x_t 個 t 型項目放入背包中所得到的利益	x_t 個 t 型項目的重量	背包可以容納的最大重量
每週利用 x_t 個小時學習課程 t 時，所獲得課程 t 的成績	每週用於學習課程 t 的小時數	每週可用的總學習時數
地區 t 派遣 x_t 個銷售代理人，在地區 t 的產品銷售額	向地區 t 派遣 x_t 個銷售代理人的費用	用於派遣銷售人員的總預算經費
管區 t 分配 x_t 輛救火車，在 1 分鐘內能作出反應的每週火警次數	維護區 t 的 x_t 輛救火車的每週費用	維護救火車的每週總預算經費

其中 x_t 必須是 $\{0, 1, 2, \cdots\}$ 中的一個元素，表 10-8 列出 $r_t(x_t)$，$g_t(x_t)$ 和 w 的一些可能的解釋。

為了利用動態規劃求解 (6) 式，定義 $f_t(d)$ 為在有 d 個單位的資源可分配給活動項目 $t, t+1, \cdots, T$ 的條件下，可從活動項目 $t, t+1, \cdots, T$ 中得到最大的收益，我們可以把例題 5 的遞迴關係推廣到這種情況，我們可得

$$f_{T+1}(d) = 0 \quad \text{對所有 } d$$
$$f_t(d) = \max_{x_t}\{r_t(x_t) + f_{t+1}[d - g_t(x_t)]\} \tag{7}$$

其中 x_t 必須滿足 $g_t(x_t) \leq d$ 的一個非負整數，設 $x_t(d)$ 是達到 $f_t(d)$ 的 x_t 任何值，為了利用 (7) 式來決定對活動項目 $1, 2, \cdots, T$ 的最佳資源分配，我們從決定所有的 $f_T(\cdot)$ 和 $x_T(\cdot)$ 著手，然後我們再用 (7) 式來決定所有的 $f_{T-1}(\cdot)$ 和 $x_{T-1}(\cdot)$，這樣繼續地用逆向方法到所有的 $f_2(\cdot)$ 和 $x_2(\cdot)$ 都被決定出來，為了得到最後的結果，我們現在計算出 $f_1(w)$ 和 $x_1(w)$，然後我們執行活動 1 在水準 $x_1(w)$ 上，在此點，我們有 $w - g_1[x_1(w)]$ 個單位可用於活動 $2, 3, \cdots$，然後在以 $x_2\{w - g_1[x_1(w)]\}$ 水準來執行活動 2，按照這個方法一直進行到確定所有活動均可以被執行時的水準為止。

用動態規劃求解背包問題

我們求解一個簡單的背包問題 (參考 9.5 節) 來說明 (7) 式，然後我們再討論用來解背包問題的另外一種遞迴方法。

例題 6　背包問題

假設要用表 10-9 列出的項目填滿一只能裝 10 磅的背包，為了使總收益最大，應如何裝填背包？

解　　我們有 $r_1(x_1) = 11x_1$，$r_2(x_2) = 7x_2$，$r_3(x_3) = 12x_3$，$g_1(x_1) = 4x_1$，$g_2(x_2) = 3x_2$ 和

表 10-9 背包問題的重量和收益

項目	重量	收益
1	4	11
2	3	7
3	5	12

$g_3(x_3) = 5x_3$，定義 $f_t(d)$ 為從一個裝滿類型 $t, t+1, \cdots, 3$ 項目的 d 磅重量的背包中可以獲得的最大收益。

階段 3 的計算

由 (7) 式可得

$$f_3(d) = \max_{x_3} \{12x_3\}$$

其中 $5x_3 \leq d$ 且 x_3 是一個非負整數，這可得

$$f_3(10) = 24$$
$$f_3(5) = f_3(6) = f_3(7) = f_3(8) = f_3(9) = 12$$
$$f_3(0) = f_3(1) = f_3(2) = f_3(3) = f_3(4) = 0$$

$$x_3(10) = 2$$
$$x_3(9) = x_3(8) = x_3(7) = x_3(6) = x_3(5) = 1$$
$$x_3(0) = x_3(1) = x_3(2) = x_3(3) = x_3(4) = 0$$

階段 2 的計算

現在由 (7) 式可得

$$f_2(d) = \max_{x_2} \{7x_2 + f_3(d - 3x_2)\}$$

其中 x_2 必須為非負的整數滿足 $3x_2 \leq d$，現在我們可得

$$f_2(10) = \max \begin{cases} 7(0) + f_3(10) = 24^* & x_2 = 0 \\ 7(1) + f_3(7) = 19 & x_2 = 1 \\ 7(2) + f_3(4) = 14 & x_2 = 2 \\ 7(3) + f_3(1) = 21 & x_2 = 3 \end{cases}$$

因此，$f_2(10) = 24$ 且 $x_2(10) = 0$。

$$f_2(9) = \max \begin{cases} 7(0) + f_3(9) = 12 & x_2 = 0 \\ 7(1) + f_3(6) = 19 & x_2 = 1 \\ 7(2) + f_3(3) = 14 & x_2 = 2 \\ 7(3) + f_3(0) = 21^* & x_2 = 3 \end{cases}$$

因此，$f_2(9) = 21$ 且 $x_2(9) = 3$。

$$f_2(8) = \max \begin{cases} 7(0) + f_3(8) = 12 & x_2 = 0 \\ 7(1) + f_3(5) = 19^* & x_2 = 1 \\ 7(2) + f_3(2) = 14 & x_2 = 2 \end{cases}$$

因此，$f_2(8) = 19$ 且 $x_2(8) = 1$。

$$f_2(7) = \max \begin{cases} 7(0) + f_3(7) = 12 & x_2 = 0 \\ 7(1) + f_3(4) = 7 & x_2 = 1 \\ 7(2) + f_3(1) = 14^* & x_2 = 2 \end{cases}$$

因此，$f_2(7) = 14$ 且 $x_2(7) = 2$。

$$f_2(6) = \max \begin{cases} 7(0) + f_3(6) = 12 & x_2 = 0 \\ 7(1) + f_3(3) = 7 & x_2 = 1 \\ 7(2) + f_3(0) = 14^* & x_2 = 2 \end{cases}$$

因此，$f_2(6) = 14$ 且 $x_2(6) = 2$。

$$f_2(5) = \max \begin{cases} 7(0) + f_3(5) = 12^* & x_2 = 0 \\ 7(1) + f_3(2) = 7 & x_2 = 1 \end{cases}$$

因此，$f_2(5) = 12$ 且 $x_2(5) = 0$。

$$f_2(4) = \max \begin{cases} 7(0) + f_3(4) = 0 & x_2 = 0 \\ 7(1) + f_3(1) = 7^* & x_2 = 1 \end{cases}$$

因此，$f_2(4) = 7$ 且 $x_2(4) = 1$。

$$f_2(3) = \max \begin{cases} 7(0) + f_3(3) = 0 & x_2 = 0 \\ 7(1) + f_3(0) = 7^* & x_2 = 1 \end{cases}$$

因此，$f_2(3) = 7$ 且 $x_2(3) = 1$。

$$f_2(2) = 7(0) + f_3(2) = 0 \qquad x_2 = 0$$

因此，$f_2(2) = 0$ 且 $x_2(2) = 0$。

$$f_2(1) = 7(0) + f_3(1) = 0 \qquad x_2 = 0$$

因此，$f_2(1) = 0$ 且 $x_2(1) = 0$。

$$f_2(0) = 7(0) + f_3(0) = 0 \qquad x_2 = 0$$

因此，$f_2(0) = 0$ 且 $x_2(0) = 0$。

階段 1 計算

最後，我們利用計算 $f_1(10)$。

$$f_1(10) = \max \begin{cases} 11(0) + f_2(10) = 24 & x_1 = 0 \\ 11(1) + f_2(6) = 25^* & x_1 = 1 \\ 11(2) + f_2(2) = 22 & x_1 = 2 \end{cases}$$

背包問題最佳解的決定

我們有 $f_1(10) = 25$ 及 $x_1(10) = 1$，因此，應該把類型 1 的項目放進背包，因此，背包中還剩 $10 - 4 = 6$ 磅，留給類型 2 及類型 3 項目。因此，應於 $x_2(6) = 2$ 件類型 2 的項目。最後，我們有 $6 - 2(3) = 0$ 磅留給類型 3 的項目。因此，應該將 $x_2(0) = 0$ 件類型 3 的項目放入背包。總之，可以從一個容量 10 磅的背包將獲得最大收益 $f_3(10) = 25$，為了得到 25 的收益，背包中應放一件類型 1 和二件類型 2 的項目。

背包問題的網路表示

求例題 6 的最佳解相當於求圖 10-7，從節點 (10, 1) 到階段 4 的某一個節點的最長路徑在圖 10-7，對於 $t \leq 3$，節點 (d, t) 表示可把 d 磅空間分配給類型 $t, t + 1, \cdots, 3$ 的項目狀態。節點 $(d, 4)$ 表示 d 磅未佔用的空間，連接階段 t 的一個節點與階段 $(t + 1)$ 的每一條弧線，代表把若干件類型 t 的項目裝進背包內的一個決策。例如，連接 (10, 1) 及 (6, 2) 的弧線表示把一件類型 1 的項目裝進背包，這就給類型 2 和類型 3 項目留下 $10 - 4 = 6$ 磅的空間，這條弧線的長度為 11，表示把一件類型 1 的項目裝進背包所獲得的收益。例題 6 說明，在圖 10-7 中從節點 (10, 1) 到階段 4 的節點的最長路徑為 (10, 1)－(6, 2)－(0, 3)－(0, 4)，我們可注意到背包的最佳解並不見得經常利用一切可用的空間，例如，讀者可以證明，如果一件類型 1 的項目獲得 16 個單位的收益，則最佳解將是裝進兩件類型 1 的項目，對應於路徑 (10, 1)－(2, 2)－(2, 3)－(2,4)，這就留下 2 磅沒有用到的空間。

背包問題的另一種遞迴關係

還有另外一種由動態規劃求解背包問題的方法。現在我們來討論這種方法，主要的觀念是使最佳背包逐漸增大，即先確定裝滿一只較小背包的最佳方法，然後利用這一個結果確定裝滿一只較大背包的最佳方法，我們定義 $g(w)$ 為一只容量 w 磅背包中獲得最大的收益，在下面敘述中，b_j 代表一件類型 j 的項目所獲得的收益，且 w_j 是代表一件類型 j 的項目的重量，很明顯的

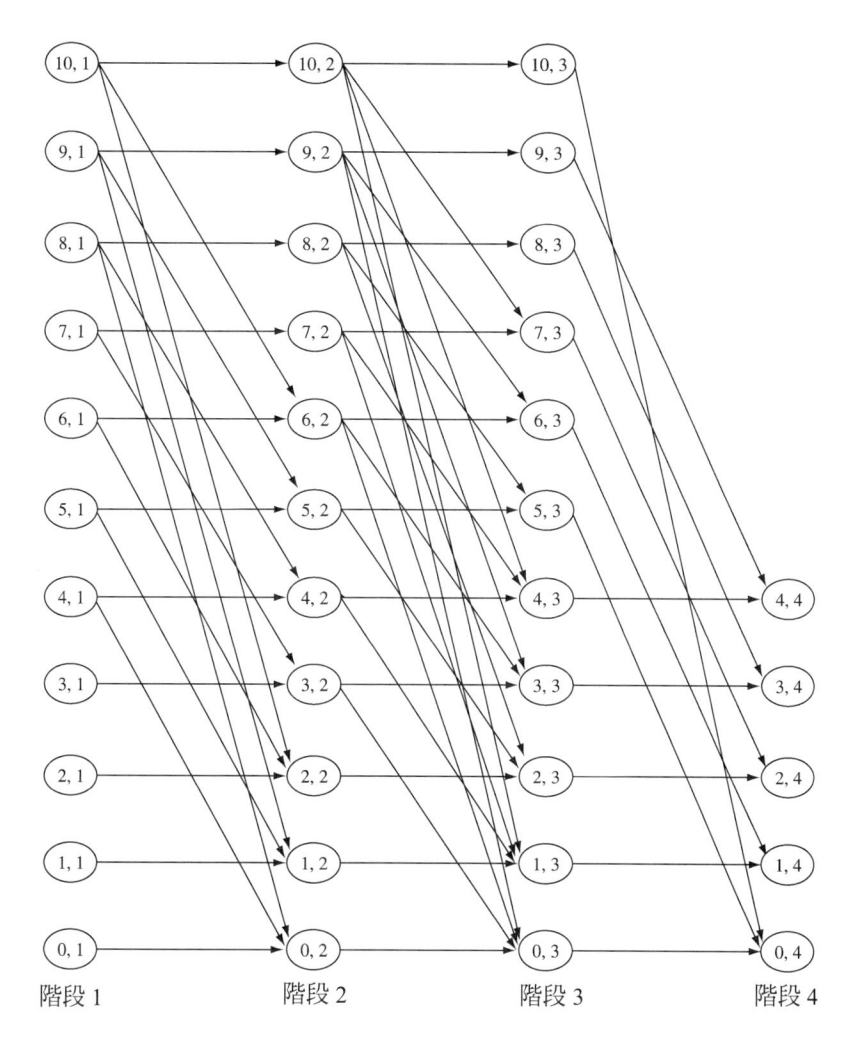

圖 10-7 背包的網路表示

是，$g(0) = 0$，且對 $w > 0$，有

$$g(w) = \max_{j} \{b_j + g(w - w_j)\} \qquad (8)$$

其中 j 必須為 $\{1, 2, 3\}$ 中的一個元素，且 j 必須滿足 $w_j \leq w$，(8) 式的推導過程如下：為了裝滿一只有 w 磅背包的最佳情況，我們必須從某個項目放入背包著手，如果一開始把一件類型 j 的項目放一只 w 磅的背包，則我們能夠獲得最佳的收益為 $b_j +$ [能從 $(w - w_j)$ 磅的背包獲得最佳收益]。注意，僅當 $w_j \leq w$ 時，一件類型 j 的項目才能放進一只 w 磅的背包，我們可得 (8) 式，且定義 $x(w)$ 為使 (8) 式達到最大值的任何貨物類型，而 $x(w) = 0$ 則表示任何貨物不能裝進一只 w 磅的背包中。

為了說明 (8) 式的應用，我們重新解例題 6，因為貨物不能裝進一只 0 磅，1 磅或 2 磅的背包，因此我們有 $g(0)=g(1)=g(2)=0$ 且 $x(0)=x(1)=x(2)=0$。由於只有一件類型 2 的項目能裝入 3 磅的背包中，因而有了 $g(3)=7$ 和 $x(3)=2$，繼續這樣的過程，我們可以發現：

$$g(4) = \max \begin{cases} 11 + g(0) = 11^* & \text{(類型 1 項目)} \\ 7 + g(1) = 7 & \text{(類型 2 項目)} \end{cases}$$

因此，$g(4)=11$ 和 $x(4)=1$

$$g(5) = \max \begin{cases} 11 + g(1) = 11 & \text{(類型 1 項目)} \\ 7 + g(2) = 7 & \text{(類型 2 項目)} \\ 12 + g(0) = 12^* & \text{(類型 3 項目)} \end{cases}$$

因此，$g(5)=12$ 和 $x(5)=3$

$$g(6) = \max \begin{cases} 11 + g(2) = 11 & \text{(類型 1 項目)} \\ 7 + g(3) = 14^* & \text{(類型 2 項目)} \\ 12 + g(1) = 12 & \text{(類型 3 項目)} \end{cases}$$

因此，$g(6)=14$ 和 $x(6)=2$

$$g(7) = \max \begin{cases} 11 + g(3) = 18^* & \text{(類型 1 項目)} \\ 7 + g(4) = 18^* & \text{(類型 2 項目)} \\ 12 + g(2) = 12 & \text{(類型 3 項目)} \end{cases}$$

因此，$g(7)=18$ 和 $x(7)=1$ 或 $x(7)=2$

$$g(8) = \max \begin{cases} 11 + g(4) = 22^* & \text{(類型 1 項目)} \\ 7 + g(5) = 19 & \text{(類型 2 項目)} \\ 12 + g(3) = 19 & \text{(類型 3 項目)} \end{cases}$$

因此，$g(8)=22$，且 $x(8)=1$

$$g(9) = \max \begin{cases} 11 + g(5) = 23^* & \text{(類型 1 項目)} \\ 7 + g(6) = 21 & \text{(類型 2 項目)} \\ 12 + g(4) = 23^* & \text{(類型 3 項目)} \end{cases}$$

因此，$g(9)=23$，且 $x(9)=1$ 或 $x(9)=3$

$$g(10) = \max \begin{cases} 11 + g(6) = 25^* & \text{(類型 1 項目)} \\ 7 + g(7) = 25^* & \text{(類型 2 項目)} \\ 12 + g(5) = 24 & \text{(類型 3 項目)} \end{cases}$$

因此，$g(10)=25$ 且 $x(10)=1$ 或 $x(10)=2$。為了最佳地裝滿背包，我們從放

任何一件 x(10) 類型的項目到背包中著手，假設我們隨意地選擇類型 1 的項目，於是剩下 10 − 4 = 6 磅的空間。因此，現在可以把一件 x(10 − 4) = 2(類型 2) 項目放入背包中，這樣還剩下 6 − 3 = 3 磅的空間。我們用一件 x(6 − 3) = 2 (類型 2) 項目裝入背包。因此，在背包中裝入 2 件類型 2 的項目和一件類型 1 的項目，就可以達到最大收益 g(10) = 25。

高速公路定理

對於一個背包問題，令

c_j = 從每一件類型 j 的項目中獲得收益
w_j = 每一件類型 j 的項目重量

我們用每單位重量的收益來衡量，最佳項目則是在 $\frac{c_j}{w_j}$ 的值中擁有最大值者，假設目前已將 n 種項目，按照

$$\frac{c_1}{w_1} \geq \frac{c_2}{w_2} \geq \cdots \geq \frac{c_n}{w_n}$$

來排序。因此，類型 1 為最佳，類型 2 為次佳，依此類推。從 8.5 節可知，背包問題的最佳解可能並不是使用最佳項目。例如，背包問題

$$\max z = 16x_1 + 22x_2 + 12x_3 + 8x_4$$
$$\text{s.t.} \quad 5x_1 + 7x_2 + 5x_3 + 4x_4 \leq 14$$
$$x_i \text{ 非負整數}$$

的最佳解為 $z = 44$，$x_2 = 2$，$x_1 = x_3 = x_4 = 0$，且這個答案並不使用最佳 (類型 1) 項目。假設

$$\frac{c_1}{w_1} > \frac{c_2}{w_2}$$

因此，這樣就存在唯一最佳解型態。我們也可以證明，對於某一個數 w^*，如果背包問題可以於 w 磅項目，其中 $w \geq w^*$，在本節末習題 6，你可以證明這個結果，對於

$$w^* = \frac{c_1 w_1}{c_1 - w_1 \left(\frac{c_2}{w_2}\right)}$$

成立。因此，對於背包問題

$$\max z = 16x_1 + 22x_2 + 12x_3 + 8x_4$$
$$\text{s.t.} \quad 5x_1 + 7x_2 + 5x_3 + 4x_4 \leq w$$
$$x_i \text{ 非負整數}$$

如果

$$w \geq \frac{16(5)}{16 - 5(\frac{22}{7})} = 280$$

這個結果應至少要使用一件類型 1 的項目，此結果就能大大地減少求解背包問題所需的計算。例如 $w = 4{,}000$，我們知道 $w \geq 280$，最佳解將使用至少一件類型 1 的項目，我們可以推斷裝滿一只 4,000 磅背包的最佳方法是裝進一件類型 1 的項目，然後再用最佳方法裝滿一只 4,000 − 5 = 3,995 磅的背包，重覆這一推論，我們就可以裝滿一只 4,000 磅背包的最堆方法是把 ($\frac{4{,}000 - 280}{5}$) = 744 件類型 1 的項目裝入背包內，然後再用最佳方法裝滿一只 280 磅的背包，這個推論大大地節省確定如何裝滿一只 4,000 磅背包所需的計算。(事實上，280 磅的背包使用至少一件類型 1 的項目，所以我們知道，為了最佳地裝滿一只 400 磅的背包，我們可以使用 745 件類型 1 的項目，然後用最佳方法裝滿一只 275 磅的背包。)

為什麼這個結果稱為**高速公路定理** (turnpike theorem)？思考當你在駕駛汽車旅行時，且你的目標是使完成行程所需的時間為最少的情況下，對於較長的旅程，稍微偏離旅行路線可能是有利的，因為這樣在大部份旅程中，你就可以沿著高速公路行駛，因此使汽車可以達到最高速度，但如果旅程較短，則偏離高速公路可能是不值得的。

同樣地，在一只重量較大的背包問題中，使用某件最佳項目總是最佳的，但在重量較小的背包問題中，情況可能就不是這樣了，在動態規劃的文獻中，讀者可以發現許多與高速公路有關的結果 [參考 Morton (1979)]。

問　題

問題組 A

1. J. R. Carrington 將 $4 百萬投資於三個油井工地，從工地 i ($i = 1, 2, 3$) 獲得的收益與工地 i 投入的資金有關 (參考表 10-10)。假設投資於一個工地的投資必須是 $1 百萬的整數倍，試利用動態規劃決定 J.R. 能從三個油井中得到收益最大的策略。
2. 利用本節介紹的任何一種方法求解以下背包問題：

表 10-10

投資量 (百萬元)	收益 ($ 百萬)		
	工地 1	工地 2	工地 3
0	4	3	3
1	7	6	7
2	8	10	8
3	9	12	13
4	11	14	15

$$\max z = 5x_1 + 4x_2 + 2x_3$$
$$\text{s.t.} \quad 4x_1 + 3x_2 + 2x_3 \leq 8$$
$$x_1, x_2, x_3 \geq 0; x_1, x_2, x_3 : \text{整數}$$

3. 問題 2 的背包問題可視為求一個特定網路中的最長路徑問題。
   a. 試畫出對應於從 (7) 式推導出的遞迴關係的網路。
   b. 試畫出對應於從 (8) 式推導出的遞迴關係的網路。
4. 某城市有三個警察管區,每一個警察管區內發生的犯罪案件數目可視分被給該管區的警車數目而定 (參考表 10-11),現在總共有五輛警車可以分配,試利用動態規劃化確定分配給每個管區多少輛警車?
5. 利用動態規劃求解背包最多可容納 13 磅的背包問題 (參考表 10-12)。

表 15-11

管區	分給各管區的警車數目					
	0	1	2	3	4	5
1	14	10	7	4	1	0
2	25	19	16	14	12	11
3	20	14	11	8	6	5

表 15-12

項目	重量	收益
1	3	12
2	5	25
3	7	50

問題組 B

6. 考慮一個背包問題,其中

$$\frac{c_1}{w_1} > \frac{c_2}{w_2}$$

證明,如果背包內有 w 磅,且 $w \geq w^*$,其中

$$w^* = \frac{c_1 w_1}{c_1 - w_1\left(\frac{c_2}{w_2}\right)}$$

則這個背包問題的最佳解必須使用至少一件類型 1 的項目。

10.5 設備更換的問題

許多公司和用戶需要決定一台機器在使用多久後,可以折舊換新,這種類型的問題稱為**設備更換問題** (equipment replacement problems),通常可用來動態規劃求解。

例題 7　設備更換

一家汽車維修工廠經常需要有一部發動機分析器做備用,一部新的發動分析器價值 $1,000。在開始使用後的第 i 年,分析器的維修費用 m_i 如下:$m_1 = \$60$,$m_2 = \$80$,$m_3 = \$120$,一部分析器可能 1 年,2 年或 3 年保持不壞,在使用 i 年後 ($i = 1, 2, 3$) 可將它折價換取一部新的裝置,若用一部已使用 i 年的發動分析機折價,其殘餘價值為 s_i,其中 $s_1 = \$800$,$s_2 = \$600$,$s_3 = \$500$,已知目前 (時間 0:參考圖 10-8),必須購買一部新的機器,這家工廠希望確定一種更換和折價策略,使得今後五年期間的淨成本=(維修成本)+(更換成本)−(收回殘餘價值) 為最少。

解　我們注意到在購置一部新機器之後,該工廠必須決定這部購進的機器應該何時折價換新機器,考慮到這一點,我們定義 $g(t)$ 為已知在時間 t,購進一部新機器的條件下,從時間 t 到時間 5 所必須付的最小淨成本 (包括新購進機器的購買成本和殘餘價值),我們還定義 c_{tx} 為在時間 t 購進一部機器並把它使用到時間 x 時的淨成本 (包括購買成本和殘餘價值),於是適當的遞迴關係為

$$g(t) = \min_{x} \{c_{tx} + g(x)\} \quad (t = 0, 1, 2, 3, 4) \tag{9}$$

其中 x 必須滿足不等式 $t + 1 \leq x \leq t + 3$ 和 $x \leq 5$,因為這個問題在時間 5 時結束,從時間 5 起以後,就不需承擔費用,所以 $g(5) = 0$。

為了說明 (9) 式為什麼成立,我們注意到在時間 t 購進一部機器後,我們必須決定何時更換機器,設 x 代表進行更換的時間。更換時間必須是在時間 t 之後,但不超過 t 後的三年內,這說明 x 必須滿足 $t + 1 \leq x \leq t + 3$。由於問題結束於時間 5,我們還必須有 $x = 5$,如果我們決定在時間 x 更換裝置,則從時間 t 到時間 5 的費用是

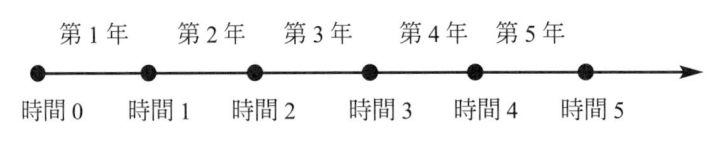

圖 10-8　設備更換問題的時間水準

多少？這一個費用就會從購進機器到時間 x 時賣掉機器這一期間內所承擔的費用 (定義為 c_{tx}) 與從時間 x 到時間 5 這一期間內所承擔的總費用之和 (假設在時間 x 購進一部新機器)。根據最佳性原理，後者的費用當然是 $g(x)$，因此，我們在時間 t 購進一部機器且一直使用到時間 x，則從時間 t 到時間 5 我們承擔的費用為 $c_{tx} + g(x)$。因此，我們應該選擇讓這個和為最小的 x 值，於是我們就得到了 (9) 式，由於我們已經假設機器的維護費用、殘餘價值及購入成本不隨著時間而變，所以，每一個 c_{tx} 與這台機器使用多久時間有關，亦即，每一個 c_{tx} 僅與 $x - t$ 有關，更明確地說，

$$c_{tx} = \$1{,}000 + m_1 + \cdots + m_{x-t} - s_{x-t}$$

這可得

$$c_{01} = c_{12} = c_{23} = c_{34} = c_{45} = 1{,}000 + 60 - 800 = \$260$$
$$c_{02} = c_{13} = c_{24} = c_{35} = 1{,}000 + 60 + 80 - 600 = \$540$$
$$c_{03} = c_{14} = c_{25} = 1{,}000 + 60 + 80 + 120 - 500 = \$760$$

我們從計算 $g(4)$ 開始，然後利用逆向方法直到計算出 $g(0)$ 為止，然後，再利用已經求得達到 $g(0)$，$g(1)$，$g(2)$，$g(3)$ 和 $g(4)$ 的 x 值來確定最佳策略，計算過程如下。

在時間 4，由於只有一個明顯的決策 (即將機器使用到時間 5，然後再用其殘餘價值售出)，我們求得

$$g(4) = c_{45} + g(5) = 260 + 0 = \$260^*$$

因此，若在時間 4 購買一部新機器，則它會在時間 5 將其折價出售，如果在時間 3 購進一部新機器，我們將把它使用到時間 4 或 5。因此，

$$g(3) = \min \begin{cases} c_{34} + g(4) = 260 + 260 = \$520^* & \text{(在時間 4 折價出售)} \\ c_{35} + g(5) = 540 + 0 = \$540 & \text{(在時間 5 折價出售)} \end{cases}$$

因此，如果在時間 3 購進一部新機器，我們應在時間 4 將它折價出售。

如果在時間 2 購進一部新機器，我們將在時間 3、時間 4 或時間 5 將它折價售出，這就可得

$$g(2) = \min \begin{cases} c_{23} + g(3) = 260 + 520 = \$780 & \text{(在時間 3 折價出售)} \\ c_{24} + g(4) = 540 + 260 = \$800 & \text{(在時間 4 折價出售)} \\ c_{25} + g(5) = \$760^* & \text{(在時間 5 折價出售)} \end{cases}$$

因此，如果在時間 2 購進一部新機器，我們應該使用到時間 5，然後再折價出售。

如果在時間 1 購進一部新機器，我們將在時間 2、時間 3 或時間 4 將它折價出售，於是

$$g(1) = \min \begin{cases} c_{12} + g(2) = 260 + 760 = \$1{,}020^* & \text{(在時間 2 折價出售)} \\ c_{13} + g(3) = 540 + 520 = \$1{,}060 & \text{(在時間 3 折價出售)} \\ c_{14} + g(4) = 760 + 260 = \$1{,}020^* & \text{(在時間 4 折價出售)} \end{cases}$$

因此，如果在時間 1 購進一部新的機器，應在時間 2 或時間 4 將它折價售出。

在時間 0 購進的新機器可能在時間 1、時間 2 或時間 3 折價售出。

$$g(0) = \min \begin{cases} c_{01} + g(1) = 260 + 1{,}020 = \$1{,}280^* & \text{(在時間 1 折價出售)} \\ c_{02} + g(2) = 540 + 760 = \$1{,}300 & \text{(在時間 2 折價出售)} \\ c_{03} + g(3) = 760 + 520 = \$1{,}280^* & \text{(在時間 3 折價出售)} \end{cases}$$

因此，在時間 0 購進的新機器應在時間 1 或時間 3 更新，假設我們隨意地決定在時間 1 更新時間 0 所購進的機器，則時間 1 購進的新機器可以在時間 2 或時間 4 折價售出。此時，我們注意地選擇在時間 2 更換 1 時購買的機器，時間 2 時購買的機器應使用到時間 5，在時間 5 以殘餘價值賣出。這種更換策略，我們將承擔一個淨成本 $g(0) = 1{,}280$，讀者可以自己驗證下面的更新策略也是最佳：(1) 在時間 1、4 和 5 折價售出；(2) 在時間 3、4 和 5 折價售出。

我們已經假設所有費用不隨著時間而變，作出這個假設只是使 c_{tx} 的計算比較簡化。如果放寬不變成本的假設，則只會使得 c_{tx} 的計算上變得比較困難，我們還注意到，如果使用一個較短的計畫，則最佳的更新策略可能會的計劃的長度較爲敏感。因此，使用較長計畫可以獲得較有意義的結果。

實際上 Phillips 石油公司曾使用一個設備更新模式來降低維持公司卡車庫存相關的成本 (參考 Waddell (1983))。

設備更新問題的網路表示

讀者可以驗證，在求解例題 7 的問題相當於找尋在圖 10-9，從節點 0 到節點 5 的最短路徑，連結節點 i 和 j 的弧線長度爲 c_{ij}。

另外一種遞迴關係

設備更換模型可以用另外一種動態規劃的方程式表示，如果我們定義階段爲時間 t，且在任何一個階段的狀態是發動機分析器在時間 t 已使用的年數，則可以得出另一種動態規劃的遞迴關係，定義 $f_t(x)$ 代表已知在時間 t，該商店已有一台已經使用 x 年的機器條件下，從時間 t 到時間 5，商店所能承擔的最少成本。該問題在時間 5 結束，我們在時間 5 結束時，我們在時間 5 出售機器並得到 $-s_x$，於是 $f_5(x) = -s_x$，當 $t = 0, 1, 2, 3, 4$ 時

$$f_t(3) = -500 + 1{,}000 + 60 + f_{t+1}(1) \qquad \text{(折價出售)} \qquad (10)$$

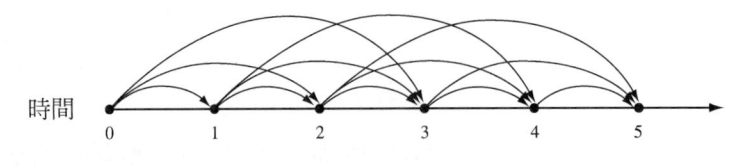

圖 10-9　設備更換問題的網路表示

$$f_t(2) = \min \begin{cases} -600 + 1{,}000 + 60 + f_{t+1}(1) & \text{(折價出售)} \\ 120 + f_{t+1}(3) & \text{(繼續使用)} \end{cases} \quad \textbf{(10.1)}$$

$$f_t(1) = \min \begin{cases} -800 + 1{,}000 + 60 + f_{t+1}(1) & \text{(折價出售)} \\ 80 + f_{t+1}(2) & \text{(繼續使用)} \end{cases} \quad \textbf{(10.2)}$$

$$f_0(0) = 1{,}000 + 60 + f_1(1) \quad \text{(繼續使用)} \quad \textbf{(10.3)}$$

(10)－(10.3) 式可由以下來解釋，如果我們有一部已使用 1 年或 2 年的分析器，則必須決定是更換還是再用一年，在 (10.1) 及 (10.2) 式，我們比較二種選擇的費用，對於任何一種選擇，從時間 t 到時間 5 的總費用是今年的費用加上從時間 $t+1$ 到時間 5 的費用。如果機器已經使用 3 年，就必須更換，沒有其他的選擇，我們對狀態的定義代表在時間 0 唯一的可能是處於狀態 0，在此情況下，我們必須將機器使用 1 年 (並承擔 1,060 的費用)，此後就要承擔總費用 $f_1(1)$，這樣我們就得到 (10.3) 式，由於我們知道 $f_5(1) = 800$，$f_5(2) = -600$ 和 $f_5(3) = -500$，我們可以直接計算出所有的 $f_4(0)$，然後再計算出 $f_3(0)$。按照這個方式一直進行到 $f_0(0)$ 為止 (記得開始時是一台新的機器)。然後我們按照一般的方法就可確定最佳策略，亦即，如果 $f_0(0)$ 可由繼續使用機器來達成，然後將機器使用 1 年，然後在第 1 年內我們選擇能達到 $f_1(1)$ 的行動，按照這種方式進行下去，我們就能決定每一個時間是否應該更換機器 (參見本節末問題 1)。

習　題

問題組 A

1. 利用 (10)－(10.3) 式來確定發動機器分析器例子的最佳更新策略。
2. 假設一輛新的汽車價值為 \$10,000，且其年使用費用與轉賣價值列在表 10-13，如果你現在有一輛新的汽車，試確定一種更新策略，使今後六年內，擁有和使用一輛汽車的淨成本最小。
3. 從百貨公司買一具電話機需要花 \$40，使用一具電話機的年度維修費用如表 10-14 (一具電話

表 10-13

汽車使用年限 (年)	轉售價格	使用費	
1	7,000	300	(第 1 年)
2	6,000	500	(第 2 年)
3	4,000	800	(第 3 年)
4	3,000	1,200	(第 4 年)
5	2,000	1,600	(第 5 年)
6	1,000	2,200	(第 6 年)

表 10-14

年	維護成本
1	20
2	30
3	40
4	60
5	70

至多可用五年)。我剛買了一具新電話機,且舊電話機沒有任何價值,試決定今後六年內應如何使購買和使用一具電話機的總費用最小。

10.6 建立動態規劃的遞迴關係

在許多動態規劃問題中 (如庫存問題和最短路徑問題),一個給定的狀態可以由此系統在該階段,佔有一切可能狀態而組成,在這種情況下,動態遞迴關係 (針對一個極小問題) 通常可以寫成下列形式:

$$f_t(i) = \min \{(在階段 t 內的成本) + f_{t+1}(在階段 t+1 上的新狀態)\} \quad \text{(11)}$$

(11) 式是對在階段 t 的狀態 i 時容許的 (或可行的) 所有決策的極小值,在 (11) 式,$f_t(i)$ 是已知在階段 t 時,狀態為 i 的條件下,從階段 t 到問題結束時 (稱為在階段 t 後問題結束) 承擔的最小費用。

(11) 式反映一個事實:從階段 t 到問題結束所承擔的最小費用,必須能通過在階段 t 選擇一個合適的決策 (階段 t) 所承擔的費用加上從階段 $(t+1)$ 到問題結束可能承擔的最少費用之和最小的容許決策來達到,為了正確地列出形式 (11) 的遞迴關係,必須確定問題的三個重要情況:

情況 1 對於給定的狀態和階段而言,是容許的 (或可行的) 決策集。通常,可行決策集合視 t 和 i 決定。例如,在 15.3 節的庫存例子,設

$$d_t = 在第 t 個月的需求量$$
$$i_t = 在第 t 個月初的庫存量$$

在此情況下,容許的第 t 個月決策集合 (令 x_t 代表容許的生產水準),由滿足 $0 \leq (i_t + x_t - d_t) \leq 4$ 的 $\{0, 1, 2, 3, 4, 5\}$ 中的元素組成。注意,在時間 t 的容許決策集合視階段 t 和時間 t 時的狀態 i_t 而定。

情況 2 我們必須確定當前時期 (階段 t) 的費用如何視 t 的值,當前狀態和在階段 t 時選擇的決策而定。例如,在 10.3 節的庫存例題中,假設在第 t 個月選擇生產水準 x_t,於是在第 t 個月的費用由 $c(x_t) + (\frac{1}{2})(i_t + x_t - d_t)$ 表示。

情況 3 我們必須確定在階段 $t+1$ 的狀態 t 值,階段 t 的狀態和在階段 t 所選擇的決策而定。仍以庫存例題為例,第 $t+1$ 個月的狀態是 $i_t + x_t - d_t$。

如果你已正確地決定出狀態,階段和決策,則上述 1-3 的情況就不難解決,但是,應當注意的是:不是所有的遞迴都具有 (11) 式的形式,例如,設備更新的第一種遞迴關係就跳過時間 $t+1$,當只憑階段就可以作出最佳決策的足夠資料時,就常常出現這種狀況。下面我們討論幾個例子,以說明列出

動態規劃遞迴關係的技巧。

例題 8　釣魚

一湖泊的所有者必須確定每年捕捉和銷售多少條鱸魚。如果他在第 t 年內售出 x 條鱸魚，則可獲利 $r(x)$。在一年內捕捉 x 條鱸魚的費用是在該年內捕捉鱸魚的數量 x 和在該年初湖中鱸魚數目 b 的函數 $c(x, b)$，當然，鱸魚會不斷地繁殖。為了考慮模型中的這一點，我們假設在這一年初湖中的鱸魚數目比上一年末湖中留下的鱸魚數目多 20%，假設第一年初湖中有 10,000 條鱸魚，試建立一種可用於 T 年內，使湖泊所有者的淨收益最大的動態遞迴關係。

解　　對於必須在若干時間點上作出決策的問題，常常需要考慮當前收益與未來收益之間的折衷。例如，在本題中，我們可以在早期就捕捉許多魚，但是到以後幾年湖內的鱸魚資源就會耗盡，因此，就沒有沒什麼可以捉了，另外一方面，如果我們目前只捕捉很少的魚，則我們早期不會賺得到許多錢，但是當 T 年結束後，我們能賺到大量的錢。對於時間上的最佳化問題，通常可以利用動態規劃來分析這個複雜的取捨問題。

在第 T 年初，湖泊擁有者不需要擔心鱸魚的捕獲量 h 對湖中未來魚群的影響 (在時間 t，我們不需要考慮未來)。因此在 T 年初該問題的求解是比較容易的，因為這個原因，我們把時間當作階段，在每一個階段，湖泊的所有者必須決定要捕捉多少鱸魚，我們定義 x_t 為第 t 年捕獲的鱸魚數，為了確認 x_t 為最佳值，湖泊所有者僅需知道在第 t 年初湖中的鱸魚數 (稱為 b_t)，因此，第 t 年初的狀態 b_t。

我們定義 $f_t(b_t)$ 為已知在第 t 年初湖內有 b_t 條的鱸魚情況下，在第 $t, t+1, \cdots, T$ 年內從捕獲鱸魚中可獲得的最大淨收益，現在，我們可以解決這一個遞迴關係的情況 1-3。

情況 1　容許決策是什麼？在任何一年內我們捕獲的鱸魚中不可能多於湖中的鱸魚量。因此，對於每一種狀態和所有的 t，$0 \leq x_t \leq b_t$ 必須成立。

情況 2　在 t 年內，獲得淨收益是什麼？如果在一年內捕獲 x_t 條鱸魚，而該年初湖中有 b_t 條鱸魚，淨收益為 $r(x_t) - c(x_t, b_t)$。

情況 3　第 $(t+1)$ 年具有什麼樣的狀態？在第 t 年末，湖中有 $b_t - x_t$ 條鱸魚，在第 $(t+1)$ 年初，這些鱸魚將增加 20%，這表示在第 $(t+1)$ 年初，湖中將有 $1.2(b_t - x_t)$ 條鱸魚。因此，第 $t+1$ 年的狀態為 $1.2(b_t - x_t)$。

現在我們利用 (11) 式求得試當的遞迴關係，在 T 年之後，並不需要考慮到未來收益的問題，所以

$$f_T(b_T) = \max_{x_T}\{r_T(x_T) - c(x_T, b_T)\}$$

其中 $0 \leq x_t \leq b_t$。應用 (11) 式，我們得到

$$f_t(b_t) = \max\{r(x_t) - c(x_t, b_t) + f_{t+1}[1.2(b_t - x_t)]\} \tag{12}$$

其中 $0 \leq x_t \leq b_t$。在開始進行計算時，首先我們對於所有可能出現的 b_T 值確定 $f_T(b_T)$

[b_t 的值最大可達到 10,000 $(1.2)^{T-1}$，為什麼？] 於是我們利用 (12) 式作逆向方法，求得到 f_1 (10,000) 為止，然後，在確定最佳捕魚策略時，我們首先能使 (12) 式中的 f_1(10,000) 達到最大值 x_1，於是第二年初湖中有 1.2 (10,000 − x_1) 條，這表示選擇 x_2 時應當使 (12) 式中的 f_2 (1 2 (10,000 − x_1)) 達到最大值，按照這種方法一直進行到確定出最佳的 $x_3, x_4, \cdots, x_T$ 值為止。

考慮資金時間價值的動態規劃模式建立

現有的動態規劃模式有一個弱點是較晚年份內獲得的收益和較早年份獲得的收益權重一樣大，我們在第 3 章討論的折扣時已經指出：較晚的收益權重應低於較早期的收益權重。假設某一個 $\beta < 1$，則在 $t + 1$ 年所獲得的 \$1 相當於第 t 年所獲得的 β 元，我們可以將這個概念結合在動態規劃遞迴關係中，可以下式來取代 (12) 式：

$$f_t(b_t) = \max_{x_t} \{r(x_t) - c(x_t, b_t) + \beta f_{t+1}[1.2(b_t - x_t)]\} \quad (12')$$

其中 $0 \leq x_t \leq b_t$，於是我們重新定義 $f_t(b_t)$ 為在第 $t, t + 1, \cdots, T$ 年內能獲得最大的淨收益 (以第 t 年的金額計算)，由於 $f_t + 1$ 按第 $t + 1$ 年的金額計算，所以用 β 相乘，即可得到 $f_{t+1}(\cdot)$ 在第 t 年的金額，這正是我們想要的，在例題 8，一旦你已經利用逆向方法來確定求出 f_1(10,000)，且可以再利用以前所介紹的相同方法就可以求出最佳捕魚策略，在建立任何動態規劃的遞迴關係時，都可以利用這種方法來處理資金時間價值的問題。

例題 9　電力公司

有一家電力公司預測在 t 年內 (設本年度為第 1 年) 需要 r_t 度或仟瓦小時 (kwh) 的發電能力。每一年該公司必須決定應增加多少發電能力，在第 t 年內增加發電能力 x 需要花 $c_t(x)$ 元，由於該公司也期望能減少發電能力，故 x 不能為負值。在每一年內，該公司原有的發電能力將有 10% 過時而不能使用 (在發電能力的投入運行的第 1 年，它不會報廢)，在第 t 年內維持 i 個單位的發電能力需要花 $m_t(i)$ 元。在第 1 年初，公司有 100,000 度的發電能力，試列出動態規劃的遞迴關係，使發電廠在今後 T 年中，在滿足需求下，所花費的總費用最小。

解　我們再次把時間定義為階段，在第 t 年初電力公司必須確定在第 t 年內，增加發電能力 (稱為 x_t)，為了適當地選擇 x_t，發電廠只需要知道第 t 年內可利用的發電能力 (i_t) 即可，因此，我們定義在第 t 年初的狀態為現在發電能力的水準，現在，我們可以建立動態規劃的情況 1−3。

情況 1　x_t 的值應為多少才可行？為了滿足第 t 年的需求量 r_t，我們必須有 $i_t + x_t \geq r_t$，或 $x_t \geq r_t − i_t$，所以可行的 x_t 是滿足 $x_t \geq r_t − i_t$ 的 x_t 值。

情況 2 在第 t 年內要承擔多少費用？如果以現有的發電能力 i_t 度，開始一年內增加 x_t 度的發電能力，則在第 t 年所承擔的成本為 $c_t(x_t) + m_t(i_t + x_t)$。

情況 3 在第 $t+1$ 年初的狀態如何？在第 $t+1$ 年初公司的發電能力將為原有的 $0.9i_t$ 度加上第 t 年內增加的 x_t 度，因此，在第 $(t+1)$ 年初的狀態為 $0.9i_t + x_t$。

現在我們可以利用 (11) 式發展出適當的遞迴關係。定義 $f_t(i_t)$ 為已知在第 t 年初可用的發電能力 i_t 的條件下，在第 $t, t+1, \cdots, T$ 年內電力公司承擔的最小成本，由於在第 T 年不需考慮未來費用的問題，故

$$f_T(i_T) = \min_{x_T}\{c_T(x_T) + m_T(i_T + x_T)\} \tag{13}$$

其中 x_T 必須滿足 $x_T \geq r_T - i_T$。對 $t < T$ 而言，

$$f_t(i_t) = \min_{x_T}\{c_t(x_t) + m_t(i_t + x_t) + f_{t+1}(0.9i_t + x_t)\} \tag{14}$$

其中 x_T 必須滿足 $x_T \geq r_T - i_T$，如果開始時電力公司的發電能力不過剩，我們完全有把握發電能力的水準永遠不會超過 $r_{\text{MAX}} = \max\limits_{t=1,2,\cdots,T}\{r_t\}$，這代表我們只必須考慮狀態 $0, 1, 2, \cdots, r_{\text{MAX}}$。在開始計算時，我們利用 (13) 式計算 $f_t(0)$，$f_t(1)$，$\cdots$，$f_t(r_{\text{MAX}})$，然後再利用 (14) 式逆向方法直到確定出 $f_1(100,000)$ 為止。為了確定在每年內應該增加的發電能力的最佳值，我們按照以下過程進行計算，在第 1 年內增加的發電能力 x_1，應使 (14) 式的 $f_1(100,000)$ 達到最小，於是發電廠在第 2 年初將有 $90,000 + x_1$ 度的發電能力，此處 x_2 應使 (14) 式的 $f_2(90,000 + x_1)$ 達到最小，如此繼續下去進行到確定求出最佳 x_t 為止。

例題 10　小麥的銷售

農夫 Jones 目前擁有 5,000 元且 1,000 蒲式耳的小麥，在第 t 個月，小麥的價格是 p_t，在每一個月，他必須決定買進 (或售出) 多少蒲式耳的小麥，每一個月的小麥交易存在三種限制：(1) 在任何一個月內花在購買小麥上的資金不能超過月初手頭上的現金；(2) 在任何一個月售出的小麥量不能超過在月初時所擁有的小麥量；(3) 由於倉庫容量有限，每個月小麥的最終庫存量不能超過 1,000 蒲式耳。

解　我們仍然把時間作為階段，在第 t 個月初 (現在是第 1 個月)，農夫 Jones 必須決定本月中他所擁有的小麥量要增加或減少多少。我們定義 Δw_t 為在第 t 個月內，農夫 Jones 的小麥改變量：$\Delta w_t \geq 0$ 對應於在第 t 個月購買小麥，而 $\Delta w_t \leq 0$ 對應於在第 t 個月售出小麥，為了確定最佳的 Δw_t 值，我們必須了解二件事：在第 t 月初手上掌握的小麥數量 (稱為 w_t) 和第 t 個月初手上掌握的現金量 (稱為 c_t)，我們定義 $f_t(c_t, w_t)$ 為已知第 t 個月初，農夫 Jones 有 c_t 元和 w_t 蒲式耳小麥的情況下，他在 6 個月末能夠得到最大現金量，現在我們討論建立動態規劃的情況 1－3。

情況 1 容許的決策是什麼？若在時間 t 的狀態是 (c_t, w_t)，則限制條件 1－3 會限制 Δw_t 而形成下列條件：

$$p_t(\Delta w_t) \leq c_t \quad 或 \quad \Delta w_t \leq \frac{c_t}{p_t}$$

保證在第 t 個月末不會發生資金短缺，不等式 $\Delta w_t \geq -w_t$ 保證在第 t 個月內銷售的小麥量不會多於第 t 個月初所擁有的小麥量，而 $w_t + \Delta w_t \leq 1{,}000$，或 $\Delta w_t \leq 1{,}000 - w_t$，則保證在第 t 個月末最多有 1,000 蒲式耳小麥，如果把這三個限制條件放在一起，可得

$$-w_t \leq \Delta w_t \leq \min\left\{\frac{c_t}{p_t},\ 1{,}000 - w_t\right\}$$

它將保證在第 t 個月內限制條件 1 – 3 被滿足。

情況 2 因為農夫 Jones 希望在第 6 個月末使他手中的現金量最大，因此在第 1 個月到第 5 個月就不會獲得收益。事實上，在第 1～5 個月內，我們記錄他的帳目以隨時了解他的現金情況，然後在第 6 個月內我們把他的所有財產轉成現金。

情況 3 若目前的狀態為 (c_t, w_t)，且農夫 Jones 在第 t 個月所擁有的小麥變化量為 Δw_t，則在第 $t + 1$ 個月初的新狀態將變成什麼狀況？農夫 Jones 手上的現金將增加 $-(\Delta w_t)p_t$，且其擁有的小麥數量將增加 Δw_t。因此，第 $(t + 1)$ 個月的狀態將為 $[c_t - (\Delta w_t)p_t, w_t + \Delta w_t]$。

現在我們可以利用 (11) 式得到適當的遞迴關係，為了使 Jones 的現金量在第 6 個月末為最大，他應該把他在第 6 個月所擁有的小麥全部售出以轉換成現金，這表示 $\Delta w_6 = -w_6$。於是得到下列關係式：

$$f_6(c_6, w_6) = c_6 + w_6 p_6 \tag{15}$$

利用 (11) 式，我們可得，當 $t < 6$ 時，

$$f_t(c_t, w_t) = \max_{\Delta w_t}\{0 + f_{t+1}[c_t - (\Delta w_t)p_t, w_t + \Delta w_t]\} \tag{16}$$

其中 Δw_t 必須滿足

$$-w_t \leq \Delta w_t \leq \min\left\{\frac{c_t}{p_t},\ 1{,}000 - w_t\right\}$$

在進行計算時，我們首先對第 6 個月內可能出現的所有狀態確定出 $f_6(c_6, w_6)$，然後利用 (16) 式做逆向方法，直到計算到 $f_1(5{,}000, 1{,}000)$ 為止。然後，他應該選擇 (16) 式中的 $f_1(5{,}000, 1{,}000)$ 達到最大值的 Δw_1。這樣使第 2 個月的狀態為 $[5{,}000 - p_1(\Delta w_1), 1{,}000 + \Delta w_1]$，接著他應該選擇使 (16) 式中 $f_2[5{,}000 - p_1(\Delta w_1), 1{,}000 + \Delta w_1]$ 達到最大值的 w_2，依序進行，一直進行到確定出 Δw_6 的最佳值為止。

例題 11　煉油容量的問題

Sunco 石油公司需要修建足夠的煉油廠以便每天煉取 5,000 桶石油和 10,000 桶汽油。現在有四個地方可以提供 Sunco 石油公司建立煉油廠，在地點 t 建立每天可以精

第 10 章　確定型的動態規劃　**697**

煉 x 桶石油和 y 桶汽油的一座煉油廠的費用為 $c_t(x, y)$，試利用動態規劃決定在每一地點應生產的容量為多少？

解　　如果 Sunco 石油公司只有在一個地方建煉油廠，問題就容易求解。Sunco 可以求解有二個可能煉油廠地點的問題。最後，可求解有四個可能的建廠地點的問題。因此，我們設階段為可以建煉油廠的地點數目，在任何一個階段，Sunco 必須決定在給定的地點應建具有多大提煉石油及汽油能力的廠。為此，公司必須知道在可以建廠的地點所建的每種類型的煉油能力有多大，現在我們定義 $f_t(o_t, g_t)$ 為在地點 $t, t+1, \cdots, 4$ 建造每天能提煉 o_t 桶石油和 g_t 桶汽油的煉油廠的最小費用，為了決定 $f_4(o_4, g_4)$，我們注意到如果僅有地點 4 可用於建廠，則 Sunco 必須在地點 4 建立一座每天能夠提煉 o_4 桶石油和 g_4 桶汽油的煉油廠，這就代表 $f_4(o_4, g_4) = c_4(o_4, g_4)$，對於 $t = 1, 2, 3$，我們注意到如果在地點 t 建一座每天可以提煉 x_t 桶石油及 y_t 桶汽油的煉油廠，則在地點 t 需要承擔成本 $c_t(x_t, y_t)$，這樣我們就能確定 $f_t(o_t, g_t)$，於是我們將需要在地點 $t+1, t+2, \cdots, 4$ 建立每天總共能提煉 $o_t - x_t$ 桶石油及 $g_t - y_t$ 桶汽油的煉油廠。根據最佳化原則，完成上述建廠的成本為 $f_{t+1}(o_t - x_t, g_t - y_t)$，由於 $0 \le x_t \le o_t$ 和 $0 \le y_t \le g_t$ 必須成立，我們得到下列出遞迴關係：

$$f_t(o_t, g_t) = \min \{c_t(o_t, g_t) + f_{t+1}(o_t - x_t, g_t - y_t)\} \quad (17)$$

其中 $0 \le x_t \le o_t$ 且 $0 \le y_t \le g_t$。與前面相同，我們利用逆向方法，直到 $f_1(5,000, 10,000)$ 被決定出來，於是 Sunco 可選出使 (17) 式中的 $f_1(5,000, 10,000)$ 達到最小值的 x_1 和 y_1，然後 Sunco 可選出使 (17) 式中的 $f_2(5,000 - x_1, 10,000 - y_1)$ 達到最小值的 x_2 和 y_2，如此進行下去一直到決定 x_4 和 y_4 的最佳解為止。

例題 12　旅行推銷員

旅行推銷員問題可以利用動態規劃方法求解 (參考 9.6 節)。例如，我們求解以下旅行推銷員問題：假設現在是 2004 年競選活動的最後一個週末，候選人 Walter Glenn 正在紐約市，在選舉日到來之前，他必須拜訪邁阿密，達拉斯，及芝加哥進行競選活動，然後再回到紐約市的總部。Walter 想要使他經過的總部路徑長度最短，他應該按什麼樣的順序？表 10-15 列出四個城市之間的距離 (單位為哩)。

解　　我們知道 Walter 必須到每一個城市拜訪剛好一次，他到達的最後一個城市必須是紐約，且他是從紐約出發開始他的活動。當他僅剩下一個城市需要前往時，他的問題就很容易解決：只要從他目前所在城市到紐約即可，然後，我們可以把問題再往前推

表 15-15　旅行推銷員的距離

	城市			
	紐約	邁阿密	達拉斯	芝加哥
1 紐約	—	1,334	1,559	809
2 邁阿密	1,334	—	1,343	1,397
3 達拉斯	1,559	1,343	—	921
4 芝加哥	809	1,397	921	—

698 作業研究 I

一步即可,考慮他此時正在某個城市,且僅剩下二個城市需要前往的情況。最後,我們可以求出從紐約市且前往四個城市的最短巡迴路線。因此,用 Walter 已經到過的城市數作為階段。在任何階段,為了確定下一次應該到那一個城市,我們需要知道二件事情: Walter 目前所在位置和已經到過的城市。每一個階段的狀態是已經到過的最後一個城市和已到過城市的集合,我們定義 $f_t(i, S)$ 為集合 S 中的 $t-1$ 個城市已經到過,且城市 i 為所到過的最後一個城市的情況下,完成一次巡迴必須經歷的最短距離,設 c_{ij} 代表城市 i 和 j 之間的距離。

階段 4 的計算

我們注意在階段 4,必定有 $S = \{2, 3, 4\}$ (為什麼?),且唯一可能的狀態 $(2, \{2, 3, 4\})$,$(3, \{2, 3, 4\})$ 和 $(4, \{2, 3, 4\})$。在階段 4,我們必須從當前位置到紐約市,根據上述事實,可得

$f_4(2, \{2, 3, 4\}) = c_{21} = 1,334^*$ (從城市 2 到城市 1)
$f_4(3, \{2, 3, 4\}) = c_{31} = 1,559^*$ (從城市 3 到城市 1)
$f_4(4, \{2, 3, 4\}) = c_{41} = 809^*$ (從城市 4 到城市 1)

階段 3 的計算

利用逆向方法求階段 3,可寫成

$$f_3(i, S) = \min_{\substack{j \notin S \\ \text{及 } j \neq S}} \{c_{ij} + f_4[j, S \cup \{j\}]\} \tag{18}$$

這個原因是若 Walter 現在在城市 i,而他要去城市 j,則旅程的距離為 $c_{ij}c_{ij}$。然後他處於階段 4,最後到過城市 j,且到過 $S \cup \{j\}$ 中的那些城市。因此,他剩下的巡迴路線的長度必定為 $f_4(j, S \cup \{j\})$。為了使用式 (18),我們注意到在階段 3 時,他必須到 $\{2, 3\}$,$\{2, 4\}$ 或是 $\{3, 4\}$,且下一次必須到不等於 1 的非 S 中的城市,我們可以利用 (18) 式決定所有狀態的 $f_3(\cdot)$:

$f_3(2, \{2, 3\}) = c_{24} + f_4(4, \{2, 3, 4\}) = 1,397 + 809 = 2,206^*$ (從 2 到 4)
$f_3(3, \{2, 3\}) = c_{34} + f_4(4, \{2, 3, 4\}) = 921 + 809 = 1,730^*$ (從 3 到 4)
$f_3(2, \{2, 4\}) = c_{23} + f_4(3, \{2, 3, 4\}) = 1,343 + 1,559 = 2,902^*$ (從 2 到 3)
$f_3(4, \{2, 4\}) = c_{43} + f_4(3, \{2, 3, 4\}) = 921 + 1,559 = 2,480^*$ (從 4 到 3)
$f_3(3, \{3, 4\}) = c_{32} + f_4(2, \{2, 3, 4\}) = 1,343 + 1,334 = 2,677^*$ (從 3 到 2)
$f_3(4, \{3, 4\}) = c_{42} + f_4(2, \{2, 3, 4\}) = 1,397 + 1,334 = 2,731^*$ (從 4 到 2)

一般來說,對於 $t = 1, 2, 3$

$$f_t(i, S) = \min_{\substack{j \notin S \\ \text{及 } j \neq S}} \{c_{ij} + f_{t+1}[j, S \cup \{j\}]\} \tag{19}$$

這個原因是因為 Walter 目前在城市 i,且他下一次要到城市 j,則旅程就是距離 c_{ij},他的巡迴路線的剩餘部份將從城市 j 開始,且他將前往 $S \cup \{j\}$ 中的城市,因此,其巡迴路線剩餘部份的長度必定是 $f_{t+1}(j, S \cup \{j\})$,於是可以得到 (19) 式。

階段 2 的計算

在階段 2，Walter 只到一個城市，因此唯一可能的狀態為 (2, {2})，(3, {3}) 和 (4, {4})，我們應用 (19) 式可得

$$f_2(2, \{2\}) = \min \begin{cases} c_{23} + f_3(3, \{2, 3\}) = 1{,}343 + 1{,}730 = 3{,}073^* \\ (\text{從 2 至 3}) \\ c_{24} + f_3(4, \{2, 4\}) = 1{,}397 + 2{,}480 = 3{,}877 \\ (\text{從 2 至 4}) \end{cases}$$

$$f_2(3, \{3\}) = \min \begin{cases} c_{34} + f_3(4, \{3, 4\}) = 921 + 2{,}731 = 3{,}652 \\ (\text{從 3 至 4}) \\ c_{32} + f_3(2, \{2, 3\}) = 1{,}343 + 2{,}206 = 3{,}549^* \\ (\text{從 3 至 2}) \end{cases}$$

$$f_2(4, \{4\}) = \min \begin{cases} c_{42} + f_3(2, \{2, 4\}) = 1{,}397 + 2{,}902 = 4{,}299 \\ (\text{從 4 至 2}) \\ c_{43} + f_3(3, \{3, 4\}) = 921 + 2{,}677 = 3{,}598^* \\ (\text{從 4 至 3}) \end{cases}$$

階段 1 的計算

最後，我們回到階段 1 (在此階段，Walter 還沒去過任何階段)，由於他目前是在紐約市且未到過任何城市，階段 1 的狀態必須是 $f_1(1, \{\cdot\})$，應用 (19) 式可得

$$f_1(1, \{\cdot\}) = \min \begin{cases} c_{12} + f_2(2, \{2\}) = 1{,}334 + 3{,}073 = 4{,}407^* \\ (\text{從 1 至 2}) \\ c_{13} + f_2(3, \{3\}) = 1{,}559 + 3{,}549 = 5{,}108 \\ (\text{從 1 至 3}) \\ c_{14} + f_2(4, \{4\}) = 809 + 3{,}598 = 4{,}407^* \\ (\text{從 1 至 4}) \end{cases}$$

因此，Walter 可以從城市 1 (紐約) 到城市 2 (邁阿密) 或城市 4 (芝加哥)，我們任意假設他決定到城市 4，於是他必須前往達到 $f_2(4, \{4\})$ 的城市，結果是城市 3 (達拉斯)，然後他必須前往到達 $f_3(3, \{3, 4\})$ 的那個城市，他要求下一站要到城市 2 (邁阿密)。接著 Walter 必須前往到達 $f_4(2, \{2, 3, 4\})$ 的城市，當然，接下來必須拜訪城市 1 (紐約)，這個最佳巡迴路線 (1-4-3-2-1，或紐約-芝加哥-達拉斯-邁阿密-紐約)，這條巡迴路線的長度是 $f_1(1, \{\cdot\}) = 4{,}407$。為了驗證這個結果，我們注意到

紐約到芝加哥的距離 = 809 哩
芝加哥到達拉斯的距離 = 921 哩
達拉斯到邁阿密的距離 = 1,343 哩
邁阿密到紐約的距離 = 1,334 哩

所以 Walter 巡迴的總距離 809 + 921 + 1,343 + 1,334 = 4,407 哩，當然，若我們讓

他先到城市 2，則會得到另一條最佳的巡迴路線 (1–2–3–4–1)，剛好是第一條最佳巡迴路線的相反方向。

利用動態規劃時在計算上的困難

在大型的推銷員問題，狀態的空間變得非常大，因此在第 9 章介紹的分枝界限法 (以及其他分枝界限) 比本章討論的動態規劃法更有效。例如，對於一個 30 個城市的問題，假設我們現在在階段 16 (這表示已經過 15 個城市)，則可以證明可能超過 10 億個狀態，這就會產生動態規劃實際在應用上的限制問題。在許多問題中，狀態空間變得非常大，以致於用動態規劃求解該問題需要過多的計算時間。例如，在例題 8，假設 $T = 20$，如果在前 20 年內沒有捕捉到鱸魚，在第 21 年開始時，湖中就有可能有 10,000 (1.2) 20 = 383,376 條鱸魚。我們可以把這個例題視為一個網路，在此網路中，我們需要尋找從節點 (1, 10,000) (代表第 1 年且湖中有 10,000 條鱸魚的狀態) 到階段 21 的某個節點的最長路徑。在這種情況下，階段 21 將有 383,377 個節點，甚至連功能很強的電腦在求解此問題時都會遇到困難，在 Bersetkas (1979) 和 Denarde (1982) 的著作中討論了狀態空間很大的問題中一些較簡單的方法。

非可加性的遞迴關係

本節最後的兩個例題與以前的例題不同，因為這二個例子中的遞迴關係不把 $f_t(i)$ 表示成在當前期間承擔的費用 (或收益) 與日後承擔未來費用 (或收益) 之和。

例題 13　大中取小的最短路徑

Joe Cougar 想要從城市 1 駕車到城市 10，他不再想使他的行程長度為最小，但是想使其行程時間遇到的最大海拔高度為最小，為了從城市 1 抵達到城市 10，他必須按照圖 10-10 所示的某一條路徑行走，連結城市 i 和城市 j 的弧線長度為 c_{ij} 表示從城市 i 開車城市 j 時遇到的最大海拔高度 (單位為千呎)，試用動態規劃的方法來確定 Joe 應如何從城市 1 到城市 10。

解　為了利用動態規劃求解這個問題，應當注意到在一段從城市 i 開始並經過階段 $t, t + 1, \cdots, 5$ 的路程上，Joe 遇到最大高度將是下列二數量中的最大者：(1) 在階段 $t + 1, t + 2, \cdots, 5$ 遇到最大高度 (2) 在穿過從階段 t 開始的那段弧線所遇到的高度，當然，如果我們從處於階段 4 的某一個階段，則數量 1 不存在。

我們定義 $f_t(i)$ 代表 Joe 在階段 t 的城市 i 到城市 10 的行程中，可能遇到最大高度的最小者。根據前面作出的推理，可以得到以下遞迴關係：

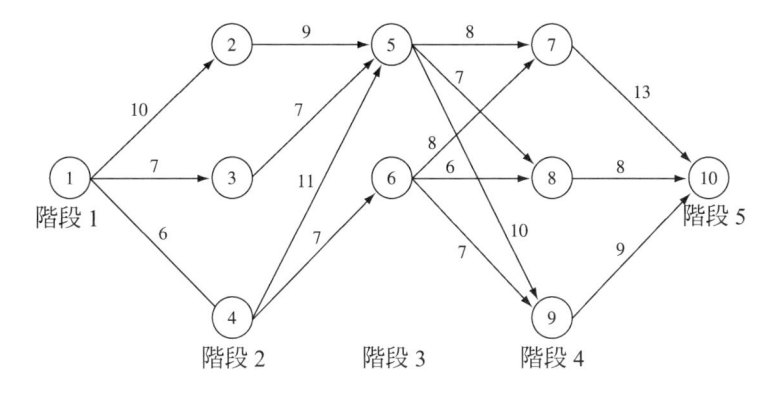

第 10 章　確定型的動態規劃　**701**

圖 10-10　Joe 的行程 (已知海拔高度)

$$f_4(i) = c_{i,10}$$
$$f_t(i) = \min_j \{\max[c_{ij}, f_{t+1}(j)]\} \qquad (t = 1, 2, 3) \tag{20}$$

其中 j 可能是任何與城市 i 有弧線相連的城市 j。

首先，我們計算出 $f_4(7)$，$f_4(8)$ 和 $f_4(9)$，然後運用 (20) 式做逆向方法直到計算出 $f_1(i)$ 為止，我們可以得到以下結果：

$$f_4(7) = 13^* \qquad \text{(從 7 到 10)}$$
$$f_4(8) = 8^* \qquad \text{(從 8 到 10)}$$
$$f_4(9) = 9^* \qquad \text{(從 9 到 10)}$$

$$f_3(5) = \min \begin{cases} \max[c_{57}, f_4(7)] = 13 & \text{(從 5 到 7)} \\ \max[c_{58}, f_4(8)] = 8^* & \text{(從 5 到 8)} \\ \max[c_{59}, f_4(9)] = 10 & \text{(從 5 到 9)} \end{cases}$$

$$f_3(6) = \min \begin{cases} \max[c_{67}, f_4(7)] = 13 & \text{(從 6 到 7)} \\ \max[c_{68}, f_4(8)] = 8^* & \text{(從 6 到 8)} \\ \max[c_{69}, f_4(9)] = 9 & \text{(從 6 到 9)} \end{cases}$$

$$f_2(2) = \max[c_{25}, f_3(5)] = 9^* \qquad \text{(從 2 到 5)}$$
$$f_2(3) = \max[c_{35}, f_3(5)] = 8^* \qquad \text{(從 3 到 5)}$$

$$f_2(4) = \min \begin{cases} \max[c_{45}, f_3(5)] = 11 & \text{(從 4 到 5)} \\ \max[c_{46}, f_3(6)] = 8^* & \text{(從 4 到 6)} \end{cases}$$

$$f_1(1) = \min \begin{cases} \max[c_{12}, f_2(2)] = 10 & \text{(從 1 到 2)} \\ \max[c_{13}, f_2(3)] = 8^* & \text{(從 1 到 3)} \\ \max[c_{14}, f_2(4)] = 8^* & \text{(從 1 到 4)} \end{cases}$$

為了確定最佳策略，我們注意到開始時，Joe 可以從城市 1 到城市 3 或從城市 1 到城市 4，假設 Joe 到城市 3，然後他應該選擇達到 $f_2(3)$ 的弧線，這意指他下一站應到城市 5，然後他必須選擇達到 $f_3(5)$ 的弧線，這意指他下一站應驅車到城市 8，然後，他當然必須驅車到城市 10。因此，路徑 1–3–5–8–10 為最佳的路徑，且 Joe 在這段路徑上將遇到的最大高度為 $f_1(1) = 8{,}000$ 呎，讀者可以驗證 1-4-6-8-10 也是最佳的路徑。

例題 14　銷售分配

　　Glueco 公司計畫向三個不同地區推銷一種新的產品，目前的估計是該產品在各個地區銷路很好的機率分別為 0.6，0.5 和 0.3。該公司現有兩名有成就的推銷代理人可以派到這三個地區中的任何一個城區，在派 0，1 或 2 名推銷代理人前往某一個地區時，該產品在這個地區銷路很好的估計機率表示於表 10-16。如果 Glueco 想要使在所有三個地區中新產品銷售很好的機率最大，則公司該如何把其推銷代理人派到何地？假設產品在三個地區的銷路是無關的。

解　　若 Glueco 公司只有考慮一個地區並要使新產品在該地區銷路很好的機率最大，則其最佳策略是非常清楚的：把這二個銷售代理人派到該地區，然後我們用逆向方法來求解這個問題。Glueco 的目標是使它的產品在二個地區中銷路很好的機率最大，最後，我們可以再倒推一步，且求解一個三個地區的問題。我們定義 $f_t(s)$ 為 s 個推銷員按照最佳策略派往地區 $t, t+1, \cdots, 3$ 時，新產品在這些地區銷路很好的機率，則

$$f_3(2) = .7 \quad \text{（將 2 個推銷代理人派往地區 3）}$$
$$f_3(1) = .55 \quad \text{（將 1 個推銷代理人派往地區 3）}$$
$$f_3(0) = .3 \quad \text{（將 0 個推銷代理人派往地區 3）}$$

一樣地，$f_1(2)$ 代表產品在三個地區銷售很好的最大機率，為了發展 $f_2(\cdot)$ 和 $f_1(\cdot)$ 的遞迴關係，我們定義 p_{tx} 為在 x 個推銷代理人派往地區 t 時，新產品銷路很好的機率，例如，$p_{21} = 0.7$。針對 $t = 1$ 及 $t = 2$，我們寫出

$$f_t(s) = \max_x \{ p_{tx} f_{t+1}(s - x) \} \tag{21}$$

其中 x 必須是 $\{0, 1, 2, \cdots, s\}$ 中的一個元素，為了說明 (21) 式，我們觀察到若有 s 個推銷代表可以派往地區 $t, t+1, \cdots, 3$，且 x 個推銷代理人派到地區 t，則

$$p_{tx} = \text{在地區 } t \text{ 產品銷路很好的機率}$$
$$f_{t+1}(s - x) = \text{在地區 } t+1, \cdots, 3 \text{ 產品銷路很好的機率}$$

由於各個地區的銷路是相互獨立的，因此，在上述的推理中表示，如果有 x 個推銷代理人被派往地區 t，則新產品在地區 $t, t+1, \cdots, 3$ 銷售很好的機率是 $p_{tx} f_{t+1}(s - x)$。我們希望使這個機率最大，因而得到 (21) 式，利用 (21) 式可以得到以下結果：

$$(.5) f_3(2 - 0) = .35$$

表 10-16　產品在各地區銷路和推銷代理人數的關係

推銷代理人數	銷售好的機率		
	地區 1	地區 2	地區 3
0	.6	.5	.3
1	.8	.7	.55
2	.85	.85	.7

$$f_2(2)= \max \begin{cases} (.7)f_3(2-1)=.385^* & \text{(0 個推銷代理人派往地區 2)} \\ & \text{(1 個推銷代理人派往地區 2)} \\ (.85)f_3(2-2)=.255 & \\ & \text{(2 個推銷代理人派往地區 2)} \end{cases}$$

因此，$f_2(2)=0.385$，且應派 1 個推銷代理人到地區 2。

$$f_2(1)= \max \begin{cases} (.5)f_3(1-0)=.275^* & \text{(0 個推銷代理人派往地區 2)} \\ (.7)f_3(1-1)=.21 & \\ & \text{(1 個推銷代理人派往地區 2)} \end{cases}$$

因此，$f_2(1)=0.275$，且不應派推銷代理人到地區 2。

$$f_2(0)=(.5)f_3(0-0)=.15^*$$
(0 個推銷代理人派往地區 2)

最後，我們再回到開始的問題，即求 $f_1(2)$，由 (21) 式可得

$$f_1(2)= \max \begin{cases} (.6)f_2(2-0)=.231^* & \text{(0 個推銷代理人派往地區 1)} \\ (.8)f_2(2-1)=.220 & \\ & \text{(1 個推銷代理人派往地區 1)} \\ (.85)f_2(2-2)=.1275 & \\ & \text{(2 個推銷代理人派往地區 1)} \end{cases}$$

因此，$f_1(2)=0.231$，且不應派推銷代理人到地區 1。然後 Glueco 公司需要達到 $f_2(2-0)$，這會要求將一個推銷代理人派往地區 2，然後 Glueco 公司到 $f_3(2-1)$，這要求將 1 推銷代理人派往地區 3。綜合上述結果，Glueco 將 1 位推銷代理人派往地區 2 和 1 個推銷代理人派往地區 3，會有 0.231 的機率使新產品在所有三個地區銷路都很好。

問 題

問題組 A

1. 第 1 年年初，Sunco 公司擁有 i_0 桶儲存油，在第 t 年 ($t=1, 2, \cdots, 10$) 內依次發生以下事件：(1) Sunco 抽取並提煉儲備 x 桶石油並承擔費用 $c(x)$；(2) Sunco 可以用每桶 p_t 元的價格銷售第 t 年提煉的石油；(3) 探測新的石油礦藏，結果發現到有 b_t 桶的新油，Sunco 想要使今後 10 年中的銷售收益減掉成本達到最大。試列出可幫助可實現目標的動態規劃遞迴關係，若 Sunco 認為在以後的幾年內現金流應該打折扣，則遞迴關係應該如何修正？

2. 在第 1 年開始，Julie Ripe 有 D 元 (包括第 1 年的收入)。在每一年，Julie 可以賺到 i 元且她必須決定她應該花多少錢以及投資於國庫債券多少錢？在 Julie 花掉 d 元的那一年內，她獲得效用 $\ln d$，投資於國庫債券的每一年可產生現金 1.10 元，Julie 的目標是使得她在今年後的 10 年獲得總效用達到最大。

  a. 為什麼 $\ln d$ 作為 Julie 的效用指標比用 d^2 更好？

  b. 試列出可以使 Julie 在今後 10 年內所得到的總效用最大的動態規劃遞迴關係，假設第 t 年收入是在第 t 年初收到。

3. 假設在 t 分鐘 (目前為 1 分鐘) 內出現下列順序的事件：(1) 在 t 分鐘開始時，x_t 名顧客到達出納機前結帳；(2) 商店經理必須決定 (目前) 1 分鐘內應開啓多少台的現金出納機；(3) 如果有 i 名顧客 (包括目前每分鐘內到達的顧客) 及打開 s 台出納機，則 $c(s, i)$ 名顧客會完成服務；(4) 下一分鐘開始。

一名顧客等候結帳所用去的時間 (包括結帳時間)，使商店付出代價估計為每分鐘 10¢，假設啓用 s 台現金出納機的費用，每分鐘 $c(s)$ 美分，試列出一個使今後 60 分鐘內，儲備費用和服預費用之和最小動態規劃遞迴關係，假設在 1 分鐘之前沒有顧客到達，且儲備成本在每一分鐘結束後評估。

4. 試用 3.12 節的 CSL 電腦問題，建立一個動態規劃遞迴關係。

5. Angie Warner 為了從州立大學畢業，她必須在這個學期至少選修三門學科中的一門來考試。目前她修法文、德文與統計學，因為她的課外活動很繁忙，因此每週她只能花四個小時來學習，她通過每門課程的考試機率視其學習該課程所花費的時數而定 (參考表 10-17)，試利用動態規劃來確定她每週在每門學科上應花多少小時。(提示：試說明為什麼求出至少通過一門課程的最大機率等於求出三門課程全部不及格的機率為最小。)

表 10-17

每週學習時數	通過考試的機率		
	法文	德文	統計學
0	.20	.25	.10
1	.30	.30	.30
2	.35	.33	.40
3	.38	.35	.44
4	.40	.38	.50

6. ET 正準備飛回家去，為了順利地返航，飛行船的太陽能繼電器，傳動裝置及接合器必須完全正常地運轉。ET 找到三個願意幫忙飛行船運作的失業工人，表 10-18 給出在返航時間，每一個零件正常運轉的機率與派出去修理該零件工人數目之間的關係。試利用動態規劃使 ET 順利返航的機率最大。

7. 農夫 Jones 想要飼養一頭伯明頓 4-H 展覽會上得獎的小公牛，目前這一頭公牛重量 w_0 磅，每週 Jones 必須確定用多少飼料飼養小公牛。如果小公牛在一週開始時重 w 磅，且在該週內餵 p 磅的食物，則在下週開始時重量將為 $g(w, p)$ 磅。在一週內餵給小公牛 p 磅的食物成本為

表 10-18

零件	分配去維修某項零件的工人數			
	0	1	2	3
牽引傳動裝置	.30	.55	.65	.95
太陽能繼電器	.40	.50	.70	.90
接合器	.45	.55	.80	.98

$c(p)$ 元，在第 10 週結束時 (或第 11 週開始時) 小公牛可以按每磅 10 元的價格出售。試列出使 Jones 從出售小公牛所得到的利潤爲最大的動態規劃遞迴關係。

問題組 B

8. MacBurger 在伯明頓開設一家速食店。目前，有 i_0 個顧客經常到 MacBurger (我們稱這些顧客爲忠實顧客)，而有 $N - i_0$ 個顧客經常去另外一些速食店 (我們稱這些顧客爲非忠實顧客)。每個月初，MacBurger 必須決定必須要花多少錢刊登廣告，如果某月他花了 d 元登廣告，則該月結束時，忠實顧客變成非忠實顧客的機率爲 $p(d)$，而非忠實顧客變成忠實顧客的比值爲 $q(d)$。在今後的 12 個月內，MacBurger 希望花 d 元刊登廣告，試提出在 12 個結束時，該餐廳忠實顧客數目爲最大的遞迴關係 (忠實顧客的小數部份可以忽略)。

9. 印第安納公共事業服務部門 (PSI) 正考慮 20 年內修建五座可能發電廠的位置。在地點 i 建一座發電廠需花費 c_i 元，而在地點 i 的發電廠運行一年需要花 h_i 元，地點 i 的一座發電廠能提供 k_i 度 (kwh) 的發電能力。在第 t 年需要 d_t 度的發電能力，假設在一年內至多可以修建一座發電廠，且若決定再第 t 年內在地點 i 建設一座發電廠，則地點 i 的發電廠可用來滿足第 t 年 (及以後的年份) 的電力需求，PSI 開始的時候有 500,000 度 (kwh) 的發電能力。試列出使今後 20 年內發電廠修建與運作成本最小的遞迴關係。

10. 有一家公司的某一種產品在第 t 個月的需求量爲 d_t 個單位。在第 t 個月內，該公司的生產成本可由二個部份組成：第一個部份是第 t 個月內，生產每一單位產品所需要的可變動成本 c_t；第二個部份是若公司的生產水準在 $t - 1$ 個月爲 x_{t-1} 且在第 t 個月的生產水準爲 x_t，會產生一個生產調節成本 $5|x_t - x_{t-1}|$ (參考 11.12 節解釋生產調節成本)，在每一個月結束時，公司必須付每單位 h_t 的儲備費用。試列出一個使該公司能及時滿足 12 個月需求的遞迴關係，假設第 1 個月初有 20 個單位的庫存，且最後一個月的產量爲 20 個單位。(提示：每一個月的狀態必須包含 2 個量。)

11. 特蘭瓦尼西亞由具有下列人口的三個城市組成：城市 1 有 120 萬人；城市 2 有 140 萬人；城市 3 有 40 萬人，該州眾議院由三名議員組成，由於該州採取比例代表制。因此，城市 1 應有

表 10-19

工作	加工時間 (天數)	完工時間 (從現在起的天數)
1	2	4
2	4	14
3	6	10
4	8	16

$d_1 = (1.2/3) \times 3 = 1.2$ 名議員；城市 2 應有 $d_2 = 1.4$ 名議員；城市 3 應有 $d_3 = 0.40$ 名議員。由於每一個城市選出的議員名額必須是整數，所以上述名額是不可能實現的，因此該州決定給城市 i 分配 x_i 名議員名額，此處 x_1，x_2，x_3 應使每個城市獲得的實際議員名額和期望名額之間的最大偏差為最小。簡言之，特蘭瓦尼西亞必須決定 x_1，x_2 和 x_3 以使下面三個數中最大者取最小值：$|x_1 - d_1|$，$|x_2 - d_2|$，$|x_3 - d_3|$，試利用動態規劃求解這個問題。

12. 一個工作站必須在一台機器上要做四件工作，表 10-19 表示每一種工作的完工日期和加工時間，試用動態規劃以確定工作的次序，以便使各種工作總延期時間最少。(其工作的延期時間就是該工作實際完成時間超過完工期的天數；例如，各零星工作是按表中所給定的次序處理，工作 3 將在完工期 2 天之後才完成，工作 4 將在完工期 4 天後才完成，而工作 1 和工作 2 將不會延誤)。

10.7 Wagner-Whitin 演算法 和 Silver-Meal 啟發法

10.3 節的庫存例題是動態批量模式的一個特殊的例題。

動態批量模式的描述

1. 在週期 1 開始時，已知週期 t ($t = 1, 2, \cdots, T$) 內的需求量為 d_t。
2. 週期 t 的需求量必須由庫存或週期 t 的產量來及時滿足。在任何一個週期內產生 x 單位的成本為 $c(x)$，且 $c(0) = 0$，而對於 $x > 0$，$c(x) = K + cx$，其中 K 是一週期內進行生產準備工作的固定成本，而 c 是每個單位產品的可變成本。
3. 每週期 t 結束時觀察到庫存水準為 i_t 且必須有儲備成本 hi_t，我們令 i_0 代表週期 1 開始生產之前的庫存水準。
4. 目標是確定及時滿足週期 $1, 2, \cdots, T$ 的需求，且承擔總費用最小的每一週期 t 的生產水準為 x_t。
5. 週期 t 的最終庫存不能超過 c_t。
6. 週期 t 的產量不能超過 r_t。

在本節，我們考慮前面四個條件，我們令 $x_t =$ 第 t 個週期的產量，週期 t 的產量可以用來滿足第 t 個週期的需求。

例題 15 動態批量模式

現在我們來確定一個五個週期的動態批量模型的最佳生產進度表，其中 $K = \$250$，$c = \$2$，$h = \$1$，$d_1 = 220$，$d_2 = 280$，$d_3 = 360$，$d_4 = 140$ 和 $d_5 = 270$，我們假設初始庫存水平為 0，這個例題的解答將在本節的最後給出。

Wanger-Whitin 演算法的討論

如果我們用 10.3 節所討論的動態規劃法求例題 15 的最佳生產策略，則必須考慮在週期 1 內生產從零到 $d_1 + d_2 + d_3 + d_4 + d_5 = 1,270$ 之間任何一個數量的可能性。因此，週期 2 的狀態 (即週期 2 開始時的庫存) 可能為 0, 1, $\cdots$, $1,270 - d_1 = 1,050$，於是我們必須確定 $f_2(0)$, $f_2(1)$, $\cdots$, $f_2(1,050)$，這樣，使用 10.3 節的動態規劃法求解例題 15 的最佳生產進度表需要大量的計算工作量。幸好，Wagner 和 Whitin (1958) 提出一種方法，可以大大地簡化動態批量模型的最佳生產進度表的計算，引理 1 及 2 對於推導 Wagner-Whitin 演算法是必要的。

引理 1

假設在一個週期 t 內，存在一個產量為正且為最佳解，於是，對於某一個 $j = 0, 1, \cdots, T - t$，在週期 t 內的產量必須使得在週期 t 的生產完成後，庫存為 $d_t + d_{t+1} + \cdots + d_{t+j}$。換言之，如果在週期 t 內生產產品時，我們必須 (對某個 j) 使其產量正好足以滿足週期 $t, t + 1, \cdots, t + j$ 的需求。

證明 若此引理不成立，則對於某個 t，某個 $j = 0, 1, \cdots, T - 1$，和某個滿足 $0 < x < d_{t+j+1}$ 的 x，週期 t 的產量必定使庫存達到 $d_t + d_{t+1} + \cdots + d_{t+j} + x$ 且在週期 $t + j + 1$ 開始時，庫存水準將為 $x < d_{t+j+1}$。因此，在週期 $t + j + 1$ 內必須生產產品，如果把 x 單位產品的生產從週期 t 推到 $t + j + 1$ (同時所有生產水準不變)，則我們就可節省 $h(j + 1)x$ 的儲備費用，而又不須付出更多的生產準備費用 (因為在週期 $t + j + 1$ 內已經在進行生產)。因此，使週期 t 的庫存水準為 $d_t + d_{t+1} + \cdots + d_{t+j} + x$ 不是最佳策略，由這個矛盾就可以證明這個引理。

引理 2

若在週期 t 內，存在生產任何數量的產品都是最佳的，則 $i_{t-1} < d_t$。換言之，除非滿足週期 t 的需求庫存不足時，否則在週期 t 內不能進行生產。

證明 如果引理不成立，則必定存在一個最佳策略 (對於某個 t) 有 $x_t > 0$ 和 $i_{t-1} \geq d_t$。在這種情況下，我們只要將週期 t 的 x_t 個單位的產品生產推到週期 $t + 1$ 進行，就可以節省 hx_t 的儲備費用且還可以省下 K 的生產設置成本 (如果最佳策略需要在週期 $t + 1$ 內生產產品)。因此，任何具有 $x_t > 0$ 和 $i_{t-1} \geq d_t$ 的生產排程不可能是最佳的。

引理 2 表示在 $i_{t-1} < dt$ 的週期出現之前不會進行生產，因而在週期 t 內必定進行生產 (否則週期 t 的需求將不能得到及時滿足)。引理 1 可以推得，對某一個 $j = 0, 1, \cdots, T - t$，週期 t 的生產將使得週期 t 的生產完成後，會有庫存

量為 $d_t + d_{t+1} + \cdots + d_{t+j}$，於是根據引理 2，要到週期 $t+j+1$ 才能夠進行生產。由於週期 $t+j+1$ 開始時庫存水準將為零，在週期 $t+j+1$ 必須進行生產，在週期 $t+j+1$，引理 1 可推得在週期 $t+j+1$ 的產量 (對於某個 k) 將等於 $d_{t+j+1} + d_{t+j+2} + \cdots + d_{t+j+k}$ 個單位，於是週期 $t+j+k+1$ 開始時的庫存將為 0，因此需要再次進行生產，依此類推。只有在開始庫存為 0 的那些週期內才會進行生產 (第一週可能例外)，且在開始庫存為 0 (且 $d_t \neq 0$) 的每一個週期內必須進行生產。

根據上述結果，Wagner 和 Whitin 提出可用來確定生產策略的遞迴關係，我們假設開始的庫存水準為 0 (如果開始的庫存水準不為 0，參考本節末問題 1)。定義 f_t 為已知週期 t 開始的庫存水準為 0 時，週期 $t, t+1, \cdots, T$ 內必須付的最小費用，於是 $f_1, f_2, \cdots, f_T$ 必須滿足

$$f_t = \min_{j=0,1,2,\ldots,T-t} (c_{tj} + f_{t+j+1}) \tag{22}$$

其中 $f_{T+1} = 0$，而 c_{ij} 是在週期 t 內的產量正好足以滿足週期 $t, t+1, \cdots, t+j$ 的需求時在週期 $t, t+1, \cdots, t+j$ 內必須付出的總成本。因此，

$$c_{tj} = K + c(d_t + d_{t+1} + \cdots + d_{t+j}) + h[jd_{t+j} + (j-1)d_{t+j-1} + \cdots + d_{t+1}]$$

其中 K 是在週期 t 內所付的生產設置成本，$c(d_t + d_{t+1} + \cdots + d_{t+j})$ 是在週期 t 內所必須支付的可變動成本，以及在週期 $t, t+1, \cdots, t+j$ 內所付出的儲備成本為 $h[(jd_{t+j} + (j-1)d_{t+j-1} + \cdots + d_{t+1}]$。例如，週期 t 生產 d_{t+j} 的產品將會在週期 j 的存貨 (週期 $t, t+1, \cdots, t+j-1$)，而造成存貨成本 hjd_{t+j}。

利用 Wagner-Whitin 演算法求出最佳生產進度表時，首先要用 (22) 式求出 f_T，然後再使用 $f_{T-1}, f_{T-2}, \cdots, f_1$，一旦 f_1 被確定，就很容易得到最佳生產進度表。

例題 15　動態批量模式 (續)

解　為了說明 WagnerWhitin 演算法，下面我們求例題 15 的生產進度表，計算過程如下：

$$f_6 = 0$$
$$f_5 = 250 + 2(270) + f_6 = 790^* \qquad (週期 5 的生產)$$

若週期 5 開始時的庫存為 0，我們在週期 5 內所生產的產品應該滿足週期 5 的需求。

$$f_4 = \min \begin{cases} 250 + 2(140) + f_5 = 1{,}320* \\ \text{(週期 4 的生產)} \\ 250 + 2(140 + 270) + 270 + f_6 = 1{,}340 \\ \text{(週期 4、5 的生產)} \end{cases}$$

若週期 4 開始時的庫存為 0，我們在週期 4 內所生產的產品應該滿足週期 4 的需求。

$$f_3 = \min \begin{cases} 250 + 2(360) + f_4 = 2{,}290 \\ \text{(週期 3 的生產)} \\ 250 + 2(360 + 140) + 140 + f_5 = 2{,}180* \\ \text{(週期 3、4 的生產)} \\ 250 + 2(360 + 140 + 270) + 140 + 2(270) + f_6 = 2{,}470 \\ \text{(週期 3、4、5 的生產)} \end{cases}$$

若週期 3 開始時的庫存為 0，我們在週期 3 內的產量應足以滿足週期 3 和 4 的需求。

$$f_2 = \min \begin{cases} 250 + 2(280) + f_3 = 2{,}990* \\ \text{(週期 2 的生產)} \\ 250 + 2(280 + 360) + 360 + f_4 = 3{,}210 \\ \text{(週期 2、3 的生產)} \\ 250 + 2(280 + 360 + 140) + 360 + 2(140) + f_5 = 3{,}240 \\ \text{(週期 2、3、4 的生產)} \\ 250 + 2(280 + 360 + 140 + 270) + 360 + 2(140) + 3(270) + f_6 = 3{,}800 \\ \text{(週期 2、3、4、5 的生產)} \end{cases}$$

若週期 2 開始時的庫存為 0，我們在週期 2 的生產應足以滿足週期 2 的需求。

$$f_1 = \min \begin{cases} 250 + 2(220) + f_2 = 3{,}680* \\ \text{(週期 1 的生產)} \\ 250 + 2(220 + 280) + 280 + f_3 = 3{,}710 \\ \text{(週期 1、2 的生產)} \\ 250 + 2(220 + 280 + 360) + 280 + 2(360) + f_4 = 4{,}290 \\ \text{(週期 1、2、3 的生產)} \\ 250 + 2(220 + 280 + 360 + 140) + 280 \\ \quad + 2(360) + 3(140) + f_5 = 4{,}460 \\ \text{(週期 1、2、3、4 的生產)} \\ 250 + 2(220 + 280 + 360 + 140 + 270) \\ \quad + 280 + 2(360) + 3(140) + 4(270) + f_6 = 5{,}290 \\ \text{(週期 1、2、3、4、5 的生產)} \end{cases}$$

如果週期開始時的庫存為 0，則在週期 1 內生產 $d_1 = 220$ 個單位為最佳策略，則週期 2 開始時的庫存量就是零，由於在週期 2 內按該週期的需求是進行生產即可達到 f_2，在週期 2 內應生產 $d_2 = 280$ 個單位；這樣週期 3 開始時的庫存為 0。由於當週期 3 的生產能滿足週期 3 和 4 的需求時，就可以達到 f_3，所以我們在週期 3 內應生產 d_3

$+ d_4 = 500$ 個單位；於是週期 5 開始時的庫存量為 0，且在週期 5 內應生產 $d_5 = 270$ 個單位，這一個最佳生產排程可以得出總費用為 $f_1 = \$3{,}680$。

針對例題 15，任何一種最佳生產排程必須要求正好生產 $d_1 + d_2 + d_3 + d_4 + d_5 = 1{,}270$ 個單位，從此可以得到變動成本 $2(1{,}270) = 2{,}540$ 元。因此，我們永遠可以不要考慮可變生產成本，這將使計算會顯著地簡化。

Silver-Meal 啟發式方法

Silver-Meal (S-M) 啟發式方法所需要的計算量比 Wagner-Whitin 在計算上少，它可以用來求接近最佳的生產排程。這一個方法是基於我們的目標是使每一個週期的平均費用最小這個事實 (由於上述的原因，可以忽略變動生產成本)，假設週期 1 開始時，我們試圖決定週期 1 的產量應滿足多少週期的需求量。如果在週期 1 內的產量足以滿足今後 t 個週期的需求，則必須承擔成本 $TC(t) = K + HC(t)$ (不考慮變動成本)，此處 $HC(t)$ 是目前週期內的產量足以滿足今後 t 個週期需求的情況下，在今後 t 個週期 (包括當前週期) 內必須承擔的儲存費用。

令 $AC(t) = \frac{TC(t)}{t}$ 是在今後 t 個週期內，所必須支付每個週期的平均成本。由於 $\frac{1}{t}$ 在 t 增加時，是 t 的遞減凸函數，所以 $\frac{K}{t}$ 也是以一個遞減率再遞減。在大多的情況下，$\frac{HC(t)}{t}$ 是 t 的一個遞增函數 (參考本節末問題 4)。因此，通常可以找出這樣一個整數 t^*，使得對於 $t < t^*$ 有 $AC(t + 1) \leq AC(t)$ 和 $AC(t^* + 1) \geq AC(t^*)$。S-M 啟發式方法要使週期 1 的產量能夠滿足週期 $1, 2, \cdots, t^*$ 的需求 (若 t^* 不存在，則週期 1 的產量應滿足週期 $1, 2, \cdots, T$ 的需求量)。由於 t^* 為 $AC(t)$ 的局部最小值 (或許可能是全部最小)，所以在週期 1 內生產 $d_1 + d_2 + \cdots + d_{t^*}$ 個單位的產品將接近於週期 $1, 2, \cdots, t^*$ 內承擔每週期的平均費用為最小似乎合理。然後，我們週期 $t^* + 1$ 當作初始週期，就可以使用 S-M 啟發式方法，我們發現在週期 $t^* + 1$ 內的產量應等於今後 t_1^* 個週期的需求量，這樣一直進行到週期 T 的需求已被生產出來為止。

為了說明上述過程，我們將 S-M 啟發式方法應用到例題 15，我們會有

$$TC(1) = 250 \qquad AC(1) = \frac{250}{1} = 250$$

$$TC(2) = 250 + 280 = 530 \qquad AC(2) = \frac{530}{2} = 265$$

由於 $AC(2) \geq AC(1)$，因此 $t^* = 1$，且根據 S-M 啟發式方法，我們在週期 1 應該生產 $d_1 = 220$ 個，於是

$$TC(1) = 250 \qquad AC(1) = \frac{250}{1} = 250$$

$$TC(2) = 250 + 360 = 610 \qquad AC(2) = \frac{610}{2} = 305$$

因為 $AC(2) \geq AC(1)$，所以 S-M 啟發式方法要求在週期 2 內生產 $d_2 = 280$ 個單位。於是

$$TC(1) = 250 \qquad AC(1) = \frac{250}{1} = 250$$

$$TC(2) = 250 + 140 = 390 \qquad AC(2) = \frac{390}{2} = 195$$

$$TC(3) = 250 + 2(270) + 140 = 930 \qquad AC(3) = \frac{930}{3} = 310$$

因為 $AC(3) \geq AC(2)$，週期 3 的產量應該滿足下面兩個週期 (週期 3 和 4) 的需求，在週期 3 內我們應生產 $d_3 + d_4 = 500$ 個單位，於是接著考慮週期 5，週期 5 是最後一個週期，所以在週期 5 內應生產出 $d_5 = 270$ 個單位。

對於例題 5 (以及其他許多動態批量問題)，利用 S-M 啟發式方法可得出最佳生產排程。對於方法的推廣驗證，利用這個方法得出的生產排程成本比 Wagner-Whitin 演算法得到的最佳策略所給的費用多出不到 1% (參考 Peterson 和 Silver (1998))。

問　題

問題組 A

1. 針對例題 15，假設我們有 200 個單位和 400 個單位時，最佳生產排程為何。
2. 試利用 Wagner-Whitin 及 Silver-Meal 方法求出下列動態批量問題的生產排程：$K = \$50$，$h = \$0.40$，$d_1 = 10$，$d_2 = 60$，$d_3 = 20$，$d_4 = 140$，$d_5 = 90$。
3. 試利用 Wagner-Whitin 及 Silver-Meal 方法求出下列動態批量問題的生產排程：$K = \$30$，$h = \$1$，$d_1 = 40$，$d_2 = 60$，$d_3 = 10$，$d_4 = 70$，$d_5 = 20$。

問題組 B

4. 試說明為什麼 $HC(t)/t$ 傾向於 t 的遞增函數。

10.8 利用 Excel 求解動態規劃問題

在前面幾章，我們已經看到任何一個 LP 問題都可以用 LINDO 或 LINGO 求解，且任何一個 NLP 都可以用 LINGO 求解。不幸地是，沒有類似且方便使用的軟體可以用求解動態規劃問題。LINGO 可以用來解 DP 問題，但是學生版的 LINGO 只能求解一個很小的問題。幸運的是，Excel 通常可以求解 DP 問題。現在，我們說明三個例子：背包問題 (例題 6)，資源分配問題 (例題 5) 及存貨問題 (例題 4)。

在表格上解背包問題

從例題 6 的背包問題，我們的問題是如何利用三種物品填滿 10 磅的背包且可獲得最大可能的收益，若 $g(w)$＝從 w 磅所獲得的最大收益，回想

$$g(w) = \max_{j}\{b_j + g(w - w_j)\} \tag{8}$$

其中 b_j ＝從項目 j 收益且 w_j ＝項目 j 的重量。

在表格上的每一列 (參考圖 10-11 或檔案 Dpknap.xls)，我們可計算不同值

A	A	B	C	D	E	F	G
1	KNAPSACK	ITEM1	ITEM2	ITEM3	g(SIZE)		FIGURE11
2	SIZE						KNAPSACK
3	0				0		PROBLEM
4	1				0		
5	2				0		
6	3				7		
7	4	11	7	-10000	11		
8	5	11	7	12	12		
9	6	11	14	12	14		
10	7	18	18	12	18		
11	8	22	19	19	22		
12	9	23	21	23	23		
13	10	25	25	24	25		
14							
15							
16							
17							
18							
19							
20							
21							
22							
23							
24							
25							
26							
27							
28							
29							
30							

圖 10-11　背包問題

第 10 章 確定型的動態規劃 713

w 的 $g(w)$，首先我們輸入 $g(0)= g(1)= g(2)= 0$ 且 $g(3)= 7$；[$g(3)= 7$ 是因為 3 磅的項目只能投入 3 磅的背包]，標記為 ITEM1、ITEM2、及 ITEM3 的行分別對應於 (8) 式的項目 $j = 1, 2, 3$，因此，在 ITEM1 行，我們必須輸入一個方程式計算 $b_1 + g(w - w_1)$；在 ITEM2 行，我們必須輸入方程式計算 $b_2 + g(w - w_2)$；在 ITEM3 行，我們必須輸入一個方程式計算 $b_3 + g(w - w_3)$。唯一的例外是當有一個 w_j 磅的項目無法適合到一個 w 磅的背包，在這個狀況，我們輸入一個非常負的數字 (例如－ 10,000) 保證 w_j 磅項目不會被考慮。

更特別的，在第 7 列，我們想要計算 $g(4)$，為了計算，我們輸入下列公式：

B7 = 11 + E3　　[這是 $b_1 + g(4 - w_1)$]
C4 = 7 + E4　　　[這是 $b_2 + g(4 - w_2)$]
D7 =－ 10,000　　(這是因為一個 5 磅項目不能放入 4 磅的背包)

在 E7，我們計算 $g(4)$ 利用輸入方程式＝ MAX (B7:D7)。在第 8 列，我們計算 $g(5)$ 利用以下方程式：

B8 = 11 + E4
C8 =　7 + E5
D8 = 12 + E3

為了計算 $g(5)$，我們在 E8 輸入＝ MAX (B8:D8)，且可簡單地複製方程式從 B8:E8 到 B8:E13，然後 $g(10)$ 將在 E13 計算，我們可得 $g(10)= 25$，因為第 1 項與第 2 項均達到 $g(10)$，首先我們利用第 1 項或第 2 項裝滿背包，我們選擇第 1 項，這會剩下 $10 - 4 = 6$ 磅可以填。從第 9 列，我們發現 $g(6)= 14$ 可以裝第 2 項，這會留下 $6 - 3 = 3$ 磅可以填，我們一樣可以用第 2 項達到 $g(3)= 7$，此時僅留下 0 磅，因此，我們可以得到 25 單位的效益透過 2 個單位的第 2 項與 1 個單位的第 1 項裝滿 10 磅的背包而得。

順便，若我們有興趣在填滿 100 磅的背包，我們可以複製方程式從 B8:E8 到 B8:E103。

在表格上解一般資源分配問題

在表格上解一個非背包資源分配問題是非常困難的。為了說明，考慮例題 5，其中我們有 \$6,000 要分配到 3 個投資案，定義 $f_t(d)=$給定 d (千元) 可以投資到方案 $t,\cdots, 3$，所得到最大的 NPV 值。然後，我們寫成

714 作業研究 I

$$f_t(d) = \max_{0 \le x \le d} \{r_t(x) + f_{t+1}(d-x)\} \quad (10)$$

其中 $f_4(d) = 0$ ($d = 0, 1, 2, 3, 4, 5, 6$)，$r_t(x)=$若有 x (千元) 投資到方案 t 所得到 NPV，且在 (10) 式的最大值只能取整數值 d。若我們定義 $J_t(d, x) = r_t(x) + f_{t+1}(d-x)$，則接下來的討論將被簡化且我們將 (10) 式寫成

$$f_t(d) = \max_{0 \le x \le d} \{J_t(d, x)\} \quad (10')$$

首先，我們將利用在 A1:H4 的 $r_t(x)$ 來製作式一張表格 (圖 10-12 及檔案

A	A	B	C	D	E	F	G	H	I	J	K	L	M
1	REWARD	0	1	2	3	4	5	6					
2	PERIOD3	0	9	13	17	21	25	29					
3	PERIOD2	0	10	13	16	19	22	25					
4	PERIOD1	0	9	16	23	30	37	44					
5													
6													
7	FIGURE 12												
8	RESOURCE	ALLOCATION											
9													
10	VALUE	0	1	2	3	4	5	6					
11	PERIOD4	0	0	0	0	0	0	0					
12	PERIOD3	0	9	13	17	21	25	29					
13	PERIOD2	0	10	19	23	27	31	35					
14	PERIOD1	0	10	19	28	35	42	49					
15													
16	d	0	1	1	2	2	2	3	3	3	3	4	4
17	x	0	0	1	0	1	2	0	1	2	3	0	1
18	1	0	0	9	0	9	13	0	9	13	17	0	9
19	2	0	9	10	13	19	13	17	23	22	16	21	27
20	3	0	10	9	19	19	16	23	28	26	23	27	32

A	N	O	P	Q	R	S	T	U	V	W	X	Y	Z
1–15													
16	4	4	4	5	5	5	5	5	5	6	6	6	6
17	2	3	4	0	1	2	3	4	5	0	1	2	3
18	13	17	21	0	9	13	17	21	25	0	9	13	17
19	26	25	19	25	31	30	29	28	22	29	35	34	33
20	35	33	30	31	36	39	42	40	37	35	40	43	46

A	AA	AB	AC	AD	AE	AF	AG	AH	AI	AJ	AK
1–15											
16	6	6	6	0	1	2	3	4	5	6	
17	4	5	6	ft(0)	ft(1)	ft(2)	ft(3)	ft(4)	ft(5)	ft(6)	t
18	21	25	29	0	9	13	17	21	25	29	3
19	32	31	25	0	10	19	23	27	31	35	2
20	49	47	44	0	10	19	28	35	42	49	1

圖 10-12　資源分配

Dpresour.xls)。例如，$r_2(3) = 16$ 輸入到 E3，在 18 − 20 列，我們已經設定好計算式計算 $J_t(d, x)$，這些計算需要用 Excel = **HLOOKUP** 的指令求 $r_t(x)$ 的值 (在第 2 − 4 列) 及 $f_{t+1}(d - x)$ (在第 11 − 14 列)。例如，為了計算 $J_3(3, 1)$，我們在 I18 輸入以下方程式：

= HLOOKUP(I$17,$B$1:$H$4,$A18 + 1)
$\qquad\qquad\qquad$ + HLOOKUP(I$16-I$17,$B$10:$H$14,$A18 + 1)

在 I18 格公式中一部份 = HLOOKUP (I$17,$B$1:$H$4,$A18 + 1) 可以找到 B1:H4 的行，其第一個元素配合 I17，然後我挑在 A18 + 1 行的列的元素，這可得到 $r_3(1) = 9$，注意 H 代表水平查詢，某一部份 HLOOKUP (I$16-I$17,$B$10:$H$14,$A18 + 1) 可以找到在 B10:H14 的行，其第 1 項可配合 I16:I17，然後我們取在在該行中 A18 + 1 列的元素，這可得 $f_4(3 - 1) = 0$。

現在我們複製 $J_t(d, x)$ 方程式的任何一個 (如在 I18 中的一個) 到範圍 B18:AC20。

$f_t(d)$ 可以計算放在 AD18:AJ20，接下來我們使用人工將公式輸入 AD18:AJ18，計算 $f_3(0)$，$f_3(1)$，...，$f_3(6)$，這些方程式如下：

$\qquad$ AD18:$\qquad$ 0 $\qquad\qquad\qquad\qquad$ [計算 $f_3(0)$]
$\qquad$ AE18:$\qquad$ = MAX(C18:D18) $\qquad$ [計算 $f_3(1)$]
$\qquad$ AF18:$\qquad$ = MAX(E18:G18) $\qquad$ [計算 $f_3(2)$]
$\qquad$ AG18:$\qquad$ = MAX(H18:K18) $\qquad$ [計算 $f_3(3)$]
$\qquad$ AH18:$\qquad$ = MAX(L18:P18) $\qquad$ [計算 $f_3(4)$]
$\qquad$ AI18:$\qquad$ = MAX(Q18:V18) $\qquad$ [計算 $f_3(5)$]
$\qquad$ AJ18:$\qquad$ = MAX(W18:AC18) $\quad$ [計算 $f_3(6)$]

現在我們將這些公式複製至範圍從 AD18:AJ18 到 AD18:AJ20。

針對我們的表格要能運作，我們必須透過給出適當的 $f_t(d)$ 在列 11 − 14 計算 $J_t(d, x)$。因此，在 B11:H11，我們輸入 0 到每一格子 [對於所有 d, $f_4(d) = 0$]。在 B12，我們輸入 = AD18 [這個格子表示計算 $f_3(0)$]，我們複製這些公式到範圍 B12:H14。

現在我們表格第 11 − 14 列可以利用 18-20 列來定義，且列 18 − 20 可以由列 11 − 14 來定義，這會產生在表格中的**環狀** (circularity) 或**環狀參考** (circular references)。為了解決在這個 (或任何一個) 表格中的環狀參考，簡單地選擇 Tools，Options，Calculations 及選擇 Iteration，這會使 Excel 求解所有的環狀參考。

為了決定 $6,000 如何分配到三個投資案，註記 $f_1(6) = 49$。因為 $f_1(6) =$

716 作業研究 I

$J_1(6, 4)$，我們分配 $4,000 給投資方案 1，然後我們必須找 $f_2(6 - 4) = 19 = J_2(2, 1)$。我們分配 $1,000 到投資方案 2，最後，我們找 $f_3(2 - 1) = J_3(1, 1)$ 且分配 $1,000 到投資方案 3。

在表格上解存貨問題

為了說明如何決定例題 4 的最佳生產策略，這個生產問題的最重要的是每個月的最後存貨量必須介在 0 及 4 個單位。我們可以透過利用人工的操作以保證每一個狀態中的可允許行動一定會發生，我們將設計我們的表格去保證每個月最後的存貨必須介在 0 與 4 之間。

我們第一個步驟是設定表格 (圖 10-13，檔案 Dpinv.xls)，為了輸入每一個可能的生產水準 (0, 1, 2, 3, 4, 5) 的生產成本在 B1:G2。然後，我們定義 $f_t(i)$ 為當手邊在第 t 個月初有 i 個單位滿足 $t, t + 2, \cdots, 4$ 月的需求所造成的最小成本，若 d_t 為第 t 個月的需求，則針對 $t = 1, 2, 3, 4$，我們可以寫成

$$f_t(i) = \min_{x|0 \leq i+x-d_t \leq 4} \{.5(i + x - d_t) + c(x) + f_{t+1}(i + x - d_t)\} \tag{23}$$

其中 $c(x)$ = 在某月份生產 x 單位的成本，且 $f_5(i) = 0$，針對 $i = 0, 1, 2, 3, 4$。

若我們定義 $J_t(i, x) = .5(i + x - d_t) + c(x) + f_{t+1}(i + x - d_t)$，我們可以寫

$$f_t(i) = \min_{x|0 \leq i+x-d_t \leq 4} \{J_t(i, x)\}$$

接下來，我們計算 $J_t(i, x)$ 在 A13:AF16。例如，為了計算 $J_4(0, 2)$，我們輸入公式到 E13：

= HLOOKUP(E$11,$B$1:$G$2,2)
+.5* + 1MAX(E$10 + E$11 − $A13,0)
+ HLOOKUP(E$10 + E$11 − $A13,$B$4:$H$8,1 + $AL13)

A	AA	AB	AC	AD	AE	AF	AG	AH	AI	AJ	AK	AL
1												
2												
3												
4												
5												
6												
7												
8												
9												
10	4	4	4	4	4	4						
11	0	1	2	3	4	5	F(0)	F(1)	F(2)	F(3)	F(4)	
12												
13	0	4.5	6	7.5	9	10010.5	7	6	5	4	0	1
14	6	9.5	7	10008.5	10010	10011.5	12	10	7	6.5	6	2
15	10.5	12	13	14	10009.5	10011	16	15	14	12	10.5	3
16	13.5	16.5	10007.5	10009	10010.5	10012	20	16	15.5	15	13.5	4
17												

圖 10-13　存貨的例子

這一個和的第一項可得 $c(x)$ (這是因為 E$11 為生產水準)，第 2 項可得每個月的持有成本 (這是因為 E$10 + E$11 − $A13 給定每個月最後的存貨)。最後一項可得 $f_{t+1}(i + x - d_t)$，這是因為 E$10 + E$11 − $A13 為第 $t + 1$ 個月的起始存貨，在 1 + $AL13 的最後一項的參考保證我們可以找到 $f_{t+1}(i + x - d_t)$ 的值在正確的行 [$f_{t+1}()$ 的值將列在表 C5:G8]，將這些公式複製到 E13，它的範圍為 C13:AF16 將計算所有的 $J_t(i, x)$。

在 AG13:AK16，我們計算 $f_t(d)$。開始，我們輸入下面公式到格子 AG13:AK13：

$$AG13: = \text{MIN}(C13:H13) \qquad [計算 f_4(0)]$$
$$AH13: = \text{MIN}(I13:N13) \qquad [計算 f_4(1)]$$
$$AI13: = \text{MIN}(O13:T13) \qquad [計算 f_4(2)]$$
$$AJ13: = \text{MIN}(U13:Z13) \qquad [計算 f_4(3)]$$
$$AK13: = \text{MIN}(AA13:AF13) \qquad [計算 f_4(4)]$$

為了計算所有的 $f_t(i)$，現在我們複製從範圍 AG13:AK13 到範圍 AG13:AK16，為了讓這個計算會成功，我們必須要有 $f_t(i)$ 的正確值在 B5:H8。在 B 及 H 行的 5 − 8 列，我們輸入 10,000 (或任何更大正值)。這保證當一個月的最後存貨為負或超過 4 時，會給一個極大的成本，這會保證每個月底的存貨會介於 0 到 4 間，在範圍 C5:G5，我們輸入 0 到每一格內，這是因為 $f_5(i) = 0$，針對 $i = 0, 1, 2, 3, 4$，在 C6 格，我們輸入 + AG13；這個是輸入 $f_1(0)$ 的值。為了要複製這個公式至範圍 C6:G8，我們必須產生一張 $f_t(d)$ 的表，其中可以用來求出 $f_t(d)$。

利用這張表，我們可以求解例題 5，目前的表格顯示出環狀參考，這是因為第 6 − 8 列參考第 13 − 16 列，且第 13 − 16 列參考第 6 − 8 列，若 F9 多次，可以求解環狀參考，你也可以利用選擇 Tools，Options，Calculations 及檢查 Iterations 求解環狀參考。

針對任何一個開始的存貨水準，我們可以計算最佳生產排程，例如，假設我們的存貨在第 1 個月開始為 0，則 $f_1(0) = 20 = J_1(0, 1)$，因此，在第 1 個月最佳生產為 1 個單位，現在我們可看到 $f_2(0 + 1 − 1) = 16 = J_2(0, 5)$，所以在第 2 個月生產 5 個單位，然後我們可以看到 $f_3(0 + 5 − 3) = 7 = J_3(2, 0)$，所以在第 3 個月生產 0 個單位，解 $f_4(2 + 0 − 2) = J_4(0, 4)$，我們可以求得第 4 個月生產 4 個單位。

問 題

問題組 A

1. 利用表格求解 10.3 節問題 2。
2. 利用表格求解 10.4 節問題 4。
3. 利用表格求解 10.4 節問題 5。

總 結

動態規劃法是通過將一個相當複雜的問題分解成一系列較簡單的問題來求解。首先，我們求解一個一階段的問題，然後再求解一個兩個階段的問題，最後再求解一個 T 階段問題 (T＝原問題中階段的總數)。

在大多數的情況下，每一個階段 (t＝目前的階段) 上都要做出一個決策，在每一個階段都獲得一定的收益 (或承擔一定的成本)，然後我們再到階段 ($t + 1$) 的狀態。

逆向方法

經由逆向方法建立動態規劃的遞迴關係時，應注意在大多數的情況下：

1. **階段** (stage) 是我們借以建立問題的手段。
2. 在任何階段的**狀態** (state) 給出在該階段作出正確決策所需的信息。
3. 在大多數的情況下，我們必須確定在當前階段內所獲得的收益 (或承擔的費用) 與階段 t 的決策，階段 t 的狀態與 t 值之間的關係。
4. 我們還必須確定階段 $t + 1$ 的狀態與階段 t 的決策，階段 t 的狀態及 t 值之間的關係。
5. 如果我們定義 (針對極小問題) $f_t(i)$ 為已知階段 t 的狀態是 i 時，在階段 $t, t + 1, \cdots, T$ 內所承擔的最小費用，則在許多情形下，我們可寫出 $f_t(i) = \min \{($在階段 t 內的費用$) + f_{t + 1}($在階段 $t + 1$ 時的新狀態$)\}$，這個式子是在對階段 t 內狀態 i 的所有可容許的決策中最小值。
6. 首先，我們確定所有的 $f_t(\cdot)$，然後確定所有的 $f_{t-1}(\cdot)$，依此類推，最後確定 f_1(初始狀態)。
7. 最後，我們確定階段 1 的最佳決策，這樣就可以得出階段 2 的狀態，在此狀態下，我們可以確定階段 2 的最佳策略，我們按照這個方式一直求到階段 T 的最佳決策為止。

動態批量模式中 Wagner-Whitin 演算法和 Silver-Meal 啓發式方法

一個週期性檢驗存貨模式，若它的每個問題開始，每階段需求都是已知，此模式稱爲**動態批量模式** (dynamic lot-size model)。對於這種模式，可以利用逆向遞迴、正向遞迴、 Wagner-Whitin 演算法或 Silver-Meal 啓發式方法來求得成本最小的生產策略或訂貨策略。

Wagner-Whitin 演算法利用這樣一個事實：在該週期內進行生產若且唯若某一週期開始的庫存量爲 0 ，在這種週期內的決策是產量應滿足其需求的若干連續週期的週期數。

在一個階段開始存貨爲 0 時， Silver-Meal 啓發式方法可以計算爲滿足今後 k 個週期內的需求，而且必須承擔每週期的平均費用 (生產設置成本加上儲存成本)，如果 k^* 是這種平均費用的最小值，則應通過當前週期的生產可以滿足今後 k^* 個週期的需求量。

計算考慮

動態規劃法比起列舉在 T 個階段中，可以選擇每一個可能的決策集合所造成的總成本要有效，但不幸地是動態規劃的許多實際應用都涉及到相當大的狀態空間。在這種狀況下，要確定最佳策略需要相當大的計算量。

複習題

問題組 A

1. 在圖 10-14 的網路中，試求從節點 1 至節點 10 的最短路徑和節點 2 到節點 10 的最短路徑。
2. 一家公司必須及時滿足以下需求；第 1 個月， 1 單位；第 2 個月， 1 單位；第 3 個月， 2 單位；第 4 個月， 2 單位。發出一張訂單要花 \$4 ，且對每個月的最終庫存需要承擔的儲存成本爲每單位 \$2 ，在第 1 個月初，有 1 單位的庫存，且假設訂單一發出去就立刻收到貨物。
   a. 利用逆向遞迴方法來決定最佳訂貨策略。
   b. 利用正向遞迴方法來決定最佳訂貨策略。
   c. 利用 Wagner-Whitin 方法來決定最佳訂貨策略。
   d. 利用 Silver-Meal 啓發方法來決定最佳訂貨策略。
3. 現在假設回到問題 2 ，需求不一定要及時滿足，假設所有的未及時滿足的需求是可以拖後滿足，且對每個月內所發生的缺貨應承擔的費用爲每單位 \$1 ，在第 4 個月末必須滿足所有的需求，試利用動態規劃來確定使總費用最小的訂貨策略。
4. 印地安那波里航空公司被告知，它每天可以安排六次航班飛離印地安那波里。每次班機的目

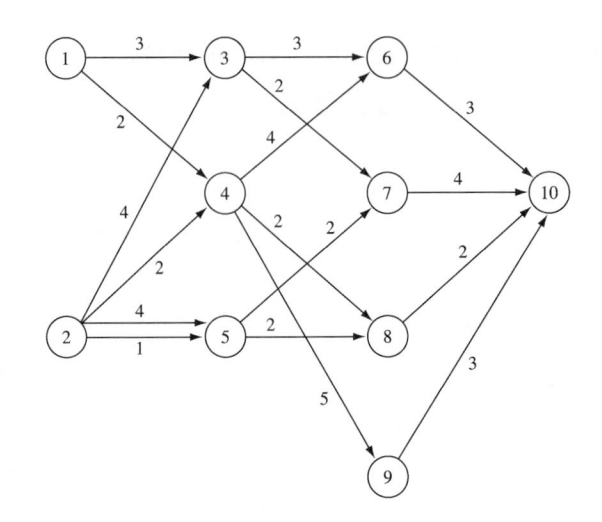

圖 10-14

表 10-20

	每班航次的利潤					
	航空班次					
目的地	1	2	3	4	5	6
紐約	80	150	210	250	270	280
洛杉磯	100	195	275	325	300	250
邁阿密	90	180	265	310	350	320

的地可能是紐約，洛杉磯，或邁阿密。表 10-20 所表示從印地安那波里到每一個可能的目的地，每日安排一定次數的航班將給該公司帶來利潤。試求印地安那波里到每一個目的地的航班的最佳次數，如果航空公司每日僅能安排四次班機，答案會有什麼變化？

5. 假設你在本地便利商店當出納員，一名顧客必須付 $1.09，且他給你 $2，你希望用最少的硬幣找錢給他。試利用動態規劃的方法來確定如何找錢給顧客，你是否能從這個問題的答案提出有關找錢的一般結果？如果在美國硬幣中增加一種面值為 20 美分的硬幣，則這個問題的答案會如何？

6. 一家公司在今後六年的每一年內需要一台正常運轉的機器。目前它有一台新機器，在每一年初，這家公司可以讓機器繼續用下去，或售出該機器並購買一台新機器，一台機器的使用期限不會超過三年，一台新機器價值 $5,000。公司從一台機器可以獲得的收入，維持一台機器的費用以及在年終售出機器能夠獲得的殘餘價值視機器使用年限而定 (參考表 10-21)，試利用動態規劃法求出在今後六年內獲得最大的淨利潤。

7. 一家公司在今後五年中每一年需要下列的工人數量：第 1 年，15 人；第 2 年，30 人；第 3 年，10 人；第 4 年，30 人；第 5 年，20 人。目前，這家公司有 20 名工人，每名工人每年的工資為 $30,000，在每一年初工人們可能被僱用或被解僱，僱用一名工人需要花 $10,000 而解僱一名工人需要支付 $20,000，新僱用的工人將用於滿足當年對工人的需求，假設每年會有 10% 的工人會自動離職 (自動離職的工人公司不必承擔解僱費用)。

表 10-21

	年初時機器的使用年限		
	0 年	1 年	2 年
收益	4,500	3,000	1,500
運轉成本	500	700	1,100
年終時的殘餘價值	3,000	1,800	500

表 10-22

	系統正常運用的機率		
備用設備數量	系統 1	系統 2	系統 3
0	.85	.60	.70
1	.90	.85	.90
2	.95	.95	.98

  a. 試利用動態規劃方法列出使工人數達到需求量，且必須承擔的總成本最小的遞迴關係。

  b. 如果受僱的工人要等到受僱後的第二年，才能正式工作以滿足公司對勞力的需求，則應該如何修改這個遞迴關係？

8. 在每一年年初，Barnes Carr 石油公司必須設定世界石油價格。如果將價格設定為 P，則世界各地的用戶需要 $D(P)$ 桶石油。我們假設在任何一年內，各家石油公司銷售相同桶數的石油，該石油公司開採及提煉每桶石油的費用為 C 元，然而該公司不可能把價格定的太高，因為如果價格定為 P 元，且目前有 N 家石油公司，則會有 $g(P, N)$ 家石油公司將會參與石油的買賣 [$g(P, N)$ 可能為負]，價格若是定價太高將會吸引新的公司會加入，而使將來的利潤減少。Barnes Carr 公司希望使該公司在今後 20 年將獲得的折扣利潤最大，試列出可以幫助該公司達到目標的遞迴關係，假設一開始有 10 家石油公司。

9. 要使一台電腦能夠正常地運作，則這台電腦的三個子系統必須全部正常地運作。為了提高電腦的可靠性，每一個系統均可配上備用設備。給系統 1 配上一台備用設備需要花費 $100，給系統 2 配上一台備用設備需要花上 $300，給系統 3 配上一台備用設備需要花費 $200。表 10-22 列上各個系統正常工作的機率，它與各系統配置的備用設備台數有關 (每一個系統最多可配上兩台備用設備)。試利用動態規劃法去求出電腦正常工作的最大機率，假設共有 $600 可用於配置備用設備。

問題組 B

10. 在任何一年內，我可以用掉不超過當年所擁有的財產任何數量的金額。如果我在一年內花掉 c 元，我將有 c^a 單位的效益。在下一個年初，前一年結束時時的財產將增加至原有值的 k 倍。

  a. 假設我一開始有 w_0 元，試列出使今後 T 年內所獲得總效益最大的遞迴關係。

  b. 設 $f_t(w)$ 是在第 t 年初，我有 w 元時，在第 $t, t+1, \cdots, T$ 年內所獲得的最大效益，$c_t(w)$ 是在第 t 年內，為了達到 $f_t(w)$ 應該消費掉的金額。試利用逆向方法證明：對於適當選擇的常數 a_t 和 b_t，有

$$f_t(w)=b_tw^a \quad 且 \quad c_t(w)=a_tw$$

試解釋這些結果。

11. 在第 t 個月初，農夫 Smith 的倉庫裡有 x_t 蒲式耳的小麥。他可以按每蒲式耳 s_t 元的價格銷售小麥並以每蒲式耳 p_t 元的價格購進小麥。在每個月末，Smith 的倉庫至多只能儲備 C 蒲式耳的小麥。

  a. 試列出使今後 T 個月內，獲得總利潤最大的遞迴關係。
  b. 設 $f_t(x_t)$ 是在第 t 個月初倉庫有 x_t 蒲式耳小麥的情況下，在第 $t, t+1, \cdots, T$ 月內能獲得的最大利潤。利用逆向方法來證明，對於適當選出的常數 a_t 和 b_t，有

$$f_t(x_t)=a_t+b_tx_t$$

  c. 在給定的任何一個月內，試證明利潤最大的策略具有以下性質：(1) 在第 t 個月內售出的小麥數量將等於 0 或 x_t；(2) 在某一個月內購進的小麥數量將為 0 或足以使該月結束時的最終庫存量為 C 蒲耳式的小麥。

參考文獻

The following references are oriented toward applications and are written at an intermediate level:

Dreyfus, S., and A. Law. *The Art and Theory of Dynamic Programming.* Orlando, Fla.: Academic Press, 1977.

Nemhauser, G. *Introduction to Dynamic Programming.* New York: Wiley, 1966.

Wagner, H. *Principles of Operations Research,* 2d ed. Englewood Cliffs, N.J.: Prentice Hall, 1975.

The following five references are oriented toward theory and are written at a more advanced level:

Bellman, R. *Dynamic Programming.* Princeton, N.J.: Princeton University Press, 1957.

Bellman, R., and S. Dreyfus. *Applied Dynamic Programming.* Princeton, N.J.: Princeton University Press, 1962.

Bersetkas, D. *Dynamic Programming and Optimal Control,* vol. 1. Cambridge, Mass.: Athena Scientific, 2000.

Denardo, E. *Dynamic Programming: Theory and Applications.* Englewood Cliffs, N.J.: Prentice Hall, 1982.

Whittle, P. *Optimization Over Time: Dynamic Programming and Stochastic Control,* vol. 1. New York: Wiley, 1982.

Morton, T. "Planning Horizons for Dynamic Programs," *Operations Research* 27(1979):730–743. A discussion of turnpike theorems.

Peterson, R., and E. Silver. *Decision Systems for Inventory Management and Production Planning.* New York: Wiley, 1998. Discusses the Silver–Meal method.

Waddell, R. "A Model for Equipment Replacement Decisions and Policies," *Interfaces* 13(1983):1–8. An application of the equipment replacement model.

Wagner, H., and T. Whitin. "Dynamic Version of the Economic Lot Size Model," *Management Science* 5(1958):89–96. Discusses Wagner–Whitin method.